# 普朗特流体力学基础

原书第十一版

〔德〕H. 欧特尔 等 著

朱自强 钱翼稷 李宗瑞 译

科学出版社

北京

图字：01-2005-6191

## 内 容 简 介

德国科学家普朗特于 1942 年出版了其名著《流体力学概论》。随后，其学生奥斯瓦提奇等增补修订出版了该书的第六至第九版。德国流体力学教授欧特尔等又进一步增补、修订，出版了第十版和第十一版。本书为第十一版的中译本。欧特尔等保留了普朗特名著第一版的内容作为本书前六章的主要内容，第七至第十四章则介绍了当代流体力学发展的不同分支；并将书名由《流体力学概论》改为《普朗特流体力学基础》。

与一般流体力学论著强调数学理论不同，普朗特的名著(本书前四章)尽可能地避免复杂的数学分析，着重物理直观，旨在阐明流体力学的基本概念及问题的力学本质，培养读者的独立思考能力。欧特尔等撰写的后十章也体现了普朗特的风格和意图。后十章中有些内容可在普朗特的原著中以某种形式看到，但绝大部分是最近六十年来流体力学不同分支最新发展的总结。

本书的内容丰富，物理概念清晰，论述深入精辟，并强调工程应用，旨在为初学者、高年级大学生及航空、水利、气象等相关流体力学发展方向的工程技术人员提供流体力学的导引。



**图书在版编目(CIP)数据**

普朗特流体力学基础/〔德〕欧特尔等著. 朱自强, 钱翼稷, 李宗瑞译.
—北京: 科学出版社, 2008

ISBN 978-7-03-022091-2

I. 普… II. ①欧… ②朱… ③钱… ④李… III. 流体力学 IV. O35

中国版本图书馆 CIP 数据核字(2008) 第 073868 号

责任编辑: 孙立新 胡 凯 刘凤娟／责任校对: 张怡君
责任印制: 吴兆东／封面设计: 王 浩

科学出版社 出版
北京东黄城根北街 16 号
邮政编码：100717
http://www.sciencep.com
北京虎彩文化传播有限公司 印刷
科学出版社发行 各地新华书店经销
*
2008 年 6 月第 一 版 开本: B5(720×1000)
2023 年 1 月第十次印刷 印张: 40 1/2
字数: 742 000
**定价: 178.00 元**
(如有印装质量问题, 我社负责调换)

# 中译本序

路德维格·普朗特以他在水力学、空气动力学、气体动力学等方面的重要贡献对流体力学整体的发展产生了巨大的影响，正是他在 20 世纪前半叶的开拓性研究奠定了现代流体力学的基础。以他 1913 年出版的《流体和气体运动的理论 (Lehre von der Flüssigkeit und Gasbewegung)》和 1931 年出版的《气体理论概论 (Abriss der Strömungslehre)》为基础的划时代的著作《流体力学概论 (Führer durch die strömungslehre)》于 1942 年问世。书名表明了普朗特以深思熟虑的论述引导读者进入流体力学不同领域的意图。作者以其特有的方式，不用大量的数学推导而直观地进入物理问题的核心，特别强调对基本物理现象和流体力学概念的描述，并在此基础上建立简化的数学模型，而方法的公式化处理则被放在次要地位。这正与他本人从事研究工作的精神一致。

普朗特的《流体力学概论》第一版是当时论述流体力学的唯一著作，即使现在，也是该领域最重要的著作之一。普朗特去世后，他的学生克劳斯·奥斯瓦提奇 (Klaus Oswatitsch) 和卡尔·维格哈特 (Karl Wieghardt) 承担了再版该书的工作，并以同样清晰直观的表述方式增补了许多近代流体力学新发展的内容。

当第九版绝版时，出版社提出了出版新版的要求，我们非常高兴地承担了这一任务。本书前四章保持了普朗特 1942 年第一版的思路特点，但对原著正文作了语言学上的修改，成为引言、液体和气体的性质、流体运动学和流体动力学等四章。这些章节直到今天仍作为科学和工程专业学生的流体力学概论课程内容。我们在这些章节中保留了绝大部分普朗特原著的内容，但在第三章增加了"流动拓扑学"一节，在第四章增加了"非牛顿介质中的流动"一节。本书论述流体力学和空气动力学基本方程的第五、六两章，扩展了原著中的材料并形成了研究后续各章中流体力学不同分支的基础。

本书与前些版的主要区别在于对流体力学附加专题的处理上。流体力学持续地向前发展使之涉及的专题如此之广泛。我们在编著本书时必须做出取舍。我非常感谢我的同事们，如 K. R. 斯雷尼瓦萨 (K. R. Sreenivasan)、U. 弥勒 (U. Müller)、J. 瓦那茨 (J. Warnatz)、U. 理德尔 (U. Riedel)、D. 埃特林 (D. Etling)、M. 玻尔 (M. Böhle) 等，他们牢记普朗特的意图，修改了他们各自研究领域的相应章节，并将最近六十年来的最新发展呈现在第七至十四章中。这些章中某些可在普朗特的原著中以某种形式看到，如机翼空气动力学、传热、分层流、湍流、多相流、大气与海洋中的流动、热涡轮机械等，但已作了巨大修改补充；其他一些则完全是新增的，如流体力学不稳定性、带化学反应的流动、血液循环生物流体力学等。

各章中所引的文献被有意识地精简至为理解内容和保证内容完整性所绝对必需的。精简了大量历史性的引述，这些内容可参见以前各版。

本书的主要对象是科学和工程专业的学生，他们对流体力学已有某些最为基本的理解，并希望获得对流体力学各分支的一般了解。为易于他们的接受，本书有意推迟了矢量的应用并避免使用积分定理，对于更一般和简洁的数学推导则列出了相应的文献。为便于学生检验对所述内容的掌握，在第二至六章我们都新增了习题。本书对专业科研或工业界人士在研究和解决流体力学问题时也可提供有价值的启迪。

我们真诚希望我们是遵照普朗特原著的意图来介绍流体力学各不同分支的。

本书第一至六，八，九，十三章由 H. 欧特尔 (H. Oertel) 编写，第七章由斯雷尼瓦萨，第十章由弥勒，第十一章由瓦那茨和理德尔，第十二章由埃特林，第十四章由玻尔编写。再次感谢这些同事，他们的无数建议尽体现在本书中。

我非常感谢朱自强、钱翼稷、李宗瑞等教授们为本书中译本的出版作出的贡献及他们对原书中笔误和印刷错误等提出的修改意见。特别感谢科学出版社的支持与合作。

H. 欧特尔

2005 年 12 月

# 译者前言

近代流体力学奠基人之一路德维格·普朗特具有独特、非凡的直观洞察能力，他十分重视对流体力学基本物理现象的观察、实验和分析，善于抓住物理本质和描述流体力学概念，并在此基础上建立简化的数学模型。他以这种研究流体力学的风格、作风和方法形成了一个学派。在 20 世纪前半叶中，紧密结合航空发展的需要，他的开拓性研究建立了小黏性边界层理论、升力线、升力面和最小诱导阻力等论述的机翼理论、层流稳定性概念和湍流混合长度理论以及气体动力学的相关理论。在上述诸多方面的重要贡献对流体力学的发展产生了巨大的影响，奠定了现代流体力学的基础，并培养了大量的人才。他撰写的《流体力学概论》一书，从 1942 年初版，到 1957 年共出了五版。其撰写方式和他本人从事研究工作的风格相一致，论述和介绍流体力学内容的方式明显区别于其他流体力学的理论书籍。在普朗特去世后，他的学生奥斯瓦提奇等按原著的论述系统，增补了许多新的内容，于 1965 年出版了第六版，再后来奥斯瓦提奇也已逝世，现代的德国流体力学教授欧特尔等继承普朗特的风格，按序言中叙述的系统，增补了大量更新的近代流体力学发展的内容，于 2001 年以第十版，2002 年第十一版形式相继出版此书，书名为《普朗特流体力学基础》。

普朗特的《流体力学概论》受到了我国著名流体力学专家们的重视以及学习流体力学的学生和从事流体力学研究的青年工作者的欢迎。我国著名流体力学家、原中国科学院力学研究所的郭永怀教授曾按原书第三版的英译本 (1952 年出版) 译成中文于 1966 年出版；著名流体力学家、普朗特唯一的中国学生、原北京航空航天大学的陆士嘉教授曾按德文的第七版 (1969 年出版) 译成中文于 1981 年出版。这次我们有幸在科学出版社的大力支持下，将最新一版 (第十一版)(参考了该版的英译本 (2004 年出版) 和两位前辈的前述中译本) 译成中文出版。我们真诚希望它能对我国科学及工程专业的学生和年青的科研及工业界的工作者学习流体力学和了解其各分支的概貌有所帮助。

陆士嘉教授在她毕生的教学和科研中始终倡导着普朗特的精神和风格，以此教育和培养了大批我国流体力学工作者。今年她离开我们已二十周年，作为她的学生，我们谨以本书的出版表达对她的缅怀之情。

本书第一至四章由李宗瑞译，第五至十一章由朱自强译，第十二至十四章由钱翼稷译。全书内容由朱自强统一和校核。我们衷心地感谢博士生王晓璐，他在紧张的课题研究过程中, 利用休息时间作了前十一章的录入和全书的编排工作。特别感谢科学出版社的大力支持和合作。

译　者

2006 年 1 月于北京

# 目　录

# 第一章 引 言

现代流体力学的发展与其奠基者普朗特 (L.Prandtl) 是密不可分的。正是他于 1904 年发表的那篇关于小黏性流体运动的著名论文提出了*边界层理论*。在其后十年中，他发表的*翼型理论*的论文奠定了计算摩擦阻力、传热以及流动分离等的基础。他提出了以*普朗特混合长度*表示湍流动量交换的湍流模型的基本概念。他关于气体动力学方面所做的工作重新塑造了这一研究领域，如对可压缩流的普朗特–格劳特 (Glauert) 修正、激波和膨胀波理论，以及喷管中超声速流的第一张照片等。他还将流体力学的方法应用于气象学，并因在弹性力学、塑性力学、流变学等方面的贡献而成为这些领域中的先驱者。

普朗特在理论和实验的结合上特别成功，总是用实验来验证他的理论概念，因此他的实验都非常重要并精确，著名的扰流线实验就是一个例子。正是通过这个实验他发现了湍流边界层和湍流对流动分离的作用。扰流线不是简单地来自灵感，而是他对埃菲尔 (Eiffel) 球体阻力测量存在矛盾这一现象深思熟虑的结果。将扰流线放在不同位置上做两个实验就足以证实湍流的形成及其对流动分离的影响。为进行实验，他进一步发展了风洞及相应的测量设备，如哥廷根风洞和普朗特总压管。他的科学结论常似来自直觉，所给出的数学推导仅用作物理解释，但它确实给出精确的结果和简化的物理模型，按海森堡 (W.Heisenberg) 的说法，普朗特无需计算就能“看出”微分方程的解。

我们选择了一些例子使读者了解普朗特建立的流体力学的脉络，以及本书每章的内容和模式。以*流体动力学*为例，我们讨论了流过汽车的气流的不同状态 —— 不可压流 (第四章，流体动力学) 和流过机翼的气流的不同状态 —— 可压缩流 (第六章，空气动力学)。

讨论流过汽车的气流时，我们要将流过表面的自由流和以速度 $u_\infty$ 运动的汽车与静止街面之间的气流相区别。在压强达最大值的驻点，气流分开；沿引擎罩和汽车基座扰流板的气流因加速导致压强下降和负的向下对街面的压力，如图 1.1 所示；另一股气流在挡风玻璃处变慢，并在下游沿车顶和后货厢减速，从而导致压强增加和正的升力，这时沿车的下表面仍保留着作用于街面的负的向下的压力。

在汽车上下表面上的黏性流 (4.2 节) 局限于*边界层*内，并流入汽车尾端的黏性尾流中。风洞实验中使用烟气使气流成为可见的，并显示出从汽车尾端开始在下游形成了一个回流区，如图中的黑色区。在边界层和尾流区外，气流基本上是无黏的

(4.1 节)。

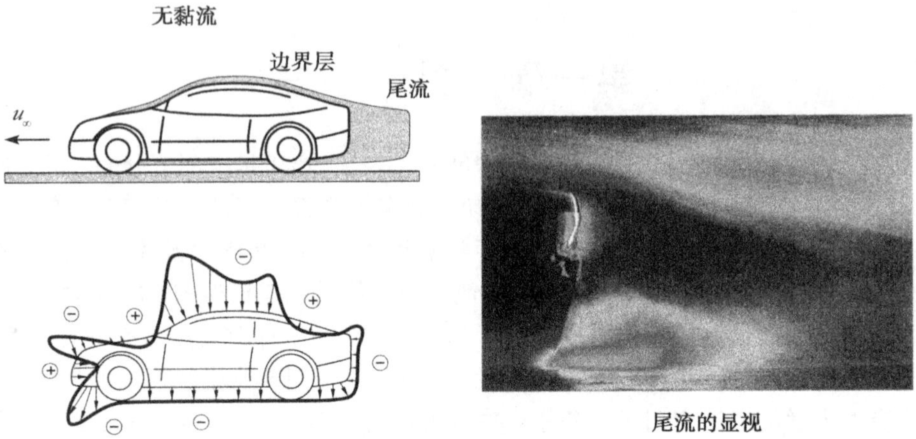


图 1.1　流过汽车的气流

为了能认识不同的流动状态，从而建立起汽车空气动力设计的基础，普朗特精心安排了从液体和气体的特性运动学，到无黏和黏性流体动力学的叙述脉络 (第二章至第四章)。沿着这一脉络，读者将成功地获得对这第一个例子物理上的理解。

第二个流动的例子是绕机翼的有激波的可压缩流体 (6.2 节和 4.3 节)。设流向机翼的自由来流具有一般民航机的速度 $u_\infty$，即高亚声速。图 1.2 显示了沿机翼横截面的流动状态和负压分布情况。还是用烟气使气流成为可见的。从驻点开始，驻点线分叉，分别顺机翼的吸力面 (上表面) 和压力面 (下表面) 前进。在上表面，气

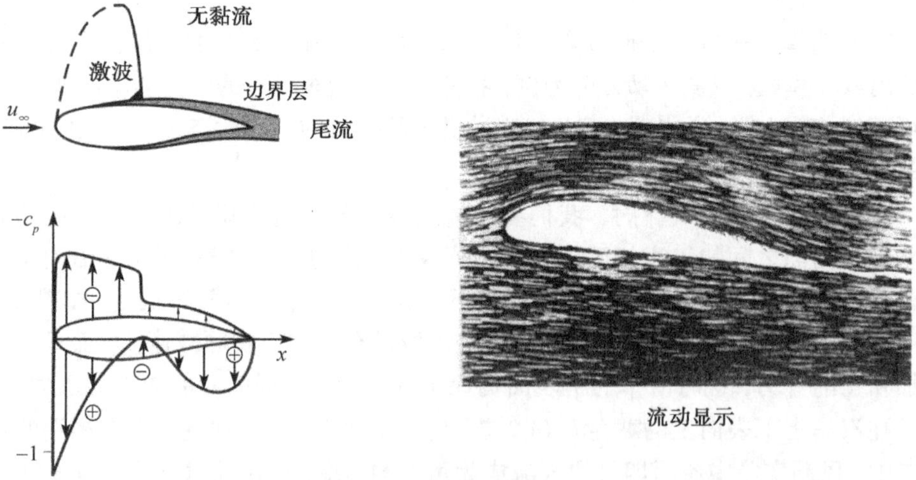


图 1.2　流过机翼的气流

流加速达到超声速而出现与大的压力降落相联系的效应，进一步向下游，气流经过一压缩激波又减速到亚声速，这一激波和边界层相互作用使激波变厚，导致阻力增加。在下表面，从驻点开始气流也加速，但在前缘区，这一加速不如在吸力面上的大，因此沿压力面不会出现超声速，大约从机翼的中部起，气流又减速，上、下表面的压力互相接近，在后缘下游形成尾流区。

在机翼的吸力面和压力面都形成了一个薄的边界层，它们会合于尾缘而形成下游的尾迹。和流过汽车的气流一样，边界层中的气流和尾迹中的气流是*黏性的*，这些区域外的气流基本上是*无黏的*。

图 1.2 中压力分布的结果是产生升力。对于民航机机翼，这个升力的大小应适应运输的乘客数，设计工程师在设计机翼时还必须使机翼的阻力尽可能小，以节省燃料，恰当地设计机翼形状可达到这一效果。

各流动状态的不同特性决定了计算各流动应采用不同的方程。在边界层内采用边界层方程可获得很好的结果。而计算尾迹和靠近后缘的流动则困难得多，对这些流动状态，必须求解 N-S(纳维–斯托克斯, Navier-Stokes) 方程。激波前的无黏流用位势方程来描述比较简单，但激波后、边界层外的无黏流因有漩涡存在而不得不用欧拉 (Euler) 方程来计算，在激波–边界层相互作用区，还是必须求解 N-S 方程。

和普朗特当年不同，现在有求解各种偏微分方程的数值计算软件，因此在第五章中我们给出了层流和湍流的*基本方程*作为后续章节讨论流体力学不同分支的基础。遵照普朗特的做法，数学求解的算法和方法可参见引用的著作和文献。

正如在第六章至第十四章将看到的，除了数值计算流场，建立不同流动状态的物理模型也是十分必要的。对湍流、多相流以及热或化学平衡流动与化学反应的耦合等，现在仍无完备的理论；因此，普朗特将理论和实验直觉联系的方法应用于物理建模仍是非常先进的。

湍流极具魅惑力的复杂性吸引了若干世纪科学家们的注意 (第七章)。湍流是指在空间和时间上不规则出现的流体的涡漩运动，然而，这种不经心观察表现出的随机性并非没有一定秩序。湍流流动是空间延伸的非线性耗散系统的一个范例，在该系统中，许多长度尺度同时被激励并被紧密地耦合。在工程界以及诸如天文物理学、海洋学、气象学等众多领域中都对这一现象进行了广泛的研究。

图 1.3 所示为水从圆孔流出到静止水槽的湍流射流。从圆孔流出的液体混入了少量荧光染料，并用一块薄的光板照亮，使流动状态成为可见的，图 1.3 显示出在纷至沓来的复杂性中不同尺寸的漩涡结构。湍流流动和其周边流动的边界通常相当明显，且包括多尺度的漩涡。我们研究的对象常常是许多这种实际情况的综合平均，而这样的平均却湮没了实际情况中最有趣的方面，得到一个流畅的随距离向下游线性生长的对象。然而，即使是在这样流畅的对象中，平均效应也沿流动的长度和宽度变化，这些变化正是湍流空间不均匀性的量度。通常，流动的直径越小，这

种不均匀性越强。流动中任一点所测得的流体速度都是时间的不规则函数。

作为对比，图 1.4 给出了均匀且各向同性的湍流流动，这是由一棒式格栅以均匀速度掠过一槽静水生成的。和图 1.3 的湍流射流不同，这里的湍流流动没有特定的方向，平均来看，它不具有明显的空间不均匀性或各向异性，其结构强度较之图 1.3 所示的结构也弱得多。均匀和各向同性的湍流流动在理论上简单得多，是许多研究的对象。

**图 1.3　水的湍流射流图**

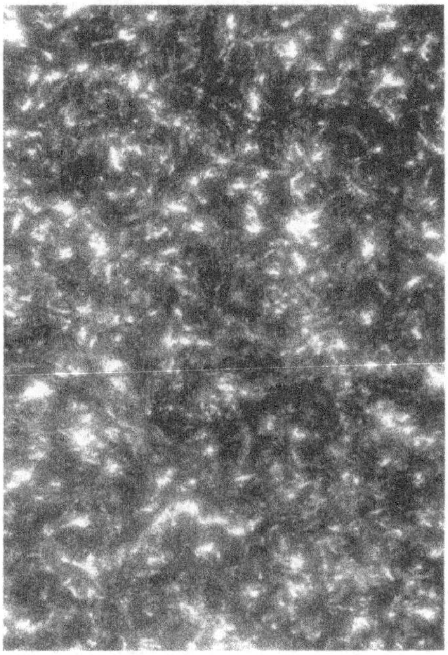

**图 1.4　均匀且各向同性的湍流**

在许多流体–机械问题中，湍流的发生源于不稳定性(第八章)。在重力作用下，水平流体层从底部加热时，其中发生的热分格对流可为一例。当流体容器的底部较流体自由表面的温度更高，且温差超过一临界值时，流体将突然开始运动，如图 1.5 所示，形成众多六面体栅格结构。在其中心，流体上升；在其边缘，流体下沉，这一现象即为热分格对流。若容器用一平板盖上，则形成的不是六面体栅格结构，而是无表面张力、无周期性、有间隔的滚转结构。这两种情况下不稳定的原因是一样的，冷的、密度较大的流体处于较热的流体上方，于是要流向下层。对于这种分层情况，只要上下温差超过临界值，则最小的扰动都会引起平衡运动的开始。

随着温差的增加，经由几个与时间相关的中间状态而发生向湍流对流的过渡。六面体结构或长对流卷的大小发生变化，但不稳定的原分格结构在湍流对流中仍然可见。

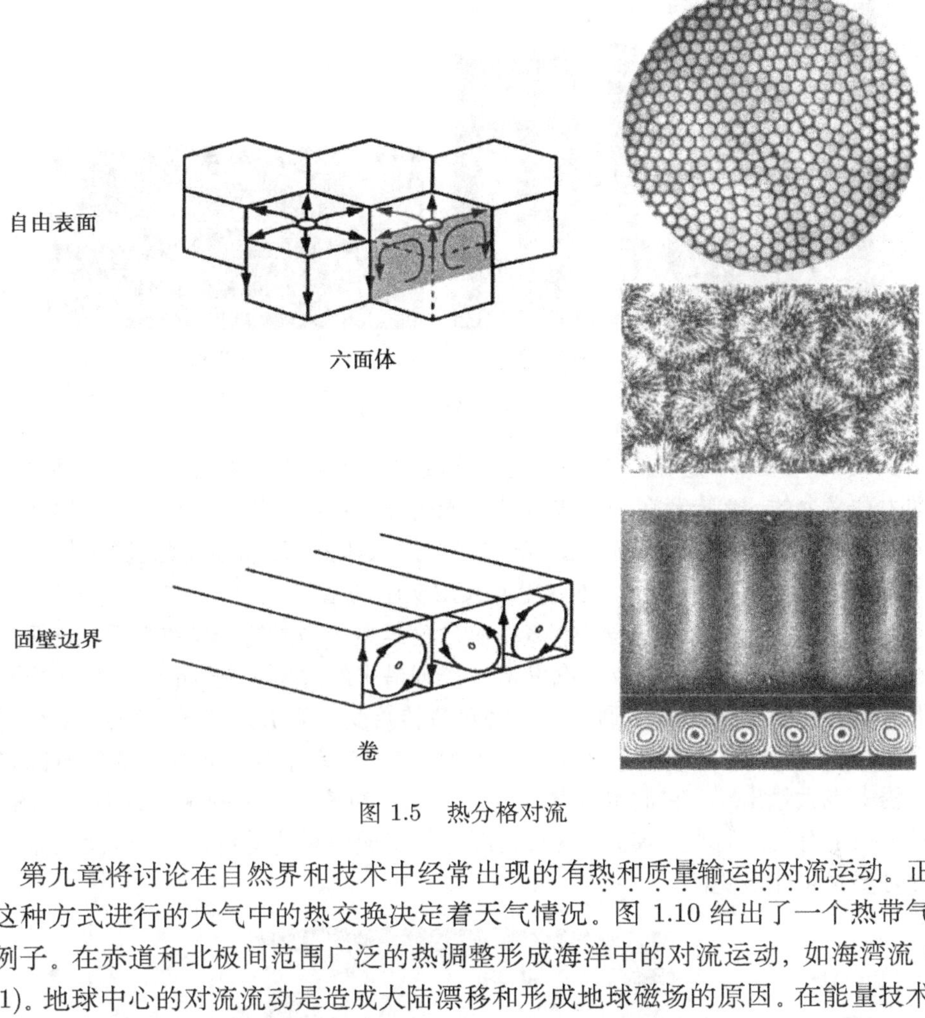


图 1.5　热分格对流

第九章将讨论在自然界和技术中经常出现的有热和质量输运的对流运动。正是以这种方式进行的大气中的热交换决定着天气情况。图 1.10 给出了一个热带气旋的例子。在赤道和北极间范围广泛的热调整形成海洋中的对流运动，如海湾流 (图 1.11)。地球中心的对流流动是造成大陆漂移和形成地球磁场的原因。在能量技术和环境技术中的流动一般都有热和质量的输运，并与物相的过渡有关，如在蒸汽发生器和冷凝器中。对流流动也被用于将冷却塔中的废热传送到发电站。对流流动的其他例子还有如废气和气体在大气中的扩散，冷却水和废水在湖泊、河流及海洋中的扩散，建筑物中的取暖和空调技术，阳光收集器和储热器中流体的循环等。

图 1.6 所示为热对流流动的实验结果，与强迫对流流动不同，这里所指为仅由浮力引起的自由对流流动，此浮力可能是因重力场中的温度或浓度梯度造成的。一被加热的水平圆柱最初在其周围静止的介质中引起上升的层流对流流动，随后的热不稳定性引起向湍流流动的过渡。对垂直或水平放置的平板加热时也出现类似的热对流流动。

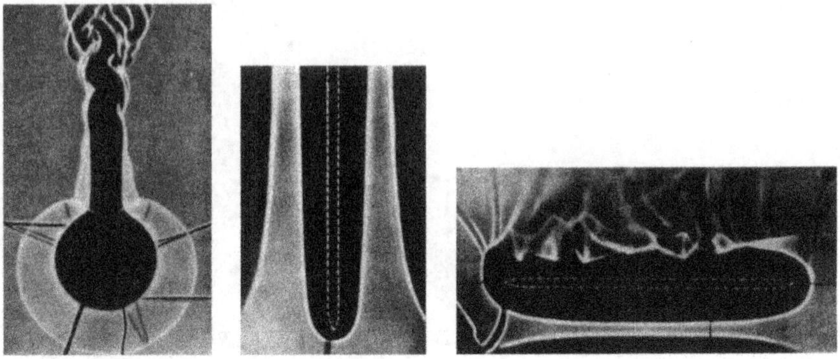


图 1.6　热对流流动

多相流(第十章) 是在自然界和技术领域中最常出现的流动形式。这里的相是热动力意义上的，意味着在一种或多种组元的介质系统中固体、液体或气体状态中任两种或两种以上状态同时出现。自然界中给人印象深刻的多相流例子是含有雨滴及冰雹的暴风雨前的乌云，在雪崩或火山灰中的雪粉。

在发电站和化学加工工程中，多相流是输运热和物质的一种重要手段。两相流决定着蒸汽发生器、冷凝器及蒸汽发电站冷却塔中的过程。冷却水流从湿式冷却塔流下的情况示于图 1.7。水滴通过蒸发将热量传给受热的上升空气。多相、多组元流常用在石油和天然气的提炼、运输和加工中，这些流动形式在化学工业的蒸馏和精馏过程中也大量出现。它们也以气穴效应出现在快速运动中的水下翼面上，图 1.8 显示了一个有气穴的水下翼型，这种情况可能造成严重的材料损坏，因此在流动机械中是要尽可能避免的。

图 1.7　湿式冷却塔

图 1.8　水下翼型的气穴

湍流反应流在能量、化学及燃烧等大量技术中的应用是非常重要的。这些过程的优化对湍流的数值模拟提出了很高的要求。湍流、分子扩散和化学反应运动之间相互作用的复杂性迫切要求大力改进描述这些过程的模型。

湍流火焰以具有很宽范围的时间尺度和长度尺度为特征，其典型长度尺度可从燃烧室的尺寸一直小到湍流动能耗散的最小的涡。引起燃烧的化学反应有很宽的时间尺度范围，根据湍流时间尺度与化学反应时间尺度的覆盖情况，可存在强或弱的化学反应与湍流的相互作用。因此，对湍流扩散火焰的综合描述通常要求对湍流掺混燃烧的清楚了解。

对湍流火焰的完整描述必须能解释从最小到最大所有尺度的问题，这就是为什么用今天的计算机不可能数值模拟出各种技术中的燃烧体系，而必须采用湍流模型形式的平均化技术的原因。然而，若要用这样的湍流模型来真实地描述技术应用中诸如掺混、燃烧和传播的形成等方面，还必须根据更精细的研究来更好地确定这些模型的参数。

一种很有前途的方法是采用直接数值模拟，用计算机生成人工的层流和湍流火焰，在很小的空间内解反应流的守恒方程并计及全部湍流流动，这就描述了火焰的一个小而真实的片段，进而用其描述真实的火焰。

新鲜空气渗入排出的废气中形成闭合区是湍流预混火焰的一个有趣现象，这一暂态过程的时域求解可借助于直接数值模拟进行，并在确定现有模型的有效范围及开发描述湍流燃烧的新模型方面十分重要。图 1.9 示出在一湍流甲烷预混火焰中的 OH 根和 CO 根的浓度以及涡的强度。

在地球上和宇宙中可以观察到自然界中许多不同的流动形态 (第十二章)。大气中的流动过程可小到微风，大到环球强风的对流层射流。令人印象特别深刻的大气现象是在加勒比地区和美国称之为飓风的热带气旋，夏季，它在靠近赤道的非洲海岸附近温暖水面的上方形成，向东南方首先流向加勒比，然后再向东北沿美国的东海岸流动。这样的热带风暴，风速可达 300 km/h，一般都给其经过的地区带来巨

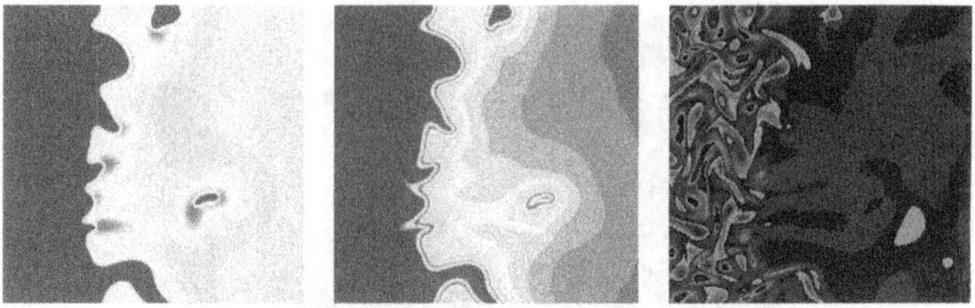


图 1.9　湍流预混甲烷火焰

大的破坏。图 1.10 示出了一个气旋的例子，由图可见乔治飓风的路线和卫星图像，乔治飓风发生在 1998 年 7 月，首先经过加勒比岛屿和美国东南海岸，随后又以低压区跨过大西洋，一直达到欧洲。

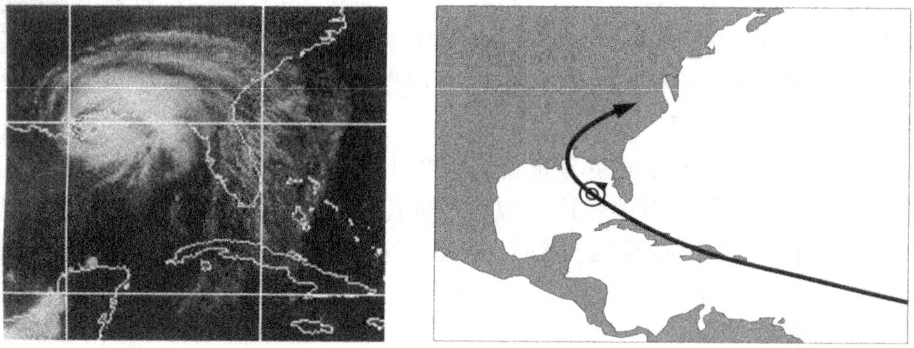

图 1.10　1998 年乔治飓风的路线

海洋中的流动过程包括从小的水波现象到大的海流，后者的一个例子是墨西哥湾流，这股表面暖流实际上起于非洲海岸，经过加勒比海到西部和北部欧洲，正是它相对较高的水温才使英国和挪威的沿岸地区具有温和的气候。为了均衡这股流向极地的表面暖流，形成了一股从北大西洋沿北美洲和南美洲的东海岸一直向南的深寒流。图 1.11 示出了这两股大的流动体系。

第十三章将要讨论生物流体力学，这里的流动与前述各种流动不同，都以柔软的生物体表面为界面。这里也要区别两种流动，一种是空气或水流过如飞翔中的鸟或游动着的鱼等生命体的流动，另一种是如生命体中血液循环那样的内流，如人体心脏中周期性的脉动流动。

心脏是由两个分开的泵室、左、右心室组成的。右心室充满了因环绕身体循环而缺氧的血液，并在心脏收缩时将这些血液全部送入肺的循环系统，在肺中充了氧的血液被左心室送去作环绕身体的循环。图 1.12 为一个心搏周期血液流动的简单示意图。房室瓣将心脏的心房和心室隔开，并调整进入心室的血流，它们在心室收缩时防止血液回流。在心室舒张时，肺的瓣膜防止从肺动脉流出的血液回流，同时主动脉瓣膜防止从主动脉流入左心室的血液回流。

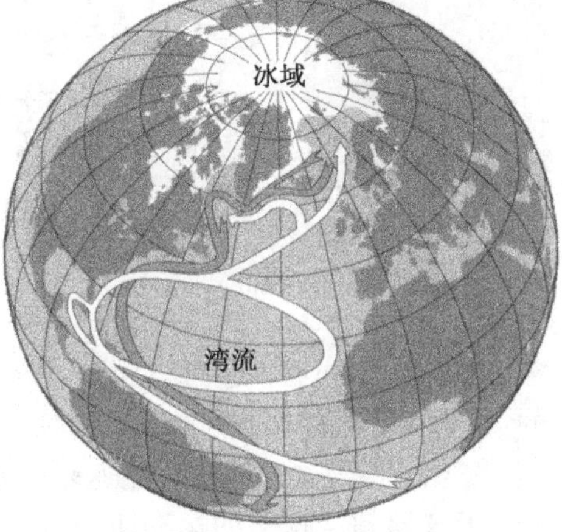


图 1.11 大西洋中大的海流

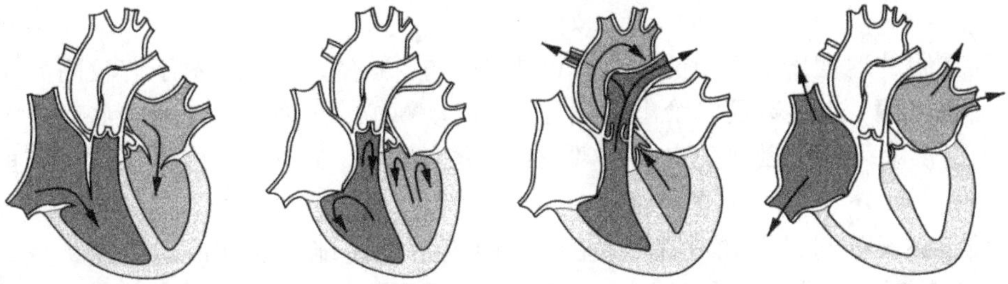


图 1.12 一个心搏周期内心脏中的血流情况

在心脏搏动过程中，心室周期性地收缩和舒张，保证了环绕身体的血液循环系统中的脉动血流。心脏的搏动与心室和动脉中的压力变化相关，压差控制着心脏瓣膜的开合。在健康的心脏中，脉动的血液是层流流动，不分离。心脏搏动功能有缺陷和心脏衰竭时血流将会出现湍流状态并在心室中有回流，增加了心脏中血流的损失。

要对心脏做出医学诊断必须具有非定常三维流场的知识，弗瑞伯格 (Freiburg) 借助于超声的回声心动描记仪在临床实践中作了速度场的测量。在图 1.13 中，四张分图显示了靠近主动脉瓣膜和中央瓣膜处的左心室在一个心搏周期中的三维重构。左心室三维外形的截面以黑线围出 (右)，左心房、主动脉 (左) 以及右心室的上部 (左) 也可看到，被测速度场的等值线亦示于图 1.13 中，深灰色表示负的向内流的速度，浅灰色则为正的向外流的速度，速度的大小用等速线表示。

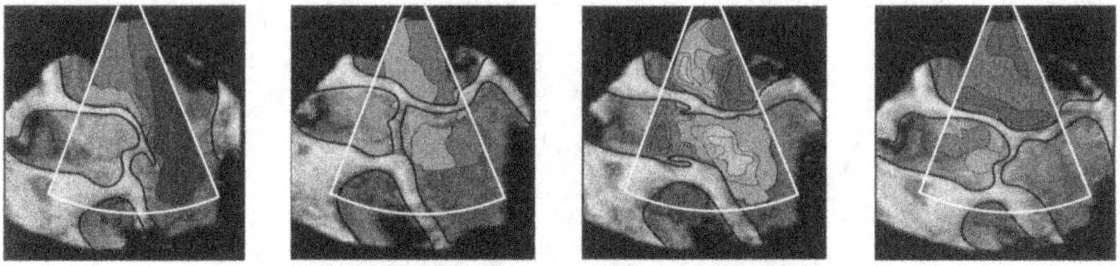

图 1.13　借助回声心动描记仪测量心脏中血液速度

弗瑞伯格 (Freiburg)　2001

第一张图显示左心室中血液内流过程，这时二尖瓣开启，主动脉瓣膜闭锁，可见最大速度达 0.5 m/s 的大量血液向内向下方流动。心室收缩时，主动脉瓣和二尖瓣都闭锁，左心室被血液完全充满，这时测出的流速是非常小的，且可能并非因血液流动，而是因心脏相对于仪器超声探头的运动而测得的。当血液流出心室时，二尖瓣闭锁，主动脉瓣开启。因为血液流向与超声多普勒波束横截，向下流的即是进入主动脉的血流。心室舒张时，两个心脏瓣膜都闭锁，可以看到进入左心房的血流。

所测得的速度场给医生的医疗诊断提供了重要信息。然而，对于有较高流动损失的心脏疾病，这还不足以给出定量分析。流动模拟，作为对超声回声心动仪的补充，则提供了一种定量地确定非定常三维流场的方法，13.2.4 节中将描述一些模拟的结果。

前已述及的与机翼和汽车相关的流动现象，也可能出现在流过涡轮机械的流动中，为阐明这一点，让我们来看一下流过一风扇喷气发动机的流动过程，这种发动机通常用于民航机中产生推力。

图 1.14 给出了一个现代风扇喷气发动机的纵剖面，前叶片构成的所谓的风扇主要是生成整个喷气发动机的推力，风扇由喷气发动机 (也被称为核心发动机) 内的燃气涡轮驱动，由涡轮排出的喷气动量也产生一小部分推力。流过燃气涡轮的流动将在第十四章热力涡轮机械中详细讨论。

在风扇喷气发动机中，研发各种流动机械所必须考虑的几乎全部流动现象都会出现。风扇叶片处于 $M_\infty = 0.8$ 的大亚声速马赫数流中，因为叶片的旋转，叶片和气流间的相对速度就超过声速，叶片，特别是其半径大的部分，就处在超声速流中，于是，如机翼的情况一样，就会出现激波，不仅产生损耗，也可能引起附加的声学问题。

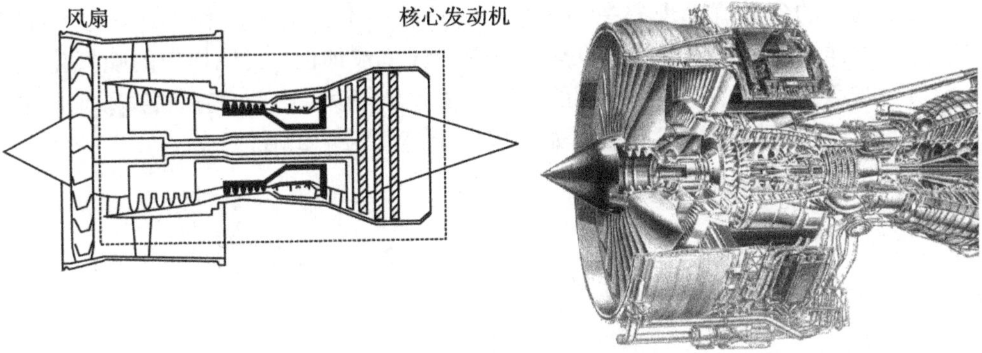


图 1.14 三轴风扇喷气发动机

如前所述，风扇是由核心发动机驱动的，对于所谓多轴喷气发动机，核心机由低压压缩机、高压压缩机、燃烧室、低压涡轮和高压涡轮组成 (图 1.15)。在风扇级被稍作压缩的空气进入第一级 —— 低压压缩机，这时因空气温度低，当地声速小，压缩机在正常旋转速度下，其转子处的流动就是超声速的，通过压缩机的流动遂具有下列流动现象：激波、和激波相互作用的二维边界层、三维边界层 (特别是在靠近轮毂和机壳处的)，以及限制喷气发动机工作状态的二维和三维分离流。

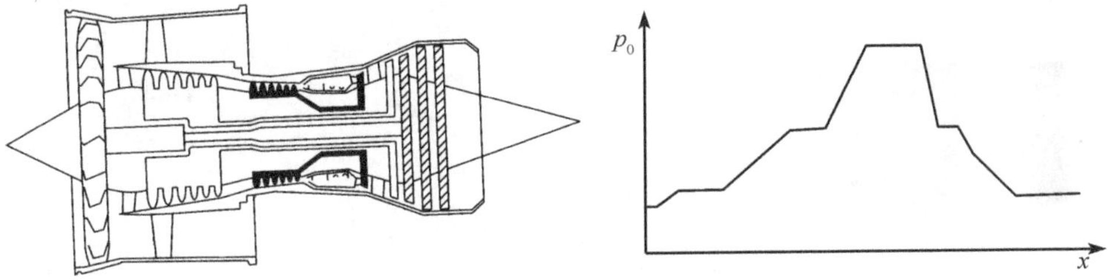


图 1.15 沿发动机轴向的总压

被低压和高压压缩机压缩了的空气流进燃烧室，煤油也注入燃烧室并燃烧，于是出现了由液态和气态的燃料及空气构成的两相流。煤油的注入过程应适当选择，使油、气达到良好的混合，而高湍流度的流动常可达到良好的混合。燃烧室中的混合质量或湍流强度及分布情况也决定着排放物的污染情况。

在燃烧过程中，流动获得能量而变热并进入下一级 —— 驱动高压压缩机的高压涡轮。因气体是热的，当地声速高，涡轮中的气流具有小马赫数的亚声速流为无应力的。随后气流进入驱动低压压缩机的低压涡轮，由于气体中的应力进一步减小，气体温度下降，局部声速变小，使在最后一级转子上作用的气流在很多情况下是超声速的。

上面列出的各种流动现象在高压和低压涡轮中都会出现，本书的最后一章将对它们作更详细的讨论。在附加的推力喷管中气体被加速，出现均匀的喷气排气。

第十四章包括核心发动机部件的设计方法，并向读者说明，前面各章所介绍的适应技术发展的计算和模拟方法可如何应用于燃气涡轮领域。

# 第二章　液体和气体的特性

## 2.1　液体的特性

液体区别于固体在于其质点易于移动。要改变固体的形状必须对其施以一定的力，而要改变液体的形状，只要有充分的时间任其变形，则完全不需要施加外力。液体在快速变形时也表现出抗力，但一旦流动停止，此抗力即迅速消逝，液体的这种抗拒变形的特性称为黏性。我们将在第四章中仔细地讨论黏性。除易流动的普通液体外，还有黏性很大的液体，其对于变形的抗力相当大，但当其运动一旦停止，此抗力即为零。

非晶形的固体可能有从黏性状态开始的各种过渡相态，即不同程度的流动性，例如，受热后的玻璃以及常温下的沥青和类似的物质。若将一桶沥青倒置，视温度的不同沥青需要几天或几个星期才完全流出。流出的沥青形成一个扁饼，虽然它继续在流动，人们却可以在其上行走而不留下痕迹，但若站在其上时间稍长，则会留下脚印，若用锤子猛敲，它还会像玻璃一样地破碎。

在研究液体的平衡时，我们只考虑处于静止状态或流动得足够慢的液体。这样可以设抗拒变形的抗力为零，进而得到液体状态的定义为：液体在平衡时对于变形没有抗力。

根据物质分子运动理论，原子或分子在不停地运动，这种运动的动能表现为热。由此观点出发，液体和固体的区别在于液体的质点不像固体的那样围绕固定位置振动，而是或多或少地与其临近质点交换位置。若液体里有了应力，这种位置迁移就容易发生，并沿应力梯度方向引起屈服。液体处于静止状态时，这种屈服使应力差消失；但当液体形状改变时，就会产生应力，且形状改变越快应力越大。

非晶形固体随温度升高而逐渐软化的过程可解释为：固体受热时其分子动能增加，某些质点恰好振动幅度特别大而迁移了位置；继续加热，迁移位置的质点越来越多；最后，迁移位置成为普遍现象。对于结晶体，从固态变为液态的过程通常是以熔化，即破坏规则的晶体结构的方式，不连续地实现的。

液体的另一特性是其对体积变化的巨大抗拒力，不可能把一升水压进半升的容器里；若把一升水放入一个两升的容器，容器只能半满。但是水并不是绝对不可压缩的，在高压下可将其压缩至可觉察的地步 (约 100 bar，1 bar = 1.020 kg / $cm^3$ = 0.9869 标准大气压，的压力可使水的体积减少 4%)。类似的关系也适用于其他液体。

## 2.2 应力状态

现在我们来进一步考虑液体在平衡时的应力状态。

在这里值得提一下，关于固体在平衡时受力的普遍定理同样可以应用于液态物体。为证实这一点，我们基于下述考虑定义了一个专门的*刚化原理*，即任何可自由运动体系的平衡不会因其任一可运动部分的随后刚化而破坏；因此可以设想，将平衡的液体中任何部分刚化不会扰动液体的平衡。于是，刚体平衡的定理就可以应用到刚化了的那部分液体上去。当然，这里指的不是与体积变化和结晶等相关联的实际固化，而是指没有位移或体积变化的理想的刚化。

一般力学的平衡定理通常由刚体概念导出，不过绕刚体的这个弯并不绝对必要。这些定理完全可应用于内部有运动自由度的*静止质量系*上去，虽然这里因考虑整个体系处于平衡没有用到这种内自由度。只要体系确实静止，这两种方法都正确；但在运动情况下，刚化原理则会导致困难，因为实际上并不存在刚体。考虑到刚化原理的方法在后面流体动力学中要用到，这里将其主要原理简单叙述如下。这一方法也常应用于材料力学中。

首先，所有的力都是质量间的相互作用。例如，质量 $m_1$ 以力 $F$ 吸引另一质量 $m_2$，则 $m_2$ 以同样的力 $F$ 吸引 $m_1$；也就是说，这两个力作用于相反的方向 (牛顿的作用和反作用定律)。对于从整体中任意取出来的一个*质量系*，我们要区别两种力：*内力*和*外力*。内力作用于该质量系内的两质量之间，因此总是成对反向出现；外力则作用于该质量系一质量和外界一质量之间，因而在该质量系内仅出现一次。假如我们把作用于该系内所有质量上的力合成，则内力总是成对的抵消，最终只有外力出现。

要使此体系平衡，作用于每个质量上所有力的合力 (矢量和) 都必须为零。我们若对该系内所有质量上的力求合力，将只有*外力*的合力存在。而由于平衡的关系，各个质量上的合力应等于零，所以作用于这个体系上的外力的合力也就等于零。这个定理除了假定质量系处于平衡状态外，未对质量系作任何其他假设，因而它在各种不同的应用领域中极其有用。假设采用直角坐标，这个定理包含三个方程

$$\sum F_x = 0, \quad \sum F_y = 0, \quad \sum F_z = 0$$

其中 $F_x$、$F_y$、$F_z$ 分别是外力 $F$ 在 $x$、$y$、$z$ 轴方向的分力。

对于外力形成的力矩也有一个完全相似的定理，即平衡时这些力矩之和也必须为零。

对弹性体和液体，我们感兴趣的是*体内的应力状态*，它们由作用在体内最小质点间的内力形成。通常，对于包含大量质点的区域，我们只满足于掌握该区域内的

平均状态。但我们的定理仅论及外力，怎样才能描述内力呢？办法是我们必须把内力变作外力！可以通过如下的方法来实现：设想将一个物体切成两块，任选其中的一块 (图 2.1 中的 I ) 作为我们的质点系，这样来自块 II 中质点作用于块 I 中质点上的力，原为内力，现在就变成外力了。如果整个物体处于外加压应力 (由图 2.1 中的两个箭头所示) 作用之下，则内应力也会出现。因设想整体已被切成两块，则通过切开处的截面来自右块中质点的力作用于左块中质点上，将这些力全加起来，形成的合力正好保持了作用在 I 上的所有力的平衡。这样就对此截面上的合力有了一个明确的说明。当然，上述讨论也完全可以对块 II 进行，在截面上得到一个同样大小 (只是作用方向相反) 的合力 (由 I 作用于 II 的力)。

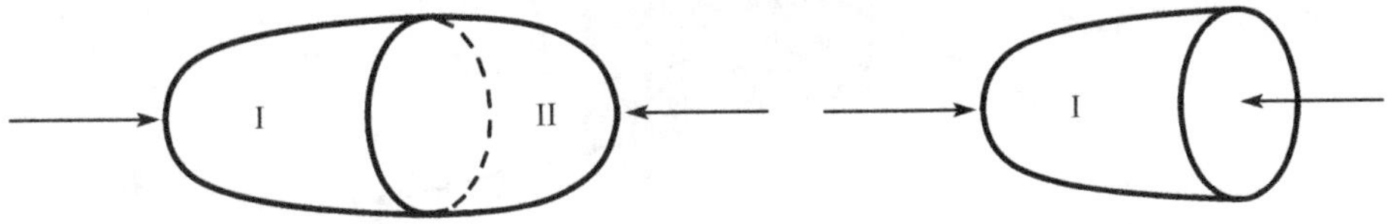


图 2.1 作用于质量系的力

我们所说的*应力*是指作用在截面单位面积上的力。在上述例子中，若将保持平衡的截面上的合力除以截面面积即可获得该截面上的平均应力。可以看到，一个面积上的应力正如合力一样是一个矢量。

这种利用一个想像的截面把内力转变为外力的方法，我们称之为*截面原理*。它有着广泛的应用：要研究一个物体的应力状态，可以用几个这样的截面从物体中截出一个小体元 (平行六面体、棱柱体、四面体等) 并研究该体元的平衡。最简单的情况是保持该体元平衡的所有力均为正应力。根据体元的平衡，可导出一些重要的定理，现将其中之一作为例子予以证明。

设某体元的一个立体角由三个平面形成并已知作用于此三个平面上的应力矢量，则该体元任何其他截面上的应力矢量均可求得。

**证明** 用欲求其应力的第四个截面截此立体角，使这些截面形成一个如图 2.2 所示的四面体。力 1、2 和 3 可从已知的应力矢量各自乘以相应的三角形面积得到，与力 1、2、3 的合力平衡的只有一个具有一定方向和一定大小的力 4，这个力除以相应的三角形面积即为所求的应力。为计算方便，可选力 1、2、3 各自对应的平面为坐标平面 (图 2.2)。

我们还要指出，*应力状态*可以和一个椭球面联系起来，因而是一个张量；它代表通过一点的所有可能截面上的全部应力矢量。根据前述定理，当形成一个立体角的三个截面上的应力矢量给定时，一点的应力状态 (连同相应的椭球面) 也就确定了。对应于每个椭球面的三个主轴，对每个应力状态都存在三个互相垂直的截面，这些截面上的应力矢量与各自对应的截面垂直。这样区分出来的三个应力叫做主应力。

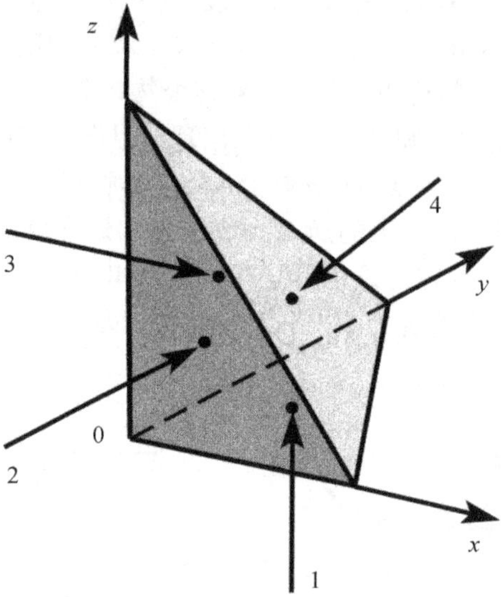


图 2.2　作用于四面体上的应力

## 2.3　液体的压力

液体平衡时其应力状态特别简单。抗拒变形，即阻碍质点间彼此的相对移动，可与固体的摩擦相比拟。若两个相接触的固体之间没有摩擦，则力必定与此两物体的接触面垂直，因而其中任一物体沿接触面滑动时并不做功。同样的，液体不抗拒变形是由于：在液体中应力总是与它所作用的面垂直。这里我们称应力为*压力*。压力垂直于它所作用的面这一特性，也可作为液态的定义。这一定义和 2.1 节中得出的定义完全等价。

考虑一个简单的平衡情况，立即可导出关于液体压力的另一特性。我们设想在液体内分隔出一个小的三棱柱体，其顶、底两端面与各棱边垂直，并设想此棱柱体在液体中刚化，研究其余液体施加于此棱柱体上的力的平衡。两端面上的压力大小相等方向相反，因而互相平衡，无需再讨论。而各侧面上的力与各该侧面垂直，因而必定在与各棱边垂直的平面内。图 2.3 示出了棱柱体的正视图及三侧面上的力，以及为了平衡这三个力必须形成的力三角形。因为力三角形的各边与棱柱体正截面的各相应边垂直，两三角形的对应角相等，因而相似。这表明，这三个压力与棱柱体三相应侧面的面积成正比。为确定单位面积上的压力，各压力应除以相应的侧面积。因棱柱体的各侧面是等高的，所以各侧面的面积就与它们的底边和各自相联系的压力成正比。由此可见，单位面积上的压力在棱柱体三个侧面上都大小相等。由于棱柱体是任意选取的，于是我们可以得出结论：液体中任何一点压强的大小各向均等。在这种情况下，应力椭球面是一个球面。为了描述这种所谓的静水应力状态，只需要压强 $p$ 这样一个数值即可，显然压强 $p$ 表示作用在单位面积上的力。

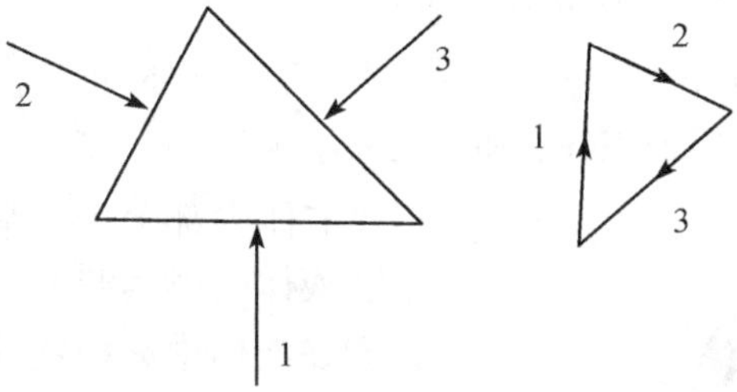


图 2.3 棱柱体正截面上的力及力的平衡

1. 不计重力效应时液体中的压强分布

液体有重量，但在很多情况下，特别是在高压下，重力的影响可以忽略，从而使讨论大为简化。我们仍从一个棱柱体上力的平衡开始讨论，这次的棱柱体具有更大的长度，我们来考虑沿轴向的平衡。首先假设流体内的压力是逐点变化的，棱柱体横截面，即其端面与棱柱体轴垂直并以 $A$ 表示 (图 2.4)。设棱柱体一端的压强为 $p_1$，另一端为 $p_2$，若此横截面取得小到其上压强的变化可忽略不计，则有力 $A \cdot p_1$ 和 $A \cdot p_2$ 以相反方向作用于轴向。由前述讨论可知，棱柱体各侧面上的压力都与对应侧面垂直，因此也与棱柱体的轴垂直，这样，不论在侧面上压强如何分布，都对平行于棱柱体轴的分力毫无作用。可见，为了平衡，轴向各力 $A \cdot p_1$ 和 $A \cdot p_2$ 必须平衡，即

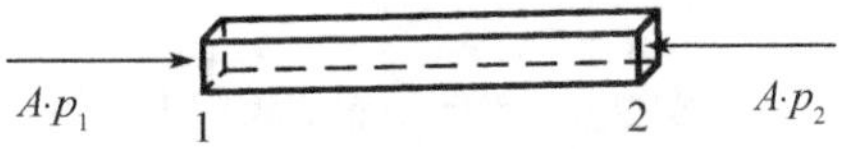


图 2.4 长棱柱体上的压力

$$A \cdot p_1 = A \cdot p_2 \quad 或 \quad p_1 = p_2$$

由于棱柱体的位置完全是任意选取的，在没有重力 (和其他外加力) 时，液体中各点的压强是同等大小的。

若液体是装在一个狭窄而弯曲的空间内，不可能在液体的任意两点间划出一个棱柱体，我们可以随意重复上述认证，从第一点到第二点，再从第二点到另一方向的第三点等，直到所需的端点 $n$ 上。从 $p_1 = p_2$，$p_2 = p_3$ 等，便可得到 $p_1 = p_n$。

另一种更精致的论证方法是设想将该狭窄而弯曲的细管置入另一大的充满了液体的容器中，在达到平衡后，除细管中的液体外，其余液体均被刚化。根据 2.2

节中所述刚化原理，这一刚化不改变力的状况；也就是说，在平衡时不管空间多么狭窄，液体中的压强处处相等。

在极狭窄的空间里，液体压强改变，如外载荷作用后，可能需经过相当长时间才能达到平衡。例如，可塑的陶土（由很细的固体颗粒组成，颗粒之间充满了水）可能需几天，而地下黏土层则可能需几年；在此期间，水从高压地区流向低压地区（4.2.8 节），而同时固体构架产生弹性屈服。

上述讨论可总结如下：液体平衡时，其中压强处处垂直于压强的作用面，在没有重力和其他体积力时，压强在各点和各向大小相等。

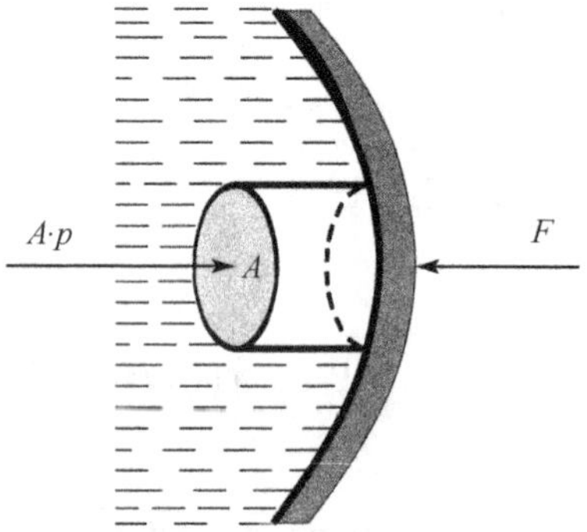

图 2.5 容器壁面上的压力

液体内部关于压强的规律，也同样适用于装液体的容器壁上的压强。为证实这一点，我们在液体中紧挨壁面和离壁面一小距离处各取一平面截面，并用与截面垂直的圆柱面连接此两截面（图 2.5）。这个圆柱体所围的液体的平衡产生力 $F$，它作用在壁面上而与截面垂直，等于力 $A \cdot p$。这种考察方法的优点是，即使壁面极不规则，显然也丝毫不影响结果。图 2.5 所示的 $F$ 表示器壁作用于所研究的那块液体上的力，与液体对壁面的压力方向相反。

2. *液体的平衡*

重力对一质量 $m$ 的作用在于此质量被大小为 $m \cdot g$ 的力向地心吸引，其中重力加速度 $g$ 在中纬度附近约等于 9.81 m / s$^2$。因未考虑地球的转动，上述重力值并不准确，实际上重力是地心引力和离心力的联合效应；在北半球，铅垂线的方向与地轴相交于地心的稍偏南处。

力 $m \cdot g$ 被称为质量 $m$ 的重量。因液体的总量通常以其体积度量，我们引入单位体积的质量，即密度 $\rho$ 的概念。体积为 $V$ 而密度为 $\rho$ 的液体其质量为 $\rho \cdot V$，而重量为 $g \cdot \rho \cdot V$，可见乘积 $g \cdot \rho$ 是单位体积的重量，称为重度 $\gamma$。重力加速度 $g$ 的大小在地面上各点并不完全相同，重度的大小也随地区而有所不同，而密度却与重力无关。

流体静力学的基本任务，即液体平衡的研究，是确定均匀液体中的压强分布。

我们仍旧研究在液体中任意取出的小棱柱体对其轴向位移的平衡。如图 2.4 所示的棱柱体，其轴线是水平的，即与重力成直角，所以棱柱体的重量在其轴向无分力，因而在 2.3 节中所有的相关讨论在这里都适用，我们又可得到 $p_1 = p_2$。将此论证重复应用于水平轴向一系列相邻的棱柱体上，可知在一小平面上各点的压强都具有相同的值。

讨论轴线铅垂的棱柱体或圆柱体在铅垂方向位移的平衡可得到不同水平面上压力的关系，这里，必须计及棱柱体的重量对平衡的作用。如图 2.6 所示，向下作用的有上端面受到的压力 $p_1 \cdot A$ 和重量 $G = \gamma \cdot V = \gamma \cdot A \cdot h$，而向上作用的则是下端面受到的压力 $p_2 \cdot A$。

$$\gamma \cdot A \cdot h + p_1 \cdot A = p_2 \cdot A$$

因而

$$p_2 - p_1 = \gamma \cdot h \tag{2.1}$$

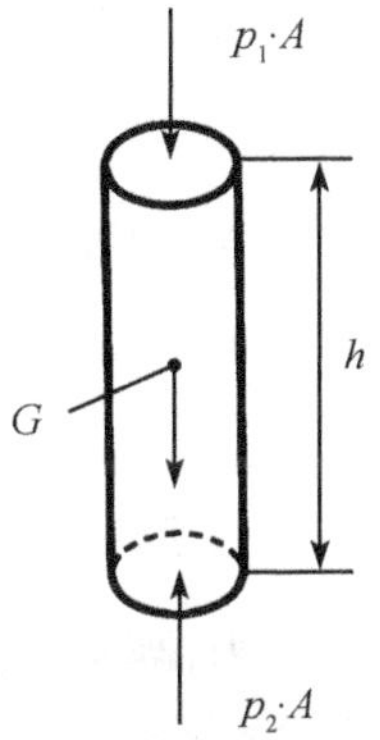


图2.6　铅垂圆柱体上力的平衡

即两点间的压强差等于两点间单位截面积铅垂液柱的重量。重复应用这一论证，可得出下述结论：压力在同一水平面上保持为常值，而在重力作用的方向上，每增加一个单位长度就增加 $\gamma$ 那么多。

若置一直角坐标系，令其 $z$ 轴与重力方向相反，竖直向上，则水平面 $z = 0$ 上压强为 $p_0$ 时，任何其他点上的压强为

$$p = p_0 - \gamma \cdot z \tag{2.2}$$

反复使用刚化原理可知，这一关系不仅适用于充满了液体的大容器内部，对连通的容器、任何管系，以及砂砾或沙子的空隙等的内部都适用，只要液体是均匀连续并处于静止状态。

刚化原理还可用来确定浸在液体中的物体所承受的液体压力。先设想该物体为液体所替代，显然这部分液体应与该物体形状相同，并具有与其余部分液体相同的密度，在其表面所受的压力下保持平衡。这些压力的合力被称为浮力，必定铅直向上并通过这部分液体的重心，其大小等于这部分液体的体积 $V$ 与液体的重度 $\gamma$ 的乘积。现在再设想将这部分液体刚化，这并不影响我们得到的各种关系，可见即使在原位上替换为另一同样形状但重量不同的物体，这些关系也不会改变。这一规律是阿基米德 (Archimedes) 发现的，可表述为：浸在液体中的物体所损失的重量等于它所排开的液体的重量。假如我们把一个物体先放在液体中，再放在空气中，各称一次重量，因空气也有一些浮力，其重量的减少为 $G_{\text{liq}} - G_{\text{air}} = V \cdot (\gamma_{\text{liq}} - \gamma_{\text{air}})$。所以，我们要是已知 $\gamma_{\text{liq}}$ 和 $\gamma_{\text{air}}$ 就可以由此求得$V$；或已知 $V$ 可求得 $\gamma_{\text{liq}}$；$\gamma_{\text{air}}$ 可按 2.5 节所述的方法计算。

若液体是非均质的(如液体的温度分布不均匀，盐溶液的浓度不均匀等)，可完全一样地利用对水平轴向棱柱体的论证方法得出同一水平面上压强相等的结论。现选取两个相距 (不太远)$h$ 的水平面 (图 2.7)，上面一个平面的压强是 $p_1$，下面一个

的是 $p_2$，再在其中考察两个高度为 $h$ 的铅垂棱柱体。左、右棱柱中液体的平均重度分别为 $\gamma_1$ 和 $\gamma_2$。

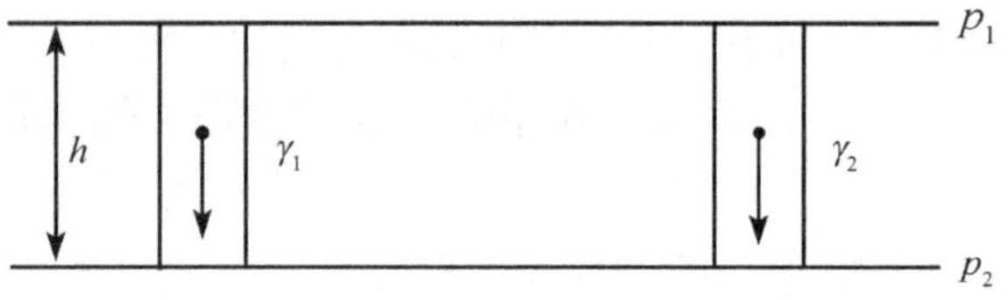


图 2.7　两水平位移铅垂圆柱体上力的平衡

为保持平衡，左边棱柱体应有 $p_2 - p_1 = \gamma_1 \cdot h$，右边则应有 $p_2 - p_1 = \gamma_2 \cdot h$。但这两个关系不可能同时存在，除非 $\gamma_1 = \gamma_2$，否则就没有平衡，液体就会流动。我们可以把 $h$ 选得很小，而使上述论证更为精细，并对任意多的成对相邻水平面重复应用这一论证，从而得到以下结果：非均质液体中，除非在每一水平层内密度不变，否则不能保持平衡。这也就解决了两种不同密度、分为上下两层而不相混的液体的平衡问题，即为了保持平衡，这两种液体的分界面必须为水平面。将图 2.7 所示的推理方法直接应用于分为上、下两层的两均匀液体层，其分界面的形状最初并不知道，只知其位于所取的两水平面之间，也可得到同样的结果。

对于这种分层液体的稳定性，还应注意到，密度较小的液体总是必须位于密度较大的液体之上才是稳定的，相反的层叠就不稳定，一个很小的扰动就可使液体流动。

为证明这一点，可再从图 2.7 开始，设在此二水平面之间有一受了扰动并稍倾斜的分界面，我们来计算此界面上的压力差。在稳定情况下，界面的这一倾斜因压力差而趋于减小，而在不稳定情况下则趋于增大。

密度连续变化时，完全类似的一些关系也是适用的。若液体中各点的密度随高度增大 (往上运动) 而降低，则系统稳定。与稳定分层的非均质液体不同，均质液体是随遇平衡的，液体中任何部分被任意移动都不会引起破坏平衡的力。

关于非均质液体中的压强分布，方程 (2.1) 的微分形式

$$\mathrm{d}p = -\gamma \cdot \mathrm{d}z \tag{2.3}$$

对于密度足够均匀的每一层都适用。如果 $\gamma$ 是高度 $z$ 的函数，积分式 (2.3) 可得到

$$p = p_0 - \int_0^z \gamma \cdot \mathrm{d}z \tag{2.4}$$

## 2.4 气体的特性

气体与液体的区别在于气体受到足够的压力时可被压入一个很小的空间；而若将其充入较其初始所占空间更大的空间时，气体又均匀地填满该空间并相应地降低压力。除了这一点外，气体的性状与液体的极其相像，静止的气体对于变形的抗力也等于零，有内部移位发生时也表现出一定的黏性。所以，只要体积不改变，气体与充满同样空间且无自由表面的液体两者的性状在定性上完全没有差别。

最重要的气体是大气，其他气体的性状本质上和它一样。正如我们随后要详细讨论的，地球表面的大气受到约为 1bar 或 $10^5\text{N} / \text{m}^2$ 的压强，这个压强的大小在地球表面的各处大致相等。往高处去，则大气压强逐渐降低 (2.5 节)。

现有几种设备可用来测量大气压力 (或气体压力)。指示压力差的设备称为*压力计*，指示其周围气体绝对压力的称为*气压计*，这两类测量都可利用液柱 (2.6 节)。利用被测压力使弹簧动作的测量设备也常被使用，例如，为测空气的绝对压力，可将一内部空气已抽尽的金属小盒，通过一强力弹簧连接到一个易变形的盖子，使弹簧的张力正好可防止这个盖子被外界空气压力压进小盒，这样，当把此设备放到具有不同空气压力的地方时，这一压力的变化即可从指针的偏转上读出 (无液气压计，现具有数字显示)。

气体压力随容积改变的规律是由玻意耳 (R. Boyle) 在 1662 年首先发现的。后来又被马略特 (Mariotte) 在 1679 年独立地发现，所以称之为*玻意耳–马略特定律*。该定律指出，在恒定温度下，压力与容积成反比。也就是说，若将一定量的气体压缩到其容积的一半，则其压力增加一倍；反之，容积若增加一倍，则压力减小一半。这一定律可用如下方程表达

$$p \cdot V = p_1 \cdot V_1 \tag{2.5}$$

其中 $p_1$ 为原压力，$V_1$ 为原容积，$p$、$V$ 为另一给定状态下气体的相关量值。

气体的容积也随温度显著变化，1816 年盖–吕萨克 (Gay-Lussac) 发现：若压力保持不变，温度每增加 $1^\circ$ C，气体的膨胀量总等于其 $0^\circ$ C 时容积的 1/273.2。这个规律对一切气体在各种不同温度下都能相当近似地适用，并可用公式表示为

$$V = V_0 \cdot (1 + \alpha \cdot \vartheta) \tag{2.6}$$

其中 $V_0$ 为 $0^\circ$ C 时的容积，$\vartheta$ 是摄氏温度，$\alpha = 1/273.2^\circ$ C 为膨胀系数。在中等压力下，此 $\alpha$ 值不仅对空气，对其他气体，如蒸汽、氦等也都相当准确。

既然方程 (2.6) 与压力无关，可将其与方程 (2.5) 合并而得到适用于各种压力和温度的方程

$$p \cdot V = p_0 \cdot V_0 \cdot (1 + \alpha \cdot \vartheta) \tag{2.7}$$

其中 $p_0$ 是一个固定的但为任意值的起始压力，$V_0$ 是初始压力为 $p_0$ 和温度为 $0^\circ$C 时的容积。方程 (2.7) 常被称为*马略特–盖–吕萨克* (Mariotte-Gay-Lussac) *定律*，也是一个将压力、容积和温度三个状态变量联系在一起的*状态方程*，因实际气体的性态与其存在一些偏离，故称为*理想气体状态方程*。对一般密度的气体，这些偏离可以忽略，但若气体受到很强的压缩，特别若其温度降低至气体开始凝结，这些偏离就非常明显了。

在热力学中会详细讨论这些偏离，我们在这里只简单说明一种情况。由方程 (2.5) 可知，在非常高的压力下，气体容积变得非常小。于是用方程 (2.7) 似乎可计算出气体在多大压力下可达到水的密度，或黄金的密度等。然而，这其实是不可能的。气体有一个极限容积，不管压力多大，都不可能把气体压缩到小于这个容积，因为在此容积下，气体分子已达到其可能的最密结构。考虑到这一事实，方程 (2.7) 可改写为

$$p \cdot (V - V') = p_0 \cdot (V_0 - V') \cdot (1 + \alpha \cdot \vartheta)$$

其中 $V'$ 表示极限容积。对于每一个有限压力 $p$，容积 $V$ 总比 $V'$ 大些；当 $V$ 比 $V'$ 大得多时，这一方程所得的结果与方程 (2.5) 或方程 (2.7) 的结果就没什么差别了。

气体受压缩时产生热，对于只适用于常温情况的*玻意耳–马略特定律*来说，只有在压缩过程的时间足够长、使压缩产生的热能散发出去而使气体具有周围环境温度的情况下，气体才真正遵守该定律。对于气体膨胀时的冷却，情况也是同样如此。如果时间不足以平衡其温度差，则压缩过程中气体压力的增加比其容积的减小更多。由热力学知，如不发生热交换，即压缩或膨胀进行得极快，则得到的将不是方程 (2.5)，而是

$$p \cdot V^{\kappa} = p_1 \cdot V_1^{\kappa} \tag{2.8}$$

其中 $\kappa = c_p/c_v$ 是比定压热容与比定容热容之比。干燥空气的 $\kappa = 1.4$。服从方程 (2.5) 的压缩或膨胀是*等温的状态变化*，而按照方程 (2.8) 的变化则为*绝热的压缩或膨胀*。与绝热压缩相联系的发热和与绝热膨胀相联系的冷却可按方程 (2.7) 和方程 (2.8) 计算。

本节中所讨论的气体的特性可用气体动力学的假说予以解释，即气体的分子以很高的速度运动，相互碰撞并和容器壁碰撞，气体的压力正是这些碰撞的总效果。而温度则与这些质点的平均动能同义，气体被压缩时，这些质点因容器壁向内移动而从器壁弹性反射的速度增加，因而温度升高。

## 2.5 气体的压力

气体平衡的条件和液体平衡的相同，所以 2.4 节中的那些关系也适用于气体。

在许多情况下，例如，展布在不太大高度范围内的气体，其重度就可以看作在各点都相同，前节中的方程 (2.1) 和方程 (2.2) 均对其适用，即可将此气体视作均质液体。对于较大的高度范围 (达数公里量级)，则不再允许这样做。这时压力差甚大，由于气体的可压缩性，上下的密度已有显著的不同，温度差也常起作用，所以，必须采用非均质液体的方程。将方程 (2.3) 除以 $\gamma$ 并积分得到

$$\int_{p}^{p_0} \frac{\mathrm{d}p}{\gamma} = z \tag{2.9}$$

对于温度随高度的不同分布，积分会得出不同的结果。最重要的一个情况是等温情况。根据玻意耳–马略特定律($p \cdot V=$ 常数)，重度 $\gamma$ 与压强成正比

$$\gamma = \gamma_0 \cdot \frac{p}{p_0} \tag{2.10}$$

因此

$$\int_{p}^{p_0} \frac{\mathrm{d}p}{\gamma} = \frac{p_0}{\gamma_0} \cdot \int_{p}^{p_0} \frac{\mathrm{d}p}{p} = \frac{p_0}{\gamma_0} \cdot \ln\left(\frac{p_0}{p}\right) \tag{2.11}$$

从方程 (2.10) 即可看出，$p_0/\gamma_0$ 是一个重度为常值 $\gamma_0$ 的液柱的高度，柱底端的压力为 $p_0$，顶端的压力为零。这个高度被称为均质大气的高度。对于实际大气来说，这仅仅是一个计算量。作为例子我们来计算其具体数值。为此，先要知道 $\gamma_0$。可先将一带气门的容器抽空称其重量，再打开气门放满空气，因外界空气冲进容器时做功，容器中空气刚开始是被加热的，故应等待温度达到平衡，然后再第二次称该容器重量。这一次较前一次所增加的重量即容器内空气的重量 $G$。如果根据装满水和倒空水的两个重量差确定容器的体积 $V$，可求得 $\gamma_0 = G/V$。此 $\gamma_0$ 相应于地面处的压强 $p_0$，对于其他的地面压强 $p_0$，$\gamma_0$ 可按比例算出。假设 $p_0$ 等于 1 bar，对于温度为 $\vartheta$ 的中等湿度的空气，根据盖–吕萨克定律，可得

$$\gamma = \frac{12.45}{1+\alpha\cdot\vartheta} \quad \mathrm{N/m^3} \tag{2.12}$$

在动力学中将密度 $\rho = \gamma/g$ 作为质量惯性的量度。在室温下，$\gamma$ 可选一平均值 11.8 N / m$^3$，考虑到 $g$=9.81 m / s$^2$，可得到 $\rho$ 的平均值为 1.20 N · s$^2$/m$^4$。

为计算出方程 (2.11) 中的 $p_0/\gamma_0$，必须将 $p_0$ 与 $\gamma_0$ 用一样的单位制来表示，代入 1bar = $10^5$ N/m$^2$，可得

$$\frac{p_0}{\gamma_0} = \frac{100000}{12.45} \times (1+\alpha\cdot\vartheta) = 8030 \times (1+\alpha\cdot\vartheta)$$

$p_0/\gamma_0$ 的单位是 m。对于中等湿度的空气，均质大气的高度为 $8000\times(1+\alpha\cdot\vartheta)$m (与压力无关，但随温度而变)。我们用 $H_0$ 表示这个高度。将式 (2.9) 分别应用于两个不同高度，可得

$$z_1 = H_0\cdot\ln\left(\frac{p_0}{p_1}\right)\qquad z_2 = H_0\cdot\ln\left(\frac{p_0}{p_2}\right)$$

即

$$z_1 - z_2 = H_0\cdot\ln\left(\frac{p_2}{p_1}\right)\tag{2.13}$$

这就是气压高度公式。由式 (2.13) 解出 $p$，可得出压强与高度的关系

$$p = p_1\cdot \mathrm{e}^{-\frac{z-z_1}{H_0}}\tag{2.14}$$

如图 2.6 的情形所论证的那样，考虑到力的平衡，从点 $z$ 向上，底面积为 $A$ 的直至大气层边缘的空气柱的重量等于 $A\cdot p$。因此，压强 $p$ 就等于点 $z$ 以上的单位面积空气柱的重量。图 2.8 是式 (2.14) 的图形表示。可见压强随高度的增加而连续地降低，但降低率逐渐减小，在无穷高处它就等于零。自由大气中压强随高度而降低的变化可以由带往塔上或山上的测压仪器 (气压计) 测量出来，甚至在多层楼房上即可分辨出来；如果同时也观察空气的温度，根据观察到的压力差就可以确定高度差。这种方法就是应用于飞机上确定飞机飞行高度的方法。如果高度差已知，则也可用此法来确定位于两个位置间的空气层中的平均重度。

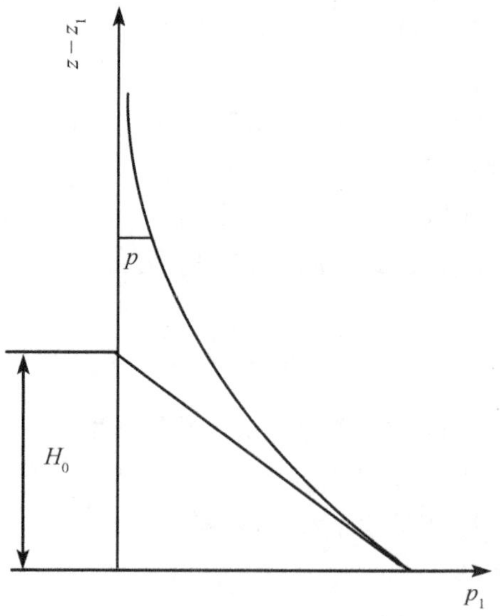


图 2.8　等温大气中的压力分布

若空气温度是不均匀的，则可将空气按高度分成若干段，使每段温度差不太大，则高度公式仍可在每一段中应用。这时，对每一段高度 $H_0$，就要根据这一段内的平均温度来计算。

最后，我们转而讨论这样一个问题：在什么条件下，分层气体的平衡是稳定的，什么条件下它不稳定。上层的重度必须小于下层的这一条件并不充分。理由是，如果一团气体向上或向下流动，则压力，从而气团的密度，将发生变化。我们对这一问题的正确解答是这样的：如果一部分被挤上来的气体，在新的压力下其密度比周围气体的大，或者一部分被挤下去的气体，在新的压力下其密度比周围气体的小，则平衡就是稳定的。因为在这种情况下，这部分气体就趋于要回到它原来的位置。在一团气体里，有一种分层状态 (温度分布) 在稳定性方面很类似于均质液体，就是说，这种分布下，这团气体是处于随遇平衡状态。在这种状态下，任一部分气体在被移到任何别的地方后，都必和新的环境有同样的密度，好像它从来就是属于那里的。如果改变压力而不给气体任何机会与周围交换热量，则这部分气体就呈绝热性。而若分层是这样的，即压力和密度在各种高度上都遵循状态的绝热变化规律式(2.8)(即 $p$ 和 $\gamma^k$ 成正比)，则被迫向上或向下移动的每一部分气体，就确是迁移到了与它自身由于状态的绝热变化所达到的温度一样的地方，因而它就没有任何机会与周围交换热量。可以证明，这种绝热分层与均质液体有一个共同点，这就是，它是由原来任意分层的气体彻底地混合而生成的，正如本来是非均质的盐溶液经过搅拌使之成为均质的一样。

在大气中绝热分层的特征是，大约每上升 100 m 温度下降 1°C。小于这个温度降低率就表示大气是稳定的，因而如果温度随高度而增加，那么稳定性就加大。大于此温度降低的情况在自由大气中通常是不存在的，因为这对应于不稳定状态。但是，当地面温度比临近地面的空气温度高时会出现这种情况，这时空气当然不能平衡，而是上下对流。

在绝热分层的大气中，可利用式 (2.9) 来计算压强分布。令 $\gamma = \gamma_0 \cdot (p/p_0)^{1/\kappa}$，代入式 (2.9)，积分得

$$z = \frac{\kappa \cdot H_0}{\kappa - 1} \cdot \left(1 - \left(\frac{p}{p_0}\right)^{\frac{\kappa-1}{\kappa}}\right) \text{或} \quad p = p_0 \cdot \left(1 - \frac{\kappa - 1}{\kappa} \cdot \frac{z}{H_0}\right)^{\frac{\kappa}{\kappa-1}}$$

利用状态方程 $p/\rho = R \cdot T$ 和 $p_0/\gamma_0 = H_0$，其中密度 $\rho = \gamma/g$，绝对温度 $T = (273.2 + \vartheta/1\,^\circ\mathrm{C})\mathrm{K}$，$R$ 是气体常数，可得

$$\frac{R \cdot T}{g} = \frac{p}{\gamma} = H_0 - \frac{\kappa - 1}{\kappa} \cdot z$$

因而

$$\frac{\mathrm{d}z}{\mathrm{d}T} = -H_0 \cdot \frac{\kappa}{\kappa - 1} \cdot \frac{R}{g}$$

对于中等湿度的空气，$R/g = 29.4$ m/K，所以 $\mathrm{d}z/\mathrm{d}T = -102$ m/K。

如果把上式中的 $\kappa$ 换成另一个数值 $n$，我们就可以得到一个插值公式用来描绘大气中实际发生的分层状态。这种分层状态称作是*多方分层*。很明显，对于稳定的分层状态，$n < \kappa$。

## 2.6 大气压和液压的交互作用

如果容器里空气的压力和外面的大气压相差不大，此差值即可以用 U 形管压力计(图 2.9) 测量出来。略去空气本身的重量，可得到如下的关系：点 $A$ 处液体的压强等于容器中空气的压强 $p_1$，U 形管另一 "肢" 与 $A$ 点有同样高度的 $B$ 点处，液体的压强和 $A$ 点处相等 (管和容器是相通的)。设此肢液体的自由表面在点 $C$ 处，该处液体压强等于大气压 $p_0$，则按 2.3 节中所述的关系，可得

$$p_1 = p_0 + \gamma \cdot h$$

其中 $h$ 代表高度 $\overline{BC}$。所以，一个注有液体的 U 形管是很适于测量这种压力差的。实际应用时有各种不同的形式。为了避免在两处 (图 2.9 中的 $A$ 和 $C$) 读数，U 形管的一肢常常做成一个大桶的形式，这样其液面高度的改变就很微小 (图 2.10)。在这种情形下，两肢都要接通大气，以便确定零读数。为了测量微小的压力差，我们用更精细的方法来测量液体的高度，如用一种可变位的显微镜，或者观察浮在液体表面上的标尺的放大像。后者是贝茨 (A. Betz) 提出的。

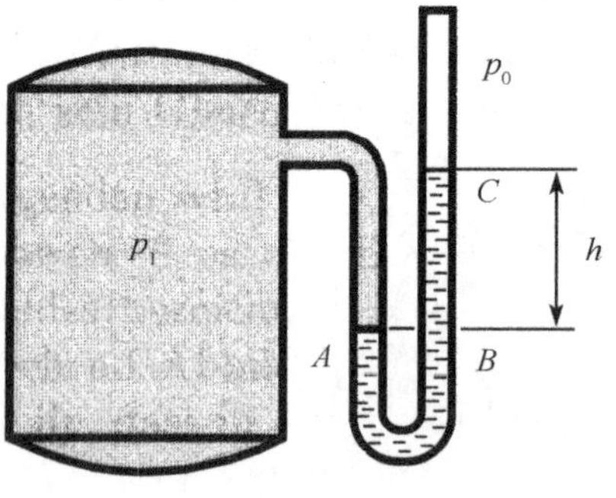

图 2.9　静压测量 (U 形管压力计)

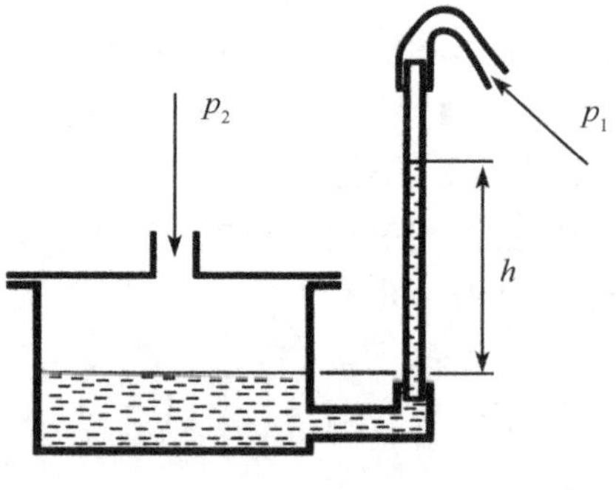

图 2.10　液体压力计

由于采用液体压力计，就产生了一种特殊的压强单位，即用液柱高度表示压强的大小，如 1 mm WC(水柱) 等于 $1\mathrm{kp/m^2} = 9.81$ Pa。

水并不大适合作为测量液，因为它易于不规则地附着在玻璃管的内壁上。采用能溶解油类的液体 (酒精、甲苯、二甲苯等) 就要好得多。在压力差较大时，宜采用水银，因为纯净水银在玻璃管不太细时，读数是很清楚的。在 $0^\circ$C 时水银的重度

为 133.370 N/m$^3$，故 1 mm Hg(水银) 等于 13.6 kp / m$^2$=133.4 Pa。1 mm Hg 这个压强单位也称为 1 torr，以纪念托里拆利 (Torricelli)。近年来，还采用了带数据存储的膜式压力计和利用压电效应的测压计。

如果把图 2.9 中气罐里的空气抽出一部分，从而使气罐里的压强降到低于外部大气压，则 U 形管 $A$ 肢中的液面将高于 $B$ 肢的液面。图 2.11 示出了一个仅在布置上有所不同而实质是一样的实验。图 2.9 的装置是一种*超压压力计*，而图 2.11 的则是一种*真空压力计*。两种情况下都用液柱高度 $h$ 来衡量压强。

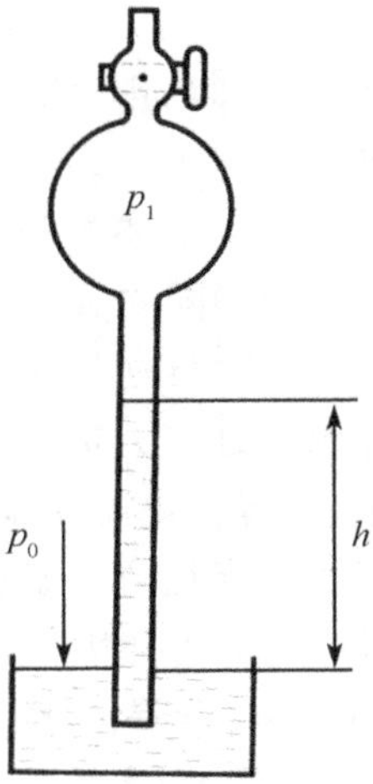

图 2.11　气压计

下面我们简述一下关于压强测量的历史：为了回答液体究竟能升多高的问题，中世纪将液柱被抽吸升高的现象解释为“自然害怕真空”，而没有作过自然害怕真空有无限度的研究，于是佛罗伦萨那些不幸的水泵制造者，把水泵的活门开在高于水面 10 m 以上，结果不管费多大力气水总也升不到他们希望的那么高。然而，正是他们的失效，促使伽利略 (Galileo) 去研究这个问题。不过，是伽利略的学生托里拆利，劝使他的朋友维维亚尼 (Viviani) 在 1643 年用水银做了一个实验，才第一次得到了正确的认识。从我们的观点来看，回答这个问题并不困难。液体被抽吸升高只是表明液面上的压强较外面的大气压低，在图 2.11 中，容器内的压力不可能低于容器中空气抽空时的零压力，因此液柱不可能高过相应于一个大气压 $p_0$ 的高度 $h(h = p_0/\gamma)$。维维亚尼的实验是这样的：他用了一根 2 ell(120 cm) 长的玻璃管，管的一端吹有一个球泡，另一端是敞开的。通过开口端将管内装满水银，然后用手指塞住开口端，并将其倒置于浅水银盘内，再抽出手指，这时水银就下沉，沉到水银柱高出盘内水银面 5/4 ell(75 cm) 为止，管的顶端就出现一段真空。托里拆利从这个实验正确地推断：这水银柱因外界空气压力而保持平衡。他还注意到，水银柱并不总是一样高，并由此得出结论：大气压力是有一定程度的变化的。这对今天的气象学来说是一个很重要的事实。他还得出一个结论：山顶上的气压应当比山谷的低，所以水银柱在高处也应比在低处要低。几年后，在帕斯卡 (Pascal) 的推动下，佩瑞 (Perrier) 测量了高 975 m 的普依德多姆山山顶上和山脚下的水银柱高度，发现相差 3 in(7.6cm)，和托里拆利的结论一致。将这类测量压力的仪器称为*气压计*，来自帕斯卡，顾名思义，气压计是测量高于液面空气柱的重量的。

由气压计而来的另外一个压力单位是*物理大气压*。在海平面上气压计的平均高度均为 760 mm Hg。大家公认把水银 0° C 时的这个气压计高度定为大气的正常状态，并称这时的相应空气压力为“1 个物理大气压”。上述单位称为“物理的”，是因为另外还有一个工程大气压，其单位是 kp/cm$^3$。由于水银在 0° C 时的重度是

13.595 p/cm$^3$，即 1 cm$^3$ 的重量是 13.595 p，故 76 cm 高的水银柱就相当于压强

$$76\ \text{cm} \times 13.595\ \text{p/cm}^3 = 1033.2\ \text{p/cm}^2 = 1.0132 \times 10^5\ \text{Pa}$$

这个压强也相当于 10.332 m WC(水压计高度)。因此水泵的活门在所抽水面上方的高度必须小于上述数值。

由于上述物理大气压的定义牵涉到地球的引力，而此引力在地球表面各处并不具有相同的值，所以为了更精确地定义压强单位，必须对重力加速度采用一确定的值，标准的重力加速度取 980.665 cm / s$^2$，即相应于纬度 45° 海平面处的数值。如果某处重力加速度 $g$ 的值不同于此值，则该处的标准大气压应为当地的实测重量 (千磅) 乘以 $(1.0332 \times 980.665)/g$ 再除以用平方厘米表示的面积。为了避免这种多少有点任意的定义，引进了 CGS(厘米 · 克 · 秒) 单位制的压强单位，即每平方厘米一百万达因，这个单位叫做 bar (巴)。若重力加速度用其标准值，1 bar 相当于 750.06 mm 高的水银柱。

## 2.7　在其他力场中的平衡

在 2.3 节 ~ 2.6 节的讨论中，我们认为一个均匀的重力场是存在的，即假设重力加速度的大小和方向在各处都一样。对于大多数的应用这一假设是足够准确的。但是，如果所要考虑的区域与地球半径相比不再是很小的量，则必须计及重力加速度量值和方向的变化。对于液体相对于匀速旋转的容器是静止的情形，如果我们要把这液体当作静止的来处理，就必须在重力加速度之外再加上离心加速度一并加以考虑。下面我们将对均质或非均质液体在任意力场中的平衡作一个一般的讨论，任意力场指其中作用于单位质量上的力 (即加速度) 的量值和方向是逐点变化的。

从 2.3 节的概念出发，很容易证实，任何一点的压强不能在垂直于通过该点的力的任何方向发生变化 (考虑如图 2.4 中小棱柱体的平衡，让棱柱体的轴垂直于力的方向)。考虑与一点的力相垂直的所有方向，垂直于此力的面元上的压强必定是常数，对于这些相邻的面元可以连成有限表面的情形，即存在处处与力线相垂直的曲面，称为法向面，则所有法向面上的压强是常数。要是一个力场没有法向面，则液体便不可能在这种力场中平衡。

2.6 节中我们用 $g$ 表示地球重力场的强度，这里我们用 $g$ 来表示一个一般力场的强度。根据图 2.6 中那样高为 $\mathrm{d}h$ 的小棱柱的平衡，让小棱柱的轴平行于力的方向，则可以发现，压强沿力的方向是增加的，且压强的增加 $\mathrm{d}p$ 遵循

$$\mathrm{d}p = g \cdot \rho \cdot \mathrm{d}h \tag{2.15}$$

以下的讨论我们假设力场确有法向面，并且考虑其上压强分别为 $p$ 和 $p+\mathrm{d}p$ 的两个法向面。在图 2.12 的这样两个面上选两个位置 1 和 2；按照式 (2.15)，一处 $\mathrm{d}p=g_1\cdot\rho_1\cdot\mathrm{d}h_1$，另一处 $\mathrm{d}p=g_2\cdot\rho_2\cdot\mathrm{d}h_2$。在 $\rho$ 等于常数，或者是 $p$ 的函数 (均质液体或均质气体，2.3 节和 2.5 节) 的情况下，因为 $p_1=p_2$ 和 $\rho_1=\rho_2$，我们最后得到 $g_1\cdot\mathrm{d}h_1=g_2\cdot\mathrm{d}h_2$，而 $g\cdot\mathrm{d}h$ 是场力从一个法向面到另一个法向面所做的功。这个功对于两个法向面间的所有路线都是一样的，这就是一个力场具有位势的判据。所以法向面就是等位面。如果我们通过式

$$\mathrm{d}U=-g\cdot\mathrm{d}h \tag{2.16}$$

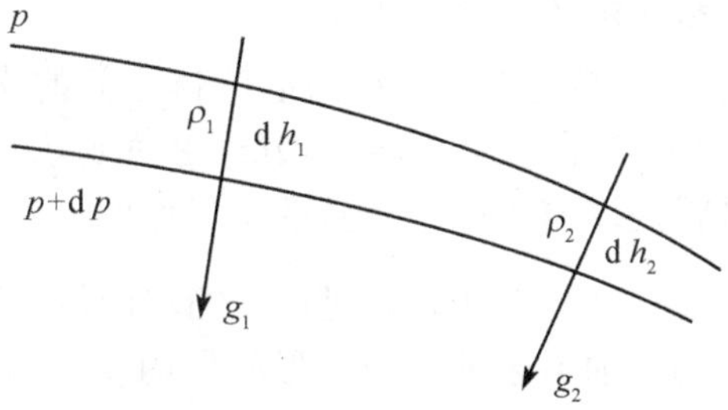


图 2.12 力场中的法向面

引进一点的位势 $U$(带负号是因为我们把式 (2.15) 中的 $\mathrm{d}h$ 在 $g$ 的方向取作正)，则可得到

$$\mathrm{d}p=-\rho\cdot\mathrm{d}U \quad \text{或} \quad \mathrm{d}U=-\frac{\mathrm{d}p}{\rho} \tag{2.17}$$

由此可推出 $A$、$B$ 两点间的位势差

$$U_A-U_B=\int_A^B\frac{\mathrm{d}p}{\rho} \tag{2.18}$$

在均质液体或均质气体情况的假设下，式 (2.18) 右端可以积分，从而可以把压强直接表示成位势的函数，这些结果可以总结如下：

对于均质液体或均质气体的情形，除非力场有位势，否则平衡是不可能的。等位面与力相垂直，同时也是等压面。在力的方向，压强增加，且遵循 $\mathrm{d}p=-\rho\cdot\mathrm{d}U$。

在非均质液体中，可能有这样一种情况，即尽管 $g_1\cdot\mathrm{d}h_1\neq g_2\cdot\mathrm{d}h_2$，但密度可以分布得使 $\rho_1\cdot g_1\cdot\mathrm{d}h_1=\rho_2\cdot g_2\cdot\mathrm{d}h_2$，但是这样的平衡是不稳定的，因为只要沿法向面把液体的位置移动一下，并不需要做功，就会改变密度的分布而破坏平衡。

所以，要是只限于考虑稳定状况，我们就只需讨论有位势的力场。另一方面，如果 $g_1 \cdot dh_1 = g_2 \cdot dh_2$，为了平衡必定有 $\rho_1 = \rho_2$。因此，可以作出以下结论：

只有在力场有位势时，才可能有非均质液体的稳定状态。等位面也就是等压面和等密度面。

这样，公式 (2.17) 和公式 (2.18) 在这里仍可应用。分层的稳定性条件与 2.3 节和 2.5 节中所讨论的关于均匀重力场的条件相同。

在物理学中所出现的力场，除磁力场外，几乎都是有位势的。密度 $\rho$ 应当在任一等势面上不变的要求具有实际重要性。局部加热液体或气体，造成局部密度降低就可能破坏这个条件，平衡也就不再可能；受热的流体开始运动，从而使邻近的流体运动，直到当较热的部分流体达到较凉的部分流体的上一层，等位面上等密度的条件重又得到满足时，整块流体才静止下来。

液体的自由面或两种不同密度、不混溶的液体之间的交界面总是位势相等的面，即等位面。因此，*等位面也被称为水平面*(自由面或想像液体的水平面)。在大地测量中，高度的测量就是以海平面作为基准水平面的。

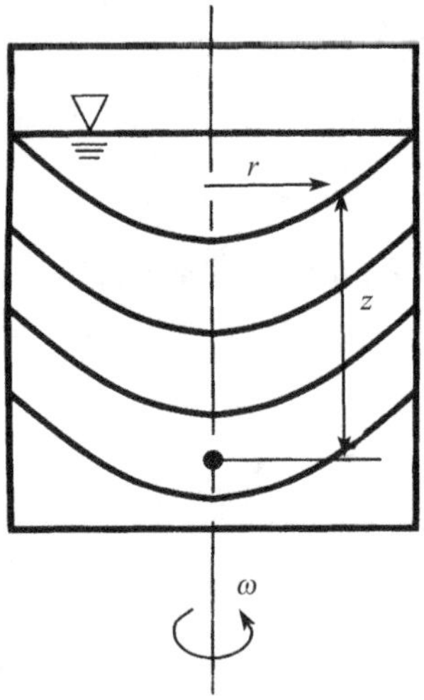

图 2.13 旋转圆柱中的液体

上述讨论可用一简单的例子进一步阐明，求绕铅直轴匀速旋转的圆形容器内相对静止的均质液体的平衡。我们首先从写出位势的表达式入手。位势由重力的部分和离心力的部分组成。若取柱坐标 $r$ 和 $z$(图 2.13)，则重力的位势是 $U_1 = U_0 + g \cdot z$，其中 $g$ 是重力加速度，$U_0$ 是一个任意选定的初值。为求离心力的位势，我们将离心力场的强度表示为 $\omega^2 \cdot r$，其中 $\omega$ 是容器和其中液体共同的角速度。现沿离心加速度的方向，即 $r$ 的方向积分，便可得到这部分位势为

$$U_2 = -\frac{\omega^2 \cdot r^2}{2}$$

于是，液体中某点处的位势为

$$U = U_1 + U_2 = U_0 + g \cdot z - \frac{\omega^2 \cdot r^2}{2}$$

令 $U$ 为常数，可求得等位面

$$z = 常数 + \frac{\omega^2 \cdot r^2}{2 \cdot g}$$

所以，自由面和所有的等压面都是带有同一参数 $g/\omega^2$ 的抛物面。积分式 (2.17) 可

得 $p = p_0 - \rho \cdot U$, 由于 $\rho \cdot g = \gamma$, 故

$$p = 常数 + \gamma \cdot \left(-z + \frac{\omega^2 \cdot r^2}{2 \cdot g}\right)$$

## 2.8 表面张力 (毛细现象)

液体的自由面呈现收缩的趋势而形成最小的表面，这可用表面像一个被均匀张拉的薄皮那样处于应力状态来解释。我们可以假设：靠近表面的每个液体质点都因受邻近质点的引力而被拉向液体的内部，因而除了为构成表面所绝对必需的那些质点以外没有多余的质点留在表面上。在两个不相掺混的液体的分界面上，也存在同样的情况。我们将这种保持表面平衡的应力称为表面张力(毛细现象)。

在平面表面上表面张力不会引起压强差，因为表面张力的合力等于零。而在曲面表面上，为保持平衡压强差就是必要的了。我们来考察曲表面上一个边长为 $\mathrm{d}S_1$ 和 $\mathrm{d}S_2$ 的矩形 (图 2.14)。

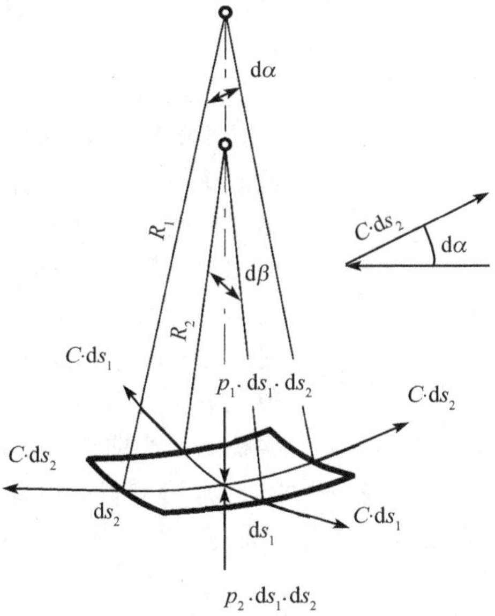


图 2.14 弯曲液表面上的表面张力和压强

压强差 $p_1 - p_2$ 在面 $\mathrm{d}S_1 \cdot \mathrm{d}S_2$ 上产生一个力 $(p_1 - p_2) \cdot \mathrm{d}S_1 \cdot \mathrm{d}S_2$，表面张力是为保持该面平衡而作用在每单位长度上的力，其量值为 $C$($C$ = 毛细作用常数)。因此，在这个矩形的四个边上，有两个力 $C \cdot \mathrm{d}S_1$ 分别作用在 $\mathrm{d}S_1$ 的两边上，又有两个力 $C \cdot \mathrm{d}S_2$ 分别作用在 $\mathrm{d}S_2$ 的两边上。假设 $C \cdot \mathrm{d}S_2$ 这一对力之间的夹角是 $\mathrm{d}\alpha = \mathrm{d}S_1/R_1$，则它们的合力便是 $C \cdot \mathrm{d}S_2 \cdot \mathrm{d}\alpha = C \cdot \mathrm{d}S_2 \cdot \mathrm{d}S_1/R_1$；同样，若 $C \cdot \mathrm{d}S_1$

这一对力之间的夹角是 $d\beta = dS_2/R_2$，则它们的合力便是 $C \cdot dS_1 \cdot dS_2/R_2$。因上述三力处于平衡，我们得到

$$p_1 - p_2 = C \cdot \left(\frac{1}{R_1} + \frac{1}{R_2}\right) \tag{2.19}$$

如图 2.14 所示的，$R_1$ 和 $R_2$ 是此曲面与垂直于其切平面且互相垂直的两平面的交线的曲率半径。由式 (2.19) 我们可推出一几何关系：$(1/R_1 + 1/R_2)$ 与 $dS_1$ 和 $dS_2$ 的方向无关，因为压强差 $p_1 - p_2$ 与这些方向无关。

在平衡的液体中，压强分布遵循的规律是 $p = p_0 - \gamma \cdot z$，因此在重度分别为 $\gamma_1$ 和 $\gamma_2$ 的两液体的分界面处，压强分别是 $p_1 = p_0 - \gamma_1 \cdot z$ 和 $p_2 = p_0 - \gamma_2 \cdot z$，再代入式 (2.19) 可得界面曲率和高度的关系

$$\frac{1}{R_1} + \frac{1}{R_2} = \frac{\gamma_2 - \gamma_1}{C} \cdot z \tag{2.20}$$

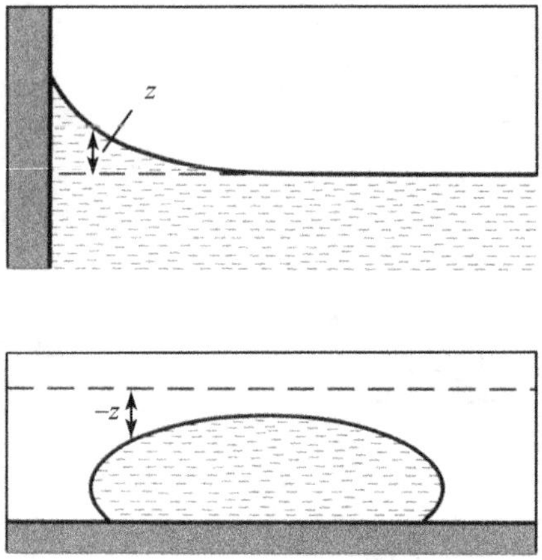


图 2.15　液体的毛细表面

图 2.15 给出了这种分界面的两个例子。毛细作用常数 $C$ 可由测量交界面的几何数据求出。

由式 (2.20) 可知，在两种液体的重度差别很小的情况下，如 $(\gamma_2 - \gamma_1)/C$ 减小至其原值的 $1/n^2$，则上述各曲面均放大为原来的 $n$ 倍 (即 $R_1$、$R_2$ 及 $z$ 均乘以 $n$)，但仍然保持几何相似。若 $\gamma_2 = \gamma_1$，则重力效应为零，这些曲面称为最小曲面。若 $\gamma_2 - \gamma_1 \to 0$，我们同时令 $z = 0$ 的平面趋于无穷远，则由式 (2.20) 得 $1/R_1 + 1/R_2$ 是个常数，这个结果产生给定容积的最小曲面。最简单的例子是球面。用肥皂泡做实验可清楚地显示这些最小曲面。球形肥皂泡内具有超压，其量值为 $p_1 - p_2 = 4 \cdot C/R$(由于这里肥皂溶液有两个面与空气相接触，式 (2.19) 中的 $C$ 换成了 $2 \cdot C$)。

如果三种液体的边界面相交于一线，则为使三个表面张力 $C_{12}$、$C_{13}$ 和 $C_{23}$ 能处于平衡 (可从这三个力形成的三角形看出)，这些边界面必须交成一定的角度 (图 2.16)，要是 $C_{13}$ 大于 $C_{12}$ 和 $C_{23}$ 的和，则平衡就不可能。例如，空气、矿物油和水三者交汇的情况，这时，矿物油将展布于整个表面，虽然可能是很薄的一层，就像润滑油滴展布在湿的马路上那样；但若用熔化了的脂肪取代油，放在空气与水之间时，它就形成薄凸透镜的形状 (如浮在菜汤上的脂肪圆球)，图 2.16 表示的就是这种情况。如果这三种物质中有一种是固体，那么我们所要讨论的平衡就只是在平行

于固体表面方向的三个表面应力的平衡，因为只有在那个方向上才有自由运动的可能。引进润湿角 $\alpha$ (图 2.17)，我们得到 $C_{12} \cdot \cos\alpha + C_{23} = C_{13}$，即

$$\cos\alpha = \frac{C_{13} - C_{23}}{C_{12}} \tag{2.21}$$

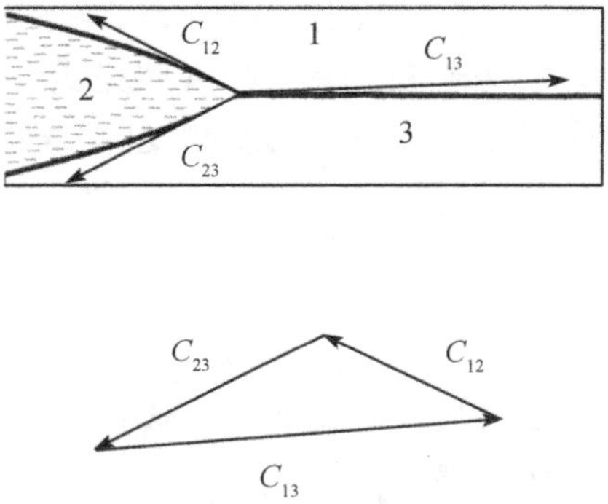

图 2.16 三个表面张力的平衡

若 $C_{12}$(两种液体 1 和 2 交界面处的表面张力) 已知，$\alpha$ 可以测出，则表面张力差 $C_{13} - C_{23}$ 即可求出；但 $C_{13}$ 和 $C_{23}$ 尚不能单独地确定。如果这个差数是负值，则 $\alpha$ 就大于 $\pi/2$，如在空气、水银和玻璃的情况下就是如此。图 2.15 中的下图表示的是这种情况下的一滴水银。当然也可能出现 $C_{13} - C_{23} > C_{12}$ 的情况，这时整个固体表面都被液体 2 所覆盖，这出现在汽油的情况。

如果把细管竖立在液体里，液体就会在管中升高得相当明显。取细管的内半径为 $r$，并为简单起见，把管中液体表面视为球帽状 ($r$ 小于管内外液面高度差)。由图 2.18 可见，球的半径 $R = r/\cos\alpha$，其中 $\alpha$ 是润湿角。这样，由式 (2.20) 可得

$$h = \frac{2 \cdot C_{12}}{\gamma_2 - \gamma_1} \cdot \frac{\cos\alpha}{r} \tag{2.22}$$

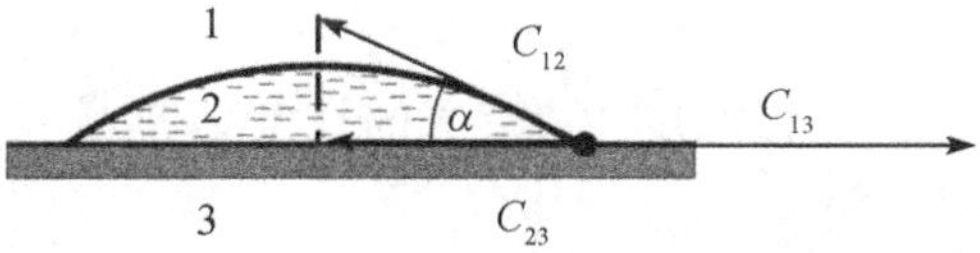

图 2.17 固体表面处的润湿角

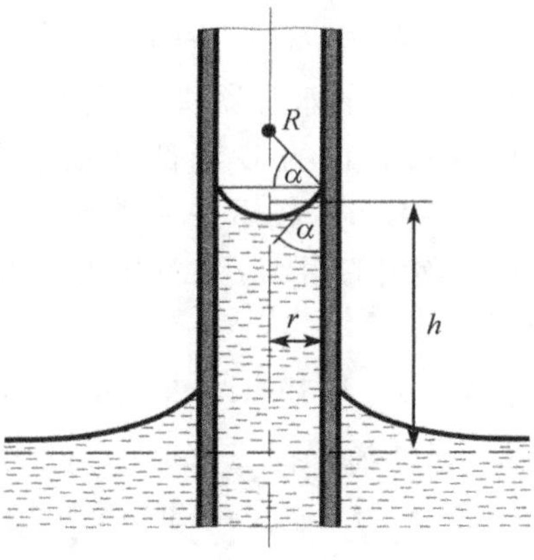

图 2.18 在管子中的毛细升高

所以当 $r$ 很小时，$h$ 就可以很大 (由此可解释吸水纸、微孔黏土等的吸水作用)。

式 (2.22) 中的 $\cos\alpha$ 可用式 (2.21) 的关系消去，然后两边同乘以 $\pi \cdot r^2 \cdot (\gamma_2 - \gamma_1)$，得到

$$(\gamma_2 - \gamma_1) \cdot \pi \cdot r^2 \cdot h = (C_{13} - C_{23}) \cdot 2 \cdot \pi \cdot r$$

即液柱的重量减去其浮力等于管壁上的合成拉力。如果这个拉力是负的，即 $\alpha > \pi/2$，如水银的情形，则 $h$ 也是负的 (即图 2.18 倒过来)。如果表面已润湿，则 $C_{12}$ 就取代 $C_{13} - C_{23}$ 的地位，也就是 $\cos(\alpha) = 1$，$\alpha = 0$，这时 $h$ 值最大。通过测量 $h$ 和 $r$，可得到

$$C_{12} = \frac{1}{2} \cdot (\gamma_2 - \gamma_1) \cdot h \cdot r$$

求 $C_{12}$ 的另一方法是测量毛细波，将在 4.1.8 节中讨论。

$20^\circ$ 时的 $C_{12}$ 值：

| | |
|---|---|
| 水/空气 | 0.073N/m |
| 油/空气 | $0.025 \sim 0.030$N/m |
| 水银/空气 | 0.472N/m |

## 2.9 习　题

1. 三个同样的 U 形管连成一排，每个管中的液体密度均为 $\rho$，高度差则分别为 $h_1$、$h_2$ 和 $h_3$，空气的重力效应忽略不计，求第一管和第三管自由端面之间的压差 $\Delta p = p_3 - p_1$(图 T2.1)。

答案：$\Delta p = p_3 - p_1 = \rho \cdot g \cdot (h_1 + h_2 + h_3)$

2. 一无盖的水容器和一因接上压力计而不与大气接触的油容器用一底部填充四氯化碳 ($CCl_4$) 的 U 形管连接起来，已知水的密度 $\rho_{\text{w}} = 1000\ \text{kg/m}^3$，油的密度 $\rho_{\text{oil}} = 950\ \text{kg/m}^3$，图示各柱面高度分别是 $h_1 = 0.4\ \text{m}, h_2 = 0.1\text{m}, h_3 = 0.13\ \text{m}$, 若从压力计上读出的相比于大气压力的超压值为 1200 $\text{N/m}^2$，则求填充物的密度 $\rho_{\text{tet}}$(图 T2.2)。

答案：$\rho_{\text{tet}} = 1541.76\ \text{kg/m}^3$

3. 已知海平面 $z = 0$ 处的大气压 $p_0$ 和温度 $T_0$(空气的比气体常量 $R = 287\ \text{m}^2/(\text{s}^2 \cdot \text{K})$，$p_0 = 101300\ \text{N/m}^2$，$T_0 = 283\ \text{K}$)。

(1) 设大气中气体状态的改变是等温的，求大气压和密度随高度 $z$ 的变化关系。

答案: $p = p_0 \cdot \text{e}^{-\frac{z}{H_0}}$,　$\rho = \rho_0 \cdot \text{e}^{-\frac{z}{H_0}}$,　$H_0 = \dfrac{R \cdot T_0}{g}$

(2) 设大气中气体状态的改变是多方的，求大气压和密度随高度 $z$ 的变化关系。

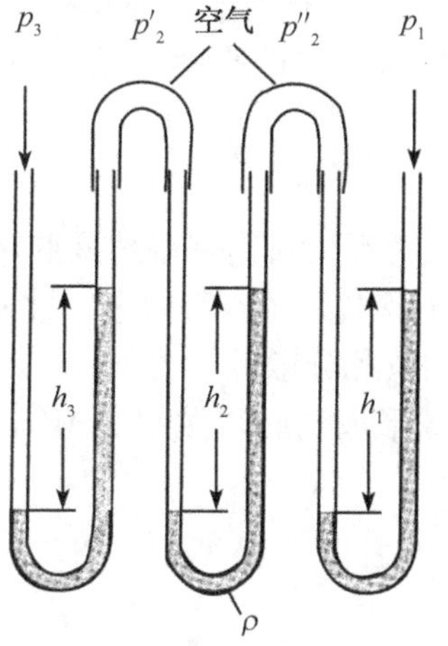


图 T2.1

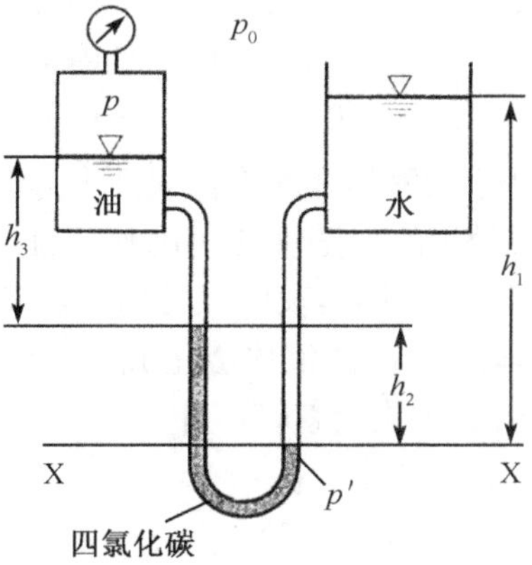


图 T2.2

答案：$\dfrac{p}{p_0}=\left(\dfrac{\rho}{\rho_0}\right)^n$, $\dfrac{p}{p_0}=\left(1-\dfrac{n-1}{n}\cdot\dfrac{z}{H_0}\right)^{\frac{n}{n-1}}$, $\dfrac{\rho}{\rho_0}=\left(1-\dfrac{n-1}{n}\cdot\dfrac{z}{H_0}\right)^{\frac{1}{n-1}}$

4. 一气球悬浮在等温大气中的高度为 $z_0=500\,\mathrm{m}$(地面空气压力 $p_0=1.013\,\mathrm{bar}$，密度 $\rho_0=1.225\,\mathrm{kg/m^3}$)，若天气变化引起地面空气密度变为 $\rho'_0=1.0\,\mathrm{kg/m^3}$，但压力 $p_0$ 不变，且气球的体积 $V$ 也不随其所在高度而改变，则气球悬浮高度将下降多少？

答案：$z_x=H'_0\cdot\left[\ln\left(\dfrac{\rho'_0}{\rho_0}\right)+\dfrac{z_0}{H_0}\right]$, $\Delta z=272.41\mathrm{m}$

5. 一同温层气球在地面时被部分地填充以有浮力的气体氢 $H_2$，随气球上升，其体积增加而膨胀，引起一附加升力。气球在地面上的体积为 $V_0=450\ \mathrm{m^3}$，其最大体积可达 $V_1=1400\ \mathrm{m^3}$(图 T2.3)。

(1) 球在多方大气中可达到的最大高度为 $z_{\max}=1.2\,\mathrm{km}$, 则可能提起的最大载荷重量是多少 (气球本身重量计入载荷重量，氢气的则不计)？已知地面的空气压力 $p_0=1.013$ bar，密度 $\rho_0=1.234\,\mathrm{kg/m^3}$，在地面时气球中的氢气密度 $\rho_{\mathrm{H_2},0}=0.087\ \mathrm{kg/m^3}$，在高度为 1 km 处的温度为 $T_{1\mathrm{km}}=280$ K，空气的比气体常量 $R=287\ \mathrm{m^2/(s^2\cdot K)}$。

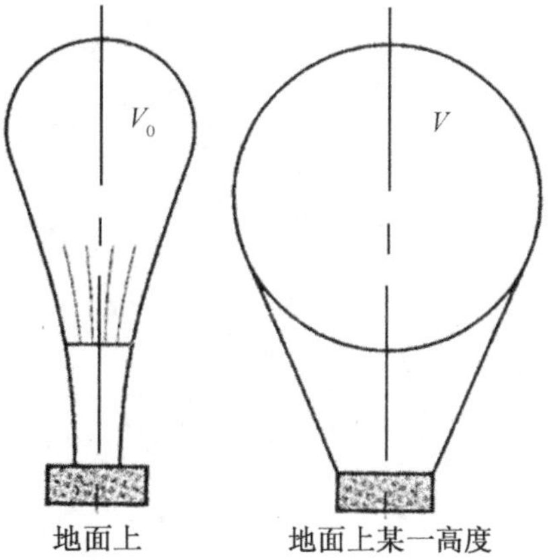


图 T2.3

答案：$G_{\max}=3955.8$ N

(2) 若在气球达到其最大体积前，其中的氢气在所有高度上都具有和大气一样的温度和压力，则气球达到其最大体积 $V_1 = 1400\ \mathrm{m}^3$ 时的高度 $z_1$ 是多少?

答案：$z_1 = H_0 \cdot \dfrac{n}{n-1} \cdot \left[1 - \left(\dfrac{V_0}{V_1}\right)^{n-1}\right]$, $z_1 = 10224.1\ \mathrm{m}$

6. 一些小的固体在一液体表面上移动。试证明不论它们是否被该液体弄湿 (都是干的或都是湿的)，表面张力的作用都会使它们聚拢，而若其中之一被液体弄湿，而其他不湿，则同样是表面张力的作用又使它们彼此分散。

7. 将体积为 $V$ 的液体雾化成半径为 $R$ 的球形液滴必须做的功 $W =$? 设雾化前体积 $V$ 的表面能量忽略不计。

答案：$W = \dfrac{3 \cdot C}{R} \cdot V$

# 第三章　流体运动学

液体的流动和气体的流动有很多共同点，可以把它们放在一起来讨论。虽然气体比液体的可压缩程度高得多，但可压缩性是否那么重要取决于所考虑的具体流动过程。若气流速度不大，气体展布的高度也不大，则压力的改变就远比平均压力小，容积的改变也很小而可以忽略，在这种情况下，气体的流动就与不可压缩液体的流动没有什么区别。假设 1% 的容积改变可忽略不计，则对于常温下的气流，只要其速度不超过 50 m/s，高度不超过 100 m，就可应用关于不可压缩流体流动的公式予以描述 (2.5 节和 4.1.2 小节)。气流速度为 150 m/s 时，容积的改变约为 10%；气流速度达到声速 (约 340 m/s) 的量级时，容积的改变就非常可观，可以使流动状态发生显著的变化；气流速度超过声速时，流动的特征就和不可压缩液体的情况完全不同了。

本章主要讨论不可压缩流动，为避免一再重复地使用“液体和气体”，此后我们将以“流体”一词代表液体和气体两者，并在使用该词时，将气体视为可压缩流体 (4.3 节)。

流体运动学描述流体的运动，即对于给定的速度场，寻求流体微元的运动与时间的关系，而不考虑引起该运动的作用力。

## 3.1　表示运动的方法

若在每一瞬时流体每个质点的位置都能确定，则该流体流动的完整图像即可获得。质点位置随时间的改变告诉我们其速度和加速度，为了用数学工具描述，我们引进一个特殊的坐标系，以区别各个质点。这个坐标系刚性地固结于流体的质点上，但可在空间运动。首先考虑 $a=$ 常数的一族曲面，在任一起始位置，$a$ 是空间坐标 $x$、$y$、$z$ 的已知函数；再取 $b=$ 常数和 $c=$ 常数的两族曲面，使一个 $a$ 曲面，一个 $b$ 曲面和一个 $c$ 曲面永远只相交于一点；于是在此交点处的流体质点在任意给定时刻的位置就完全被 $a$、$b$、$c$ 的数值所确定。此流体质点在其运动过程中的初始和其他位置将永远保留此“流体坐标” $a$、$b$、$c$；就是说，$a=$ 常数，或 $b=$ 常数，或 $c=$ 常数的每一个曲面永远是由同一些流体质点组成的。流体坐标的原始选择是任意的，仅取决于是否方便的实际考虑，例如，质点的初始或静止位置的笛卡儿坐标就可被选作流体坐标。流动中流体质点的轨迹被称为迹线。

描述流动的另一种方法是借助于染色线，它们是在任一给定时刻流经流场中某点的所有质点的迹线所延伸到的位置的连线。实验时，可对流经某固定点的流体质点染色或上烟，色丝或烟丝的照片即染色线。

确定流体的运动，即了解所有流体质点位置的改变情况，必须将每一瞬时质点的坐标值表示为时间及质点初始位置流体坐标 $a$、$b$、$c$ 的函数，即

$$x = F_1(a,b,c,t), \quad y = F_2(a,b,c,t), \quad z = F_3(a,b,c,t) \tag{3.1}$$

为了完全地描绘出流体的运动状态，还需知道压力 $p$ 和密度 $\rho$(若为可压缩流)。然而，一般我们是采用更简单的表示方法，即描述每一时刻在流场中各点的运动状态，而不必追踪每个质点的运动情况。若所讨论的是定常流，就只需说明在流动发生的空间中各点速度的量值和方向，加上相应的各点的压强；如有必要，再加上密度。但若流动是随时间变化的，则这些物理量在每一瞬时的数据都是需要的。用数学形式来表示，就是把速度在直角坐标系中的三个分量 $u$、$v$、$w$(如有必要，还有压力 $p$ 和密度 $\rho$) 表示成空间坐标 $x$、$y$、$z$ 和时间 $t$ 的函数，即

$$u = f_1(x,y,z,t), \quad v = f_2(x,y,z,t), \quad w = f_3(x,y,z,t) \tag{3.2}$$

方程组 (3.1) 被称为*拉格朗日公式*(流体质点参考体系)，而方程组 (3.2) 被称为*欧拉公式*(空间固定参考体系)，虽然这两种方法欧拉都曾用过。方程组 (式 (3.1)~式 (3.2)) 被称为*运动学基本方程*。为计算流体质点的轨迹，必须利用方程组 (3.2) 积分下列三个联立的方程

$$\mathrm{d}x = u \cdot \mathrm{d}t, \quad \mathrm{d}y = v \cdot \mathrm{d}t, \quad \mathrm{d}z = w \cdot \mathrm{d}t \tag{3.3}$$

由于三个积分常数可立刻解释为流体坐标 $a$、$b$、$c$，这就又得到了方程组 (3.1)。

对每一瞬时流动状态的另一种表示方法是引进*流线*，流线上每一点的切线方向均为该点速度矢量的方向，其微分方程是

$$\frac{\mathrm{d}z}{\mathrm{d}y} = \frac{w}{v}, \quad \frac{\mathrm{d}z}{\mathrm{d}x} = \frac{w}{u}, \quad \frac{\mathrm{d}y}{\mathrm{d}x} = \frac{v}{u} \tag{3.4}$$

对于定常流，其流线和迹线 (质点的轨迹) 相重合；而对于非定常流，情况则不尽相同，因为流线给出的是在同一瞬间各点速度方向的图案，而迹线给出的则是在相继瞬间一个质点速度方向的图案。

对于同一个流动情况，在参考坐标系改变时，其流线或迹线的外观是完全不同的。例如，对于一个固体在流体中运动的情况，观察者由相对于未受扰动的流体是静止的，变为随该固体一同运动，即对他来说固体是不动的，流体在流过，这两种情况下将观察到两种完全不同的流线图案。

流线可借撒布在流体表面或遍布内部和流体一起运动的小颗粒显示出来，如果快速拍照，则在底片上每一颗粒都留下一个短的线条，如果散布的颗粒很密，这些短线条就连成了流线的图形；而如果散布的颗粒少，照相的曝光时间又长，则照片显示的就是迹线的图形。图 3.1 和图 3.2 为阿尔霍恩 (Ahlborn) 于 1909 年对平板在静止流体中运动时采用两种不同参考坐标在同一时刻所拍得的照片。图 3.1 为静止的照相机所拍，图 3.2 为随平板一同运动的照相机所拍，在流体中所散布的是石松颗粒。

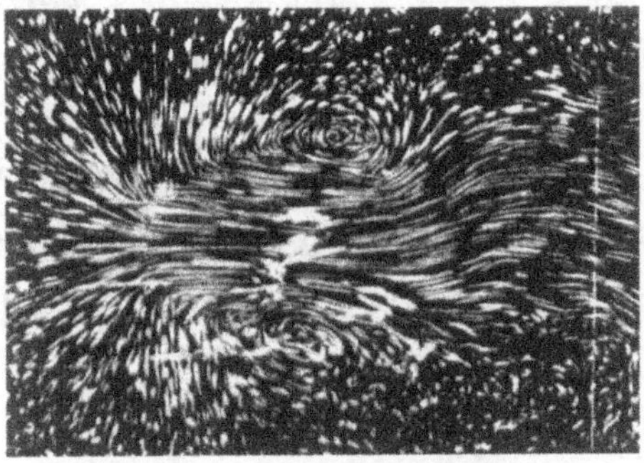

图 3.1 绕运动平板的流动

照相机是静止的，平板的行程可由其边缘留下的痕迹显示出来 (阿尔霍恩 1909)

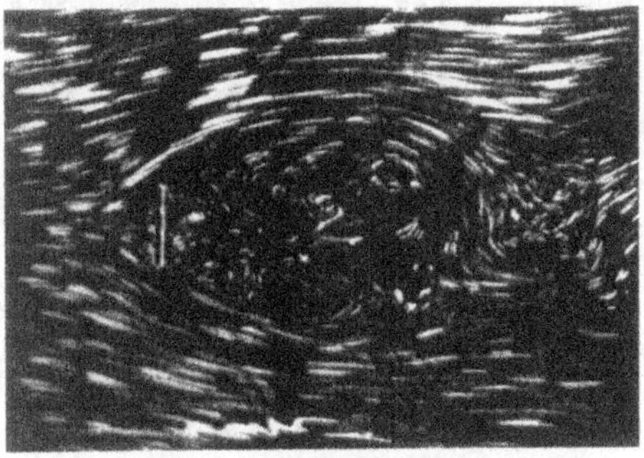

图 3.2 绕运动平板的流动

照相机随平板一起运动 (阿尔霍恩 1909)

图 3.3 给出了非定常流的一个例子，反映了圆筒以恒定速度 $U$ 在静止流体中

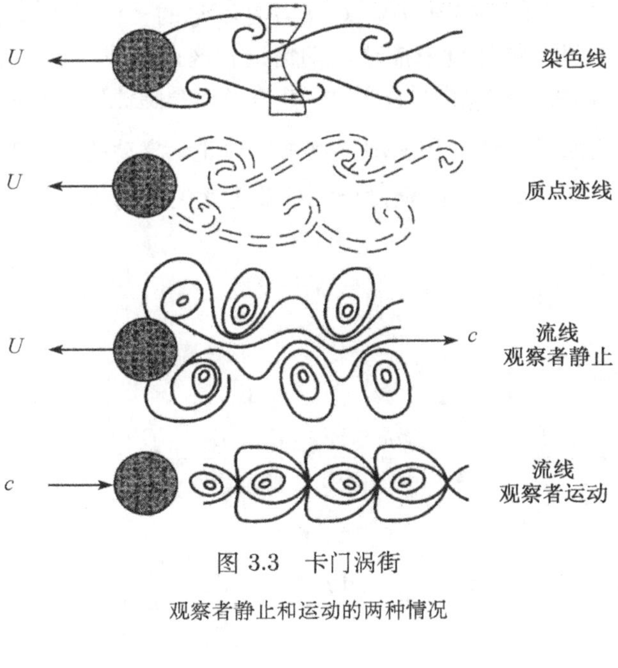


图 3.3 卡门涡街

观察者静止和运动的两种情况

运动引起周期性漩涡分离的情况。前三个图分别是对所谓卡门涡街 (图 4.91) 静止观察者看到的染色线、质点迹线和流线的图形，这时周期性的分离漩涡以速度 $c$ 流过观察者；最后一个图则是随涡一同运动的观察者对上述同一流动情况看到的流线，这些与猫眼相似的流线与前一图形完全不同。

如果速度场是处处连续的，那么通过一小闭合曲线所有各点画出的流线就形成一个管子，该管根据定义具有这样的特性，即在所考虑的那瞬间，管内的流体都平行于流线，就像在一固体管中流动一样，因为，若要流出管壁就必须有垂直于管壁, 即垂直于流线的速度分量，而这与流线的定义相矛盾。这样的管子被称为*流管*，流管里的流动物质被称为*流束*。在定常运动中，流管是不变的，其中的流体质点就像在固体管中一样流动；而在非定常流中，一般在不同时刻*流管*所连接的流动质点是不同的。设想整个空间为分成这种流管的流体所充满，我们可获得清晰的流体流动图形。在许多比较简单的问题里，特别是在管道和渠道中的流动，可以把整个充满了运动流体的空间看作是一个流束，这样便可以忽略速度在横截面上的差异，而只需设法求出截面上的平均速度。这种方法被工程师广泛地应用于实际计算中 (4.1 节)。对流动物理量沿流束变化的研究推动了一维流理论的发展。

## 3.2　流动的加速度

在 3.1 节中我们看到，流动的图形与参考坐标系有关。现从数学上考虑处理流动的两种不同方式。在**欧拉图形**中，观察者是不动的，相当于采用位置固定的测量仪器测量当地的流动物理量来描述流动情况，这正是我们后续章节中导出流体机械基本方程所采用的。**拉格朗日图形**中, 参考坐标系随流体质点或微元一同运动。两种图形的数学关系以流动的加速度为例加以讨论：流动的加速度 $\boldsymbol{b}=\dfrac{\mathrm{d}\boldsymbol{v}}{dt}=\dfrac{\mathrm{d}^2\boldsymbol{x}}{\mathrm{d}t^2}$ 是给定速度矢量 $\boldsymbol{v}=(u,v,w)$ 的全微分，对于速度矢量的 $u$ 分量 $u(x,y,z,t)$，我们有

$$\mathrm{d}u=\frac{\partial u}{\partial t}\cdot\mathrm{d}l+\frac{\partial u}{\partial x}\cdot\mathrm{d}x+\frac{\partial u}{\partial y}\cdot\mathrm{d}y+\frac{\partial u}{\partial z}\cdot\mathrm{d}z$$

因此 $u$ 的时间全导数是

$$\frac{\mathrm{d}u}{\mathrm{d}t}=\frac{\partial u}{\partial t}+\frac{\partial u}{\partial x}\cdot\frac{\mathrm{d}x}{\mathrm{d}t}+\frac{\partial u}{\partial y}\cdot\frac{\mathrm{d}y}{\mathrm{d}t}+\frac{\partial u}{\partial z}\cdot\frac{\mathrm{d}z}{\mathrm{d}t}$$

考虑到

$$\frac{\mathrm{d}x}{\mathrm{d}t}=u,\quad \frac{\mathrm{d}y}{\mathrm{d}t}=v,\quad \frac{\mathrm{d}z}{\mathrm{d}t}=w$$

可得到

$$\underbrace{\frac{\mathrm{d}u}{\mathrm{d}t}}_{S}=\underbrace{\frac{\partial u}{\partial t}}_{L}+\underbrace{u\cdot\frac{\partial u}{\partial x}+v\cdot\frac{\partial u}{\partial y}+w\cdot\frac{\partial u}{\partial z}}_{C} \tag{3.5}$$

其中 $S$ 为实质变化率 (拉格朗日图形); $L$ 为在给定空间点上的当地变化率 (欧拉图形); $C$ 为从一点到另一点的对流引起的对流空间变化 (速度场 $\boldsymbol{v}=(u,v,w)$ 的效应)。则流场的加速度

$$\boldsymbol{b}=\frac{\mathrm{d}\boldsymbol{v}}{\mathrm{d}t}=\frac{\partial \boldsymbol{v}}{\partial t}+u\cdot\frac{\partial \boldsymbol{v}}{\partial x}+v\cdot\frac{\partial \boldsymbol{v}}{\partial y}+w\cdot\frac{\partial \boldsymbol{v}}{\partial z}=\frac{\partial \boldsymbol{v}}{\partial t}+(\boldsymbol{v}\cdot\nabla)\boldsymbol{v} \tag{3.6}$$

考虑到微分算子 $\nabla=\left(\dfrac{\partial}{\partial x},\dfrac{\partial}{\partial y},\dfrac{\partial}{\partial z}\right)$ 和 $(\boldsymbol{v}\cdot\nabla)$ 是速度矢量 $\boldsymbol{v}$ 与微分算子 $\nabla$ 的标量积，即

$$\boldsymbol{v}\cdot\nabla=\begin{pmatrix}u\\v\\w\end{pmatrix}\cdot\begin{pmatrix}\dfrac{\partial}{\partial x}\\\dfrac{\partial}{\partial y}\\\dfrac{\partial}{\partial z}\end{pmatrix}=u\cdot\frac{\partial}{\partial x}+v\cdot\frac{\partial}{\partial y}+w\cdot\frac{\partial}{\partial z}$$

$$(\boldsymbol{v}\cdot\nabla)\boldsymbol{v}=\left(u\cdot\frac{\partial}{\partial x}+v\cdot\frac{\partial}{\partial y}+w\cdot\frac{\partial}{\partial z}\right)\begin{pmatrix}u\\v\\w\end{pmatrix}=\begin{pmatrix}u\cdot\dfrac{\partial u}{\partial x}+v\cdot\dfrac{\partial u}{\partial y}+w\cdot\dfrac{\partial u}{\partial z}\\u\cdot\dfrac{\partial v}{\partial x}+v\cdot\dfrac{\partial v}{\partial y}+w\cdot\dfrac{\partial v}{\partial z}\\u\cdot\dfrac{\partial w}{\partial x}+v\cdot\dfrac{\partial w}{\partial y}+w\cdot\dfrac{\partial w}{\partial z}\end{pmatrix}$$

可写出加速度 $\boldsymbol{b}$ 的直角坐标表达式为

$$\boldsymbol{b}=\begin{pmatrix}b_x\\b_y\\b_z\end{pmatrix}=\begin{pmatrix}\dfrac{\mathrm{d}u}{\mathrm{d}t}\\\dfrac{\mathrm{d}v}{\mathrm{d}t}\\\dfrac{\mathrm{d}w}{\mathrm{d}t}\end{pmatrix}=\begin{pmatrix}\dfrac{\partial u}{\partial t}+u\cdot\dfrac{\partial u}{\partial x}+v\cdot\dfrac{\partial u}{\partial y}+w\cdot\dfrac{\partial u}{\partial z}\\\dfrac{\partial v}{\partial t}+u\cdot\dfrac{\partial v}{\partial x}+v\cdot\dfrac{\partial v}{\partial y}+w\cdot\dfrac{\partial v}{\partial z}\\\dfrac{\partial w}{\partial t}+u\cdot\dfrac{\partial w}{\partial x}+v\cdot\dfrac{\partial w}{\partial y}+w\cdot\dfrac{\partial w}{\partial z}\end{pmatrix}$$

在定常流情况下，所有对时间的偏导数均为零，即 $\dfrac{\partial}{\partial t}=0$；但如发生对流变化，则对时间的实质导数 $\dfrac{\mathrm{d}}{\mathrm{d}t}\neq 0$，在非定常流中 $\dfrac{\partial}{\partial t}\neq 0, \dfrac{\mathrm{d}}{\mathrm{d}t}\neq 0$。

## 3.3 流动拓扑学

本节将对普朗特的原始著述补充一些从运动学基本方程式 (3.2) 导出的结论，使对流动，特别是三维流动的描述得到很大改进，而不仅仅是应用流线、迹线和染色线。流动的拓扑分析提供对速度矢量场产生的临界点(奇点) 及它们相互关系的理解。临界点的特征是该点速度矢量的方向是不定的。对图 3.2 所示的流场应用这一分析可得到如图 3.4 所示的流场结构的描述：有两个半鞍点 $S'$，即流动的驻点；一个鞍点 $S$，从尾流中分出周期地分离漩涡的回流区；漩涡本身则称为焦点 $F$。作为与平板一同运动的观察者，我们观察到周期性地从与流动垂直的平板向下游游动的焦点 (漩涡) 的快照，于是，这个非定常尾流在运动的参考坐标系中得到了极好的描述。

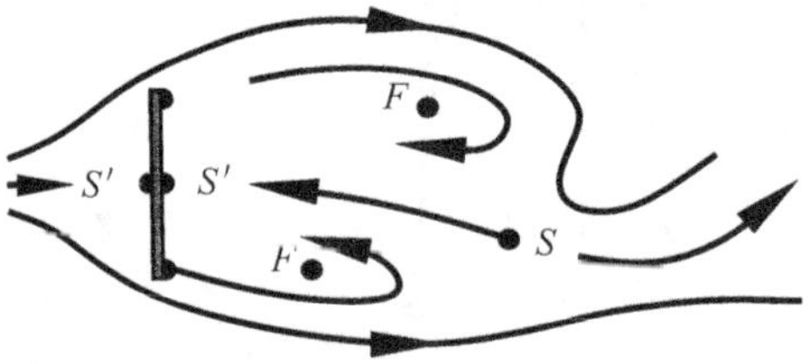


图 3.4 绕移动平板流动的结构

运动参考坐标系中的快照

定常流的临界点$(x_0, y_0, z_0)$ 理论以连续且二次可导的三维矢量场 $\boldsymbol{v}(x, y, z) = (u, v, w)$ 为其出发点。

在临界点上，我们所要讨论的矢量的方向是未定的，以速度矢量 $\boldsymbol{v}$ 为例，这意味着在临界点上速度的量值为零，且根据方程 (3.4)，流线也没有方向。但若矢量场可围绕奇点 $(x_0, y_0, z_0)$ 用级数展开式 (3.7) 来近似，则仍可围绕奇点对矢量场作更深入的研究。假设 $(x_0, y_0, z_0) = (0, 0, 0)$，这并不失一般性，则在临界点速度矢量 $\boldsymbol{v}$ 的分量可表示为空间坐标的解析函数

$$\left\{\begin{aligned} \dot{x} = u &= \sum_{i=0}^{N}\sum_{j=0}^{N-i}\sum_{k=0}^{N-i-j} U_{i,j,k}\cdot x^i\cdot y^j\cdot z^k + O_1(N+1) \\ \dot{y} = v &= \sum_{i=0}^{N}\sum_{j=0}^{N-i}\sum_{k=0}^{N-i-j} V_{i,j,k}\cdot x^i\cdot y^j\cdot z^k + O_2(N+1) \\ \dot{z} = w &= \sum_{i=0}^{N}\sum_{j=0}^{N-i}\sum_{k=0}^{N-i-j} W_{i,j,k}\cdot x^i\cdot y^j\cdot z^k + O_3(N+1) \end{aligned}\right. \tag{3.7}$$

其中

$$U_{i,j,k}=\frac{1}{(i+j+k)!}\cdot\frac{\partial^{i+j+k}u}{\partial x^i\cdot\partial y^j\cdot\partial z^k}$$

$$V_{i,j,k}=\frac{1}{(i+j+k)!}\cdot\frac{\partial^{i+j+k}v}{\partial x^i\cdot\partial y^j\cdot\partial z^k}$$

$$W_{i,j,k}=\frac{1}{(i+j+k)!}\cdot\frac{\partial^{i+j+k}w}{\partial x^i\cdot\partial y^j\cdot\partial z^k}$$

其中 $O_i$ 是误差函数，由阶次 $N+1$ 决定。

我们首先讨论自由流中的临界点。这时在方程 (3.7) 所示级数展开式中取 $N=1$ 就足够了，这样将得到一组一阶微分方程

$$\dot{\boldsymbol{x}}=\boldsymbol{A}\cdot\boldsymbol{x},\quad \boldsymbol{x}=(x,y,z),\quad \dot{\boldsymbol{x}}=\frac{\mathrm{d}\boldsymbol{x}}{\mathrm{d}t}$$

或

$$\begin{pmatrix}\dot{x}\\\dot{y}\\\dot{z}\end{pmatrix}=\begin{pmatrix}a_{11}&a_{12}&a_{13}\\a_{21}&a_{22}&a_{23}\\a_{31}&a_{32}&a_{33}\end{pmatrix}\cdot\begin{pmatrix}x\\y\\z\end{pmatrix}\tag{3.8}$$

系数 $a_{ij}$ 是速度矢量的梯度分量。一般情况下，方程组 (3.8) 的轨迹是流场的迹线。在定常流中，迹线与流线重合。

为讨论固壁上的临界点，设壁面法线方向坐标 $z$ 上的速度 $\boldsymbol{v}$ 已知。与自由流中的情况不同，这时固壁上 $\boldsymbol{v}=0$ 不再是存在临界点的充分条件，因为无滑移条件同样意味着满足条件固壁上 $\boldsymbol{v}=0$。这样，在辨识临界点时，矢量场积分曲线的方向不确定性就是决定性的。在距壁面距离 $z$ 趋于零的极限情况下，对速度方向场的讨论让位给了对壁面剪切应力 $\boldsymbol{\tau}_\omega$ 方向场的讨论，因此，壁面上的临界点要求该点的 $\boldsymbol{\tau}_\omega$ 趋于零。

从无滑移条件可知，$z\to 0$ 时，$\boldsymbol{v}/z$ 趋于一个常数，且其矢量场与壁面剪切应力场有相同的积分曲线。因此，我们实际上不必讨论 $z=0$ 表面的临界性，而是讨论 $\boldsymbol{v}/z$ 的泰勒级数展开式的临界性。

用符号 $(\boldsymbol{x})'=\dot{\boldsymbol{x}}/z$，取 $N=2$ 时方程组 (3.7) 的级数展开式，得

$$x'=\frac{u}{z}=U_{1,0,1}\cdot x+U_{0,1,1}\cdot y+U_{0,0,2}\cdot z+O_1(3)$$

$$y'=\frac{v}{z}=V_{1,0,1}\cdot x+V_{0,1,1}\cdot y+V_{0,0,2}\cdot z+O_2(3)$$

$$z'=\frac{w}{z}=W_{0,0,2}\cdot z+O_3(3)$$

其中用到了关系 $U_{i,j,0}=V_{i,j,0}=W_{i,j,0}=0$，所以此展开式已考虑了无滑移条件。与方程组 (3.8) 不同，这里出现了速度场的二阶导数，如果在空间 $x$,$y$,$z$ 方向上，我们只取线性项，则可得到与自由流中完全类似的一组一阶微分方程，只是系数矩阵 $\boldsymbol{A}$ 具有不同的内容了。

$$(\boldsymbol{x})'=\boldsymbol{A}\cdot\boldsymbol{x},\qquad \begin{pmatrix} x' \\ y' \\ z' \end{pmatrix}=\begin{pmatrix} \dfrac{\dot{x}}{z} \\ \dfrac{\dot{y}}{z} \\ \dfrac{\dot{z}}{z} \end{pmatrix}=\begin{pmatrix} a_{11} & a_{12} & a_{13} \\ a_{21} & a_{22} & a_{23} \\ a_{31} & a_{32} & a_{33} \end{pmatrix}\cdot\begin{pmatrix} x \\ y \\ z \end{pmatrix} \tag{3.9}$$

这样，研究给定流场临界点的问题就转化为研究常系数常微分方程奇点的问题了，而后者的数学理论是很明确的。自由流中临界点问题和固壁上临界点问题的差别仅仅是两者具有不同的系数矩阵 $\boldsymbol{A}$(方程组 (3.8) 或方程组 (3.9))。

考虑到 $\det[\boldsymbol{A}-\boldsymbol{\lambda}\cdot\boldsymbol{I}\,]=0$，为计算矩阵 $\boldsymbol{A}$ 的特征值得到特征方程

$$\lambda^3+P\cdot\lambda^2+Q\cdot\lambda+R=0 \tag{3.10}$$

其三个实数矩阵不变量分别是

$$\begin{aligned} P&=-\mathrm{tr}(\boldsymbol{A})=-(\lambda_1+\lambda_2+\lambda_3) \\ Q&=\frac{1}{2}\cdot\left[P^2-\mathrm{tr}(\boldsymbol{A}^2)\right]=\lambda_1\cdot\lambda_2+\lambda_2\cdot\lambda_3+\lambda_3\cdot\lambda_1 \\ R&=-\det(\boldsymbol{A})=-\lambda_1\cdot\lambda_2\cdot\lambda_3 \end{aligned}$$

三次方程 (3.10) 的解可按判别式 $D$ 的值予以分类

$$D=27\cdot R^2+(4\cdot P^2-18\cdot Q)\cdot P\cdot R+(4\cdot Q-P^2)\cdot Q^2 \tag{3.11}$$

$D>0$，则有一个实数特征值和一对共轭复数特征值；$D<0$，则有三个实数特征值; $D=0$ 的曲面将不变量 $P$、$Q$、$R$ 所界定的空间分成两部分。这些均示于图 3.5。

为了解靠近临界点处的流动情况，我们首先来考察 $R=0$ 的二维流的特征矢量。这时的特征方程为 $\lambda^2+P\cdot\lambda+Q=0$，判别式为 $\varDelta=4\cdot Q-P^2$，这样 $\varDelta=0$ 就以抛物线的形状将 $P$-$Q$ 平面分为实数特征值与共轭复数特征值的两个区域。图 3.6 显示了 $P$-$Q$ 平面上与临界点相关联的特征矢量。

与每个特征值相关联的特征矢量决定着流入或流出临界点的流线的切线方向。若实数特征值或复数特征值的实部是负数，则迹线流向临界点; 若为正数，则迹线流出临界点; 若两实数特征值有不同的正、负号 ($Q<0$)，则特征向量的两条切线指向临界点，而另两条背离临界点，于是临界点即为鞍点; $Q$ 为正值时，若 $\varDelta>0$,

则获得的两实数特征值正、负号相同，临界点为一节点；若 $\Delta<0$，则获得两共轭复数特征值，临界点为一焦点。

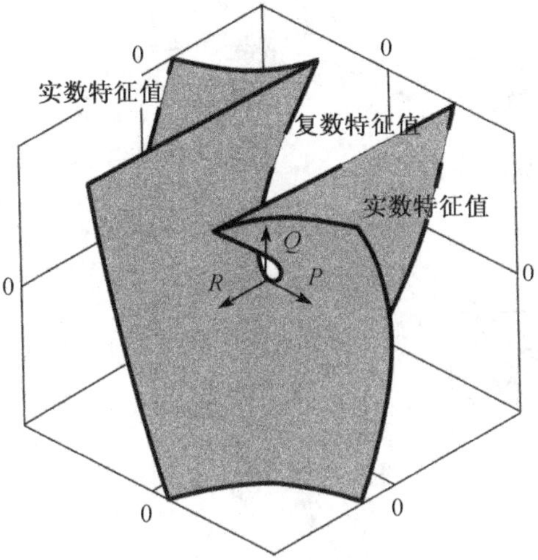


图 3.5 特征方程的实数和复数特征值

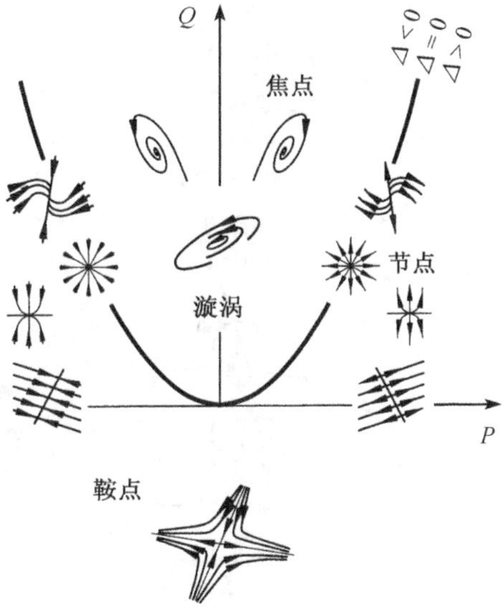


图 3.6 $R=0$ 二维流临界点的特征矢量

在不同区域的边界线上，即 $P=0$ 轴或 $Q=0$ 轴，或 $P^2=4\cdot Q$ 的抛物线上，则将出现漩涡、汇和源(退化的节点) 等。例如，对于 $P=0$，只有鞍点 $(Q<0)$ 或涡点 $(Q>0)$ 从运动学上才是可能出现的。对于 $P=0$ 和 $Q=0$ 处，临界点退化，要求在展开式 (3.7) 中取更多的项方能作更好的描述。

对于三维流动，其流动状态同样与图 3.5 中那样的特征值相关联。图 3.7 给出了某些示例，如在旋风中的节点 – 焦点结构，大气中漩涡形成时发生的鞍点–焦点和不稳定涡，以及涉及物体在流动中分离的大量技术问题中会出现的节点以及节点–鞍点等结构。

作为对图 3.4 的补充，在图 3.8 中显示了绕汽车的流动。在铅垂平面 $A_1$ 的尾流中，可以看到车尾上有三个半鞍点 $S'$(驻点和分离点)，流场中有一个鞍点 $S$；回流区以两个焦点 $F$ 为显著特征。若在汽车的尾迹流中再置一平面 $A_2$，则可见一个焦点、一个鞍点和一个节点。将两个平面的流场结构叠加起来，初看好像颇为混乱，但若加上一些视觉想像力，则可找出汽车绕流的三维结构。在汽车后货厢凸缘上形成的马蹄形涡随后进入尾流，而汽车底板与路面间的剪切层形成了类似风洞实验的回流区，并以下游平面 $A_1$ 上的鞍点为界。

再给出一个描绘超声速飞机以一定迎角飞行时其三角机翼绕流的流场结构 (6.3.1 节)。气动升力主要由机翼前缘分离涡内的负压产生。图 3.9 示出了一次涡的分

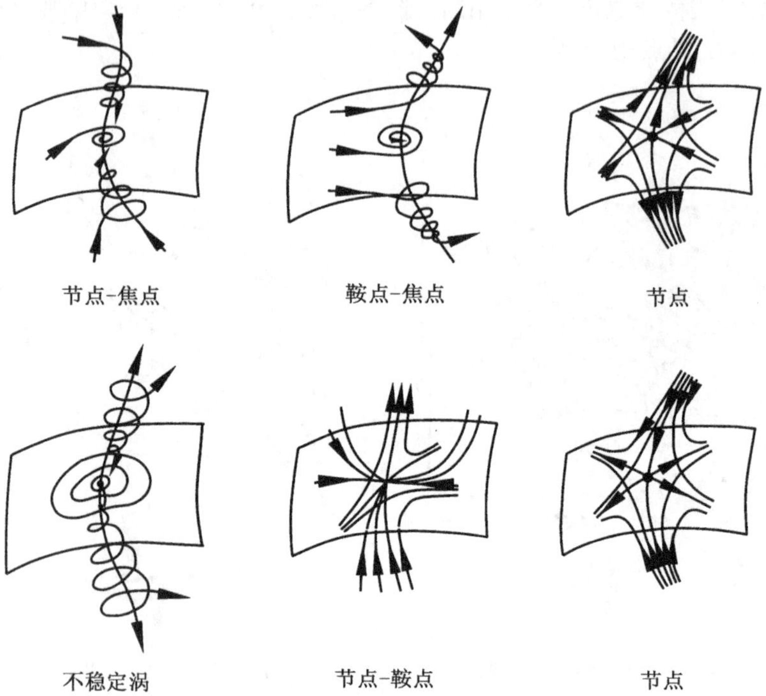


图 3.7　三维流流动结构示例

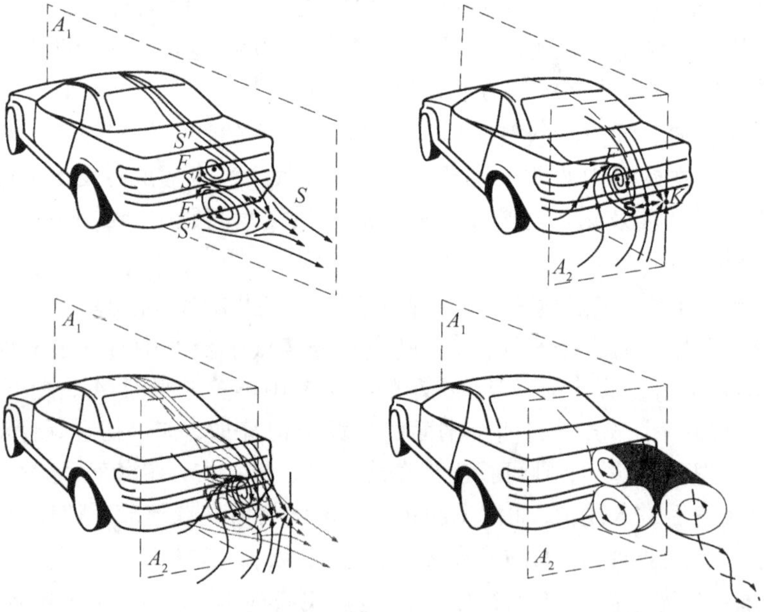


图 3.8　汽车尾流的结构

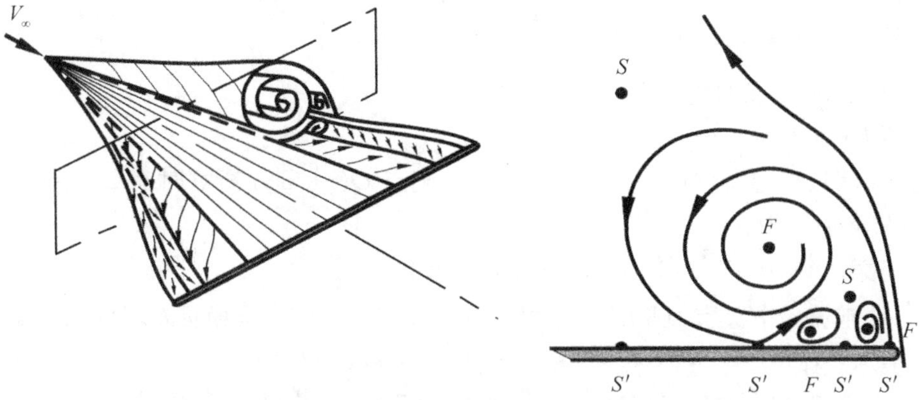


图 3.9　以一定迎角飞行的三角机翼绕流的壁面流线和结构

离 (焦点) 以及机翼上的再附线，这是由壁面流线汇聚而看出的。在一次前缘分离的下游，翼面上的三维横向流又引起二次分离，这使机翼的两部分上各多了两个焦点 $F$ 和一个鞍点 $S$。因此，这一流场结构在机翼上表面两部分的每一部分上共有三个焦点、一个鞍点，以及分离线和再附线的半鞍点。因二次分离的涡强度小于一次的，所以三角翼的气动特性主要由一次涡决定。

这些十分复杂的分离流的例子表明仅仅基于运动基本方程式 (3.2) 分析临界点拓扑结构的方法对描述这些复杂流动是多么有用，况且，它不仅仅是描述了流场，而且还是一种意义明确的描述。

## 3.4　习　　题

1. 一个二维流场的速度分量 $u = a \cdot x, v = -a \cdot y$($a$ 是一正常数)。

(1) 计算该流场的流线。

答案：$y = \dfrac{C}{x}$, $C$ 为积分常数

(2) 该流场的旋度 $\omega =$?

答案：在所有 $(x, y)$ 处, $\omega = 0$

(3) 若一灰尘颗粒在 $t_0 = 0$ 时，位于一流线上点 $(x_0, y_0)$ 处，则该颗粒达到该流线上点 $(x_1, y_1)$ 处时 $t_e =$? 设灰尘颗粒的质量很小，因此与流线间无滑动。

答案：$t_e = \dfrac{1}{a} \cdot \ln\left(\dfrac{x_1}{x_0}\right)$

2. 不可压流体在 $x > 0$、$y > 0$ 的 $x$, $y$ 平面内作非定常运动，其速度分量 $u(x,t) = -[A + B \cdot \sin(\omega \cdot t)] \cdot x$, $v(y,t) = -[A + B \cdot \sin(\omega \cdot t)] \cdot y$。其中常数 $A > B > 0$。

(1) 设 $t=0$ 时某流体质点位于点 $P(x_P, y_P)$，求其轨迹矢量的 $y(t)$ 分量。

答案：$y(t) = y_P \cdot \exp\left(A \cdot t + \frac{B}{\omega} \cdot [1-\cos(\omega \cdot t)]\right)$

(2) 通过 $P$ 点的流线方程。

答案：$y(x) = \frac{x_P \cdot y_P}{x}$

(3) 写出确定流体质点从点 $P(x_P, y_P)$ 到点 $Q(x_Q, y_Q)$ 所需时间 $\Delta t$ 的隐式方程，已知 $y_Q = 3y_P$。

答案：$A \cdot \Delta t + \frac{B}{\omega} \cdot [1-\cos(\omega \cdot \Delta t)] = \ln 3$

(4) 求流场中实质加速度的 $x$ 和 $y$ 分量 $a_x$ 和 $a_y$ 与空间坐标及时间的关系。

答案：$a_x = -B \cdot \omega \cdot \cos(\omega \cdot t) \cdot x + [A + B \cdot \sin(\omega \cdot t)]^2 \cdot x$

$a_y = B \cdot \omega \cdot \cos(\omega \cdot t) \cdot y + [A + B \cdot \sin(\omega \cdot t)]^2 \cdot y$

3. 不可压流体沿一内角作二维定常无旋流动，其速度分量 $u = \alpha \cdot y$，$v = \alpha \cdot x$ 且 $\alpha > 0$，半无穷大流场的边界由 $y = +x$ 和 $y = -x, x \geqslant 0$ 给出 (图 T3.1)。

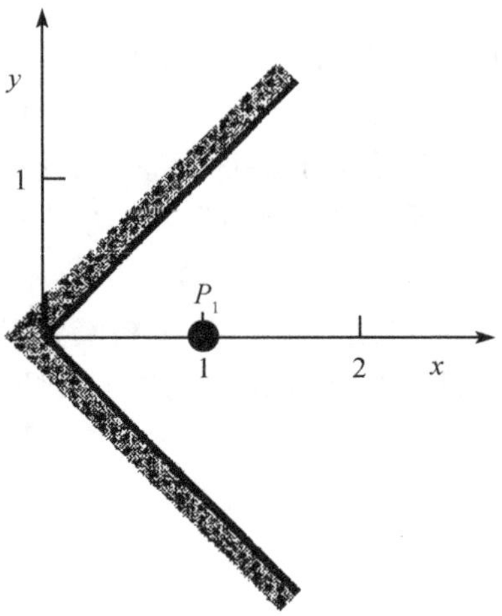

图 T3.1

(1) 说明流场中有几个驻点，并给出其坐标。

答案：一个驻点，坐标为 $x_s = 0, y_s = 0$

(2) 写出通过点 $P_1(x_1 = 1, y_1 = 0)$ 的流线方程 $y = f(x)$。

答案：$y = \pm\sqrt{x^2 - 1}$

(3) 设与 $P_1$ 在同一流线上的点 $P_2$ 具有 $x$ 坐标 $x_2 = 2$，求流体质点沿该流线由 $P_1$ 到 $P_2$ 所需的时间 $\Delta t$。

答案：$\Delta t = \frac{1}{\alpha} \cdot \ln(2+\sqrt{3})$

4. 已知某定常三维不可压流场在直角坐标系中其量纲 1 速度矢量 $\boldsymbol{v} = (u, v, w)$ 的分量可表示为 $u = x^2 + 2 \cdot z^2, w = y^2 - 2 \cdot y \cdot z$

(1) 对于速度场 $\boldsymbol{v} = (u, v, w)$ 满足连续方程的情况，计算 $y$ 方向上速度场 $v$ 分量的一般形式。

答案：$v(x, y, z) = -2 \cdot x \cdot y + y^2 + C(x, z)$，其中 $C(x, z)$ 为任意函数

(2) 研究此流场是否在所有 $(x, y, z)$ 处都是无旋的。

(3) 计算此流场在 $x$ 方向的加速度。

答案：$a_x = 2 \cdot x^3 + 4 \cdot x \cdot z^2 + 4 \cdot y^2 \cdot z - 8 \cdot y \cdot z^2$

5. 充满不可压流体的缝隙长度为 $l$，高度为 $h(t)$，其上边界以恒速 $V_0$ 向下移动，已知在边缘处流体的速度分布为 $u(y) = 4 \cdot U_0 \cdot \left(\frac{y}{h(t)} - \left(\frac{y}{h(t)}\right)^2\right)$(图 T3.2)。

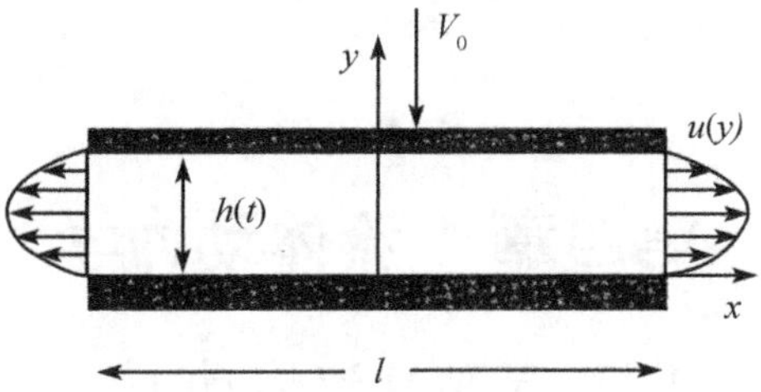


图 T3.2

(1) 若缝隙的初始高度 $h(t=0)=h_0$，求 $h(t)$。

答案：$h(t)=-V_0\cdot t+h_0$

(2) 用连续方程计算缝隙边缘处的最大速度 $U_0$。

答案：$U_0=\dfrac{3}{4}\cdot\dfrac{l}{h(t)}\cdot V_0$

6. 一个二维流场满足微分方程 $\dfrac{\mathrm{d}y}{\mathrm{d}x}=\dfrac{x+y}{x}$。

(1) 求此方程的特征多项式。

答案：$\lambda^2-2\cdot\lambda+1=0$

(2) 确定奇点类型。

答案：节点

(3) 求积分曲线族的方程。

答案：$y=x\cdot\ln|x|+C\cdot x$, $C$ 为积分常数

# 第四章　流体动力学

## 4.1　无黏性流体动力学

### 4.1.1　连续性和伯努利方程

在流动中物质既不能产生也不能消灭，因此速度场必须遵守物质守恒定律。对于定常流动，若已确知流线的形状，这一点就非常容易被表达清楚，只要表明对任一根流束，单位时间内流过其任一截面的流体质量都相同。事实上，如果流过任何两个截面的流体质量不等，则流束中这两个截面间的质量就必会不断增加或减少，而这是与定常流动的假设相矛盾的。若流场中某处流束的横截面为 $A$，该截面上的平均速度为 $w$，密度为 $\rho$，则单位时间内流过该截面的流体体积为 $A\cdot w$，质量为 $\rho\cdot A\cdot w$。因此，在定常流动情况下，为维持连续性，$\rho\cdot A\cdot w$ 就必须在该流束的各个截面上具有同一值；这也意味着定常流的流束不可能在流体内部中止，它可以从所考虑空间的一个边界伸展到另一个边界，或回到原处而闭合。

如为不可压缩流体，则上述关于流过截面的质量的关系也适用于体积。既然任何时刻流过流束各截面的体积都完全一样，那么定常流的限制也就不必要了。所以，对不可压缩流，我们有一般关系式

$$A\cdot w=\text{常数} \tag{4.1}$$

即速度与流束的截面积成反比。如果把充满流体的空间分成一根根流管，使单位时间内通过每个流管的流量都相同，则在速度大的地方，许多流束将挤在一起；而在速度小的地方，流束将相应地散开。通过每点处单位面积的流束数与该点的速度成正比。这样，在不可压缩流中，不仅流管的方向，而且其密度都反映着流动的情况。

上述关系对于整个流动可以当作是一个流束的情况特别有用。这时，此流束的截面就和给定的流动截面一样，对于不可压缩流，各点的平均速度可从关系式

$$A\cdot w=\dot{V}$$

求出。其中 $\dot{V}$ 代表单位时间内传输的体积。而对于可压缩流，类似地有

$$\rho\cdot A\cdot w=\dot{M}$$

其中 $\dot{M}$ 代表单位时间内传输的质量。这时密度 $\rho$ 通常是与压力相关的，因此速度不能仅由连续性来确定 (4.3 节)。

当我们用上述方法讨论定常不可压缩流动时，只有一个自变量，即从某给定的原点到所考虑截面沿流管中心线度量的距离。在这种情况下，我们称其为一维流，用以和三维流相区分。三维流中的各物理量，如速度等，必须考虑其在空间的变化。关于水流的所有一维问题统统归属于*水力学*；而涉及二、三维的流动问题归属于*流体力学*；关于飞行引起的流动及其它有关空气流动的问题一般称为*空气动力学*。

例如，流体在任意某处以固体或另一种流体为界，则连续性原理要求在边界上既不应有间隙，也不应有两种流体的相互掺混。为保证满足这两个条件，显然在边界两侧垂直于边界面的速度分量必须相等。如果我们考虑的是在运动流体中处于静止的物体，或是固体界壁，则垂直于这些固体表面的速度分量在该面上必须等于零；而与壁面平行的速度分量，若只从连续性的观点来看，可以具有任意数值。

现在我们来考虑作用在流体上的力。流体静止时受两种力的作用而保持平衡：*重力*(和其他质量力) 和*压力*。流体流动时，同样存在这两种力，只不过静止时这两种力平衡，而流动时，不平衡，且出现抵抗变形的*流体摩擦阻力*。本节中我们将忽略摩擦，将其留到 4.2 节中再作详细讨论。在实用中最重要的流体 (水、空气等) 都只有非常小的黏性，一般情况下其黏性所引起的摩擦阻力也非常小，因此有理由忽略它。这样，我们就首先对*无黏性流体*来推导流体运动的基本定律，随后再来探讨存在摩擦时这些定律的修正。所以，下述讨论均基于*无黏性流体*，并首先考虑不可压缩流体。

为了推导压力和质量力与流体运动状态之间的动力学关系，我们从动力学基础的*牛顿方程*(力 = 质量 × 加速度) 出发，计算沿流束各点的瞬时状态。为此，对于三维流动，如 3.2 节中所述，需先求出运动方向的加速度分量。对于一维流动，我们设 $s$ 为沿流线度量的弧长，$t$ 是时间，$w$ 是速度；则当 $s$ 改变了 $\mathrm{d}s$，同时 $t$ 改变了 $\mathrm{d}t$ 时，速度 $w$ 的改变就是

$$\mathrm{d}w = \frac{\partial w}{\partial s} \cdot \mathrm{d}s + \frac{\partial w}{\partial t} \cdot \mathrm{d}t$$

其中 $\dfrac{\partial w}{\partial t}$ 是偏导数 ($s$ 保持为常数)，$\dfrac{\mathrm{d}w}{\mathrm{d}t}$ 是全导数 (对于同一个流体质点)。这样就得到了加速度

$$\frac{\mathrm{d}w}{\mathrm{d}t} = w \cdot \frac{\partial w}{\partial s} + \frac{\partial w}{\partial t} \tag{4.2}$$

其中 $w \cdot \dfrac{\partial w}{\partial s}$ 是由于质点运动到速度不同的点而引起的加速度部分；$\dfrac{\partial w}{\partial t}$ 是由于在同一点上流动状态随时间改变而引起的加速度部分；若为定常流，后一项就等于零，第一部分也可写作 $\partial(w^2/2)/\partial s$ 的形式。

为了应用方程 "力 = 质量 × 加速度"，我们仍旧从运动流体中选出一个截面积为 $\mathrm{d}A$ 和长度为 $\mathrm{d}s$ 的小圆柱。和在 2.4 节中讨论流体的平衡时一样，取小圆柱的

轴在流动的方向 (图 4.1)，此柱体的质量是 $\rho\cdot \mathrm{d}A\cdot \mathrm{d}s$。

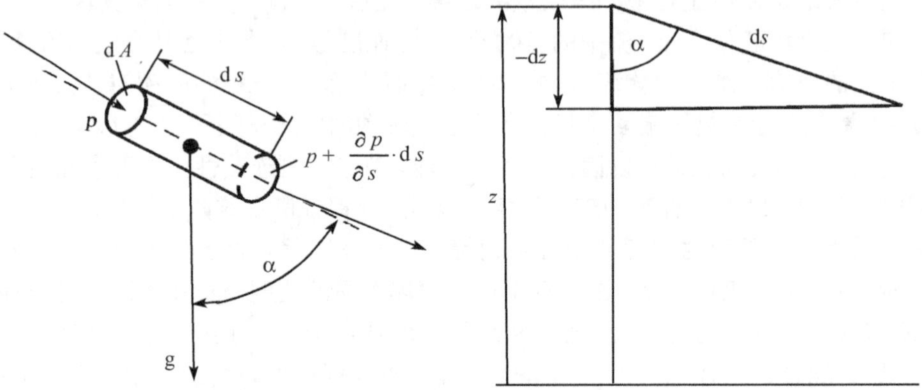


图 4.1　沿流体运动方向的小棱柱上力的平衡

如果运动是无黏性的，则作用于此小圆柱上的力有：由压力差形成的压力和质量力。设柱体在上游那端的压强为 $p$，则该端面 $\mathrm{d}A$ 上的压力就是 $p\cdot\mathrm{d}A$；在下游端的压强为 $p+(\partial p/\partial s)\cdot\mathrm{d}s$，于是两端面两压力的合力是 $p\cdot\mathrm{d}A-(p+(\partial p/\partial s)\cdot\mathrm{d}s)\cdot\mathrm{d}A=-(\partial p/\partial s)\cdot\mathrm{d}s\cdot\mathrm{d}A$。此外，在流体上还作用有质量力 (例如重力)，若设单位质量上的该力为 $g$，且该力的方向与流动方向的夹角是 $\alpha$，则作用在质量 $\rho\cdot\mathrm{d}A\cdot\mathrm{d}s$ 上的该力沿流动方向的分力就是 $\rho\cdot\mathrm{d}A\cdot\mathrm{d}s\cdot g\cdot\cos(\alpha)$。在 "力 = 质量 × 加速度" 的方程中，现各项都有因子 $\mathrm{d}A\cdot\mathrm{d}s$，可以消去 (就是说，任意选择小圆柱的体积不影响最终结果)。用 $\rho$ 除方程两边便得到

$$-\frac{1}{\rho}\cdot\frac{\partial p}{\partial s}+g\cdot\cos(\alpha)=\frac{\partial}{\partial s}\left(\frac{w^2}{2}\right)+\frac{\partial w}{\partial t} \tag{4.3}$$

通常质量力只是重力，其大小和方向都不变，如果我们再取 $z$ 为铅直向上的坐标，则 $\cos(\alpha)$ 就可以写作 $-\partial z/\partial s$(图 4.1)。

若流动是定常的 ($\partial w/\partial t=0$)，并设密度 $\rho$ 是常数，则式 (4.3) 中各项都是 $s$ 的导数，可沿流线积分该式，从

$$\frac{1}{\rho}\cdot\frac{\partial p}{\partial s}+g\cdot\frac{\partial z}{\partial s}+\frac{\partial}{\partial s}\left(\frac{w^2}{2}\right)=0$$

得到

$$\frac{p}{\rho}+g\cdot z+\frac{w^2}{2}=\text{常数} \tag{4.4}$$

这个方程就是伯努利方程，它是研究一维无黏流的基本方程。如果对方程 (4.4) 的各项除以 $g$，则各项都具有长度的量纲，可解释为高度。像第三章中那样，引入

单位体积的重量 $\rho\cdot g=\gamma$，伯努利方程可写作

$$\frac{p}{\gamma}+z+\frac{w^2}{2\cdot g}=\text{常数}$$

由 2.4 节可知，$p/\gamma$ 是流体柱的高度，而该流体柱的重量产生压强 $p$，因此这个高度被称为*压强高度*；式中 $z$ 是所考虑的点在任意固定水平面上方的高度，称为*位置高度*，式 (4.5) 中 $w^2/(2\cdot g)$ 是物体自由降落时为了达到速度 $w$ 所必须具有的高度，称为速度高度。按照伯努利方程，压强高度、位置高度和速度高度之和沿流线是常数不变；但常数值可因流线而异，特别是当流线的来源各不相同时。假如所有的流线都来自有静态关系的空间 (即其中的流体是静止的或作匀速直线运动的)，则常数值就对所有流线都一样，这样，伯努利方程也就适用于垂直于流线以及整个空间。由 2.4 节可知，静止的流体中 $\rho/\gamma+z=$ 常数，这和 $w=0$ 或 $w=$ 常数的伯努利方程一致，这里所描述的特殊流动状态和我们后面将要讨论的定常位势流完全一样。

对于其他的质量力，只要它有位势 $U$，就可令 $g\cdot\cos(\alpha)$ 等于 $-\partial U/\partial s$，这时方程的积分也能作出。如果流体是可压缩的，积分也同样是可能的，只要流动是均匀的，即其密度只与压强有关。这时 $\int(\mathrm{d}p/\rho)=F(p)$ 是压强的函数，从而 $(1/\rho)\cdot(\partial p/\partial s)=\partial F/\partial s$。对 $s$ 积分，我们就得到一个定常运动的伯努利方程普遍形式

$$F+U+\frac{w^2}{2}=\text{常数} \tag{4.6}$$

### 4.1.2 伯努利方程的推论

很多问题利用伯努利方程可以很容易得到解决，我们现在讨论几个重要的例子。

1. 容器中液体在重力作用下的外泄

从图 4.2 中的出口 $B$ 处追溯容器中的流线，可见它们都通到水的表面 $A$，且当水外泄时，水面逐渐下降。在 $A$ 处水的质点和在 $B$ 处自由射流中的质点一样，都受到大气压力 $p_0$ 的作用，这里我们略去了空气的重量；但若对压力的描述只要求准确到两位小数，这就是允许的。如果水面面积比出口 $B$ 的面积大得多，$A$ 处的速度就很小，以至其平方与 $B$ 处速度的平方相比可以忽略不计。所以，如果 $z_A$、$z_B$ 分别是 $A$ 和 $B$ 的位置高度，由伯努利方程可得

$$\frac{p_0}{\rho}+g\cdot z_B+\frac{w_B^2}{2}=\frac{p_0}{\rho}+g\cdot z_A+0$$

于是

$$\frac{w_B^2}{2\cdot g}=z_A-z_B=h$$

或

$$w_B = \sqrt{2 \cdot g \cdot h} \tag{4.7}$$

这说明，质点在 $B$ 处的速度同质点自由降落高度 $h$ 所达到的速度一样。实际情况是 $A$ 处的质点向下移动一些到某新的位置，原先在该位置的质点也同样向下移动了一些，依此类推。与这些质点相联系的功通过液体的内部机制全部传递给了实际流出的质点，这些功加起来就恰等于单个质点降落整个高度的功。方程 (4.7) 所表示的关系称为托里拆利外泄定理。

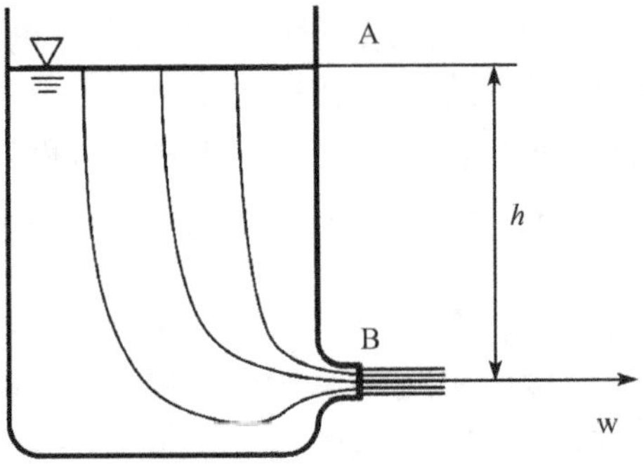


图 4.2 容器中液体的外泄

射流的截面一般和出口的截面不同，例如，从薄壁圆孔出来的射流，其截面积约为孔口截面积的 0.61~0.64，这个现象称为收缩。造成收缩的原因是容器内的液体本是沿径向流向孔口的，在到达孔边时不可能立刻由径向转到射流的轴向。图 4.3 的上部显示了这种流动。对于圆管形的出口，流束方向的改变可在出口中完成，收缩系数近似等于 1。每秒流出截面积为 $A$ 的孔口的流量 $\dot{v}$ 可写为

$$\dot{V} \cdot = \alpha \cdot A \cdot \sqrt{2 \cdot g \cdot h}$$

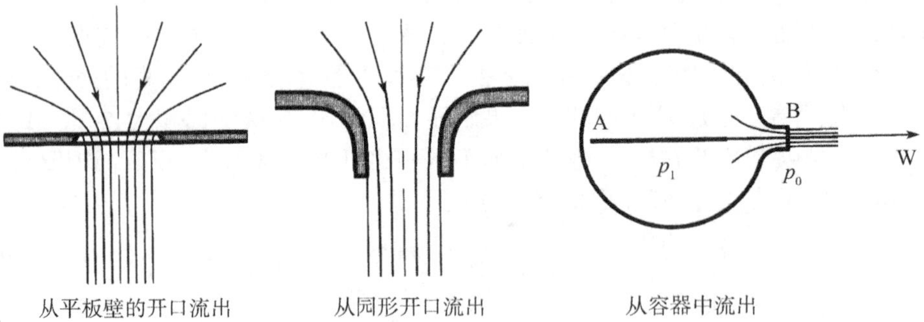


图 4.3 不同的外泄情况

其中 $\alpha$ 是收缩系数。对于非圆形的薄壁孔口，$\alpha$ 的数值与圆形的只有很小差别，但射流的形状一般却复杂得多。例如，从方形孔口流出的射流是窄十字形截面的；从矩形孔口流出的射流是与矩形较长边垂直的扁条。

2. *液体从内有超压的容器中外泄*

图 4.3 下部所示的容器内有压力 $p_1$，外部空间压力是大气压力 $p_0$，对于水平流线，$z_A = z_B$，如果 $A$ 处的速度仍很小，可以忽略，则从伯努利方程可得

$$\frac{p_0}{\rho} + \frac{w^2}{2} = \frac{p_1}{\rho} + 0$$

即

$$w = \sqrt{\frac{2 \cdot (p_1 - p_0)}{\rho}} = \sqrt{\frac{2 \cdot g \cdot (p_1 - p_0)}{\gamma}}$$

式 (4.8) 中 $(p_1 - p_0)/\gamma$ 是上下两端压力差为 $p_1 - p_0$、密度为 $\gamma$ 的液柱的高度，将 $(p_1 - p_0)/\gamma$ 记作 $h$，则从方程 (4.8) 又得到 $w = \sqrt{2 \cdot g \cdot h}$。方程 (4.8) 使我们可以估计出一个极限速度，低于该速度就可以把气体看作是不可压缩流体。极限速度 $w_1$ 与所允许的密度变化大小有关。因为 $p \cdot V^\kappa =$ 常数，或 $p =$ 常数 $\cdot \rho^\kappa$，可得 $\Delta p/p \approx \kappa \cdot \Delta\rho/\rho$，于是 $\Delta p \approx \kappa \cdot p_0 \cdot \Delta\rho/\rho$。如果选择允许的密度变化为 $\Delta\rho/\rho = 0.01$，对于普通压力 $p_0 = 1\text{bar} = 10^5\text{N/m}^2$ 下的空气，压差 $\Delta p = 1.405 \times 10^5 \times 0.01\text{N/m}^2 = 1405\text{N/m}^2$。取 $\rho = 1.21\text{N} \cdot \text{s}^2/\text{m}^4$ 作为密度的平均值，最后得到极限速度

$$w_1 = \sqrt{\frac{2 \cdot \Delta p}{\rho}} = \sqrt{2322\text{m}^2/\text{s}^2} \approx 48\text{m/s}$$

如果允许密度变化 10%，则得到的极限速度为上述速度的 $\sqrt{10}$ 倍，约为 150m/s。密度变化的影响是双重的：从运动学观点来看，流束截面积变了；而从动力学观点来看，同样的加速度所联系的压力变化也改变了。

3. *驻点流动*

如在以速度 $w_0$ 均匀流动的流体里放置一个障碍物，则紧靠物体前缘的流体就受到阻挡而向各个方向分散以绕过该物体 (图 4.4)，在受阻挡区域的中心，即驻点，流动完全静止。这样，假设 $p_\text{s}$ 是驻点处的压强，$p_\infty$ 是未受扰动流体在同样高度处的压强，则在通过驻点的流线上应用伯努利方程，就得到

$$\frac{p_\text{s}}{\rho} + 0 = \frac{p_\infty}{\rho} + \frac{w_\infty^2}{2} \quad \text{或} \quad p_s = p_\infty + \rho \cdot \frac{w_\infty^2}{2}$$

压强增量 $p_\text{s} - p_\infty = \rho \cdot \dfrac{w_\infty^2}{2}$ 被称为*驻压或动压*。通过测量这一压强增量可测定流速。如果一个物体以速度 $v$ 在静止的空气 (或液体) 中移动，则在同物体一起

移动的坐标系中所观察到的流动就如上述，只是速度 $w_\infty$ 与 $v$ 大小相等而方向相反。这里也同样发生 $\rho\cdot v^2/2$ 的压强增量。如果物体在驻点处有一个小孔，压强 $p_s$ 就会通过此小孔传播到物体内部，从而传送到测量装置上。为了测量流动中的压强 $p_\mathrm{s}=p+\rho\cdot w^2/2$，只需一个简单的弯管作为障碍物就足够了，这种弯管以其发明者名字命名，称为皮托管(图 4.5)。

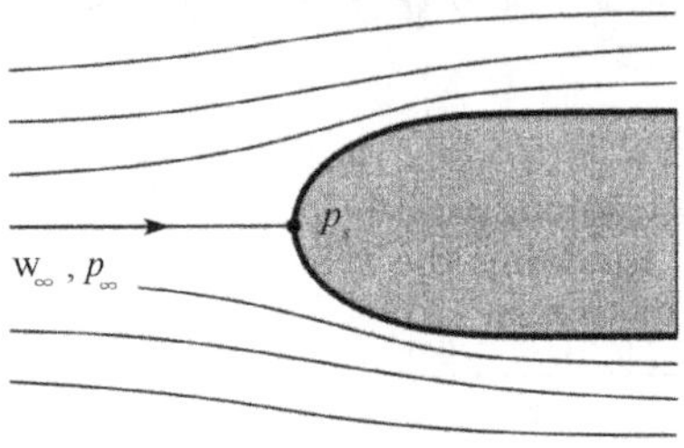


图4.4 驻点流动

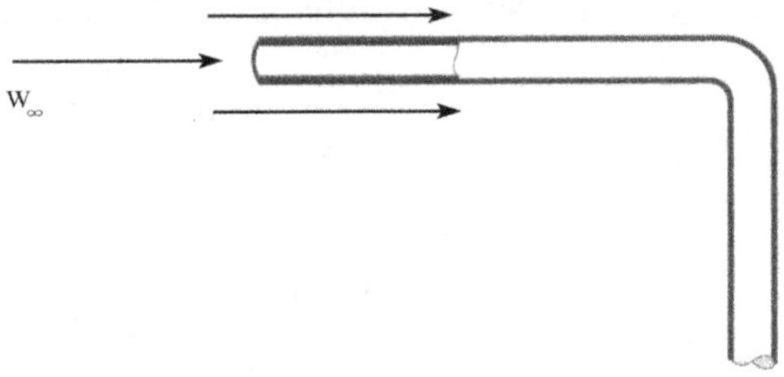


图4.5 皮托管

对应于运动流体中的每一点，有一个相当于皮托管测出的压强 $p_\mathrm{s}$ 和一个原来的压强 $p$ (随流体移动的压力计测出的)，$p_\mathrm{s}$ 被称为总压，$p$ 为静压，因此总压 = 静压 + 动压。利用伯努利方程

$$\frac{p}{\rho}+g\cdot z+\frac{w^2}{2}=\text{常数}$$

再引入总压 $p_\mathrm{s}=p+\rho\cdot w^2/2$，得到

$$\frac{p_\mathrm{s}}{\rho}+g\cdot z=\text{常数}\quad\text{或}\quad p_\mathrm{s}+\gamma\cdot z=\text{常数}$$

因而 $p_\mathrm{s}$ 是按流体静力学定律分布的，也就是说，在所有流线的常数都相同的情况下，$p_\mathrm{s}$ 在每一个水平面上是常数。

为利用上述关系来求流速，我们既要确定 $p_\mathrm{s}$，又要测出静压 $p$，静压的测量比确定 $p_\mathrm{s}$ 要困难得多，因为测量静压的探头置于欲测点时，该点的静压就已受到了扰动。关于静压测量的详细讨论参看 4.1.3 节。

下面的讨论并不限于无黏性流体，也适用 (在某些情况下稍有修正) 于具有一定黏性的流体。不过，我们首先只研究密度是常数的不可压缩流体。这种流体中的压强可表示为两项，其中一项代表流体静止时也会有的压强，这个平衡压强我们用 $p'$ 来表示，$p'=$ 常数 $-\gamma\cdot z$。如把运动流体中的实际压强记为 $p=p'+p^*$，$p^*$ 就表示流体在运动时的压强与处于静止时的压强之差。如果可以应用伯努利方程，即 $p+\gamma\cdot z+\rho\cdot w^2/2=$ 常数，并考虑上面 $p'$ 的表达式就可以推出 $p^*+\rho\cdot w^2/2=$ 常数。这就是说，虽然流体有惯性质量，但 $p^*$ 的分布就像流体不受重力的影响一样，

位置高度 $z$ 对 $p^*$ 没有影响。事实上，在重力作用下流体中的每一个质点都受到相邻质点的足以支撑它的浮力的支持。这个结果也适用于黏性流体。所以，以后在讨论水下或空气中的运动时，我们将不考虑重力的影响，也就是说，考虑压强差 $p^*$ 而不是压强 $p$。不过，为了简单，我们把 $p^*$ 写作 $p$。

如果气流或水流压强的测量是采用静止着的流场外压力计，并用管子连接测压点 (探头) 和压力计，则管中流体重量的作用正好使所指示的压强与测压点的高度无关。因此，仪器所指示的压强就是 $p^*$。如果用面对气流的皮托管作为探头，则静止着的仪器所指示的压强沿流线保持不变。在所有流线具有同一常数的情况下，整个流场的压强读数都相同。

伯努利方程中讲的是沿流线的压力，如果改为考虑横向加速度而不是纵向加速度，我们同样可以得到一个垂直于流动方向的压力差表达式。横向加速度的方向沿迹线的主法线方向，量值是 $w^2/r$，其中 $r$ 是迹线的曲率半径。现考虑作用在以主法线方向为轴的小棱柱上的力。其 $r$ 方向产生的分力为

$$\frac{w^2}{r} = \frac{1}{\rho} \cdot \frac{\partial p}{\partial s'} \tag{4.9}$$

其中 $ds'$ 是主法线方向上的微元，$p$ 与前述之 $p^*$ 意义相同。这个公式表达了流体进行曲线流动时离心力的作用，沿径向每单位长度压力增加 $\rho \cdot w^2/r$，这便是相邻流速间的关系。由此确立了一个最重要的事实：当流体沿直线($r \to \infty$) 流动时，与流动垂直的方向上没有压力差。当流体沿曲线流动时，在前述伯努利方程中的常数对所有流线都有相同数值的特殊情况下，我们可以得到一个特别简单的结果：把 $\int (\mathrm{d}p/\rho) + w^2/2 =$ 常数 (方程 (4.4)) 对 $s'$ 微分，可得到 $(1/\rho) \cdot \partial p/\partial s'$ 的另一个表达式，即 $(1/\rho) \cdot \partial p/\partial s' = -w \cdot \partial w/\partial s'$，将其代入方程 (4.9)，得到

$$\frac{\partial w}{\partial s'} + \frac{w}{r} = 0 \tag{4.10}$$

和 4.1.5 节中将表明的一样，式 (4.10) 表明，流体作曲线运动时，各流体微团并不经受转动。容易证明，如式 (4.10) 成立，则沿由两径向线元 $ds'$ 和两流线弧元构成的微矩形的环量等于零 (4.1.5 节)。

我们以离心泵蜗室中的流动作为一个例子 (图 4.6)。在 $A$ 处所有的流线是平行的，且所有流束的速度相等。若在平行流中压力都一样，则伯努利常数对所有的流线都相同。各流线的曲率半径可近似取从中心 $O$ 计的半径 $r$，微元 $\mathrm{d}s'$ 就认为是 $\mathrm{d}r$，这样式 (4.10) 即为 $\mathrm{d}w/\mathrm{d}r + w/r = 0$，或 $\mathrm{d}w/w = -\mathrm{d}r/r$，将其积分得到 $\ln(w) = \ln(C) - \ln(r)$，即 $w = C/r$，其中 $C$ 是积分常数。由这个结果可知，速度随距中心距离的减小而增加。当蜗室全都处于同一高度时，由于连续性，速度的径

向分量也同样与 $1/r$ 成正比，因而流线与半径之间的夹角处处相等，流线是对数螺线。由伯努利方程可得压强 $p =$ 常数 $-\rho\cdot C^2/(2\cdot r^2)$。如果流体在蜗室内径 $r_1$ 处的压力是 $p_0$，并从这里向外流出，则在蜗室其它各点的压力可由下式算出

$$p = p_0 + \rho\cdot\frac{C^2}{2}\cdot\left(\frac{1}{r_1^2}-\frac{1}{r^2}\right)$$

如果出口的半径相当小，在 $A$ 处就会出现相当大的超压。

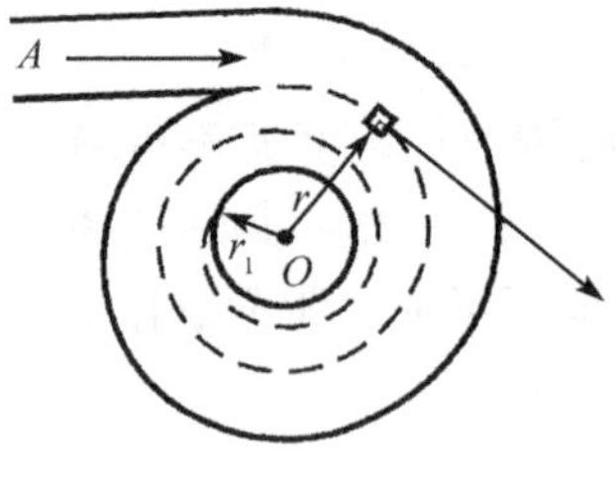


图 4.6　离心泵蜗室

半如果流动是非定常的，那么由于流动状态的变化将在前面已讨论过的压强上增加一个附加压强项。我们现在把讨论限制在纵向加速度上。根据方程 (4.2)，将出现 $\partial w/\partial t$ 项 (速度在当地的改变)。用推导伯努利方程的思路，从完全形式的方程 (4.3) 出发，在方程 (4.4) 的左边会多出一项 $\int_0^s(\partial w/\partial t)\cdot \mathrm{d}s$。如果是在等截面管中的流动，且在所有的截面上流速都相同 (因假定流体是无黏性的，所以在每个截面上流速也相同)，$\dfrac{\partial w}{\partial t}$ 就与位置无关，这个积分就等于 $\dfrac{\mathrm{d}w}{\mathrm{d}t}\cdot s$。

再来讨论一下流体通过一个长度为 $l$ 的放液管开始外泄 (图 4.7) 的例子，设管子是水平的，沿管轴有

$$\frac{p}{\rho}+\frac{w^2}{2}+\frac{\mathrm{d}w}{\mathrm{d}t}\cdot s = \text{常数} = \frac{p_\infty}{\rho}+g\cdot h$$

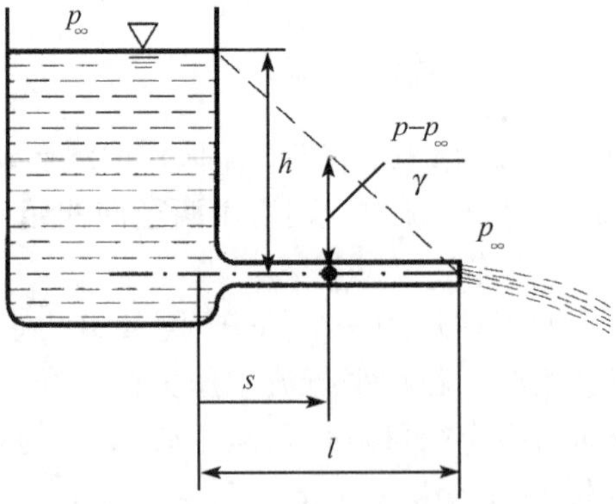


图 4.7　外泄的开始

只要 $\frac{\partial w}{\partial t}$ 不为零，沿管子的压强 $p$ 就与 $s$ 成正比地下降，至管端处 $(s=l)$ 的压强就等于外部环境的压强 $p_\infty$。得到

$$\frac{p_\infty}{\rho}+\frac{w^2}{2}+\frac{\mathrm{d}w}{\mathrm{d}t}\cdot l=\frac{p_\infty}{\rho}+g\cdot h$$

即

$$\frac{\mathrm{d}w}{\mathrm{d}t}=\frac{1}{l}\cdot\left(g\cdot h-\frac{w^2}{2}\right) \tag{4.11}$$

在外泄开始时，$w=0$，我们得到简单的关系 $\frac{\mathrm{d}w}{\mathrm{d}t}=g\cdot h/l$，随着 $w$ 的增大，$\frac{\mathrm{d}w}{\mathrm{d}t}$ 不断减小，到 $t$ 足够大时，$\frac{\mathrm{d}w}{\mathrm{d}t}=0$，$w=\sqrt{2\cdot g\cdot h}$，流动变为定常的。这里我们不去考虑 $w$ 随时间增大的精确规律，尽管这可通过积分方程 (4.11) 求得。我们可按下述方法求出达到定常状态所需时间的近似值 $T$：假设加速度 $\frac{\mathrm{d}w}{\mathrm{d}t}$ 在 $w$ 达到 $w_1=\sqrt{2\cdot g\cdot h}$ 以前是常数，于是方程 (4.11) 中的 $\frac{\mathrm{d}w}{\mathrm{d}t}$ 可用 $\frac{w_1}{T}$ 替代。在 $t=0$ 时，得到

$$T=\frac{w_1\cdot l}{g\cdot h}=\frac{2\cdot l}{w_1}$$

另一个流体非定常运动的简单例子是弯管中流体柱在重力作用下的振荡 (图 4.8)，设管子是等截面的，两端开口，液柱沿管轴的长度是 $l$。设在某一时刻液柱离开平衡位置的轴向位移是 $x$(由于连续性原理，两端面以及任何中间截面的轴向位移均相同)，速度是处处相同的，即 $w=\frac{\mathrm{d}x}{\mathrm{d}t}$，$w\cdot\frac{\partial w}{\partial s}=0$，所以，加速度是 $\frac{\mathrm{d}^2x}{\mathrm{d}t^2}$，液面一端上升 $h_1=x\cdot\sin(\alpha)$，另一端就下降 $h_2=x\cdot\sin(\beta)$。高度差是 $h_1+h_2=x\cdot[\sin(\alpha)+\sin(\beta)]$。两端处的压强都是 $p_\infty$，应用一般形式的伯努利方程可得

$$g\cdot x\cdot[\sin(\alpha)+\sin(\beta)]+l\cdot\frac{\mathrm{d}^2x}{\mathrm{d}t^2}=0$$

这个微分方程的解和简谐振动的解一样，是 $x=A\cdot\cos(\omega\cdot t+\vartheta)$，其中

$$\omega=\sqrt{g\cdot(\sin(\alpha)+\sin(\beta))/l}$$

由此得出振荡周期

$$T=\frac{2\cdot\pi}{\omega}=2\cdot\pi\cdot\sqrt{\frac{1}{g\cdot(\sin(\alpha)+\sin(\beta))}}$$

对于铅直的 U 形管 $(\sin(\alpha)=\sin(\beta)=1)$，$T=2\cdot\pi\cdot\sqrt{l/(2\cdot g)}$，这个周期与摆长为液柱长度一半的摆的周期一样。

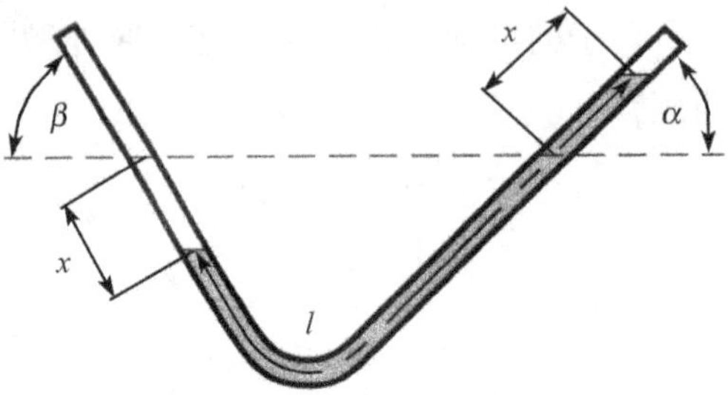


图 4.8　水柱的振荡

### 4.1.3　压强的测量

图 4.9 所示在流动中有一狭缝的情形对压强的测量是特别有趣的。运动开始时，在狭缝中出现流动 (图 4.9 左)，在尖缘处形成漩涡和间断面。但若假设两尖缘间的距离足够小，则在漩涡浮起后，就会出现如图 4.9 右所示的流动情况。在狭缝中流体几乎是静止的，其中压强与运动流体中的压强相等，因为在静止区域中压强是常数，并且必定不断地传递到间断面成为那里运动流体的压强。如果把压力计通过导管连到缝内，就可以测量运动流体中的压强。不用狭缝，也可用任何形状的孔，如圆孔。孔和缝的边缘必须平滑，决不能有任何尖锋凸入运动流体，不然间断面就会弯曲，于是孔里的压强就会与相邻流体中的压强有很大的偏离。孔边缘稍加圆化是允许的。图 4.10 的左边显示了在管壁引出压强进行测量的实用方法。为测量流体内部的压强，可在细管端装一个中间有孔的薄圆盘 (泽尔圆盘，图 4.10)。尽管这一测量方法用的是同样的原理，但却对流动相对于盘面的方向偏差很敏感。图 4.10 右边所示的测压计则效果较好，在 5° 偏离范围内可准确地测出压强，偏离角度大了，所指示的压强就会偏低。

把这种压强测量和图 4.5 中讨论的总压测量相结合取其差值，我们就能求出速度压强 (动压或驻压)$p_d = \rho \cdot \dfrac{w^2}{2}$，如果密度 $\rho$ 已知，即可算出流速 $w$，在常压下密度为 $\rho = 1.21\mathrm{N \cdot s^2/m^4}$ 的大气中，$w = 10\mathrm{m/s}$ 时的驻压，是 $p_d = 60.5\mathrm{N/m^2}$，而在同样流速的水中，$\rho = 1050\mathrm{N \cdot s^2/m^4}$，驻压就大得多了，$p_d = 50000\mathrm{N/m^2}$。

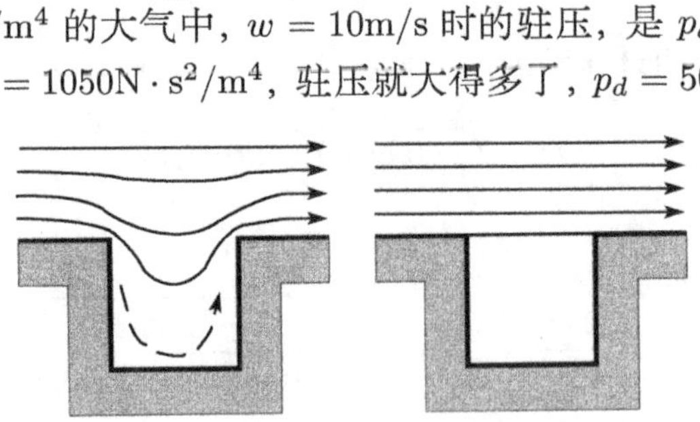

图 4.9　狭缝处的流动

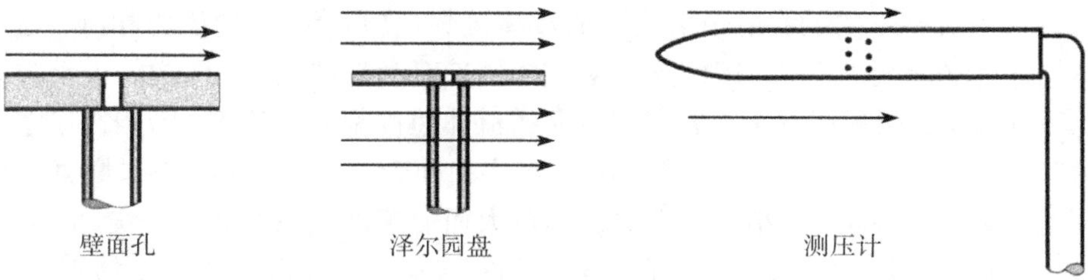


图 4.10 压强测量

将图 4.10 右例的测压计和图 4.5 中的皮托管组合成一个装置，就是测量流速的普朗特测压管(图 4.11)，它对于管轴与流动方向的偏角相当不敏感。

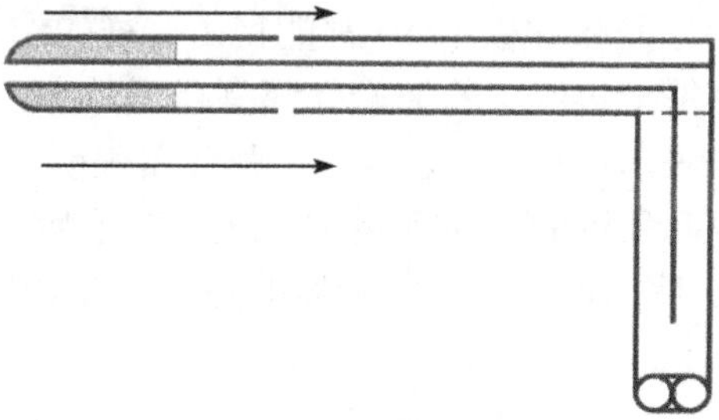

图 4.11 普朗特测压管

通过细孔测量压强用于许多流动问题中，当流体流过一个固体 (如飞机的机翼) 表面时，固体表面上的压强分布就可利用在表面上的一串如图 4.10 那样的细孔来研究，每个细孔都与一压力计相连。

图 4.12 所示为一非常著名的早期实验，通过测量一个先收缩后扩张的管中的压强分布来验证伯努利方程，管端处的节流阀可调节压力，阀门全开时，$b$ 处发生欠压，考虑到有摩擦，在管子最窄截面后的压力恢复比无黏理论推出的稍小。

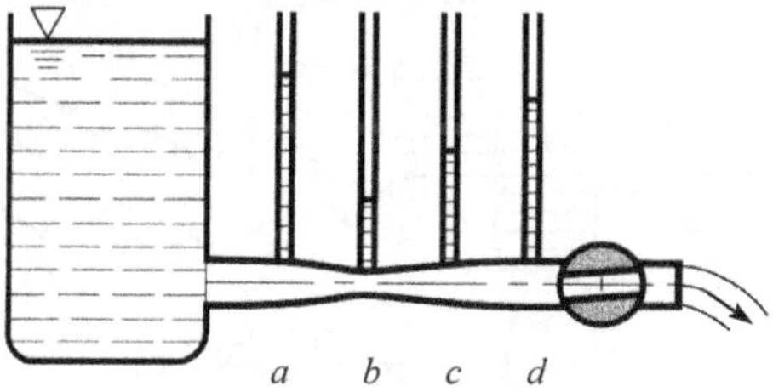


图 4.12 收缩处的压强降落

### 4.1.4 间断面和漩涡的形成

如果两股不同来源的流体在一尖缘后汇合 (图 4.13)，伯努利方程的常数对这两股流体一般是不同的。由于沿这两股流体分界面 (间断面) 的压力相等，这两股流体的速度必定大小不同，即使这两股流体的伯努利常数相同，两边的流动方向也可以不同。在这两种情况下，通过间断面的流体速度都有不连续的变化。前者，速度的跳变是纵向的；后者，则为横向的。这样的间断面常可看到，不过因其不稳定而不能持久地保持原状，小的扰动可迅速放大而使速度差在有些地方增加，有些地方减少，其结果是，间断面破裂成许多漩涡。这是一个理解流体运动的重要过程，我们要更仔细地加以描述。来流中的扰动会使图 4.13 中的间断面微呈波状，如图 4.14 所示。这些波以两股流体流动速度的平均值前进，如图 4.13 中的虚线所示，图 4.14 中的坐标系就以此平均速度移动，因而对此坐标系波峰和波谷而言，这两股流体就保持静止不动，且上部流体向右流，下部流体向左流。如果我们研究此流动中的压强分布，则伯努利方程和方程 (4.9) 都能得出这样的结论：在定常运动的假设下，横向压强的增加使每一边流体的波峰处都有超压，波谷处有欠压 (在图 4.14 中分别用“+”和“-”来表示)。然而，这样的压强分布表明，流动显然不可能是定常的，超压区中的流体要向邻近的欠压区运动，使波动更为强烈，这是我们在第八章将更深入讨论的不稳定性问题。这种间断面的随后演变如图 4.14 中所示，最后破裂为一个个漩涡。

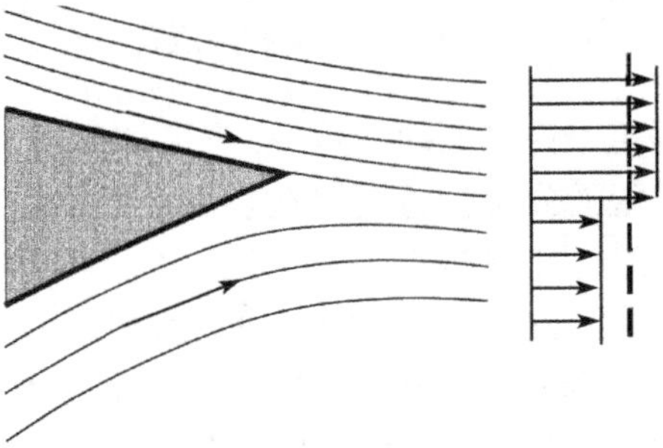

图 4.13　两股流体的汇合

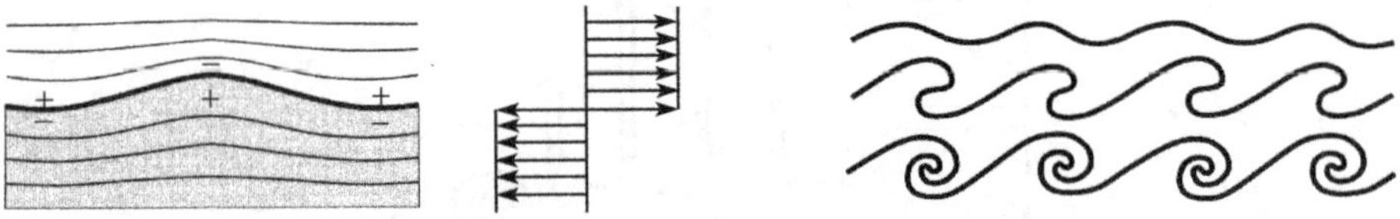

图 4.14　由波动发展的旋涡

旗帜在风中的飘动也是通过类似的途径形成的。在图 4.14 中，如果下部那股流体的流向反过来，和上部的流体流向相同，并不会改变压强分布，所以旗帜稍有隆起的地方有变得更加显著的趋势 (由于隆起在一定程度上随风一起移动，实际过程要复杂一些)。

现在我们要来考虑另外一类间断面，在这类间断面形成的同时也形成漩涡。如果流体流过一个尖缘，在开始时，绕尖缘的流动如图 4.15 左边所示，尖缘处的速度很大，按无黏流理论，应为无穷大。但观察表明，尖缘处的速度由于漩涡的形成而降低，这一性状可看作是一条特别的原则，即流体有形成间断面以避免产生无穷大速度的趋势。在 4.2.6 中我们将会了解，正是流体中的摩擦影响靠近固壁的流动这一点，构成上述原则的基础。如果我们假设在尖缘后面有一漩涡，它将使流体从尖缘后绕向尖缘，于是两股流体在尖缘处汇合的条件得到满足，在那里就形成了间断面 (图 4.15 右边)。间断面被漩涡卷起，又由于流体不断补充而变大。事实上，漩涡和间断面形成一个整体，开始很小，后来逐渐变大 (图 4.16)，随后，起始漩涡从尖缘处脱开，此间断面则如上所述破裂成一个个漩涡，同时在尖缘处又形成新的间断面。

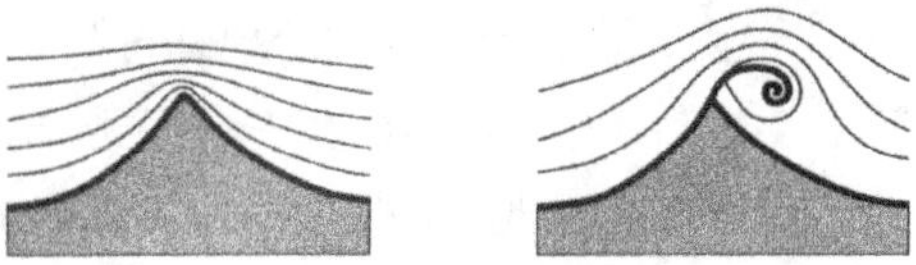

图 4.15　绕尖缘的流动

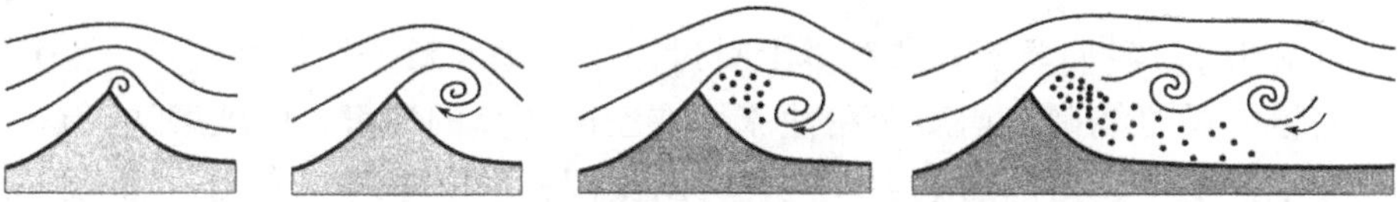

图 4.16　间断面的形成和破裂

在平壁圆孔的边缘处也有类似的过程发生。这时间断面的前缘卷起来形成一个涡环，涡环向下游运动，形成一股边界分明的流体射流 (图 4.17)。在一方盒中装满烟，盒的后壁有弹性，前壁上留一圆孔，轻敲后壁就可产生烟气的涡环。由于在这种情况下，向外的流动很快告终，因此不会形成射流，而仅有一个涡环向前移动，即我们能够看到的烟圈，这种涡环是非常稳定的结构，一直会持续到其全部能量几乎都被摩擦耗尽为止。

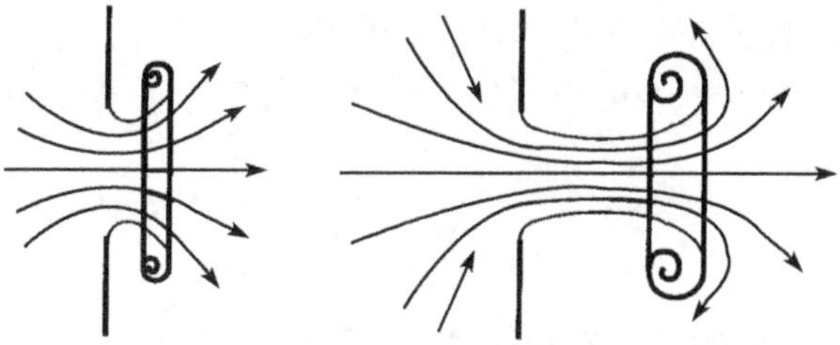

图 4.17　射流的形成

速度的横向间断会发生在这样的情况，即当两股流体在一块和主流成小迎角的平板后面相汇合。在压力面一侧，由于超压的生成，使流线向左右分开；在吸力面一侧，由于欠压，流线则向板中间弯拢。从板的中央观察，在垂直于流动方向的后缘处，在压力面速度有指向板两边的分量，而在吸力面速度有指向板中央的分量。在定常流动的情况下，由于压力的连续性和所有流线的来源相同，间断面两侧速度的大小必定一样，所以这里只能有速度方向的间断。经验表明，这种间断面都是从板的两侧缘向内卷起，形成两个漩涡，并在板的整个行程中存在，图 4.18 示出了这一过程，表示在板后不同距离处间断面的形状，这个过程对于我们理解机翼的绕流是非常重要的。这类漩涡可以这样设法观察：在静止的空气中吹一口烟形成烟球，再用尺的一端快速地划过烟球，使尺面对其移动方向有一小迎角，就可以看到这种现象。

图 4.18　倾斜平面后的间断面

### 4.1.5　位势流

到目前为止，我们前面各节基本上只讨论了流动变量平均值的确定，然而，流体力学的目的是要能确定均质无黏性流体在空间每点的速度，要理解达到这一目的相关方法需要用到更深的数学理论，所以我们将只限于对均质无黏性流体运动中的性状作一般性的解释和介绍几个简单的例子，首先解释几个有关的概念。

流体线和流体面是指由同样的流体质点连续形成的线和面。

速度沿给定曲线，在点 $A$ 和点 $B$ 之间的线积分是线元 $\mathrm{d}\boldsymbol{s}$ 和速度在 $\mathrm{d}s$ 方向上分量乘积的积分，即

$$\Lambda = \int_A^B w \cdot \mathrm{d}s \cdot \cos(\alpha) = \int_A^B \boldsymbol{w} \cdot \mathrm{d}\boldsymbol{s}$$

其中 $\alpha$ 是 $\boldsymbol{w}$ 和 $d\boldsymbol{s}$ 之间的夹角，而 $\boldsymbol{w} \cdot \mathrm{d}\boldsymbol{s}$ 是 $\boldsymbol{w}$ 和 $d\boldsymbol{s}$ 的标量积。在非常运动情况下，线积分就要对速度分布的瞬时状态进行计算。

上述线积分沿一闭合曲线的值叫作环量 $\Gamma$，即如以 $\oint$ 表示沿闭合曲线的积分，有

$$\Gamma = \oint \boldsymbol{w} \cdot \mathrm{d}\boldsymbol{s} \tag{4.12}$$

建立了上述概念，即可叙述汤姆孙定律：在均质无黏性流体中，沿一封闭流体线的环量不随时间变化。

从这一定律出发可得出下述重要推论：

如果流体从静止状态开始运动，在运动开始前，对于每一条封闭流体线的环量一定等于零，因此，对于那些曲线它将永远等于零。如果在空间某区域中沿任一闭合曲线的线积分都等于零，那么在该区域中从点 $A$ 到点 $B$ 的线积分就与路径无关，不管路径在该区域中如何选择。因为，我们可以沿原来积分路径从 $B$ 到 $A$(这就恰好把从 $A$ 到 $B$ 的线积分值消去，因为这时 $\mathrm{d}\boldsymbol{s}$ 的方向正好反了过来)，然后再取另一条路径到 $B$，这样积分的总和为 $\int_A^B$，再加上沿闭合路径的积分，而绕闭合路径的积分等于零，我们得到的还是 $\int_A^B$，这就是要证明的。如果把点 $A$ 看作是固定的，对应于每一点 $B$ 就有一个数值 $\int_A^B \boldsymbol{w}\cdot\mathrm{d}\boldsymbol{s}$，用 $\Phi$ 来表示，并称之为点 $B$ 的位势。如果从 $B$ 点出发到相距 $\mathrm{d}s$ 处的 $C$ 点，我们可在作积分 $\int_A^C$ 时选择积分路径通过 $B$，有

$$\int_A^C = \int_A^B + \boldsymbol{w}\cdot\mathrm{d}\boldsymbol{s} \quad 或 \quad \Phi_C = \Phi_B + w\cdot\mathrm{d}s\cdot\cos(\alpha) = \Phi_B + w\cdot\mathrm{d}h \tag{4.13}$$

其中 $\mathrm{d}h$ 是 $\mathrm{d}\boldsymbol{s}$ 在 $\boldsymbol{w}$ 方向的投影，如果 $\alpha = 90°$，$\cos(\alpha) = 0$ 则 $\Phi_C = \Phi_B$。因此，如果 $\Phi_C = \Phi_B$，线元 $\mathrm{d}s = \overline{BC}$ 就总是垂直于 $\boldsymbol{w}$ 的方向，所有 $\Phi = \Phi_B$ 的点一起形成一个经过点 $B$ 的曲面，这个曲面是 $\Phi > \Phi_B$ 和 $\Phi < \Phi_B$ 两个区域的分界面。从上面的结果可知，这个曲面在点 $B$ 处的切面与点 $B$ 处的速度垂直。所以，在每点处都沿速度矢量方向的流线处处都与 $\Phi=$常数的等势面垂直。

在式 (4.13) 中，令 $\Phi_C - \Phi_B = \mathrm{d}\Phi$，对于任意的 $\alpha$ 值，可得

$$\frac{\partial\Phi}{\partial s} = w\cdot\cos(\alpha) \tag{4.14}$$

或

$$\frac{\mathrm{d}\Phi}{\mathrm{d}h} = w \tag{4.15}$$

其中 $dh$ 与 $\Phi=$ 常数的等势面垂直，用矢量符号表示可写作

$$\boldsymbol{w} = \mathrm{grad}\,\Phi \tag{4.16}$$

这就把式 (4.15) 和 $\boldsymbol{w}$ 与等势面 $\Phi=$ 常数垂直两个事实结合起来了，就是说，速度的量值和方向都等于 $\Phi$ 的最大增加，即 $\Phi$ 的梯度。

这里所述的位势和梯度的几何概念，和物理学中力的位势的概念完全一致，这正是在这里位势这个名称的来源。不过，力势的梯度是场强，这里位势的梯度是速

度, 所以这里的位势也被称为*速度势*, 另一个区别是, 场强是 $\boldsymbol{g}=-\mathrm{grad}U$, 而我们是设 $\boldsymbol{w}=+\mathrm{grad}\Phi$。应用位势和环量的概念, 根据上述讨论可知: 均质无黏性流体的任何运动, 只要是从静止状态开始, 就必有位势。我们称这种运动为*位势流*, 它以流体质点没有旋转运动为特征。沿小的封闭曲线的环量是对旋转运动的度量, 按汤姆孙定律, 这里环量等于零。

作为一个相反情况的例子, 我们来考虑一下像刚体一样以角速度 $\omega$ 转动的流体。由于平移运动对环量并无贡献, 在计算环量时可不予考虑。如取圆心为坐标原点, 则在半径为 $r$ 的圆周上各点流体的速度等于 $\omega\cdot r$, 方向为圆周的切向。这样, 沿圆周的线积分为 $it\Gamma=2\cdot\pi\cdot r\cdot\omega\cdot r=2\cdot\pi\cdot r^2\cdot\omega$, 用圆面积 $A=\pi\cdot r^2$ 去除, 得 $it\Gamma/A=2\cdot\omega$。$\Gamma/A$ 是对转动的很好的度量。如果面积 $A$ 在空间的位置是任意的, 与流体的转轴成 $\alpha$ 角, 我们就得到 $\Gamma/A=2\cdot\omega\cdot\sin(\alpha)$。当面积 $A$ 和转轴垂直时, $\Gamma/A$ 有最大值。

在位势流中, 环量对于流场内部的任何闭曲线都是零, 因而流场内部任何地方都没有转动, 是*无旋的*, 尽管如此, 在均质无黏性流体从静止状态开始的运动中还是有可能出现漩涡, 如果我们再考虑一个间断面的形成过程 (4.1.4 节), 可以看到, 所有在静止流体内部所画出的那些流体线都会移动并变形, 以避开间断面, 因而没有一根流体线穿过间断面。汤姆孙定律没有涉及间断面两边区域间的相互关系, 因此, 在无黏流体中可能出现间断面和漩涡的事实, 并不和汤姆孙定律矛盾。

在实际流体中总会有摩擦, 间断面就为剪切层所替代。剪切层常常是非常薄的, 其中的流体质点总是来自紧邻固体表面的区域, 那里的摩擦作用, 即使黏性很小, 也不能忽略, 因此, 在较准确地研究发生在剪切层中的过程时, 必须考虑摩擦, 但在研究外部的过程时, 大多数情况下, 考虑间断面、而不是剪切层就足够了。摩擦作用将在 4.2 节中讨论。

对于伯努利方程中的常数在流场中的所有流线都相同的流动, 考虑流线垂直方向的压力降, 我们推出了方程 (4.10), 若流线的曲率半径是 $r$, 那么, 绕由两条流线和它们的两条法线所组成的四边形 (图 4.19) 的环量是

$$
\begin{aligned}
&w\cdot r\cdot \mathrm{d}\varphi-\left(w+\frac{\partial w}{\partial s'}\cdot\mathrm{d}s'\right)\cdot(r+\mathrm{d}s')\cdot\mathrm{d}\varphi\\
&=-\mathrm{d}s'\cdot\mathrm{d}\varphi\cdot\left(r\cdot\frac{\partial w}{\partial s'}+w+\frac{\partial w}{\partial s'}\cdot\mathrm{d}s'\right)
\end{aligned}
$$

沿法线对环量无贡献; 括号中的最后一项是高阶小量, 可以忽略; 括弧中剩余的表达式根据方程 (4.10) 是等于零的, 这意味着, 在流域中伯努利常数对所有流线都相同的上述运动, 是一个对任何微小闭曲线环量均等于零的运动, 即位势运动。反过来, 在每一个定常位势流中, 伯努利方程在垂直于流线方向上也同样适用。

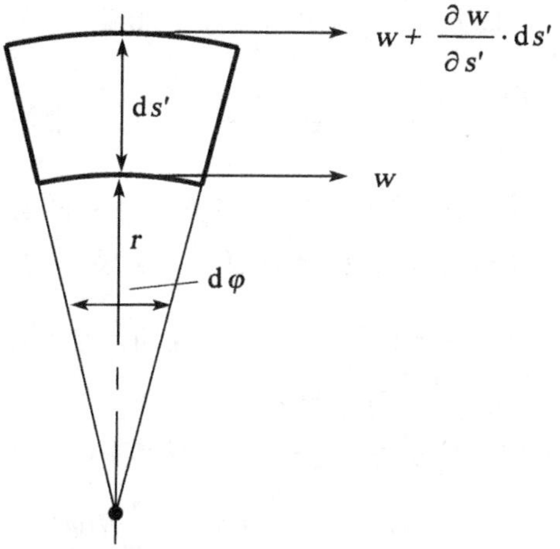


图 4.19　绕无限小四边形环量

1. 位势方程

一般三维流动的位势方程用角速度导出，角速度 $\omega$ 有三个分量 (绕各坐标轴的转动)

$$\omega_x = \frac{1}{2}\cdot\left(\frac{\partial w}{\partial y} - \frac{\partial v}{\partial z}\right)$$
$$\omega_y = \frac{1}{2}\cdot\left(\frac{\partial u}{\partial z} - \frac{\partial w}{\partial x}\right) \tag{4.17}$$
$$\omega_z = \frac{1}{2}\cdot\left(\frac{\partial v}{\partial x} - \frac{\partial u}{\partial y}\right)$$

如果所有这些转动都等于零，必定有条件 $\dfrac{\partial v}{\partial x} = \dfrac{\partial u}{\partial y}$，等等。现引入速度势 $\Phi$，即令 $u = \dfrac{\partial \Phi}{\partial x}, v = \dfrac{\partial \Phi}{\partial y}, w = \dfrac{\partial \Phi}{\partial z}$，根据条件 $\dfrac{\partial v}{\partial x} = \dfrac{\partial u}{\partial y}$，有 $\partial(\partial\Phi/\partial y)/\partial x = \partial(\partial\Phi/\partial x)/\partial y$ 等。而这些关系对于正则多变量函数总是成立的。代入 $\dfrac{\partial v}{\partial x} = \dfrac{\partial u}{\partial y}$ 和 $\dfrac{\partial w}{\partial x} = \dfrac{\partial u}{\partial z}$，方程 (3.5) 变成

$$\begin{aligned}\frac{\mathrm{d}u}{\mathrm{d}t} &= \frac{\partial u}{\partial t} + u\cdot\frac{\partial u}{\partial x} + v\cdot\frac{\partial u}{\partial y} + w\cdot\frac{\partial u}{\partial z} = \frac{\partial u}{\partial t} + u\cdot\frac{\partial u}{\partial x} + v\cdot\frac{\partial v}{\partial x} + w\cdot\frac{\partial w}{\partial x}\\ &= \frac{\partial u}{\partial t} + \frac{\partial}{\partial x}\left(\frac{u^2+v^2+w^2}{2}\right)\end{aligned}$$

对于 $\dfrac{\mathrm{d}v}{\mathrm{d}t}$ 和 $\dfrac{\mathrm{d}w}{\mathrm{d}t}$，我们可得到类似的方程。将这些表达式代入三个欧拉方程，并对三个欧拉方程分别乘以 $\mathrm{d}x, \mathrm{d}y, \mathrm{d}z$ 后再相加，所得出的方程的每一项都可积，

且不受积分路线的限制，代入 $\int(\mathrm{d}p/\rho)=F(p)$，得到

$$\frac{\partial\Phi}{\partial t}+\frac{u^2+v^2+w^2}{2}+F+U=\text{常数} \tag{4.18}$$

因积分是在某确定时刻进行的，方程右端的常数仍与时间有关(例如，压强可因外界作用而随时间变化)，因此最好用 $f(t)$ 替换常数。从 $\varPhi=\int(u\cdot\mathrm{d}x+v\cdot\mathrm{d}y+w\cdot\mathrm{d}z)$ 和 $\int(\partial u/\partial t)\cdot\mathrm{d}x=\partial\left(\int u\cdot\mathrm{d}x\right)/\partial t$ 等关系，我们便得到了表达式 $\partial\Phi/\partial t$。对于定常流，方程 (4.18) 是通常的伯努利方程 (4.4)

从方程 (4.14) 可导出速度分量 $u$、$v$、$w$ 和速度势 $\varPhi$ 的关系。逐次用 $\mathrm{d}x,\mathrm{d}y,\mathrm{d}z$ 替代 $\mathrm{d}s$，得到

$$u=\frac{\partial\varPhi}{\partial x}\quad v=\frac{\partial\varPhi}{\partial y}\quad w=\frac{\partial\varPhi}{\partial z} \tag{4.19}$$

将其代入不可压缩流的连续性方程 $\dfrac{\partial u}{\partial x}+\dfrac{\partial v}{\partial y}+\dfrac{\partial w}{\partial z}=0$(5.1 节) 得到

$$\frac{\partial^2\varPhi}{\partial x^2}+\frac{\partial^2\varPhi}{\partial y^2}+\frac{\partial^2\varPhi}{\partial z^2}=0 \tag{4.20}$$

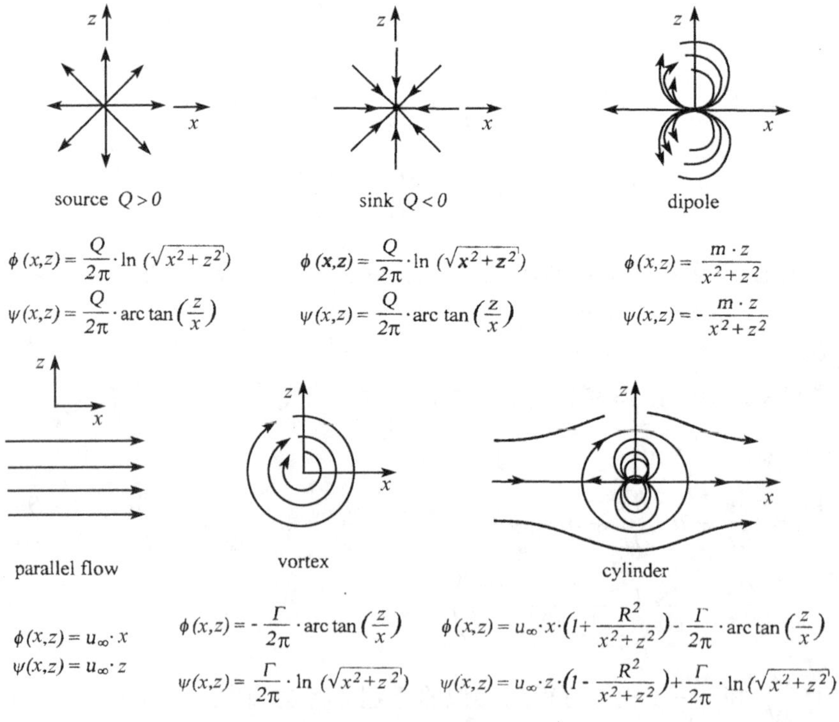


图 4.20　位势流的基本解

这个方程叫作*拉普拉斯方程*。拉普拉斯方程) 这是一个线性二阶偏微分方程，其解可用基本解的线性叠加来表示。图 4.20 给出了下述流动情况的各种基本解。拉普拉斯方程也在静电势问题中出现，适用于电场中没有电荷且介电常数不变的区域。从静电学中获得的方程 (4.20) 的解，如点电荷或偶极子电场的解，也可用在这里。

2. *驻点流动*

位势分布最简单的形式之一是 $\Phi = 0.5 \cdot (a \cdot x^2 + b \cdot y^2 + c \cdot z^2)$，由方程 (4.20) 可知，必须满足 $a + b + c = 0$。如果系统是对 $z$ 轴旋转对称的，可令 $b = a$，于是 $c = -2 \cdot a$，代入位势方程，可得

$$\Phi = \frac{a}{2} \cdot (x^2 + y^2 - 2 \cdot z^2)$$

即 $u = a \cdot x, v = a \cdot y, w = -2 \cdot a \cdot z$，在 $y - z$ 平面 $(x = 0)$ 上的流线，由微分方程

$$\frac{\mathrm{d}z}{\mathrm{d}y} = \frac{w}{v} = -\frac{2 \cdot z}{y}$$

给出。积分此式得到

$$\ln(z) = \text{常数} - 2 \cdot \ln(y)$$

或 $y^2 \cdot z = \text{常数}$(三次双曲线，图 4.21)

如果运动是定常的，即 $a$ 与时间无关，压强就是

$$p = \text{常数} - \frac{\rho}{2} \cdot (u^2 + v^2 + w^2)$$

$$= \text{常数} - \frac{\rho \cdot a^2}{2} \cdot (x^2 + y^2 + 4 \cdot z^2)$$

即压强在 $x = y = z = 0$ 处最大，等压面是三主轴之比为 $1 : 1 : 0.5$ 的椭球面族 (图 4.21)。

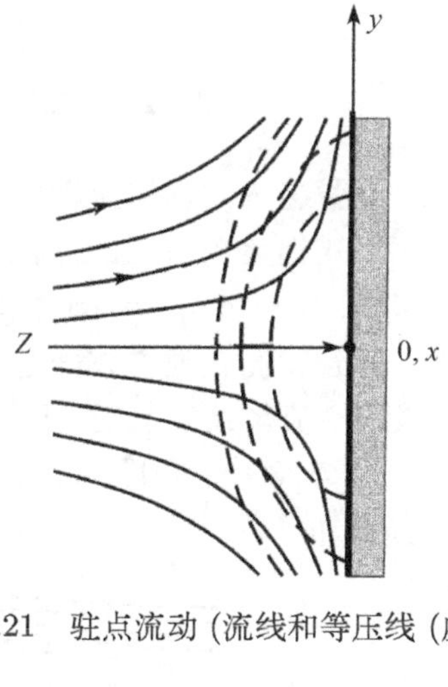

图 4.21 驻点流动 (流线和等压线 (虚线))

3. *点源和点汇*

在得到方程 (4.20) 时已提到过，只要边界条件可以满足，静电势的解也是可能的位势流动的解。事实上，点电荷的静电场就对应着*点源*或*点汇*的重要流动情况，其位势是 $\Phi = \pm C/r$，其中 $r$ 表示距点 $O$ 的距离，$C$ 是常数，因此，在以点 $O$ 为中心的球面上，$\Phi$ 是常数。速度应垂直于等势面，因此总是径向的，量值是 $|C|/r^2$。单位时间内通过半径为 $r$ 的球面 (面积为 $4 \cdot \pi \cdot r^2$) 的流量 $Q = 4 \cdot \pi \cdot r^2 \cdot C/r^2 = 4 \cdot \pi \cdot C$。对于位于点 $O$ 的点源，每秒在点 $O$ 有这些新流量涌出；而对于点汇，则每秒有这

些流量消失于点 $O$。这种情况实际上是不可能的，但是，如将一细管放在点 $O$ 来吸走流体，就可以在管口附近得到近乎上述的流动 (仅仅是近似，因管子的截面不为零，总会对流动形成干扰)。

点源和点汇的另一个非常有用的应用是：如果一个棒状物体沿棒轴方向以速度 $U$ 移动，在物体的前端流体不断地被排挤开来，而在尾后，又在物体所让出的空间里汇合起来 (图 4.22)，这样，在物体前端附近的流动就像那里有一个点源，而在物体尾部就像有一个点汇。实际上，这一流动情况可用下述方程描述

$$\Phi = C \cdot (\frac{1}{r_2} - \frac{1}{r_1})$$

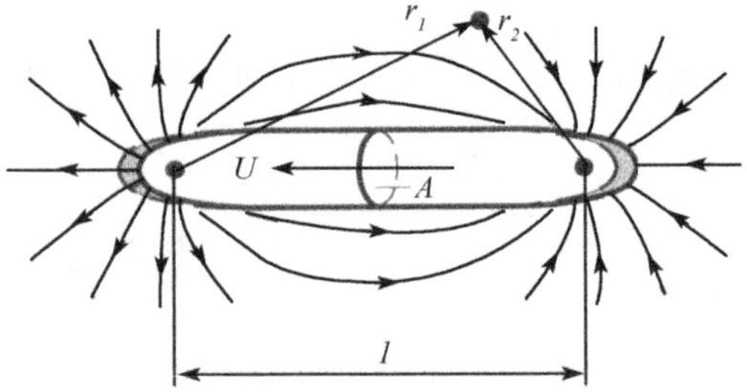

图 4.22 绕运动物体的位势流动，坐标系静止

严格地说，遵循这一方程的流动，要求物体两端必须有一定的曲面形状，但即使形状有出入，上式仍是个可用的近似式。点源或点汇的强度 $Q$ 等于 $A \cdot U$，$A$ 是棒的截面积，这样，$C = A \cdot U/(4 \cdot \pi)$。由于棒的不断前进及棒周围的速度分布，流动是非定常的，但若我们在随物体一起移动的坐标系里考察流动，则其是定常的，这时物体是静止的，流体绕它流过，从数学上可用位势 $\Phi' = \Phi + U \cdot x$ 来描述这一流动，其流线示于图 4.23 中，在图 4.23 的下方定性地给出了由伯努利方程算出的沿物体表面的压强分布。

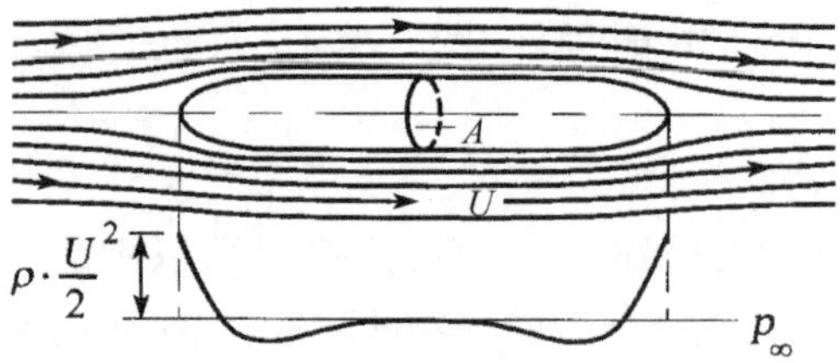

图 4.23 绕运动物体的位势流动及压强分布，坐标系随物体一起运动

绕别的细长回转体的流动，可用沿物体轴线连续分布的点源来表示。如果使点源和点汇之间的距离越来越小，而它们的强度却随距离的减小同比例的增大，到了

极限情况，便得到了偶极子，这时图 4.23 中的流动变成了绕圆球的流动 (图 4.24)，其位势是 $\Phi = U \cdot x \cdot (1 + R^3/2r^3)$，其中 $R$ 是球的半径。由于摩擦作用，实际绕圆球的流动在尾流部分与此不同。(4.2.6 节)

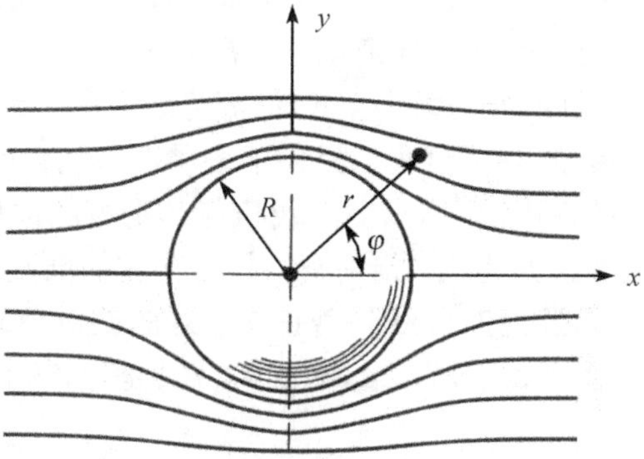


图 4.24 绕圆球的位势流动

4. 二维运动

如果流动中的所有流线都是在平行平面上的二维曲线，且这些平行平面的垂线上，各点流动状态都相同，则称这样的流动是平面流动，假设选取其中一个平面作为 $x-y$ 平面，则速度分量 $w=0$，$u$ 和 $v$ 仅仅是 $x$ 和 $y$ 的函数。可以证明，复变量 $x+\mathrm{i}\cdot y$ 的任何解析函数的实部和虚部都是满足方程 (4.20) 的位势。设复变量 $z=x+\mathrm{i}\cdot y$，复变函数 $F(z)$ 的实部为 $\Phi$、虚部为 $\Psi$，即 $F=\Phi+\mathrm{i}\cdot\Psi$，于是有

$$\frac{\partial F}{\partial x}=\frac{\mathrm{d}F}{\mathrm{d}z}\cdot\frac{\partial z}{\partial x} \quad 和 \quad \frac{\partial F}{\partial y}=\frac{\mathrm{d}F}{\mathrm{d}z}\cdot\frac{\partial z}{\partial y}$$

因为 $\dfrac{\partial z}{\partial x}=1$，$\dfrac{\partial z}{\partial y}=\mathrm{i}$ 和 $\dfrac{\mathrm{d}F}{\mathrm{d}z}=\dfrac{\partial F}{\partial x}=\dfrac{1}{\mathrm{i}}\cdot\dfrac{\partial F}{\partial y}$

可得到

$$\frac{\partial \Phi}{\partial x}+\mathrm{i}\cdot\frac{\partial \Psi}{\partial x}=\frac{1}{\mathrm{i}}\cdot\frac{\partial \Phi}{\partial y}+\frac{\partial \Psi}{\partial y}$$

此方程两边的实部和虚部必须分别相等，且 $1/\mathrm{i}=-\mathrm{i}$，于是有

$$\frac{\partial \Phi}{\partial x}=\frac{\partial \Psi}{\partial y}=u \quad 和 \quad \frac{\partial \Phi}{\partial y}=-\frac{\partial \Psi}{\partial x}=v \tag{4.21}$$

最后得到

$$\frac{\partial^2 \Phi}{\partial x^2}+\frac{\partial^2 \Phi}{\partial y^2}=\frac{\partial^2 \Psi}{\partial y\partial x}-\frac{\partial^2 \Psi}{\partial x\partial y}=0$$

即拉普拉斯方程 (4.20) 是恒等满足的。同样，函数 $\Psi$ 也满足 $\partial^2\Psi/\partial x^2+\partial^2\Psi/\partial y^2=0$，因此 $\Psi$ 也可表示速度势。从式 (4.21) 可见，由 $\Phi$ 和 $\Psi$ 分别表示的两流动在

每一点上都相互垂直，但速度大小相等，因为，两个梯度的方向 $\alpha$ 和 $\beta$，分别由 $\tan(\alpha)=(\partial\Phi/\partial y)/(\partial\Phi/\partial x)=v/u$ 和 $\tan(\beta)=(\partial\Psi/\partial y)/(\partial\Psi/\partial x)=u/(-v)$ 给出，即 $\tan(\beta)=-1/\tan(\alpha)$，两个梯度的量值都等于 $\sqrt{u^2+v^2}$。所以，一个流动的等势线就是另一个流动的流线，因速度永远与等势面垂直，若沿流线为常数的函数叫做流函数，则若 $\Phi$ 是速度势，$\Psi$ 就是流函数。流函数还有另一层物理意义：流函数在两点间的差数代表单位时间内通过两点间 (沿等势线方向) 单位厚度的流体体积。

等势线和等流函数线的特性给我们提供了一种图解法，可对给定的边界条件，确定这两组曲线。开始先粗略地草拟出流线和与其垂直的曲线族，然后改进此草图，直到网格处处都足够正方为止。判别网格是否正方的准则是看连接两对边中点的线段是否长度相等，以及两对角线是否正交，这两族对角线满足方程 $\Phi+\Psi=$ 常数和 $\Psi-\Phi=$ 常数。图 4.26、4.27、4.30 和 4.23 都是这样画出来的。图 4.25 是图解法的一个例子。

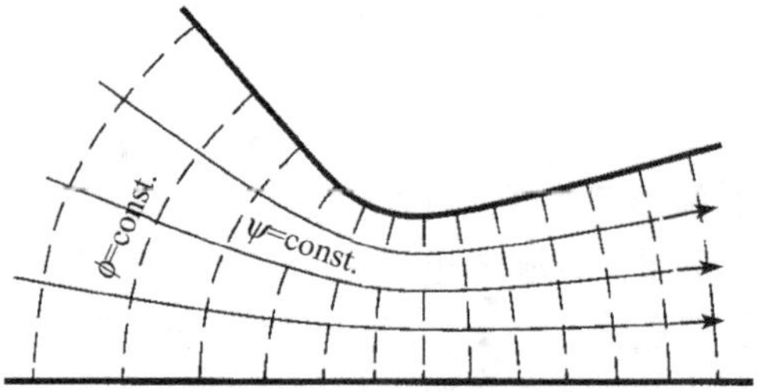


图 4.25　$\Phi$ 和 $\Psi$ 的构图

我们来举一些平面流动的简单例子。平面驻点流动用函数 $F=(a/2)\cdot z^2$ 表示

$$\Phi+\mathrm{i}\cdot\Psi=\frac{a}{2}\cdot(x^2+2\cdot\mathrm{i}\cdot x\cdot y-y^2)$$

因而

$$\Phi=\frac{a}{2}\cdot(x^2-y^2)\quad 和\quad \Psi=a\cdot x\cdot y$$

流线 $\Psi=$ 常数，是等轴双曲线，速度分量 $u$ 和 $v$ 是

$$u=\frac{\partial\Phi}{\partial x}=a\cdot x,\qquad v=\frac{\partial\Phi}{\partial y}=-a\cdot y$$

二维点源流动可令 $F=b\cdot\ln(z)$ 获得，$\ln(z)=\ln(r)+\mathrm{i}\cdot\varphi$，其中 $r$ 和 $\varphi$ 分别是极坐标的半径 $r$ 和辐角 (即在同心圆 $r=$ 常数上，$\Phi=$ 常数，在射线 $\varphi=$ 常数上，$\Psi=$ 常数)。

第三个例子是相交成 $\alpha$ 角的两壁面所形成的角形中的流动。令它们的交点是原点，一个壁面沿 $x$ 轴，函数 $F=(a/n)\cdot z^n, n=\pi/\alpha$ 可表示这种流动。引入极坐标，我们有 $z = x+\mathrm{i}\cdot y = r\cdot(\cos(\varphi)+\mathrm{i}\cdot\sin(\varphi))$ 且 $z^n = r^n\cdot[\cos(n\cdot\varphi)+\mathrm{i}\cdot\sin(n\cdot\varphi)]$，所以流函数 $\Psi = (a/n)\cdot r^n\cdot\sin(n\cdot\varphi)$。当 $\varphi = 0, \pi/n, 2\cdot\pi/n, \cdots$ 时，即 $\varphi = 0, \alpha, 2\alpha, \cdots$ 时，$\Psi = 0$。对于不同 $\alpha$ 值的流线图示于图 4.26，$\alpha < \pi$ 时，原点处的速度等于零；而 $\alpha > \pi$ 时，它是无穷大；在 $\alpha = 0$ 的极限情况下

$$F = a'\cdot \mathrm{e}^{\mu\cdot z} = a'\cdot \mathrm{e}^{\mu\cdot x}\cdot(\cos(\mu\cdot y)+\mathrm{i}\cdot\sin(\mu\cdot y))$$

两平行壁面间的距离 $h = \pi/\mu$。如果把这个流动转一个直角，则流动

$$F' = a'\cdot \mathrm{e}^{-\mathrm{i}\cdot\mu\cdot z} = a'\cdot e^{\mu\cdot y}\cdot[\cos(\mu\cdot x)-\mathrm{i}\cdot\sin(\mu\cdot x)]$$

便可用来表示波动过程 (图 4.40)

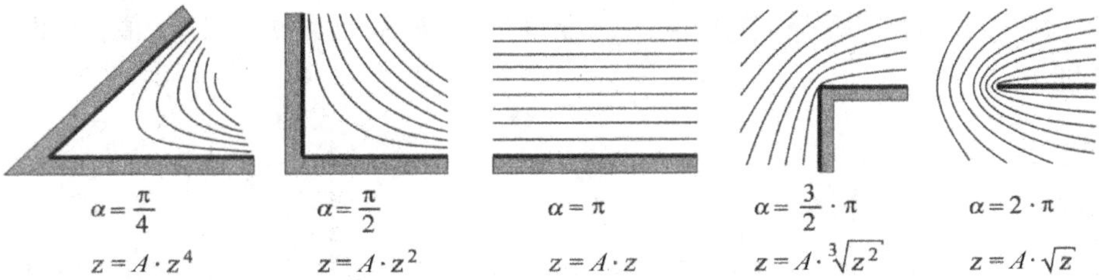


图 4.26 复位势 $F = A\cdot z^n$ 的流动

绕半径为 $R$ 的圆柱的流动可用 $F = U\cdot(z+R^2/z)$ 来表示，可得流函数 $\Psi = U\cdot\sin(\varphi)\cdot(r-R^2/r)$。在 $x$ 轴上 $(\sin(\varphi)=0)$，以及半径 $R$ 的圆柱面上 $(r-R^2/r=0)$，都有流函数 $\Psi = 0$。这个流动的流线图和等势线图与图 4.25 所示的非常相像。

位势流动的例子不胜枚举，也有多种不同的求解方法，例如，复变函数 $z = f(\zeta)$，其中 $\zeta = \xi+\mathrm{i}\cdot\eta$ 是另一个复数，对于每一对 $\xi$、$\eta$，给出一对相应的 $x$、$y$，即 $\xi-\eta$ 平面上的每一点都与 $x-y$ 平面上的一点相对应，这称为映射。一条线对应于一条线，两条线的交点对应于相应的两条线的交点，特别是处处都存在着与式 (4.21) 类似的关系。正交网格仍映射为正交网格 (但一般是曲线网格)，映射的尺度在两个方向是一样的，无限小的面元映射为几何相似的面元，因此，这种映射称为保角映射。如果把 $\Phi$ 、$\Psi$ 写作 $\xi$ 、$\eta$，上面那些二维流动的例子也就成为保角映射的例子了。其中最后的一个例子 (绕圆柱体的流动) 表明了如何把 $\Phi-\Psi$ 平面的一半，映射为 $x-y$ 平面上，以两段 $x$ 轴和一个以 $R$ 为半径在两段 $x$ 轴之间的半圆为边界的区域。

若 $F$ 是 $z$ 的解析函数，$z$ 又是 $\zeta$ 的解析函数，则 $F$ 也是 $\zeta$ 的解析函数，即 $F = \Phi+\mathrm{i}\cdot\Psi$ 在 $\zeta$ 平面上给出一个可能的流动。因此，任何在 $x-y$ 平面上的流动都可以通过 $x-y$ 平面到 $\xi-\eta$ 平面的任何保角映射得到在 $\xi-\eta$ 平面上的一个新流动。这个方法可以任意重复应用。对于流体力学，这是一个非常重要的概念。

有许多不同的方法，可将像翼型之类剖面外的区域，映射为圆外的区域，这样，我们就可以从绕圆的流动推导出绕机翼的流动等。

$\mathrm{d}F/\mathrm{d}z$ 等于 $u-\mathrm{i}\cdot v$(复速度 $u+\mathrm{i}\cdot v$ 的共轭复数)，如果我们称其为 $w$，则 $w=\mathrm{d}F/\mathrm{d}z$ 也是 $z$ 或 $F$ 的解析函数，因而 $\Phi-\Psi$ 平面和 $u-v$ 平面间又有保角映射的关系。有这样一些情况，我们可以对速度做出判断，而速度又足以完全确定在 $w$ 平面上的流动区域。例如，有一股射流从两板的缝隙中流出 (图 4.27)。只要边界流线沿固壁，它的方向便是给定的。对于自由射流，边界流线的方向是未知的，但根据伯努利方程，当压强为常数时，速度的量值必定也是常数。因此，流动区域的边界就确定了 (图 4.27 右)。现在，只需正确地描述所出现的奇点，就可获得函数 $F(w)$。我们来确定此函数的反函数 $w=w(F)$，从 $\mathrm{d}F/\mathrm{d}z=w(F)$ 可得 $z=\int \mathrm{d}F/w(F)$。最后，把实部和虚部分开，就得到了对应每一组 $\Phi$ 和 $\Psi$ 值的 $x$ 和 $y$ 值，从而得到流线图。

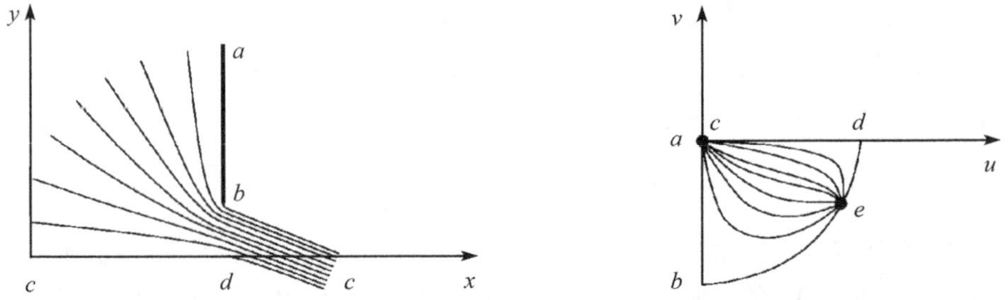


图 4.27　从夹缝外泄的流动和其速度场

上述简短的概述给读者提供了利用复变函数方法确定位势流的概念。

虽然在所有的位势运动中，任何微小区域中的环量都等于零，但也有一些情况，就整个区域来说环量确实存在，不过有个前提，即流动区域是多连通的，就是说在这样的区域内存在一些曲线，若不超出区域，它们就不能连续变化而缩小为一个点，中央有个柱 $z$ 的房间及环形物外的空间都是多连通区域的例子。假设沿这种空间内一根曲线的环量是 $\Gamma$，如果流动是无旋的 (即在此区域中每一个单连通部分的环量为零)，则沿任何不越出此区域且由原曲线经连续变形所得到的其它曲线的环量也等于 $\Gamma$。对于这种流动，由空间中任一点和另外一固定点间的线积分定义的速度势便是多值的；积分路径每绕一周，速度势就增加一个量 $\Gamma$。

这类二维流动的最简单的情况是 $\Phi=C\cdot\varphi$，其中 $\varphi$ 表示辐角 (图 4.28)，这个速度势也满足方程 (4.20)，并可用复数 $F=-\mathrm{i}\cdot C\cdot\ln(z)$ 表示，它每绕一周 $(\varphi_2=\varphi_1+2\cdot\pi)$ 就增加 $2\cdot\pi\cdot C$，这个增加量就是环量 $\Gamma$。这里，等势面是通过转轴的平面，因而流线是同心圆。由于 $\mathrm{d}s=r\cdot\mathrm{d}\varphi$，速度 $w=\mathrm{d}\Phi/\mathrm{d}s=C/r$。可见，这

个流动与图 4.6 所示的例子相当。在 $r=0$ 处，$w\to\infty$，因此，只有把流动限制在非零半径的中央核心外 (图 4.28)，此种流动才有现实意义。该核心既可以是一个固体，也可以是有旋的流体 (在有旋流体中速度势不存在)，还可以是不旋转的另一种 (较轻的) 流体。例如，作环流的若是水，核心就可以是空气 (空心涡)，由于重力的作用，空心涡的表面具有图 4.29 所示的形状，并可由伯努利方程得到它的方程

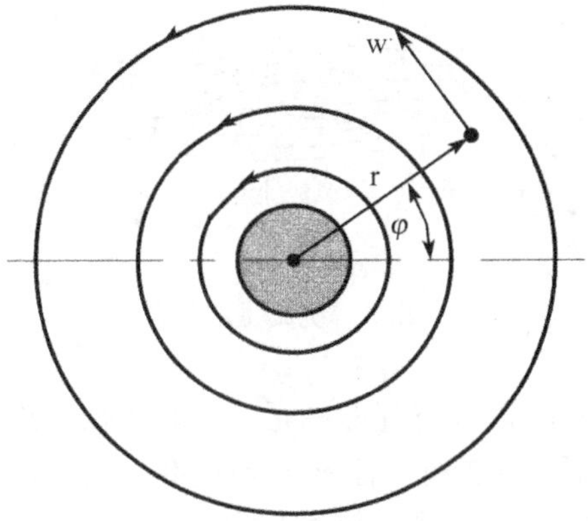


图 4.28 有环量的位势流

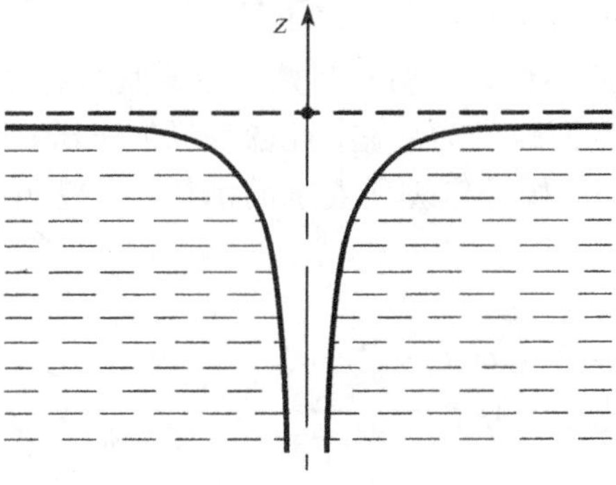


图 4.29 空心涡

$$z=z_0-\frac{w^2}{2\cdot g}=z_0-\frac{C^2}{2\cdot g\cdot r^2}$$

这种漏斗形的曲面可在流动的水中或澡盆泄水过程中看到，在这些情况中，流动都因其他原因预先有了环量。

### 4.1.6 翼型的升力的和马格纳斯效应

带环量位势流的另一种应用是确定翼型的升力 (6.1.3)。图 4.30(顶图) 中绕翼型的流动可以由 (没有环量的) 通常的位势流和环量流叠加得到。这样，绕翼型的流

动本身就有环量，即使不作计算也可看出，在翼型上部环量流和位势流方向相同，而在下部则相反，根据伯努利方程，这意味着翼型上部的压力减少，而下部则压力增大，结果就产生了升力。库塔 (Kutta) 和儒可夫斯基 (Joukowski) 彼此独立地发现：这一升力正比于环量 $\Gamma$，且翼面单位宽度上的升力等于 $\rho \cdot \Gamma \cdot U$，其中 $U$ 是流动与翼型的相对速度。这一定理将在 4.1.7 节中加以证明。

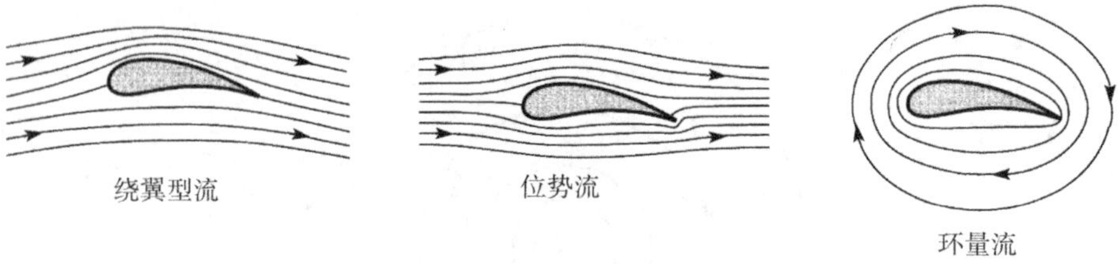


图 4.30　绕翼型的流动

根据汤姆孙定理，从静止状态开始的运动，即使在多连通空间里，也不会产生环量，因为在静止状态下，沿任何闭曲线的环量都等于零，并且即使已经运动也保持为零。事实上，环量常常是通过间断面产生的。例如，在图 4.6 的蜗室中，运动刚开始时，一个像图 4.15 所示的漩涡就在入口的尖缘处形成，随后，此漩涡从 $O$ 处流走，由它引起的环量则在流动中保留下来。

绕翼型流动的解与此类似。运动一开始，在翼型的后缘就形成了一个间断面，如图 4.31 所示，随后间断面蜕变为漩涡，此漩涡漂向下游，翼型得到一与之大小相等而转向相反的环量，如汤姆孙定理所要求的那样，绕包含翼型和漩涡的闭合流体线环量仍保持为零。

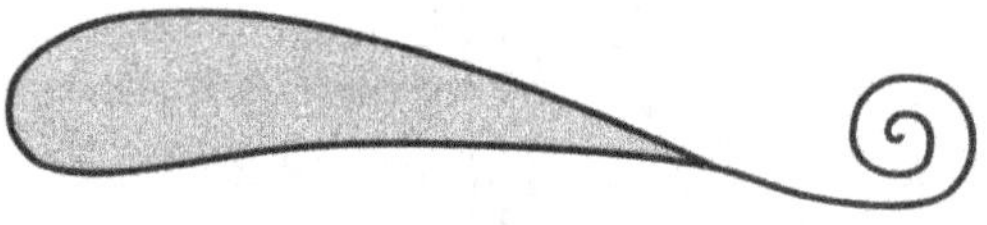

图 4.31　翼型的启动涡

为了使绕机翼的流动空间是双连通的，机翼横向的两端面必须贴合于两个平行壁，或者假设两端面都无限伸展。实际的机翼都不是这两种情况，所以，这里所出现的，且为产生升力所必需的绕机翼的环量，是由速度横向间断的那种间断面引起的。

类似于翼型绕流的环量也出现在流体横向流过一个绕自身轴转动的圆柱体时。这时，环量的出现是由于摩擦。所产生的横向力在流动垂直方向的每单位长度圆柱上的量值是 $\rho \cdot \Gamma \cdot U$，这种力在绕自身长轴转动的三棱柱、四棱柱体或环体等上也会出现。这种力的方向总是从来流与旋转方向相反的那一边指，向方向相同的那一边，这个现象是马格纳斯 (Magnus) 在 1852 年发现的，称为马格纳斯效应。

研究马格纳斯效应的最初原因，是因为球面形的子弹常会受到绕横轴的不期望的转动而造成飞行轨迹偏向一边，这种侧偏也可以从空气中"削"球 (网球或高尔夫球) 的飞行看出来。弗勒特纳 (Flettner) 曾利用这一效应来借助风力驱动船只，即用快速转动的铅直圆柱体来代替风帆，为避免圆柱体两端、不随之转动的空气进入吸力侧的低压区而干扰那里的流动，在圆柱体两端安装了圆盘 (图 4.32, 左)。这种船的实验本身是成功的，但从经济上考虑，普通的马达船更为优越，因而弗勒特纳的这种船没有得到应用。

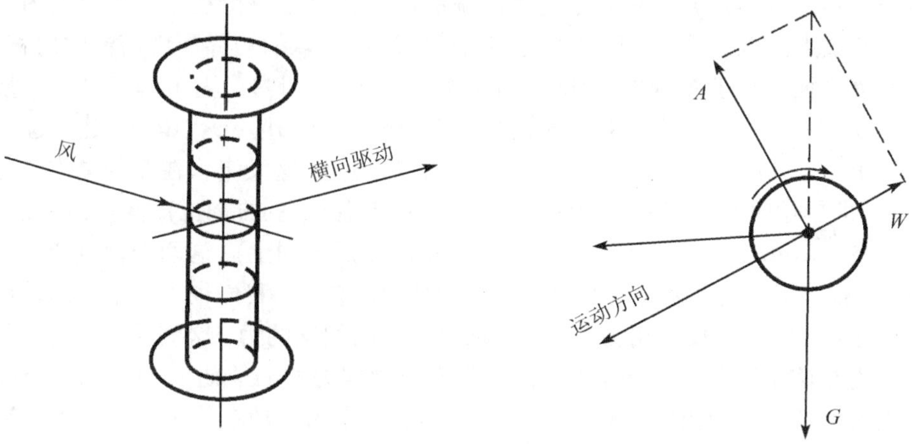


图 4.32 旋转圆柱

弗勒特纳转筒效应可通过一个简单的实验来理解。把一个由小电机驱动的旋转圆筒 (铅直地) 安装在一个沿轨道行驶的小车上，如果利用小风扇在轨道的垂直方向对着圆筒吹风，小车就会沿轨道前进；如果改变风扇的方向使风与轨道形成各种不同的角度，就可以研究在不同行驶方向下圆筒帆的性能。结果发现，在锐角时可使小车前进，如果圆筒旋转方向相反，小车就向相反的方向跑。

一个绕自身水平轴线迅速旋转的轻圆柱体横着下落时，并不会铅直下落，而是平滑地滑翔下来，它除受到垂直于其运动方向的升力 $A$ 外，还在运动方向上受到阻力 $W$，不过在最有利的情况下 (两端安装圆盘的长圆柱体)，阻力较升力小得多，这两个力的合力与圆柱体的重量 $G$ 平衡 (图 4.32 右)，使它不能铅直下落。

### 4.1.7 定常流动的动量平衡定理

一般力学的动量平衡定理，即大家熟知的重心定理和面积定理，对于流体的定常运动和时间平均值可以看作定常的非定常运动，有其特殊的用途。这些定理的价值在于，它们只涉及一个区域的边界上的状况，因而可以应用于我们尚未充分掌握其细节的流动现象，并推断出结论。

一个质量的动量是此质量与其速度的乘积。动量是矢量，和速度一样，有三个分量。动量随时间的变化率等于作用在 该质量上的合力。在 2.2 节中我们曾证明，把一个力学系统内一切质点所受的力总合起来，根据作用反作用原理，系统里的所有内力全都抵消掉，剩下的只有外力，即来自系统外质点所作用的力。

因此，具有任意几何形状、作定常运动的一块流体，其动量的改变完全是由于这块流体的边界因运动而移动所致。在这块流体内部，每个流体质点的位置都被取得了其速度的另一个质点所取代；在边界处所发生的情况可根据来流的情况说明。动量守恒定理的本质是，凡属于这个系统的质点将永远保持在这个系统之内，且没有新的质点加入此系统。因此，为应用此定理而选取的边界面就随流体而移动，它们是流体面。对于图 4.33 中所取的流束，在 $dt$ 时间内，从 1 处流进的质量为 $dm_1 = \rho \cdot A_1 \cdot w_1 \cdot dt$，从 2 处流出的质量为 $dm_2 = \rho \cdot A_2 \cdot w_2 \cdot dt$，由连续性可知 $dm_1 = dm_2 = dm$。在 $dt$ 时间内，对于动量的总改变，这段流管在 2 处提供了正量 $dm \cdot w_2$，即单位时间内有 $(dm/dt) \cdot w_2 = \rho \cdot A_2 \cdot w_2^2$(在 $w_2$ 的方向上)；同样，在 1 处提供了负量 $-(dm/dt) \cdot w_1 = -\rho \cdot A_1 \cdot w_1^2$(在 $w_1$ 的相反方向上)。这两个动量变化量的矢量和，就等于作用在所考虑那个流束上的外力的合力。我们也可以不考虑动量的改变，而考虑它们的反作用力，即大小相等而方向相反的力，这些反作用力的矢量和与作用在该流束上的力相平衡。这个论点与刚体力学的达朗伯 (D'Alembert) 原理中引入惯性力的论点完全相同。这样，图 4.33 中的流动在 1 处有一个流进流管方向的反作用力 $\rho \cdot A_1 \cdot w_1^2$，2 处有一个与流出流管方向相反的反作用力 $\rho \cdot A_2 \cdot w_2^2$。按上述方法就完成了从所考虑的那块流体的流体边界面到固定于空间的面的过渡。动量的改变 (或它们的反作用力) 及压力被传递到这个固定于空间的边界面。为了正确地应用动量定理，所考虑的那块流体实际应以一闭曲面包围起来，此即所谓控制面，在下面的一些图中将以粗线来表示。根据静力学定律，对所有流进和流出控制面的流束，其反作用力必定和作用于控制面内流体的所有外力形成一平衡力系。也就是说，这些力的合力以及对于各坐标轴的合力矩必须等于零。在实际问题中，我们感兴趣的通常是流体作用于其容器壁面上的力，而非容器壁作用于流体上的力。在解决具体问题时，往往只需考虑一个分量的方程就够了。

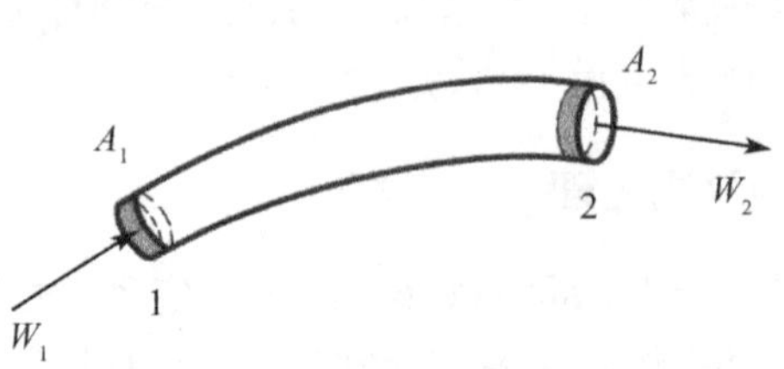


图 4.33　一个流束内动量的改变

对于非定常流动，在力的平衡中还要考虑流体内部动量变化的一个附加项。如果非定常流动具有一不变的平均动量 (湍流就常常如此)，在非定常流动中，则此流体内部动量变化的总量平均起来就互相抵消，因而动量定理也可如在定常流动中那样在非定常流动中应用。

1. 曲槽内运动流体的反作用力

设流体以速度和压力 $p_1$ 流入曲槽 (图 4.34)，通过 $A_1$ 面传送的动量等于 $\rho\cdot A_1\cdot w_1^2$，这就相当于入流作用在它自己方向上的一个力，还必须考虑在同一方向上的压力 $p_1\cdot A_1$。在槽的出流端相应地有一个与流速方向相反 (因此，总是指向控制面的内部) 的反作用力 $A_2\cdot(\rho\cdot w_2^2+p_2)$。这些力的合力便是流体以压力实际作用在槽壁上的力。

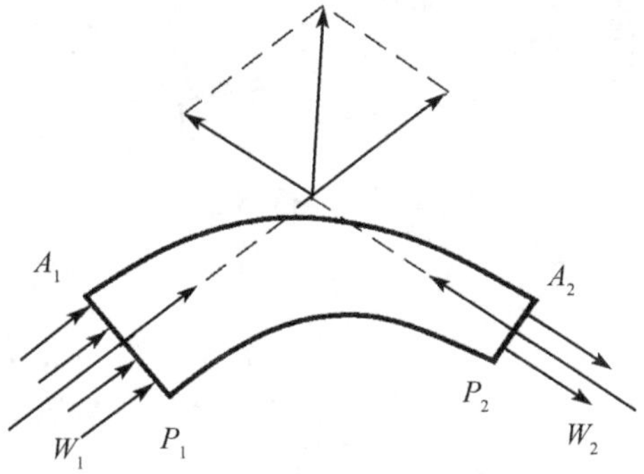


图 4.34　弯管上的反作用力

2. 外泄射流的反作用力

射流从压力为 $p_1$ 的区域通过圆孔射入压力为 $p_2$ 的区域，其单位时间内的动量为 $J=\rho\cdot A\cdot w^2$，其中 $A$ 是射流的截面积。由于 $w=\sqrt{2\cdot(p_1-p_2)/\rho}$ (4.1.2 节)，可得 $J=2\cdot A\cdot(p_1-p_2)$，相当于压力差 $p_1-p_2$ 作用于同样截面积活塞上的力的两倍。相应于此动量必存在一压强分布。由于圆孔处超压 $p_1$ 的消除和流体流出圆孔引起的圆孔附近的压力降落，使容器壁上的压力与在封闭容器时的相比降低了，此减压相当于把射流截面积增大一倍，并以射流反作用力的形式表现出来。这种反作用力的存在可通过下述实验证明：将一带侧孔的容器放在一可自由运动的小车上，小车将往与射流相反的方向移动。类似的实验是泽格纳 (Segner) 水轮(图 4.35)，喷射的水可举起重物，或做其他的功。

在玻达 (Borda) 管嘴(图 4.36) 的情形中，收缩系数，即射流截面积和孔截面积之比，可根据动量的大小来确定。因为在这里，全部超压 $p_1$ 作用在所有承受压力的壁面上，这些压力应具有射流方向的分量，故圆孔截面 $A$ 上的超压损失必等于此射流的动量，即 $A\cdot(p_1-p_2)=2\cdot A_s\cdot(p_1-p_2)$ 或 $A_s=\dfrac{1}{2}\cdot A$。

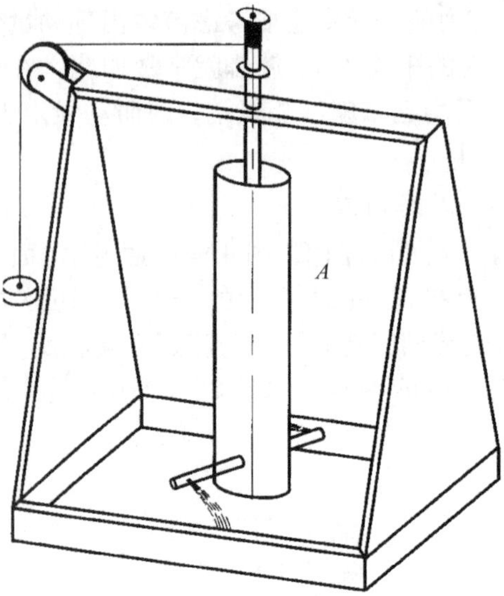


图 4.35　泽格纳水轮

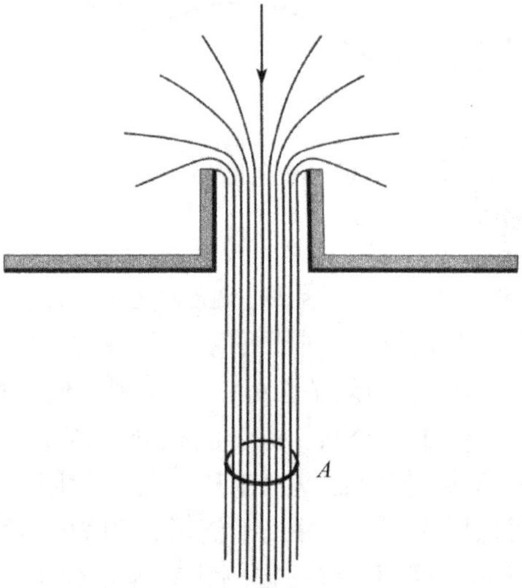


图 4.36　玻达管嘴

3. 管的突然扩大

如果以速度 $w_1$ 流动的一股流体从一个直圆管流入另一个更粗的直圆管，此射流将和周围的液体掺混，并在混和后以平均速度 $w_2$ 近似均匀地流动。我们可以用动量定理计算由于掺混所造成的压力增加 $p_1 - p_2$，而不必了解掺混过程中的细节。

粗管中，围绕此射流初始段的静止流体的压力 $p_1$ 和射流本身的压力一样 (4.2.5, 自由射流)。对于图 4.37 中所示的控制面，只有两个端面提供力，我们可得到

$$\frac{\mathrm{d}m}{\mathrm{d}t}\cdot(w_1-w_2)=A_2\cdot(p_2-p_1)$$

将 $\frac{\mathrm{d}m}{\mathrm{d}t}=\rho\cdot A_2\cdot w_2$ 代入，则可得

$$p_2-p_1=\rho\cdot w_2\cdot(w_1-w_2)$$

而在管子逐渐扩大的情形下，根据伯努利方程，可得 $p_2'-p_1=\frac{1}{2}\cdot\rho\cdot(w_1^2-w_2^2)$。可见突然扩大引起的压力损失是 $p_2'-p_2=\frac{1}{2}\cdot\rho\cdot(w_1-w_2)^2$，这个公式和两个非弹性体相碰撞的动能损失公式完全一样。因此在管子突然扩大的问题中常常引用碰撞损失这一说法，尽管并无碰撞发生，它们之间唯一的共同点是都具有速度的掺混。

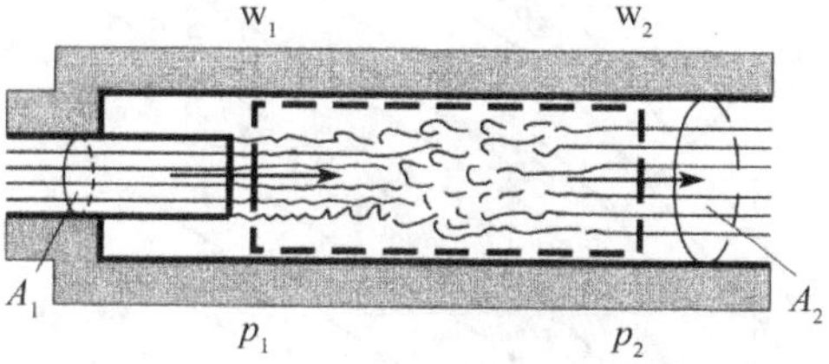


图 4.37 管的突然扩大 (扩压器)

4. 重物在空气中的漂浮

要使一个重物漂浮在静止的空气中就必须不断地有空气向下加速。设空气向下运动的最终速度是 $w$，且为简单起见，设其为均匀的；又如 $\frac{\mathrm{d}m}{\mathrm{d}t}=\dot{m}$ 是单位时间内被推动的空气质量，且向下流动的气流中没有大的压力差，则所要求的力就等于动量 $J=\dot{m}\cdot w$。这种考虑对于描述一架离地面足够远的自由悬停的直升机来说，具有相当的准确性。这时，如果直升机离地面足够远，一股动量为 $J=\dot{m}\cdot w$ 的垂直向下的气流就会与周围静止的空气掺混而降低速度，但动量保持不变，因为参与运动的空气质量相应地增加了。当这股气流碰到地面时，它将直升机的重量以压力的形式传给地面而失去其动量。

对于飞机，向下运动的气团由保留在空气中的漩涡系形成，但压力场也有重要作用。升力中来自动量的形式和来自压力的形式各占多少取决于控制面的形状。在正对飞机下方的地面上出现了压力增高，即飞机的重量传给了地面。

5. 叶栅，库塔 - 儒可夫斯基定理

为了研究涡轮机或螺旋桨等的叶片与流过它们的流体之间的关系，我们先来考虑比较简单的二维叶栅的情况。二维叶栅由一排大小完全相同、互相平行的无穷

翼展的叶片组成。这里，对于平行和垂直于叶栅平面的分力所用的动量定理，以及伯努利方程和连续性方程，能使我们得到有关作用在叶片上的力与流速之间关系的很有价值的信息。图 4.38 表示了这样一个叶栅以及相对于叶片静止的观察者所看到的绕叶片的流动，图 4.38 中所示的是螺旋桨中叶栅的情况。涡轮机的叶片向相反的方向弯曲，因而分力指向相反的方向，不过，以下讨论对这两种情况都适用。

设平行和垂直于叶栅平面的速度分量分别为 $u$ 和 $v$，并设作用在叶片每单位长度上相应的力为 $F_x$ 和 $F_y$(图 4.38 中所示的方向取为正方向)。下标 1 和 2 分别指入流和出流。

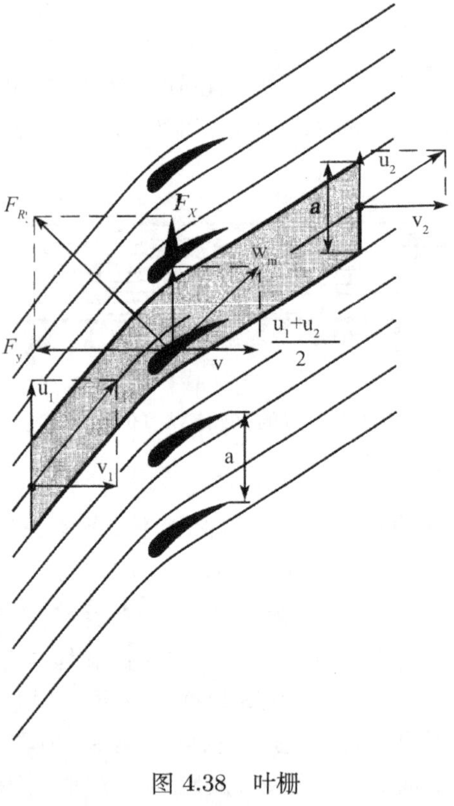


图 4.38　叶栅

我们假设流动中没有能量损失，于是绕叶片的流动就是带有环量的位势流。在应用动量定理时，我们利用这样一个事实，即在离叶片前、后足够远的地方速度实际都是常数，只要保证不发生叶片形状设计不当时会发生的分离，则无需了解叶片间流动的详情，按连续性要求可得

$$Q = v_1 \cdot a = v_2 \cdot a$$

其中 $a$ 是相邻两叶片间的距离，$Q$ 是每秒内流过两相邻叶片间平行于叶片轴向单

位深度 ($z$ 方向) 的流量，显然，$v_1 = v_2$。以下为方便计，我们把这两个速度都写作 $v = v_1 = v_2$。考虑到 $w^2 = u^2 + v^2$($w$ 是合速度)，按伯努利方程可得

$$p_1 + \frac{\rho}{2} \cdot (u_1^2 + v^2) = p_2 + \frac{\rho}{2} \cdot (u_2^2 + v^2)$$

或

$$p_2 - p_1 = \frac{\rho}{2} \cdot (u_1^2 - u_2^2) \tag{4.22}$$

为应用动量定理，我们作一控制面，如图 4.38 中的粗线所示，由两条彼此相距为 $a$ 的相同的流线和两条与叶栅平面平行而长度为 $a$ 的直线组成其边界。设控制面均具有单位深度，显然，没有流体流过这两个流线面，且因它们相对于叶栅有同等长度，因此，在这些流线面上的所有物理量都一样，也就有相同的压强分布。这样，它们对动量与合压力就都没有贡献。我们只需计算平行于叶栅平面的两面上的贡献就可以了。单位时间内流过这两个面的质量是 $\rho \cdot Q = \rho \cdot a \cdot v$，于是

$$F_x = 0 + \rho \cdot a \cdot v \cdot (u_1 - u_2) = \rho \cdot a \cdot v \cdot (u_1 - u_2) \tag{4.23}$$

$$F_y = a \cdot (p_2 - p_1) + 0 = a \cdot (p_2 - p_1) \tag{4.24}$$

把绕叶片的环量引入这两个公式是有意义的。为此，我们仍利用图 4.38 所示的粗线，首先，沿两根流线作环量积分时，其走向相反，故其贡献彼此抵消，两直线段的贡献分别是 $a \cdot u_1$ 和 $-a \cdot u_2$，因此环量是

$$\Gamma = a \cdot (u_1 - u_2) \tag{4.25}$$

利用式 (4.22) 和关系

$$u_1^2 - u_2^2 = (u_1 - u_2) \cdot (u_1 + u_2)$$

方程 (4.23) 和 (4.24) 可写作

$$F_x = \rho \cdot \Gamma \cdot v \tag{4.26}$$

$$F_y = \rho \cdot \Gamma \cdot \frac{u_1 + u_2}{2} \tag{4.27}$$

比值 $F_y/F_x = ((u_1 + u_2)/2)/v$ 意味着 $F_x$ 和 $F_y$ 的合力与 $(u_1 + u_2)2$ 和 $v$ 的合速度相垂直，这可以容易地从图 4.38 中相应的相似三角形看出。如果以 $F_{\rm R}$ 表示合力，$w_{\rm m}$ 表示平均合速度，还可推出

$$F_{\rm R} = \rho \cdot \Gamma \cdot w_{\rm m} \tag{4.28}$$

这就是库塔和儒可夫斯基定理。这个定理也可用其他方法证明。儒可夫斯基证明的方法是将动量定理应用于一个半径很大、以翼型的轴为轴线的圆柱形控制面。这样得到的 $F_{\rm R}$ 一半以动量形式提供，另一半以压力的合力形式提供。这个定理很重要，它使我们可以求出与给定的升力相关联的环量，并通过这个环量来确定翼型后面的漩涡强度。

6. 动量矩，欧拉涡轮机方程

对应于静力学中的力矩，我们也可以得出动量矩，并存在着与重心定理相似的定理：动量矩随时间的变化率等于合力矩。这个定理也叫作角动量守恒定理。至于动量守恒，在定常流动中体现为：外力的合力矩与流体反作用力的合力矩相平衡。

作为一个例子，我们来推导欧拉涡轮机方程。设每秒流进涡轮机的水的质量是 $\dot{m}$(图 4.39)。设水以绝对速度 $w_1$ 流入，$w_1$ 与叶轮旋转方向的夹角是 $\beta_1$，进口处的半径是 $r_1$，水大体上沿着叶片给定的方向流过旋转的轮子。半径为 $r_2$ 处的出流相对速度和那里叶轮边缘的周向速度合成后，成为沿 $\beta_2$ 方向的流出绝对速度 $w_2$。于是，水作用于涡轮机上的转矩等于

$$\dot{m}[w_1 \cdot r_1 \cdot \cos(\beta_1) - w_2 \cdot r_2 \cdot \cos(\beta_2)] \tag{4.29}$$

这里，每单位质量的动量矩为速度 $w$ 和 $r \cdot \cos(\beta)$ 的乘积；同样也可看作是 $w$ 的周向分量 $w \cdot \cos(\beta)$ 和半径 $r$ 的乘积。

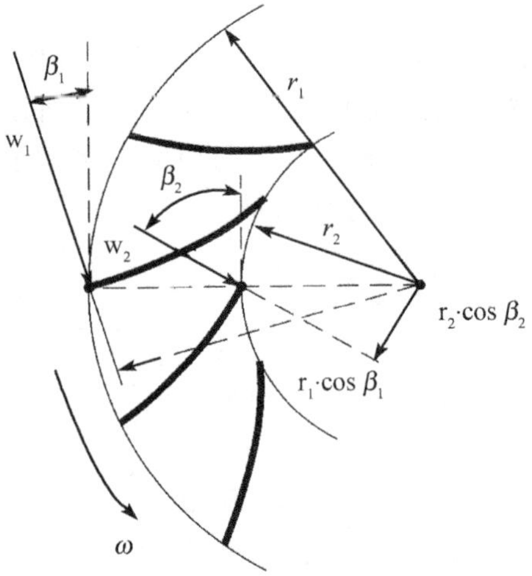


图 4.39　水涡轮

可见，涡轮机最有利的工作情况是水沿径向流出，即 $\cos(\beta_2) = 0$，这时流出的水动能损失是最小的。输出的功可由转矩与叶轮角速度 $\omega$ 的乘积得到

$$L = \dot{m} \cdot r_1 \cdot \omega \cdot w_1 \cdot \cos(\beta_1) \tag{4.30}$$

如将上述定理应用于没有涡轮的环形流，力矩必须等于零，于是得到

$$w_1 \cdot r_1 \cdot \cos(\beta_1) = w_2 \cdot r_2 \cdot \cos(\beta_2) \tag{4.31}$$

如所有 $\beta$ 都很小，可取 $\cos(\beta) = 1$，就得到 $w \cdot r =$ 常数。这个结果我们已用其他方法在 4.1.2 节中得到过。

### 4.1.8 自由液体表面的波

1. 平面波

在研究自由液体表面的大多数问题中，都可把被液体带动的那部分空气的质量忽略不计，因其相对于液体的质量太微小了。为此，自由表面上的压强必须等于大气压 $p_\infty$。由观察可知，在最简单的波动形式中，液体各质点所描画的轨迹都近乎是圆，对于一个以波峰和波谷的传播速度为速度、与波一起前进的坐标系来说，流动是定常的，可对其应用伯努利方程 (图 4.40)。若表面质点圆形轨迹的半径是 $r$，描画此圆的周期是 $T$，则质点在其圆形轨迹上的速度就是 $2\cdot\pi\cdot r/T$；如波的传播速度是 $c$，则在上述所选坐标系内，波峰处的流速是 $w_1 = c - 2\cdot\pi\cdot r/T$，波谷处的流速是 $w_2 = c + 2\cdot\pi\cdot r/T$，高度差是 $h = 2\cdot r$，而压强在自由面上各点均相等，所以

$$w_2^2 - w_1^2 = 2\cdot g\cdot h = 4\cdot g\cdot r$$

上式左端等于 $8\cdot\pi\cdot c\cdot r/T$，故可得

$$c = g\cdot\frac{T}{2\cdot\pi} \tag{4.32}$$

式 (4.32) 中不包含 $r$，就是说，波的传播速度与波峰的高度无关。如果已知的是波长 $\lambda$ 而不是周期 $T$，则我们还需引用波峰和波谷的传播速度 $c$ 与振荡周期 $T$ 之间的关系

$$\lambda = c\cdot T \tag{4.33}$$

利用式 (4.33) 消除式 (4.32) 中的 $T$，得到

$$c = \sqrt{g\cdot\frac{\lambda}{2\cdot\pi}} \tag{4.34}$$

与声波不同，水波的波速与波长密切相关，长波比短波传播得快，波可以互相重叠而没有多大的扰动。短波和长波重叠时，短波会保持在长波后边。图 4.40 的下图示出了在相对未受扰动的流体是静止的坐标系中波动的流线。这些流线表明，流体的运动从自由面往下随深度增加而以 $\exp[-2\cdot\pi\cdot(z_1 - z)/\lambda]$ 的衰减率衰减，在深度等于一个波长处，速度仅为表面处速度的 1/500。

按照 4.1.5 节中所述的概念，液体的表面波是一种位势运动，对于小振幅的波，速度势是 $\Phi = a_1\cdot e^{\mu\cdot z}\cdot\cos(\mu\cdot(x - c\cdot t))$，其中 $\mu = 2\cdot\pi/\lambda$，对于有限振幅波，式中的余弦可由傅里叶 (Fourier) 级数代替，其中各项的振幅由压强在波面上各点必须相等的条件得出。更准确的理论分析表明，式 (4.34) 只对小振幅 (浅) 波才适用，这时波速与振幅无关；对于大振幅波，波速要比式 (4.34) 给出的稍大一些，而且这时流体质点的轨迹也不再是封闭的，流体质点在波峰处前进得更快些，而在波谷处则后

退得慢些 (图 4.40 下图右方)，实际上流体向前移动了。根据斯托克斯 (Stokes)1847 年的计算，定常波的波峰最大可能呈 120° 角。如果再供给波更多的能量，波峰就开始发泡。

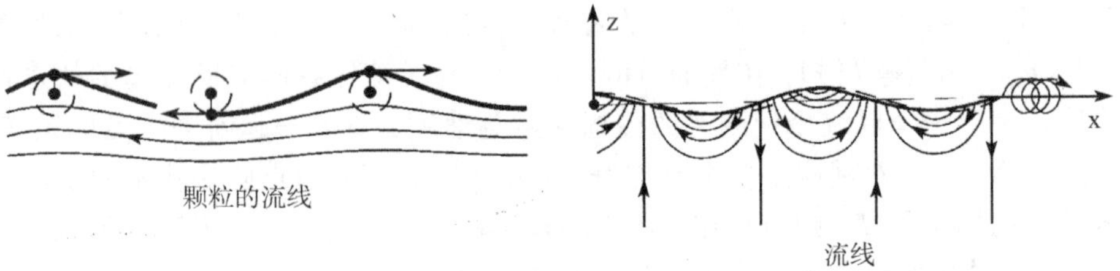


图 4.40　波动

在小波长情况下，表面张力将和重力同时起作用，由于它有拉平液体波形面的作用，所以具有增加波传播速度的作用。如果 $C$ 为毛细系数 (表面张力)，有

$$c=\sqrt{\frac{g\cdot\lambda}{2\cdot\pi}+\frac{2\cdot\pi\cdot C}{\rho\cdot\lambda}} \tag{4.35}$$

对于长波，式 (4.35) 中只有第一项是重要的；而对于很短的波，则第二项是主要的。在波长 $\lambda_1=2\cdot\pi\cdot\sqrt{C/(g\cdot\rho)}$ 时，波速 $c$ 具有最小值 $c_1=\sqrt[4]{4\cdot g\cdot C/\rho}$。水的密度 $\rho=1000\mathrm{N\cdot s^2/m^4}$ 和 $C=0.073\mathrm{N/m}$，我们可求出 $\lambda_1=1.71\mathrm{cm}$ 和 $c_1=23.1\mathrm{cm/s}$(同时群速度)。波长大于 $\lambda_1$ 的波叫作*重力波*，波长小于 $\lambda_1$ 的波叫作*毛细波*。

2. *波群*

我们必须区别两种速度：一种是各波本身的传播速度，即所谓*相速度*$c$；另一种是波群的传播速度，即所谓*群速度*$c^*$。为导出群速度，我们来考虑将两个振幅相同而波长稍异的波叠加起来的情况。这种方法不仅适用于表面波，而且可以十分广泛地应用于相速度与波长有关的波，即存在*色散*的波。首先取一简单的正弦波

$$y=A\cdot\sin(\mu\cdot x-\nu\cdot t)$$

若 $x$ 增加 $2\cdot\pi/\mu$ 或 $t$ 增加 $2\cdot\pi/\nu$，此正弦的数值仍与原来的数值一样，因而，$\lambda=2\cdot\pi/\mu$ 就是波长，$T=2\cdot\pi/\nu$ 就是振荡周期。如果 $\mu\cdot x-\nu\cdot t=$ 常数，即 $x=$ 常数 $+(\nu/\mu)\cdot t$，则此正弦函数的相位不随时间变化，$y$ 也不随时间而变，就是说，整个波形以速度 $c=\nu/\mu$ 向右移动。现在在这个波上叠加一个与上述波振幅相同而 $\mu$ 和 $\nu$ 数值稍异的波 $y'$，即 $y'=A\cdot\sin(\mu'\cdot x-\nu'\cdot t)$，叠加的结果是

$$y+y'=A\cdot[\sin(\mu\cdot x-\nu\cdot t)+\sin(\mu'\cdot x-\nu'\cdot t)]$$

在两个振荡方向相同的地方合振幅等于 $2\cdot A$，而在它们方向相反的地方合振幅等于零。这种现象称为拍。利用公式

$$\sin(\alpha)+\sin(\beta)=2\cdot\sin\left(\frac{\alpha+\beta}{2}\right)\cdot\cos\left(\frac{\alpha-\beta}{2}\right)$$

得到

$$y+y'=2\cdot A\cdot\sin\left(\frac{\mu+\mu'}{2}\cdot x-\frac{\nu+\nu'}{2}\cdot t\right)\cdot\cos\left(\frac{\mu-\mu'}{2}\cdot x-\frac{\nu-\nu'}{2}\cdot t\right)$$

其中正弦因子 $\sin(\cdots)$ 代表一个波，其 $x$ 和 $t$ 的系数分别是 $\mu$ 、$\mu'$ 和 $\nu$ 、$\nu'$ 的平均值；余弦因子 $2\cdot A\cdot\cos(\cdots)$ 在 $(\mu-\mu')$ 和 $(\nu-\nu')$ 很小时，变化得非常缓慢，可以将其看作是一个变化着的振幅 (图 4.41)，凡此余弦因子等于零的点，这个波群便终止，这些点的传播速度，即群速度 $c^*$，由上所述，便等于 $(\nu-\nu')/(\mu-\mu')$ 。对于长群 (慢拍)，可以足够准确地取

$$c^*=\frac{\mathrm{d}\nu}{\mathrm{d}\mu} \tag{4.36}$$

图 4.41 拍

因为没有能量通过波节传播，所以波能的传播速度与群速度相等。这一结论对于单列波系可严格地予以证明。

对于受重力影响的水波，由式 (4.32) 可得出

$$\nu=\frac{2\cdot\pi}{T}=\frac{g}{c}$$

按式 (4.34)

$$c=\sqrt{\frac{g\cdot\lambda}{2\cdot\pi}}=\sqrt{\frac{g}{\mu}}$$

因而

$$\nu=\sqrt{g\cdot\mu}$$

再考虑到式 (4.36)，可得群速度为

$$c^*=\frac{\mathrm{d}\nu}{\mathrm{d}\mu}=\frac{1}{2}\cdot\sqrt{\frac{g}{\mu}}=\frac{1}{2}\cdot c \tag{4.37}$$

就是说，波群以 $\frac{1}{2}\cdot c$ 的速度前进，或各波的波峰以两倍于波群的速度通过波群前进；新波不断在波群尾后形成，而到了前沿随即消失。当丢一块石头到静止的水里时，可以很清楚地看到这一现象。

3. 船波

船波属于另一类波群。以匀速在静止深水表面上前进的局部压力扰动所产生的波就与船舶所产生的波系非常接近。根据开尔文 (Kelvin)、埃克曼 (Ekman) 以及其他人的计算，这个波系如图 4.42 所示，图 4.42 中向外延伸的实线表示波峰，这个波系随压力扰动一起前进。由式 (4.35)，这些横波的波长是 $\lambda = 2 \cdot \pi \cdot c^2/g$，其中 $g$ 是压力扰动的传播速度。此波群的长度等于压力扰动所越过的距离的一半。船舶在水中前进时，在船头和船尾各产生一组这样的波系，这些波系还互相干扰。

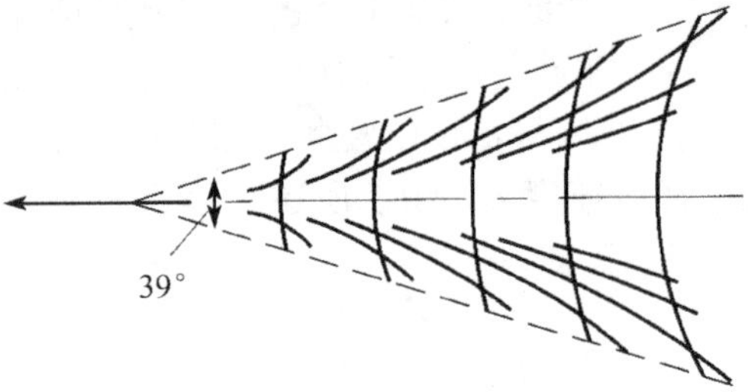


图 4.42　在水面上匀速运动的压力扰动引起的波系

毛细波的群速与重力波的群速相似，但其群速大于相速，在极小波的情况下，群速约为相速的 1.5 倍，这样，压力扰动以匀速前进时，波群将跑到它发生的位置之前。实际上，一条钓鱼线或某一类似的静止障碍物垂在流速大于 23.3cm/s 的水流中时，在其上游将形成毛细波，在其下游则形成重力波。重力波的形式近似如图 4.42 所示，毛细波则以圆弧的形式在障碍物前铺展开。如流速小于 23.3cm/s，波就不会形成。

4. 两流体间的界面

如果两种密度不同的流体上下叠置，在它们之间的交界面上也可以发生波动。对于密度各为 $\rho_1$ 和 $\rho_2$ 的静止流体，这样叠置时的理论相速度是

$$c = \sqrt{\frac{g \cdot \lambda}{2 \cdot \pi} \cdot \frac{\rho_1 - \rho_2}{\rho_1 + \rho_2} + \frac{2 \cdot \pi \cdot C}{\lambda \cdot (\rho_1 + \rho_2)}}$$

如果上面的流体以速度 $w_1$ 相对于下面的流体流过，理论证明，仅仅长波是稳定的，而正如 4.1.4 节中就两股流体沿间断面两侧流动时所指出的，短波是不稳定的。这可能导致这两种流体在接壤区域发生掺混，使流动又变成稳定的。随着 $w_1$ 的增加，不稳定与稳定之间的界线就向更长波长的那边推移。这样的波也可在两层密度不同的空气间的交界面上发生，像在大气中，我们见到的云带往往就是这样形成的 (亥姆霍兹 (Helmholtz) 气浪)。

5. 浪头

本节所给出的公式适用于深水波。如果水深与波长相比为小量的话，情况就不同了。不过，在水深等于波长的一半时，前面那些公式仍足够准确。对于水更浅的情况，水质点的运动描画出椭圆轨迹，波长与传播速度的关系也更为复杂。在水深很小或波长很大时，表面上的水质点主要只是水平方向的前后移动，而上下起伏则很小。这时又可得出简单的关系。我们仍可考虑近乎正弦形的周期波，并略去铅垂加速度对很扁平的椭圆轨迹上压力分布的影响。于是沿每一根铅垂线，压力完全按静态规律分布，水位差只产生水平加速度。现在，我们来根据低浪头(图 4.43) 的性状作一个更为简单的计算。这个计算和 4.3.1 节中所给出的可压缩流体中的压力传播的讨论有密切关系。我们假设与浪头相关联的从平底河床量起的深度，由 $h_1$ 增加至 $h_2$，并以速度 $c$ 向右传播。设在浪头到达前水是静止的，而在水位升高之后水向右的速度是 $w$，这个速度是把宽度为 $b$ 的过渡区域中的水由于两边挤压而从水位 $h_1$ 升高到 $h_2$ 所需要的。为简单起见，我们假设在过渡区域的水位有不变的斜率 $(h_2-h_1)/b$，如果速度 $w$ 和传播速度 $c$ 相比又是小量，则水位上升的速度为 $v=c\cdot(h_2-h_1)/b$。再若我们考虑的是图 4.43 垂直于纸面方向单位深度的区域，连续性要求 $h_2\cdot w=b\cdot v$，或

$$h_2\cdot w=c\cdot(h_2-h_1) \tag{4.38}$$

方程 (4.38) 中不包含浪头宽度 $b$，因而 $b$ 对最后结果并无影响。式 (4.38) 对于浪头剖面不是线性的情况也仍然适用，这时，可把此浪头分成若干剖面可视为直线的小段，把各段的连续性方程加起来，在等式右边我们仍旧得到 $c\cdot(h_2-h_1)$，左边仍为 2。当然，这要求在对各段写连续性方程时，与之相邻的两段中的水面可视为水平的。又根据式 (4.38)，可进一步推出，如果速度 $w$ 很小，$(h_2-h_1)$ 也必定很小，就是说，式 (4.38) 仅适用于低浪头，因而各段间 $h_2$ 的差别可忽略的假设是完全容许的。

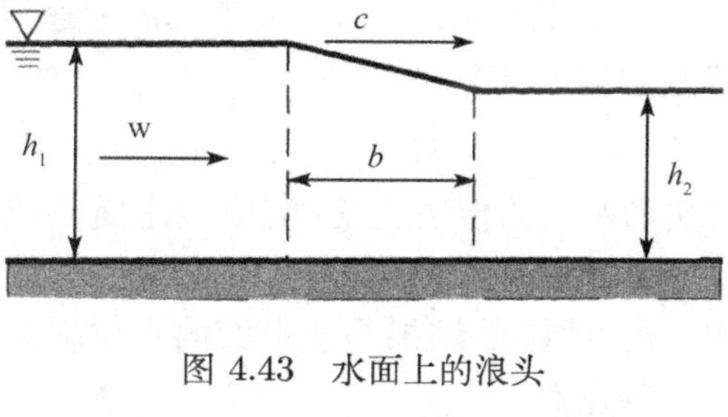


图 4.43 水面上的浪头

除运动学的关系 (4.38) 外，我们还必须有一个动力学的关系，这个关系可如下得到。因在过渡区域 $b$ 右边缘处水质点的速度等于零，而到了左边缘处就达到了速度 $w$，所以水质点在区域 $b$ 中必定作加速运动。此浪头通过一质点所需的时间

是 $\tau = b/c$，因而此质点的加速度就等于 $w/\tau = w \cdot c/b$。在图 4.43 中，宽度为 $b$ 的过渡区域在垂直于纸面方向、单位深度中水的质量是 $\rho \cdot b \cdot h_{\mathrm{m}}$ (其中 $h_{\mathrm{m}}$ 是平均水位)，在浪头两端面上相同高度的压力相差 $\gamma \cdot (h_2 - h_1)$，作用在浪头下水体质量上的总水平力 (略去微量) 就等于 $h_{\mathrm{m}} \cdot \gamma \cdot (h_2 - h_1)$。利用力 = 质量 × 加速度的公式和 $\gamma = \rho \cdot g$，可得出

$$w \cdot c = g \cdot (h_2 - h_1) \tag{4.39}$$

可见，宽度 $b$ 仍旧不出现在此方程中。同样可以证明，方程 (4.39) 对其他形状剖面的浪头也是适用的，只要 $(h_2 - h_)$ 比起 $h_1$ 和 $h_2$ 来要小得多。

为简单计，我们现把式 (4.38) 中的 $h_2$ 用 $h_{\mathrm{m}}$ 替换，鉴于已经忽略了一些小量，这样替换也是允许的，再用式 (4.38) 去除式 (4.39)，可得到

$$c^2 = g \cdot h_{\mathrm{m}} \tag{4.40}$$

浪头和浪谷相间地排列形成波动，根据式 (4.40)，这种波的传播速度与波形无关，像声波一样，没有色散，因此 $c^* = c$，浅水中的长波就以速度 $c = \sqrt{g \cdot h}$(基波速度)传播。

如有几个低浪头按水位高低顺序排列，低的在前，高的在后，由于后面的水头更大，后面浪头的速度 $c = \sqrt{g \cdot h}$ 就会大于前面浪头的速度。更重要的是，后面的浪头在水体中传播，而水体本身又以速度 $w$ 向前流动，这样，后面的浪头必然要追上前面的，于是就造成了更大幅度的浪头，这个讨论方法也可用于单个浪头。例如，图 4.43 所示的浪头可以看作是在宽度 $b$ 中的一串小浪头。上面的论证表明，这个宽度会变得越来越窄，直至形成一个陡阶。这是在自然界中可以观察到的现象：在浅水中，波峰比波谷移动得快，最后出现翻滚 (碎浪)。

有限幅度的浪头也可用动量定理以类似的方法来讨论，和 4.1.7 节中讨论流过突然扩大管道截面的流动的例子一样，用与浪头一起移动的坐标系来考虑流动，因此，这个过程就是定常的，有限高浪头的速度大于基波的速度。这里也有动能的损失，这种损失消耗于碎浪起的泡沫之中。

6. 明渠

在渠道水流中，浪头和基波的传播速度对于流动性态占有独特的地位，就像气流中声波传播速度所占有的地位一样 (比较 4.3.1 节和 4.3.3) 节。如果流速低于浪头的速度，挡水 (例如，利用堰) 的结果是使上游的水位提高；而若流速超过基波的速度，则在堰或堰稍上游处就会产生一个有一定高度的稳定的浪头，即所谓的水跃。在此浪头的上游，流动完全不受障碍物的影响。渠内侧壁的不规则起伏引起一些小的斜波，很像 4.3.3 节中将会讨论的气流中的斜激波。渠道水流可按流速大于或小于基波的波速而分为急流和缓流。

对于给定流过单位渠宽的流量 $\dot{V}$，我们来计算图 4.44 中的水深，并可从伯努利方程求得，水位比静止的水位下降了 $h=\dfrac{w^2}{2\cdot g}$。为让流量为 $\dot{V}$ 的水流过单位宽度渠道所需的当地水深可由连续性求得为 $a=\dfrac{\dot{V}}{w}$，因此渠道在静止水面下方相应点的深度就是

$$z=h+a=\frac{w^2}{2\cdot g}+\frac{\dot{V}}{w}$$

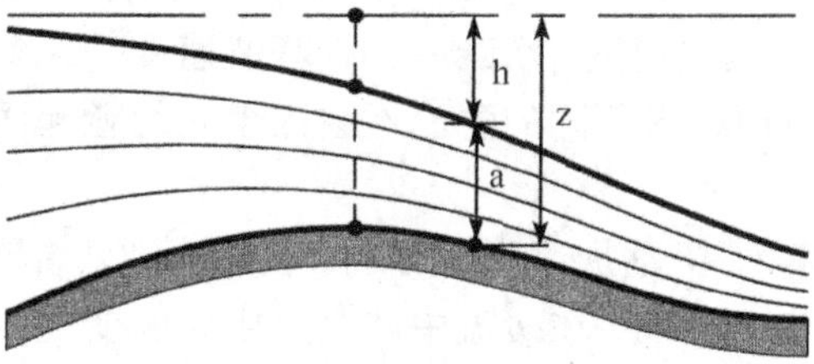


图 4.44 流过堰顶的流动

由此可见，在某一 $w$ 值下，$z$ 具有极小值。对于气流中流束的截面积可得到类似的结果 (4.3.1 节)。此极小值可通过将上式对速度微分，并令其为零求得

$$\frac{w_1}{g}-\frac{\dot{V}}{w_1^2}=0$$

即

$$w_1=\sqrt[3]{\dot{V}\cdot g}$$

得到

$$h_1=\frac{1}{2}\cdot\sqrt[3]{\frac{(\dot{V})^2}{g}} \quad 和 \quad a_=\sqrt[3]{\frac{(\dot{V})^2}{g}}=2\cdot h_1$$

因此，$w_1=\sqrt{g\cdot a_1}$，即当 $z$ 为极小时，$w_1$ 等于水深为 $a_1$ 处的浪头速度。如果水流过一个低堰顶，则堰顶最高点上方的水深 $a_1$ 就等于堰顶在静止水面下深度 $z_1$ 的 2/3，那里的速度是 $\sqrt{2\cdot g\cdot z_1/3}$，流量是

$$\dot{V}=a_1\cdot w_1=\frac{2}{3}\cdot z_1\cdot\sqrt{\frac{2}{3}\cdot g\cdot z_1} \tag{4.41}$$

水从堰顶以急流向下游流去，通常由水跃而再变为缓流。

对于曲率较大的渠，我们不能再假设在整个截面内的流速不变，但其定性关系仍和这里所描述的一样。对明渠所推导出的这些方程可以有更广泛的应用。我们来考虑一个底部斜度较小但形状任意的水渠 (图 4.45)，对一组不同的静止水位 (点划

线所示)，我们可以绘出相应于一个固定流量 $\dot{V}$ 的不同深度 $a$(对每一个水位，各点处都有两个 $a$ 值)，这样，就得到了图 4.45 中所示的水面形状。只有通过二重点并相应于最低的可能静止水位的曲线 I - IV才能得出图 4.44 所示的那种类型的流动。相应于较高水位的 I - II 和III-IV两线的流动在实际中也可发现。图 4.45 中虚线所表示的，相应于较低静止水位的流动，可能出现在水跃之后，当它们向上运动时，当然会引起能量的损失。

图 4.45 的左图中，流速低于基波的传播速度，在渠底的隆起处，水位降低；中图中，流速高于基波速度，水位的升高大于渠底的隆起；右图中，出现水跃，流速在从堰顶到水跃前大于基波速度，水跃后小于基波速度。因流动状态的改变只能以基波的速度传播，在堰顶和水跃间的急流不会因渠底的隆起而改变，因而水位突然发生变化。

在上述讨论中忽略了铅垂加速度的影响。在急流中，如果考虑铅垂加速度，只需稍作一些定量的修正；然而，在缓流中就会发生质的变化，因在扰动的下游常出现驻波，这些波的波长可由式 (4.34) 确定，只要用当地流速来替代传播速度 $c$ 即可。

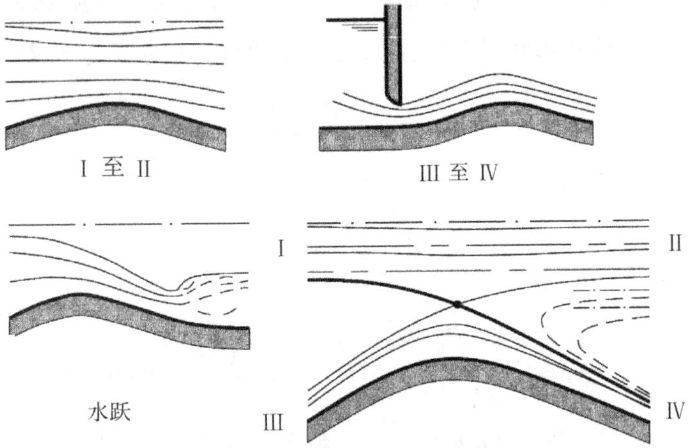


图 4.45　流过堰顶的另一些流动例子

### 4.1.9　习题

1. 一充水的 U 形管压力计接在收缩比 $A_1/A_2 = 4$ 的风洞试验段中收缩段前，风洞工作时，压力计显示出的高度差 $h = 94\text{mm}$，已知 U 形管中水的密度 $\rho_w = 1000\text{kg/m}^3$，空气密度 $\rho_a = 1.226\text{kg/m}^3$，求空气在截面 $A_2$ 处的出口速度 $w_2$(图 T4.1)。

答案：$w_2 = \sqrt{2 \cdot \dfrac{\rho_w}{\rho_a} \cdot \dfrac{g \cdot h}{\left(1-\left(\dfrac{A_2}{A_1}\right)^2\right)}} = 40\text{m/s}$

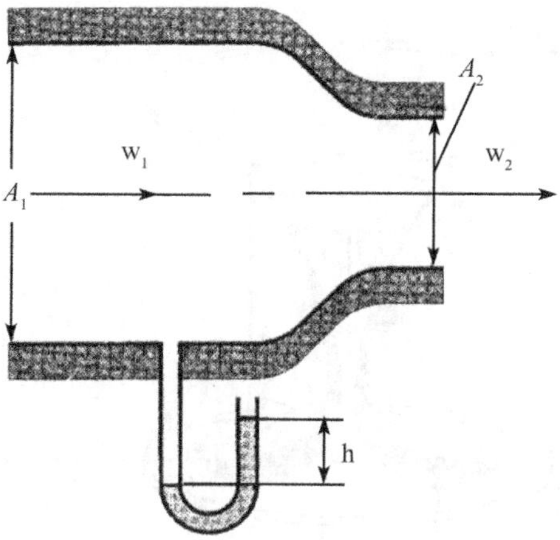


图 T4.1

2. 一充水的大容器上接一长度为 $l$ 的扩散段，已知容器中水面高度为 $H$，扩散段入口处截面直径为 $d$，出口处的为 $D$，$t<0$ 时扩散段出口 2 处是封闭的，$t=0$ 时突然开启使水可流出 (图 T4.2)。

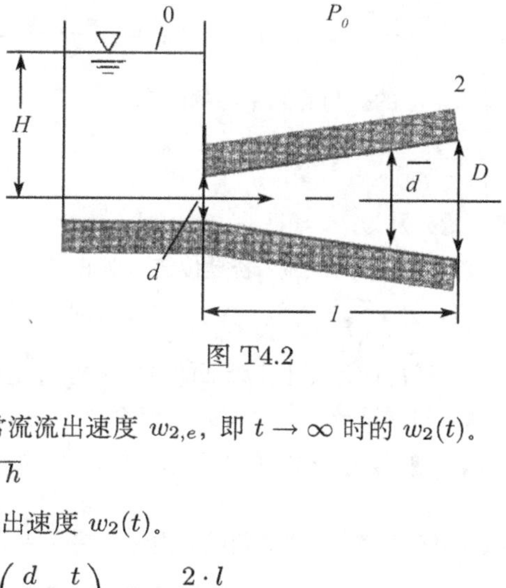


图 T4.2

(1) 计算 2 处的定常流流出速度 $w_{2,e}$，即 $t\to\infty$ 时的 $w_2(t)$。

答案：$w_{2,\mathrm{e}}=\sqrt{2\cdot g\cdot h}$

(2) 计算 $t>0$ 的流出速度 $w_2(t)$。

答案：$\dfrac{w_2(t)}{w_{2,\mathrm{e}}}=\tanh\left(\dfrac{d}{D}\cdot\dfrac{t}{\tau}\right),\ \tau=\dfrac{2\cdot l}{w_{2,\mathrm{e}}}$

3. 对一旋风测量压力得到的结果为：旋风中心压力 $p_0=0.8\mathrm{bar}$，距中心 $r_1=50\mathrm{m}$ 的点 1 处压力 $p_1=0.85\mathrm{bar}$，远离旋风处的压力 $p_\infty=1\mathrm{bar}$(图 T4.3)。

(1) 旋风中心出现的最大圆周速度 $w_{\max}=$? 该点处的压力 $p_{\mathrm{m}}=$? 设流动是不可压的，流线都是同心圆，旋风中的外流是无黏的，重力可不予考虑。

答案：可以认为在涡旋的中心有一个以恒定角速度旋转的黏性刚体

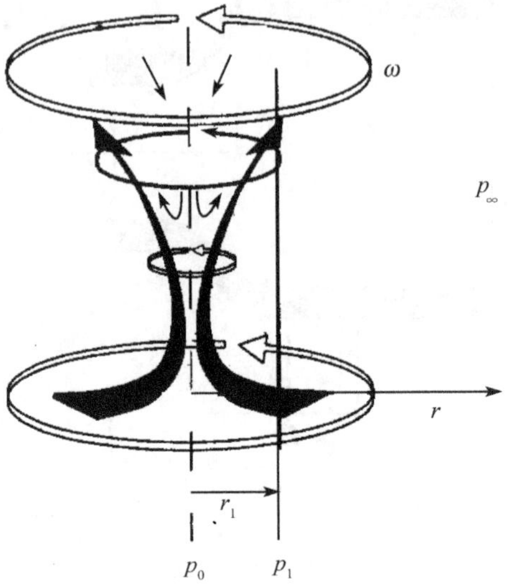


图 T4.3

$$w_{\max}=\sqrt{\frac{p_\infty-p_0}{\rho}}=127.7\text{m/s},\quad p_{\mathrm{m}}=\frac{p_\infty+p_0}{2}=0.9\text{bar}$$

(2) 出现最大圆周速度 $w_{\max}$ 的点与旋风中心的距离 $r_{\mathrm{m}}=$?

答案：$r_{\mathrm{m}}=r_1\cdot\sqrt{\dfrac{p_\infty-p_0}{2\cdot(p_1-p_0)}}=70.7(\text{m})$

4. 某二维流动的速度分量分别为：$u=U\cdot\dfrac{y}{L},v=V\cdot\dfrac{x}{L}$，其中 $U$ 和 $L$ 都是常数并分别具有速度和长度的量纲。试问该流动是否为位流？若是位流，则求其位函数和流函数。

答案：是位流，且 $\Phi(x,y)=U\cdot\dfrac{x\cdot y}{L},\Psi(x,y)=\dfrac{U}{2\cdot L}\cdot(y^2-x^2)$

5. 如图 T4.4 所示高度为 $H$ 的鼓包在垂直纸面的方向上可认为延伸至无穷远而形成 $x-y$ 平面上的二维半体，流过此鼓包的气流是速度为 $U_\infty$ 的位流。

(1) 若要从数学上实现这一流动，必须选择源强 $Q$=?

答案：$Q=2\cdot H\cdot U_\infty$

(2) 垂直下降速度为 $v_{\mathrm{s}}$(相对于空气) 的滑翔机必须保留在 $x-y$ 平面上的什么区域，才能保持其高度不下降？

答案：坐标 $(x_{\mathrm{s}},y_{\mathrm{s}})$ 满足 $x_{\mathrm{s}}^2+\left(y_{\mathrm{s}}-\dfrac{Q}{4\cdot\pi\cdot v_{\mathrm{s}}}\right)^2=\left(\dfrac{Q}{4\cdot\pi\cdot v_{\mathrm{s}}}\right)^2$ 的区域

(3) 求滑翔机可利用上升气流而不下降高度的最高位置 $(x_{\max},y_{\max})$。

答案：$x_{\max}=0,y_{\max}=\dfrac{Q}{2\cdot\pi\cdot v_{\mathrm{s}}}$

6. 为描述流过屋脊的无黏流，可建立如下模型，即将以速度 $U_\infty(U_\infty=120$ km/s) 流过一圆柱的流动和一位涡旋叠加。圆柱半径即屋脊半径 $R=7.5$cm，屋脊夹角 $\alpha=$

120°(图 T4.5)。

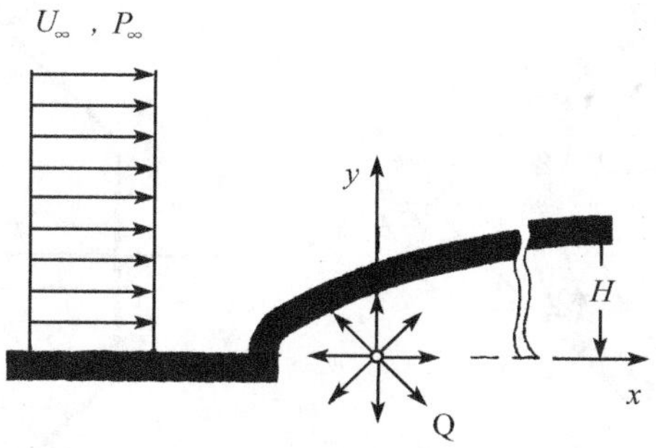


图 T4.4

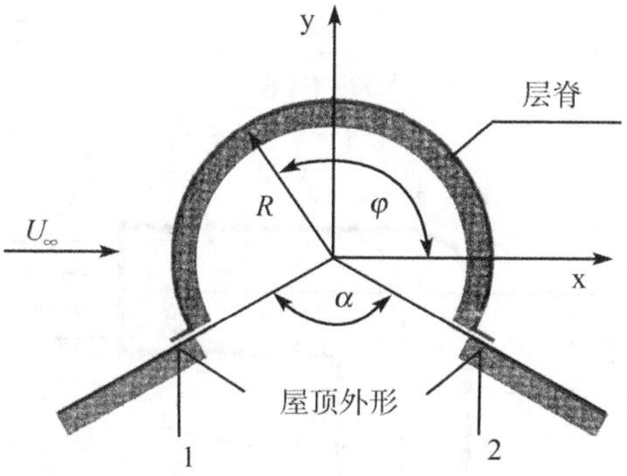


图 T4.5

(1) 为正确地描述流过屋脊的无黏流，必须选择位涡的环量 $\Gamma =$?

答案：$\Gamma = 2 \cdot \pi \cdot U_\infty \cdot R$

(2) 若流体密度 $\rho = 1.226\text{kg/m}^3$，在屋脊下流动的压力为 $p_\infty$，脊的长度 $b = 1\text{m}$(与低面垂直)，则作用在脊上的力 $F_A =$?

答案：$F_A = \left(\sqrt{3} + \dfrac{4}{3} \cdot \pi\right) \cdot \rho \cdot U_\infty^2 \cdot R \cdot b = 604.9\text{N}$

7. 一密度 $\rho = 1000\text{kg/m}^3$ 的二维射流以速度 $w = 20\text{m/s}$ 从一高 $h = 25\text{mm}$，宽 $b = 20\text{mm}$ 的矩形喷管喷出，并沿一 $\alpha = 135°$ 的导板改变方向。试求该射流作用于导板上的力 (图 T4.6)。

答案：$F = -\left(1 + \dfrac{\sqrt{2}}{2}\right) \cdot \rho \cdot w^2 \cdot h \cdot b = 341.42\text{N}$

8. 不变截面 $A_1$ 的弯管在 1 处通过法兰接头接于一水管上，密度为 $\rho$ 的水从 2 处以速度 $w$ 流出弯管，求作用于法兰接头上的力矩 $M$(图 T4.7)。

答案：$M = \rho \cdot l \cdot w^2 \cdot A_1$

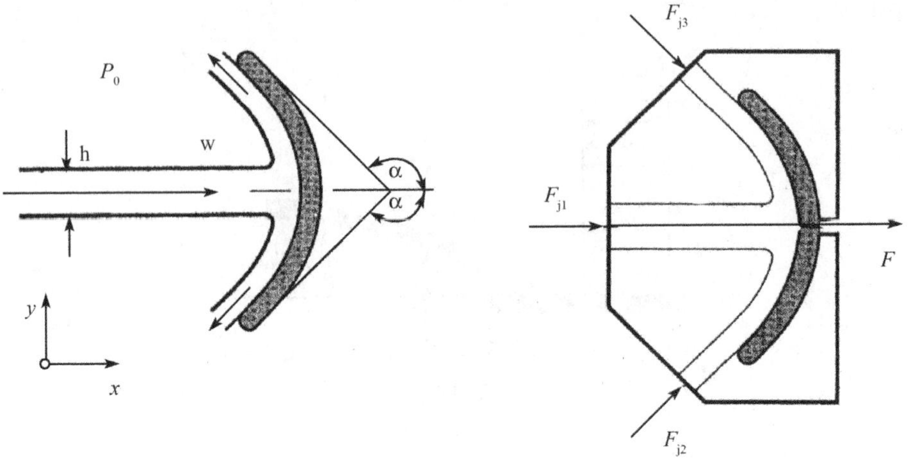


图 T4.6

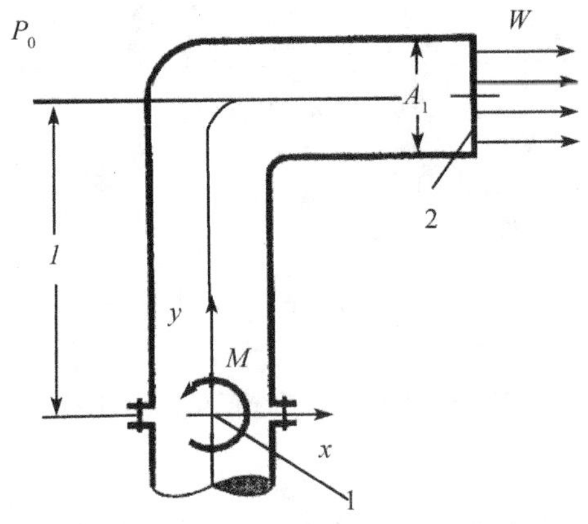


图 T4.7

9. 波动的线性理论指出，两振幅相等、传播方向相反的波会形成驻波。试确定深水中表面驻波的速度势，并证明波动的流线具有形式:$e^{a\cdot z}\cdot\sin(a\cdot x)=$ 常数。已知自由表面的铅垂方向延伸可表示为 $h(x,t)=A\cdot e^{i\cdot\omega\cdot t}\cdot\cos(a\cdot x)$。

## 4.2 黏性流体动力学

### 4.2.1 粘性 (内摩擦)，纳维-斯托克斯方程

自然界中所有的液体和气体都具有黏性，这可由液体抗拒变形的内摩擦表现出来。蜂蜜、甘油和重油属于黏性特别大的流体。为了解黏性的实质，我们来考虑

两平行平板之间的流体，设上平板以速度 $V$ 水平移动，而下平板则静止不动 (图 4.46)，由于摩擦，毗邻平板的流体有和平板速度一样的速度 (无滑移条件)，平板之间的流体层则以与该流体层到下平板的距离成正比的速度 $u(y)$ 彼此滑过，即

$$u = V \cdot \frac{y}{a}$$

流体摩擦表现为阻碍上平板移动的力，此力在平板单位面积上的量值为 $\tau = \mu \cdot V/a$。一般地，剪切应力为

$$\tau = \mu \cdot \frac{\mathrm{d}u}{\mathrm{d}y} \tag{4.42}$$

其中 $\mu$ 称为动力黏性系数，式 (4.42) 适用于牛顿介质。

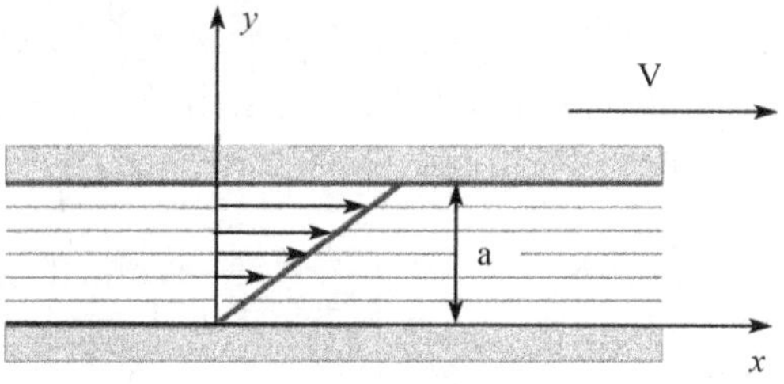


图 4.46 平行平板间的剪切流

有了这些知识，我们就可以处理一些层流流动的例子，这种例子之一是黏性流体在直圆管中的流动。压强差 $p_1 - p_2$ 作用在半径为 $r$ 的圆柱形流体块上的力是 $(p_1 - p_2) \cdot \pi \cdot r^2$(图 4.47)，而在相反方向的力则是由作用在圆柱侧面 $2 \cdot \pi \cdot r \cdot l$ 上，每单位面积上为 $\tau$ 的摩擦所产生的，其总力为 $2 \cdot \pi \cdot r \cdot l \cdot \tau$。令此二力相等，我们便得到

$$-\tau = \frac{p_1 - p_2}{l} \cdot \frac{r}{2} \tag{4.43}$$

因为摩擦力作用于流动相反的方向上，所以这里 $\tau$ 前有一负号，由方程 (4.42)，有 $\mathrm{d}u/\mathrm{d}r = \tau/\mu$，对其积分并利用无滑移条件，得到

$$u(r) = \frac{p_1 - p_2}{4 \cdot \mu \cdot l} \cdot (R^2 - r^2) \tag{4.44}$$

其中 $R$ 是管子的半径，可见流动的速度分布是一回转抛物面 (图 4.53)。我们还可进而计算出流量

$$Q = \int_0^R u \cdot 2 \cdot \pi \cdot r \cdot dr = \frac{\pi \cdot R^4}{8 \cdot \mu} \cdot \frac{p_1 - p_2}{l} \tag{4.45}$$

如果测出流量，利用此式即可精确地确定动力黏性系数 $\mu$。流量与单位长度上的压强降和管子半径的四次方成正比这一结果，曾由哈根 (G.Hagen) 在 1839 年，后又

由泊阿苏依 (Poiseuille) 独立地用实验证实，因此方程 (4.45) 被称为哈根 - 泊阿苏依定律。必须强调的是，这一定律只适用于层流管流，湍流管流所遵循的定律将在 4.2.5 节中给出。

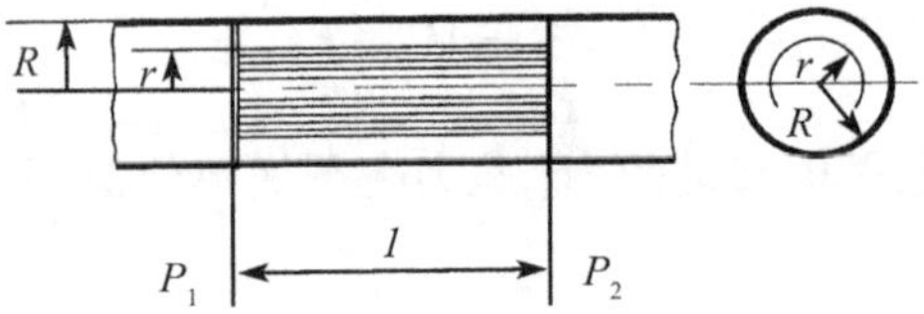


图 4.47　层流管流

1. 纳维-斯托克斯 (Navier-Stokes) 方程

根据流体摩擦的一般理论，流体微元的变形所引起的应力和弹性体中所发生的应力类似，不同的是，这里应力不是与应变成正比，而是与应变的速率成正比。九个应力分量 (与坐标轴垂直的三个平面中，每一个面上都有三个应力分量 (图 4.48)) 的表达式为

$$\begin{aligned} \sigma_{xx} &= 2\cdot\mu\cdot\frac{\partial u}{\partial x} \qquad \tau_{xy}=\tau_{yx}=\mu\cdot\left(\frac{\partial u}{\partial y}+\frac{\partial v}{\partial y}\right) \\ \sigma_{yy} &= 2\cdot\mu\cdot\frac{\partial v}{\partial y} \qquad \tau_{yz}=\tau_{zy}=\mu\cdot\left(\frac{\partial v}{\partial z}+\frac{\partial w}{\partial y}\right) \\ \sigma_{zz} &= 2\cdot\mu\cdot\frac{\partial w}{\partial z} \qquad \tau_{zx}=\tau_{xz}=\mu\cdot\left(\frac{\partial w}{\partial x}+\frac{\partial u}{\partial z}\right) \end{aligned} \tag{4.46}$$

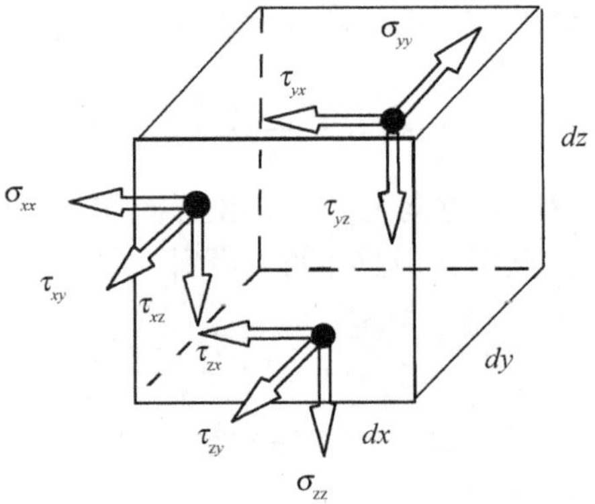


图 4.48　体积元 $\mathrm{d}V = \mathrm{d}x\cdot\mathrm{d}y\cdot\mathrm{d}z$ 上的法向和剪切应力

引起的力具有分量 $F'_x, F'_y, F'_z$，其中 $F'_x$ 满足

$$F'_x = \frac{\partial\sigma_{xx}}{\partial x}+\frac{\partial\tau_{xy}}{\partial y}+\frac{\partial\tau_{xz}}{\partial z} \tag{4.47}$$

$F'_y$和$F'_z$也有类似的方程。对于牛顿介质，$\mu$ 和 $\rho$ 都是常数，利用不可压缩流(5.1) 的连续性方程

$$\frac{\partial u}{\partial x}+\frac{\partial u}{\partial y}+\frac{\partial u}{\partial z}=0$$

和式 (4.46)，由式 (4.47) 可得到

$$F'_x=\mu\cdot\left(\frac{\partial^2 u}{\partial x^2}+\frac{\partial^2 u}{\partial y^2}+\frac{\partial^2 u}{\partial z^2}\right) \tag{4.48}$$

$F'_y$ 和 $F'_z$ 也有类似的表达式。

在黏性流体中，除摩擦力 $\boldsymbol{F}'$ 外，还必须加上 4.1 节刚讨论过的无黏流的压强，以及可能还有的质量力 $\boldsymbol{F}$。它们共同决定流体质点的加速度。将摩擦力加到欧拉方程的右端，即可得到粘性流体运动的纳维 - 斯托克斯方程(简称 N-S 方程)。用 $\Delta$ 算子表示 $\partial^2/\partial x^2+\partial^2/\partial y^2+\partial^2/\partial z^2$，不可压缩流的纳维 - 斯托克斯方程可写作 (5.2.1)

$$\begin{aligned}\rho\cdot\frac{\mathrm{d}u}{\mathrm{d}t}&=\rho\cdot F_x-\frac{\partial p}{\partial x}+\mu\cdot\Delta u\\ \rho\cdot\frac{\mathrm{d}v}{\mathrm{d}t}&=\rho\cdot F_y-\frac{\partial p}{\partial y}+\mu\cdot\Delta v\\ \rho\cdot\frac{\mathrm{d}w}{\mathrm{d}t}&=\rho\cdot F_z-\frac{\partial p}{\partial z}+\mu\cdot\Delta w\end{aligned} \tag{4.49}$$

其中 $\frac{\mathrm{d}u}{\mathrm{d}t}$ 指 $\frac{\partial u}{\partial t}+u\cdot\frac{\partial u}{\partial x}+v\cdot\frac{\partial u}{\partial y}+w\cdot\frac{\partial u}{\partial z}$，$\frac{\mathrm{d}v}{\mathrm{d}t}$、$\frac{\mathrm{d}w}{\mathrm{d}t}$ 类同。

对于 $u$ 分量占主要地位并且变化主要在 $y$ 方向的流动，应力中最重要的是 $\tau_{xy}=\mu\cdot\partial u/\partial y$，因而式 (4.48) 的摩擦力 $F'_x$ 中，$\mu\cdot(\partial^2 u/\partial y^2)$ 项为其主要部分，它和压强梯度 $-\partial p/\partial x$、惯性力 $-\rho\cdot(\partial u/\partial t)$ 以及质量力 $\rho\cdot\boldsymbol{F}$(如果有的话) 等相互作用。

2. 非牛顿流体

上面导出的 N-S 方程只适用于牛顿流体。非牛顿流体如液态沥青、岩浆、塑性熔体、聚合物溶液，以及如血液等的悬浮液等与牛顿流体不同，作用于液体元上的摩擦应力既与流体的瞬时状态有关，也与其历史运动状态有关，因而这类流体具有记忆功能。

为了描述这类流体的特性，例如，对于图 4.46 所示的剪切流，我们将一些牛顿流体和非牛顿流体的剪切应力 $\tau_{xy}$ 与切向速度 $\mathrm{d}u/\mathrm{d}y$ 的函数关系画在图 4.49 中。和牛顿流体形成对比的是，非牛顿流体的这个函数关系，即式 (4.42) 所示的关系，是非线性的。不抗拒切向变化的流体，其曲线都通过原点。对所谓的屈服流体，即使速度梯度为零时也会出现一定值的剪切应力，这些流体的性状部分像固体，部分

像流体。对于如塑性熔体或高聚合物溶液等似塑性流体，其曲线的斜率随剪切应力的增大而减小。相反，如悬浮液等胀流型流体的曲线斜率则随剪切应力的增大而增大。牙膏或砂浆等则表现出理想的宾厄姆介质的特性，在 $\mathrm{d}u/\mathrm{d}y=0$ 时，$\tau_{xy}$ 为某有限值，然后 $\tau_{xy}$ 随 $\mathrm{d}u/\mathrm{d}y$ 的增长像牛顿流体一样线性增长。此外，某些非牛顿流体还表现出剪切应力与时间的相关性，即使切向变化率为常值，剪切应力也会改变。对于非牛顿流体常使用的关系式是

$$\tau_{xy}=K\cdot\left|\frac{\mathrm{d}u}{\mathrm{d}y}\right|^n \tag{4.50}$$

其中 $K$ 和 $n$ 是材料常数。$n<1$，是似塑性流体；$n=1$ 和 $K=\mu$，是牛顿流体；$n>1$，是胀流型流体。应当注意的是，对于图 4.49 的原点，式 (4.50) 会得出不符合实际的值。

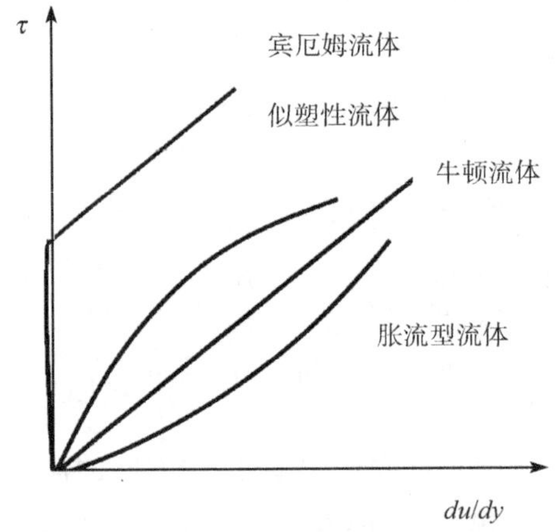


图 4.49　牛顿和非牛顿流体的剪切应力 $\tau$

对于非牛顿流体，还发现了许多其他规律，大部分都是实验的结果。在 4.2.11 节中我们将叙述一些这类流体流动的实例。下面，我们仍回到对牛顿流体的讨论。

### 4.2.2　动力相似性，雷诺数

这里我们要讨论的问题是：如果外部条件是几何相似的 (如在几何相似的管道内，或绕过几何相似的物体)，则在什么条件下，两流动也是几何相似的？这意味着，当忽略质量力时，这两种流动的压强、摩擦力、以及惯性力之间的比值一定相等。因为这三种力是平衡的。我们可以选择任两种力的比值来讨论就足够了，现选择惯性力对摩擦力的比值。几何相似的两种不同流动，可分别用其特征长度 $l_1$、$l_2$(例如，物体的直径或长度，管子的直径等) 和特征速度 $v_1$、$v_2$(例如物体的运动速度或流过固定截面管子的平均速度) 来表示，其密度和黏性可分别用 $\rho_1$、$\rho_2$ 和 $\mu_1$、$\mu_2$ 表示。

如果两种流体是相似的，惯性力的 $x$ 分量

$$-\rho\cdot\frac{\mathrm{d}u}{\mathrm{d}t}=-\rho\cdot\left(u\cdot\frac{\partial u}{\partial x}+\cdots\right)$$

必与 $\rho_1\cdot v_1^2/l_1$ 或 $\rho_2\cdot v_2^2/l_2$ 成正比。在对应点处的 $u$ 值必与特征速度 $v_1$、$v_2$ 成正比，长度 $x$ 和 $y$ 必与特征长度 $l_1$、$l_2$ 成正比。而摩擦力，像表达式 $\mu\cdot(\partial^2u/\partial y^2)$，则与 $\mu\cdot v/l^2$ 成正比。这里 $\partial^2u$ 代表速度的二阶微差，与速度 $v$ 成正比；$\partial^2y$ 是长度微差的平方，与 $l^2$ 成正比。因此，动力相似性要求这两种流动的 $\rho\cdot v^2/l$ 和 $\mu\cdot v/l^2$ 的比有固定的比值。因为 $\rho\cdot v^2/l:\mu\cdot v/l^2=\rho\cdot v\cdot l/\mu$，所以，如果

$$\frac{\rho_1\cdot v_1\cdot l_1}{\mu_1}=\frac{\rho_2\cdot v_2\cdot l_2}{\mu_2}\tag{4.15}$$

则可期望体系 1 和体系 2 为动力相似的。

惯性力和黏性力的比叫作雷诺数，比值 $\mu/\rho$ 叫作运动粘性系数，用 $\nu$ 表示。

黏性液体的流动阻力可以其雷诺数 $Re=\rho\cdot v\cdot l/\mu$ 的值来表征，雷诺数小意味着摩擦力占主要地位，雷诺数大则惯性力占主要地位。

在雷诺数非常小、被称为蠕行流的极端情况下，如流体是黏性非常大的电机润滑油或流体所涉及的几何尺度非常小的情况，可以获得绕圆球流体的纳维 - 斯托克斯方程的解析解，这种流动的特征是，加速度项可以忽略，只有压强和摩擦力相互平衡。

从前面的讨论中已知，单位体积的摩擦力与 $\mu\cdot v/l^2$ 成正比，因为平衡，压强也服从同样的关系，因此，这时几何相似性必然导致动力相似性。体积正比于 $l^3$，因而总阻力必定与 $\mu\cdot v\cdot l$ 成正比，绕圆球流动的总阻力可根据 N-S 方程的斯托克斯解算出

$$W=6\cdot\pi\cdot\mu\cdot v\cdot R\tag{4.52}$$

在微小液滴向地面降落时，阻力必然等于球的重量与浮力之差，因此，半径 $R$、密度 $\rho_t$ 的液滴在密度为 $\rho$ 的周围流体中就有

$$6\cdot\pi\cdot\mu\cdot v\cdot R=\frac{4\cdot\pi}{3}\cdot(\rho_t-\rho)\cdot g\cdot R^3$$

这就给出了液滴降落的速率

$$v=\frac{2}{g}\cdot\frac{\rho_t-\rho}{\mu}\cdot g\cdot R^2\tag{4.53}$$

这个公式只在雷诺数小于 1 时才适用。对于空气中的水滴，$\nu=1.2\times10^8\cdot R^2$，但只对半径小于 $10^{-2}$mm 的小水滴才适用。这种小水滴可在细雾中发现。

### 4.2.3 层流边界层

在雷诺数非常大的极端情况下，惯性力占主要地位，流体在物体壁面上形成一个薄的边界层，且在该层中，流体的速度从无黏外流的速度逐渐减小至壁面处为零(无滑移条件)。黏性愈小，该边界层愈薄。在边界层中，摩擦力和惯性力有相同的量级。

图 4.50 示出了在边界层内的速度分布。如果物体在流动方向上的尺度量级为 $l$，边界层厚度的量级为 $\delta$，则单位体积上摩擦力 $\mu\cdot(\partial^2u/\partial y^2)$ 的量级为 $\mu\cdot U/\delta^2$，惯性力的量级为 $\rho\cdot U^2/l$，如果

$$\delta\propto\sqrt{\frac{\mu\cdot l}{\rho\cdot U}} \tag{4.54}$$

则摩擦力和惯性力两表达式就是同量级的。

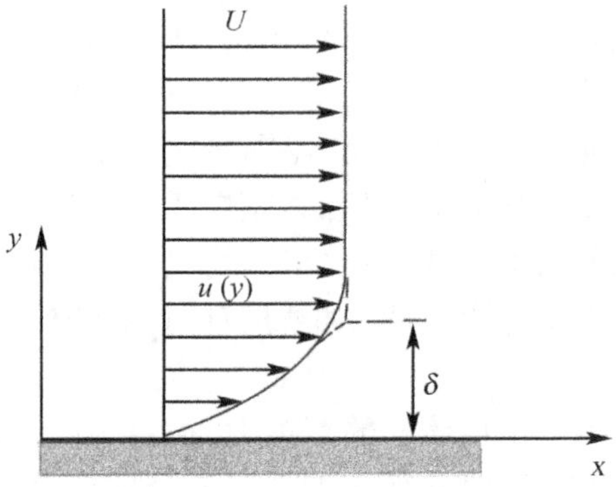


图 4.50　邻近壁面的速度分布

同样的结果也可根据沿平板绕流边界层的动量估计获得。设板长为 $l$，宽度为 $b$，外层流速为 $U$，边界层厚度为 $\delta$(图 4.51)，则每秒流入边界层的质量正比于 $\rho\cdot b\cdot\delta\cdot U$。以速度 $U$ 流进来的质量，其流速在边界层内要损失一定部分，相应的动量改变是质量乘以速度损失，与 $\rho\cdot b\cdot\delta\cdot U^2$ 成正比。这个动量改变必等于因板面处的摩擦而作用于流体的力。根据式 (4.42)，此摩擦力正比于 $l\cdot b\cdot\mu\cdot U/\delta$，从这两个成正比的表达式，我们同样可以得到

$$\delta\propto\sqrt{\frac{\mu\cdot l}{\rho\cdot U}}=\sqrt{\frac{\nu\cdot l}{U}}$$

于是 $\delta/l$ 就与 $\sqrt{\nu\cdot(U/l)}$ 成正比。如果令 $U\cdot l/\nu=Re_l$，$U\cdot\delta/\nu=Re_\delta$，我们就有 $\delta/\sqrt{Re_l}$ 和 $Re_\delta\propto\sqrt{Re_l}$

我们还可以引入一个质点流过物体所需的时间，对于不太靠近壁面的那些质

点，此时间 $t$ 的量级是 $l/U$，因此

$$\delta \propto \sqrt{\nu \cdot t} \tag{4.55}$$

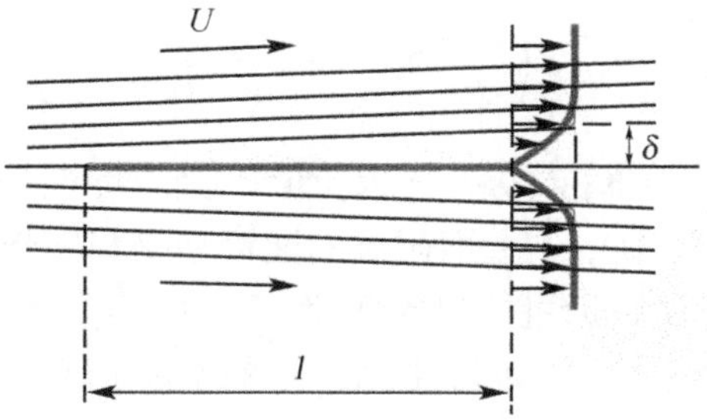


图 4.51 平板绕流

这个公式也可应用于物体由静止突然运动的非定常边界层流动，在运动开始时，边界层的厚度与时间的平方根成比例。

在如图 4.50 所示的流动情况中，壁面上的局部切应力会引起摩阻，对于图 4.51 的平板，切应力 $\tau_\mathrm{w} = \mu \cdot (\partial u/\partial y)_{y=0}$ 按其量级可表示为

$$\tau_\mathrm{w} \propto \mu \cdot \frac{U}{\delta} \propto \sqrt{\frac{\mu \cdot \rho \cdot U^3}{l}}$$

如果 $b$ 为板宽，平板 (上、下两面的) 总面积 $A = 2 \cdot b \cdot l$，阻力便是

$$W \propto 2 \cdot b \cdot l \cdot \tau_\mathrm{w} = K \cdot b \cdot \sqrt{\mu \cdot \rho \cdot l \cdot U^3} \tag{4.56}$$

其中 $K$ 是常数。

*边界层理论*可追溯至普朗特 (Prandtl 1904)，他著名的论述 —— 具有非常小摩擦的流体运动的论文，为非常大雷诺数流动的分析提供了数学基础。他的学生施里希廷 (Schlichting 1950) 在其《边界层理论》一书中开始将边界层理论应用于流体力学的几乎所有领域。

在边界层中，垂直于壁面的压强梯度可以忽略。同样，沿壁面的速度梯度比起垂直于壁面的速度梯度也可忽略不计。于是，在方程 (4.48) 的右端项中就只保留了与 $\rho \cdot u \cdot \partial u/\partial x$ 同量级的项 $\mu \cdot (\partial^2 u/\partial y^2)$。

在二维流动的情况下，边界层中和缓曲率的影响可以忽略，因此 $x$ 坐标就可取得等于沿壁面流线的弧长，这样就得到了在 $x$ 方向速度分量的普朗特边界层方程

$$\frac{\partial u}{\partial t} + u \cdot \frac{\partial u}{\partial x} + v \cdot \frac{\partial u}{\partial y} = -\frac{1}{\rho} \cdot \frac{\mathrm{d}p}{\mathrm{d}x} + \nu \cdot \frac{\partial^2 u}{\partial y^2} \tag{4.57}$$

$$\frac{\partial u}{\partial x} + \frac{\partial v}{\partial y} = 0 \tag{4.58}$$

既然垂直壁面的压强梯度可以忽略，就可以把 $p$ 看作是由边界层外部流动决定的，这可从方程 (4.49) 对于 $y$ 方向的速度分量得出。在壁面上 $u=0$ 和 $v=0$，因此方程 (4.57) 的左端为零，得到

$$\left(\frac{\partial^2 u}{\partial y^2}\right)_{y=0}=\frac{1}{\mu}\cdot\frac{\partial p}{\partial x} \tag{4.59}$$

如果在流动方向上有压强降落 ($\partial p/\partial x$ 为负值)，则速度型是向外凸出的；反之，如有压强升高 ($\partial p/\partial x$ 为正值)，则壁面附近的速度型是呈凹形的，因此有个拐点。如果压强增量太大，在壁面附近可能出现回流，则边界层流动分离。边界层流离开壁面的*分离点*以 $(\partial u/\partial y)_{y=0}=0$ 为条件，因为这时的速度型必然是凹的，所以分离点总出现在升压区内。

*边界层厚度*$\delta$ 通常指 $u=0.99\cdot U$ 处与壁面间的距离。边界层的*位移厚度*$\delta_1$ 表示由于边界层的存在，外部无黏流应由壁面向外推的距离，可由下式计算

$$\delta_1=\int_0^\infty\left(1-\frac{u}{U}\right)\cdot\mathrm{d}y \tag{4.60}$$

*动量厚度*$\delta_2$ 是与无黏流相比时，流体相对动量损失的度量，表示式为

$$\delta_2=\int_0^\infty\frac{u}{U}\cdot\left(1-\frac{u}{U}\right)\cdot\mathrm{d}y \tag{4.61}$$

### 4.2.4 湍流的形成

1. *管流*

黏性流体在长的直管中流动时，若速度相当大，雷诺数也相当大，则式 (4.45) 所给出的哈根 - 泊阿苏依定律就不适用了，而要用另一个定律来代替它。这时压强降要大的多，并近似地与流量的平方成正比，同时流动中有大的速度脉动。在低速流动时，染了色的流束形成一条直线，而在雷诺数较大时，染色的流束破碎，颜色在下游几乎均匀地扩及整个流体。线性地流动叫作层流，涡旋的运动称为湍流。这个实验最初是由雷诺完成的 (1883 年)。图 4.52 显示了层流和湍流管流中染色的流束。

管流中主要的流动发生在管的轴线方向，但因流动的脉动，在湍流中出现了大量的掺混，导致与主要流动方向垂直的横向流动而引起横向的动量交换，因此湍流比层流管流沿管径的速度分布要均匀和饱满得多 (图 4.53)。

雷诺在实验中发现由层流到湍流的过渡几乎总是精确地发生在雷诺数 $Re_d=u_\mathrm{m}\cdot d/\nu$ 时，式中 $u_\mathrm{m}=\dot V/A$ 是平均流动速度 ($d$ 是管径，$\dot V$ 是体积流量，$A$ 是管子的横截面积)。即*临界雷诺数*的数值是

$$Re_{\mathrm{crit}} = \left(\frac{u_{\mathrm{m}} \cdot d}{\nu}\right)_{\mathrm{crit}} = 2300 \tag{4.62}$$

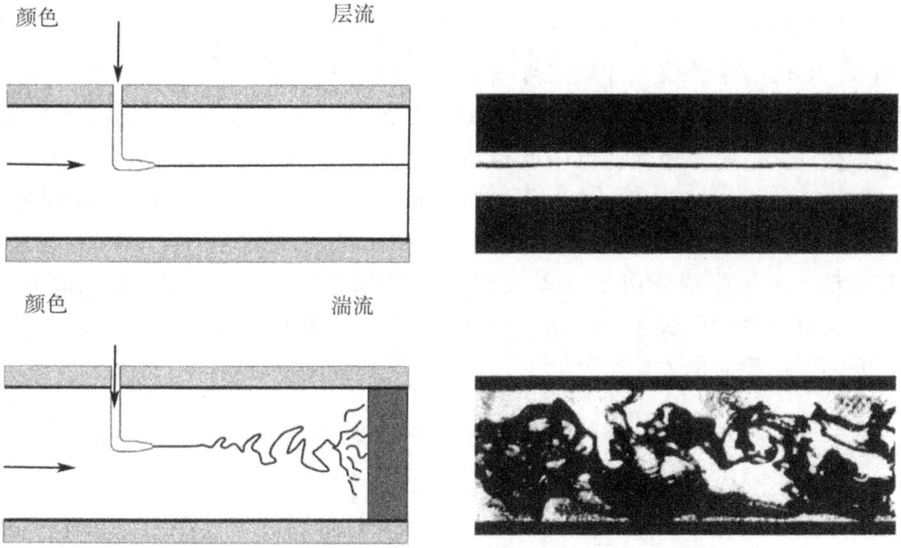


图 4.52 层流和湍流管流 (雷诺 1883)

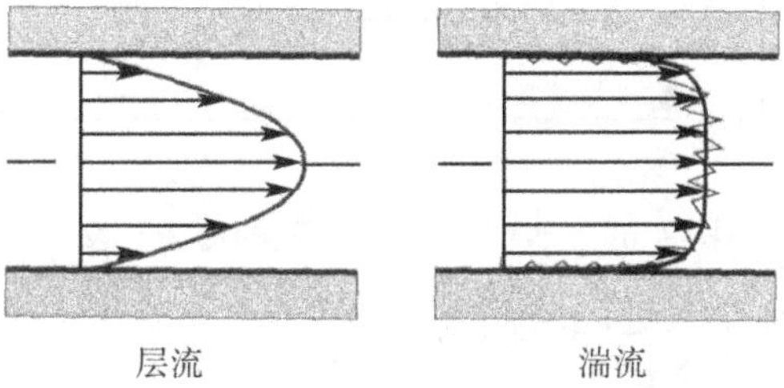


图 4.53 层流和湍流管流的速度分布

因此，若管流的雷诺数 $Re < Re_{\mathrm{crit}}$，是层流；而若 $Re > Re_{\mathrm{crit}}$，就是湍流。临界雷诺数的数值与管子入口的形状和来流的情况有很大的关系。雷诺早就想到，如果入流更规则，临界雷诺数将会更大，这一点得到了实验的证明，$Re_{\mathrm{crit}}$ 值可高达 40000；另一方面，低至 2000 的临界雷诺数也被测到。但若雷诺数低于 2000，则即使对于非常强的扰动，管流仍将保持为层流。现在我们已经从稳定性理论的结果知道，层流 - 湍流的过渡是由三维扰动引起的，管流就二维扰动来说是稳定的。

与层流 - 湍流的过渡相联系的是管中阻力规律的改变。层流中，压强降落正比于平均通量速度 $u_m$；而湍流中，此压强降落却几乎是与平均通量速度的平方成正比，这一大的压强降落是由湍流掺混运动形成的。

层流 - 湍流的过渡叫作*转捩*。它是一个*稳定性问题*。层流流动受到小扰动的影响时，在管流情况下，这个扰动可能是由管子入口引起的，在小雷诺数，即 $\nu$ 值足够大时，黏性的阻尼作用足以抑止这个扰动；只有当雷诺数足够大时，粘性的阻尼作用不够时，扰动才被放大并最终导致层流向湍流的过渡。在下一节中我们将首先研究在二维边界层中发生二维扰动的情况，然后再研究转捩中三维扰动的情况。

前已提及，管流抛物线速度型的稳定性研究表明，管流就二维扰动来说是稳定的，与 4.2.5 处理的边界层流不同，在管流中随三维扰动才出现层流 - 湍流的转捩。

2. *雷诺假设*

湍流流动的数学描述可从图 4.52 的实验结果导出。流动变量，如速度的 $u$ 分量，可写作时间平均的速度 $\overline{u}(x,y,z)$ 与附加脉动速度 $u'(x,y,z,t)$ 的叠加。利用图 4.54，可写出湍流的*雷诺假设*为

$$\boldsymbol{u} = \overline{\boldsymbol{u}}(x,y,z) + \boldsymbol{u'}(x,y,z,t) \tag{4.63}$$

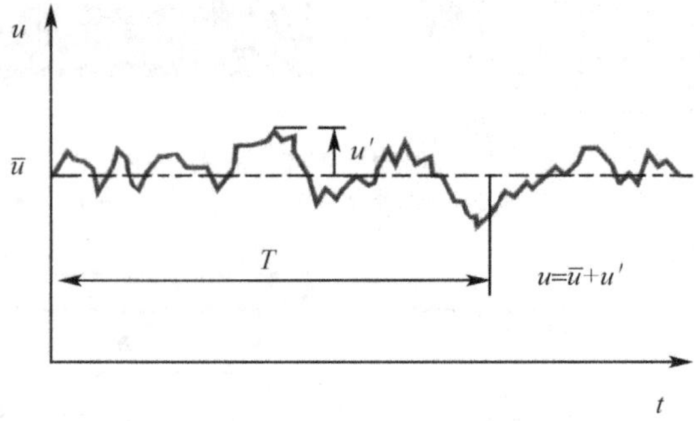


图 4.54 速度 $u$ 的 $x$ 分量的雷诺假设

以速度分量 $u$ 为例，在某点处的时间平均定义为

$$\overline{u} = \frac{1}{T} \cdot \int_0^T u(x,y,z,t) \cdot \mathrm{d}t \tag{4.64}$$

$T$ 是一个恰当长的时间间隔，符合如下条件：$T$ 的增加不会导致时间平均值 $\overline{u}$ 的进一步改变。从时间平均的定义可知，脉动量的时间平均值必定为零

$$\overline{u'} = 0, \quad \overline{v'} = 0, \quad \overline{w'} = 0 \tag{4.65}$$

3. *边界层流动*

湍流现象不止在管道或渠道流动中才有，在*边界层*中也会观察到，这时雷诺数应以 $U \cdot \delta/\nu$ 代替，其中 $\delta$ 为边界层的厚度，$U$ 为边界层外的流动。对于流动中的

物体，在靠近驻点线处的边界层是非常薄的，流动开始是层流，在下游当超过临界雷诺数时才变为湍流。对于平板，板上边界层的厚度随 $\sqrt{x}$ 而增加。这里 $x$ 表示距前缘的距离，平板边界层的临界雷诺数是

$$Re_{\text{crit}} = \left(\frac{U \cdot x}{\nu}\right)_{\text{crit}} = 5 \times 10^5$$

在沿流向放置平板的情况下，和管流的情况一样，当来流较少受到扰动时，临界雷诺数的值更高。

对边界层中层流 - 湍流转捩研究的实验结果总结示于图 4.55 中。在达到临界雷诺数 $Re_{\text{crit}}$ 处，边界层的层流流动中出现了所谓托尔明 - 施里希廷波的二维扰动波；再往下游，出现了三维扰动，并导致形成 $\Lambda$- 漩涡结构和边界层中的局部剪切层；在更下游处，$\Lambda$- 漩涡系破碎引起湍流斑，开始了向湍流边界层的转捩；雷诺数达 $\boldsymbol{Re_t}$ 处，转捩过程完成，从此处更往下游边界层流就完全是湍流流动了。

如图 4.55 可见，在层流 - 湍流转捩处，边界层的厚度大大增加。

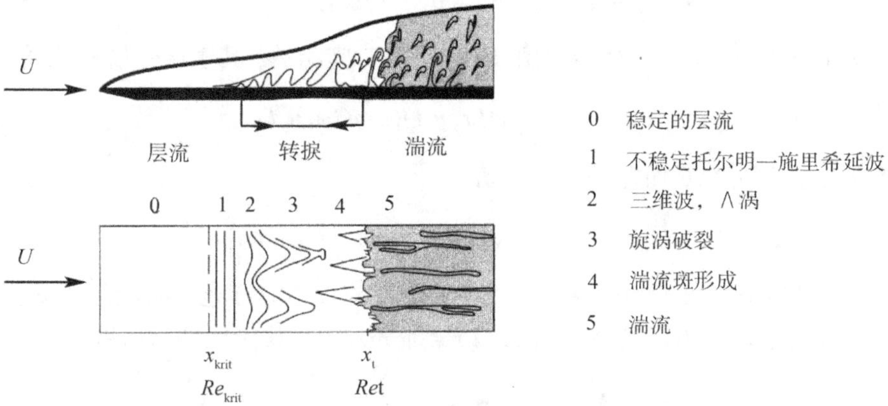


图 4.55 沿流向平板边界层中层流 - 湍流转捩的草图

4. 稳定性理论

层流 - 湍流的转捩可用稳定性理论解释。这方面的研究始于 19 世纪并于 1930 年取得成功，这一理论研究基于在基本层流流动中叠加小扰动的概念，此小扰动在管流中可以是入口引起的，在绕流边界层中可以是因物体壁面的粗糙或外流的扰动引起的，该理论追踪此扰动随时间的变化情况。当然，对于各种不同情况，这些扰动的形状必须更精确地确定，然而，关键问题却是这些扰动是逐渐衰减还是逐渐增大，若扰动随时间而衰减掉，则基本流动就是稳定的；而若扰动随时间而不断增长，则基本流动就是不稳定的，就是说，向湍流转捩是可能的。

基于上述原理可导出从理论上计算出给定层流流动的临界雷诺数(第 8 章) 为目的的层流流动稳定性理论。在此研究中，流动被看作由两部分组成：要研究其稳定性的基本流动和叠加于其上的扰动运动；基本流动可认为是定常的，以 $U_0$、$V_0$、$W_0$ 表示其速度分量，$P_0$ 表示其压强，并是方程 (4.49) 的解；随时间变化的扰动运动的相应各量则以 $u'$、$v'$、$w'$ 和 $p'$ 表示，于是流动被表示为

$$u = U_0 + u', \quad v = V_0 + v', \quad w = W_0 + w', \quad p = P_0 + p' \tag{4.67}$$

在绝大多数情况下，都假设扰动较之基本流动的值为小量。

对于二维不可压缩基本流动 ($U_0$ 和 $V_0$) 和二维扰动 ($u'$ 和 $v'$)，式 (4.67) 的流动满足二维 N-S 方程。可将基本流 $U_0(y)$ 选得特别简单，使 $U_0$ 只是 $y$ 的函数，速度分量 $V_0$ 为零。边界层流动因其基本流 $U_0$ 随流向坐标 $x$ 的变化远远小于其随横向坐标 $y$ 的变化而近似地满足这一条件，这叫作平行流假设。但对基本流的压强 $P_0(x,y)$，则必须考虑其沿 $x$ 的变化，因为正是压强降 $\partial P_0/\partial x$ 引起的流动，这样，我们要讨论的基本流具有如下形式

$$U_0(y), \quad V_0 = 0, \quad P_0(x,y) \tag{4.68}$$

叠加在这个基本流上的二维扰动 (图 4.56) 也与时间相关，其速度分量和压强是

$$u'(x,y,t), \quad v'(x,y,t), \quad p'(x,y,t) \tag{4.69}$$

从式 (4.67) 得到两者叠加在一起的流动为：

$$u = U_0 + u', \quad v = v', \quad p = P_0 + p' \tag{4.70}$$

根据假设，基本流动式 (4.68) 是 N-S 方程的解；流动 (4.70) 也必须满足 N-S 方程。前已假设扰动运动 (4.69) 是小量，因此其全部平方项相比于线性项均可忽略不计。

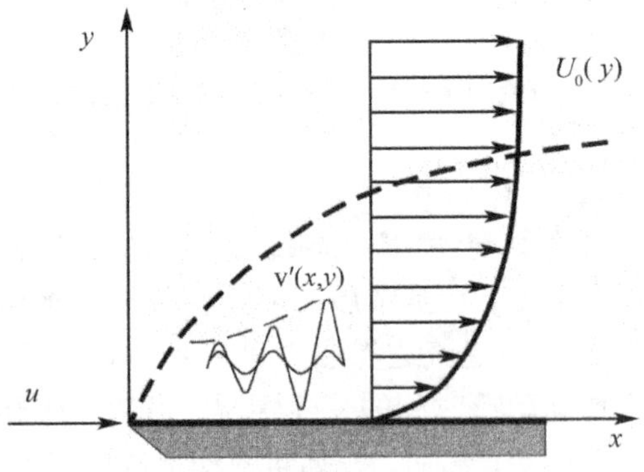


图 4.56　平板边界层的基本流 $U_0(y)$ 和扰动波 $v'(x,y)$

稳定性研究的目的是要确定对于给定的基本流动，扰动运动是衰减的还是增强的，从而确定基本流是稳定的还是不稳定的。

将式 (4.70) 代入 N-S 方程，并忽略扰动速度的平方项，得到

$$\frac{\partial u'}{\partial t}+U_0\cdot\frac{\partial u'}{\partial x}+v'\cdot\frac{dU_0}{dy}+\frac{1}{\rho}\cdot\frac{\partial P_0}{\partial x}+\frac{1}{\rho}\cdot\frac{\partial p'}{\partial x}=\nu\cdot\left(\frac{d^2U_0}{dy^2}+\Delta u'\right)$$

$$\frac{\partial v'}{\partial t}+U_0\cdot\frac{\partial v'}{\partial x}+\frac{1}{\rho}\cdot\frac{\partial P_0}{\partial y}+\frac{1}{\rho}\cdot\frac{\partial p'}{\partial y}=\nu\cdot\Delta v'$$

$$\frac{\partial u'}{\partial x}+\frac{\partial v'}{\partial y}=0$$

其中 $\Delta$ 是拉普拉斯算子 $\partial^2/\partial x^2+\partial^2/\partial y^2$。

考虑到基本流动满足 N-S 方程 (近似地，对边界层的情况)，方程可简化为

$$\frac{\partial u'}{\partial t}+U_0\cdot\frac{\partial u'}{\partial x}+v'\cdot\frac{dU_0}{dy}+\frac{1}{\rho}\cdot\frac{\partial p'}{\partial x}=\nu\cdot\Delta u'$$

$$\frac{\partial v'}{\partial t}+U_0\cdot\frac{\partial v'}{\partial x}+\frac{1}{\rho}\cdot\frac{\partial p'}{\partial y}=\nu\cdot\Delta v' \tag{4.71}$$

$$\frac{\partial u'}{\partial x}+\frac{\partial v'}{\partial y}=0$$

方程 (4.71) 就是求解 $u'$、$v'$ 和 $p'$ 的三个方程。边界条件是在壁面处 (无滑移条件) 和无穷远处扰动速度 $u'$ 和 $v'$ 为零。从方程组 (4.71) 中消去压强 $p'$，再考虑到连续性方程，可得到求解 $u'$、$v'$ 的两个方程。

为描述托尔明 - 施里希廷波类扰动的速度分量，我们令

$$u'=\widehat{u}(y)\cdot\exp(\mathrm{i}\cdot a\cdot x-\mathrm{i}\cdot\omega\cdot t),\qquad v'=\widehat{v}(y)\cdot\exp(\mathrm{i}\cdot a\cdot x-\mathrm{i}\cdot\omega\cdot t) \tag{4.72}$$

其中 $a$ 是波数，$\omega$ 是角频率，$\widehat{u}$、$\widehat{v}$ 是扰动波的振幅函数。对于我们目前讨论的时间增长稳定性问题，$\omega$ 是个复数 $\omega=\omega_\mathrm{r}+\mathrm{i}\cdot\omega_\mathrm{i}$，其中实部 $\omega_\mathrm{r}$ 为角频率，虚部 $\omega_\mathrm{i}$ 为随时间的增长率；若 $\omega_\mathrm{i}<0$，扰动波衰减掉，层流边界层流动是稳定的；若 $\omega_\mathrm{i}>0$，则边界层是不稳定的，托尔明 - 施里希廷波随时间而增大。对于扰动波，除 $a$ 和 $\omega$ 外，引入相速度是有用的，相速度 $c=\dfrac{\omega}{a}=c_\mathrm{r}+\mathrm{i}\cdot c_\mathrm{i}$ 将式 (4.72) 代入求解 $u'$、$v'$ 的两个方程中，即可得到求解 $\widehat{u}$、$\widehat{v}$ 的扰动微分方程，例如，求解振幅函数 $\widehat{v}(y)$ 的奥尔 - 索末菲 (Orr-Sommerfeld) 方程

$$(a\cdot U_0-\omega)\cdot\frac{\mathrm{d}^2\widehat{v}}{\mathrm{d}y^2}+a\cdot\left(a\cdot\omega-a^2\cdot U_0-\frac{\mathrm{d}^2U_0}{\mathrm{d}y^2}\right)\cdot\widehat{v}+\mathrm{i}\cdot\frac{1}{Re_d}\cdot\left(\frac{\mathrm{d}^4\widehat{v}}{\mathrm{d}y^4}-2\cdot a^2\cdot\frac{\mathrm{d}^2\widehat{v}}{\mathrm{d}y^2}+a^4\cdot\widehat{v}\right)=0 \tag{4.73}$$

方程 (4.73) 可进一步用边界层边缘处的特征速度 $U_\delta$，特征长度 $d=\sqrt{\nu\cdot x/U_\delta}$ 和特征时间 $d/U_\delta$ 予以量纲 1 化。以壁面处和未受扰动的自由流中

$$
\begin{aligned}
y=y_w:\quad & \widehat{v}=0,\quad \frac{\mathrm{d}\widehat{v}}{\mathrm{d}y}=0\\
y\to\infty:\quad & \widehat{v}=0,\quad \frac{\mathrm{d}\widehat{v}}{\mathrm{d}y}=0
\end{aligned}
\tag{4.74}
$$

为边界条件的奥尔 - 索末菲四阶常微分方程是一个以雷诺数 $Re_d$ 为参数的特征值问题，通常用谱方法进行数值求解。

上述特征值问题的解以稳定性图的形式给出 (图 4.57)，反映出波数 $a$ 与雷诺数 $Re_d$ 的关系，与复数特征值 $\omega$ 虚部的根相联系的各对 $(Re_d, a)$ 值都画在图中。$\omega_\mathrm{i}=0$ 时，扰动振幅维持其原值不变，因此 $\omega_\mathrm{i}=0$ 所对应的曲线称为中立曲线 (indifference curve)，或中性稳定曲线。在该曲线内部，$\omega_\mathrm{i}>0$，流动是不稳定的；而在该曲线外部，$\omega_\mathrm{i}<0$，所讨论的基本流在给定雷诺数下对波数为 $a$ 的扰动是稳定的。

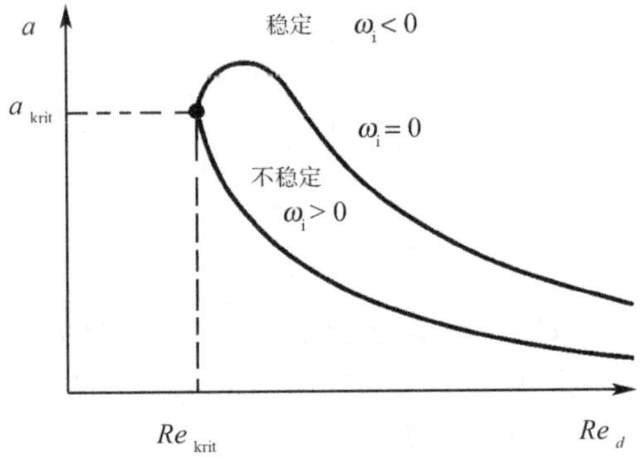


图 4.57　平板边界层的稳定性图

于是，可找到一个临界雷诺数 $Re_{\mathrm{crit}}$，超过该值，层流流动就变成不稳定的。图 4.57 中，平行 $a$ 轴所作的中性稳定曲线的切线与横轴的交点所对应的值即临界雷诺数 $Re_{\mathrm{crit}}$。对于布拉修斯 (Blasius) 边界层，沿平板长度方向的临界雷诺数为

$$
Re_{\mathrm{crit}}=\left(\frac{U_\delta\cdot x}{\nu}\right)_{\mathrm{crit}}=5\times10^5 \tag{4.75}
$$

这样，从图 4.57 中可找到临界波数 $a_{\mathrm{crit}}=2\cdot\pi/\lambda_{\mathrm{crit}}$，进而可计算出扰动波的临界波长 $\lambda_{\mathrm{crit}}$，从物理上这意味着，当雷诺数小于 $Re_{\mathrm{crit}}$ 时，层流流动相对于任意波长的扰动都是稳定的，因为在此雷诺数范围内，对任意波数 $a$，都有 $\omega_\mathrm{i}<0$。若用特征长度 $d=\sqrt{\nu\cdot x/U_\delta}$ 来表示临界雷诺数，可得到

$$
Re_{\mathrm{crit}}=\frac{U_\delta\cdot d}{\nu}=302 \tag{4.76}
$$

这个临界值对于可压缩边界层的不稳定性也是有意义的，因为在绝热物面的可压缩边界层流中，也是当 $Re_{crit} = 302$ 时，开始出现托尔明 - 施里希廷波，这个结论只有对等温的边界情况才不同。

5. 层流 - 湍流转捩的控制

1968 年，施里希廷就如何影响二维边界层流动层流 - 湍流的转捩提出了一个总结报告。可采用某些措施使转捩移向下游，从而减小阻力，采用移动物面、吹气或形成压强梯度加速边界层，抽吸边界层、以及冷却物面等方法均可影响层流 - 湍流的转捩。下面，我们来研究出现在加速的翼剖面上的压强梯度形成的影响。

在绕平板的流动中，距平板前缘不同距离处形成的速度型是相似的，而沿翼剖面的压强梯度 $\partial p/\partial x$ 却造成了不同的层流边界层剖面；在压强减小的区域，$\partial p/\partial x < 0$，速度型无损失；而在压强增加的区域，$\partial p/\partial x > 0$，则发现带有拐点的速度型。在沿平板的纵向绕流中，所有的速度型都有相同的临界雷诺数 $Re_{\text{crit}} = 302$；而在机翼上不同边界层剖面上决定其稳定性的临界雷诺数却不相同；压强减小区的 $Re_{\text{crit}}$ 大于平板绕流的，压强增加区的则小于平板绕流的。

翼剖面上的压强梯度可用形状参数来描述

$$\Lambda = -\frac{\delta^2}{\mu \cdot U_\delta} \cdot \frac{\partial p_\delta}{\partial x} = \frac{\delta^2}{\nu} \cdot \frac{\partial U_\delta}{\partial x}$$

其中 $\delta$ 为边界层厚度，$U_\delta$ 为边界层边缘处的速度。$\Lambda$ 取值范围为 $+12 \sim -12$，在 $\Lambda = -12$ 时，层流边界层流动分离。在剖面的前缘驻点处，$\Lambda = 7.05$，在压强最小处，$\Lambda = 0$。$\Lambda > 0$ 意味着压强减小，$\Lambda < 0$ 则压强增加。$\Lambda < 0$ 的速度型有拐点。

图 4.58 显示了带有压强减小和增加的层流边界层剖面的稳定范围。在减压区 $\Lambda > 0$ 中的速度型，其中性稳定曲线的两支在 $Re_d \to \infty$ 时都趋于零，和平板的边界层 $\Lambda = 0$ 时的情况一样。而在增压区 $\Lambda < 0$ 中，其中性稳定曲线的上支有非零渐进值，因此，即使 $\mathrm{Re}_d \to \infty$，也存在一个扰动波长为有限值的区域。可以看到，在边界层的增压区，中性稳定曲线所围的引起不稳定的扰动波长范围远远大于在减压区的。

6. 湍流扰动的传播

至此我们已用稳定性理论讨论了层流 - 湍流转捩的形成。下面将考虑在转捩区的扰动，即图 4.55 中已涉及的湍流斑。

图 4.59 显示了在平板边界层的层流 - 湍流转捩区中局部湍流扰动的传播情况。初始扰动是通过短时间内从边界层中吸出一些流体引起的。湍流扰动传播的时间序列表明，扰动引起的湍流主动地向下游传播。图 4.59 的照相机随扰动一起移动，因此总能观察到同一群漩涡。从空间上看，在下游不断形成新的漩涡，直到最终形成充分发展了的湍流边界层。

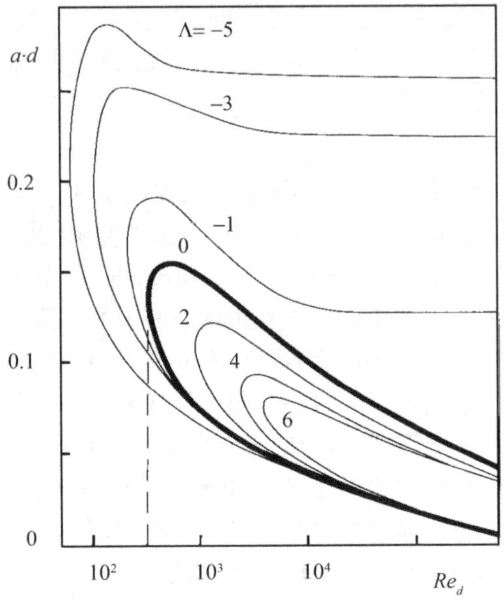


图 4.58　层流边界层剖面减压区 $\Lambda > 0$ 和增压区 $\Lambda < 0$ 的稳定性图

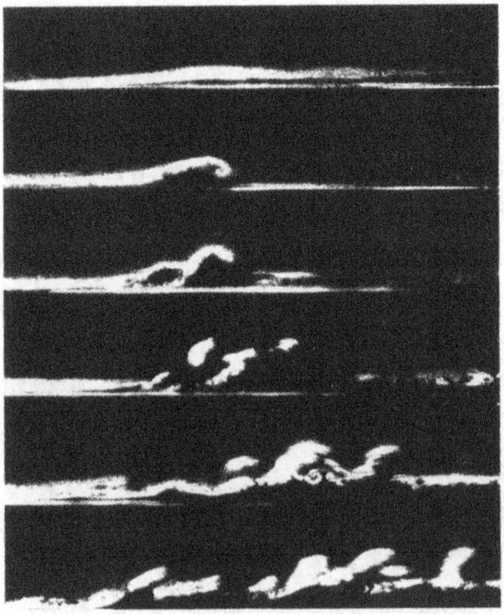

图 4.59　湍流扰动的传播

目前尚无湍流扰动传播过程的理论，正像尚无关于充分发展的湍流状态的精确理论一样。

### 4.2.5　充分发展的湍流

许多技术所涉及的流动都是湍流 (第七章)。按照雷诺公式 (4.63)，这意味着时间平均的初始运动为湍流脉动所覆盖。图 4.60 是水渠内湍流流动的一组照片，不同照片渠道中液体的流速都相同，但照相机以不同的速度沿渠道轴向移动。从四张照片中，可以看出流速是大于还是小于相机的速度。相机速度相对小时，可以看到壁面处的湍流结构；而相机速度较大时，流动中的湍流结构变成可见的；我们还可看到哪些地方流动质点的纵向流速与相机运动的速度瞬时相同。

图 4.60　水渠中的湍流流动移动相机尼库拉德塞 (J.Nikuradse) 摄于 1929 年，托尔明 1931 年发表

图 4.60 中显示出的湍流纵向和横向的动量交换引起湍流混合运动，这是湍流有较大阻力的主要原因。

1. 普朗特混合长度

速度脉动会引起表观应力，如湍流切应力 $\tau' = -\rho \cdot \overline{u' \cdot v'}$。为找出此应力和平均速度分布的关系，了解普朗特混合长度 $l$ 的概念是十分重要的。$l$ 可解释为流体微团在该段长度上因与周围流体的湍流掺混而失去其本性。

如图 4.61 所示，在我们所考虑的边界层中，以平均速度 $\overline{u}(y)$ 运动的一流体微团由位置 $y$ 移位了 $l$，微团在新位置和原位置的速度差是 $\overline{u}(y+l) - \overline{u}(y)$，按一阶近似，可写作 $l \cdot (\partial \overline{u}/\partial y)$，此值与脉动速度 $u'$ 的大小同量级。$v'$ 的大小可通过如下假设获得，即两流体微团以相反方向进入所考虑的边界层，彼此以相对速度

$2 \cdot l \cdot (\partial \overline{u}/\partial y)$ 趋近或远离，因连续性，横向速度和流向速度有相同量级，所以，$v'$ 的大小量级也是 $l \cdot (\partial \overline{u}/\partial y)$。在获取平均值 $\overline{u' \cdot v'}$ 时，必须注意 $u$、$v$ 分量的符号，负的 $u'$ 和正的 $v'$ 相关联，正的 $u'$ 和负的 $v'$ 相关联，这样，乘积 $u' \cdot v'$ 就总是负的，因而表观切应力就总是正的，且有量级 $\rho \cdot (l \cdot (\partial \overline{u}/\partial y))^2$

对于湍流切应力 $\tau'$，我们得到

$$\tau' = \rho \cdot l^2 \cdot \left|\frac{\partial \overline{u}}{\partial y}\right| \cdot \frac{\partial \overline{u}}{\partial y} \tag{4.77}$$

从式 (4.77) 可以看出，湍流掺混运动的表观应力与速度的平方成正比。事实上，所有水力上的阻力本质上都有此特性。普朗特混合长度 $l$ 与气体运动学中的平均自由程有些相似，那里，由于分子运动形成的动量输运可以类似地在湍流流动中视为流体微团地动量输送。湍流运动的混合长度一般与位置有关，目前尚无能预估其在各种情况下量值的一般理论，但对某些情况，可以找到各自相应的恰当假设而得到与实际很吻合的结果。

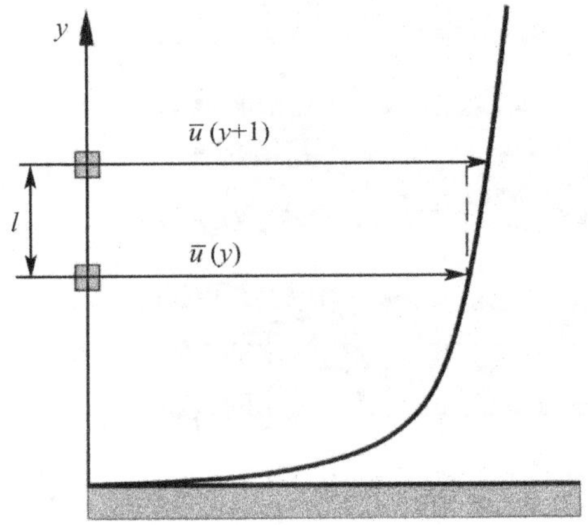


图 4.61　普朗特混合长度

2. 自由射流

在雷诺数足够大的自由射流情况下，可在和该点射流宽度成正比的每个横截面上设定其混合长度 $l$，即 $l = \alpha \cdot b$，式中 $\alpha \approx 0.125$ 是一比例常数，$b$ 是该截面上速度抛物线状分布的半直径，该速度分布中的最大速度和体流量为实际流动中的相应值。

以这样的方式决定速度型是必要的，因为该黏性流扩展地进入外部静止流体中，圆形自由射流的速度随距出口距离的增加而减小，但在所有横截面上的速度分布都呈钟形 (图 4.62)。因射流中的压强近似地就是周围流体的压强，所以主要是表观剪应力使速度随距出口距离的增加而减小，且同时不断地把静止流体卷进射流中。从射流中部向外，此表观剪应力 $\tau'$ 沿径向从零升至最大值，然后又减为零。

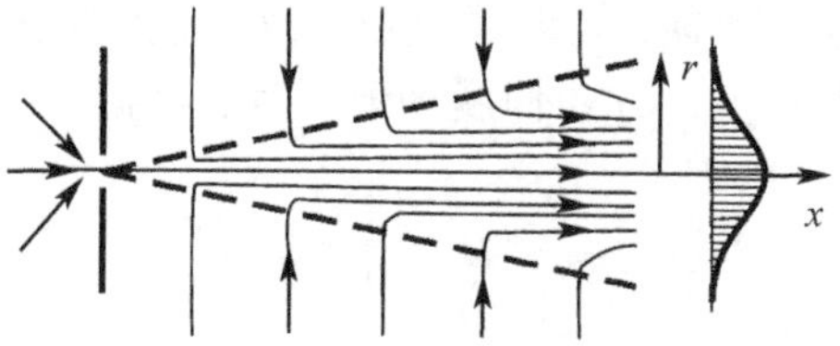


图 4.62 逐渐膨胀自由喷流的流线

因压强近似为常值，可假设射流的动量 $J=\rho\cdot\int u^2\cdot \mathrm{d}A$ 对所有 $x$ 值都一样大，因此 $J$ 就正比于 $\rho\cdot u_1^2\cdot\pi\cdot b^2$，其中 $u_1$ 是自由射流截面 $A$ 上的最大速度。既然 $J$ 是常值，必定 $u_1$ 就正比于 $1/b$，也正比于 $1/x$，这一流动情况示于图 4.62 中。若 $b$ 是直径的一半，则对于 $u/u_1=0.5$，在 $x/d>10$ 处 ($d$ 是 $x=0$ 时的射流直径)，我们得到 $b/x=0.0848$，并进而有 $u_1(x)/u_1(x=0)=6.57\cdot d/x$，沿轴向流动的流量 $\int u\cdot\mathrm{d}A$ 正比于 $u_1\cdot\pi\cdot b^2$，且随距离 $x$ 的增加而线性增加。周围空间中的静止流体则以径向速度 $v\propto\sqrt{J/\rho}/r$ 流向射流。

将 $l=\alpha\cdot b$ 代入式 (4.77)，当 $\partial\overline{u}/\partial y$ 以 $-2\cdot u_1/b$ 近似时，可求得横截面上的剪应力 $\tau'$ 的平均值 $\tau'_{\mathrm{m}}$

$$\tau'_{\mathrm{m}}=-4\cdot\rho\cdot l^2\cdot\left(\frac{u_1^2}{b}\right)=-4\cdot\alpha^2\cdot\rho\cdot u_1^2$$

3. 剪切层

湍流膨胀的另一种情况是射流流过一直角壁时其边缘的扩散 (图 4.63)。这里 $u_1$ 等于常数，因 $l=\alpha\cdot b$，$\tau'_{\mathrm{m}}$ 正比于 $\alpha^2\cdot\rho\cdot u_1^2$ 也是常数。下面我们设定射流在垂直于图 4.63 平面方向的宽度等于 1，因此，射流的动量损失正比于 $\rho\cdot u_1^2\cdot b$，而相应的阻力正比于 $\tau'_{\mathrm{m}}\cdot x$，即 $b\propto\alpha^2\cdot x$，和自由射流的情况一样。周围空间中的静止流体则经历着同样大小的动量增加。

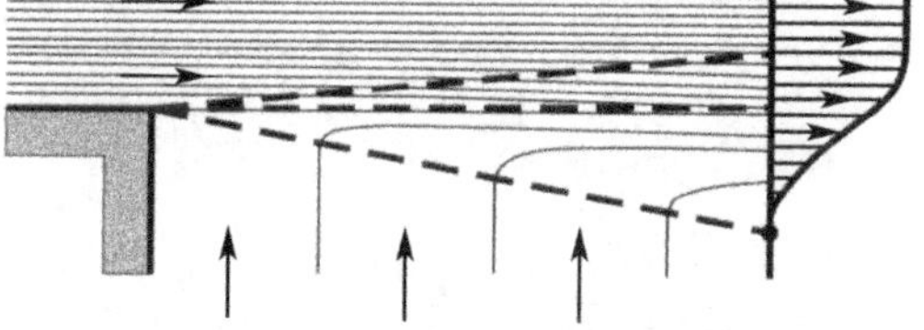

图 4.63 射流流过转角时边缘的扩散

4. 壁面湍流

在沿壁面的流动中，当逼近壁面时，混合长度必须趋于零，这意味着在流动中 $\partial\overline{u}/\partial y$ 变得非常小，而在逼近壁面处则有很大的值。在 $y=0$ 的壁面处满足无滑移条件，因此在壁面邻近形成一薄的摩擦层 (黏性底层)，薄层中的流动近似遵循 $\partial\overline{u}/\partial y=\tau_{\mathrm{w}}/\mu$ 规律，其中 $\tau_{\mathrm{w}}$ 是壁面上的剪应力。

为从理论上讨论这一问题，假设壁面是光滑的，且剪应力是常数 $\overline{\tau}=\tau_{\rm w}$，为简单起见，将壁面看作沿 $x$ 和 $z$ 方向伸展到无穷远，可得

$$\overline{\tau}=\tau_{\rm w}=\mu\cdot\frac{{\rm d}\overline{u}}{{\rm d}y}-\rho\cdot\overline{u'\cdot v'} \tag{4.78}$$

这里的平均速度只随 $y$ 改变，而且完全可由 $\tau_{\rm w}$、$\rho$ 和 $\nu$ 求出，因此我们可以把这个关系改写成量纲 1 形式。为简单起见，引入剪应力速度 $u_\tau=\sqrt{\tau_{\rm w}/\rho}$。比值 $\nu/u_\tau$ 是一个特征长度。在靠近壁面的流层中，总的剪应力由摩擦应力的平均值和湍流的表观应力组成，对于正的梯度 $\partial\overline{u}/\partial y$，其值为

$$\tau_{\rm w}=\mu\cdot\frac{{\rm d}\overline{u}}{{\rm d}y}+\rho\cdot l^2\cdot\left(\frac{{\rm d}\overline{u}}{{\rm d}y}\right)^2 \tag{4.79}$$

式 (4.79) 中第一项适用于黏性底层，第二项则适用于靠近壁面但位于此底层之上的流层中。

速度分布可以下式表示

$$\frac{\overline{u}}{u_\tau}=f\left(\frac{y\cdot u_\tau}{\nu}\right) \tag{4.80}$$

其中 $f$ 是 $y\cdot u_\tau/\nu$ 的普适函数；在黏性底层内 $y\cdot u_\tau/\nu\leqslant 1$，$f(y\cdot u_\tau/\nu)=y\cdot u_\tau/\nu$；当距壁面较远时，如 $y\cdot u_\tau/\nu>50$，$\mu\cdot({\rm d}\overline{u}/{\rm d}y)$ 趋于零，$-\overline{u'\cdot v'}$ 近似变成 $u_\tau^2$，流动完全由量 $u_\tau$ 和 $y$ 决定。假设 $l=\kappa\cdot y$，可得到

$$\frac{{\rm d}\overline{u}}{{\rm d}y}=\frac{1}{\kappa}\cdot\frac{u_\tau}{y} \tag{4.81}$$

其中是卡门常数，从实验得到的近似值为 0.4。积分式 (4.81) 得到

$$\overline{u}=u_\tau\cdot\left(\frac{1}{\kappa}\cdot\ln(y)+C\right) \tag{4.82}$$

或用式 (4.80)

$$\frac{\overline{u}}{u_\tau}=f\left(\frac{y\cdot u_\tau}{\nu}\right)=\frac{1}{\kappa}\cdot\ln\left(\frac{y\cdot u_\tau}{\nu}\right)+C_1 \tag{4.83}$$

式 (4.83) 被称为*壁面对数律*。根据尼库拉德塞 (1932) 的实验，在光滑直管的流动中可求得 $\kappa=0.4$，积分常数 $C_1=5.5$。

图 4.64 给出了实验得出的速度分布，对于 $y\cdot u_\tau/\nu>50$，得到壁面对数定律 (曲线 2)；曲线 1 则显示了黏性底层的速度分布 $u/u_\tau=y\cdot u_\tau/\nu$。

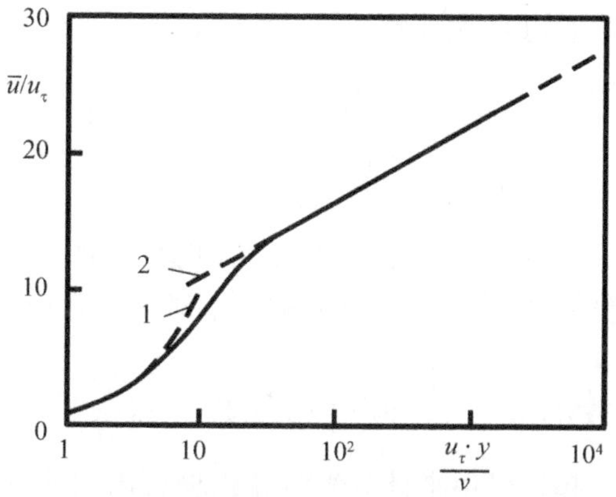


图 4.64 壁面对数律和在黏性底层中的速度分布

流过粗糙壁的湍流，除了黏性剪应力 $\mu\cdot(\mathrm{d}\overline{u}/\mathrm{d}y)$ 以外，还由于粗糙而在壁面上形成附加的力，两者合成为总摩擦力，其平均值常用壁面剪应力 $\tau_\mathrm{w}$ 来表示。壁面粗糙度对黏性底层的直接影响，在底层的厚度与粗糙度的凸起厚度有同一量级时，方可觉察到，这时，积分常数 $C_1$ 应另取值。我们在此把粗糙凸起高度 $k$ 当作另一个特征长度，现在重要的是粗糙度形成了雷诺数 $Re_k = k\cdot u_\tau/\nu$，若 $Re_k$ 足够大，则 $\nu/u_\tau$ 相对于 $k$ 就很小。用常数 $C = C_2 - (1/\kappa)\cdot\ln(k)$ 代入式 (4.82)，可得到

$$\frac{\overline{u}}{u_\tau} = \frac{1}{\kappa}\cdot\ln\left(\frac{y}{k}\right) + C_2 \tag{4.84}$$

若 $Re_k$ 的值比较小，则 $C_2$ 应是 $k\cdot u_\tau/\nu$ 的函数；对于非常小的 $Re_k$ 值，它具有 $C_1 + (1/\kappa)\cdot\ln(k\cdot u_\tau/\nu)$ 的形式，式 (4.48) 可化为式 (4.83)，即粗糙度小的表面可看作是水力光滑的。

5. 管流

对于等截面管内的湍流，剪应力速度 $u_\tau$ 也是特征速度

$$u_\tau = \sqrt{\frac{\tau_\mathrm{w}}{\rho}} = \sqrt{\frac{p_1 - p_2}{2\cdot\rho}\cdot\frac{R}{l}} \tag{4.85}$$

因在管流内部黏性不起作用，所以管子的半径 $R$ 是唯一的特征长度，可得到

$$\overline{u}_\mathrm{max} - \overline{u}(y) = u_\tau\cdot F\left(\frac{y}{R}\right) \tag{4.86}$$

其中 $F$ 是 $y/R$ 的普适函数，$\overline{u}_\mathrm{max}$ 是管中部的最大速度，到管壁的距离 $y = R - r$。这个规律在雷诺数非常大的时候，对光滑和粗糙的管子都适用。普适函数 $F$ 必须

通过实验来确定。对于平均通量速度 $w$，可由式 (4.86) 导出下述关系

$$w=\overline{u}_{\max}-2\cdot u_\tau\cdot\int_0^1\left(1-\frac{y}{R}\right)\cdot F\left(\frac{y}{R}\right)\cdot \mathrm{d}\left(\frac{y}{R}\right)\tag{4.87}$$

当逐渐靠近壁面，又不进入黏性底层时，式 (4.82) 仍然有效，这时要设 $C=(\overline{u}_{\max}/u_\tau)-(1/\kappa)\cdot\ln(R)+A$，$A$ 是湍流管流的另一个特征数，对于非常小的 $y/R$，取 $A=-0.6$，得到

$$\overline{u}_{\max}-\overline{u}=u_\tau\cdot\left[0.6-2.5\cdot\ln\left(\frac{y}{R}\right)\right]\tag{4.88}$$

式 (4.85) 和式 (4.88) 一起足以用来计算光滑和粗糙管内的速度分布和压强降落，而式 (4.83) 和式 (4.84) 则适用于壁面的流动规律。

6. *边界层流动*

湍流边界层一边以固壁为界，另一边与无黏外流交界，由于边界层的厚度沿流动方向增长，所以不断有新的流体从外流涌进边界层并在边界层的边缘处形成自由湍流；在壁面附近，根据表面情况的不同 (光滑或粗糙) 形成上面描述过的壁面流动。

对于平板边界层，壁面律式 (4.83) 仅在壁面附近有效，在靠外的边界层中，流动情况偏离壁面律的程度总是大于偏离管流的规律。因此，对平板边界层导出了一个外部律

$$\frac{U-\overline{u}}{u_\tau}=G\left(\frac{y}{\delta}\right)\tag{4.89}$$

其中 $G$ 是一个函数，$\delta$ 为边界层厚度，$U$ 为外流的速度，对湍流边界层可写出

$$\frac{U-\overline{u}}{u_\tau}=-\frac{1}{\kappa}\cdot\ln\left(\frac{y}{\delta}\right)+\frac{\pi(x)}{\kappa}\cdot\left[2-w\left(\frac{y}{\delta}\right)\right]$$

此式对尾迹流也是有效的。式中的函数 $w\left(\dfrac{y}{\delta}\right)$ 和参数 $\pi(x)$ 必须由经验确定，$\pi(x)$ 只取决于 $p(x)$，还可能与外流的湍流度有关。

通常我们不用边界层厚度的概念，而更愿意采用由位移厚度 $\delta_1$ 形成的参考长度 $\delta_1\cdot U/u_\tau$，于是式 (4.89) 变成

$$U-\overline{u}=u_\tau\cdot F\left(\frac{y\cdot u_\tau}{\delta_1\cdot U}\right)$$

其中 $F$ 是一个无量纲函数，按 $\delta_1$ 的定义 (4.60)，应满足条件

$$\int_0^\infty F\left(\frac{y\cdot u_\tau}{\delta_1\cdot U}\right)\cdot\mathrm{d}\left(\frac{y\cdot u_\tau}{\delta_1\cdot U}\right)=1$$

图 4.65 表示了由实验得出的平板边界层的外部律，这个规律的有效性不如管流中部规律 (4.86) 的有效性那样自明，因为在这里，剪应力分布依从于速度分布，因此在平板边界层中 $F$ 与当地摩擦系数 $c_{\mathrm{f}} = 2 \cdot (u_\tau/U)^2$ 有关，速度分布与外流的湍流度有关，随着靠近壁面，速度分布变得适合于壁面对数律 (4.82)，因而在适当地确定积分常数 $C$ 后，式 (4.89) 具有下列形式

$$U - \overline{u} = u_\tau \cdot \left[ -\frac{1}{\kappa} \cdot \left( \frac{y \cdot u_\tau}{\delta_1 \cdot U} \right) + K \right] \tag{4.90}$$

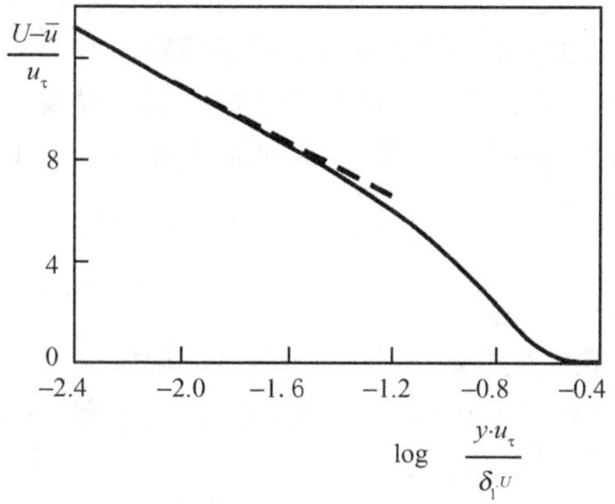


图 4.65 湍流平板边界层的外部律

常数 $K$ 近似等于 $-1.5$，把式 (4.90) 和壁面对数定律 (4.83) 结合起来，就可以得出作为雷诺数 $Re_1 = U \cdot \delta_1/\nu$ 函数的当地摩擦系数 $c_{\mathrm{f}}$ 的方程

$$\frac{1}{\sqrt{\dfrac{c_{\mathrm{f}}}{2}}} = \frac{1}{\kappa} \cdot \ln\left( \frac{U \cdot \delta_1}{\nu} \right) + C_1 + K \tag{4.91}$$

把由实验得出的数值代入，可得光滑平板的摩擦系数

$$\frac{1}{\sqrt{\dfrac{c_{\mathrm{f}}}{2}}} = 2.5 \cdot \ln\left( \frac{U \cdot \delta_1}{\nu} \right) + 3.7 \tag{4.92}$$

同样可得到粗糙平面的摩擦系数值。先引进一个量

$$I = \int_0^\infty F^2 \cdot \mathrm{d}\left( \frac{y \cdot u_\tau}{\delta \cdot U} \right)$$

从图 4.65 表示的函数可得出 $I = 6.2$，这样可导出动量厚度 $\delta_2$(式 (4.61)) 和位移厚度 $\delta_1$ 间的关系式

$$\delta_2 = \delta_1 \cdot \left(1 - \sqrt{\frac{c_\mathrm{f}}{2}} \cdot I\right) \tag{4.93}$$

把式 (4.92) 和 (4.93) 代入尾流边界层的动量方程，然后积分，即可算出湍流情况下平板的摩擦阻力。

外部律也可用于变压强的边界层。在不同的压强分布下测得的速度剖面，近似地形成一个单参数的曲线族；对于小的 $y$ 值，它们都对应于式 (4.90)，只是 $K$ 值不同，这说明 $K$ 和积分 $I$ 之间有个固定的关系。既然壁面律 (4.83) 也可应用于可变压强分布的情况，式 (4.91) 和 (4.93) 也可应用于沿壁面有可变压强的情况，只要代入正确的 $K$ 和 $U$ 的值。在边界层中随着压强的升高，摩擦系数值下降。路德维格 (Ludwieg) 和蒂尔曼 (Tillmann　1949) 根据他们的测量导出了如下公式

$$c_\mathrm{f} = 0.246 \cdot 10^{(-0.678 \cdot H)} \cdot Re_2^{-0.268} \tag{4.94}$$

其中 $H = \delta_1/\delta_2$，$Rc_2 = U \cdot \delta_2/\nu$。

在有压强变化的湍流边界层中，速度剖面可以近似地用形状参数 $H = \delta_1/\delta_2$ 来表示，但还需要压强分布和形状参数之间的关系，可通过 $H$ 的变化和局部压强梯度关系的微分方程来反映这一关系

$$\delta_2 \cdot \frac{\mathrm{d}H}{\mathrm{d}x} = -M \cdot \frac{\delta_2}{U} \cdot \frac{\mathrm{d}U}{\mathrm{d}x} - N \tag{4.95}$$

其中 $M$、$N$ 是 $H$ 和 $Re_2$(对于粗糙表面还有 $k/\delta_2$) 的函数，必须由实验来确定。

### 4.2.6　流动分离和漩涡的形成

在物体表面处即减了速的摩擦层可能形成自由间断面或漩涡 (4.1.4 节)。如果外流因流动方向上的压强降落而加速，则在摩擦层中的流体质点也会在流动方向上加速，因而在整个边界层中流动都沿物体表面保持其方向。另一方面，假如压强降落是在流动相反方向上，则外流被减速，摩擦层中运动较缓慢的流体质点将更进一步减速，如果这一减速足够大，流动就会从壁面分离而出现回流区。图 4.66 示出了对某一给定压强分布 $p$ 的定常分离过程。由于分离而出现的间断面盘绕起来成为一个或多个漩涡，靠近壁面的回流，使靠近分离位置 $A$ 的边界层流线显示出边界层厚度大大增加，与此相关联的是流体质量从边界层输运到外流。在分离点，壁面流线以一定的角度偏离壁面，分离点是指壁面上垂直于壁面的速度梯度为零的点，即在该点壁面剪应力 $\tau_\mathrm{w}$ 变为零

$$\tau_\mathrm{w} = \mu \cdot \left(\frac{\partial u}{\partial y}\right)_\mathrm{w} = 0 \quad (\text{分离}) \tag{4.96}$$

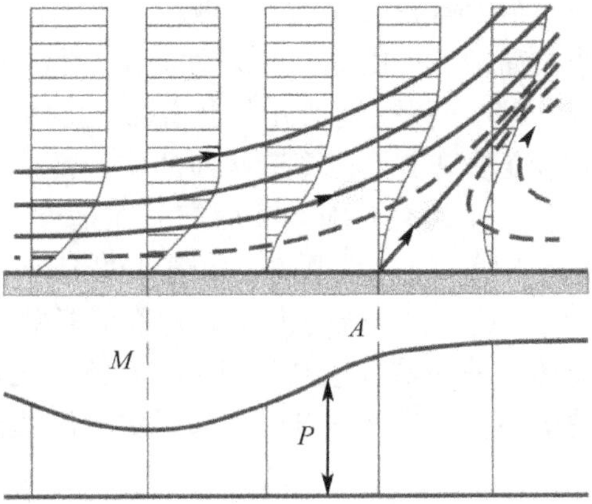


图 4.66 分离过程 (最大速度点 $M$, 分离点 $A$)

图 4.67 给出了一组照片，显示了在流体中移动圆柱的绕流分离情况。开始移动时，出现位流；稍后，流动从圆柱分离，在尾流中出现有显著漩涡的回流区。照片中可以清楚地看到铝粉聚集显示出的流体中的间断面。如果我们用 3.3 节中介绍的方法来分析照片上圆柱绕流的结构，可以看到四个半鞍点 $S'$、驻点、圆柱上的分离点，以及尾流中的鞍点 $S$ 和两个焦点。照片反应了回流区的漩涡随时间而增长并最终变得不稳定，经过一段时间到某一临界时刻，则形成具有周期分离漩涡的卡门涡衔，涡衔结构以焦点 $F$ 和鞍点 $S$ 的相继出现为特征。

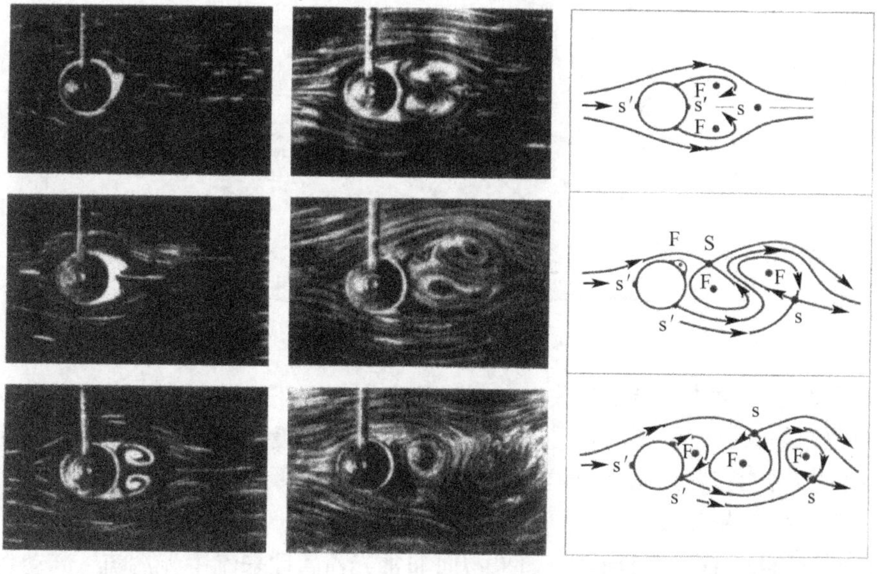


图 4.67 不转动圆柱后涡系的发展

在流动方向上截面扩展的管道或渠道 (扩散段，图 4.72) 中的流动也会发生同样的分离过程，在最窄截面前方，压强在流动方向上降低，这里的流动紧贴壁面；过了最窄截面后，管道变宽，压强在流动方向上增加，就会引起边界层从壁面分离而形成回流区，于是实际流动只发生在管道截面的中心部分。

如果流体流经管道的一个转角，则在弯曲部分在垂直于流动方向上出现压强降落，于是沿外壁的速度下降，且流动分离，如图 4.68 所示；再往下游，转角引起的压强降消失，沿外壁的流速增加，流动重新又附着于管壁。类似的流动分离在弯管的进口和管道截面突然收缩的前方也会形成。在气流流过房屋 (图 4.69) 和河水流过河中柱子这两种情况下，流动分离出现在障碍物上游地面处和尾流中。

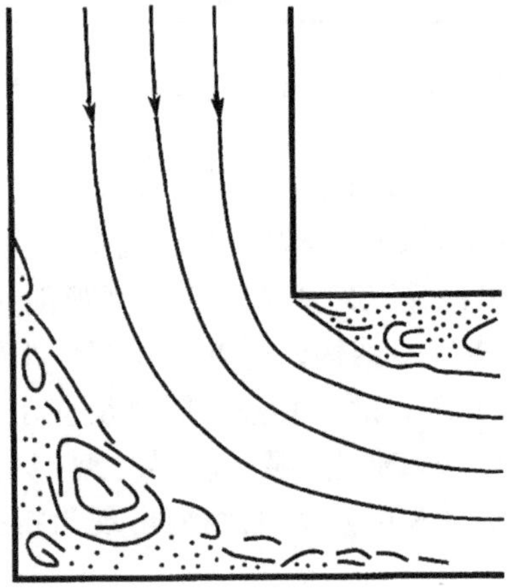

图 4.68　绕直角的流动

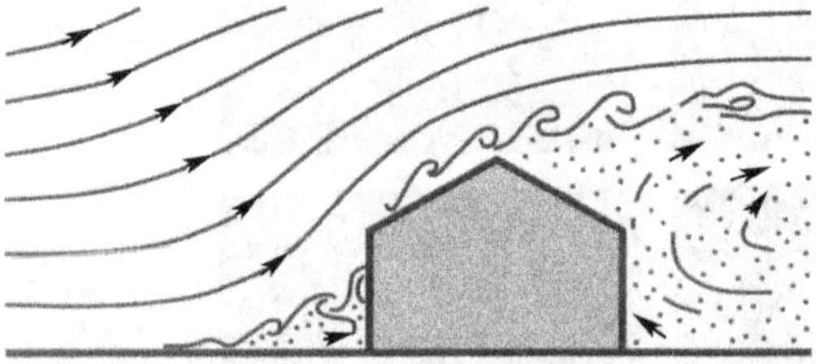

图 4.69　流过一所房屋的气流

在工程上，为减少能量损失，在压强升高的情况下，必须防止流动分离，解决这一问题的办法是使管子的口径很缓慢地变大，或者设计物体的形状足够细长，以使外流的加速能克服压强的升高。不过，一般说来，只有当减速区中的边界层是湍流时，结果才令人满意。

在压强逐渐增高的绕流中，如果物面非常光滑，且来流中无湍流，流动在到达分离点前都可保持为层流，而在分离点前的边界层剖面有一拐点，拐点的出现，足以作为边界层中不稳定性开始的判据，于是开始了层流 - 湍流的转换；若雷诺数足够大，在下游则出现湍流边界层的重新附着；湍流边界层的重新附着既与由曲率半径形成的雷诺数有关，也与壁面的曲率有关，这种在层流分离后又出现湍流附着的情况，在有大攻角的尖前缘薄机翼剖面上是常常出现的。

图 4.70 表示了流动从较低雷诺数时边界层出现分离过渡到较高雷诺数时出现重新附着的情况，照片对应的雷诺数 $U\cdot r/\nu$ 分别取值 $2\times10^4$、$5\times10^4$ 和 $6\times10^4$，$r$ 是曲率半径。

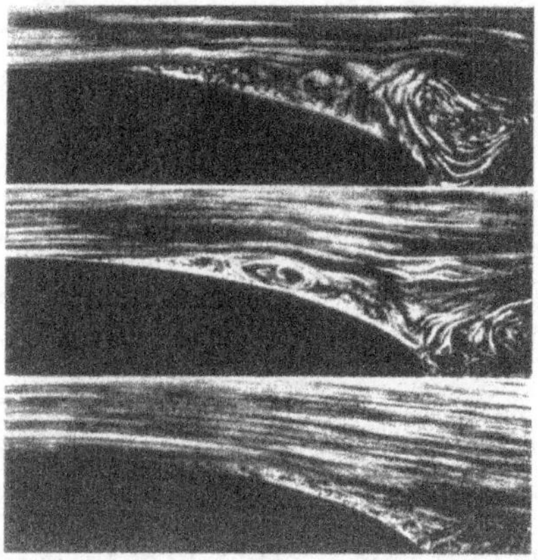


图 4.70 随雷诺数增加的层流分离到湍流的重新附着

在湍流中，湍流掺混引起绕流分离点向下游移动，使物体尾流中的回流区变得相当小，从而大大减小压强阻力，表现为阻力系数的突跃。L. 普朗特 (1914) 在他著名的实验中实现了这一现象，他在小球上安置了一个条带，人为地在较低雷诺数下引起层流边界层变为湍流，从而实现了阻力减小；如果没有条带，则只能在较高雷诺数下才能实现。

1. 影响流动分离的措施

1) 旋转

一般不希望出现流动分离，因为这会引起能量损失。有许多办法可以人工控制边界层，以防止流体分离，例如，令垂直于流向的被绕流柱体*旋转*，并使其周向速度等于或大于柱面处本来的最大流速，则在流体和柱体表面运动方向相同的边界层将加速，因而不会出现分离。在另一边，柱体表面的运动方向与流动方向相反，使边界层减速。结果，起初是产生回流，而后脱离出一个漩涡来，同时出现绕柱体的反向环流。图 4.71 给出了运动开始时漩涡形成诸阶段的照片，最后三张漩涡分离照片的流动结构也一并给出。

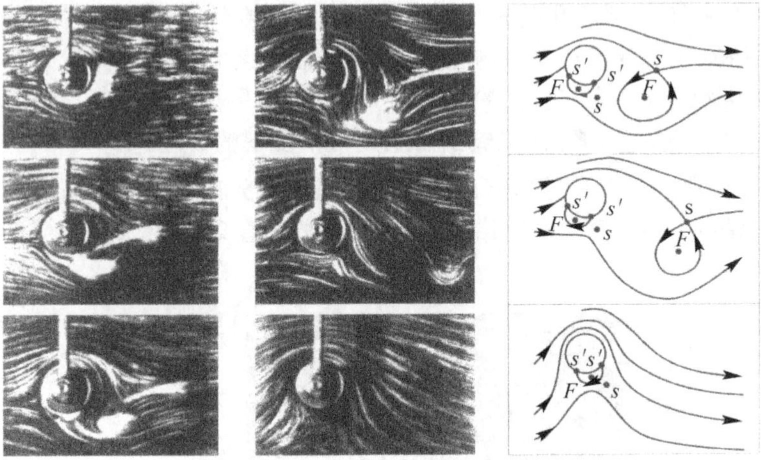


图 4.71　绕旋转圆柱体的流动的发展

2) 抽吸

另一个避免边界层分离的非常有效的方法是**抽吸**，即在回流区中通过物体表面上的小缝或小孔将边界层中的流体抽吸到物体内部；如果抽吸作用足够强，即可避免减速流体的堆积，从而防止边界层分离。图 4.72 示出了一个这样的例子，在突然扩大的渠道中，没有抽吸时，发生分离；而若在扩展段两边回流区进行抽吸，则流动充满整个渠道截面，避免了分离。

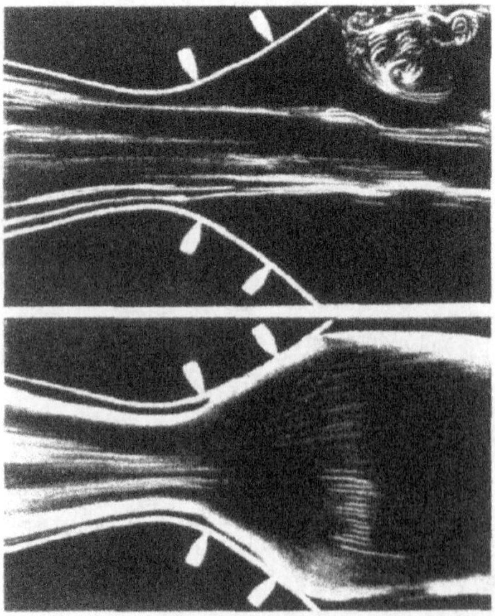

无抽吸

壁面抽吸

白色表示抽吸缝的位置

图 4.72　在突然扩大的渠道中的流动

3) 切向喷吹

通过外形上平行于主要流动方向上的缝隙将一股壁面射流喷吹到边界层中，也可为边界层提供足够的动能而避免分离。例如，根据这一原理，机翼的最大升力就可以大大提高，但同时是以大的阻力为代价。

图 4.73 中的开缝机翼也可防止分离，这时机翼边界层所要克服的压强增加较不开缝时为小，而在相当大的攻角时仍可防止分离。

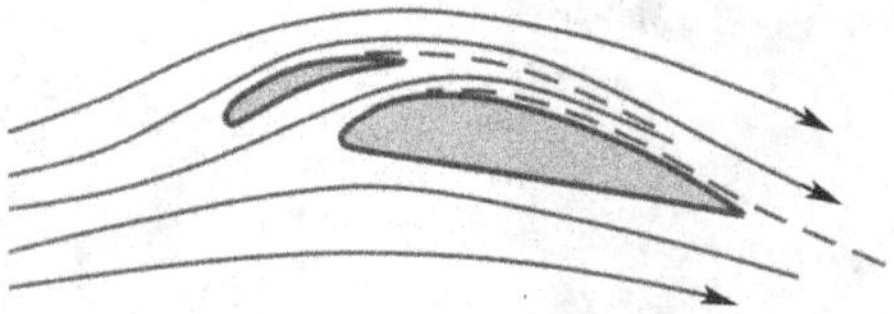

图 4.73 开缝机翼

有一种类似的设施是利用辅助翼来改进管子弯曲处的流动，在风洞中常用的导流片即为一例。导流片也被用于绕尖角流动的情况以防止过大的能量损失 (图 4.74)，这时，沿导流片的压强分布使导流片受压面所向着的界壁上的气流压强高于没有导流片时界壁上的压强，因此边界层必须克服的压强升高就大大减小了，从而防止了分离。

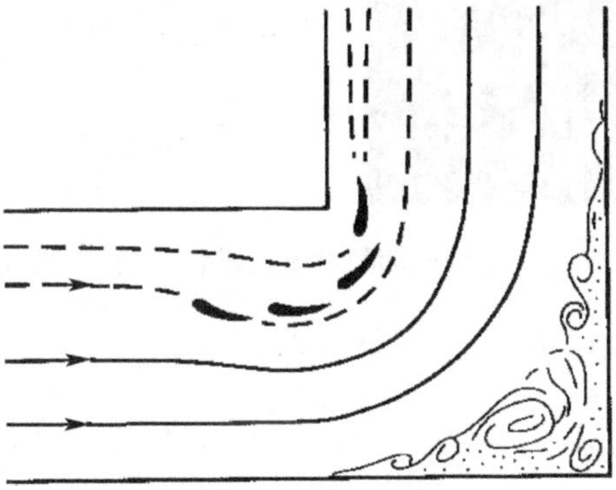

图 4.74 用导流片导流

4) 油流显示

紧靠壁面的分离流流线可通过油流显示法使之显示出来；对于水，可以采用油画颜料；对于空气，可采用颜料和石油的混合物涂于壁面上，让运动着的流体对壁面上的涂料作用一段适当长的时间 (对于水流，大约 5 分钟)，在靠近壁面的黏性层的平均速度方向上就显示出了一种图案，从而得出对流动过程，特别是关于分离点的结果。但是这种油流法只能显示靠近壁面流体层的流线，而不是流动主体的流线。图 4.75 和图 4.76 给出了辛德克斯 (Hinderks) 的两个水流图。图 4.75 表示渠底处的水流，那里放置了一个与来流垂直的平板，围绕平板前缘的白色宽带显示出一马蹄涡以避开那里的超压区。在平板后漩涡的两个焦点显示出向心的螺旋形流动，表明两个漩涡延伸入流动主体中。图 4.76 表示在一矩形截面弯曲渠道中的流动，这里，贴近渠底的流体层向弯段内侧的偏转极为清晰，弯段下游流线的会聚表明在内侧由于压强升高而出现分离。

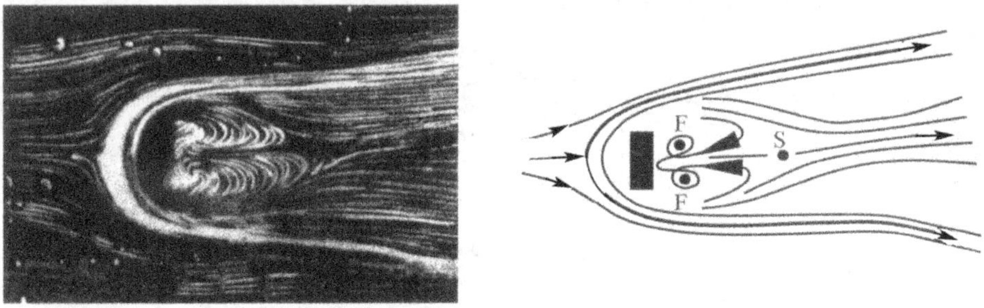


图 4.75　受垂直平板扰动的壁流的油流显示和结构 (辛德克斯)

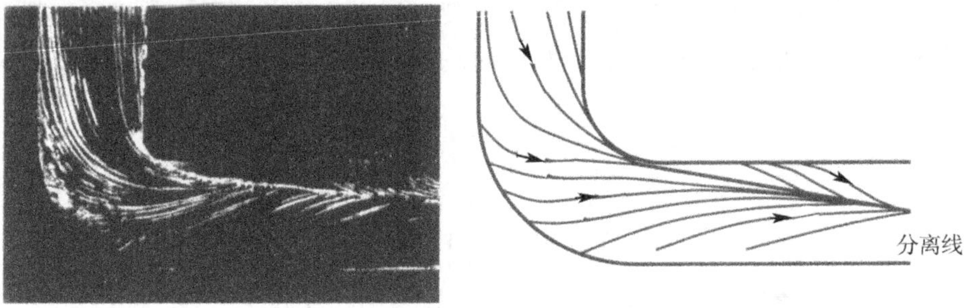


图 4.76　绕弯管流动的油流显示和结构 (辛德克斯)

### 4.2.7　二次流

1. 肘状弯管

假如沿一边界流动的流体因受到横向压强差的作用，产生了平行于边界的偏移，则靠近边界的流体层，由于速度较小，就比离边界较远的流体层偏移得厉害，这就导致了叠加于主流之上的二次流。

在无黏流情况下，式 (4.9) 可得出曲率半径之比为 $r_1/r_0 = w_1^2/w_0^2$。但实际情况是，流动是粘性的，边界处的摩擦，连同横向压强差，使边界层发生向压强较小一边的偏离；在层流情况下，偏离角不超过约 45°，而在湍流情况下则不超过 25° ~ 30°。当流体在一曲管中流动时，流动的中心因其速度较大而趋于一直向前流动，而沿边界速度较低的流层则产生显著的偏转，趋于弯管的内侧。所以，在曲管中，平行于管子中心线的主流就被叠加上了一个与之垂直的二次流，二次流在管的中心处是向外侧流，而在管壁附近则是向内侧流。图 4.77 左侧示出了在一肘状弯管中的二次流，它使最大速度区域向外壁移置。

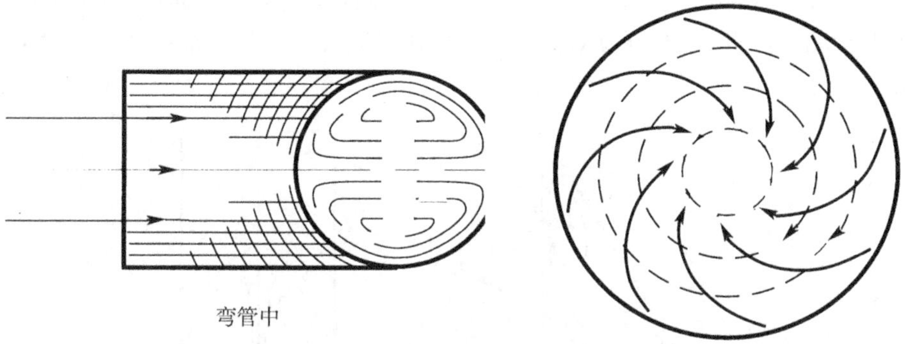

弯管中　　旋转容器的度部处

图 4.77　二次流

在天然河道中，在弯段处，由于二次流而使河底处水流所携带的沙子、砾石等从弯段的外侧移走，而在弯段的内侧堆积起来，结果造成河道的外侧被掏深而内侧则变浅，这种情形与外侧更大流速水流的冲刷相结合，就使弯段的弯曲程度越来越显著，所以，只要可能，河道总是弯弯曲曲的 (蜿蜒曲折)。

2. 旋转容器

另一个二次流的例子发生在旋转圆筒底部的流动中 (图 4.77 右部)。靠近底部的流体层因其流速较小，向心力较圆筒中心处的要小，因而引起底部流向向内。日常观察到的小颗粒向容器底部中心区集中并堆积的现象，就可以用这里谈到的底部流动予以解释。

3. 矩形和三角形截面的渠道

在非圆形截面直渠道里的流动中也有二次流，并会引起如图 4.78 所示的在渠道截面转角处的横向流动。二次流的发生可用下述事实解释：流体从剪应力较大处输运到渠道中心，在剪应力较小处，如转角处，流体从中心流向壁面，这样，在壁面剪应力大的地方，流速减小；而在壁面剪应力小的地方，流速加大，从而导致了壁面剪应力引起的分层。

4. 振动体

二次流也会发生在绕振动物体的流体中。若边界层外的速度是 $U(x)\cdot\cos(\omega\cdot t)$，按照施里希廷的意见，在边界层外靠近壁面处还有一附加的速度 $u'$，$u'$ 的大小是

$$u'=\frac{3}{4}\cdot\frac{U}{\omega}\cdot\frac{\partial U}{\partial x}$$

方向是由速度较大的点指向速度较小的点。图 4.79 示出了水槽中绕一个往复振动的圆柱的水流照片，拍片的照相机随同圆柱运动。为使流动可见而撒的金属小条，在长曝光时间内的往复运动形成了一些宽带。流体从上面和下面趋向此柱体，并在两边沿振动方向离开它。此照片显示的不对称是由于实验水槽中的水有微弱的固有运动。

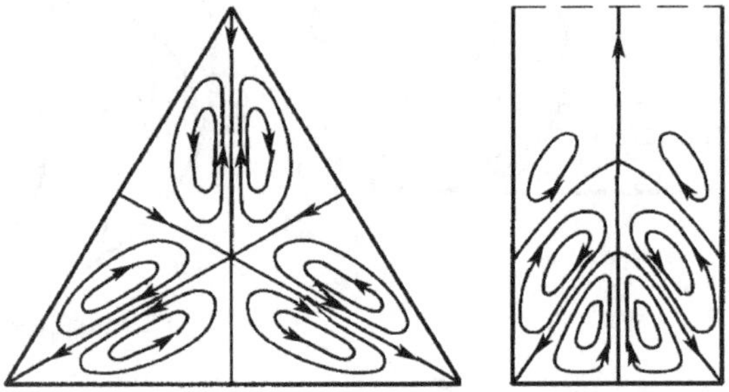

图 4.78　在矩形和三角形截面渠道中的二次流

图 4.79　绕振动物体的二次流，取自施里希廷 1932 年的实验结果

### 4.2.8　黏性起主导作用的流动

正如我们在4.2.2中已讨论过的，在大的速度和小的雷诺数情况下，惯性力与摩擦力相比就可以忽略，这样的蠕行流具有与速度的一次方成正比的流动阻力，本节中将更详细地讨论两个例子。

1. 地下水流

黏性起主导作用的流动之一是土壤中的地下水。各沙粒缝隙中的流动，与管道流动的哈根 - 泊阿苏依定律类似，是一种速度正比于压强降、反比于动态黏性 $\mu$ 的蠕行流

$$u = -\frac{k}{\mu}\cdot\frac{\partial p}{\partial x},\quad v = -\frac{k}{\mu}\cdot\frac{\partial p}{\partial y},\quad w = -\frac{k}{\mu}\cdot\frac{\partial p}{\partial z} \tag{4.97}$$

其中渗透率 $k$ 具有表面的量纲，只取决于有孔的介质情况。再由连续性方程

$$\frac{\partial u}{\partial x}+\frac{\partial v}{\partial y}+\frac{\partial w}{\partial z}=0$$

可得到

$$\frac{\partial^2 p}{\partial x^2}+\frac{\partial^2 p}{\partial y^2}+\frac{\partial^2 p}{\partial z^2}=0 \tag{4.98}$$

这样，压强 $p$ 满足与无黏流中速度势 $\phi$ 所满足的同样的方程，因此，地下水运动是如 4.1.5 节中所讨论的那种位流。这里，本质的区别是压强必须在物理上是单值并连续的，而 $\phi$ 在间断面上可以是间断的，且在流动有环量时是多值的。

方程 (4.97) 和方程 (4.98) 可用于研究，例如，抽水井壁周围的地下水流，求井壁附近的速度分布及水位的下降。

上面所假设的速度与压强降之间的线性关系，只有在按沙粒直径定义的雷诺数很小时才是正确的，即雷诺数 $Re_d=u\cdot d/\nu\approx 10$。

2. 轴承润滑的流动

另一个黏性起主导作用的流动的例子是机器润滑轴承和导轨中的流动。在彼此相对运动的机器零件之间 (轴颈和轴承，或滑块与导轨)，有着一薄层运动着的油，以防止固体的相互直接接触。轴颈轴承和滑块导轨在摩擦甚小的情况下能承受大载荷的能力正是由于油层流动过程的结果。

作为第一个例子，我们来讨论在平面导板上滑块运动的情况。为简单起见，假定互相滑动的表面在运动的垂直方向是无限延伸的，因而可以认为润滑层中是平面流动。为了得到定常运动，我们选择的参考系相对于滑块是静止的，于是导板遂以速度 $v$ 向右移动。

开始先研究流过高度为 $h$ 的间隙的流动。假定间隙的上表面 (滑块) 静止，下表面 (导板) 以速度 $v$ 平行于上表面运动。令 $x$ 轴位于运动方向，$y$ 轴则与两表面垂直。压强增加 $\mathrm{d}p/\mathrm{d}x$ 简单地写作 $p'$。因为油膜非常薄，可以认为 $p'$ 与 $h$ 无关。沿 $x$ 轴的流速为 $u$，根据 4.2.1 节中的说明，惯性力可被忽略，同样，与 $\partial^2 u/\partial y^2$ 相比，$\partial^2 u/\partial x^2$ 也可忽略

$$\mu\cdot\frac{\partial^2 u}{\partial y^2}=p' \tag{4.99}$$

对式 (4.99) 积分，得

$$\mu\cdot\frac{\partial u}{\partial y}=p'\cdot y+C_1$$

$$\mu\cdot u=p'\cdot\frac{y^2}{2}+C_1\cdot y+C_2 \tag{4.100}$$

无滑移的边界条件要求，在 $y=0$ 处 $u$ 必须等于导板相对于滑块的速度 $v$，于是 $C_2=\mu\cdot v$，在 $y=h$ 处，则必须 $u=0$，于是

$$C_1=-\left(\frac{\mu\cdot v}{h}+\frac{p'\cdot h}{2}\right)$$

这样可得到间隙中流动的速度分布

$$u=\frac{p'}{2\cdot\mu}\cdot(y^2-h\cdot y)+\frac{v}{h}\cdot(h-y) \tag{4.101}$$

在下表面单位面积上的正摩擦力是

$$\tau_0=-\mu\cdot\left(\frac{\partial u}{\partial y}\right)_{y=0}=-C_1=\frac{\mu\cdot v}{h}+\frac{p'\cdot h}{2} \tag{4.102}$$

在上表面单位面积上的正摩擦力是

$$\tau_h=-\mu\cdot\left(\frac{\partial u}{\partial y}\right)_{y=h}=\frac{\mu\cdot v}{h}-\frac{p'\cdot h}{2} \tag{4.103}$$

在讨论这些结果时，必须记住，$x$ 轴正方向的压强升高相应于正的 $p'$，负的 $p'$ 表示压强降落。间隙中每单位宽度的流量

$$Q=\int_0^h u\cdot\mathrm{d}y$$

可经计算得到

$$Q=\frac{v\cdot h}{2}-\frac{p'\cdot h^3}{12\cdot\mu} \tag{4.104}$$

现在我们来计算在 $x$ 方向上有变化压强梯度 $p'$ 的承载滑块 (图 4.80)，既然滑块速度 $v$ 是恒定的，则连续性 ($Q=$ 常数) 要求间隙的高度 $h$ 必须随 $x$ 而改变。由方程 (4.104) 得

$$p'=\frac{\mathrm{d}p}{\mathrm{d}x}=12\cdot\mu\cdot\left(\frac{v}{2\cdot h^2}-\frac{Q}{h^3}\right) \tag{4.105}$$

对方程 (4.105) 积分就可得出 $p(x)$。在滑块的每一端，令 $p$ 等于环境压强 $p_0$，这就给出了未知的 $Q$ 值，以及 $p(x)$。若间隙的宽度是 $l$，则分别用 $\int_0^l p\cdot\mathrm{d}x$ 和 $\int_0^l p\cdot x\cdot\mathrm{d}x$ 可算出作用于滑块上的总压强和力矩。此力矩和力的比即总压强的作用点离 $x=0$ 的距离。黏性力等于 $\int_0^l \tau_0\cdot\mathrm{d}x$，可将式 (4.102) 代入计算，所以我们就可以对于任意给定的间隙分布 $h(x)$，求出作用于滑块上的合力的大小、方向和作用点。通常是给定合压强，要求计算间隙的高度。

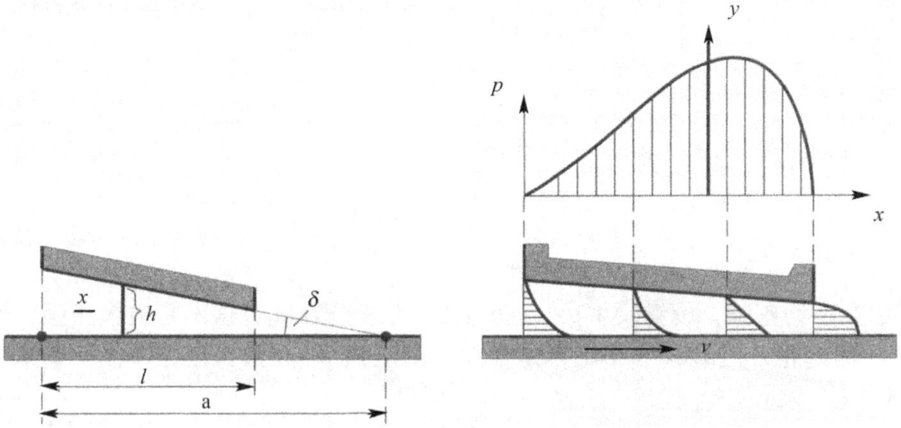


图 4.80 滑块与导板间隙中的流动

黏性力也可通过 $\tau_h$ 计算出来，但必须注意：这里，作用于和运动方向成倾角 $\delta=\arctan(\mathrm{d}h/\mathrm{d}x)$ 的表面上的压力 $p$，也在运动方向上有分力。由于滑块背面上的压力是 $p_0$，这个分力就等于 $-\int_0^l (p-p_0)\cdot(\mathrm{d}h/\mathrm{d}x)\cdot\mathrm{d}x$。考虑到在 $x=0$ 和 $x=l$ 处，$p=p_0$，由分部积分得到此分力为 $+\int_0^l p'\cdot h\cdot\mathrm{d}x$，再考虑到方程 (4.102) 和 (4.103)，这就和由 $\tau_0$ 计算得到的黏性力完全一致。

变间隙高度的最简单情形是滑块与导板都是平面，但彼此倾斜一个小角度 $\delta$，设滑块位于由 $x=0$ 到 $x=l$，两平面在距滑块前缘 $x=0$ 的距离为 $a$ 处相交 (图 4.80)，间隙的高度可表示为

$$h=(a-x)\cdot\delta$$

将方程 (4.105) 积分可得到

$$\int\limits_0^x \frac{\mathrm{d}x}{h^3}=\frac{1}{2\cdot\delta^3}\cdot\left[\frac{1}{(a-x)^2}-\frac{1}{a^2}\right]=\frac{2\cdot a\cdot x-x^2}{2\cdot\delta^3\cdot a^2\cdot(a-x)^2}$$

和

$$\int\limits_0^x \frac{\mathrm{d}x}{0h^2}=\frac{1}{\delta^2}\cdot\left(\frac{1}{a-x}-\frac{1}{a}\right)=\frac{x}{\delta^2\cdot a\cdot(a-x)}$$

所以，压强分布是

$$p=p_0+\frac{6\cdot\mu\cdot x}{\delta^2\cdot a\cdot(a-x)}\cdot\left[v-\frac{Q\cdot(2\cdot a-x)}{\delta\cdot a\cdot(a-x)}\right]\tag{4.106}$$

根据式 (4.106)，在 $x=0$ 处 $p=p_0$，为使在 $x=l$ 处也有 $p=p_0$，式 (4.106) 中括号中的项必须等于零，即

$$Q=\frac{v\cdot\delta\cdot a\cdot(a-l)}{2\cdot a-l} \tag{4.107}$$

用 $h$ 代替 $\delta\cdot(a-x)$，得到

$$p=p_0+\frac{6\cdot\mu\cdot v\cdot x\cdot(l-x)}{h^2\cdot(2\cdot a-l)} \tag{4.108}$$

为了估算平均压强，设滑块中央 ($x=l/2$) 的压强为 $p_1$，这不是最大压强，因为 $h$ 随 $x$ 而变化，但若这个变化不是很大，则压强 $p_1$ 和最大压强有同一量级。用 $h=\delta\cdot(a-l/2)=h_{\rm m}$ 代入，从式 (4.108) 可得

$$p_1-p_0=\frac{3}{2}\cdot\frac{\mu\cdot v\cdot l^2}{h_{\rm m}^2\cdot(2\cdot a-l)}$$

若设压强分布近似为抛物线形，则平均超压 $p_{\rm m}$ 就近似的是 $2\cdot(p_1-p_0)/3$，即

$$p_{\rm m}=\frac{\mu\cdot v\cdot l^2}{h_{\rm m}^2\cdot(2\cdot a-l)} \tag{4.109}$$

公式 (4.109) 清楚地表明，如果油膜的平均厚度 $h_{\rm m}$ 非常小，即使 $\mu$ 比较小，也可达到很高的压强。根据式 (4.108)，在流动方向上 $h$ 的减小意味着最大压强发生在中点之后，因而合力也在中点之后。式 (4.108) 的压强分布示于图 4.80 中，相应的速度分布示于图的下部，图中速度剖面曲率的变化清楚地表明了压强是如何变化的。

压强分布和合力作用的位置都与比值 $l/a$ 有关，这使密契尔 (Mitchell)(1905) 想到于滑块上中点稍后的地方使用一个柔性的止推座 (图 4.81)，让滑块自动地采取一定的倾斜位置 (更确切地说，一定的 $a$ 值)；倾斜度增加，压强的作用点就更加后移；反之倾斜度减小，就向前移。因而所采取的正确位置是很稳定的，这样，在一切载荷下，滑块的工作状况均称满意。

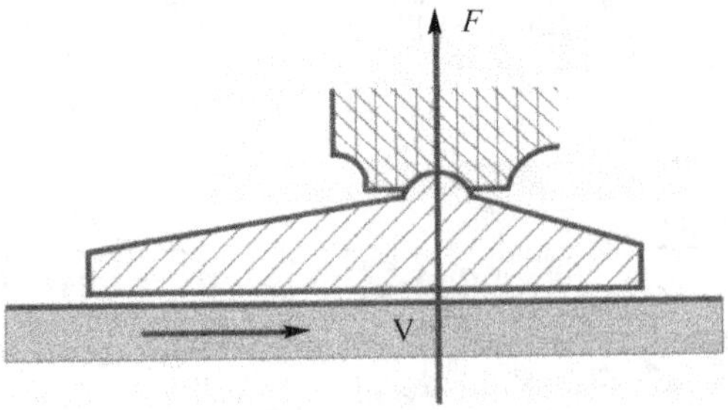


图 4.81　滑块 (密契尔　1905)

在实际的止推滑块中，从前缘进入的油有些自两侧漏出，所以油内的压强会有所降低，但定性上，所发生的现象仍如上所述。

由于压强分布的方式，在滑块上的剪应力，与简单狭缝的摩擦产生的剪应力相比，在前部较小而在后部较大；对于导板上的剪应力来说，则正相反。这些剪应力的值可由式 (4.102)、式 (4.103)、式 (4.105) 和式 (4.107) 相应地确定。

现在我们来估计一下黏性力，比值 $a/l$ 选取得越大，所得的近似就越精确。我们假设剪应力的分布近似为梯形，因而单位面积上的平均粘性力可近似地取作等于中点处的黏性力。由于中点处的 $p'$ 值是非常小的，由方程 (4.102)，可取

$$\tau_{\mathrm{m}} \approx \frac{\mu \cdot v}{h_{\mathrm{m}}}$$

润滑层的厚度 $h_{\mathrm{m}}$ 可利用式 (4.109) 从上式中消去，即

$$h_{\mathrm{m}} = \sqrt{\frac{\mu \cdot v \cdot l^2}{p_{\mathrm{m}} \cdot (2 \cdot a - l)}} \tag{4.110}$$

所以

$$\tau_{\mathrm{m}} = \sqrt{\frac{\mu \cdot v \cdot p_{\mathrm{m}}}{l}} \cdot \sqrt{\frac{2 \cdot a - l}{l}} \tag{4.111}$$

$\mu \cdot v/l$ 表示厚度 $l$ 的油层中所出现的非常小的剪应力，就数量级而言，实际的剪应力是这个小的剪应力与作用在滑块上的平均载荷的几何平均。对于固定的 $l$ 和 $a$ 值，滑动阻力与黏性的平方根、载荷的平方根和速度的平方根成比例地变化，这个关系不仅是对我们这里所考虑的平均值正确，也完全可以从精确的公式计算获得。

摩擦因数 $f = \tau_{\mathrm{m}}/p_{\mathrm{m}}$，对于固定的 $l$ 和 $a$ 值，即滑块尺寸按图 4.81 给出，则 $f$ 正比于 $\sqrt{\mu \cdot v/(p_{\mathrm{m}} \cdot l)}$。

对于轴颈与轴承的情形，关系就不那么简单了，这时出现了轴承间隙，此外，当轴颈的中心相对于轴承的中心有了铅垂和水平位移时，还有两个未知量。这里的主要特征是形成了一层楔形油垫，通过这个油垫，在轴颈旋转时，油便从宽的一边被输运到窄的一边 (图 4.82)，这种计算是很复杂的，但若假设轴颈的偏心率 $e$ 与轴承间隙 $s$ 相比为小量，则可使计算得到简化，轴颈在中等载荷下快速转动的完全封闭轴承的情形即符合这种假设条件，这时可令

$$h = s + e \cdot \cos(\varphi + \alpha)$$

其中 $\varphi$ 是中心角，是轴承中心和轴颈中心连线方向与作用力方向之间的夹角，约为 90°。轴颈和轴承间最小距离点在这个前面，与转动方向相同，而与轴颈压强方向相反。

与计算滑块类似的计算可得出结论：$e/s$ 正比于无量纲量 $L = (p_{\mathrm{m}} \cdot s^2)/(\mu \cdot v \cdot r)$，其中 $p_{\mathrm{m}}$ 为作用于轴承的平均压强，$r$ 为轴颈的半径，$v$ 是周向速度，轴承系数 $L$ 可由对滑块的公式 (4.109)

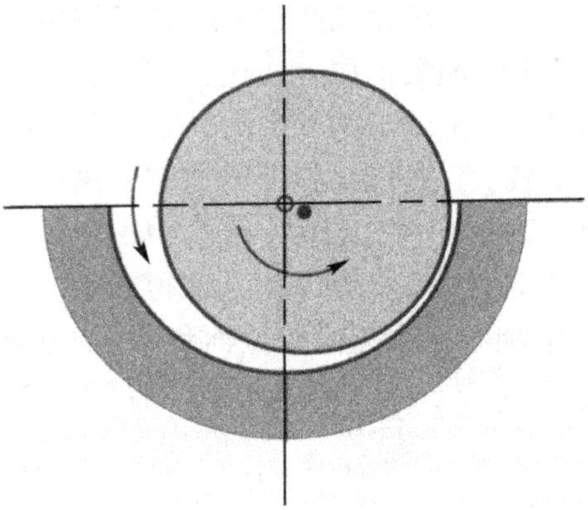

图 4.82　轴颈与轴承

$$\frac{l}{2 \cdot a - l} = \frac{p_{\mathrm{m}} \cdot h_{\mathrm{m}}^2}{\mu \cdot v \cdot l}$$

导出。上式的左边对应着 $e/s$，右边的 $h_{\mathrm{m}}$ 和 $l$ 分别对应 $s$ 和 $r$。

作用于轴承的不同载荷，不同的轴承间隙大小，不同的油的黏性以及不同的周向速度等诸影响都可由轴承系数计及。轴承的摩擦系数 $f_l$(切向力/轴承上的载荷)可以用类似于对滑块的方式来表示，从而得到 $f_l \propto \sqrt{\mu \cdot v/(p_{\mathrm{m}} \cdot r)}$，沃尔格 (Walger 1932) 通过实验测得该值为 2.4。

在以上的讨论中，我们都假定了油膜完全覆盖着轴颈，防止了轴颈与轴承金属表面的接触。鉴于轴颈与轴承或滑块与导轨制造的精度有一个限度，如果空隙 $h$ 过小，则两金属表面相接触是不可避免的。类似地，我们在应用以上推出的各公式时，也必须排除油膜中出现的负压的可能性。出现负压时，油膜会被撕裂，通常在承受重载荷的轴承中会发生油膜撕裂，其情况和轴承只部分地包围轴颈时类似，不过，我们将不对这种轴承作更深入的研究。

在重载荷情况下，由于油发热而引起了方程式计算的结果与实验结果有相当大的分歧。福格尔波尔 (G.Vogelpohl　1938) 指出，那些黏性随温度升高而降低较少的油更适合于重载荷的轴承。他还指出，轴承上大部分载荷是由于流体动力而被所谓混合摩擦、包含在表面上凸起凹陷之间所含的油承受的，只有很小一部分载荷是由机械接触的粗糙突起所承受的。

### 4.2.9　管子和渠道中的流动

湍流渠道流动边界上剪应力的平均值 $\tau_{\mathrm{w}}$ 可通过 $\lambda' \cdot \rho \cdot w^2/2$ 来计算，其中 $\lambda'$ 是一个依赖于具体情况，特别是依赖于边界粗糙度的量，$w$ 是平均速度，在长度为 $l$ 的一段管子或渠道中，压强降落必须与边界面上的剪应力相平衡，设 $A$ 是横截面

面积，$U$ 是浸润的横截周长，则有

$$(p_1 - p_2) \cdot A = \tau_{\mathrm{w}} \cdot l \cdot U = \lambda' \cdot \rho \cdot \frac{w^2}{2} \cdot l \cdot U \tag{4.112}$$

即

$$\frac{(p_1 - p_2)}{l} = \lambda' \cdot \frac{U}{A} \cdot \frac{\rho \cdot w^2}{2} \tag{4.113}$$

在明渠或河道的情况下，自由面不算是浸润周的一部分。比值 $A/U$ 称作水力半径 $r_h$。在重力作用下而流动的液体中，例如，在河流中，水位比降 $i = (z_1 - z_2)/l$ 常常是给定的 (图 4.83)，它通过关系式 $p_1 - p_2 = g \cdot \rho \cdot (z_1 - z_2) = g \cdot \rho \cdot l \cdot i$ 与沿水平线的压强降落联系起来 (2.4 节)。所以，由式 (4.112) 得

$$\tau_{\mathrm{w}} = g \cdot \rho \cdot r_h \cdot i \tag{4.114}$$

由式 (4.113) 得

$$i = \frac{1}{g \cdot \rho} \cdot \frac{p_1 - p_2}{l} = \frac{\lambda'}{r_h} \cdot \frac{w^2}{2 \cdot g} \tag{4.115}$$

由式 (4.115) 解出

$$w = \sqrt{\frac{2 \cdot g}{\lambda'} \cdot r_h \cdot i}$$

在应用于河流和渠道时，这个公式常写作

$$w = C \cdot \sqrt{r_h \cdot i} \tag{4.116}$$

称为谢兹(Chezy)公式。$C$ 是水力半径和边界表面粗糙度的函数。在深度为 $0.5 \sim 3\mathrm{m}$ 时，对于光滑的木壁渠道或光滑的灰泥砌筑的渠道，$C$ 的值为 $80\mathrm{m}^{(1/2)} \cdot \mathrm{s}^{-1}$；对于土渠，$C$ 为 $30 \sim 50\mathrm{m}^{(1/2)} \cdot \mathrm{s}^{-1}$；对于砾石渠道，$C$ 为 $24 \sim 49\mathrm{m}^{(1/2)} \cdot \mathrm{s}^{-1}$。

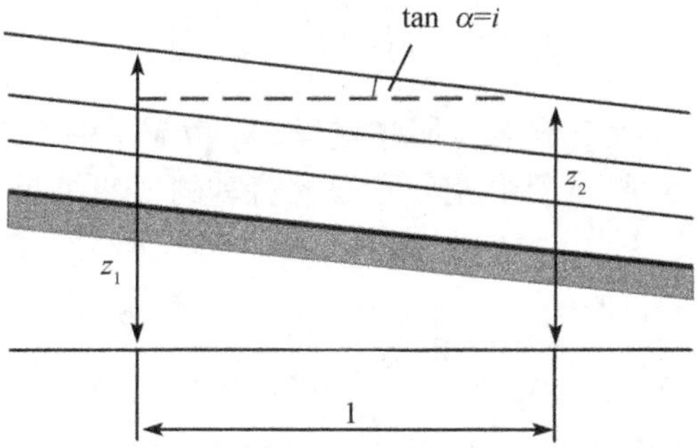


图 4.83 渠道内的流动

1. 圆形截面管道

半径为 $R$ 的圆截面管道，其水力半径 $r_h$ 是

$$r_h = \frac{A}{U} = \frac{\pi \cdot R^2}{2 \cdot \pi \cdot R} = \frac{R}{2} = \frac{d}{4} \tag{4.117}$$

在式 (4.113) 中，用 $4/d$ 代替 $U/A$，用 $\lambda$ 代替 $4 \cdot \lambda'$，得

$$\frac{p_1 - p_2}{l} = \frac{\lambda}{d} \cdot \frac{\rho \cdot w^2}{2} \tag{4.118}$$

其中 $\lambda$ 称作阻力系数。层流和湍流管道流动的阻力系数与雷诺数 $Re_d$ 的函数关系示于图 4.84。层流管流服从哈根 - 泊阿苏依定律 (4.45)。利用通量 $Q$，平均速度可表示为 $w = Q/(\pi \cdot R^2)$，于是管中的压强降落

$$\frac{p_1 - p_2}{l} = \frac{8 \cdot \mu \cdot w}{R^2} = 32 \cdot \mu \cdot \frac{w}{d^2} \tag{4.119}$$

对比式 (4.119) 和 (4.118)，可得到阻力系数的表达式

$$\lambda = \frac{64 \cdot \mu}{\rho \cdot w \cdot d} = \frac{64}{Re_d} \tag{4.120}$$

对于湍流管流的性状已有大量实验结果。在雷诺数大约达到 80000 以前，阻力系数服从布拉修斯(Blasius)定律，即

$$\lambda = \frac{0.3164}{Re^{1/4}} \tag{4.121}$$

哈根 - 泊阿苏依管流的稳定性理论 (4.2.4 节) 指出，层流 - 湍流的转捩发生在临界雷诺数 $Re_{\mathrm{crit}} = 2300$，因此在图 4.84 中，式 (4.120) 的规律在转捩区中转变为式 (4.121) 的规律。

普朗特 (1932) 曾对光滑管流雷诺数小于 $10^6$ 的情况给出过阻力系数的隐式方程

$$\frac{1}{\sqrt{\lambda}} = 2 \cdot \lg(Re_d \cdot \sqrt{\lambda}) - 0.8 \tag{4.122}$$

为获得此方程，应用了 4.2.5 节中的那些方程，并考虑了壁面对数律 (4.83)。

利用方程 (4.84)，对粗糙管中充分发展的流动的实验结果加以估值，可得到式 (4.122) 的下述推广

$$\frac{1}{\sqrt{\lambda}} = 1.74 - 2 \cdot \lg\left(\frac{18.7}{Re_d \cdot \sqrt{\lambda}} + \frac{2 \cdot k}{d}\right) \tag{4.123}$$

其中粗糙度 $k$ 是管壁面粗糙度的空间平均。对于雷诺数非常大的情形，阻力系数变得与雷诺数无关。这时，湍流管流边界层的黏性次层覆盖了管子表面的粗糙不平。

对于粗糙管中的阻力测量最早是由尼库拉德塞完成的 (1933)。他在管子内壁敷以不同大小筛过的沙粒，实验结果示于以他的名字命名的图 4.84 中。

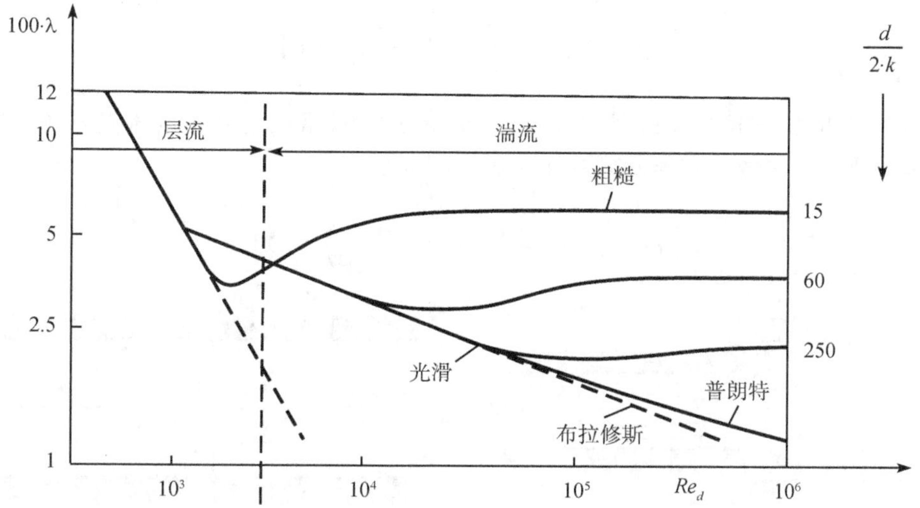


图 4.84 尼库拉德塞图：光滑管和粗糙管的阻力系数 $\lambda$

2. 进口段流

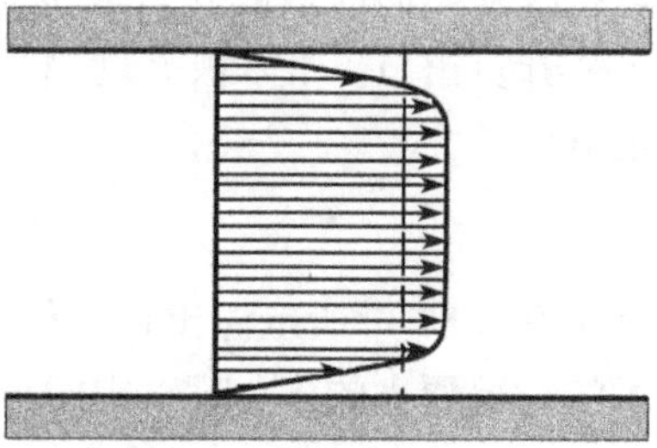

图4.85 进口段的速度分布

方程 (4.119)~ 方程 (4.123)，以及图 4.84 只适用于充分发展的管流，这近似地是在距管子进口约 60 倍直径 $d$ 以后的情况。在进口段的横截面上，速度几乎是均匀分布的，在管壁处因摩擦而开始引起流动的减速，在其下游，层流的流动中形成逐渐加厚的减速流体层 (图 4.85)，于是管子中心部分的流速必定增长，以使流经每一截面的流量相等。管子进口段中心部分流体的加速度与沿管轴的压强降落相关联，并可由伯努利方程计算。随着流动的向前推进，摩擦区域扩展到整个管子截面，出现遵循哈根 - 泊阿苏依定律的流动状态，根据席勒 (Schiller 1922 年) 的研究，这发生在经过 $l = 0.03 \cdot d \cdot Re_d$ 一段距离之后。当达到临界雷诺数 $Re_{\mathrm{crit}} = 2300$ 后，发生层流 - 湍流的转捩，并形成湍流充分发展的管流。

如果在管子进口段已存在湍流，则在距进口相当短的距离就会发生充分发展的湍流管流。

3. 截面变化的管流

当管道截面突然收缩时 (图 4.86)，除无黏压强损失外，还会出现黏性压强损失。管道截面的锐缘收缩或孔板都会引起流动的收缩，根据魏斯巴赫 (Weisbach) 的研究，流动的收缩系数可用 $\alpha = 0.63 + 0.37 \cdot (A_1/A_0)^3$ 来计算。

假如收缩后又紧跟着突然扩大 (孔板)，则相关的压强损失是

$$p_0 - p_2 = \frac{\rho \cdot w_0^2}{2} \cdot \left(\frac{A_0}{\alpha \cdot A_1} - 1\right)^2$$

图 4.86 中的孔板或图 4.87 中的温土瑞(Venturi)喷管常被用来测量体积流量。在孔板情况下，用伯努利方程计算的无黏压强损失是

$$p_0 - p_1 = \frac{\rho \cdot w_0^2}{2} \cdot \left[\left(\frac{A_0}{\alpha \cdot A_1}\right)^2 - 1\right]$$

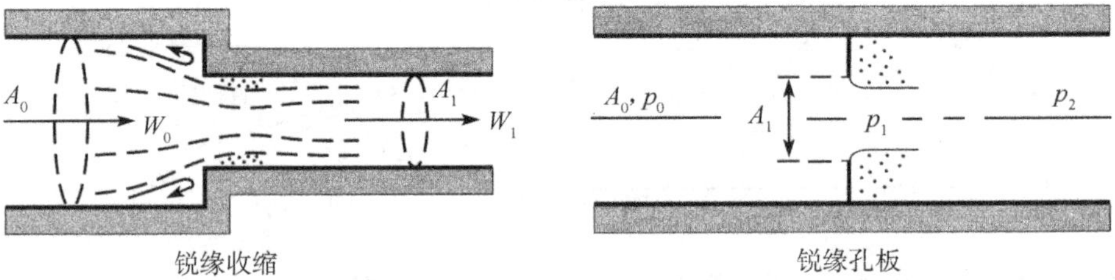


图 4.86　管道的收缩锐缘收缩锐缘孔板

若在收缩截面前后的孔口测定压强 $p_0$ 和 $p_1$ 以确定 $p_0 - p_1$，若已知 $\alpha$，就可以利用上式计算出 $w_0$ 和体积流量 $A_0 \cdot w_0$。根据实验结果，若 $A_1/A_0 < 0.7$，可用下式确定 $\alpha$

$$\alpha = 0.598 + 0.4 \cdot \left(\frac{A_1}{A_0}\right)^2$$

对于图 4.87 中所示温土瑞喷管截面逐渐扩大的情况，压强的恢复较孔板式突然扩大的情况要大的多。喷管中的压强损失可用下式描述

$$p_0 - p_2 = \xi \cdot \frac{\rho}{2} \cdot (w_1^2 - w_2^2)$$

其中 $\xi$ 是对每一喷管都要单独确定的经验阻力系数，温土瑞喷管的 $\xi$ 值在 0.15~0.2。如果避免了流动分离，收缩系数 $\alpha$ 可设为 1。

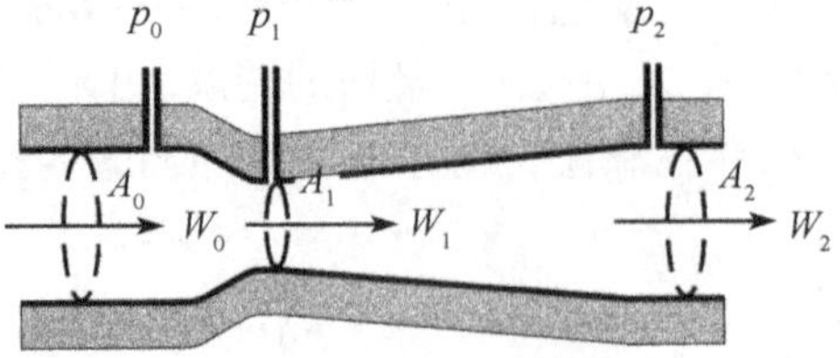


图 4.87　温土瑞喷管

扩压器中截面的逐渐扩大，可使流动的压强恢复。对于无黏流动，在所有截面上速度都是常数，可是由于摩擦的影响，在靠近壁面处流体被减速。若扩压器的扩开角太大，则将出现流动分离。

在突然或逐渐扩大的管道中获得的压强升高 $p_2 - p_1$，也用于图 4.88 所示的射流泵中来抽取流体。在水注抽气泵中，为达到 1 bar 的压差，注水射流的速度 $w_1$ 必须达 20m/s 左右。本生灯是另一实例，借从一个小孔喷出的气体射流把空气吸入并与之混合。

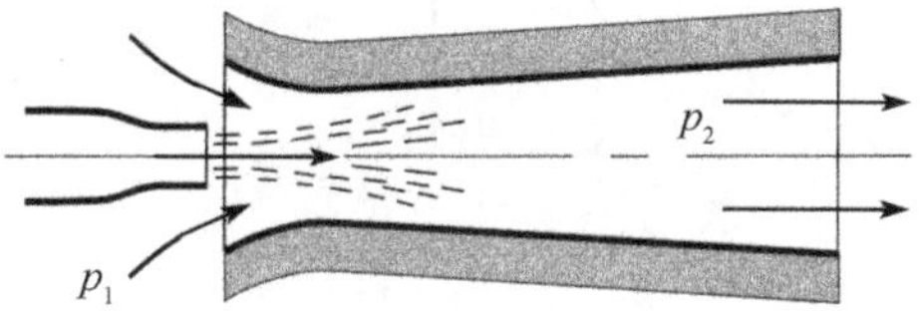


图 4.88 射流泵

### 4.2.10 流体中运动物体的阻力

1. 牛顿阻力律

牛顿的结论是：流体中运动物体的阻力与物体的截面积 $A$、流体的密度 $\rho$ 以及速度 $v$ 的平方成正比。这个结论可用下述很简单的论证来证明：物体沿途每秒所必须排开的流体质量为 $M = \rho \cdot A \cdot v$，同时给每一个流体元一个与物体自身速度成正比的速度，因此阻力正比于每秒给流体的动量

$$M \cdot v = \rho \cdot A \cdot v^2$$

在牛顿的理论中，将弹性体碰撞的定律应用于处理流体的阻力，认为介质是由静止状态的质点组成的，这些质点被运动的物体推开，然而，这样得出的阻力没有考虑到绕物体的流体动力流和物体的尾流。

这可借助绕二面体流动(图 4.89) 的例子予以说明，绕二面体的流动必定和绕倾斜成同样角度但相互分开的两块平板的流动大不相同，在两板分开的情况下，流体可以从它们之间流过，但流体却不能穿过二面体。根据埃菲尔 (Eiffel) 的实验(1907)，在流体中，二面体的阻力约为相互分开两板阻力的 60%，而依照牛顿的理论，两者的阻力应相同。

另一个例子是绕圆盘、绕长度与直径相等的圆柱、绕长度是直径两倍的圆柱的流动，实验测得的阻力系数分别是 1.12、0.91 和 0.85。长柱体比短柱体的阻力小是因为流体在圆柱表面上重新附着，使尾流较小，在物体后部的吸力作用较其他两种情况小。

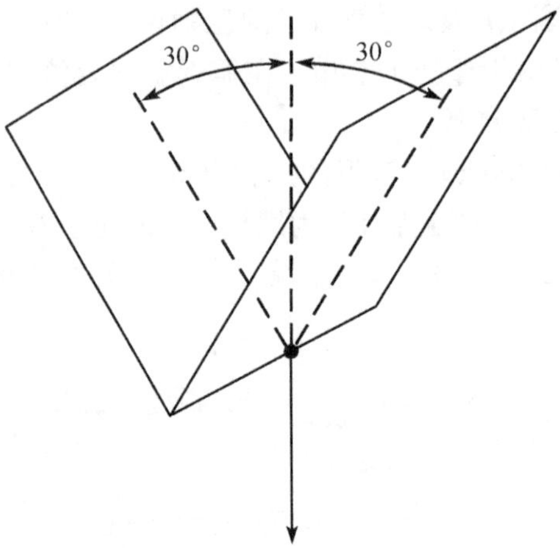


图 4.89　绕二面体的流动

2. 压强阻力和摩擦阻力

流体力学阻力由压强阻力和摩擦阻力两部分组成，相应的阻力系数为

$$c_{\mathrm{w}} = c_{\mathrm{d}} + c_{\mathrm{f}} \tag{4.124}$$

总阻力系数 $c_{\mathrm{w}}$ 由下式定义

$$c_{\mathrm{w}} = \frac{W}{\frac{\rho}{2} \cdot v^2 \cdot A}$$

其中 $W$ 为阻力，$(\rho/2) \cdot v^2$ 为动压，$A$ 为截面积。压强阻力系数 $c_{\mathrm{d}}$ 和总摩擦阻力系数 $c_{\mathrm{f}}$ 则分别由下式定义

$$c_d = \frac{W_{\mathrm{d}}}{\frac{\rho}{2} \cdot v^2 \cdot A} \qquad c_f = \frac{W_{\mathrm{f}}}{\frac{\rho}{2} \cdot v^2 \cdot A}$$

其中 $W_d$ 为压力，$W_{\mathrm{f}}$ 为摩擦力。

阻力系数 $c_{\mathrm{w}}$ 一般是雷诺数 $Re_l = v \cdot l/\nu$ 的函数

$$c_{\mathrm{w}} = f(Re_l) \tag{4.125}$$

若摩擦可以忽略，如平板位于与其平面垂直方向的流动中，则 $c_{\mathrm{w}}$ 与雷诺数无关，其值为常数，对于圆板 $c_{\mathrm{w}} = 1.12$。然而，若平板位于与其平面平行方向的流动中，则摩擦阻力系数 $c_{\mathrm{f}}$ 是主要的，压强阻力系数 $c_{\mathrm{d}}$ 小得可以忽略。

如前所述，总阻力总可分解为压强阻力和摩擦阻力，压强阻力的大小主要取决于物体的形状，而摩擦阻力的大小则主要取决于物体表面的面积，因此也可以将总阻力分解为形状阻力和表面阻力。当然，严格地说，摩擦阻力在相当大的程度上也与表面形状有关，故后一种分解法只是近似有效。

在液体自由表面上运动的物体还承受着一类特别的压强阻力，即波阻，这是由物体运动生成的波系引起的。既然波的运动是在重力的影响下进行的 (我们忽略表面张力)，我们可以用速度 $v$、长度 $l$、重力加速度 $g$ 组成量纲 1 量弗劳德(Froude)数作为特征数

$$Fr = \frac{v}{\sqrt{g \cdot l}} \tag{4.126}$$

对于同一船形但不同大小的两只船 (如模型船和真船)，若两者具有相同的弗劳德数数值，则它们的波系将是几何相似的。

波阻与船的形状和速度有极复杂的关系。船体加长一些，波阻可能增加也可能减小，取决于船尾和船头波相互干扰的情况；如果船尾位于船头波系的波谷，则波阻增加；如船尾位于船头波系的波峰，则波阻减小。

3. 位流

无黏位流在物体运动方向上不会引起阻力，在垂直于运动方向上也不会引起升力，通过应用动量定理于某一包围此物体并距此物体一定距离的控制面是不难理解上述结论的。物体运动所引起的扰动速度在各个方向都衰减得非常快，若令控制面无限扩大，扰动对总动量的贡献就趋近于零，由于动量定理对任一控制面都必须得出同样的结果，因此，阻力只能是零。

在无黏流体理论的框架内讨论阻力问题有过各种尝试，我们来介绍两个典型特例：绕平板的基尔霍夫流动和卡门涡街。

3. 绕平板的基尔霍夫流动

在绕平板的无黏流中 (图 4.90)，流体在驻点处分开并形成 4.1.1 节中所介绍过的间断面。在平板的后面，流体处于静止，形成所谓的死水区，这里各点压强均相同，于是我们得到间断面上压强也必定为常数的结论。根据伯努利定理，间断面上流速也必为常量，如果这个条件得到满足，则由无黏流理论只能得出这样的解：间断面延伸到无穷远，并且间断面上的速度等于未受扰动流体即无穷远处的速度；压强分布的情况是，在驻点处有最大值，向边缘逐渐减弱至还未受扰动流体的压强。在平板的背面，压强等于常数，并且等于未受扰动流体的压强。压强阻力系数 $c_\mathrm{d}$ 正比于平板的面积和驻点压强。基尔霍夫 (Kirchhoff)(1869) 计算了无穷宽平板的 $c_\mathrm{d} = 2 \cdot \pi/(4 + \pi) = 0.88$，是一常数。

实际上，间断面是不稳定的，会破坏而形成漩涡 (4.1.4 节)。在平板背面，会形成压强较未受扰动的压强有显著减小的时间平均的回流区，导致尾流中的抽吸效应而产生较基尔霍夫计算所得的阻力大得多的阻力。对于无穷宽的平板，总阻力系

数是 $c_w = 1.98$。对于方形平板，流体绕过板的边缘流入尾流区而大大减小了负压，总阻力系数 $c_w = 1.17$。

可见，基尔霍夫的阻力计算与实际情况吻合得不够好，但在气穴情况下，两者却吻合得很好，因为气穴压强低且速度很高，板后为液体蒸汽填满，间断面是稳定的，无黏流理论的条件得以很好地满足。

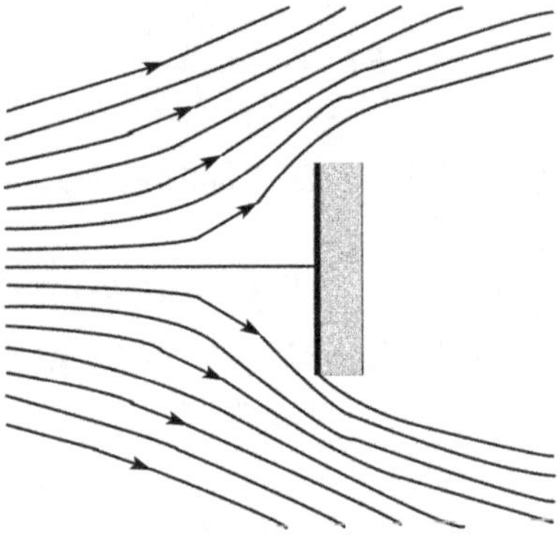

图 4.90　绕平板的基尔霍夫流动

5. 卡门涡街

在某些情况下，绕平板的纵向流动，在板后出现漩涡的周期性分离 (图 4.91)，对这一现象的观察，引导卡门 (1912) 对平行排列涡束的稳定性进行了研究。他指出，当两排漩涡之间的距离 $h$ 与同列中相邻两旋涡的间距之比 $h/l = 0.281$ 时，才能达到稳定。实际观察到的涡列位置很接近这一无黏稳定性理论给出的 $h/l$ 比值。图 4.91 表明摩擦使漩涡的间距在下游逐渐加大。

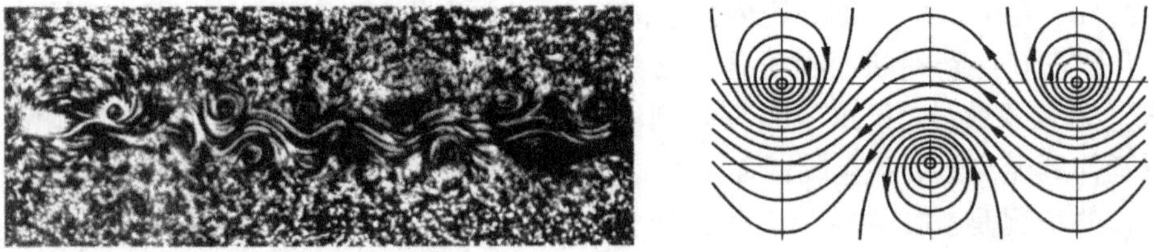

平板后的涡街　　卡门计算的流线，1912

图 4.91　卡门涡街

漩涡的周期性分离造成阻力，卡门也对此做了计算。产生漩涡的物体的阻力系数可以通过从照片上测量涡系的数据，并测量漩涡相对于物体的速度而计算出来，这是无黏理论的一个成功应用的例子。

6. 绕平板流动的摩擦阻力

摩擦阻力是对物体全部受摩擦的表面 $A$ 而言的，因而是

$$W_{\mathrm{f}} = \int_{A} \tau_{\mathrm{w}} \cdot \sin(x, \boldsymbol{n}) \cdot \mathrm{d}A = c_{\mathrm{f}} \cdot A \cdot \frac{\rho \cdot v^2}{2} \tag{4.127}$$

其中 $x$ 是来流的方向，$\boldsymbol{n}$ 指表面上局部法线的方向，$c_{\mathrm{f}}$ 是摩擦阻力系数。对于绕宽度 $b$、长度 $l$ 的矩形平板的纵向绕流，$A = 2 \cdot b \cdot l$。

层流平板边界层流时，摩擦阻力正比于 $\sqrt{l}$；当边界层中的流动为湍流且雷诺数足够大时，对光滑表面的阻力正比于 $l^{0.8} \sim l^{0.85}$，对粗糙表面阻力正比于 $l^{0.65} \sim l^{0.75}$。如果引入取 $l$ 为长度的雷诺数 $Re_l = v \cdot l/\nu$，则可画出图 4.92 所示的曲线，图中 $c_{\mathrm{f}}$ 和 $Re_l$ 都采用对数尺标，虚线和实线表示用不同的公式计算的阻力系数。

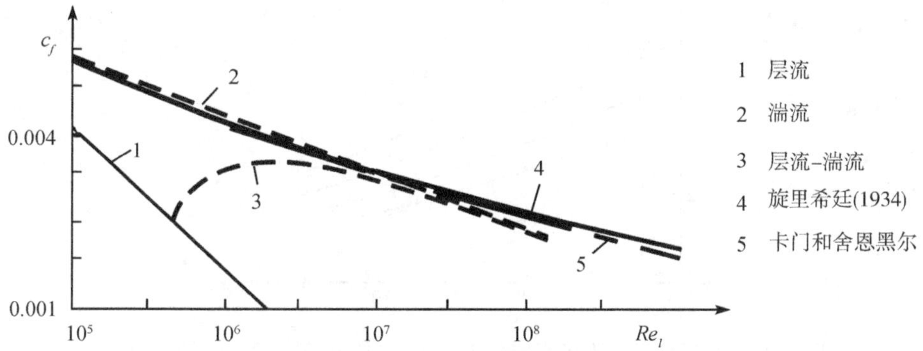


图 4.92 光滑平板的摩擦阻力系数 $c_{\mathrm{f}}$ 和雷诺数 $Re_l$ 的关系曲线

对于层流

$$c_{\mathrm{f}} = \frac{1.33}{\sqrt{Re_l}} \tag{4.128}$$

对应图中的曲线 1；对于从平板前端就开始的湍流

$$c_{\mathrm{f}} = \frac{0.074}{Re_l^{0.2}} \tag{4.129}$$

对应图中的曲线 2；对于前部的流动是层流，在临界雷诺数为 $5 \times 10^5$ 时变为湍流的情况

$$c_{\mathrm{f}} = \frac{0.074}{Re_l^{0.2}} - \frac{1700}{Re_l} \tag{4.130}$$

对应曲线 3，且式 (4.130) 直到雷诺数达 $5 \times 10^6$ 都适用。对雷诺数达 $5 \times 10^8$ 的情况，施里希廷 (1934) 给出了下述插值公式 (对应曲线 4)

$$c_{\mathrm{f}} = \frac{0.455}{(\lg(Re_l))^{2.58}} \tag{4.131}$$

曲线 5 对应着由冯卡门和舍恩黑尔 (1932) 提出的吻合实验结果的插值公式

$$\sqrt{c_\mathrm{f}} = \frac{0.242}{\lg(Re_l \cdot c_\mathrm{f})} \tag{4.132}$$

在 4.2.9 节中讨论过的流过粗糙面的湍流理论使我们能够计算粗糙平板的摩擦阻力。对于沿粗糙表面充分发展了的流动，我们可以期望，粗糙高度为 $k$ 的给定长度的平板的阻力正比于速度的平方，且比值 $k/l$ 越大，摩擦阻力系数 $c_\mathrm{f}$ 越大；如果 $k$ 是常数，比值 $k/l$ 随 $l$ 的增大而减小，也就是说，$c_\mathrm{f}$ 在速度不变的情况下随雷诺数的增加而减小。普朗特和施里希廷 (1934) 在尼库拉德塞粗糙管实验的基础上，第一次作了粗糙平板阻力的计算。图 4.93 中对光滑的和粗糙的表面绘出了计算的结果。

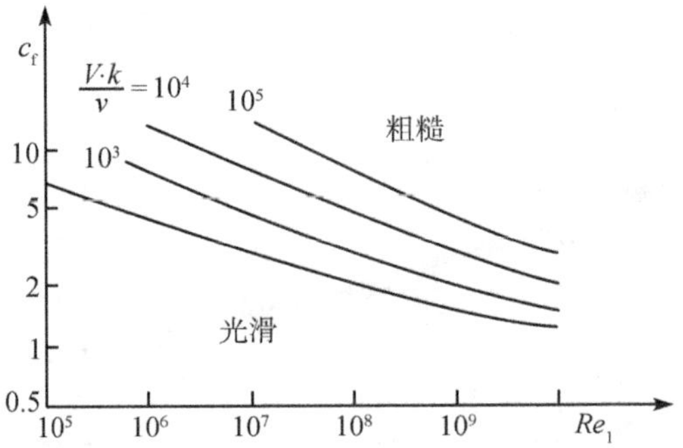


图 4.93　光滑和粗糙平板摩擦阻力系数 $c_\mathrm{f}$ 与雷诺数 $Re_l$ 的关系曲线

7. 阻力与尾流情况的关系

图 4.94 示出了以速度 $U$ 在流体中运动的物体其时间平均的尾流速度剖面，参考系是静止的。尾流由因物体阻力的作用而运动起来的流体所组成。在物体前面，流体沿各个方向向外流动，犹如从点源流出一样 (4.1.5 节)。点源的强度 $Q$ 相当于尾流的强度，并且与物体的阻力紧密相关，若以 $w$ 表示尾流中流体相对于静止流体的速度，则可求得点源的强度

$$Q = \int_N w \cdot \mathrm{d}A \tag{4.133}$$

积分应在距物体足够远的尾流截面 $N$ 上进行。对点源流动和尾流应用动量定理，我们有

$$W = \rho \cdot Q \cdot U \tag{4.134}$$

由式 (4.133) 和式 (4.134) 可以看到，阻力可通过测量尾流来确定，W. 贝茨 (Betz)(1925) 第一个指出了用这种方法测定阻力的可能性。在尾流中相对于物体的速度是 $U-w$，

借助于相对物体静止的皮托管 (见 4.1.2 节)，可测定总压 $p_g = p + (\rho/2) \cdot (U - w)^2$。若以 $p_{g_0}$ 表示未受扰动的总压，则由式 (4.133) 和式 (4.134)，在忽略掉 $(\rho/2) \cdot w^2$ 项后，即可计算出在物体后面相当远处尾流截面上的积分而求得阻力

$$W = \int_N (p_{g_0} - p_g) \cdot \mathrm{d}A \tag{4.135}$$

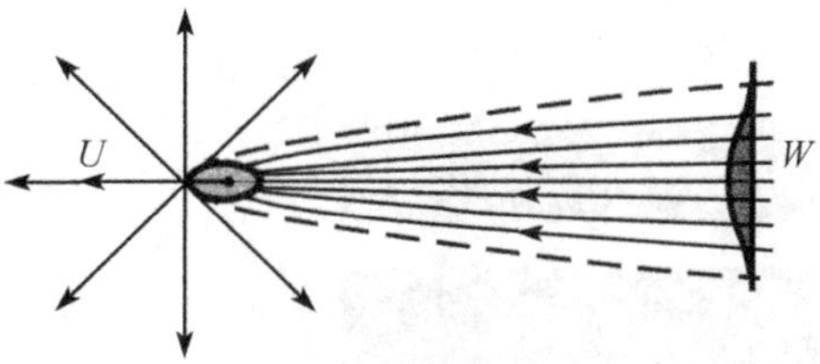


图 4.94 运动物体的尾流，参考系静止

绕带阻力物体流动的无黏研究使我们可对与此流动相关联的压强场做出重要的推论，此压强场由源的速度场确定，点源的径向速度是 $w_r = Q/(4 \cdot \pi \cdot r^2)$，单位长度源强 $Q_1$ 的平面流动线源的径向速度是 $Q_1/(2 \cdot \pi \cdot r)$。我们如果只限于考虑一阶精度，则在离源相当远处计算合速度的平方时，只需考虑 $x$ 方向的分速度 $u = w_r \cdot \cos(\varphi)$。略去二阶小量，由伯努利方程中的表达式 $(\rho/2) \cdot (U + u)^2 - U^2 = (\rho/2) \cdot (2 \cdot U \cdot u + u^2)$ 可得

$$p - p_0 = -\rho \cdot U \cdot u = -\rho \cdot \frac{Q \cdot U}{4 \cdot \pi \cdot r^2} \cdot \cos(\varphi) \quad 或 \quad -\rho \cdot \frac{Q_1 \cdot U}{2 \cdot \pi \cdot r} \cdot \cos(\varphi)$$

由式 (4.134)，得

$$p - p_0 = -\frac{W \cdot \cos(\varphi)}{4 \cdot \pi \cdot r^2} \quad 或 \quad -\frac{W_1 \cdot \cos(\varphi)}{2 \cdot \pi \cdot r}$$

其中 $W_1$ 是平面流线源单位长度的阻力。即使在距物体相当远处，这些量也是相当可观的，特别是对线源，这一点在实验中必须充分考虑。例如，伸进流场的测量仪器的支杆对横向流动的扰动。因为尾流是黏性流动，不遵循伯努利方程，因而不引起任何可觉察的压强场。

关于黏性尾流，对于雷诺数 $Re_d < 1$，C.W. 奥任 (Oseen 1910) 和 H. 兰姆 (Lamb 1911) 分别对球和圆柱体给出了解析解，且与图 4.96 中所示的测量结果很吻合。随雷诺数增加，在圆柱后首先形成了一个定常的回流区 (图 4.95)，然后转变成层流的卡门涡街，于是关于阻力的讨论也适用于尾流中时间平均的速度剖面。

球、圆柱和圆盘的阻力系数 $c_w$ 与这些物体直径 $d$ 形成的雷诺数 $Re_d$ 之间的函数关系示于图 4.96 中。阻力系数由物体上的分离点位置决定，物面上的边界层流动是层流还是湍流具有决定性作用，如果是湍流，分离点更往下游，而使阻力大

大减小 (4.2.6 节)，这一现象是在研究圆球阻力时首先发现的，在雷诺数为 $3\times10^5$ 时，$c_{\mathrm{w}}$ 可降至 0.1 以下；雷诺数增加，$c_{\mathrm{w}}$ 重又上升至 0.18 左右。普朗特著名的扰流线实验证明，确实是因边界层转变为湍流引起的阻力降低。如果在一球上，在层流分离点的稍前处套一圈细丝 (直径与黏性次层的厚度同一量级)，则虽然雷诺数还小于 $3\times10^5$，阻力也降低了，因为这使边界层成为湍流流动，分离点由本来发生在球最前缘点之后约 80° 处后移到了约 110° ~ 120° 处。

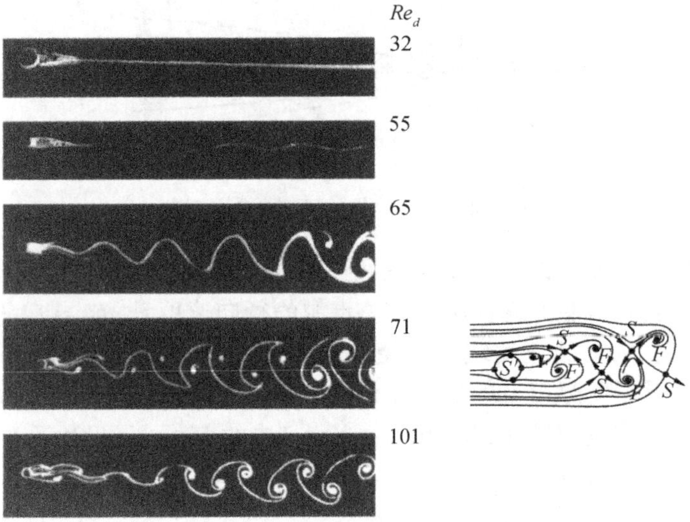


图 4.95　圆柱体后的卡门涡街 (霍曼　1936)

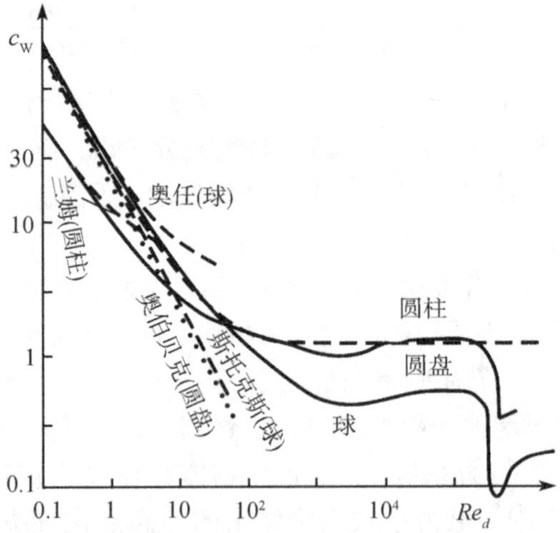


图 4.96　球、圆柱，圆盘的阻力系数 $c_{\mathrm{w}}$ 与雷诺数 $Re_d$ 的关系曲线

对于蠕行流动，$Re_d < 1$，斯托克斯定律$c_{\mathrm{w}} = 24/Re_d$ 可足够准确地描述绕球的流动；绕圆柱的流动，则应采用兰姆解$c_{\mathrm{w}} = \dfrac{8\cdot\pi}{Re_d\cdot(2-\ln(Re_d))}$ 替代斯托克斯解，其阻力值由大到小，例如，由 $c_{\mathrm{w}} = 1.2$ 到 $c_{\mathrm{w}} = 0.3$ 的过渡发生在 $Re_d$ 大约等于 $5\times10^5$；绕圆盘的流动，分离点是固定的，层流 - 湍流的转捩在物体的边界层中不起作用，因此，阻力系数保持为 $c_{\mathrm{w}} = 1.18$。

8. 低阻飞船

在航空技术中一个特别重要的问题是寻找空气阻力最小的物体。这导致了避免流动分离的所谓流线型物体形状的设计。流线型物体的压强分布，用位势方程计算就可得到与实验测量的压强分布非常一致的结果 (图 4.97)，只是在尾部有偏差，这里边界层变成尾流剪切层，致使测量所得的压强不能回升到驻点处的压强。实验确定的阻力系数是 $c_{\mathrm{w}} = 0.04$，只是同样直径圆盘的阻力系数的 1/28。

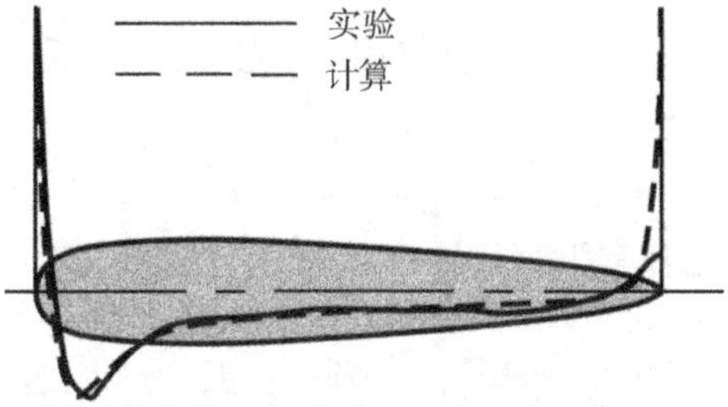

图 4.97 飞船模型上的压强分布，(富尔曼 1910)

我们不仅要避免流动分离，还要尽量减小摩擦阻力。如果能使物体表面上的大部分流动保持为层流，摩擦阻力就会减小，由于加速流比减速流易于保持层流流动，我们必须设法让物面上流动的加速保持最大速度点尽可能后移，通过尽量后移翼型最大厚度的位置可达到上述目的，当然，还必须保持表面完全没有突起的地方，否则会使层流 - 湍流的转捩过快发生。

### 4.2.11 非牛顿介质中的流动

在 4.2.1 中我们讨论到了非牛顿流体的非线性流动特性，现在我们以一个充分发展的圆管流作为例子进一步讨论非牛顿流动。圆管中流动的剪应力强度服从幂函数规律式 (4.50)。

1. 管流

充分发展的管流的驱动力是恒定的压差 $\Delta p$，和在牛顿流体中一样，沿管子轴线的压强梯度是恒定的，即 $\mathrm{d}p/\mathrm{d}z = -\Delta p/l$。为获得解，我们利用不可压流体的连续性方程 (5.1 节)

$$\nabla\cdot\boldsymbol{v} = 0 \tag{4.136}$$

和考虑重力场的定常流的 N-S 方程 (5.2.1 节)

$$\rho\cdot(\boldsymbol{v}\cdot\nabla)\cdot\boldsymbol{v}=-\nabla\boldsymbol{p}+\nabla\cdot\boldsymbol{\tau} \tag{4.137}$$

其中 $\boldsymbol{\tau}$ 是法向应力和剪应力的张量。关系式

$$v_{\mathrm{r}}=0\quad v_{\varphi}=0\quad v_z=u(r)\quad p=p(z) \tag{4.138}$$

满足连续性方程，且式 (4.137) 的左端等于零，$\boldsymbol{\tau}$ 只有两个非零分量，对 $\tau_{rz}=\tau_{zr}$ 用式 (4.50)，可得

$$\tau_{rz}=\tau_{zr}=K\cdot\left|\frac{\mathrm{d}u}{\mathrm{d}r}\right|^{n-1}\cdot\frac{\mathrm{d}u}{\mathrm{d}r} \tag{4.139}$$

考虑到这一点，方程 (4.137) 的 $z$ 分量满足

$$0=-\frac{\mathrm{d}p}{\mathrm{d}z}+\frac{1}{r}\cdot\frac{\mathrm{d}}{\mathrm{d}r}(r\cdot\tau_{rz}) \tag{4.140}$$

方程 (4.137) 的 $r$ 分量和 $\varphi$ 分量也同样满足相应的关系。积分方程 (4.140)，可得

$$\tau_{rz}=\frac{\mathrm{d}p}{\mathrm{d}z}\cdot\frac{r}{2}+\frac{C_1}{r}$$

因剪应力 $\tau_{rz}$ 在 $r=0$ 处有有限值，这意味着积分常数 $C_1$ 必须等于零，将 (4.139) 代入，遂得

$$K\cdot\left|\frac{\mathrm{d}u}{\mathrm{d}r}\right|^{n-1}\cdot\frac{\mathrm{d}u}{\mathrm{d}r}=\frac{\mathrm{d}p}{\mathrm{d}z}\cdot\frac{r}{2}$$

因沿 $z$ 轴方向压强减小，即 $\mathrm{d}p/\mathrm{d}z=-\Delta p/l$ 为负，所以 $\mathrm{d}u/\mathrm{d}r$ 也必定为负

$$\frac{\mathrm{d}u}{\mathrm{d}r}=-\left(\frac{\Delta p}{2\cdot K\cdot l}\right)^{\frac{1}{n}}\cdot r^{\frac{1}{n}}$$

积分上式，我们得到

$$u(r)=-\frac{n}{n+1}\cdot\left(\frac{\Delta p}{2\cdot K\cdot l}\right)^{\frac{1}{n}}\cdot r^{\frac{n+1}{n}}+C_2$$

积分常数 $C_2$ 可由壁面处的无滑移条件 $u(R)=0$ 确定，$R$ 是圆管的半径，最后得到

$$u(r)=-\frac{n}{n+1}\cdot\left[\frac{R^{n+1}}{2\cdot K}\cdot\frac{\Delta p}{l}\right]^{\frac{1}{n}}\cdot\left[1-\left(\frac{r}{R}\right)^{\frac{n+1}{n}}\right] \tag{4.141}$$

$n=1$ 时，式 (4.141) 所描绘的速度剖面和牛顿流体的速度剖面一样；$n<1$ 时，速度梯度更陡，如图 4.98 所示。体积流量 $Q$ 可由式 (4.141) 按下式计算

$$Q=\int_0^{2\cdot\pi}\int_0^R u(r)\cdot r\cdot\mathrm{d}r\cdot\mathrm{d}\varphi=\frac{n}{3\cdot n+1}\cdot\pi\cdot R^3\cdot\left(\frac{R}{2\cdot K}\cdot\frac{\Delta p}{l}\right)^{\frac{1}{n}} \tag{4.142}$$

由此可求得平均速度 $u_{\mathrm{m}}$

$$u_{\mathrm{m}}=\frac{Q}{\pi\cdot R^2}=\frac{n}{3\cdot n+1}\cdot R\cdot\left(\frac{R}{2\cdot K}\cdot\frac{\Delta p}{l}\right)^{\frac{1}{n}}$$

若 $n=1$ 和 $K=\mu$，上式蜕变为牛顿流体在圆管中服从的哈根 - 泊阿苏依定律。

2. 威森伯格效应

高分子量流体的剪切流动有与法向应力相关联的非牛顿效应，作为一个例子，我们来讨论所谓的威森伯格(Weissenberg)效应。设一非牛顿流体在半径分别为 $R_1$ 和 $R_2$ 的两同心圆筒间运动 (图 4.99)。其中内筒以不变的角速度 $\omega$ 转动，液体的自由表面上作用着大气压，液面高度足够大，以至圆筒底部的流动对自由表面没有影响。

采用柱坐标，则只有速度的 $\varphi$ 分量 $v_\varphi(r)$ 不是零，因此，在两圆筒之间存在剪切流，压强只与 $r$ 有关。剪应力张量具有如下形式

$$\boldsymbol{\tau}=\begin{pmatrix}0 & \tau_{r\varphi} & 0\\ \tau_{\varphi r} & \sigma_{\varphi\varphi} & 0\\ 0 & 0 & 0\end{pmatrix} \tag{4.143}$$

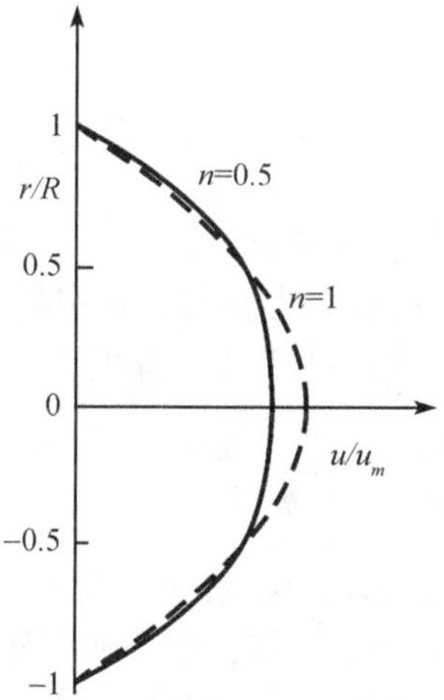


图 4.98 圆管中非牛顿流体的速度分布

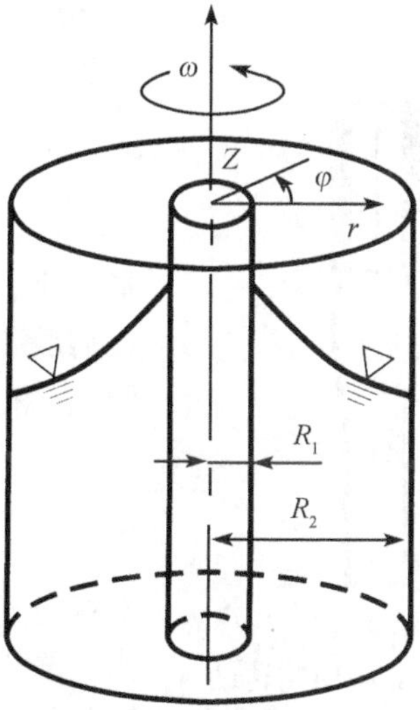


图 4.99 两同心圆筒之间的流动，其中内筒转动

其中 $\sigma_{\varphi\varphi}$ 和 $\tau_{r\varphi}$ 只取决于 $r$。定常流 N-S 方程 (4.137) 的 $r$ 和 $\varphi$ 分量是

$$-\rho\cdot\frac{v_\varphi^2}{r}=-\frac{\mathrm{d}p}{\mathrm{d}r}-\frac{\sigma_{\varphi\varphi}}{r} \tag{4.144}$$

$$0=\frac{1}{r}\cdot\frac{\mathrm{d}}{\mathrm{d}r}(r\cdot\tau_{r\varphi})+\frac{\tau_{r\varphi}}{r}=\frac{1}{r^2}\cdot\frac{\mathrm{d}}{\mathrm{d}r}(r^2\cdot\tau_{r\varphi}) \tag{4.145}$$

方程 (4.137) 中的 $z$ 分量也满足同样的关系。在圆柱坐标中对剪应力 $\tau_{r\varphi}=\mu\cdot(\mathrm{d}\nu_\varphi/\mathrm{d}r-v_\varphi/r)$ 用牛顿关系式，式 (4.145) 变为

$$0=\mu\cdot\frac{\mathrm{d}}{\mathrm{d}r}\left(\frac{1}{r}\cdot\frac{\mathrm{d}}{\mathrm{d}r}(r\cdot v_\varphi)\right) \tag{4.146}$$

积分式 (4.146) 即可求得速度分布，这和牛顿流体相应的速度分布一样

$$v_\varphi(r)=A\cdot r+B\cdot\frac{1}{r} \tag{4.147}$$

利用边界条件 $v_\varphi(r=R_1)=\omega\cdot R_1$ 和 $v_\varphi(r=R_2)=0$，可求得常数

$$A=-\frac{\omega\cdot R_1^2}{R_2^2-R_1^2}\qquad B=\frac{\omega\cdot R_1^2\cdot R_2^2}{R_2^2-R_1^2}$$

由方程 (4.144) 可得到压强的关系式为

$$\frac{\mathrm{d}p}{\mathrm{d}r}=\frac{\mathrm{d}(\ln(r))}{\mathrm{d}r}\cdot\frac{\mathrm{d}p}{\mathrm{d}(\ln(r))}=-\frac{\sigma_{\varphi\varphi}}{r}+\rho\cdot\frac{v_\varphi^2}{r}$$

或

$$\frac{\mathrm{d}p}{\mathrm{d}(\ln(r))}=-\sigma_{\varphi\varphi}+\rho\cdot v_\varphi^2 \tag{4.148}$$

形式上，我们可以用法向应力差 $\sigma_{\varphi\varphi}-\sigma_{rr}$ 来替代 $\sigma_{\varphi\varphi}$ 按照我们的假设，在自由表面上作用着恒定的外部压强，因而，液面高度 $h$ 的变化正比于压强梯度

$$\frac{\mathrm{d}h}{\mathrm{d}r}=\frac{1}{\rho\cdot g}\cdot\frac{\mathrm{d}p}{\mathrm{d}r} \tag{4.149}$$

图4.99 两同心圆筒之间的流动，其中内筒转动

对高分子量流体，$\sigma_{\varphi\varphi}-\sigma_{rr}>0$。若法向应力的差值足够大，式 (4.148) 和式 (4.149) 表明，在旋转内圆筒处的液面高度 $h$ 大于在静止外圆筒处的液面高度。这一现象首先由威森伯格 (1947) 描述并可在许多黏弹流体中观察到。

3. 射流的膨胀

另一个法向应力效应的例子是黏弹性流体从喷管或圆柱管口以自由射流流出的情形。非牛顿流体射流从一铅垂管子向下流出 (图 4.100) 时，首先膨胀，然后在

重力作用下，又重新收缩。假设在管口截面处流动是充分发展的哈根 - 泊阿苏依流，则径向 N-S 方程退化为

$$\frac{\mathrm{d}(p-\sigma_{rr})}{\mathrm{d}r}=-\frac{1}{r}\cdot(\sigma_{\varphi\varphi}-\sigma_{rr}) \tag{4.150}$$

将式 (4.150) 和管子出口处的动量定理以及法向应力的作用综合起来，可将射流的膨胀和非牛顿流体的法向应力联系起来，如威森伯格效应的情况。管子半径愈小，射流的膨胀愈大，这和考虑威森伯格效应时，内筒直径愈小，则转动圆筒处液面升高愈多的现象相对应。

### 4.2.12 习题

1. 密度 $\rho$ 和黏性系数 $\mu$ 均为常数的流体在重力 $g$ 作用下从铅垂的渠道中向下流动。该渠道宽为 $h$，垂直于纸面方向上的深度为 $b$，且 $b$ 远大于 $h$，故其中的流动可视为二维流。在位置 $1(x=0)$ 的高度上有一测压孔，可测流体的静压 $p_1$，测压孔与出口截面的距离为 $l$，出口处的压强等于环境压强 $p_0$(图 T4.6)。

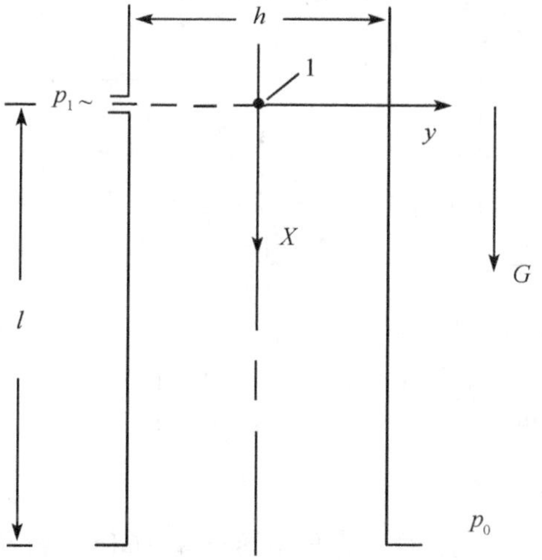


图 T4.6

设该流动是充分发展的定常层流，有压强梯度，试求

(1) 速度型 $u(x,y)$ 与压强梯度 $\partial p/\partial x$ 的关系。

答案：$u(y)=\dfrac{h^2}{8\cdot\mu}\cdot\left(\rho\cdot g-\dfrac{dp}{dx}\right)\cdot\left(1-4\cdot\left(\dfrac{y}{h}\right)^2\right)$

(2) 压强 $p=f(x,y)$ 的具体形式。

答案：$p(x)=\dfrac{p_0-p_1}{l}\cdot x+p_1$

(3) 为具有给定的质量流量 $\dot{m}$，位置 1 处必须具有的压强 $p_{1,\dot{m}}$。

答案：$p_{1,\dot{m}} = p_0 + l\cdot\left(\dfrac{12\cdot\mu\cdot\dot{m}}{\rho\cdot h^2\cdot b} - \rho\cdot g\right)$

2. 一静止的机器零件置于以速度 $U$ 移动的水平平板上，其左端底面与平板间形成一长为 $l$，高为 $s$，宽 (垂直于纸面) 为 $b$ 的间隙，此间隙和腔体中有 $\mu$ 不变 (牛顿介质) 的润滑油。平板移动时，间隙下部的油被板壁拖进腔体 $K$，随后再从 $K$ 返回间隙的上部，油不会从油封唇 (位置 3) 处泄漏。间隙左端位置 1 处的压强为 $p_\text{a}$，右端 2 处的压强即腔体内的压强 $p_\text{i}$。在整个长度 $l$ 上流动是充分发展的层流 (图 T4.7)。

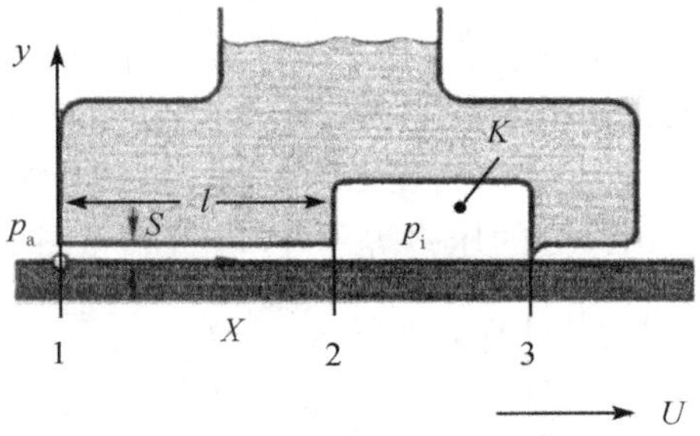


图 T4.7

(1) 写出油流速度 $u(x,y)$ 的微分方程及压强 $p$ 与 $p_\text{a}$ 和 $p_\text{i}$ 的关系。

答案：$\dfrac{\mathrm{d}^2u}{\mathrm{d}y^2} = \dfrac{1}{\mu}\cdot\dfrac{\mathrm{d}p}{\mathrm{d}x}$，　$p(x) = \dfrac{p_\text{i}-p_\text{a}}{l}\cdot x + p_\text{a}$

(2) 求速度型 $u(y)$ 和压强 $p_\text{i}$。

答案：$u(y) = \dfrac{1}{2\cdot\mu}\cdot\dfrac{p_\text{a}-p_\text{i}}{l}\cdot s^2\cdot\left[\dfrac{y}{s} - \left(\dfrac{y}{s}\right)^2\right] + U\cdot\left[1-\dfrac{y}{s}\right]$

$$p_\text{i} = \frac{6\cdot\mu\cdot l}{s^2}\cdot U + p_\text{a}$$

3. 为确定一定常不可压缩流的基本速度型 $U_0(z)$ 是否稳定所需的扰动微分方程，可以由扰动关系式 $u = U_0(z) + u'$、$w = w'$、$p = p_0 + p'$ 代入 N-S 方程中并线性化后导出，所得确定 $u'$、$w'$ 和 $p'$ 等量的线化扰动微分方程为

$$\frac{\partial u'}{\partial x} + \frac{\partial w'}{\partial z} = 0$$

$$\frac{\partial u'}{\partial t} + U_0\cdot\frac{\partial u'}{\partial x} + w'\cdot\frac{dU_0}{dz} = -\frac{1}{\rho}\cdot\frac{\partial p'}{\partial x} + \nu\cdot\left(\frac{\partial^2 u'}{\partial x^2} + \frac{\partial^2 u'}{\partial z^2}\right)$$

$$\frac{\partial w'}{\partial t} + U_0\cdot\frac{\partial w'}{\partial x} = -\frac{1}{\rho}\cdot\frac{\partial p'}{\partial z} + \nu\cdot\left(\frac{\partial^2 w'}{\partial x^2} + \frac{\partial^2 w'}{\partial z^2}\right)$$

扰动量 $u'$、$w'$ 和 $p'$ 具有波动解形式，可表为

$$u'(x,z,t)=\widehat{u}(z)\cdot \mathrm{e}^{\mathrm{i}\cdot(a\cdot x-\omega\cdot t)},\quad w'(x,z,t)=\widehat{w}(z)\cdot \mathrm{e}^{\mathrm{i}\cdot(a\cdot x-\omega\cdot t)},\quad p'(x,z,t)=\widehat{p}(z)\cdot \mathrm{e}^{\mathrm{i}\cdot(a\cdot x-\omega\cdot t)}$$

其中 $a$ 为复波数，$\omega$ 为复角频率。

(1) 将上述波动解式代入扰动微分方程，导出求 $\widehat{u}$、$\widehat{w}$ 和 $\widehat{p}$ 的微分方程组。

答案：$a\cdot\widehat{u}+\dfrac{\mathrm{d}\widehat{w}}{\mathrm{d}z}=0$

$$(a\cdot U_0-\omega)\cdot\widehat{u}-\mathrm{i}\cdot\frac{\mathrm{d}U_0}{\mathrm{d}z}\cdot\widehat{w}=-\frac{1}{\rho}\cdot a\cdot\widehat{p}+\mathrm{i}\cdot\nu\cdot\left(a^2\cdot\widehat{u}-\frac{\mathrm{d}^2\widehat{u}}{\mathrm{d}z^2}\right)$$

$$(a\cdot U_0-\omega)\cdot\widehat{w}=\mathrm{i}\cdot\frac{1}{\rho}\cdot\frac{\mathrm{d}\widehat{p}}{\mathrm{d}z}+\mathrm{i}\cdot\nu\cdot\left(a^2\cdot\widehat{u}-\frac{\mathrm{d}^2\widehat{w}}{\mathrm{d}z^2}\right)$$

(2) 从 (1) 中所得的方程组导出求 $\widehat{w}$ 的单一方程。

答案：$\left[(a\cdot U_0-\omega)\cdot\left(\dfrac{\mathrm{d}^2}{\mathrm{d}z^2}-a^2\right)-a\cdot\dfrac{\mathrm{d}^2U_0}{\mathrm{d}z^2}+\mathrm{i}\cdot\nu\cdot\left(\dfrac{\mathrm{d}^2}{\mathrm{d}z^2}-a^2\right)^2\right]\cdot\widehat{w}=0$

4. 以速度 $U$ 流过长 $l$，宽 $B$ 薄板的绕流 (动粘度 $\nu$，密度 $\rho$) 是二维和不可压缩的，在薄板前部绕流为层流，在下游，超过临界雷诺数 $Re_{l_{\mathrm{crit}}}$ 后，湍流边界层发展 (图 T4.8)。

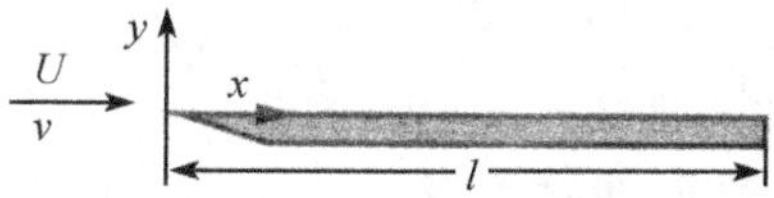


图 T4.8

(1) 边界层流动的总阻力是如何构成的？每一种阻力在总阻力中所占比例是多少？

答案：压强阻力 $W_{\mathrm{d}}(\approx 0)$ 和摩擦阻力 $W_{\mathrm{f}}(\approx 100\%)$

(2) 若临界雷诺数 $Re_{l_{\mathrm{crit}}}=5\times10^5$，计算层流 - 湍流过渡的位置 $x_{\mathrm{crit}}=?(U=10\mathrm{m/s},\ \rho=1.2\mathrm{kg/m^3},\ \nu=1.511\times10^{-5}\mathrm{m^2/s},\ l=2\mathrm{m},\ B=2\mathrm{m})$

答案：$x_{\mathrm{crit}}=\dfrac{Re_{l_{\mathrm{crit}}}\cdot\nu}{U}=0.76\mathrm{m}$

(3) 若在位置 $x_{\mathrm{crit}}$ 前的阻力系数 $c_{\mathrm{f}_l}=0.664/\sqrt{Re_x}$，在 $x_{\mathrm{crit}}$ 后的阻力系数 $c_{\mathrm{f}_t}=0.0609\cdot(Re_x)^{-1/5}$，计算薄板上面的总阻力 $W$。

答案：$W=\left(\displaystyle\int_0^{x_{\mathrm{crit}}}\frac{0.644}{\sqrt{\dfrac{u\cdot x}{\nu}}}\cdot\mathrm{d}x+\int_{x_{\mathrm{crit}}}^{l}\frac{0.0609}{\left(\dfrac{u\cdot x}{\nu}\right)^{1/5}}\cdot\mathrm{d}x\right)\cdot\frac{1}{2}\cdot\rho_\infty\cdot c_\infty^2\cdot B=0.379\mathrm{N}$

5. 两无限延伸平板间以速度 $U$ 反向流动的湍流库埃特流具有常密度 $\rho$ 和时间平均的速度型 $\overline{u}(y)$，其湍流雷诺剪切应力可利用普朗特混合长度 $l(y) = K\cdot(h^2-y^2)$ 予以计算 (图 T4.9)

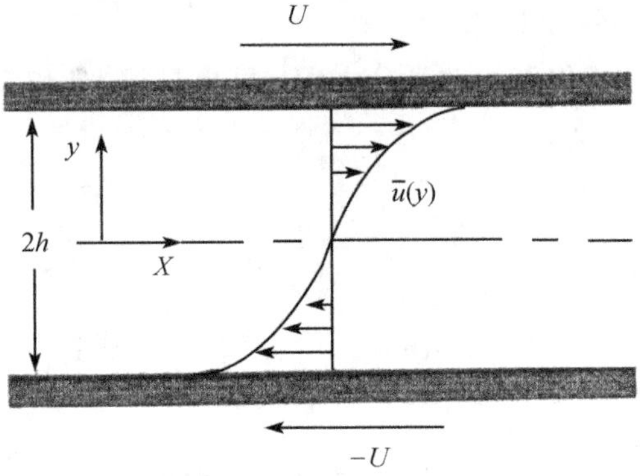


图 T4.9

(1) 在满足 $-\left(\dfrac{\mathrm{d}l}{\mathrm{d}y}\right)_{y=\pm h} = \pm k$ 的条件下，确定上式中的常数 $K$。

答案：$K = \dfrac{\kappa}{2\cdot h}$

(2) 对于上述普朗特混合长度的给定分布，写出湍流剪切应力 $\tau_t$ 的表达式。

答案：$\tau_t = -\rho\cdot\overline{u'\cdot v'} = \rho\cdot\left[\dfrac{\kappa}{2\cdot h}(h^2-y^2)\right]^2\left(\dfrac{\mathrm{d}\overline{u}}{\mathrm{d}y}\right)^2$

(3) 对于 $\overline{p} =$ 常数的库埃特流，$\mu\cdot(\mathrm{d}\overline{u}/\mathrm{d}y) - \rho\cdot\overline{u'\cdot v'}$ 也是常数，且在黏性底层外，与湍流剪切应力相比，黏性剪切应力 $\mu\cdot(\mathrm{d}\overline{u}/\mathrm{d}y)$ 可忽略。计算上半部 $y' = y+h$ 的速度型 $\overline{u}(y)$。

答案：$\dfrac{\overline{u}(y')}{u*} = \dfrac{1}{\kappa}\cdot\ln\left[\dfrac{y'/h}{2-(y'/h)}\right]$，　其中 $u* = \dfrac{\kappa}{2\cdot h}\cdot(h^2-y^2)\cdot\dfrac{\mathrm{d}\overline{u}}{\mathrm{d}y}$

6. 某工厂烟囱的高度 $H = 100\mathrm{m}$，直径从底部的 $d_l = 6\mathrm{m}$ 线性地减小至顶部的 $d_u = 0.5\mathrm{m}$。空气以速度 $U = 1.62\mathrm{m/s}$ 流过烟囱 (空气的运动黏度 $\nu = 15\times10^{-6}\mathrm{m^2/s}$，密度 $\rho = 1.234\mathrm{kg/m^3}$)。为确定作用于烟囱上的风载，设在高度为 $\mathrm{d}y$ 段上的阻力系数 $c_\mathrm{w}$ 与 $Re_d$ 的关系 $c_\mathrm{w} = f(Re_d)$ 和圆柱上的相应关系一样，并将其理想化为在亚临界区 ($Re_d < 3.5\times10^6$) 阻力系数均为 $c_{\mathrm{w},l} = 1.2$，而在超临界区 ($Re_d > 3.5\times10^6$) 阻力系数则跳变为 $c_{\mathrm{w},u} = 0.4$。求烟囱所承受的风载 $W$(图 T4.10)。

答案：$W = \dfrac{\rho}{2}\cdot U_\infty^2\cdot\left[c_{\mathrm{w},u}\cdot\left(\dfrac{d_u-d_l}{2\cdot H}\cdot y_\mathrm{crit}^2 + d_u\cdot y_\mathrm{crit}\right) + xc_{\mathrm{w},l}\cdot\dfrac{d_u-d_l}{2\cdot H}\cdot(H^2 - y_\mathrm{crit}^2) + c_{\mathrm{w},l}\cdot d_l\cdot(H-y_\mathrm{crit})\right]$

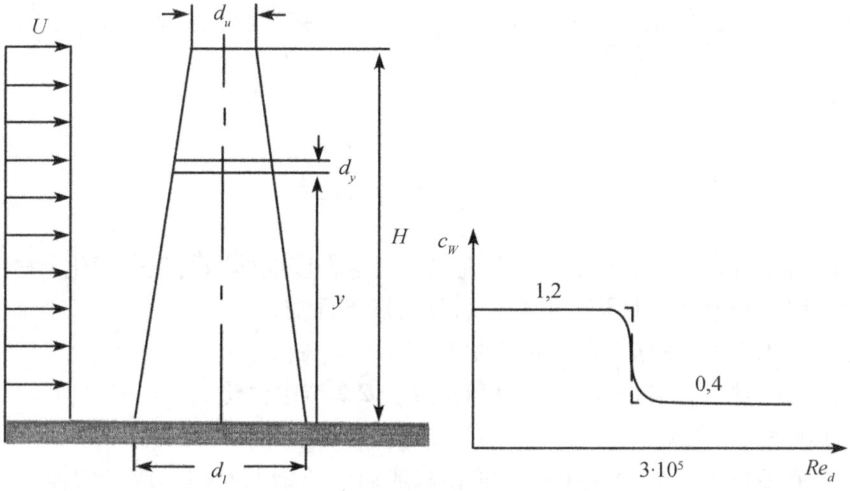


图 T4.10

7. 非牛顿的宾汉介质流经一长度为 $l$ 的管子，其流函数 $\mathrm{d}u/\mathrm{d}r = f(\tau)$ 可写作

$$f(\tau) = 0, \quad 若 0 \leqslant \frac{\tau}{\tau_{\mathrm{f}}} \leqslant 1$$

$$\frac{f(\tau)}{\mu} = \frac{\tau}{\tau_{\mathrm{f}}} - 1, \quad 若 \frac{\tau}{\tau_{\mathrm{f}}} > 1$$

即当流体应力小于 $\tau_{\mathrm{f}}$ 时，其性质如固态弹性体；而大于 $\tau_{\mathrm{f}}$ 时，则如牛顿介质一样，因而在管道中形成两个区。在边缘区，如牛顿介质的流动具有抛物线速度型，在中心区则如固体一样 (图 T4.11)。

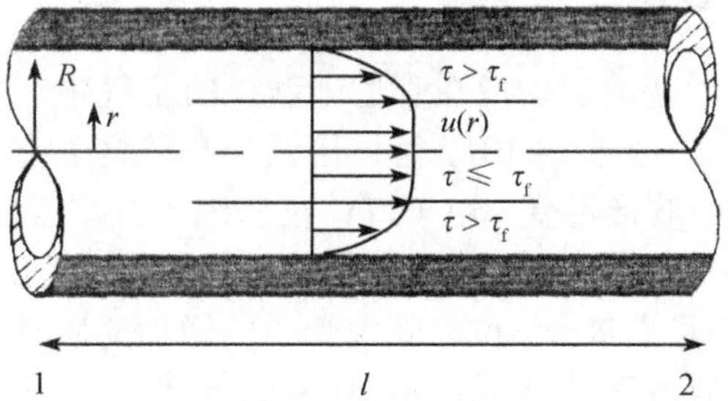


图 T4.11

(1) 求流量 $Q$ 与一般流函数 $f(\tau)$ 的关系。

答案：$Q = \dfrac{\pi \cdot R^3}{\tau_{\mathrm{w}}^3} \cdot \displaystyle\int_0^{\tau_w} r^2 \cdot f(\tau) \cdot \mathrm{d}\tau$，其中 $\tau_w = \tau(R) = \dfrac{R}{2} \cdot \dfrac{\mathrm{d}p}{\mathrm{d}r}$

(2) 上式中 $f(\tau)$ 用宾汉介质的流函数代入，再求 $Q$。

答案：$Q=\dfrac{\pi\cdot R^4\cdot(p_1-p_2)}{8\cdot\mu\cdot l}\cdot f(\xi)$，其中 $\xi=\dfrac{(p_1-p_2)\cdot R}{\mu\cdot l}$。$f(\xi)=1-\dfrac{4}{3}\cdot\left(\dfrac{2}{\xi}\right)+\dfrac{1}{3}\cdot\left(\dfrac{2}{\xi}\right)^4$

## 4.3 气体动力学

当压强差很大时，在气流和蒸汽流中会发生密度或体积的显著变化，发生较显著的体积和压强改变的情形，主要可以分为以下几类：

1)在重力作用下占据大高度范围的气团

这种流动发生在自由大气中，我们将在 12.2 节中讨论。

2)高速运动的气流

这种情形发生在两个有压强差的容器连通而压强互补时，或当物体在气体中作高速运动时. 在蒸汽涡轮机及类似的流体机械中都在实际应用这种流动情况。另一方面，火箭和飞机的运动、飞机螺旋桨和喷气发动机中也都出现这种流动情况。可压缩介质的流体力学也被称为气体动力学。

3)大的加速度

当气团的部分边界或在气体中的物体以很大的加速度运动时，大的加速度就可以在静止的或运动的气体中发生，如突然开合舵面和阀门、爆炸的膨胀等造成的现象。

4)大的温度差

在有热量传递的情况下，即使速度低，也可能产生大的温度差，这类问题将在第九章中讨论。

### 4.3.1 压强的传播，声速

我们来考虑由于活塞的运动使在管道中静止的空气中产生了一个压强增加并在该气体中传播的情况，见图 4.101。假设压强分布和整个流动状态以速度 $c$ 向右移动，且在传播过程中波形不变，由于气体被压缩了，在压强升高已达到的部分，气体的流动速度为 $w$。我们假设压强增量 $(p_1-p_0)$ 远比压强 $p_0$ 小，于是密度的改变 $(\rho_1-\rho_0)$ 和 $w$ 也都是小量。单位时间内管中所增加的质量是 $A\cdot(\rho_1-\rho_0)\cdot c$，而单位时间内流进管子的质量是 $A\cdot\rho_1\cdot w$，从连续性可知

$$\rho_1\cdot w=(\rho_1-\rho_0)\cdot c \tag{4.151}$$

考虑到单位时间内的流入动量通量为 $A{\cdot}w{\cdot}\rho_1{\cdot}w$，单位时间内的动量增量为 $A{\cdot}w{\cdot}\rho_1{\cdot}c$，以及合力为 $A\cdot(p_1-p_0)$，可得运动方程为

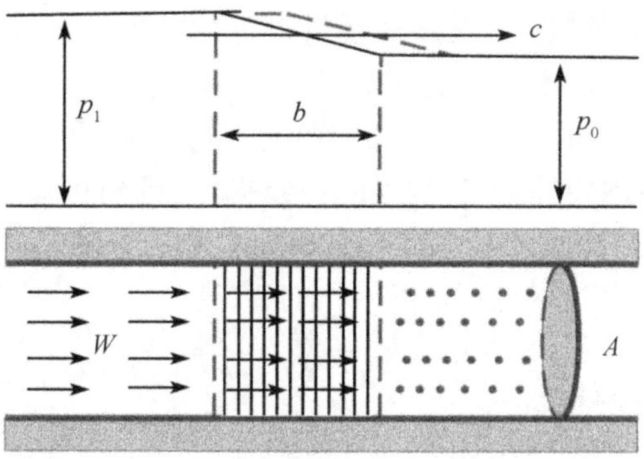


图 4.101 管道中的压强波

$$p_1 - p_0 + \rho_1 \cdot w^2 = \rho_1 \cdot w \cdot c \tag{4.152}$$

前面提到的假设意味着平方项 $\rho_1 \cdot w^2$ 可忽略不计，再将式 (4.151) 代入式 (4.152)，得

$$c^2 = \frac{p_1 - p_0}{\rho_1 - \rho_0}$$

上式的右边只与流体的压缩定律有关，假设变化很小，右端可用微商 $\mathrm{d}p/\mathrm{d}\rho$ 替代

$$c^2 = \frac{\mathrm{d}p}{\mathrm{d}\rho} \tag{4.153}$$

所以，如果假设压强的改变为小量，则压强变化的传播速度 $c$ 就与压强的改变量和过渡区域的宽度无关，而只取决于所讨论流体的压缩定律。量 $c$ 称为小压强扰动的*声速*(声波)。按照等熵定律，$p =$ 常数 $\cdot\rho^\kappa$，气体满足

$$c^2 = \frac{\mathrm{d}p}{\mathrm{d}\rho} = \kappa \cdot \text{常数} \cdot \rho^{(\kappa-1)} = \kappa \cdot \frac{p}{\rho} \tag{4.154}$$

代入理想气体的状态方程 $p = R \cdot \rho \cdot T$($R$—— 比物质气体常数)，可得

$$c = \sqrt{\kappa \cdot \frac{p}{\rho}} = \sqrt{\kappa \cdot R \cdot T}$$

因此，一种气体中的声速只与温度有关，在 $0°C$ 时的空气中 $T = 273\mathrm{K}$，则

$$c = \sqrt{\kappa \cdot \frac{p_0}{\rho_0}} = 331(\mathrm{m/s})$$

1. 压力波的传播

在坐标系随气体一起运动时，压强扰动以声速 $c$ 相对于气体而传播。相对于气流速度 $w$ 的空间，压强扰动往下游的传播速度是 $c + w$，往上游的是 $c - w$，在 w 大于 $c$ 的情况下，压强扰动将不可能向上游传播。

如果流速 $w$ 小于声速 $c$，压强扰动将以球面波的形式向各方向传播；若流速大于声速，所有的球面波都局限于点 A 后面的锥面内，点 A 是扰动最初出现的位置 (图 4.102)。声源 A 以速度 $w > c$ 通过静止气体运动的情形与此类似，压强扰动在该声源下游的锥体内传播，这个被称为马赫锥的锥角可按下法求得：在时间段 $\tau$ 内，扰动点源的扰动扩张到半径为 $c \cdot \tau$ 的球面，球心移动了距离 $w \cdot \tau$，锥面与球面相切，所以

$$\sin(\alpha) = \frac{c \cdot \tau}{w \cdot \tau} = \frac{c}{w} = \frac{1}{M} \tag{4.155}$$

其中 $\alpha$ 叫作马赫角，$M$ 叫作马赫数。$M < 1$ 的流动，称为亚声速流动；$M \approx 1$，称为跨声速流动；$M > 1$，称为超声速流动。

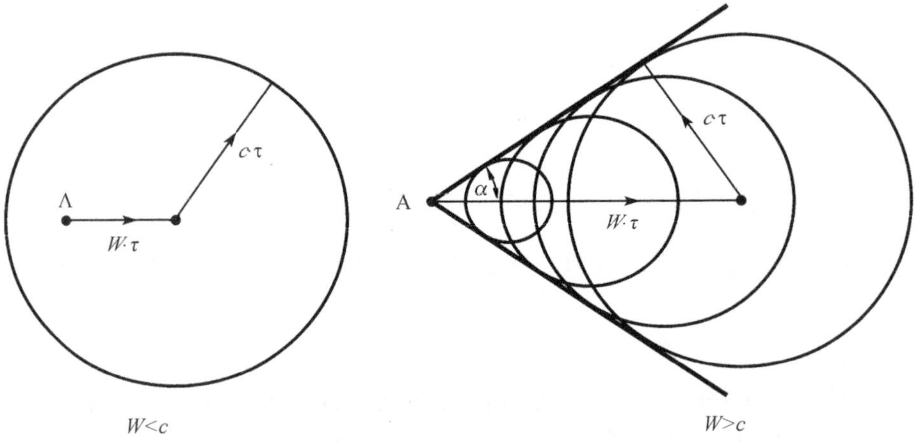


图 4.102 压力波的传播

同样的关系适用于在静止空气中物体运动的情形。若物体以超声速运动，则由物体引起的扰动在马赫锥内传播。图 4.103 示出了子弹以超声速飞行时的头部波。这里的压强差是如此之大，使小扰动的近似不再有效，头部波的传播速度超过声速，因此其锥角大于马赫角。

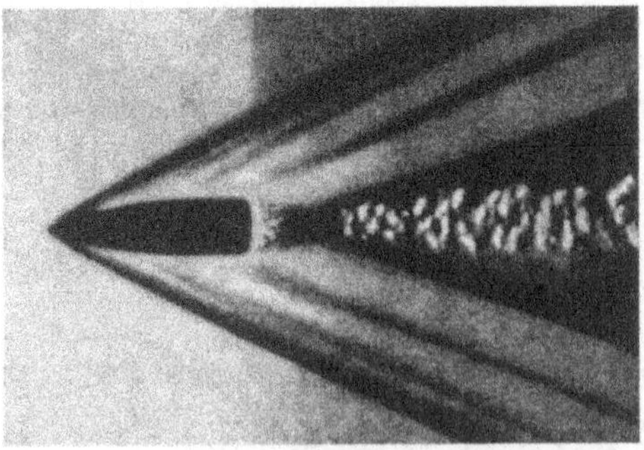

图 4.103 飞行中子弹的照片 (克阮兹 1926)

波前传播速度的连续性方程 (4.151) 和运动方程 (4.152) 都是基于波形不变的前提的。自由流状态的小扰动，或 4.3.4 节讨论的激波情形都满足上述前提。但另一方面，有限的、连续的压强变化在传播时会改变其波形。我们可以设想有限的压强变化是由一系列微弱的压强变化造成的。如果在一个压力波前面，流速是 $w_0$，则当密度改变后，流速的变化可由式 (4.151) 得出

$$w_1 - w_0 = \frac{c \cdot (\rho_1 - \rho_0)}{\rho_1} \tag{4.156}$$

密度的变化 $\mathrm{d}\rho = \rho_1 - \rho_0$ 与压强的变化 $\mathrm{d}p$ 和声速的变化 $\mathrm{d}c$ 有关。密度随声速的变化可由式 (4.154) 导出

$$\begin{aligned} 2 \cdot c \cdot \mathrm{d}c &= 2 \cdot c \cdot (c_1 - c_0) = \kappa \cdot \frac{\mathrm{d}p}{\rho} - \kappa \cdot \frac{p}{\rho^2} \cdot \mathrm{d}\rho \\ &= \frac{\mathrm{d}p}{\mathrm{d}\rho} \cdot (\kappa - 1) \cdot \frac{\mathrm{d}\rho}{\rho} = \frac{c^2 \cdot (\kappa - 1) \cdot (\rho_1 - \rho_0)}{\rho_1} \end{aligned}$$

这样就得到了密度变化 $(\rho_1 - \rho_0)$ 与声速变化 $(c_1 - c_0)$ 的关系。式 (4.156) 可写为

$$w_1 - w_0 = \frac{2}{\kappa - 1} \cdot (c_1 - c_0) \tag{4.157}$$

就是说，在二维声波传播中，流速的改变是声波改变的 $2/(\kappa - 1)$ 倍 (对于空气是 5 倍)。这一结论对强扰动也适用。

对于图 4.104 中所示的压缩波，波内的声速要比波前面的声速大，所以由式 (4.157) 可知，流速也一定大些，而波的每一部分的传播速度都等于局部声速和局部流速的和 $(c + w)$，这样，随着波深的增加，扰动速度愈来愈快，波随着时间变得愈来愈陡，而最终形成一个垂直的突跃：*激波*。激波将在 4.3.4 节中讨论。

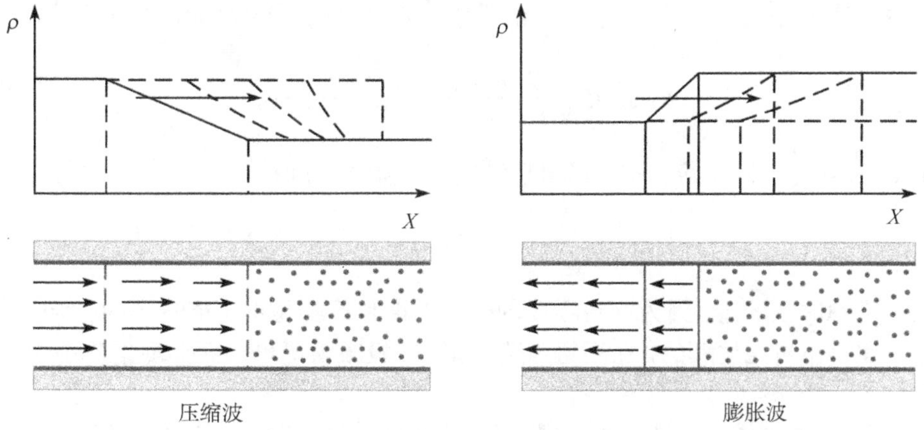


图 4.104 压缩波和膨胀波的传播

相反，如果像图 4.104 所示那样，在静止介质 ($w_0 = 0$) 中有一膨胀波向右传播，则在波中气体向左流动，按式 (4.157)，因这时 $c_1 < c_0$，所以 $w_1$ 是负值；在波阵面之后，压强变得愈小，扰动也传播得愈慢，这样的膨胀波将随时间的增长而愈加平坦。

### 4.3.2 定常可压缩流动

在可压缩无黏流动中，对流束可用普遍形式的伯努利方程 (4.4)。当不计重力时，方程为

$$F + \frac{w^2}{2} = F_0 = \text{常数} \tag{4.158}$$

这里的压强函数 $F(p) = \int (\mathrm{d}p/\rho)$。对于等熵的状态变化

$$\rho = \rho_0 \cdot \left(\frac{p}{p_0}\right)^{\frac{1}{\kappa}}$$

将其代入并求出积分，我们得到

$$F = \frac{\kappa}{\kappa - 1} \cdot \frac{p_0}{\rho_0} \cdot \left(\frac{p}{p_0}\right)^{\frac{\kappa-1}{\kappa}} \tag{4.159}$$

如果 $p_0$ 是 $w_0 = 0$ 时的容器中的压强，例如，让气体从气罐中流出时在气罐中的压强，那么

$$w = \sqrt{2 \cdot (F_0 - F)} = \sqrt{\frac{2 \cdot \kappa}{\kappa - 1} \cdot \frac{p_0}{\rho_0} \cdot \left[1 - \left(\frac{p}{p_0}\right)^{\frac{\kappa-1}{\kappa}}\right]} \tag{4.160}$$

若气体一直膨胀到最后达真空 ($p = 0$)，则由式 (4.160) 可得最大速度为

$$w_{\max} = \sqrt{\frac{2 \cdot \kappa}{\kappa - 1} \cdot \frac{p_0}{\rho_0}} = \sqrt{\frac{2}{\kappa - 1}} \cdot c_0 \tag{4.161}$$

取 $0°C$ 的空气作为开始状态，则膨胀能达到的最大速度是

$$w_{\max} = 740(\mathrm{m/s})$$

这是一理想的极限值，因为绝对零度的气体温度和冷凝是不可能达到的，所以这一理论值也是不可能达到的。在高超声速风洞中，极限情况可得到比理论值小 10% 的速度。

$w$ 和 $p$ 的关系示于图 4.105 中，图中还包括根据等熵状态方程而画出的比容 $v = 1/\rho$ 与压强的关系曲线，阴影面积 $\int_p^{p_0} v \cdot \mathrm{d}p$ 等于差值 $(F_0 - F)$，对于定常、可

压缩流动 (4.1.1 节), 连续性要求单位时间内流过流束每一截面的质量都相等, 即沿流束

$$A \cdot \rho \cdot w = 常数 \tag{4.162}$$

流束截面积 $A$ 随压强 $p$ 的变化取决于函数 $1/(\rho \cdot w) = v/w$ 的规律, 这可利用式 (4.160) 和式 (4.162) 作如下解释: 当 $p = p_0$ 时, $w = 0$, 因此 $A$ 是无穷大; 如果 $p$ 减小, $w$ 就逐渐增加, 最初 $\rho$ 没有多少改变, 则 $A$ 必定要减小; 然而, 如果 $p$ 已变得很小还要进一步减小, 则 $w$ 就趋于 $w_{\max}$ 而不可能再增大很多, 而 $\rho$ 则随 $p$ 无限地减小, 这样, $A$ 必定增加而趋于无穷大。

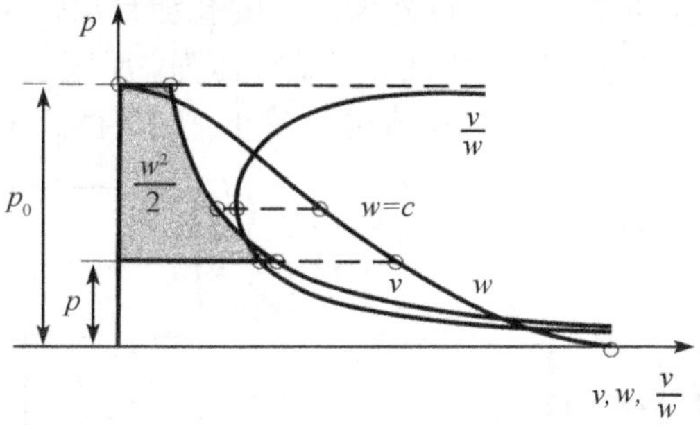


图 4.105 比容 $v$、速度 $w$ 以及 $v/w$ 与压强 $p$ 的关系

介乎 $A$ 减小和 $A$ 增加这两个区域之间, 显然有一个 $A$ 的最小值; 它发生在速度的相对增加 $\mathrm{d}w/w$ 等于密度的相对减小 $-\mathrm{d}\rho/\rho$ 处, 正好位于流速等于当地声速的地方。由于发生等熵冷却, 当地声速已不是相应于初始状态下的声速而是相应于温度降低后的较小的声速 (对于初始状态为静止的 20°C 空气, 此声速约为 315m/s)。

气流通过最小截面后, 速度就超过声速。在这种流动中, 压强降低 (速度增加), 截面就增加; 而压强增加 (速度减小), 截面就减小。这样, 要将气体流速从亚声速连续加速至超声速就必须将这一气流的管壁作成先收缩, 而后在流速大于声速后再扩张的形状, 这种形状的喷管称为拉伐尔喷管。

对于不扩张的简单的孔口, 一旦反压足够小, 孔口处的流动就具有声速; 对于空气, 反压与容器中压强的临界压强比约为 0.53。一般地, 理想气体的临界压强比是

$$\frac{p'}{p_0} = \left(\frac{2}{\kappa+1}\right)^{\frac{\kappa}{\kappa-1}}$$

相应的临界速度是

$$w' = c' = \sqrt{\frac{2 \cdot \kappa}{\kappa+1} \cdot \frac{p_0}{\rho_0}}$$

这时, 流出去的流量与反压无关。在孔口外, 气体射流的截面就由于惯性而膨胀到

在其内部产生一个低压区的程度，由于这个压强降低，气流又收缩到其压强约等于出口处的压强。这一过程周期性地重复出现 (图 4.106)。

图 4.106　超声速射流 (Mach　1897)

出口处的压强 $p_{\mathrm{m}}$ 可借紧靠出口外缘所钻的孔测量出来 (图 4.107)。当外部压强 $p_2$ 小于临界压强$p'$ 时，$p_{\mathrm{m}}$ 是常数且等于临界压强；反压 $p_2$ 高于临界压强时，$p_{\mathrm{m}}$ 就几乎等于反压 $p_2$；假设让 $p_2$ 从 $p_0$ 值逐渐减小，则气体流出的流量

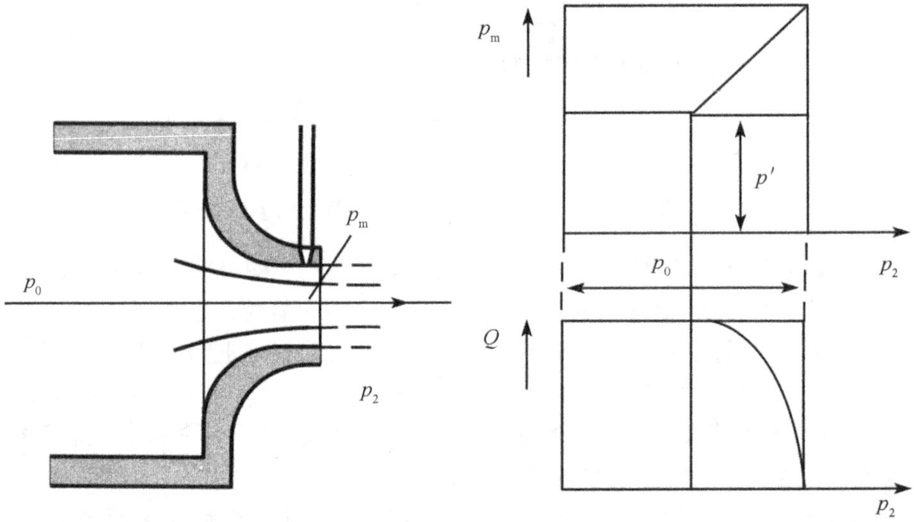


图 4.107　出口压强和流量与外界压强 $p_2$ 的关系和出口处压强的测量

$$Q = A \cdot \rho_{\mathrm{m}} \cdot w_{\mathrm{m}} = A \cdot \left(\frac{p_2}{p_0}\right)^{\frac{1}{\kappa}} \cdot \sqrt{\frac{2 \cdot \kappa}{\kappa - 1} \cdot p_0 \cdot \rho_0 \cdot \left[1 - \left(\frac{p_2}{p_0}\right)^{\frac{\kappa-1}{\kappa}}\right]} \tag{4.163}$$

逐渐增加到反压等于临界压强时的最大值

$$Q_{\max} = \left(\frac{2}{\kappa+1}\right)^{\frac{1}{\kappa-1}} \cdot A \cdot \sqrt{\frac{2 \cdot \kappa}{\kappa+1} \cdot p_0 \cdot \rho_0} \tag{4.164}$$

如果 $p_2$ 继续降低，则 $Q = Q_{\max}$ 保持为常数。$p_{\mathrm{m}}$ 和 $Q$ 随 $p_2$ 的变化示于图 4.107 中。这一情形可用 4.3.1 中关于压强扩散的观点加以说明。我们假设在喷管出口端

连接一小室，室内压强可用节流阀 (图 4.108) 调节。先将室内压强 $p_2$ 调节到大于临界压强 $p'$，于是，如果开大节流阀而使 $p_2$ 降低，一个膨胀波便向喷管内传播而造成一种新的流动状态；若 $p_2$ 继续降低，则最终在出口处达到声速；压强 $p_2$ 再降低，则以声速传播的压强扰动将不再可能向上游传播进喷口，因而出口处的状态保持不变。

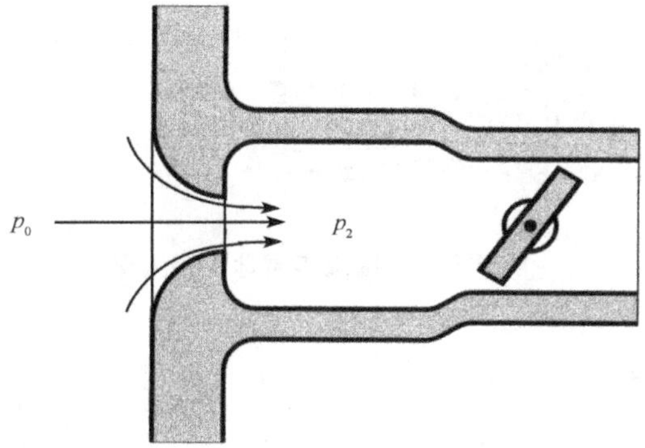


图 4.108 节流阀

1. 拉伐尔喷管中的流动

为了在超临界压强比时得到有节制的膨胀，瑞典工程师德. 拉伐尔 (1883) 在制造他的蒸汽涡轮机时采用了图 4.109 中所示的先收缩而后扩张的出流喷管。我们来考察喷管中的无黏性流动。设喷管前的压强 $p_0$ 给定，于是，相应于每一个较低压强 $p$ 的 $w$ 和 $v/w$ 的值，都可以从图 4.105 得出。因为 $Q = A \cdot \rho \cdot w = A \cdot w/v$，所以对于每一个给定的 $Q$ 值，就可以确定对应于任一截面 $A$ 的 $v/w$ 值，而相应的压强可以从图 4.105 中得出。在通过拉伐尔喷管的流动中，流束的最小截面与喷管的最小截面相合。在这里，排出的流量最大，并且可以像对简单孔口的情形那样用式 (4.164) 来计算确定。喷管中的压强分布如图 4.109 中的粗线所示，从 $p_o$ 到最终较低的压强 $p_u$。但是，根据图 4.105，相应于每一个 $v/w$ 值总有两个压强，故从最窄点往后还有第二条可能的压强曲线，通到较高的最终压强 $p_o$，即外部压强 $p_2$。

如果我们把较小流量下的压强曲线也画出来，就得到终点在 $p_o$ 上方的那些曲线，流量 $Q$ 随喷管出口处压强 $p_2$ 的变化情况示于图 4.109 的右边。流量从零增加到 $Q_{max}$，当 $p_2$ 由 $p_o$ 下降时，喷管最窄截面处的速度达到声速，且在 $p_2$ 进一步降低时，流量保持不变。

事实上，没有能量损失而最后的压强又介于 $p_o$ 到 $p_u$ 之间的流动是不可能存在的。斯托多拉 (A.Stodola) 从观察中认识到，这时发生了不连续压缩 (压缩激波)，这将在 4.3.4 节中讨论。

首先我们将讨论能量守恒定理。

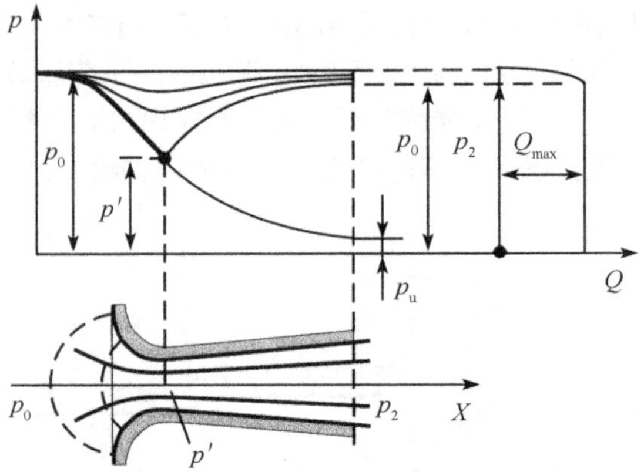


图 4.109　拉伐尔喷管中的流动

### 4.3.3　能量守恒定理

流动可以许多不同方式与机械能量损失相联系。能量损失可以是因摩擦、湍流或像激波那样的不连续过程等引起。损失的机械能转化为热能，在气流情况下，这个热能可通过进一步的膨胀而加以利用。

描述能量损失所必需的能量守恒定理可以用与 4.1.7 节中推导一维无黏流动动量定理类似的方法推导。我们来考虑作定常运动的气体在一个有限区域，如一段流束 (见图 4.33) 中的能量变化。在时间 $\mathrm{d}t$ 内这段流束中气体状况的变化就在于在 $A_1$ 处有质量 $\mathrm{d}m = \rho_1 \cdot A_1 \cdot w_1 \cdot \mathrm{d}t$ 流出去，而在 $A_2$ 处有质量 $\mathrm{d}m' = \rho_2 \cdot A_2 \cdot w_2 \cdot \mathrm{d}t$ 流进来。根据连续性，$\mathrm{d}m = \mathrm{d}m'$，同时，随气体质量的位移而造成的能量的改变，必须等于在时间 $\mathrm{d}t$ 内从外面供给的能量。一个质点的能量包括动能、位能和热能$e$。如果势能仅由重力产生，则质量 $\mathrm{d}m$ 所含的能量便是 $\mathrm{d}m \cdot (w^2/2 + g \cdot z + e)$。对于一段流管中的质量，供给它的能量包括作用在两端面上的压力所做的功和通过侧壁进来的热量，摩擦功。作用在端面 $A_1$ 上压力所做的功是 $A_1 \cdot p_1 \cdot w_1 \cdot \mathrm{d}t$，若引入比容 $v_1$ 和 $\mathrm{d}m = \rho_1 \cdot A_1 \cdot w_1 \cdot \mathrm{d}t = A_1 \cdot w_1 \cdot \mathrm{d}t / v_1$，这个功即为 $\mathrm{d}m \cdot p_1 \cdot v_1$。同样，对于端面 $A_2$，有 $\mathrm{d}m \cdot p_2 \cdot v_2$。在 $A_1$ 和 $A_2$ 之间可能获得的热量记为 $q_{1,2} \cdot \mathrm{d}m$，于是，根据上述关于能量的变化，我们得到

$$\mathrm{d}m \cdot \left(\frac{w_2^2}{2} + g \cdot z_2 + e_2\right) - \mathrm{d}m \cdot \left(\frac{w_1^2}{2} + g \cdot z_1 + e_1\right) = \mathrm{d}m \cdot (p_1 \cdot v_1 - p_2 \cdot v_2 + q_{1,2})$$

由此可得

$$\frac{w_2^2}{2} + g \cdot z_2 + e_2 + p_2 \cdot v_2 = \frac{w_1^2}{2} + g \cdot z_1 + e_1 + p_1 \cdot v_1 + q_{1,2}$$

或者，由于端面可以在任意位置，可得

$$\frac{w^2}{2}+g\cdot z+e+p\cdot v=\text{常数}+q \tag{4.165}$$

写成微分形式，即

$$w\cdot \mathrm{d}w+g\cdot \mathrm{d}z+\mathrm{d}e+\mathrm{d}(p\cdot v)=\mathrm{d}q \tag{4.166}$$

其中 $(e+p\cdot v)$ 叫做单位质量的焓$h$，对于有恒定比热的理想气体，我们有

$$e=\frac{1}{\kappa-1}\cdot p\cdot v=c_v\cdot T$$

$$h=e+p\cdot v=\frac{\kappa}{\kappa-1}\cdot p\cdot v=c_p\cdot T$$

其中 $c_v$ 和 $c_p$ 分别是在恒定体积和恒定压强下的比热。

如果在定常流动中，没有从侧壁传入的热量，则总能量保持不变，因为即使有摩擦功也全部转化为热能。又因为在大多数情况下，高度差不产生什么影响，所以重力引起的 $g\cdot z$ 项可以忽略，我们得到下列形式的能量方程

$$h+\frac{w^2}{2}=\text{常数} \tag{4.167}$$

根据热力学第一定律，气体的每一个质点通过热传导所得到的热量以及摩擦功所转变成的热量，全部用来增加内能和产生膨胀所做的功。对微元单位质量所做的摩擦功 $\mathrm{d}W_{\mathrm{R}}$ 满足

$$\mathrm{d}q+\mathrm{d}W_R=\mathrm{d}e+p\cdot \mathrm{d}v \tag{4.168}$$

将式 (4.168) 和式 (4.166) 相加，并用 $\mathrm{d}(p\cdot v)=p\cdot \mathrm{d}v+v\cdot \mathrm{d}p$，我们得到

$$w\cdot \mathrm{d}w+g\cdot \mathrm{d}z+v\cdot \mathrm{d}p+\mathrm{d}W_{\mathrm{R}}=0 \tag{4.169}$$

积分式 (4.169)，即为推广到有阻力的运动的伯努利方程

$$\frac{w^2}{2}+g\cdot z+\int v\cdot \mathrm{d}p+W_{\mathrm{R}}=\text{常数} \tag{4.170}$$

### 4.3.4 正激波理论

速度为 $w_1$、压强为 $p_1$ 的平行流动在平面 AA 处因定常正激波的作用而使比容 $v_1$ 被不连续地压缩为较小的比容 $v_2$，且速度减小为 $w_2$，压强增加为 $p_2$(图 4.110)。正激波两侧压强和其他状态量的变化符合下述方程连续方程

$$m=\frac{w_1}{v_1}=\frac{w_2}{v_2} \tag{4.171}$$

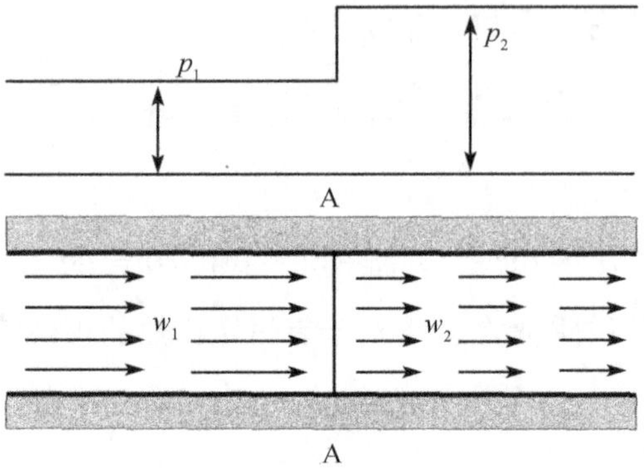


图 4.110　正激波

动量方程

$$m \cdot (w_1 - w_2) = p_2 - p_1 \tag{4.172}$$

能量方程 (无传热 $q$)

$$\frac{w_1^2}{2} + h_1 = \frac{w_2^2}{2} + h_2 \tag{4.173}$$

这里，$m$ 是单位面积的质量流量，焓 $h$ 是 $p$ 和 $v$ 的函数。由方程 (4.171)，可将方程 (4.172) 中的 $w_1$ 和 $w_2$ 消去，得到 $p_2 - p_1 = (v_1 - v_2) \cdot m^2$，再考虑到能量方程 (4.173)，我们得到

$$(p_2 - p_1) \cdot \frac{v_1 + v_2}{2} = h_2 - h_1$$

在 $p_1$ 和 $v_1$ 给定之后，这个方程在 $p - v$ 平面上描出的 $p_2$ 随 $v_2$ 变化的曲线被称为雨果尼欧 (Hugoniot) 曲线。

这样，如果给定了三个量，如 $p_1$、$v_1$ 和 $p_2$，第四个量 $v_2$ 即可确定，因此 $m$ 以及速度 $w_1$ 和 $w_2$ 也就可以确定了。正激波满足

$$w_1 \cdot w_2 = (c')^2$$

其中 $c'$ 是来流的临界声速。于是速度 $w_1$ 和 $w_2$ 中，一个大于声速 $c'$，另一个小于声速 $c'$。理论上，(压缩) 激波和不连续的膨胀过程都是可能的，然而，只有压缩激波中熵才是增加的，根据热力学第二定律，实际上只有压缩激波才是可能的。

将参考系改变一下，可将定常激波的方程 (4.171)~ 方程 (4.17) 应用于非定常压缩波。如果将速度 $w_1$ 叠加到图 4.110 中的流体上，则激波平面的速度就变为零。激波以速度 $U = w_1$ 向左运动，激波后的气体以速度 $w = w_1 - w_2$ 向左运动。这样，非定常激波的动量方程变为 $p_2 - p_1 = \rho \cdot U \cdot w$。激波的传播速度 $U$ 总是大于声速，而且，若压强跳跃无限地增大，它也可以无限地增大，这种异常大的传播速度可以在爆炸中观测到。

在激波中，包含在 $(h_1 - h_2)$ 中的量 $(w_1^2 - w_2^2)/2$ 引起热量的增加，在弯曲激波的情况下，例如，图 4.103 和图 4.111 中的头部激波，各流束受到的加热程度不同，这样，激波后的气体就失掉了均匀性，从而流动便不再是无旋的了。

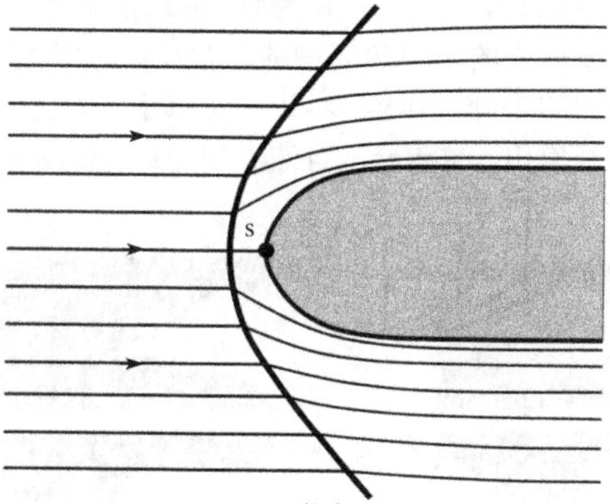


图 4.110 激波

1. 拉伐尔喷管中的正激波

如果拉伐尔喷管端口处的外界压强 $p_2$ 介于 $p_\mathrm{o}$ 和 $p_\mathrm{u}$ 之间，则喷管中出现一正激波。通过此激波的流速从超声速跃变为亚声速。图 4.109 的压强分布曲线可补充一些同样流量和同样总能量的压强分布曲线，如图 4.112 所示。从正常压强分布 $p_1$ 至 $p_\mathrm{u}$ 过渡到取决于外部压强 $p_2$ 的压强分布是通过正激波实现的。该激波的位置可根据动量方程唯一地确定。不过，事实上，由于也可能出现斜激波，且激波和管壁边界层相互作用产生的压强骤然增加还可能引起流动的分离，拉伐尔喷管内的实际过程要复杂得多。

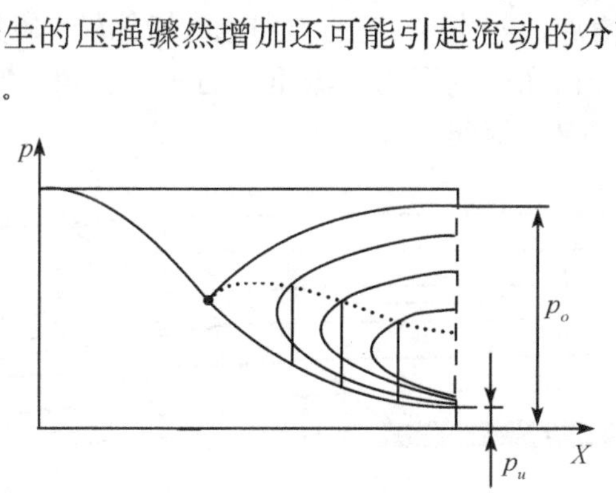


图 4.112 拉伐尔喷管中有激波时的压强分布曲线

图 4.113 给出了普朗特 (1907) 用纹影法对喷管端口有不同压强比时所拍的照片。第一张照片是压缩空气从初始压强 $p_0 = 7\text{bar}$ 膨胀到一个大气压所发生的未受

扰动的流动，有意地使喷管壁粗糙，以便能明显地观察到喷管超声速区中互相交叉的定常声波扰动 (特征线)。第二张照片反映了在未达到声速时，喷管中密度的分布情况。在最窄截面上游，密度沿流动方向降低，过了最窄截面，密度沿流动方向增加。即使是粗糙管壁，在流场中也未见有扰动。第三张照片所示的为喷管最窄截面下游的一个激波。激波前方的超声速区中的定常声波和激波后亚声速区中密度的连续增加均清晰可见。如果外部压强 $p_2$ 进一步减小，激波位置向喷管尾端移动，由于和壁面边界层相互作用，激波分叉且边界层分离，如图 4.113 的第四张照片所示。

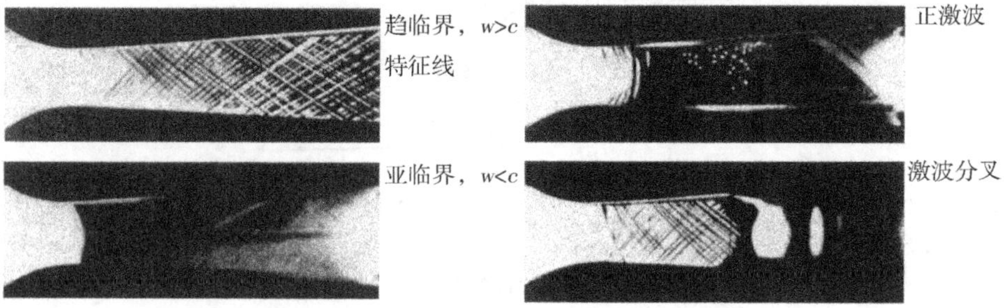


图 4.113　拉伐尔喷管流动的纹影图 (普朗特　1907)

### 4.3.5　绕角的流动，自由射流

1. 绕角的超声速流动

我们首先来考察一个在边界点 A 处 (图 4.114) 突然发生小压降的超声速流动。这一压强降低会沿马赫角 $\alpha$ 传播并使气流在压强跃变的垂直方向产生加速度。这样，气流的速度就会增加，同时，气流的方向也有所偏转。假如在点 A 再一次发生压强突降，这个压强降低在改变了的气流里按另一马赫角 $\alpha' < \alpha$ 传播，引起气流进一步的速度增加和偏转，依此类推。

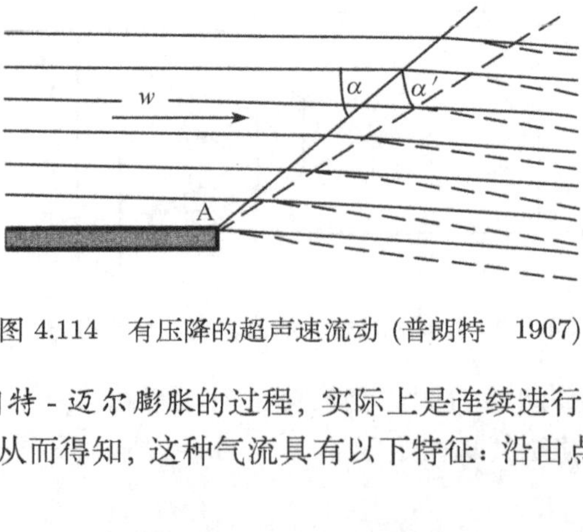


图 4.114　有压降的超声速流动 (普朗特　1907)

这种被称为普朗特 - 迈尔膨胀的过程，实际上是连续进行的，可以作为位势流动从理论上来处理。从而得知，这种气流具有以下特征：沿由点 A 画出的任一矢径

(特征线)，压强和速度的大小、方向都不改变，每一特征线与当地流动方向之间形成马赫角，因此，垂直于特征线的速度分量就等于当地的声速。从声速一直膨胀到最大速度 (膨胀到真空的速度) 的流动过程示于图 4.115 中。膨胀到最大速度时，特征线偏转了 129°，因为沿特征线压强和速度都是常数，所以任何以两特征线为界的流动区域都可以与均匀直线流相连结。例如，如果一气流以超过声速的速度 $w_1$ 平行于一固定边界流动，并且在边界的终点 A(图 4.115 中右图的点 A) 之后，压强从 $p_1$ 降为 $p_2$，则气流在特征线 1 的上游以不变的方式流动，且该特征线与流动方向所成的马赫角为 $\alpha_1(\sin(\alpha_1) = c_1/w_1)$。在该特征线下游，特征线 1 和 2 之间的扇形区中气体膨胀，使压强由 $p_1$ 降为 $p_2$。在特征线 2 处，压强达到 $p_2$，气流遂以速度 $w_2$ 沿直线均匀地流动，这时的流动方向与特征线所成的马赫角为 $\alpha_2$。

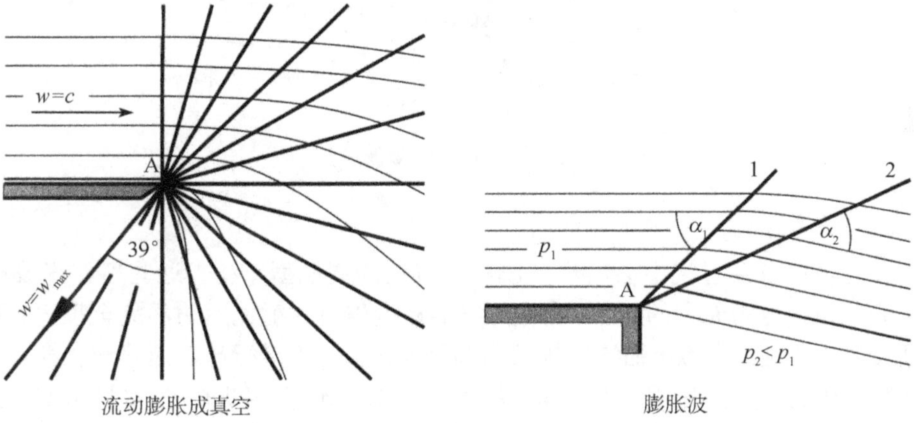

图 4.115 普朗特 - 迈尔绕角流动

如果一个边界具有一个或多个凸角，则流动仍旧是直线流动区和膨胀扇形区的组合，并彼此总是以马赫角分界。沿连续弯曲边界的流动，也可以看作是上面所描述的各流动区的组合。边界甚至可以是凹的，但在这种情况下，只有在任何两根特征线都不相交的区域中，上述位势方程的解才是正确的 (图 4.116)。如果它们相交了，则气流在交点处发生间断，并出现激波。

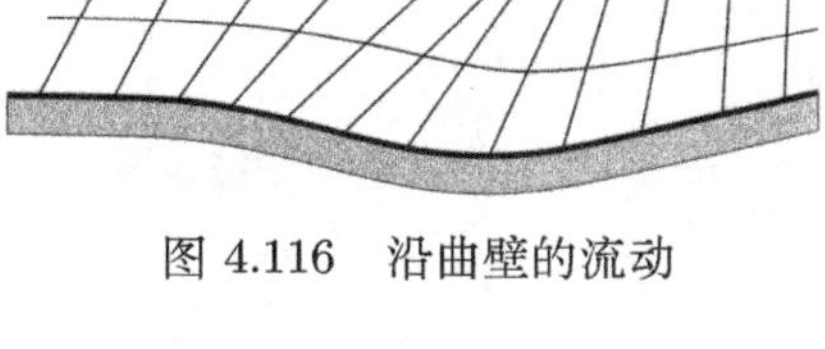
图 4.116 沿曲壁的流动

在凹角及气流进入压强较高区域的情形，流动总是非定常的，并形成斜激波(图 4.117)，图 4.117 中的特征线 2 将位于特征线 1 的上游，而事实上这是不可能的。因而只能发生非定常压缩，出现位于 1、2 方向之间的激波平面。确定垂直于激波法向速度分量的方程与 4.3.4 节中所述正激波时的方程相同；切向速度分量通过激波时保持不变，而只需叠加上去。图 4.119 所示用纹影法拍得的照片是这一理论结果的示例。其中包括喷管出口处绕角膨胀的流动或有斜激波的流动。

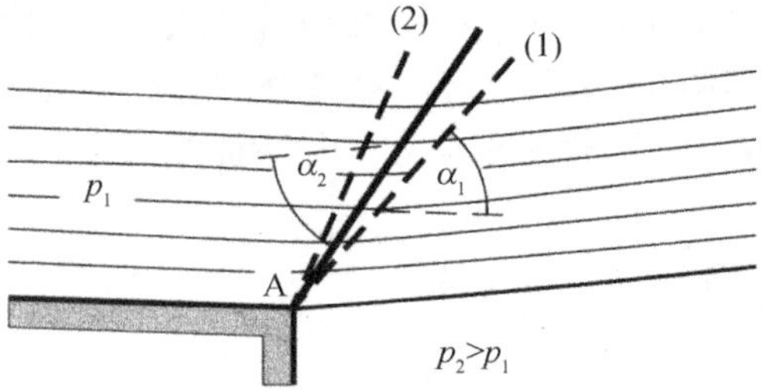


图 4.117　斜激波

2. 自由射流

在超声速自由射流中会出现激波和膨胀波的周期型结构。这些斜膨胀波和压缩波能互相穿透而无大的干扰；并且，它们还能被自由射流的边界完全反射，膨胀波被反射为压缩波，而压缩波则被反射为膨胀波。对于平行超声速射流，若出口处的压强低于射流中的压强，则在孔口的每一边都会出现一膨胀波，如图 4.119 左边的图所示。它们在射流中间相交并在射流的边界上反射为压缩波。这些反射波继续向前传播，并在达到射流的另一边界时又反射为膨胀波。这个过程周期性地重复着，波中间的压强 $p_3$ 低于靠外的压强 $p_2$，且

$$p_3 : p_2 = p_2 : p_1.$$

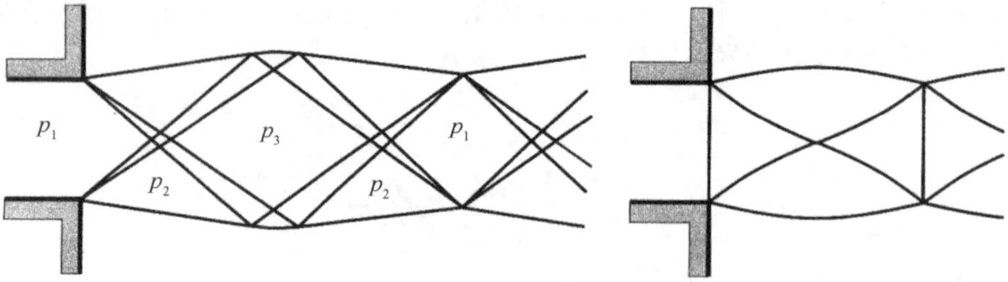


图 4.118　自由射流的波系图

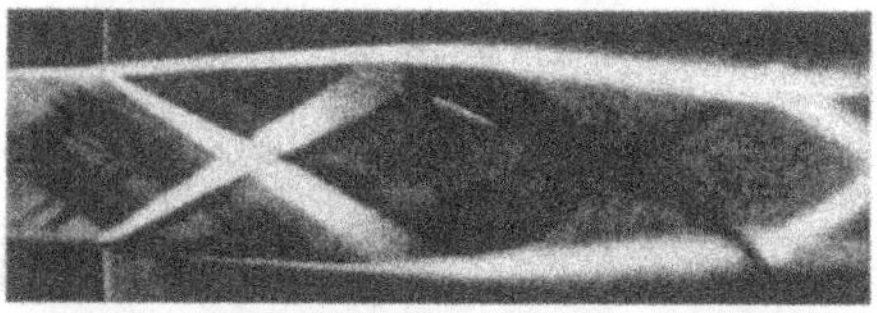

超压时的超声速流

等于反压时的超声速流

欠压时的超声速流

跨声速流

图 4.119 不同喷口条件的自由射流结构 (普朗特 1907)

如果射流外的压强较射流里的压强高，则先形成斜激波 (图 4.118)，它们在射流的边界被反射为膨胀波，然后如图 4.119 中所示的那样向前传播。如果喷口处的速度等于声速，则起始马赫角 $\alpha = 90°$，将出现图 4.118 中右面图形所示的具有正激波的特征节点结构。图 4.119 示出了射流中压强大于反压、等于反压、小于反压三种情况下的纹影照片。前三张照片中，喷口处的速度都相同，第四张照片中，喷口处的速度等于声速。在所有这些照片中，光亮表示膨胀，黑暗表示压缩。如果从喷口处喷出的气流不是完全平行的，波系图就会变得更复杂，但波长则几乎不变，应用式 (4.155) 于二维流动，可得波长为

$$\lambda = 2 \cdot \mathrm{d}_m \cdot \cot(\alpha_{\mathrm{m}}) = 2 \cdot d_{\mathrm{m}} \cdot \sqrt{\left(\frac{w}{c}\right)_{\mathrm{m}}^2 - 1}$$

其中 $d_{\mathrm{m}}$ 是射流的平均直径，$\alpha_{\mathrm{m}}$ 和 $(w/c)_{\mathrm{m}}$ 分别是 $\alpha$ 和 $(w/c)$ 的平均值。

对于从圆孔中喷出的气流，因波的锥形相交而变得更为复杂，其节点结构示于图 4.106 中，这种自由射流中的波长，在出流速度等于声速情况下，曾由埃姆登 (R.Emden) 用压缩空气的实验确定

$$\lambda = 0.89 \cdot d \cdot \sqrt{\frac{p_0 - 1.9 \cdot p_2}{p_2}}$$

其中 $d$ 是喷口的直径；$p_0$ 是气罐中的压强；$p_2$ 是出口外的压强。

### 4.3.6 小扰动流动

本节讨论如下的无黏定常流动：流动中的速度，无论大小和方向，均与一给定的速度 $u_0$ 相差无几。$u_0$ 本身可以是亚声速或超声速的。我们以 $u$ 和 $v$ 表示流场中各点的速度对 $u_0$ 的微小偏差，并在计算中只考虑到 $u$ 和 $v$ 的一阶小量，于是流动速度的大小为 $w = \sqrt{(u_0 + u)^2 + v^2}$。

首先，我们有一般形式的伯努利方程(4.158)

$$\int \frac{\mathrm{d}p}{\rho} + \frac{w^2}{2} = \text{常数}$$

或其微分形式

$$\frac{\mathrm{d}p}{\rho} + w \cdot \mathrm{d}w = 0$$

考虑到 $\mathrm{d}p/\rho = (\mathrm{d}p/\mathrm{d}\rho) \cdot \mathrm{d}\rho/\rho = c^2 \cdot \mathrm{d}\rho/\rho$，可得

$$\frac{\mathrm{d}\rho}{\rho} = -\frac{w^2}{c^2} \cdot \frac{\mathrm{d}w}{w} = -M^2 \cdot \frac{\mathrm{d}w}{w} \tag{4.174}$$

此式适合于各条流线的伯努利常数都相同的流动情况，即无旋流动。由式可见，若马赫数很小，密度的相对变化 $\mathrm{d}\rho/\rho$ 就可以忽略。因此，在 $M = 0.2$ 以下时，我们可以按不可压缩流束来计算流动。在 $M = 1$ 时，密度的相对变化与速度的相对变化大小一样而符号相反，这就是说，$\rho \cdot w$ 近似是常数或流束的截面不变。

由连续性方程可得

$$\frac{\partial}{\partial x}[\rho \cdot (u_0 + u)] + \frac{\partial}{\partial y}(\rho \cdot v) = 0$$

由于 $w^2 = (u_0 + u)^2 + v^2$，在一阶近似中，扰动速度主要由 $u$ 的扰动给出，因而用式 (4.174) 可将连续方程线性化为

$$(1 - M_0^2) \cdot \frac{\partial u}{\partial x} + \frac{\partial v}{\partial y} = 0 \tag{4.175}$$

这就是*线性气体动力方程*，其中 $M_0 = u_0/c_0$。这一方程不适用于 $M \approx 1$ 的跨声速区，因为这时的扰动不再很小，线性化是不可能的。

引入扰动速度势 $\varphi$(4.1.5 节)，令

$$u = \frac{\partial \varphi}{\partial x}, \qquad v = \frac{\partial \varphi}{\partial y}$$

则由方程 (4.175) 可得

$$(1 - M_0^2) \cdot \frac{\partial^2 \varphi}{\partial x^2} + \frac{\partial^2 \varphi}{\partial y^2} = 0 \tag{4.176}$$

由式 (4.176) 可见，$\partial^2 \varphi/\partial x^2$ 前的系数在 $M_0 = 1$ 时改变符号；若来流为亚声速，$M_0 < 1$，此微分方程的类型与位势方程一样，是*椭圆型的*；若来流为超声速的，此微分方程的类型与振动方程的一样，即**双曲型的**。对 $M_0 > 1$ 的情况来说，

只要 $\overline{\alpha}$ 可以恰当地确定，则任何一个变量为 $(y \pm x \cdot \tan(\overline{\alpha}))$ 的连续且二阶可微的函数 $F$ 都是方程 (4.176) 的解。这时

$$\frac{\partial^2 \varphi}{\partial x^2} = F'' \cdot \tan^2(\overline{\alpha}), \qquad \frac{\partial^2 \varphi}{\partial y^2} = F''$$

为满足方程 (4.176)，必须令

$$(M_0^2 - 1) \cdot \tan^2(\overline{\alpha}) = 1$$

亦即

$$\tan(\overline{\alpha}) = \pm \frac{1}{\sqrt{M_0^2 - 1}}$$

由此得出

$$\sin(\overline{\alpha}) = \frac{\tan(\overline{\alpha})}{\sqrt{1 + \tan^2(\overline{\alpha})}} = \pm \frac{1}{M_0}$$

这个解所代表的是任意形状的波，这些波的直线波前 ($y = \pm x \cdot \tan(\overline{\alpha}) +$ 常数) 在整个流场中都以不变的马赫角 $\overline{\alpha}$ 向轴的左、右侧倾斜。

对于*亚声速流*，我们可以得到以下形式的特征解：将有弱扰动的可压缩流与同样条件的相应的不可压缩流相比较，令不可压缩流动的坐标系为 $X$ 和 $Y$，其速度 $u_0$ 的小扰动为 $U$ 和 $V$，而其相应的速度势为 $\Phi$，根据 4.1.5 节的讨论，$\Phi$ 应满足方程

$$\frac{\partial^2 \Phi}{\partial X^2} + \frac{\partial^2 \Phi}{\partial Y^2} = 0 \tag{4.177}$$

如果使这两种流动的 $\varphi$ 和 $\Phi$ 在对应点成比例，即

$$\varphi(x, y) = a \cdot \Phi(X, Y) \tag{4.178}$$

这两种流动就可以相比较了，其中 $a$ 是个数字因子。

为了使 $\varphi$ 和 $\Phi$ 同时分别满足方程 (4.176) 和方程 (4.177)，$x$ 与 $X$ 以及 $y$ 与 $Y$ 的相应值之间必须具有不同的比值，如果我们令 $Y/y = b \cdot X/x$，适当地选择 $b$，就可以使两速度势满足式 (4.178) 了。为简单起见，我们就令 $X = x$，因而 $Y = b \cdot y$，利用此关系和式 (4.178)，可将方程 (4.176) 写成

$$a \cdot \frac{\partial^2 \Phi}{\partial X^2} \cdot (1 - M_0^2) + a \cdot b^2 \cdot \frac{\partial^2 \Phi}{\partial Y^2} = 0 \tag{4.179}$$

如果令 $b^2 = 1 - M_0^2$，这个方程就和方程 (4.177) 完全相同。

流线对 $X$ 轴的倾角 $\delta$ 由下式给出

$$\tan(\delta) = \frac{v}{u_0 + u}$$

对于一阶近似，可用 $\tan(\delta) = v/u_0 = (1/u_0) \cdot \partial\varphi/\partial y$ 来代替，相应地，对于不可压缩流动，流线与轴之间的角度 $\varDelta$ 为

$$\tan(\varDelta) = \frac{V}{u_0} = \frac{1}{u_0} \cdot \frac{\partial \varPhi}{\partial Y}$$

如果这两种流动是由同一个物体所引起的，则在边界流线上必有 $\tan(\delta) = \tan(\varDelta)$，即 $\partial\varphi/\partial y = \partial\varPhi/\partial Y$。由式 (4.178) 和 $Y = b \cdot y$，我们有 $a \cdot b = 1$，即

$$a = \frac{1}{b} = \frac{1}{\sqrt{1 - M_0^2}} \tag{4.180}$$

为比较这两种流动中的压强分布，我们只要比较在 $x$ 方向的压强梯度就够了。因为这两种流动中的压强差之比与它们的梯度之比相同。从欧拉方程的非线性项 $\rho \cdot (u_0 + u) \cdot \partial u/\partial x$，取一阶近似可得 $\rho \cdot u_0 \cdot \partial u/\partial x = \rho \cdot u_0 \cdot \partial^2\varphi/\partial x^2$，将此项和不可压缩流的相应项 $\rho \cdot u_0 \cdot \partial^2\varPhi/\partial X^2$ 相比较，其比值为 $a$。在欧拉方程中取一阶近似，可得 $\partial p/\partial x = -\rho \cdot u_0 \cdot \partial u/\partial x$，这意味着，取一阶近似，可压缩流的压强差比不可压缩的对比流动中的压强差大 $1/\sqrt{1 - M_0^2}$ 倍。

1. 绕薄翼型的流动

只要翼面上任何部分的速度都低于声速 (图 4.120)，上述关系对于绕小迎角薄翼的流动也是正确的。这样，可压缩流通过机翼的升力也较不可压缩流通过机翼的升力大式 (4.180) 所示的倍数 (普朗特法则)。

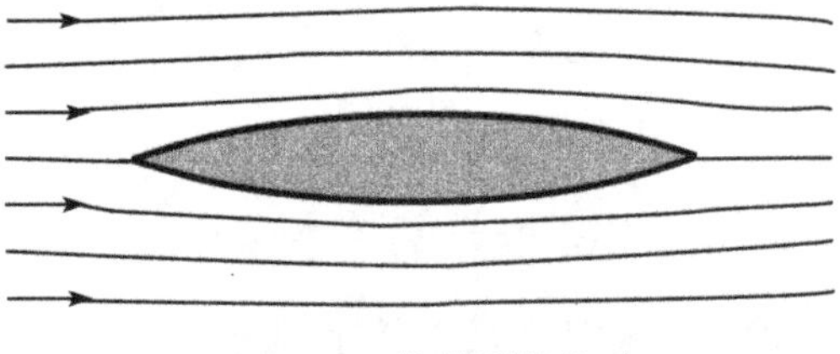

图 4.120　绕薄翼的流动

关于式 (4.178) 中的 $a$，我们也可以这样提出问题：为使可压缩流动中的压强差和不可压缩流动中的压强差相同，物体应具有何种形状？这个问题在对应的不可压缩流动中物体上的压强分布达到边界层要分离的临界情况显然是重要的。很显然，这时必须取 $a = 1$，于是 $\tan(\delta) = b \cdot \tan(\varDelta)$，这就是说，$u_0$ 愈接近于声速，为避免边界层的分离，可压缩流中的物体就必须愈薄。

2. 波形壁

我们来讨论流体以平均速度流过一微呈波形的壁面的例子。该壁面外形由下述方程描述

$$y_1 = a \cdot \sin(\mu \cdot x)$$

其中 $\mu = \dfrac{2\cdot\pi}{\lambda}$; $\lambda$为波长。

由于 $v/u_0 = \mathrm{d}y_1/\mathrm{d}x$，在 $y=0$ 附近我们有

$$v_0 = u_0\cdot a\cdot\mu\cdot\cos(\mu\cdot x)$$

在不可压缩的对比流动中，$Y=0$ 处 $V_0 = v_0$，相应的速度势是

$$\varPhi = -u_0\cdot a\cdot\cos(\mu\cdot X)\cdot \mathrm{e}^{-\mu\cdot Y}$$

在可压缩流动中，对应的速度势是

$$\varphi = -A\cdot\cos(\mu\cdot x)\cdot\mathrm{e}^{-\mu\cdot y\cdot\sqrt{1-M_0^2}} \tag{4.181}$$

由此可以得出，在 $y=0$ 处，$v_0 = \partial\varphi/\partial y = A\cdot\mu\cdot\sqrt{1-M_0^2}\cdot\cos(\mu\cdot x)$，与不可压缩流比较，我们得到 $A = u_0\cdot a/\sqrt{1-M_0^2}$。图 4.121 给出了通过波形壁的不可压缩流 $(u_0 \ll c)$、可压缩亚声速流 $(u_0 = 0.9\cdot c)$ 和可压缩超声速流 $(u_0 = 1.25\cdot c)$ 的情况。

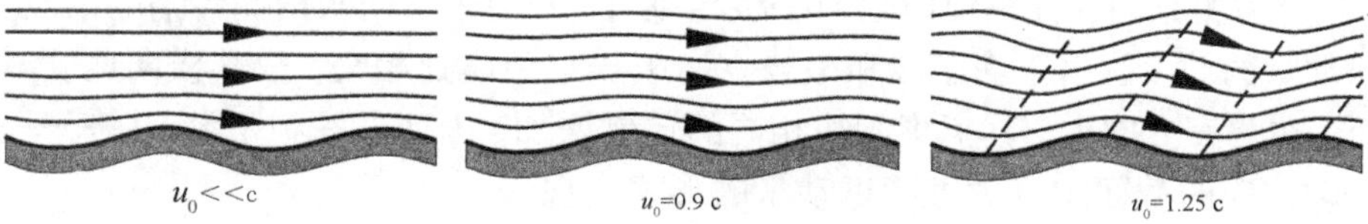


图 4.121 通过波形壁的流动

### 4.3.7 绕翼型的流动

1. *超声速流动*

对于前缘足够尖的薄翼型，通过该翼型的超声速流动也可应用特征线法来研究。如忽略其前缘激波中的微小损失，则翼型表面任一面元上的压强就完全由来流速度和该面元的斜率来决定。对于图 4.122 中所示的翼型，在翼型的尖前缘处出现斜激波(头波)，通过斜激波流动压强激增。翼型表面的凸曲率引起一系列膨胀波，结果使气流的超压逐渐降低，直至翼型后部出现欠压区。在后缘处，沿翼型上、下两侧流过来的气流以同样的角度交汇，引起另一个激波(*尾波*)。尾波后的压强又近似地恢复到未受扰动时的来流压强。那些膨胀波发散地传播开来，从翼型前部发出的膨胀波与头波相交，从物体后部发出的与尾波相交，因而这些激波的强度在流场中逐渐减小。这种理论分析的图案已完全为图 4.122 中的纹影照片所证实。拍这张照片时，纹影孔隙置放得使光亮区代表密度的增加，而黑暗区代表密度的减小。

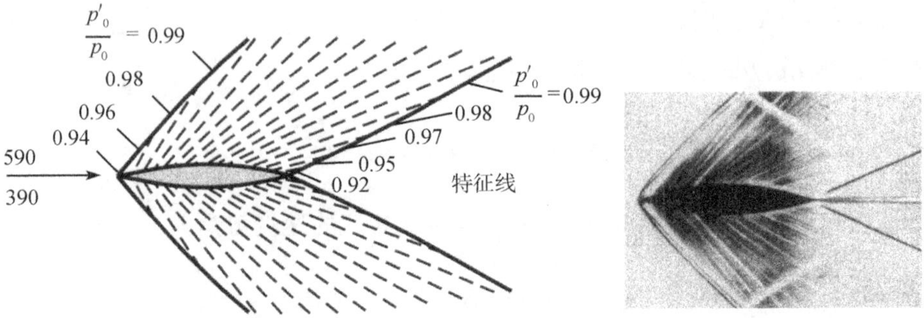


图 4.122　绕薄翼型的超声速流，$p_0$ 为产生气流的总压，$p_0'$ 为减去激波中损失的总压

为研究有迎角的翼型其厚度的独立性影响，我们先来讨论一个如图 4.123 中所示的与来流方向倾斜成一角度的薄平板。在压力面出现激波，而在吸力面出现膨胀波，两者都使气流的方向偏转 $\alpha$ 角。只要气流的方向保持不变，速度和压强也就不变，所以合力的作用点就是平板的中点，在平板的后缘，压强趋于相等，因此在吸力面出现激波，而在压力面出现膨胀波。在小迎角情况下，合力近乎与迎角 $\alpha$ 成正比，且合力的方向在无黏流时恰与平板相垂直。升力来自向板两侧传播的两波所引起的动量的改变。由于膨胀波和激波在离板一定距离处相交，故其横向速度减小；然而，在垂直方向上，其宽度则按相同的比例增加，因而在平板下游，在任一垂直于流动方向的截面中升力继续以动量的形式出现。

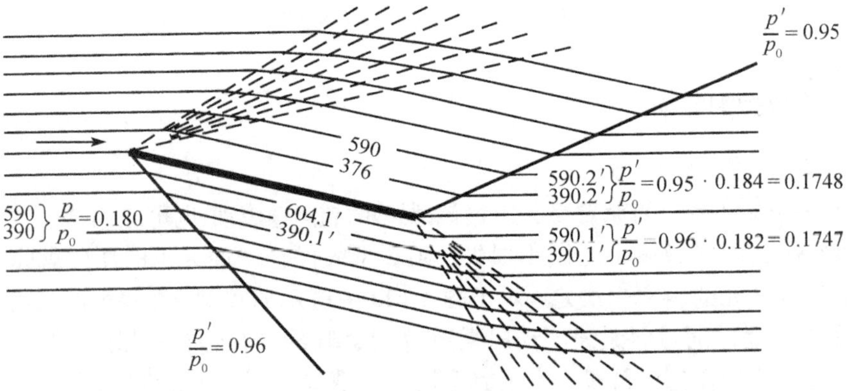


图 4.123　倾斜平板的超声速绕流 (布泽曼的数据　1931)

人们发现，前后两头尖的薄板在吸力面侧可能还有点上凸，作为超声速翼型是最适宜的，厚前缘的普通翼型由于阻力很大，在超声速时不宜采用；与亚声速的情况不同，此时最佳的阻力与升力比 $W/A$ 绝不会小绝于 $\tan(\alpha)$。

为了得到如图 4.122 和图 4.123 中那样的超声速流动情况下机翼压强分布的近

似公式，我们可以应用微分方程 (4.176)。任意一个速度势 $\varphi = F[x - y \cdot \cot(\alpha')]$ 都可能产生对基本流 $u_0$ 的一个扰动流，此处 $\alpha'$ 是来流的马赫角，如果用 $F'$ 表示速度势对自变量 $x - y \cdot \cot(\alpha')$ 的微分，则可得到扰动速度分量 $u = \varphi_x = F'$ 和 $y = \varphi_y = -F' \cdot \cot(\alpha')$ 或

$$u = -\frac{v}{\cot(\alpha')} \tag{4.182}$$

既然气流折转角可近似由 $\tan(\delta) = v/u_0$ 给出，压强差正比于 $u$，从而可以得到压强系数 $c_\mathrm{p}$

$$c_p = \frac{p - p_0}{\dfrac{1}{2} \cdot \rho_0 \cdot u_0^2} = 2 \cdot \tan(\delta) \cdot \tan(\alpha') \tag{4.183}$$

可见，对于有正折角的翼型，则可得到超压；而有负折角，则得欠压。因此，在无黏超声速流动中，机翼具有阻力。

为获得气动力的量纲 1 系数，我们将气动力除以压强和表面面积的乘积。通常选择驻压 $\rho_0 \cdot u_0^2/2$ 作为这个压强，在较高马赫数时，驻压 $\rho_0 \cdot u_0^2/2$ 是来流动量的一半，与头波中的压强增升密切相关。选择机翼的最大投影面积 $A$ 作为表面面积，因此

$$F_A = c_\alpha \cdot A \cdot \frac{\rho_0 \cdot u_0^2}{2}, \qquad W = c_\mathrm{w} \cdot A \cdot \frac{\rho_0 \cdot u_0^2}{2} \tag{4.184}$$

在图 4.123 中，作用在斜放于超音速流中平板上、下表面的压强都是常值。上表面上是欠压，下表面上是超压。如果用迎角 $\alpha$ 代替式 (4.183) 中的气流角 $\delta$，则可按该式分别求得平板的压力面和吸力面的 $c_a$

$$c_a = \frac{4 \cdot \alpha}{\sqrt{M_0^2 - 1}} \tag{4.185}$$

由于在超声速 ($M_0 > 1$) 的情形下切向力为零，阻力系数是

$$c_\mathrm{w} = c_a \cdot \tan(\alpha) = \frac{4 \cdot \alpha^2}{\sqrt{M_0^2 - 1}} \tag{4.186}$$

式 (4.185) 和式 (4.186) 是由阿克莱特 (J.Ackeret) 首先给出的 (1925)。

2. 跨声速流

若在热焓的定义中用声速代替温度，则可用能量平衡方程 (4.167) 导出常比热理想气体的下述精确关系式

$$\frac{1}{M^2} - 1 = \frac{\kappa + 1}{2} \cdot \left[\frac{(c')^2}{w^2} - 1\right] \tag{4.187}$$

其中 $c'$ 是临界声速。如果 $w$ 与 $c'$ 相差不大，如近声速 $M \approx 1$ 情况，则扰动分量 $u$ 近似地满足

$$1 - M^2 = (\kappa + 1) \cdot \left( \frac{c'}{u_0 + u} - 1 \right) + \cdots \qquad (4.188)$$

$$= (\kappa + 1) \cdot \left( 1 - \frac{u_0 + u}{c'} \right) + \cdots$$

因而差值 $1 - M^2$ 与 $c' - (u_0 + u)$ 成正比。

如果从超声速逐渐减小 $M_0$ 使之趋近于 1，则翼型头部激波脱离物体并向上游移动。相反，尾部激波则一直停留在翼型尾部的超声速区中；$M_0$ 愈接近 1，头部激波就愈弱，直到 $M_0 = 1$ 才最后完全消失。因此，这时压强分布在头部的驻点区具有亚声速的特性，而在减压区，包括尾波中则具有超声速的特性，尾部激波甚至在 $M_0 < 1$ 时也还存在。在跨声速的亚声速来流中出现在翼型上的局部超声速区示于图 4.124。在局部超声速区中的超声速特性可由翼型表面上的压强分布看出，向下游移动的吸力峰和超声速区终止处的激波产生流动阻力。

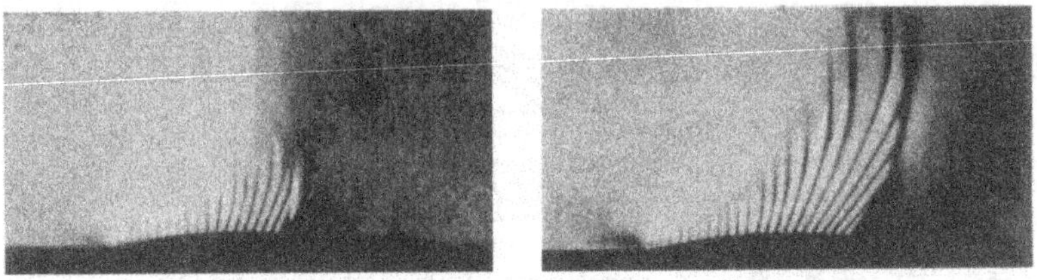

静压 1.6 *bar*　　　　静压 1.89 *bar*

图 4.124　局部超声速区

当来流接近声速时，马赫数分布几乎与 $M_0$ 无关，特别在翼型的前部；这是因为当来流只略微超过声速时，头部激波在翼型前很远处，而且几乎是垂直的，且在波后产生了近乎平行的亚声速流动；因此，不论来流是 $M_0 = 0.90$ 或 $M_0 = 1.10$，在翼型上的马赫数分布只有很小的差别，这一效应被叫做**马赫数分布冻结效应**。

从方程 (4.188) 可得到压强系数的一级近似式

$$c_p = \frac{p - p_0}{\dfrac{1}{2} \cdot \rho_0 \cdot u_0^2} = -2 \cdot \frac{u}{u_0} = -2 \cdot \left( \frac{u_0 + u}{c'} - 1 \right) = -\frac{2}{\kappa + 1} \cdot (M^2 - M_0^2) \qquad (4.189)$$

在 $M_0 = 1$ 时，$c_p$ 随 $M_0$ 的变化是

$$\left( \frac{\mathrm{d}c_p}{\mathrm{d}M_0} \right)_{M_0=1} = \frac{4}{\kappa + 1} \qquad (4.190)$$

由此可得出阻力随 $M_0$ 的变化。

来流为低速或亚跨声速时翼型上的压强分布示于图 4.125 中，使局部超声速还在下游终止的激波的出现引起压强阻力的增加。

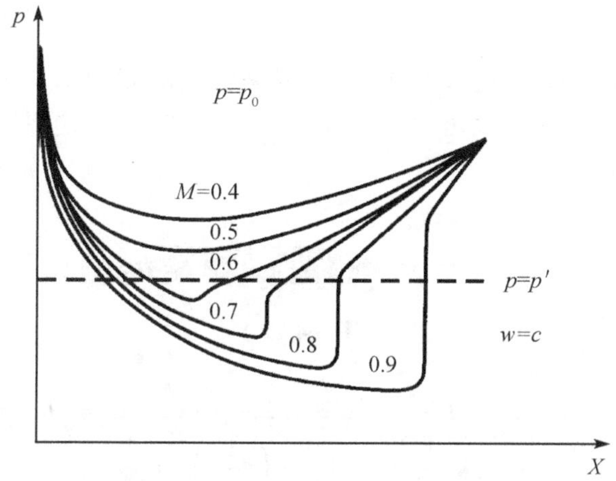


图 4.125 亚声速来流时翼型上的压强分布绕跨声速机翼的流动将在第六章中进行细致的讨论。

3. 钝体前的激波

在绕钝体的超声速流中，常激波一定会出现在物体的前方 (图 4.111)，这时就不能再按弱扰动来处理。在靠近驻点流线处可用正激波方程对其进行计算。跨过激波的压强突跃像斜激波似地斜着传播，随着与物体距离的增加，激波中的压强增加变小，斜激波过渡为正锥形波。来流速度越大，激波越靠近物体；来流速度越小，物体与激波的距离越大。

以超声速运动的物体，其流动图案与上述类似。超声速飞机和图 4.103 中的子弹，其激波可以均以声爆的形式被听到。在驻点 S 处的压强增加，不论速度大小，均与速度的平方成正比

$$p_s - p_\infty = \frac{\rho_\infty \cdot w_\infty^2}{2} \cdot c_p$$

压强系数 $c_p$ 是马赫数的函数，压强增加包括激波后的连续部分和跨过激波的不连续部分 (激波部分) 两部分。为便于对比，我们将设想的直到驻点前的等熵 (无损耗) 减速流动的压强系数 $c_{p_0}$ 与 $c_p$ 以及其激波部分与马赫数的关系一并列于表 4.1 中。

**表 4.1**

| M=w/c | 0 | 0.5 | 1.0 | 1.5 | 2 | 3 | ∞ |
|---|---|---|---|---|---|---|---|
| $c_p$ | 1 | 1.065 | 1.275 | 1.53 | 1.655 | 1.75 | 1.85 |
| 激波部分 | – | – | 0 | 0.92 | 1.25 | 1.48 | 1.65 |
| $c_{p0}$ | 1 | 1.065 | 1.275 | 1.69 | 2.48 | 4.85 | ∞ |

由此可见驻点压强的变化情况。同时，可以看到，即使在非常大的速度时，阻力仍与速度的平方成正比。

### 4.3.8 习题

1. 翼型边界层顶点处的最大流速 $U_1$ 是来流速度 $U$ 的 1.7 倍，已知来流马赫数 $M=0.5(\kappa=1.4)$，求最大速度 $U_1$ 处的当地马赫数 $M_1$。边界层顶点外流按无黏流考虑 (图 T4.12)。

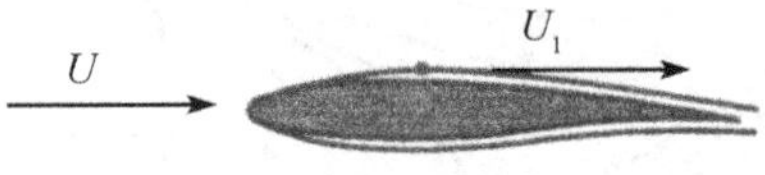


图 T4.12

答案：$M_1=\dfrac{1}{\sqrt{\dfrac{\kappa-1}{2}\cdot\left[\left(\dfrac{1}{1.7}\right)^2-1\right]+\left(\dfrac{1}{1.7}\right)^2\cdot\dfrac{1}{M^2}}}=0.893$

2. 压强 $p_1$、温度 $T_1$、马赫数 $M_1$ 的气流通过截面积为 $A_1$ 的圆管和拉伐尔喷管后膨胀形成压强为 $p_2$ 的超声速平行射流进入风洞的试验段。试验段中的钝头浮子在其驻点前引起一正激波。风洞中的流动是定常的，一维的，且除激波外是等熵的。已知 $p_1=6.5\text{bar}$，$T_1=440\text{K}$，$M_1=0.5$，$A_1=160\text{cm}^2$，$p_2=1.0\text{bar}$，比气体常数 $R=287\text{m}^2/(\text{s}^2\cdot\text{K})$，等熵指数 $\kappa=1.4$，试确定试验装置的下列各量 (图 T4.13)。

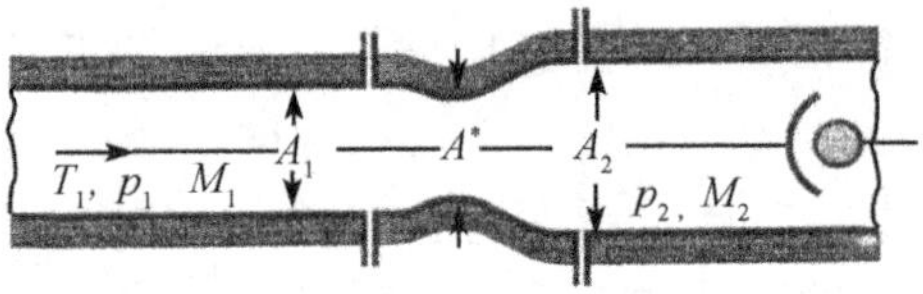


图 T4.13

(1) 试验段能达到的马赫数 $M_2$。

答案：$M_2=2.0$

(2) 截面积 $A^*$ 和 $A_2$ 必须是多少?

答案：$A^*=\dfrac{A_1\cdot M_1}{\left[1+\dfrac{\kappa-1}{\kappa+1}\cdot(M_1^2-1)\right]^{\frac{\kappa+1}{2\cdot(\kappa-1)}}}=119.4\text{cm}^2$

$$A_2=\frac{A^*}{M_2}\cdot\left[1+\frac{\kappa-1}{\kappa+1}\cdot(M_1^2-1)\right]^{\frac{\kappa+1}{2\cdot(\kappa-1)}}=201.5\text{cm}^2$$

(3) 通过试验装置的质量流量。

答案：$\dot{m}=17.33\text{kg/s}$

(4) 激波后的马赫数 $M_3$、压强 $p_3$ 和温度 $T_3$。浮子驻点处的温度 $T_s$。

答案：$M_3 = 0.577$，$p_3 = 4.5\text{bar}$，$T_3 = 433.16\text{K}$，$T_s = T_0 = 462\text{K}$

3. 气流从压强为 $p_0$、温度为 $T_0$ 的大容器通过拉伐尔喷管流入压强为 $p_u$ 的大气中，在喷管最窄截面 $A^*$ 处，气流流速为声速，在下游截面 $A_v$ 处有一定常正激波。已知 $p_0 = 5\text{bar}$，$T_0 = 273.15\text{K}$，$A^* = 2\text{cm}^2$，$A_v = 3.1\text{cm}^2$，$A_2 = 4.0\text{cm}^2$，$\kappa = 1.4$，$R = 287\text{m}^2/(\text{s}^2 \cdot \text{K})$，试确定下述各量 (图 T4.14)。

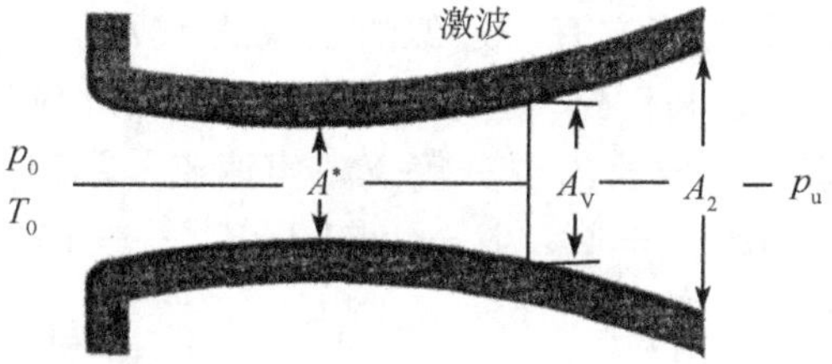


图 T4.14

(1) 大容器中的气体密度 $\rho_0$。

答案：$\rho_0 = \dfrac{p_0}{R \cdot T} = 6.378\text{kg/m}^3$

(2) 激波前的气体状态量 $p_\text{v}$、$T_\text{v}$、$\rho_\text{v}$ 及流速 $c_\text{v}$。

答案：$T_\text{v} = \dfrac{T_0}{1 + \dfrac{\kappa - 1}{2} \cdot M_\text{v}^2} = 158.9\text{K}$，$p_\text{v} = \dfrac{p_0}{\left(1 + \dfrac{\kappa - 1}{2} \cdot M_\text{v}^2\right)^{\frac{\kappa}{\kappa - 1}}} = 0.75\text{bar}$

$$\rho_\text{v} = \frac{\rho_0}{\left(1 + \dfrac{\kappa - 1}{2} \cdot M_\text{v}^2\right)^{\frac{1}{\kappa - 1}}} = 1.646\text{kg/m}^3, \quad c_\text{v} = 479.1\text{m/s}$$

(3) 激波前的总压 $p_{0,\text{v}}$ 和总温度 $T_{0,\text{v}}$。

答案：$p_{0,\text{v}} = p_0 = 0.5\text{bar}$，$T_{0,\text{v}} = T_0 = 273.15\text{K}$

(4) 激波后的气体状态量 $p'_\text{v}$、$T'_\text{v}$、$\rho'_\text{v}$ 及流速 $c'_\text{v}$。

答案：$(M'_\text{v})^2 = \dfrac{1 + \dfrac{\kappa - 1}{\kappa + 1} \cdot (M_\text{v}^2 - 1)}{1 + \dfrac{2 \cdot \kappa}{\kappa + 1} \cdot (M_v^2 - 1)} = 0.3557$

$$\frac{p'_\text{v}}{p_\text{v}} = 1 + \frac{2 \cdot \kappa}{\kappa + 1} \cdot (M_\text{v}^2 + 1) = 4.03$$

$$\frac{T'_\text{v}}{T_\text{v}} = \left[1 + \frac{2 \cdot \kappa}{\kappa + 1} \cdot (M_\text{v}^2 + 1)\right] \cdot \left[1 - \frac{2}{\kappa + 1} \cdot \left(1 - \frac{1}{M_\text{v}^2}\right)\right] = 1.605$$

$$\frac{\rho'_\text{v}}{\rho_\text{v}} = \frac{p'_\text{v}}{p_\text{v}} \cdot \frac{T_\text{v}}{T'_\text{v}} = 2.51$$

$$\frac{\rho'_{0,\text{v}}}{\rho_{0,\text{v}}} = \left[1 + \frac{2 \cdot \kappa}{\kappa + 1} \cdot (M_{\text{v}}^2 + 1)\right]^{-\frac{1}{\kappa-1}} \cdot \left[1 - \frac{2}{\kappa + 1} \cdot \left(1 - \frac{1}{M_{\text{v}}^2}\right)\right]^{-\frac{\kappa}{\kappa-1}}$$
$$= 0.7692$$

$$M'_{\text{v}} = 0.596, p'_{\text{v}} = 3.023\text{bar}, T'_{\text{v}} = 255\text{K}, \rho'_{\text{v}} = 4.13\text{kg/m}^3, c'_{\text{v}} = 190.8\text{m/s}$$

4. 在超声速推进器的前方有一近似的正激波 ($M_1 = 2$, $p_1 = 0.3$bar, $T_1 = 250$K)；在位置 2 和 3 之间，燃烧室提供热量 $Q$，因此位置 3 处的马赫数变为 $M_3 = 1$；在推进喷管的发散段出现一等熵超声速流，其出口压强 $p_4 = p_1$($A_2 = A_3 = 0.4\text{m}^2$, $A_4 = 0.56\text{m}^2$, $\kappa = 1.4$, $R = 287$J/kgK, $c_p = 104.5$J/kgK)(图 T4.15)。

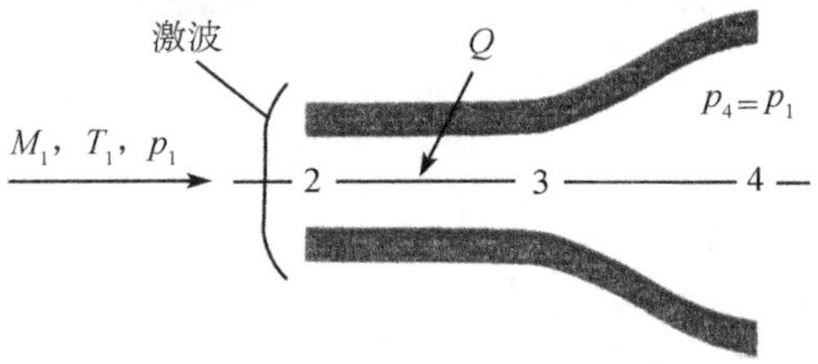


图 T4.15

(1) 计算激波后的 $p_2$、$T_2$、$u_2$ 及质量通量 $\dot{m}$。

答案：$p_2 = 1.35$bar, $T_2 = 421.8$K, $u_2 = 237.5$m/s, $\dot{m} = 106$kg/s

(2) 计算喷管出口处的 $M_4$、$T_4$ 和 $u_4$。

答案：$M_4 = 1.76$, $T_4 = 379.9$K, $u_4 = 687.6$m/s

(3) 用能量方程求位置 2 和 3 之间的热量传送效率 $\dot{Q}$。

答案：$T_3 = 512.9$K, $u_3 = 454$m/s, $\dot{Q} = 17630$KJ/s

5. 航天飞机在再入大气层时，其前方将形成一可按正激波处理的激波 (图 T4.16)。除激波外，气流是理想的、等熵的 ($\kappa = 1.4$, $R = 287$J/kgK)。

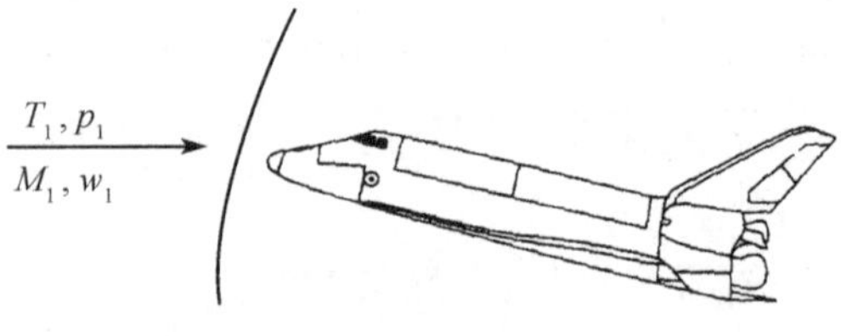


图 T4.16

(1) 为保证轨道器驻点处的温度不超过最大允许温度 $T_{0,\max} = 840$K，激波的最大马赫数 $M_1$、速度 $u_1$ 和密度 $\rho_1$ 应不超过多少？($T_1 = 200$K, $p_1 = 0.1$bar)。

答案：$M_{1,\max}=\sqrt{\frac{2}{\kappa-1}\cdot\left(\frac{T_{0,1}}{T_1}-1\right)}=4$，$u_{1,\max}=a_1\cdot M_{1,\max}=1133.9\mathrm{m/s}$

(2) 用上述结果计算激波后飞行位置的 $M_2$、$u_2$、$p_2$ 和 $\rho_2$ 以及驻点的压强 $p_{0,2}$。

答案：$M_2=\sqrt{\dfrac{1+\dfrac{\kappa-1}{\kappa+1}\cdot(M_{1,\max}^2-1)}{1+\dfrac{2\cdot\kappa}{\kappa+1}\cdot(M_{1,\max}^2-1)}}=0.435$，$p_2=p_1\cdot\left[1+\dfrac{2\cdot\kappa}{\kappa+1}\cdot(M_{1,\max}^2-1)\right]$ $=1.85\mathrm{bar}$

$$\rho_2=\frac{p_1}{1-\dfrac{2\cdot\kappa}{\kappa+1}\cdot\left(1-\dfrac{1}{M_{1,\max}^2}\right)}=0.08\mathrm{kg/m^3}$$

$$p_{0,2}=\left(1+\frac{\kappa-1}{2}\cdot M_2^2\right)^{\frac{\kappa}{\kappa-1}}\cdot p_1\cdot\left[1+\frac{2\cdot\kappa}{\kappa+1}\cdot(M_{1,\max}^2-1)\right]=2.11\mathrm{bar}$$

# 第五章　流体力学基本方程

## 5.1　连 续 方 程

在 4.2.1 节中, 我们已经引入了定常、不可压缩流体微元$\mathrm{d}V=\mathrm{d}x\cdot\mathrm{d}y\cdot\mathrm{d}z$中的质量守恒关系

$$\frac{\partial u}{\partial x}+\frac{\partial v}{\partial y}+\frac{\partial w}{\partial z}=0$$

其中 $u$、$v$、$w$ 是速度矢量 $\boldsymbol{v}$ 的分量。在本章, 我们再一次来推导流体微元 $\mathrm{d}V$ 中的连续方程, 并将其推广至非定常和可压缩流动。

通常, 在一个微元中的质量守恒可以表述为

微元中质量变化率 = Σ 流入微元的质量通量 – Σ 流出微元的质量通量

图 5.1 表示了边长分别为 $\mathrm{d}x$、$\mathrm{d}y$、$\mathrm{d}z$ 的一个微元 $\mathrm{d}V$。流入微元左边表面 $\mathrm{d}y\cdot\mathrm{d}z$ 的质量通量为 $\rho\cdot u\cdot\mathrm{d}y\cdot\mathrm{d}z$。在 $x$ 方向上从位置 $x$ 到 $x+\mathrm{d}x$, 量 $\rho\cdot u$ 的变化值为 $\partial(\rho\cdot u)/\partial x\cdot\mathrm{d}x$, 故流出微元右边表面 $\mathrm{d}y\cdot\mathrm{d}z$ 的质量通量可写成

$$\left(\rho\cdot u+\frac{\partial(\rho\cdot u)}{\partial x}\cdot\mathrm{d}x\right)\cdot\mathrm{d}y\cdot\mathrm{d}z$$

同样可以计算出 $y$ 和 $z$ 方向 $\mathrm{d}x\cdot\mathrm{d}z$ 和 $\mathrm{d}x\cdot\mathrm{d}y$ 表面上类似的表达式。

按照质量守恒, 微元内部的质量变化率等于进入和流出微元的质量通量差。微元内质量变化率的数学表达式为

$$\frac{\partial(\rho\cdot\mathrm{d}x\cdot\mathrm{d}y\cdot\mathrm{d}z)}{\partial t}=\frac{\partial\rho}{\partial t}\cdot\mathrm{d}x\cdot\mathrm{d}y\cdot\mathrm{d}z$$

于是我们有

$$\begin{aligned}\frac{\partial\rho}{\partial t}\cdot\mathrm{d}x\cdot\mathrm{d}y\cdot\mathrm{d}z=&\left[\rho\cdot u-\left(\rho\cdot u+\frac{\partial(\rho\cdot u)}{\partial x}\cdot\mathrm{d}x\right)\right]\cdot\mathrm{d}y\cdot\mathrm{d}z\\&+\left[\rho\cdot v-\left(\rho\cdot v+\frac{\partial(\rho\cdot v)}{\partial y}\cdot\mathrm{d}y\right)\right]\cdot\mathrm{d}x\cdot\mathrm{d}z\\&+\left[\rho\cdot w-\left(\rho\cdot w+\frac{\partial(\rho\cdot w)}{\partial z}\cdot\mathrm{d}z\right)\right]\cdot\mathrm{d}x\cdot\mathrm{d}y\end{aligned}$$

遂可导出连续方程

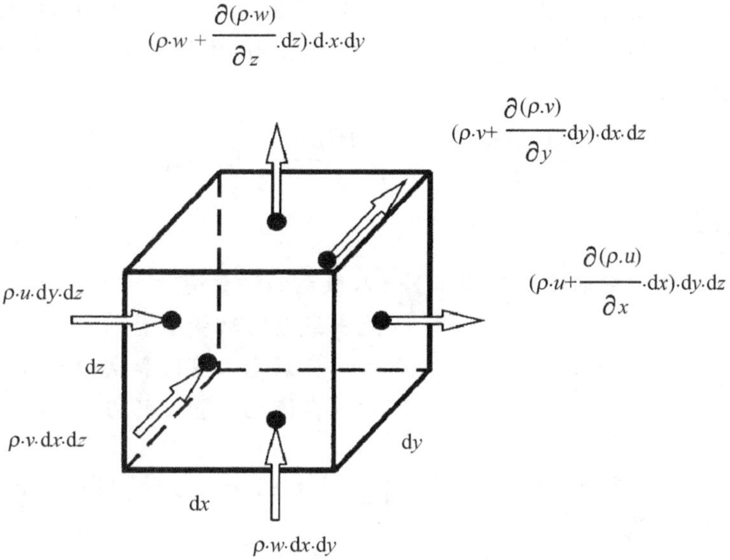


图 5.1 进出微元 d$V$ 的质量通量

$$\frac{\partial \rho}{\partial t}+\frac{\partial(\rho\cdot u)}{\partial x}+\frac{\partial(\rho\cdot v)}{\partial y}+\frac{\partial(\rho\cdot w)}{\partial z}=0 \tag{5.1}$$

对于不可压缩流体，式 (5.1) 简化为

$$\frac{\partial u}{\partial x}+\frac{\partial v}{\partial y}+\frac{\partial w}{\partial z}=0 \tag{5.2}$$

采用矢量符号在一般坐标系内，这些方程可表示为

$$\frac{\partial \rho}{\partial t}+\nabla\cdot(\rho\cdot \boldsymbol{v})=0 \quad 和 \quad \nabla\cdot\boldsymbol{v}=0 \tag{5.3}$$

其中算子 $\nabla$ 表示矢量的散度，那不拉 (Nabla) 算子 $\nabla$ 为

$$\nabla=\left(\frac{\partial}{\partial x},\quad \frac{\partial}{\partial y},\quad \frac{\partial}{\partial z}\right)^{\mathrm{T}}$$

## 5.2 纳维–斯托克斯方程

### 5.2.1 层流流动

纳维–斯托克斯 (Navier-Stokes) 方程 (以下简称 N-S 方程) 由微元 d$V$ 中的动量守恒导出。在 4.2.1 中已经推导了黏性不可压缩流动的方程表达式，现在推导

可压缩流的方程表达式。与图 5.1 微元中连续方程的推导一样，我们讨论在该微元中动量的变化。动量是质量和速度的乘积，故在微元内的流体的动量为 $\rho\cdot \mathrm{d}x\cdot \mathrm{d}y\cdot \mathrm{d}z\cdot \boldsymbol{v}$，它的变化率可写成

$$\frac{\partial\left(\rho\cdot \mathrm{d}x\cdot \mathrm{d}y\cdot \mathrm{d}z\cdot \boldsymbol{v}\right)}{\partial t}=\frac{\partial\left(\rho\cdot \boldsymbol{v}\right)}{\partial t}\cdot \mathrm{d}x\cdot \mathrm{d}y\cdot \mathrm{d}z \tag{5.4}$$

通常可以说

一个微元中动量变化率 =Σ流入微元的动量通量<br>
−Σ流出微元的动量通量<br>
+Σ作用在微元上剪切和法向应力<br>
+Σ作用在微元质量上的力

首先，我们仅考虑动量矢量 $\rho\cdot \mathrm{d}x\cdot \mathrm{d}y\cdot \mathrm{d}z\cdot \boldsymbol{v}$ 的一个分量，即沿 $x$ 方向的分量，它的变化率可表示为

$$\frac{\partial\left(\rho\cdot \mathrm{d}x\cdot \mathrm{d}y\cdot \mathrm{d}z\cdot u\right)}{\partial t}=\frac{\partial\left(\rho\cdot u\right)}{\partial t}\cdot \mathrm{d}x\cdot \mathrm{d}y\cdot \mathrm{d}z \tag{5.5}$$

如同质量通量一样，现需要考虑单位时间内流入和流出微元表面的动量。在推导连续方程时使用的是 $\rho$(单位体积的质量)，现在利用 $\rho\cdot u$(单位体积的动量)，可写出流入和流出微元的动量通量。

我们来考虑图 5.2 中所示的微元和相应的动量通量，首先只考察 $x$ 方向的动量变化率 $\rho\cdot \mathrm{d}x\cdot \mathrm{d}y\cdot \mathrm{d}z\cdot \boldsymbol{v}$。

流入微元左边表面 $\mathrm{d}y\cdot \mathrm{d}z$ 的动量通量为

$$(\rho\cdot u)\cdot u\cdot \mathrm{d}y\cdot \mathrm{d}z=\rho\cdot u\cdot u\cdot \mathrm{d}y\cdot \mathrm{d}z \tag{5.6}$$

沿 $x$ 方向 $\rho\cdot u\cdot u$ 的变化值为

$$\frac{\partial\left(\rho\cdot u\cdot u\right)}{\partial x}\cdot \mathrm{d}x \tag{5.7}$$

故流出微元右边表面 $\mathrm{d}y\cdot \mathrm{d}z$ 的动量通量可表示为

$$\left(\rho\cdot u\cdot u+\frac{\partial\left(\rho\cdot u\cdot u\right)}{\partial x}\cdot \mathrm{d}x\right)\cdot \mathrm{d}y\cdot \mathrm{d}z \tag{5.8}$$

作用在 $x$ 方向的动量 $\rho\cdot u$ 也会通过 $\mathrm{d}x\cdot \mathrm{d}z$ 和 $\mathrm{d}x\cdot \mathrm{d}y$ 的表面流入和流出微元，但分别以速度分量 $v$ 和 $w$ 流入和流出。

可写出 $y$ 和 $z$ 方向的类似表达式，故可给出在每一个表面上的三个动量通量(图 5.2)。

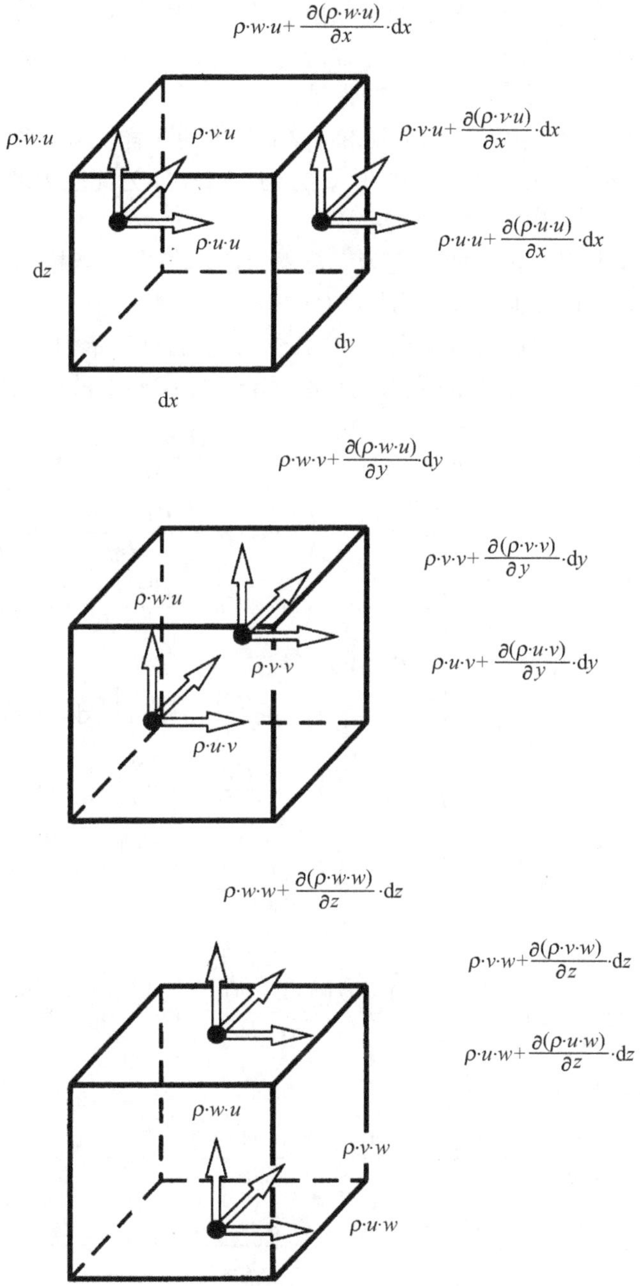


图 5.2 进出微元体积的动量通量

流入和流出微元的动量通量的变化并不是造成微元内动量变化的唯一因素，

作用在微元上的力也可造成微元内动量的变化，这些力包括在图 5.3 中表示的法向应力和切向应力。它们在 $x$、$y$、$z$ 方向也都可变化，图中也表示了它们各自在 $(x+\mathrm{d}x)$、$(y+\mathrm{d}y)$ 及 $(z+\mathrm{d}z)$ 处的变化量。

法向应力和切向应力的表示方法和 4.2.1 节中的一样，第一个下标表示应力作用的面，例如，若应力作用面的法向是 $x$ 方向，则 $x$ 即为此应力的第一个下标；第二个下标表示应力作用的方向 (图 5.3)。

在推导方程中应力正负的规定为：若表面法向指向正坐标轴方向，则此力为正；若法向指向负坐标轴方向，则此力为负。

作用在微元上的体积力包括重力和电磁力，它们可表示为 $[F_x, F_y, F_z]^{\mathrm{T}}$.

根据本章开始所述的基本原理，动量 $\rho\cdot\mathrm{d}x\cdot\mathrm{d}y\cdot\mathrm{d}z\cdot u$ 的变化率为

$$\begin{aligned}\frac{\partial(\rho\cdot u)}{\partial t}\cdot\mathrm{d}x\cdot\mathrm{d}y\cdot\mathrm{d}z=&\left[\rho\cdot u\cdot u-\left(\rho\cdot u\cdot u+\frac{\partial(\rho\cdot u\cdot u)}{\partial x}\cdot\mathrm{d}x\right)\right]\cdot\mathrm{d}y\cdot\mathrm{d}z\\&+\left[\rho\cdot u\cdot u-\left(\rho\cdot u\cdot v+\frac{\partial(\rho\cdot u\cdot v)}{\partial y}\cdot\mathrm{d}y\right)\right]\cdot\mathrm{d}x\cdot\mathrm{d}z\\&+\left[\rho\cdot u\cdot w-\left(\rho\cdot u\cdot w+\frac{\partial(\rho\cdot u\cdot w)}{\partial z}\mathrm{d}z\right)\right]\cdot\mathrm{d}x\cdot\mathrm{d}y\\&+F_x\cdot\mathrm{d}x\cdot\mathrm{d}y\cdot\mathrm{d}z\\&+\left[-\tau_{xx}+\left(\tau_{xx}+\frac{\partial\tau_{xx}}{\partial x}\cdot\mathrm{d}x\right)\right]\cdot\mathrm{d}y\cdot\mathrm{d}z\\&+\left[-\tau_{yx}+\left(\tau_{yx}+\frac{\partial\tau_{yx}}{\partial_y}\cdot\mathrm{d}y\right)\right]\cdot\mathrm{d}x\cdot\mathrm{d}z\\&+\left[-\tau_{zx}+\left(\tau_{zx}+\frac{\partial\tau_{zx}}{\partial z}\cdot\mathrm{d}z\right)\right]\cdot\mathrm{d}x\cdot\mathrm{d}y.\end{aligned}\tag{5.9}$$

即

$$\frac{\partial(\rho\cdot u)}{\partial t}+\frac{\partial(\rho\cdot u\cdot u)}{\partial x}+\frac{\partial(\rho\cdot u\cdot v)}{\partial y}+\frac{\partial(\rho\cdot u\cdot w)}{\partial z}=F_x+\frac{\partial\tau_{xx}}{\partial x}+\frac{\partial\tau_{yx}}{\partial y}+\frac{\partial\tau_{zx}}{\partial z}\tag{5.10}$$

对于 $y$ 和 $z$ 方向可得

$$\frac{\partial(\rho\cdot v)}{\partial t}+\frac{\partial(\rho\cdot v\cdot u)}{\partial x}+\frac{\partial(\rho\cdot v\cdot v)}{\partial y}+\frac{\partial(\rho\cdot v\cdot w)}{\partial z}=F_y+\frac{\partial\tau_{xy}}{\partial x}+\frac{\partial\tau_{yy}}{\partial y}+\frac{\partial\tau_{zy}}{\partial z}$$

$$\frac{\partial(\rho\cdot w)}{\partial t}+\frac{\partial(\rho\cdot w\cdot u)}{\partial x}+\frac{\partial(\rho\cdot w\cdot v)}{\partial y}+\frac{\partial(\rho\cdot w\cdot w)}{\partial z}=F_z+\frac{\partial\tau_{xz}}{\partial x}+\frac{\partial\tau_{yz}}{\partial y}+\frac{\partial\tau_{zz}}{\partial z}$$

压强 $p$ 可以写成应力张量的迹 *

* 应力张量的迹为 $\tau_{xx}+\tau_{yy}+\tau_{zz}$，用标量 $p=-(\tau_{xx}+\tau_{yy}+\tau_{zz})/3$ 表示空间一点所有方向上正应力的平均值 (反号)，并称为流体的动力学压强。当流体为静止流体，其应力 $\tau_{ij}=-p\cdot\delta_{ij}$，其中 $p$ 称为静压或称压强 —— 译者注

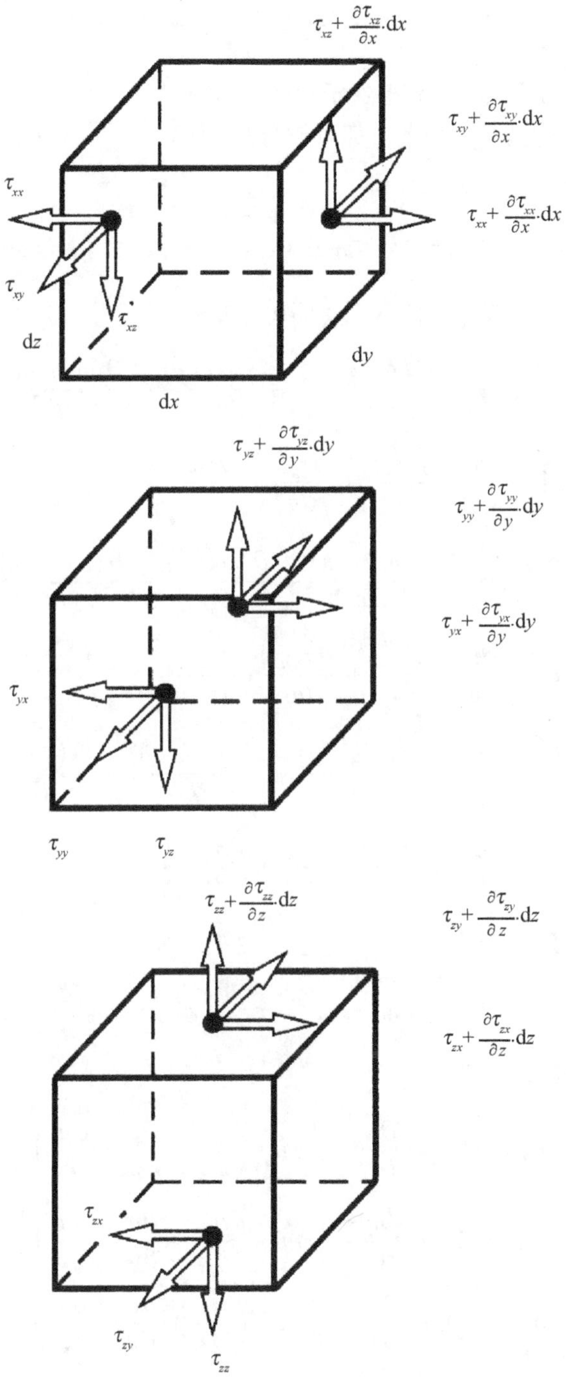


图 5.3 作用在微元 $dV$ 上的法向应力和切向应力

$$p = -\frac{\tau_{xx} + \tau_{yy} + \tau_{zz}}{3} \tag{5.11}$$

其中, 负号是考虑到压强的作用相当于负的法向应力。

三个法向应力 $\tau_{xx}$、$\tau_{yy}$ 和 $\tau_{zz}$ 都可被分成两部分 —— 压强和流体黏性的作用 $\sigma_{xx}$、$\sigma_{yy}$ 和 $\sigma_{zz}$, 即

$$\tau_{xx} = \sigma_{xx} - p, \quad \tau_{yy} = \sigma_{yy} - p, \quad \tau_{zz} = \sigma_{zz} - p \tag{5.12}$$

将式 (5.12) 的 $\tau_{xx}$、$\tau_{yy}$ 和 $\tau_{zz}$ 代入式 (5.10), 可得

$$\frac{\partial(\rho\cdot u)}{\partial t} + \frac{\partial\left(\rho\cdot u^2\right)}{\partial x} + \frac{\partial(\rho\cdot u\cdot v)}{\partial y} + \frac{\partial(\rho\cdot u\cdot w)}{\partial z}$$

$$= F_x - \frac{\partial p}{\partial x} + \frac{\partial\sigma_{xx}}{\partial x} + \frac{\partial\tau_{yx}}{\partial y} + \frac{\partial\tau_{zx}}{\partial z} \tag{5.13}$$

$$\frac{\partial(\rho\cdot v)}{\partial t} + \frac{\partial(\rho\cdot v\cdot u)}{\partial x} + \frac{\partial\left(\rho\cdot v^2\right)}{\partial y} + \frac{\partial(\rho\cdot v\cdot w)}{\partial z}$$

$$= F_y - \frac{\partial p}{\partial y} + \frac{\partial\tau_{xy}}{\partial x} + \frac{\partial\sigma_{yy}}{\partial y} + \frac{\partial\tau_{zy}}{\partial z} \tag{5.14}$$

$$\frac{\partial(\rho\cdot w)}{\partial t} + \frac{\partial(\rho\cdot w\cdot u)}{\partial x} + \frac{\partial(\rho\cdot w\cdot v)}{\partial y} + \frac{\partial\left(\rho\cdot w^2\right)}{\partial z}$$

$$= F_z - \frac{\partial p}{\partial z} + \frac{\partial\tau_{xz}}{\partial x} + \frac{\partial\tau_{yz}}{\partial y} + \frac{\partial\sigma_{zz}}{\partial z} \tag{5.15}$$

对于满足对称条件

$$\tau_{yx} = \tau_{xy}, \quad \tau_{yz} = \tau_{zy}, \quad \tau_{zx} = \tau_{xz} \tag{5.16}$$

的牛顿流体, 如下关系式成立

$$\sigma_{xx} = 2\cdot\mu\cdot\frac{\partial u}{\partial x} - \frac{2}{3}\cdot\mu\cdot\left(\frac{\partial u}{\partial x} + \frac{\partial v}{\partial y} + \frac{\partial w}{\partial z}\right)$$

$$\sigma_{yy} = 2\cdot\mu\cdot\frac{\partial v}{\partial x} - \frac{2}{3}\cdot\mu\cdot\left(\frac{\partial u}{\partial x} + \frac{\partial v}{\partial y} + \frac{\partial w}{\partial z}\right)$$

$$\sigma_{zz} = 2\cdot\mu\cdot\frac{\partial w}{\partial x} - \frac{2}{3}\cdot\mu\cdot\left(\frac{\partial u}{\partial x} + \frac{\partial v}{\partial y} + \frac{\partial w}{\partial z}\right) \tag{5.17}$$

$$\tau_{yx} = \tau_{xy} = \mu\cdot\left(\frac{\partial v}{\partial x} + \frac{\partial u}{\partial y}\right)$$

$$\tau_{yz}=\tau_{zy}=\mu\cdot\left(\frac{\partial w}{\partial y}+\frac{\partial v}{\partial z}\right)$$

$$\tau_{zx}=\tau_{xz}=\mu\cdot\left(\frac{\partial u}{\partial z}+\frac{\partial w}{\partial x}\right)$$

将式 (5.17) 的法向应力和切向应力代入动量守恒方程式 (5.13)、式 (5.14) 和式 (5.15)，可得N-S 方程

$$\begin{aligned}
&\frac{\partial(\rho\cdot u)}{\partial t}+\frac{\partial(\rho\cdot u^2)}{\partial x}+\frac{\partial(\rho\cdot u\cdot v)}{\partial y}+\frac{\partial(\rho\cdot u\cdot w)}{\partial z}\\
&=F_x-\frac{\partial p}{\partial x}+\frac{\partial}{\partial x}\left[\mu\cdot\left(2\cdot\frac{\partial u}{\partial x}-\frac{2}{3}\cdot(\nabla\cdot\boldsymbol{v})\right)\right]+\frac{\partial}{\partial y}\left[\mu\cdot\left(\frac{\partial u}{\partial y}+\frac{\partial v}{\partial x}\right)\right]\\
&\quad+\frac{\partial}{\partial z}\left[\mu\cdot\left(\frac{\partial w}{\partial x}+\frac{\partial u}{\partial z}\right)\right]\frac{\partial(\rho\cdot v)}{\partial t}+\frac{\partial(\rho\cdot v\cdot u)}{\partial x}+\frac{\partial(\rho\cdot v^2)}{\partial y}+\frac{\partial(\rho\cdot v\cdot w)}{\partial z}\\
&=Fy-\frac{\partial p}{\partial y}+\frac{\partial}{\partial y}\left[\mu\cdot\left(2\cdot\frac{\partial v}{\partial y}-\frac{2}{3}\cdot(\nabla\cdot\boldsymbol{v})\right)\right]+\frac{\partial}{\partial z}\left[\mu\cdot\left(\frac{\partial v}{\partial z}+\frac{\partial w}{\partial y}\right)\right]\\
&\quad+\frac{\partial}{\partial x}\left[\mu\cdot\left(\frac{\partial u}{\partial y}+\frac{\partial v}{\partial x}\right)\right]\frac{\partial(\rho\cdot w)}{\partial t}+\frac{\partial(\rho\cdot w\cdot u)}{\partial x}+\frac{\partial(\rho\cdot w\cdot v)}{\partial y}+\frac{\partial(\rho\cdot w^2)}{\partial z}\\
&=F_z-\frac{\partial p}{\partial z}+\frac{\partial}{\partial z}\left[\mu\cdot\left(2\cdot\frac{\partial w}{\partial z}-\frac{2}{3}\cdot(\nabla\cdot\boldsymbol{v})\right)\right]+\frac{\partial}{\partial x}\left[\mu\cdot\left(\frac{\partial w}{\partial x}+\frac{\partial u}{\partial z}\right)\right]\\
&\quad+\frac{\partial}{\partial y}\left[\mu\cdot\left(\frac{\partial v}{\partial z}+\frac{\partial w}{\partial y}\right)\right]
\end{aligned}$$

对不可压缩流，我们可用式 (5.2)$\nabla\cdot\boldsymbol{v}=0$ 的连续方程而得到 N-S 方程

$$\begin{aligned}
&\rho\cdot\left(\frac{\partial u}{\partial t}+\frac{\partial(u\cdot u)}{\partial x}+\frac{\partial(v\cdot u)}{\partial y}+\frac{\partial(w\cdot u)}{\partial z}\right)\\
&=F_x-\frac{\partial p}{\partial x}+\frac{\partial}{\partial x}\left[2\cdot\mu\cdot\frac{\partial u}{\partial x}\right]+\frac{\partial}{\partial y}\left[\mu\cdot\left(\frac{\partial u}{\partial y}+\frac{\partial v}{\partial x}\right)\right]+\frac{\partial}{\partial z}\left[\mu\cdot\left(\frac{\partial w}{\partial x}+\frac{\partial u}{\partial z}\right)\right]\\
&\rho\cdot\left(\frac{\partial v}{\partial t}+\frac{\partial(u\cdot v)}{\partial x}+\frac{\partial(v\cdot v)}{\partial y}+\frac{\partial(w\cdot v)}{\partial z}\right)\\
&=F_y-\frac{\partial p}{\partial y}+\frac{\partial}{\partial x}\left[\mu\cdot\left(\frac{\partial u}{\partial y}+\frac{\partial v}{\partial x}\right)\right]+\frac{\partial}{\partial y}\left[2\cdot\mu\cdot\frac{\partial v}{\partial y}\right]+\frac{\partial}{\partial z}\left[\mu\cdot\left(\frac{\partial v}{\partial z}+\frac{\partial w}{\partial y}\right)\right]\\
&\rho\cdot\left(\frac{\partial w}{\partial t}+\frac{\partial(u\cdot w)}{\partial x}+\frac{\partial(v\cdot w)}{\partial y}+\frac{\partial(w\cdot w)}{\partial z}\right)\\
&=F_z-\frac{\partial p}{\partial z}+\frac{\partial}{\partial x}\left[\mu\cdot\left(\frac{\partial w}{\partial x}+\frac{\partial u}{\partial z}\right)\right]+\frac{\partial}{\partial y}\left[\mu\cdot\left(\frac{\partial v}{\partial z}+\frac{\partial w}{\partial y}\right)\right]+\frac{\partial}{\partial z}\left[2\cdot\mu\cdot\frac{\partial w}{\partial z}\right]
\end{aligned}\tag{5.18}$$

若设黏性系数为常值，利用连续方程式 (5.2)，可将式 (5.18) 改写成非守恒型

$$\begin{aligned}
&\rho\cdot\left(\frac{\partial u}{\partial t}+u\cdot\frac{\partial u}{\partial x}+v\cdot\frac{\partial u}{\partial y}+w\cdot\frac{\partial u}{\partial z}\right)=F_x-\frac{\partial p}{\partial x}+\mu\cdot\left(\frac{\partial^2 u}{\partial x^2}+\frac{\partial^2 u}{\partial y^2}+\frac{\partial^2 u}{\partial z^2}\right)\\
&\rho\cdot\left(\frac{\partial v}{\partial t}+u\cdot\frac{\partial v}{\partial x}+v\cdot\frac{\partial v}{\partial y}+w\cdot\frac{\partial v}{\partial z}\right)=F_y-\frac{\partial p}{\partial y}+\mu\cdot\left(\frac{\partial^2 v}{\partial x^2}+\frac{\partial^2 v}{\partial y^2}+\frac{\partial^2 v}{\partial z^2}\right)\quad(5.19)\\
&\rho\cdot\left(\frac{\partial w}{\partial t}+u\cdot\frac{\partial w}{\partial x}+v\cdot\frac{\partial w}{\partial y}+w\cdot\frac{\partial w}{\partial z}\right)=F_z-\frac{\partial p}{\partial z}+\mu\cdot\left(\frac{\partial^2 w}{\partial x^2}+\frac{\partial^2 w}{\partial y^2}+\frac{\partial^2 w}{\partial z^2}\right)
\end{aligned}$$

采用矢量符号，可将式 (5.19) 表示为

$$\rho\cdot\left(\frac{\partial \boldsymbol{v}}{\partial t}+(\boldsymbol{v}\cdot\nabla)\,\boldsymbol{v}\right)=\boldsymbol{F}-\nabla p+\mu\cdot\Delta\boldsymbol{v} \tag{5.20}$$

其中 $\nabla p$ 是 $p$ 的梯度；$(\boldsymbol{v}\cdot\nabla)$ 是速度矢量和那不拉算子的标量积，是可用于速度矢量 $\boldsymbol{v}$ 每一分量的对流算子；$\Delta\boldsymbol{v}$ 表示对 $\boldsymbol{v}$ 的拉普拉斯 (Laplace) 算子，即

$$\nabla p=\left[\frac{\partial p}{\partial x},\ \frac{\partial p}{\partial y},\ \frac{\partial p}{\partial z}\right]^{\mathrm{T}},\quad \boldsymbol{v}\cdot\nabla=u\cdot\frac{\partial}{\partial x}+v\cdot\frac{\partial}{\partial y}+w\cdot\frac{\partial}{\partial z},\Delta\boldsymbol{v}=\frac{\partial^2\boldsymbol{v}}{\partial x^2}+\frac{\partial^2\boldsymbol{v}}{\partial y^2}+\frac{\partial^2\boldsymbol{v}}{\partial z^2} \tag{5.21}$$

方程 (5.19) 和连续方程 (5.2) 组成一组含四个未知量 $u$、$v$、$w$ 和 $p$ 的四个二阶非线性偏微分方程系，可在给定初边值条件下求解。

对可压缩流体，密度应作为另一个未知量，因此需要再补充一个方程 —— 能量方程，5.3.1 节中将讨论层流流动时的能量方程。

### 5.2.2 湍流流动的雷诺方程

在 4.2.4 小节中引入的雷诺假设式 (4.63) 对于湍流流动仍有效。为了使它能应用于可压缩湍流流动，我们引入按质量平均的量

$$\tilde{u}=\frac{\overline{\rho\cdot u}}{\bar{\rho}},\quad \tilde{v}=\frac{\overline{\rho\cdot v}}{\bar{\rho}},\quad \tilde{w}=\frac{\overline{\rho\cdot w}}{\bar{\rho}} \tag{5.22}$$

乘积上的横线表示按式 (4.64) 作的时间平均，即

$$\overline{\rho\cdot u}=\frac{1}{T}\cdot\int_0^T(\rho\cdot u)\cdot\mathrm{d}t \tag{5.23}$$

也称法夫俄平均。

速度分量 $u$、$v$ 等现可表示成按方程式 (5.22) 所作的质量平均量和一个用两撇表示的脉动量之和。压强 $p$ 和密度 $\rho$ 不必进行质量平均，它们的脉动量用一撇表示。于是可压缩流的雷诺假设有

$$\begin{aligned}
&\rho=\bar{\rho}+\rho',\qquad p=\bar{p}+p'\\
&u=\tilde{u}+u'',\quad v=\tilde{v}+v''\quad w=\tilde{w}+w''
\end{aligned} \tag{5.24}$$

需要指出，时间平均量 $\overline{f''}$(其中 $f''$ 是 $u''$、$v''$ 等量中的一个) 是不为零的；另一方面量 $\overline{\rho\cdot f''}$ 是等于零的。对于任何两个量 $f$ 和 $g$，下述计算规则是成立的

$$\overline{\frac{\partial f}{\partial s}}=\frac{\partial \bar{f}}{\partial s},\quad \overline{f+g}=\bar{f}+\bar{g},\quad \overline{\rho'\cdot\tilde{u}}=0\quad \overline{\rho\cdot u''}=0 \tag{5.25}$$

连续方程式 (5.1) 的时间平均可写为

$$\frac{1}{T}\cdot\int_0^T\left[\frac{\partial\rho}{\partial t}+\frac{\partial(\rho\cdot u)}{\partial x}+\frac{\partial(\rho\cdot v)}{\partial y}+\frac{\partial(\rho\cdot w)}{\partial z}\right]\cdot \mathrm{d}t=0$$

或

$$\overline{\frac{\partial\rho}{\partial t}+\frac{\partial(\rho\cdot u)}{\partial x}+\frac{\partial(\rho\cdot v)}{\partial y}+\frac{\partial(\rho\cdot w)}{\partial z}}=0 \tag{5.26}$$

将式 (5.24) 中的 $u$、$v$、$w$ 代入方程式 (5.26)，根据式 (5.25) 的计算规则和 $\overline{\rho\cdot f''}=0$，可得

$$\overline{\frac{\partial\rho}{\partial t}}+\overline{\frac{\partial[\rho\cdot(\tilde{u}+u'')]}{\partial x}}+\overline{\frac{\partial[\rho\cdot(\tilde{v}+v'')]}{\partial y}}+\overline{\frac{\partial[\rho\cdot(\tilde{w}+w'')]}{\partial z}}=0$$

$$\frac{\partial\bar{\rho}}{\partial t}+\frac{\partial\overline{[\rho\cdot(\tilde{u}+u'')]}}{\partial x}+\frac{\partial\overline{[\rho\cdot(\tilde{v}+v'')]}}{\partial y}+\frac{\partial\overline{[\rho\cdot(\tilde{w}+w'')]}}{\partial z}=0$$

对三个速度分量和坐标采用简缩符号，上式可写作

$$\frac{\partial\bar{\rho}}{\partial t}+\frac{\partial\overline{[\rho\cdot(\tilde{u}_i+u_i'')]}}{\partial x_i}=0,\quad i=1,2,3$$

且

$$\frac{\partial\overline{[\rho\cdot(\tilde{u}_i+u_i'')]}}{\partial x_i}=\frac{\partial\overline{(\rho\cdot\tilde{u}_i)}}{\partial x_i}+\frac{\partial\overline{(\rho\cdot u_i'')}}{\partial x_i}=\frac{\partial(\bar{\rho}\cdot\tilde{u}_i)}{\partial x_i}$$

故可压缩流的时间平均连续方程为

$$\frac{\partial\bar{\rho}}{\partial t}+\frac{\partial(\bar{\rho}\cdot\tilde{u})}{\partial x}+\frac{\partial(\bar{\rho}\cdot\tilde{v})}{\partial y}+\frac{\partial(\bar{\rho}\cdot\tilde{w})}{\partial z}=0 \tag{5.27}$$

其中包含 $\bar{\rho}$ 和 $\tilde{u}_i$ 而不再包含 $\rho$ 和 $u_i$。

不可压缩流的连续方程为

$$\frac{\partial\bar{u}}{\partial x}+\frac{\partial\bar{v}}{\partial y}+\frac{\partial\bar{w}}{\partial z}=0 \tag{5.28}$$

N-S 方程的时间平均可采用与连续方程的一样的方法来进行。首先，考虑 $x$ 方向，方程式 (5.13) 变为

$$\overline{\frac{\partial(\rho\cdot u)}{\partial t}+\frac{\partial(\rho\cdot u^2)}{\partial x}+\frac{\partial(\rho\cdot u\cdot v)}{\partial y}+\frac{\partial(\rho\cdot u\cdot w)}{\partial z}}=\overline{F_x-\frac{\partial p}{\partial x}+\frac{\partial\sigma_{xx}}{\partial x}+\frac{\partial\tau_{yx}}{\partial y}+\frac{\partial\tau_{zx}}{\partial z}}$$

由式 (5.16)

$$\sigma_{xx}=\mu\cdot\left(2\cdot\frac{\partial u}{\partial x}-\frac{2}{3}\cdot(\nabla\cdot\boldsymbol{v})\right),\qquad \tau_{ij}=\mu\cdot\left(\frac{\partial u_i}{\partial x_j}+\frac{\partial u_j}{\partial x_i}\right)$$

按照式 (5.25) 的计算规则，我们得到

$$\frac{\partial\overline{(\rho\cdot u)}}{\partial t}+\frac{\partial\overline{(\rho\cdot u^2)}}{\partial x}+\frac{\partial\overline{(\rho\cdot u\cdot v)}}{\partial y}+\frac{\partial\overline{(\rho\cdot u\cdot w)}}{\partial z}=F_x-\frac{\partial\bar{p}}{\partial x}+\frac{\partial\bar{\sigma}_{xx}}{\partial x}+\frac{\partial\bar{\tau}_{yx}}{\partial y}+\frac{\partial\bar{\tau}_{zx}}{\partial z}\tag{5.29}$$

根据 $\tilde{u}$ 的定义，$\overline{\rho\cdot u}=\bar{\rho}\cdot\tilde{u}$。所以，方程式 (5.29) 中除了左端三个空间导数项外全都是已知的。现在来讨论此三项的处理方法。将雷诺假设式 (5.24) 代入 $u$、$v$、$w$ 可得

$$\begin{aligned}&\frac{\partial\overline{[\rho\cdot(\widetilde{u}+u'')^2]}}{\partial x}+\frac{\partial\overline{[\rho\cdot(\widetilde{u}+u'')\cdot(\widetilde{v}+v'')]}}{\partial y}+\frac{\partial\overline{[\rho\cdot(\widetilde{u}+u'')\cdot(\widetilde{w}+w'')]}}{\partial z}\\
&=\frac{\partial\overline{(\rho\cdot\widetilde{u}^2)}}{\partial x}+\frac{\partial\overline{(\rho\cdot u''^2)}}{\partial x}+\frac{\partial\overline{(2\cdot\rho\cdot\widetilde{u}\cdot u'')}}{\partial x}\\
&\quad+\frac{\partial\overline{(\rho\cdot\widetilde{u}\cdot\widetilde{v})}}{\partial y}+\frac{\partial\overline{(\rho\cdot\widetilde{u}\cdot v'')}}{\partial y}+\frac{\partial\overline{(\rho\cdot u''\cdot\widetilde{v})}}{\partial y}+\frac{\partial\overline{(\rho\cdot u''\cdot v'')}}{\partial y}\\
&\quad+\frac{\partial\overline{(\rho\cdot\widetilde{u}\cdot\widetilde{w})}}{\partial z}+\frac{\partial\overline{(\rho\cdot\widetilde{u}\cdot w'')}}{\partial z}+\frac{\partial\overline{(\rho\cdot u''\cdot\widetilde{w})}}{\partial z}+\frac{\partial\overline{(\rho\cdot u''\cdot w'')}}{\partial z}\\
&=\frac{\partial(\bar{\rho}\cdot\widetilde{u}^2)}{\partial x}+\frac{\partial\overline{(\rho\cdot u''^2)}}{\partial x}+\frac{\partial(\bar{\rho}\cdot\widetilde{u}\cdot\widetilde{v})}{\partial y}+\frac{\partial\overline{(\rho\cdot u''\cdot v'')}}{\partial y}\\
&\quad+\frac{\partial(\bar{\rho}\cdot\widetilde{u}\cdot\widetilde{w})}{\partial z}+\frac{\partial\overline{(\rho\cdot u''\cdot w'')}}{\partial z}\end{aligned}$$

将此结果代入式 (5.29)，我们得到 $x$ 方向的雷诺方程

$$\begin{aligned}&\frac{\partial(\bar{\rho}\cdot\widetilde{u})}{\partial t}+\frac{\partial(\bar{\rho}\cdot\widetilde{u}^2)}{\partial x}+\frac{\partial(\bar{\rho}\cdot\widetilde{u}\cdot\widetilde{v})}{\partial y}+\frac{\partial(\bar{\rho}\cdot\widetilde{u}\cdot\widetilde{w})}{\partial z}\\
&=F_x-\frac{\partial\bar{p}}{\partial x}+\frac{\partial\bar{\sigma}_{xx}}{\partial x}+\frac{\partial\bar{\tau}_{yx}}{\partial y}+\frac{\partial\bar{\tau}_{zx}}{\partial z}-\left[\frac{\partial\overline{(\rho\cdot u''^2)}}{\partial x}+\frac{\partial\overline{(\rho\cdot u''\cdot v'')}}{\partial y}+\frac{\partial\overline{(\rho\cdot u''\cdot w'')}}{\partial z}\right]\end{aligned}\tag{5.30}$$

对法向和切向应力 $\sigma_{xx}$、$\tau_{yx}$ 和 $\tau_{zx}$ 作时间平均的计算，可得

$$\bar{\sigma}_{xx}=\mu\cdot\left[2\cdot\frac{\partial\tilde{u}}{\partial x}-\frac{2}{3}\cdot(\nabla\cdot\tilde{\boldsymbol{v}})\right]+\mu\cdot\left[2\cdot\frac{\partial u''}{\partial x}-\frac{2}{3}\cdot(\nabla\cdot\boldsymbol{v}'')\right]\tag{5.31}$$

$$\bar{\tau}_{ij}=\mu\cdot\left(\frac{\partial\tilde{u}_i}{\partial x_j}+\frac{\partial\tilde{u}_j}{\partial x_i}\right)+\mu\cdot\left(\frac{\partial u''_i}{\partial x_j}+\frac{\partial u''_j}{\partial x_i}\right)\tag{5.32}$$

其中 $\nabla\cdot\tilde{\boldsymbol{v}}$ 和 $\nabla\cdot\boldsymbol{v}''$ 表示散度

$$\frac{\partial\tilde{u}}{\partial x}+\frac{\partial\tilde{v}}{\partial y}+\frac{\partial\tilde{w}}{\partial z} \text{ 和 } \frac{\partial\overline{u''}}{\partial x}+\frac{\partial\overline{v''}}{\partial y}+\frac{\partial\overline{w''}}{\partial z}$$

和层流的 N-S 方程 (5.18) 相比，方程 (5.30) 的右端包含有考虑流体脉动运动的附加项。必须对它们给以适当的模型化处理，因为目前尚无湍流模型化的封闭理论。

对 $y$ 和 $z$ 方向也进行类似推导，故可压缩湍流的雷诺方程可写成

$$\begin{aligned}&\frac{\partial(\bar{\rho}\cdot\widetilde{u})}{\partial t}+\frac{\partial(\bar{\rho}\cdot\widetilde{u}^2)}{\partial x}+\frac{\partial(\bar{\rho}\cdot\widetilde{u}\cdot\widetilde{v})}{\partial y}+\frac{\partial(\bar{\rho}\cdot\widetilde{u}\cdot\widetilde{w})}{\partial z}\\&=F_x-\frac{\partial\bar{p}}{\partial x}+\frac{\partial\bar{\sigma}_{xx}}{\partial x}+\frac{\partial\bar{\tau}_{yx}}{\partial y}+\frac{\partial\bar{\tau}_{zx}}{\partial z}-\left[\frac{\partial\overline{(\rho\cdot u''^2)}}{\partial x}+\frac{\partial\overline{(\rho\cdot u''\cdot v'')}}{\partial y}+\frac{\partial\overline{(\rho\cdot u''\cdot w'')}}{\partial z}\right]\end{aligned}\tag{5.33}$$

$$\begin{aligned}&\frac{\partial(\bar{\rho}\cdot\widetilde{v})}{\partial t}+\frac{\partial(\bar{\rho}\cdot\widetilde{v}\cdot\widetilde{u})}{\partial x}+\frac{\partial(\bar{\rho}\cdot\widetilde{v}^2)}{\partial y}+\frac{\partial(\bar{\rho}\cdot\widetilde{v}\cdot\widetilde{w})}{\partial z}\\&=F_y-\frac{\partial\bar{p}}{\partial y}+\frac{\partial\bar{\tau}_{xy}}{\partial x}+\frac{\partial\bar{\sigma}_{yy}}{\partial y}+\frac{\partial\bar{\tau}_{zy}}{\partial z}-\left[\frac{\partial\overline{(\rho\cdot v''\cdot u'')}}{\partial x}+\frac{\partial\overline{(\rho\cdot v''^2)}}{\partial y}+\frac{\partial\overline{(\rho\cdot v''\cdot w'')}}{\partial z}\right]\end{aligned}\tag{5.34}$$

$$\begin{aligned}&\frac{\partial(\bar{\rho}\cdot\widetilde{w})}{\partial t}+\frac{\partial(\bar{\rho}\cdot\widetilde{w}\cdot\widetilde{u})}{\partial x}+\frac{\partial(\bar{\rho}\cdot\widetilde{w}\cdot\widetilde{v})}{\partial y}+\frac{\partial(\bar{\rho}\cdot\widetilde{w}^2)}{\partial z}\\&=F_z-\frac{\partial\bar{p}}{\partial z}+\frac{\partial\bar{\tau}_{xz}}{\partial x}+\frac{\partial\bar{\tau}_{yz}}{\partial y}+\frac{\partial\bar{\sigma}_{zz}}{\partial z}-\left[\frac{\partial\overline{(\rho\cdot w''\cdot u'')}}{\partial x}+\frac{\partial\overline{(\rho\cdot w''\cdot v'')}}{\partial y}+\frac{\partial\overline{(\rho\cdot w''^2)}}{\partial z}\right]\end{aligned}\tag{5.35}$$

其中

$$\bar{\sigma}_{ii}=\mu\cdot\left[2\cdot\frac{\partial\tilde{u}_i}{\partial x_i}-\frac{2}{3}\cdot(\nabla\cdot\tilde{\boldsymbol{v}})\right]+\mu\cdot\left[2\cdot\frac{\partial\overline{u_i''}}{\partial x_i}-\frac{2}{3}\cdot(\nabla\cdot\overline{\boldsymbol{v}''})\right]\tag{5.36}$$

$$\bar{\tau}_{ij}=\mu\cdot\left(\frac{\partial\tilde{u}_i}{\partial x_j}+\frac{\partial\tilde{u}_j}{\partial x_i}\right)+\mu\cdot\left(\frac{\partial\overline{u_i''}}{\partial x_j}+\frac{\partial\overline{u_j''}}{\partial x_i}\right)\tag{5.37}$$

对于不可压缩流，方程式 (5.22) 和式 (5.24) 简化为

$$\begin{aligned}&\tilde{u}=\bar{u},\quad \tilde{v}=\bar{v},\quad \tilde{w}=\bar{w}\\&u=\bar{u}+u',\quad v=\bar{v}+v',\quad w=\bar{w}+w',\quad p=\bar{p}+p'\end{aligned}\tag{5.38}$$

连续方程为

$$\frac{\partial\bar{u}}{\partial x}+\frac{\partial\bar{v}}{\partial y}+\frac{\partial\bar{w}}{\partial z}=0\tag{5.39}$$

时间平均的 N-S方程 为

$$\rho\cdot\left[\frac{\partial(\bar{u})}{\partial t}+\frac{\partial(\bar{u}^2)}{\partial x}+\frac{\partial(\bar{u}\cdot\bar{v})}{\partial y}+\frac{\partial(\bar{u}\cdot\bar{w})}{\partial z}\right]$$
$$=F_x-\frac{\partial\bar{p}}{\partial x}+\frac{\partial\bar{\sigma}_{xx}}{\partial x}+\frac{\partial\bar{\tau}_{yx}}{\partial y}+\frac{\partial\bar{\tau}_{zx}}{\partial z}$$
$$-\left[\frac{\partial(\rho\cdot\overline{u'^2})}{\partial x}+\frac{\partial(\rho\cdot\overline{u'\cdot v'})}{\partial y}+\frac{\partial(\rho\cdot\overline{u'\cdot w'})}{\partial z}\right]\tag{5.40}$$

$$\rho\cdot\left[\frac{\partial(\bar{v})}{\partial t}+\frac{\partial(\bar{v}\cdot\bar{u})}{\partial x}+\frac{\partial(\bar{v}^2)}{\partial y}+\frac{\partial(\bar{v}\cdot\bar{w})}{\partial z}\right]$$
$$=F_y-\frac{\partial\bar{p}}{\partial y}+\frac{\partial\bar{\tau}_{xy}}{\partial x}+\frac{\partial\bar{\sigma}_{yy}}{\partial y}+\frac{\partial\bar{\tau}_{zy}}{\partial z}$$
$$-\left[\frac{\partial(\rho\cdot\overline{v'\cdot u'})}{\partial x}+\frac{\partial(\rho\cdot\overline{v'^2})}{\partial y}+\frac{\partial(\rho\cdot\overline{v'\cdot w'})}{\partial z}\right]\tag{5.41}$$

$$\rho\cdot\left[\frac{\partial(\bar{w})}{\partial t}+\frac{\partial(\bar{w}\cdot\bar{u})}{\partial x}+\frac{\partial(\bar{w}\cdot\bar{v})}{\partial y}+\frac{\partial(\bar{w}^2)}{\partial z}\right]$$
$$=F_z-\frac{\partial\bar{p}}{\partial z}+\frac{\partial\bar{\tau}_{xz}}{\partial x}+\frac{\partial\bar{\tau}_{yz}}{\partial y}+\frac{\partial\bar{\sigma}_{zz}}{\partial z}$$
$$-\left[\frac{\partial(\rho\cdot\overline{w'\cdot u'})}{\partial x}+\frac{\partial(\rho\cdot\overline{w'\cdot v'})}{\partial y}+\frac{\partial(\rho\cdot\overline{w'^2})}{\partial z}\right]\tag{5.42}$$

## 5.3 能 量 方 程

### 5.3.1 层流流动

在 4.3.3 小节中已经用到了定常无黏流体的能量方程。图 5.4 所示微元 $\mathrm{d}V$ 上三维能量平衡原理可阐述为

微元中总能量的变化率 = 单位时间内 [Σ流入和流出流体的能量通量
+Σ通过热传导流入和流出的能量通量
+Σ压强、法向应力和切向应力对微元所做的功
+ 外界补充的能量
+ 体积力所做的功]

在微元内的总能量由内能 $\rho\cdot e\cdot\mathrm{d}x\cdot\mathrm{d}y\cdot\mathrm{d}z$ 和动能 $\rho\cdot(V^2/2)\cdot\mathrm{d}x\cdot\mathrm{d}y\cdot\mathrm{d}z=$

$0.5 \cdot \rho \cdot \left(u^2+v^2+w^2\right) \cdot \mathrm{d}x \cdot \mathrm{d}y \cdot \mathrm{d}z$(其中 $\boldsymbol{v} \cdot \boldsymbol{v} = V^2$) 组成，微元内能量的变化率为

$$\frac{\partial\left[\rho \cdot \left(e+\frac{V^2}{2}\right) \cdot \mathrm{d}x \cdot \mathrm{d}y \cdot \mathrm{d}z\right]}{\partial t} = \frac{\partial\left[\rho \cdot \left(e+\frac{V^2}{2}\right)\right]}{\partial t} \cdot \mathrm{d}x \cdot \mathrm{d}y \cdot \mathrm{d}z \tag{5.43}$$

单位时间内由输运进和输运出微元的内能所改变的微元内的能量用 $\mathrm{d}\dot{E}$ 表示。图 5.4 表示了流入和流出的能量通量。采用类似推导 N-S 方程的方法来处理 $\mathrm{d}\dot{E}$ 项

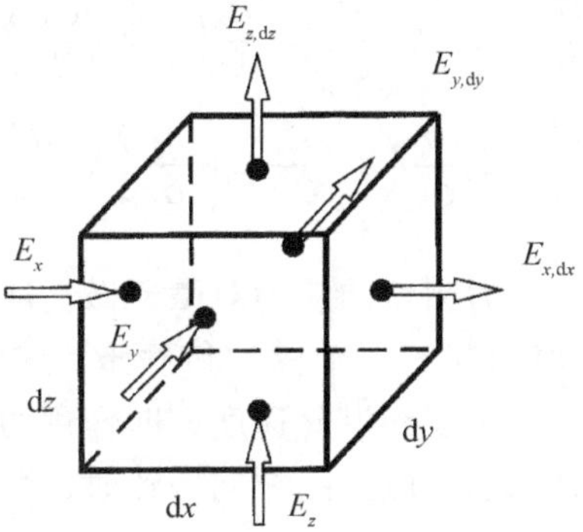


图 5.4 微元上的对流能量通量

$$\begin{aligned}\mathrm{d}\dot{E} = &\left\{\rho \cdot \left(e+\frac{V^2}{2}\right) \cdot u - \left[\rho \cdot \left(e+\frac{V^2}{2}\right) \cdot u + \frac{\partial\left(\rho \cdot \left(e+\frac{V^2}{2}\right) \cdot u\right)}{\partial x} \cdot \mathrm{d}x\right]\right\} \cdot \mathrm{d}y \cdot \mathrm{d}z \\ &+ \left\{\rho \cdot \left(e+\frac{V^2}{2}\right) \cdot v - \left[\rho \cdot \left(e+\frac{V^2}{2}\right) \cdot v + \frac{\partial\left(\rho \cdot \left(e+\frac{V^2}{2}\right) \cdot v\right)}{\partial y} \cdot \mathrm{d}y\right]\right\} \cdot \mathrm{d}x \cdot \mathrm{d}z \\ &+ \left\{\rho \cdot \left(e+\frac{V^2}{2}\right) \cdot w - \left[\rho \cdot \left(e+\frac{V^2}{2}\right) \cdot w + \frac{\partial\left(\rho \cdot \left(e+\frac{V^2}{2}\right) \cdot w\right)}{\partial z} \cdot \mathrm{d}z\right]\right\} \cdot \mathrm{d}x \cdot \mathrm{d}y \\ \mathrm{d}\dot{E} = &-\left\{\frac{\partial\left[\rho \cdot \left(e+\frac{V^2}{2}\right) \cdot u\right]}{\partial x} + \frac{\partial\left[\rho \cdot \left(e+\frac{V^2}{2}\right) \cdot v\right]}{\partial y} + \frac{\partial\left[\rho \cdot \left(e+\frac{V^2}{2}\right) \cdot w\right]}{\partial z}\right\} \\ &\cdot \mathrm{d}x \cdot \mathrm{d}y \cdot \mathrm{d}z \end{aligned} \tag{5.44}$$

单位时间内通过热传导输运进和输运出的能量同样也改变微元内的能量，此部分能量用 $\mathrm{d}\dot{Q}$ 表示。按照傅里叶 (Fourier) 热传导定律，热量向温度低的方向传导，例如，方程 $\dot{q} = -\lambda \cdot (\mathrm{d}T/\mathrm{d}x)$ 适用于一维热传导问题，其中 $\dot{q}$ 是单位面积上的

热通量，$\lambda$ 是热传导系数，一般取决于流体的压强和温度。利用傅里叶热传导定律来确定 $\mathrm{d}\dot{Q}$ 项，我们得到由于热传导传入和传出微元总能量的表达式

$$
\begin{aligned}
\mathrm{d}\dot{Q}=&\left\{-\lambda\cdot\frac{\partial T}{\partial x}-\left[-\lambda\cdot\frac{\partial T}{\partial x}+\frac{\partial}{\partial x}\Big(-\lambda\cdot\frac{\partial T}{\partial x}\Big)\cdot\mathrm{d}x\right]\right\}\cdot\mathrm{d}y\cdot\mathrm{d}z\\
&+\left\{-\lambda\cdot\frac{\partial T}{\partial y}-\left[-\lambda\cdot\frac{\partial T}{\partial y}+\frac{\partial}{\partial y}\Big(-\lambda\cdot\frac{\partial T}{\partial y}\Big)\cdot\mathrm{d}y\right]\right\}\cdot\mathrm{d}x\cdot\mathrm{d}z\\
&+\left\{-\lambda\cdot\frac{\partial T}{\partial z}-\left[-\lambda\cdot\frac{\partial T}{\partial z}+\frac{\partial}{\partial z}\Big(-\lambda\cdot\frac{\partial T}{\partial z}\Big)\cdot\mathrm{d}z\right]\right\}\cdot\mathrm{d}x\cdot\mathrm{d}y
\end{aligned}\tag{5.45}
$$

$$
\mathrm{d}\dot{Q}=\left[\frac{\partial}{\partial x}\Big(\lambda\cdot\frac{\partial T}{\partial x}\Big)+\frac{\partial}{\partial y}\Big(\lambda\cdot\frac{\partial T}{\partial y}\Big)+\frac{\partial}{\partial z}\Big(\lambda\cdot\frac{\partial T}{\partial z}\Big)\right]\cdot\mathrm{d}x\cdot\mathrm{d}y\cdot\mathrm{d}z\tag{5.46}
$$

下面讨论由压强、法向应力和切向应力对微元做功所遵循的关系。在微元的每一个表面上都作用着由摩擦引起的三个应力和静压。这些力对微元做功。单位时间内做的功称为功率，可通过速度和沿此速度方向作用力的乘积来计算。当速度分量的方向和压强、法向应力或切向应力的方向一致时，此单位时间内所做的功取正号，否则取负号。

首先，我们考虑通过面积为 $\mathrm{d}y\cdot\mathrm{d}z$ 的两个面在单位时间内对微元所做的功 $\mathrm{d}\dot{A}_x$

$$
\begin{aligned}
\mathrm{d}\dot{A}_x=&\,p\cdot\mathrm{d}y\cdot\mathrm{d}z\cdot u-\left[p\cdot\mathrm{d}y\cdot\mathrm{d}z\cdot u+\frac{\partial(p\cdot\mathrm{d}y\cdot\mathrm{d}z\cdot u)}{\partial x}\cdot\mathrm{d}x\right]\\
&-\sigma_{xx}\cdot\mathrm{d}y\cdot\mathrm{d}z\cdot u+\left[\sigma_{xx}\cdot\mathrm{d}y\cdot\mathrm{d}z\cdot u+\frac{\partial(\sigma_{xx}\cdot\mathrm{d}y\cdot\mathrm{d}z\cdot u)}{\partial x}\cdot\mathrm{d}x\right]\\
&-\tau_{xy}\cdot\mathrm{d}y\cdot\mathrm{d}z\cdot v+\left[\tau_{xy}\cdot\mathrm{d}y\cdot\mathrm{d}z\cdot v+\frac{\partial(\tau_{xy}\cdot\mathrm{d}y\cdot\mathrm{d}z\cdot v)}{\partial x}\cdot\mathrm{d}x\right]\\
&-\tau_{xz}\cdot\mathrm{d}y\cdot\mathrm{d}z\cdot w+\left[\tau_{xz}\cdot\mathrm{d}y\cdot\mathrm{d}z\cdot w+\frac{\partial(\tau_{xz}\cdot\mathrm{d}y\cdot\mathrm{d}z\cdot w)}{\partial x}\cdot\mathrm{d}x\right]
\end{aligned}\tag{5.47}
$$

$$
\mathrm{d}\dot{A}_x=\left[-\frac{\partial(p\cdot u)}{\partial x}+\frac{\partial(\sigma_{xx}\cdot u)}{\partial x}+\frac{\partial(\tau_{xy}\cdot v)}{\partial x}+\frac{\partial(\tau_{xz}\cdot w)}{\partial x}\right]\cdot\mathrm{d}x\cdot\mathrm{d}y\cdot\mathrm{d}z\tag{5.48}
$$

在 $y$ 和 $z$ 方向我们可得到类似的 $\mathrm{d}\dot{A}_y$ 和 $\mathrm{d}\dot{A}_z$ 的关系式

$$
\mathrm{d}\dot{A}_y=\left[-\frac{\partial\,(p\cdot v)}{\partial y}+\frac{\partial\,(\tau_{yx}\cdot u)}{\partial y}+\frac{\partial\,(\sigma_{yy}\cdot v)}{\partial y}+\frac{\partial\,(\tau_{yz}\cdot w)}{\partial y}\right]\cdot\mathrm{d}x\cdot\mathrm{d}y\cdot\mathrm{d}z\tag{5.49}
$$

$$
\mathrm{d}\dot{A}_z=\left[-\frac{\partial\,(p\cdot w)}{\partial z}+\frac{\partial\,(\tau_{zx}\cdot u)}{\partial z}+\frac{\partial\,(\tau_{zy}\cdot v)}{\partial z}+\frac{\partial\,(\sigma_{zz}\cdot w)}{\partial z}\right]\cdot\mathrm{d}x\cdot\mathrm{d}y\cdot\mathrm{d}z\tag{5.50}
$$

于是 $\mathrm{d}\dot{A}$为$\mathrm{d}\dot{A}_x$、$\mathrm{d}\dot{A}_y$和$\mathrm{d}\dot{A}_z$之 和。

按照能量平衡原理和方程式 (5.43)、式 (5.44)、式 (5.46)、式 (5.48)~ 式 (5.50) 以及体积力的功率 $(\boldsymbol{F}\cdot\boldsymbol{v})\cdot\mathrm{d}x\cdot\mathrm{d}y\cdot\mathrm{d}z$, 能量平衡方程可写为

$$\begin{aligned}\frac{\partial\left[\rho\cdot\left(e+\frac{V^2}{2}\right)\right]}{\partial t}=&-\left\{\frac{\partial\left[\rho\cdot\left(e+\frac{V^2}{2}\right)\cdot u\right]}{\partial x}+\frac{\partial\left[\rho\cdot\left(e+\frac{V^2}{2}\right)\cdot v\right]}{\partial y}\right.\\&\left.+\frac{\partial\left[\rho\cdot\left(e+\frac{V^2}{2}\right)\cdot w\right]}{\partial z}\right\}\\&+\left\{\frac{\partial}{\partial x}\left(\lambda\cdot\frac{\partial T}{\partial x}\right)+\frac{\partial}{\partial y}\left(\lambda\cdot\frac{\partial T}{\partial y}\right)+\frac{\partial}{\partial z}\left(\lambda\cdot\frac{\partial T}{\partial z}\right)\right\}\\&+\left[-\frac{\partial(p\cdot u)}{\partial x}+\frac{\partial(\sigma_{xx}\cdot u)}{\partial x}+\frac{\partial(\tau_{xy}\cdot v)}{\partial x}+\frac{\partial(\tau_{xz}\cdot w)}{\partial x}\right]\\&+\left[-\frac{\partial(p\cdot v)}{\partial y}+\frac{\partial(\tau_{yx}\cdot u)}{\partial y}+\frac{\partial(\sigma_{yy}\cdot v)}{\partial y}+\frac{\partial(\tau_{yz}\cdot w)}{\partial y}\right]\\&+\left[-\frac{\partial(p\cdot w)}{\partial z}+\frac{\partial(\tau_{zx}\cdot u)}{\partial z}+\frac{\partial(\tau_{zy}\cdot v)}{\partial z}+\frac{\partial(\sigma_{zz}\cdot w)}{\partial z}\right]+\boldsymbol{F}\cdot\boldsymbol{v}+\rho\cdot\dot{q}_s\end{aligned}\tag{5.51}$$

利用法向应力和切向应力假定的式 (5.16) 和连续方程 (5.1), 并忽略辐射, 我们可得如下表达式

$$\begin{aligned}&\rho\cdot\left(\frac{\partial e}{\partial t}+u\cdot\frac{\partial e}{\partial x}+v\cdot\frac{\partial e}{\partial y}+w\cdot\frac{\partial e}{\partial z}\right)\\&=\left[\frac{\partial}{\partial x}\left(\lambda\cdot\frac{\partial T}{\partial x}\right)+\frac{\partial}{\partial y}\left(\lambda\cdot\frac{\partial T}{\partial y}\right)+\frac{\partial}{\partial z}\left(\lambda\cdot\frac{\partial T}{\partial z}\right)\right]-p\cdot(\nabla\cdot\boldsymbol{v})+\mu\cdot\varPhi\end{aligned}\tag{5.52}$$

其中耗散函数 $\varPhi$ 为

$$\begin{aligned}\varPhi=&\,2\cdot\left[\left(\frac{\partial u}{\partial x}\right)^2+\left(\frac{\partial v}{\partial y}\right)^2+\left(\frac{\partial w}{\partial z}\right)^2\right]+\left(\frac{\partial v}{\partial x}+\frac{\partial u}{\partial y}\right)^2\\&+\left(\frac{\partial w}{\partial y}+\frac{\partial v}{\partial z}\right)^2+\left(\frac{\partial u}{\partial z}+\frac{\partial w}{\partial x}\right)^2-\frac{2}{3}\cdot\left(\frac{\partial u}{\partial x}+\frac{\partial v}{\partial y}+\frac{\partial w}{\partial z}\right)^2\end{aligned}\tag{5.53}$$

其所有各项均为二次项, 故其值在流场所有点上都大于或等于零。

除假定流动是各向同性的和流体是牛顿介质外, 在推导能量方程时没有作过任何限制, 故此方程是普遍有效的。它描述了流动中, 甚至发生化学反应或燃烧的流动中, 微元的能量平衡。接下来我们将给出热理想气体的能量方程。

在热理想气体中，$c_p$ 和 $c_v$ 与温度无关，并满足下述热力学关系式

$$e = c_v \cdot T, \quad h = e + \frac{p}{\rho} = c_p \cdot T \tag{5.54}$$

或

$$e = c_p \cdot T - \frac{p}{\rho} \tag{5.55}$$

将方程 (5.55) 代入方程 (5.52)，并利用连续方程 (5.1)，我们得到热理想气体的能量方程

$$\begin{aligned}
&\rho \cdot c_p \cdot \left( \frac{\partial T}{\partial t} + u \cdot \frac{\partial T}{\partial x} + v \cdot \frac{\partial T}{\partial y} + w \cdot \frac{\partial T}{\partial z} \right) \\
&= \left( \frac{\partial p}{\partial t} + u \cdot \frac{\partial p}{\partial x} + v \cdot \frac{\partial p}{\partial y} + w \cdot \frac{\partial p}{\partial z} \right) \\
&\quad + \left[ \frac{\partial}{\partial x} \left( \lambda \cdot \frac{\partial T}{\partial x} \right) + \frac{\partial}{\partial y} \left( \lambda \cdot \frac{\partial T}{\partial y} \right) + \frac{\partial}{\partial z} \left( \lambda \cdot \frac{\partial T}{\partial z} \right) \right] + \mu \cdot \Phi
\end{aligned} \tag{5.56}$$

### 5.3.2 湍流流动

为得到时间平均的能量方程，将式 (5.22) 定义的质量平均的量推广为

$$\tilde{T} = \frac{\overline{\rho \cdot T}}{\bar{\rho}}, \quad \tilde{e} = \frac{\overline{\rho \cdot e}}{\bar{\rho}}$$

及式 (5.24) 中的雷诺假设推广为

$$T = \tilde{T} + T'', \qquad e = \tilde{e} + e''$$

这样即可得到忽略耗散项后的能量方程

$$\begin{aligned}
&\frac{\partial(\bar{\rho} \cdot \tilde{e}_{\text{tot}}^{Re})}{\partial t} + \frac{\partial[\tilde{u} \cdot (\bar{\rho} \cdot \tilde{e}_{\text{tot}}^{Re} + \bar{p})]}{\partial x} + \frac{\partial[\tilde{v} \cdot (\bar{\rho} \cdot \tilde{e}_{\text{tot}}^{Re} + \bar{p})]}{\partial y} + \frac{\partial[\tilde{w} \cdot (\bar{\rho} \cdot \tilde{e}_{\text{tot}}^{Re} + \bar{p})]}{\partial z} \\
&= \frac{\partial(\bar{\tau}_{xx} \cdot \tilde{u} + \bar{\tau}_{xy} \cdot \tilde{v} + \bar{\tau}_{xz} \cdot \tilde{w})}{\partial x} \\
&\quad + \frac{\partial(\bar{\tau}_{yx} \cdot \tilde{u} + \bar{\tau}_{yy} \cdot \tilde{v} + \bar{\tau}_{yz} \cdot \tilde{w})}{\partial y} + \frac{\partial(\bar{\tau}_{zx} \cdot \tilde{u} + \bar{\tau}_{zy} \cdot \tilde{v} + \bar{\tau}_{zz} \cdot \tilde{w})}{\partial z} \\
&\quad - \sum_{l=1}^{3} \left( \overline{\tau_{ml} \cdot u_l''} - \tilde{u}_m \cdot \bar{\rho} \cdot \widetilde{u_l'' \cdot u_m''} - \frac{1}{2} \cdot \bar{\rho} \cdot u_l'' \cdot \widetilde{u_l'' \cdot u_m''} \right) \\
&\quad - \overline{p \cdot u_m''} - \overline{\rho \cdot e'' \cdot u_m''} - \bar{q}_x - \bar{q}_y - \bar{q}_z
\end{aligned} \tag{5.57}$$

湍流总能 $\tilde{e}_{\text{tot}}$ 由平均内能 $\tilde{e}$、平均流动的动能和湍流脉动中包含的动能组成

$$\tilde{e}_{\text{tot}}^{Re} = \tilde{e} + \frac{1}{2} \cdot (\tilde{u}^2 + \tilde{v}^2 + \tilde{w}^2) + \frac{1}{2} \cdot \left( \widetilde{u'' \cdot u''} + \widetilde{v'' \cdot v''} + \widetilde{w'' \cdot w''} \right) \tag{5.58}$$

雷诺平均的压强可由理想气体的状态方程计算

$$\bar{p} = R \cdot \overline{\rho \cdot T} = R \cdot \bar{\rho} \cdot \tilde{T}$$

上式右端项中的法夫俄平均的温度可直接从法夫俄平均的内能计算得到

$$\tilde{T} = \frac{\tilde{e}}{c_v}$$

由于热通量是雷诺平均的，而温度是法夫俄平均的，故计算中出现了附加项

$$\bar{q}_x = -\lambda \cdot \left( \frac{\partial \tilde{T}}{\partial x} + \frac{\partial \overline{T''}}{\partial x} \right) \tag{5.59}$$

$$\bar{q}_y = -\lambda \cdot \left( \frac{\partial \tilde{T}}{\partial y} + \frac{\partial \overline{T''}}{\partial y} \right) \tag{5.60}$$

$$\bar{q}_z = -\lambda \cdot \left( \frac{\partial \tilde{T}}{\partial z} + \frac{\partial \overline{T''}}{\partial z} \right) \tag{5.61}$$

类似地，对应力

$$\bar{\tau}_{ml} = \mu \cdot \left( \frac{\partial \tilde{u}_l}{\partial x_m} + \frac{\partial \tilde{u}_m}{\partial x_l} \right) - \delta_{ml} \cdot \frac{2}{3} \cdot \nabla \cdot \tilde{\boldsymbol{u}} + \mu \cdot \left( \frac{\partial \overline{u_l''}}{\partial x_m} + \frac{\partial \overline{u_m''}}{\partial x_l} \right) - \delta_{ml} \cdot \frac{2}{3} \cdot \nabla \cdot \overline{\boldsymbol{u}''} \tag{5.62}$$

对 $c = c_v$ 的不可压缩流，忽略耗散时的能量方程为

$$\begin{aligned} &\rho \cdot c \cdot \left( \frac{\partial (\bar{T})}{\partial t} + \frac{\partial (\bar{T} \cdot \bar{u})}{\partial x} + \frac{\partial (\bar{T} \cdot \bar{v})}{\partial y} + \frac{\partial (\bar{T} \cdot \bar{w})}{\partial z} \right) \\ = &\frac{\partial}{\partial x} \left( \lambda \cdot \frac{\partial \bar{T}}{\partial x} - \rho \cdot c \cdot \overline{T' \cdot u'} \right) \\ &+ \frac{\partial}{\partial y} \left( \lambda \cdot \frac{\partial \bar{T}}{\partial y} - \rho \cdot c \cdot \overline{T' \cdot v'} \right) + \frac{\partial}{\partial z} \left( \lambda \cdot \frac{\partial \bar{T}}{\partial z} - \rho \cdot c \cdot \overline{T' \cdot w'} \right) \end{aligned} \tag{5.63}$$

在计算不可压缩流时，能量方程是与连续方程及 N-S 方程解耦的，即方程 (5.40)~方程 (5.42) 可先求解，然后将所得的解代入能量方程，再利用与 $\bar{u}$、$\bar{v}$、$\bar{w}$、$\bar{p}$ 等量的相关知识一起来确定温度场。

## 5.4 守恒律基本方程

### 5.4.1 基本方程的层次结构

图 5.5 示出了我们的出发点：连续力学的质量、动量和能量守恒方程。这些方程已在 5.1 节 ~5.3 节中导出。对牛顿流体介质得到了N-S *方程*。通过时间平均得到了湍流流动的*雷诺方程*。通过扰动假设借助*扰动微分方程*可实现流场的小扰动计算。

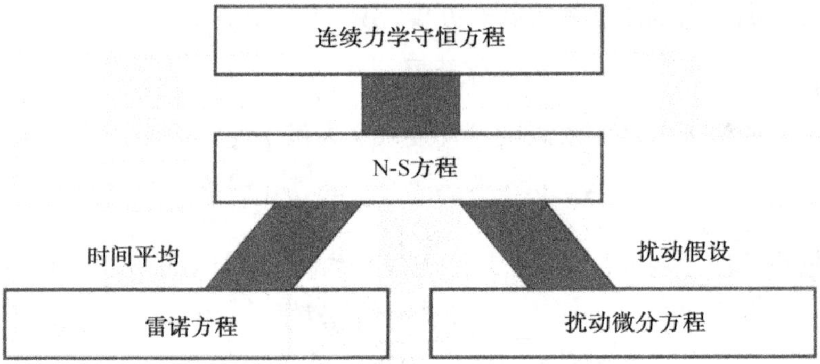


图 5.5 流体力学基本方程的层次结构

图 5.6 给出的简化模型方程可以从 N-S 方程推得。对无黏流动得到了欧拉(Euler)方程。若流动还是无旋的，则 位势方程 成立。对低马赫 (Mach) 数的流动得到了 不可压缩流的 N-S方程。若流体的密度只依赖于温度而与压强无关，并要考虑浮力，于是得到了 布西内斯克 (Boussinesq)方程。对于高雷诺数流动，靠近壁面的边界层相对于物体的几何尺度很小，边界层内的某些项可以忽略，这就导出了抛物化 N-S 方程和边界层方程。

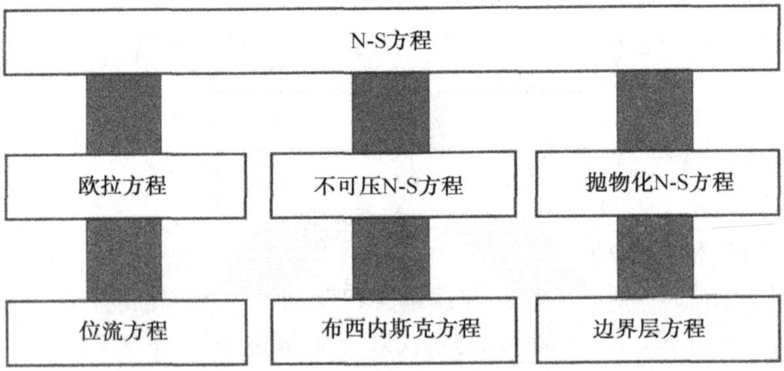


图 5.6 简化模型方程

### 5.4.2 纳维–斯托克斯方程

为了便于数值计算，最好将上几节中推得的基本方程 (5.1)、方程 (5.18) 和方程 (5.52) 改写成守恒形式，即将质量、动量和能量的守恒量写成这些量的散度形式，例如，连续方程包含散度 $\nabla\cdot(\rho\cdot\boldsymbol{v})$，动量方程包含表达式 $\nabla\cdot(\rho\cdot\boldsymbol{vv})$，能量方程包含散度 $\nabla\cdot(\rho\cdot E\cdot\boldsymbol{v})$，其中 $E$ 是总能量。

引入量纲 1 的量 (*)，使量纲 1 的笛卡儿坐标为

$$x_m^* = \frac{x_m}{l}, \quad m = 1, 2, 3$$

其中 $l$ 是表征全流场的一个参考长度。写成矢量形式有

$$\boldsymbol{x}^* = \begin{pmatrix} x_1^* \\ x_2^* \\ x_3^* \end{pmatrix} = \begin{pmatrix} x^* \\ y^* \\ z^* \end{pmatrix}$$

量纲 1 时间为

$$t^* = \frac{t \cdot u_\infty}{l}$$

其中 $u_\infty$ 是表征全流场的参考速度。量 $x_m^*$ 和 $t^*$ 是微分方程组的四个自变量，应变量可表为解矢量

$$\boldsymbol{u}^*\left(x_m^*, t^*\right) = \begin{pmatrix} \rho^* \\ \rho^* \cdot u_1^* \\ \rho^* \cdot u_2^* \\ \rho^* \cdot u_3^* \\ \rho^* \cdot E^* \end{pmatrix} \tag{5.64}$$

其中量纲 1 密度

$$\rho^* = \frac{\rho}{\rho_\infty}$$

$\rho_\infty$ 是表征全流场的参考密度。单位体积的量纲 1动量矢量的分量 $\rho^* \cdot u_m^*$ 为

$$\rho^* \cdot \boldsymbol{u}^* = \frac{\rho \cdot \boldsymbol{u}}{\rho_\infty \cdot u_\infty} = \begin{pmatrix} \rho^* \cdot u_1^* \\ \rho^* \cdot u_2^* \\ \rho^* \cdot u_3^* \end{pmatrix}$$

其中 $\boldsymbol{u}$ 表示速度矢量。单位体积流体的量纲 1 比总能为

$$\rho^* \cdot E = \frac{\rho \cdot e_{\text{tot}}}{\rho_\infty \cdot u_\infty^2}$$

其中 $E$ 是单位质量的总能量 (内能 + 动能 $(1/2) \cdot \boldsymbol{u}^2$)。

可压缩流体的守恒型量纲 1 N-S方程(质量、动量和能量守恒) 可写成

$$\frac{\partial \boldsymbol{u}^*}{\partial t^*} + \sum_{m=1}^{3} \frac{\partial \boldsymbol{F}_m^*}{\partial x_m^*} - \frac{1}{Re_l} \cdot \sum_{m=1}^{3} \frac{\partial \boldsymbol{G}_m^*}{\partial x_m^*} = 0 \tag{5.65}$$

之所以称之为守恒型，是因为微分方程组 (5.65) 是对空间中固定的一个微元推导获得的，其中每一个方程都直接表示了质量、动量和能量的守恒。解矢量式 (5.64) 的每一分量表示了单位体积的守恒变量，即单位体积的质量 $\rho^*$、单位体积的动量 $\rho^* \cdot \boldsymbol{u}^*$ 和单位体积的总能量 $\rho^* \cdot e^*_{\text{tot}}$。与守恒变量不同，在上几章中使用的速度、压强和温度等被称为原始变量。

在方程 (5.65) 中，$\boldsymbol{F}^*_m$ 是沿方向 $m$ 的 对流矢通量

$$\boldsymbol{F}^*_m = \begin{pmatrix} \rho^* \cdot u^*_m \\ \rho^* \cdot u^*_m \cdot u^*_1 + \delta_{1m} \cdot p^* \\ \rho^* \cdot u^*_m \cdot u^*_2 + \delta_{2m} \cdot p^* \\ \rho^* \cdot u^*_m \cdot u^*_3 + \delta_{3m} \cdot p^* \\ u^*_m \cdot (\rho^* \cdot E + p^*) \end{pmatrix} \tag{5.66}$$

其中 $i = j$ 时，$\delta_{ij} = 1$；$i \neq j$ 时，$\delta_{ij} = 0$。$\boldsymbol{G}^*_m$ 是沿 $m$ 方向的 耗散矢通量

$$\boldsymbol{G}^*_m = \begin{pmatrix} 0 \\ \tau^*_{m1} \\ \tau^*_{m2} \\ \tau^*_{m3} \\ \sum\limits_{l=1}^{3} u^*_l \cdot \tau^*_{lm} + \dot{q}^*_m \end{pmatrix} \tag{5.67}$$

及量纲 1 内能

$$e^* = E^* - \frac{1}{2} \cdot \sum_{m=1}^{3} u^{*2}_m$$

量纲 1压强

$$p^* = (\kappa - 1) \cdot \rho^* \cdot e^* = \frac{p}{\rho_\infty \cdot u^2_\infty}$$

量纲 1 温度

$$T^* = (\kappa - 1) \cdot \kappa \cdot M^2_\infty \cdot e^* = \frac{T}{T_\infty}$$

量纲 1 应力

$$\tau^*_{ij} = \mu^* \cdot \left( \frac{\partial u^*_i}{\partial x^*_j} + \frac{\partial u^*_j}{\partial x^*_i} \right) - \frac{2}{3} \cdot \mu^* \cdot \sum_{k=1}^{3} \frac{\partial u^*_k}{\partial x^*_k} \cdot \delta_{ij}$$

在 $m$ 方向的量纲 1 热通量

$$\dot{q}^*_m = \frac{\mu^*}{(\kappa - 1) \cdot Pr \cdot M^2_\infty} \cdot \frac{\partial T^*}{\partial x^*_m} = \frac{\mu^* \cdot \kappa}{Pr} \cdot \frac{\partial e^*}{\partial x^*_m} = \frac{\lambda^*}{(\kappa - 1) \cdot M^2_\infty \cdot Pr_\infty} \cdot \frac{\partial T^*}{\partial x^*_m}$$

上述方程中包含下列物质特性：普朗特数 $Pr_\infty = \nu_\infty / k_\infty$，比热比 $\kappa = c_p / c_v$，量纲 1 动力学黏性 $\mu^*$ 等。对于大气条件下的空气，它们的值分别为：$Pr_\infty = 0.71$，$\kappa = 1.4$ 和 萨瑟兰公式

$$\mu^* = (T^*)^{\frac{3}{2}} \cdot \frac{1+S}{T^*+S}, \quad S = \frac{110.4K}{T_\infty}$$

其中参考量 $T_\infty$ 仍是流动的特征量。下述 量纲1特征数表征着流场的特性

$$M_\infty = \frac{u_\infty}{a_\infty} \qquad \text{马赫数}$$

$$Re_l = \frac{\rho_\infty \cdot u_\infty \cdot l}{\mu_\infty} \qquad \text{雷诺数}$$

$$Pr_\infty = \frac{\nu_\infty}{k_\infty} \qquad \text{普朗特数}$$

其中 $a_\infty$ 是声速；$\mu_\infty$ 是特征黏性。

N-S 方程是一组五个耦合的非线性二阶偏微分方程组，因它包含作为自变量的时间，并描述了空间输运机制，故方程是抛物型的。

若流动是定常的，时间导数项为零，则方程在亚声速范围内呈椭圆性，在超声速范围内呈双曲性，因此它们又被称为是混合型的。

必须考虑下述边界条件：

在物面，满足无滑移条件

$$\boldsymbol{u}^* = 0 \tag{5.68}$$

若壁面是等温壁，则温度边界条件为

$$T^* = T^*_{\mathrm{W}} \tag{5.69}$$

$T^*_{\mathrm{W}}$ 是给定的壁温，若壁面是绝热壁，则满足

$$\frac{\partial T^*}{\partial \boldsymbol{n}^*} = 0 \tag{5.70}$$

其中 $\boldsymbol{n}^*$ 是垂直壁面方向的量纲 1 坐标。

在绕物体流动的计算域的外边界要满足远场边界条件；若远场边界离物体足够远，流动被认为是未扰外流 $\boldsymbol{u}_\infty$，即 5.4.3 节中的无黏流动的边界条件。

若无法确定使黏性不起作用的外边界，如离开积分区域的边界层、分离气泡或尾流等，则无法给出数学上准确的边界条件。这时，可采用外插方法来确定外边界处的流动量。

在 $t = t_0 = 0$ 时的解矢量由初始条件 给定

$$\boldsymbol{u}^*(x_i^*, 0) = \boldsymbol{U}_0^*(x_i^*) \tag{5.71}$$

N-S 方程的初 - 边值问题是由微分方程式 (5.65)~ 式 (5.67)、边界条件式 (5.68)~ 式 (5.70) 和初始条件式 (5.71) 组成。

### 5.4.3 蜕化的模型方程

如图 5.6 所示，在 N-S 方程中略去 $\boldsymbol{G}^*$ 项，我们就得到层流可压缩流中的守恒型欧拉方程

$$\frac{\partial \boldsymbol{u}^*}{\partial t^*}+\sum_{m=1}^{3}\frac{\partial \boldsymbol{F}_m^*}{\partial x_m^*}=0 \tag{5.72}$$

其中解矢量 $\boldsymbol{u}^*$ 和守恒型对流矢通量 $\boldsymbol{F}^*$ 分别由式 (5.64) 和式 (5.66) 定义。

现在我们有一组五个耦合的非线性一阶微分方程组。欧拉方程描述了包括可形成曲线激波在内的无黏流场，由马赫数 $M_\infty$ 表征流场特性。

在固壁，无穿透条件是边界条件

$$\boldsymbol{u}^*\cdot\boldsymbol{n}=0 \tag{5.73}$$

其中 $\boldsymbol{n}$ 是垂直壁面的矢量。此条件表示流动不能穿透物面，且速度矢量是平行物面方向的。

信息在流场边缘的传播对确定边界条件是重要的。为此，我们必须区别进流边界和出流边界 (取决于流动方向)、超声速边界和亚声速边界 (取决于当地马赫数是大于 1 还是小于 1)。在每一边界处既不能给太多信息也不能给太少信息，否则问题在数学上将是超定或欠定的。边界条件的数目引出了特征理论 (表 5.1)。

**表 5.1**

| | 进流边界 | | 出流边界 | |
|---|---|---|---|---|
| | 超声速 | 亚声速 | 超声速 | 亚声速 |
| 给定的变量数目 | 5 | 4 | 0 | 1 |
| 待计算的变量数目 | 0 | 1 | 5 | 4 |

若假定流动是等熵的，则可以进一步简化问题，这时流动中不再有直线或曲线的激波。可以证明这样的流动是无旋的

$$\boldsymbol{\omega}^*=\mathbf{rot}\boldsymbol{u}^*=\begin{pmatrix}\dfrac{\partial u_3^*}{\partial x_2^*}-\dfrac{\partial u_2^*}{\partial x_3^*}\\ \dfrac{\partial u_1^*}{\partial x_3^*}-\dfrac{\partial u_3^*}{\partial x_1^*}\\ \dfrac{\partial u_2^*}{\partial x_1^*}-\dfrac{\partial u_1^*}{\partial x_2^*}\end{pmatrix}=0$$

或写成矢量形式

$$\boldsymbol{\omega}^*=\nabla\times\boldsymbol{u}^*=0$$

对于无旋流可以引入位函数$\Phi^*$

$$\frac{\partial \Phi^*}{\partial x_1^*}=u_1^*,\quad \frac{\partial \Phi^*}{\partial x_2^*}=u_2^*,\quad \frac{\partial \Phi^*}{\partial x_3^*}=u_3^* \tag{5.74}$$

将其代入欧拉方程，并进一步简化，可得到量纲 1 的线性 位势方程

$$\frac{\partial^2 \Phi^*}{\partial x_1^{*2}}+\frac{\partial^2 \Phi^*}{\partial x_2^{*2}}+\frac{\partial^2 \Phi^*}{\partial x_3^{*2}}=0,\qquad \Delta \Phi^*=0 \tag{5.75}$$

此标量方程是线性二阶椭圆方程。能用位势方程描述的流动也被称为在 4.1.5 节中已介绍过的位势流。

不可压缩流动的动量守恒自动满足无旋假设，其能量方程是附加的且解耦的。

与欧拉方程的情况一样，固壁处的边界条件是无穿透条件

$$\frac{\partial \Phi^*}{\partial x_1^*}\cdot n_1^*+\frac{\partial \Phi^*}{\partial x_2^*}\cdot n_2^*+\frac{\partial \Phi^*}{\partial x_3^*}\cdot n_3^*=0 \tag{5.76}$$

其中 $n_1^*$、$n_2^*$、$n_3^*$ 是垂直壁面法矢量的分量。每条流线都可被看作是一固壁。

在远场边界处由于物体引起的扰动必须为零，即

$$\frac{\partial \Phi^*}{\partial x_1^*}=\frac{\partial \Phi^*}{\partial x_2^*}=\frac{\partial \Phi^*}{\partial x_3^*}=0 \tag{5.77}$$

由于方程 (5.75) 中仅有位函数的导数，故由这些边界条件求得的解彼此差一个常数，$\Phi^*$ 值的最终确定应在流场中某一位置处加以限定。

位势方程的优点是它是线性的，这意味着已知解 (例如，平行流、源、汇、位涡等) 的任意线性组合仍然是它的解。

对于不可压缩层流，N-S方程(5.20) 成立，与连续方程 (5.3) 一起，可写成

$$\nabla\cdot \boldsymbol{u}^*=0$$

$$\frac{\partial \boldsymbol{u}^*}{\partial t^*}+(\boldsymbol{u}\cdot\nabla)\,\boldsymbol{u}^*=-\frac{1}{\rho^*}\cdot\nabla p^*+\frac{1}{Re_l}\cdot\Delta \boldsymbol{u}^* \tag{5.78}$$

在固壁满足无滑移条件

$$\boldsymbol{u}^*=0 \tag{5.79}$$

需要在点 $(x_1^*,x_2^*,x_3^*)$ 处确定压强值

$$p^*\left(x_1^*,y_1^*,z_1^*\right)=p_1^*$$

在进流或出流边界处可以给定流动的方向和大小，但必须保证是满足连续方程的。

有时希望给定进、出流边界处的压强，例如，给定管流两截面间的压差。必须注意在这些截面上可以取任意形状的速度型，但除一些例外情况，不会在同一边界处同时给定速度和压强。

在第八章和第九章中我们将讨论传热流动，在这类流动的很多应用中，可以忽略由于压强变化引起的密度变化。但由于热膨胀，密度会随温度而变化，例如，在对流流动 中这正是浮力 $\rho^*(T)\cdot\boldsymbol{g}$ 的来源。

在布西内斯克假设的框架下，仅在浮力项中考虑密度的变化，而在其他项中皆忽略密度的变化。密度的公式可写成

$$\rho(T)=\rho_0\cdot[1-\alpha\cdot(T-T_0)] \tag{5.80}$$

其中 $\alpha$ 是热膨胀系数；$\rho_0$ 是参考密度；$T_0$ 是参考温度。假设黏性是不变的，并忽略耗散，将这些假设代入 N-S 方程 (5.18) 和能量方程 (5.56)，并取量纲 1 量

$$x_m^*=\frac{x_m}{l},\quad t^*=\frac{k_\infty\cdot t}{l^2},\quad \boldsymbol{u}^*=\frac{l}{k_\infty}\cdot\boldsymbol{u}$$

$$T^*=\frac{T-T_\infty}{T_W-T_\infty},\qquad p^*=(p+\rho_\infty\cdot g\cdot x_3)\cdot\frac{l^2}{\rho_\infty\cdot\nu_\infty\cdot k_\infty}$$

我们得到了量纲 1 的布西内斯克方程

$$\begin{aligned}&\nabla\cdot\boldsymbol{u}^*=0\\&\frac{1}{Pr_\infty}\cdot\left(\frac{\partial\boldsymbol{u}^*}{\partial t^*}+(\boldsymbol{u}^*\cdot\nabla)\,\boldsymbol{u}^*\right)=Ra_\infty\cdot T^*\cdot\begin{pmatrix}0\\0\\1\end{pmatrix}-\nabla p^*+\Delta\boldsymbol{u}^*\\&\frac{\partial T^*}{\partial t^*}+\boldsymbol{u}^*\cdot\nabla T^*=\Delta T^*\end{aligned} \tag{5.81}$$

其中量纲 1 瑞利 (Rayleigh) 数

$$Ra_\infty=\frac{g\cdot l^3}{k_\infty\cdot\nu_\infty}\cdot\alpha\cdot(T-T_\infty)$$

取决于普朗特数 $Pr_\infty$ 的大小，得到流动的定常或非定常等不同的状态。若 $Pr_\infty$ 小 (例如，对于空气为 0.71，对液态金属为 $1\times10^{-2}$)，则流动是非定常的；若 $Pr_\infty$ 大 (例如，对于水为 7，对于油为 $1\times10^{3}$)，则得到对流滚转形式的定常流动，这时非定常项的影响很小，因其被乘以了 $1/Pr_\infty$ 的小量。

若在双组元液体层(如盐溶液) 中考虑到质量扩散，则浓度梯度就意味着可获得第二部分升力。

为描述由 $N$ 个组元形成的多组元混合流体中的质量交换，可以写出 $N$ 个质量平衡方程。若 $m_k$ 是第 $k$ 个组元的质量，则称 $\rho_k$ 为混合流体中第 $k$ 个组元的分密度，于是混合体的密度 $\rho$ 可定义为

$$\rho=\sum_{k=1}^{N}\rho_k \tag{5.82}$$

与此类似，每个组元有自己的速度 $\boldsymbol{u}_k$，仿照存在质量源或汇的单组元 $(N=1)$ 流体，可以得到 $N$ 个质量平衡方程

$$\frac{\partial\rho_k}{\partial t}+\nabla\cdot(\rho_k\cdot\boldsymbol{u}_k)=0,\quad k=1,\cdots,N \tag{5.83}$$

将上述组元连续方程相加并引入第 $k$ 个组元的质量浓度$c_k=\rho_k/\rho$, $\left(\sum\limits_{k=1}^{N}c_k=1\right)$，得到下述混合流体密度的量纲 1 关系式

$$\frac{\partial\rho^*}{\partial t^*}+\nabla\cdot(\rho^*\cdot\boldsymbol{u}^*)=0 \tag{5.84}$$

和混合流体的量纲 1 流动速度

$$\boldsymbol{u}^*=\sum_{k=1}^{N}c_k\cdot\boldsymbol{u}_k^* \tag{5.85}$$

将量纲 1 总压 $p^*=\sum\limits_{k=1}^{N}p_k^*$、线性热状态方程 $\rho^*=1-[\alpha_{\mathrm{m}}\cdot(T^*-T_{\mathrm{m}})]\cdot(T^*-T_{\mathrm{m}})-[\beta_{\mathrm{m}}\cdot(c-c_{\mathrm{m}})]\cdot(c-c_{\mathrm{m}})$(其中 $\beta$ 为浓度膨胀系数，下标 m 为平均温度或平均浓度)，与上述方程合在一起，可得到双组元混合流体的量纲 1 布西内斯克方程

$$\begin{aligned}
&\nabla\cdot\boldsymbol{u}^*=0\\
&Le_\infty\cdot\left(\frac{\partial c}{\partial t^*}+\boldsymbol{u}^*\cdot\nabla c\right)=\Delta c\\
&\frac{1}{Pr_\infty}\cdot\left[\frac{\partial\boldsymbol{u}^*}{\partial t^*}+(\boldsymbol{u}^*\cdot\nabla)\,\boldsymbol{u}^*\right]=\Delta\boldsymbol{u}^*-\nabla p^*+(Ra_\infty\cdot T^*+Ra_{D\infty}\cdot c)\cdot\begin{pmatrix}0\\0\\1\end{pmatrix}\\
&\frac{\partial T^*}{\partial t^*}+\boldsymbol{u}^*\cdot\nabla T^*=\Delta T^*
\end{aligned} \tag{5.86}$$

其中量纲为 1 的特征量：扩散瑞利数 $Ra_{D\infty}=-\beta_{\mathrm{m}}\cdot(c-c_{\mathrm{m}})\cdot g\cdot l^3/(k_{\mathrm{m}}\cdot\nu_{\mathrm{m}})$；刘易斯数 $Le=k_m/D_m$；$D$ 为扩散系数。

若我们讨论盐溶液，很容易看出，当 $c=0$(纯水) 或 $c=1$(即 $Ra_{D\infty}=0$，溶解极限状态的盐水) 时上述方程组变成描述瑞利 - 贝纳尔 (Bénard) 对流的方程组。

欧拉方程 (5.72) 是研究带自由运动界面的某些不可压缩流动问题的基础，这些将在第十章讨论。这里假定界面两边的流动都是无旋的。对空间坐标积分欧拉方程，同时引入速度位 $\boldsymbol{u}=-\nabla\Phi$，可导出形式为

$$-\frac{\partial\Phi}{\partial t}+\frac{1}{2}\cdot(\nabla\Phi)^2+\frac{p}{\rho}+\boldsymbol{g}\cdot\boldsymbol{x}=C_k \tag{5.87}$$

的广义伯努利方程，其中 $C_k$ 为积分常数，它在不同相 $k$ 的界面两边是可变的。式 (5.87) 的伯努利方程是描述不可压缩分层介质中波动运动的出发点。此外，还可用来描述压力诱导的气泡发展初始阶段的动力学。

瑞利 (1917)，普莱赛特 (Plesset) 和茨维克 (Zwick)(1954) 等从伯努利方程推导出了在压强场作用下确定半径为 $R_B$ 的球形单泡的微分方程式。若讨论在无限延伸液体中的一个球形气泡，利用随时间而变化的气泡体积，质量平衡给出了在气泡外半径为 $r$ 处速度的关系式

$$\boldsymbol{u}(R_B,r,t)=\frac{R_B^2}{r^2}\cdot\frac{\mathrm{d}R_B}{\mathrm{d}t} \tag{5.88}$$

速度可由一个形式为

$$\Phi=\frac{R_B^2}{r}\cdot\frac{\mathrm{d}R_B}{\mathrm{d}t}$$

的速度位来确定，将此关系式代入伯努利方程 (5.87)，我们得到联系气泡边缘处和远离气泡处 (如 $r\to\infty$) 的瑞利-普莱赛特方程

$$R_B\cdot\frac{\mathrm{d}^2R_B}{\mathrm{d}t^2}+\frac{3}{2}\cdot\left(\frac{\mathrm{d}R_B}{\mathrm{d}t}\right)^2=\frac{1}{\rho_k}\cdot(p_R-p_\infty) \tag{5.89}$$

其中下标 $k$ 表示液体的相；$R$ 和 $\infty$ 分别表示气泡边缘处和无穷远处。若在气泡边缘处发生相变，或表面应力和黏性力起作用，或气体和液体不处于热平衡，则方程必须修正。

大雷诺数流动中，式 (5.65) 中 $\boldsymbol{G}_m^*$ 项前的因子 $1/Re_l$ 很小的这一事实并不一定允许忽略耗散通量。对具有边界层特征的流动，黏性项的大小取决于是否同时考虑平行和垂直于物体表面的速度型梯度。

由于物体表面一般并不平行于某一坐标轴，N-S 方程 (5.65) 必须首先转换至贴体坐标系中，利用转换方程可得到曲线坐标 $\xi_1^*$、$\xi_2^*$、$\xi_3^*$

$$\xi_1^*=\xi_1^*(x_m^*),\quad \xi_2^*=\xi_2^*(x_m^*),\quad \xi_3^*=\xi_3^*(x_m^*)$$

转换后的方程可写为

$$J^{-1} \cdot \frac{\partial \boldsymbol{U}^*}{\partial t^*} + \sum_{m=1}^{3} \frac{\partial \hat{\boldsymbol{F}}_m^*}{\partial \xi_m^*} - \frac{1}{Re_l} \cdot \sum_{m=1}^{3} \frac{\partial \hat{\boldsymbol{G}}_m^*}{\partial \xi_m^*} = 0 \tag{5.90}$$

其中

$$\begin{aligned} J^{-1} = & \frac{\partial x_1^*}{\partial \xi_1^*} \cdot \frac{\partial x_2^*}{\partial \xi_2^*} \cdot \frac{\partial x_3^*}{\partial \xi_3^*} + \frac{\partial x_1^*}{\partial \xi_3^*} \cdot \frac{\partial x_2^*}{\partial \xi_1^*} \cdot \frac{\partial x_3^*}{\partial \xi_2^*} + \frac{\partial x_1^*}{\partial \xi_2^*} \cdot \frac{\partial x_2^*}{\partial \xi_3^*} \cdot \frac{\partial x_3^*}{\partial \xi_1^*} \\ & - \frac{\partial x_1^*}{\partial \xi_1^*} \cdot \frac{\partial x_2^*}{\partial \xi_3^*} \cdot \frac{\partial x_3^*}{\partial \xi_2^*} - \frac{\partial x_1^*}{\partial \xi_2^*} \cdot \frac{\partial x_2^*}{\partial \xi_1^*} \cdot \frac{\partial x_3^*}{\partial \xi_3^*} - \frac{\partial x_1^*}{\partial \xi_3^*} \cdot \frac{\partial x_2^*}{\partial \xi_2^*} \cdot \frac{\partial x_3^*}{\partial \xi_1^*} \end{aligned}$$

在 $\boldsymbol{G}^*$ 项内，平行于物体方向的导数一般是较小的 (除了在流动分离状态)，这意味着它们可以被忽略。

按照抛物扩展机制，扰动一般是沿下游方向扩展。通过将压力施于边界层上，并忽略在垂直于壁面方向 $\xi_3^*$ 的压力梯度，使 定常N-S 方程也具有了此特性。这样就可导出适用于定常边界层流动的量纲 1抛物化N-S方程

$$\sum_{m=1}^{3} \frac{\partial \hat{\boldsymbol{F}}_m^*}{\partial \xi_m^*} - \frac{1}{Re_l} \cdot \frac{\partial \hat{\boldsymbol{G}}_3^*}{\partial \xi_3^*} = 0 \tag{5.91}$$

其中

$$\hat{\hat{\boldsymbol{F}}}_m^* = J^{-1} \cdot \begin{pmatrix} \rho^* \cdot \hat{u}_m^* \\ \rho^* \cdot \hat{u}_m^* \cdot u_1^* + \dfrac{\partial \xi_m^*}{\partial x_1^*} \cdot p_s^* \\ \rho^* \cdot \hat{u}_m^* \cdot u_2^* + \dfrac{\partial \xi_m^*}{\partial x_2^*} \cdot p_s^* \\ \rho^* \cdot \hat{u}_m^* \cdot u_3^* + \dfrac{\partial \xi_m^*}{\partial x_3^*} \cdot p_s^* \\ \hat{u}_m^* \cdot (\rho^* \cdot e_{\text{tot}}^* + p_s^*) \end{pmatrix} \tag{5.92}$$

$$\hat{\hat{\boldsymbol{G}}}_3^* = J^{-1} \cdot \begin{pmatrix} 0 \\ \displaystyle\sum_{l=1}^{3} \frac{\partial \xi_3^*}{\partial x_l^*} \cdot \tau_{l1}^* \\ \displaystyle\sum_{l=1}^{3} \frac{\partial \xi_3^*}{\partial x_l^*} \cdot \tau_{l2}^* \\ \displaystyle\sum_{l=1}^{3} \frac{\partial \xi_3^*}{\partial x_l^*} \cdot \tau_{l3}^* \\ \displaystyle\sum_{l=1}^{3} \frac{\partial \xi_3^*}{\partial x_l^*} \cdot \left( \sum_{m=1}^{3} u_m^* \cdot \tau_{m3}^* + \dot{q}_3^* \right) \end{pmatrix} \tag{5.93}$$

和

$$\hat{u}_m^* = \frac{\partial \xi_m^*}{\partial x_1^*} \cdot u_1^* + \frac{\partial \xi_m^*}{\partial x_2^*} \cdot u_2^* + \frac{\partial \xi_m^*}{\partial x_3^*} \cdot u_3^*, \quad m = 1, 2, 3$$

若进一步忽略物形的曲率，普朗特所作的量级估计表明式 (5.91) 的黏性项中相对于 $x_1$ 和 $x_2$ 的所有导数都可忽略。对于高雷诺数流动，边界层厚度相对于物体尺寸很小，这一点已被证明是正确的。由于压力是加在边界层上的 $(\partial p^*/\partial x_3^* = 0)$，第三个动量守恒方程遂被删去，我们得到了在笛卡儿坐标系 $x_m^*$ 中的普朗特边界层方程

$$\begin{aligned}
&\frac{\partial(\rho^* \cdot u_1^*)}{\partial x_1^*} + \frac{\partial(\rho^* \cdot u_2^*)}{\partial x_2^*} + \frac{\partial(\rho^* \cdot u_3^*)}{\partial x_3^*} = 0 \\
&\rho^* \cdot \left(u_1^* \cdot \frac{\partial u_1^*}{\partial x_1^*} + u_2^* \cdot \frac{\partial u_1^*}{\partial x_2^*} + u_3^* \cdot \frac{\partial u_1^*}{\partial x_3^*}\right) = -\frac{\partial p_s^*}{\partial x_1^*} + \frac{1}{Re_l} \cdot \frac{\partial}{\partial x_3^*}\left(\mu^* \cdot \frac{\partial u_1^*}{\partial x_3^*}\right) \\
&\rho^* \cdot \left(u_1^* \cdot \frac{\partial u_2^*}{\partial x_1^*} + u_2^* \cdot \frac{\partial u_2^*}{\partial x_2^*} + u_3^* \cdot \frac{\partial u_2^*}{\partial x_3^*}\right) = -\frac{\partial p_s^*}{\partial x_2^*} + \frac{1}{Re_l} \cdot \frac{\partial}{\partial x_3^*}\left(\mu^* \cdot \frac{\partial u_2^*}{\partial x_3^*}\right) \\
&\rho^* \cdot \left(u_1^* \cdot \frac{\partial T^*}{\partial x_1^*} + u_2^* \cdot \frac{\partial T^*}{\partial x_2^*} + u_3^* \cdot \frac{\partial T^*}{\partial x_3^*}\right) = \frac{\mu^*}{(\kappa - 1) \cdot Re_l \cdot Pr_\infty} \cdot \frac{\partial^2 T^*}{\partial x_1^{*2}} \\
&\qquad + \frac{\mu^*}{Re_l} \cdot \left[\left(\frac{\partial u_1^*}{\partial x_3^*}\right)^2 + \left(\frac{\partial u_2^*}{\partial x_3^*}\right)^2\right] \\
&\qquad + u_1^* \cdot \frac{\partial p_s^*}{\partial x_1^*} + u_2^* \cdot \frac{\partial p_s^*}{\partial x_2^*}
\end{aligned} \tag{5.94}$$

### 5.4.4 湍流的雷诺方程

将雷诺方程(5.27)、方程 (5.33)～ 方程 (5.35)、方程 (5.37) 写成如同 5.4.2 节中一样的守恒形式，并利用质量平均的流动量，我们得到有量纲流动量的时间平均基本方程

$$\frac{\partial \bar{\boldsymbol{U}}}{\partial t} + \sum_{m=1}^{3} \frac{\partial \bar{\boldsymbol{F}}_m}{\partial x_m} - \frac{1}{Re_l} \cdot \sum_{m=1}^{3} \frac{\partial \bar{\boldsymbol{G}}_m}{\partial x_m} + \sum_{m=1}^{3} \frac{\partial \boldsymbol{R}_m}{\partial x_m} = 0 \tag{5.95}$$

其中

$$\bar{\boldsymbol{U}}(x_m, t) = \begin{pmatrix} \bar{\rho} \\ \bar{\rho} \cdot \tilde{u}_1 \\ \bar{\rho} \cdot \tilde{u}_2 \\ \bar{\rho} \cdot \tilde{u}_3 \\ \bar{\rho} \cdot \tilde{E} \end{pmatrix} \tag{5.96}$$

与式 (5.65) 的守恒型 N-S 方程相比，雷诺假设和时间平均增加了 $\boldsymbol{R}_m$ 项。

时间平均对流通量矢量为

$$\bar{\boldsymbol{F}}_m = \begin{pmatrix} \bar{\rho} \cdot \tilde{u}_m \\ \bar{\rho} \cdot \tilde{u}_m \cdot \tilde{u}_1 + \delta_{1m} \cdot \bar{p} \\ \bar{\rho} \cdot \tilde{u}_m \cdot \tilde{u}_2 + \delta_{1m} \cdot \bar{p} \\ \bar{\rho} \cdot \tilde{u}_m \cdot \tilde{u}_3 + \delta_{1m} \cdot \bar{p} \\ \tilde{u}_m \cdot (\bar{\rho} \cdot \tilde{e}_{\text{tot}} + \bar{p}) \end{pmatrix} \tag{5.97}$$

平均耗散通量矢量为

$$\bar{\boldsymbol{G}}_m = \begin{pmatrix} 0 \\ \bar{\tau}_{m1} \\ \bar{\tau}_{m2} \\ \bar{\tau}_{m3} \\ \sum_{l=1}^{3} \tilde{u}_l \cdot \bar{\tau}_{lm} + \bar{\dot{q}}_m \end{pmatrix} \tag{5.98}$$

附加的湍流通量矢量为

$$\boldsymbol{R}_m = \begin{pmatrix} 0 \\ \bar{\rho} \cdot \widetilde{u_1'' \cdot u_m''} \\ \bar{\rho} \cdot \widetilde{u_2'' \cdot u_m''} \\ \bar{\rho} \cdot \widetilde{u_3'' \cdot u_m''} \\ R_{m,E} \end{pmatrix} \tag{5.99}$$

其中

$$R_{m,E} = -\sum_{l=1}^{3} u_l' \cdot \bar{\tau}_{lm} + \bar{\rho} \cdot \widetilde{h' u_m'} + \sum_{l=1}^{3} \tilde{u}_m' \cdot \bar{\rho} \cdot \widetilde{u_l' \cdot u_m'} + \frac{\bar{\rho}}{2} \cdot \sum_{l=1}^{3} \widetilde{u_l' \cdot u_l' \cdot u_m'}$$

焓 $h = e + \dfrac{p}{\rho}$ 及

$$\tilde{E} = \tilde{e} + \sum_{m=1}^{3} \frac{\tilde{u}_m^2}{2} + k$$

$$k = \sum_{m=1}^{3} \frac{\widetilde{u_m'' \cdot u_m''}}{2} \qquad (k\text{是湍流动能})$$

在附加项 $\boldsymbol{R}_m$ 中出现的脉动量是未知的。很显然，方程组的未知量数多于方程数，因此系统是不封闭的。湍流流动中雷诺方程的封闭问题意味着在 $\boldsymbol{R}_m$ 项中的各项必须利用对于每一流动问题的经验假设模型化，因为至今尚无湍流模型化的完整理论，故封闭问题至今无解，我们只能在附录中提供一些参考文献。关于湍流基础知识的现状将在第七章介绍。

### 5.4.5　多相流动

对于第十章将要讨论的多相流动，可写出各相 $k$ 的守恒方程。对于具有密度 $\rho_k$ 和速度 $\boldsymbol{u}_k$ 的相 $k$，它的输运平衡量 $\Psi_k$ 满足守恒方程

$$\frac{\partial\left(\rho_k\cdot\Psi_k\right)}{\partial t}+\nabla\cdot\left(\rho_k\cdot\boldsymbol{u}_k\cdot\Psi_k\right)=\rho_k\cdot\boldsymbol{f}_k+\nabla\boldsymbol{j}_k \tag{5.100}$$

比容守恒量 $\rho_k\cdot\Psi_k$ 的变化率和对流通量 $\nabla\cdot(\rho_k\cdot\boldsymbol{u}_k\cdot\Psi_k)$ 由体积源或汇 $\boldsymbol{f}_k$ 和耗散通量 $\boldsymbol{j}_k$ 来确定。

方程 (5.100) 中 $\boldsymbol{f}_k$ 和 $\boldsymbol{j}_k$ 对比容平衡量 $\rho_k\cdot\Psi_k$(分别为密度 $\rho_k$，动量 $\rho_k\cdot\boldsymbol{u}_k$ 和能量 $\rho_k\cdot E_k$) 的意义由表 5.2 给出。

表 5.2

| $\Phi_k$ | 量 $\Psi_k$ | 源/汇 $\boldsymbol{f}_k$ | 通量 $\boldsymbol{j}_k$ | 突跃 $\boldsymbol{M}_i$ |
|---|---|---|---|---|
| 质量 | 1 | 0 | 0 | 0 |
| 动量 | $\boldsymbol{u}_k$ | $\boldsymbol{g}$ | $-p_k\cdot\boldsymbol{E}+\tau_k$ | $\boldsymbol{m}_i^\sigma$ |
| 能量 | $E_k=e_k+\frac{1}{2}\cdot\boldsymbol{u}_k^2$ | $\boldsymbol{g}\cdot\boldsymbol{u}_k+Q_k$ | $q_k+(-p_k\cdot\boldsymbol{E}+\tau_k)\cdot\boldsymbol{u}_k$ | $\varepsilon_i^\sigma$ |

其中 $\boldsymbol{g}$ 是重力矢量；$\boldsymbol{E}$ 是单位张量；$\boldsymbol{\tau}_k$ 是切向应力张量；$Q_k$ 是体积热源；$q_k$ 是热通量。

除了积分域的边缘外，还有定义为各相间断的相界面。在每个相界面处的通量必须满足如下写成一般形式的突跃条件

$$\{[(\rho_k\cdot\Psi_k)\cdot(\boldsymbol{u}_k-\boldsymbol{v}_i)-\boldsymbol{j}_k]\cdot\boldsymbol{n}_k\}=\boldsymbol{M}_i \tag{5.101}$$

式 (5.101) 左端表示通过相界面的通量突跃。其中 $\boldsymbol{v}_i$ 是相界面的速度；$\boldsymbol{n}_k$ 是垂直于该界面的单位矢量，指向 $k$ 相流动域的流出方向；$\boldsymbol{M}_i$ 是通量 $(\rho_k\cdot\boldsymbol{u}_k\cdot\Psi_k-\boldsymbol{j}_k)$ 在相界面处的间断突跃。由表面张力 $\sigma$ 的相界面变形确定 $\boldsymbol{M}_i$，而 $\boldsymbol{m}_i^\sigma$ 和 $\varepsilon_i^\sigma$ 表征了由于表面应力张量引起的动量和能量的突跃。

多相流的解析处理要求适当的平均过程，一般来说，可以通过统计的平均过程，所得到的平均状态可被理解为总体的平均。对于时间和空间状态相互独立的过程，可由时空平均来代替总体平均。$k$ 相的每一个 $\Phi_k$ 量的总体平均可定义为

$$\overline{\Phi_k\left(\boldsymbol{x},t\right)}^k=\frac{1}{V}\cdot\int\limits_V\left(\frac{1}{\Delta\tau}\cdot\int\limits_0^{\Delta t}X_k\cdot\Phi_k\cdot\mathrm{d}t\right)\cdot\mathrm{d}\boldsymbol{x} \tag{5.102}$$

所以，对于准定常两相流，总体平均是一个时间和空间的平均过程，其中积分是在一个控制体积 $V$ 和一个小时间间隔 $\Delta t$ 中进行的。一方面，时间间隔 $\Delta t$ 要取得足够大，以使湍流脉动在 $\Delta t$ 中的平均为零；另一方面，$\Delta t$ 又要足够小以使积分输运方程时平均参数的暂态信息不致丢失。控制体积大小的选择要使空间分辨率不致影响积分的结果。

在多相流中很难在某些位置上确定每相的平均值。因为在同一位置不同流动量的不同相出现在不同的时间，这意味着流动量为非定态函数。因此，引入一个相指示器 $X_k(\boldsymbol{x},t)$ 是有用的。若 $k$ 相的位置矢量 $\boldsymbol{x}$ 位于控制体积 $V_k$ 内，时间 $t$ 在时间间隔 $\Delta\tau_k$ 内，则 $X_k$ 的值为 1。否则，相指示器的值为 0。当 $k$ 相的一个平衡量被平均时，先乘以相指示器。相指示器 $X_k$ 在定义域内的总体平均值代表了 $k$ 相的当地体积 $\alpha_k$。若将相指示器代入一般形式的平衡方程 (5.100)，并进行方程的总体平均，可得到 $k$ 相的密度、动量和能量平均的守恒方程。利用符号

$$\overline{\Phi_k(\boldsymbol{x},t)}^k=\frac{\overline{\Phi_k(x,t)\cdot X_k(\boldsymbol{x},t)}^k}{\alpha_k}=\Phi_k(\boldsymbol{x},t)-\Phi_k'(\boldsymbol{x},t) \tag{5.103}$$

以及莱布尼兹 (Leibniz) 和高斯 (Gauss) 法则，在一个带有固定壁面控制体内 $k$ 相总体平均的一般形式守恒方程可写成

$$\begin{aligned}&\frac{\partial(\partial_k\cdot\overline{\rho_k\cdot\Psi_k}^k)}{\partial t}-\frac{1}{V}\cdot\int\limits_{A_i}\rho_k\cdot\Psi_k\cdot(\boldsymbol{v}_i\cdot\boldsymbol{n}_k)\cdot\mathrm{d}S\\&-\frac{1}{V}\cdot\int\limits_{A_{wk}}\rho_k\cdot\Psi_k\cdot(\boldsymbol{u}_w\cdot\boldsymbol{n}_k)\cdot\mathrm{d}S+\nabla\cdot\alpha_k\cdot\overline{\boldsymbol{u}}_k^k\cdot\overline{\rho_k\cdot\boldsymbol{\Psi}_k}^k\\&+\nabla\cdot\alpha_k\cdot\overline{u_k'\cdot\rho_k\cdot\Psi_k'}^k+\frac{1}{V}\cdot\int\limits_{A_i+A_{wk}}\rho_k\cdot\boldsymbol{\Psi}_k\cdot(\boldsymbol{u}_k\cdot\boldsymbol{n}_k)\cdot\mathrm{d}S\\&=\alpha_k\cdot\overline{\boldsymbol{f}_k}^k+\nabla\cdot\alpha_k\cdot\overline{\boldsymbol{j}}_k^k+\frac{1}{V}\cdot\int\limits_{A_i+A_{wk}}\boldsymbol{j}_k\cdot\boldsymbol{n}_k\cdot\mathrm{d}S\end{aligned} \tag{5.104}$$

$k$ 相的流动域边缘由各相之间的自由界面和 $k$ 相与固壁相接的固 - 液边界组成，其面积分别为 $A_i$ 和 $A_{wk}$ 。

式 (5.104) 左端前三项表示非定常项的平均，由于自由界面以速度 $\boldsymbol{v}_i$、固壁以速度 $\boldsymbol{u}_w$ 运动，于是得到了两个面积分 $\int_{A_i}\mathrm{d}S$ 和 $\int_{A_{wk}}\mathrm{d}S$。左端最后一项由 $k$ 相 $\rho_k\cdot\boldsymbol{u}_k\cdot\Psi_k$ 的散度在整个边界 $(A_i+A_{wk})$ 上平均而得。类似地，通量 $\boldsymbol{j}_k$ 散度的平均产生了方程 (5.104) 右端的 $k$ 相在总边界 $(A_i+A_{wk})$ 上的面积分。此外，突跃条件式 (5.101) 的总体平均要求所有在相界面上通量的总和必须为零。这样每个相 $k$

在有固壁的控制体 $V$ 中的质量、动量和能量守恒方程可给出为

$$\frac{\partial(\alpha_k \cdot \overline{\rho_k}^k)}{\partial t} + \nabla \cdot \alpha_k \cdot \overline{\rho_k}^k \cdot \overline{\boldsymbol{u}_k}^k = \frac{1}{V} \cdot \int\limits_{A_i} \rho_k \cdot (\boldsymbol{v}_i - \boldsymbol{u}_k) \cdot \boldsymbol{n}_k \cdot \mathrm{d}S = \Gamma_k \tag{5.105}$$

$$\begin{aligned}&\frac{\partial(\alpha_k \cdot \overline{\rho_k \cdot \boldsymbol{u}_k}^k)}{\partial t} + \nabla \cdot \alpha_k \cdot (\overline{\rho_k \cdot \boldsymbol{u}_k}^k \cdot \overline{\boldsymbol{u}_k}^k + \overline{p_k}^k \cdot \boldsymbol{E} - \overline{\tau_k}^k + \overline{u_k' \cdot \rho_k \cdot \psi_k'}^k) \\ &= \alpha_k \cdot \overline{\rho_k}^k \cdot g + \frac{1}{V} \cdot \int\limits_{A_i} (\overline{\tau_k}^k - \overline{p_k}^k \cdot \boldsymbol{E}) \cdot \boldsymbol{n}_k \cdot \mathrm{d}S + \overline{u_k^i \cdot \Gamma_k}^k\end{aligned} \tag{5.106}$$

$$\begin{aligned}&\frac{\partial(\alpha_k \cdot \overline{\rho_k \cdot E_k}^k)}{\partial t} + \nabla \cdot \alpha_k \cdot (\overline{\rho_k \cdot E_k}^k \cdot \overline{\boldsymbol{u}_k}^k + \overline{p_k}^k \cdot \overline{\boldsymbol{u}_k} k - \overline{\tau_k}^k \cdot \overline{\boldsymbol{u}_k}^k + q_k + \overline{u_k' \cdot \rho_k \cdot E'}^k) \\ &= \alpha_k \cdot \overline{\rho_k}^k \cdot \boldsymbol{g} \cdot \overline{\boldsymbol{u}_k}^k + \partial_k \cdot \overline{\rho_k}^k \cdot \overline{Q_k}^k \\ &\quad + \frac{1}{V} \cdot \int\limits_{Ai} (\overline{\tau_k}^k - \overline{p_k}^k \cdot \boldsymbol{E}) \cdot \overline{\boldsymbol{u}_k}^k \cdot \boldsymbol{n}_k \cdot \mathrm{d}S + \overline{E_k^i \cdot \Gamma_k}^k\end{aligned} \tag{5.107}$$

其中 $\Gamma_k$ 是 $k$ 相的质量源密度，例如，可用来计算在凝结和蒸发过程中两相间的质量交换。所有相的总质量守恒要求

$$\sum_k \Gamma_k = 0$$

公式 (5.106) 中 $\boldsymbol{u}_k^i$ 表示具有源密度 $\Gamma_k$ 的质量的速度，$E_k^i$ 是它的能量。守恒方程中的最后两项表示相间的交换过程。

### 5.4.6 带有反应的流动

与 5.4.2 中已引入的质量、动量和能量守恒方程 (5.65) 一样，在第十一章为了讨论带有反应的流动需要建立每种组元 $i$ 的分质量密度$\rho_i$ 的平衡方程。组元 $i$ 的局部速度 $\boldsymbol{u}_i$ 由重心的平均流速$\boldsymbol{u}$ 和组元 $i$ 的扩散速度$\boldsymbol{u}_i$(相对于重心的速度) 组成。

但是，由于化学反应各组元间可以互相转换，于是得到了一个源项。它是组元的摩尔质量 $M_i$ 和在摩尔尺度下 (如 $\mathrm{mol}/(\mathrm{m}^3 \cdot \mathrm{s})$) 生成速度 $\dot{\omega}_i$ 的乘积。将扩散流动密度或扩散通量写成 $\rho_i \cdot \boldsymbol{U}_i = \boldsymbol{j}_i$，类似于式 (5.100)，我们得到

$$\frac{\partial \rho_i}{\partial t} + \nabla \cdot (\rho_i \cdot \boldsymbol{u}) + \nabla \cdot \boldsymbol{j}_i = M_i \cdot \dot{\omega}_i \tag{5.108}$$

与总能量 $\rho \cdot E = \rho \cdot e + 0.5 \cdot \rho \cdot \boldsymbol{u}^2$ 的守恒方程式 (5.52) 一起，代入动量方程 (5.18)，再忽略重力，我们即可得到比内能$e$ 的平衡方程

$$\frac{\partial (\rho \cdot e)}{\partial t} + \nabla \cdot (\rho \cdot e \cdot \boldsymbol{u}) + \nabla \cdot \boldsymbol{j}_q + \boldsymbol{\tau} : \nabla \boldsymbol{u} = 0 \tag{5.109}$$

其中 “:” 是张量 $\boldsymbol{\tau}$ 和 $\nabla\boldsymbol{u}$ 的双缩并。利用关系式 $\rho\cdot h=\rho\cdot e+p$，此方程可写成比焓的守恒形式

$$\frac{\partial(\rho\cdot h)}{\partial t}-\frac{\partial p}{\partial t}+\nabla\cdot(\rho\cdot h\cdot\boldsymbol{u})+\nabla\cdot\boldsymbol{j}_q+\boldsymbol{\tau}:\nabla\boldsymbol{u}-\nabla\cdot(p\cdot\boldsymbol{u})=0 \tag{5.110}$$

在第十一章中将给出计算多组元流中扩散通量 $\boldsymbol{j}_i$、热通量 $\boldsymbol{j}_q$、剪切应力张量 $\boldsymbol{\tau}$ 和黏性系数 $\mu$ 的详细模型。同样将给出作为温度和混合成分的函数的热焓和内能。

若湍流流动感兴趣的是时间平均而不是时间脉动，则可以导出质量平均雷诺方程，利用近似式 $\boldsymbol{j}_i=-D_i\cdot\rho\cdot\nabla\omega_i$，组元 $i$ 的质量守恒为

$$\frac{\partial(\bar{\rho}\cdot\tilde{\omega}_i)}{\partial t}+\nabla\cdot(\bar{\rho}\cdot\tilde{\boldsymbol{u}}\cdot\tilde{\omega}_i)+\nabla\cdot\left(-\overline{\rho\cdot D_i\cdot\nabla\omega_i}+\overline{\rho\cdot\boldsymbol{u}''\cdot\omega_i''}\right)=\overline{M_i\cdot\dot{\omega}_i} \tag{5.111}$$

利用假设 $\boldsymbol{j}_q=-\lambda\cdot\nabla T$，能量守恒方程 (5.110) 变成

$$\frac{\partial\left(\bar{\rho}\cdot\tilde{h}\right)}{\partial t}-\frac{\partial\bar{p}}{\partial t}+\nabla\cdot\left(\bar{\rho}\cdot\tilde{\boldsymbol{u}}\cdot\tilde{h}\right)+\nabla\cdot\left(-\overline{\lambda\cdot\nabla T}+\overline{\rho\cdot\boldsymbol{u}''\cdot h''}\right)=0 \tag{5.112}$$

其中，没有考虑 $\boldsymbol{\tau}:\nabla\boldsymbol{u}$ 和 $\nabla\cdot(p\cdot\boldsymbol{u})$ 两项，因为它们仅在存在激波或爆震即压强梯度很大时才重要。与非平均方程一样，我们同样需要一个热状态方程，从 $p=\rho\cdot R\cdot T\cdot\sum_i(\omega_i/M_i)$，作平均后得到

$$\tilde{p}=R\cdot\sum_{i=1}^{N}\left[\left(\bar{\rho}\cdot\tilde{T}\cdot\tilde{\omega}_i+\bar{\rho}\cdot T''\cdot\omega_i''\right)\cdot\frac{1}{M_i}\right] \tag{5.113}$$

若摩尔质量相似，可以近似假定平均摩尔质量几乎没有脉动。平均理想气体方程后，得到

$$\tilde{p}=\frac{\bar{\rho}\cdot R\cdot\tilde{T}}{\bar{M}} \tag{5.114}$$

其中 $\bar{M}$ 是平均后混合流体的平均摩尔质量。

在组元守恒方程 中的源项常常很难处理。因此，考虑微元守恒方程是很有用的。在化学反应中微元既不能产生也不能消失，故在这些方程中源项为零。我们引入微元的质量比例

$$Z_i=\sum_{j=1}^{N}(\mu_{ij}\cdot\omega_j),\quad i=1,\cdots,M \tag{5.115}$$

其中 $N$ 是所考虑的混合流体中的物质数目；$M$ 是微元数目；$\mu_{ij}$ 是微元中物质 $j$ 的质量分数。

若我们近似假定在方程 (5.111) 中所有扩散系数 $D_i$ 都是相同的，将守恒方程 (5.65) 乘以 $\mu_{ij}$，再相加，可得到简单的关系式

$$\frac{\partial(\rho\cdot Z_i)}{\partial t}+\nabla\cdot(\rho\cdot Z_i\cdot\boldsymbol{u})-\nabla\cdot\rho\cdot D\cdot\nabla Z_i=0 \tag{5.116}$$

因为微元的守恒，$\sum(\mu_{ij}\cdot M_i\cdot\omega_i)=0$，方程 (5.116) 不再包含任何反应项。这对在第十一章中的应用是很有用的。时间平均的方程 (5.116) 给出了无源项方程

$$\frac{\partial\left(\bar{\rho}\cdot\tilde{Z}_i\right)}{\partial t}+\nabla\cdot\left(\bar{\rho}\cdot\tilde{\boldsymbol{u}}\cdot\tilde{Z}_i\right)+\nabla\cdot\left(-\overline{\rho\cdot D\cdot\nabla Z_i}+\overline{\rho\cdot\boldsymbol{u}''\cdot Z_i''}\right)=0 \tag{5.117}$$

## 5.5 扰动的微分方程

在第八章中将讨论流体不稳定性。为得到所需的扰动微分方程，我们试探性地假设

$$\boldsymbol{u}^*(x,y,z,t)=\boldsymbol{U}_0^*(x,y,z)+\varepsilon\cdot\boldsymbol{u}^{*\prime}(x,y,z,t) \tag{5.118}$$

其中 $\boldsymbol{U}_0^*$ 是量纲为 1 的未扰流动，它受到一个小扰动 $\boldsymbol{u}'$(流体不稳定性)；$\varepsilon\ll 1$，是级数展开的一个参数，也是对小扰动量的一个度量。在时间 $t^*=0$ 时的起始扰动被正则化为 1

$$\left|\varepsilon\cdot\boldsymbol{u}^{*\prime}\right|_{t^*=0}=\varepsilon\quad\Rightarrow\quad\left|\boldsymbol{u}^{*\prime}\right|_{t^*=0}=1$$

利用式 (5.118) 的扰动假设，量纲为 1 的流动量 $\boldsymbol{u}^*$、$p^*$、$\rho^*$、$T^*$ 可写成

$$\begin{aligned}\boldsymbol{u}^*&=\boldsymbol{U}_0^*+\varepsilon\cdot\boldsymbol{u}^{*\prime},\qquad p^*=p_0^*+\varepsilon\cdot p^{*\prime}\\ \rho^*&=\rho_0^*+\varepsilon\cdot\rho^{*\prime},\qquad T^*=T_0^*+\varepsilon\cdot T^{*\prime}\end{aligned} \tag{5.119}$$

将它们代入可压缩流的量纲为 1 的基本方程 (5.1)、方程 (5.18) 和方程 (5.56)

$$\frac{\partial\rho^*}{\partial t}+\boldsymbol{u}^*\cdot\nabla\rho^*=-\rho^*\cdot\nabla\cdot\boldsymbol{u}^* \tag{5.120}$$

$$\begin{aligned}&\rho^*\cdot\left(\frac{\partial\boldsymbol{u}^*}{\partial t}+\boldsymbol{u}^*\cdot\nabla\boldsymbol{u}^*\right)\\ &=-\frac{1}{\kappa\cdot M_\infty^2}\cdot\nabla p^*+\frac{1}{Re_l}\cdot\left\{\nabla\cdot[\mu(\nabla\boldsymbol{u}^*+{}^t\nabla\boldsymbol{u}^*)]-\frac{2}{3}\cdot\nabla(\mu\cdot\nabla\cdot\boldsymbol{u}^*)\right\}\end{aligned} \tag{5.121}$$

$$\begin{aligned}\rho^*\cdot\left(\frac{\partial T^*}{\partial t}+\boldsymbol{u}^*\cdot\nabla T^*\right)&=-(\kappa-1)\cdot p^*\cdot\nabla\cdot\boldsymbol{u}^*\\ &\quad+\frac{\kappa}{Re_l}\cdot\left[\frac{1}{P_{r\infty}}\cdot\nabla\cdot(\lambda\cdot\nabla T^*)-(\kappa-1)\cdot M_\infty^2\cdot\Phi^*\right]\\ \Phi^*&=\mu\cdot\left[\frac{1}{2}\cdot(\nabla\boldsymbol{u}^*+{}^t\nabla\boldsymbol{u}^*)^2-\frac{2}{3}\cdot(\nabla\cdot\boldsymbol{u}^*)^2\right]\end{aligned} \tag{5.122}$$

我们就得到了*扰动微分方程*(H. Oertel et al. 1996)

$$\frac{\partial \rho'}{\partial t} + \boldsymbol{u}' \cdot \nabla \rho_0 + \boldsymbol{U}_0 \cdot \nabla \rho' + \rho' \cdot \nabla \cdot \boldsymbol{U}_0 + \rho_0 \cdot \nabla \cdot \boldsymbol{u}' = -\boldsymbol{\varepsilon} \cdot [\nabla \cdot (\rho' \cdot \boldsymbol{u}')] \quad (5.123)$$

$$\begin{aligned}
&\rho_0 \cdot \left(\frac{\partial \boldsymbol{u}'}{\partial t} + \boldsymbol{u}' \cdot \nabla \boldsymbol{U}_0 + \boldsymbol{U}_0 \cdot \nabla \boldsymbol{u}'\right) + \rho' \cdot (\boldsymbol{U}_0 \cdot \boldsymbol{U}_0) + \frac{1}{\kappa \cdot M_\infty^2} \cdot \nabla(\rho_0 \cdot T' + T_0 \cdot \rho') \\
&-\frac{1}{Re_l} \cdot \Big\{\nabla \cdot [\mu_0 \cdot (\nabla \boldsymbol{u}' + {}^t\nabla \boldsymbol{u}') + \mu'_{\boldsymbol{\varepsilon}}(\nabla \boldsymbol{U}_0 + {}^t\nabla \boldsymbol{u}_0)] \\
&-\frac{2}{3} \cdot \nabla(\mu_0 \cdot \nabla \cdot \boldsymbol{u}' + \mu\boldsymbol{\varepsilon}' \cdot \nabla \cdot \boldsymbol{u}')\Big\} \\
&= \boldsymbol{\varepsilon} \cdot \Big(-\rho' \cdot \left(\frac{\partial \boldsymbol{u}'}{\partial t} + \boldsymbol{u}' \cdot \nabla \boldsymbol{U}_0 + \boldsymbol{U}_0 \cdot \nabla \boldsymbol{u}'\right) - \rho_0 \cdot \boldsymbol{u}' \cdot \nabla \cdot u' \\
&-\frac{1}{\kappa \cdot M_\infty^2} \cdot \nabla(\rho' \cdot T') + \frac{1}{Re_l} \cdot \Big\{\nabla \cdot [\mu'_{\boldsymbol{\varepsilon}} \cdot (\nabla \boldsymbol{u}' + {}^t\nabla \boldsymbol{u}') \\
&+\mu'_{\boldsymbol{\varepsilon\varepsilon}} \cdot (\nabla \boldsymbol{U}_0 + {}^t\nabla \boldsymbol{u}_0)] - \frac{2}{3} \cdot \nabla(\mu'_{\boldsymbol{\varepsilon}} \nabla \cdot \boldsymbol{u}' + \mu'_{\boldsymbol{\varepsilon\varepsilon}} \cdot \boldsymbol{U}_0)\Big\}\Big)
\end{aligned} \quad (5.124)$$

$$\begin{aligned}
&\rho_0 \cdot \left(\frac{\partial T'}{\partial t} + u' \cdot \nabla T_0 + \boldsymbol{U}_0 \cdot \nabla T'\right) + (\kappa - 1) \\
&\cdot[(T_0 \cdot \rho' + \rho_0 \cdot T') \cdot \nabla \cdot \boldsymbol{U}_0 + T_0 \cdot \rho_0 \cdot \nabla \cdot u'] \\
&\cdot\frac{\kappa}{Re_l} \cdot \left[(\kappa - 1) \cdot M_\infty^2 \cdot \Phi'_\epsilon - \frac{1}{Pr_\infty} \cdot \nabla \cdot (\lambda_0 \cdot \nabla T' + \lambda'_{\boldsymbol{\varepsilon}} \cdot \nabla T_0)\right] \\
&= \boldsymbol{\varepsilon} \Big\{-\rho' \cdot \left(\frac{\partial T'}{\partial t} + u' \cdot \nabla T_0 + \boldsymbol{U}_0 \cdot \nabla T'\right) - \rho_0 \cdot u' \cdot \nabla T' \\
&-(\kappa - 1) \cdot [(T_0 \cdot \rho' + \rho_0 \cdot T') \cdot \nabla \cdot \boldsymbol{u}' + T' \cdot \rho' \cdot \nabla \cdot \boldsymbol{U}_0] \\
&-\frac{\kappa}{Re_l} \cdot \left[(\kappa - 1) \cdot M_\infty^2 \cdot \Phi'_{\boldsymbol{\varepsilon\varepsilon}} - \frac{1}{Pr_\infty} \cdot \nabla \cdot (\lambda'_{\boldsymbol{\varepsilon}} \cdot \nabla T' + \lambda'_{\boldsymbol{\varepsilon\varepsilon}} \cdot \nabla T_0)\right]\Big\}
\end{aligned} \quad (5.125)$$

对于量纲 1 扰动量，上标 (*) 都已省略。黏性系数 $\mu(T)$ 和热传导系数 $\lambda(T)$ 与 $T$ 的函数关系采用萨瑟兰(Sutherland)方程加以考虑

$$\mu = \lambda = T^{\frac{2}{3}} \cdot \frac{1+S}{T+S}, \qquad S = \frac{110.4\mathrm{K}}{T_\infty}$$

在这些函数中同样引入密度 $\rho$ 和温度 $T$ 的扰动，将 $\mu$ 和 $\lambda$ 函数对基态 $\mu_0$ 和 $\lambda_0$ 按泰勒级数展开

$$\begin{aligned}
(\mu, \lambda) &= (\mu, \lambda)_0 + \left[\frac{\mathrm{d}(\mu, \lambda)}{\mathrm{d}T}\right]_0 \cdot (T - T_0) + \frac{1}{2!} \cdot \left[\frac{\mathrm{d}^2(\mu, \lambda)}{\mathrm{d}T^2}\right]_0 \cdot (T - T_0)^2 + \cdots \\
&= (\mu, \lambda)_0 + \varepsilon \cdot \left[\frac{\mathrm{d}(\mu, \lambda)}{\mathrm{d}T}\right]_0 \cdot T' + \varepsilon^2 \cdot \frac{1}{2!} \cdot \left[\frac{\mathrm{d}^2(\mu, \lambda)}{\mathrm{d}T^2}\right]_0 \cdot T'^2 + \cdots
\end{aligned}$$

由此可见输运系数偏离基态的 $(\mu-\mu_0)$ 或 $(\lambda-\lambda_0)$ 并不完全准确等于 $\varepsilon$ 的一阶项，还包含有 $\varepsilon$ 的高阶项，我们引入符号

$$\Big((\mu-\mu_0),(\lambda-\lambda_0)\Big)=\varepsilon\cdot(\mu'_\varepsilon,\lambda'_\varepsilon)+\varepsilon^2\cdot(\mu'_{\varepsilon\varepsilon},\lambda'_{\varepsilon\varepsilon})+\cdots$$

其中

$$(\mu'_\varepsilon,\lambda'_\varepsilon):=\frac{1}{1!}\cdot\left[\frac{\mathrm{d}\,(\mu,\lambda)}{\mathrm{d}T}\right]_0\cdot T'$$

$$(\mu'_{\varepsilon\varepsilon},\lambda'_{\varepsilon\varepsilon}):=\frac{1}{2!}\cdot\left[\frac{\mathrm{d}^2\,(\mu,\lambda)}{\mathrm{d}T^2}\right]_0\cdot T'^2$$

类似地，由于扰动 $\varepsilon\cdot\boldsymbol{u}'$，耗散函数 $\varPhi$ 的偏差定义为

$$\varPhi-\varPhi_0=\varepsilon\cdot\varPhi'_\varepsilon+\varepsilon^2\cdot\varPhi'_{\varepsilon\varepsilon}+\cdots$$

我们将扰动流态 $\boldsymbol{u}=\boldsymbol{u}_0+\varepsilon\cdot\boldsymbol{u}'$ 和扰动黏性代入耗散函数式 (5.122)，并按 $\varepsilon$ 的阶数分项，可得

$$\begin{aligned}\varPhi-\varPhi_0=\boldsymbol{\varepsilon}\Big\{&\mu'_{\boldsymbol{\varepsilon}}\cdot\left[\frac{1}{2}\cdot(\nabla\boldsymbol{U}_0+{}^t\nabla\boldsymbol{U}_0)^2-\frac{2}{3}\cdot(\nabla\cdot\boldsymbol{U}_0)^2\right]\\&+2\cdot\mu_0\cdot\left[\frac{1}{2}\cdot(\nabla\boldsymbol{U}_0+{}^t\nabla\boldsymbol{U}_0)\cdot(\nabla\boldsymbol{u}'+{}^t\nabla\boldsymbol{u}')-\frac{2}{3}\cdot(\nabla\cdot\boldsymbol{U}_0)\cdot(\nabla\cdot\boldsymbol{u}')\right]\Big\}\\&+\boldsymbol{\varepsilon}^2\cdot\Big\{\mu'_{\boldsymbol{\varepsilon\varepsilon}}\cdot\left[\frac{1}{2}\cdot(\nabla\boldsymbol{U}_0+{}^t\nabla\boldsymbol{U}_0)^2-\frac{2}{3}\cdot(\nabla\cdot\boldsymbol{U}_0)^2\right]\\&+2\cdot\mu'_{\boldsymbol{\varepsilon}}\cdot\left[\frac{1}{2}(\nabla\boldsymbol{U}_0+{}^t\nabla\boldsymbol{U}_0)\cdot(\nabla\boldsymbol{u}'+{}^t\nabla\boldsymbol{u}')-\frac{2}{3}\cdot(\nabla\cdot\boldsymbol{U}_0)\cdot(\nabla\cdot\boldsymbol{u}')\right]\\&+\mu_0\cdot\left[\frac{1}{2}\cdot(\nabla\boldsymbol{u}'+{}^t\nabla\boldsymbol{u}')-\frac{2}{3}\cdot\nabla(\nabla\cdot\boldsymbol{u}')^2\right]\Big\}\end{aligned}$$

和

$$\begin{aligned}\varPhi'\boldsymbol{\varepsilon}=&\mu'_{\boldsymbol{\varepsilon}}\cdot\left[\frac{1}{2}\cdot(\nabla\boldsymbol{U}_0+{}^t\nabla\boldsymbol{U}_0)^2-\frac{2}{3}\cdot(\nabla\cdot\boldsymbol{U}_0)^2\right]\\&+2\cdot\mu_0\cdot\left[\frac{1}{2}\cdot(\nabla\boldsymbol{U}_0+{}^t\nabla\boldsymbol{U}_0)\cdot(\nabla\boldsymbol{u}'+{}^t\nabla\boldsymbol{u}')-\frac{2}{3}\cdot(\nabla\cdot\boldsymbol{U}_0)\cdot(\nabla\cdot\boldsymbol{u}')\right]\\\varPhi'_{\boldsymbol{\varepsilon\varepsilon}}=&\mu'_{\boldsymbol{\varepsilon\varepsilon}}\cdot\left[\frac{1}{2}\cdot(\nabla\boldsymbol{U}_0+{}^t\nabla\boldsymbol{U}_0)^2-\frac{2}{3}\cdot(\nabla\cdot\boldsymbol{U}_0)^2\right]\\&+2\cdot\mu'_{\boldsymbol{\varepsilon}}\cdot\left[\frac{1}{2}(\nabla\boldsymbol{U}_0+{}^t\nabla\boldsymbol{U}_0)\cdot(\nabla\boldsymbol{u}'+{}^t\nabla\boldsymbol{u}')-\frac{2}{3}\cdot(\nabla\cdot\boldsymbol{U}_0)\cdot(\nabla\cdot\boldsymbol{u}')\right]\\&+\mu_0\cdot\left[\frac{1}{2}\cdot(\nabla\boldsymbol{u}'+{}^t\nabla\boldsymbol{u}')-\frac{2}{3}\cdot\nabla(\nabla\cdot\boldsymbol{u}')^2\right]\end{aligned}$$

基本方程的压强项在代入扰动假设 $\boldsymbol{u} = \boldsymbol{U}_0 + \varepsilon \cdot \boldsymbol{u}'$ 后也同样得到 $\varepsilon^2$ 的展开式。用泰勒级数展开，且仅精确至压强与密度和温度的类似乘积关系的项，如理想气体定律那样

$$p - p_0 = \varepsilon \cdot \left(\frac{\partial p}{\partial \rho}\right)_0 \cdot \rho' + \varepsilon \cdot \left(\frac{\partial p}{\partial T}\right)_0 \cdot T'$$
$$+\varepsilon^2 \cdot \left(\frac{\partial^2}{\partial \rho \cdot \partial T}\right)_0 \cdot (\rho' \cdot T') = \varepsilon \cdot (T_0 \cdot \rho' + \rho_0 \cdot T') + \varepsilon^2 \cdot \rho' \cdot T'$$

扰动微分方程组 (5.123)~ 方程组 (5.125) 描述定常基态流 $\boldsymbol{U}_0(x, y, z)$ 的一个任意扰动 $\boldsymbol{u}'(x, y, z, t)$ 的形态。所有非线性项都在方程的右端。假如扰动是有限的小量，$\varepsilon$ 的阶次可以被理解为扰动发展中偏离基态的非线性影响的量级。若扰动无限小，即 $\varepsilon \to 0$，则右端项将趋于零，我们得到了线性微分方程。若增大作为扰动大小度量的 $\varepsilon$，这些项的重要性就增大，则非线性效应将影响着扰动的发展。

我们注意到，在动量方程 (5.124) 中的三阶项和更高阶项，以及能量方程 (5.125) 中的四阶项和更高阶项 (与 $\varepsilon$ 大小无关) 都仅是输运系数 $\mu$ 和 $\lambda$ 相对温度的、一般很弱的二阶导数和更高阶导数作用的结果。可以证明，即使对于中等扰动它们都可以被忽略。

在第八章中将讨论无限小扰动，即 $\varepsilon \to 0$ 的流体不稳定性，描述此类扰动的可压缩流线性扰动微分方程 可由略去方程 (5.123)~ 方程 (5.125) 的右端项而得到。

像在各种流动中一样，扰动流 $\boldsymbol{u}'$ 也必须满足边界条件。在固壁必须满足无滑移条件，我们再简单地讨论一下温度扰动的边界条件。为简单起见，先讨论等温壁。按照扰动假设，必须保证 $T_0(x_w, y_w, z_w) + \varepsilon \cdot T_w'(x_w, y_w, z_w) = T_w$，这就导出了温度条件：对于任意 $\varepsilon$，$T_w' = 0$。可以类似的方式计算绝热壁，并得到 $\boldsymbol{n} \cdot \nabla T' = 0$。

对于密度扰动不要求任何显式边界条件，因为在方程中仅存在它的二阶导数。实际上在边界处的密度可由连续方程 (5.123) 确定。

在处理绕物体流动问题时，我们同样要求在无穷远边界 (离物体无限远) 处扰动趋于零。

对于不可压缩流，如同方程 (5.78) 中，密度和黏性系数 $\mu$ 保持为常值的基本方程可简化为

$$\nabla \cdot \boldsymbol{u}^* = 0 \tag{5.126}$$

$$\frac{\partial \boldsymbol{u}^*}{\partial t} + \boldsymbol{u}^* \cdot \nabla \boldsymbol{u}^* = -\nabla p^* + \frac{1}{Re_l} \cdot \Delta \boldsymbol{u}^* \tag{5.127}$$

扰动假设

$$\boldsymbol{u} = \boldsymbol{U}_0 + \varepsilon \cdot \boldsymbol{u}', \qquad p = p_0 + \varepsilon \cdot p'$$

遂可得不可压缩流的扰动微分方程

$$\nabla \cdot \boldsymbol{u}' = 0 \tag{5.128}$$

$$\frac{\partial \boldsymbol{u}'}{\partial t} + \boldsymbol{U}_0 \cdot \nabla \boldsymbol{u}' + \boldsymbol{u}' \cdot \nabla \boldsymbol{U}_0 + \varepsilon \cdot \boldsymbol{u}' \cdot \nabla \boldsymbol{u}' = -\nabla p' + \frac{1}{Re_l} \cdot \Delta \boldsymbol{u}' \tag{5.129}$$

当小扰动时，$\varepsilon \to 0$，方程(5.129)左端中带$\varepsilon$的项可以略去，即得到了线性扰动微分方程

$$\nabla \cdot \boldsymbol{u}' = 0 \tag{5.130}$$

$$\frac{\partial \boldsymbol{u}'}{\partial t} + \boldsymbol{U}_0 \cdot \nabla \boldsymbol{u}' + \boldsymbol{u}' \cdot \nabla \boldsymbol{U}_0 = -\nabla p' + \frac{1}{Re_l} \cdot \Delta \boldsymbol{u}' \tag{5.131}$$

小扰动时布西内斯克方程(5.81) 的扰动微分方程可类似地得到

$$\nabla \cdot \boldsymbol{u}' = 0 \tag{5.132}$$

$$\frac{1}{Pr_\infty} \cdot \left( \frac{\partial \boldsymbol{u}'}{\partial t} + \boldsymbol{U}_0 \cdot \nabla \boldsymbol{u}' + \boldsymbol{u}' \cdot \nabla \boldsymbol{U}_0 \right) = -\nabla p' + \Delta \boldsymbol{u}' + Ra_\infty \cdot T' \cdot \begin{pmatrix} 0 \\ 0 \\ 1 \end{pmatrix} \tag{5.133}$$

$$\frac{\partial T'}{\partial t} + \boldsymbol{U}_0 \cdot \nabla T' + T' \cdot \nabla \boldsymbol{U}_0 = \Delta T' \tag{5.134}$$

对双扩散 - 对流 (温度和浓度梯度)，应用方程 (5.86) 可写出扰动微分方程为

$$\nabla \cdot \boldsymbol{u}' = 0 \tag{5.135}$$

$$Le_\infty \cdot \frac{\partial c'}{\partial t} = \Delta c' + Le_\infty \cdot \omega' \tag{5.136}$$

$$\frac{1}{Pr_\infty} \cdot \left( \frac{\partial \boldsymbol{u}'}{\partial t} + \boldsymbol{U}_0 \cdot \nabla \boldsymbol{u}' + \boldsymbol{u}' \cdot \nabla \boldsymbol{U}_0 \right) = -\nabla p' + \Delta \boldsymbol{u}' + (Ra_\infty \cdot T' + Ra_{D\infty} \cdot c') \cdot \begin{pmatrix} 0 \\ 0 \\ 1 \end{pmatrix} \tag{5.137}$$

$$\frac{\partial T'}{\partial t} + \boldsymbol{U}_0 \cdot \nabla T' + T' \cdot \nabla \boldsymbol{U}_0 = \Delta T' \tag{5.138}$$

## 5.6 习　　题

1. 给定理想气体 ($p = \rho \cdot R \cdot T$，$R =$ 常数) 和连续方程

$$\frac{\mathrm{d}\rho}{\mathrm{d}t} + \rho \cdot (\nabla \cdot \boldsymbol{v}) = 0$$

(a) 证明可从连续方程导出压强的时间全导数为

$$\frac{1}{p} \cdot \frac{\mathrm{d}p}{\mathrm{d}t} = \frac{1}{T} \cdot \frac{\mathrm{d}T}{\mathrm{d}t} - \nabla \cdot \boldsymbol{v}$$

(b) 对于量纲 1 速度场

$$\boldsymbol{v}(x, y, z) = \begin{pmatrix} u \\ v \end{pmatrix} = V_0 \cdot \sqrt{x^2 + y^2} \cdot \begin{bmatrix} \sin(\omega \cdot t) \\ \cos(\omega \cdot t) \end{bmatrix}$$

其中 $V_0$ 和角速度 $\omega$ 皆为常数，并有量纲 1 温度分布

$$T(x, y) = A_0 \cdot \sqrt{x^2 + y^2} + T_0$$

其中 $A_0$、$T_0$ 皆为常数，要求确定温度的相对物质变化 $(1/T) \cdot (\mathrm{d}T/\mathrm{d}t)$ 和速度场的散度 $(\nabla \cdot \boldsymbol{v})$。

答案：在推导中首先将温度 $T$ 的物质变化转换成局部变化和对流部分。

$$\frac{1}{T} \cdot \frac{\mathrm{d}T}{\mathrm{d}t} = \frac{V_0 \cdot A_0}{A_0 \cdot \sqrt{x^2 + y^2} + T_0} \cdot [x + \sin(\omega \cdot t) + y \cdot \cos(\omega \cdot t)]$$

$$\frac{\partial u}{\partial x} + \frac{\partial v}{\partial y} = \frac{V_0}{\sqrt{x^2 + y^2}} \cdot [x \cdot \sin(\omega \cdot t) + y \cdot \cos(\omega \cdot t)]$$

2. 半径为 $r_1$ 的圆柱被半径为 $r_2$ 的圆柱包围 (图 T5.1)。内圆柱以角速度 $\omega_1$ 旋转，外圆柱以角速度 $\omega_2$ 旋转。两圆柱间充满液体，试用极坐标系中的 N-S 方程导出两圆柱间流体的不可压缩层流速度型。

答案：连续方程

$$\frac{\partial u_r}{\partial r} + \frac{u_r}{r} + \frac{1}{r} \cdot \frac{\partial u_\vartheta}{\partial \vartheta} = 0$$

N-S 方程

$$\begin{aligned}
&\rho \cdot \left(u_r \cdot \frac{\partial u_r}{\partial r} + \frac{u_\vartheta}{r} \cdot \frac{\partial u_r}{\partial \vartheta} + \frac{u_\vartheta^2}{r}\right) \\
= &-\frac{\partial p}{\partial r} + \mu \cdot \left(\frac{\partial^2 u_r}{\partial r^2} + \frac{1}{r} \cdot \frac{\partial u_r}{\partial r} - \frac{u_r}{r^2} + \frac{1}{r^2} \cdot \frac{\partial^2 u_r}{\partial \vartheta^2} - \frac{2}{r^2} \cdot \frac{\partial u_\vartheta}{\partial \vartheta}\right) + f_r \\
&\rho \cdot \left(u_r \cdot \frac{\partial u_\vartheta}{\partial r} + \frac{u_\vartheta}{r} \cdot \frac{\partial u_\vartheta}{\partial \vartheta} + \frac{u_r \cdot u_\vartheta}{r}\right) \\
= &-\frac{1}{r} \cdot \frac{\partial p}{\partial \vartheta} + \mu \cdot \left(\frac{\partial^2 u_\vartheta}{\partial r^2} + \frac{1}{r} \cdot \frac{\partial u_\vartheta}{\partial r} - \frac{u_\vartheta}{r^2} + \frac{1}{r^2} \cdot \frac{\partial^2 u_\vartheta}{\partial \vartheta^2} - \frac{2}{r^2} \cdot \frac{\partial u_r}{\partial \vartheta}\right) + f_\vartheta
\end{aligned}$$

简化 N-S 方程，求得 $u(r)$

$$\frac{\mathrm{d}u_r}{\mathrm{d}r}+\frac{u_r}{r}=0$$
$$\rho\cdot\frac{u^2}{r}=-\frac{\mathrm{d}p}{\mathrm{d}r}$$
$$\frac{\mathrm{d}^2u}{\mathrm{d}r^2}+\frac{1}{r}\cdot\frac{\mathrm{d}u}{\mathrm{d}r}-\frac{u}{r^2}=0$$
$$u(r)=\frac{1}{r_2^2-r_1^2}\cdot\left[r\cdot\left(\omega_2\cdot r_2^2-\omega_1\cdot r_1^2\right)-\frac{r_1^2\cdot r_2^2}{r}\cdot\left(\omega_2-\omega_1\right)\right]$$

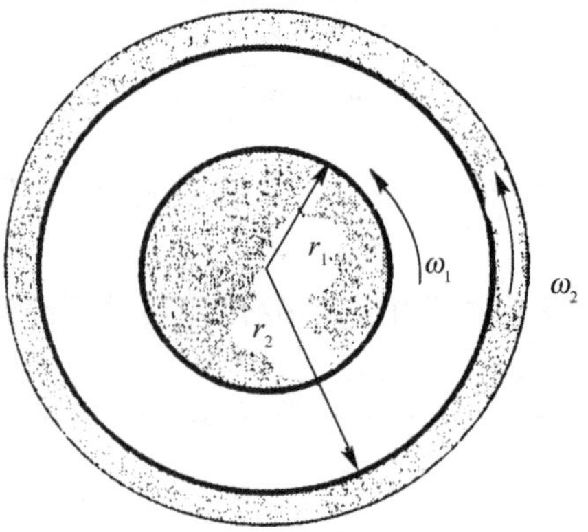


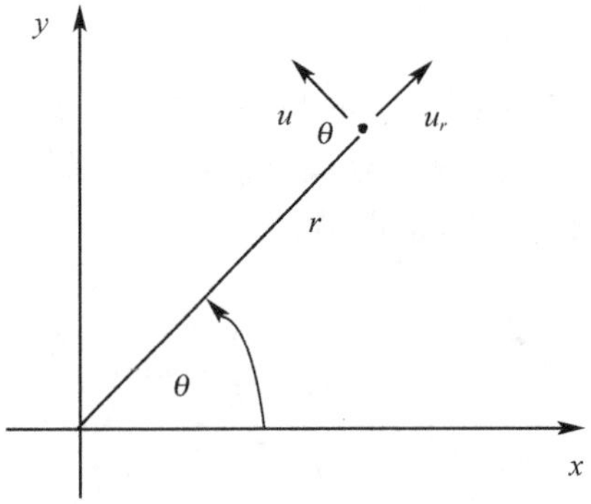


图 T 5.1

3. 具有常值特性 $\mu$ 和 $c_v$ 的可压缩介质的雷诺方程中包含有如下形式的项

$$\frac{\partial(\rho\cdot u\cdot w)}{\partial z}$$
$$\sigma_{zz}=2\cdot\mu\cdot\frac{\partial w}{\partial z}-\frac{2}{3}\cdot\mu\cdot\left(\frac{\partial u}{\partial x}+\frac{\partial v}{\partial y}+\frac{\partial w}{\partial z}\right)$$

$$\rho \cdot c_v \cdot \left(\frac{\partial T}{\partial t} + w \cdot \frac{\partial T}{\partial z}\right)$$

$$\left(\frac{\partial u}{\partial x} + \frac{\partial v}{\partial y}\right)^2$$

设所考虑的湍流是准定常的。试将湍流脉动量、速度分量和温度作质量平均(法夫俄平均)，密度作简单平均，下述假设成立

$$u = \tilde{u} + u'', \quad v = \tilde{v} + v'', \quad w = \tilde{w} + w''$$

$$T = \tilde{T} + T'', \qquad \rho = \bar{\rho} + \rho'$$

答案：将这些假设代入雷诺方程中包含的各项并进行时间平均

$$\overline{\frac{\partial(\rho \cdot u \cdot w)}{\partial z}} = \frac{\partial(\overline{\rho \cdot \tilde{u} \cdot \tilde{w}})}{\partial z} + \frac{\partial(\overline{\rho \cdot u'' \cdot w''})}{\partial z}$$

$$= \frac{\partial(\bar{\rho} \cdot \tilde{u} \cdot \tilde{w})}{\partial z} + \frac{\partial(\bar{\rho} \cdot \overline{u'' \cdot w''})}{\partial z} + \frac{\partial(\overline{\rho' \cdot u'' \cdot w''})}{\partial z}$$

$$\overline{\sigma_{zz}} = 2 \cdot \mu \cdot \frac{\partial \tilde{w}}{\partial z} - \frac{2}{3} \cdot \mu \cdot \left(\frac{\partial \tilde{u}}{\partial x} + \frac{\partial \tilde{v}}{\partial y} + \frac{\partial \tilde{w}}{\partial z}\right)$$

$$+2 \cdot \mu \cdot \frac{\partial w''}{\partial z} - \frac{2}{3} \cdot \mu \cdot \left(\frac{\partial \overline{u''}}{\partial x} + \frac{\partial \overline{v''}}{\partial y} + \frac{\partial \overline{w''}}{\partial z}\right)$$

$$\overline{\rho \cdot c_v \cdot \left(\frac{\partial T}{\partial t} + w \frac{\partial T}{\partial z}\right)} = c_v \cdot \left(\overline{\rho \cdot \tilde{w} \cdot \frac{\partial \tilde{T}}{\partial z}} + \tilde{w} \cdot \overline{\rho \cdot \frac{\partial T''}{\partial z}} + \overline{\rho \cdot w'' \cdot \frac{\partial T''}{\partial z}}\right)$$

$$\cdot \left(\frac{\partial u}{\partial x} + \frac{\partial v}{\partial y}\right)^2$$

$$= \left(\frac{\partial \tilde{u}}{\partial x}\right)^2 + 2 \cdot \frac{\partial \tilde{u}}{\partial x} \cdot \frac{\partial \tilde{v}}{\partial y} + \left(\frac{\partial \tilde{v}}{\partial y}\right)^2 + \overline{\left(\frac{\partial u''}{\partial x}\right)^2} + 2 \cdot \overline{\frac{\partial u''}{\partial x} \cdot \frac{\partial v''}{\partial y}} + \overline{\left(\frac{\partial v''}{\partial y}\right)^2}$$

$$+2 \cdot \frac{\partial \tilde{u}}{\partial x} \cdot \frac{\partial \overline{u''}}{\partial x} + 2 \cdot \frac{\partial \tilde{u}}{\partial x} \cdot \frac{\partial \overline{v''}}{\partial y} + 2 \cdot \frac{\partial \tilde{v}}{\partial y} \cdot \frac{\partial \overline{u''}}{\partial x} + 2 \cdot \frac{\partial \tilde{v}}{\partial y} \cdot \frac{\partial \overline{v''}}{\partial y}$$

4. 已知具有常值特性 $c_v$ 和 $\lambda$，并忽略辐射影响的可压缩介质的质量 - 比内能 $e = c_v \cdot T$ 的能量方程为

$$\rho \cdot c_v \cdot \left(\frac{\partial T}{\partial t} + u \cdot \frac{\partial T}{\partial x} + v \cdot \frac{\partial T}{\partial y} + w \cdot \frac{\partial T}{\partial z}\right) = \lambda \cdot \left(\frac{\partial^2 T}{\partial x^2} + \frac{\partial^2 T}{\partial y^2} + \frac{\partial^2 T}{\partial z^2}\right)$$

$$-p \cdot \left(\frac{\partial u}{\partial x} + \frac{\partial v}{\partial y} + \frac{\partial w}{\partial z}\right) + \mu \cdot \Phi$$

写出对于准定常湍流的法夫俄平均的能量方程。为简单起见，耗散项的时间平均可写成 $\overline{\mu \cdot \Phi}$，而不必展开其中各项。

答案：

$$
\begin{aligned}
& c_v \cdot \bar{\rho} \cdot \left(\tilde{u} \cdot \frac{\partial \tilde{T}}{\partial x} + \tilde{v} \cdot \frac{\partial \tilde{T}}{\partial y} + \tilde{w} \cdot \frac{\partial \tilde{T}}{\partial z}\right) \\
& + c_v \cdot \left(\overline{\rho \cdot u'' \cdot \frac{\partial T''}{\partial x}} + \overline{\rho \cdot v'' \cdot \frac{\partial T''}{\partial y}} + \overline{\rho \cdot w'' \cdot \frac{\partial T''}{\partial z}}\right) \\
= {} & \lambda \cdot \left(\frac{\partial^2 \tilde{T}}{\partial x^2} + \frac{\partial^2 \tilde{T}}{\partial y^2} + \frac{\partial^2 \tilde{T}}{\partial z^2}\right) + \lambda \cdot \left(\frac{\partial^2 \overline{T''}}{\partial x^2} + \frac{\partial^2 \overline{T''}}{\partial y^2} + \frac{\partial^2 \overline{T''}}{\partial z^2}\right) \\
& - \bar{p} \cdot \left(\frac{\partial \tilde{u}}{\partial x} + \frac{\partial \tilde{v}}{\partial y} + \frac{\partial \tilde{w}}{\partial z}\right) + \overline{\mu \cdot \varPhi} \\
& - \bar{p} \cdot \left(\frac{\partial \overline{u''}}{\partial x} + \frac{\partial \overline{v''}}{\partial y} + \frac{\partial \overline{w''}}{\partial z}\right) - \left(\overline{p' \cdot \frac{\partial u''}{\partial x}} + \overline{p' \cdot \frac{\partial v''}{\partial y}} + \overline{p' \cdot \frac{\partial w''}{\partial z}}\right)
\end{aligned}
$$

5. 为了数值计算可压缩湍流场，写出质量平均流动量的量纲 1 守恒型基本方程

$$
\frac{\partial \overline{\boldsymbol{U}^*}}{\partial t^*} + \sum_{m=1}^{3} \frac{\partial \overline{\boldsymbol{F}_m^*}}{\partial x_m^*} - \frac{1}{Re_l} \cdot \sum_{m=1}^{3} \frac{\partial \overline{\boldsymbol{G}_m^*}}{\partial x_m^*} + \sum_{m=1}^{3} \frac{\partial \overline{\boldsymbol{R}_m^*}}{\partial x_m^*} = 0
$$

是很有用的。说明这些方程和层流形式的守恒方程

$$
\frac{\partial \boldsymbol{U}^*}{\partial t^*} + \sum_{m=1}^{3} \frac{\partial \boldsymbol{F}_m^*}{\partial x_m^*} - \frac{1}{Re_l} \cdot \sum_{m=1}^{3} \frac{\partial \boldsymbol{G}_m^*}{\partial x_m^*} = 0
$$

之间的差别，并说明建立湍流模型的必要性。

6. 从一般形式的多相流方程 (5.104) 出发，推导出一维双流体模型方程 (10.14)~(10.19)。特别是，用面平均和线平均的原始变量表示这些方程中的组合变量，利用 5.4.5 节中的表，将面积分简化成截面上的线积分。

7. 下述每一个的反应中组元 $H$ 的生成速率 (单位时间内浓度的变化) 是多大？假设反应常数 $(k_1, k_2, \cdots)$ 是已知的

$$H + H + M \xrightarrow{k_1} H_2 + M$$

$$H_2 + M \xrightarrow{k_2} H + H + M$$

$$H + H + H \xrightarrow{k_3} H_2 + H$$

$$H + O_2 + M \xrightarrow{k_4} OH + O$$

$$H + O_2 \xrightarrow{k_5} HO_2 + M$$

答案：对于一个给定 $\sum_{s=1}^{S} \nu_{rs}^{(a)} A_s \xrightarrow{k_r} \sum_{s=1}^{S} \nu_{rs}^{(p)} A_s$ 的基本反应 $r$，组元 $i$ 在反应 $r$ 中的生成速率为

$$\left(\frac{\partial c_i}{\partial t}\right)_{\text{chem,r}} = k_r \left(\nu_{ri}^{(p)} - \nu_{ri}^{(a)}\right) \prod_{s=1}^{S} c_s^{\nu_{rs}^{(a)}}$$

其中 $\nu_{rs}^{(a)}$ 和 $\nu_{rs}^{(p)}$ 是反应物和生成物的化学计量系数；$c_s$ 是组元 $s(s=1,\cdots,S)$ 的浓度。

因此，生成速率

$$\frac{\mathrm{d}\,[H]}{\mathrm{d}t} = k_1 \cdot (0-2) \cdot [H] \cdot [H] \cdot [M] = -2 \cdot k_1 \cdot [H]^2 \cdot [M]$$

8. 导出稳定性分析的普遍形式流动微分方程，使它同时可用于多相流和化学反应流。

答案：写出守恒方程为：

$$\boldsymbol{N}_{\mathrm{I}}\left(\frac{\partial}{\partial t}\boldsymbol{U}\right) + \boldsymbol{N}_{\mathrm{S}}(\boldsymbol{U}) = 0$$

其中 $\boldsymbol{U}$ 是解矢量；$\boldsymbol{N}_{\mathrm{I}}$ 是守恒方程中的非定常项算子；$\boldsymbol{N}_{\mathrm{S}}$ 表示定常项的非线性微分表达式。

(a) 利用流动假设

$$\boldsymbol{U} = \boldsymbol{U}_0 + \varepsilon \cdot \boldsymbol{u}'$$

将 $\boldsymbol{N}_{\mathrm{I}}$ 和 $\boldsymbol{N}_{\mathrm{S}}$ 展成 $\varepsilon$ 的泰勒级数，使守恒方程转换成流动微分方程。
利用线性微分表达式

$$\boldsymbol{L}_{\mathrm{I}}\left(\frac{\partial}{\partial t}\boldsymbol{u}'\right) = \boldsymbol{N}_{I}\left(\frac{\partial}{\partial t}\boldsymbol{u}'\right)_{\varepsilon=0}$$

$$\boldsymbol{L}_{\mathrm{S}}(\boldsymbol{u}') = \left(\frac{\mathrm{d}}{\mathrm{d}\varepsilon}\boldsymbol{N}_{\mathrm{S}}\right)_{\varepsilon=0}$$

注意到，对于无限小扰动 ($\varepsilon \to 0$)

$$\boldsymbol{L}_{\mathrm{I}}\left(\frac{\partial}{\partial t}\boldsymbol{u}'\right) + \boldsymbol{L}_{S}(\boldsymbol{u}') = 0$$

(b) 对 5.5 节中耗散函数 $\Phi - \Phi_0$ 应用此稳定性分析的步骤，可得同样的结果

$$\Phi_{\varepsilon}' = \mu_{\varepsilon}' \cdot \left[\frac{1}{2} \cdot \left(\nabla \boldsymbol{U}_0 + {}^t\nabla \boldsymbol{U}_0\right)^2 - \frac{2}{3} \cdot (\nabla \cdot \boldsymbol{U}_0)^2\right]$$
$$+2 \cdot \mu_0 \cdot \left[\frac{1}{2} \cdot \left(\nabla \boldsymbol{U}_0 + {}^t\nabla \boldsymbol{U}_0\right) \cdot \left(\nabla \boldsymbol{u}' + {}^t\nabla \boldsymbol{u}'\right) - \frac{2}{3} \cdot (\nabla \cdot \boldsymbol{U}_0) \cdot (\nabla \cdot \boldsymbol{u}')\right]$$

# 第六章　空气动力学

## 6.1　空气动力学基础

空气动力学的研究目标包括：确定在流动中作用于物体，如翼型、机翼、机身、发动机单元或整个飞机上的力和力矩；确定作用在建筑物、汽车和船体上的风力；确定载入飞行器进入地球或其他行星大气时的气动热；以及计算飞机发动机、火箭发动机和管路中的热交换和损失。

遵循普朗特的思路，本章仅限于讨论飞机的，特别是机翼的空气动力学的基础；这时的空气动力特性很大程度上是由未扰自由流的马赫数 $M_\infty$ 决定的。

1978 年，屈奇曼 (Küchemann ) 提出了如下观点，即只要机翼外形能适应所要求的飞行马赫数 $M_\infty$，则到达世界上任何地点都可用相同的时间，图 6.1 绘出了体现这一观点的飞机应具有的外形与马赫数的关系。图中 $D$ 为所要求的飞行距离，$R$ 为地球半径。对于短距离，采用亚声速直机翼 (6.1 节)；中等距离时，采用后掠的跨声速机翼 (6.2 节)；超声速飞行用于长距离 (6.3 节)；高超声速飞行可通过乘波机来实现。

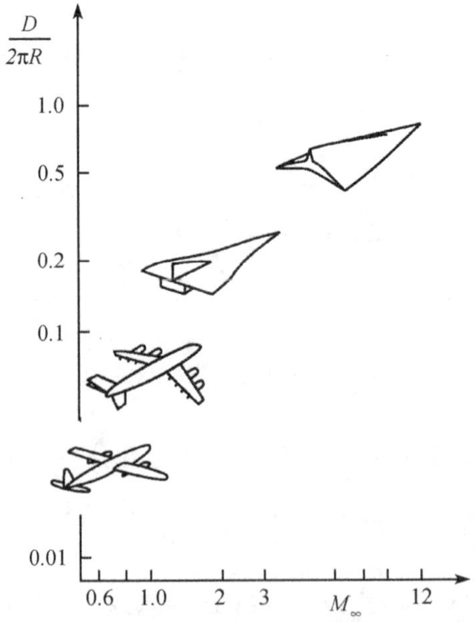


图 6.1　飞机外形随飞行马赫数 $M_\infty$ 的变化

最终，采用后掠机翼在跨声速马赫数 ($M_\infty = 0.8$) 下飞行成为了民航机的主流，这使宽体喷气客机在运载大量乘客的情况下可用 12h 跨越 11000km。超声速飞行 ($M_\infty = 2$) 虽可使所需的飞行时间减半，却因飞机头部和尾部的激波会产生超声速音爆而只能在海洋或沙漠上空被采用。

### 6.1.1 鸟的飞行和技术模拟

在过去的 1 亿年内，昆虫、蝙蝠、蜥蜴和鸟等的进化以不同方式改进着自己的飞行。由于绕一个轴旋转在生理上是不可能的，故它们飞行所需的升力和推力只能通过翅膀拍动的前后运动来获得。推力的产生是靠拍动翅膀以很大的力量向下运动；而向上运动时则尽可能引起小的阻力。在鸟的飞行中，大部分推力是由翅膀的外端产生的，如图 6.2 所示，它完成了最大的垂直方向运动。通过翅膀的变形，在一个拍动周期内翅膀各剖面的倾角是变化的，升力主要是由翅膀的内端产生的。飞机的机翼和推进器的职能综合起来是鸟的翅膀的功能，不过翅膀在一个拍动周期中产生的升力和推力是变化的。

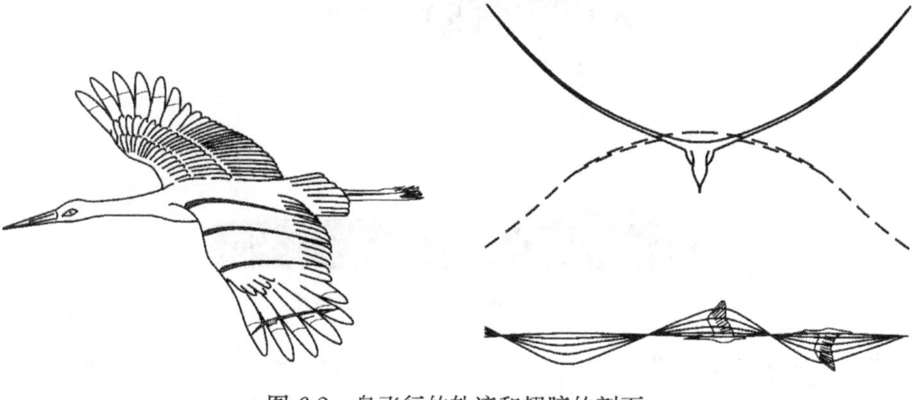

图 6.2 鸟飞行的轨迹和翅膀的剖面

与此相关的稳定性问题由尾面上的空气动力来解决，就像水平尾翼平衡飞机的振荡一样。最大的迁徙鸟 —— 信天翁具有 3.8m 的翅展，最大速度可达 110km / h，滑翔数 (升阻比) 为 20。

典型翅膀剖面上定性的压强分布示于图 6.3。翅膀上、下表面不同的曲率使绕流大大加速，并造成上表面即吸力面上较大的压强降落；而吸力峰点后的下游，流动是减速的，因此压强升高。飞行的雷诺数为 $Re_l = 1.85 \times 10^5$。由于翅膀剖面形状的大曲率，使流动在减速区中趋于分离，这是靠鸟翅膀的非定常拍动来防止的。

奥托 · 利连索尔 (Otto Lilienthal) 在 1891 年以他的滑翔机第一次成功地实现了鸟类飞行的技术应用。图 6.4 表示了仿鸟形的刚体机翼和保证稳定性的垂直及水平翼面。悬空滑翔机依靠滑翔机下人体重量的移动来控制。

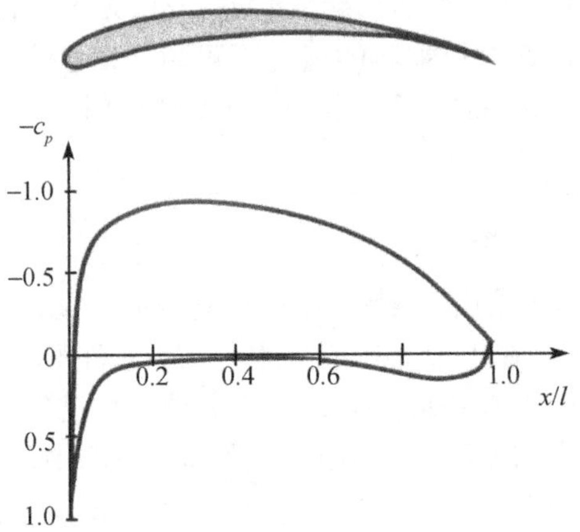


图 6.3 鸟翅膀的剖面形状和压强分布

图 6.4 利连索尔的悬空滑翔机

此前，利连索尔曾在 1889 年出版了《鸟的飞行 —— 飞行艺术的基础》一书，其中包括了当时所有的气动力数据，即使是 100 年以后的现代飞机仍使用着刚体机翼 (图 6.5)。鸟翅膀的拍动由涡扇发动机代替，由于发动机的体积较大，被安置在机翼下。旅客被安排在机身内。方向和水平尾翼提供所需要的稳定性。与鸟飞行的不同点在于速度，为了能舒适、经济且尽可能快地从一个地方飞到另一个地方，现代飞机达到了在 10km 高空上具有 950km/h($M_\infty = 0.8$) 的跨声速飞行速度。6.2.1 节中将讨论如何利用后掠机翼来减少跨声速飞行时的流动损失。在机翼的端部装有翼梢小翼用以模拟鸟翅膀的梢部，以减少翼尖涡的强度和机翼阻力。

### 6.1.2 翼型和机翼

若飞机以恒速 $V_\infty$ 飞行，则作用在飞机上的总空气动力为 $R$(图 6.6)，它沿自由流方向的分力是阻力 $W$，而垂直此分力的另一个分力为升力 $A$。合力 $R$ 相对于自由流速度的倾斜度，即升阻比，主要取决于机翼的几何外形和自由流方向，当然，

图 6.5 民航飞机

希望能有大的升阻比值。对于无发动机飞机的定常滑翔，合力必须与重量 $G$ 大小相等方向相反，因此滑翔角 $\alpha$ 可定义为

$$\tan\alpha = \frac{W}{A} \tag{6.1}$$

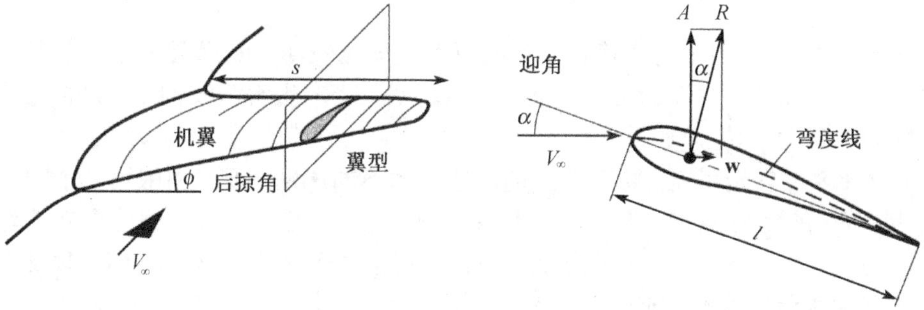


图 6.6 机翼和翼型的构形

图 6.6 表示了一个具有后掠角 $\phi$ 的民航机机翼。沿机翼展向的每一个垂向切面被称为翼型。描述无黏设计方法所需要的一种特殊翼型线是中弧线 (弯度线)，它是机翼上下翼面之间的平均距离。翼型与自由流方向所夹之角用 $\alpha$ 来表示。在 4.2.10 节中已解释过，空气动力升力 $A$、阻力 $W$ 和合力 $R$ 是由压强分布和壁面剪切应力作用于机翼表面而产生的。同时，也产生了使机翼转动的力矩 $M$。相应的量纲 1 系数为

$$c_{\mathrm{a}} = \frac{A}{q_\infty \cdot S}, \qquad c_{\mathrm{w}} = \frac{W}{q_\infty \cdot S}, \qquad c_{\mathrm{m}} = \frac{M}{q_\infty \cdot S \cdot l} \tag{6.2}$$

其中 $q_\infty = 0.5 \cdot \rho \cdot v_\infty^2$，$S$ 为机翼面积。压强系数和摩擦因数分别为

$$c_p = \frac{p - p_\infty}{q_\infty}, \qquad c_{\mathrm{f}} = \frac{\tau}{q_\infty} \tag{6.3}$$

其中，$p_\infty$ 为未扰自由流的压强。所有系数都是自由流马赫数 $M_\infty$、雷诺数 $Re_l$、迎角 $\alpha$ 和后掠角 $\phi$ 的函数。

1. 翼型绕流

图 6.7 表示了一些适用于不同马赫数范围的典型翼型。与图 6.3 中鸟的薄剖面形状不同，普朗特于 1917 年表明了厚度 $d/l = 13\%$(如哥廷根 (Güttingen) 翼型 298) 的亚声速翼型在较小阻力因数 $c_{\mathrm{w}}$ 时具有较大的升力系数 $c_{\mathrm{a}}$。

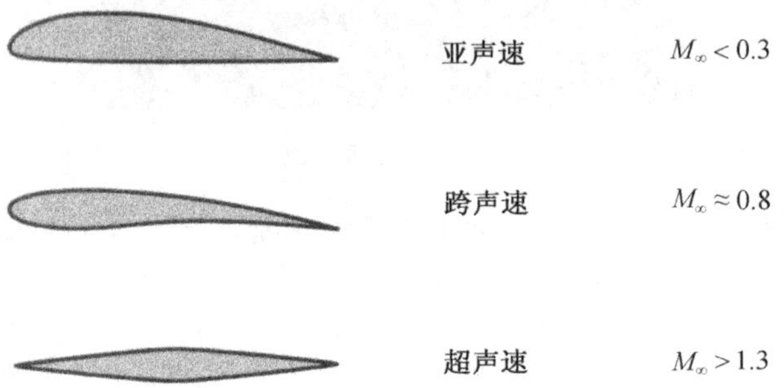


图 6.7　适用于亚声速、跨声速和超声速马赫数下的典型翼型

按照图 6.7，适用于跨声速自由流的翼型应该比较薄，使翼型上变成超声速流的过渡点尽可能地在更下游处。在超声流中翼型上将产生斜激波，因此尖的前后缘可使阻力保持为小值。

在图 6.8 中表示了亚、跨声速和超声速下的不同流动图形。图中第一个图形为亚跨声速的流动，在翼型上加速至超声速区域，随后以激波结束，因此引起了附加压强阻力 $c_{\mathrm{s}}$；在图 6.8 中用黑粗线表示激波，用虚线表示声速线 $M = 1$。激波后翼型上的流动逐渐减速，造成压强增大，直至后缘，在此处的压强稍大于未扰自由流的压强值。

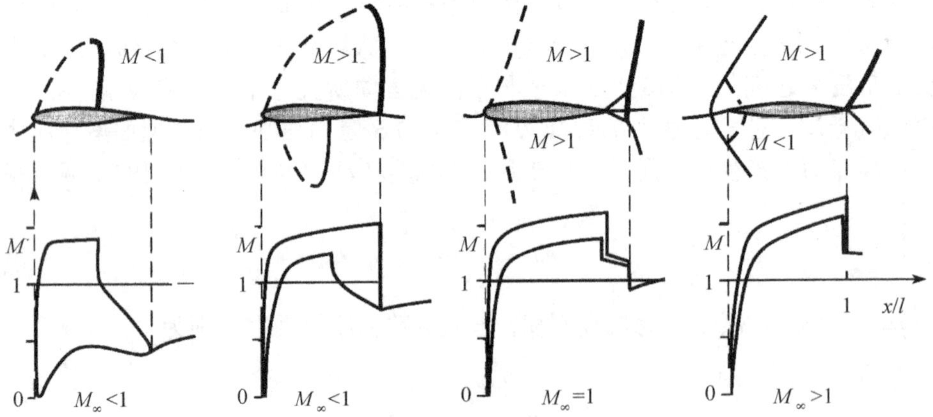


图 6.8　跨声速翼型流动的马赫数分布

若跨声速自由流马赫数增大至大于 0.8，则翼型上的超声速区扩大至整个翼型

的上表面，如图 6.8 中第二幅图形所示，激波移至后缘，同时在下翼面也出现一个带有激波的局部超声速区。后缘处的激波提供了必然的压强增值，并被带入尾流。

自由流马赫数为 1 的极限情况对应于图 6.8 中的第三幅图。上下翼面上的激波后移至尾流，并在后缘处分叉呈两个斜激波和一个正激波。声速线延伸通过整个流场和整个翼型，几乎都是超声速流动，若自由流马赫数稍大于 1，则在翼型前形成一个脱体的头激波。

对于超声速 $M_\infty \geqslant 1$ 的自由流，头激波距离将随 $M_\infty$ 的增大而减小，在激波和翼型间形成一个亚声速区。斜激波从尾流中移至后缘。若自由流马赫数进一步增大，在尖前缘处形成类似于后缘处的附体斜激波。

图 6.9 表示了给定翼型的升力系数和阻力因数随马赫数变化的曲线。在亚声速马赫数时按普朗特 - 格劳特法则(6.3.1 节)，升力系数随马赫数提高而增大

$$c_{\mathrm{a}} = \frac{2\cdot\pi}{\sqrt{1-M_\infty^2}}, \qquad M_\infty < 1 \tag{6.4}$$

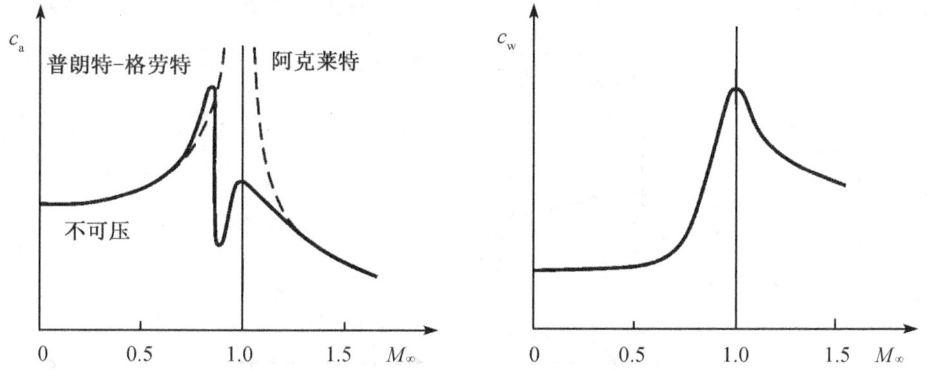


图 6.9　升力系数 $c_{\mathrm{a}}$ 和阻力因数 $c_{\mathrm{w}}$ 与自由流马赫数 $M_\infty$ 的变化

这里，按线化理论计算的翼型的压强系数为

$$c_p = \frac{c_{p0}}{\sqrt{1-M_\infty^2}}$$

其中 $c_{p0}$ 是不可压流动的压强系数。

按线化超声速理论的阿克莱特法则

$$c_{\mathrm{a}} = \frac{4}{\sqrt{M_\infty^2-1}}, \qquad M_\infty > 1 \tag{6.5}$$

可知，升力系数随马赫数增大而减小。在亚、跨声速范围内升力系数达最大值，然后的突然降低是由于在下翼面上出现了超声速区和激波。从图 6.8 所示的翼面上

马赫数分布可以看出升力系数急剧减小，只有当自由流的马赫数大于 0.9 后才重新开始增大。升力系数的重新增大是因为激波从尾流移至翼型的后缘，且小的激波角使激波变弱，直到自由流为超声速，出现了翼型的头激波和激波与翼型间的亚声速区，又使升力系数按阿克莱特方程(6.5) 再一次减小。

因此，在设计民航飞机的翼型时，在亚跨声速范围内最大的飞行马赫数选为 0.8 左右。

除了不存在第二个最大值外，阻力因数 $c_{\mathrm{w}}$ 与升力系数的变化相似。在翼型上翼面开始出现超声速区的马赫数之前，阻力因数基本上保持为常值，不随马赫数变化而变化。当在下翼面产生激波时，阻力因数很快增加，直到马赫数 $M_\infty = 1$ 时阻力因数达到最大值，这时在局部超声速区内的当地马赫数可能会达到 $M = 2$，在翼型上的激波是如此之强，以至于压强的增值引起流动分离而甚至使阻力进一步增加。

为了提高跨声速飞行马赫数、而阻力又尽可能的小，发展了超临界翼型 (图 6.10) 的设计。与普通跨声速翼型不一样，这种翼型的最大厚度点靠近前缘，翼型上的超声速区以尽量靠前的弱激波而结束，并且避免了在翼型前区的吸力峰。

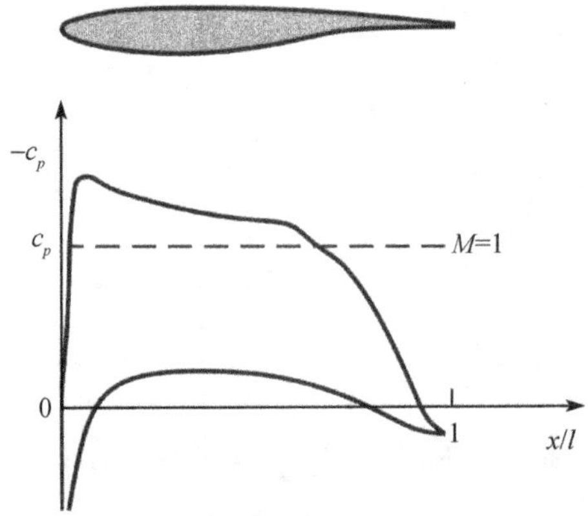


图 6.10 超临界翼型上的压强分布

图 6.11 表示了给定亚声速翼型的升力系数 $c_{\mathrm{a}}$ 随迎角 $\alpha$ 的变化曲线。只要流动保持附着，升力始终随迎角的增加而线性地增加。即使迎角为零，翼型的非对称性也使升力系数是正的。升力系数在某一临界迎角 $\alpha_{\mathrm{crit}}$ 时达到最大，然后随迎角增大，流动分离而很快地减小。

图 6.11 中所示的流动快照表现了在整个翼型上表面的流动、非定常分离和附着流。伴随着升力系数的迅速减小，阻力因数也增加了。

为了使机翼能保证起飞和着陆，在低速时使用前后缘襟翼以增加机翼面积，从而得到图 6.11 中的虚线升力系数，即更高的升力数值。

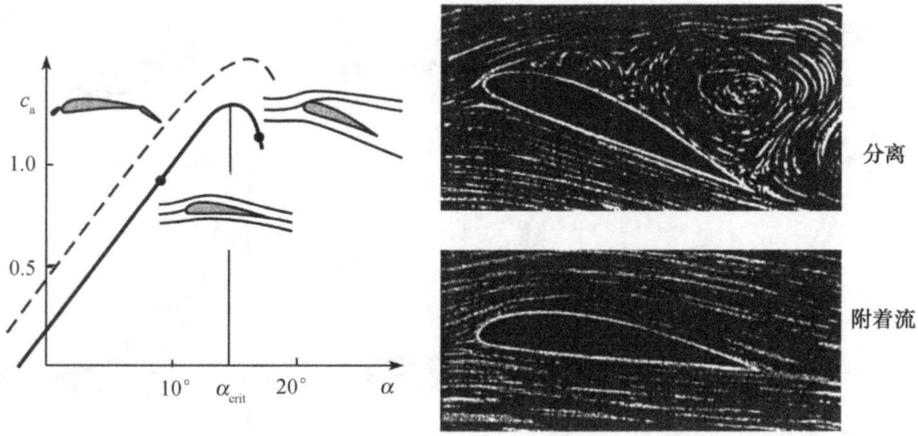


图 6.11 升力系数 $c_a$ 和流动图像随迎角的变化

在翼型设计中**极曲线**(图 6.12) 是一个有用的工具，极曲线给出了不同迎角 $\alpha$ 下升力系数 $c_a$ 相对于阻力因数 $c_w$ 的变化关系。之所以称之为极曲线是因为作用在翼型上的力可以直接从图 6.12 中读出，从原点至极曲线上任一点的矢量表示合力 $\boldsymbol{R}$。对于图 6.10 所示的超临界翼型，升力系数随迎角的增加而有很大的增加，但 $c_a$ 的最大值对比于亚声速翼型还是要小些；阻力因数则在很大的迎角范围内保持为小量。自由流马赫数 $M_\infty = 0.76$ 时，可以设计得使 $c_a = 0.57$。

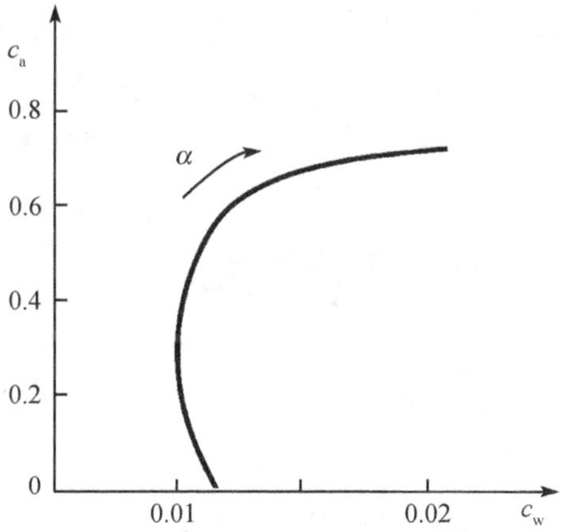


图 6.12 跨声速翼型的极曲线

为了分析翼型绕流中摩擦的影响，现在研究一下亚声速翼型在不同迎角下无黏流和黏流所产生的不同分离状态的压强分布 (图 6.13)。只要边界层流动附着于翼型表面，压强分布中黏性部分的位移效应会使压强增大。但若流动分离，则在翼型上形成常值压强分布的时间平均的回流区，从而减小升力。

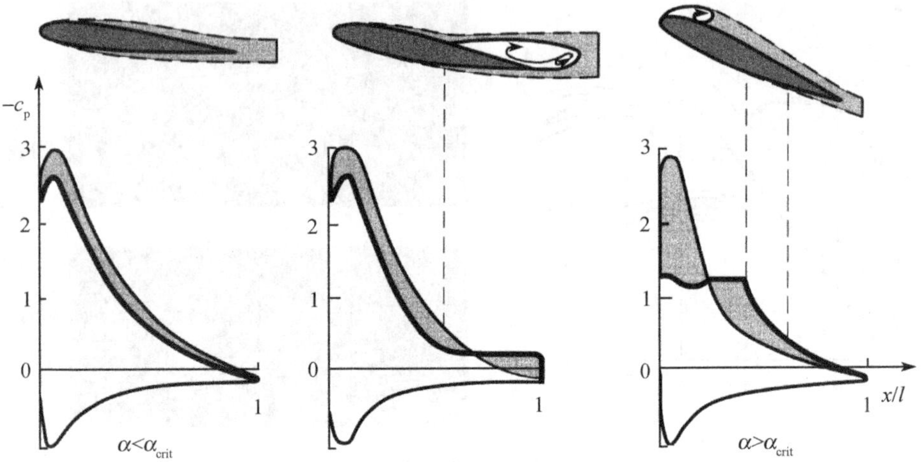


图 6.13　绕翼型的无黏流和黏流的压强分布

若流动在前缘区已发生分离，流动可能再附着于翼型，于是常值压强区位于翼型的吸力峰内而使升力大大减小。流动是由在压强分布图中灰色的黏性部分决定的，故在 6.1.4 节讨论的绕翼型的无黏流动理论仅在翼型附着边界层外的无黏区内有效。

2. 绕机翼流动

下面我们将绕翼型流动的讨论结果转换至图 6.6 中所示的有限翼展的机翼上去。

绕机翼的流动是三维的，因而应将在翼展方向的第三个速度分量叠加至绕翼型的二维流动上去，图 6.14 解释了这一点。空气流过时，机翼上表面形成

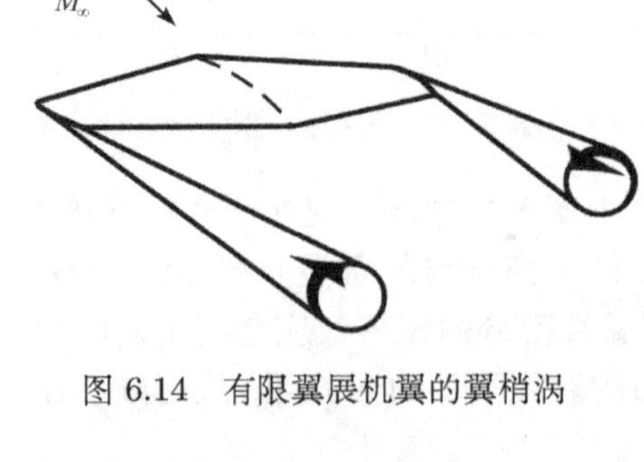


图 6.14　有限翼展机翼的翼梢涡

欠压，是低压强；而下表面形成超压，是高压强；这就引起了一个绕翼梢的流动，并在尾流中形成漩涡。一对翼梢涡在机翼后方产生向下的速度分量。翼梢涡的形成改变了压强分布，使压强阻力增大，增加的阻力被称为诱导阻力。式 (4.124) 中由压强阻力和摩擦阻力形成的阻力平衡需再加上诱导阻力而推广到机翼的情况

$$c_{\mathrm{w}} = c_{\mathrm{d}} + c_{\mathrm{f}} + c_{\mathrm{i}} + c_{\mathrm{s}} \tag{6.6}$$

对于跨声速机翼，在机翼上表面还有附加的激波压强阻力，称为波阻或激波阻力$c_{\mathrm{s}}$。超临界翼型机翼 (图 6.32) 的阻力由 51% 的摩擦阻力 $c_{\mathrm{f}}$、35% 的诱导阻力 $c_{\mathrm{i}}$、10% 的压强阻力 $c_{\mathrm{d}}$ 和 4% 的激波阻力 $c_{\mathrm{s}}$ 组成。

有多种形状的后掠跨声速机翼。后掠跨声速机翼降低了绕翼型局部自由流马赫数，使得图 6.9 中阻力开始增大的马赫数推迟到更高的数值。后掠角 $\phi$ 使翼型的有效马赫数降低为 $M_n = M_\infty \cdot \cos\phi$ 的事实首先由贝茨 (Betz) 于 1939 年指出 ( 图 6.15)，他认为自由流压强阻力仅由法向分量 $\boldsymbol{v}_n$ 产生，若自由流以 $\boldsymbol{v}_t$ 的大小指向翼展的切线方向，则其不能造成机翼上的压强变化，而仅产生摩擦阻力。

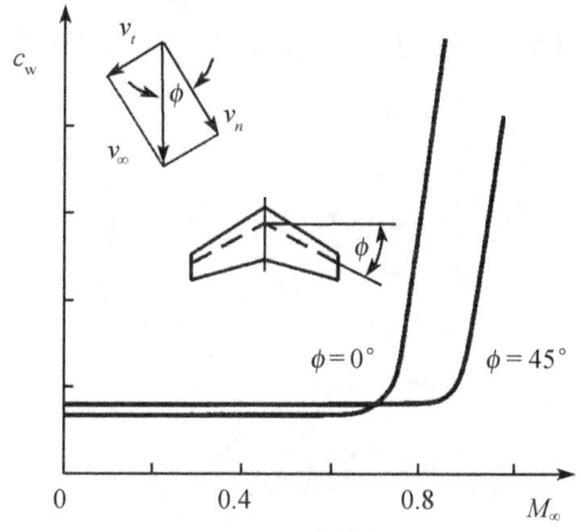


图 6.15 后掠角 $\phi$ 对阻力因数 $c_{\mathrm{w}}$ 的影响

### 6.1.3 翼型和机翼理论

机翼上的环量分布是产生升力的原因，这一发现是普朗特的翼型和机翼理论的基础。对大雷诺数流动，机翼的压强和环量分布可以由无黏流动的位势方程 (4.20) $\Delta\phi = 0$ 作近似计算获得。

存在两种计算无黏条件下翼型绕流的数学方法：保角变换法和奇点法。下面我们将讨论奇点法，特别是将其用于计算绕机翼的三维流动。

和 4.1.5 小节一样，我们从线性位势方程的特解开始。绕一有限厚度拱形翼型有迎角 $\alpha$ 的流动可用有限强度的源和汇 (厚度)、涡 (迎角) 的线性叠加再附加一个

平移速度 (自由流) 来计算。图 6.16 为计算的示意图。

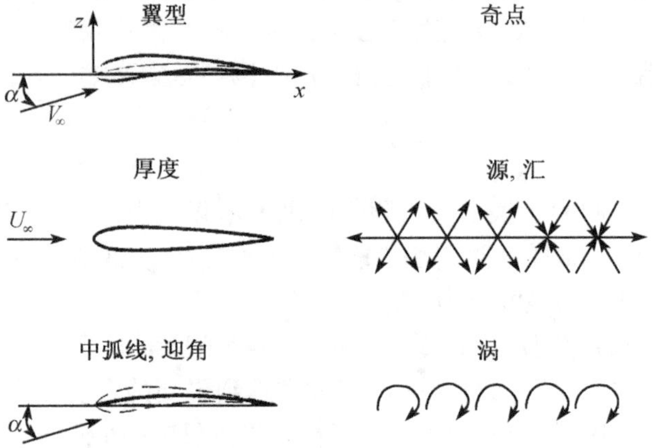


图 6.16　有限厚度翼型在有迎角时的奇点分布

利用单个解的线性叠加、环量 $\Gamma = \oint \boldsymbol{v} \cdot \mathrm{d}\boldsymbol{s}$ 及后缘的库塔－茹可夫斯基条件，绕一个翼型的无黏流动 (图 6.17) 在单位长度上的升力可计算为

$$A = \rho \cdot \Gamma \cdot V_\infty \tag{6.7}$$

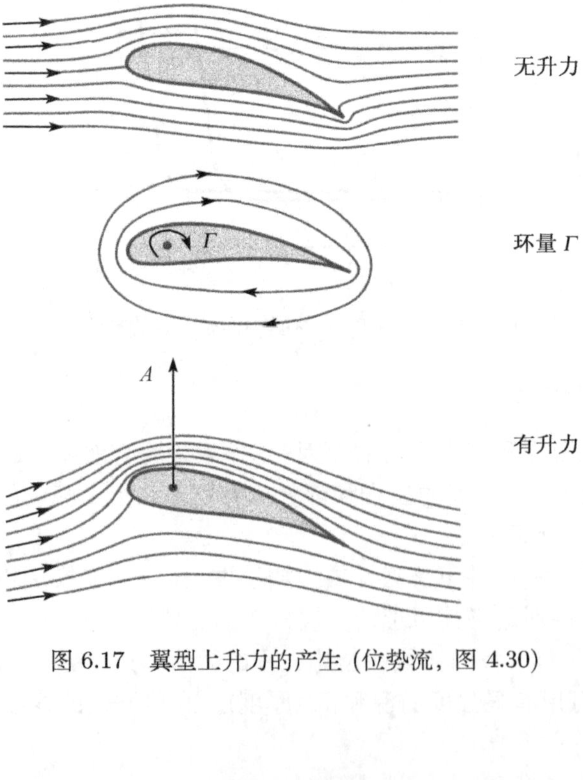


图 6.17　翼型上升力的产生 (位势流，图 4.30)

在机翼上环量的建立可由图 6.18 予以说明。机翼开始移动时，在后缘形成了一个负环量 $-\Gamma$ 的起动涡，按照汤姆孙 (Thomson) 定律 (4.1.5 节)，环量必须守恒，故围绕机翼形成一个具有正号的同等大小的环量，称为附着涡。按照亥姆霍兹定律，漩涡不能中止在自由流体里，故将附着涡、启动涡和图 6.14 中翼梢涡合在一起，就得到了图 6.19 所示的封闭涡系。附着涡的升力与式 (6.6) 中的诱导阻力是联系在一起的。

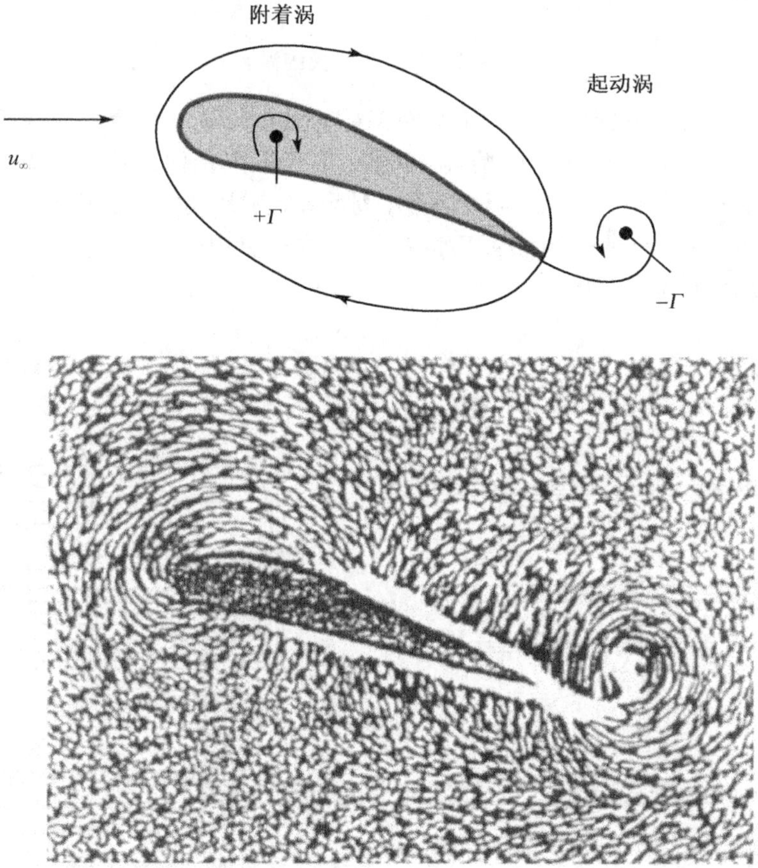


图 6.18 绕机翼翼型的启动涡和附着涡 (Tietjens O G 1934)

现在我们来给出普朗特理论的基础，因为即使到现在，在亚声速流机翼的初步设计中人们仍然应用着它。1920 年普朗特的理论出发点是假设：为了计算升力，细长机翼可用在一条升力线 (骨架线) 上叠加一个环量分布代替。

一个有限展长机翼的最简单涡系由强度为 $\Gamma$ 的附着涡和两个同样强度的翼梢涡 (图 6.20) 组成。由于向翼尖移动时升力分布是减小的，故可用一组沿展长 $s$ 的

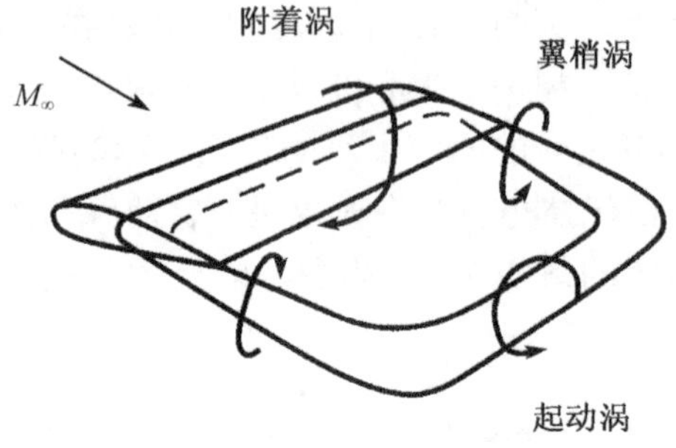


图 6.19　绕一个机翼的涡系

无限小强度的涡系来近似表示升力分布。对于图 6.20 所示的最简单涡系而言，在两翼梢处各有一个强度为 $\Gamma$ 的漩涡，向前、向后无限延伸，每一漩涡对距离 $d$ 处的气流诱导出速度 $w = \Gamma/(2 \cdot \pi \cdot d)$。由于对称，对于从切割平面往后拖出的涡，这个速度只有上述速度的一半，即 $\Gamma/(4 \cdot \pi \cdot d)$。在机翼中间，$d = s/2$，从左、右两漩涡引起的速度加起来，为

$$w_0 = 2 \cdot \frac{\Gamma}{4 \cdot \pi \cdot \dfrac{s}{2}} = \frac{\Gamma}{\pi \cdot s}$$

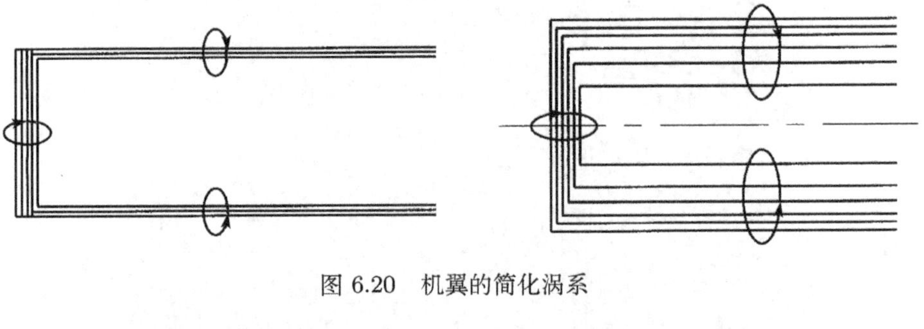

图 6.20　机翼的简化涡系

将库塔 - 茹可夫斯基定理 $\Gamma = A/(\rho \cdot s \cdot V_\infty)$ 用于翼展为 $s$ 的机翼，可得

$$w_0 = \frac{A}{\pi \cdot \rho \cdot V_\infty \cdot s^2}$$

离开机翼中间往外，这一速度将增加，且靠近翼梢时将趋于无限大。这意味着直至翼梢都有常值升力的假设是不允许的。若按图 6.21 所示的椭圆形升力分布，则得到整个机翼上法向速度 $w$ 是常值。在中间的环量比平均环量大 $4/\pi$ 倍，故在中间区域涡丝更密集，且 $w$ 大于 $w_0$。对所有涡丝积分得到

$$w = 2 \cdot w_0 = \frac{2 \cdot A}{\pi \cdot \rho \cdot V_\infty \cdot s^2} \tag{6.8}$$

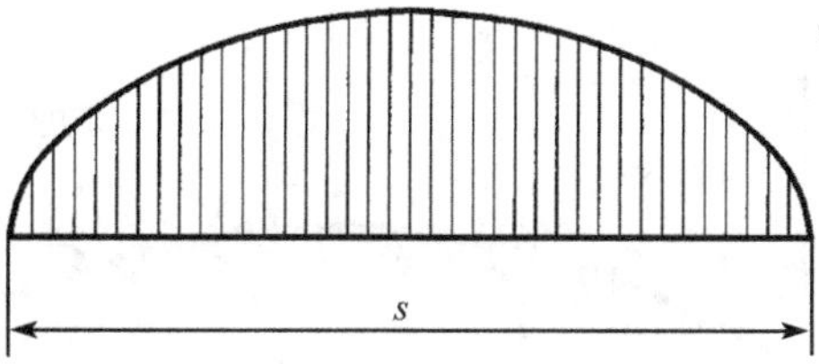


图 6.21 椭圆形升力分布

因此

$$\tan\alpha = \frac{w}{v_\infty} = \frac{2\cdot A}{\pi\cdot\rho\cdot V_\infty^2\cdot s^2} = \frac{A}{\pi\cdot p_s\cdot s^2}$$

其中 $p_s$ 是动压。由于椭圆形的升力分布其 $w$ 沿翼展是常值，$\tan\alpha$ 也是常值，故诱导阻力 $W_i = A\cdot\tan\alpha$ 为

$$W_i = \frac{A^2}{\pi\cdot p_s\cdot s^2} \tag{6.9}$$

方程 (6.9) 表明，有升力分布的机翼翼展愈大，诱导阻力愈小，因此对于在亚声速自由流中的飞机，其机翼应有大的翼展。在方程 (6.9) 中没有出现机翼弦长 $l$，表明重要的是机翼后的流动状态，而不是机翼上沿弦向的环量分布。

沿细长翼型中弧线的涡强分布可从运动学条件得出，即中弧线必须是一流线，而在流线所有点上的法向速度分量必须为零。将与翼弦呈迎角 $\alpha$ 的平移速度叠加到涡分布上去 (图 6.22)，对于细长翼型近似用翼弦代替中弧线后，准确至一阶可得到

$$V_\infty\cdot\left(\alpha - \frac{\mathrm{d}z}{\mathrm{d}x}\right) + w(x) = 0 \tag{6.10}$$

用 $\gamma(x)$ 表示单位长度上的涡强 (涡密度)。强度为 $\gamma(x')\cdot\mathrm{d}x'$ 的一个无限小涡元在 $x$ 位置上产生无限小的速度

$$\mathrm{d}w = -\frac{\gamma(x')\cdot\mathrm{d}x'}{4\cdot\pi\cdot(x-x')} \tag{6.11}$$

沿机翼弦长 $l$ 积分，可得法向速度

$$w(x) = -\frac{1}{4\cdot\pi}\cdot\int_0^l \frac{\gamma(x')\cdot\mathrm{d}x'}{x-x'} \tag{6.12}$$

方程 (6.10) 和法向速度式 (6.12) 是细长翼型的基本方程，是在中弧线必须是一流线的前提下得出的。可以用它们来计算图 6.11 中升力系数 $c_a$ 的增加

$$\frac{\mathrm{d}c_a}{\mathrm{d}\alpha} = 2\cdot\pi \tag{6.13}$$

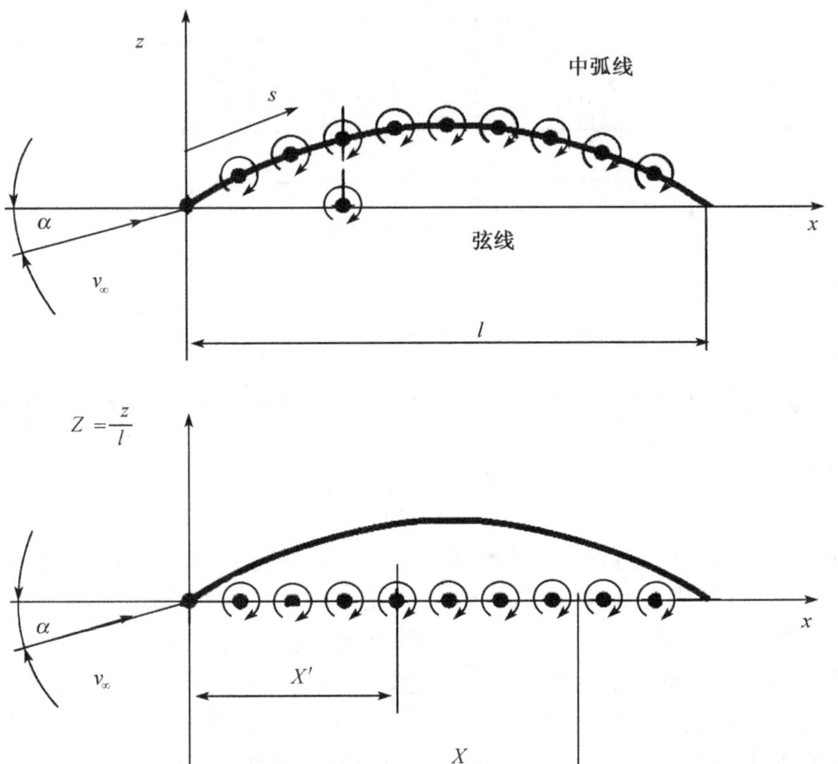


图 6.22　沿细长翼型的中弧线和弦线上的涡强分布

为了将此结果转换至机翼，我们再一次研究图 6.20 中的附着涡和两个翼梢涡，它们也被称为马蹄涡。

现有一个两头无限伸展的涡丝，如图 6.23 所示，它的每个微元 d$\boldsymbol{l}$ 在点 $P$ 产生如下速度

$$\mathrm{d}\boldsymbol{v}=\frac{\Gamma}{4\cdot\pi}\cdot\frac{\mathrm{d}\boldsymbol{l}\times\boldsymbol{r}}{|\boldsymbol{r}^3|} \tag{6.14}$$

此关系式称为毕奥–萨伐尔定律。沿整个涡丝积分得

$$\boldsymbol{v}=\int_{-\infty}^{\infty}\frac{\Gamma}{4\cdot\pi}\cdot\frac{\mathrm{d}\boldsymbol{l}\times\boldsymbol{r}}{|\boldsymbol{r}^3|} \tag{6.15}$$

利用矢量积定义，我们知道速度矢量 $w=|\boldsymbol{v}|$ 的方向是向下的，且

$$w=\frac{\Gamma}{4\cdot\pi}\cdot\int_{-\infty}^{\infty}\frac{\sin\theta}{\boldsymbol{r}^2}\cdot\mathrm{d}l \tag{6.16}$$

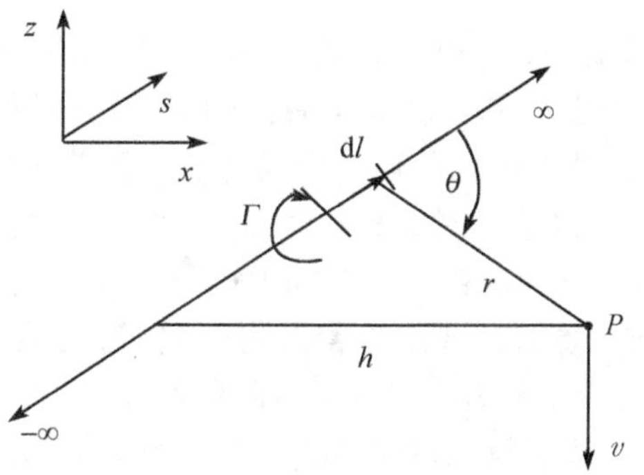


图 6.23 直线涡丝在 $P$ 点的速度 $\boldsymbol{v}$

若以 $h$ 表示点 $P$ 距涡丝 d$\boldsymbol{l}$ 的垂直距离，积分半无限长涡丝得

$$w=\frac{\Gamma}{4\cdot\pi\cdot h} \tag{6.17}$$

涡丝的概念是首先由亥姆霍兹引入来计算不可压无黏流动的。*亥姆霍兹漩涡定律*可表述为：涡强 $\Gamma$ 沿一根涡丝是不变的。涡丝是不可能中止于流体里的。但是，涡丝可能确实在无穷远处结束 (图 6.14)，并与启动涡封闭成一体 (图 6.19)。正如前面讨论过的，普朗特推广了由附着涡和两个伸向无穷远的翼梢涡组成马蹄涡的概念来计算作用在机翼上的诱导升力，并考虑了有限翼展机翼上的环量分布 (图 6.21)。

若我们考虑如图 6.24 中的单个马蹄涡，可见沿展长 $s$ 的附着涡并不引起沿涡丝方向的速度分量。法向速度是 $w(y)$，将翼梢涡也叠加到速度的法向分量上，利用方程 (6.17) 可以得到半无限长翼梢涡的作用

$$w=-\frac{\Gamma}{4\cdot\pi\cdot\left(\frac{s}{2}+y\right)}-\frac{\Gamma}{4\cdot\pi\cdot\left(\frac{s}{2}-y\right)}=-\frac{\Gamma}{4\cdot\pi}\cdot\frac{s}{\frac{s^2}{4}-y^2} \tag{6.18}$$

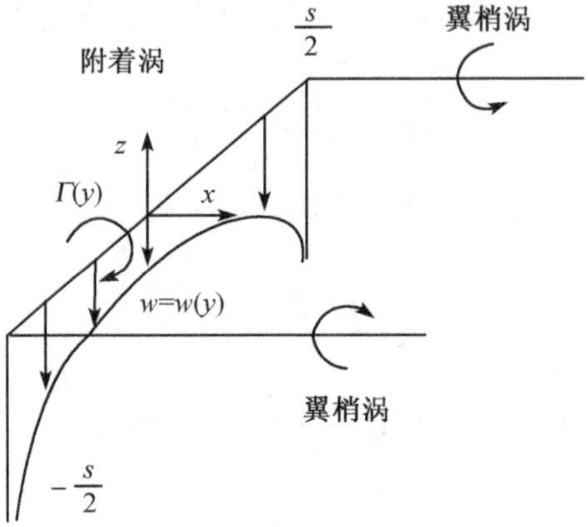


图 6.24　单马蹄涡的法向速度分布

应注意到，在机翼的翼梢 $\pm s/2$ 处，$w$ 趋于 $-\infty$，因此普朗特不是让机翼上只有单个的马蹄涡，而是将很多不同长度的附着涡的马蹄涡布置在称为升力线的线上。图 6.25 表示了三个马蹄涡的叠加，第一个马蹄涡强度为 $\mathrm{d}\Gamma_1$，包含了从点 $A(y=-s/2)$ 到点 $F(y=+s/2)$ 的整个附着涡。叠加上的第二个马蹄涡，强度为 $\mathrm{d}\Gamma_2$，包含了从点 $B$ 到点 $E$ 的部分附着涡。再叠加上第三个马蹄涡，强度为 $\mathrm{d}\Gamma_3$，包含了从点 $C$ 到点 $D$ 的部分附着涡。这意味着沿附着涡 (升力线) 涡强 $\Gamma(y)$ 是变化的，沿 $\overline{AB}$ 和 $\overline{EF}$ 强度为 $\mathrm{d}\Gamma_1$，沿 $\overline{BC}$ 和 $\overline{DE}$ 强度为 $\mathrm{d}\Gamma_1+\mathrm{d}\Gamma_2$，而沿 $\overline{CD}$ 强度则为 $\mathrm{d}\Gamma_1+\mathrm{d}\Gamma_2+\mathrm{d}\Gamma_3$。沿升力线每涡段的端部都给定两个边缘涡 (尾涡)，每个边缘涡的涡强等于沿升力线环量的变化值。

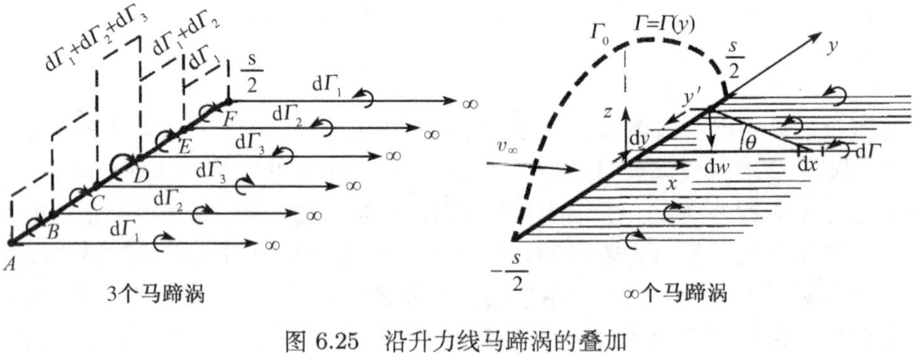


图 6.25　沿升力线马蹄涡的叠加

若将叠加的马蹄涡数目外插到无限多个，每个涡强为无限小 $\mathrm{d}\Gamma$，我们就得到了沿机翼翼展连续的涡强分布 $\Gamma(y)$，其最大值为 $\Gamma_0$。有限个马蹄涡变成了平行于自由流 $V_\infty$ 的连续涡衔。垂直涡衔的涡强积分为零，因为边缘涡是成对的，且强度相等，符号相反。

在升力线上一个涡强为 $\Gamma(y)$ 的无限小微元 $\mathrm{d}y$，其涡强沿微元的变化为 $\mathrm{d}\Gamma = (\mathrm{d}\Gamma/\mathrm{d}y)\cdot\mathrm{d}y$。在位置 $y$ 处的边缘涡强度等于涡强的变化 $\mathrm{d}\Gamma$，按照毕奥–萨伐尔定律 (6.14)，边缘涡微元 $\mathrm{d}x$ 在 $y'$ 位置产生法向速度

$$\mathrm{d}w = \frac{\dfrac{\mathrm{d}\Gamma}{\mathrm{d}y}\cdot\mathrm{d}y}{4\cdot\pi\cdot(y'-y)} \tag{6.19}$$

对于所有边缘涡积分，得到

$$w(y') = \frac{1}{4\cdot\pi}\cdot\int_{-\frac{s}{2}}^{\frac{s}{2}}\frac{\dfrac{\mathrm{d}\Gamma}{\mathrm{d}y}}{y'-y}\cdot\mathrm{d}y \tag{6.20}$$

还应计算给定机翼的环量分布和诱导升力及阻力。图 6.26 表明了推导普朗特机翼理论的符号。在图 6.6 中的几何迎角上应再补充一个当地自由流与自由流速度 $V_\infty$ 所夹的诱导迎角 $\alpha_\mathrm{i}$，结果得到翼弦与当地自由流之间的有效迎角 $\alpha_\mathrm{eff}$

$$\alpha_\mathrm{eff} = \alpha - \alpha_\mathrm{i} \tag{6.21}$$

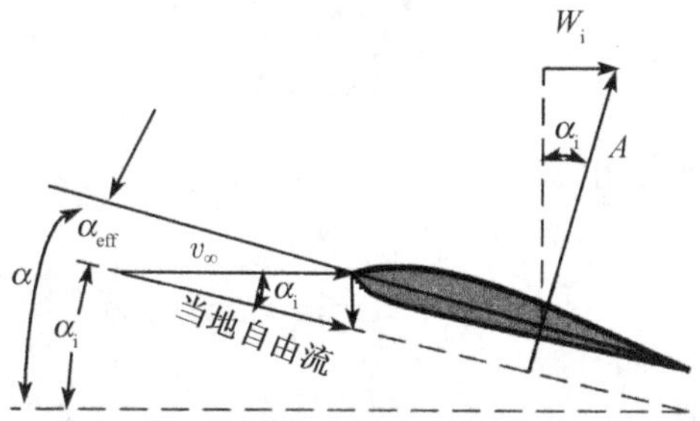


图 6.26 翼型的几何迎角 $\alpha$，诱导迎角 $\alpha_\mathrm{i}$ 和有效迎角 $\alpha_\mathrm{eff}$

由此我们可以计算出在 $V_\infty$ 方向上当地升力矢量在 $V_\infty$ 方向的一个分量，称为诱导阻力 $W_\mathrm{i}$。用 $y'$ 表示翼型上的位置，我们看出诱导迎角为

$$\alpha_\mathrm{i}(y') = \frac{1}{\tan\left(\dfrac{-w(y')}{V_\infty}\right)} \tag{6.22}$$

一般来说，$w$ 要比 $V_\infty$ 小一个量级，故式 (6.22) 可写为

$$\alpha_\mathrm{i}(y') = \frac{-w(y')}{V_\infty} \tag{6.23}$$

利用式 (6.20)，可以得到诱导迎角 $\alpha_{\mathrm{i}}$ 和环量分布 $\Gamma(y)$ 之间的关系

$$\alpha_{\mathrm{i}}(y') = \frac{1}{4\cdot\pi\cdot V_\infty}\cdot\int_{-\frac{s}{2}}^{\frac{s}{2}}\frac{\frac{\mathrm{d}\Gamma}{\mathrm{d}y}}{y'-y}\cdot\mathrm{d}y \tag{6.24}$$

正如图 (6.26) 所示，$\alpha_{\mathrm{eff}}$ 是翼型在 $y'$ 处的当地有效迎角。向下的法向速度沿翼展是变化的，故有效迎角 $\alpha_{\mathrm{eff}}$ 也是变化的，在 $y=y'$ 位置上的升力系数为

$$c_{\mathrm{a}} = a'\cdot[\alpha_{\mathrm{eff}}(y')-\alpha_{A=0}] = 2\pi\cdot[\alpha_{\mathrm{eff}}(y')-\alpha_{A=0}] \tag{6.25}$$

其中升力系数的变化率 $a'$ 用 $2\pi$ 替代。若机翼的弯扭随 $y'$ 变化，升力 $A=0$ 处的角 $\alpha_{A=0}$ 是变化的；若机翼无弯扭，则 $\alpha_{A=0}$ 是常值，且对于给定机翼是一个已知的量。根据库塔–茹可夫斯基条件可得到长度为 $l(y')$ 的当地翼型升力的如下公式

$$A' = \frac{1}{2}\cdot\rho_\infty\cdot V_\infty^2\cdot l(y')\cdot c_{\mathrm{a}} = \rho_\infty\cdot V_\infty\cdot\Gamma(y') \tag{6.26}$$

所以，升力系数为

$$c_{\mathrm{a}} = \frac{2\cdot\Gamma(y')}{V_\infty\cdot l(y')} \tag{6.27}$$

利用式 (6.25) 可得有效迎角为

$$\alpha_{\mathrm{eff}} = \frac{\Gamma(y')}{\pi\cdot V_\infty\cdot l(y')}+\alpha_{A=0} \tag{6.28}$$

由 $\alpha_{\mathrm{eff}}=\alpha-\alpha_{\mathrm{i}}$ 和方程 (6.24)，我们得到普朗特机翼理论的基本方程

$$\alpha(y') = \frac{\Gamma(y')}{\pi\cdot V_\infty\cdot l(y')}+\alpha_{A=0}(y')+\frac{1}{4\cdot\pi\cdot V_\infty}\cdot\int_{-\frac{s}{2}}^{\frac{s}{2}}\frac{\frac{\mathrm{d}\Gamma}{\mathrm{d}y}}{y'-y}\cdot\mathrm{d}y \tag{6.29}$$

此积分微分方程利用了几何迎角等于有效迎角和诱导迎角之和。其中唯一的未知量是环量分布 $\Gamma$，对于给定机翼，其他各量 $\alpha$、$l$、$V_\infty$ 和 $\alpha_{A=0}$ 等都是已知的。方程 (6.29) 的解给出了 $\Gamma=\Gamma(y')$，其中 $y'$ 沿翼展从 $y=-s/2$ 处到 $y=+s/2$ 处。利用库塔–茹可夫斯基条件即可得到单位翼展上当地翼型的升力

$$A'(y') = \rho_\infty\cdot V_\infty\cdot\Gamma(y') \tag{6.30}$$

和总升力

$$A = \rho_\infty \cdot V_\infty \cdot \int_{-\frac{s}{2}}^{\frac{s}{2}} \varGamma(y) \cdot \mathrm{d}y \tag{6.31}$$

利用方程 (6.2) 我们得到了机翼面积为 $S$ 的升力系数

$$c_\mathrm{a} = \frac{A}{\frac{1}{2} \cdot \rho_\infty \cdot V_\infty^2 \cdot S} = \frac{2}{V_\infty \cdot S} \cdot \int_{-\frac{s}{2}}^{\frac{s}{2}} \varGamma(y) \cdot \mathrm{d}y \tag{6.32}$$

对整个翼展积分得到总诱导阻力

$$W_\mathrm{i} = \rho_\infty \cdot V_\infty \cdot \int_{-\frac{s}{2}}^{\frac{s}{2}} \varGamma(y) \cdot \alpha_\mathrm{i}(y) \cdot \mathrm{d}y \tag{6.33}$$

于是阻力因数为

$$c_\mathrm{wi} = \frac{W_\mathrm{i}}{\frac{1}{2} \cdot \rho_\infty \cdot V_\infty^2 \cdot S} = \frac{2}{V_\infty \cdot S} \cdot \int_{-\frac{s}{2}}^{\frac{s}{2}} \varGamma(y) \cdot \alpha_\mathrm{i}(y) \cdot \mathrm{d}y \tag{6.34}$$

普朗特的机翼理论描述了给定机翼的所有空气动力特性。在空气动力学文献中深入地讨论了方程 (6.29) 解的方法，如涡丝法 (Anderson J D Jr. 1991) 等，故在此不再讨论。

图 6.27 给出了亚声速机翼的几种平面形状。椭圆平面的机翼具有最小的诱导阻力，可是椭圆形机翼很难制造，实用上常用梯形翼，它可近似地实现椭圆的升力分布。

机翼理论的一个重要结果是诱导阻力反比于机翼翼展。在设计机翼时，为了保证诱导阻力尽可能的小，翼展 $s$ 应选择得尽可能的大。普朗特在 1915 年通过对展弦比 $s/l$ 从 1 到 7 的矩形机翼的实验证实了这一点。图 6.28 给出了这些结果，这里矩形机翼上的升力和阻力因数是按展弦比 $s/l = 5$ 量纲 1 化的。

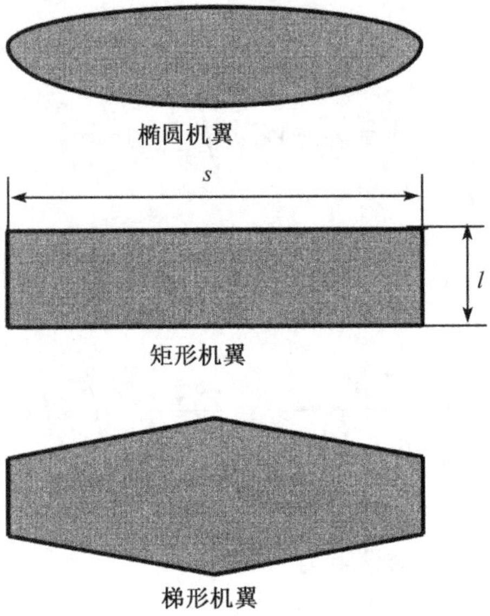


图 6.27　不同形状的平板机翼

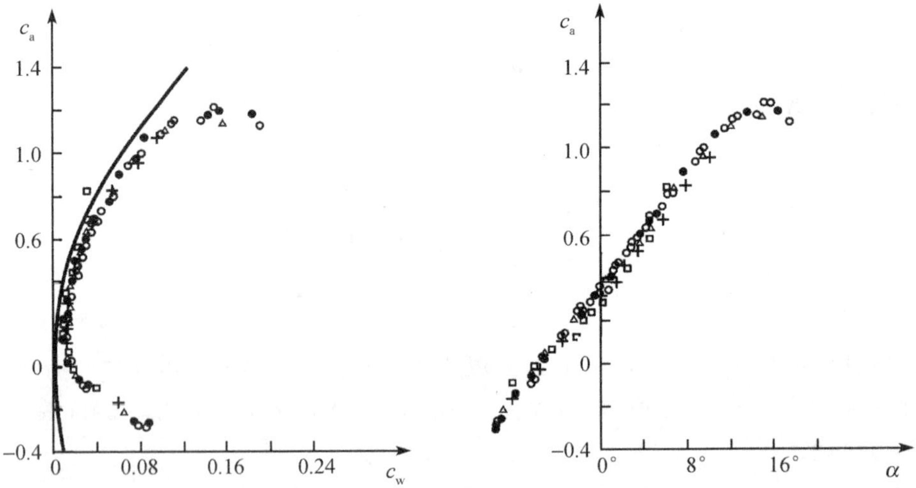


图 6.28　展弦比从 1 到 7 的矩形机翼的升力系数和极曲线 (普朗特　1915)

1. 机翼计算

安德森 ( Anderson J D Jr. 1991) 和屈奇曼 (Küchemann D 1987) 的空气动力学著作讲述了普朗特机翼理论向有限厚度机翼的推广和计算的方法如压强分布等。图 6.29 表示了亚声速机翼表面上典型的压强分布，即几乎是椭圆的展向分布，这是由上面讨论的事实决定的。机翼前缘处大的流动加速度导致上下翼面上不同的压强峰，这正是产生升力的根本原因。对于 6.2.1 节中讨论的后掠机翼，压强分布沿机翼翼展的变化很大。在机翼翼梢处的压强峰更为明显，这在机翼设计时是不希望出现的。

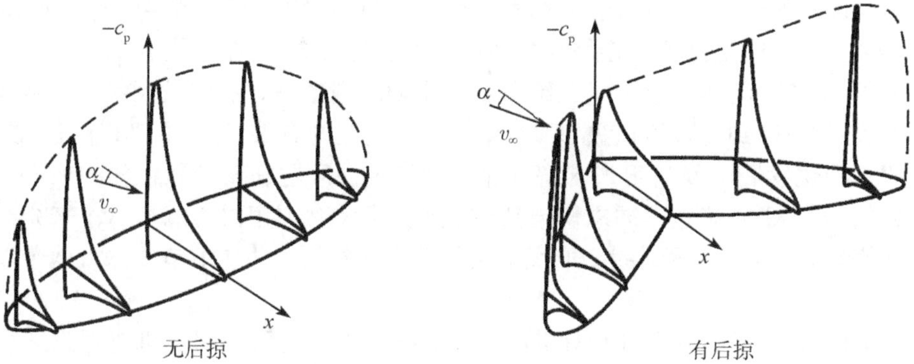


图 6.29 长翼展机翼上的压强分布 (屈奇曼 1978)

到目前为止，我们仅讨论了无黏流的机翼理论。从方程 (6.6) 可知，总阻力 $c_w$ 不仅有压强阻力 $c_d$ 和诱导阻力 $c_i$，同时还有摩擦阻力 $c_f$。图 6.30 给出了一架民航

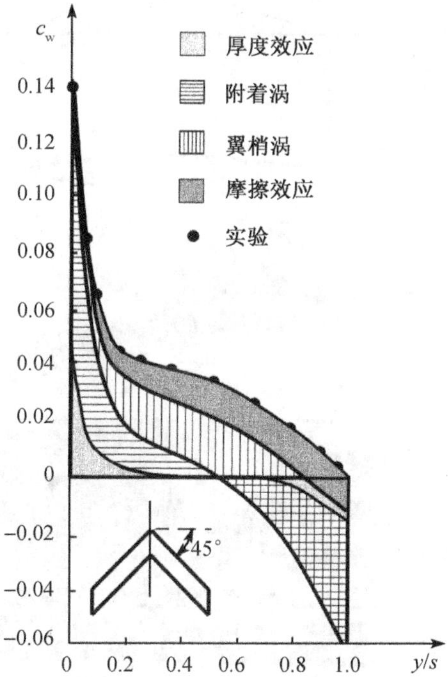


图 6.30 亚声速后掠机翼各种阻力沿翼展的分布 (屈奇曼 1978)

$Re_l = 1.7 \times 10^6$

机当升力系数 $c_{\mathrm{a}}=0.56$ 和雷诺数 $Re_l=1.7\times10^6$ 时沿亚声速后掠机翼翼展上各种阻力的分布。

2. 机翼数值计算

当今已有的流体力学商用和教育软件包都能计算绕机翼的黏性流动 (Oertel H Jr. 2003)。它们在层流流动区域内求解 N-S 方程 (5.65)，在湍流流动区域内求解雷诺方程 (5.95)。流体力学中对三维非定常流动问题数值方法的发展经历了从有限差分方法 (FDM) 到有限体积法 (FVM)，再到自适应的有限元法 (FEM) 的过程。与此相并行的也发展了专门用来求解流体力学稳定性问题和直接数值模拟 (第八章) 的谱方法 (SM)。从这些不同求解方法中我们选择有限体积方法 (FVM) 来介绍机翼的数值计算。作为例子，我们取民航机的跨声速机翼，并在下节中深入地予以讨论。

图 6.31 表示了机翼设计和计算的过程。第一步用无黏普朗特机翼理论进行机翼的初步设计，机翼翼型的曲率、空气动力系数和压强分布 (图 6.31) 都暂时先给

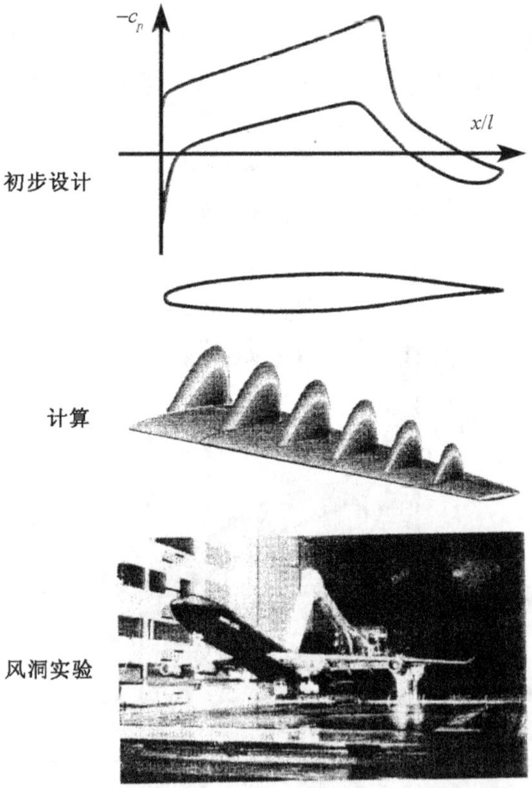


图 6.31　机翼设计

定，第二步计算初步设计的机翼，计算中要涉及跨声速机翼的后掠和弯曲。初步计算结果一般不能达到所要求的升力系数 $c_{\rm a}$，或阻力因数还太大，需要进一步迭代，用计算的结果改进初步设计。这种迭代过程要进行好几次。

当所要求的空气动力系数得到满足后，就可进行设计过程的第三步，即在风洞中作机翼设计的验证和确认。验证是将实验结果和计算结果加以比较，并据此调整数值方法和风洞中的测量 (6.1.4 小节)；确认要求进一步发展基本方程中的物理模型，特别是湍流模型。这是一个很耗时的过程，并很影响一架飞机的研制周期。

在验证和确认阶段，通过几次迭代过程来修正计算或初步设计的结果，直到满足设计前提出的要求。在每一迭代过程中，必须建立一个新的风洞模型和进行反复的耗时的测量。迭代过程的次数愈少，表明设计的过程愈成功；计算方法愈精确，则设计愈有效。

马赫数 $M_\infty = 0.78$，雷诺数 $Re_l = 26.6 \times 10^6$ 和后掠角 $\phi = 20^\circ$ 的计算结果在图 6.32 中以等压线形式给出。数值解描绘了在激波前的超声速流场和激波附近细密的等压线。对于给定升力系数 $c_{\rm a} = 0.506$ 的跨声速模型机翼，计算的阻力因数为 $c_{\rm w} = 0.0184$，能取得这样小的阻力因数是因为机翼是一个层流机翼，这是通过将层流–湍流的转捩在上翼面移至激波–边界层区域，在下表面移至机翼的最大厚度位置处而获得的。于是在机翼表面上获得了连续加速的压强分布，并伴随阻力因数的减小 (图 6.32)。机翼上表面的等压线可从机翼的载荷分布取得。

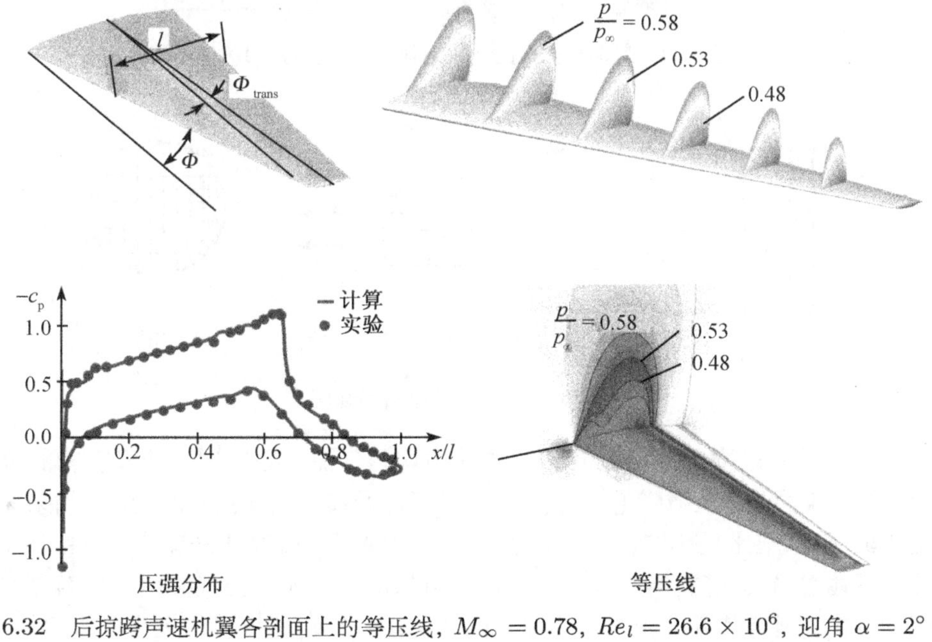


图 6.32 后掠跨声速机翼各剖面上的等压线，$M_\infty = 0.78$，$Re_l = 26.6 \times 10^6$，迎角 $\alpha = 2^\circ$ 和后掠角 $\phi = 20^\circ$

### 6.1.4　空气动力设备

本节我们将不讨论各种形式的风洞和测量方法，而只介绍普朗特构造的风洞。在本书后所列举的参考文献中讨论了跨声速、超声速和高超声速风洞以及相应的测量技术。普朗特风洞，或称哥廷根风洞，由封闭的回路和开口的试验段组成，要测量的机翼或飞机装在试验段中的天平上。图 6.33 为普朗特风洞的示意图。空气由风扇提供，通过连续扩大的通道和导流片后，进入一个直径为 2m 的喷管。加速的空气抵达开口的试验段后，再通过收集漏斗及在随后的扩散段中减速，最后回到风扇。风洞的风速设计为 40m/s，是当时飞机可达到的速度。借助于喷管前的整流格 (蜂窝器) 和筛网 (阻尼网) 使空气均匀 (图 6.34)。

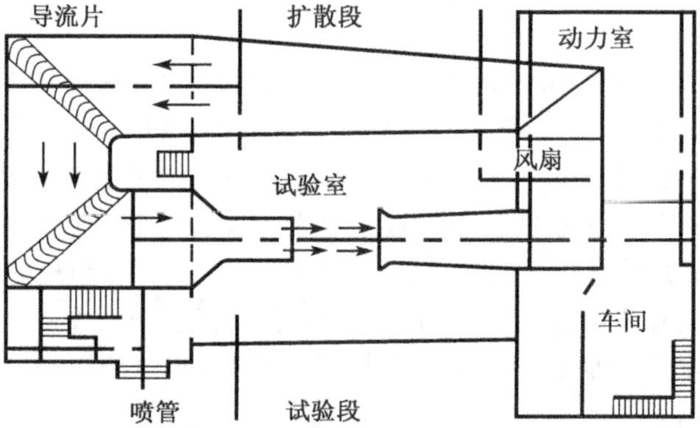


图 6.33　普朗特构造的亚声速风洞 (普朗特　1915)

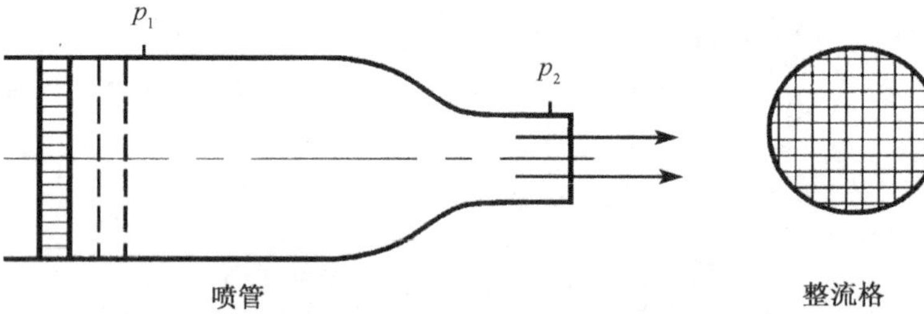


图 6.34　喷管、整流格和筛网

为使在试验段横截面上具有各向同性的均匀气流，必须适当选择喷管的收缩比。每个空气质点在压强降 $(p_1-p_2)$ 的作用下都增加了同样数量的动能。如果速度比是 1:5，则总压比是 1:25，故相对脉动主要靠喷管的收缩比来减小。自由流中的涡强必须由整流格(蜂窝器)，即一组平行通道来减小。如果空气微团的旋转轴平行于流动方向，则当其截面积缩小为原来的 $1/n$ 时，其角速度将增大为原来的 $n$ 倍。由于垂直于流线方向的直径减为原来的 $1/\sqrt{n}$，所以横向速度 $(r\cdot\omega)$ 增大了 $\sqrt{n}$ 倍，

纵向速度则增大了 $n$ 倍。与上述相反，如空气绕垂直于流线的轴而旋转，则角速度 $\omega$ 将随横向尺寸 $r$ 成比例地减小，即减为原来的 $1/\sqrt{n}$。于是，扰动速度 $(r\cdot\omega)$ 将为以前的 $1/\sqrt{n}$。为了消除纵向速度的脉动，需要加细筛网。

除了这些局部的速度脉动，湍流流动也使速度随时间而脉动，为了阻尼来流的湍流度，在整流格后面还放置了均匀的细密筛网。由于喷管的收缩，湍流度也会减小 (和空间速度脉动的减小过程相似)。脉动速度的纵向分量 $\sqrt{\overline{(u')^2}}$ 的减小比横向分量 $\sqrt{\overline{(v')^2}}$ 和 $\sqrt{\overline{(w')^2}}$ 的减小更大，故在喷管出口处出现各向异性的湍流，当然到下游会再变成各向同性的。必须注意，作为衰减用的筛网本身也会在气流中产生湍流，虽然很快会衰减掉。如果我们在最后一层筛网和喷管进口处之间保持一段较长距离的*安定段*，就能减小这些小湍流。

## 6.2 跨声速空气动力学

喷气民航机飞行在亚–跨声速马赫数范围。图 6.35 表示了民航机典型的飞行包线。飞机的强度极限限制了飞机的爬升速度 $v_\infty$，虽然它不可能低于称之为失速点的最小速度。高空的飞行速度由设计马赫数 $M_\infty = 0.8$ 确定，飞行高度低于 11km 时，声速随高度的增大而减小，使马赫数为常数的飞行速度降低；高于 11km 时，声速是常数。飞行高度的上限由机舱的压强设计确定。

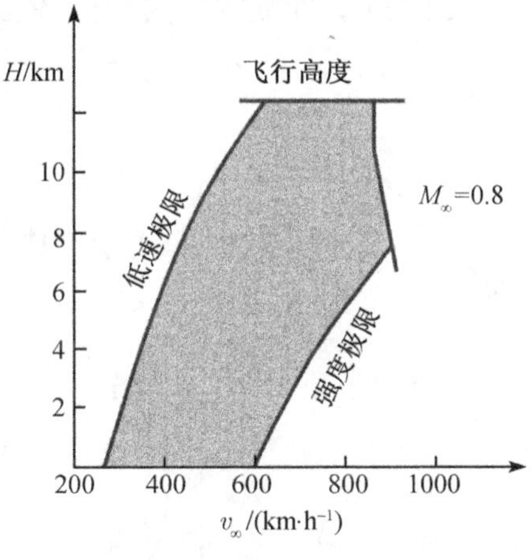


图 6.35 民航机的飞行包线

亚–跨声速马赫数 $M_\infty = 0.8$ 时流动是可压缩的，并由激波结束机翼上的超声速区。由于在 6.1.2 节中指出的原因，民航机的机翼是后掠的，这可减小总阻力 (图 6.15)。后掠效应早在 1939 年就已经知道，如图 6.37 所示。由于后掠，边界层变成*三维边界层*了，并影响着由层流变成湍流边界层的转捩。

绕机翼的跨声速流动是非线性的。例如，在方程 (6.13) 中亚声速流升力系数 $c_a$ 随迎角 $\alpha$ 的线性增加在跨声速流时将被非线性变化所代替。此外，位势理论不适用于非线性流，故必须用数值求解 N-S 方程和雷诺方程来计算绕机翼的跨声速流动。

不同于亚声速流，机翼上的激波以及相关的激波–边界层相互作用改变了流场，使升力系数 $c_a$ 已不能按无黏方式来计算。图 6.36 表示了在跨声速马赫数 $M_\infty = 0.82$ 时绕翼型流动的无黏和黏流计算结果的比较。线性化理论计算的压强分布与实际的跨声速压强分布完全不同。图 6.37 比较了后掠翼和直机翼在马赫数 $M_\infty = 0.9$ 时的极曲线。

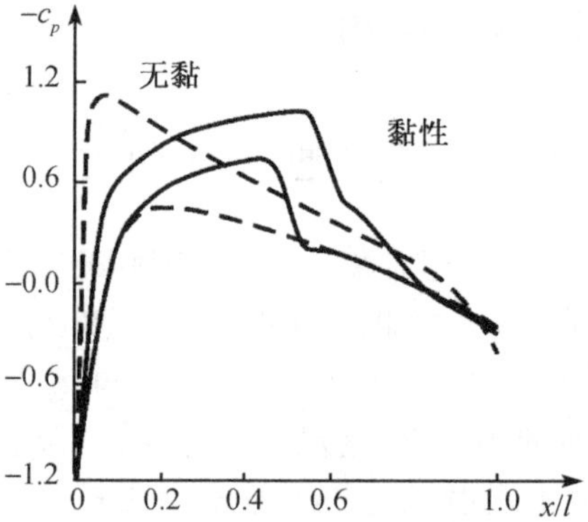


图 6.36 绕翼型的无黏和黏性跨声速流动 ($M_\infty = 0.82$)

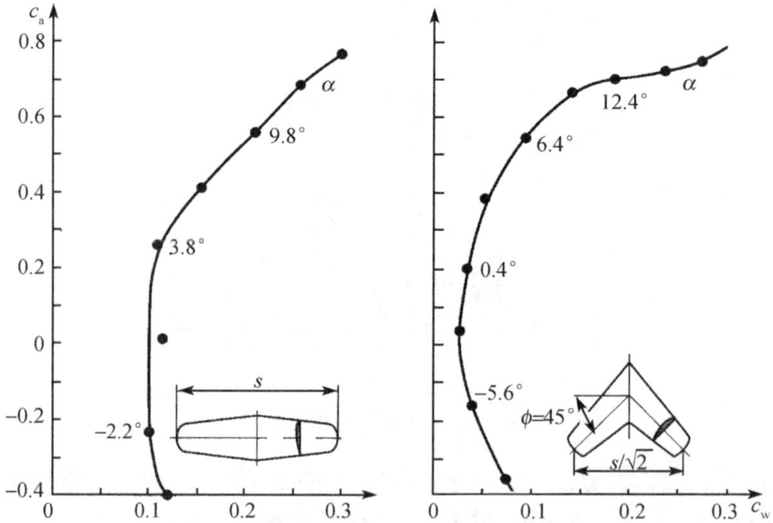


图 6.37 直机翼和后掠机翼在跨声速马赫数 $M_\infty = 0.9$ 时的极曲线 (Ludwieg 1939)

### 6.2.1 后掠机翼

后掠使机翼边界层中的流线变弯。在边界层外缘垂直流线方向应用伯努利方程，可近似得到

$$\frac{\partial p}{\partial n} = \rho \cdot \frac{u_\delta^2}{R} \tag{6.35}$$

其中 $n$ 表示垂直流线的方向；$u_\delta$ 是边界层外缘的速度；$R$ 是当地的曲率半径。在壁面由于无滑移条件，$\boldsymbol{v} = 0$。压强是加于边界层上的，故近似地有

$$\left(\frac{\partial p}{\partial n}\right)_{z=\delta} = \left(\frac{\partial p}{\partial n}\right)_{z=0}$$

垂直于流线方向的压强梯度引起横向速度分量 $v(z)$(图 6.38)。三维边界层中的层流变湍流的转捩并不是只取决于*托尔明–施里希廷*(Tollmien-Schlichting, TS)*波*。由于横向流分量发生了附加的*横流不稳定性*CF，后者将在 8.2.4 节中讨论。在流线的下游流线曲率最大，故可假定在边界层中转捩为湍流是发生在跨声速机翼的前部。在计算绕机翼的流动时必须恰当地确定转捩线。

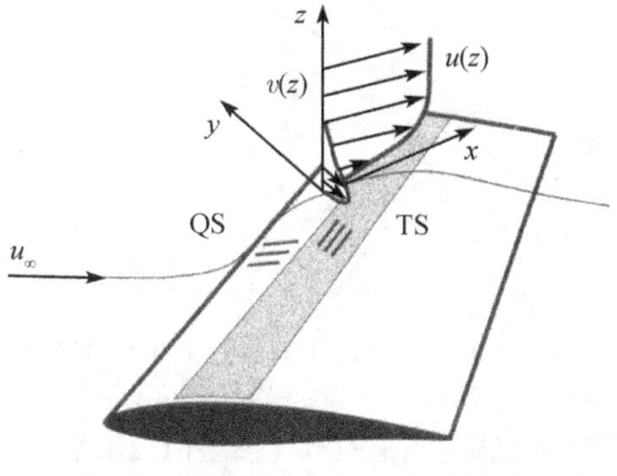


图 6.38 后掠翼上的三维边界层速度型，托尔明–施里希廷波 TS 和横向流波 CF

在马赫数 $M_\infty = 0.8$ 时机翼上出现*激波*。图 6.39 表示了具有普通翼型的跨声速后掠机翼的压强分布。从图 6.8 知，在机翼的上表面出现了一个强激波。其他的压缩波或激波发生在翼梢或翼–身结合部，它们使在机翼前部区的三维超声速流偏斜为平行于中弧线的超声速流 (图 6.40)，由于机翼上几乎垂直的激波使这个流动变为亚声速流。对于图 6.39 所示的压强分布，可预计在三维机翼边界层中，层流–湍流的转捩发生于下翼面的压强峰值处和上翼面的激波–边界层相互作用区。

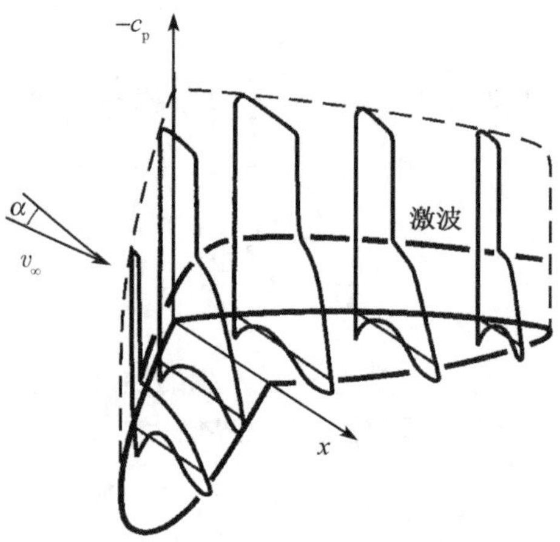


图 6.39 后掠翼在跨声速自由流中的压强分布 (屈奇曼 1978)

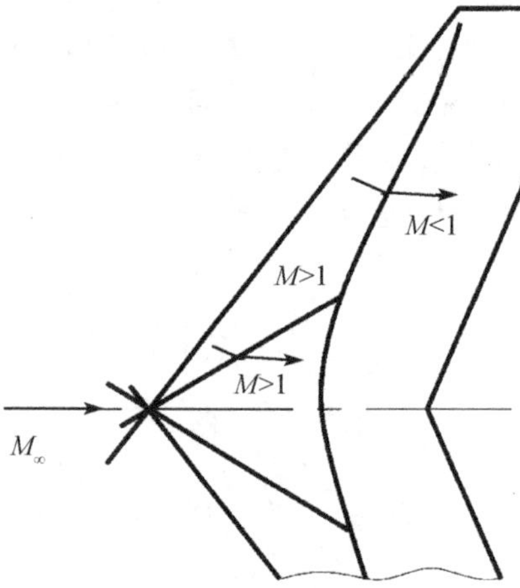


图 6.40 跨声速自由流中后掠机翼上的激波位置

为解决强激波的高波阻 $c_s$ 问题，引入了如图 6.10 中的超临界翼型，通过选取适当的机翼前部外形使得亚声速区和弱激波出现在机翼后部区域。图 6.41 中的虚线表示其在马赫数为 0.75 时的压强分布。

为减小机翼的摩擦阻力 $c_f$，机翼外形的设计必须使机翼边界层中的层流–湍流的转捩推向下游。此外，在机翼的上表面必须避免出现吸力峰，而使流动连续加速直至出现激波。这种外形具有较小的前缘半径并在后缘有较陡的压强升。图 6.41 中的实线表示了它的压强分布。翼型外形的选取要使 TS 波的发生推向下游至激波–边界层相互作用区内，机翼的后掠角也必须减小，以使在前缘不发生横流的不稳定。

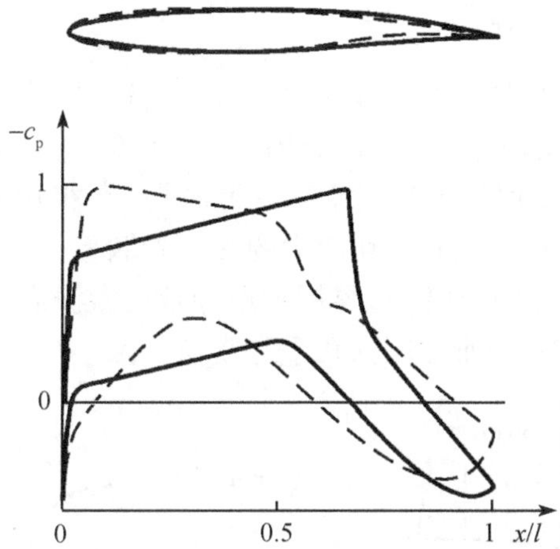


图 6.41 普通超临界翼型和层流翼型

$M_\infty = 0.75, c_a = 0.5, Re_l = 25 \times 10^6$

图 6.32 表示了此类层流机翼在跨声速自由流马赫数为 0.78 时的 N-S 方程 (5.65) 解和雷诺方程 (5.95) 解。选后掠角为 $\phi = 20°$，这时靠近前缘的横流不稳定性放大率远小于 TS 不稳定性的放大率，层流边界层一直维持到激波–边界层相互作用区，且跨声速机翼上扩大了的超声速区以弱激波形式结束。图 6.32 中密集的等压线反映了这一点。

图 6.42 归纳了整架飞机的阻力成分。机翼产生的阻力占总阻力的 46%。将机翼变成层流机翼可降低阻力 15%，换算至全机将起到减阻约 7% 的作用。进一步减阻的可能是抽吸机翼上的边界层，用“小肋”来影响机翼湍流边界层的黏性次层，用机翼上的小鼓包来影响激波–边界层相互作用。后者将在下节中讨论。

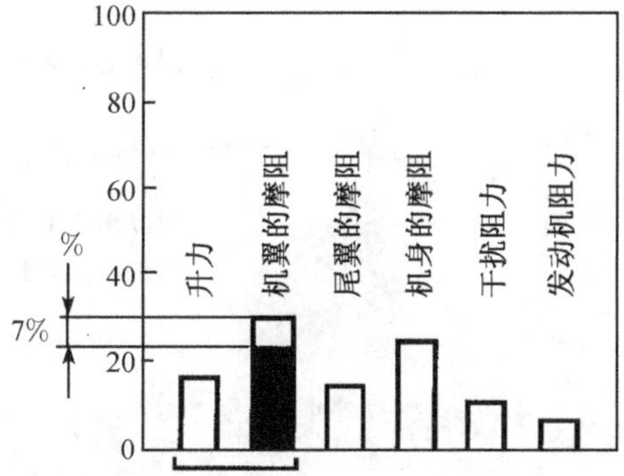


图 6.42 民航机的阻力成分

### 6.2.2 激波–边界层相互作用

激波和机翼湍流边界层的相互作用导致激波前边界层厚度的增加 (图 6.43)。边界层的加厚造成激波前的压强扰动而可能引出一个斜激波，然后形成激波分叉。激波后边界层进一步加厚，厚度效应使流动更为加速。在相互作用区内机翼壁面压强在激波前提高，这一增高与壁面剪切应力的减小相联系。若激波是强激波，则壁面剪切应力变成负的，边界层分离。边界层加厚导致的激波后的加速和湍流的掺混使分离气泡再附在分离泡内壁面，压强几乎是常值。

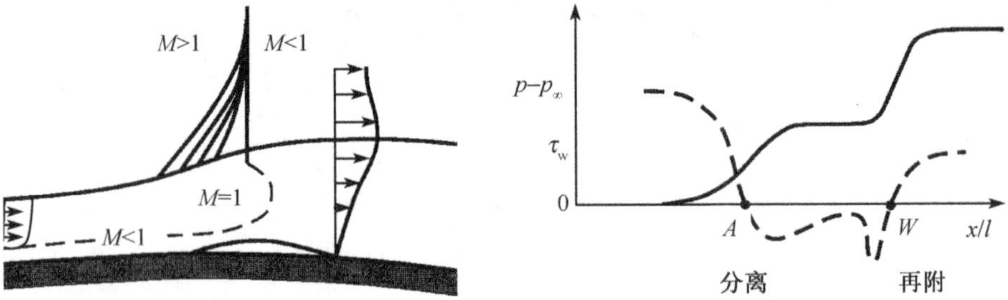


图 6.43　带有流动分离的激波–边界层相互作用，压强和壁面剪切应力的分布

存在着两种基本不同的计算激波–边界层相互作用的方法，一种是用 6.2.1 小节中介绍的计算机翼的数值方法，这样在相互作用区可得到精细的分辨率。另一种是利用跨声速机翼二维湍流边界层的分区模型和半解析方法导出激波–边界层相互作用的近似解 (Bohning　1982)。在本节最后将给出基于激波–边界层相互作用的计算结果。

为使激波–边界层的相互作用易于解析计算，采用了图 6.44 中的三区流动模型，于是二维 N-S 方程可按照每一区中的物理特性加以简化。

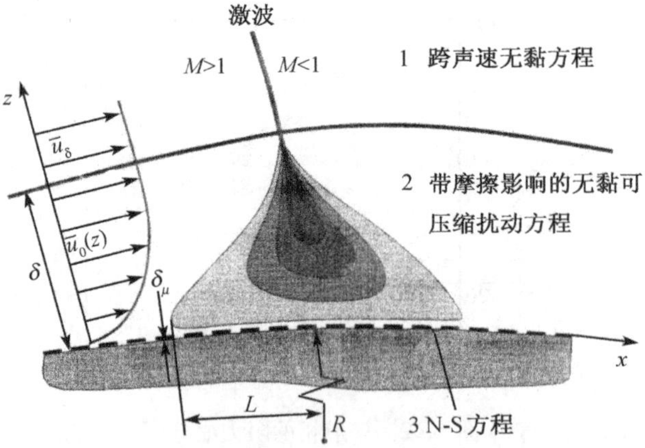


图 6.44　激波–边界层相互作用区内的流动模型

在湍流边界层的无黏外区跨声速流的非线性位势方程成立。按 4.2.5 小节的讨论进一步将湍流边界层分成两个子区。边界层的外区 2 被模型化为一个湍流可压缩剪切层，其中摩擦的影响仅通过一个在无黏扰动方程中给定的时间平均速度型 $\overline{u}_0(z)$ 出现。紧贴壁面的区域 3 是厚度为 $\delta_\mu$ 的黏性次层，在此层内摩擦是起作用的，因此必须求解完全的 N-S 方程。随后我们将讨论边界层 2 区内的无黏扰动的近似解，并最后引出分离变量这一解析方法的应用。

首先来确定基本流动 $u_0(z)$。我们假设可以忽略基本流动量对流向坐标的依赖性，这样就可对相互作用区只作二维讨论，当机翼翼型的曲率相当小且所讨论的区域在 $x$ 方向的长度不太大时，这样假设是允许的。可压缩定常基本流动型由下述时间平均的湍流量给定：速度 $\overline{u}_0(z)$、密度 $\overline{\rho}_0(z)$、温度 $\overline{T}_0(z)$ 和压强 $\overline{p}_0$。在此局部讨论中，除压强外，所有其他各量都是与壁面垂直的 $z$ 坐标的函数，按照 $\partial\overline{p}_0/\partial z$ 的边界层近似，基本流动的压强 $\overline{p}_0$ 是个常数。

在推导扰动微分方程时，我们从二维湍流可压缩边界层方程出发

$$\frac{\partial(\rho\cdot u)}{\partial x}+\frac{\partial(\rho\cdot w)}{\partial z}=0 \tag{6.36}$$

$$\rho\cdot\left(u\cdot\frac{\partial u}{\partial x}+w\cdot\frac{\partial u}{\partial z}\right)=-\frac{\partial p}{\partial x}+\mu\cdot\frac{\partial^2 u}{\partial z^2} \tag{6.37}$$

由于插入边界层内的激波，必须考虑垂直于壁面 $z$ 向的压强梯度 $\partial p/\partial z$。但是，图 6.44 显示在区域 2 中 $x$ 方向的特征长度和边界层的厚度 $\delta$ 具有相同的量级，故在很大雷诺数 $Re_l$ 和 $\delta/L\approx 1$ 的边界层情况下，在 $z$ 向的黏性项为零，在 $z$ 向的运动方程变为

$$\rho\cdot\left(u\cdot\frac{\partial w}{\partial x}+w\cdot\frac{\partial w}{\partial z}\right)=-\frac{\partial p}{\partial z} \tag{6.38}$$

再利用能量方程

$$c_p\cdot T+\frac{u^2}{2}=\text{常数} \tag{6.39}$$

和理想气体的状态方程

$$\frac{p}{\rho}=R\cdot T \tag{6.40}$$

我们就有了五个方程来确定五个应变量 $u$、$w$、$p$、$\rho$ 和 $T$，在扰动假设

$$u=\overline{u}_0(z)+u',\qquad w=w',\qquad p=\overline{p}_0+p',\qquad \rho=\overline{\rho}_0(z)+\rho',\quad T=\overline{T}_0(z)+T' \tag{6.41}$$

和略去扰动量的乘积 (线化) 后，我们得到了扰动微分方程

$$\overline{\rho}_0\cdot\frac{\partial u'}{\partial x}+\overline{u}_0\cdot\frac{\partial \rho'}{\partial x}+\frac{\partial(\overline{\rho}_0\cdot w')}{\partial z}=0 \tag{6.42}$$

$$\overline{\rho}_0 \cdot \overline{u}_0 \cdot \frac{\partial u'}{\partial x} + \overline{\rho}_0 \cdot w' \cdot \frac{\mathrm{d}\overline{u}_0}{\mathrm{d}z} = -\frac{\partial p'}{\partial x} + \mu \cdot \left(\frac{\mathrm{d}^2\overline{u}_0}{\mathrm{d}z^2} + \frac{\partial^2 u'}{\partial z^2}\right) \tag{6.43}$$

$$\overline{\rho}_0 \cdot \overline{u}_0 \cdot \frac{\partial w'}{\partial x} = -\frac{\partial p'}{\partial z} \tag{6.44}$$

带撇的流动量 $u'$、$w'$、$p'$、$\rho'$ 和 $T'$ 是流场中由激波引起的扰动，与基本流动量不一样，它们是空间坐标 $x$ 和 $z$ 的函数。

线化后，能量方程和状态方程变为

$$\overline{u}_0 \cdot u' + c_p \cdot T' = 0 \tag{6.45}$$

$$\overline{\rho}_0 \cdot T' + \rho' \cdot \overline{T}_0 = p' \cdot \frac{\overline{\rho}_0 \cdot \overline{T}_0}{\overline{p}_0} \tag{6.46}$$

引入马赫数 $M=1$ 的临界值即临界声速 $a_k$、$p_k$、$\rho_k$ 和 $T_k$ 作为参数值，我们得到量纲 1 的扰动微分方程

$$\overline{\rho}_0 \cdot \frac{\partial u'}{\partial x} + M_k \cdot \frac{\partial \rho'}{\partial x} + \frac{L}{\delta} \cdot \frac{\partial(\overline{\rho}_0 \cdot w')}{\partial z} = 0 \tag{6.47}$$

$$\overline{\rho}_0 \cdot M_k \cdot \frac{\partial u'}{\partial x} + \overline{\rho}_0 \cdot w' \cdot \frac{L}{\delta} \cdot \frac{\mathrm{d}M_k}{\mathrm{d}z} = -\frac{1}{\kappa} \cdot \frac{\partial p'}{\partial x} + \frac{1}{Re_\delta} \cdot \frac{L}{\delta} \cdot \left(\frac{\mathrm{d}^2 M_k}{\mathrm{d}z^2} + \frac{\partial^2 u'}{\partial z^2}\right) \tag{6.48}$$

$$\overline{\rho}_0 \cdot M_k \cdot \frac{\partial w'}{\partial x} = -\frac{1}{\kappa} \cdot \frac{L}{\delta} \cdot \frac{\partial p'}{\partial z} \tag{6.49}$$

其中 $L$ 是流动坐标 $x$ 的特征长度；$\delta$ 是垂直于壁面的坐标 $z$ 的边界层厚度；量纲 1 特征数 $Re_\delta = a_k \cdot \rho_k \cdot \delta/\mu$；$M_k = \overline{u}_0/a_k$，临界声速 $a_k^2 = \kappa \cdot p_k/\rho_k$。

在区域 2，$L$ 和 $\delta$ 具有相同的量级，故可令 $L/\delta = 1$。对于 $Re_\delta >> 1$，在扰动微分方程 (6.47)~ 方程 (6.49) 中可以忽略摩擦项，因摩擦仅间接地通过给定的基本流动的速度型 $\overline{u}_0(z)$ 进入方程。这就导出了 2 区的简化微分方程组

$$\overline{\rho}_0 \cdot [1 + \overline{\rho}_0 \cdot (\kappa - 1) \cdot M_k^2] \cdot \frac{\partial u'}{\partial x} + \overline{\rho}_0 \cdot M_k \cdot \frac{\partial p'}{\partial x} + \frac{\partial(\overline{\rho}_0 \cdot w')}{\partial z} = 0 \tag{6.50}$$

$$\overline{\rho}_0 \cdot M_k \cdot \frac{\partial u'}{\partial x} + \overline{\rho}_0 \cdot w' \cdot \frac{\mathrm{d}M_k}{\mathrm{d}z} = -\frac{1}{\kappa} \cdot \frac{\partial p'}{\partial x} \tag{6.51}$$

$$\overline{\rho}_0 \cdot M_k \cdot \frac{\partial w'}{\partial x} = -\frac{1}{\kappa} \cdot \frac{\partial p'}{\partial z} \tag{6.52}$$

我们还有量纲 1 的能量方程和状态方程

$$T' + (\kappa - 1) \cdot M_k \cdot u' = 0 \tag{6.53}$$

$$\overline{\rho}_0 \cdot T^{'} + \rho^{'} \cdot \overline{T}_0 = p^{'} \tag{6.54}$$

消去 $u^{'}$、$\rho^{'}$、$T^{'}$，方程组 (式 (6.50)~ 式 (6.52)) 变成仅含两个未知变量 $p^{'}$ 和 $w^{'}$ 的两方程

$$\frac{1}{\kappa} \cdot (M_0^2 - 1) \cdot \frac{\partial p^{'}}{\partial x} - \overline{\rho}_0 \cdot w^{'} \cdot \frac{\mathrm{d}M_k}{\mathrm{d}z} + \overline{\rho}_0 \cdot M_k \cdot \frac{\partial w^{'}}{\partial z} = 0 \tag{6.55}$$

$$\frac{1}{\kappa} \cdot \frac{\partial p^{'}}{\partial z} + \overline{\rho}_0 \cdot M_k \cdot \frac{\partial w^{'}}{\partial x} = 0 \tag{6.56}$$

对此方程组可用解析的分离变量法求解。对 $p^{'}$ 和 $w^{'}$ 的边值问题，还需要对方程 (6.55) 和方程 (6.56) 提出边界条件：一方面要由激波给出在边界层 2 区外缘的边界值；另一方面黏性次层 3 也有壁面边界条件必须满足。因为出现了扰动量 $p^{'}$ 和 $w^{'}$ 对 $x$、$z$ 的导数，故需要提出 4 个边界条件，如图 6.45 所示。

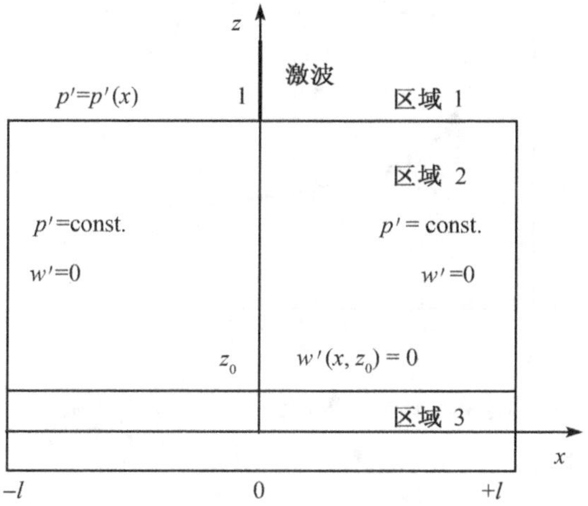


图 6.45 扰动问题的边界条件

在区域 2 和 1 间边界层的外缘处外流的压强分布作用于区域 1，故压强扰动在 $z = 1$ 的所有 $x$ 处给定为

$$p^{'} = p^{'}(x, 1), \quad 当 \quad z = 1 \tag{6.57}$$

在激波的上下游足够远处，量纲 1 的坐标 $x = \pm l$，这时扰动速度 $w^{'}$ 必定为零，以保证连续地过渡到基本流，这样我们又得到两个边界条件

$$w^{'} = 0, \quad 当 \quad x = +l$$

$$w^{'} = 0, \quad 当 \quad x = -l \tag{6.58}$$

对于区域 3 中的黏性次层我们有已知的边界条件，即对所有 $x$，压强沿 $z$ 坐标是常值

$$\frac{\partial p'(x,z_0)}{\partial z}=0, \quad 当 z=z_0=\frac{\delta_\mu}{\delta}$$

然后从方程 (6.56) 知 $\partial w' \big/ \partial x=0$，和条件式 (6.58) 一起，得到第四个边界条件

$$w'(x,z_0)=0, \quad 当 \quad z_0=\frac{\delta_\mu}{\delta} \tag{6.59}$$

图 6.46 给出了沿流向坐标 $x/\delta$ 的计算压强分布，图中曲线表示了 $z=0$ 的壁面压强分布与实验结果的比较。从中不难看到激波在外流中造成的压强跳跃由于摩擦作用而呈平滑分布。我们假设的是一个弱激波，故没有发生如图 6.43 所示的流动分离。

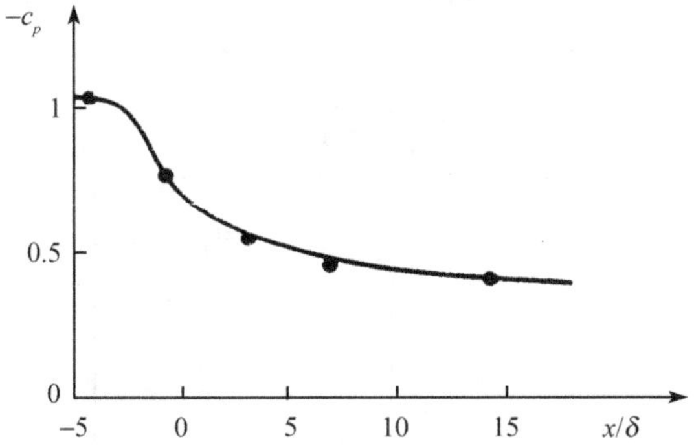


图 6.46　跨声速翼型壁面计算压强分布 $-c_p$ 与实验结果的比较

*激波–边界层的控制*

在相互作用区中湍流边界层的加厚造成机翼总阻力的增大，为减小这一增大，最初是用机翼内一个调节激波前后压强的空室使激波变弱而减小波阻。图 6.47 表明了空室的作用。压强的被动调整通过在激波区内壁面的多孔部分进行，壁面下是空室，在空室中通过自身诱生的通气流动使激波边界层区域内的压强得到部分调节。此通气影响了边界层的位移效应，故改变了激波的结构，形成了一个弱激波来代替原来的强激波。由于激波变弱，减小了波阻和摩阻并避免了壁面附近的分离气泡。

激波区内用雷诺方程 (5.95) 计算而得的等马赫线表现了激波诱导使未扰跨声速翼型湍流边界层变厚和前已提及的后膨胀区情况。激波前发生的予压缩引起前面提到过的激波分叉，空室压强选得愈高，此分叉愈强。在通气室起点处出现一斜激波，可见附加效应是使激波固定在通气室的起点。激波前后的压强差产生了通过多孔壁面进入通气室的二次流动。在空室前区空气向外流动，在该处增大了边界

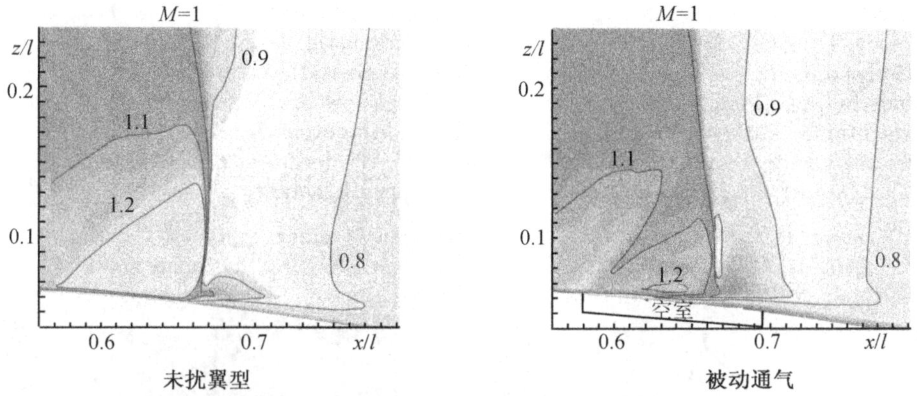


图 6.47 激波–边界层相互作用的等马赫线，压强调节空室的作用，($M_\infty = 0.76$, $Re_l = 6 \times 10^6$, $\alpha = 2°$)

层内的位移厚度和湍流强度；在斜激波后，流动被抽吸，故减小了下游的边界层增长。因熵和波阻的增加与激波强度是三次方关系，故通过两个弱斜激波的波阻小于通过一个正激波的，压强调节室通过这种方式实现了减阻。

另一种减阻方法是在激波区内使机翼有一点特殊的外形变化，这在结构上比压强调节空室易于实现。利用局部稍微凸起的外形可得到所需的流线，如和被动通气时空室位置处形成的流线一样等。

图 6.48 显示了图 6.32 所示的机翼带有鼓包时的解。同样发生了激波分叉。带有鼓包的边界层不受从空室流出的附加流动的扰动，故在相互作用区内湍流强度保持较小，边界层也加厚不大。与空室一样，鼓包阻止了激波的诱导分离。鼓包处曲率的增大扩大了后膨胀区，进一步减小了分离趋势，所有这些作用使总阻力减小了8%且对机翼的升力也稍有改善。

### 6.2.3 流动分离

在 6.2.1 节已表明了超过某一临界迎角 $\alpha_{\text{crit}}$(图 6.11) 机翼上的流动即开始分离。位移的加大使压强阻力和摩擦阻力增大，同时使升力急降 (图 6.13)。当迎角增大时，机翼上的流动以分离气泡方式发生分离，此分离气泡在时间平均上是定常的。按 3.3 节的表示法，分离线 $A$ 和再附线 $W$ 即为半鞍线 $S'$(图 6.49)，当迎角再增大时，发生二次分离，出现另外两条半鞍线。在机翼的前区，分离最初保持时间平均的定常，但在下游，形成了一个开式流面，即非定常三维流动分离的一部分，也称抖振。图 6.49 的第三图表示了在流场中所有的流面。分离面卷起并形成涡街。因为靠近壁面的流动无法克服一次分离涡所造成的压强梯度而继续运动，故二次分离形成二次涡街。

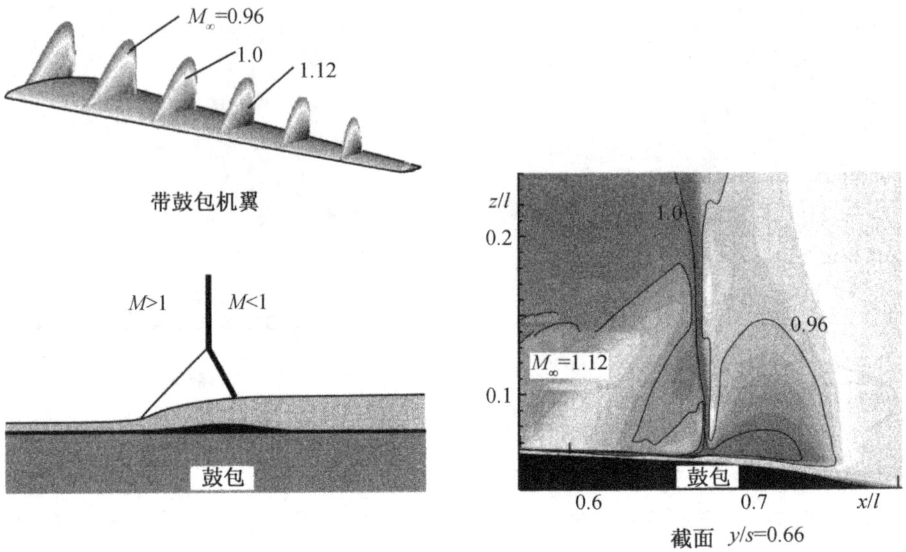


图 6.48 受鼓包影响的激波–边界层相互作用的等马赫线，($M_\infty = 0.78$, $Re_l = 27 \times 10^6$, $\phi = 20°$, $\alpha = 2°$)

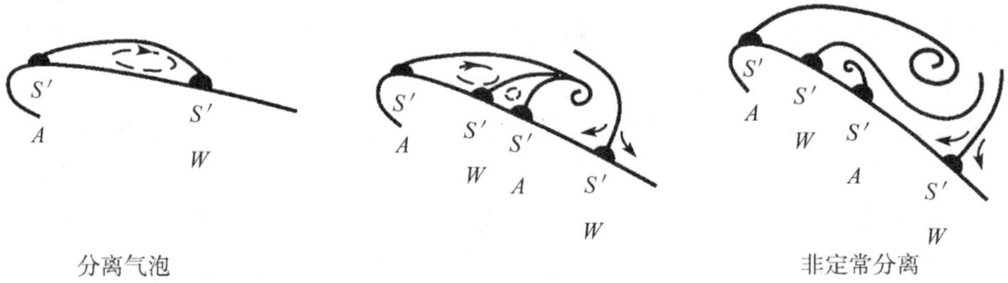


图 6.49 迎角 $\alpha$ 增大的机翼分离流

前几章我们用了普朗特的分离准则，即在分离线和再附线上壁面切应力 $\tau_{\mathrm{w}}$ 为零，这和壁面流线分叉形成半鞍点 $S'$ 相关，但此分离准则仅限于二维流动。对于三维流动，三角翼流动分离的讨论 (图 3.9) 已经表明壁面流线收敛于分离线，形成在流场中的一个分离面，故对于三维流普朗特的 $\tau_{\mathrm{w}} = 0$ 分离准则将被壁面流线收敛的准则所代替。

图 6.50 显示了三维分离的两种可能性。第一个图显示了三维分离气泡。第二个图显示了自由剪切表面，并趋于涡衔的形成。对分离气泡情形，气泡中的回流是通过三维剪切层从主流中分离出来的，此剪切层引起开尔文–亥姆霍兹不稳定性 (8.4.3 小节)，但它在时间平均上并不能改变分离气泡的位置。第二个图所示的自由剪切表面导致在壁面和分离面上形成流面的分叉线，分离面在下游像图 6.49 那样卷起，形成非定常的涡衔。普朗特的分离准则 $\tau_{\mathrm{w}} = 0$ 不能应用于三维流动分离，需

要附加的流面分叉理论。在文献中提出了很多三维分离准则，但尚未形成一个结论性的理论。

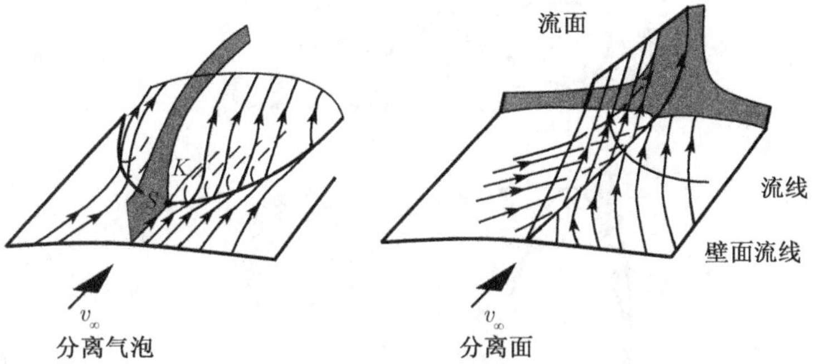


图 6.50 三维流动分离

# 6.3 超声速空气动力学

因为在 6.1.2 小节中讨论过的在翼型头部和尾部的激波，使超声速飞行的空气动力学根本不同于亚声速飞行的空气动力学。超声速飞行机翼外形的选择应使波阻和激波强度尽可能的小。事实上，波阻可占到总阻力的一半。机翼的后掠角愈大，前缘愈尖锐，则头部的斜激波和尾缘波愈弱。故在超声速时引出了*三角翼*。三角翼的空气动力由激波、前缘分离和机翼上的总涡系 (图 6.51) 共同确定。后者将产生附加升力，而且随迎角的增加而变得更大。

我们来看看图 6.52 中升阻比 $c_a/c_w$ 随马赫数的变化，这里提供了三种飞机外形。在亚–跨声速范围内的后掠翼民航机已在 6.2 节中讨论过了，马赫数为 0.7 时，其 $c_a/c_w$ 值是 16；马赫数 $M_\infty = 1$ 时，由于波阻的增大使 $c_a/c_w$ 比值下降了，但三角机翼的细长超声速飞机可使 $c_a/c_w$ 值在马赫数 $M_\infty = 2$ 时达到 8。

### 6.3.1 三角机翼

三角翼在*超声速流动*中 (图 6.51) 可出现两种不同的状态。若马赫线 (4.3.1 小节) 位于机翼前缘的前方，如图 6.53，则自由流的法向分量 $v_n$ 小于声速 $a_\infty$，可获得所谓*亚声速前缘*，即 $\alpha' > \phi$ 和 $v_n < a_\infty$。另一种情况，马赫线位于前缘之后，则得到*超声速前缘*，即 $\alpha' < \phi$ 和 $v_n > a_\infty$。这种亚声速和超声速的分法不仅对前缘，对后缘也同样是重要的。若是亚声速后缘，则可以应用库塔条件，机翼上、下表面的压强将进行调节；而在超声速后缘，则将出现斜激波，使流动量发生非定常变化，在机翼上下表面间存在一有限的压差，沿机翼弦向的压强分布存在一突然的折点，如图 6.53 所示。

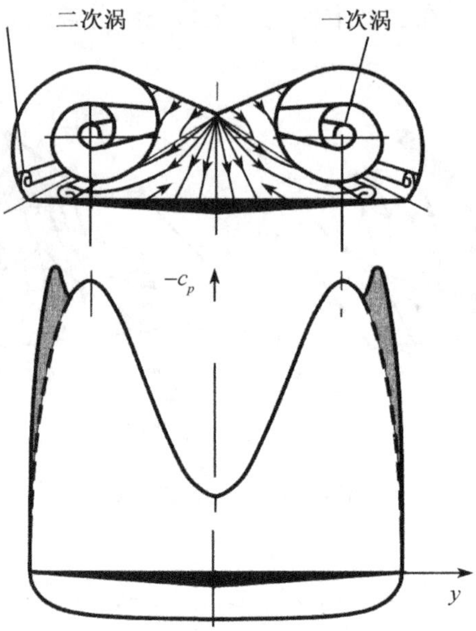


图 6.51　三角翼漩涡的形成和截面上的压强分布

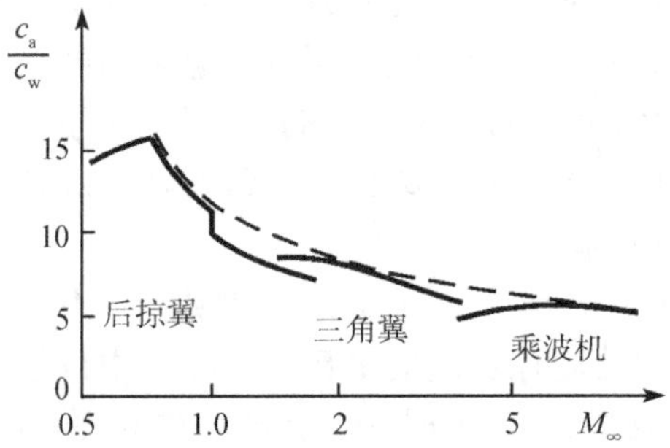


图 6.52　升阻比 $c_a/c_w$ 随马赫数的变化

假设是弱激波 (小扰动) 情况，如同亚声速一样，无黏超声速流动也能应用线化位势方程 (4.20)

$$(1-M_\infty^2)\cdot\frac{\partial^2\phi}{\partial x^2}+\frac{\partial^2\phi}{\partial y^2}+\frac{\partial^2\phi}{\partial z^2}=0 \tag{6.60}$$

流动具有线性性质。我们在 6.1.2 节中已经用过普朗特 - 格劳特法则于亚声速区域和阿克莱特法则于超声速区域，为了推导这些相似律，我们对位势方程 (6.60) 作一个变换，即在变换后方程中不再显式出现自由流马赫数。假定变换后的参考流动为

$$x^{'}=x,\qquad y^{'}=C_1\cdot y,\qquad z^{'}=C_1\cdot z,\qquad \phi^{'}=C_2\cdot\phi \tag{6.61}$$

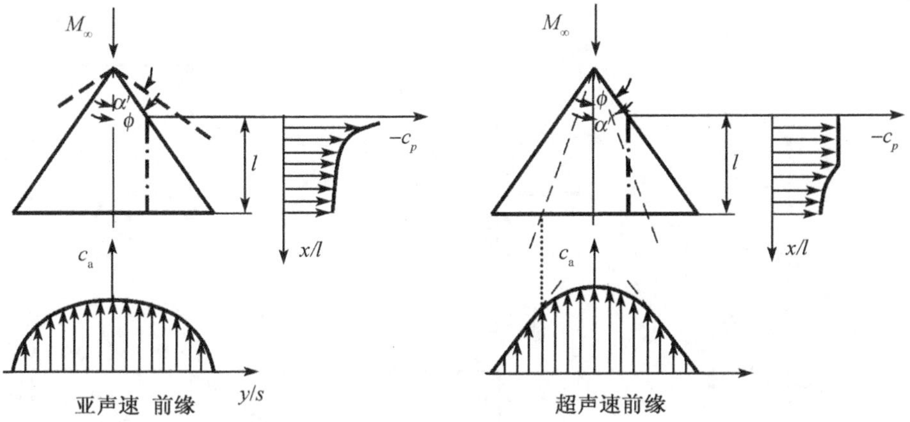


图 6.53 三角翼沿机翼弦长 $l$ 的压强分布和沿机翼翼展 $s$ 的升力分布

按消去马赫数的要求来确定 $C_1$，于是当亚声速 $M_\infty < 1$ 时得 $C_1 = \sqrt{1 - M_\infty^2}$；当超声速 $M_\infty > 1$ 时得 $C_1 = \sqrt{M_\infty^2 - 1}$。变换后得到对亚声速的位势方程为

$$\frac{\partial^2 \phi'}{\partial x'^2} + \frac{\partial^2 \phi'}{\partial y'^2} + \frac{\partial^2 \phi'}{\partial z'^2} = 0 \tag{6.62}$$

超声速流动时的位势方程为

$$\frac{\partial^2 \phi'}{\partial x'^2} - \frac{\partial^2 \phi'}{\partial y'^2} - \frac{\partial^2 \phi'}{\partial z'^2} = 0 \tag{6.63}$$

亚声速流的变换后方程与不可压流的位势方程相同。超声速流的变换后方程与马赫数 $M_\infty = \sqrt{2}$ 时的线化位势方程 (6.60) 一样。变换表明，任意马赫数超声速流的计算可简化成对 $M_\infty = \sqrt{2}$ 时的计算，式 (6.61) 的变换在机翼理论中被称为**普朗特–格劳特–阿克莱特相似准则**。

对于一给定的三角翼我们得到了一个变换后的机翼，它是按方程 (6.61) 在自由流的横向将机翼放大或缩小 $C_1$ 倍而得到的。图 6.54 表示了一个给定三角翼在不同马赫数时的变换。变换后机翼在亚声速 $M_\infty < 1$ 时按不可压流动 $M_\infty = 0$ 来计算，而在超声速 $M_\infty > 1$ 时按马赫数 $M_\infty = \sqrt{2}$ 来计算。

也可将**普朗特–格劳特–阿克莱特相似准则**应用于翼剖面和迎角。变换后的厚度比 $d'/l'$ 和迎角 $\alpha'$ 可从下式计算

$$\frac{d'}{l'} = \frac{d}{l} \cdot \sqrt{|1 - M_\infty^2|}, \qquad \alpha' = \alpha \cdot \sqrt{|1 - M_\infty^2|} \tag{6.64}$$

对于 $M_\infty < \sqrt{2}$，变换后机翼具有比原始机翼小的厚度和迎角，而对于 $M_\infty > \sqrt{2}$，则有大的厚度和大的迎角。

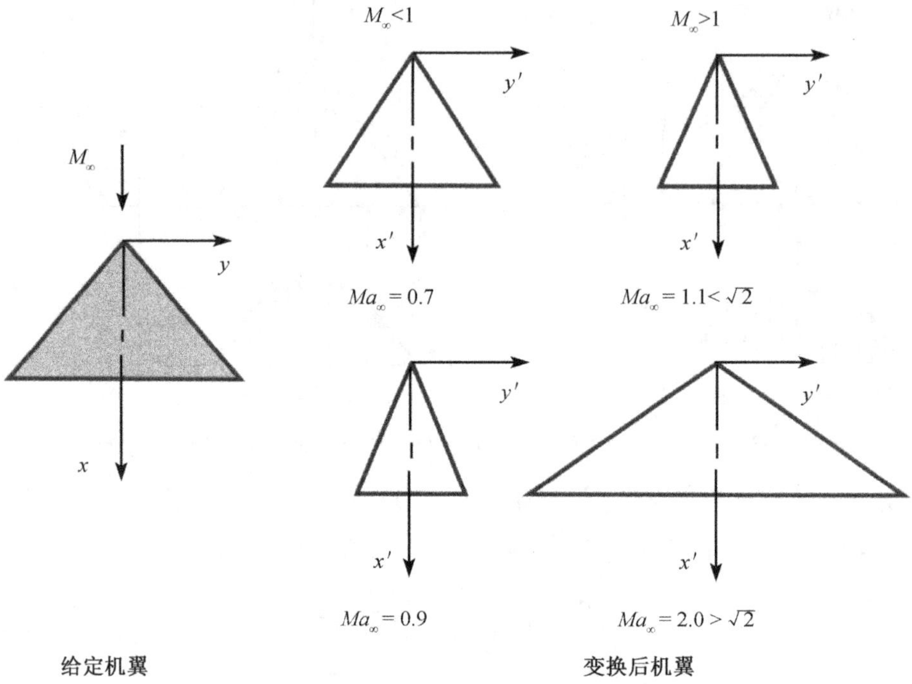


图 6.54　普朗特–格劳特–阿克莱特相似准则对三角翼的应用

压强分布的变换可从式 (6.61) 和下式取得

$$c_p = -2 \cdot \frac{u}{u_\infty} = -\frac{2}{u_\infty} \cdot \frac{\partial \phi}{\partial x}, \qquad c_p' = -2 \cdot \frac{u'}{u_\infty} = -\frac{2}{u_\infty} \cdot \frac{\partial \phi'}{\partial x'} \tag{6.65}$$

其中自由流 $u_\infty$ 对于原始的和变换后的机翼是相同的。根据式 (6.61)，我们得到

$$c_p = C_2 \cdot c_p' \tag{6.66}$$

可以从两个机翼的流线相似来确定变换因子 $C_2$。从 $w = \partial\phi/\partial z$ 和 $w' = \partial\phi' \big/ \partial z'$，我们得到

$$C_1^2 \cdot C_2 = 1$$

并从 $C_1 = \sqrt{|1 - M_\infty^2|}$ 可得

$$C_2 = \frac{1}{|1 - M_\infty^2|}$$

它导致压强系数

$$c_p = \frac{c_p'}{|1 - M_\infty^2|} \tag{6.67}$$

若仅使 $y$ 方向 (翼展) 的尺度改变，而保持 $z$ 方向 (翼型和迎角) 的尺度不变，则可实现式 (6.64) 的逆变换，遂可得压强系数

$$c_p = \frac{c_p'}{\sqrt{|1 - M_\infty^2|}} \tag{6.68}$$

图 6.55 表示了此关系，并已在 6.1.2 小节中用过。

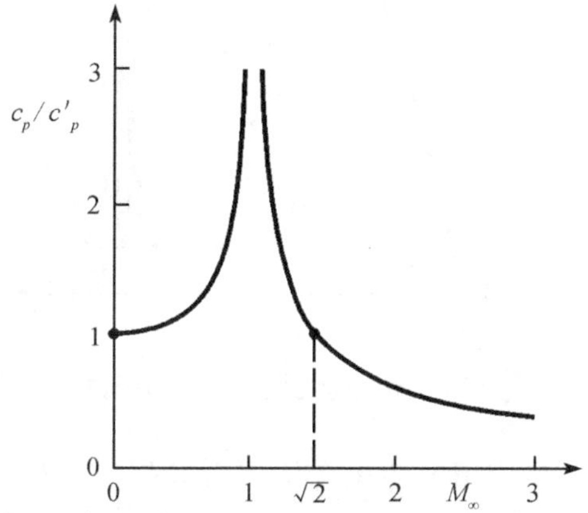


图 6.55 压强系数的变换

一个为超声速飞行设计的三角翼同样必须具有好的亚声速范围内起飞和着陆的低速特性。为保证得到连续的升力，在 3.3 节中 (图 3.9 和式 6.51) 讨论过的三角机翼上的漩涡系必须在整个马赫数范围内稳定。这要求飞行马赫数在如 $M_\infty = 2$ 时三角机翼具有亚声速前缘。应恰当选择机翼的后掠角使能得到近似于锥形流的流动 (图 6.56)，使阻力尽可能的小。三角翼的使用迎角通常以不出现非定常的涡分离、或确切地说是涡的破裂来限制，此极限迎角 $\alpha \approx 40°$，故相比于亚声速机翼，三角翼在很大迎角范围内存在一个稳定的涡系。图 6.56 中的稳定涡系可以存在于亚声速范围和超声速范围，只要能实现亚声速前缘。这要求展弦比 $s/l \approx 0.5$。

图 6.56 三角翼前缘处的定常涡分离

图 6.57 表示了某翼身组合体外形在给定迎角下飞行马赫数 $M_\infty = 2$ 时的升阻比曲线，其最大升阻比 $c_a/c_w$ 值是 7.4，此时的升力系数 $c_a = 0.15$。在起飞和着陆的亚声速飞行时，在同样的升力系数下 $c_a/c_w = 11.6$。与亚 - 跨声速飞行的后掠翼

不一样，后掠翼起飞和着陆时要求高升力的襟翼来支持升力，而三角翼则不需要，因为三角翼有稳定的涡系，其在亚声速飞行时的 $c_a/c_w$ 值比超声速飞行时的 $c_a/c_w$ 值还高。

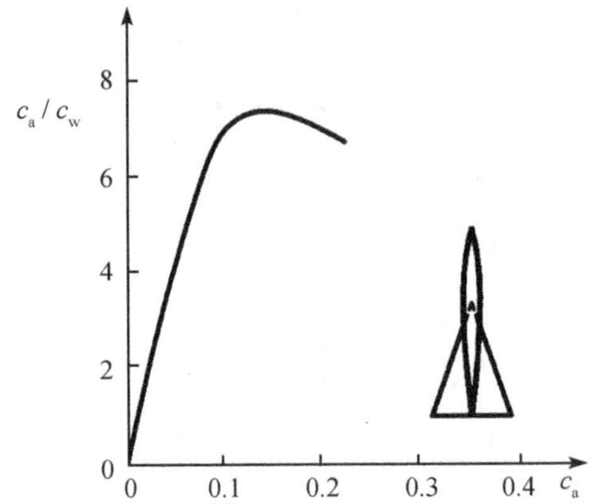


图 6.57 三角翼细长超声速飞机的升阻力因数比 $c_a/c_w$ 曲线

协和号超声速飞机是应用上述概念按飞行马赫数 $M_\infty = 2$ 设计的，其机长 $l = 62\text{m}$，翼展 $s = 26\text{m}$ (图 6.58)，$s/l = 0.42$，故近似地实现了上面讨论的在超声速飞行时具有锥形头波和细长锥形的涡系。头波加热来流气体，使超声速飞行中在驻点达到的温度为 128 ℃，机翼前缘也达到 105 ℃。因此，在飞机结构单元上除了有力学应变外还有热应变。

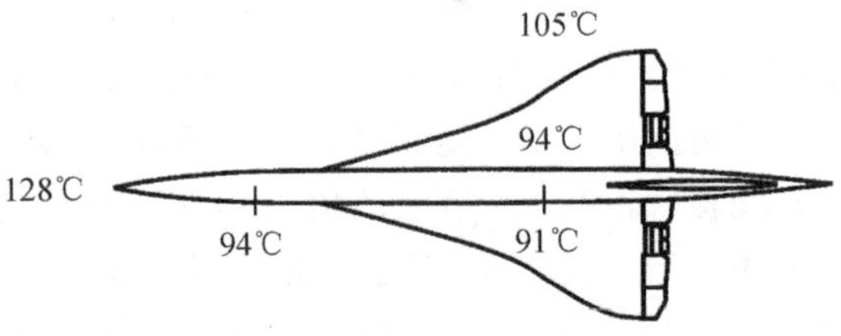


图 6.58 协和号超声速飞机，$M_\infty = 2$

图 6.59 表示了超声速飞机总阻力 $c_w$ 中各阻力成分随飞行马赫数而变化的曲线，在亚声速飞行时由涡面拖曳造成的摩擦阻力是主要的；而在马赫数 $M_\infty = 2$ 时，波阻 $c_s$ 和涡面拖曳的波阻 $c_{si}$ 是主要的。

我们称马赫数 $M_\infty > 5$ 的飞行为*高超声速飞行*。其空气动力特点是由在头波中的强激波决定的。例如，一个飞行器在近地轨道再入地球大气直到着陆过程中飞行马赫数将经历从 25 到 0 的变化。在高层大气中头波强度极大，可使再入返回舱的驻点温度达 11000K。这意味着必须考虑带化学反应的空气动力学，这将在第十一章中讨论。再入返回舱的巨大热应变要求表面曲率半径尽可能大，使热载荷尽可能低，所以出现了钝头再入返回舱或钝化的航天飞机，它们的表面应敷以热保护层 (图 6.60)。

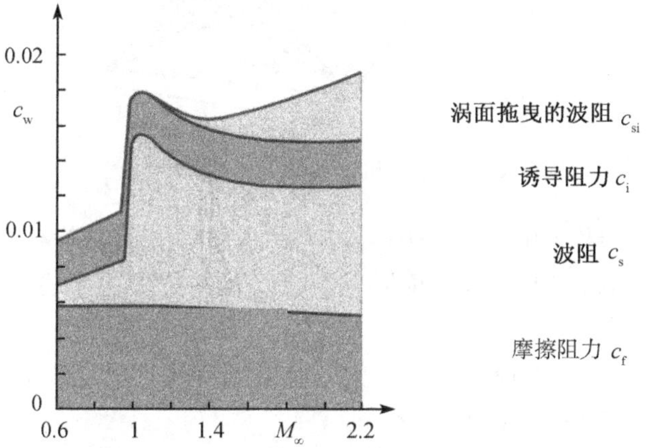


图 6.59 协和号超声速飞机的各阻力成分随马赫数 $M_\infty$ 的变化

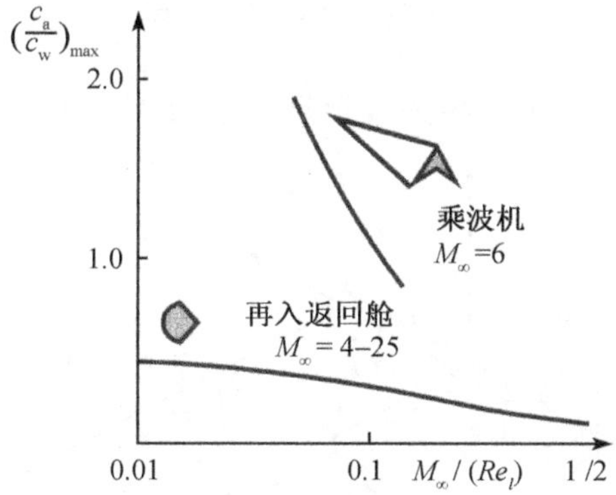


图 6.60 在高超声速飞行中最大 $(c_a/c_w)_{max}$ 值

将研究航天飞行获得的知识用于民航运输，例如，研制飞行马赫数 $M_\infty = 6$ 的长距高超声速飞机，则必须折中两种相互矛盾的要求，即要求机翼前缘钝化以减小热载荷和要求头部尖锐以减小波阻。高超声速飞机同样是细长的和三角形表面的。表面角度应合理地选择以使表面具有三角翼外形并与流线一致。若两上表面沿头波的斜激波方向，则得到一个具有超声速前缘，且不改变流场的飞机。上表面的压强是外流的未扰压强，下翼面的常值压强是由三角形表面 (图 6.61) 顶点发出的强激波决定的。这样的高超声速飞机外形，按依维勒 (Nonweiler) 的定义 (1963)，被称为乘波机。

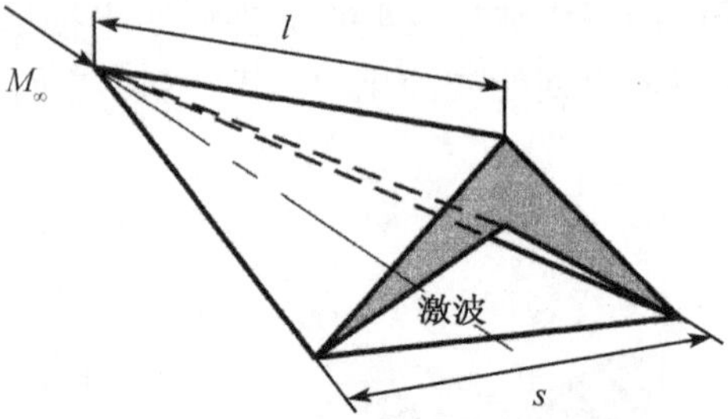


图 6.61　乘波机的几何外形和激波位置

乘波机的设计是应用 4.3.4 节中引入的斜激波气体动力学基本方程进行的，这里假定激波位置是给定的，而三角形表面的位置则是按照上述方法应用激波方程来确定的。

由于无法很经济地实现细长飞机和低表面温度的不同空气动力要求间的折中，故目前尚无高超声速民用飞机。

## 6.4　习　　题

1. 绕机翼无黏流动的最简单的表示是环量为 $\Gamma$ 的马蹄涡 (图 T6.1)。

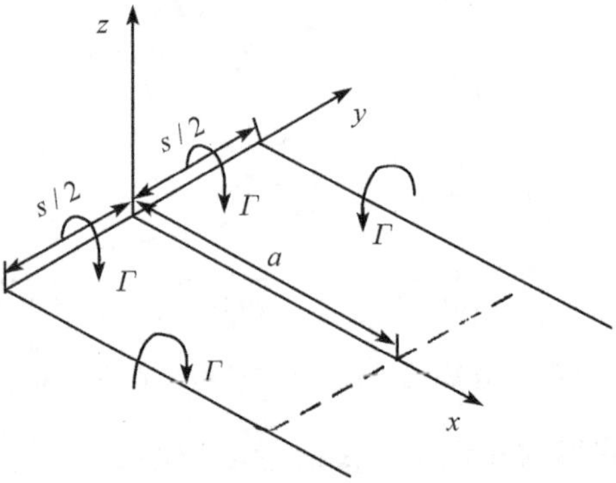


图 T6.1

(1) 用毕奥–萨伐尔定律计算沿 $x = a$、$-s/2 \leqslant y \leqslant s/2$ 线的垂直速度分量 $w$，计算每一涡线的作用

答案：$w = -(w_1 + w_2 + w_3)$

$$w_1 = \frac{\Gamma}{4 \cdot \pi} \cdot \frac{1}{s/2 + y} \cdot \left[1 + \frac{a}{\sqrt{a^2 + (s/2 + y)^2}}\right]$$

$$w_2 = \frac{\Gamma}{4\cdot\pi}\cdot\frac{1}{a}\cdot\left[\frac{s/2-y}{\sqrt{a^2+(s/2-y)^2}}+\frac{s/2+y}{\sqrt{a^2+(s/2+y)^2}}\right]$$

$$w_3 = \frac{\Gamma}{4\cdot\pi}\cdot\frac{1}{s/2-y}\cdot\left[1+\frac{a}{\sqrt{a^2+(s/2-y)^2}}\right]$$

(2) 计算当 $a\to\infty$ 时沿 $x$ 轴的诱导速度

答案：$w(y=0,a) = -\dfrac{\Gamma}{4\cdot\pi}\cdot\left[\dfrac{4}{s}+\dfrac{4}{a\cdot s}\cdot\sqrt{a^2+(s/2)^2}\right]$

$$w(y=0,a\to\infty) = -\frac{2\cdot\Gamma}{\pi\cdot s}$$

2. 假设椭圆环量分布

$$\Gamma(y) = -\Gamma_0\cdot\sqrt{1-\left(\frac{y}{s/2}\right)^2}$$

可获得具有最小诱导阻力的机翼流动。根据亥姆霍兹第一涡定律，在流场中每一点 $y'$ 处都诱导出一具有涡强 $\mathrm{d}\Gamma = (\mathrm{d}\Gamma/\mathrm{d}y')\mathrm{d}y'$ 的无限小边缘涡 (图 T 6.2)。

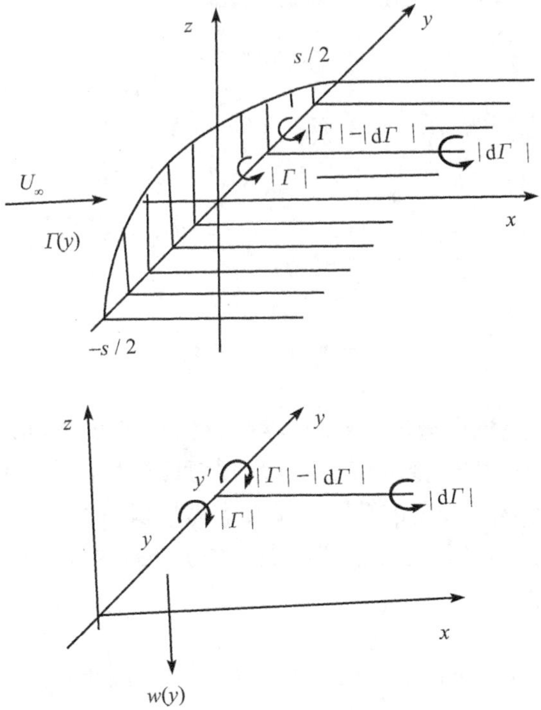


图 T6.2

(1) 计算在附着涡位置由边缘涡诱导出的垂直速度分量。

答案：$w(y) = \dfrac{\Gamma_0}{2 \cdot s} =$ 常数

(2) 计算在附着涡位置处诱导出的迎角 $\alpha_\mathrm{i} = w/U_\infty$ 和机翼升力。

答案：$\alpha_\mathrm{i} = \dfrac{\Gamma_0}{2 \cdot s \cdot U_\infty}$，$A_\mathrm{i} = \rho \cdot \Gamma_0 \cdot U_\infty' \cdot s \cdot \dfrac{\pi}{4}$

$$c_\mathrm{a} = \frac{\pi}{2} \cdot \frac{\Gamma_0 \cdot s}{2 \cdot U_\infty \cdot S}, \quad S = \text{机翼表面面积}$$

(3) 计算诱导阻力 $w_\mathrm{i}$。

答案：$w_\mathrm{i} = \dfrac{\pi}{8} \cdot \rho \cdot \Gamma_0^2$，$c_\mathrm{w} = \dfrac{c_\mathrm{a}^2}{\pi \cdot s^2/S}$

3. 细长翼型的中弧线可由给定的涡强分布 $\gamma(x)$ 计算得到，这被称为反设计方法。采用直接计算方法可从给定的中弧线几何关系计算得到涡强分布 (图 T 6.3)。

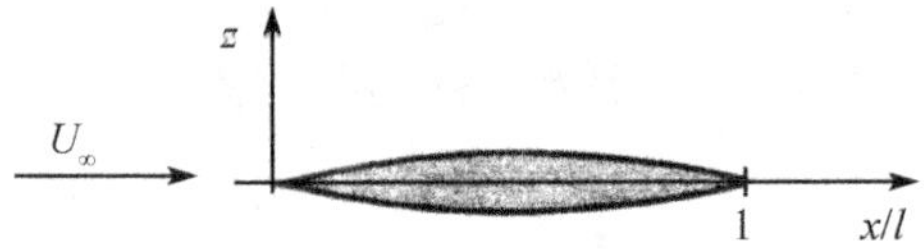


图 T6.3

(1) 对给定的涡强分布 $\gamma(x) = 2 \cdot U_\infty \cdot C =$ 常数，计算对应的中弧线方程。

答案：$f(x) = \alpha \cdot (x-1) + \dfrac{C}{\pi} \cdot [(x-1) \cdot \ln(1-x) - x \cdot \ln x]$

(2) 对给定的中弧线 $z = f(x) = \varepsilon \cdot x \cdot (1 - x/a)$，计算涡强分布和升力系数。

答案：$\gamma(x) = 4 \cdot \sqrt{x \cdot (1-x)} \cdot \left(\dfrac{\alpha}{2 \cdot x} + \varepsilon\right)$

$$c_\mathrm{a} = \pi \cdot (2 \cdot \alpha + \varepsilon)$$

4. 为了计算跨声速翼型激波–湍流边界层的相互作用，将相互作用区分为三区 (图 T 6.4)：(1) 接近声速的无黏外流区；(2) 用考虑剪切的无黏流动微分方程描述的边界层区；(3) 黏性次层。在边界层区 2 中，黏性仅通过一个给定的时间平均速度型 $\overline{u_0}(z)$ 起作用，此速度型是由激波压强扰动 $p'$ 的扰动而得。

(1) 应用扰动假设

$$u = \overline{u}_0(z) + u', \quad w = w', \quad p = \overline{p}_0 + p'$$

$$\rho = \overline{\rho}_0(z) + \rho', \quad T = \overline{T}_0(z) + T'$$

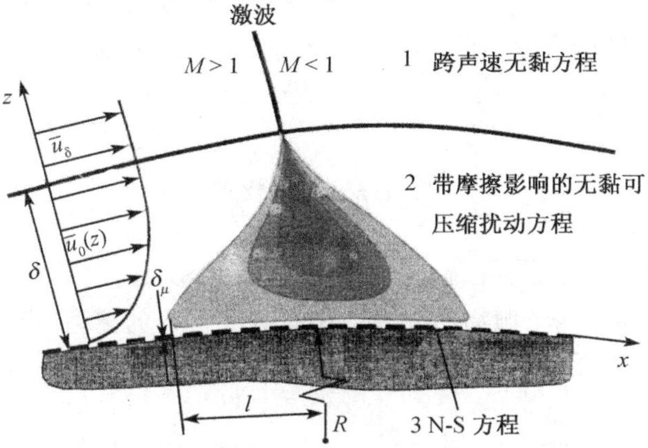


图 T6.4

从二维边界层方程

$$\frac{\partial(\rho\cdot u)}{\partial x}+\frac{\partial(\rho\cdot w)}{\partial z}=0$$

$$\rho\cdot\left(u\cdot\frac{\partial u}{\partial x}+w\cdot\frac{\partial u}{\partial z}\right)=-\frac{\partial p}{\partial x}+\mu\cdot\frac{\partial^2 u}{\partial z^2}$$

$$\rho\cdot\left(u\cdot\frac{\partial w}{\partial x}+w\cdot\frac{\partial w}{\partial z}\right)=-\frac{\partial p}{\partial z}$$

$$c_p\cdot T+\frac{u^2}{2}=\text{常数},\quad p=R\cdot\rho\cdot T$$

确定线化扰动微分方程。

答案：由于有激波，在边界层方程中必须考虑 $\partial p/\partial z$ 项，又因为 $\delta/l\propto 1$，可忽略摩擦项。

$$\overline{\rho}_0\cdot\frac{\partial u'}{\partial x}+\overline{u}_0\cdot\frac{\partial\rho'}{\partial x}+\frac{\partial(\overline{\rho}_0\cdot w)}{\partial z}=0$$

$$\overline{\rho}_0\cdot\overline{u}_0\cdot\frac{\partial u'}{\partial x}+\overline{\rho}_0\cdot w'\cdot\frac{\partial\overline{u}_0}{\partial z}=-\frac{\partial p'}{\partial x}+\mu\cdot\left(\frac{\partial^2\overline{u}_0}{\partial z^2}+\frac{\partial^2 u'}{\partial z^2}\right)$$

$$\overline{\rho}_0\cdot\overline{u}_0\cdot\frac{\partial w'}{\partial x}=-\frac{\partial p'}{\partial z}$$

$$\overline{u}_0\cdot u'+c_p\cdot T'=0,\quad \overline{\rho}_0\cdot T'+\rho'\cdot\overline{T}_0=p'\cdot\frac{\overline{\rho}_0\cdot\overline{T}_0}{\overline{p}_0}$$

(2) 试用 $M=1$ 时的临界值 $k$ 将扰动微分方程量纲 1 化，并消去 $u'$，得到 $p'$ 和 $w'$ 的两个扰动微分方程，使之可用如分离变量法等方法对其解析求解。

答案：

$$\frac{1}{\kappa}\cdot(M_0^2-1)\cdot\frac{\partial p'}{\partial x}-\overline{\rho}_0\cdot w'\cdot\frac{\mathrm{d}M_k}{\mathrm{d}z}+\overline{\rho}_0\cdot M_k\cdot\frac{\partial w'}{\partial z}=0$$

$$\frac{1}{\kappa}\cdot\frac{\partial p'}{\partial z}+\overline{\rho}_0\cdot M_k\cdot\frac{\partial w'}{\partial x}=0$$

其中 $M_0(z)=M_k(z)\cdot\sqrt{\overline{\rho}_0(z)}$，$M_k=\overline{u}_0/a_k$ 和 $Re_\delta\gg 1$

5. 上、下翼面由两个抛物形方程给定的宽度为 $b$ 的翼型，置于马赫数为 $M_\infty$ 的超声速自由流中 (图 T 6.5)

$$\frac{z}{l}=4\cdot\frac{h_1}{l}\cdot\frac{x}{l}\cdot\left(1-\frac{x}{l}\right),\qquad \frac{z}{l}=4\cdot\frac{h_2}{l}\cdot\frac{x}{l}\cdot\left(1-\frac{x}{l}\right)$$

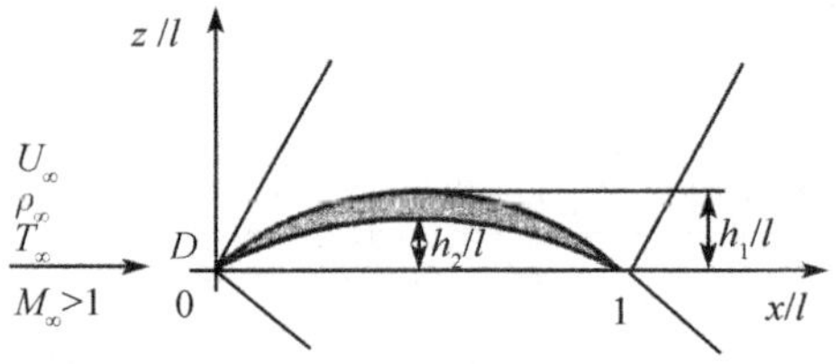


图 T6.5

(1) 确定沿翼型上、下表面 $c_p$ 随 $x$ 的变化。

答案：

$$c_{p,u}=\frac{8\cdot\dfrac{h_1}{l}\cdot\left(1-\dfrac{2\cdot x}{l}\right)}{\sqrt{M_\infty^2-1}},\quad c_{p,l}=\frac{8\cdot\dfrac{h_2}{l}\cdot\left(1-\dfrac{2\cdot x}{l}\right)}{\sqrt{M_\infty^2-1}}$$

(2) 确定上、下表面压强分布引起的对 $D$ 点弯矩 $M_D$ 的大小，已知 $M_\infty=1.4$，$l=4\text{m}$，$b=15\text{m}$，$h_1=0.1\text{m}$，$h_2=0.05\text{m}$，$\rho_\infty=0.265\text{kg/m}^3$，$U_\infty=413\text{m/s}$。

答案：

$$M_D=\frac{2\cdot\rho_\infty\cdot U_\infty^2\cdot b\cdot(h_1+h_2)\cdot l}{3\cdot\sqrt{M_\infty^2-1}}=276.8\text{kN}\cdot\text{m}$$

# 第七章　湍流流动

## 7.1　湍流流动基础

对于以相当的高速度在长直管中流动的黏性流体，哈根 - 泊阿苏依 (Hagen-Poiseuille) 定律，即压强降与流量成正比，不再适用，这时压强降显著变大，几乎与流量的平方成正比。同时还发现，在哈 - 泊定律适用的速度范围内，流线是平滑的直线 (层流)，而在速度更高时流动就成为充满不规则漩涡的运动 (湍流)。这种现象可以通过下述实验清晰地显示出来 (图 7.1, 图 4.53)：流体在玻璃管里流动，在管道入口处用滴管注入少许染了色的流体，则在低速时染色线是平直的，但当湍流发展 (速度较高) 时，这根线就会破碎，并使颜色几乎均匀地扩散。还可观察一下从一圆孔喷入静水池的水射流，在流体速度很低时，射流是光滑和定常的，速度高时它变成非常复杂的大小不同的漩涡 (图 7.2)。

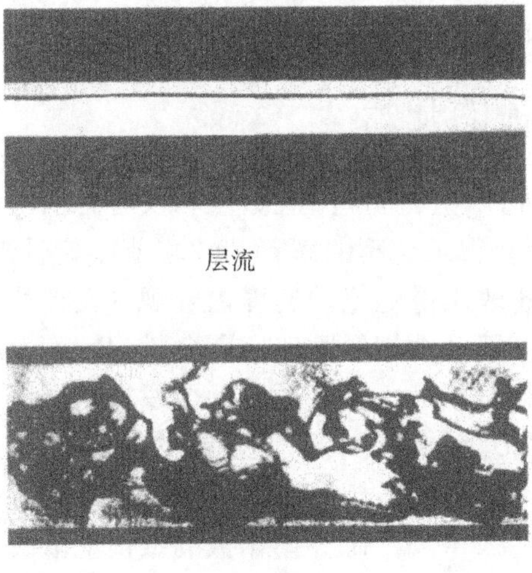


图 7.1　层流和湍流的管流

图 7.2　湍流水射流

这两幅图片都是静态的，没有涉及流动中发生的动态相互作用。观察告诉我们，在演化过程中，流体微团受到了拉伸、折叠和倾斜，因而通过破裂和凝聚失去其原有形状，同时不断出现新的形状。流动的这种演化和发展，并不完全同样地重复着。所有这些特征对湍流输运质量、动量和热量的能力具有深刻的影响。在适当条件下，诸如边界层、物体后尾流、热对流以及地球物理的和天体物理的流动等不同流动结构中都会发生湍流，虽然每种湍流的来龙去脉不尽相同，但其作用都是相似的。

实际上湍流在技术领域和控制诸如对人们活动有很大影响的天气和气象等现象方面，都起着很重要的作用。没有湍流，在汽车发动机中的空气和燃油就不能及时掺混，大气和海洋中的热量、污染物和动量等的输运和扩散将都很微弱，简而言之，我们在地球上将无法生活。湍流同样具有令人不愉快的结果，如它增加了管道、飞机、船舶和汽车等中的能量消耗，被归咎为影响空中旅行安全性因素之一，还破坏电磁信号传播等。湍流应用研究的主要目标是确定和控制在诸如工业搅拌器和燃烧室、核反应堆、飞机进气道、船舶周围以及火箭喷管内流等不同应用中湍流的影响。湍流理论研究的主要目标是了解其复杂性的动力学原因，描述并量化其特性以及了解体现于一个流动特殊特性中的普适特性。更宏伟的目标是了解湍流的统计复杂性是否也为其他诸如颗粒流动、裂和地震等现象所共有。

总之，从作为时空复杂性的一个范例和实际重要性这两方面来说，湍流都是一个研究内容很丰富的问题。存在着三个主要方面的问题需要考虑：湍流的起因，湍流充分发展的流动现象，以及在给定情况下湍流的控制。我们将先给出关于湍流建立的简要说明，然后主要讨论第二个问题。

## 7.2　湍流的开始

在过去近 120 年内，为了回答湍流如何产生的问题，在数学和实验的前沿领域都投入了巨大的智慧，并至少在某些方面获得了合理的解释 (4.2.4 节)。定性地看，若分子输运产生的动量交换不能足够有效地比得上流动速度内宏观脉动产生的输运，则将发生从层流至湍流状态的转捩。使用动力相似原理，雷诺 (O. Reynolds) 认为一个现在以他名字命名的量纲 1 参数超过某一临界值时，就会发生从层流至湍流状态的转捩。雷诺数式 (4.51) 的定义是 $U \cdot l/\nu$，其中 $U$ 是流动的特征速度，$l$ 是特征长度，$\nu$ 是流体的运动黏性。

实际情况要比雷诺原先设想的复杂得多，例如，临界雷诺数的数值就取决于流动和许多其他因素，如原始湍流度 (除明显地受为速度和长度尺度选定的精确定义的影响外) 等。不过在达到临界雷诺数之前流动是层流和稳定的，之后变成湍流，这一概念在实践中还是很自然的。

### 7.2.1　线性稳定性

研究不稳定性的一般情况是在仔细准备好的实验中给以很小的扰动。此概念推动了线性稳定性理论的巨大发展，从 1880 年的瑞利 ( Rayleigh L ) 开始，随后雷

诺 ( Reynolds O　1883)、奥尔 ( Orr W M F　1907)、索末菲 (Sommerfeld A　1908)、泰勒 ( Taylor G I　1923)、海森伯格 (Heisenberg W　1924)、林家翘 ( Lin C C　1955)、昌德拉塞卡尔 ( Chandrasekhar S　1961) 和其他 (如德拉辛 (Drazin P G )、赖顿 ( Reid W.H.)) 等都做出了有深远意义的贡献。线性稳定性理论计算因小扰动使层流运动变得不稳定时的雷诺数。

由于仅在相对高的雷诺数 (或等价于小黏性) 时不稳定性才增长，因此首先按本质上是无黏的问题来处理是合理的。实际上，无黏不稳定性常能解释具有有限黏性流体的某些现象，特别是最大涡量发生在流体内而不是边界上的那些流动。两个速度不同的平行流汇聚在一起形成的混合层就是一个极好的例子 (A. Michalke 1970)。

对某些流动无黏不稳定性会给出令人难以置信的答案，例如，无黏不稳定性理论表明一为静止而另一以有限速度运动的两平行板间流体的平面库埃特 (Couette) 流在所有雷诺数下都是稳定的。但实验表明在量级达千的某个有限值雷诺数 (基于运动平板的速度和两板的距离) 时，流动确实不稳定。初看起来此现象令人费解，因为若流动在没有黏性时是稳定的，则可以合理地认为由黏性提供的附加阻尼会使流动更稳定，而不是减小稳定性。可是正如托尔明 ( Tollmin W　1929) 和随后的林家翘 ( Lin C C　1955) 更充分地解释的那样：黏性扮演着难以琢磨的角色，可助长不稳定性 ( Drazin P G et al.　1981)。

对于在一很薄平板上的边界层，这些论点已经有了很好的解释，并有大量的文献可查 (4.2.4 节) 边界层流动在实用上是很重要的一种流动，因为湍流常常在边界层中产生，为了研究黏性流体边界层中扰动的初始增长，奥尔 ( Orr W M F　1907) 和索末菲 (Sommerfeld A　1908) 从 N-S 方程中导出了一个现以他们的名字命名的线性微分方程式 (4.73)，此方程的解具有如图 4.58 所示的形态。在中立稳定曲线 ($\omega_i = 0$) 内二维波扰动是不稳定的 ($\omega_i > 0$)；在外面，它们是稳定的 ($\omega_i < 0$)。在不稳定区域内，若扰动在空间是均匀的，则它们随时间按指数形式增长；若在空间某点引入扰动，并允许它们随着传播而增长，则它们在空间也按指数形式增长，或若扰动具有波包的形式，则它们在空间和时间都按指数形式增长。

进一步的研究表明，在流动中平均流动速度和振荡的相速度相同的地方会形成一个二次特征层，不存在摩擦时将导致流体质点运动的奇异性，因为它们在很长时间内承受着同样的压强梯度。可是若此二次层内是有黏性的，则扰动不会有奇异性，因为黏性的存在，使纵向运动的相位移产生阻尼效应，它与二次边界层的扩大一起给出了雷诺数的临界值。这里我们仅述及基本物理学，但这曾是托尔明为了计算临界马赫数所取得的显要成绩。

有一些流动可用线性稳定性理论对其失稳条件作出很好的估计。失稳条件常采用与恰当定义的雷诺数相关的某些量纲 1 参数来表达。例如，H. Oertel Jr. 和 J.

Delfs (1996) 的理论就相当好地预估了两同心旋转圆柱体间的流动失稳及开始形成环形涡的临界数 —— 泰勒数。泰勒数等于用旋转圆柱的角速度、两圆柱的间隙和流体黏性而定义的雷诺数的平方。同一理论也很好地预估了瑞利数 $R_a$，它是热交换从定常传导模式变成包含六角形或旋转形式的结构化模式的临界数。瑞利数度量浮力效应相对于黏性及扩散效应之比，浮力促使流体微团克服重力而加速，而黏性和扩散效应是力图减速的。一对水平无限延伸的平板间流体，当底部平板加热而顶部平板冷却时，热输运方式在 $Ra = 1708$ 时不再纯粹是传导 (8.2.1 节)。在论述自由对流问题的工程文献中还常用格拉斯霍夫 (Grashof) 数 $Gr = Ra \cdot Pr$ 表示失稳条件，其中普朗特数 $Pr = \nu/\kappa$(9.2 节)，$\kappa$ 是流体的热扩散。

在相当大的一类流动中，包括刚才被提到的，层流线性稳定状态的丧失是形成湍流重要的第一步，第八章将对此作深入的讨论。这一复杂过程的下一步是非线性阶段，这时扰动已增长到具有很大的振幅，开始和平均流动互相作用，并因此相互作用而不再按指数律增长，下面对其作简单的讨论。

### 7.2.2　非线性稳定性

对导致湍流的不稳定性的研究已取得了很大的进展。朗道 ( Landau L D) 提出了趋于湍流的准周期路线 (Landau L D et al.　1991)，在此路线下，接连的不稳定性以前所未有的速率发生，并在其积聚点处达到湍流的极致，也有人提出了不同的非线性系统中生成瞬时复杂状态 (或混沌) 的其他可能路线，如数步路线 ( Ruelle D et al.　1971) 和双周期路线 (period-doubling route)，Feigenbaum M J　1978) 等。实际上在很多非线性系统包括流体的流动中都可观察到这些情况 (故可被认为是普适的)。但湍流的出现是一个包括时间和空间复杂性的结果，因此，虽然存在着一些共同的概念，但取得的进展或多或少是基于各自研究的问题达到的。特别是趋于湍流的路线并不是唯一的，因为中间过程并不仅是接连的不稳定性中的一个，还同样受到流动对总是存在的各种背景脉动感受力的影响。例如，对于平板边界层，除非非常小心地控制扰动水平，否则转捩过程可能完全被绕过；另外点式扰动也可能被卷进三维波包，并很快发展成湍流斑，正如我们知道的，这些斑点合并形成湍流。

对于边界层，很小心地控制背景噪声水平和起始条件，可以再现很多细节，出现下述序列的情况 (图 4.56)：初始不稳定模态 —— 托尔明 - 施里希廷波一旦增大至有限振幅，流动即产生展向的差异。这些展向差异在风洞中出现得较慢，可以以人工诱导方式来很好地研究。如克莱本诺夫 ( Klebanoff P S.1962) 等在平板上等间距地粘贴小条带，他们的测量揭示了反向旋转涡的出现和在脉动速度中形成确定的峰和谷。加大展向差异，就出现了大剪切薄层，特别是在峰处，这与科瓦斯纳 ( Kovasznay L S G　1962) 等的观察是一致的。斯杜阿特 ( Stuart J T　1963) 表明了，存在着大的展向差异时对流和涡的拖曳会产生高强度的小层，实验中也发现了类似的层，这些层具有拐点，并是无黏不稳定的，从而导致更高频率的模态并在纵向和展向形成新的漩涡。涡结构的演变使速度信号中出现尖峰，这在尼希卡 ( Nishioka M 1990) 等二维槽道内的大量实验中已被观察到 (图 7.3)。在出现尖峰的附近生成了湍流斑，湍流斑有界线明确的形状 ( Emmons H W 1951)，其中的流体接近于湍流流动，而周围被本质上是层流的流动所包围。湍流斑在传播中增长，并与其他斑点合并，变成完全发展的湍流流动。单个湍流斑的生长速度与流动雷诺数和生成斑点处雷诺数之差的平方根成正比。

关于边界层层流 - 湍流转捩的更深入讨论可见纳拉西姆汉 ( Narasimha R 1985) 等文献。

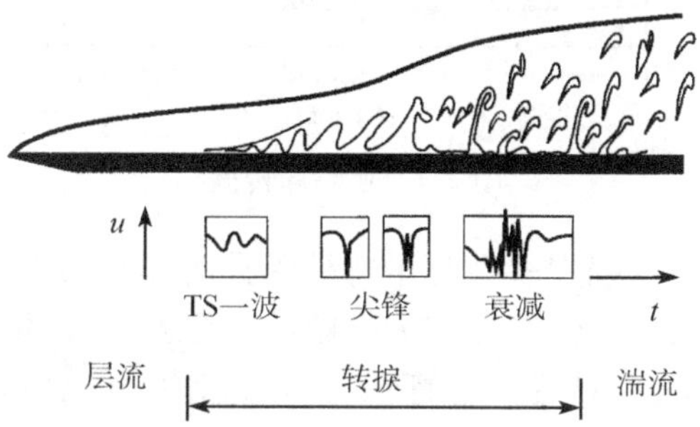


图 7.3 平板边界层中的转捩，尼希卡 ( Nishioka M 1990)

### 7.2.3 非正态稳定性

稳定性理论和实验的结合增进了我们对上面列举的一大类流动中湍流起因的了解，但是，也存在一些其他情况，不适合以线性理论作为了解湍流建立的出发点。在那些情况中湍流的开始是突发的，并包含着基本上不同于前述序列的事件，特别是很多尺度的湍流或多或少同时出现的情况，管道内的流动是此类转捩的极好例子。一般此类流动对所有线性扰动都是稳定的，其突出特点是转捩没有可再现的临界雷诺数，而后者正是线性不稳定性的特征。转捩至湍流的雷诺数取决于扰动的种类、形式和大小。为了开始湍流，初始扰动和雷诺数需要足够大，并起到互补作用，即较小的扰动水平需要较高的雷诺数，反之亦然。若管道与一光滑壁面的器皿相连处具有一尖缘，则临界雷诺数大约为 2800。若进口处足够圆滑，流动也相对无扰动，则正如所观察到的，转捩的雷诺数值可高至 $10^5$。但若流动非常不规则，则可降至约 2300(4.2.4 节)。事实上，在最后一种情况，转捩雷诺数代表了一种条件，这时大的初始扰动正好可连续地再生。林家翘 (1945) 和奥尔斯查格 (1971) 指出渠道流动与管流 (它对所有雷诺数是线性稳定的) 不一样，它在有限的临界雷诺数 5722 时，可以变为线性不稳定的，不过实验表明，常在低于该雷诺数时就发生了转捩。

在这些情形下，转捩的机制被称为是亚临界的，因为它发生于雷诺数低于线性稳定性时的值的情况，奥尔 (1907) 提出，剪切流的线性扰动即使是稳定的，也能增长一段时间 (因为稳定的概念与扰动的渐进增长相关)。很多后来的学者发展了这一论点 (Grossmann S　2000 ) 的综述。

图 7.4 表示了亚临界转捩的示意图。随着初始扰动振幅的增大，转捩至湍流发生在更小的雷诺数 $Re_l$ 时，转捩线应该被理解为对所有可能扰动形式的稳定线的包络。

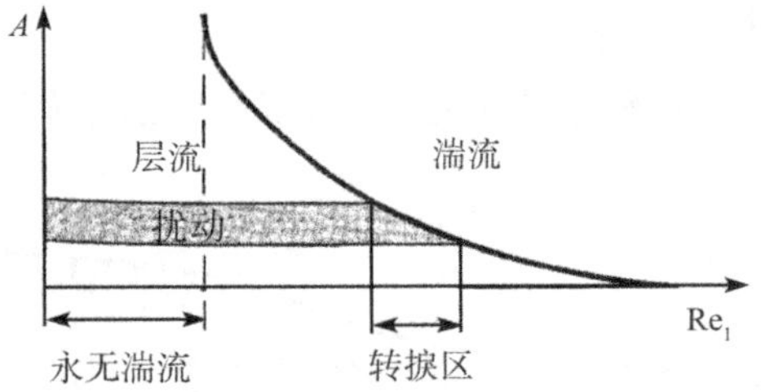


图 7.4　亚临界转捩

现已很清楚，扰动方程中线性算子特征函数的非正态性实质上反映了扰动瞬态增长的主要特性。这一特性与足够大振幅的有限扰动之间非线性相互干扰的作用一起，导致湍流的开始。线性动态特性的非正态性一般意味着一簇特征方向。适合于此簇的扰动将随时间衰减，不适合的扰动则首先代数地增长，其速度取决于非正态性和雷诺数，只有在此瞬态增长后才再衰减。但若有足够的瞬态放大，则非线性将不能再被忽略而强烈地改变了动态特性，随之出现一个不规则的脉动速度场。

## 7.3　充分发展的湍流

### 7.3.1　混合长度的概念

本章开始所提及的两种流动是充分发展的湍流实例。事实上我们并无必要知道湍流的所有细节，但对下述这样一些问题却希望能找到答案：如平均地说，喷流发展得多快？要使流体以一定的速度通过管道需要多大功率？为使飞机飞行又需要多大功率？为使燃烧室能提供一定量的热能需消耗多少燃油？为回答这样的问题，将速度分解为平均速度和脉动速度两部分 (这种分解称为*雷诺分解*，4.2.4 节，式 (4.63))，并对平均速度建立恰当的方程是十分有用的。此方程可通过将雷诺分解代入 N-S 方程并作平均而获得。此新方程 (所谓雷诺方程，见 5.2.2 节) 看上去与原来的 N-S 方程很相似，只是在黏性项中增加了一个新的应力项，从数学上看此项源于 N-S 方程中对流项的非线性；从物理上说，湍流脉动引起了流动中从一个地方到另一个地方的动量输运，并因此而平均地增加了流动的动量输运。此新的剪切应力 (称为*雷诺剪切应力*)具有 $\tau=-\rho\cdot\overline{u'\cdot v'}$ 的形式，其中 $u'$、$v'$ 分别是速度分量偏

离其各自平均值 $\overline{u}$、$\overline{v}$ 的量，上面的横线表示对时间的平均。为了求解雷诺方程和得到实用的公式，我们必须将 $\tau$ 用与平均速度相关的其他量来表示，这被称为封闭问题，类似于分子运动理论中分子的动量输运可被看作宏观的黏性而必须给定。可是，黏性是流体的属性，通过一次测定即已给定，而在湍流中却不存在这种简便性(其原因我们稍后即将说明)，因此现在已有很多方法来表示雷诺应力与平均速度分布之间的关系，它们应用了从复杂的统计学原理和物理内容不很直观的假设到或多或少显而易见却又常不能得到证明的物理概念，虽然各种方法的成功水平不同，但却都不能普适地用于所有的湍流流动。

普朗特最简单、直觉的物理描述历史性地允许我们假设流体中一定大小地微团 (或涡) 通过其看似随机的运动在流体中输运动量而取得了某些研究进展。因为在此假设下，将一个长度尺度与这些涡的直径相联系，另一个长度与这些涡相对于其他部分的流体传播时能保持完整的距离相联系就是适宜的了。我们不能说此两长度一定是一样的，但可以期望它们是成正比例的。现在假设流动的平均速度沿与流线正交的方向是变化的 (如同在管流中)，若如图 4.62 中所示，流体微团从某一位置 $y$ 处 (此处平均速度为 $\overline{u}(y)$) 沿流动的垂直方向移动一个距离 $l$，则其新、老速度差为 $\overline{u}(y+l)-\overline{u}(y)$，取一次近似，可写为 $l\cdot\partial\overline{u}/\partial y$，这给出了脉动速度 $u'$ 大小的量级估计。$v'$ 值可从下述假设中得到，即假设两流体微团从相反方向进入所考虑的薄层，然后继续运动，则将以 $2\cdot l\cdot\partial\overline{u}/\partial y$ 的相对速度彼此靠近和离去，这引起与 $u'$ 同样量级的横向速度。当然，在形成 $\overline{u'\cdot v'}$ 平均值时我们还必须考虑 $u'$ 和 $v'$ 分量的符号，很容易看到，在通过平行于边界的控制表面时流体分子离开边界要相对慢于趋向边界，所以一般来说，$u'$ 的负值和 $v'$ 的正值联系在一起，$u'$ 的正值与 $v'$ 的负值联系在一起，故 $u'\cdot v'$ 的积在两种情况下皆为负，新的剪切应力是正值，并有 $\rho\cdot(l\cdot\partial\overline{u}/\partial y)^2$ 的量级。只需对 $l$ 的意义做点小的变化，我们可以将未知的比例系数取为 1。为了使公式正确地表示出正的剪切应力对应于正的 $2\cdot l\cdot\partial\overline{u}/\partial y$ 值和负的剪切应力对应于负的 $\partial\overline{u}/\partial y$ 值，必须将剪切应力写为

$$\tau'=\rho\cdot l^2\cdot\left|\frac{\partial\overline{u}}{\partial y}\right|\cdot\frac{\partial\overline{u}}{\partial y} \tag{7.1}$$

从此近似表达式中，我们推断湍流运动的雷诺应力正比于速度增量的平方，因而得到流体阻力大致随湍流中速度的平方而变化的概念。长度 $l$ 称为普朗特混合长度，和气体分子运动理论中的分子平均自由程 $\overline{\lambda}$ 有些相像，在分子运动理论中讨论分子运动引起的的动量输运和目前讨论流体微团大尺度运动引起动的量输运在方法上是相似的。在当前情况下，质点向前向后运动对平均速度的偏离为 $u'=\pm\overline{\lambda}\cdot\partial\overline{u}/\partial y$，法向速度 $v'$ 不是正比于 $u'$，而是等于分子速度，实际上是一常数，因此由于分子运动引起的剪切应力 (黏性应力) 正比于 $\partial\overline{u}/\partial y$。在气体中，平均程 $\overline{\lambda}$ 反比于密度

$\rho$，故在黏性定义中的因子 $\rho \cdot \overline{\lambda}$ 是与密度无关的。

将 $\mu_t = \rho \cdot l^2 \cdot |\partial\overline{u}/\partial y|$ 代入式 (7.1)，得到 $\tau^{'} = \mu_t \cdot \partial\overline{u}/\partial y$，这与黏性剪切应力 $\tau = \mu \cdot \partial u/\partial y$ 相似，且 $\mu_t$ 具有黏性的量纲，可是，与分子黏性系数不同，被称为涡黏性系数的 $\mu_t$ 取决于流场的细节及其雷诺数。与通常黏性的另一重要差异是，$\mu_t$ 不是流体的单值属性，而是在流动中逐点而异的，例如，趋于边界壁面时它趋于零。实际上这些属性限制了涡黏性概念的应用，它也不像分子黏性那样令人信服。在分子运动理论中存在着分子平均自由程和表征平均流梯度尺度间的很大尺度间隔，而在湍流中混合长度常常不是流动尺度中的一个可忽略的小分数，除了这些基本限制，混合长度概念定性地但根深蒂固地存在于甚至复杂的湍流理论中。

### 7.3.2　湍流混合

湍流的影响不仅包括增加的动量输运，还有运动物质所有特性的对流输运 (热输运，混合物质量等)。除某些例外，给定特性的输运总体上是从该特性充足区域往匮乏区域的方向进行，讨论温度差异时，这意味着某种湍流热传导；讨论浓度差异时，则意味着某种湍流扩散．因单位质量流体中包含的热量为 $c_p \cdot T$，则单位时间通过单位面积的净热流量为

$$Q = -c_p \cdot \kappa_t \cdot \frac{\partial\overline{T}}{\partial y} = -c_p \cdot \rho \cdot l^2 \cdot \left|\frac{\partial\overline{u}}{\partial y}\right| \cdot \frac{\partial\overline{T}}{\partial y} \tag{7.2}$$

其中 $T$ 是温度；$c_p$ 是等压比热；$c_p \cdot \kappa_t$ 是热扩散系数 ($\lambda_t = c_p \cdot \rho \cdot \kappa_t$)。当化学和力学混合浓度为 $c$ 时，单位时间单位面积内通过的混合物质质量为

$$M = -\rho \cdot D_t \cdot \frac{\partial\overline{c}}{\partial y} \tag{7.3}$$

考虑到物质或混合物质特性的传播机制与动量的输运并不完全一致，那么，$\kappa_t$ 和 $D_t$ 在数值上是否与 $\nu_t = \mu_t/\rho$ 一致的问题仍然存在。$\nu_t/\kappa_t$ 和 $\nu_t/D_t$ 分别被称为湍流普朗特数和湍流施密特 (Schmidt) 数 (9.4 节)。它们的数值在近固壁区湍流和远离固壁区湍流 (称为自由剪切流) 中是不同的，这种不同是与两区流动中涡结构的差异相关联的。粗略地说，在近壁区内，涡轴平行于流动方向的涡居支配地位，而在自由剪切流中涡轴垂直于流动方向的涡占主导地位，前一类涡对动量输运不起作用，而后一类涡则起着很大的作用，所以，平均速度的分布和平均温度或浓度的分布在两区中具有明显的差异。在自由湍流中热交换比动量交换更占主要地位，这已经在受热棒阵后面温度和速度分布平滑化的实验被证实，在那里温度差异比速度差异消除得快得多。

一般来说，由于湍流输运和混合大大地依赖于流体微团的运动，人们可以设想它们与分子特性基本无关，事实上，远离壁面的动量输运确实渐渐地变得与流体黏

性无关，在很近壁面区，因为湍流脉动很小，黏性则始终起着重要的作用。混合物的湍流混合似乎还保留着对分子普朗特数和施密特数的某种弱依赖，这可能是因为通过湍流背景的微团在它们前面生成了瞬时边界层，因此间接地再引入了分子普朗特数和施密特数的影响。

### 7.3.3 湍流中的能量关系

雷诺应力和对应的压强差对流体微元做功，此功用来维持在微元中湍流的运动，在上面讨论的最简单情况下，单位时间内作用在单位体积上的功为 $\tau' \cdot \partial\overline{u}/\partial y$，这个功使涡能克服运动中遇到的阻力而维持自己的涡运动。单个漩涡相对于它周围流动的初始运动，本身就是一个湍流运动，若其雷诺数足够高，就会引起一个具有更小湍流涡的二阶湍流，它们依此又会产生三阶湍流，这种过程一直继续，直到最后的漩涡小得无法变成湍流为止。这些最小涡所剩余的动能由于黏性而转变成热，这意味着在湍流中产生了一系列不同的尺度，若雷诺数较大则尺度的范围也较大。

理查森 ( Richardson L F 1920)，特别是随后的科莫哥洛夫 ( Kolmogorov A N 1941) 进一步将上述简单的概念公式化了。在描述他们的工作时，人们习惯于不那么严格地使用湍流的尺度或湍流涡的尺度这一说法，科莫哥洛夫说法为湍能在最大尺度 $L$ 时引入，然后最大尺度在无耗散下一级一级地分成越来越小的尺度直到某一最小尺度，这时速度梯度是如此之大，以至耗散大到足以阻尼掉更小尺度的产生。在单位体积单位时间内转变成热能的量表示为 $\varepsilon$，它由 $u'$、$v'$、$w'$ 相对于 $x$、$y$、$z$ 的偏导数的乘积和平方的平均值组成。可用 $\varepsilon$ 和 $\nu$ 来定义这些最小尺度的特征长度和速度尺度，分别为 $l_k = (\nu^3/\varepsilon)^{1/4}$ 和 $v_k = (\nu \cdot \varepsilon)^{1/2}$，即科莫哥洛夫的长度和速度尺度。很容易证明基于这些特征量的雷诺数为 1，这与它们大小的量级和湍流中最小动力学尺度相对应的概念一致。

在 $L$ 和 $l_k$ 间形成层次结构的中间尺度的能量，是由它们的作用只是简单地将能量传递给下一级更小的尺度这种考虑来确定的，其大小由能量传递速度与尺度无关这一要求来调整。因为较短的长度尺度相应的时间尺度也较小，故能量随尺度的减小将按自相似方式而趋于零。科莫哥洛夫还假定了当尺度的大小变得更小时，尺度将变得更各向同性 (即与方向无关)。

按上述讨论可知，标准的方法是认为在湍流中真正感兴趣的只有两个长度尺度，即 $L$ 和 $l_k$。显然，在靠近壁面处或存在多种产生湍流的机制时不能期望这种方法一定是正确的，即使这样是对的，还是可以定义其他一些长度尺度，最常用的是泰勒微尺度 $\lambda$

$$\left[\left(\frac{\partial u'}{\partial x}\right)^2\right] = \frac{\overline{(u'^2)}}{\lambda^2} \cdot \text{常数} \tag{7.4}$$

泰勒表明，对各向同性湍流 (在 7.4.4 节中讨论)，$\varepsilon$ 可简单地表示为 $\varepsilon = 7.5 \cdot \mu \cdot (\partial u' \big/ \partial y)^2$，对其他形式的湍流 (壁面湍流，自由剪切湍流)，尚不清楚耗散能否通过一个普适的数值系数与单个速度梯度的梯度相关联，但正比性仍常被应用。为了简便，若用 $u'$ 代替 $\sqrt{\overline{(u')^2}}$，我们可写成 $\varepsilon = \mu \cdot (u' \big/ \lambda)^2$. 常数。由于 $u' = l \cdot |\partial \overline{u}/\partial y|$，可以在方程 $\varepsilon = \tau' \cdot (\partial \overline{u}/\partial y)$ 中用 $u' \big/ l$ 近似代替 $|\partial \overline{u}/\partial y|$，用 $\rho \cdot u'^2$ 代替 $|\tau|$，于是就有

$$\mu \cdot (u' \big/ \lambda)^2 \cdot \text{常数} = \rho \cdot u'^3 \big/ l$$

和

$$\lambda = \sqrt{(\nu \cdot l \big/ u')} \cdot \text{常数}$$

若引入 $Re_l = u' \cdot l \big/ \nu$ 作为涡运动的雷诺数，则 $\lambda \approx l/\sqrt{Re_l}$。

## 7.4 湍流的分类

湍流运动中混合长度$l$一般随位置的不同而变化，至今尚无有关它大小的一般理论，虽然在一些特殊情况下已经可用某些假设得到与实验很吻合的结果。在很多情况下相比于表观剪切应力允许忽略由黏性产生的实际的剪切应力 (见上述湍流输运和混合的讨论)，在其他情况下作出了影响更大的假设 —— 黏性对 $l$ 大小的影响可以忽略，这样，我们必须处理的就只是无黏理想流体的湍流，若雷诺数足够大，这种观点是有道理的。

我们将首先深入讨论两种情形 —— 自由湍流和沿光滑边界产生的湍流 (7.4.1 节和 7.4.2 节)。黏性在后者中的影响、沿粗糙边界的流动和绕平板的流动都在 7.4.2 节中讨论。7.4.3 节讨论分层流和曲线流动，7.4.4 节讨论风洞中的湍流 (包含关于各向同性湍流的一些讨论)，最后在 7.4.5 节讨论二维湍流。

### 7.4.1 自由湍流

在具有足够高雷诺数的自由射流与周围静止流体混合的情形中，很合理地可取每一个横截面的混合长度正比于那里射流的宽度 ($l = \alpha \cdot b$)，这里 $b$ 可以取为速度的抛物线或抛物线体分布的底部之的半，这种分布中的最大速度和运动流体的量与所考虑的实际流动一致。作出此类假设是必要的，因为实际流动中，从平均意义来看，流动光滑地进入射流，没有明显的界线。作了这样假设后，我们得到 $\alpha$ 约为 0.125。

观察表明，自由圆柱射流在足够大空间的静止流体中按如下方式传播：除了紧靠射流起始处外，射流的宽度正比于距起始点的距离，速度则反比于该距离，在整

个射流中压强与周围流体的压强接近相同。

在讨论普通的流体喷流时，有时根据伯努利定律假定随着速度的减小射流中压强升高，因此，在射流的起始点压强减小，造成流体被抽吸。然而这是不正确的，因为伯努利定律仅当无摩擦应力时才是正确的，而目前显然不是这种情况，抽吸是由于管缘周围流体以直角方式注入射流，在扩展的射流中压强实际上与周围静止流体的相同。

因此，随着与其起始点距离增加射流速度的减小完全是摩擦应力引起的，而且，速度的减小不以流过所有截面流体的量都相同的方式发生。实际情况是射流前进时会将周围静止流体的一部分带入，这一现象称为外面流体被裹入射流。另外，由于压强是常值，射流的动量 $I=\rho\cdot\iint u^2\mathrm{d}a$ 也不变，我们有 $I=\rho\cdot u_1^2\cdot\pi\cdot b^2\cdot$ 常数，其中 $u_1$ 是截面上的最大速度，从 $I=$ 常数得出 $u_1$ 正比于 $1/b$，即正比于 $1/x$，图 7.5 的照片和图 4.63 分别反映和表示此流动。

图 7.5　自由射流，(Oertel Sr H et al.　1989)

另一种重要情况是射流边缘的扩散 (图 7.6)，这里 $u_1=$ 常数，若令 $l=\alpha\cdot b$，和前面一样，我们有 $\overline{\tau'}\propto\alpha^2\cdot\rho\cdot u_1^2$，即 $\overline{\tau'}$ 同样也为常值，从管中流出那部分的流动动量损失正比于 $\rho\cdot u_1^2\cdot b$，相应的阻力正比于 $\overline{\tau}\cdot x$，故如上一例子一样，$b\propto\alpha^2\cdot x$(动量损失和阻力的计算是针对垂直于纸面单位长度的横截面作的)。从周围静止区域被裹入的流体有相同的动量增益。射流未扰部分和湍流区边界的斜率有实际的重要性，可取为 1 : 1。

还有一种情况是运动物体后面的尾流 (图 4.96 和图 4.97)。他们和其他一些典型流动已经被深入地研究过了，从辛泽 ( Hinze J O　1975) 或其他人的著作中可以找到对它们的描述。

我们应当重视的一个重要发展是自由剪切流中湍流和非湍流的瞬时边界是相当清楚的，高雷诺数时相对更为明显。对于壁面边界绕流中显露于自由流的一边这也成立。这种边界 (或界面) 也存在于有混合物的流动。在一给定的流动中湍流自身的边界和不同种类的混合物的界面并不必平均地或瞬时地匹配，但所有这些界面都具有很多尺度的涡流，从黏性或扩散效应所允许的最大到最小可能的速度。在尺度范围内这些边界的随机几何可用所谓 “分型 (Fractal)” 来描述 ( Sreenivasan K R　1991)。

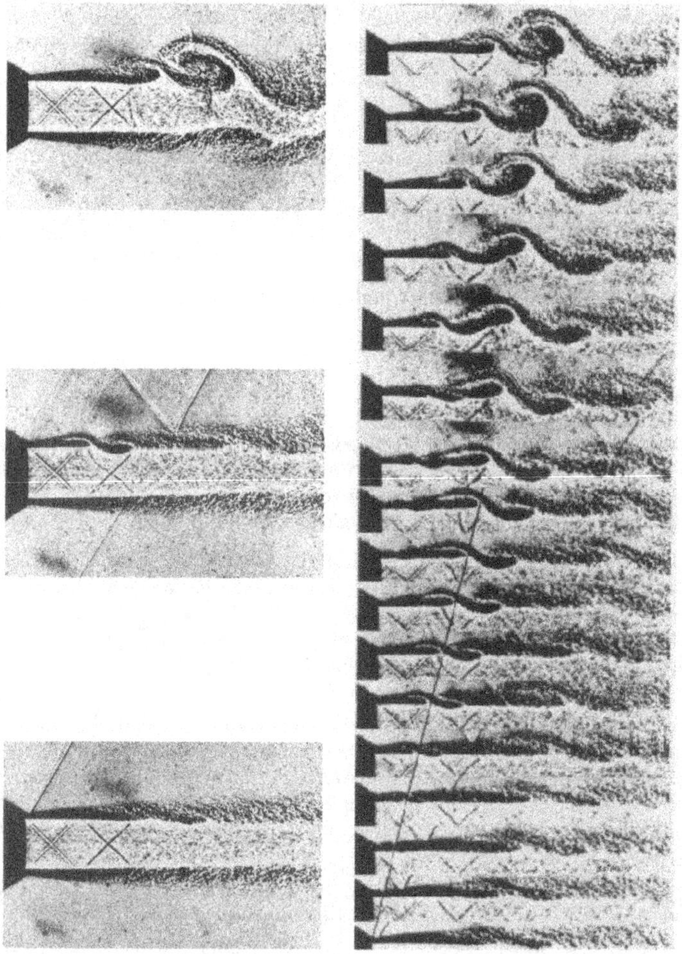

图 7.6　射流扰动，( Oertel Sr H et al.　1989)

### 7.4.2　沿边界的流动

从混合长度的定义可清楚地知道，在沿边界的流动中当趋于边界时混合长度必须趋于零，因此 $\partial\overline{u}/\partial y$ 在流动内部很小，而在边界附近达到很大的值。图 4.54 表示了在管道内湍流和层流速度分布的差别。

从 4.2.4 我们可以认为紧靠固壁的流体层即使在湍流流动情况下也黏附于壁

面，故只要壁面是光滑的，紧贴固壁形成了一个薄的次层，其中 $\partial\overline{u}/\partial y=\tau_{\text{wall}}/\mu$。必须强调，黏性底层是被高度扰动的，与过去被想像的层流差得很远。对于高雷诺数，由于流体内部强有力的混合，$\tau_{\text{wall}}$ 值是很大的，故 $\partial\overline{u}/\partial y$ 的增长率很大，黏性次层很薄。从表面的观察看，似乎在湍流运动中即使在边界本身速度也具有一个有限值。

从理论观点来看，只要简单地假设在黏性次层外的区域内剪切应力是常数，我们就可以得到流动中情况的一般概念。在实际流动中，当离壁面距离超过某一值后，$\tau$ 是连续减少的 (对于管流，在轴线上 $\tau$ 变为零)，不过，因为速度变化的大部分发生在贴近壁面附近，令 $\tau=$ 常数 $=\tau_{\text{wall}}$ 所得的公式仍然给出了实际流动情况的很好近似。对于管流，因为当离开壁面的距离增加时，落后于 $\kappa\cdot y$，所以直到轴线附近下面的公式都成立。总剪切应力 ($\tau=\overline{\tau}+\tau^{'}$，黏性应力平均值加上由于湍流的表观剪切应力) 可写为

$$\tau=\mu\cdot\frac{\partial\overline{u}}{\partial y}+\rho\cdot l^2\cdot\left(\frac{\partial\overline{u}}{\partial y}\right)^2 \tag{7.5}$$

其中第一项仅在离边界很小的距离内是重要的，若雷诺数足够大，第二项要比第一项大得多 (除了壁面附近外)，故可以忽略。取简化后式 (7.5) 的平方根，可得

$$\sqrt{\frac{\tau}{\rho}}=l\cdot\frac{\partial\overline{u}}{\partial y} \tag{7.6}$$

从右端项可以直接看出 $\sqrt{(\tau/\rho)}$ 具有速度的量纲，为了简化，引入符号 $u_\tau$，称为摩擦速度，其值与湍流的 $u^{'}$、$v^{'}$ 速度值具有同样的量级 (或更准确地，$u_\tau=\sqrt{(u^{'}\cdot v^{'})}$)。考虑到我们这里所作的假设，$u_\tau$ 可认为是常数。

现在我们假设 $y=0$ 代表一个光滑壁面，并为了简单，假设壁面沿水平方向向无穷远处延伸，再假设另一个壁面离第一个壁面无穷远，那么 $\overline{u}$ 仅取决于 $y$，遂可将写成 $\mathrm{d}\overline{u}/\mathrm{d}y$，还因为我们将不再考虑脉动，故也将不再取平均。

现在必须找到一个混合长度 $l$ 的合理规律，能给出正确的量纲。若我们进一步假设 (由观察得到的启示)$l$ 不受流体黏性的影响，那么唯一的可用长度就是离壁面的距离 $y$，故对 $l$ 在量纲上正确的唯一公式为

$$l=\kappa\cdot y \tag{7.7}$$

数值因子 $\kappa$ 仅是湍流流动中此问题的一个普适常数，以冯 · 卡门 (Th. von Kármán) 的名字命名为卡门常数，从方程 (7.6) 我们得到

$$u_\tau=\kappa\cdot y\cdot\frac{\mathrm{d}u}{\mathrm{d}y} \tag{7.8}$$

由于 $u_\tau$ 是常数，(7.8) 式可以直接解得

$$u = u_\tau \cdot \left(\frac{1}{\kappa} \cdot \ln y + C\right) \tag{7.9}$$

对于高雷诺数，当卡门常数取为 0.41 时，此表达式合理地符合实验观察 (确实，$y = 0$ 时公式给出 $-\infty$ 值，而不是零值，但我们已经知道，此简化计算将不会应用于 $y = 0$ 及其附近，在那里必须使用更准确的方程 (7.5)，并建立包括第二个长度 $\nu/u_\tau$ 的 $l$ 的修正公式。随后将讨论第二长度的作用)。

从紧靠壁面附近黏性变得重要的事实中，我们还能得到方程 (7.9) 中积分常数 $C$ 的表达式。方程 (7.9) 中括号内的表达式必须是一个纯数值，并必须不取决于所使用的单位，若我们从 $\ln y$ 中减去上面指出的长度 $\nu/u_\tau$ 的对数，就可以做到这一点，即若令

$$C = C_1 - \frac{1}{\kappa} \cdot \ln \frac{\nu}{u_\tau} \tag{7.10}$$

$C_1$ 是第二个普适数，于是

$$u = u_\tau \cdot \left(\frac{1}{\kappa} \cdot \ln \frac{y \cdot u_\tau}{\nu} + C_1\right) \tag{7.11}$$

由于最大的速度差发生在紧靠壁面附近，方程 (7.11) 同样可以作为一个很好的近似用于剪切应力 $\tau$ 取决于 $y$ 的流动，我们只要令 $u_\tau = \sqrt{(\tau_{\text{wall}}/\rho)}$，即可得到那些很接近实验值的速度值。对于偏离理论的那些情况，例如，管道内流动，$u/u_\tau$ 的实验值可以画成相对 $\lg \dfrac{y \cdot u_\tau}{\nu}$ 的曲线，此曲线条几乎是一条直线。若用公式 (7.11) 作为光滑直管内流动速度分布的近似，则尼库拉德塞 (Nikuradse J　1932) 的实验数据给出了 $\kappa = 0.40$ 和 $C_1 = 5.5$。将自然对数变成常用对数 ($\ln x = 2.3026 \cdot \lg x$) 后，将有

$$u = u_\tau \cdot \left(5.6 \cdot \lg \frac{y \cdot u_\tau}{\nu} + 5.5\right) \tag{7.12}$$

扎卡罗那 (M.V. Zagarola) 和史密斯 ( Smits A J　1998) 最近扩大了在管道内测量压力降落的雷诺数范围，使基于管道直径的雷诺数可达 $3.6 \times 10^7$，遂将尼库拉德塞实验的测量范围扩大了约 10 倍。他们证实了对数关系区域的存在 (虽然在他们测量中卡门常数稍微小些)。

应该指出还有另一种描述管流和壁面的流动中速度分布的方法，此方法的最新版本由巴雷布赖特 ( Barenblatt G I　1993) 给出。该方法认为式 (7.8) 并不严格正确，因为第二长度尺度 $\nu/u_\tau$ 的影响虽然可能很弱，但绝不会彻底消失。他们用

$$\frac{\mathrm{d}u}{\mathrm{d}y} = \frac{1}{\kappa} \cdot \frac{u_\tau}{y} \cdot \left(\frac{y \cdot u_\tau}{\nu}\right)^\beta \tag{7.13}$$

来代替式 (7.8)，其中 $\beta$ 是待定常数。积分此式，可得幂函数形式的速度分布。巴雷布赖特和他的合作者检验了尼库拉德塞的数据和扎卡罗那在较低雷诺数范围的数据，得出结论：速度分布的幂函数律比对数律具有更好的适应性。并且他们用实验数据确定了幂函数速度分布中的常数。

这里讨论的并不仅限于两个公式中的哪一个对实验数据可拟合得更好，而是讨论一种原则：即使在高雷诺数下和不太贴近壁面处，第二长度尺度 $\nu/u_\tau$ 的影响是否完全消失或还很弱地保留着？对此问题地肯定回答将对我们思考在绕壁面流动中一个量的尺度与另一个是如何关联的有重要的影响。目前，对于幂函数律和对数律哪一个更适合描述不太贴近壁面的区域还存在相当的争论。

### 7.4.3 旋转和分层流，带有曲率影响的流动

到目前为止，我们假设了地球的旋转和大气密度的分层对湍流没有影响 (然而此二者在大多数自然界的流动中是明显的)，这对于在实验室流动的大尺度是可行的，尽管这些影响对这样的尺度可能也是重要的，这只需要注意一下在澡盆排水管附近流体的漩涡和其漩转的方向。像飓风那样的大尺度流动很明显地受地球旋转和密度分层的影响。

旋转的主要效应是引入了向心力和哥氏力。向心力总是垂直于旋转轴，结构上类似于压强梯度，两者经常被放在一起考虑。在绕曲线形物体流动中，由于向心力的作用，从曲率中心向外速度是增加或减小决定湍流减弱或增强。这里，向心力大小的变化所起的作用和密度不同的分层流中重力变化所起的作用相同。

库艾特 (Couette M　1890) 研究了外圆柱 (半径 $r_1$) 旋转而内圆柱 (半径 $r_2$) 静止的两柱体之间的流动。若圆柱间间隙 $d = r_1 - r_2$ 大大小于 $r_1$ 和 $r_2$，则有一个临界的圆周速度 $v$ 使得雷诺数 $u_\phi \cdot d/\nu$ 等于 1900。若圆柱间距离较大，则上面提到的向心力的稳定效应发生作用，使临界雷诺数很快增大。另一方面，若内圆柱旋转而外圆柱静止，即使流线运动是不稳定的，也形成了交替地右转和左转且轴平行于内圆柱旋转轴的规则涡 (图 7.7 和图 8.33)。泰勒 ( Taylor G I　1923) 找到并用实验证实了发生不稳定性的条件为

$$\frac{u_\phi \cdot d}{\nu} > 41.3 \cdot \sqrt{\frac{r}{d}} \tag{7.14}$$

其中 $r$ 是两半径的平均值。

在相对小曲率的表面湍流边界层中，此种稳定和不稳定性是引人注意的。湍流掺混在凸面上受到削弱而在凹面上得到加强，流过凹面的层流流动中甚至可能产生类似于上面描述的泰勒涡。按照格特勒 (H. Görtler) 的研究，若 $\delta$ 是边界层厚度，则可认为 $U \cdot \delta/\nu = 16 \cdot \sqrt{(r/\delta)}$ 是稳定的极限。

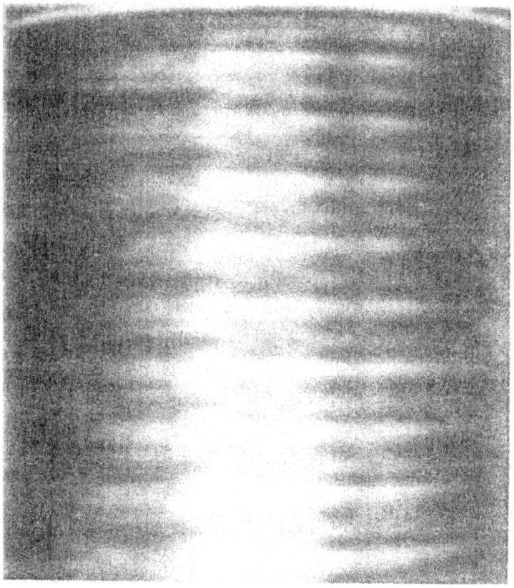

图 7.7　泰勒不稳定性

温特 ( Wendt F　1933) 实验的例子给出了示于图 7.8 的一旋转圆柱和另一不旋转圆柱间湍流的速度分布。若外圆柱旋转，动量交换少；内圆柱旋转，则动量交换大。

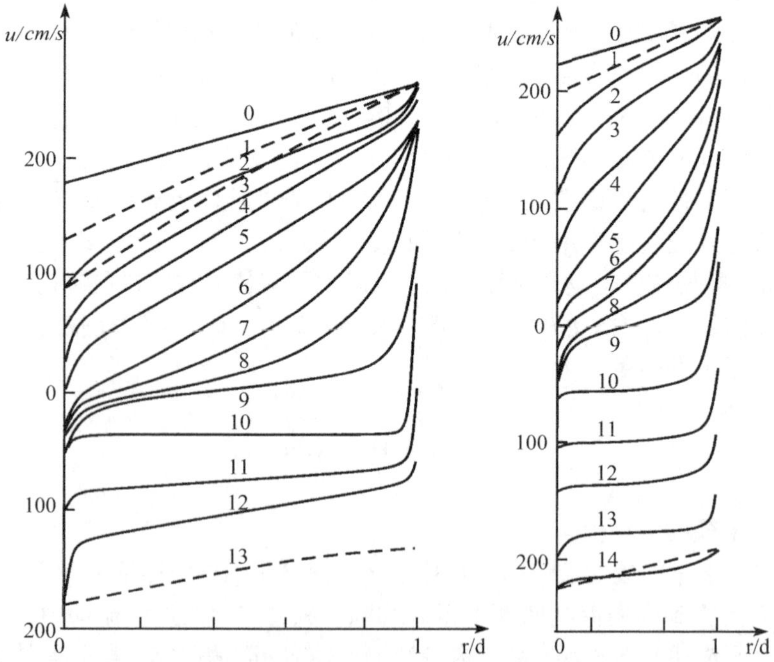


图 7.8　旋转圆柱和固定圆柱间隙中的湍流速度型 ( Wendt F　1933)

下面来解释既垂直于旋转轴又垂直于相对速度方向的哥氏力的作用。若一团流体质量从地球赤道向北运动，它将通过半径逐渐减小纬度，为保持其角动量，流体团必须旋转更快，因此向右运动。而若流体团往赤道方向运动，则它必须转慢，并相对于地球向左运动。在南半球的运动情况恰好相反。取决于纬度的哥氏力其大小正比于纬度的正弦，在旋转系中是附加漩涡和湍流的一个源泉 (第十二章)。

在每种情况下哥氏力是否重要取决于它与其他力的相对大小。惯性力和哥氏力的比称为罗斯比 (Rossby) 数，摩擦力和哥氏力的比称为埃克曼 (Ekman) 数，在大多数地球物理流动 (包括大气和海洋流动) 中惯性力大大强于摩擦力，故罗斯比数常是重要的。当然，在边界层中埃克曼数是重要的。

另一个附加的效应是由于密度的分层。在一个水平运动为主的流动中，若介质密度沿向上的方向很快地减小 (例如，在温度向上而升高的空气中，或将一层新鲜水叠加于盐水上)，则湍流掺混的过程必定使较重的那层流体运动至较轻流体之上，而轻流体层被推至重流体层之下，即维持湍流的部分功 (由平均流动产生) 被用来抵抗重力，而可能使湍流运动减弱，甚至完全消除，这就是在夜间高度较低的大气层中湍流停止和风停息的原因 (在较高处，风仍继续)。相反，地面的热辐射造成反方向的分层，使密度大的层高于小的层，遂增强了湍流。这正是发生于被称为瑞利 - 贝纳尔对流中的情况，即加热底部板和冷却顶部板的两平板中间所包含的流体的流动。

### 7.4.4 风洞中的湍流

人们对风洞中的湍流给予了很大的关注。在风洞中湍流是不受欢迎的，因为风洞实验的一个目的是模拟物体匀速地在静止空气中运动时的状态。但湍流是不能完全避免的，即使空气通过了风洞入口处的蜂窝器和筛网，还会保留有残余湍流 (图 7.9)，这将特别影响实验物体的边界层中湍流的产生和流动从物体上的分离。分离改变了靠近物面流动的特性，而大大地影响输运特性。不用说，控制风洞的湍流对研究边界层中层流 - 湍流的转捩和其他流动是特别重要的。

最早测量风洞中湍流的途径是从边界层中湍流开始出现而引起球的阻力减小来实现的，后来，舒包尔 ( Schubauer G B  1947)，斯克莱姆斯太德 ( Skramstad H K  1947) 和德莱登 ( Dryden H.L. 1948) 提出并实现了利用热线风速仪的方法。采用热线风速仪可以或多或少可靠地得到速度小脉动的数值，并发现在足够远下游处风洞的湍流 (或更一般地，通过一个栅格流动引起的任何湍流) 具有简单的性质，差不多是均匀和各向同性的，即速度脉动在风洞横截面上大小相同，在各方向上也大小相同。均匀和各向同性湍流是湍流的最简单形式，可由统计理论和理论工作所建议的实验来处理。泰勒 ( Taylor G.I.1935, 1936) 介绍了这一概念，卡门从 N-S 方程中导出了统计量的一个重要方程，他们的论文应特别参看。

图 7.9　风洞的蜂窝器后的湍流流动

莱嗣尔 (Lesieur M　1997), 巴林特 (J.L. Balint) 等拍摄

最简单的统计量是平均的脉动能

$$E = \frac{1}{2} \cdot \rho \cdot [\overline{(u'^2)} + \overline{(v'^2)} + \overline{(w'^2)}] = \frac{1}{2} \cdot \rho \cdot q^2 \tag{7.15}$$

从对流体以平均速度 $U$ 流过格网宽度为 $m$ 的栅格这种情况所做的一系列实验得知，$q$ 与栅格后的距离有幂函数关系。同样，当栅格网以 $U$ 扫过静止流体时产生湍流，它的能量衰减随时间的变化也遵循幂函数规律，幂指数约为 $-1.25$。尚不清楚此指数是否是普适的，或弱依赖于其他一些特性，如 $m$、栅格杆的直径、杆的几何形状、栅格是否被动或有一些运动的元素等。公式中比例常数则确实不是普适地并强烈地依赖于上述提及的因素。

脉动速度在空间的分布可由相邻两点 $A$ 点和 $B$ 点处速度间的相关性研究中获得。对各向同性湍流仅有两个非零的相关性，两者都是距离 $r = \overline{AB}$ 的函数。在图 7.10 中，$R_1$ 是 $A$ 点和 $B$ 点的速度在平行于线 $AB$ 相反方向上分量的相关性，而 $R_2$ 是 $A$ 点、$B$ 点速度在垂直于 $AB$ 线方向上两平行分量的相关性。正如卡门所证明的，因为连续性，$R_1$ 和 $R_2$ 由下述关系相联系

$$r \cdot \frac{\mathrm{d}R_1}{\mathrm{d}r} = 2 \cdot (R_2 - R_1) \tag{7.16}$$

从 $R_1$ 的图中可以推出湍流的特征长度：$\int_0^\infty R_1(r)\mathrm{d}r = L$，$L$ 与混合长度 $l$ 密切相关，在图 7.10 中的值是湍流运动中大涡的一种度量。湍流的能量则由产生湍流的方式控制着，根据泰勒 ( Taylor G I　1936) 的研究，耗散的统计平均值正比于 $\mu \cdot q^2 \cdot \left(\frac{\mathrm{d}^2R}{\mathrm{d}r^2}\right)_{r=0}$，其中

$$\left(\frac{\mathrm{d}^2R}{\mathrm{d}r^2}\right)_{r=0} = \frac{1}{\lambda^2} \tag{7.17}$$

基于泰勒微尺度 $\lambda$ (式 (7.4)) 和脉动速度 $u'$ 的均方根得出的雷诺数常被用来比较不同流动中的特性，这些流动的大尺度取决于几何形状。必须记住，$\lambda$ 并不代表湍流的最小尺度，在 7.2.3 节中已经提到的科莫哥洛夫尺度 $l_k$ 才是最小尺度。

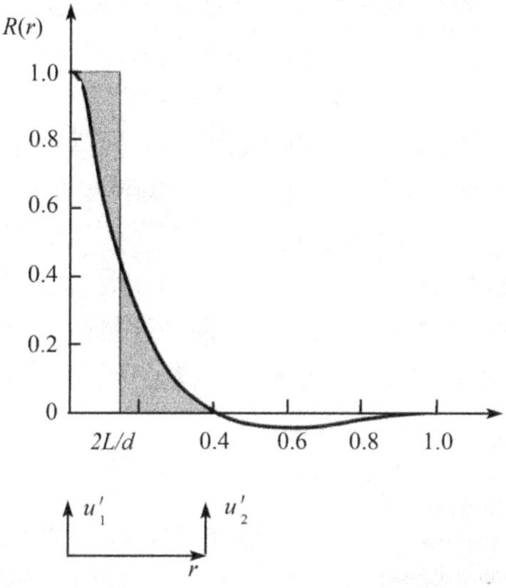


图 7.10 速度脉动的相关性

1. 各向同性湍流

正如其名字所示，各向同性湍流 (图 1.4) 没有方向的优先性，是一种数学构想。事实上，湍流只能产生于局部剪切应力存在的位置或边界的附近，其生成的过程趋向于保持一个优先的方向，但是，在离边界足够远处平均速度梯度很小，湍流常常近似地是各向同性的，当偏离不是太大时，各向同性状态常是一个好的一次近似。进而，湍流的较小尺度趋向于统计上各向同性 (虽然单个结构确实偏离各向同性)。所有这些原因表明，研究各向同性湍流是很有意义的。同时，在任何情况下，它都是理论研究最易进入的一种湍流模式，因此很显然地，有其自身的重要性。各向同性湍流也是均匀的，只是为了简便时常省略而不提及这一点。

各向同性湍流的主要技术问题是能量从一个尺度到另一个尺度的非线性输运及其耗散为热。从平均意义上，能量输运发生于从大尺度到小尺度，虽然也有瞬时地双向输运。假设平均输运从一个尺度向其相邻的较小尺度以能量级联的形式进行，即若所包含的尺度是大的，也就是说基于它们自身大小的特征雷诺数足够高，则假定该尺度仅向相邻的较小尺度传递能量而没有任何能量的耗散，当能量到达最小尺度时，则假定均被耗散，这就是所谓的理查森级联 ( Richardson L F 1920)。若上述描述对任何形式的湍流总体上都成立，则各向同性湍流是最适宜的选择。

能量级联的一个结果是当包含大部分能量 ($L$ 量级的) 的尺度和耗散大部分能

量 ($l_k$ 量级的) 的尺度相差很大时，能量耗散速率与能量注入湍流大尺度的速率相等。这种相等性已由栅格湍流的实验和在高速计算机上求解运动方程的结果所证实，只要湍流的雷诺数足够高使上述很大的尺度差确实存在。由此产生这样一个看法，即高雷诺数湍流中能量耗散速率与流体黏性无关。这种看上去反常的现象有很重要的影响，表明高雷诺数的极限 (或趋于零的黏性) 情况并不同于无黏情况。可以回忆起，此特性对包括边界层在内的所有奇异扰动问题是共有的。

对各向同性湍流所做过的最重要的工作属于科莫哥洛夫 ( Kolmogorov A N 1941)，是由理查森级联而自然地得到的。虽然是各向同性湍流激发了科莫哥洛夫的研究，但我们将推迟到考虑湍流的小尺度时来介绍他的工作，因为广泛认可的看法是湍流的小尺度是统计上各向同性的，与大尺度性质无关，或等价地，与湍流产生的方式无关。但这里必须指出一点，在所谓惯性段的尺度 (它比包含能量的尺度 $L$ 小，又比耗散能量的尺度 $l_k$ 大) 中通过能量输运过程自身的调整，使得能量的谱分布具有如下形式

$$E(k) = C_k \cdot \varepsilon^{2/3} \cdot k^{-5/3} \tag{7.18}$$

其中 $C_k$ 是所谓科莫哥洛夫常数；$\varepsilon$ 是能量耗散速率。$E(k)$ 对所有波数 $k$ 的积分等于总湍流动能，这里波数 $k$ 起着区别湍流不同尺度的作用：小 $k$ 值相应于大尺度，大 $k$ 值对应小尺度。常数 $C_k$ 从理论上无法推出，但从实验中得知，在高雷诺数时它是约为 0.5 的一个常数。

过去通过在风洞中整流栅格后或在静止流体中曳引一个整流栅格来研究各向同性湍流，近来随着计算机水平的提高，始于一给定的随机场可以数值求解 N-S 方程 (5.2 节)，经过一段计算，可解得基本上与初始条件无关的特性，复制了测量得到的湍流特性。这种模拟提供了了解一般湍流特别是各向同性湍流的有力工具。出现的一个有趣结果是，小尺度时的结构是由细长的涡管形成几种不同尺度的镶拼，目前尚不清楚这种观察结果是否对湍流理论有某些基本的影响。

### 7.4.5　二维湍流

一般地，湍流脉动速度在所有三个方向上的分量除了在固壁附近或某些形式的体积力作用于流动中外都有相同量级的大小，甚至对平均起来是二维 (如无限平板上的边界层或长圆柱后的尾流，它们沿展向没有任何平均的变化) 的流动也是如此。但在有些情况中湍流是真正接近于二维的 (即脉动主要是平面的)，例如大气和海洋的流动 (第十二章)，它们在两个方向上有很大的空间延伸，而在深度方向的延伸相对较小，这样的流动出现在分层的、并常常是旋转的环境中，是我们了解与预报诸如天气、大气和海洋中颗粒和化学物的扩散以及其他自然现象的关键。二维湍流的另一个例子是图 7.11 中所示的脂肪酸盐中的湍流。

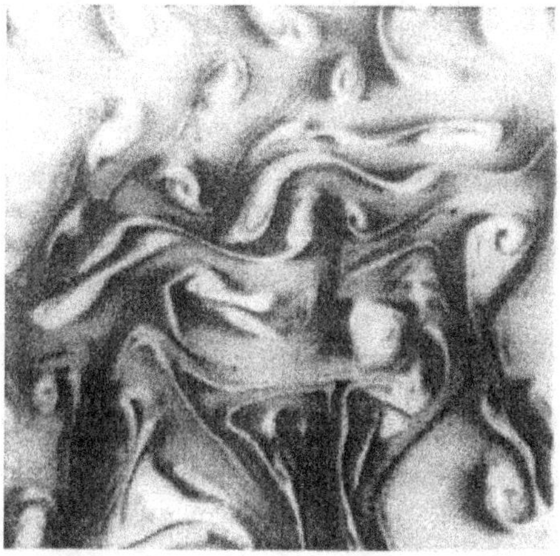

图 7.11 在脂肪酸盐中的湍流 ( Vorobieff P et al 2003)

虽然这些例子并不是纯粹的二维湍流，但很有希望表明严格的二维数学近似可使我们在研究上获得某些进展。在实验方面，目前在实验室中生成很接近二维的流动方面已取得了某些成功，它们能很好地与自然界中的流动和数学的理想结果相比拟。研究二维湍流也希望能提供对三维问题的了解，因为这两类问题有着共同的基本特征，如尺度间的能量输运、耗散机制、结构形成和进化发展等。

1. 主要理论结果

二维 N-S 方程相对的简单性使我们可以导出一些了解基本特性的结果。对不可压流体的 N-S 方程取旋度，并取无黏 (欧拉) 极限就可直接导出第一个结果，亥姆霍兹定理

$$\frac{\partial \omega}{\partial t} + \boldsymbol{u} \cdot \nabla \omega = 0 \tag{7.19}$$

其中涡量 $\omega = \nabla \times \boldsymbol{u}$ 总是沿垂直于平面的轴。这里与三维的情况有一个基本的差异：亥姆霍兹定理意味着流体微团的涡量在整个湍流生命期内是守恒的，而由于在第三方向附加的自由度存在，三维湍流允许附加的涡拉伸项 $(\omega \cdot \nabla \boldsymbol{u})$ 不为零。进而，在二维均匀湍流中，能量 $E = \frac{1}{2} \cdot \langle u^2 \rangle$ 和拟涡能 $\Omega = \langle \omega^2 \rangle$ 具有如下方程

$$\frac{\mathrm{d}E}{\mathrm{d}t} = -\nu \cdot \Omega$$

$$\frac{\mathrm{d}\Omega}{\mathrm{d}t} = -\nu \cdot \langle (\nabla \omega)^2 \rangle \tag{7.20}$$

对于三维湍流，因为涡量的黏性扩散减小，零黏性极限会导致拟涡能的增加，同时涡线的拉伸也较少受到限制，这样，正如已经指出的，三维湍流的能量耗散速率即使在无黏极限时仍保持有限值。可是在二维，拟涡能的变化仅取决于黏性效应，因

此只能减少，在无黏极限时能量耗散速率就趋于零。巴契勒 ( Batchelor G K　1948) 提出了二维情形无黏极限时拟涡能耗散速率不为零的论点，即所谓拟涡能耗散的异常。

最后一个现象是二维系统在小尺度中不耗散能量，能量被输运至较大的尺度并最终为有限系统边界处的摩擦所耗散。另一方面，拟涡能以级联方式传至小的尺度中被耗散，所以，将二维拟涡能 (涡量) 类比于三维的能量 (速度) 看来是有某些 (有限的) 价值的。此即为克拉希那 ( Kraichnnan R H　1967) 采用的方法。

2. 能量和拟涡能的级联

克拉希那 ( Kraichnnan R H　1967) 认为拟涡能和能量级联能同时存在于二维中。守恒方法和三素组波数相互作用的研究可以表明能量平均地向小波数 (大尺度) 方向输运，而拟涡能则向大波数 (小尺度) 方向输运，能量谱的反向级联估计正是遵从了已为数值模拟和实验所证实的尺度规律 $E(k) \propto k^{-5/3}$。二维湍流中能量的这种性状与三维的决然不同。这种反向能量级联意味着大涡从小涡而非其他方式产生的机制。现象学的描绘是由力的作用形成的初始涡在它们的生存周期内联合其他涡而形成更大的涡，所谓生存周期是指在边界上受到摩擦而耗尽它们所有能量所需的那段时间。二维中漩涡间的聚合过程代替了三维中理查森的涡破裂的级联。克拉希那设想的 (固定的) 反向级联看来只存在于大尺度涡中有能量的汇的情况，尽管流体本身不存在这样的特性，但若数值模拟和实验中的边界条件提供这种人工的能量汇，例如，固壁上的摩擦，就可以观察到持续的反向能量级联。图 7.12 中表示了一个下沉涡环级联衰减的例子。

正如已经指出的，拟涡能 $\Omega$ 在无黏极限时在小尺度中耗散，在一个强制的二维系统中拟涡能级联是从能量注入的尺度向更小尺度方向进行。按照克拉希那理论在惯性区内的拟涡能谱具有 $\Omega(a) \propto k^{-1}$ 的规律。可能还能记得，曾预计在惯性区内相应的能量谱为 $E(k) \propto k^{-3}$，衰减能量谱的实验观察得到在不同的时间和初始条件范围内其斜率变化在 $-3$ 和 $-4$ 间。塔培林 ( Tabeling P　2002) 对这些方面作了充分的综述。

3. 结构

强制的和衰减的二维湍流两者都有一种很多文献证明了的形成拟序结构的倾向，至今尚无对这一现象的理论了解，拟序结构的定义也还不明确，在数值模拟和实验中观察到的二维拟序结构的显著特点是它们的长生命期。人们在涡结构上拟序性的辨认、确定它们的稳定性，以及分析涡的相互作用包括涡的合并的动力学等方面已经投入了很大的力量。湍流火焰中的拟序结构将在第十一章中深入地讨论。图 7.13 表示了空气 - 气体予混合的湍流火焰中 OH 浓度的激光诱导荧光面 (LIF)。

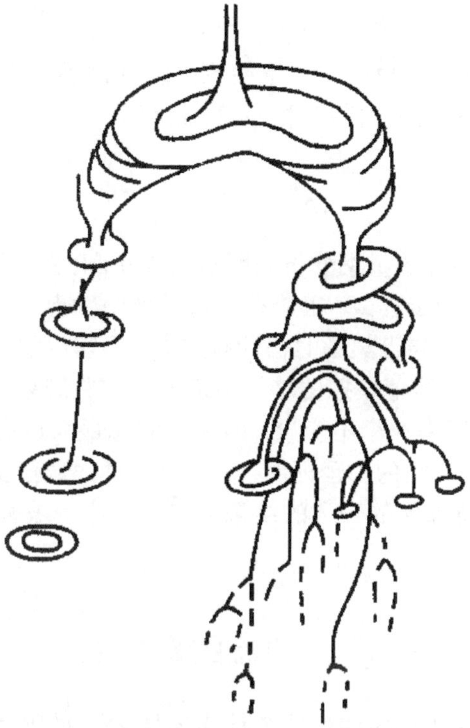

图 7.12 涡环的级联衰减 (Lugt H J 1983)

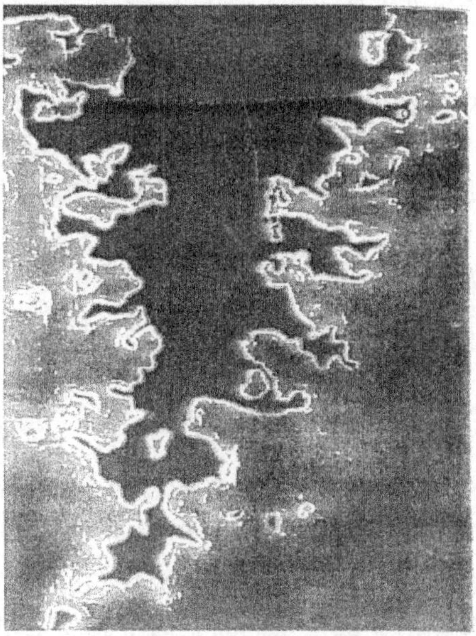

图 7.13 湍流火焰中的拟序结构 (11.3.8 节)

二维拟序结构的研究结果与大量已有的三维统计工作的结果有矛盾，因此应作补充研究，目标是提供自由衰减二维湍流的统计描述。巴契勒 ( Batchelor G K 1969) 首先提出了衰减过程的时间自相似率，量纲分析导致对涡密度 $\rho$ 衰减率的下述估计

$$\rho \propto E^{-1} \cdot t^{-2} \tag{7.21}$$

其中 $E$ 是动能密度。同样的量纲分析表明涡的大小和涡之间的空间随时间 $t$ 线性增长。这是统计描述的初步尝试。很快在数值模拟中发现，虽然看起来幂函数律确实是存在的，但其幂指数与巴契勒的估计有差异，涡密度的衰减、涡的大小和涡间空间的增长都更慢，这些数值模拟的结果最近已为实验结果所证实。有人提出在系统中除了 $E$ 以外必定还有一个不变量，即系统的总最大速度。尽管将此量作为衰减系统的不变量未得到严格的物理证明，需要有合理的数值支持，但尺度指数的重新计算得到了与经验所证实的一致的结果，支持了这一被称为普适衰减理论的框架。

## 7.5　湍流的新发展

在过去的几十年内我们对湍流的统计描述增大了兴趣，并希望在这种描述中结合已观察到的结构。湍流包含着不同长度尺度的结构和流态的生成以及相互作用，其空间和时间的高度复杂性要求采用随机的描述，人们希望概率描述能得到其普适特性的简化说明。普适性可应用的长度尺度大大小于表征系统大小或湍流形成方式的大尺度。将焦点放在小尺度上，虽可提供很大的希望，但会掩盖大尺度现象，如结构的形成、拟序性和大尺度对小结构的巨大的影响等。大尺度运动的某些特性在下述意义上也是普适的，即某些大尺度的不稳定性是有起因的。但在湍流的形状、建立和精确的表现上随流动的不同而不同，不是普适的。湍流的两种状态，即小尺度和大尺度，常常是互相独立地研究的，这是基于这样一个假设，即充分分离它们可提供彼此的独立性，当然，实际上这种独立性仅仅是一种方便的模型。

我们首先对正在应用的实验方法作一综述，然后再讨论某些近期的工作。

### 7.5.1　实验方法

小尺度快速脉动量，如速度和速度的导数等的测量仍以风速和风向热测法及热线探测法最为成功 ( Brunn H H　1995)。用这些测量得到数据后再计算流动的统计量，包括从平均特性到如雷诺应力和结构函数 (它们是空间两相邻点间速度差的矩) 等高阶矩。热线数据的局限是它们的空间信息总是用某些替代方法得到的，如采用泰勒假设，即假定气流扫过探测管时完全不会破坏当地速度。当然，可以且

已经使用了多个探测管，但管数过多将既繁琐又破坏流场。最简单形式的激光多普勒测速仪 (LDV) 又重新采用单点测量，LDV 的优点是它是非接触的，故可用于如火焰等十分恶劣的环境中。为获得全空间的信息，发展了粒子图像测速 (PIV) 技术。但是，PIV 优于 LDV 之处又受到了目前技术的限制，可达到的时间分辨率的局限限制了高雷诺数时对脉动的分辨率。最近尽力在改善传统 PIV 的这种局限，将高能粒子探测器改为跟踪高雷诺数流动中粒子的光学成像装置 ( Voth G A et al. 1998)。最后，在可控的实验室条件下，用低黏性的低温氦作为试验流体产生高雷诺数流动方面取得了令人鼓舞的进展 ( Screenivasan K R et al. 2000)，用此方法可在中等大小的装置中实现很高的雷诺数。

### 7.5.2 小尺度湍流

为了研究小尺度湍流，我们需要独立于大尺度运动的度量，尽管小尺度是附加在大尺度运动上的。一个简单的度量是相距 $r$ 的两点间的速度差，其中 $r$ 比大尺度 $L$ 小得多。常常假设当 $r << L$ 时，这些量的性状和其在各向同性湍流中的性状一样，这是一种局部各向同性的假设。大尺度各向异性效应随尺度减小而趋于零的速率是一个研究得很多并有实际意义的课题，这方面的综述可见库灵和斯雷尼瓦萨 ( Kurien S et al. 2001) 的文献。

在高雷诺数时一个有效的准确关系是科莫哥洛夫定律，按照此定律下述关系在惯性区 $l_k << r << L$ 中成立

$$\left\langle [u(x+r)-u(x)]^3 \right\rangle = -\frac{4}{5}\cdot\langle\varepsilon\rangle\cdot r \tag{7.22}$$

科莫哥洛夫定律构成了大量研究工作的基础。方程 (7.22) 的经典解释 ( Monin A S et al. 1975) 为：能量通量平均地单向地从大尺度至小尺度。此方程可确定实验中的惯性区范围，并在估算 $\varepsilon$ 上比利用局部各向同性关系 $\langle\varepsilon\rangle = 15\cdot\nu\cdot\left\langle(\partial u/\partial x)^2\right\rangle$ 更少含糊性。还作了其他努力以从此方程得到更多的信息。

外推科莫哥洛夫对速度增量高阶矩的含义，我们得到

$$\langle [u(x+r)-u(x)]^n \rangle = C_n\cdot(\langle\varepsilon\rangle\cdot r)^{n/3} \tag{7.23}$$

对于 $n=2$ 的特殊情形，方程 (7.23) 的谱当量可写作

$$\phi(a_1) = C\cdot\langle\varepsilon\rangle^{2/3}\cdot a_1^{-5/3} \tag{7.24}$$

其中 $\phi(a_1)$ 是波数分量 $a_1$ 的一维谱；$C_k$ 是前面已提到的科莫哥洛夫常数。格兰特 (H.L. Grant 1962) 等首次证实了方程 (7.24)，随后的研究者也发现了谱斜率接近于 5/3。已有数据表明，科莫哥洛夫常数在很宽的雷诺数范围内是约为 $0.5 \pm 0.05$ 的常数。

在耗散范围内科莫哥洛夫论断得出如下的谱密度

$$\phi(a_1) = f(K) \cdot \langle\varepsilon\rangle^{2/3} \cdot a_1^{-5/3} \tag{7.25}$$

其中 $K = a_1 \cdot l_k$ 是用科莫哥洛夫长度尺度 $l_k = (\nu^3/\langle\varepsilon\rangle)^{1/4}$ 正则化的波数，普适函数 $f(K)$ 是未知的 (除了在小 $K$ 时它趋于 $C$)。从低雷诺数时的数值模拟可知，谱密度似具有 $K^{a'} \cdot \exp(-g \cdot a)$ 的形式，其中 $a' \approx 3.3$，$g \approx 7.1$。高雷诺数时 $g$ 会小一些。实验数据在某种程度上支持了方程 (7.25)，但数据的吻合不是完全令人满意，基于小尺度多重分型现还提出了另一种在耗散范围内的谱的普适性。关于此方法的讨论可见文献 (U. Frisch　1995)。

目前的情况是不能说式 (7.23) 很准确，甚至对于二阶统计量；对足够大的 $n$，实际情况必定会偏离方程 (7.23)。在大气边界层中，在高雷诺数空气和氦流动中，惯性区内速度增量的概率密度函数随尺度 $r$ 连续变化，若用扩展指数 $\mathrm{e}^{\Delta u_r^m}$ 来拟合，则扩展指数 $m$ 随 $r$ 平滑地变化，从在耗散区约为 0.5 至 $r$ 趋于总尺度时约为 2(即分布变为高斯的)。若科莫哥洛夫的论断是正确的，则 $m$ 将是与 $r$ 无关的常数。然而已有经验迫使人们放弃最广泛意义上的科莫哥洛夫普适性，尽管在大多数有限值的雷诺数下作估算时它仍很有价值。

### 7.5.3　惯性区和耗散区中的间隙性

按照奥布克霍夫 ( Obukhov A M　1962) 的建议，人们现在相信科莫哥洛夫普适性失败的原因是能量耗散速率的强变化性 ——间隙性现象。奥布克霍夫建议将科莫哥洛夫公式中的 (总的) 平均能量耗散速率 $\langle\varepsilon\rangle$ 用定义在半径 $r$ 的小球内的当地平均值 $\varepsilon_r$ 来代替。对于 $r << L$($L$ 是特征的大尺度)，变量 $\varepsilon_r/\langle\varepsilon\rangle$ 是一脉动量，且按照奥布克霍夫假说，是 $r/L$ 的函数。这样，凡在包含不同能量耗散速率水平的区域内取平均时，大尺度就显而易见地进入惯性区的统计。科莫哥洛夫关于耗散速率是对数正态分布的假设 (1962) 使奥布克霍夫的假说更为明确，他还在考虑了奥布克霍夫的建议后从根本上重新定义了他的假说，给出了改进的相似假说，最后的修正给出了人们期待的幂函数律

$$\langle\Delta u_r^n\rangle / u_0^n = C_n' \cdot (r/L)^{\varsigma_n} \tag{7.26}$$

其中大尺度速度 $u_0$ 和系数 $C_n'$ 不是普适的；但幂指数 $\varsigma_n$ 被认为是普适的，虽然不等于 $n/3$。$\varsigma_n$ 偏离 $n/3$ 是惯性区间隙性的标志，惯性区间隙性同样可从实际经验中推论出，即波数带的概率密度函数随中段波数的增加出现明显平坦的尾部。

巴契勒和汤森 ( Batchelor G K et al.　1949) 表明了，耗散量概率密度的非高斯分布性态随尺度的减小而增强；从补充的意义上说，耗散量随雷诺数的增加而变

得更加非高斯分布。这些是耗散尺度内间隙性的两个标志。能量耗散的尺度指数定义为

$$\langle \varepsilon_r^q \rangle \cdot \langle \varepsilon \rangle \propto (r/L)^{-\nu_q} \tag{7.27}$$

此处省略的比例常数并不是普适的。写出此幂函数的合理性可用分裂系数或乘数来解释，它们代表当大小为 $r$ 的涡分裂为 $r/2$ 大小的两个涡时能量耗散所占的百分数。这个乘数虽然是很有用的，目前还不清楚是否对湍流是根本的。非定常的尺度效应意味着 $\nu_q$ 是 $q$ 的非线性函数。事实上，存在着很多企图解释已观察到的耗散区和惯性区尺度间隙性的模型，这些模型用多重分型计算效果最好 ( Borgas M S 1992)，多重分型提供一种方便的超级结构。科莫哥洛夫的原始模型是一种蜕化情况，由莫宁 (A.S. Monin) 和雅克罗 (A.M. Yaglom) 描述的其他方法 (1975) 也是一样。这些模型与 N-S 方程的联系是很弱的，由于模型的具体物理特性无法直接试验，故它们是否成功主要基于它们与实验的吻合程度来评估。

已获得了方程 (7.27) 中指数 $\nu_q$ 在高和低雷诺数流动中的一些测量结果，尽管测量它们很困难，但不同数据组间的一致性却惊人地好。

某些其他耗散区间隙性的测量包括速度和环量的尺度指数，结论是拟熵能比能量耗散率更为间隙。类似地，被动标量的耗散率指数也要比惯性 - 对流区内 ($L$ 和 $l_k$ 之间) 能量耗散场更为间隙。相反地，在黏性 - 对流区内却发现尺度指数是正常的 (也即无间隙性和所有间隙指数实质上皆为零)。

### 7.5.4 湍流的计算

近几十年内计算能力随时间按指数律增强，人们原则上能从合适的初始条件开始求解 N-S 方程而无需任何进一步的物理近似来计算湍流的演化，这称为直接数值模拟 (DNS)( Moin P et al. 1998)。希望可用 DNS 来计算很多重要的流动，尽管也很清楚对其他一些流动，如绕整架飞机或船舶的流动，或在海洋和大气中的流动，即使可以用 DNS 来处理，也将是许多年后的事了，因而需要在我们计算流动的能力上有某些创新。同时也很清楚，湍流的物理特性不能仅靠计算来了解，尽管若结合本章讨论的一些机理原则，计算将是很有帮助的。在某种意义上，我们仍处于积累我们对湍流知识的早期阶段。用漩涡场来表示湍流的漩涡法 ( Chori A J 1994) 为某些情形，特别在二维情形提供了另一种方法。

问题的另一方面是，由于我们常感兴趣的是湍流的平均特性，就可以通过对 N-S 方程取平均而得到感兴趣的平均量的雷诺方程，从 7.3 节的讨论中知道这将会出现一些附加项 (5.2.2 节)，对于描述平均速度的方程这些项是标准的雷诺应力项，需要适当的模型化。此方面的研究对于实际应用是很重要的，同时，调整我们对湍流动力学并不充分的了解以获得工程问题可接受准确度的估算结果这种需求也推

动着模型研究的发展，斯贝齐尔 (C.G. Speziale 1991) 给出了对这些模型的一些说明。

在此两种极端方法之间有一种只计算大尺度在时间和空间变化，而不求解小尺度的方法，其概念是大尺度给出流动的形态，并在热量、质量和动量输运中承载较大负荷；而未被求解的小尺度的影响可由适当的参数化来模型化，对大多数目的来说并不需要深入了解。由于小尺度几乎普适的特性，原则上可以得到一种小尺度的实用模型。此种计算方法称为湍流的大涡模拟 (LES)，人们只写出对大尺度的方程，并对出现的一些新项作模型化，这些新项与平均运动方程中的雷诺应力相似。研究小尺度结构的部分原因是为了了解其普适特性，以便将其适当地模型化和参数化而能够正确地计算大尺度。这些方法的综述可见文献 ( Lesieur M et al. 1996, Pope S B 2000)。

近年来基于微观模型和中观运动方程的数值方法已成功地用于计算某些湍流流动，模型基于现在被称为格子玻尔兹曼方法 (lattice Boltzmann method, LBM) 的方法。在通常的流体动力学计算方法中，求解前要在恰当定义的细网格上离散宏观连续方程，而在 LBM 中人们构造简化的体现本质物理特性的微观模型，其基本前提是：作为研究微观质点集合性状的宏观动力学对微观物理特性精确的细节是不敏感的，只要这些特性满足一定的守恒性即可。此类方法特别适用于包含界面动力学和复杂边界的流体流动。方法的综述可见文献 ( Chen S et al. 1998)。

1. *湍流的拉格朗日方法*

由于湍流的输运特性是由无限小流体微元的平流控制的，自然地会采用拉格朗日观点 —— 跟随流体微元的运动。拉格朗日随机模型对于计算特别是带有反应流动的湍流掺混和弥散已变得十分重要 ( Pope S B 2000)。莫宁和雅克罗 ( Monin A S et al. 1975) 曾综述了拉格朗日方法的早期发展，对近期工作的认识可见文献 ( Yeung P K 2002)。

在目前研究活动中重要的方面之一是利用在欧拉构架中得到的 DNS 数据来构造拉格朗日轨迹和计算所选的特性包括速度、加速度、时间尺度、速度梯度、能量耗散、沿拉格朗日轨迹被动携带的标量的特性等。拉格朗日概念已被很有用地用于亚格子尺度模型中。在基础水平上它们已被用于解决被动标量 (下一节) 模型化的各方面问题，还通过跟随拉格朗日群来研究几何特征对尺度考虑的影响。当然，还存在着研究湍流中拟序结构和特性时采用拉格朗日方法更为自然的看法。最后，利用原先在高能物理中采集数据的一些巧妙实验方法，傅斯 ( Voth G A 1998) 等测量了质点的拉格朗日加速度，表明分布具有涉及到很多标准偏差的尾部。

2. *场 —— 理论方法*

湍流问题曾不止一次地被描述成古典物理中最后一个未解决的问题，但可能不会再像它过去那样的特殊了，因为理论物理现在还面对着其他重要的强干扰问题。其中某些，如量子色彩动力学中的色封，仍困扰着我们。其他有些，如三维空间中的临界现象，已经可用几种方法成功地计算临界尺度指数，尽管对自然界或在实验室再现的物理系统尚无法计算我们很感兴趣的其他非普适的量，如临界温度等。

很自然地希望使用在类似问题中已取得某些成功的方法来解决湍流尺度间非线性耦合的基本问题。很遗憾，使临界现象理论取得突破性成功的那些方法中尚无一个能在了解和预测湍流中给出比较有意义的结果。不过，还是取得了相当的进展，应用此类方法于湍流已给出了某些重要的见解，特别地，摄动技术在计算白噪声平流被动标量、简化模型的湍流尺度指数等方面取得了很大的成功 (Falkovich etal. 2001)。

3. 展望

湍流或许是流体流动中最复杂的运动形式，包含彼此互相嵌入的结构和强脉动，若考虑其中某一个的同时忽略其他，则无法提供对所有情况都有效的完整的图像。

我们已经指出，在提供给定湍流的形状和形式的大尺度与耗散的小尺度间作尺度分离，并认为它们之间的相互作用是弱的，这种做法是方便的。这表示小尺度是接近普适的，可不必太多地处理流动细节。但是这仅仅是一种湍流的模型，虽对其已作了很多阐述性的工作，但深入的研究结果还出现得很慢。

常常说每个湍流都是不同的。大尺度的确是不同的，但在大尺度运动中存在取决于初始和边界条件的不同程度的拟序，此拟序的影响能够 (也应该) 用适当的统计学方法最终被捕获到，但尚不清楚所用的统计学方法和数学角度上方便的结构对正确说明此观察到的拟序是否是最好的。

经常提到的另一个意见是湍流与稳定性无关。的确如此，由幅值很小的线性扰动引起的不稳定性对维持湍流流动只有很小的作用，但稳定性的论据却被顺利地 (并常常是成功地) 用来描述所观察到的拟序结构。目前还不清楚这种不稳定性的性质，但显然，研究湍流的好学生应该精通流体动力学稳定性的各个方面和由此机理生成的多种结构。这样，从逻辑上就自动地引入了第八章。

# 第八章　流体力学不稳定性

## 8.1　流体力学不稳定性的基础

本章讨论受到扰动后的流动状态，这里流动*稳定性*的概念起着重要的作用。稳定性是确定流动保持还是改变其状态的一个判据。流体力学的不稳定性可以引起流动转捩为湍流，是转捩和湍流时空流型形成的一个重要准则。我们在 4.2.4 小节和 7.2 节中已用过管流和边界层流中的稳定性概念，本章将用线性稳定性理论来确定流体力学不稳定性发生时的临界雷诺数。

### 8.1.1　流体力学不稳定性的实例

我们来观察一支点燃着的香烟的烟气在周围静止空气中的上升，如图 8.1 所示，开始在香烟附近烟气沿光滑的直线路径上升，到达一定高度后烟气突然散开成明显无序的时间和空间上不规则脉动的结构，带有烟气颗粒的流动经历了从层流到湍流的状态变化。

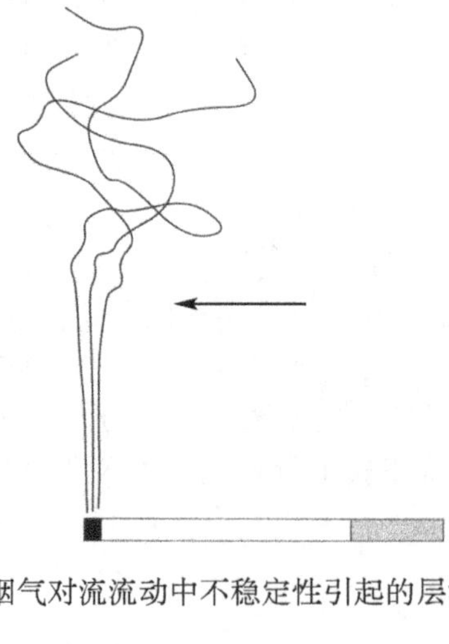

图 8.1　上升烟气对流流动中不稳定性引起的层流–湍流的转捩

在很多流动问题中层流–湍流的转捩均起始于不稳定性：当如雷诺数这样的参数超过其临界值时，层流形态对于小扰动变得不稳定而不能保持。底部受热的水平流体层在重力影响下的*热分格对流*在第一章引言中 (图 1.5) 曾被用作由流体力学不稳定性决定湍流结构的一个例子。

同样，在熔化岩浆的冷却过程中可观察到瑞利–贝纳尔 (Rayleigh-Benard) 不稳定性，表面冷却时在岩浆中形成不稳定的热边界层，在边界层中重力引起具有六边形格栅结构的对流流动，固化后形成了典型的岩石柱 (图 8.2)。在 8.2.1 小节中将深入讨论瑞利–贝纳尔对流。

图 8.2 在固化外形处由分格对流形成的岩石柱

引起对流流动的密度差可能是流体中的浓度梯度，如同贝纳尔 (Benard) 对流一样，在自由表面上也形成六边形的格栅。盐水湖的枯竭过程就是这种情况的一个例子，水分从表面蒸发而留下了高的盐浓度和相应的密度的增加，于是不稳定的重流体层位于了较轻的流体之上，当超过某一临界浓度差时，形成沿格栅中心方向的对流流动，并从地面带起沙子和灰尘颗粒，这些颗粒按图 1.5 中所示的流动被带过格栅中心的浮力区域而分布至格栅边缘，最终对流流动使它们沉积于地面。按此方式在干枯的盐水湖底部形成了如图 8.3 所示的结构。在 8.2.2 小节中将讨论由浓度差引起的分格对流。

在天体系内也发生分格结构的流体动力不稳定性，图 8.4 显示了太阳表面的照片，其表面的粗糙度也是由贝纳尔不稳定性引起的，太阳表面的温度随半径的增大而降低，遂发生了不稳定的密度层次，湍流对流格栅具有约 1000km 的直径和几分钟的寿命，靠近太阳黑子，对流格栅为适应强磁场而成为纵向卷。

表现很相似的另一种热分格对流可见于两同心圆柱间充满流体的圆环间隙中，外圆柱静止，内圆柱允许超过某一临界旋转速度，在此分层流动中离心力使靠内的流体层向外挤，从图 8.5 可见，在任意小的分层扰动下均形成以发现者名字命名的泰勒涡这种环形结构 (8.3.1 小节)。再增大内圆柱的旋转速度，泰勒涡对于沿周向运动的行波扰动变得不稳定，这些时间相关的不稳定性在泰勒涡中引起周期性的振荡。旋转速度再增大，圆柱间隙中开始建立保留了原始不稳定结构的湍流流动。

图 8.3　由浓度梯度引起的分格对流

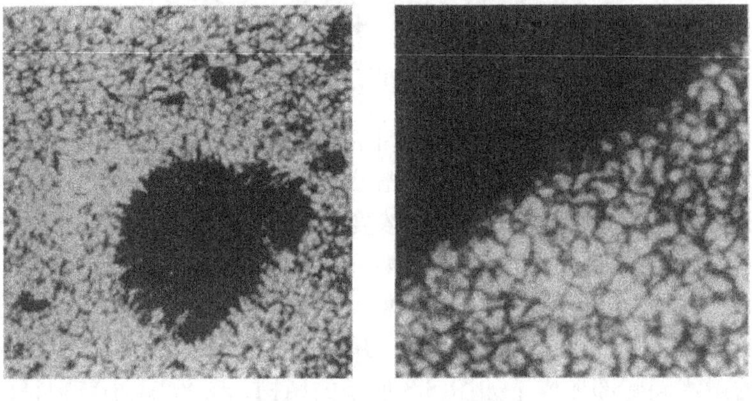

图 8.4　太阳的分格对流 (粒状表面)

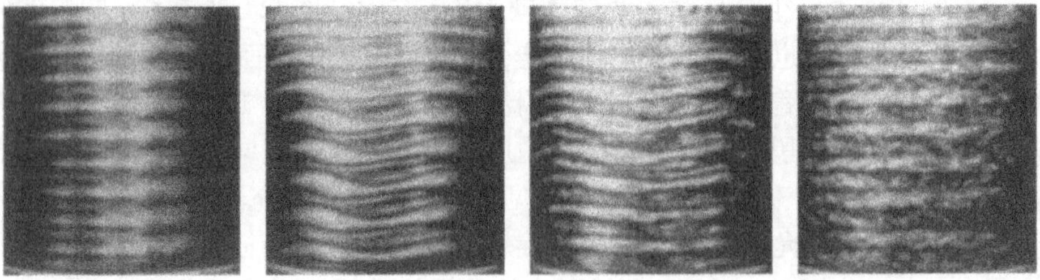

图 8.5　离心力引起的泰勒涡

在如土星和木星等行星大气中也可观察到泰勒型的不稳定性 (图 8.6)。靠近赤道的表面被分成高压和低压的两对流栅格，这就形成了具有相反方向的气体射流带，其中的剪切层上有很大的漩涡，风速约为 500km/h。在较高纬度处，内部高温引起椭圆形反旋风的漩涡，如同地球大气中的飓风，它们在木星大气的射流中起着障碍物的作用，进一步在尾流中引起周期性的漩涡，这些所谓的红斑可扩展至 22000km 的范围并且相当稳定。

木星

土星

图 8.6 行星大气中的不稳定性

当剪切流中局部扰动的幅值被放大时会发生剪切流的不稳定 (8.4 节)，并开始从层流向湍流的转捩，在 4.2 节中讨论过的尾流中的卡门涡街和边界层中的托尔明–施里希廷波都是剪切流不稳定性的例子。

实验

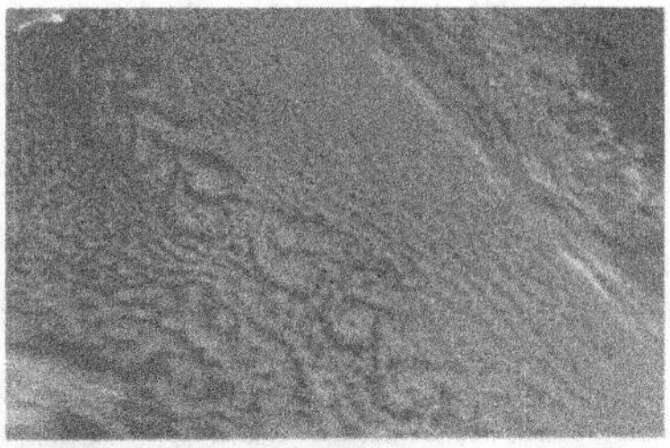
岛

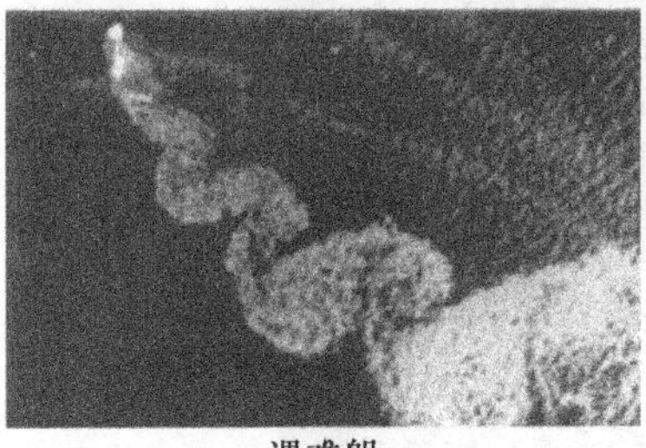
遇难船

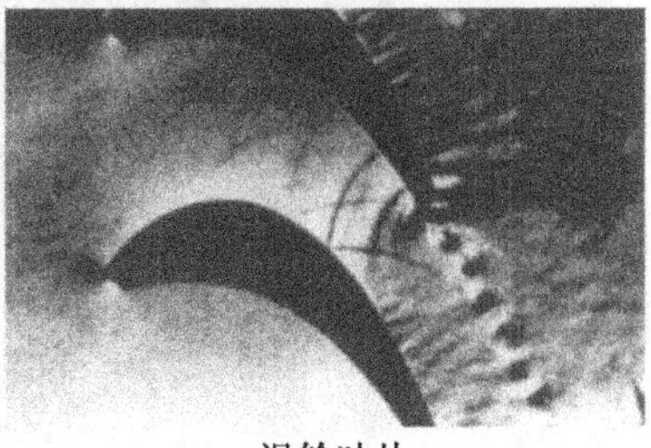
涡轮叶片

图 8.7 尾流中的卡门涡街

当超过临界雷诺数时物体尾流中剪切不稳定的结果发生了卡门涡街，遂导致时间的和空间的分离涡 (8.4.4 小节)。图 8.7 显示了垂直于来流的圆柱其不稳定尾流中流线的照片，图中还给出了对一遇难船只的航摄照片，从它内部泄漏出来的油揭示了背风面的流动情况，可看出也形成了涡街。在地球上岛屿的大气尾流中也可以看出类似的周期性涡街。涡轮叶片的跨声速流动显示再一次显示出尾流中典型的周期性卡门涡结构。

在边界层流动中层流向湍流的转捩起始于沿下游空间放大的托尔明–施里希廷波，通过转捩区内几个中间阶段后达到了 4.2.6 小节中所描述的完全发展的湍流。超越第二临界雷诺数后，平面托尔明–施里希廷波开始变得对横波扰动不稳定，在下游与边界层中的局部剪切层一起形成所谓的 λ 结构 (图 8.8 和 8.4.2 小节)，只有当这些剪切层衰减才能使湍流边界层得以充分发展。

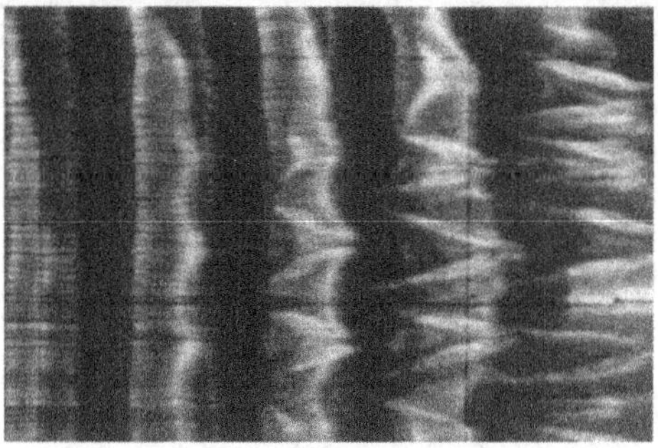

图 8.8　平板边界层转捩区内的 λ 结构 (Saric　1994)

再例如，发生在后掠机翼上的三维边界层中沿机翼的横流也能如托尔明–施里希廷转捩一样导致进一步的不稳定性，图 8.9 显示了这些发生于机翼驻点线下游的横流不稳定性，它们沿三维边界层的横向速度分量方向形成了行波和一个定常的

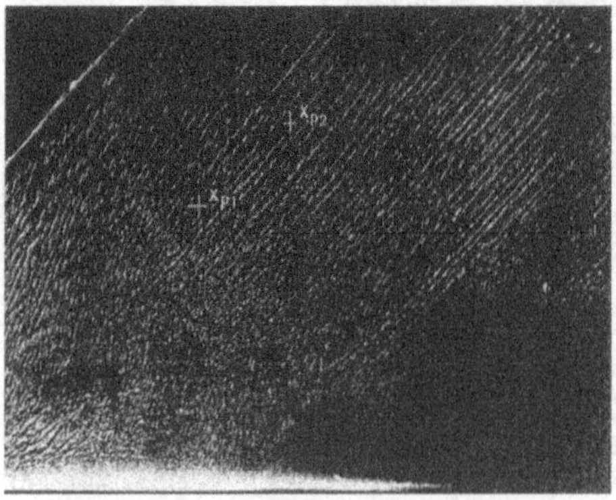

图 8.9　三维边界层中横流不稳定的衰减 (Kohama　1989)

涡型，此涡型具有和托尔明–施里希廷转捩一样的衰减历程，并在驻点线附近过渡到湍流边界层。

实际上边界层中的不稳定并不源于平面谐波，而是由诸如表面粗糙度等局部扰动引起的，其理论分析要求将 4.2.4 小节中引入的谐波稳定性分析推广。在 8.1.3 小节和 8.4.2 小节中局部扰动的稳定性理论表明，它们将在边界层中扩展的特征方向内被空间放大，并在经历了转捩过程后形成湍流楔。图 8.10 表示了由局部扰动引起的转捩和湍流楔。

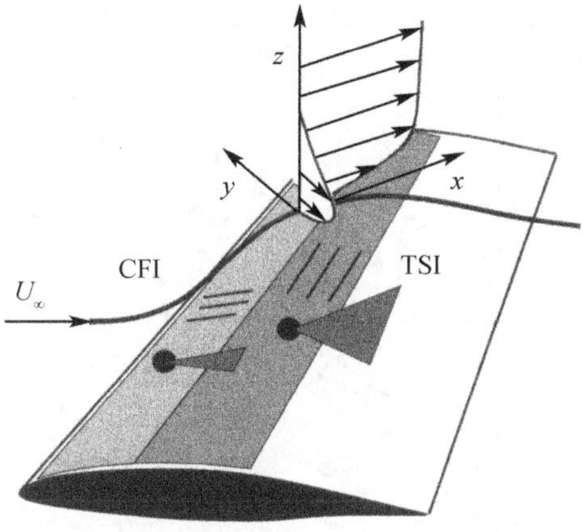


图 8.10 后掠机翼上边界层中局部横流不稳定性 (CFI) 和托尔明–施里希廷不稳定性 (TSI)

### 8.1.2 稳定性的定义

稳定性概念最清楚的例子来自质点力学。图 8.11 表示重力场中球在不同形状表面上的状态，球在凹面上是稳定的，当其偏离静止位置时，由于阻尼效应，能自己回至原位。若表面是水平的，则其稳定性称为中立的，因为球偏离其原始位置时

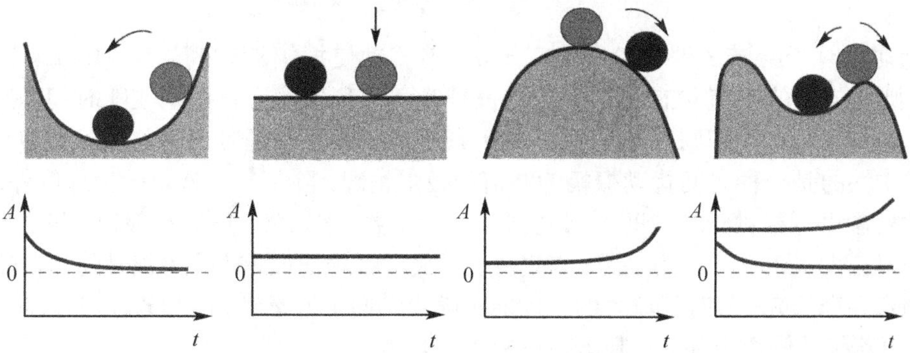


图 8.11 流体力学中稳定性概念的说明

表现为无反应。而球在凸表面上时对其静止位置的最小偏离都会使球继续偏离，即使存在阻尼效应亦然，此状态为不稳定的。图 8.11 最右的图形表示稳定特性取决于扰动强度的情况，称为条件稳定或局部稳定。

与质点力学不同，在连续介质力学中的不稳定性概念需要进一步按时间的与空间的扰动发展来鉴定。图 8.12 表示了一受热垂直平板处的定常层流对流流动，此流场受到一个小振幅周期性扰动波

$$w'(x,z,t) = \hat{w}(x) \cdot \exp(\mathrm{i} \cdot a \cdot z - \mathrm{i} \cdot \omega \cdot t) \tag{8.1}$$

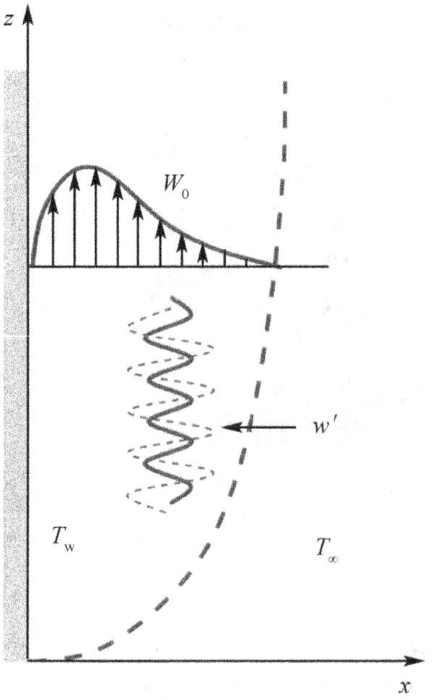


图 8.12　流体力学中的稳定性概念

在 $T_{\mathrm{w}} > T_\infty$ 的垂直壁面上的热对流

的扰动。对于给定的波长 $\lambda = 2 \cdot \pi / a$，若流动使振幅随时间增大 $(\mathrm{Im}(\omega(a)) > 0)$，则称初始的层流状态相对于此波长是时间不稳定的；若扰动波随时间是衰减的 $(\mathrm{Im}(\omega(a)) < 0)$，则称初始的层流状态相对于此波长是时间稳定的；时间中立的或中性的是一种时间扰动振幅为常值的极限情况。除了时间扰动的发展以外，稳定性概念也可相对于纯空间 ($\omega$ 为实数，$a$ 为复数) 来定义，或更一般地，相对于扰动的时空发展 ($\omega$，$a$ 均为复数) 来定义。对最后这种情况，将分为绝对的和对流的不稳定性来研究。若时间放大的扰动能量随流动向下游运动，就出现了对流不稳定性；而若扰动停留于某处，则出现绝对不稳定性。

在稳定性的数学定义中，我们假设了一个完全确定的定常流态 $\boldsymbol{U}_0 = (x, y, z)$，

其在空间每一个 $(x, y, z)$ 处的量纲 1 密度分布为 $\rho_0$，温度分布为 $T_0$，三个速度分量为 $(u_0, v_0, w_0)$，且 $\boldsymbol{U}_0 = (\rho_0, u_0, v_0, w_0, T_0)$ 状态满足连续介质力学的质量、动量和能量的流体力学守恒方程 (第五章)。问题是守恒方程的进一步解，也即系统的附加的平衡状态是否存在。为了能回答此问题，我们用一个小扰动 $\boldsymbol{u}'(x, y, z, t)$ 使流动状态 $\boldsymbol{U}_0$ 偏离其平衡状态，此扰动必须是物理上可能的，即发生于时间 $t = 0$ 时的新流动状态 $\boldsymbol{u}(x, y, z, t)$ 必须满足流动问题的边界条件。

在 4.2.4 节中我们曾引入假设方程 (4.67)

$$\boldsymbol{u}(x, y, z, t) = \boldsymbol{U}_0(x, y, z) + \boldsymbol{u}'(x, y, z, t) \tag{8.2}$$

引入扰动的大小为

$$|\boldsymbol{u}'| = \int\limits_V \left|\boldsymbol{u}(x, y, z)^2\right| \mathrm{d}V \tag{8.3}$$

这是在整个流场 $V$ 中被扰流动 $\boldsymbol{u}$ 偏离其基态流$\boldsymbol{U}_0$ 的一个度量，量 $|\boldsymbol{u}'|$ 被称为流场中的*扰动能量*。

对于扰动能量小于某一常值的所有初始扰动 $\boldsymbol{u}'(x, y, z, t = 0)$，只要其扰动的大小在所有的时间 $t \geqslant 0$ 内保持小于给定值 $\varepsilon$

$$|\boldsymbol{u}'|_t < \varepsilon, \quad 当\ t \geqslant 0 \tag{8.4}$$

基态流就是稳定的；否则，基态流是不稳定的。图 8.13 表示了对流流动中扰动能量的时间变化应用上述定义区分稳定和不稳定流动的例子。在基态流动 $\boldsymbol{U}_0$ 上叠加如 $\boldsymbol{u}_1'(t = 0)$，$\boldsymbol{u}_2'(t = 0)$，$\boldsymbol{u}_3'(t = 0)$ 等不同的初始扰动，我们注意到在无限多可能的扰动中存在着那些在不稳定流动中被激发的扰动随后随时间而衰减的扰动，例如扰动 $\boldsymbol{u}_3'(t = 0)$。对流动 $\boldsymbol{U}_0$ 还应研究其*渐进稳定性*，这出现于任何给定的扰动随时间而衰减至零时

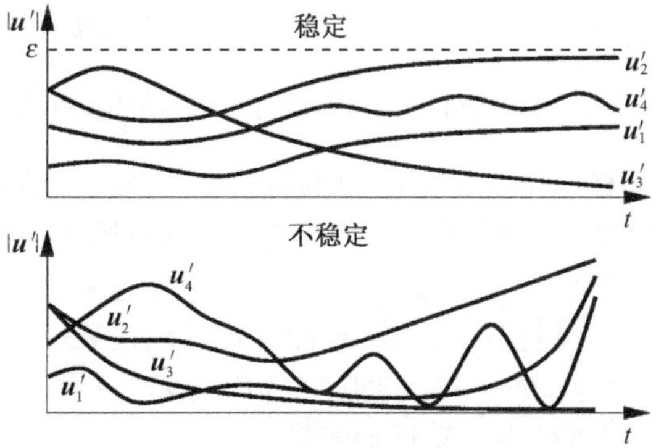


图 8.13 稳定性的定义

$$\lim_{t\to\infty}|\boldsymbol{u}'(t)|=0 \tag{8.5}$$

在这种情况下被扰系统随时间以渐进方式回到其初始状态 $\boldsymbol{U}_0$，图 8.14 给出了它的示意图。

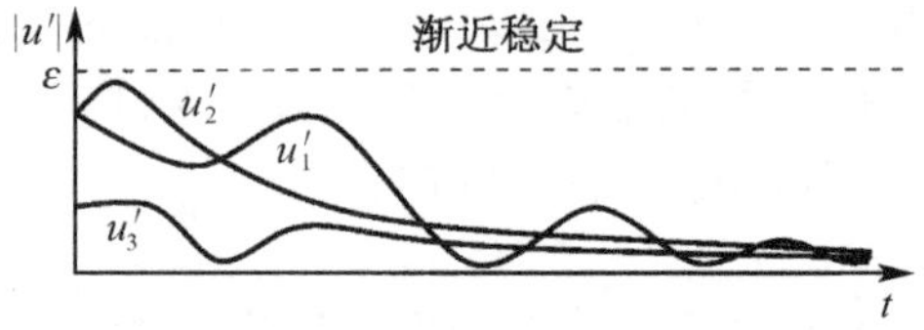


图 8.14　渐近稳定流动中扰动的形态

### 8.1.3　局部扰动

在本节中稳定和不稳定流动的定义不再是关于不稳定扰动时空发展的陈述。

为了说明此问题，我们比较两种不稳定的基态流动 $\boldsymbol{U}_0$，它们在加上扰动后具有完全不同的形态。在完全不受扰动的理想假设下，即使是超临界雷诺数情况，流动中的物体后方生成的也是定常尾流，不会出现如图 8.7 所示的卡门涡街。类似地，沿平板的理想无扰动纵向流动，尽管在超临界雷诺数下是不稳定的，但仍是层流。

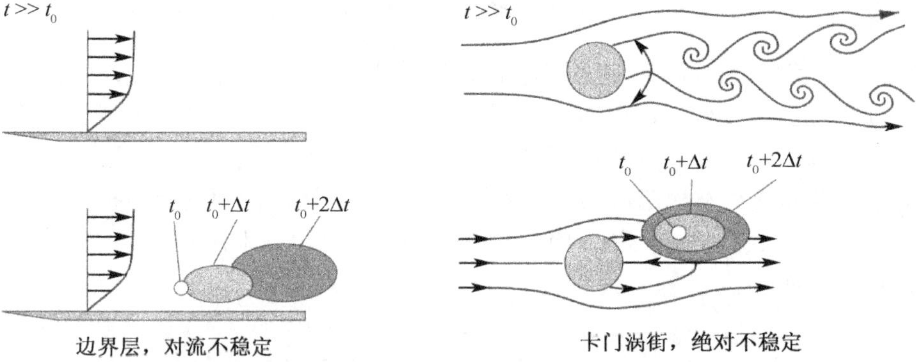


图 8.15　在对流和绝对不稳定性中不稳定扰动的发展

在图 8.15 的尾流例子中，若在 $t_0$ 时刻将一个局部扰动迅速施加在物体的定常尾流附近，则在尾流中将会逐渐形成卡门涡街。这样的扰动在不稳定的平板边界层中却会具有性质上完全不同的性态，这时扰动的大小也是增长的，但却如图所示，扰动移向下游。很显然，尾流中的不稳定性导致系统在某一固定位置的自激振荡，而在边界层流动中，固定位置处的扰动随时间而消失，只有在上游处从系统外引入连续的扰动能，才能在该处观察到扰动能量。

为了描述扰动的空间性态，必须引入一个度量扰动局部大小的量，为此将积分

区 $V$ 从整个流场收缩至一个小的区域，在此域内用方程 (8.2) 来计算 $\boldsymbol{u}'$。若令此小域为无限小 $\mathrm{d}V$，则由式 (8.3)，可得

$$\mathrm{d}|\boldsymbol{u}'| = |\boldsymbol{u}'|^2 \cdot \mathrm{d}V$$

将其除以体积单元 $\mathrm{d}V$，我们最后得到了扰动能量密度 $A$

$$A^2(x,y,z,t) = \frac{\mathrm{d}\,|\boldsymbol{u}'|}{\mathrm{d}V} = |\boldsymbol{u}'|^2 \tag{8.6}$$

下面将以 $A$ 作为在 $t$ 时刻位置 $(x,y,z)$ 上扰动大小的度量。若在初始无扰动的不稳定流中某点引入扰动，而扰动的能量密度 $A$ 随时间渐近地趋于零，则称此流动是对流不稳定的；否则，流动是绝对不稳定的。因此，图 8.15 中表示的尾流是绝对不稳定的，而平板边界层是对流不稳定的。

## 8.2 分层流不稳定性

在 5.5 节中已导出了可压流的扰动微分方程 (5.123)~(5.125)，不可压流的扰动微分方程 (5.128)~(5.129) 以及布西内斯克方程 (5.132)~(5.134)。本节我们将讨论分层流不稳定性的例子，包括热分格对流、条件扩散分格对流、泰勒不稳定性和凹壁边界层中发生的 (相关的) 格特勒不稳定性等。首先深入讨论 (包括所有中间步骤) 的不稳定性问题是瑞利–贝纳尔对流。

### 8.2.1 瑞利–贝纳尔对流

现在来讨论在重力作用下底部受热的水平液体层中热不稳定的瑞利–贝纳尔对流。令高度为 $h$ 的水平液体层在水平面上无限延伸，其底面加热至温度 $T_1$，其上表面保持温度 $T_2 < T_1$(图 8.16)，当液体层上下边界的温度差 $\Delta T = (T_1 - T_2)$ 超过某临界值时，在水平液体层内出现直线对流卷，这些定常对流卷的纵轴是水平的，并依次周期性地排列着，此过程称为热分格对流。

相比于热传导情况，对流由于额外的热交换大大增加了热通量 $\dot{q}$，这表现于图 8.17 的分叉图形中。图中的努塞尔数$Nu = (\dot{q}_{\mathrm{conduc}} + \dot{q}_{\mathrm{convec}})/\dot{q}_{\mathrm{conduc}}$ 作为量纲 1 的热通量画作瑞利数$Ra = \alpha \cdot \Delta T \cdot g \cdot l^3/(\nu \cdot k)$ 的函数曲线，介质的热膨胀系数 $\alpha$、运动黏性 $\nu$ 和热传导系数 $k$ 构成了这些对流问题中量纲 1 的特征数。曲线表明，直到临界瑞利数 $Ra_{\mathrm{crit}} = 1708$ 以前努塞特数保持为常值 $(Nu = 1)$，很显然在此范围内完全是热传导起作用；超过临界瑞利数后发生了量纲 1 热通量的分叉，并且强烈地依赖于介质的瑞利数和普朗特数 $Pr = \nu/k$。这种突发性的过程显然与系统状态的性质改变有关，系统不再保持其初始状态 (纯热传导，介质静止)，变得不稳定

了，并由一个新的状态 (热传导 + 热对流，运动介质) 所取代。临界瑞利数显然与介质性质无关，因为分叉点 $(Nu, Ra_{\mathrm{crit}}) = (1, 1708)$ 与普朗特数无关。

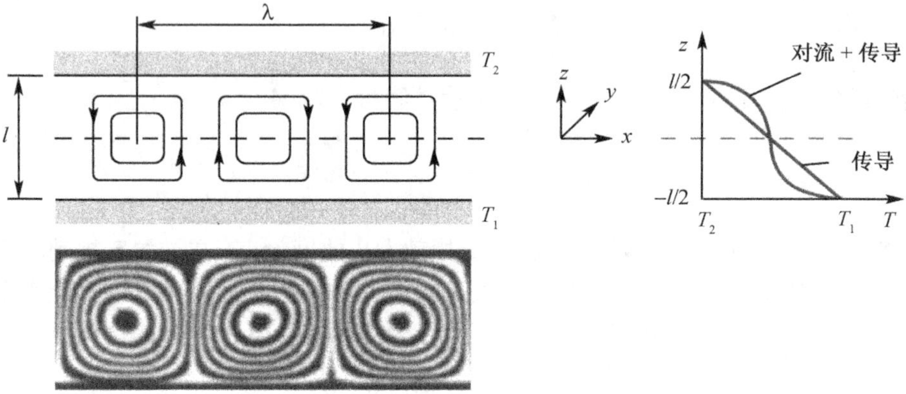


图 8.16　热分格对流

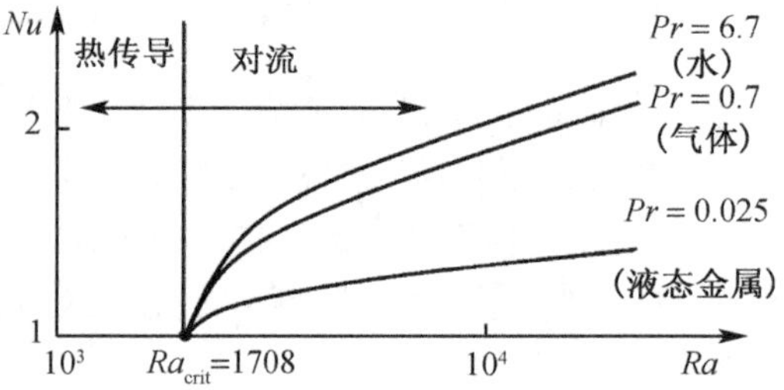


图 8.17　量纲 1 的热通量 $Nu$ 随瑞利数 $Ra$ 变化的分叉图形

热分格对流在很多技术问题中都是重要的。一方面，工程师要尽力设计好利用多层空气的隔热层 (如多层隔热玻璃) 以防止热分格对流；另一方面，交流换热炉的结构则要求尽可能强的对流过程。

让我们简单地查看一下不稳定性的起因。在较低层 $z_1$ 处的一个单元，由于有较高的温度而使它有比其较高层 $z_2 > z_1$ 的单元更低的密度，如此的安排被称为*不稳定分层流*。若将原在 $z_1$ 中的该单元放到较 $z_1$ 高的层次中，则它将受到新的周围高密度流体作用的浮力而加速向上；摩擦力和热传导反对此种倾向，力图补偿驱动单元运动的温度差和密度差。

令被观察的流体单元具有直径 $d$(图 8.18) 并以扰动速度 $\boldsymbol{v}$ 在时间 $\Delta t = d/\boldsymbol{v}$ 内从 $z = z_0$ 向上运动至较高层 $z_0 + d$，则密度差 $\Delta\rho \propto \rho_m \cdot \alpha_m \cdot \Delta T$ 引起浮力 $A = \Delta\rho_m \cdot g \cdot V_k \propto \rho_m \cdot \alpha_m \cdot \Delta T \cdot g \cdot d^3$；与此同时斯托克斯定律表明在小扰动速度下，也将出现阻力 $W \propto \mu \cdot d^2 \cdot \boldsymbol{v}/d = \mu \cdot d^2/\Delta t$。这里，在时间 $\Delta t$ 内热传导平衡该流体单元与其新的周围流体间温差的程度是很重要的。通过横截面积 $\propto d^2$ 的热传

导 $\dot{q} \propto \lambda \cdot \Delta T/d$ 使内能差 $E_k \propto \rho \cdot c_v \cdot \Delta T \cdot d^3$ 传递给周围流体。故此过程的时间尺度 $\Delta t = E_k/\dot{q} \cdot d^2 \propto d^2/k$，可将其代入上述讨论的比例关系中。

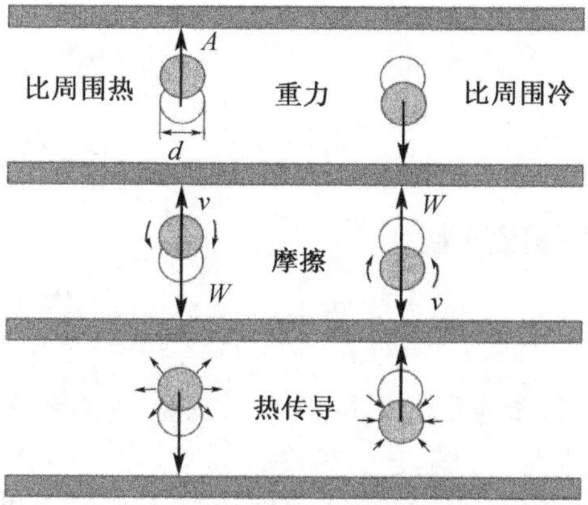


图 8.18 热分格对流的物理解释

当浮力较阻力占优时，系统明显地变得不稳定

$$A \geqslant W \Leftrightarrow \rho \cdot \alpha \cdot \Delta T \cdot g \cdot d^3 \geqslant \mu \cdot d^2 \cdot \frac{k}{d^2} \cdot C$$

或，若 $d = l$

$$\frac{\alpha \cdot \Delta T \cdot g \cdot l^3}{k \cdot \nu} = Ra \geqslant C = Ra_{\text{crit}} \tag{8.7}$$

很显然瑞利数是浮力与摩擦力之比。

1. 稳定性分析

我们在 5.4.3 小节中已经介绍了在布西内斯克假设下的热分格对流基本方程(5.81)，并利用扰动假设式 (5.118) 得出了扰动微分方程 (5.123)~(5.125)。要讨论其稳定性的基态 $\boldsymbol{U}_0$，$p_0$、$T_0$ 是 $\boldsymbol{U}_0 = 0$ 的静止状态，于是由能量方程 (5.125) 得①

$$\Delta T_0 = 0 \tag{8.8}$$

这是定常热传导问题，瑞利–贝纳尔对流的边界条件是

$$T_0\left(x, y, z = -\frac{1}{2}\right) = T_1, \qquad T_0\left(x, y, z = \frac{1}{2}\right) = T_2 \tag{8.9}$$

对于静止状态，温度梯度平行于 $\boldsymbol{e}_z = (0, 0, 1)$ 是必要的，因此基态仅沿垂直方向 $z$ 变化

$$\frac{\mathrm{d}^2 T_0}{\mathrm{d}z^2} = 0, \qquad T_0(z) = C_1 \cdot z + C_0 \tag{8.10}$$

① 式 (8.8) 中 Δ 代表拉普拉斯算子。 —— 译者注

其中常数 $(C_1, C_0)$ 由边界条件 (8.9) 求出为 $C_1 = -1$, $C_0 = (T_1 + T_2 - 2 \cdot T_m)/\Delta T$, 其中 $T_m = (T_1 + T_2)/2$。于是, 对于热传导基态, 我们得到

$$T_0 = -z \tag{8.11}$$

由动量方程 (5.124) 得

$$0 = -\frac{\mathrm{d}p_0}{\mathrm{d}z} + Ra \cdot T_0$$

将式 (8.11) 代入上式可得压强为

$$p_0 = -\frac{1}{2} \cdot Ra \cdot z^2 + p_\infty \tag{8.12}$$

其中 $p_\infty$ 为环境压强。上面确定的温度分布以及整个热传导问题显然与 $p_\infty$ 无关。影响稳定性的不是 $p_0$ 本身, 而是它的梯度。

对于扰动量的边界条件, 我们对液体层的自由水平边界和固定水平边界分别讨论。在自由边界(液体表面)$z = \pm 1/2$ 处, 若忽略小扰动引起的变形, 则应满足表面不渗透性的运动学流动条件, 即

$$w'\left(x, y, \pm\frac{1}{2}\right) = 0 \tag{8.13}$$

在固定边界上应保持无滑移条件

$$\boldsymbol{u}'\left(x, y, \pm\frac{1}{2}\right) = 0 \tag{8.14}$$

同样还应区别等温边界式 (5.69) 和绝热边界式 (5.70)。水平边界若具有大的导热性, 则其表现为等温状态和温度扰动为零, 即

$$T'\left(x, y, \pm\frac{1}{2}\right) = 0 \tag{8.15}$$

在绝热边界上存在着一个常值热通量, 若边界介质的导热性很小, 则由温度扰动引起的此热通量的变化量 $\dot{q}' = -\lambda \cdot \partial T'/\partial z$ 为零。

令与固定热通量相关的边界介质温度的局部变化也很小, 通常可忽略其对基本解的影响, 于是热边界条件为

$$\frac{\partial T'}{\partial z}(x, y, z_r) = 0 \tag{8.16}$$

扰动微分方程 (5.123)~(5.125) 与它们的边界条件一起给出了一个可计算瑞利–贝纳尔对流周期性格栅结构的临界瑞利数 $Ra_{\text{crit}}$ 和临界波数 $a_{\text{crit}}$ 的特征值问题。扰动微分方程的解变量矢量可归总为 $\boldsymbol{u}' = (u', v', w', p', T')$, 用分离变量试探解

$$\boldsymbol{u}' = \boldsymbol{u}'_x(x, y, z, \omega) \cdot \exp(-\mathrm{i} \cdot \omega \cdot t) \tag{8.17}$$

可将其对时间和空间的依赖关系分离开。若进一步消去 $u'$、$v'$ 和 $p'$(Oertel H et al. 1996)，可得扰动微分方程为

$$\left\{\begin{bmatrix} -\Delta^2 & -Ra\cdot\left(\dfrac{\partial^2}{\partial x^2}+\dfrac{\partial^2}{\partial y^2}\right) \\ -1 & -\Delta \end{bmatrix} - \mathrm{i}\cdot\omega\cdot\begin{bmatrix} \dfrac{1}{Pr}\cdot\Delta & 0 \\ 0 & 1 \end{bmatrix}\right\}\cdot\begin{pmatrix} w' \\ T' \end{pmatrix}_x = \begin{pmatrix} 0 \\ 0 \end{pmatrix} \tag{8.18}$$

消去 $w'$，则解矢量 $\boldsymbol{u}' = T'$，于是得到特征值问题

$$\left\{\left[-\Delta^3 + Ra\cdot\left(\frac{\partial^2}{\partial x^2}+\frac{\partial^2}{\partial y^2}\right)\right] - \mathrm{i}\cdot\omega\cdot\left[\left(1+\frac{1}{Pr}\right)\cdot\Delta^2\right] + \omega^2\cdot\left[\frac{1}{Pr}\cdot\Delta\right]\right\}\cdot T'_x = 0 \tag{8.19}$$

在 $T'_x$ 的特征值问题中，特征值 $\omega$ 以平方形式出现。

对于无限延伸液体层的瑞利–贝纳尔稳定性问题，周期性格栅结构允许如下分离变量假设

$$(u', v', w', p', T')(x, y, z) = F(x, y)\cdot(\hat{u}(z), \hat{v}(z), \hat{w}(z), \hat{p}(z), \hat{T}(z)) \tag{8.20}$$

应该注意到，此假设在容器侧面存在边界时不能成立，因为此时要求侧面的显式边界条件。将假设式 (8.20) 代入能量方程 (5.125)，可得到函数 $F(x, y)$ 与任意选择的分离参数 $a^2$ 的关系式

$$\frac{\dfrac{\mathrm{d}^2\hat{T}}{\mathrm{d}z^2}+\hat{w}}{\hat{T}} = -\frac{\dfrac{\partial^2 F}{\partial x^2}+\dfrac{\partial^2 F}{\partial y^2}}{F} = a^2 = \text{常数} \tag{8.21}$$

在 $T'$ 的被分离微分方程 (8.19) 中 $a^2$ 出现于假定 $\omega = 0$(中性状态) 时

$$\left(\frac{\mathrm{d}^2}{\mathrm{d}z^2} - a^2\right)^3 \hat{T}(z) + Ra\cdot a^2\cdot\hat{T}(z) = 0 \tag{8.22}$$

赋以边界条件后，我们再次定义了一个特征值问题，其中对于周期格栅结构给定的 $a$ 值，瑞利数 $Ra$ 以特征值形式出现。式 (8.22) 的特征值问题描述了流体热分格对流的开始。对于给定的波数 $a$，可确定其相应的瑞利数 $Ra(a)$。空间周期性格栅结构于是满足

$$F(x, y) = \exp(\mathrm{i}\cdot a_x\cdot x + \mathrm{i}\cdot a_y\cdot y) \tag{8.23}$$

和

$$a^2 = a_x^2 + a_y^2 \tag{8.24}$$

对于实数 $a_x$、$a_y$，式 (8.23) 描述了一个具有分波数 $a_x = 2\cdot\pi/\lambda_x$ 和 $a_y = 2\cdot\pi/\lambda_y$ 的空间周期平面波 (图 8.19)。可以看出，分波数 $a_x$(或 $a_y$) 的选择仅受条件 $a_x^2 \leqslant a^2$(或

$a_y^2 \leqslant a^2$) 的限制；另一个分波数则由式 (8.24) 得到。分离参数 $a$ 显然是一个特征波数。稳定性问题仅由相关联的特征扰动波的波长 $\lambda = 2 \cdot \pi/a$ 来确定，与其在 $x-y$ 平面中波法向的指向 $\varphi = 1/\tan(a_y/a_x)$ 无关。

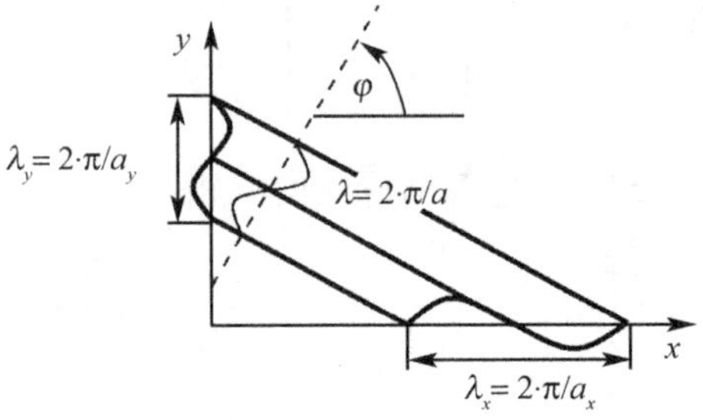


图 8.19 分离参数 $a$ 作为波数的说明

由于不存在特征方向，我们可以不失一般性地选择例如 $a_x \in [0, a/\sqrt{2}]$。解在 $x-y$ 平面内的结构同样与由方程 (8.22) 确定的特解 $\hat{T}(z)$ 无关。若我们欲从式 (8.22) 特征值问题中确定临界波数 $a_{\text{crit}}$，则存在着无限多种可能利用式 (8.24) 由分波数构建之。

所以一维 (如 $a_x = 0$，$a_y = a$) 卷结构像二维六边形的格栅结构一样地可能出现，图 8.20 中表示了一个例子，其中描述的函数 $f(x, y) = \cos(a \cdot y) + \cos(\sqrt{3}/2a \cdot x + 0.5a \cdot y) + \cos(\sqrt{3}/2a \cdot x - 0.5a \cdot y)$，其中 $a = 2\pi$。

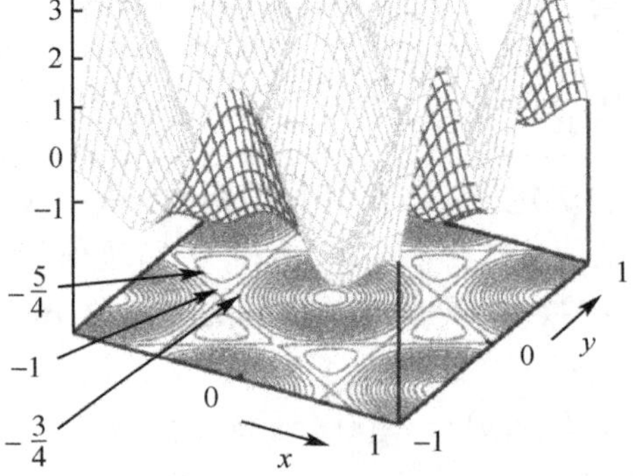


图 8.20 叠加三个特征解形成的六边形格栅结构 (轮廓线)

按照线性理论，只有初始条件才确定形成哪种可能结构，但在实际中对自由边界甚至在不同初始扰动下也多见六边形格栅，而对固定边界观察到的则是卷结构。

2. 稳定性图解

本节中将讨论不同边界条件 (8.13)~(8.16) 下的三种式 (8.22) 特征值问题解。

在两边均为自由等温边界情况下，特征值问题的解可写成封闭形式。我们有边界条件

$$\hat{T}\left(z=\pm\frac{1}{2}\right)=0,\quad \frac{\mathrm{d}^2\hat{T}}{\mathrm{d}z^2}\left(z=\pm\frac{1}{2}\right)=0,\quad \frac{\mathrm{d}^4\hat{T}}{\mathrm{d}z^4}\left(z=\pm\frac{1}{2}\right)=0 \tag{8.25}$$

显然，偶函数 $\hat{T}^e(z)=\cos((2\cdot n+1)\cdot\pi\cdot z)$ 和奇函数 $\hat{T}^o(z)=\sin(2n\pi z)$ 都满足这些边界条件。将 $\hat{T}^e$ 代至特征值问题式 (8.22) 中，可得特征解

$$Ra(a)=\frac{((2n+1)^2\cdot\pi^2+a^2)^3}{a^2} \tag{8.26}$$

这是瑞利数 $Ra$ 和波数 $a$ 位于 $Ra(a)$ 中立曲线上时应满足的关系式。仔细分析式 (8.26) 可见存在着无数条此类中立曲线，因为可以任意给定 $n$ 值。显而易见，对所有 $a$ 值的最低 (故也是最有意义的)$Ra$ 值是对应于基本模态 $n=0$ 的那些值。临界瑞利数 $Ra_{\mathrm{crit}}$，即中立曲线上 $Ra$ 的最小值，可由函数 $Ra(a)$ 的一阶导数为零求得

$$Ra_{\mathrm{crit}}=\frac{27}{4}\cdot\pi^4=658,\ a_{\mathrm{crit}}=\frac{\pi}{\sqrt{2}}=2.22 \tag{8.27}$$

将奇函数 $\hat{T}^o$ 代入，可以看到最低的 $Ra(a)$ 曲线远高于偶函数的，当 $a=\sqrt{2}\pi\approx 4.44$ 时，它具有临界 $Ra_{\mathrm{crit}}=108\pi^4\approx 10520$。由此可以看出，奇函数解在物理上不重要，因为偶函数的特征解将首先变得不稳定。图 8.21 表示了偶函数和奇函数的最低阶特征解的中立曲线。在临界瑞利数时出现长对流卷或六边形格栅，它们在气象学中的出现将在第十二章中讨论。

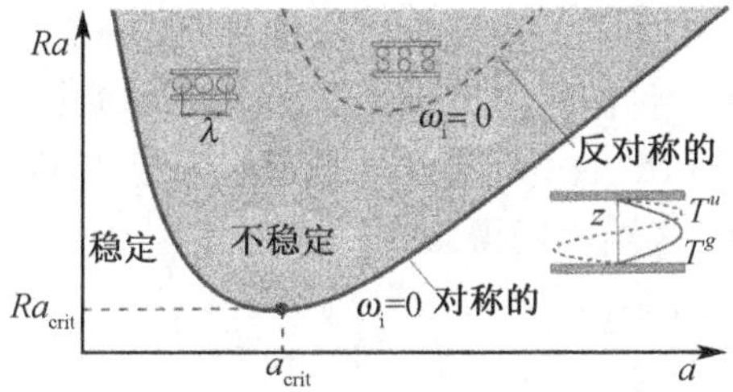


图 8.21 瑞利–贝纳尔分格对流的中立曲线

热分格对流在两边均为固定等温边界时的边界条件为

$$\hat{T}\left(z=\pm\frac{1}{2}\right)=0,\qquad \frac{\mathrm{d}^2\hat{T}}{\mathrm{d}z^2}\left(z=\pm\frac{1}{2}\right)=0 \tag{8.28}$$

$$\left(\frac{\mathrm{d}^2}{\mathrm{d}z^2}-a^2\right)\frac{\mathrm{d}\hat{T}}{\mathrm{d}z}\left(z=\pm\frac{1}{2}\right)=0$$

特征值问题由 $z$ 的常系数六阶线性常微分方程 (8.22) 来给定。对问题的解采用 $e^{\lambda \cdot z}$ 假设，可得此方程的特征方程为

$$(\lambda^2 - a^2)^3 + Ra \cdot a^2 = 0 \tag{8.29}$$

通解 $\hat{T}(z) = \sum_{i=1}^{6} C_i \cdot e^{(\lambda_i \cdot z)}$ 的系数 $C_i$ 必须非零地满足式 (8.28) 的六个齐次边界条件。只有当相应的 $6 \times 6$ 阶矩阵的行列式为零，才有非零解 $\hat{T}(z) \neq 0$ 的存在，此条件导出了所要求的瑞利数 $Ra$ 和波数 $a$ 间的关系式，此关系式可以数值求解。

在图 8.21 的稳定性图中给出了中立曲线 $\omega_{\mathrm{i}} = 0$。负的放大率 $\omega_{\mathrm{i}} < 0$ 表明扰动随时间而衰竭，热传导的基态保持稳定；正的放大率 $\omega_{\mathrm{i}} > 0$ 则导致不稳定。中立曲线有一个最小瑞利数 $Ra_{\mathrm{crit}}$，低于此值，所有波长的扰动均随时间而衰竭，此值可通过计算 $Ra(a)$ 函数的最小值而获得

$$Ra_{\mathrm{crit}} = 1708, \qquad a_{\mathrm{crit}} = 3.12 \tag{8.30}$$

特征解是*纵向对流卷*，这在第一章引言的图 1.3 中已经表示了。奇 (反对称) 特征函数 $f_i^u(z)$ 的解也示于图 8.21，但是，此时的临界瑞利数约为偶 (对称) 特征函数的相应值 ($Ra_{\mathrm{crit}} \approx 17610$，当 $a_{\mathrm{crit}} \approx 5.37$ 时) 的 10 倍，故仅当偶函数解早已不稳定后奇扰动函数解才随时间而放大。

对于一边自由和一边固定等温边界的情形，即在 $z = 0.5$ 处满足式 (8.25) 条件，而在 $z = -0.5$ 处满足式 (8.28) 条件，问题可以简化成上述两边均为固定边界的问题，因为奇函数与它的所有偶次导数在 $z = 0$ 处总为零，奇特征解在 $z = 0$ 处准确地满足自由等温边界条件，所以，在 $0 < z \leqslant 0.5$，即上半部，两边固定等温边界的瑞利–贝纳尔问题可以从此问题中排除掉，只需将瑞利数和量纲 1 的波数 $a$ 中厚度 $l$ 减半即可，为此，我们将温度差 $\Delta T$ 减半，将瑞利数定义中的 $l$ 用 $l/2$ 代替：$Ra(\Delta T/2, l/2) = 2^{-4} \cdot Ra$，由于波数 $a$ 是通过乘以 $l$ 实现量纲 1 的，故它也应减半，即 $a(l/2) = 0.5 \cdot a$，这样我们得到

$$Ra_{\mathrm{crit}} = \frac{17610}{2^4} = 1101, \text{当 } a_{\mathrm{crit}} = \frac{5.37}{2} = 2.68 \text{ 时} \tag{8.31}$$

在临界瑞利数下可观察到*六边形对流格栅*，在自由液体表面它们是由温度随表面应力而变化所引起的，图 1.2，图 8.2 和图 8.4 都给出了这样的例子。

3. *容器边界的影响*

到目前为止我们所处理的稳定性问题，其基态流都仅是一个空间方向 ($z$) 的非均匀流，仅在此方向上要求显式的边界条件。各向同性情形下 (没有显式边界条件) 可以用波的试探解 (分离变量假设) 而得到齐次常微分方程。但是，若在有限横截

面的容器内研究瑞利–贝纳尔不稳定性，则在各壁面上必须满足显式边界条件，且不允许对给定的扰动波作分离变量假设，因而对于 $\omega_{\mathrm{i}}=0$ 的特征值问题作数值求解就变得更为困难了。

特征值问题数值解的结果表明，垂直边界对于分格对流的开始起着稳定作用，因为无滑移条件引入了附加的摩擦。图 8.22 明白地表明了此点，该图表示了当给定 $l_y/l=4$ 时临界瑞利数与容器长度 $l_x$ 对其高度 $l$ 比的关系，由图可见当 $l_x/l$ 很大时临界瑞利数趋于值 1815；同时从图 8.22 还可看出，实际上在较低的 $l_x/l$ 值时临界瑞利数已经达到了其渐近值；而当反映容器长度的 $l_x/l$ 值缩小到很小值时临界瑞利数则增大得很快，由于在侧面上的无滑移条件引起的摩擦力对整个流场都起作用而完全阻止了形成对流卷。一般来说对流卷的纵轴方向平行于容器较短壁的方向，流场基本上是三维的。边界影响的深度范围可达流场的一个特征长度 $l$，流场的内部则可像没有边界那样来计算，这导致了一个意想不到的结果，即在圆柱容器的中部形成一个时间渐近的直卷，而不是早先所设想的同心圆环栅格。

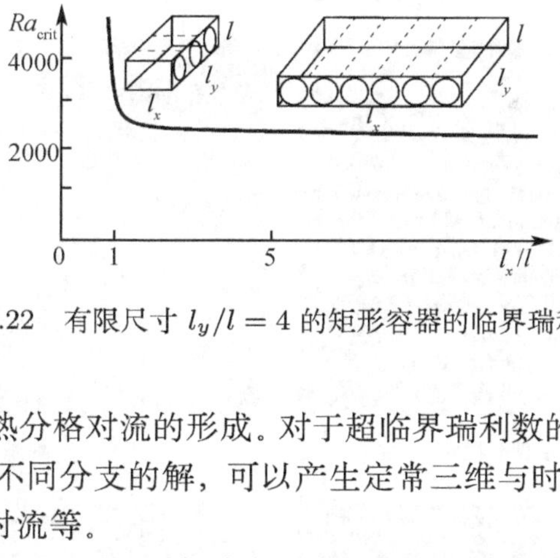


图 8.22 有限尺寸 $l_y/l=4$ 的矩形容器的临界瑞利数

4. 二次不稳定性

至此我们讨论了热分格对流的形成。对于超临界瑞利数的情形，根据不同的初始和边界条件可产生不同分支的解，可以产生定常三维与时间相关的振动的格栅结构，以及湍流分格对流等。

文献 (Oertel H et al. 1996) 中讨论了这些二次不稳定性理论，这时假设基态 $\boldsymbol{U}_0$ 由在临界瑞利数时不稳定定常分格对流所代替，并作为一个新的基态以 $\boldsymbol{U}_1$ 来表示，再类似于前面的稳定性分析，在周期性基态流动 $\boldsymbol{U}_1$ 上加上一个小扰动 $\varepsilon\cdot\boldsymbol{u}''$，遂导致下述扰动假设

$$\boldsymbol{u}=\boldsymbol{U}_1+\varepsilon\cdot\boldsymbol{u}'' \tag{8.32}$$

和二次不稳定性 $\boldsymbol{u}''$ 的扰动微分方程。

图 8.23 和图 8.24 概括了伯斯 (Busse) 的理论和实验结果 (1979)。大量参数的变化表明在给定的瑞利数、普朗特数和同样的贝纳尔格栅基本波长下可以存在几种不同不稳定二次特征形式的 $\boldsymbol{u}''$。不同的 $Pr$、$Ra$、$a=2\pi/\lambda$ 的组合使二次不稳定性的表现不同，例如，在普朗特数很小的范围内，对流卷不稳定而具有非定常振动

扰动形式，这可有如下看起来讲得通的解释：在基本的布西内斯克方程 (5.81) 中局部加速度 $\partial \boldsymbol{u}/\partial t$ 项是除以普朗特数的，所以普朗特数愈小，非定常项的影响愈大。

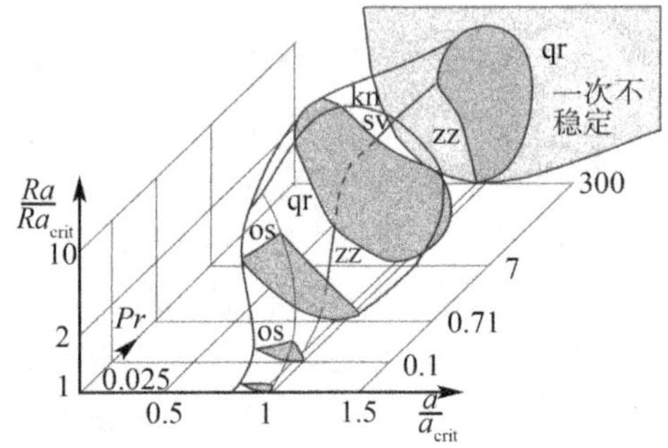


图 8.23　两固定水平边界间对流卷的稳定区域

二次特征解：os：振动的；sv：斜静脉曲张的；zz：之字型的；qr：十字型卷的；kn：结节型的；$Ra_{crit}$：一次不稳定性的临界瑞利数

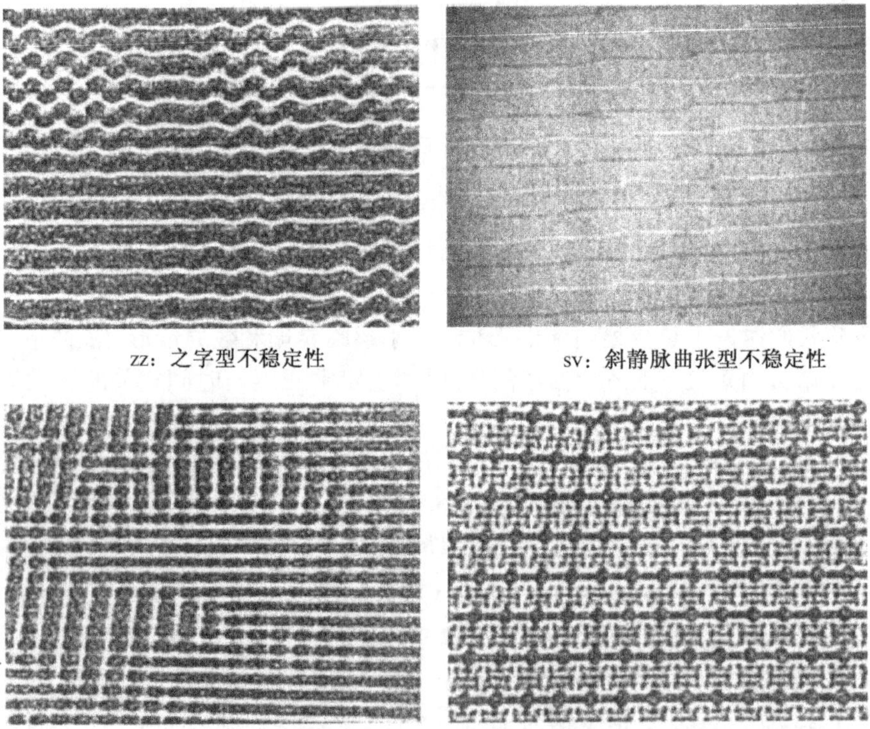

zz：之字型不稳定性　　sv：斜静脉曲张型不稳定性

qr：十字型卷的不稳定性　　kn：结节（双峰）型不稳定性

图 8.24　时间相关的分格对流的快照

一次状态：有给定波长的对流卷，伯斯 (Busse　1979)

对于具有固定水平边界的无限延伸流体层，图 8.23 也显示了其对流卷上发生的此振动不稳定性。图 8.23 表示了在 $(a, Pr, Ra)$ 空间中所有二次不稳定性均随时间而衰竭的三维区域。在此稳定区内以参数表征的对流卷对小扰动是稳定的，此稳定区的形状用了五个横截面来表示，每个横截面上的普朗特数都是常值。随着离开稳定区的位置不同，对流卷不稳定而成为不同的扰动形式。不稳定的全域限于 $Ra = Ra_{\mathrm{crit}}$ 线，$a = a_{\mathrm{crit}}$ 线和 $Pr$ 线内，这代表着一次不稳定的临界状态：$Ra_{\mathrm{crit}} = 1708$，$a_{\mathrm{crit}} = 3.12$。临界瑞利数变得与普朗特数无关。在图 8.23 中 $Pr = 300$ 的横截面内还给出了一次稳定性分析的不稳定区域 (图 8.21)，以显示二次不稳定的稳定区是嵌入于一次不稳定区域内的。稳定性图不能告诉我们一个二次不稳定性在扰动发展过程中是否最终能形成相应于此不稳定特征形式的流动状态，它只能说明通过包围稳定区的临界面时对流卷会因无限小的扰动而变得不稳定。二次稳定性分析还表明了被放大的扰动形式的时空特征，只要它们还继续具有无限小的振幅。

除振动不稳定性 os外，我们还区分了三种时间相关的二次不稳定性 (图 8.24)：之字型不稳定性 zz、斜静脉曲张型不稳定性 sv和十字型卷的不稳定性qr。在某雷诺数下给定的对流卷波长太大时就发生之字型不稳定性，并由于之字型不稳定性的形成而减小了波长。斜静脉曲张型不稳定性形成了在两个水平方向上的卷与邻近卷间周期性位移的空间周期变化。十字型卷不稳定性最终导致对流卷的完全位移，使对流卷彼此具有不同波长并相互呈直角方向。

对于普朗特数大于 7 的液体，当瑞利数大于 $2 \times 10^4$ 时三维流动是定常的。此不稳定性被称为结节 (双峰) 型不稳定性 (图 8.24 中第四幅图)。在普朗特数为 0.71 的气体中对流卷在瑞利数为 $1 \times 10^4$ 时开始振动，但观察不到定常结节型不稳定性，进一步增大瑞利数将使振幅增大，时间相关的对流卷变得愈来愈不规则，直至最终转捩为湍流对流流动。在普朗特数的量级为 $1 \times 10^{-2}$ 的液态金属中，定常对流流动的瑞利数范围是很小的，当瑞利数为 2500 时已达到湍流流动。

### 8.2.2 马兰贡尼对流

在自由液体的表面或两种不混溶液体的界面处，表面或界面的应力 $\sigma$ 将导致对流流动 (图 8.25)。下面我们来考虑一水平液体层表面应力与温度的函数关系 $\sigma(T)$。表面应力梯度引起表面上剪切应力的跳变，基于线性状态方程的假设

$$\sigma = \sigma_0 - \gamma \cdot (T - T_0) \tag{8.33}$$

表面应力的梯度正比于 $\gamma$。沿液体表面或两液体间界面的温度梯度不会引起和对流流动相关联的剪切应力。一般来说对流体我们有 $\gamma = -\mathrm{d}\sigma/\mathrm{d}T > 0$，故界面流动是从暖区流向冷区 (图 8.26)。若温度梯度是沿界面方向的，则有热毛细对流。若温度梯度沿法向，如同在瑞利–贝纳尔对流中，则此对流流动被称为马兰贡尼对流。

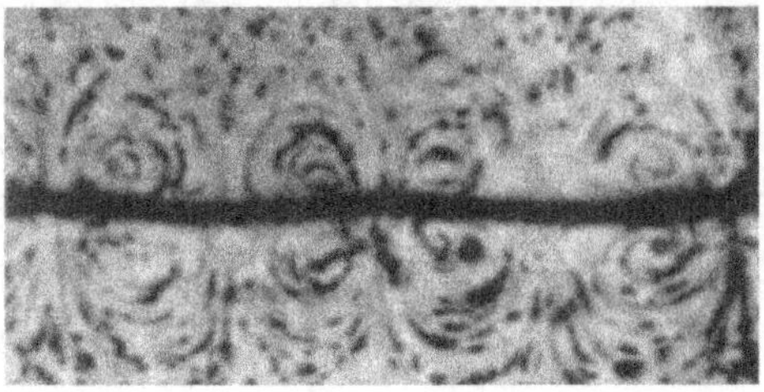

图 8.25　液体界面处的马兰贡尼对流

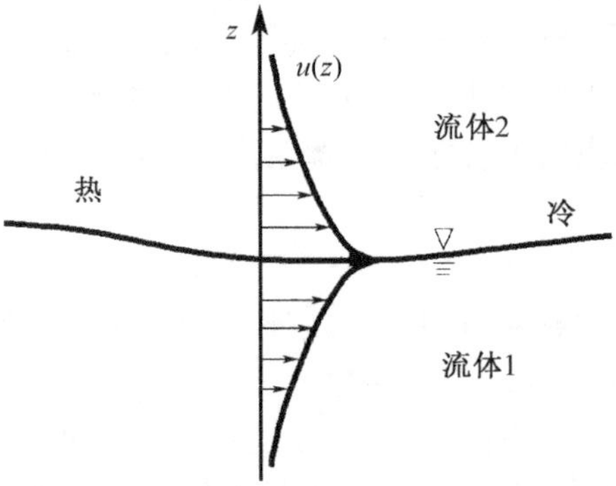


图 8.26　两种液体界面处的对流流动

上述两种情况出现在自然界和技术应用的很多不同情况中，例如，冰晶体的生长、焊缝的生成、液体薄膜的断开、表面薄膜的结构和液体燃料中火焰面的结构等都由热毛细对流的不稳定性来确定；在图 8.2 中的岩石柱结构和太阳表面的粗糙度等也都是由温度与表面应力的函数关系造成的。

稳定性分析

如在瑞利–贝纳尔问题中一样，我们来考虑一无限延伸的高度为 $l$、有自由表面并底部受热的液体层 (图 8.27)，只要满足

$$-\frac{\mathrm{d}\sigma}{\mathrm{d}T} > \alpha \cdot \rho \cdot g \cdot l^2 \tag{8.34}$$

则马兰贡尼对流超出由浮力诱生的瑞利–贝纳尔对流，如液体层不超过 3mm 的硅油就满足此条件。令固定的底部边界 $z = -0.5$ 处具有常值温度 $T_1$，自由表面上温度

$$T_0 = T_2$$

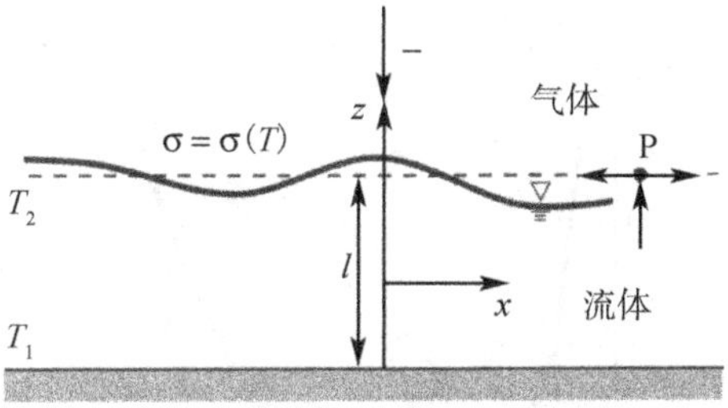


图 8.27 底部受热且有自由表面的水平液体层

假定马兰贡尼不稳定性的扰动为无限小，由液体表面 (图 8.27 中的 P 点) 上的扰动量引起了水平方向的温度梯度，因此扰动速度的边界条件同样由表面应力 $\sigma$ 随温度变化的函数关系来确定。总切向力 $\mathrm{d}T_x = (\partial\sigma/\partial x)\cdot\mathrm{d}x\cdot\mathrm{d}y$ 和 $\mathrm{d}T_y = (\partial\sigma/\partial y)\cdot\mathrm{d}x\cdot\mathrm{d}y$ 必须由剪切力 $\tau_{xz}\cdot\mathrm{d}x\cdot\mathrm{d}y = \mu\cdot(\partial u/\partial z+\partial w/\partial x)\cdot\mathrm{d}x\cdot\mathrm{d}y$ 和 $\tau_{yz}\cdot\mathrm{d}x\cdot\mathrm{d}y = \mu\cdot(\partial v/\partial z+\partial w/\partial y)\cdot\mathrm{d}x\cdot\mathrm{d}y$ 来补偿，于是可得

$$\frac{\partial\sigma}{\partial x} = \mu\cdot\left(\frac{\partial u}{\partial z}+\frac{\partial w}{\partial x}\right),\qquad \frac{\partial\sigma}{\partial y} = \mu\cdot\left(\frac{\partial v}{\partial z}+\frac{\partial w}{\partial y}\right)$$

由式 (8.12) 的运动学条件，我们有 $\partial w/\partial x = \partial w/\partial y = 0$，于是得到下述液体表面上的量纲 1 量

$$\frac{\partial u^*}{\partial z^*} - Ma\cdot\frac{\partial T^*}{\partial x^*} = 0,\qquad \frac{\partial v^*}{\partial z^*} - Ma\cdot\frac{\partial T^*}{\partial y^*} = 0 \tag{8.35}$$

量纲 1 的特征数

$$Ma = \frac{\dfrac{\mathrm{d}\sigma}{\mathrm{d}T}\cdot\Delta T\cdot l}{\rho_m\cdot\nu\cdot k} \tag{8.36}$$

称为马兰贡尼数，对于与温度无关的表面应力，$Ma = 0$ 且液体表面无剪切应力，于是，我们有 $\partial u/\partial z = \partial v/\partial z = 0$，马兰贡尼不稳定性过渡至瑞利–贝纳尔不稳定性。

由于表面关系式 (8.35) 是线性的，在引入扰动假设后它保持不变，故对扰动流我们同样有

$$\frac{\partial u'}{\partial z} - Ma\cdot\frac{\partial T'}{\partial x} = 0,\qquad \frac{\partial v'}{\partial z} - Ma\cdot\frac{\partial T'}{\partial y} = 0 \tag{8.37}$$

扰动微分方程保持与瑞利–贝纳尔问题中的一样，于是马兰贡尼不稳定性仅由边界条件式 (8.37) 引起。

利用上述假设，上节的线性稳定性分析可得出忽略浮力诱生的对流 $Ra = 0$ 时马兰贡尼不稳定性的稳定性图 8.28，当临界波数 $a_{\mathrm{crit}} = 1.99$ 时，临界马兰贡尼数 $Ma_{\mathrm{crit}}$ 为 79.6。

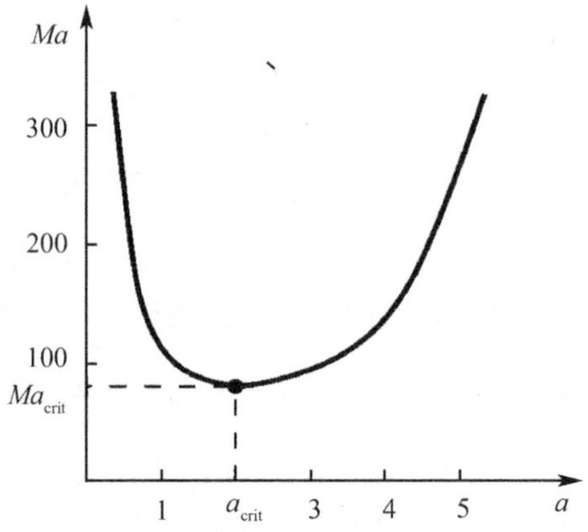


图 8.28　马兰贡尼不稳定性的稳定性图

可如下解释马兰贡尼不稳定性的发生：上升的热流体引起表面应力 ($\sigma > 0$) 的降低，遂使这些流体沿表面流动，由于较低的表面温度又使其冷却，直到流体重新向下流动，这形成一个六边形对流栅格，相应于临界马兰贡尼数时的特征解。于是由马兰贡尼效应引起了在瑞利–贝纳尔不稳定性情况中讨论过的在自由表面上的六边形栅格。这两种情形下表面上的介质都流向低温处。由贝纳尔最先测得的波长为 2.2，接近于马兰贡尼不稳定性的线性稳定性分析的结果。

### 8.2.3　扩散对流

类似于瑞利–贝纳尔问题，浓度梯度可以是造成混合物中不稳定的密度分层的原因，即使是在温度不变的情况下，例如，在盐的溶液中密度随浓度的增加而增大，若在盐溶液的自由表面处水分蒸发 (图 8.29) 而保留着高的盐浓度，就会出现不稳定的密度分层。我们将看到处理双成分混合物中由浓度差驱动的对流和分析瑞利–贝纳尔问题完全一样，只需要以浓度差 $\Delta c$ 代替温度差 $\Delta T$，以浓度膨胀系数 $\beta = \rho^{-1} \cdot \mathrm{d}\rho/\mathrm{d}c$ 代替热膨胀系数 $\alpha = \rho^{-1} \cdot \mathrm{d}\rho/\mathrm{d}T$，以扩散系数 $D$ 代替热传导系数 $k$。类似地，将扩散瑞利数 $Ra_D = \beta_m \cdot \Delta \cdot c_m \cdot l^3/(\nu \cdot D)$ 代替瑞利数 $Ra$，施密特数 $Sc = \nu/D$ 代替普朗特数 $Pr$，其中 $g$ 仍是重力加速度，$l$ 是液体层的厚度，$\nu$ 是运动黏性系数，则可以直接将所有热分格对流的结果用到扩散对流中来。

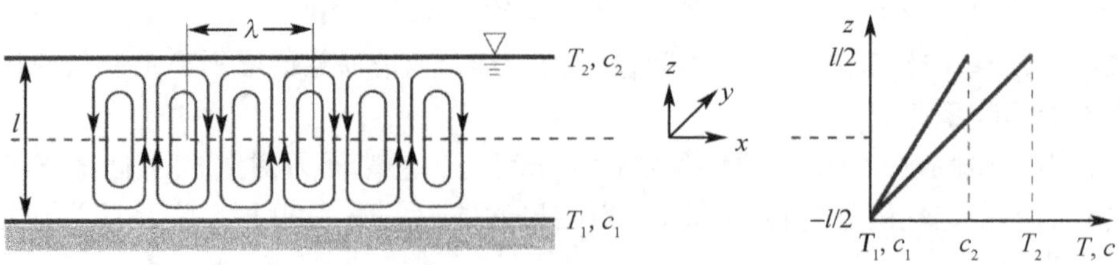


图 8.29　双扩散不稳定性

下面来讨论*双扩散不稳定性*问题。单扩散不稳定性将是其一个特例。双扩散现象是一个过程，其中同时出现两种扩散效应：质量扩散和热扩散 (热传导)。我们将讨论在质量扩散 (例如在海洋中的盐水溶液) 上叠加热传导而构成的双扩散系统的稳定性，随情况而异，这两种不同的扩散过程可能相互作用或引起液体层的不稳定或增强其稳定性。

保持液体层的上表面具有高于底部温度 $T_1$ 的温度 $T_2$(图 8.29)。令表面上的盐浓度 $c_2$ 也大于底部的浓度 $c_1$，这里 $c$ 表示质量浓度 $c=\rho_{\mathrm{s}}/\rho$，其中 $\rho_{\mathrm{s}}$ 是盐的分密度，$\rho$ 是溶液的总密度，在这样的安排下既可以存在稳定的，也可以存在不稳定的密度层。

类似于瑞利–贝纳尔问题，我们考虑一个特征尺度为 $l$ 的液体单元，由于小扰动使它以垂直方向的小速度 $w$ 往上升 (图 8.30)，在新层内它比周围环境的温度和含盐量都低，它以速度 $w$ 上升，通过温度梯度为 $\Delta T/l$ 的周围流体层。在单元的体积 $l^3$ 内相应的内能变化为 $\dot{E}_k=\rho_m\cdot c_v\cdot w\cdot(\Delta T/l)\cdot l^3$，此变化是由于热传导 $\dot{q}\propto\lambda\cdot\Delta T_{\mathrm{w}}/l$ 通过单元面 $\propto l^2$ 的能量流来实现的。引入有效温度梯度 $\Delta T_{\mathrm{w}}$ 表明，通常在过程中起作用的并非层内整个温度梯度 $\Delta T$，若单元上升速度 $w$ 大，则单元没有足够时间来调整自己与周围的温度。有效的 $\Delta T_{\mathrm{w}}=w\cdot l\cdot\Delta T/k$ 可用平衡式 $\dot{E}_k=\dot{q}\cdot l^2$ 来估计，式中热传导系数 $k=\lambda/(\rho_m\cdot c_v)$。若单元速度正好能实现温度平衡，则 $\Delta T$ 和 $\Delta T_{\mathrm{w}}$ 相同，所对应的热扩散速度 $w_T$ 将为 $w_T=k/d$。

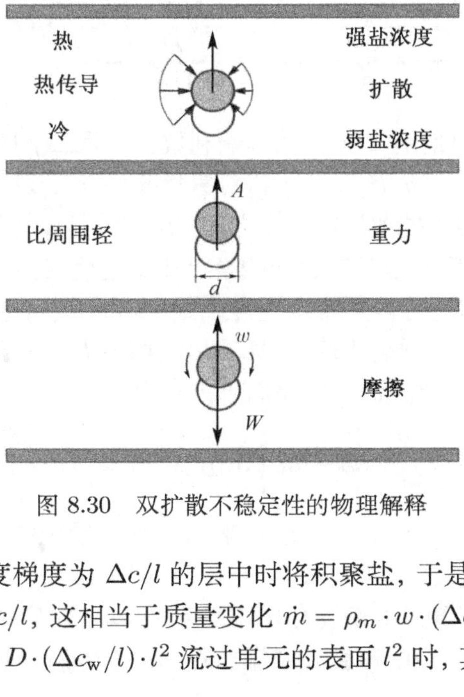


图 8.30 双扩散不稳定性的物理解释

当单元被置于浓度梯度为 $\Delta c/l$ 的层中时将积聚盐，于是以速度 $w$ 上升时其经历的浓度变化为 $w\cdot\Delta c/l$，这相当于质量变化 $\dot{m}=\rho_m\cdot w\cdot(\Delta c/l)\cdot l^3$。盐的积聚发生于当扩散通量 $j=\rho_m\cdot D\cdot(\Delta c_{\mathrm{w}}/l)\cdot l^2$ 流过单元的表面 $l^2$ 时，其中 $D$ 表示扩散系数。

再一次我们引入了有效浓度差 $\Delta c_{\mathrm{w}}$，因为流体单元的速度使之没有足够时间经历全部浓度差 $\Delta c$。让 $\dot{m} = j$，我们得到有效浓度差 $\Delta c_{\mathrm{w}} = w \cdot l \cdot \Delta c / D$。若单元速度正好达到浓度的补偿，则 $\Delta c$ 和 $\Delta c_{\mathrm{w}}$ 相等，这时的质量扩散速度 $w_D$ 为 $w_D = D/l$。

通过比较作用在流体单元上的浮力 $A$ 和阻力 $W$ 即可按瑞利–贝纳尔问题的同样方式来表示状态的不稳定性。浮力 $A = A_T + A_D$ 是由热引起的分量和扩散引起的分量组成的，温度变化引起的流体单元体密度变化为 $\Delta \rho_T \propto \rho_m \cdot \alpha_m \cdot \Delta T_{\mathrm{w}}$，由此效应产生的浮力为 $A_T \propto \rho_m \cdot \alpha_m \cdot \Delta T_{\mathrm{w}} \cdot g \cdot l^3$，其中 $\alpha_m$ 是平均热膨胀系数；由扩散引起的密度变化为 $\Delta \rho_D \propto \rho_m \cdot \beta_m \Delta c_{\mathrm{w}}$，它产生的浮力为 $A_D \propto -\rho_m \cdot \beta_m \cdot \Delta c_{\mathrm{w}} \cdot g \cdot l^3$，其中 $\beta_m$ 表示平均浓度膨胀系数，引入负号是为了使 $\Delta c_{\mathrm{w}}$ 和 $\Delta T_{\mathrm{w}}$ 具有相同符号时 $A_T$ 和 $A_D$ 具有同一指向。流体单元的运动承受着阻力 $W$，对于蠕动流动 (小的扰动速度 $w$)，斯托克斯定理告诉我们，$W \propto \mu \cdot w \cdot l = \mu \cdot l^2 / \Delta t$(图 8.30)。不稳定性的条件很显然是浮力大于阻力

$$A = A_T + A_D \geqslant W$$

$$\rho_m \cdot \alpha_m \cdot \Delta T_{\mathrm{w}} \cdot g \cdot l^3 - \rho_m \cdot \beta_m \cdot \Delta c_{\mathrm{w}} \cdot g \cdot l^3 \geqslant \mu \cdot w \cdot l \cdot C$$

常数 $C$ 概括了上述所有估计式中的比例因子。利用 $\Delta T_{\mathrm{w}}$ 和 $\Delta c_{\mathrm{w}}$ 的上述关系式，并除以 $\mu \cdot w \cdot l$，可得到

$$\underbrace{\frac{\alpha_m \cdot \Delta T \cdot g \cdot l^3}{k \cdot \nu}}_{Ra} - \underbrace{\frac{\beta_m \cdot \Delta c \cdot g \cdot l^3}{D \cdot \nu}}_{Le \cdot Ra_D} \geqslant C \tag{8.38}$$

式 (8.38) 左边第一项的量纲 1 集合就是瑞利数，而第二个量纲 1 集合一般写成扩散瑞利数 $Ra_D = \beta_m \cdot \Delta c \cdot g \cdot l^3 / (k \cdot \nu)$ 和刘易斯数 $Le = k/D$ 的乘积。刘易斯数是特征热扩散速度 $w_T$ 和物质扩散速度 $w_D$ 之比：$Le = w_T / w_D$。

我们注意到瑞利–贝纳尔对流的开始是上述稳定性准则的一个特殊情况。没有扩散效应，$Ra_D = 0$，就可得到稳定性准则式 (8.7)。还可注意到具有临界特征数值意义的常数 $C$ 可以简单地从瑞利–贝纳尔问题 ($Ra_D = 0$) 的分析中获得，即 $C = Ra_{\mathrm{crit}}$，从此现象学上的讨论中我们可以写出

$$Ra - Le \cdot Ra_D \geqslant Ra_{\mathrm{crit}} \tag{8.39}$$

关系式 (8.39) 中 $Ra - Le \cdot Ra_D = Ra_{\mathrm{crit}}$ 是 $Ra(Ra_D)$ 图中的直线方程，此临界直线具有斜率 $Le$(图 8.31)。

正的 $Ra$ 对应热不稳定的密度分层流，负的 $Ra_D$ 对应扩散不稳定的密度分层流，例如，给定的 $Ra_D < 0$，密度分层流已在 $Ra < Ra_{\mathrm{crit}}$ 时变得不稳定了。

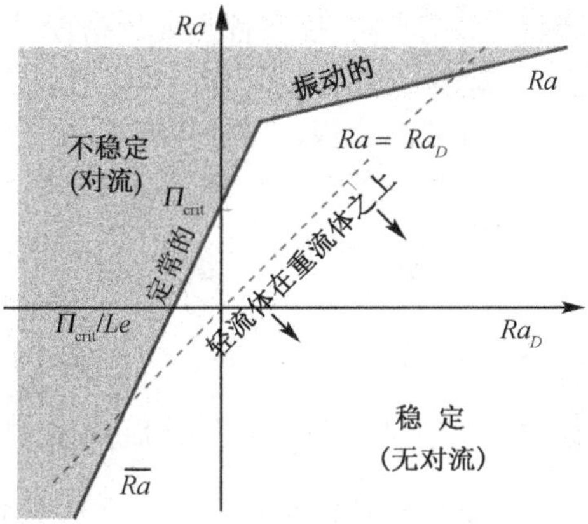


图 8.31 具有自由表面的双成分混合液体层的临界状态

还可注意到，流层的热密度梯度和扩散密度梯度 $\Delta\rho_T = \rho_m \cdot \alpha_m \cdot \Delta T$ 与 $\Delta\rho_D = \rho_m \cdot \beta_m \cdot \Delta c$ 在 $Ra = Ra_D$ 时互相抵消。条件 $Ra > Ra_D$ 表明了较稠密的介质位于较轻的介质之上。高过式 (8.39) 的临界直线和 $Ra = Ra_D$ 直线的交点 ($Le \neq 1$ 时存在这样的点)，稳定的密度分层流也可能不稳定了。

尽管式 (8.39) 是一个准确的稳定性准则，我们还是要提到，在很大的正扩散瑞利数 $Ra_D$ 区内此方程就不正确了，在小于式 (8.39) 给定的热瑞利数时分层流就已经不稳定了，这与在相对强的浓度梯度和温度梯度下单元密度的强变化有关，这样的密度变化使得惯性力与浮力和摩擦力一样也影响着平衡，于是所发生的不稳定性是非定常的，与瑞利–贝纳尔问题不再相似，这时出现的量纲 1 特征数是普朗特数 $Pr = \nu/k$。直到目前为止，在瑞利–贝纳尔问题中一直忽略了惯性力，但要正确描述定常不稳定性的开始是需要考虑这些力的，此类不稳定性以窄而高的对流栅格形式出现，通常被称为*指状不稳定性*(图 8.29)。

*稳定性分析*

在 5.4.3 中已经引出了在布西内斯克近似式 (5.86) 下*双扩散对流*(浓度和温度梯度) 的基本方程，并已在 5.5 中给出了*扰动微分方程*(5.135)~(5.138)。

双扩散对流不稳定性的基态 $\boldsymbol{U}_0 = (c_0, \boldsymbol{u}_0, p_0, T_0)$ 由连续方程和能量方程 (5.86) 得出

$$\Delta c_0 = 0, \quad \Delta T_0 = 0 \tag{8.40}$$

若温度梯度 $\nabla T_0$ 不平行于重力方向 $\boldsymbol{e}_z$，则静止状态 $\boldsymbol{u} = 0$ 也是可能的。对动量方程 (5.86) 取旋度并代入 $\boldsymbol{u} = 0$，可得到条件 $(\nabla T_0 - Ra_D/Ra \cdot \nabla c_0) \times \boldsymbol{e}_z = 0$。这些向量是平行的这一要求现在更一般地应用于温度梯度和浓度梯度的矢量和。这里 $Ra_D/Ra = -\Delta\rho_D/\Delta\rho_T$ 被理解为温度梯度引起的密度变化 $\Delta\rho_T = -\rho_m \cdot \alpha_m \cdot \Delta T$ 与浓度梯度引起的密度变化 $\Delta\rho_D = \rho_m \cdot \beta_m \cdot \Delta c$ 之比。当 $\Delta\rho_D/\Delta\rho_T = 1$ 时，由于

温度和浓度引起的密度变化互相抵消，故在各点处的密度是相同的，于是中立密度分层流可由 $Ra = Ra_D$ 来给定。

在水平方向 $x$ 和 $y$ 无限延伸的流层，其基态与 $x$、$y$ 无关，令液体层在 $z$ 方向两水平边界处的温度和浓度皆为常值

$$T_0\left(x, y, z = -\frac{1}{2}\right) = T_1, \qquad T_0\left(x, y, z = \frac{1}{2}\right) = T_2$$

$$c_0\left(x, y, z = -\frac{1}{2}\right) = c_1, \qquad c_0\left(x, y, z = \frac{1}{2}\right) = c_2$$

沿均匀平行于 $x$、$y$ 的方向，基态仅随垂直方向 $z$ 而变化。从上述 $T_0$ 和 $c_0$ 的拉普拉斯方程可得

$$T_0(z) = C_1^T \cdot z + C_0^T, \qquad c_0(z) = C_1^c \cdot z + C_0^c \tag{8.41}$$

常数 $(C_0^T, C_1^T)$ 和 $(C_0^c, C_1^c)$ 可从边界条件得出，$C_1^T = -1$, $C_0^T = (T_1 + T_2 - 2 \cdot T_m)/\Delta T$ 和 $C_1^c = -1$，$C_0^c = (c_1 + c_2 - 2 \cdot c_m)/\Delta c$。如同瑞利–贝纳尔问题一样，取 $T_m = 0.5 \cdot (T_1 + T_2)$ 和 $c_m = 0.5 \cdot (c_1 + c_2)$，我们得出基本解

$$T_0 = c_0 = -z \tag{8.42}$$

从方程组 (5.81) 的前两个动量方程 $(x, y)$，可得 $p_0 = p_0(z)$，则 $z$ 方向动量方程变为

$$0 = -\frac{\mathrm{d}p_0}{\mathrm{d}z} + (Ra \cdot T_0 - Ra_D \cdot c_0)$$

或利用式 (8.41)，压强为

$$p_0 = -\frac{1}{2} \cdot (Ra - Ra_D) \cdot z^2 + p_\infty \tag{8.43}$$

其中 $p_\infty$ 为周围压强。温度分布、浓度分布以及因此整个热传导扩散问题均与 $p_\infty$ 无关。不是压强 $p_0$ 本身而仅是它的梯度 $\mathrm{d}p_0/\mathrm{d}z$ 影响所讨论的问题。

线性稳定性分析再一次给出一个*稳定性图*(图 8.31)。分析步骤相当于在 8.2.1 节中瑞利–贝纳尔问题中的。对于具有*自由边界*的两种成分的水平流层，其*指状不稳定*可能是定常的或振动的。应用

$$\overline{\Pi}(a) = Ra - Le \cdot Ra_D = \frac{(a^2 + \pi^2)^3}{a^2} \tag{8.44}$$

可计算定常双扩散不稳定性的中立曲线 (Oertel H et al. 1996)，其中 $\overline{\Pi}(a)$ 描述的曲线和瑞利–贝纳尔问题中 $Ra(a)$ 描述的 (图 8.21) 一样。对于振动的指状不稳定性中立曲线，可以得到

$$\widetilde{\Pi}(a) = \frac{Pr \cdot Le^2 \cdot Ra - Pr \cdot Le \cdot \dfrac{1 + Pr \cdot Le}{1 + Pr} \cdot Ra_D}{Pr \cdot Le^2 + Le \cdot (1 + Pr) + 1} = \frac{(a^2 + \pi^2)^3}{a^2} \tag{8.45}$$

振动情况中的特征数 $\widetilde{\Pi}$ 与定常不稳定性中的特征数 $\overline{\Pi}$ 相当，而且 $\widetilde{\Pi}$ 与瑞利–贝纳尔问题中的 $Ra(a)$ 有同样的形式。这样，我们就将具有自由表面、无温度和浓度扰动的液体层双扩散问题简化成了简单得多的定常瑞利–贝纳尔问题了。

函数 $\overline{\Pi}(a) = \widetilde{\Pi}(a)$ 的最小值给出临界值 (见瑞利–贝纳尔问题中自由液体层) $\Pi_{\text{crit}} = (27/4)\pi^4 = 658$ 和临界波数 $a_{\text{crit}} = \pi/\sqrt{2} = 2.22$，在这样做的过程中我们已确定了液体层的临界状态。因为固定的材料特性，可取刘易斯数 $Le$ 和普朗特数 $Pr$ 为常数，遂使在瑞利数 $Ra(Ra_D)$ 图中描绘出临界状态成为可能。由式 (8.44) 得到线性方程

$$\overline{Ra} = \Pi_{\text{crit}} + Le \cdot Ra_D \tag{8.46}$$

然后由式 (8.45) 得

$$\tilde{Ra} = \Pi_{\text{crit}} \cdot \left(1 + \frac{1}{Le}\right) \cdot \left(1 + \frac{1}{Le \cdot Pr}\right) + \frac{\dfrac{1}{Le} + Pr}{1 + Pr} \cdot Ra_D \tag{8.47}$$

两方程对应的两条直线都表示在图 8.31 中。该图还反映了稳定极限 $\overline{Ra}$ 和 $\widetilde{Ra}$ 通常与中线 $Ra = Ra_D$ 相交，中线是稳定密度分层流 (轻流体在较重流体之上) 的瑞利数范围之左边界，这表明双扩散不稳定性同样可能发生于稳定密度分层流中。另外，即使较重的流体位于较轻的流体之上，流体层的状态仍可能是稳定的。

## 8.3 流体动力学不稳定性

### 8.3.1 泰勒不稳定性

在两同轴旋转圆柱间流体层中的流体动力学泰勒不稳定性与瑞利–贝纳尔不稳定性紧密相关。图 8.32 表示了这样的装置，令内圆柱以角速度 $\Omega$ 旋转，外圆柱静止，圆环间隙宽度为 $l$，在角速度 $\Omega$ 很小时可以观察到周向输运流体的均匀分布；当转速超过临界角频率 $\Omega_{\text{crit}}$ 时，可见定常、封闭、环形的卷结构，这些卷周期性地一层重叠在一层之上，曾示于图 8.5 中，颗粒的轨迹为绕环形周向中心线的螺旋线，相邻卷的螺旋方向相反，这些卷被称为*泰勒涡*。

首先来探讨一下不稳定性的物理解释。为此，我们从半径为 $r_1$ 的流体层中取出一个流体单元，并假设此流体单元保持其角动量 $r_1 \cdot u_\phi(r_1)$ 不变。若由于扰动该单元移至较外层 $r = r_2$，在半径为 $r_2$ 的新位置上具有了新的周向速度 $u_\phi(r_1) \cdot r_1/r_2$，因而在该单元上作用着 $F_1(r_2) = (u_\phi(r_1) \cdot r_1/r_2)^2/r_2$ 的离心力，若此离心力大于在 $r_2$ 层上未扰单元的离心力 $F_2(r_2) = u_\phi^2(r_2)/r_2$，则此离心力超越量将使被移动的单元继续向外移动。由于 $F_1(r_2) > F_2(r_2)$，则 $r_1 \cdot u_\phi(r_1) > r_2 \cdot u_\phi(r_2)$，即靠内的流体层上角动量或环量大于靠外层的，$\Gamma(r_1) > \Gamma(r_2)$，这样的分层流是不稳定的。

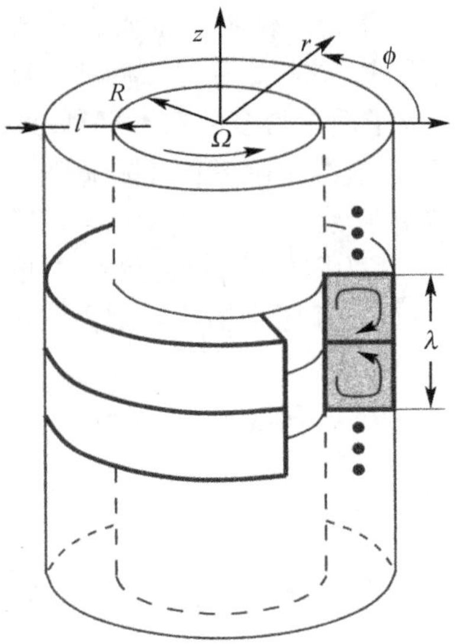


图 8.32　泰勒–库埃特不稳定性

我们来考虑一下中立情况，即 $\Gamma(r_1)=\Gamma(r_2)=C$。很明显，$u_\phi(r)=C/r$，这是位势涡方程，因此可以得出结论：若 $u_\phi(r)$ 随 $r$ 增大而减小得比位势涡情形的更快，则此离心力分层流是不稳定的。而外圆柱静止时，就总是这种情况，故原则上这时总是出现不稳定的分层流。

瑞利 (1916) 首先作出了上述解释。为避免这种不稳定分层流，库艾特黏度计就是以外圆柱旋转而内圆柱静止的原理工作的。

为了推导泰勒涡出现时的临界特征数，像在瑞利–贝纳尔问题中 (图 8.18) 一样，我们来考虑圆柱间隙中的一个流体单元 (图 8.33)，设具有轨迹速度 $u_\phi=\Omega\cdot R$ 的流体单元保持其角动量不变地从半径 $R$ 处径向地移至 $R+l$ 处，由于 $\Delta(R\cdot u_\phi)=0$，故有 $R\cdot\Delta u_\phi\propto u_\phi\cdot\Delta R=u_\phi\cdot l$。在新层处驱动流体单元继续向外移的离心力差 $F\propto\rho\cdot\Delta(u_\phi^2\big/R)\cdot l^3$ 为 $F\propto\rho\cdot\Omega^2\cdot l^4$，而与此反向的是黏性径向阻力 $W_r\propto\mu\cdot(u_r/d)\cdot l^2$。径向扰动速度为 $u_r\propto l/\Delta t$，其相关的时间尺度 $\Delta t$ 可由该单元的运动扰动能量 $\Delta E_k=\rho\cdot\Delta(u_\phi^2)\cdot l^3$ 由于黏性耗散 $\dot{E}_{\text{diss}}\propto W_\phi\cdot\Delta u_\phi\propto\mu\cdot(\Delta u_\phi/l)\cdot l^2\cdot\Delta u_\phi$(周向阻力 $W_\phi$) 在时间间隔 $\Delta t=\Delta E_k/\dot{E}_{\text{diss}}\propto l\cdot R/\nu$ 内损失掉这一条件获得。所以，阻力 $W_r$ 可以表示为 $W_r\propto\mu\cdot\nu\cdot l/R$。

当阻力不再能补偿过剩的离心力时就开始发生不稳定

$$F\geqslant W_r\Leftrightarrow\rho\cdot\Omega^2\cdot l^4\geqslant\mu\cdot\nu\cdot l/R\cdot C$$

$$\frac{\Omega^2\cdot R\cdot l^3}{\nu^2}=Ta^2\geqslant C$$

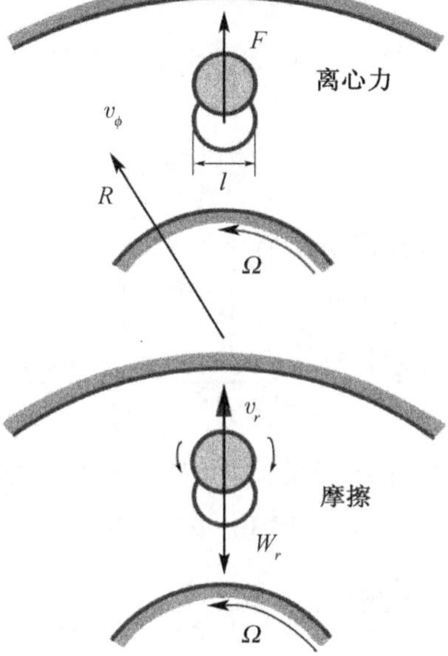


图 8.33 泰勒数的物理解释

其中 $Ta$ 称为泰勒数，故泰勒数的平方表示离心力与黏性力之比。

描述稳定性问题的基本方程可从不可压缩的连续方程和 N-S 方程 (5.3), (5.20) 中推出。适于讨论泰勒问题的坐标是柱坐标。忽略外力，式 (5.3) 和 (5.20) 可写成

$$\frac{\partial u_r}{\partial r}+\frac{u_r}{r}+\frac{1}{r}\cdot\frac{\partial u_\phi}{\partial \phi}+\frac{\partial u_z}{\partial z}=0 \tag{8.48}$$

$$\begin{aligned}&\frac{\partial u_r}{\partial t}+u_r\cdot\frac{\partial u_r}{\partial r}+\frac{u_\phi}{r}\cdot\frac{\partial u_r}{\partial \phi}-\frac{u_\phi^2}{r}+u_z\cdot\frac{\partial u_r}{\partial z}=-\frac{1}{\rho}\cdot\frac{\partial p}{\partial r}\\&+\nu\cdot\left(\frac{\partial^2 u_r}{\partial r^2}+\frac{1}{r}\cdot\frac{\partial u_r}{\partial r}-\frac{u_r}{r^2}+\frac{1}{r^2}\cdot\frac{\partial^2 u_r}{\partial \phi^2}-\frac{2}{r^2}\cdot\frac{\partial u_\phi}{\partial \phi}+\frac{\partial^2 u_r}{\partial z^2}\right)\end{aligned} \tag{8.49}$$

$$\begin{aligned}&\frac{\partial u_\phi}{\partial t}+u_r\cdot\frac{\partial u_\phi}{\partial r}+\frac{u_\phi}{r}\cdot\frac{\partial u_\phi}{\partial \phi}+\frac{u_\phi\cdot u_r}{r}+u_z\cdot\frac{\partial u_\phi}{\partial z}=-\frac{1}{\rho}\cdot\frac{1}{r}\cdot\frac{\partial p}{\partial \phi}\\&+\nu\cdot\left(\frac{\partial^2 u_\phi}{\partial r^2}+\frac{1}{r}\cdot\frac{\partial u_\phi}{\partial r}-\frac{u_\phi}{r^2}+\frac{1}{r^2}\cdot\frac{\partial^2 u_\phi}{\partial \phi^2}+\frac{2}{r^2}\cdot\frac{\partial u_r}{\partial \phi}+\frac{\partial^2 u_\phi}{\partial z^2}\right)\end{aligned} \tag{8.50}$$

$$\begin{aligned}&\frac{\partial u_z}{\partial t}+u_r\cdot\frac{\partial u_z}{\partial r}+\frac{u_\phi}{r}\cdot\frac{\partial u_z}{\partial \phi}+u_z\cdot\frac{\partial u_z}{\partial z}=-\frac{1}{\rho}\cdot\frac{\partial p}{\partial z}\\&+\nu\cdot\left(\frac{\partial^2 u_z}{\partial r^2}+\frac{1}{r}\cdot\frac{\partial u_z}{\partial r}+\frac{1}{r^2}\cdot\frac{\partial^2 u_z}{\partial \phi^2}+\frac{\partial^2 u_z}{\partial z^2}\right)\end{aligned} \tag{8.51}$$

其中 $u_r$、$u_\phi$ 和 $u_z$ 分别是径向、周向和轴向速度，$p$ 是压强。

边界条件为在柱壁上无滑移的条件

$$\boldsymbol{u}(r=R)=(0,u_\phi=R\cdot\Omega,0) \tag{8.52}$$

$$\boldsymbol{u}(r = R + l) = (0, 0, 0) \tag{8.53}$$

定常层流的基态 $\boldsymbol{U}_0 = (\boldsymbol{u}_0, p_0)$ 由圆柱间隙内的库艾特流给定。当 $u_{r0} = u_{z0} = 0$ 时连续方程 (8.48) 变为

$$\frac{1}{r} \cdot \frac{\partial u_{\phi 0}}{\partial \phi} = 0 \tag{8.54}$$

由此可见，周向速度和它的所有导数都与 $\phi$ 无关。

$\phi$ 的 N-S 方程 (8.50) 与 $\partial u_{\phi 0}/\partial z = 0$ 一起，给出了

$$0 = -\frac{1}{r} \cdot \frac{\partial p_0}{\partial \phi} + \mu \cdot \left( \frac{\partial^2 u_{\phi 0}}{\partial r^2} + \frac{1}{r} \cdot \frac{\partial u_{\phi 0}}{\partial r} - \frac{u_{\phi 0}}{r^2} \right) \tag{8.55}$$

由于式 (8.54)，上述黏性项与 $\phi$ 无关，我们得到 $\partial p_0/\partial \phi =$ 常值，并因为 $p(\phi) = p(\phi + 2 \cdot \pi)$，故 $\partial p_0/\partial \phi = 0$，于是方程 (8.55) 变为

$$\frac{\partial^2 u_{\phi 0}}{\partial r^2} + \frac{1}{r} \cdot \frac{\partial u_{\phi 0}}{\partial r} - \frac{u_{\phi 0}}{r^2} = \frac{\partial}{\partial r} \left( \frac{1}{r} \cdot \frac{\partial}{\partial r} (u_{\phi 0} \cdot r) \right) = 0 \tag{8.56}$$

将方程 (8.56) 对 $r$ 积分两次得到的两个常数 $C_1$ 和 $C_2$ 可由边界条件来确定，于是

$$u_{\phi 0} = C_1 \cdot r + C_2 \cdot \frac{1}{r} \tag{8.57}$$

其中

$$C_1 = -\frac{R^2}{l \cdot (2 \cdot R + l)} \cdot \Omega, \qquad C_2 = \frac{R^2 \cdot (R + l)^2}{l \cdot (2 \cdot R + l)} \cdot \Omega$$

对于小的间隙宽度 $l << R$，$u_\phi(r)$ 渐近地趋于线性库艾特速度型

$$u_{\phi 0} = \Omega \cdot R \cdot \left( \frac{R + l - r}{l} \right) \tag{8.58}$$

利用扰动假设 $\boldsymbol{U} = \boldsymbol{U}_0(\boldsymbol{U}_0, p_0) + \varepsilon \cdot \boldsymbol{u}'(\boldsymbol{u}', p')$，可以得到*扰动微分方程*。不稳定性开始于定常、旋转对称的泰勒涡，$\partial/\partial t = 0$ 和 $\partial/\partial \phi = 0$，遂可得下述扰动微分方程

$$\frac{\partial u'_r}{\partial r} + \frac{u'_r}{r} + \frac{\partial u'_z}{\partial z} = 0 \tag{8.59}$$

$$-\frac{2 \cdot u_{\phi 0}}{r} \cdot u'_\phi = -\frac{1}{\rho} \cdot \frac{\partial p'}{\partial r} + \nu \cdot \left( \frac{\partial^2 u'_r}{\partial r^2} + \frac{1}{r} \cdot \frac{\partial u'_r}{\partial r} + \frac{\partial^2 u'_r}{\partial z^2} - \frac{u'_r}{r^2} \right) \tag{8.60}$$

$$\left( \frac{\partial u_{\phi 0}}{\partial r} + \frac{u_{\phi 0}}{r} \right) \cdot u'_r = \nu \cdot \left( \frac{\partial^2 u'_\phi}{\partial r^2} + \frac{1}{r} \cdot \frac{\partial u'_\phi}{\partial r} + \frac{\partial^2 u'_\phi}{\partial z^2} - \frac{u'_\phi}{r^2} \right) \tag{8.61}$$

$$0 = -\frac{1}{\rho} \cdot \frac{\partial p'}{\partial z} + \nu \cdot \left( \frac{\partial^2 u'_z}{\partial r^2} + \frac{1}{r} \cdot \frac{\partial u'_z}{\partial r} + \frac{\partial^2 u'_z}{\partial z^2} \right) \tag{8.62}$$

这是由一个一阶偏微分方程和三个二阶偏微分方程组成的方程组，其中四个未知变量为 $\boldsymbol{u}$ 和 $p'$，自变量为 $r$ 和 $z$。因为是二阶导数，对于在 $r$ 方向的三个速度分量必须给定六个边界条件

$$(\boldsymbol{U}_0+\boldsymbol{u}')(r=R)=(0,\Omega\cdot R,0)\Rightarrow \boldsymbol{v}'(r=R)=(0,0,0)\quad (\text{由式}\quad(8.52))\qquad(8.63)$$

$$(\boldsymbol{U}_0+\boldsymbol{u}')(r=R+l)=(0,0,0)\Rightarrow \boldsymbol{v}'(r=R+l)=(0,0,0)\quad (\text{由式}\quad(8.53))\qquad(8.64)$$

这也确定了压强，准确到与问题无关的一个常数。对无限伸长的圆柱间隙，泰勒问题与轴向 $z$ 无关，故无需设定此方向的边界条件。

可以解析地和数值地求解特征值问题，方法与瑞利–贝纳尔问题的相似，结果还是图 8.21 的稳定性图。中立曲线由特征值 $Ta^2$ 对波数 $a$ 的关系给出。对于小的间隙宽度，可用分离变量的试探解来推导出特征值方程

$$\left(\frac{\partial^2}{\partial x^2}-a^2\right)^3 u_\phi(x)+Ta^2\cdot a^2\cdot u_\phi(x)=0 \qquad (8.65)$$

此与瑞利–贝纳尔不稳定性的方程 (8.22) 一样，只是瑞利数 $Ra$ 由泰勒数的平方 $Ta^2$ 来代替，坐标 $z$ 由 $x$ 或 $r$ 代替，温度 $\hat{T}$ 由周向速度 $u_\phi$ 代替，由此得到固定圆柱边界的下述临界值

$$Ta^2_{\text{crit}}=1708,\qquad a_{\text{crit}}=3.12 \qquad (8.66)$$

和图 8.5 中一样，增大角速度 $\Omega$ 导致向时间相关的振动泰勒涡 (二次不稳定性，图 8.34) 过渡，这发生在另一个更大的临界泰勒数时。这些涡的振动频率随泰勒数的增大而增大，直到最终过渡成湍流库艾特流。与瑞利–贝纳尔问题不同，一次泰勒不稳定性的波长甚至对于大泰勒数时也维持不变，而在瑞利–贝纳尔问题中波长是随瑞利数增大而增大的。

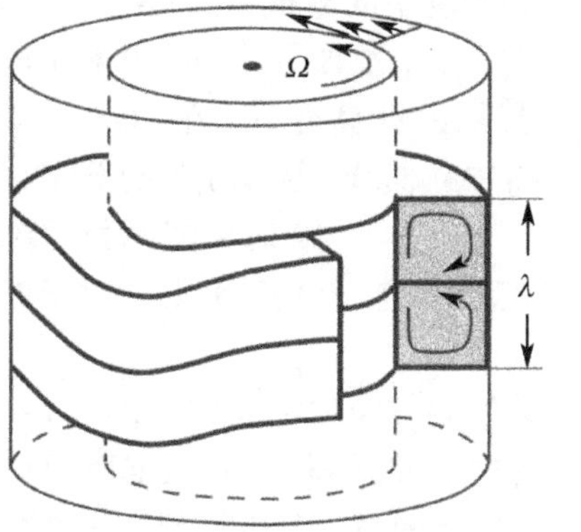


图 8.34 泰勒涡的振动不稳定性

### 8.3.2 格特勒不稳定性

沿凹壁流动的边界层中同样可观察到类似于泰勒不稳定性的现象。超过临界速度时，以相反方向旋转的有序涡系形成，涡轴平行于壁面指向下游，如图 8.35 所示。若用边界层边缘处速度 $U_\infty$ 代替泰勒问题中的周向速度 $u_\phi$，边界层厚度 $\delta=\sqrt{\nu\cdot l_x/U_\infty}$ 代替间隙宽度 $l$，其中 $l_x$ 表示距前缘的距离，则表征边界层中不稳定性开始的量纲 1 的特征数是格特勒数

$$G\ddot{o}=\frac{U_\infty\cdot l}{\nu}\cdot\sqrt{\frac{l}{R}} \tag{8.67}$$

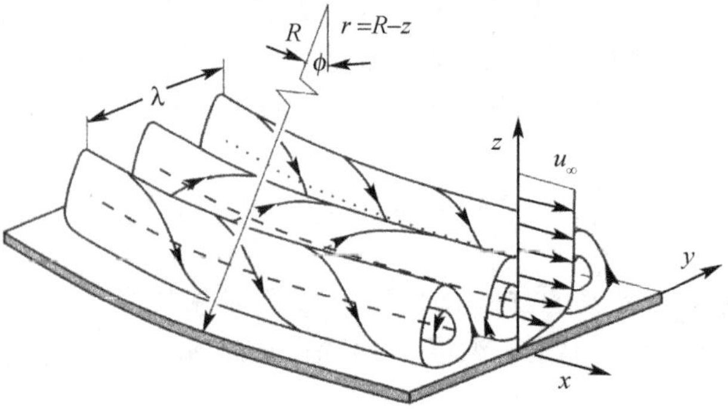


图 8.35　在凹壁上的格特勒不稳定性

这里假定边界层厚度 $\delta$ 比壁面的曲率半径 $R$ 要小得多，雷诺数 $Re_\delta=U_\infty\cdot\delta/\nu$ 比 1 要大得多，于是可以忽略波长 $\lambda/\delta$ 对 $\delta/R<<1$ 的依赖关系。与泰勒问题类似，当向壁面移动时在边界层中存在一个角动量降落。比较泰勒数 $Ta=u_\phi\cdot l/\nu\cdot\sqrt{l/R}$ 和格特勒数 (8.67) 可见两个数具有相同的形式，采用和讨论泰勒数的同样方式，可得到格特勒数的平方作为促使不稳定的离心力对利于稳定的摩擦力之比的解释。

稳定性分析可仿照泰勒问题中的分析方式进行。实验观察表明，格特勒涡的轴平行于 $x$ 方向，并沿此方向不变，故波数为 $a=0$ 和 $b=2\cdot\pi/\lambda$。

和对布拉修斯平板边界层的计算类似，在 ($G\ddot{o}$, $b$) 图 (图 8.36) 中对给定的 $b$ 值画出格特勒数最小值而得中立曲线。从稳定性分析的结果我们看到，对于有限的波数 $b$，中立曲线没有最小值，在 $b=0$ 时格特勒数达到最小，即涡具有无限大波长，我们将 $b=0$ 的格特勒数作为临界格特勒数，对于布拉修斯平板边界层，其值为 $G\ddot{o}_{\mathrm{crit}}=0.464$。

实际上，必须允许在 $x$ 下游方向的空间放大，即 $a-\mathrm{i}a_\mathrm{i}$，$a_\mathrm{i}<0$。对于给定的 $a_\mathrm{i}$ 值，可获得有局部最小值的中立曲线 (相应的稳定性图见图 8.36)，表明在此特征值问题中还必须考虑空间放大。但是，究竟应选择哪一个空间放大率 $a_\mathrm{i}$，现在还不清楚。霍尔 (Hall P　1983) 指出格特勒不稳定问题不能按局部稳定性分析方式

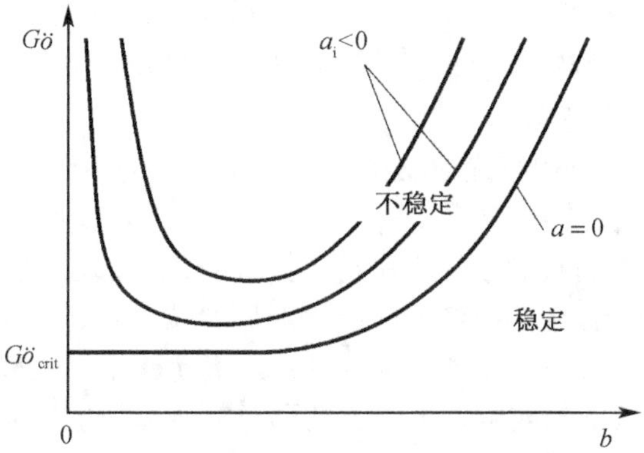


图 8.36 格特勒不稳定性的中立曲线

处理，故边界层厚度随 $x$ 的变化可能不能忽略。

## 8.4 剪切流不稳定性

本书在 4.2.4 小节中第一次出现对剪切流中层流–湍流转捩的描述。管流中发生三维扰动的不稳定性是在临界雷诺数 $Re_{D,\mathrm{crit}} = 2300$。在平板边界层中发生二维托尔明–施里希廷波的不稳定性在临界雷诺数 $Re_{x,\mathrm{crit}} = 5 \cdot 10^5$ 或 $Re_{d,\mathrm{crit}} = 302$，$d = \sqrt{\nu \cdot x/(U \cdot \delta)}$。图 4.55 表示了波前。初始扰动振幅沿下游方向而增长，故流动在此区域 (图 8.37 中的 (2) 区) 对于三维二次扰动变得不稳定，涡线变形呈波状；在进一步下游区 (3) 随涡线而变形的涡管被拉伸形成λ 结构；这些结构的随后衰减和快速生长的湍流斑在空间和时间上不规则出现，最终在 (4) 区的 $x_t$ 处完成转捩过程，$x_t$ 被称为完全转捩位置；此后在 (5) 区则是全湍流状态。即使充分形成的湍流也并不是没有一定结构的，因为在靠近壁面处观察到纵向条带状区，其中速度的流向分量大为减小 (条纹)。

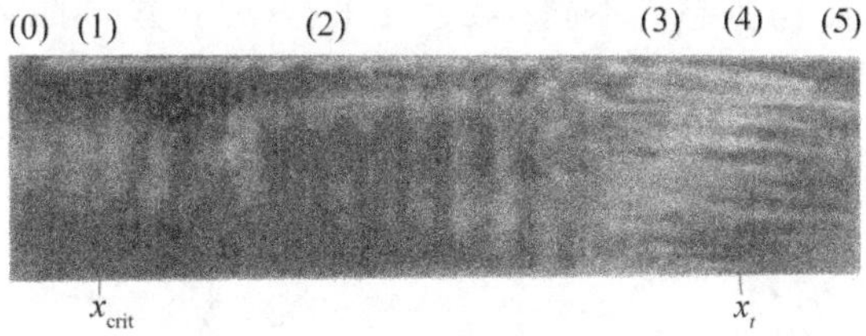


图 8.37 对称旋转体边界层中的转捩过程，布朗 (Brown 1957)

通过全转捩过程 (1)~(4)，边界层厚度有了很大的增长，这是因为增大的扰动振幅，特别是法向振动，使得流向动量的时间更均匀地分布于边界层内。最大的振动强度最初直接发生于壁面，造成在转捩区内的时间平均壁面剪切应力甚至高于在完全湍流区内的值。特别应注意上述的转捩不是只发生于某一个位置上，而是在 $x_{\rm crit} < x < x_t$ 内的更大范围内。

层流区 (0) 的不稳定初始扰动仅在临界位置 $x_{\rm crit}$ 的下游引起流场的持续变化，在此位置的上游流动保持着层流。若在边界层中 $x > x_{\rm crit}$ 的某点处引入一个局部扰动，则扰动波包以某特征速度沿下游扩大并分裂，而扰动强度则由于不稳定性而增长。若这样的不稳定波包不继续影响扰动的原始位置，则此不稳定性是对流不稳定性 (8.1.3 节中的图 8.15)。这样边界层的原始扰动就是对流型不稳定，其湍流的发生也不是像瑞利–贝纳尔或泰勒不稳定性那样突然地发生，而是在下游方向的一个转捩区内发展的。在二维平板边界层内的托尔明–施里希廷波的形成已在 4.2.4 节中作为奥尔–索末菲方程 (4.73) 的特征值问题描述过。图 4.57 给出了布拉修斯边界层流动的稳定性图和临界雷诺数 $Re_{\rm crit}$ 及临界波数 $a_{\rm crit}$。下节我们将稳定性分析推广至三维扰动情况并讨论边界层不稳定性的影响。

### 8.4.1　边界层流动

通常稳定性分析首先要确定*基态流*，这对泰勒–库艾特流和瑞利–贝纳尔问题是很简单的，对于如翼型或机翼 (6.1.2 节) 的边界层稳定性计算所需的层流基态流的计算可以通过数值求解 N-S 方程来完成，在大多数情况下仅需求解边界层方程 (5.94)。

除此以外在边界层或剪切层流动的稳定性分析中存在一个基本的困难，即边界层或剪切层厚度 $\delta$ 沿 $x$ 下游方向或展长方向的增加，这样流动的变量就不仅仅取决于边界层或剪切层上的法向位置 $z$，还与 $x$ 和 $y$ 有关，因此和 $z$ 一样，$x$、$y$ 也是各向异性的方向，这使稳定性问题的求解变得更困难。

但是，若考虑在大雷诺数范围的边界层或剪切层流，边界层或剪切层厚度 $\delta(x,y)$ 的变化通常很小 (如在平板上 $\delta \propto x/\sqrt{Re_x}$)，因此流动速度在 $x$、$y$ 方向的变化要比在 $z$ 方向的弱得多。

从实验结果已知，与基态流不同，*扰动*在平行 $x$、$y$ 方向的变化已不再很弱。以 $U_\infty$ 作为扰动速度的参考、$\delta$ 作为长度的参考、$\rho \cdot U_\infty$ 作为扰动压强的参考，则对不可压边界层的扰动假设可为

$$
\begin{aligned}
u &= U_\infty \cdot (u_0(\bar{x},\bar{y},z) + \varepsilon \cdot u') \\
v &= U_\infty \cdot (v_0(\bar{x},\bar{y},z) + \varepsilon \cdot v') \\
w &= U_\infty \cdot (\varepsilon \cdot w_0(\bar{x},\bar{y},z) + \varepsilon \cdot w') \\
p &= \rho \cdot U_\infty^2 \cdot (p_0(\bar{x},\bar{y},z) + \varepsilon \cdot p')
\end{aligned}
\tag{8.68}
$$

通常，$\varepsilon$ 是一个尺度参数，对边界层可选取 $\varepsilon = 1/Re_\delta$。所讨论的问题取决于两个不同的长度尺度，即大尺度 $\bar{d} = \delta/\varepsilon$ 和小得多的尺度 $\delta$。因为这两个尺度是如此不同，从数学上利用这一物理事实将对 $x$, $y$ 的一般解分解为对大尺度长度变量 $\bar{x}$, $\bar{y}$ 的解和对小尺度变量 $\tilde{x}$、$\tilde{y}$ 的解就是适宜的了。此方法常用于数学物理中，被称为*多尺度方法*。不同尺度变量与原始变量 $x$, $y$ 的关系为

$$\tilde{x} = x, \quad \bar{x} = \varepsilon \cdot x$$

$$\tilde{y} = y, \quad \bar{y} = \varepsilon \cdot y \tag{8.69}$$

现在应这样理解，即所有扰动量都是两个变量的函数，如 $u' = u'(t, x, y, z) = u'(t, \tilde{x}, \bar{x}, \tilde{y}, \bar{y}, z)$，对 $x$ 的导数应写成 $\partial u'/\partial x = (\partial u'/\partial \tilde{x}) \cdot \mathrm{d}\tilde{x}/\mathrm{d}x + (\partial u'/\partial \bar{x}) \cdot \mathrm{d}\bar{x}/\mathrm{d}x = \partial u'/\partial \tilde{x} + \varepsilon \cdot \partial u'/\partial \bar{x}$。

这样得到的线性扰动微分方程为

$$\frac{\partial u'}{\partial x} + \frac{\partial v'}{\partial y} + \frac{\partial w'}{\partial z} = 0 \tag{8.70}$$

$$\frac{\partial u'}{\partial t} + u_0 \cdot \frac{\partial u'}{\partial x} + v_0 \cdot \frac{\partial u'}{\partial y} + \frac{\mathrm{d}u_0}{\mathrm{d}z} \cdot w' + \frac{\partial p'}{\partial x} - \frac{1}{Re_d} \cdot \left( \frac{\partial^2 u'}{\partial x^2} + \frac{\partial^2 u'}{\partial y^2} + \frac{\partial^2 u'}{\partial z^2} \right) = 0 \tag{8.71}$$

$$\frac{\partial v'}{\partial t} + u_0 \cdot \frac{\partial v'}{\partial x} + v_0 \cdot \frac{\partial v'}{\partial y} + \frac{\mathrm{d}v_0}{\mathrm{d}z} \cdot w' + \frac{\partial p'}{\partial y} - \frac{1}{Re_d} \cdot \left( \frac{\partial^2 v'}{\partial x^2} + \frac{\partial^2 v'}{\partial y^2} + \frac{\partial^2 v'}{\partial z^2} \right) = 0 \tag{8.72}$$

$$\frac{\partial w'}{\partial t} + u_0 \cdot \frac{\partial w'}{\partial x} + v_0 \cdot \frac{\partial w'}{\partial y} + \frac{\partial p'}{\partial z} - \frac{1}{Re_d} \cdot \left( \frac{\partial^2 w'}{\partial x^2} + \frac{\partial^2 w'}{\partial y^2} + \frac{\partial^2 w'}{\partial z^2} \right) = 0 \tag{8.73}$$

重要的是，对变量 $t$、$\tilde{x}$、$\tilde{y}$、$z$ 的此齐次线性偏微分方程的系数，如 $u_0(\bar{x}, \bar{y}, z)$ 仅是变量 $\bar{x}$、$\bar{y}$、$z$ 的函数而与小尺度变量 $\tilde{x}$、$\tilde{y}$ 无关。可以看出，没有 $\bar{x}$、$\bar{y}$ 变量的显式导数出现于 (8.70)~(8.73) 中，在上述近似的框架内微分方程组的解对空间变量 $\bar{x}$、$\bar{y}$ 的函数关系仅是代数的，而非微分的，故此稳定性分析被称为*局部稳定性分析*，即在选定的位置 $\bar{x}$、$\bar{y}$ 求得相对于小尺度平行坐标 $\tilde{x}$、$\tilde{y}$ 的常数基态解，并在该位置进行局部的稳定性分析。我们还注意到，扰动微分方程对 $t$、$\tilde{x}$ 和 $\tilde{y}$ 是齐次的。

在推导扰动微分方程过程中忽略了对基态流法向分量 $w_0$ 的依赖关系，这个常用的处理速度型的方法被称为*平行流假设*，其对平板边界层流的有效性由赫勃脱和贝尔托洛蒂 (Herbert T et al. 1987) 作了证明。

扰动满足下述边界条件

在壁面 $z = z_w$ 处

$$u'(x, y, z = z_w, t) = v'(x, y, z = z_w, t) = 0, \quad w'(x, y, z = z_w, t) = 0 \tag{8.74}$$

在远场处

$$v'(x,y,z\to\infty,t)=0,\qquad p'(x,y,z\to\infty,t)=0 \tag{8.75}$$

远场边界条件表明扰动不扩展至无穷远，它也是自由剪切层和流动中物体后尾流的边界条件。扰动微分方程组 (8.70)~(8.73) 对 $\tilde{x}$，$\tilde{y}$，$t$ 是齐次的，我们可采用分离变量的试探解 (波假设)

$$\begin{pmatrix} \tilde{u}'(\tilde{x},\tilde{y},z,t;\bar{x},\bar{y}) \\ \tilde{v}'(\tilde{x},\tilde{y},z,t;\bar{x},\bar{y}) \\ \tilde{w}'(\tilde{x},\tilde{y},z,t;\bar{x},\bar{y}) \\ \tilde{p}'(\tilde{x},\tilde{y},z,t;\bar{x},\bar{y}) \end{pmatrix} = F_x(\tilde{x};\bar{x},\bar{y})\cdot F_y(\tilde{y};\bar{x},\bar{y})\cdot F_t(t;\bar{x},\bar{y})\cdot \begin{pmatrix} \hat{u}(z;\bar{x},\bar{y}) \\ \hat{v}(z;\bar{x},\bar{y}) \\ \hat{w}(z;\bar{x},\bar{y}) \\ \hat{p}(z;\bar{x},\bar{y}) \end{pmatrix} \tag{8.76}$$

因为边界条件仅取决于 $z$，将式 (8.76) 代入连续方程 (8.70) 可得到

$$\left(\frac{1}{F_x}\cdot\frac{\mathrm{d}F_x}{\mathrm{d}\tilde{x}}\right)\cdot\hat{u}+\frac{\mathrm{d}\hat{w}}{\mathrm{d}z}+\left(\frac{1}{F_y}\cdot\frac{\mathrm{d}F_y}{\mathrm{d}\tilde{y}}\right)\cdot\hat{v}=0$$

此和式的后两项与 $\tilde{x}$ 无关，前两项与 $\tilde{y}$ 无关，故括号内的表达式分别相对于 $\tilde{x}$ 和 $\tilde{y}$ 是常数。对函数 $F_t$ 也可采用同样方法，将分离变量假设代入动量方程 (8.73) 可得到

$$\frac{1}{F_x}\cdot\frac{\mathrm{d}F_x}{\mathrm{d}\tilde{x}}=\mathrm{i}\cdot a(\bar{x},\bar{y}),\qquad \frac{1}{F_y}\cdot\frac{\mathrm{d}F_y}{\mathrm{d}\tilde{y}}=\mathrm{i}\cdot b(\bar{x},\bar{y}),\qquad \frac{1}{F_t}\cdot\frac{\mathrm{d}F_t}{\mathrm{d}t}=-\mathrm{i}\cdot\omega(\bar{x},\bar{y})$$

其中引入了三个分离参数 $a$、$b$ 和 $\omega$，它们仍是大尺度变量的函数。从 $F_x$，$F_y$ 和 $F_t$ 的方程式中可以导出

$$\begin{pmatrix} \tilde{u}'(\tilde{x},\tilde{y},z,t) \\ \tilde{v}'(\tilde{x},\tilde{y},z,t) \\ \tilde{w}'(\tilde{x},\tilde{y},z,t) \\ \tilde{p}'(\tilde{x},\tilde{y},z,t) \end{pmatrix} = \exp(\mathrm{i}\cdot a\cdot\tilde{x}+\mathrm{i}\cdot b\cdot\tilde{y}-\mathrm{i}\cdot\omega\cdot t)\cdot \begin{pmatrix} \hat{u}(z) \\ \hat{v}(z) \\ \hat{w}(z) \\ \hat{p}(z) \end{pmatrix} \tag{8.77}$$

其中未将对 $\bar{x}$ 和 $\bar{y}$ 的函数关系表示出来。e 的指数 $a(\bar{x},\bar{y})\cdot\tilde{x}+b(\bar{x},\bar{y})\cdot\tilde{y}-\omega(\bar{x},\bar{y})\cdot t$ 也被称为相。分离参数 $a$、$b$、$\omega$ 最初可为任何数，一般为复数。

将波假设式 (8.77) 代入到方程组 (8.70)~(8.73) 可得到

$$a\cdot\hat{u}+b\cdot\hat{v}=\mathrm{i}\cdot\frac{\mathrm{d}\hat{w}}{\mathrm{d}z} \tag{8.78}$$

$$(a\cdot u_0+b\cdot v_0-\omega)\cdot\hat{u}-\mathrm{i}\cdot\frac{\mathrm{d}u_0}{\mathrm{d}z}\cdot\hat{w}=-a\cdot\hat{p}+\frac{\mathrm{i}}{Re_d}\cdot\left(a^2+b^2-\frac{\mathrm{d}^2}{\mathrm{d}z^2}\right)\hat{u} \tag{8.79}$$

$$(a\cdot u_0+b\cdot v_0-\omega)\cdot\hat{v}-\mathrm{i}\cdot\frac{\mathrm{d}v_0}{\mathrm{d}z}\cdot\hat{w}=-b\cdot\hat{p}+\frac{\mathrm{i}}{Re_d}\cdot\left(a^2+b^2-\frac{\mathrm{d}^2}{\mathrm{d}z^2}\right)\hat{v} \tag{8.80}$$

$$(a \cdot u_0 + b \cdot v_0 - \omega) \cdot \hat{w} = \mathrm{i} \cdot \frac{\mathrm{d}\hat{p}}{\mathrm{d}z} + \frac{\mathrm{i}}{Re_d} \cdot \left(a^2 + b^2 - \frac{\mathrm{d}^2}{\mathrm{d}z^2}\right)\hat{w} \tag{8.81}$$

边界条件式 (8.74) 和 (8.75) 为

$$\hat{u}(z = z_w) = \hat{v}(z = z_w) = 0, \qquad \hat{w}(z = z_w) = 0 \tag{8.82}$$

$$\hat{\boldsymbol{v}}(z \to \infty) = 0, \qquad \hat{p}(z \to \infty) = 0 \tag{8.83}$$

我们完成了波不稳定性特征值问题公式的建立，它是包含四个参数 $Re_d$、$a$、$b$ 和 $\omega$ 的线性齐次微分方程组。雷诺数是给定的一个实数。除了零解外，方程组仅对一定的 $a$、$b$ 和 $\omega$ 可解，这限定了这三者的相互关系，即所谓的弥散关系

$$D(a, b, \omega) = 0 \tag{8.84}$$

在所讨论的特征值问题中，$a$、$b$ 和 $\omega$ 中任意两个被给定，剩余的一个作为一个特征值从方程的计算中获得。

稳定性分析关注的是在流动 $\boldsymbol{U_0}$ 中引入的扰动 $\boldsymbol{u}'$ 的振幅 $|\boldsymbol{u}'|$ 的变化，正如引言 (8.1.2 节) 中所述，稳定性是通过扰动振幅随时间的放大情况来定义的。在边界层和剪切流中扰动用沿平行 $x$ 和 $y$ 方向运动的波来表示

$$\boldsymbol{u}'(x, y, z, t) = \boldsymbol{u}(z) \cdot \exp(\mathrm{i}ax + \mathrm{i}by - \mathrm{i}\omega t) \tag{8.85}$$

为清楚起见，还是略去了 $x$、$y$ 上的符号。按照稳定性定义可给出一特征公式，它是由波数分量 $a$ 和 $b$ 来表示的，相关的 $\omega = \omega_\mathrm{r} + \mathrm{i}\omega_\mathrm{i}$ 值由特征值问题算得。若给定空间周期波 (即实数 $a = a_\mathrm{r}$ 和 $b = b_\mathrm{r}$)，则稳定性分析称为时间稳定性分析。由于系统只能在正的时间方向进一步发展，于是给定 $a = a_\mathrm{r}$ 和 $b = b_\mathrm{r}$ 的波扰动只有当它的振幅是随时间放大的，即 $\omega_\mathrm{i} > 0$ 时，才是时间不稳定的，这里 $\omega_\mathrm{i}$ 是时间放大率。$\omega_\mathrm{i} = 0$ 的扰动称为中立的或中性的扰动。也可给定 $\omega$ 量计算相应的特征公式 (由 $a$ 和 $b$ 表示的)。若给定 $\omega = \omega_\mathrm{r}$ 为实数 (即考虑一给定频率的所有可能的波)，则稳定性分析称为空间稳定性分析；如果对给定的 $b$ 值计算 $a$ 值，则算得的 $a$ 值的实部 $a_\mathrm{r}$ 是波数，虚部 $a_\mathrm{i}$ 是在 $x$ 方向空间放大的一个度量。只有当给定所考虑的方向，才能明确得到空间放大的显式定义，令其以单位矢量 $\boldsymbol{e}_\phi = \boldsymbol{e}_x \cdot \cos\phi + \boldsymbol{e}_y \cdot \sin\phi$ 来表示 (图 8.38)。

波振幅 $|\boldsymbol{u}'| = |\hat{\boldsymbol{u}}| \cdot \exp(-a_\mathrm{i} \cdot x - b_\mathrm{i} \cdot y + \omega_\mathrm{i} \cdot t)$ 的变化是沿着给定方向 $\phi$ 来确定的，即 $\mathrm{d}\,|\boldsymbol{u}'|/\mathrm{d}x_\phi = \boldsymbol{e}_\phi \cdot \nabla\,|\boldsymbol{u}'|$，可以发现，$\mathrm{d}\,|\boldsymbol{u}'|/\mathrm{d}x_\phi = -(a_\mathrm{i} \cdot \cos\phi + b_\mathrm{i} \cdot \sin\phi) \cdot |\boldsymbol{u}'|$；若 $\mathrm{d}\,|\boldsymbol{u}'|/\mathrm{d}x_\phi$ 是正的，则沿 $\boldsymbol{e}_\phi$ 振幅是放大的，于是若

$$a_\mathrm{i} \cdot \cos\phi + b_\mathrm{i} \cdot \sin\phi < 0$$

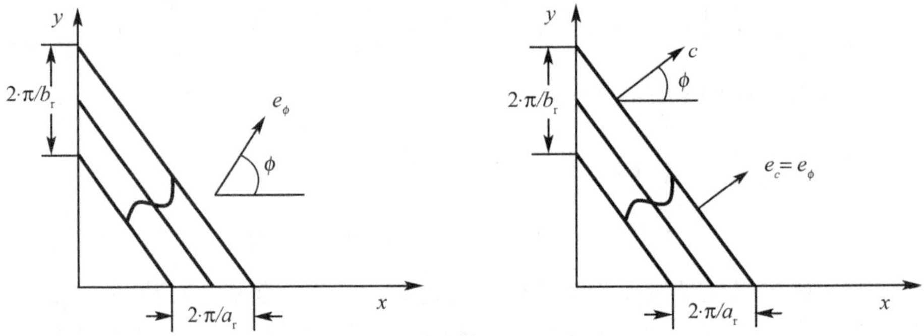


图 8.38　波扰动的扩展

则沿 $\phi$ 方向波是放大的。量 $a_{\mathrm{i}}$ 和 $b_{\mathrm{i}}$ 也称为*空间放大率*。应注意到，指定方向 $\phi$ 的必要性引起了一定程度的任意性，为此需要核实具有相速度矢量 $\boldsymbol{c}=(c_x,c_y,0)=\omega_{\mathrm{r}}/(a_{\mathrm{r}}^2+b_{\mathrm{r}}^2)\cdot(a_{\mathrm{r}},b_{\mathrm{r}},0)$ 的波是否沿着振幅增大的方向运动。允许所考虑的方向 $\boldsymbol{e}_\phi$ 与波运动方向 $\boldsymbol{e}_{\mathrm{crit}}=(a_{\mathrm{r}},b_{\mathrm{r}},0)\cdot\mathrm{sgn}\ \omega_{\mathrm{r}}/\sqrt{a_{\mathrm{r}}^2+b_{\mathrm{r}}^2}$ 相一致，其中 $\mathrm{sgn}\ \omega_{\mathrm{r}}=\omega_{\mathrm{r}}/|\omega_{\mathrm{r}}|$(图 8.38)。若

$$\omega_{\mathrm{r}}\cdot(a_{\mathrm{r}}\cdot a_{\mathrm{i}}+b_{\mathrm{r}}\cdot b_{\mathrm{i}})<0$$

则时间周期性波的振幅沿它运动方向是增大的；若 $\omega_{\mathrm{r}}>0$, $a_{\mathrm{i}}<0$, 则二维波 $(b=0)$ 被称为是空间放大的。但是，要准确知道究竟是哪一个波使扰动是空间放大的，则必须通过对流不稳定性对局部扰动的稳定性分析概念 (8.1.3 小节) 来回答。

特征值问题可以由给定 $b=b_{\mathrm{r}}+\mathrm{i}b_{\mathrm{r}}$ 和 $\omega=\omega_{\mathrm{r}}$ 来导出 $a$，或给定 $a=a_{\mathrm{r}}+\mathrm{i}a_{\mathrm{r}}$ 和 $\omega=\omega_{\mathrm{r}}$ 来导出 $b$，而不是指定一个复波数，这在空间分析如确定放大量 $\phi=1/\tan(b_{\mathrm{i}}/a_{\mathrm{i}})$ 中更为清楚，这相当于决定 $a$ 和 $b$ 的虚部 $a_{\mathrm{i}}$ 和 $b_{\mathrm{i}}$ 之比。

我们注意到，时间稳定性分析比空间稳定性分析要简单得多。在式 (8.78)~(8.83) 的特征值问题中 $\omega$ 以线性关系出现，而 $a$ 和 $b$ 则是二次的。二次特征值问题的解要比线性问题的解需要大得多的计算工作量，所以，希望找到一种能将时间放大转换成空间放大的方法。盖斯特 ( Gaster M 1962) 给出了对于 $b=0$ 的这样一种关系式。采用

$$a_{\mathrm{i}}\approx-\frac{1}{\dfrac{\partial\omega_{\mathrm{r}}}{\partial a_{\mathrm{r}}}}\cdot\omega_{\mathrm{r}}$$

可以将给定实波数 $a_{\mathrm{r}}$ 和相应频率 $\omega_{\mathrm{r}}$ 的空间周期波的时间放大 $\omega_{\mathrm{i}}$ 转换成具有相同波数 $a_{\mathrm{r}}$ 和频率 $\omega_{\mathrm{r}}$ 的时间周期波 (即 $\omega_{\mathrm{i}}=0$)。它利用*群速度*$\partial\omega_{\mathrm{r}}/\partial a_{\mathrm{r}}$ 从相关连波的时间放大给出波的空间放大。上述关系式称为*盖斯特转换式*。由于它是基于弥散关系式 $D(a,\omega)=0$ 围绕中立状态 $a_{\mathrm{i}}=0$, $\omega_{\mathrm{i}}=0$ 的泰勒展开式的，故它仅适用于小的放大率 $a_{\mathrm{i}}$、$\omega_{\mathrm{i}}$。

扰动微分方程系 (8.78)~(8.81) 具有一个突出的特性，即通过消去 $\hat{u}$、$\hat{v}$ 和 $\hat{p}$ 可将其归结成一个四阶微分方程式，代表着奥尔–索末菲方程 (4.73) 对于斜行波的推广，利用表示在扩展方向上坐标旋转的斯奎尔变换

$$a_\varphi \cdot u_{0,\varphi} = a \cdot u_0 + b \cdot v_0, \qquad a_\varphi^2 = a^2 + b^2$$

可得到奥尔–索末菲方程

$$\left[(a_\varphi \cdot u_{0,\varphi} - \omega) \cdot \left(\frac{\mathrm{d}^2}{\mathrm{d}z^2} - a_\varphi^2\right) - a_\varphi \cdot \frac{\mathrm{d}^2 u_{0,\varphi}}{\mathrm{d}z^2} + \mathrm{i} \cdot \frac{1}{Re_d} \cdot \left(\frac{\mathrm{d}^2}{\mathrm{d}z^2} - a_\varphi^2\right)^2\right] \hat{w} = 0 \quad (8.86)$$

以及对 $\hat{w}$ 的下述边界条件

$$\hat{w} = 0, \qquad \frac{\mathrm{d}\hat{w}}{\mathrm{d}z} = 0, \qquad 对 \quad z = z_w \quad (8.87)$$

$$\hat{w} = 0, \qquad \frac{\mathrm{d}\hat{w}}{\mathrm{d}z} = 0, \qquad 对 \quad z \to \infty \quad (8.88)$$

若在方程 (8.86) 中用 $a$ 代替 $a_\varphi$，用 $a \cdot u_0$ 代替 $a_\varphi \cdot u_{0,\varphi}$，则方程就代表了二维情况 (4.73)。在图 8.39 中表示了用一个典型的特征函数推广的稳定性图，应该注意，其中扰动速度的法向分量 $|\hat{w}|$ 被放大了 10 倍，它比流向分量 $|\hat{u}|$ 的振幅要小得多，并假设了 $\hat{u}$ 的最大扰动振幅位于紧靠壁面，由图可见，在边界层厚度处扰动没有完全衰减，而是伸展至边界层外很远处。距离壁面约为边界层厚度 $\delta$ 的 2/3 处 $|\hat{u}|$ 的快速变为最小值仅仅是因为事实上函数 $\hat{u}$ 在此位置上过零，这与波的 180° 相变相联系。

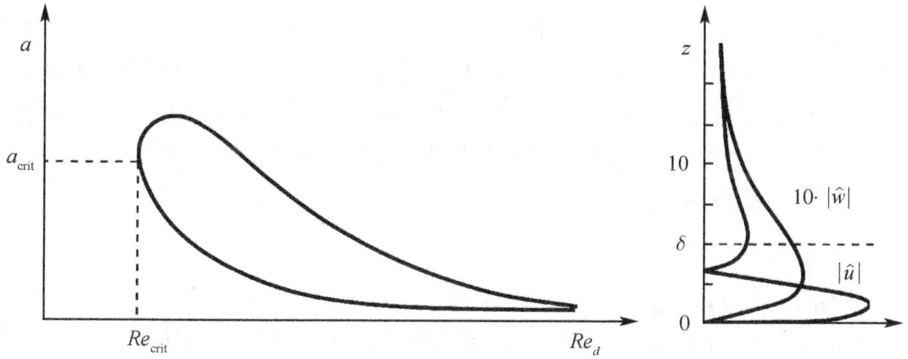


图 8.39 平板上 $a, b = 0$ 的稳定性图。$a = 0,16, b = 0, Re_d = 580$ 的特征函数

### 8.4.2 托尔明–施里希廷不稳定和横流不稳定性

现在我们回到后掠机翼前缘附近的边界层流，如图 8.10。从三维边界层往下游走会出现托尔明–施里希廷波，并且由于基态流的横向流分量也发生横流不稳定

性。利用某给定雷诺数的不稳定区，在图 8.40 的波数图中表示出了哪些波具有横流不稳定性。仅在超过临界雷诺数时才会在下游出现托尔明–施里希廷波。但是在此区内雷诺数很小，故存在着强的摩擦效应，起阻尼作用。为了比较，也给出了平板边界层二维速度型 $u_0(z)$ 的不稳定区。很典型地，二维边界层不稳定波的立轴倾角 $\varphi = 1/\tan(b/a)$ 要比三维边界层的大得多。二维边界层波数图中 $\omega_\mathrm{i} = 0$ 的中立曲线因其特殊形状也常被称为肾形曲线。

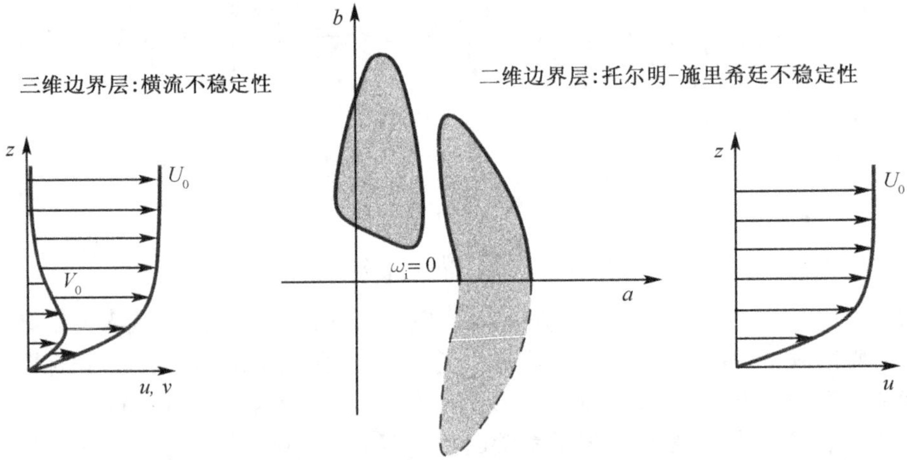


图 8.40　有和没有横向流分量 $\boldsymbol{v}_0(z)$ 的边界层不稳定波

同样典型地，横流不稳定性出现了常驻的扰动涡，由于这些 (常驻) 扰动波的角频率 $\omega_\mathrm{r} = 0$，故它们也被称为*零赫兹模态*，这些波的法线几乎垂直于边界层边缘的下游方向。与格特勒纵向涡不同，它们绕相同方向旋转 (图 8.41)。实验时在流动中引入烟可观察到这些常驻波，于是在下游方向可见一清楚的结构 (图 8.9)。图 8.41 示出了某给定三维边界层流动中特征值问题 (8.86)~(8.88) 的定常横流涡的特征解流线，但是，绝大多数被放大得最多的扰动波一般是非定常的，并以大的 $\varphi$ 角沿流向 $x$ 下游的横向运动。

1. *二次不稳定性*

至此我们讨论了一次 (*初始*) *不稳定性*。如在 8.2.1 节中一样，将用 $\boldsymbol{U}_1$ 表示的不稳定状态代替基态 $\boldsymbol{U}_0$，则*二次不稳定性*的新基态是 $\boldsymbol{U}_1$，它同样可对扰动变得不稳定。二次不稳定性的扰动假设式 (8.32) 为 $\boldsymbol{u} = \boldsymbol{U}_1 + \varepsilon \cdot \boldsymbol{u}''$。这时在平板边界层中二维托尔明–施里希廷波为三维 $\lambda$ 结构所代替，在一次扰动情况下仍是直线的涡线在展向的 $y$ 方向变形为波浪形，涡线的曲率是突然开始的涡动力学诱导和自身诱导的起源，后者又进一步改变和拉伸涡线，在此过程中形成了 $\lambda$ 结构(图 8.42)。在前面的章节中已提到过二次不稳定性，如图 8.5 中的定常泰勒涡对于沿周向运动的行波扰动变得不稳定而导致涡的振荡；又如图 8.24 中的贝纳尔对流卷对波浪状扰动可变得不稳定等。所有二次不稳定性都可用相同的数学工具——弗罗奎特分析(Floquet analysis) 来描述。

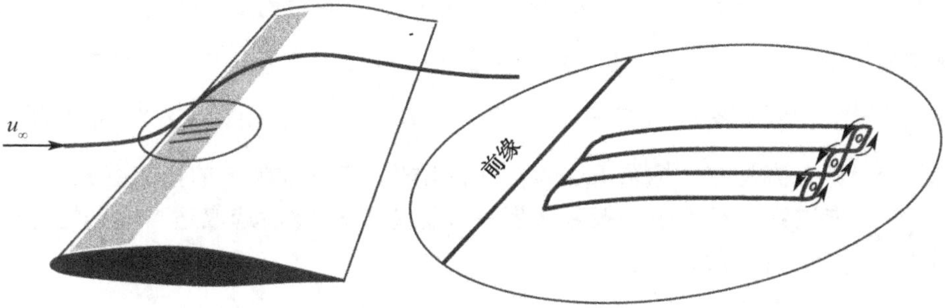


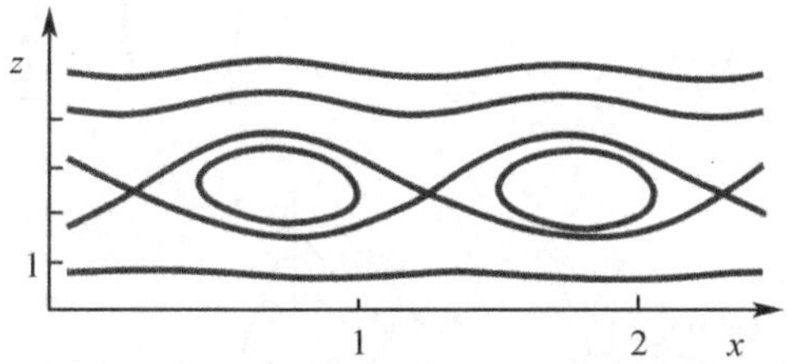


图 8.41 三维边界层中非定常横流涡

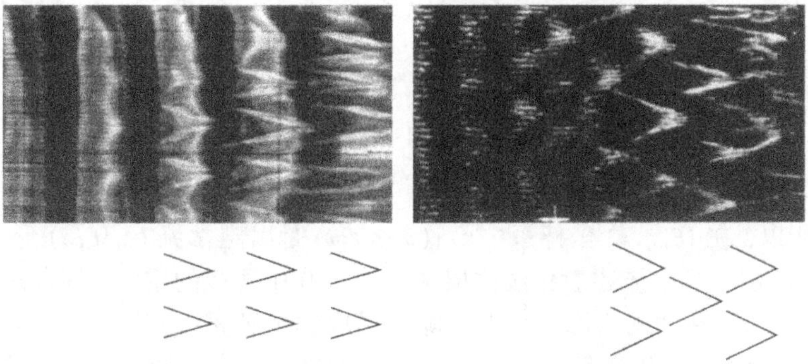


图 8.42 在转捩的平板边界层中的二次不稳定性

如对一次不稳定性的分析一样，在二次不稳定性分析中第一步是计算基态流 $\boldsymbol{U}_1(x, y, t)$。为便于进行二次稳定性分析，$\boldsymbol{U}_1$ 必须沿平行壁面或剪切层的空间方向，即相对于坐标系 $\xi'$ 的 $\boldsymbol{e}_\varphi = \boldsymbol{e}_x \cdot \cos\varphi + \boldsymbol{e}_y \cdot \sin\varphi = \boldsymbol{e}_{\xi}{}'$ 是周期性的，和相对于第二个

平行方向 $\boldsymbol{e}_{\varphi+90^\circ}=-\boldsymbol{e}_x\cdot\sin\varphi+\boldsymbol{e}_y\cdot\cos\varphi=\boldsymbol{e}_\eta$ 是齐次的，即 $\boldsymbol{U}(\xi',\eta,t)=\boldsymbol{U}(\xi'+\lambda,t)$。此外，基态流必须能在一个适当的坐标系 $\xi=\xi'-c\cdot t$(图 8.43) 中表示为定常流，即 $\boldsymbol{U}_1(\xi',t)=\boldsymbol{U}_1(\xi)=\boldsymbol{U}_1(\xi+\lambda)$。按此方式，可用由一个平行边界层流且其对 $\xi$ 的空间平均为 $\langle\boldsymbol{U}_1\rangle(z)=1/\lambda\cdot\int_\xi^{\xi+\lambda}\boldsymbol{U}_1(\xi,z)\cdot\mathrm{d}\xi$ 和一空间上周期变化的 $\boldsymbol{U}_1^p(\xi,z)$ 组成的基态流 $\boldsymbol{U}_1(z)=\langle\boldsymbol{U}_1\rangle(z)+\boldsymbol{U}_1^p(\xi,z)$ 来研究二次不稳定性。其中周期变化部分没有空间平均，但具有有限振幅 $A(z)=(1/\lambda\cdot\int_\xi^{\xi+\lambda}|\boldsymbol{U}_1^p(\xi,z)|^2\cdot\mathrm{d}\xi)^{0.5}$，即未假定 $A$ 是无限小。基态流是在坐标系 $(x,y,z)$ 中给出的，其中通常 $x$ 轴指向主流 $\langle\boldsymbol{U}_1\rangle(z)$ 方向 (在三维边界层流动中一般是边界层外边缘处)。然后选取适当周期性方向的坐标系 $\boldsymbol{e}_\varphi=\boldsymbol{e}_\xi$，这可通过变换

$$\begin{pmatrix}\xi\\ \eta\\ z\end{pmatrix}=\begin{pmatrix}\cos\varphi & \sin\varphi & 0\\ -\sin\varphi & \cos\varphi & 0\\ 0 & 0 & 1\end{pmatrix}\cdot\begin{pmatrix}x\\ y\\ z\end{pmatrix}-\underbrace{\begin{pmatrix}c\cdot t\\ 0\\ 0\end{pmatrix}}_{=\boldsymbol{c}\cdot t}\tag{8.89}$$

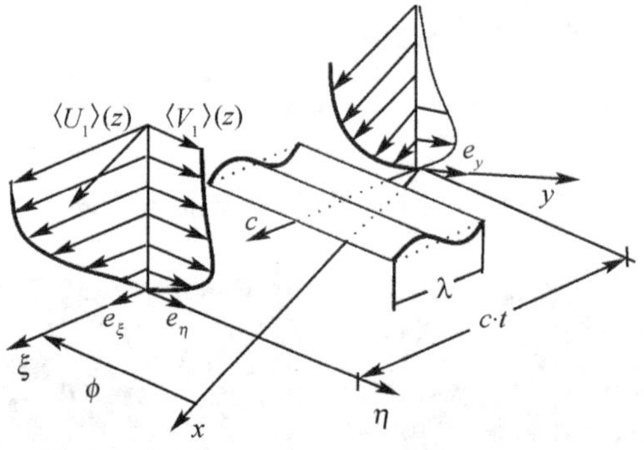


图 8.43　描述二次不稳定性所用的坐标系

而得到。所以，在 $(\xi,\eta,z)$ 坐标系中 $\boldsymbol{U}_1(x,y,z,t)$ 是以定常流 $\boldsymbol{U}_1(\xi,z)$ 形式出现的。在瑞利–贝纳尔问题中描述静止液体层 $\boldsymbol{U}_0(z)=0$ 中形成的定常、周期对流卷时显然 $\boldsymbol{c}=0$。此外，在两同心圆柱环形间隙中形成的泰勒涡按其性质是定常的，故也有 $\boldsymbol{c}=0$。相反，在二维边界层 $\boldsymbol{U}_0(z)$ 中以相速度 $c_{\mathrm{TS}}$ 沿下游方向的行波扰动情况下，$\boldsymbol{c}=(c_{\mathrm{TS}},0,0)$，在托尔明–施里希廷波的振幅增大过程中可能出现这样的波扰动 (图 8.37)。虽然基态流 $\boldsymbol{U}_1$ 不是真正周期的 (边界层厚度沿下游方向弱增长，扰动波空间振幅也为弱增长)，但还是假设为周期性的。

这里不打算显式给出二次不稳定性的*扰动微分方程*，它们可以在参考文献 (Oertel H et al. 1996) 中找到。方程组对 $t$ 和 $\eta$ 是非齐次的，故在这些方向上可假定指数型的试探解

$$\boldsymbol{u}'' = \boldsymbol{V}(\xi, z) \cdot \exp(\mathrm{i}\beta\eta) \cdot \exp(\sigma t) \tag{8.90}$$

其中 $\beta = \beta_\mathrm{r}$ 是一给定的实数，这决定了要对 $\eta$，即对垂直于一次不稳定性的波法向 (图 8.44)，计算扰动的周期。值 $\beta = 0$ 表示二维二次不稳定性的特例，在自由剪切层中漩涡的合并是这方面的一个例子 (8.4.3 节)。常数 $\sigma = \sigma_\mathrm{r} + \mathrm{i}\sigma_\mathrm{i}$ 一般是复数。类似于一次稳定性分析，实部 $\sigma_\mathrm{r}$ 表示时间放大率。

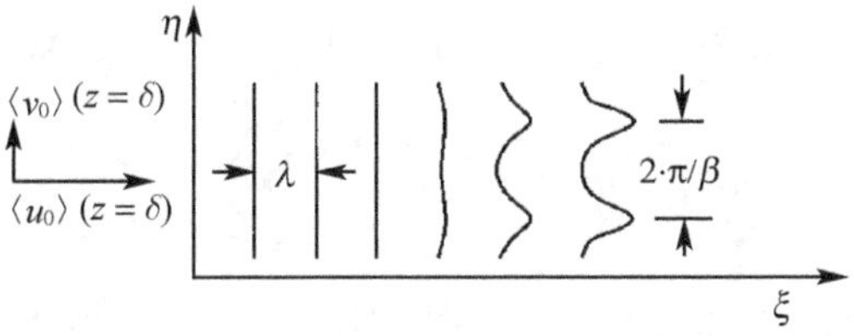


图 8.44 边界层中二次不稳定性的参数 $\beta$

与一次稳定性问题的讨论一样，函数 $\boldsymbol{V}(\xi, z)$ 随法向方向 $z$ 的变化由数值方法处理。

二次不稳定性扰动微分方程组的特征是系数的 $z$ 向周期性，周期是 $\lambda = 2\pi/a_\varphi$，其中 $a_\varphi = \sqrt{a_\mathrm{r}^2 + b_\mathrm{r}^2}$。与常系数线性微分方程组类似，周期性系数的线性微分方程组可利用通用的弗罗奎特假设

$$\boldsymbol{V}(\xi, z) = \exp(\mathrm{i}\alpha\xi) \cdot \tilde{\boldsymbol{V}}(\xi, z), \qquad \tilde{\boldsymbol{V}}(\xi, z) = \tilde{\boldsymbol{V}}(\xi + \lambda, z) \tag{8.91}$$

来求解。其解显然由和微分方程的系数有同样周期的未知函数 $\tilde{\boldsymbol{V}}(\xi, z)$ 乘以 $\exp(\mathrm{i}\alpha\xi)$ 来构成，其中 $\alpha$ 通常是一个复常数。将函数 $\tilde{\boldsymbol{V}}(\xi, z)$ 展成傅里叶级数，扰流解可写作

$$\boldsymbol{u}'' = \exp(\mathrm{i}\alpha\xi + \mathrm{i}\beta\eta) \cdot \exp(\sigma t) \cdot \sum_{j=-\infty}^{+\infty} \hat{\boldsymbol{V}}_j(z) \exp(\mathrm{i}ja_\varphi\xi) \tag{8.92}$$

将 $\boldsymbol{u}''$ 的分量 $(u'', w'')$ 代入扰动微分方程组，并按 e 的不同指数项 $\exp(\mathrm{i}(ja_\varphi + \alpha)\xi)$ 归类，可得到一组傅里叶系数 $\hat{\boldsymbol{V}}_j(z)$ 对 $z$ 的一组无限多个齐次常微分方程，此方程组也称为二次稳定性理论的特征函数，仅对某些 $(\alpha, \beta, \sigma)$ 的组合存在非零解。

实际计算二次稳定性理论的特征值问题时，式 (8.92) 中的傅立叶级数只取前 $N$ 个有限项，数值研究表明，对于 $\varphi = 0$ 只需取 $j = 0, 1$ 两项，其结果已是足够准确了；在斜一次波情况，特别在横流波情况时，必须用几个模态。

类似于一次稳定性理论，我们将时间分析和空间分析区分开来。时间分析计算在给定实数 $\alpha$ 和 $\beta$ 条件下，从特征值问题中来确定通常为复数的 $\sigma$，时间特征值 $\sigma$ 的实部 $\sigma_\mathrm{r}$ 表示时间放大率，若二次稳定性分析的特征值问题得出 $\sigma_\mathrm{r} > 0$，则基态流 $\boldsymbol{U}_1$ 对于二次扰动是不稳定的；而虚部是二次特征函数 $\boldsymbol{u}''$ 在运动参考系 $(\xi, \eta, z)$

中所有模态的总角频率，当 $\sigma_{\mathrm{i}}=0$ 时二次特征函数的所有模态相对于 $(\xi,\eta,z)$ 都是驻波，它们相对于一次波是不动的。

空间稳定性分析是在静止系统 $(\xi+ct,\eta,z)$ 中不允许有时间放大，而假设了一个时间周期性过程来进行的。在运动系统中不设 $\sigma_{\mathrm{r}}$ 为零，而设 $\sigma_{\mathrm{r}}=\alpha_{\mathrm{i}}\cdot c$。在静止坐标系中出现的频率 $\Omega$ 在运动坐标系中以 $\sigma_{\mathrm{i}}=\Omega-\alpha_{\mathrm{r}}\cdot c$ 形式出现，并被代入方程中去。

二次不稳定性的基本模态(图 8.42) 可用下述傅立叶级数来表示

$$\boldsymbol{u}''_f=\exp(-\alpha_{\mathrm{i}}\xi+\mathrm{i}\beta\eta)\cdot\exp(\sigma t)\cdot\sum_{j=-\infty}^{+\infty}\hat{\boldsymbol{V}}_j(z)\cdot\exp(\mathrm{i}ja_{\varphi}\xi) \tag{8.93}$$

这种不稳定性形式的典型性质是相对于 $\xi$ 它们具有与基态流相同的周期。

我们以下述假设来讨论亚谐波的转捩形式

$$\boldsymbol{u}''_s=\exp(-\alpha_{\mathrm{i}}\xi+\mathrm{i}\beta\eta)\cdot\exp(\sigma t)\cdot\sum_{j-=-\infty}^{+\infty}\hat{\boldsymbol{V}}_j(z)\cdot\exp\left[\mathrm{i}\cdot\left(j+\frac{1}{2}\right)\cdot a_{\varphi}\cdot\xi\right] \tag{8.94}$$

此二次不稳定性的周期是基态流的两倍。

时间二次特征值分析表明了最大放大率，并因此主要的特征解出现在 $\sigma_{\mathrm{i}}=0$ 的上述两种情形中。由二次特征函数的模态 $\hat{\boldsymbol{V}}_j$ 给出的整个波系相对于有限振幅的一次托尔明–施里希廷波是定常的。二次模态与一次波的运动耦合在一起，很显然它们可以耗费大部分的扰动能，此状态也被称为相耦合的。在转捩过程的开始实际发生哪种特征形式主要取决于初始扰动谱，对于托尔明–施里希廷波 $A\leqslant 2\%$ 的小振幅，亚谐波二次不稳定性的放大率最大，而基本型的放大率最小 (图 8.45)；当初始扰动振幅变大时，即 $A\geqslant 2\%$，性质立刻发生变化，于是基本型的谐振压倒其他形式的。

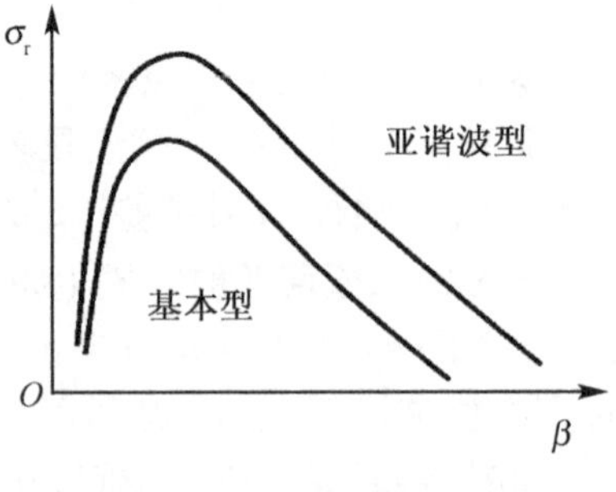


图 8.45　二维边界层的基本型和亚谐波型谐振时的放大率

二次不稳定性的典型最大放大率要比一次不稳定性的放大率大得多，甚至在小振幅 $A\approx 1\%$ 时。因为 $A$ 的变化很小，而二次模态却被放大得很大。所以，将一次扰动视为振幅不变且为局部周期性的就是合理的。重要的是一次振幅的大小，它的变化则是较为次要的。

根据图 8.46，在横向波数 $\beta$ 的整个波段内都存在着二次不稳定性，波段的宽度随一次振幅 $A$ 的增加而增大，所以由 $\beta$ 决定的转捩结构的宽度完全不是唯一确定的，而是随扰动情况的不同而完全不同。可以清楚地看到，当 $\beta$ 太小时，布拉修斯平板边界层的二次放大率急剧地降为零，这里没有看到如自由剪切层在大的一次扰动振幅时出现的二维二次不稳定性 (涡合并)。

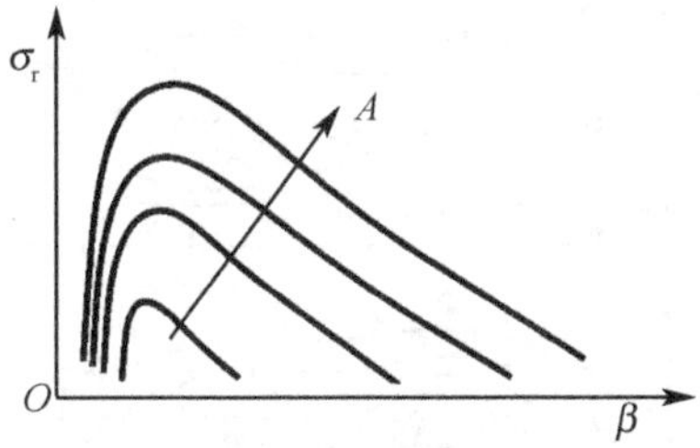


图 8.46 二次放大率随初始振幅的变化

与其他模态不同，式 (8.93) 的基本模态含有一非周期的部分，此部分波与 $\xi$ 无关，其波法向指向 $\eta$ 坐标方向，这意味着它代表了一个沿 $\eta$ 向的周期性纵向涡，这些涡成对地反向旋转排列着，从流场 $\boldsymbol{U}_1$ 相对于 $\xi$-$z$ 平面的对称处拖出。纵向涡的结构也被称为峰–谷结构。在漩涡诱导出向上速度的 $\eta=\eta_{\mathrm{p}}$ 平面上，壁面附近的慢运动流体被输运至具有相对大平均速度的高层 $z$，导致强剪切而有助于扰动的发展，因此，称 $\eta=\eta_{\mathrm{p}}$ 平面为峰面，距离峰面的半个宽度 $\pi/\beta$ 处，$\eta=\eta_{\mathrm{v}}=\eta_{\mathrm{p}}\pm\pi/\beta$ 被称为谷面，谷面处扰动的发展要比峰面处弱得多。

在三维边界层中的二次稳定性分析表明，对于运动机翼边界层中的横流涡情况，时间二次放大率 $\sigma_{\mathrm{r}}$ 与一次放大率的量级相同，此外，边界层变厚和壁面曲率对前缘附近流动的稳定性特性影响很大，因此本质上所得的相应结果只是定性的。图 8.47 表示了在横流波扩展方向上振荡的二次不稳定性的一系列瞬时流线，可以看到绕一次横流角振动的二次扰动波周期性地弱化和强化。

2. 非平行边界层的稳定性

至此我们讨论了局部稳定性分析，忽略了边界层沿流动方向的改变，这种关于基态流处理方法的合理性 (平行流假设) 已为多尺度方法所证明，本节将推广稳定性分析至非平行流动。应注意，流动关系在平行于流层方向上的改变对扰动发展的影响强烈地取决于扰动类型。基态流中的变化对扰动的影响重要的是看在一个扰动波长中此变化有多大。例如，图 8.48 中的布拉修斯边界层流动，其边界层厚度 $\delta(x)$ 在流动的 $x$ 方向上是增厚的，且波长在 $x$ 方向的部分 $\lambda_x=2\cdot\pi/a_{\mathrm{r}}=\lambda/\cos(\varphi)$

随 $\varphi$ 增大很多，所以对于给定的波长 $\lambda = 2\pi/\sqrt{a_r^2 + b_r^2}$，波的立轴相对于 $x$ 倾斜 $\varphi = 1/\tan(b_r/a_r)$ 愈大，边界层增厚对扰动波的影响就愈大，特别是在横向扰动行波的极限情况，即 $\varphi = 90°$ 时局部分析的平行流假设大大偏离了物理实际。

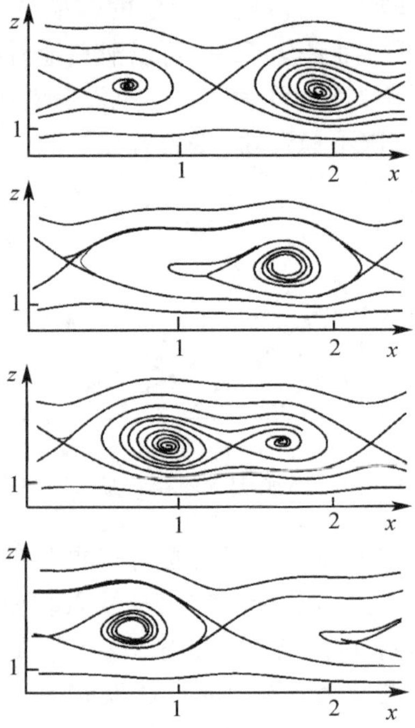


图 8.47　在沿一次扰动波扩展方向和垂直于壁面的截面中二次横流波一个周期内的瞬时流线序列 (Fischer T M　1987)

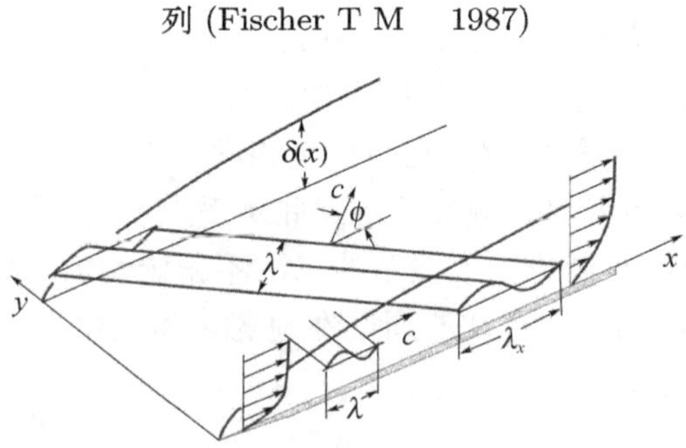


图 8.48　倾斜波的加厚效应

已经发展了两种基本不同的研究非平行流稳定性的方法。其中之一是用解析方法直接推广局部稳定性分析的结果，这种方法运用前面讨论过的多尺度方法，并给出了仅在所考虑点处非平行影响的修正项。第二种方法则将基本方程 (5.91) 抛物化，并由它们导出扰动微分方程，此方法的优点是考虑了上游扰动发展的历史效应。两种方法都包含了对完全平行基态流作局部分析的特例。

稳定性分析表明边界层变厚一般起着使扰动波不稳定的作用，这意味着在给定频率下当基态流为非平行时的空间放大要比采用平行流假设时的值大。对于逆主流方向的斜行波，其在下游方向的波长分量大时，特别如此。当扰动波的波法向沿着展向 $y$ 垂直于主流时此效应特别强烈。非平行基态流还对横流不稳定性有很大的放大效应。在可压缩边界层流中，不稳定扰动波的放大率也类似地有很大增加，因为靠近壁面的加热和随后的体积膨胀使可压缩边界层的增厚比不可压边界层的大。

可以表明，壁面曲率和波前曲率 (波法线的发散和收敛) 对空间放大率的影响常可与非平行基态流的影响一样大，例如，前缘凸表面曲率很大的机翼运动时其前缘附近的曲率就对横流不稳定性有很大的影响，这时凸壁面曲率稳定扰动波和非平行基态流加强放大的作用正相反。显然，必须同时考虑这两方面的影响。

3. 压缩性的影响

在足够高马赫数 $M_\infty$ 的边界层流动中会发生纯粹由流动压缩性引起的不稳定性，这些不稳定性也被称为*二阶扰动或马克模态*。稳定性分析表明，从 $M_\infty = 2.2$ 开始，绝热平板边界层中除托尔明–施里希廷波外，还会发生*马克模态*。图 8.49 表示了绝热平板边界层的波数–雷诺数图形中随马赫数逐渐增大时中立曲线的变化，马赫数超过 $M_\infty = 2.2$ 后，除二维托尔明–施里希廷波外还出现了三维马克模态。

马克的计算 (1969) 表明，对于给定的雷诺数，当马赫数连续增大时出现了附加的新马克模态，而在马赫数 $M_\infty \approx 4$ 以后，马克模态是被最强放大的不稳定性。摩擦对马克模态有阻尼效应，故马克模态的放大率 $\omega_\mathrm{i}$ 随雷诺数一起增大。与托尔明–施里希廷波不同，马克模态具有短波长、高频率 $\omega_\mathrm{r}$ 和高相速 $c$。马赫数增大会降低托尔明–施里希廷波的放大率，在很大马赫数 ($M_\infty > 5$) 时对马克模态也是这样。

在马赫数 $M_\infty < 4.5$ 时由托尔明–施里希廷波决定临界雷诺数，在超声速马赫数时相应的临界扰动是斜行波，在高马赫数范围马克模态决定着临界雷诺数。无论是由托尔明–施里希廷波还是由马克模态决定，临界雷诺数都随马赫数的增大而降低，即对增大的马赫数扰动在更低的临界雷诺数时变得不稳定，但随后被更弱地放大。

在跨声速马赫数范围内不出现马克模态。图 8.50 给出了对于不同热边界条件下计算出的可压缩平板边界层的中立曲线，壁面与流动介质间的热交换对稳定性有着很大的影响，壁温和外流温度不同比值 $T_\mathrm{w}/T_\infty$ 的中立曲线表明，对于二维扰动，在此马赫数下，从边界层中抽出热量 ($T_\mathrm{w} < T_\infty$) 将大大增大稳定区，而给边界层补充热量 ($T_\mathrm{w} > T_\infty$) 将大大缩小稳定区。在高马赫数范围，冷却不能稳定马克模态，将得到完全不同的条件。

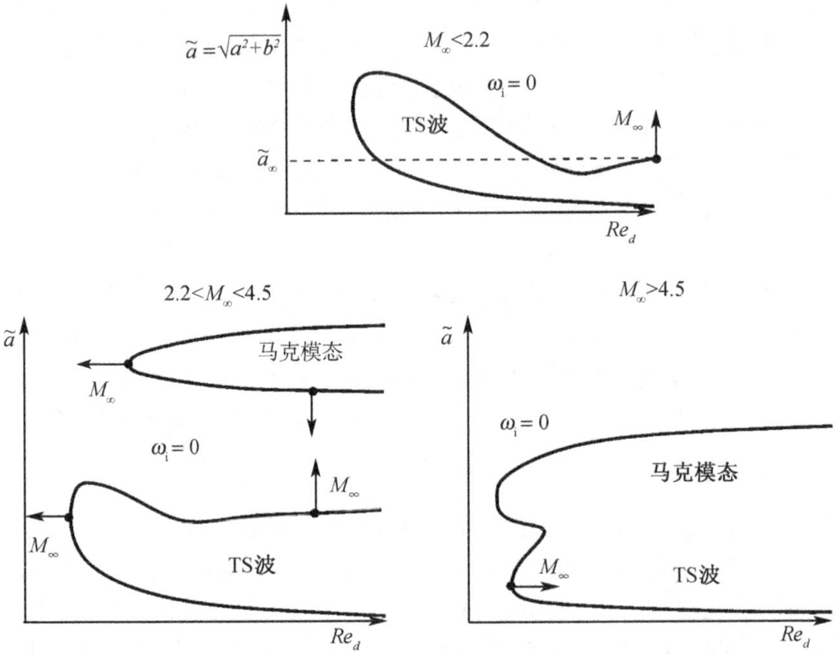


图 8.49　绝热壁面可压缩平板边界层在不同马赫数时的稳定性图形

箭头表示中立曲线随马赫数增大而移动

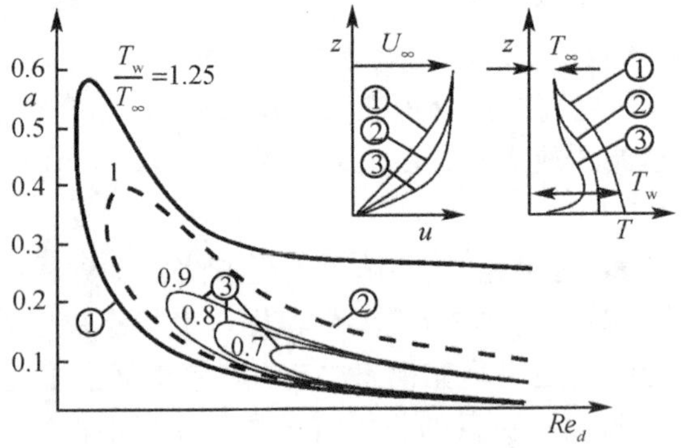


图 8.50　可压缩平板边界层在跨声速 $M_\infty=0.7$ 时的稳定性图

对于不可压边界层流动也存在壁面加热 $T_w>T_\infty$ 的不稳定效应和壁面冷却 $T_w<T_\infty$ 的稳定效应。可压缩基态流相似于不可压缩流不稳定性，其稳定性态作为受热交换影响很大的基态剖面型的转折结果而改变。与基态流不同，马克模态不能以冷却绝热壁 $T_w<T_\infty$ 来稳定，它们的放大受 $M^2=(U_{\text{crit}}-c_r)^2/a^2>1$ 区域扩展的影响，容易看出，冷却降低了局部声速，因而增大了马赫数。

除了稳定性分析，现也对直到湍流边界层的转捩过程用数值求解完全的 N-S 方程 (5.65) 作了直接模拟。图 8.51 给出了三维机翼边界层中托尔明–施里希廷转捩和横流涡转捩在马赫数 $M_\infty = 0.62$ 和雷诺数 $Re_l = 26 \times 10^6$ 时的模拟结果，图中表示出了旋度 $\boldsymbol{\omega} = \nabla \times \boldsymbol{u}$ 的等值面，并可见托尔明–施里希廷波的转捩过程始于沿下游方向的平面行波。如图 4.55 和 8.37 中一样，三维扰动叠加而形成 $\Lambda$ 结构 (基本转捩形式)。$\Lambda$ 结构是局部剪切和超过峰值速度的区域，它们沿展向周期地排列，并形成周期性有次序的几排。$\Lambda$ 结构的出现与高自由剪切层的出现相关，这些是远离壁面剪切应力显著的局部最大值。在转捩进行中这些高剪切率衰减成越来越小的结构，最终导致湍流状态，剪切层的衰减发生于托尔明–施里希廷波的波长范围内。

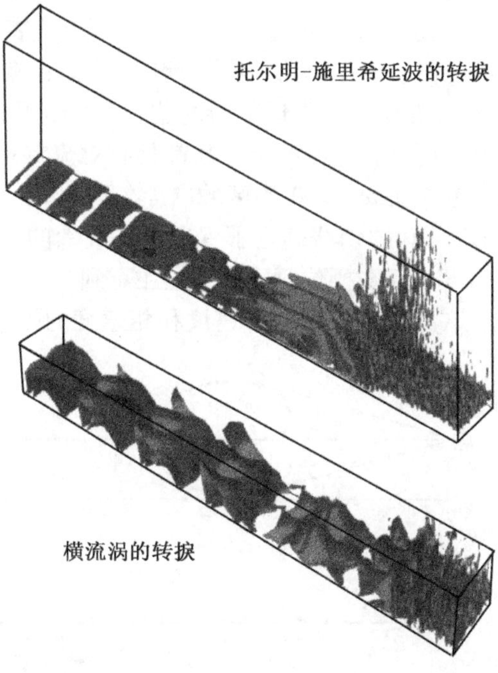


图 8.51 在可压缩机翼边界层内层流–湍流的转捩 ($M_\infty = 0.62$, $Re_l = 26 \times 10^6$)

横流涡转捩过程的机制与托尔明–施里希廷波的相似，图 8.9 表示了与峰区中高剪切率和扰动量脉动相关的 $\Lambda$ 结构的形成，在转捩的最后状态它们在很短的距离内衰减成湍流边界层流。

4. *局部扰动*

在 8.1.3 节中已介绍过局部扰动的稳定性分析，图 8.10 画出了后掠跨声速机翼上三维边界层中托尔明–施里希廷转捩和横流不稳定转捩的局部扰动图形，在边界层中这两种不稳定性都是对流不稳定的。

下面我们将分析三维可压缩边界层中三维波包的性态。与二维扰动的讨论不同，横向波数 $b$ 现在也出现于弥散相关函数 $D(\omega, a, b)$ 中，后者的根实际由代表稳定性特征值问题的解的那些 $(\omega, a, b)$ 组合给定。我们来考虑一下以群速度 $(U, V)$ 运动的平面参考框架内扰动波包振幅的变化，于是观察到的频率为

$$\omega' = \omega - a \cdot U - b \cdot V$$

如在二维情形中一样，我们必须再一次寻找群速度矢量 $(\partial\Omega/\partial a, \partial\Omega/\partial b)$ 是实数的那些波，于是复频率函数 $\Omega(a,b)$ 由 $D(\Omega(a,b),a,b) \equiv 0$ 定义，相对时间放大 $\omega'_{\mathrm{i}}$ 不仅画作 $U = \partial\Omega/\partial a$ 的函数，而且画在群速度平面 $(U, V)$ 内。$\omega_{\mathrm{i}} = 0$ 的等值线特别重要，因为它在 $(U, V)$ 平面内包围了 $\omega'_{\mathrm{i}} > 0$ 的区域，此区域代表了时间渐近地作用于波包的那部分扰动。图 8.52 给出了后掠机翼上两个代表性位置上的时间放大区域的图形；图中的下图表示了在机翼前缘附近位置，即在横流不稳定区内计算的 $\omega'_{\mathrm{i}} = 0$ 典型曲线；上图为机翼上更靠近下游的位置，即出现托尔明–施里希廷不稳定性处的同样曲线。由图可见，两种不稳定性都具有对流特性，因为两种情形中原点 $(U, V) = (0, 0)$ 都未包含在 $\omega'_{\mathrm{i}} > 0$ 的区域内。在两种情形中增长的扰动能量都被输运至下游。曲线 $\omega'_{\mathrm{i}} = 0$ 的切线确定了保留这些放大的扰动的角区，在横流不稳定情形中角区非常狭窄，且主要位于下游。应注意到，与不稳定性相关的是垂直于下游方向运动的波，这清楚地表明了群速度和相速度的根本差别。

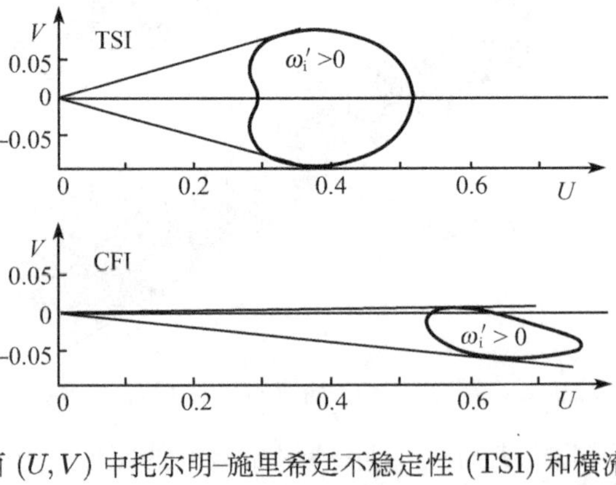


图 8.52　在群速度平面 $(U, V)$ 中托尔明–施里希廷不稳定性 (TSI) 和横流不稳定性 (CFI) 的相对时间放大区域

既然我们已经确定横流不稳定性本质上是对流性的，并在下游诱导出空间扩展的转捩过程，则其相应的跨声速后掠机翼边界层的空间波包放大率 $\left(g_{\max} = \left((\omega_{\mathrm{i}} - a_{\mathrm{i}} \cdot U - b_{\mathrm{i}} \cdot V)/\sqrt{U^2 + V^2}\right)_{\max}\right)$ 已可计算得到。图 8.53 表示了后掠角在 15° ～ 25° 的波包扰动的特征值、特征函数和不稳定区域。在研制后掠层流机翼时很重要

的是要避免横流不稳定性，因为它们在前缘处直接诱导转捩过程。采用稳定性分析方法可以确定后掠机翼的设计参数范围，在此范围内无需采用主动控制措施(自然层流状态)，这些参数之一是后掠角，在相同的自由来流下后掠角存在一个临界范围，在此范围内转捩过程从以 TSI 为主的变成以 CFI 为主的 (图 8.54)，所以，稳定性理论给我们设计后掠角提出了一个自然限制，按照图 8.53 后掠角应低于 15°。

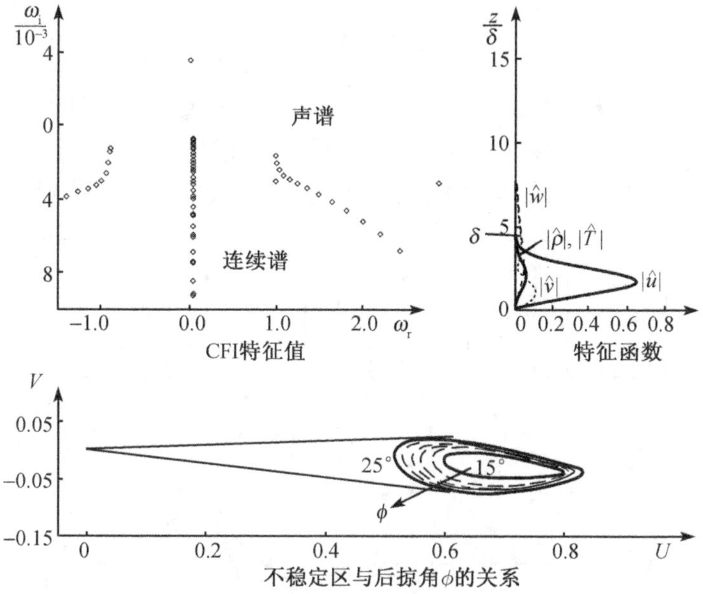


图 8.53 后掠机翼上可压缩边界层中横流不稳定性的特征值、特征函数和不稳定区

$M_\infty = 0.87$, $Re_l = 26 \times 10^7$

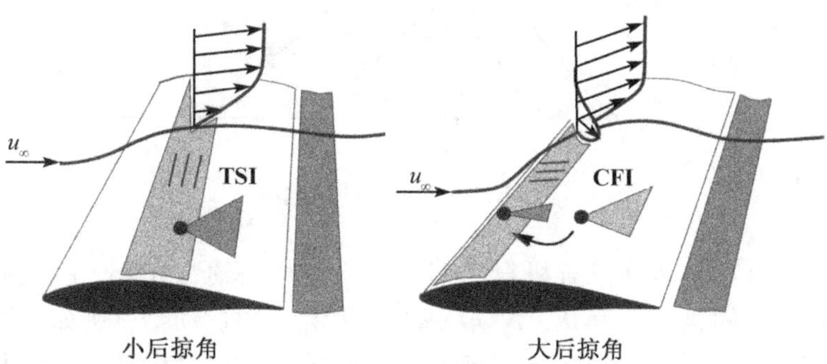


图 8.54 不同后掠角时托尔明–施里希廷不稳定性和横流不稳定性的不稳定区域

5. 转捩的确定

基于一次稳定性分析来确定边界层中转捩区结束的方法是 $e^N$ 法，此方法的主要假设简单地讲是一旦放大的扰动振幅对初始扰动振幅之比 $|\boldsymbol{u}'(x)|/|\boldsymbol{u}'(x_0)|$ 达到

$e^N$ 值时，转捩过程就完成了，指数 $N$ 由经验确定。

我们采用空间稳定性分析来计算振幅 $|\boldsymbol{u}'(x)|$ 的发展，即对于某给定的频率 $\omega_r$ 在 $x$ 位置上计算空间放大率 $-a_i(x)$，空间放大率的定义是扰动波 $\boldsymbol{u}'$ 振幅的相对空间变化，即 $-a_i=(1/|\boldsymbol{u}'|)\cdot\partial|\boldsymbol{u}'|/\partial x=\partial\ln|\boldsymbol{u}'|/\partial x$，于是振幅的发展为

$$\ln\frac{|\boldsymbol{u}'(x)|}{|\boldsymbol{u}'(x_0)|}=\int_{x_0}^{x}-a_i(\bar{x})\cdot \mathrm{d}\bar{x} \tag{8.95}$$

从给定频率 $\omega_r$ 的波变成不稳定的点 $x_{crit}(\omega)$ 处开始计算，计算结果画作图 8.55 中的 $\ln(|\boldsymbol{u}'(x)|/|\boldsymbol{u}'(x_0)|)$ 曲线，对不同的频率重复上述计算，再作所有计算曲线的包络线，包络线和经验确定的 $N$ 值线的交点 $x_{tr}$ 就是转捩完成的位置。

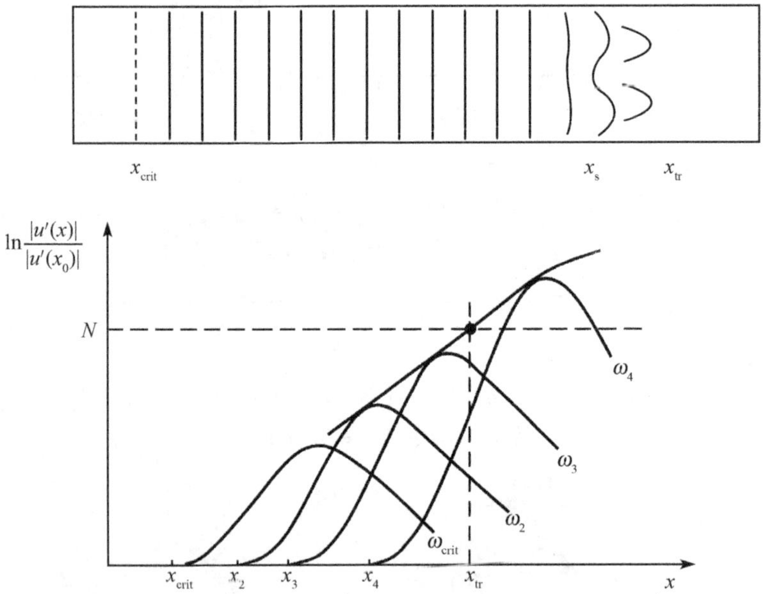


图 8.55　$e^N$ 方法的示意图

对于绕自由飞行条件下直机翼的不可压缩流，$N$ 约为 13.5，该值的有效性已由大量实验结果的相关性确认。$N$ 取决于自由流中的扰动谱，例如，风洞实验研究给出的 $N$ 要小于自由飞行试验中确定的值，因为在风洞中初始扰动更大，使层流–湍流的转捩相应发生得更快，即使风洞实验和实际飞行的雷诺数和马赫数完全一样，两者之间的这种差异仍然存在。

只要转捩过程是由小扰动诱导的，$e^N$ 方法就可给出对 $x_{tr}$ 的有价值的估计，在这样的情况下从一次不稳定性开始发生的位置 $x_{crit}$(图 8.55) 到二次不稳定性发生

的位置间的距离 $x_s - x_{crit}$ 比到转捩完成点的剩余距离 $x_{tr} - x_s$ 要大得多，即

$$x_s - x_{crit} \approx x_{tr} - x_{crit}$$

在绝对不稳定流动范围内应用 $e^N$ 法原则上是不可能的，因为在这样的情况下根本没有空间转捩过程，而是在一固定位置上突然转捩。类似地，由大的初始扰动诱生的转捩也不能用 $e^N$ 法来描述，因为这时根本不出现一次不稳定性状态，而它又是 $e^N$ 法的基础。

### 8.4.3 开尔文–亥姆霍兹不稳定性

两个具有不同速度和密度的水平流动其界面中的不稳定性 (图 8.56) 称为*开尔文–亥姆霍兹不稳定性*，发生于两相流自由界面处的将在 10.5 节中讨论，在 12.2 节关于地球大气的讨论中将给出另外一些开尔文–亥姆霍兹不稳定性的例子 (图 12.8, 图 12.5)。

图 8.56 开尔文–亥姆霍兹不稳定性 (Roshko A 1987)

开尔文–亥姆霍兹不稳定性的数学处理可仿照边界层流的处理方法进行，例如可以应用基态流型 $\boldsymbol{U}_0(z) = \tanh(z)$ 和常值密度，至于边界条件，则可要求当 $|z|$ 很大时扰动趋于零。

*奥尔–索末菲方程*(4.73) 的解给出了图 8.57 中的稳定性图，对于所有的雷诺数 $Re_d = U_\infty \cdot d/\nu$，剪切层都是不稳定的，从 $Re_d = 0$ 开始，不稳定波数 $a$ 随雷诺数增大而增长，从开始阶段很快地增长到渐近地趋于 $Re_d \to \infty$ 时的最大值；时间放大率 $\omega_i$ 对于某一固定波数 $a$ 一般随雷诺数的减小即随摩擦的增大而减小；与

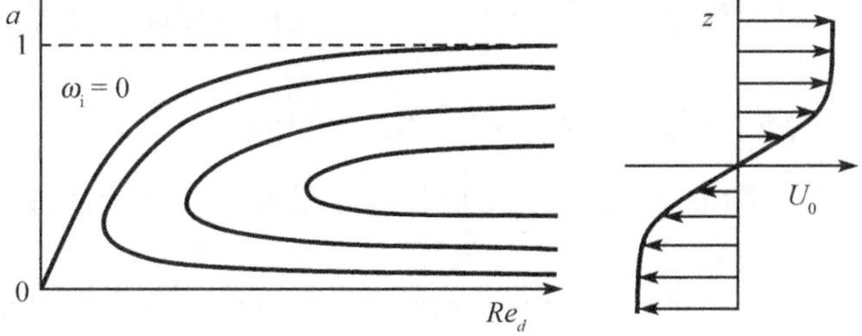


图 8.57 剪切层的稳定性图

边界层不同的是，中立曲线的上部分支随雷诺数增大而连续地增大。剪切层中摩擦起着稳定的作用，对于很小的波长 $\lambda = 2 \cdot \pi / a$，流动基本稳定。

研究开尔文–亥姆霍兹不稳定性的另一数学途径是通过开尔文环量定理。如图 8.58 所示，我们考虑两个无限延伸、密度分别为 $\rho_1$ 和 $\rho_2$ 的水平层，其界面厚度为零，每一层的常值速度分别为 $U_1$ 和 $U_2$，开尔文环量定理认为：每层中流动的扰动 $u'_1$ 和 $u'_2$ 必须是无旋的，因为它们是从无旋基态 $U_1$ 和 $U_2$ 中引起的，所以，剪切流可用满足拉普拉斯方程的速度位 $\Phi_1$ 和 $\Phi_2$ 来描述，即

$$\Delta \Phi_1 = 0, \qquad \Delta \Phi_2 = 0 \tag{8.96}$$

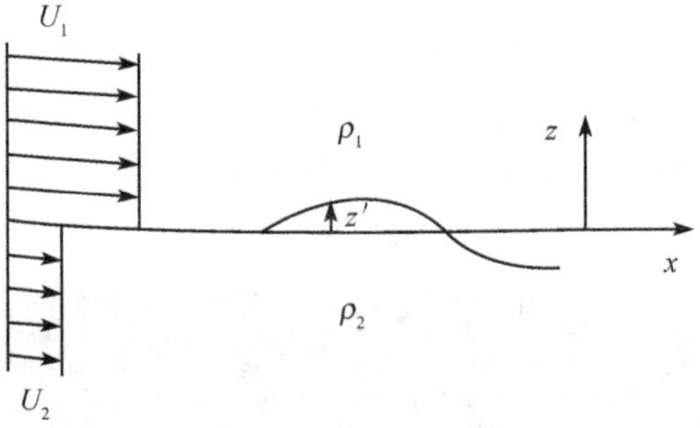


图 8.58　跨过不同密度界面的间断剪切

将流动分解为基态和扰动位 $\Phi'_1$ 和 $\Phi'_2$

$$\Phi_1 = U_1 \cdot x + \Phi'_1, \qquad \Phi_2 = U_2 \cdot x + \Phi'_2 \tag{8.97}$$

将扰动假设代入式 (8.96)，我们得到扰动微分方程

$$\Delta \Phi'_1 = 0, \qquad \Delta \Phi'_2 = 0 \tag{8.98}$$

远场边界条件为

$$\Phi'_1 \to 0, \qquad z \to \infty$$

$$\Phi'_2 \to 0, \qquad z \to -\infty$$

压强的连续性 $p_1 = p_2$ 和运动边界条件，即流体颗粒与界面一起运动，在 $z = z'$ 的界面上都要保持。仿照对边界层的处理，在界面处我们对扰动速度位作二维谐波的假设

$$(\Phi'_1, \Phi'_2) = \left(\hat{\Phi}'_1, \hat{\Phi}'_2\right) \cdot \mathrm{e}^{\mathrm{i} \cdot a \cdot (x - \omega \cdot t)}, \qquad z = z' \tag{8.99}$$

对于实数波数 $a$ 和复数 $\omega = \omega_\mathrm{r} + \mathrm{i} \cdot \omega_\mathrm{i}$ 可以得到随时间而放大的波。特征值问题的结果为

$$\omega = \frac{\rho_2 \cdot U_2 + \rho_1 \cdot U_1}{\rho_2 + \rho_1} \pm \sqrt{\frac{g \cdot (\rho_2 - \rho_1)}{a \cdot (\rho_2 + \rho_1)} - \rho_1 \cdot \rho_2 \cdot \left(\frac{U_1 - U_2}{\rho_2 + \rho_1}\right)^2} \tag{8.100}$$

只要根号内的第二项小于第一项，两个解都是稳定的。当

$$g \cdot \left(\rho_2^2 - \rho_1^2\right) < a \cdot \rho_1 \cdot \rho_2 \cdot (U_1 - U_2)^2$$

得到了对 $\omega_{\rm i} > 0$ 的放大。方程 (8.100) 表明，若扰动微分方程和边界条件的系数都是实数，则对于每一个放大解都存在一个相关联的阻尼解。还可注意到方程 (8.100) 还包含了在速度$U_1 = U_2 = 0$ 的静止介质中自由波的极限情况。在均匀介质 $\rho_1 = \rho_2$ 中对于 $\omega = \dfrac{1}{2} \cdot (U_1 + U_2) \pm \dfrac{\rm i}{2} \cdot (U_1 - U_2)$ 情况可以发现一个涡街，对于所有的波长，在界面处有速度突跃的涡街都是不稳定的。扰动波以相对于平均速度 $0.5 \cdot (U_1 + U_2)$ 的相速度运动。

开尔文–亥姆霍兹不稳定性是叠加于密度分层稳定效应之上的摩擦不稳定效应造成的，在地球大气 (12.2 节) 和海洋 (12.3 节) 中都可以看到这种情况。

### 8.4.4 尾迹流

尾流的不稳定性导致形成了在 4.2.6 节中已经讨论过的卡门涡街。图 4.67 表示了圆柱突然启动后尾迹中卡门涡街的形成。在图 8.7 中还给出了卡门涡街的一些其他例子。

具有速度 $\boldsymbol{U}_0 = 1/\cosh^2 z$ 的平面自由射流是边界层方程的一个解 (图 8.59)，从 1 中减去 $\boldsymbol{U}_0$ 可得到尾迹流的一个模型。若在奥尔–索末菲方程 (4.73) 中用 $-\boldsymbol{U}_0$ 代替 $\boldsymbol{U}_0$，则对于负 $a$ 可得到与具有初始速度型 $\boldsymbol{U}_0(z)$ 的同样的结果。进而在速度型 (对于实数 $a$) 上加上 1 仅产生频率的改变，而时间放大率保持不变，由此我们可以得出结论：有相同速度型的自由射流和尾迹流具有相同的稳定性图 $(a, Re_d)$。与剪切流不一样，尾迹流和自由射流有 $Re_{\rm crit} = 4$ 的临界雷诺数，这里摩擦的作用还是阻尼扰动的。雷诺数的影响仅对小到相当于临界雷诺数量级的 $Re_d$ 是重要的。由于 $\boldsymbol{U}_0$ 对 $z$ 是对称的，奥尔–索末菲方程同样变得对称，故可以分别确定 (相对于 $\hat{w}(z)$ 的) 奇和偶特征函数。图 8.60 给出了这两种情况下特征函数的振幅 $|\hat{u}|$, $|\hat{w}|$ 和相应的振荡形式。偶特征解对应着卡门涡街的形成 (左图)，其放大率比奇特征解 (也被称为静脉曲张状模态) 大得多，故偶特征解在较小雷诺数时就不稳定了，因此决定着临界雷诺数。

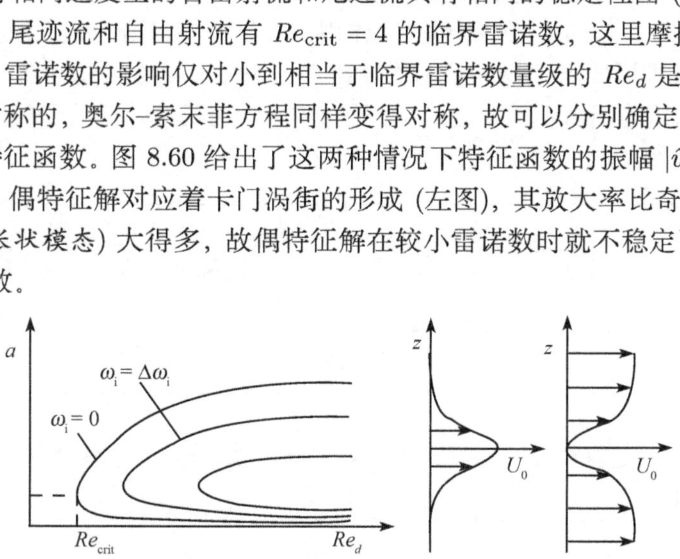


图 8.59 尾迹流和自由射流的稳定性图

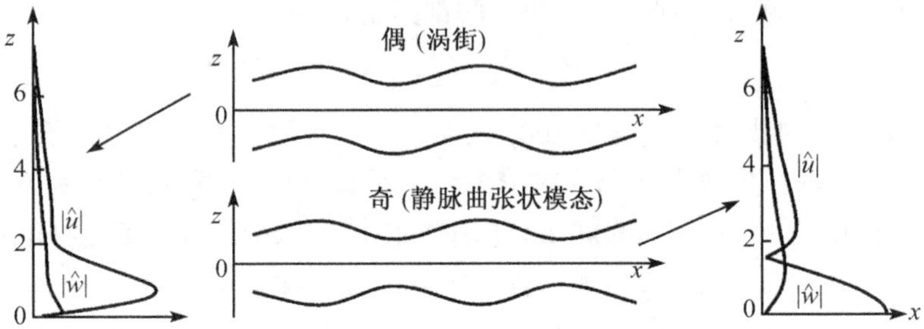


图 8.60　偶 (强不稳定) 和奇 (弱不稳定) 特征函数
$|\hat{w}|$, $|\hat{u}|$, $Re_d = 100$, $a = 0.45$

至此所讨论的稳定性分析结果适用于尾迹流中对流不稳定区中的局部尾迹流速度型，但是从图 8.15 可以看出，尾迹流在物体后的一定区域内是绝对不稳定的，所以卡门涡街的特征频率由绝对不稳定区内的谐振确定，而不是如冯 · 卡门假设的那样由下游对流不稳定区内尾迹速度型的不稳定性确定，这使卡门涡街的频率偏移了约 10%。

为了减小钝体的压强阻力，可以采用一些措施来影响尾迹流中绝对不稳定区内的流动以避免尾迹流的不稳定性，这种措施的一个例子是用一个扰动圆柱来抑止在另一圆柱横向流中形成卡门涡街。图 8.61 表示了将一个小扰动圆柱置于一个圆柱的层流流场中某一适当位置处，使原圆柱流场中不产生卡门涡街，从而减小阻力的情况。扰动圆柱对全流场都有影响，但只有将扰动圆柱置于原圆柱尾迹流的绝对不稳定区内 (图 8.15) 才能起到上述作用，由此我们得出结论：在流动是绝对不稳定的地方可采用要求很少能量的有效措施，例如可以在后缘喷出一些流体来影响后向钝头物体的绝对不稳定尾迹流，图 8.7 中叶轮机叶片后的卡门涡街就可以用这种方式来消除。

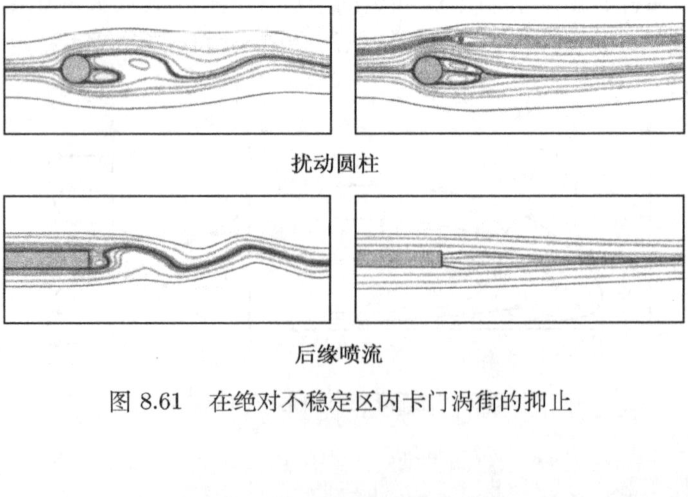


图 8.61　在绝对不稳定区内卡门涡街的抑止

设计流动控制的第一步是对绝对不稳定性的平均流场进行分析，此分析可给出绝对不稳定区，在此区域内控制措施 (如机械的、声学的、压电的、抽气和吹气喷管等) 对整个流场具有最大的影响。再举一个绕有厚度平板纵向流动的例子，可从平板尾缘向后喷出流体而消除其尾迹中原有的不稳定振荡，如图 8.61 所示。

特别是，为将波包分析推广至非平行基态流 (也称为*总体稳定性分析*) 提供了计算在绝对不稳定区域内此类控制措施具体影响的可能性。

尾迹流中的*二次不稳定性*类似于在边界层中叠加一个三维扰动，在转捩区内形成了对雷诺数的依赖关系，量纲 1 分离频率 $Str = f \cdot d/U_\infty$ 连续增大直至雷诺数为 170(图 8.62)。在尾迹中平行的卡门涡街伴随有斜行波，在雷诺数为 170 时，转捩区中沿展向的初始涡上叠加了一个导致分离频率减小的周期性三维波形 (图 8.63)，沿展向的波长为 $\lambda_y = 3 \cdot d$。当雷诺数为 $Re_d \propto 230$ 时，分离频率开始再次增大，并造成小尺度波长 $\lambda_y = 1 \cdot d$，这些三维转捩大大取决于叠加在自由流上的初始扰动，后者影响在绝对不稳定区中的谐振。

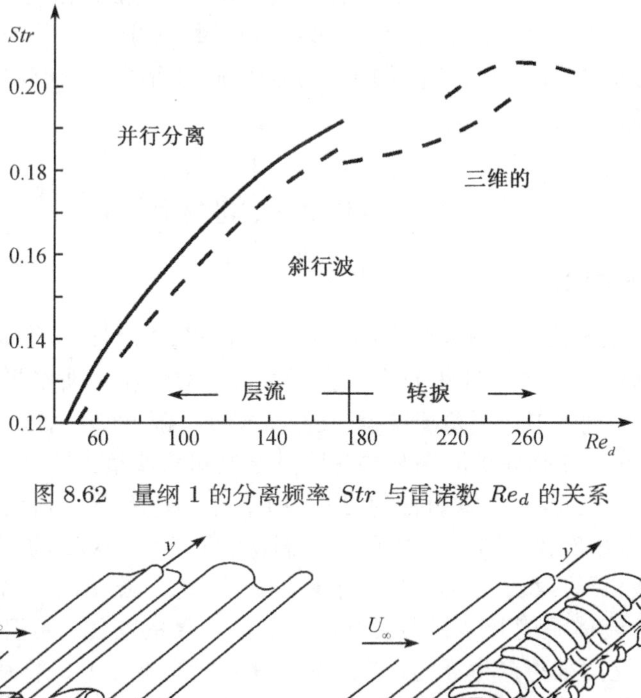


图 8.62　量纲 1 的分离频率 $Str$ 与雷诺数 $Re_d$ 的关系

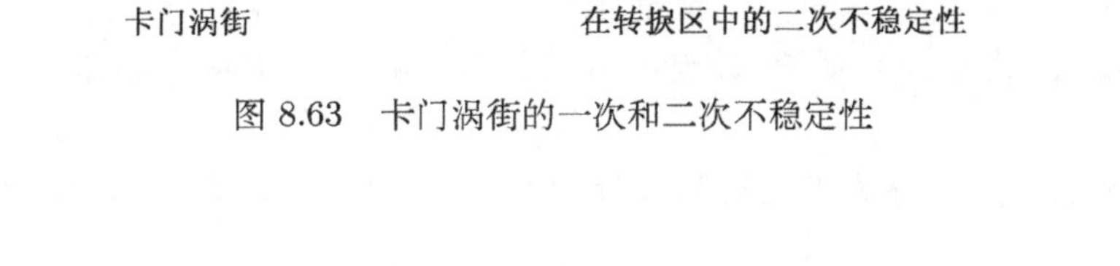


图 8.63　卡门涡街的一次和二次不稳定性

# 第九章　对流传热和传质

本章对对流传热和传质的讨论将从普朗特原著中流动流体中的传热一章开始，研究流体中由温度梯度和浓度梯度使密度变化而形成的自由对流，它们在重力场中引起浮力，而浮力反过来又形成对流流动。在第一章引言中的图 1.6 曾给出过受热圆柱和平板上自由对流的例子，图 1.5 的瑞利–贝纳尔问题 (8.2.1 小节) 和扩散对流(8.2.3 小节) 等也都是自由对流的例子。

当外力，如压强梯度等，也作用在流动上时，就发生强迫对流，如用于热交换器等中的加热管或冷却管中会发生强迫对流。

在海洋中和化工技术的很多过程中，如吸收、吸附、提取和蒸馏等中都可发现热交换和质量交换的过程。当海洋表面的水蒸发时，表面的盐浓度增高，遂产生一不稳定的密度层，其不稳定性已在 8.2.3 节中讨论过。在溶剂中物质的膨胀和在离心机中物质的分离也都是这方面的例子。生物传质过程的例子有向血液补氧和体内食物的吸收等。

## 9.1　传热和传质的基础

### 9.1.1　自由和强迫对流

自由对流已在 8.2 节中作为稳定性问题予以描述。将热传导作为基态的瑞利–贝纳尔对流在临界瑞利数时被热分格对流所替代，对流流动使水平液体层中热的流动增加。在扩散对流中基态是浓度型，它是由在具有多种组元的水平液体层中扩散和热传导决定的，在临界扩散瑞利数时质量通量和热通量由于自由对流而增加。

另一个例子并可作为本章引言的是在 9.1.2 小节中要深入讨论的受热垂直平板(图 1.6) 上的自由对流。图 9.1 表示了在普朗特数 $Pr = 0.71$ 的空气中一个绝热平板上的速度型和温度型。壁温 $T_{\mathrm{w}}$ 大于环境温度 $T_\infty$，热量从壁面传输至流体中造成邻近壁面的流体温度升高和温度升高引起的密度的变化。若密度随温度升高而减小，则邻近壁面处将产生浮力，较热的流体将沿平板上升，平板的影响限于壁面边界层内。黏性边界层厚度 $\delta$ 相对于热边界层厚度 $\delta_T$ 之比按 $\sqrt{Pr}$ 规律变化。现在在垂直平板的边界层内当某一量纲 1 特征数超过其临界值时，就将发生从层流向湍流的转捩。由于还必须考虑传热，故向湍流边界层的转捩是在临界瑞利数时开始的。

强迫对流是除了浮力外还有其他外力造成的，4.2.1 小节中有传热的管流是强迫对流的一个例子，这将在 9.3.1 小节中深入地讨论。图 9.2 表示了在层流管流入口区的抛物型速度型和绝热壁管流中温度型的形成。

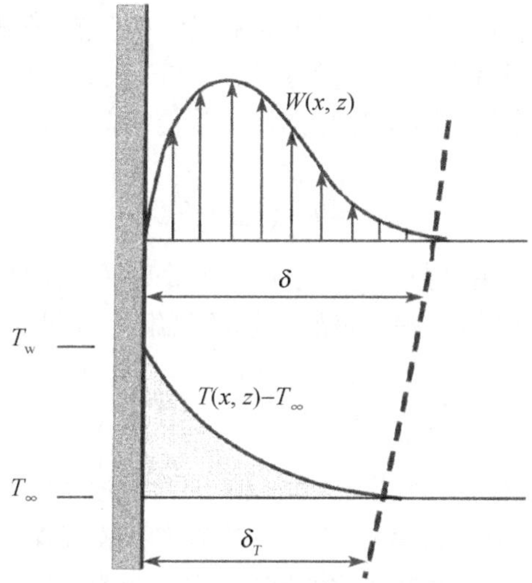


图 9.1 受热垂直平板的自由对流

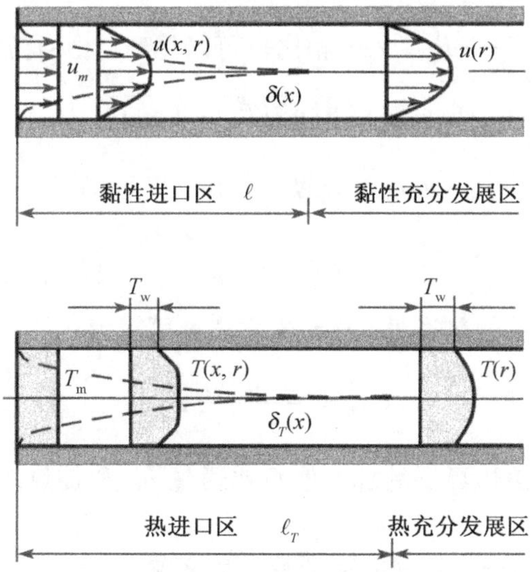


图 9.2 冷却管流的速度型和温度型的发展

在进口区速度和温度的分布取决于径向坐标 $r$ 和 $x$。对于黏性进口区和均匀来流，我们可以假设 $l \approx 0.05 \cdot Re_D$。热进口区长度和黏性进口区长度之比仍然取决于流体的普朗特数；对于液态金属，因为 $\delta_T \gg \delta$，故热进口区相比于黏性进口区可以忽略，这恰好与高黏度油 ($\delta_T \ll \delta$) 的情况相反。

### 9.1.2 热传导和热对流

在其作用不平行于重力场的温度梯度中能量的传输是靠热传导再叠加上热对流来进行的。分格对流开始的临界瑞利数只存在于从底下加热的水平流体层 (8.2.1 节)。在以下的讨论中忽略了热辐射的作用。单位时间内传至固壁单位面积上的热量为

$$q_{\mathrm{w}} = h \cdot (T_{\mathrm{m}} - T_{\mathrm{w}}) \tag{9.1}$$

其中 $h$ 是传热系数，$T_{\mathrm{w}}$ 是壁温，$T_{\mathrm{m}}$ 是流动介质的平均温度。对于流动中的物体，未扰自由流的温度 $T_\infty$ 是给定的，表征传热的量纲 1 数是努塞尔数

$$Nu_l = \frac{q_{\mathrm{w}} \cdot l}{\lambda \cdot (T_{\mathrm{m}} - T_{\mathrm{w}})} = \frac{h \cdot l}{\lambda} \tag{9.2}$$

它给出了由热传导和热对流方式所传热量和流体静止时热传导所传热量之比。

由于我们开始并未给出自由对流的参考速度，故现在必须找到一个对流流动的特征数来代替雷诺数，此数为格拉斯霍夫 (Grashof) 数

$$Gr_l = \frac{\alpha \cdot g \cdot (T_{\mathrm{m}} - T_\infty) \cdot l^3}{\nu^2} \tag{9.3}$$

将其与雷诺数平方 $Re_l^2 = w^2 \cdot l^2/\nu^2$ 相比较可以得到自由对流的如下特征速度

$$w = \sqrt{\alpha \cdot g \cdot (T_{\mathrm{m}} - T_\infty) \cdot l} \tag{9.4}$$

它和普朗特数 $Pr = c_p \cdot \mu/\lambda = \nu/k$ 一起，给出了在 8.2.1 节中引入的自由对流的瑞利数

$$Ra = Pr \cdot Gr \tag{9.5}$$

若给定进入或离开固壁的热通量，格拉斯霍夫数可写为

$$Gr_g = \frac{\alpha \cdot g \cdot q_{\mathrm{w}} \cdot l^4}{\nu^2 \cdot \lambda} \tag{9.6}$$

在受热的垂直平板上热边界层的加厚使得热通量 $q_{\mathrm{w}}$ 和传热系数 $h$ 按正比于 $l^{-1/4}$ 的规律变化。

在强迫对流中，另一个独立的特征数是埃克特数

$$Ec = \frac{w^2}{c_p \cdot (T_{\mathrm{m}} - T_{\mathrm{w}})} \tag{9.7}$$

它是流动介质相对于流体热焓差的动能。

于是，对于一个给定的传热问题，我们有量纲 1 关系

$$Nu = f(Re, Pr, Ec) \tag{9.8}$$

此关系可通过数值求解流体力学基本方程 (5.4) 或通过实验来确定。当流动速度不是太大，埃克特数很小时，关系式 (9.8) 遂简化为 $Nu = f(Re, Pr)$。

对于自由对流，不存在上述特征速度，式 (9.8) 将由

$$Nu = f(Gr, Pr) \tag{9.9}$$

替代。所以，自由对流中的格拉斯霍夫数相当于强迫对流中的雷诺数。雷诺数、埃克特数和格拉斯霍夫数都取决于传热问题中的几何、动力学和热力学参数，普朗特数是介质比特性的一个特征数。

### 9.1.3 扩散和对流

扩散过程造成的对流中也存在着类似于传热造成的对流中的那些规律。在 8.2.3 节中已经介绍了在水平层内扩散对流的不稳定性。传质沿最大浓度梯度发生，热膨胀系数 $\alpha = (1/\rho) \cdot \mathrm{d}\rho/\mathrm{d}T$ 现由浓度膨胀系数 $\beta = (1/\rho) \cdot \mathrm{d}\rho/\mathrm{d}c$ 代替，热传导系数 $k$ 现由扩散系数 $D$ 代替；类似地，自由扩散对流的瑞利数由扩散瑞利数

$$Ra_D = \frac{\beta \cdot g \cdot (c_{\mathrm{m}} - c_\infty) \cdot l^3}{\nu \cdot D} \tag{9.10}$$

代替，其中 $c_{\mathrm{m}}$ 是平均质量浓度，$c_\infty$ 是参考浓度，普朗特数由施密特数

$$Sc = \frac{\nu}{D} \tag{9.11}$$

代替。与热通量类似，我们规定壁面的扩散通量 $j_{\mathrm{w}} = D \cdot \partial c_{\mathrm{w}}/\partial n$，$n$ 为壁面的法向，这样得到了由扩散形成的自由对流中扩散格拉斯霍夫数的关系式

$$Gr_D = \frac{\beta \cdot g \cdot j_{\mathrm{w}} \cdot l^4}{\nu^2 \cdot D} \tag{9.12}$$

和传质的努塞尔数

$$Nu_D = \frac{j_{\mathrm{w}} \cdot l}{D \cdot (c_{\mathrm{m}} - c_{\mathrm{w}})} \tag{9.13}$$

对于一个给定的扩散问题，我们必须确定自由对流的关系式

$$Nu_D = f(Gr_D, Sc) \tag{9.14}$$

和强迫对流的关系式

$$Nu_D = f(Re, Sc) \tag{9.15}$$

现在来回答施密特数相比于热普朗特数有多大的问题。对于气体，因为 $k$ 和 $D$ 差别很小，施密特数与普朗特数相似，具有 1 的量级大小；对于空气中的蒸汽扩

散，平均温度 8°C 时 $Sc \approx 0.62$；对于空气中 $CO_2$ 的扩散，在 0°C 时 $Sc \approx 1.1$。所以，在具有相同雷诺数或格拉斯霍夫数的气体中，传热和传质的努塞尔数具有相同的量级；另一方面，在含水溶剂中施密特数要比普朗特数大得多，对含水溶剂中的高分子扩散，施密特数可达 $10^4$ 的量级，而水的普朗特数是 7，故可将含水溶剂中的质量交换和黏性油中的热交换相比拟。

## 9.2 自由对流

### 9.2.1 垂直平板上的对流

图 9.1 表示了受热垂直平板上层流对流的速度型和温度型。从式 (5.81) 的布辛涅斯克方程作量级大小的估计，得到二维边界层方程。采用边界层变换

$$x^* = \frac{x}{l} \cdot Gr_z^{\frac{1}{4}}, \qquad z^* = \frac{z}{l}$$

$$u^* = \frac{u}{\sqrt{g \cdot \alpha \cdot l \cdot (T_{\mathrm{m}} - T_\infty)}} \cdot Gr_z^{\frac{1}{4}} \tag{9.16}$$

$$w^* = \frac{w}{\sqrt{g \cdot \alpha \cdot l \cdot (T_{\mathrm{m}} - T_\infty)}}$$

$$T^* = \frac{T - T_\infty}{T_{\mathrm{m}} - T_\infty}$$

使边界层方程与瑞利数和格拉斯霍夫数无关。省略量纲 1 各量的 * 号，我们得到如下方程组

$$\frac{\partial u}{\partial x} + \frac{\partial w}{\partial z} = 0 \tag{9.17}$$

$$u \cdot \frac{\partial w}{\partial x} + w \cdot \frac{\partial w}{\partial z} = \frac{\partial^2 w}{\partial x^2} + T \tag{9.18}$$

$$u \cdot \frac{\partial T}{\partial x} + w \cdot \frac{\partial T}{\partial z} = \frac{1}{Pr} \cdot \frac{\partial^2 T}{\partial x^2} \tag{9.19}$$

能量平衡和动量平衡通过方程浮力项中的温度耦合在一起，所以自由对流的温度分布会诱导出速度分布。

受热垂直平板的速度型和温度型是相似的，因此可以通过适当的坐标变换来相互转换。方程组 (9.17)~(9.19) 将产生两个关于速度 $w$ 和温度 $T$ 的常微分方程，必须数值求解。

图 9.3 给出了壁温 $T_{\mathrm{w}}$ 为常值的等温边界在不同普朗特数下的计算速度型和温度型。变换方程 (9.16) 相应的特征速度为 $w_0 = \sqrt{g \cdot \alpha \cdot l \cdot (T_{\mathrm{m}} - T_\infty)}$。当 $Pr \leqslant 1$

时黏性边界层的厚度 $\delta$ 和热边界层厚度 $\delta_T$ 约为同等大小；当 $Pr \gg 1$ 时，热边界层限于紧贴壁面的一个薄层，壁面上的传热可从下式

$$q_{\mathrm{w}} = -\lambda \cdot \left(\frac{\partial T}{\partial x}\right)_{\mathrm{w}} = -\lambda \cdot (T_{\mathrm{w}} - T_{\infty}) \cdot \frac{C}{z^{\frac{1}{4}}} \cdot \left(\frac{\mathrm{d}T}{\mathrm{d}\eta}\right)_{\mathrm{w}} \tag{9.20}$$

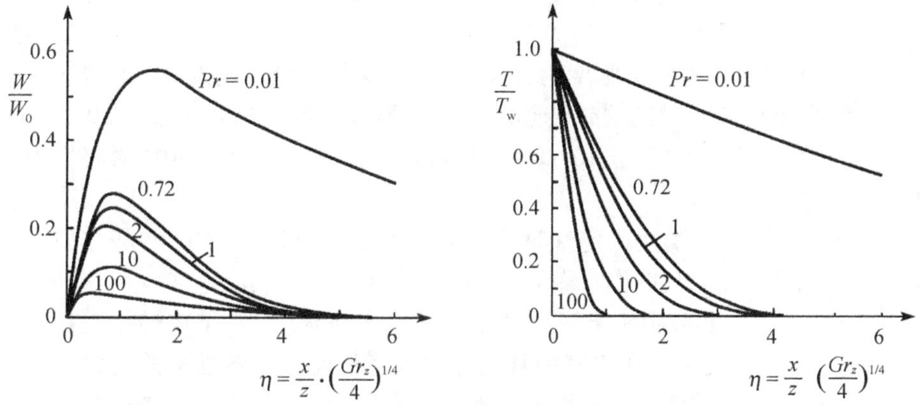


图 9.3 常壁温 $T_{\mathrm{w}}$ 垂直平板上的速度型和温度型

得到，其中量纲为 1 的垂直坐标

$$\eta = -\frac{x}{z} \cdot \left(\frac{Gr_z}{4}\right)^{\frac{1}{4}}$$

$C$ 为常数。这里

$$Gr_z = \frac{\alpha \cdot g \cdot (T_{\mathrm{w}} - T_{\infty}) \cdot z^3}{\nu^2} \tag{9.21}$$

是具有 $z$ 坐标的当地格拉斯霍夫数。当地的努塞尔数

$$Nu_z = \frac{h \cdot z}{\lambda} = -\left(\frac{Gr_z}{4}\right)^{\frac{1}{4}} \cdot \left(\frac{\mathrm{d}T}{\mathrm{d}\eta}\right)_{\mathrm{w}} \tag{9.22}$$

相对于普朗特数变化的曲线可见图 9.4。数值解可用关系式

$$\frac{Nu_z}{\left(\frac{Gr_z}{4}\right)^{\frac{1}{4}}} = \frac{0.676 \cdot Pr^{\frac{1}{2}}}{(0.861 + Pr)^{\frac{1}{4}}} \tag{9.23}$$

来近似表示；与当地努塞尔数一样，平均努塞尔数也是我们关心的一个量，它可以表示为

$$\frac{Nu_l}{\left(\frac{Gr_l}{4}\right)^{\frac{1}{4}}} = \frac{0.902 \cdot Pr^{\frac{1}{2}}}{(0.861 + Pr)^{\frac{1}{4}}} \tag{9.24}$$

从解的速度函数可得摩擦因数

$$c_{\mathrm{f}}=2\cdot\left(\frac{Gr_z}{4}\right)^{-\frac{1}{4}}\cdot\left(\frac{\mathrm{d}w}{\mathrm{d}\eta}\right)_{\mathrm{w}} \tag{9.25}$$

若给定的是热通量$q_{\mathrm{w}}$ 而不是壁温 $T_{\mathrm{w}}$，我们得到式 (9.6) 的格拉斯霍夫数。保持方程组 (9.17)~(9.19) 不变，而在边界条件 $(\partial T/\partial x)=q_{\mathrm{w}}(z)/\lambda$ (在点 $x=0$ 处的热传导) 下求解，我们得到边界层厚度为 $\delta\propto\nu^{2/5}$，而不是在给定壁温 $T_{\mathrm{w}}$ 下的 $\delta\propto\sqrt{\nu}$。

到目前为止我们所讨论的带传热的层流边界层流动的有效区限于 $10^4<Ra_l=Gr_l\cdot Pr<10^8$，当瑞利数小于 $10^4$ 时边界层假设将不成立，大于 $10^8$ 时将发生向湍流自由对流的转捩。

应用 8.2.1 节中的线性稳定性理论，从方程组 (9.17)~(9.19) 的基本型可得到 $Pr=0.71$ 的空气的临界格拉斯霍夫数 $Gr_{\mathrm{crit}}$ 为 $3\times10^6$，远小于实验所得转捩过程终点的值，这表明在实验中没有识别到小振幅的扰动波，仅在结束转捩过程的上游处作了测量，图 9.5 表示了在空气中常壁温的垂直平板上当格拉斯霍夫数为 $8\times10^6$ 时层流对流的微分干涉图，在实验中该流动状态是稳定的，干涉条带近似地表示了等温度梯度线。

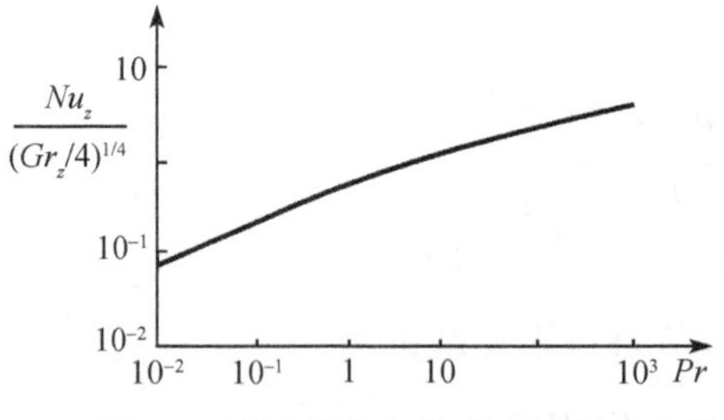


图 9.4　常壁温的加热垂直平板上当地努塞尔数的变化

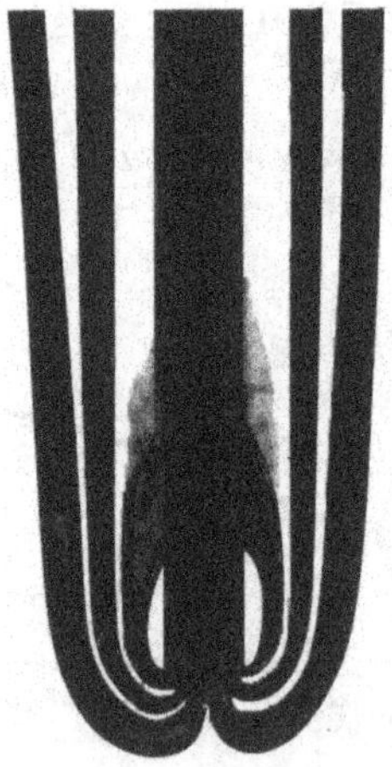

图 9.5　受热垂直平板的微分干涉图

对于湍流自由对流的区域必须在边界层假定下数值求解带有浮力项和布辛涅斯克假设式 (5.81) 下的雷诺方程 (5.40)~(5.42) 和能量方程 (5.63)。

从二维湍流边界层有量纲的方程组得到

$$\bar{u}\cdot\frac{\partial\bar{u}}{\partial x}+\bar{w}\cdot\frac{\partial\bar{u}}{\partial z}=\nu\cdot\left(\frac{\partial^2\bar{u}}{\partial x^2}+\frac{\partial^2\bar{u}}{\partial z^2}\right)-\frac{\overline{\partial u'^2}}{\partial x}-\frac{\overline{\partial(u'\cdot w')}}{\partial z} \tag{9.26}$$

$$\bar{u}\cdot\frac{\partial\bar{w}}{\partial x}+\bar{w}\cdot\frac{\partial\bar{w}}{\partial z}=\nu\cdot\left(\frac{\partial^2\bar{w}}{\partial x^2}+\frac{\partial^2\bar{w}}{\partial z^2}\right)-\frac{\overline{\partial(u'\cdot w')}}{\partial x}-\frac{\overline{\partial w'^2}}{\partial z}+\alpha\cdot z\cdot(\bar{T}-T_\infty) \tag{9.27}$$

$$\bar{u}\cdot\frac{\overline{\partial T}}{\partial x}+\bar{w}\cdot\frac{\overline{\partial T}}{\partial z}=k\cdot\left(\frac{\partial^2\bar{T}}{\partial x^2}+\frac{\partial^2\bar{T}}{\partial z^2}\right)-\frac{\overline{\partial(u'\cdot T')}}{\partial x}-\frac{\overline{\partial(w'\cdot T')}}{\partial z} \tag{9.28}$$

其中 $u'$、$w'$、$T'$ 是雷诺假设下的湍流脉动量。

图 9.6 表示了受热垂直平板处的湍流速度型，可将其分为三个区，离壁面足够远处是完全发展的湍流区，紧贴壁面是在 4.2.5 小节中介绍过的黏性次层，两者之间是一过渡区，其中速度变化很小。

我们利用布西内斯克假设来计算壁面剪切应力

$$\tau_{\rm w}=(\mu+\mu_t)\cdot\left(\frac{\partial\bar{w}}{\partial x}\right)_{x=0} \tag{9.29}$$

和壁面热通量

$$q_{\rm w}=(\lambda+\lambda_t)\cdot\left(\frac{\partial\bar{T}}{\partial x}\right)_{x=0} \tag{9.30}$$

图 9.7 给出了空气中时间平均的温度型。对于大 $Pr\cdot Gr_z$ 时的平均热通量我们得到了关系式

$$\overline{Nu}_z\propto(Pr\cdot Gr_z)^{\frac{1}{3}} \tag{9.31}$$

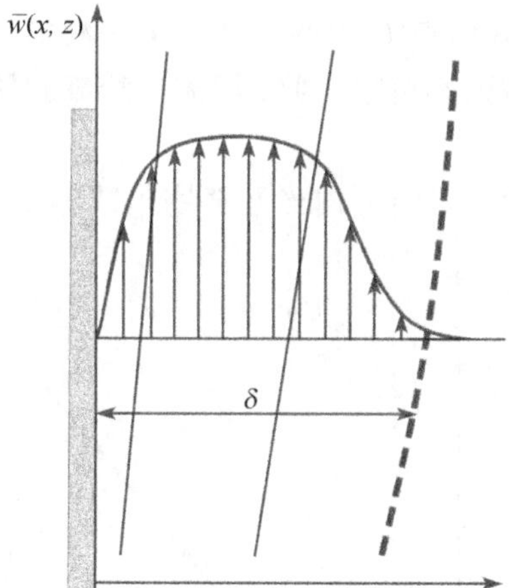


图 9.6 受热垂直平板处的湍流速度型

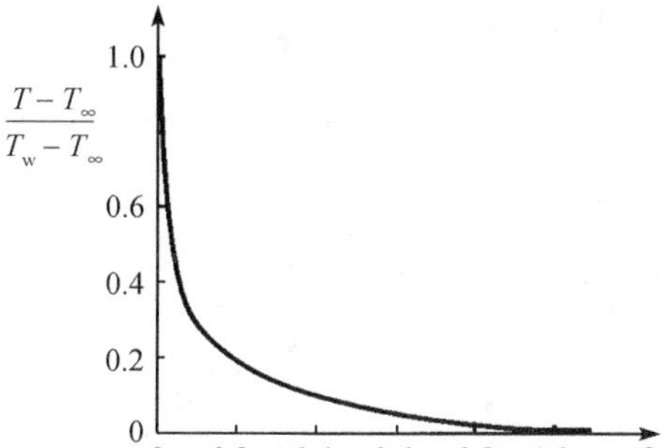


图 9.7 $Pr=0.71$ 的空气中给定壁温 $T_{\rm w}$ 时受热垂直平板处的湍流温度型

对于大普朗特数的介质由浮力引起的湍流可大大地改善传热；对于小普朗特数的介质，如空气等，浮力引起的湍流可近似地忽略。图 9.8 给出了空气中和水中局部传热的变化情况。

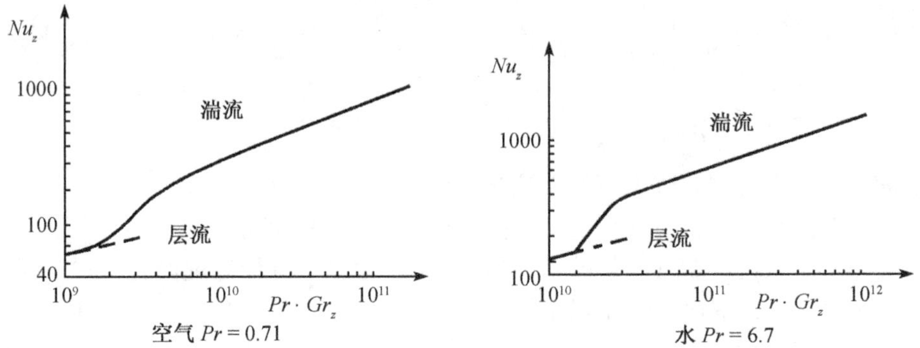


图 9.8 受热垂直平板处局部传热的变化情况

实际上，常用插值公式来估计受热垂直平板的传热，在 $0 < Pr \cdot Gr_z < 1 \times 10^{12}$ 范围内我们得到平均热通量为

$$\sqrt{\overline{Nu}_z} = 0.825 + \frac{0.387 \cdot (Pr \cdot Gr_z)^{\frac{1}{6}}}{\left[1 + \left(\frac{0.492}{Pr}\right)^{\frac{9}{16}}\right]^{\frac{8}{27}}} \tag{9.32}$$

### 9.2.2 水平圆柱处的对流

图 1.6 表示了绕受热水平圆柱的自由对流。方程组 (9.17)~(9.19) 再一次给出了速度分布和温度分布的相似解，故上节中所有结论都可用于此，层流－湍流的转换同样也完成于 $1 \times 10^8$ 的临界格拉斯霍夫数。

图 9.9 表示了空气中受热水平圆柱给定壁温 $T_w$ 时沿周向当地努塞尔数 $Nu_\theta$

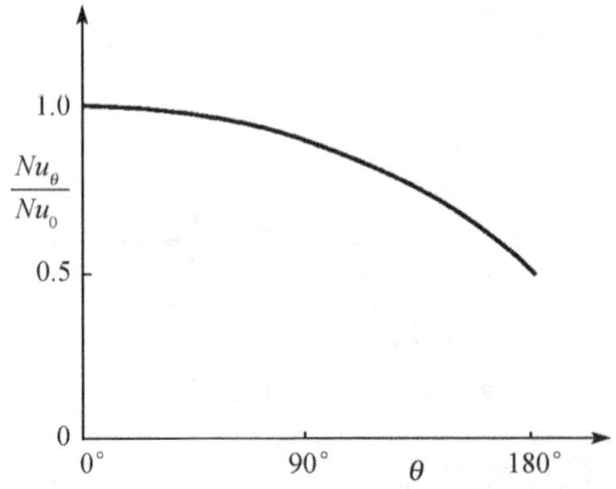


图 9.9 $Pr = 0.71$ 的空气中受热水平圆柱给定壁温 $T_w$ 时沿周向当地传热的变化

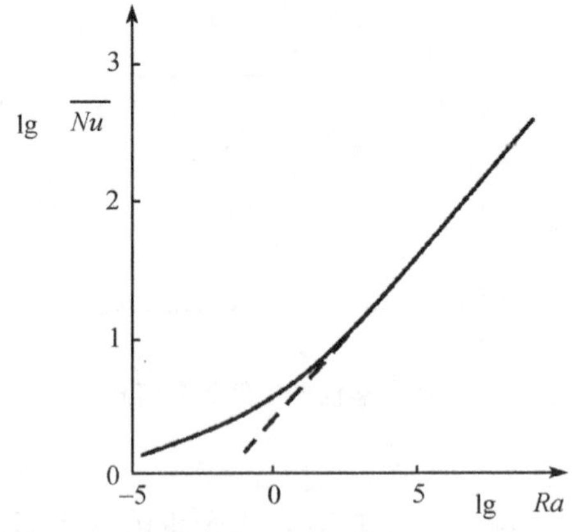


图 9.10 $Pr = 0.71$ 空气中受热水平圆柱给定壁温 $T_w$ 时平均努塞尔数的变化

的分布，其中 $Nu_0$ 表示驻点处的传热。沿周向积分努塞尔数 $Nu_\theta$ 给出平均努塞尔数 $\overline{Nu}\cdot Gr^{(-1/4)}=0.372$，图 9.10 给出了平均努塞尔数随瑞利数 $Ra=Pr\cdot Gr$ 的变化，大格拉斯霍夫数时 $\overline{Nu}\propto Ra^{(1/4)}$，$Pr>0.71$ 时普朗特数的影响很小。

## 9.3 强迫对流

### 9.3.1 管流

充分发展的管流(图 9.2) 具有如 4.2.1 节中讨论的如下抛物线速度型

$$\frac{u}{u_{\max}}=1-\left(\frac{r}{R}\right)^2 \tag{9.33}$$

其中 $R$ 为管的半径，最大速度 $u_{\max}$ 等于 $\Delta p\cdot R^2/(4\cdot\mu\cdot l)=2\cdot u_{\mathrm{m}}$ 和常值压强梯度为 $\Delta p/l$。热充分发展的温度型可由能量方程

$$u\cdot\frac{\partial T}{\partial x}=k\cdot\frac{1}{r}\cdot\frac{\partial}{\partial r}\left(r\cdot\frac{\partial T}{\partial r}\right) \tag{9.34}$$

计算，平均速度 $u_{\mathrm{m}}$ 和平均温度 $T_{\mathrm{m}}$ 可从

$$u_{\mathrm{m}}=\frac{1}{\pi\cdot R^2}\cdot\int_0^R 2\cdot\pi\cdot r\cdot u\cdot\mathrm{d}r$$

$$T_{\mathrm{m}}=\frac{1}{u_{\mathrm{m}}\cdot\pi\cdot R^2}\cdot\int_0^R 2\cdot\pi\cdot r\cdot u\cdot T\cdot\mathrm{d}r$$

求得。我们将计算常热通量 $q_{\mathrm{w}}$ 和常壁温 $T_{\mathrm{w}}$ 两种情况下的温度型。

常热通量$q_{\mathrm{w}}=h\cdot(T_{\mathrm{w}}-T_{\mathrm{m}})$ 时热充分发展管流的传热系数 $h$ 是常值

$$h=\frac{q_{\mathrm{w}}}{T_{\mathrm{w}}-T_{\mathrm{m}}}=\frac{\lambda}{R}\cdot\left[\frac{\partial}{\partial\left(\frac{z}{R}\right)}\cdot\left(\frac{T_{\mathrm{w}}-T}{T_{\mathrm{w}}-T_{\mathrm{m}}}\right)\right]_{\mathrm{w}} \tag{9.35}$$

常值的 $(T_{\mathrm{w}}-T_{\mathrm{m}})$ 导致

$$\frac{\partial T}{\partial x}=\frac{\mathrm{d}T_{\mathrm{w}}}{\mathrm{d}x}=\frac{\mathrm{d}T_{\mathrm{m}}}{\mathrm{d}x}$$

将其代入能量方程 (9.34)，我们得到

$$\frac{u}{k}\cdot\frac{\mathrm{d}T_{\mathrm{m}}}{\mathrm{d}x}=\frac{1}{r}\cdot\frac{\partial}{\partial r}\cdot\left(r\cdot\frac{\partial T}{\partial r}\right),\quad q_{\mathrm{w}}=\text{常数时} \tag{9.36}$$

在很多技术应用，如电加热、核能加热和热交换器等中常可见到常热通量密度的情形。

对于给定壁温 $T_w$ 的热充分发展管流，我们有

$$\frac{\partial T}{\partial x}=\frac{T_w-T}{T_w-T_m}\cdot\frac{\mathrm{d}T_m}{\mathrm{d}x}$$

故能量方程 (9.34) 变为

$$\frac{u}{k}\cdot\left(\frac{T_w-T}{T_w-T_m}\right)\cdot\frac{\mathrm{d}T_m}{\mathrm{d}x}=\frac{1}{r}\cdot\frac{\partial}{\partial r}\cdot\left(r\cdot\frac{\partial T}{\partial r}\right),\quad T_w=\text{常数} \tag{9.37}$$

图 9.11 中给出了式 (9.36) 和 (9.37) 的解。$q_w=$ 常值时，温度差 $(T_w-T_m)$ 也等于常值；$T_w=$ 常值时，$(T_w-T_m(x))$ 沿管长 $x$ 而减小，这时因为能量的补充使 $T_m(x)$ 沿 $x$ 而增大；$q_w=$ 常值时我们得到努塞尔数 $Nu=4.36$；而 $T_w=$ 常值时，$Nu=3.66$。

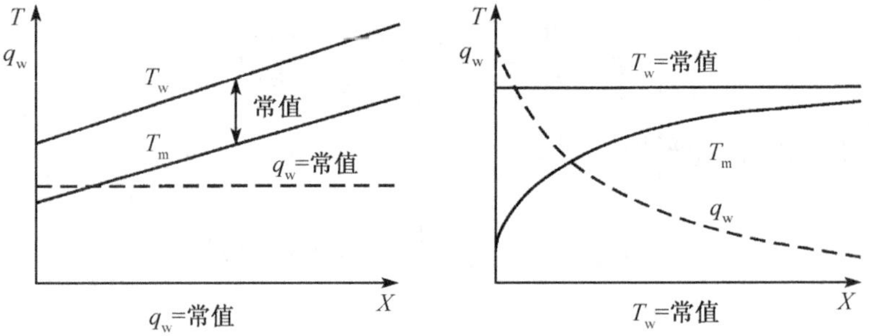


图 9.11　受热管壁处的平均温度 $T_m$、壁温 $T_w$ 和热通量 $q_w$

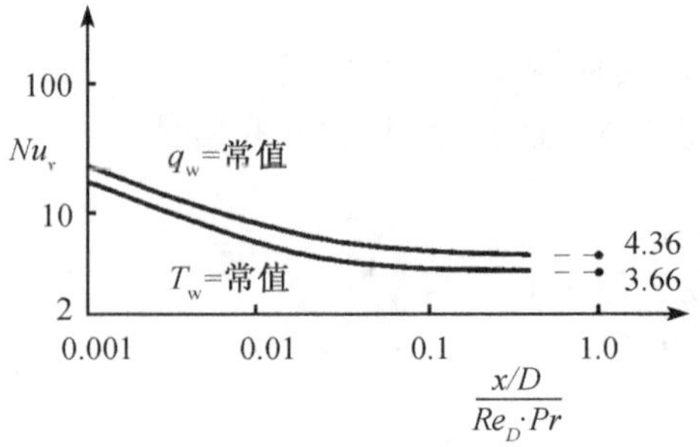


图 9.12　管流进口区的当地努塞尔数

我们来考虑进口处的流动 (图 9.2)，我们得到沿直径 $D=2\cdot R$ 的管子的当地努塞尔数，图 9.12 分别表示了当 $q_w=$ 常数和 $T_w=$ 常数时的 $Nu_x$，以及 $Pr=0.71$ 空气的流体动力学和热充分发展管流的极限情况，可以看出热进口长度 $l$ 近似地为

$$\frac{l_T}{D}\approx 0.05\cdot Re_D\cdot Pr \tag{9.38}$$

进口长度比 $l_T/l\approx Pr$，可见大黏性油具有大的热进口长度。

进口区内的传热系数比充分发展区的值要大，这是可以理解的，因为从进口区到充分发展区内边界层逐渐增长，因而当地的传热也逐渐降低。

为实际应用，重要的是平均努塞尔数

$$\overline{Nu} = \frac{1}{l} \cdot \int_0^l Nu_x \cdot \mathrm{d}x \tag{9.39}$$

与实验结果比较表明在大温度差时两者有差异，这源于至今为止我们假设物质常数为常数，实际上在大温度差时黏性和导热性沿管的半径是变化的。图 9.13 表明了变黏性对速度型的影响。当 $\mu_\mathrm{w} > \mu_\mathrm{m}$，由冷却液体或加热气体造成的靠近壁面的黏性增大导致细长的速度型；当 $\mu_\mathrm{w} < \mu_\mathrm{m}$，加热液体或冷却气体使贴近壁面的黏性变小，结果速度型变宽。

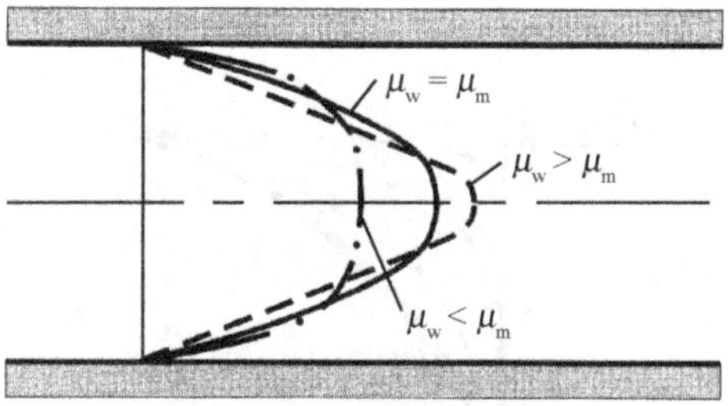


图 9.13 变黏性对抛物型速度型的影响

管截面为非圆的或变化的时，可得类似的结果，由于失去了旋转对称性，因此必须数值求解完全的层流不可压流动的方程组 (5.81)。

无供热的湍流管流已在 4.2.5 小节中讨论过。有传热时必须数值求解雷诺方程 (5.40)~(5.42) 和 (5.63)，对于等截面的旋转对称管流可采用下述简化。我们得到湍流管流的剪切应力 $\tau(r)$ 为

$$\tau(r) = \tau_\mathrm{w} \cdot \frac{r}{R} = -\mu \cdot \frac{\partial \bar{u}}{\partial r} + \rho \cdot \overline{u' \cdot v'} = -(\mu + \rho \cdot \varepsilon_r) \cdot \frac{\partial \bar{u}}{\partial r} \tag{9.40}$$

其中 $\tau_\mathrm{w} = -(\mathrm{d}p/\mathrm{d}x) \cdot R/2$。热通量为

$$q(r) = \frac{2 \cdot q_\mathrm{w}}{u_\mathrm{m} \cdot r \cdot R} \cdot \int_0^r \bar{u} \cdot r \cdot \mathrm{d}r = \lambda \cdot \frac{\overline{\partial T}}{\partial r} - \rho \cdot c_p \cdot \overline{T' \cdot v'} = (\lambda + \rho \cdot c_p \cdot \varepsilon_q) \cdot \frac{\partial \bar{T}}{\partial r} \tag{9.41}$$

其中 $\varepsilon_\tau$ 和 $\varepsilon_q$ 是湍流交换量。

利用给定管壁的热通量 $q_\mathrm{w}$ = 常值，并因而忽略能量方程 (5.63) 中的对流项这一简化假定，遂不再需要时间平均速度型的信息，我们得到简化能量方程的解

$$-(\lambda + \rho \cdot c_p \cdot \varepsilon_q) \cdot \frac{\mathrm{d}\bar{T}}{\mathrm{d}r} = -\mu \cdot c_p \cdot \left(\frac{1}{Pr} + \frac{\varepsilon_\tau}{\nu \cdot Pr_t}\right) \cdot \frac{\mathrm{d}\bar{T}}{\mathrm{d}r} \tag{9.42}$$

引用量纲为 1 的变量

$$z^+ = \frac{r \cdot u_\tau}{\nu}, \quad T^+ = \frac{(T_\mathrm{w} - \bar{T}) \cdot \rho \cdot c_p \cdot u_\tau}{q_\mathrm{w}}, \quad u_r = \sqrt{\frac{\tau_\mathrm{w}}{\rho}} \tag{9.43}$$

和对 $Pr_t$ 和 $\varepsilon_\tau$ 的经验性试探解，我们得到了给定热通量 $q_{\mathrm{w}}=$ 常值时充分发展的管流的温度分布 (图 9.14)。在时间平均速度型的对数区内相比于湍流交换可近似地忽略分子交换，随着普朗特数的增大，此区域更向管壁移近，黏性次层变得更薄，相比于热传导阻力增大了，温度型变得更宽，导致传热增加。图 9.15 表示了努塞尔数随雷诺数 $Re_D$ 和普朗特数 $Pr$ 的变化关系。

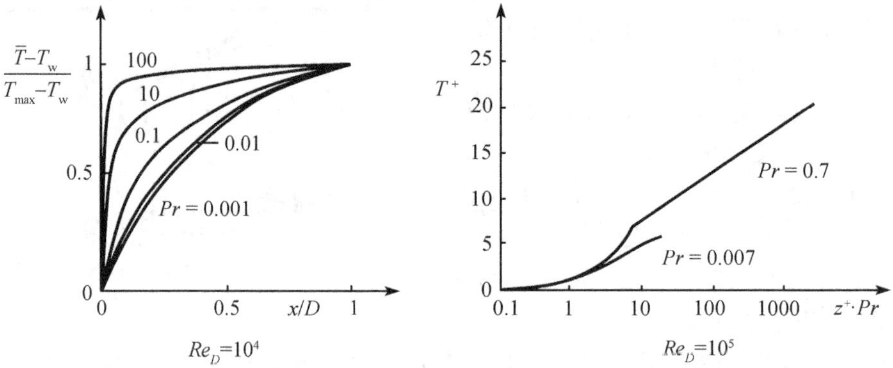


图 9.14　$q_{\mathrm{w}}$ 为常值时充分发展的湍流管流的温度型

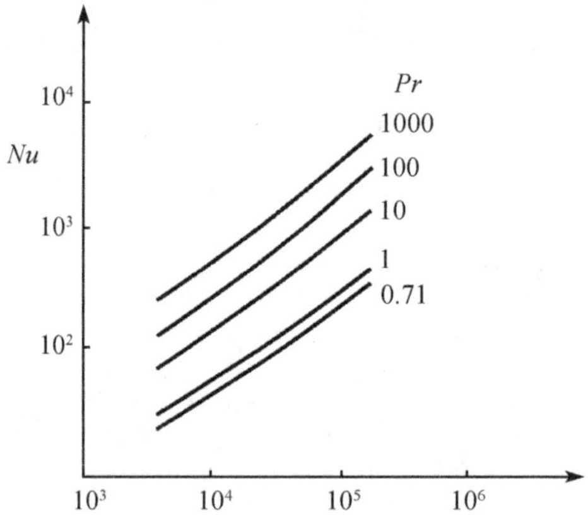


图 9.15　$q_{\mathrm{w}}$ 为常值时充分发展的湍流管流的努塞尔数

在文献中可以找到关于努塞尔数的许多经验关系式，可以应用它们于热通量 $q_{\mathrm{w}}=$ 常值和壁温 $T_{\mathrm{w}}=$ 常值的情形，这种关系式的一个例子为

$$Nu=\frac{(Re_D-1000)\cdot Pr\cdot\dfrac{\tau_{\mathrm{w}}}{\rho\cdot u_{\mathrm{m}}^2}}{1+12.7\cdot\sqrt{\dfrac{\tau_{\mathrm{w}}}{\rho\cdot u_{\mathrm{m}}^2}}\cdot\left(Pr^{\frac{2}{3}}-1\right)}\cdot\left[1+\left(\frac{D}{l}\right)^{\frac{2}{3}}\right] \tag{9.44}$$

其中 $\tau_w = (\mathrm{d}\rho/\mathrm{d}x) \cdot R/2$。

### 9.3.2 边界层流动

研究沿流动方向放置的平板边界层的强迫对流时，必须将自由对流边界层方程 (9.18) 中的压强梯度加以扩展。在能量方程 (9.19) 中没有考虑压强功，类似地，我们在下述讨论中将忽略耗散，不可压缩流是近似地遵从这一事实的。热边界层厚度与流动边界层厚度之比和自由对流中的该两者之比相同

$$\frac{\delta_\tau}{\delta} \propto \frac{1}{\sqrt{Pr}} \tag{9.45}$$

若对流传热和热传导的大小有同样的量级，则

$$\frac{\delta_\tau}{\delta} \propto \frac{1}{\sqrt{Re_x \cdot Pr}} \tag{9.46}$$

对于不同的普朗特数可得图 9.16 中所示之比。$Pr \ll 1$ 的液态金属在小黏性下有很好的热传导性，$Pr \approx 1$ 的气体有不相上下的黏性和热传导性，而 $Pr \gg 1$ 的油有高的黏性和很差的热传导性。

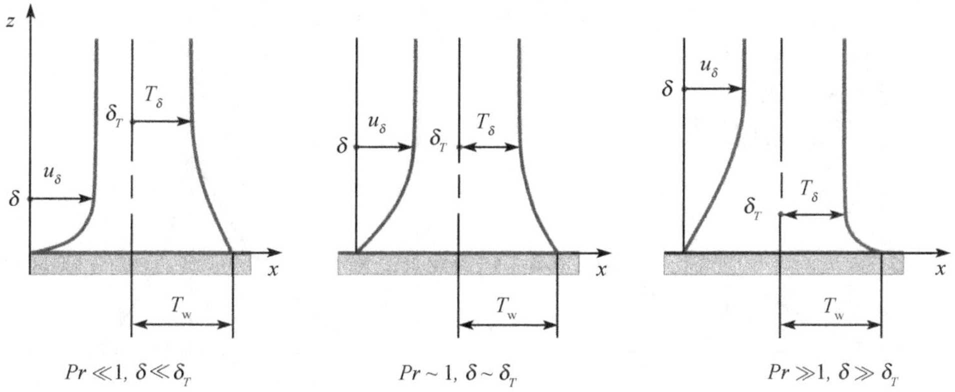


图 9.16 不同普朗特数时的边界层厚度 $\delta_T$ 和 $\delta$ 的比

对于液态金属，可以忽略流动边界层，为了计算热边界层，可在边界层边缘处近似地确定速度型 $U_\delta(x)$。对于气体流动，热边界层厚度和速度边界层厚度具有同样量级的大小，故必须求解完全的边界层方程。对于不可压强迫对流的对应方程 (9.17)~(9.19) 有

$$\frac{\partial u}{\partial x} + \frac{\partial w}{\partial z} = 0 \tag{9.47}$$

$$u \cdot \frac{\partial u}{\partial x} + w \cdot \frac{\partial u}{\partial z} = -\frac{\mathrm{d}p}{\mathrm{d}x} + \frac{1}{Re_l} \cdot \frac{\partial^2 u}{\partial z^2} \tag{9.48}$$

$$u \cdot \frac{\partial T}{\partial x} + w \cdot \frac{\partial T}{\partial z} = \frac{1}{Pr \cdot Re_l} \cdot \frac{\partial^2 T}{\partial z^2} \tag{9.49}$$

为使边界层方程有效和考虑到 $Re \gg 1$ 的要求，我们同样要求 $Re_l \cdot Pr \gg 1$，这样连续方程 (9.47) 和动量方程 (9.48) 现在就与能量方程 (9.49) 解耦了，故速度边界层和热边界层可以各自独立地计算。

对于 $Pr = 1$，边界层方程 (9.47)~(9.49) 可以准确地求解，如同布拉修斯流动一样，也可给出能量方程的解，图 9.17 示出了给定壁温 $T_w$ 时计算所得的速度型和温度型。由于温度型和速度型是相同的，在传热和壁面剪应力之间存在着直接的正比性，称为动量交换和热交换间的雷诺相似，即

$$St = \frac{c_f}{2} \tag{9.50}$$

其中斯坦顿 (Stanton) 数为

$$St = \frac{q_w}{\rho \cdot c_p \cdot (T_w - T_\infty) \cdot u_\infty}$$

摩擦因数 $c_f = 2\tau_w/(\rho \cdot u_\infty^2)$。对于传热，我们得到准确解

$$St \cdot \sqrt{Re_x} = \frac{Nu_x}{\sqrt{Re_x}} = 0.332 \tag{9.51}$$

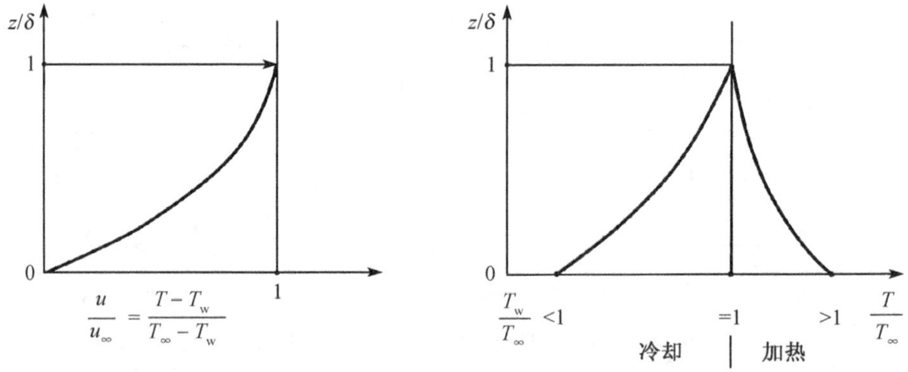


图 9.17　给定壁温 $T_w$ = 常值和 $Pr = 1$ 时绕平板流动的速度型和温度型

和平均努塞尔数

$$\overline{Nu} = \frac{\bar{h} \cdot l}{R} = 0.664 \cdot \sqrt{Re_l} \tag{9.52}$$

方程组 (9.47)~(9.49) 的数值解表明，与以前的估计不一样，当 $Pr > 1$ 时边界层厚度之比正比于 $Pr^{(-1/3)}$

$$\frac{\delta_T}{\delta} = \frac{0.975}{Pr^{\frac{1}{3}}} \tag{9.53}$$

故当地努塞尔数为

$$\frac{Nu_x}{\sqrt{Re_x}} = 0.332 \cdot Pr^{\frac{1}{3}} \tag{9.54}$$

对于液态金属，$Pr \ll 1$，我们再一次得到对 $\sqrt{Pr}$ 的依赖关系，即

$$\frac{\delta_T}{\delta} = \frac{0.58}{\sqrt{Pr}} \tag{9.55}$$

和当地努塞尔数

$$\frac{Nu_x}{\sqrt{Re_x}} = 0.5 \cdot \sqrt{Pr} \tag{9.56}$$

图 9.18 归纳了当地传热随普朗特数的变化关系

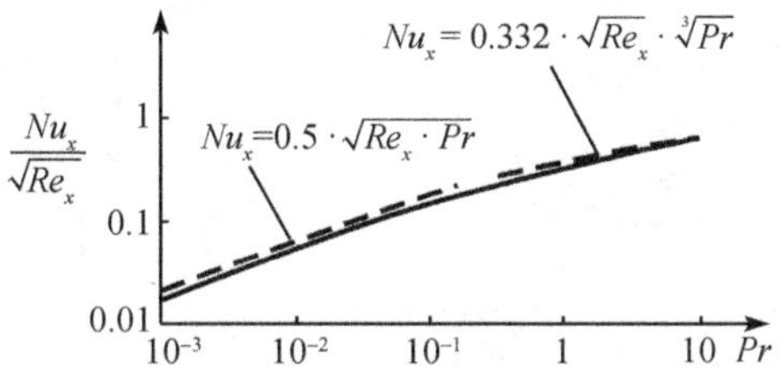


图 9.18 给定壁温 $T_w$ = 常值时绕平板流动的当地努塞尔数与普朗特数的关系

1. 耗散

高流速时二维边界层的耗散

$$\Phi = \mu \cdot \left(\frac{\partial u}{\partial z}\right)^2 \tag{9.57}$$

不能忽略，可以预计绝热壁 $q_w = 0$ 时应具有如图 9.19 所示的温度型，紧贴表面处的耗散最大，因此被称为恢复温度的壁面温度 $T_{q_w}$ 也最大。图 9.20 表示了不同普朗特数下绝热壁的温度型，耗散使温度型变得更宽。绝热壁温 (恢复因子) 表明，当 $Pr > 1$ 时得到了比绝热驻点温度更大的壁温 $T_{q_w}$。绝热壁温可以近似地表示成

$$\frac{c_p \cdot (T_{q_w} - T_\infty)}{\frac{1}{2} \cdot u_\infty^2} \approx \begin{cases} \sqrt{Pr}, & 0.6 < Pr < 1.5 \\ 1.9 \cdot Pr^{\frac{1}{3}}, & Pr \gg 1 \end{cases} \tag{9.58}$$

当常壁温时，在传热系数的定义中用 $T_{q_w}$ 代替 $T_\infty$，故同样有耗散时，我们有关系式 (9.54)

$$\frac{Nu_x}{\sqrt{Re_x}} = 0.332 \cdot Pr^{\frac{1}{3}}, \quad 0.6 < Pr < 10$$

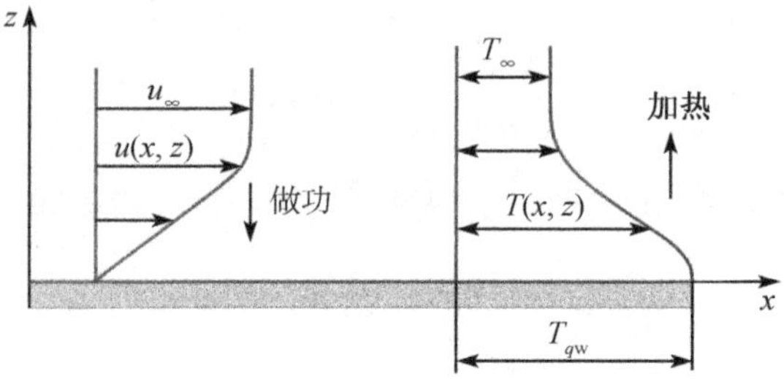


图 9.19　对绝热壁由耗散形成的温度型

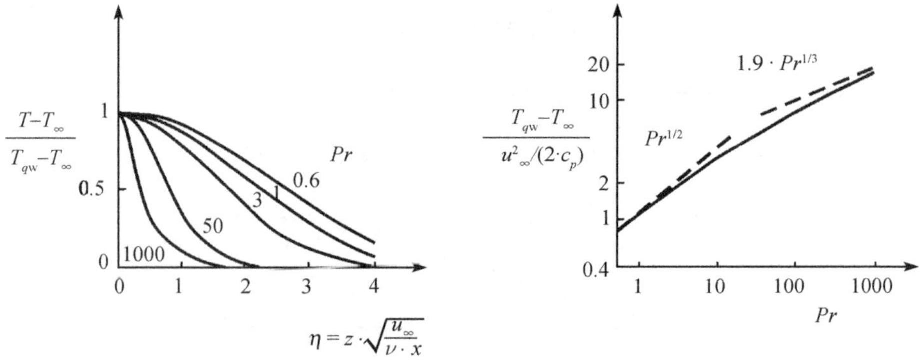


图 9.20　流体特性为常值时平板处的温度型和绝热壁温

2. 可压缩性

因为在气体中驻点温度随马赫数呈平方增长，因此必须考虑压缩性的影响，如同马赫数一样，埃克特数

$$Ec = \frac{u_\infty^2}{c_p \cdot (T_\mathrm{m} - T_\mathrm{w})} \tag{9.59}$$

也是可压缩性的一个度量，因为 $Ec \propto M^2$。对可压缩流，雷诺相似律 (9.50) 同样有效，具有形式

$$St = \frac{c_\mathrm{f}}{2 \cdot Pr} \tag{9.60}$$

对于可压缩边界层流，温度和速度之间存在着如克罗柯 (Crocco　1932) 和布泽曼 (Busemann　1935) 给出的耦合关系

$$\frac{T}{T_\infty} = \frac{T_\mathrm{w}}{T_\infty} + \frac{T_\infty - T_\mathrm{w}}{T_\infty} \cdot \frac{u}{u_\infty} + Pr \cdot \frac{\kappa - 1}{2} \cdot M_\infty^2 \cdot \left(1 - \frac{u}{u_\infty}\right) \tag{9.61}$$

从关系式 (9.61) 的第三项可以看到压缩性的影响，其第二项则表示传热的影响。

图 9.21 给出了 $Pr = 1$ 时绝热平板处的速度分布和温度分布。边界层厚度随马赫数的增大而变厚，大马赫数时速度型几乎呈直线分布；对强冷却壁面，边界层加

厚使位移厚度效应减小，同时速度型变宽；加热壁面则增大可压缩平板边界层的位移厚度效应。

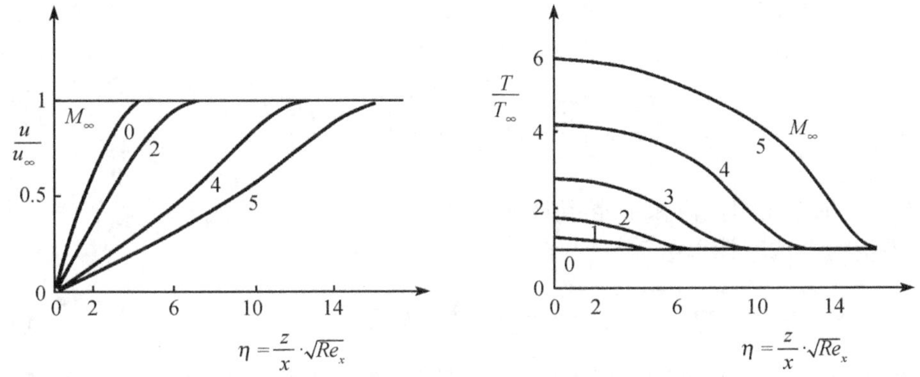


图 9.21　$Pr=1$ 时绝热平板处的速度分布和温度分布

3. 湍流边界层流

湍流管流的结果也可应用于平板边界层流，出发点是边界层方程 (9.47)~(9.49)，忽略压强功和耗散，从雷诺假设得出了时间平均的边界层方程

$$\frac{\partial \bar{u}}{\partial x}+\frac{\partial \bar{w}}{\partial z}=0 \tag{9.62}$$

$$\bar{u}\cdot\frac{\partial \bar{u}}{\partial x}+\bar{w}\cdot\frac{\partial \bar{u}}{\partial z}=-\frac{1}{\rho}\cdot\frac{\mathrm{d}\bar{p}}{\mathrm{d}x}+\frac{\partial^2 \bar{u}}{\partial z^2}-\frac{\partial\overline{(u'\cdot w')}}{\partial z} \tag{9.63}$$

$$\bar{u}\cdot\frac{\partial \bar{T}}{\partial x}+\bar{w}\cdot\frac{\partial \bar{T}}{\partial z}=k\cdot\frac{\partial^2 \bar{T}}{\partial z^2}-\frac{\partial\overline{(w'\cdot T')}}{\partial z} \tag{9.64}$$

和雷诺热通量

$$q_t=\rho\cdot c_p\cdot\overline{w'\cdot T'}$$

当 $Pr=1$ 时，我们同样有平板边界层的雷诺相似律

$$St=\frac{Nu_x}{Re_x\cdot Pr}=\frac{c_{\mathrm{f}}}{2} \tag{9.65}$$

在普朗特相似律中流场被划分为黏性次层和完全湍流区，这样得到

$$St=\frac{\dfrac{c_{\mathrm{f}}}{2}}{1+5\sqrt{\dfrac{c_{\mathrm{f}}}{2}}\cdot(Pr-1)} \tag{9.66}$$

当 $Pr=1$ 时，普朗特相似律与雷诺相似律 (9.65) 一样。

基于普朗特的思想, 冯 · 卡门将边界层分为三区，在黏性次层和完全湍流区之间还考虑有一个过渡区 ($5 < z^+ < 30$)，其中分子交换和湍流交换具有同样量级的大小，他并提出了冯 · 卡门相似律

$$St = \frac{\frac{c_f}{2}}{1 + 5\sqrt{\frac{c_f}{2}} \cdot \left[Pr - 1 + \ln\left(\frac{5 \cdot Pr + 1}{6}\right)\right]} \tag{9.67}$$

在 $Pr = 1$ 时，此相似律和雷诺相似律一样。

平板的当地摩擦因数为

$$c_f = Re_x^{-\frac{1}{5}} \cdot \text{ 常数} \tag{9.68}$$

图 9.22 给出了平板湍流边界层当地努塞尔数的曲线。对于所有相似律都假定湍流普朗特数 $Pr_t = 1$，为此，不能将它们应用于 $Pr \ll 1$ 的液态金属。

在充分发展的湍流管流中假定了在中心流处热通量密度与剪切应力之比沿管道各截面处近似相等，对绕平板流这也同样成立。采用量纲 1 量 $u^+ = \bar{u}/u_\tau$ 和 $T^+ = (T_w - \bar{T}) \cdot \rho \cdot c_p \cdot u_\tau / q_w$ 以及 $z^+ = z \cdot u_\tau / \nu$，我们得到如图 9.23 中的温度型曲线。

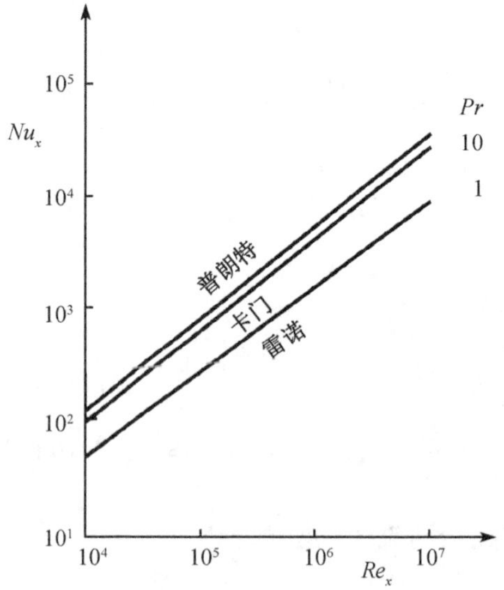


图 9.22　湍流平板边界层的当地努塞尔数曲线

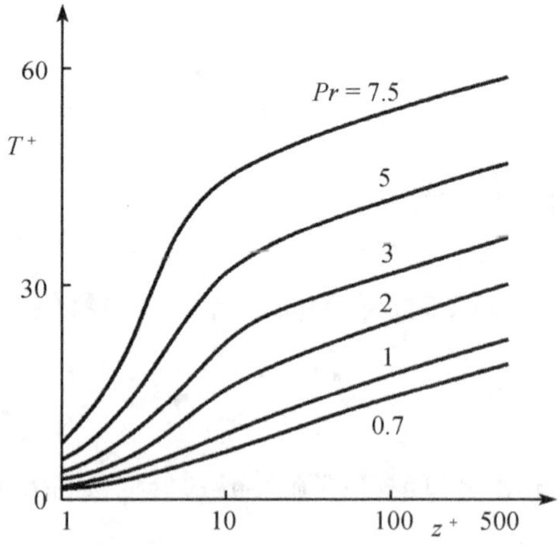


图 9.23　湍流平板边界层的温度型

### 9.3.3　流动中的物体

流动中带有传热物体的最简单情形是一个横向流中的圆柱。在相当大的雷诺

数范围内传热主要发生在边界层内，所以前一节中的关系式都可应用于圆柱边界层。

按照希尔佩特 (Hilpert R 1933) 的实验，在空气中常圆柱温度 $T_w$ 时平均努塞尔数与雷诺数的关系可以划分成不同雷诺数的区域

$$
\begin{aligned}
40 < Re_D < 4000, &\quad \overline{Nu} = 0.615 \cdot Re_D^{0.466} \\
4000 < Re_D < 4 \times 10^4, &\quad \overline{Nu} = 0.174 \cdot Re_D^{0.618} \\
4 \times 10^4 < Re_D < 2.5 \times 10^5, &\quad \overline{Nu} = 0.0239 \cdot Re_D^{0.805}
\end{aligned}
\tag{9.69}
$$

雷诺数大于 $4 \times 10^4$ 时指数从 0.46 增加至 0.8，这表明，雷诺数增大时尾流中的卡门涡街对传热发挥着更大的作用。关系式 (9.69) 对低湍流的流动成立，若在自由流中湍流强度增大至 2.5%，则平均努塞尔数增大可达 80%，这就解释了为什么在风洞中测得的努塞尔数一般高于式 (9.69) 给出的值。

## 9.4 热交换和质量交换

若在边界层流中注入冷却气体，则边界层流中会发生热交换和质量交换的过程。从壁面吹入一种轻气体会减少传热。在壁面上蒸发的液体层会促进冷却。如同动量交换和热交换一样，由于扩散同样会发生质量交换。与速度边界层和温度边界层一样，也存在浓度边界层。

热自由对流和质量交换的基本方程 (5.86) 已在 5.4.3 小节中引入。带有传热的扩散对流的不稳定性也已在 8.2.3 小节中讨论过。

### 9.4.1 平板处的质量交换

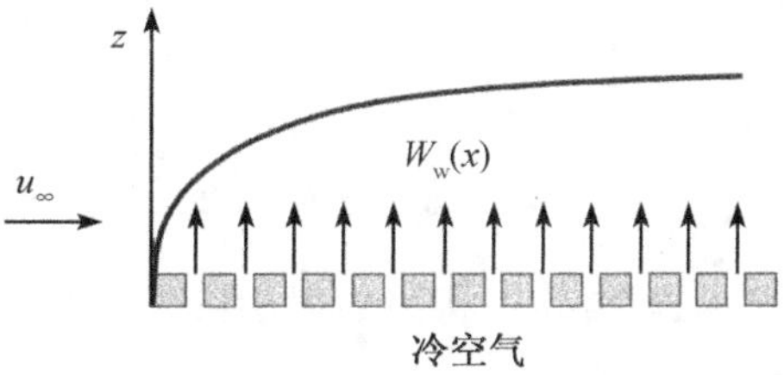

图 9.24 平板边界层中的质量交换

图 9.24 示意地表示了纵向流动中有质量交换的平板的强迫对流，即在壁面法向注入具有 $w(x)$ 速度分量的一股冷空气于热的气流中，本节将讨论最简单的一种状况，即惰性双组元混合气体的平板不可压边界层。具有质量浓度 $c_1 = c$ 的冷气体 1 通过多孔壁面扩散至具有质量浓度 $c_2 = 1 - c_1$ 的流动气体之中去。将讨论的带有传热的二维边界层方程推广为传质方程

$$
\frac{\partial u}{\partial x} + \frac{\partial w}{\partial z} = 0 \tag{9.70}
$$

$$u \cdot \frac{\partial u}{\partial x} + w \cdot \frac{\partial u}{\partial z} = -\frac{\mathrm{d}p}{\mathrm{d}x} + \frac{1}{Re_l} \cdot \frac{\partial^2 u}{\partial z^2} \tag{9.71}$$

$$u \cdot \frac{\partial T}{\partial x} + w \cdot \frac{\partial T}{\partial z} = \frac{1}{Pr \cdot Re_l} \cdot \frac{\partial^2 T}{\partial z^2} \tag{9.72}$$

$$u \cdot \frac{\partial c}{\partial x} + w \cdot \frac{\partial c}{\partial z} = \frac{1}{Le} \cdot \frac{\partial^2 c}{\partial z^2} \tag{9.73}$$

其中刘易斯 (Lewis) 数 $Le = D/k = Pr/Sc$，这里忽略了诸如用于同位素分离的热扩散等耦合效应。双组元混合气体的物理值不仅与温度和压强，还与浓度有关，但与浓度的关系很小，可以忽略，与压强的关系也一样忽略，采用布西内斯克近似假定在平均温度 $T_{\mathrm{m}}$ 下物理值是常值。在能量方程 (9.72) 中的能量扩散项相比于热传导项是一直被忽略的，对于惰性混合气体这是近似正确的。这样，质量交换对速度型的影响仅通过边界条件 $w_{\mathrm{w}}(x)$。连续方程 (9.70) 和动量方程 (9.71) 都保持不变。

平板边界层的方程组在壁面 $w = w_{\mathrm{w}}$ 处有如下边界条件：给定的壁温 $T_{\mathrm{w}}$ 和壁面浓度 $c = c_{\mathrm{w}}$，在远场边界上我们有 $T = T_\infty$ 和 $c = c_\infty$，图 9.25 表示了在普朗特数和施密特数均为 0.7 时不同吹气率下计算所得的温度型和浓度型。由于以 $w_{\mathrm{w}} < 0$ 给壁面传质，速度型会变宽，故实际中常采用抽吸以防止边界层中由于压强梯度而分离。吹气中的传质使速度型扁平，使气流易于分离，速度型有一转折点，使边界层从层流向湍流转捩。

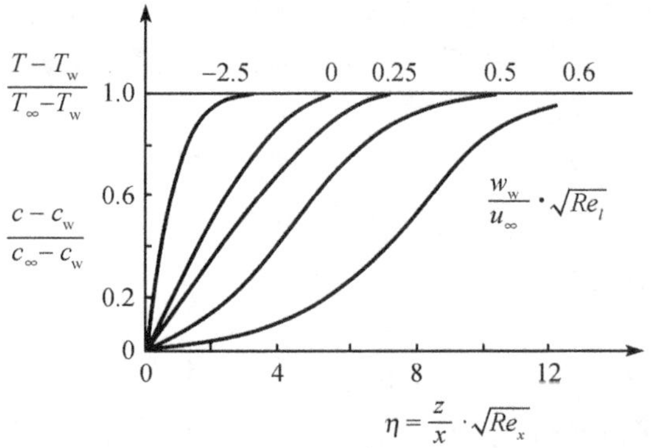


图 9.25　当 $Pr = Sc = 0.7$ 时带有传质平板处的温度型和浓度型

流动边界层和热边界层的比也可以应用于传质，$Pr \geqslant 1$ 时的 $\delta/\delta_T \approx Pr^{(1/3)}$ 关系相应于

$$\frac{\delta}{\delta_D} \approx Sc^{\frac{1}{3}}, \quad Sc \geqslant 1 \tag{9.74}$$

对于扩散努塞尔数 $Nu_D$，只要吹气速度很小，我们有

$$\frac{Nu_D}{\sqrt{Re_x}} = 0.332 Sc^{\frac{1}{3}}, \quad Sc \geqslant 1 \tag{9.75}$$

式 (9.75) 中的常数对于不同的吹气速率必须适当地选取。

对于湍流传质，平板边界层的雷诺方程 (9.62)~(9.64) 可用雷诺输运方程

$$\bar{u} \cdot \frac{\partial \bar{c}}{\partial x} + \bar{w} \cdot \frac{\partial \bar{c}}{\partial z} = D \cdot \frac{\partial^2 \bar{c}}{\partial z^2} - \frac{\partial \overline{(w' \cdot c')}}{\partial z} \tag{9.76}$$

来代替，其中雷诺质量通量

$$j_z = \rho \cdot \overline{w' \cdot c'} = -\rho \cdot \varepsilon_D \cdot \frac{\partial \bar{c}}{\partial z}$$

和 $\varepsilon_D$ 为质量交换的湍流交换量，仿照普朗特数和施密特数，我们定义湍流普朗特数和施密特数分别为

$$Pr_t = \frac{\varepsilon_\tau}{\varepsilon_q} = \frac{\overline{u' \cdot w'}}{\overline{w' \cdot T'}} \cdot \frac{\dfrac{\partial \bar{T}}{\partial z}}{\dfrac{\partial \bar{u}}{\partial z}} \tag{9.77}$$

$$Sc_t = \frac{\varepsilon_\tau}{\varepsilon_D} = \frac{\overline{u' \cdot w'}}{\overline{w' \cdot c'}} \cdot \frac{\dfrac{\partial \bar{c}}{\partial z}}{\dfrac{\partial \bar{u}}{\partial z}} \tag{9.78}$$

由它们得出湍流刘易斯数

$$Le_t = \frac{Sc_t}{Pr_t} = \frac{\varepsilon_q}{\varepsilon_D} = \frac{\overline{w' \cdot T'}}{\overline{w' \cdot c'}} \cdot \frac{\dfrac{\partial \bar{c}}{\partial z}}{\dfrac{\partial \bar{T}}{\partial z}} \tag{9.79}$$

在剪切流中近似可令 $Le_t = 1$，因此所有关于湍流动量交换的结论均能应用于湍流质量交换中。

第十一章将讨论带有化学反应的层流和湍流的传质。

# 第十章　多　相　流

## 10.1　多相流的基础

*多相流*是自然界和工程技术中最常遇到的一种流动。相的概念是从热力学意义上作为固态、液态或气态来理解的，它们能同时出现在一种组元或多种组元的系统中。带雨滴和冰雹的乌云、山脉中带气泡的溪流以及雪崩、火山云等都是自然界中给人以深刻印象的多相流的例子。

在发电站和化工技术中，多相流经常是传热和传质的重要方法。两相流决定着蒸汽发电站中蒸汽发电机、冷凝器和冷却塔中的过程，油和天然气的提取、输运和处理过程中则常存在多相多组元的流动，化学工业中的蒸馏和提纯过程也都包含这些形式的流动。

这些流动过程对环境和技术的重要性要求我们对输运过程和流动中多相多组元混合物的相互作用有基本的物理了解。

多相流动常表现出具有随机特性的非定态过程。所以，对其正规的描述要比在湍流中更大程度地使用平均态、统计方法以及尺度律，我们才能如压强降和相分布等所要了解的现象做出定量的说明。

即使在如等面积分布的管道和槽道这样简单的几何形状中，气–液或气–固流动中就能经常见到非常不同的流动形式和结构，故很难对多相流做出统一的数学物理描述。重力影响是不可忽略的。此外，固体中的界面张力和静电力也是十分重要的。图 10.1 示意地表示了一个水平管道内气–液流动中的一些典型的、反复观察到的流动形式。

多相流基本上可用两种不同方式来描述：一方面，多相流可以被看成是一种各相之间互相渗透的运动连续体，由此每相出现在每一点的一定范围内，这一模型对于描述多相流的大尺度形态是有用的；另一方面，可分别描述在每相内的运动，并特别重视界面处相间的耦合，从数学上这一做法可用专门的数学方法 (Shyy et al. 1996) 具体计算界面的运动来表示，这种方法对处理由界面处的相互作用所控制的过程，如质量通量等是有利的，这里所关注的是小尺度效应。

在 5.4 节中已给出了第一类描述方法意义上的*两相流*基本方程和简化模型，在 5.4.5 节中作为例子给出的瑞利 – 普莱塞特方程代表了第二类方法，但本章将不讨论后者。

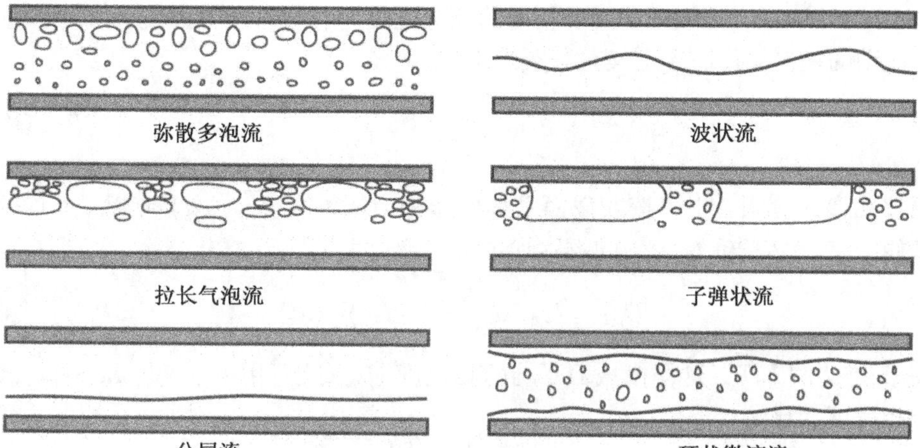


图 10.1 在水平管道内的流态

### 10.1.1 定义

现用 5.4.5 节中引入的平均值定义来介绍多相流中的一些基本量和概念。

在流动中第 $k$ 相的空穴或体积分数 $\varepsilon_k(x,t)$ 表示流管中由相 $k$ (气体或液体)占据的空间和时间的体积量。体积分数可被定义为对时间、对弦长 $L$、对管道横截面积 $A$ 或对管道体积 $\Delta V$ 平均的一个局部量，因此，相 $k$ 的时间分数、表面分数和体积分数分别定义为

$$\varepsilon_{k,t}=\frac{\Delta t_k}{\Delta t},\quad \varepsilon_{k,A}=\frac{A_k}{A},\quad \varepsilon_{k,V}=\frac{V_k}{\Delta V} \tag{10.1}$$

其中 $\Delta t_k$、$A_k$ 和 $V_k$ 皆理解为相指示函数 $X(x,t)$ 的相应平均。表面分数和体积分数还可再作时间平均。

对于相的速度，类似地可引入时间平均的值 $\overline{U_k(x,t)}^k$，横截面平均的值 $\langle U_k(x,t)\rangle_{k,A}$ 和空间平均的值 $\langle U_k(x,t)\rangle_{k,V}$。为简单计，下面仅对一个速度分量进行讨论。

表观速度是相分数 $\varepsilon_k$和相速度 $u_k$的乘积，定义为

$$U_k=\varepsilon_k\cdot u_k$$

则其平均值为

$$\overline{U_k}^k=\overline{\varepsilon_k\cdot u_k}^k,\quad \langle U_k\rangle_{k,A}=\langle\varepsilon_k\cdot u_k\rangle_{k,A},\quad \langle U_k\rangle_{k,V}=\langle\varepsilon_k\cdot u_k\rangle_{k,V} \tag{10.2}$$

特别是横截面平均的速度可被理解为相 $k$ 的平均体积通量密度，并写成

$$\langle U_k\rangle=\frac{\dot{V}_k}{A} \tag{10.3}$$

这里 $\dot{V}_k$ 为相 $k$ 的体积通量，所以相 $k$ 的表观速度可在物理上解释为相 $k$ 单独在管道中流动的速度。我们还定义总表观速度为

$$U_{\text{tot}} = \sum_k U_k \tag{10.4}$$

它可按此形式应用，也可按横截面平均的形式 $\langle U\rangle_{\text{tot}} = \sum_k \langle U_k\rangle$ 应用。平均的本质是使 $\langle U_k\rangle$, $\langle u_k\rangle$ 和 $\langle \varepsilon_k\rangle$ 之间存在如下关系式

$$\langle U_k\rangle = \langle \varepsilon_k \cdot u_k\rangle = C \cdot \langle \varepsilon_k\rangle \cdot \langle u_k\rangle \tag{10.5}$$

其中 $C$ 是关联因子，这样横截面平均的相速度 $\langle U_k\rangle$ 就可用 $\langle \varepsilon_k\rangle$ 和 $\langle u_k\rangle$ 来表示。引入相速度的比

$$S = \frac{\langle u_i\rangle}{\langle u_k\rangle} = \frac{\langle \varepsilon_i\rangle \cdot \langle U_k\rangle}{\langle \varepsilon_k\rangle \cdot \langle U_i\rangle} \cdot \frac{C_{0,i}}{C_{0,k}} \tag{10.6}$$

是很有用的。此相速度比常被称为*滑移*，但这容易使人误解，所以我们将称其为*速度比*。利用这样定义的相速度和相密度 $\rho_k$，我们可写出有如下关系式的质量通量密度 $\dot{m}_k$ 和质量通量 $\dot{M}_k$

$$\dot{m}_k = \rho_k \cdot \langle u_k\rangle, \qquad \dot{M}_k = \rho_k \cdot \langle U_k\rangle \cdot A \tag{10.7}$$

质量通量密度也称为*质量速度*。总质量通量因质量守恒 (平衡) 而有 $\dot{M} = \sum \dot{M}_k$。

为了表征多相流的特点，和体积分数 (空穴)$\varepsilon_k$ 一样，我们也用*质量分数*$\chi$，即相 $k$ 的质量通量和总质量通量之比

$$\chi_k = \frac{\dot{M}_k}{\dot{M}}, \qquad \dot{M} = \sum \dot{M}_k \tag{10.8}$$

对于气–液流此比值称为*蒸汽含量*，它由一种组元的两相流，如水、水蒸气的相焓的热力学关系确定 (10.5 节)。在相速度、质量通量和密度之间存在着函数关系，对于气–液两相流此关系可由下式给出

$$\frac{\chi_{\text{G}}}{\chi_{\text{L}}} = \frac{\rho_{\text{G}}}{\rho_{\text{L}}} \cdot S \cdot \frac{\varepsilon_{\text{G}}}{\varepsilon_{\text{L}}} \tag{10.9}$$

由于质量守恒，对任意形式的平均，$\chi_{\text{L}} = 1 - \chi_{\text{G}}$ 和 $\varepsilon_{\text{L}} = 1 - \varepsilon_{\text{G}}$ 都成立。特别是，从此关系可清楚地看到一般体积分数 $\varepsilon$ 与两相流的速度比、密度比和蒸汽含量密切相关。

由于两相流在应用中特别重要，我们将引入更多的速度表达式来描述输运过程。*漂移速度*是实际相速 $u_k$ 偏离*总表观相速度* $U = U_{\text{G}} + U_{\text{L}}$ 的值，如对气–液流，它定义为

$$u_{\text{G},U} = (u_{\text{G}} - U), \qquad u_{\text{L},U} = (u_{\text{L}} - U) \tag{10.10}$$

漂移速度简单地关联着两相间的相对速度$u_G - u_L$，我们有

$$u_{G,U} = (1 - \varepsilon_G) \cdot (u_G - u_L), \qquad u_{L,U} = -\varepsilon_G \cdot (u_G - u_L) \tag{10.11}$$

此关系式对其他平均的形式也有效，因此这里我们不用特别的符号表示平均。类似于表观速度 $U_k$，在推导两相流的某些模型中我们也引入了称之为漂移通量的表观漂移速度，它们定义为

$$U_{G,U} = \varepsilon_G \cdot u_{G,U}, \qquad U_{L,U} = (1 - \varepsilon_G) \cdot u_{L,U} \tag{10.12}$$

马丁尼利 (Martinelli 1949) 进一步引入了两相流的另一个特征参数，即气相和液相单独通过管道时摩擦压强损失之比，若分别用 $(\mathrm{d}p/\mathrm{d}z)_L$ 和 $(\mathrm{d}p/\mathrm{d}z)_G$ 表示平均的液相和气相体积通量的压强损失，则马丁尼利参数定义为

$$X^2 = \frac{\left(\dfrac{\mathrm{d}p}{\mathrm{d}z}\right)_L}{\left(\dfrac{\mathrm{d}p}{\mathrm{d}z}\right)_G} \tag{10.13}$$

此参数一般是流动的体积分数的度量，当 $X^2 \gg 1$ 时两相流基本上由液体流构成，当 $X^2 \ll 1$ 时则基本为气体流。

### 10.1.2 流态

不同体积通量相的界面相互作用的不同形式使两相流呈现出不同的形式。不同相的密度相差很大时，重力将会有很大的影响，为了表征重力影响的特点，区别开水平管道流和垂直管道流的流态是很有用的，图 10.1 和图 10.2 分别示意地表示了两种情形的一些典型流态。流态是按气体分数 $\varepsilon$ 和气体速度增大的次序排列的，流态间的过渡并不突然，并受每相的流动湍流度、体积分数和界面稳定性的影响。

### 10.1.3 流态图

为了区分不同流态，利用实验观察制作了流态图。对于给定的气–液混合物，如空气和水，利用液态和气态的体积通量作为控制参数，可大大简化状态的表示。门达哈尼等 (Mandhane et al. 1974) 利用水平试验管道液态和气态体积通量的变化中得出的大量实验结果的数据库制作了这样的流态图，示于图 10.3。格维尔和阿席兹 (1972) 及泰特尔等 (1980) 都给出了垂直管道内空气–水流动的类似流态图，图中各流态间的边界并未明显地标注，并在有些情况时还表现出了迟滞性。在垂直管道流动中，管道长度和流动进口段等对在塞状流动和搅拌状流动之间的过渡影响很大。

利用一些计及密度和表面张力的特性参数对空气–水混合物的表观速度作线性尺度变换，格维尔和阿席兹 (1972) 及门达哈尼等 (1974) 将他们的流态图推广至

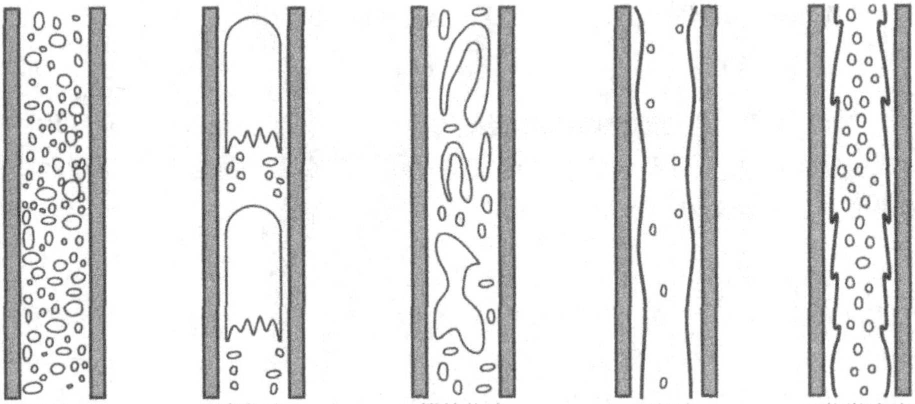


图 10.2 垂直管道内同向往上流动的流态

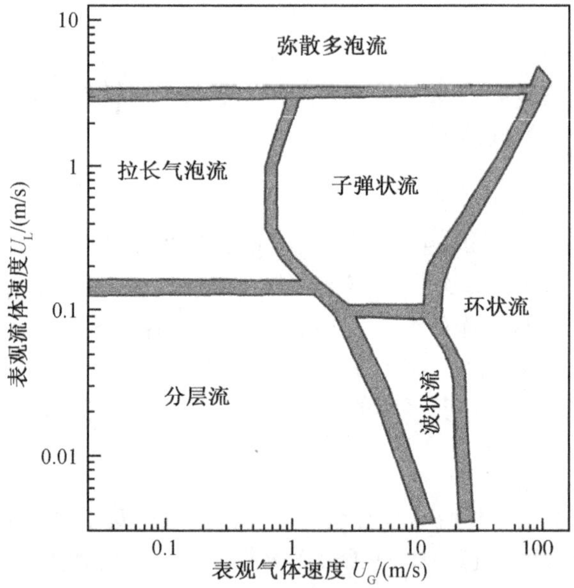


图 10.3 门达哈尼等在 1974 年从水平管道内空气–水流动的实验数据中得出的流态图

压强：0.1MPa；管道直径：2.5cm

其他气体–液体混合物。他们对其他混合物及空气和水引入了气体和空气间的密度比 $\rho_G/\rho_{air}$、液体和水的密度比 $\rho_L/\rho_{water}$ 以及表面张力比 $\sigma/\sigma_{air/water}$，定义了

$$Y=\left(\frac{\rho_L}{\rho_{water}}\cdot\frac{\sigma_{air/water}}{\sigma}\right)^{\frac{1}{4}} \quad 和 \quad X=\left(\frac{\rho_G}{\rho_{air}}\right)^{\frac{1}{3}}\cdot Y$$

作为对其他混合物的修正表观速度，即令 $U_G^*=X\cdot U_{air}$ 和 $U_L^*=Y\cdot U_{water}$。

泰特尔、杜克尔 (Tailel et al. 1976) 和泰特尔 (Tailel 1990) 从纯理论角度导出了流态图，他们区分了三种流动：光滑和波纹状的分层流、子弹状和塞状的间隙流和多泡或环状微滴形式的弥散流。从分层流至间隙流的过渡条件是从孤立波的不稳定性条件推出来的，极限曲线由修正的弗劳德 (Froude) 数

$$F=\sqrt{\frac{\rho_{\mathrm{G}}}{\rho_{\mathrm{L}}-\rho_{\mathrm{G}}}}\cdot\frac{U_{\mathrm{G}}}{\sqrt{D\cdot g\cdot\cos\beta}}$$

作为对马丁尼利参数 $X$ 的函数给出，上式中 $\beta$ 是管道的倾斜角，$D$ 是管道的直径。从光滑变成波纹状分层流的过渡是由开尔文 – 亥姆霍兹不稳定性条件(8.4.3 节) 确定的，作某些简化假设后该条件可写成

$$K=\frac{U_{\mathrm{G}}}{\sqrt{D\cdot g\cdot\cos\beta}}\cdot\sqrt{\frac{\rho_{\mathrm{G}}}{\rho_{\mathrm{L}}-\rho_{\mathrm{G}}}}\cdot\sqrt{\frac{U_{\mathrm{L}}\cdot D}{\nu_{\mathrm{L}}}}\geqslant 20\cdot\sqrt{\varepsilon_{\mathrm{L}}}\cdot\varepsilon_{\mathrm{G}}$$

其中 $\nu_{\mathrm{L}}$ 是液体的运动黏性，可确定体积分数和马丁尼利参数的相关关系，故可得到 $K(X)$ 形式的极限曲线。

在倾角不是很大的倾斜管道中从环状流到间隙流的过渡是由在有气泡散布的子弹状流动中最小可能的液体分数确定的，按照泰特尔和杜克尔的分析，子弹状间隙流发生在 $\varepsilon_{\mathrm{L}}\geqslant 0.24$，这近似地相应于马丁尼利参数 $X\approx 1.6$。弥散多泡流和间隙流的状态由湍流激励、重力和气泡的分解与合并等确定，而在液相中湍流强度可由液相中压强降来表征，泰特尔和杜克尔将液相的表观压降与气泡的流体静力升力之比作为一个特征数，其形式为

$$T^2=\left|\frac{\mathrm{d}p}{\mathrm{d}z}\right|_{\mathrm{L}}\cdot\frac{1}{(\rho_{\mathrm{L}}-\rho_{\mathrm{G}})\cdot g\cdot\cos\beta}$$

两相区间的过渡可以表成马丁尼利参数的函数 $T$。估算函数关系后，泰特尔和杜克尔得到的流态图具有图 10.4 的形式，其中每条极限线 $K(X)$、$F(X)$ 和 $T(X)$ 分别

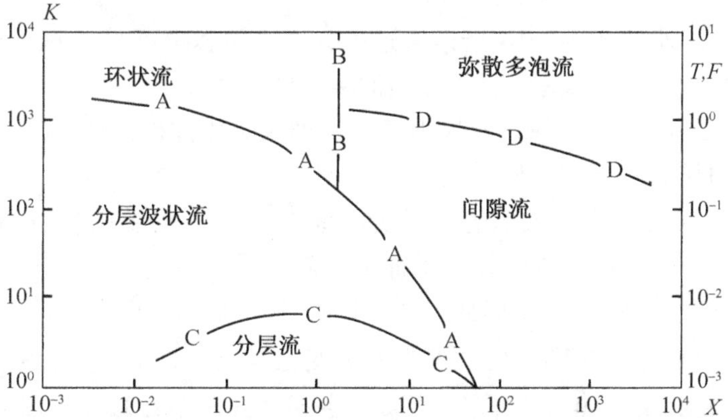


图 10.4 水平或略微倾斜管道内的流态图 (Tailel et al. 1976)

以特征数 $K$，$F$ 和 $T$ 是马丁尼利参数 $X$ 的函数作出

对一个坐标轴给出。

泰特尔 (1990) 推广了流区边界的理论，使管道内的两相流可按管道任意的倾斜角来分类，于是过渡条件可或由图线给出，或由逐点的数值来确定。

两相流的不同状态量以及它们的导数，如压强梯度、体积分数和热交换系数等都与流态密切相关，故一般说来，两相流的计算方法都是针对各种流态来发展的。这是一个重要而复杂的任务。于是为了足够准确地确定如蒸汽发电机等工程系统中的两相状态，将不同的计算模型通过流态图或计算机支持的过渡条件而互相联系。目前对不同流区两相流的计算仍解决得不太令人满意，因此，对于某些技术相关量，如压强降和热通量，仍使用着由大量实验数据得出的相关性曲线。两相流的模型化将在 10.2 节中讨论。

## 10.2 流 动 模 型

对于两相流任何模型的发展，将两相流按泰特尔和杜克尔 (1976) 的方式分成三类都是很有用的，这三类分别为：(a) 分离的流动，如分层流、波纹状流和环状流；(b) 拉长气泡流、子弹状流和塞状流等形式的间隙流或过渡流以及 (c) 多泡流、搅拌状流和微滴流或雾状流等形式的弥散流。为了描述两相流，状态变量速度、压强和温度的力学耦合通常以质量、动量和能量平衡方程的欧拉形式实现。一般情况下，各相的平衡分开考虑，于是对两相流的这种描述被称为双流体模型，也可推广此方法用于具有 $N$ 种流体的流动描述，并称之为 $N$ 流体模型，在 5.4 节中也给出过其一般形式，下面我们来讨论一维形式的双流体模型。

### 10.2.1 一维双流体模型

利用 10.1.2 小节中图 10.1 所示管道中分层流的思想可很方便地推出一维双流体模型，图 10.5 示意地表示出了分层流的某些特定量。

为了从多相流的一般基本方程中得出一维双流体方程，对空间 (横截面的) 平均和时间平均作了如下基本假设：

(1) 在状态变量 $f$ 和 $g$ 乘积的空间或时间平均中，一般我们有 $\langle f\cdot g\rangle = c\cdot\langle f\rangle\cdot\langle g\rangle$ 或 $\overline{f\cdot g} = c\cdot\overline{f}\cdot\overline{g}$，且在双流体模型最简单的表达式中令 $c=1$；

(2) 状态的热力学方程和局部量的本构关系同样适用于平均量；

(3) 忽略热传导和流动方向的剪切应力变化以及各相中摩擦力的耗散；

(4) 假设各相处于热力学平衡，但是，各相之间并不必须处于热力学平衡；

(5) 在垂直的两相流中假定管道截面上的压强为常值，在很多实际应用中此假设对于水平流动同样能很好地近似成立；

(6) 开始时可以忽略界面应力的影响，但是，当界面应力进入为封闭模型方程系所需的本构关系时它常会再出现。

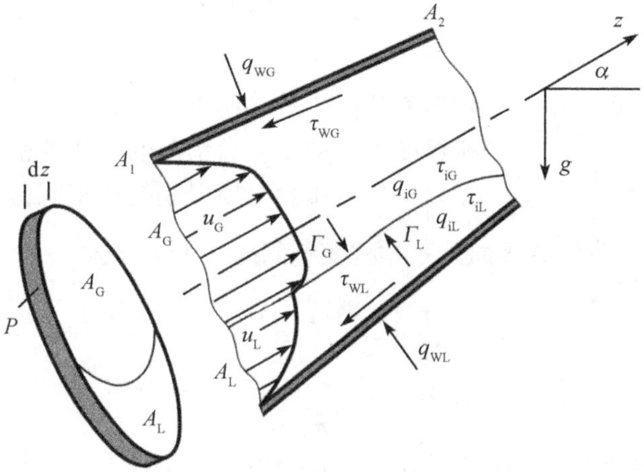


图 10.5　分离两相流的控制空间

为了给出一维平衡方程，我们采用如下的平均量符号

几何量

| | | |
|---|---|---|
| $A_G, A_L, A$ | 横截面面积， | $A_G + A_L = A$ |
| $P_G, P_L, P$ | 周向长度， | $P_G + P_L = P$ |
| $\varepsilon_G = A_G/A$ | 横截面分数 | $\varepsilon_G + \varepsilon_L = 1$ |
| $\varepsilon_L = A_L/A$ | | |

状态变量

| | |
|---|---|
| $u_G, u_L$ | 速度 |
| $p_G, p_L$ | 压强 |
| $\rho_G, \rho_L$ | 密度 |
| $\dot{m}_G = \rho_G \cdot u_G$ | 质量通量密度 |
| $\dot{m}_L = \rho_L \cdot u_L$ | |
| $e_G, e_L$ | 比内能 |
| $h_G, h_L$ | 比焓 |

本构变量

| | |
|---|---|
| $\tau_{w,G}, \tau_{w,L}$ | 壁面剪切应力 |
| $q_{w,G}, q_{w,L}$ | 壁面热通量密度 |
| $\tau_{i,G}, \tau_{i,L}$ | 相界面处剪切应力 |
| $q_{i,G}, q_{i,L}$ | 相界面处热通量密度 |

| | |
|---|---|
| $\varGamma_{\mathrm{G}}, \varGamma_{\mathrm{L}}$ | 相界面处质量源密度 |
| $u_{\mathrm{i}}$ | 相界面处速度 |
| $p_{\mathrm{i}}$ | 相界面处压强 |

相的过渡区内

| | |
|---|---|
| $M_{\mathrm{G}}^{(\varGamma_{\mathrm{G}})}, M_{\mathrm{L}}^{(\varGamma_{\mathrm{L}})}$ | 相界面处由质量交换引起的动量源项 |
| $L_{\tau,\mathrm{G}}, L_{\tau,\mathrm{L}}$ | 相界面处由剪切应力引起的功率源密度 |
| $L_{\mathrm{G}}^{(\varGamma_{\mathrm{G}})}, L_{\mathrm{L}}^{(\varGamma_{\mathrm{L}})}$ | 相界面处由质量交换引起的功率源密度 |

由于局部平衡我们有界面处各本构变量间的如下关系式

$$\varGamma_{\mathrm{G}} - \varGamma_{\mathrm{L}} = 0$$

$$\tau_{\mathrm{i,G}} - \tau_{\mathrm{i,L}} = 0$$

$$q_{\mathrm{i,G}} - q_{\mathrm{i,L}} = 0$$

$$M_{\mathrm{G}}^{(\varGamma_{\mathrm{G}})} - M_{\mathrm{L}}^{(\varGamma_{\mathrm{L}})} = 0$$

$$L_{\mathrm{G}}^{(\varGamma_{\mathrm{G}})} - L_{\mathrm{L}}^{(\varGamma_{\mathrm{L}})} = 0$$

可以进一步确定动量源密度 $M_{\mathrm{G}}^{(\varGamma_{\mathrm{G}})}$ 和 $M_{\mathrm{L}}^{(\varGamma_{\mathrm{L}})}$ 以及功率密度 (Ishii 1975, Delhaye et al. 1981)。正如上面已经说过，质量交换引起的那些量的总和为零，但是，若表面应力起作用时，则在相混合物的平衡方程中还将有计及表面应力的其他项，为简单起见，这里将不考虑表面应力的影响。利用上述假设，双流体模型的一维平衡方程可写成

质量

$$\frac{\partial}{\partial t}(\rho_{\mathrm{G}} \cdot \varepsilon \cdot A) + \frac{\partial}{\partial z}(\dot{m}_{\mathrm{G}} \cdot \varepsilon \cdot A) = \varGamma_{\mathrm{G}} \tag{10.14}$$

$$\frac{\partial}{\partial t}[\rho_{\mathrm{L}} \cdot (1-\varepsilon) \cdot A] + \frac{\partial}{\partial z}[\dot{m}_{\mathrm{L}} \cdot (1-\varepsilon) \cdot A] = \varGamma_{\mathrm{L}} \tag{10.15}$$

动量

$$\begin{aligned}\frac{\partial}{\partial t}(\dot{m}_{\mathrm{G}} \cdot \varepsilon \cdot A) + \frac{\partial}{\partial z}(\dot{m}_{\mathrm{G}} \cdot u_{\mathrm{G}} \cdot \varepsilon \cdot A) = & -\varepsilon \cdot A \cdot \frac{\partial}{\partial z} p_{\mathrm{G}} - \tau_{\mathrm{w,G}} \cdot P_{\mathrm{G}} \\ & - \tau_{\mathrm{i,G}} \cdot P_{\mathrm{i}} - \varepsilon \cdot A \cdot \rho_{\mathrm{G}} \cdot g \cdot \sin(\alpha) + M_{\mathrm{G}}^{(\varGamma_{\mathrm{G}})}\end{aligned} \tag{10.16}$$

$$\begin{aligned}\frac{\partial}{\partial t}(\dot{m}_{\mathrm{L}} \cdot (1-\varepsilon) \cdot A) + \frac{\partial}{\partial z}(\dot{m}_{\mathrm{L}} \cdot (1-\varepsilon) \cdot A \cdot u_{\mathrm{L}}) = & -(1-\varepsilon) \cdot A \cdot \frac{\partial}{\partial z} p_{\mathrm{L}} \\ & - \tau_{\mathrm{w,L}} \cdot P_{\mathrm{L}} - \tau_{\mathrm{i,L}} \cdot P_{\mathrm{i}} - (1-\varepsilon) \\ & \cdot A \cdot \rho_{\mathrm{L}} \cdot g \cdot \sin(\alpha) + M_{\mathrm{L}}^{(\varGamma_{\mathrm{L}})}\end{aligned} \tag{10.17}$$

其中 $\varepsilon_{\mathrm{G}}=\varepsilon$。并可引入假设 $p_{\mathrm{L}}=p_{\mathrm{G}}=p$。

能量为

$$\frac{\partial}{\partial t}(\rho_{\mathrm{G}}\cdot E_{\mathrm{G}}\cdot\varepsilon\cdot A)+\frac{\partial}{\partial z}\left[\dot{m}_{\mathrm{G}}\cdot\left(h_{\mathrm{G}}+\frac{u_{\mathrm{G}}^2}{2}\right)\cdot\varepsilon\cdot A\right]=L_{\tau,\mathrm{G}}+L_{g,\mathrm{G}}+L_{\mathrm{G}}^{(\Gamma_{\mathrm{G}})}+L_{q,\mathrm{G}} \tag{10.18}$$

其中 $E_{\mathrm{G}}=e_{\mathrm{G}}+u_{\mathrm{G}}^2/2$ 是能量密度，$h_{\mathrm{G}}$ 是气体的比焓，方程右端项表示由剪切应力、重力、在相间质量交换引起的动量交换和热通量等所做的功。类似地，液相的能量方程可写成

$$\frac{\partial}{\partial t}[\rho_{\mathrm{L}}\cdot E_{\mathrm{L}}\cdot(1-\varepsilon)\cdot A]+\frac{\partial}{\partial z}\left[\dot{m}_{\mathrm{L}}\cdot\left(h_{\mathrm{L}}+\frac{u_{\mathrm{L}}^2}{2}\right)\cdot(1-\varepsilon)\cdot A\right]=L_{\tau,\mathrm{L}}+L_{g,\mathrm{L}}+L_{\mathrm{L}}^{(\Gamma_{\mathrm{L}})}+L_{q,\mathrm{L}} \tag{10.19}$$

对于不可压流动的最简单情况，这些方程包含六个状态变量 $u_{\mathrm{G}}$、$u_{\mathrm{L}}$、$e_{\mathrm{G}}$、$e_{\mathrm{L}}$、$p$、$\varepsilon$ 和大量的本构变量，在动量和能量方程的严格推导中这些本构变量可能化为下述独立变量：$\Gamma$、$(\tau_{\mathrm{w,G}}\cdot P_{\mathrm{G}})$、$(\tau_{\mathrm{w,L}}\cdot P_{\mathrm{L}})$、$(\tau_{\mathrm{i,G}}\cdot P_{\mathrm{G}})$、$(q_{\mathrm{w,G}}\cdot P_{\mathrm{G}})$、$(q_{\mathrm{w,L}}\cdot P_{\mathrm{L}})$、$(q_{\mathrm{i,L}}\cdot P_{\mathrm{L}})$ (Yadigaroglou et al. 1976)。这些本构变量和状态变量的相关关系式必须基于实验证明或理论思想来建立，以便使平衡方程封闭并能应用它们求解两相流问题。这些本构变量的模型化关系将对不同流区单独地导出。

### 10.2.2 混合模型

若因为技术原因，只对两相流的总体状态量如总质量通量、总压强降和总传热量等感兴趣，则双流体模型可得以简化，即将各相的同类平衡方程相加，我们得到两相混合的总质量通量、总动量和总能量的三个平衡方程，只要混合流的密度、壁面剪切应力和壁面热通量以加权量引入，则这些方程可被写成相当于可压缩流体一维流体动力学方程的形式。利用 10.1 节中的定义，通过简单的代数运算即可得出两相混合流的下述三个平衡方程

质量

$$\frac{\partial\rho_{\mathrm{H}}}{\partial t}+\frac{1}{A}\cdot\frac{\partial\dot{M}}{\partial z}=0 \tag{10.20}$$

其中

$$\rho_{\mathrm{H}}=\varepsilon\cdot\rho_{\mathrm{G}}+(1-\varepsilon)\cdot\rho_{\mathrm{L}} \tag{10.21}$$

动量

$$\frac{\partial}{\partial t}\dot{M}+\frac{\partial}{\partial z}\left(\frac{1}{\rho_{\mathrm{I}}}\cdot\frac{\dot{M}^2}{A}\right)=-A\cdot\frac{\partial p}{\partial z}-\langle\tau_{\mathrm{w}}\rangle\cdot P-A\cdot\rho_{\mathrm{H}}\cdot g\cdot\sin\alpha \tag{10.22}$$

其中

$$\frac{1}{\rho_{\mathrm{I}}}=\frac{\chi^2}{\varepsilon\cdot\rho_{\mathrm{G}}}+\frac{(1-\chi)^2}{(1-\varepsilon)\cdot\rho_{\mathrm{L}}},\qquad\langle\tau_{\mathrm{w}}\rangle=\tau_{\mathrm{w,G}}\cdot P_{\mathrm{G}}+\tau_{\mathrm{w,L}}\cdot P_{\mathrm{L}} \tag{10.23}$$

而 $\chi = \chi_{\rm G}$，能量

$$\frac{\partial}{\partial t}E + \frac{1}{A}\cdot\frac{\partial}{\partial z}\left[\dot{M}\cdot\left(h + \frac{1}{\rho_{\rm E}^2}\cdot\frac{\dot{M}^2}{2\cdot A^2}\right)\right] = L_{\tau,{\rm w}} + L_{\rm G} + L_{q,{\rm w}} \tag{10.24}$$

其中总能量 $E = \rho_{\rm G}\cdot E_{\rm G} + \rho_{\rm L}\cdot E_{\rm L}$，总焓

$$h = \chi\cdot h_{\rm G} + (1-\chi)\cdot h_{\rm L}, \qquad \frac{1}{\rho_{\rm E}^2} = \frac{\chi^3}{\varepsilon^2\cdot\rho_{\rm G}^2} + \frac{(1-\chi)^3}{(1-\varepsilon)^2\cdot\rho_{\rm L}^2} \tag{10.25}$$

可以看到，各相的密度在不同平衡方程中有不同的权重，和其在单相流中的影响不同。混合流方程可用来定义混合流密度，有时可用它们来估计两相流测试仪器给出的信号。表 10.1 列出了相关的定义

**表 10.1**

| 基于混合流平衡的混合流密度的定义 | | |
|---|---|---|
| 质量 | $\rho_{\rm H} = \varepsilon\cdot\rho_{\rm G} + (1-\varepsilon)\cdot\rho_{\rm L}$ | 均质密度 |
| 动量 | $\rho_{\rm I} = \left[\dfrac{\chi^2}{\varepsilon\cdot\rho_{\rm G}} + \dfrac{(1-\chi)^2}{(1-\varepsilon)\cdot\rho_{\rm L}}\right]^{-1}$ | 动量密度 |
| 能量 | $\rho_{\rm E} = \left[\dfrac{\chi^3}{\varepsilon^2\cdot\rho_{\rm G}^2} + \dfrac{(1-\chi^3)}{(1-\varepsilon)^2\cdot\rho_{\rm L}^2}\right]^{-1/2}$ | 能量密度 |

虽然混合流的模型通过减少方程数目而得以简化，但我们又遇到一个新问题，即为了通过此简化模型来求解方程，还必须将体积分数 $\varepsilon$ 与蒸汽含量 $\chi$ 用一个经验关系式关联起来。一般来说，可以通过相的速度比 $S = u_{\rm G}/u_{\rm L}$(方程 10.9) 来关联 $\varepsilon$ 和 $\chi$，这样有时就要确定速度比 $S$ 的经验关系，并将 $\varepsilon(S,\chi)$ 关系式代入混合流方程。

混合流方程自然地适合于对如气泡流或微滴流等弥散型流动的应用计算。只要假设相之间的力学平衡，即弥散相具有与均匀相同样的速度，则方程还可进一步简化，以这样方式简化的混合模型也称为均匀流模型。由于它的简单性，使用起来十分方便，并能应用于弥散相体积分数很小的弥散流。若假设 $S = 1$，根据方程 (10.9) 我们得到了 $\varepsilon$ 和 $\chi$ 之间的一个特殊关系式

$$\varepsilon_{\rm H} = \frac{1}{1 + \dfrac{1-\chi}{\chi}\cdot\dfrac{\rho_{\rm G}}{\rho_{\rm L}}} \tag{10.26}$$

下标 H 表示均匀模型。利用此关系式，所有剩下的密度定义 $\rho_{\rm I}$ 和 $\rho_{\rm E}$ 在混合流平衡时都可简单地代数转换为 $\rho_{\rm H} = \varepsilon\cdot\rho_{\rm G} + (1-\varepsilon)\cdot\rho_{\rm L}$，也即 $\rho_{\rm H} = \rho_{\rm I} = \rho_{\rm E}$ 成立，因

此只要两相之间处于热力学平衡，即 $T_{\mathrm{G}}=T_{\mathrm{L}}$，一维均匀流模型可由方程式

$$\frac{\partial}{\partial t}\rho_{\mathrm{H}}+\frac{1}{A}\cdot\frac{\partial \dot{M}}{\partial z}=0 \tag{10.27}$$

$$\frac{\partial}{\partial t}\dot{M}+\frac{\partial}{\partial z}\left(\frac{1}{\rho_{\mathrm{H}}}\cdot\frac{\dot{M}^2}{A}\right)=-A\cdot\frac{\partial p}{\partial z}-\bar{\tau}\cdot P-A\cdot\rho_{\mathrm{H}}\cdot g\cdot\sin(\alpha) \tag{10.28}$$

来描述。此均匀流模型是所有两相流模型中最简单的一种，它可以被推广应用到带有蒸发和凝结过程，不处于热平衡的弥散流。

弥散相分数较大的弥散型两相流一般不处于力学平衡，考虑到此事实，又仍要用充分混合相的简化思想，发展了一种*漂移流模型*。下面来讨论此模型。

### 10.2.3 漂移流模型

漂移流模型是由祖本和芬得利 (Zuber et al. 1965) 提出的，此模型基于两个相是充分混合的，但相互之间有运动，且一般有不同的热力状态这一基本思想，因此此模型的主要应用范围限于弥散流，也即气泡流、搅拌状流、微滴流动等，但是也有人作了推广其至塞状流和环状流的努力。

此模型基于*密度加权混合物速度*

$$u_{\mathrm{M}}=\frac{\varepsilon\cdot\rho_{\mathrm{G}}\cdot u_{\mathrm{G}}+(1-\varepsilon)\cdot\rho_{\mathrm{L}}\cdot u_{\mathrm{L}}}{\varepsilon\cdot\rho_{\mathrm{G}}+(1-\varepsilon)\cdot\rho_{\mathrm{L}}} \tag{10.29}$$

并借助于所谓漂移速度来计及相对速度。漂移速度最初是以下述形式作为一个局部特性引入的

$$u_{\mathrm{G},U}^{(l)}=u_{\mathrm{G}}^{(l)}-U^{(l)} \tag{10.30}$$

$$u_{\mathrm{L},U}^{(l)}=u_{\mathrm{L}}^{(l)}-U^{(l)} \tag{10.31}$$

其中 $U^{(l)}$ 为用相对的当地速度给出的当地总体积通量密度，$U^{(l)}=u_{\mathrm{G}}^{(l)}+u_{\mathrm{L}}^{(l)}$。通过取横截面的平均，这些定义可用来关联体积分数 $\langle\varepsilon\rangle$ 平均值、总体积通量 $\langle U\rangle$ 和尚需定义的平均漂移速度，这是通过将 (10.30) 关系式乘以当地体积分数 $\varepsilon$，然后进行横截面平均来实现的。应该注意到，如在 10.1 节中讨论的一样，通常我们有 $\langle\varepsilon\cdot U\rangle=C_0\cdot\langle\varepsilon\rangle\cdot\langle U\rangle$，经过一些代数转换后我们得到

$$\langle\varepsilon\cdot u_{\mathrm{G},U}\rangle=\langle\varepsilon\cdot u_{\mathrm{G}}\rangle-C_0\cdot\langle\varepsilon\rangle\cdot\langle U\rangle \tag{10.32}$$

利用定义 $\bar{u}_{\mathrm{G},U}=\langle\varepsilon\cdot u_{\mathrm{G},U}\rangle/\langle\varepsilon\rangle$ 和 $U_{\mathrm{G}}=\langle\varepsilon\cdot u_{\mathrm{G}}\rangle$ 分别为横截面加权的漂移速度和平均体积气体速度，方程 (10.32) 给出气体的横截面平均体积分数为

$$\langle\varepsilon\rangle=\frac{U_G}{C_0\cdot U+\bar{u}_{\mathrm{G},U}} \tag{10.33}$$

为了定义平均漂移速度，我们现在引入体积加权量 $\bar{u}_{\mathrm{G},U}$ 和 $\bar{u}_{\mathrm{G}}=\langle\varepsilon\cdot u_{\mathrm{G}}\rangle/\langle\varepsilon\rangle$，并利用关系式

$$\bar{u}_{\mathrm{G},U}=\bar{u}_{\mathrm{G}}-U,\qquad \bar{u}_{\mathrm{L},U}=\bar{u}_{\mathrm{L}}-U \tag{10.34}$$

来写出平衡方程。为简单起见，下面将省去平均的符号“–”，于是漂移速度可被看作是一个相相对于以混合物速度 $U$ (总体积通量) 运动的某表面的速度，考虑到混合物速度的关系式 $U=\varepsilon\cdot u_{\mathrm{G}}+(1-\varepsilon)\cdot u_{\mathrm{L}}$，漂移速度和相对速度的关系式可立即写出

$$u_{\mathrm{G},U}=(1-\varepsilon)\cdot(u_{\mathrm{G}}-u_{\mathrm{L}}),\qquad u_{\mathrm{L},U}=\varepsilon\cdot(u_{\mathrm{G}}-u_{\mathrm{L}}) \tag{10.35}$$

由此关系式和 (10.29) 的定义方程，我们得到在 $u_{\mathrm{G}}$、$u_{\mathrm{M}}$ 和 $u_{\mathrm{G},U}$ 间存在的如下形式的关系

$$u_{\mathrm{G}}=u_{\mathrm{M}}+\frac{\rho_{\mathrm{L}}}{\rho_{\mathrm{H}}}\cdot u_{\mathrm{G},U},\quad u_{\mathrm{L}}=u_{\mathrm{M}}-\frac{\rho_{\mathrm{L}}}{\rho_{\mathrm{H}}}\cdot\frac{\varepsilon}{1-\varepsilon}\cdot u_{\mathrm{G},U} \tag{10.36}$$

在 $u_{\mathrm{G}}$，$u_{\mathrm{L}}$，$u_{\mathrm{M}}$ 和 $u_{\mathrm{L},U}$ 之间存在着类似的关系式。

将表达式 (10.36) 代入混合物的平衡方程和仍用以描述相过渡的气相的质量平衡方程，经过一些代数变换，即可得到平均速度 $u_{\mathrm{M}}$、压强 $p$、平均焓 $h_{\mathrm{M}}$ 和体积分数 $\varepsilon$ 等状态变量的四个平衡方程。方程具有如下形式

质量

$$\frac{\partial}{\partial t}\rho_{\mathrm{H}}+\frac{1}{A}\cdot\frac{\partial}{\partial z}(\rho_{\mathrm{H}}\cdot u_{\mathrm{M}}\cdot A)=0 \tag{10.37}$$

$$\frac{\partial}{\partial t}(\varepsilon\cdot\rho_{\mathrm{G}})+\frac{1}{A}\cdot\frac{\partial}{\partial z}(\varepsilon\cdot A\cdot\rho_{\mathrm{G}}\cdot u_{\mathrm{M}})+\frac{1}{A}\cdot\frac{\partial}{\partial z}\left(\varepsilon\cdot A\cdot\frac{\rho_{\mathrm{G}}\cdot\rho_{\mathrm{L}}}{\rho_{\mathrm{H}}}\cdot u_{\mathrm{G},U}\right)=\frac{\Gamma_{\mathrm{G}}}{A} \tag{10.38}$$

动量

$$\begin{aligned}&\frac{\partial}{\partial t}(\rho_{\mathrm{H}}\cdot u_{\mathrm{M}})+\frac{1}{A}\cdot\frac{\partial}{\partial z}\left(A\cdot\rho_{\mathrm{H}}\cdot u_{\mathrm{M}}^{2}\right)+\frac{1}{A}\cdot\frac{\partial}{\partial z}\left(A\cdot\frac{\varepsilon}{1-\varepsilon}\cdot\frac{\rho_{\mathrm{G}}\cdot\rho_{\mathrm{L}}}{\rho_{\mathrm{H}}}\cdot u_{\mathrm{G},U}^{2}\right)\\&=-\frac{\partial p}{\partial z}-\tau_{\mathrm{w}}\cdot\frac{P}{A}-\rho_{\mathrm{H}}\cdot g\cdot\sin(\alpha)\end{aligned} \tag{10.39}$$

经过进一步的变换和利用各相的动量平衡方程，我们得到能量方程

$$\begin{aligned}\frac{\partial}{\partial t}(\rho_{\mathrm{H}}\cdot h_{\mathrm{M}})+\frac{1}{A}\cdot\frac{\partial}{\partial z}(A\cdot\rho_{\mathrm{H}}\cdot h_{\mathrm{M}}\cdot u_{\mathrm{M}})=&\frac{1}{A}\cdot(q_{\mathrm{w,G}}\cdot P_{\mathrm{G}}+q_{\mathrm{w,L}}\cdot P_{\mathrm{L}})+\frac{\partial p}{\partial t}+u_{\mathrm{M}}\cdot\frac{\partial p}{\partial z}\\&+u_{\mathrm{G},U}\cdot\frac{\rho_{\mathrm{L}}-\rho_{\mathrm{G}}}{\rho_{\mathrm{H}}}\cdot\frac{\partial p}{\partial z}-\frac{1}{A}\cdot\frac{\partial}{\partial z}\left(A\cdot\frac{\varepsilon\cdot\rho_{\mathrm{L}}\cdot\rho_{\mathrm{G}}}{\rho_{\mathrm{H}}}\cdot u_{\mathrm{G},U}\cdot\Delta h_{\mathrm{LG}}\right)+\frac{1}{A}\cdot L_{\mathrm{diss}}\end{aligned} \tag{10.40}$$

其中 $h_{\mathrm{M}}$ 是密度平均焓，定义为

$$h_{\mathrm{M}}=\frac{\varepsilon\cdot\rho_{\mathrm{G}}\cdot h_{\mathrm{G}}+(1-\varepsilon)\cdot\rho_{\mathrm{L}}\cdot h_{\mathrm{L}}}{\varepsilon\cdot\rho_{\mathrm{G}}+(1-\varepsilon)\cdot\rho_{\mathrm{L}}} \tag{10.41}$$

式 (10.40) 中的 $\Delta h_{LG}$ 是相间过渡的蒸发热。

简单的漂移流模型能否成功应用，主要取决于能否找出漂移速度 $u_{G,U}$ 的本构关系。

### 10.2.4 泡和滴

在运动的液体或气体中泡和滴的运动对于两相流的模型化和漂移速度的表示是一个基本因素，在克利夫特 (Clift)，格雷斯 (Grace) 和韦伯 (Weber) 的书 (1978) 中给出了对此已进行过的广泛研究的结果。探索性的研究表明在一连续体内泡和滴的相对速度取决于相间相互作用的形式、它们与边界之间的相互作用和如重力等外场力等因素，且可用下述函数关系来表示

$$u_r = u_G - u_L = f\left(\frac{\mu_G}{\mu_L}, \frac{\rho_G}{\rho_L}, \sigma, \varepsilon, \frac{\rho_L - \rho_G}{\rho_L} \cdot g, \frac{D_B}{d}\right) \tag{10.42}$$

其中 $\mu_G$ 和 $\mu_L$ 分别是气体和液体的黏性，$\rho_G$ 和 $\rho_L$ 为密度，$\sigma$ 是表面张力，$g$ 是重力加速度，$D_B$ 是泡和滴的直径，$d$ 是典型的容器尺寸。

下面主要集中讨论泡的情况，只要作某些修正它们同样适用于滴。

在准定态弥散型两相流中常常可以忽略加速力对单个泡的影响，因此在流体连续体内的单泡的平衡速度 $u_\infty$ 是由阻力和场力的平衡决定的，在有浮力情况下，我们有

$$u_\infty^2 = \frac{4 \cdot (\rho_L - \rho_G) \cdot g}{3 \cdot \rho_L} \cdot \frac{D_B}{c_w} \tag{10.43}$$

其中 $c_w$ 是定义为 $c_w = W\big/\big(0.5 \cdot \rho_G \cdot u_\infty^2 \cdot A\big)$ 的阻力因数，$W$ 为阻力，$A$ 是泡当量体积球的横截面积，当量泡半径可从关系式 $D_B = 2 \cdot (3/(4 \cdot \pi) \cdot V_B)^{(1/3)}$ 得到，其中 $V_B$ 是泡体积。引入当量半径使我们可以考虑变形的泡，并通过单相流固体球实验将它们与阻力因数联系起来，但是，在相对运动影响下泡的变形可能如此之大，以至于将其比拟为运动的固体球时会得出不正确的结果，所以在很多实验中都测量了重力场中单泡的最终上升速度，特别是将泡的形状作为附加影响来考虑时，克利夫特、格雷斯和韦伯 (1978) 给出了一个量纲 1 特征数为量级的图形结果，他们引入了下述泡的特征数

$$Re_B = \frac{u_\infty \cdot D_B \cdot \rho_L}{\mu_L} \qquad \text{雷诺数}$$

$$E\ddot{o}_B = \frac{g \cdot (\rho_L - \rho_G) \cdot D_B^2}{\sigma} \qquad \text{厄缶(Eötvös)数}$$

$$Mo_B = \frac{g \cdot \mu_L^4 \cdot (\rho_L - \rho_G)}{\rho_L^2 \cdot \sigma^3} \qquad \text{莫顿数}$$

厄缶数描述了重力和毛细力的相互作用，而莫顿数主要与黏性力、毛细力和重力关联。图 10.6 示出了此图形，它可用来确定作为出现在特征数中所有其他量的函数的平衡速度 $u_\infty$，同时也可定性地了解泡的形式。图 10.7 给出了一些实验观察到的泡的形状。

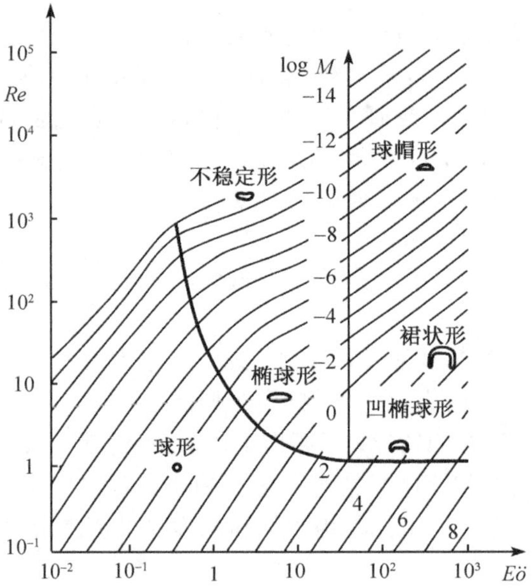


图 10.6　液体中上升泡的形式 (克利夫特等　1978)

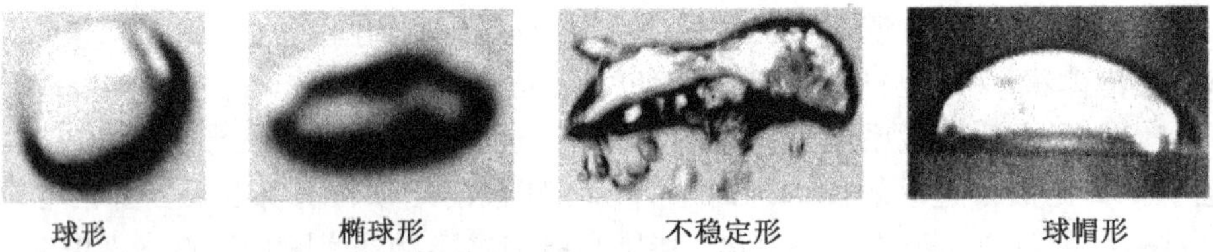


图 10.7　取决于泡体积和泡雷诺数的不同泡的形状

有限容器和周围泡对单泡平衡速度 $u_B$ 的影响常用影响因素 $\varepsilon$、$1-\varepsilon$、$D_B/d$ 的幂函数相乘假设来模型化，表示为 (Collins　1967，Wallis　1969)

$$u_B = u_\infty \cdot \left(1 + \alpha \cdot \frac{D_B}{d}\right)^m \cdot (1-\varepsilon)^n \cdot \varepsilon^p \tag{10.44}$$

其中 $\alpha$、$m$、$n$、$p$ 由实验确定。例如，柯林斯 (Collins) 校正了直径 $d$ 的铅垂管道中单泡上升速度为

$$u_{\mathrm{B}} = u_{\infty} \cdot \left(1 + \alpha \cdot \frac{D_{\mathrm{B}}}{d}\right)^{-1}$$

其中对变形的软气泡 $\alpha = 1.6$ 和对球状硬气泡 $\alpha = 2.4$。

沃利斯 (Wallis 1969) 给出了漂移速度 $u_{\mathrm{G},U}$ 作为平衡速度和气体体积分数的函数的一个基本关系式

$$u_{\mathrm{G},U} = u_{\infty} \cdot (1 - \varepsilon)^{n}$$

他利用皮尔斯 (Peebles) 和加勃 (Garber) 的实验数据 (1953) 确定了不同泡形状和泡雷诺数的 $n$ 值，表 10.2 列出他研究的单泡最终上升速度

**表 10.2**

| $u_{\infty}$ | $n$ | 有效范围 | 泡形式 |
|---|---|---|---|
| $\dfrac{D_{\mathrm{B}}^2 \cdot (\rho_{\mathrm{L}} - \rho_{\mathrm{G}}) \cdot g}{18 \cdot \mu_{\mathrm{L}}}$ | 2 | $Re_{\mathrm{B}} < 2$ | 固体球泡 |
| $0.33 \cdot \dfrac{2 \cdot \nu_{\mathrm{L}}}{D_{\mathrm{B}}} \cdot \left(\dfrac{g \cdot D_{\mathrm{B}}^3}{8 \cdot \nu_{\mathrm{L}}^2}\right)^{0.76}$ | 1.75 | $2 < Re_{\mathrm{B}} < 4.02 \cdot G_1^{-0.214}$ | 有内部流动的球形泡 |
| $1.18 \cdot \left(\dfrac{g \cdot \sigma}{\rho_{\mathrm{L}}}\right)^{0.25}$ | 1.5 | $3.10 \cdot G_1^{-0.25} < Re_{\mathrm{B}}$<br>$5.75 < G_2$ | 振荡的椭球泡 |
| $1.00 \cdot \sqrt{g \cdot D_{\mathrm{B}}}$ | $0 < n < 1$ | $\sqrt{\dfrac{g \cdot \rho_{\mathrm{L}} \cdot D_{\mathrm{B}}^2}{\sigma}} > 4$ | 帽形泡 |

表中伽利略 (Galileo) 数 $G_1$ 为

$$G_1 = \frac{g \cdot \mu_{\mathrm{L}}^4}{\rho_{\mathrm{L}} \cdot \sigma^3} \tag{10.45}$$

$G_2$ 定义为

$$G_2 = \frac{1}{16} \cdot G_1 \cdot Re_{\mathrm{B}}^4 = \frac{g \cdot u_{\infty}^4 \cdot \rho_{\mathrm{L}}^4 \cdot D_{\mathrm{B}}^4}{16 \cdot \sigma^3}$$

使用沃利斯 (1969) 对不同泡形状漂移速度的表达式使弥散两相流的漂移流模型得以封闭。

祖本和芬得利 (1965) 以及伊辛 (Ishii 1977) 曾将漂移流模型应用至其他如塞状、环状和湍流搅拌状等流动中，他们的论文给出了有关本构参数的详细讨论。

### 10.2.5 喷雾流

具有很低液体分数的弥散微滴流常被称为喷雾流，这种喷雾流在马达、气轮机和高炉中为获得最优燃烧混合物而在技术上有着很大的重要性，其重要应用领域还包括利用蒸发冷却热应力表面和体积及在加工工厂中的涤气塔等。在处理喷雾流

时存在两个关键问题：滴群的形成和在流动的载运气体中滴的输运。最近已有综述论文和书籍对此两方面的研究作了总结，例如，博利和蒙列欧 (Bolle et al. 1982)、林和赖兹 (Lin et al. 1998)、克劳等 (Crowe et al. 1998)，这里仅给出某些基本事实。

液体分解成液滴需要能量，此能量正比于形成液滴时的表面张力和表面面积的增加，由喷管流中的压强降、旋转圆盘上薄膜流中的向心力或通过剪切流作用在液体薄层或射流上的剪切力等提供。在形成喷管中的液滴时，喷管的几何形状、液体特性、黏性、表面应力和流动速度等都影响液滴的大小，这种函数关系可用基于特征喷管直径 $D$ 的量纲 1 特征韦伯数和雷诺数来形成公式。喷管出口的形状常为圆形、环形或狭缝形，因此，在喷管出口处最先形成或液体自由射流，或呈薄锥状或呈扇形的液体盘，在以后的过程中由于流动不稳定性它们衰变成液滴。若液体射流或液体盘的衰变是由惯性力和表面张力 (由毛细波产生) 决定的，则称为液体溅泼；若湍流剪切力决定着流体射流中和其高速边缘处液滴的形成，则称为雾化。在相关文献中形成液滴的不同方式常用雷诺数和其他特征数，如欧内索奇 (Ohnesorge) 数 $Oh = \mu_L/(\rho_L \cdot \sigma \cdot d)$ 以图形来表示。图 10.8 中表示了自由射流中液滴形成的典型现象。图 10.9 给出了不同液滴形成过程的量级图线。

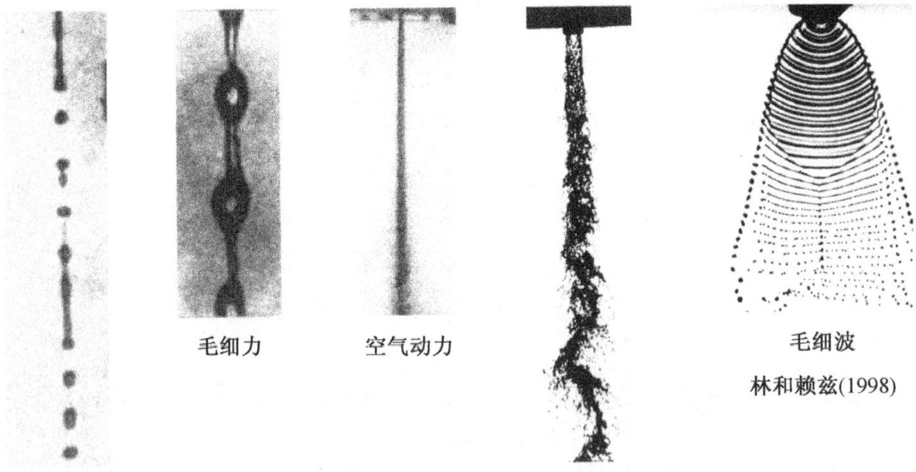


图 10.8 由于不同的流动不稳定性在液体射流和薄层衰变中液滴的形成

对于具体的技术应用，必须适当地选取喷管的几何形状和水力特性数据 (即驱动压强降)，以自动形成所要求的液滴平均直径和空间角。常常采用索特 (Sauter) 直径来度量液滴的直径，其定义为液滴的总体积和它的总表面面积之比。

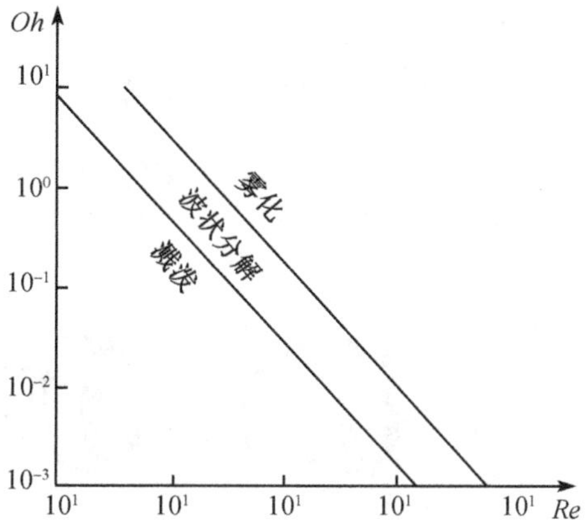


图 10.9 欧内索奇的液滴衰变过程图线

喷雾流从液滴形成阶段发展到充分发展，很不集中，弥散的微滴流阶段是个非常复杂的过程，不能简单地描述。一个关键问题是如何表示在流动力影响下液滴的进一步分裂，直到在某一液滴大小分布下实现平衡的过程。实验中已观察到了在剪切流中自由液滴不同衰变的机制，或简单的液滴振荡、瑞利惯性不稳定、开尔文 - 亥姆霍兹波不稳定性，或纯剪切流不稳定性起着作用 (见 8.4 节)。皮尔西和厄尔德曼 (Pilch et al. 1987) 总结和描述了这些观察到的衰变现象，并按韦伯数增大次序示出了衰变图形 (图 10.10)。

数学描述充分发展的喷雾流是从气体载体中稀释微滴分布的概念出发的，并假定只在气体和微滴之间存在相互作用，而不考虑微滴间的相互作用。此相互作用的程度由所谓的斯托克斯数 $St$ 确定，它表征着微滴对气体流动中变化的时间反应，因此被定义为时间比 $St = \tau_{\mathrm{d}}/\tau_{\mathrm{c}}$(其中下标 d 表示弥散，c 表示连续)，且 $\tau_{\mathrm{d}} = \rho_{\mathrm{d}} \cdot d^2/(18 \cdot \mu_{\mathrm{c}})$，$\tau_{\mathrm{L}} = D/U_{\mathrm{c}}$，$d$ 是液滴的直径，$D$ 是流动区域的特征长度，$U_{\mathrm{c}}$ 是连续相的特征速度。所以，斯托克斯数很小表示微滴相对于气体几乎无惯性运动，而当数值为 1 时的量级时表示相间有相当大的相互作用。

在构造模型时，气流 —— 欧拉表示法的连续流 —— 被视为或无黏或黏性或完全湍流流体，附加有液滴–气体相互作用产生的局部作用的流动力和质量源或汇。微滴沿着拉格朗日描述法的轨迹运动，由作用的阻力、浮力和重力等流动力确定。模型化的关键是如何用一种代数形式的简单物理模型来描述相之间的相互作用，这是一个研究的热点，特别是用湍流和微滴弥散相互作用的观点来研究。在此，我们列出一些最近的相关文献，如克劳、索末菲和楚基 (1998)、西拉诺诺 (1999) 等。对于稀释弥散两相流或双组元流动，欧拉 - 拉格朗日混合模型是区别于前述双流体模型的另一种重要模型 (10.3 节)。

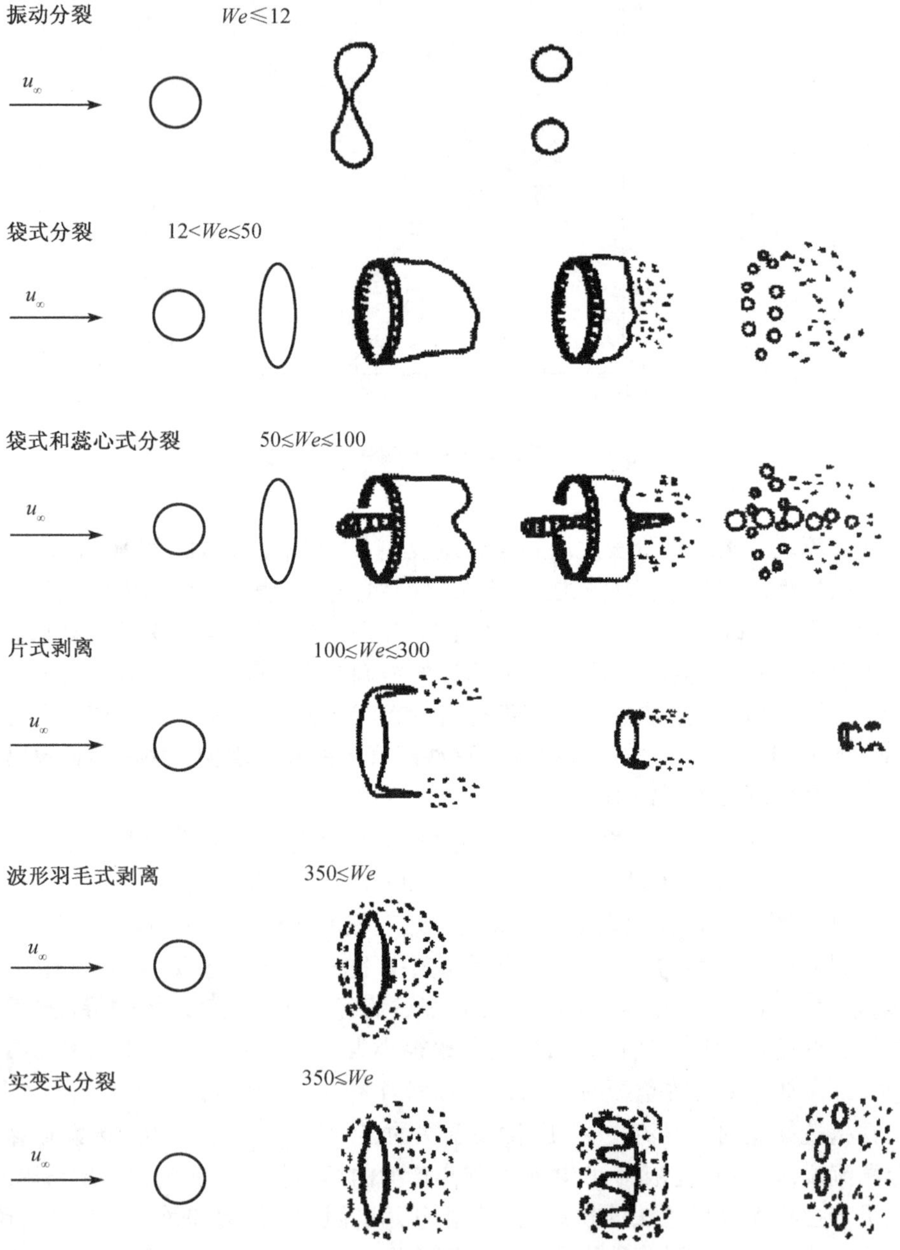


图 10.10　皮尔西和厄尔德曼描述的分裂历程

## 10.3 水力元件中的压强损失和体积分数

两相流中的压强损失在动力和加工工程中是很重要的问题，所以，如在单相流水力学中的一样，已发展了一些基于测量和简单模型的经验压强损失关系式，这些关系式没有区分具体的流区，可是一方面是弥散流模型，而另一方面是分开的两相流模型，导致了压强降关系式的两种不同的形式。在管道和槽道中的总压降一般由摩擦损失、加速损失和重力损失组成，用符号表示可写为

$$\left(\frac{\mathrm{d}p}{\mathrm{d}z}\right)_{\mathrm{tot}}=\left(\frac{\mathrm{d}p}{\mathrm{d}z}\right)_{\mathrm{f}}+\left(\frac{\mathrm{d}p}{\mathrm{d}z}\right)_{\mathrm{a}}+\left(\frac{\mathrm{d}p}{\mathrm{d}z}\right)_{\mathrm{g}} \tag{10.46}$$

其中下标 f 表示摩擦，a 表示加速，g 表示重力。对于等截面水平直管，只有摩擦起作用；而在如阀、接头和弯头等收缩或扩张部件中，和单相流时一样，加速起主要作用，且比单相流时的作用程度大得多。我们首先来考虑水平直管。

### 10.3.1 水平直管中的摩擦损失

1. 均匀模型

假定水平管道具有等截面，我们得到和单相流时一样的表达式

$$-\left(\frac{\mathrm{d}p}{\mathrm{d}z}\right)_{\mathrm{f}}=-\tau_{\mathrm{w}}\cdot\frac{4}{d},\qquad \tau_{\mathrm{w}}=\frac{1}{4}\cdot c_{\mathrm{f,2Ph}}\cdot\frac{1}{2}\cdot\frac{u^2}{\rho_{\mathrm{H}}} \tag{10.47}$$

其中 $d$ 为水力元件直径，$c_{\mathrm{f,2Ph}}$ 是两相流的摩擦因数，$\rho_{\mathrm{H}}$ 是均匀密度。摩擦因数是取决于两相流雷诺数的一个特定函数，通常就取其为已知的单相流的摩擦因数，如对层流流动的斯托克斯定律和对湍流流动的布拉修斯定律。于是摩擦因数可按不同的流动形式选择，对于环形–微滴流，粗糙管壁时可选 $c_{\mathrm{f,2Ph}}\propto 0.02$；若气体的体积分数很大，即 $\varepsilon\gg 1$，则可选用单相流时的值 $c_{\mathrm{f}}=c_{\mathrm{f,G}}$；若 $\varepsilon\ll 1$，则 $c_{\mathrm{f}}=c_{\mathrm{f,L}}$，这时选用气体或液体的黏性来计算雷诺数。通常，根据普朗特的单相完全湍流流动的经典关系，也采用如下关系式

$$\frac{1}{4}\cdot c_{\mathrm{f,2Ph}}=0.0014+0.125\cdot Re_{\mathrm{2Ph}}^{-0.32} \tag{10.48}$$

我们使用总质量通量密度和混合物的黏性来计算雷诺数。加权黏性的最简单公式为

$$\mu_{\mathrm{2Ph}}=\frac{U_{\mathrm{G}}}{U}\cdot\mu_{\mathrm{G}}+\frac{U_{\mathrm{L}}}{U}\cdot\mu_{\mathrm{L}}\qquad \text{(杜克尔　1964)}$$

$$\mu_{\mathrm{2Ph}}=\chi\cdot\mu_{\mathrm{G}}+(1-\chi)\cdot\mu_{\mathrm{L}}\qquad \text{(西西蒂　1960)} \tag{10.49}$$

对于如水和蒸汽 (可凝结) 的混合物等，实际计算中常使用所谓的两相因子，此因子定义为具有质量通量 $\dot{M}$ 的实际两相流中的压强降与通过同样管道截面具有同样质量通量的全部凝结液体流的压强降之比

$$\Phi_{\mathrm{L0}}^2=\frac{\left(\dfrac{\mathrm{d}p}{\mathrm{d}z}\right)_{\mathrm{2Ph}}}{\left(\dfrac{\mathrm{d}p}{\mathrm{d}z}\right)_{\mathrm{L0}}} \tag{10.50}$$

下标 L0 表示选与两相流有相同质量通量的纯液体流的压强降为参考量。两相因子基本上是气–液特性和蒸汽含量的函数，其一般形式为 $\Phi_{\mathrm{L0}}^2=f\left(\mu_{\mathrm{G}}/\mu_{\mathrm{L}},\rho_{\mathrm{G}}/\rho_{\mathrm{L}},\chi\right)$，爱辛 (Idsinga 1977) 等给出的具体形式为

$$\Phi_{\mathrm{L0}}^2=\frac{\rho_{\mathrm{L}}}{\rho_{\mathrm{H}}}\cdot\left[1+\chi\cdot\left(\frac{\rho_{\mathrm{L}}-\rho_{\mathrm{H}}}{\rho_{\mathrm{G}}}\right)\right] \tag{10.51}$$

对于气体分数很小即 $\varepsilon\ll 1$ 的流动，可以假定 $\mu_{\mathrm{2Ph}}=\mu_{\mathrm{L}}$，此式是正确的。还可以找到用混合物黏性的其他关系得到的类似关系式。

2. 分离模型

分离模型的基本思想是流动的两相分别存在于管道内不同的区域中，如在分层流或环形流中，但与流态无关，两相均压强平衡，因此总压降由两相混合物的动量方程 (10.22) 来描述。对于等截面的水平管道和定常流，我们有

$$-\frac{\mathrm{d}p}{\mathrm{d}z}=\langle\tau_{\mathrm{w}}\rangle\cdot\frac{P}{A}+\frac{\dot{M}}{A^2}\cdot\frac{\mathrm{d}}{\mathrm{d}z}\left[\frac{\chi^2}{\varepsilon\cdot\rho_{\mathrm{G}}}+\frac{(1-\chi)^2}{(1-\varepsilon)\cdot\rho_{\mathrm{L}}}\right] \tag{10.52}$$

若管道壁面是绝热的，$\chi$ 和 $\varepsilon$ 沿管道不变，则壁面剪切应力与压力平衡。洛克哈特 (Lockhart) 和马丁尼利 (Martinelli 1947) 引入了两相因子作为两相流的压强降对管道中只存在气相或液相时的压强降之比，其定义式为

$$\Phi_{\mathrm{G}}^2=\frac{\left(\dfrac{\mathrm{d}p}{\mathrm{d}z}\right)_{\mathrm{2Ph}}}{\left(\dfrac{\mathrm{d}p}{\mathrm{d}z}\right)_{\mathrm{G}}},\qquad \Phi_{\mathrm{L}}^2=\frac{\left(\dfrac{\mathrm{d}p}{\mathrm{d}z}\right)_{\mathrm{2Ph}}}{\left(\dfrac{\mathrm{d}p}{\mathrm{d}z}\right)_{\mathrm{L}}} \tag{10.53}$$

基于实验数据他们将此两因子表示成马丁尼利参数 (式 (10.13)—— 压强降之比) 的关系式。若两相流的体积通量和它们的层流或湍流状态是已知的，则可对其显式地计算。湍流状态由气体或液体流动的雷诺数确定；$Re_{\mathrm{G,L}}>2000$，假定是湍流状态；$Re_{\mathrm{G,L}}<2000$，则假定为层流。所以取决于气相和液相是层流态还是湍流态，存在着马丁尼利参数的四种可能形式，图 10.11 给出了洛克哈特和马丁尼利对这种依

赖关系的经典表示。此图形的解析表示是由谢氏霍姆 (Chisholm 1967) 给出的

$$\Phi_{\mathrm{G}}^2 = 1 + C \cdot X + X^2, \quad \Phi_{\mathrm{L}}^2 = 1 + \frac{C}{X} + \frac{1}{X^2} \tag{10.54}$$

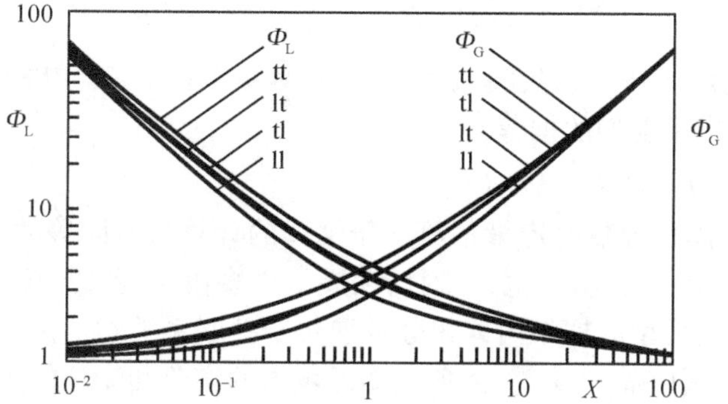


图 10.11

洛克哈特和马丁尼利 (1947) 的关系曲线：tt 双相皆湍流；lt 液相层流，气相湍流；ll 双相皆层流；tl 液相湍流，气相层流

其中参数 $C$ 对四种情形分别取 20, 12, 10 和 5；取 5 为双层流，取 20 为双湍流。

洛克哈特和马丁尼利的压强损失关系是基于相对有限的数据库 (系统压强 $p <$ 0.4 MPa 和管道直径 $d < 3 \times 10^{-2}$ m) 得到的，所以用此模型的计算误差可达 40% 的量级，但此模型很简单，故常在初始估计时得到使用。

马丁尼利和尼尔逊 (Nelson 1948) 将洛克哈特和马丁尼利的压强相关式推广应用到更高系统压强，直到临界系统压强的流动，他们将双相因子表示成以单相液体流作为参考流态的蒸气含量 $\chi$ 的函数 $\Phi_{\mathrm{L0}}$(式 (10.50))。这一关系式现仍用以计算液体–蒸气流动中的压强损失。

为了更准确的计算，谢氏霍姆 (1973) 和弗里德尔 (Friedel 1979) 基于大量的数据 (20000 次实验测量) 提出了经验的压强损失关系式。这些关系式进一步考虑了两相质量通量密度 (雷诺数)、表面张力 (韦伯数) 和重力 (弗劳德数) 等的影响，它们反映了代表不同物理现象的量纲 1 特征数之间的复杂函数关系。例如，我们来讨论一下弗里德尔关系式。弗里德尔在两相因子定义式 (10.50) 中选择了取决于不同特征数的形式，即写成

$$\Phi_{\mathrm{L0}}^2 = E + \frac{3.24 \cdot F \cdot H}{Fr^{0.045} \cdot We^{0.035}} \tag{10.55}$$

其中

$$E = (1-\chi)^2 + \chi^2 \cdot \frac{\rho_{\mathrm{L}}}{\rho_{\mathrm{G}}} \cdot \frac{c_{f,\mathrm{G0}}}{c_{f,\mathrm{L0}}}$$

$$F = \chi^{0.78} \cdot (1-\chi)^{0.24}$$

$$H = \left(\frac{\rho_L}{\rho_G}\right)^{0.91} \cdot \left(\frac{\mu_G}{\mu_L}\right)^{0.19} \cdot \left(1 - \frac{\mu_G}{\mu_L}\right)^{0.7}$$

$$Fr = \frac{\dot{m}^2}{g \cdot D \cdot \rho_H^2}, \qquad We = \frac{\dot{m}^2 \cdot D}{\rho_H \cdot \sigma}$$

为了应用不同的经验压强损失关系式，怀莱 (Whalley et al. 1981) 进行了大量的比较计算，并给出了他们的推荐。

3. 体积分数的关系式

在两相流中体积分数的定量估算与压强降的计算具有同等的重要性。与用双流体模型计算此量的可能性无关，现已发展了许多由实验数据确定此量的模型和关联式。在漂移流模型的框架内体积分数取决于关联系数 $C_0$、漂移速度 $u_{G,U}$ 和表观速度 (10.3)，其中 $C_0$ 和 $u_{G,U}$ 按各流动区域内的实验和物理的关系确定。

洛克哈特和马丁尼利 (1947) 基于他们与流动形态无关的压强降测量提出了一个体积分数的经验关系，并以图形 (图 10.12) 表示了此关系。谢氏霍姆 (1967) 给出了描述图 10.12 中图线的简单代数关系式

$$1 - \varepsilon = \frac{\chi}{\sqrt{\chi^2 + 20 \cdot \chi + 1}} \tag{10.56}$$

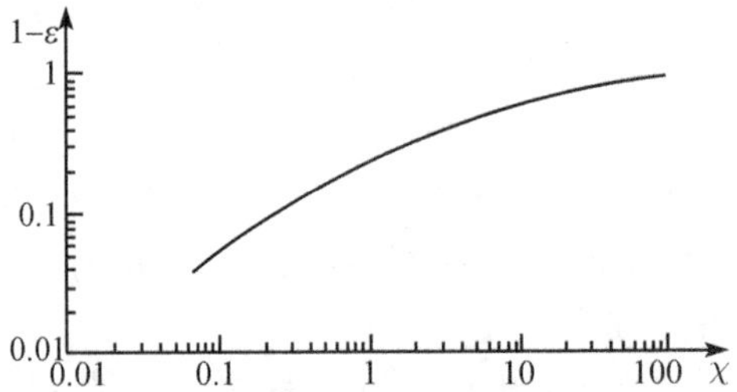


图 10.12 洛克哈特和马丁尼利 (1947) 的液体体积分数曲线

普列莫利等 (Premoli et al. 1970) 基于速度比 $S = u_G/u_L$ 的经验关系导出了 $\varepsilon$ 的一个关系式 (称为 CISE 关联式)。按照方程 (10.9)，$\varepsilon$ 可写为

$$\varepsilon = \frac{1}{1 + S \cdot \dfrac{1-\chi}{\chi} \cdot \dfrac{\rho_G}{\rho_L}} \tag{10.57}$$

他们给出了速度比的下述经验关系式

$$S = 1 + E_1 \cdot \sqrt{\frac{Y}{1 + Y \cdot E_2} - Y \cdot E_2} \tag{10.58}$$

其中

$$Y = \frac{\dot{V}_G}{\dot{V}_L}$$

$$E_1 = 1.57 \cdot Re^{-0.19} \cdot \left(\frac{\rho_L}{\rho_G}\right)^{0.22}$$

$$E_2 = 0.0273 \cdot We \cdot Re^{-0.15} \cdot \left(\frac{\rho_L}{\rho_G}\right)^{-0.08}$$

$$Re = \frac{\dot{m} \cdot D}{\mu_L}, \quad We = \frac{\dot{m}^2 \cdot D}{\rho_L \cdot \sigma}$$

其中的 $\dot{V}_G$ 和 $\dot{V}_L$ 分别是各相的体积通量。此关联式同样与流动区域无关。我们还要提到谢克斯尔 (Chexal 1986) 等根据漂移流模型思想发展而来的更复杂的关系式，可应用于以相反方向运动的两相流。因其复杂的形式，这里不再给出此关系式。

### 10.3.2 加速度损失

两相流在管道扩张或收缩处、弯道或连接处所发生的加速度损失要比单相流中的大得多。在设计装置时必须给出压强损失表达式，类似于单相流中忽略壁面摩擦的相应关系式。在管道的扩张处流动经常减速，因此可以预料在两相流中会发生相的分离，我们可在混合物平衡方程中使用分离模型来计算压强变化。利用分离模型的混合物方程很容易写出卡诺 (Carnot) 扩散器中忽略壁面摩擦的压强增益关系式，对于图 10.13 所示的控制体积，罗米 (Romie 1958) 导出了如下关系

$$p_2 - p_1 = \dot{m}_1^2 \cdot \frac{A_1}{A_2} \cdot \left(\frac{1}{(\rho_I)_1} - \frac{A_1}{A_2} \cdot \frac{1}{(\rho_I)_2}\right) \tag{10.59}$$

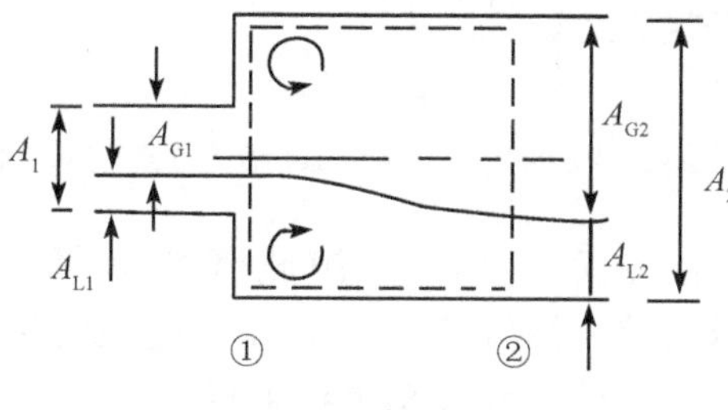


图 10.13 卡诺扩散器中的分离流

其中 $(\rho_I)_{1,2}$ 是方程 (10.23) 中定义的动量密度。若我们转向单相流，即选择 $\chi = 0$ 或 $\chi = 1$，则动量密度变成单相流的密度，压强恢复表达式也如此，当然，只有当图中截面 1 和截面 2 的体积分数 $\varepsilon$ 和蒸气含量 $\chi$ 彼此关联时，才能对式 (10.59) 求值。低系统压强，如 $p \ll p_{crit}$ 和不存在蒸发引起的相过渡时，气体的体积分数 $\varepsilon$

和蒸气含量 $\chi$ 实际上不会变化 (Richardson　1958, Velasco　1975)，由于 $\rho_{I1} \equiv \rho_{I2}$，此情况很显然与单相流相似。观察表明，只有在约 30 ~ 70 倍管径长距离的下游处才实现了两相流的平衡，这一事实要求一个蒸气含量随压强变化的相关式 (Patric et al.　1950) 以实现更准确的计算。在有相过渡的蒸气–液体流中应用了体积分数 $\varepsilon$ 和蒸气含量 $\chi$ 间的经验相关式 (Weisman et al.　1976)。

在管道收缩段中存在着改善两相流混合的加速，所以用均匀流模型可以很好地近似计算压强损失。由于单相流的定律同样适用于以均匀密度 $\rho_H$ 作为唯一特征量的均匀模型，我们得到了用图 10.14 很容易证实的单相流的已知关系式，于是有

$$p_2 - p_1 = \frac{\dot{m}_2^2}{2 \cdot \rho_H} \cdot \left[1 - \left(\frac{1}{\sigma_c}\right)^2 + \left(\frac{1}{\sigma_c} - 1\right)^2\right] \tag{10.60}$$

其中 $\sigma_c = A_c/A_2$ 为收缩比，此处按阿彻 (Archer　1913) 使用过的单相流值取值，收缩比反映了由于边缘处流动分离使流动局部变窄的程度 (图 10.14)。方括号中的两项可分别视为对压强损失的不可逆的和可逆的作用。

在管道转弯处可以观察到高速流动的分离气泡，由于离心力而发生两相流相的分离，此效应示于图 10.15，可见气相聚集于内侧，而液相则在转弯的外侧流动，弥散流局部地变成了分层流。

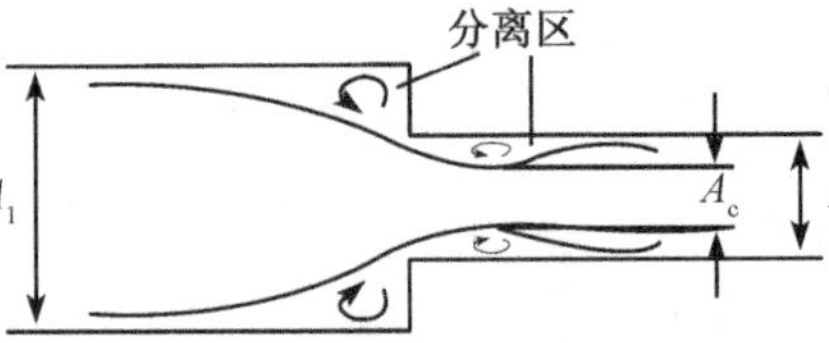


图 10.14　通过管道收缩处的流动

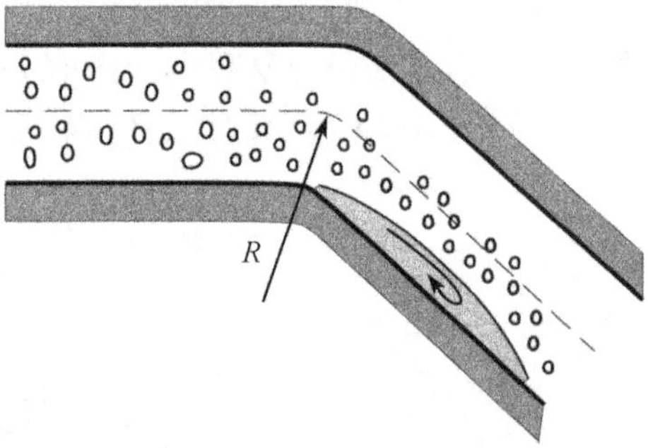


图 10.15　管道转弯处的流动分离和相的分离

对应进口处的定常条件只有在 30 ~ 70 倍管道直径距离后才能实现相之间新的平衡，这意味着在设计装置时只在极少情况下才能假设为完全发展的两相流。谢氏霍姆 (1967) 基于两相因子的经验关系提出了转弯处的压强降关系式。

在管道接头处两相流的状态主要取决于分枝角度以及相对于重力矢量分枝和进口截面的取向，任何出口与分枝若相对于进口截面或重力矢量是非对称取向的，则存在着相的再分布，在特殊情况时可导致完全的相分离；因为惯性力较弱，气相沿曲线轨迹的流动更快；这种趋势取决于分枝相对重力矢量的取向，而可能得到发展或抑止。这种分离现象可由图 10.16 的图线看出，这是一个分枝取不同取向的水

平管道中的两相流例子，其中相的再分布是由将分枝中的蒸气含量 $\chi_3$ 和进口处的蒸气含量 $\chi_1$ 之比表示成质量通量密度比 $\dot{m}_3/\dot{m}_1$ 的函数来反映的，图中的曲线分别对应于三种不同的分枝取向：与重力反向、与重力同向和与重力相垂直。

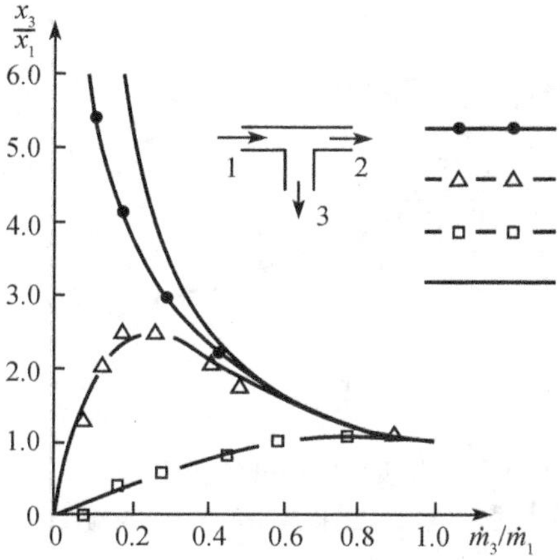


图 10.16 与重力呈不同取向的 T 形接头中相的再分布

图中曲线表示，对于垂直向上的分枝，发生几乎完全的相分离；对于水平分枝，气相在整个 $\dot{m}_3/\dot{m}_1$ 参数范围内都在分枝中有更强的积聚，且在 $\dot{m}_3/\dot{m}_1 \propto 0.25$ 时最强；对于垂直向下的分枝和小的分枝质量通量的情况，重力使液体沿分枝流动，只有当较稠密相的惯性力超过重力，即在此例中 $\dot{m}_3/\dot{m}_1 \propto 0.6$ 时，在分枝中气相的含量才开始大于在进口处的值，气体在分枝中积聚。

对于压强变化，分枝的作用如同扩压器中截面扩张的作用一样。从进口至分枝处流动加速，恰似收缩段中的流动，这与单相流中观察到的现象定性上是一致的。在 T 形接头中观察到大范围的分离区，使实际两相流的局部截面收缩，图 10.17 示意地表示了这点。基于观察，常采用拟分离线来标志向下游和向分枝输运的质量通量密度，在此假设下可以按照分离模型或均匀两相流模型计算每一部分质量通量

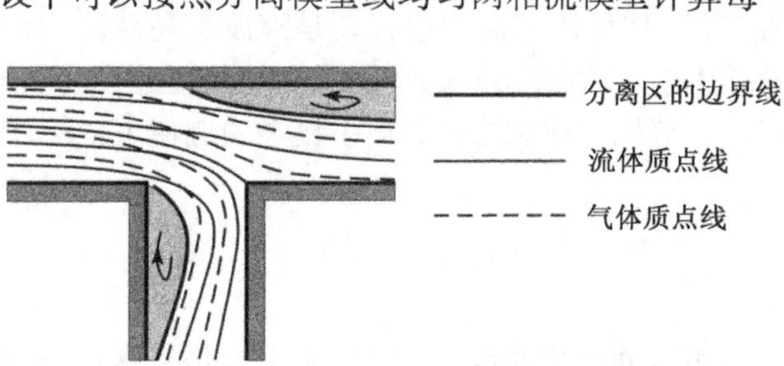


图 10.17 在 T 形接头中相再分布的示意图

用明显的分离区和拟流线表示

的压强损失，在压强关联式中利用实验数据考虑了一些适当的参数值。在两相流中绝对压强的变化显著地大于单相流的，反映这一特性的例子示于图 10.18。阿佐帕蒂 (Azzopardi) 和赫维尔 (Hervieu)1994 年综述了管道接头中两相流的具体流动。

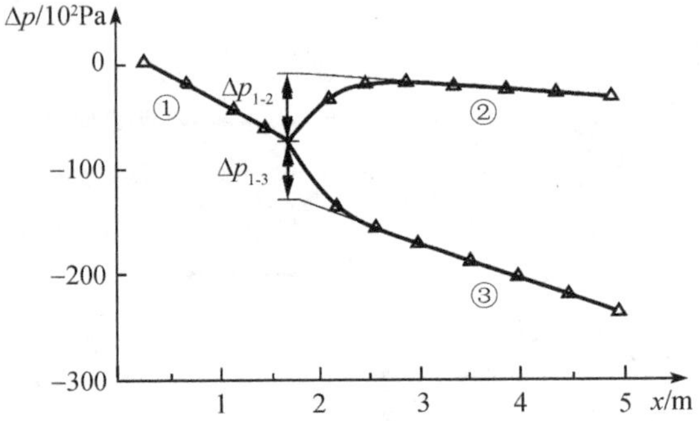


图 10.18　T 形接头中压强的变化

1 进口处，2 出口处，3 接头处，接头是水平的。控制数：

$p_1 = 0.6\text{Pa}$, $U_{L1} = 1.5\text{m/s}$, $U_{G1} = 14.5\text{m/s}$, $\dot{m}_3/\dot{m}_1 = 0.51$，空气–水流

## 10.4　密度波的传播速度和临界质量通量

### 10.4.1　密度波

当两相混合流在其容器与周围外界的压强差 $p_1 - p_0$ 高于某一临界值而通过一个窄截面出口从容器中流出时会存在质量通量的一个极限，即使进一步减小周围压强，质量通量也不再增大。可压缩流中也可见到类似的现象，如拉伐尔喷管中的可压流由于气体的可压缩性而出现质量通量的极限就是一个经典的例子。这两种情况下的物理本质是一样的，即超过临界压强差，则流体中的波状压强和密度扰动都只能向下游运动，因为流动速度已变得大于小扰动的传播速度，而下游状态的变化不可能影响上游流区。在可压缩流中小扰动是声波或马赫波，而在两相流中则是气相体积分数的小变化，两种情况下这些小扰动的传播速度可用同样的热力学状态变化即密度随压强的等熵变化来表示，在小波幅的近似下，我们得到波传播的速度为

$$a^2 = \left(\frac{\partial p}{\partial \rho}\right)_s \tag{10.61}$$

在气体动力学中这是声波的传播速度；在两相流中这是密度扰动的传播，这首先是蒸气含量变化的结果，其次是由于每相密度随压强的变化。所以，将*声速*这一名词与两相流中小密度扰动的传播相联系会使人产生误解。

为计算管道收缩中的临界质量通量，和在气体动力学中一样，我们应用质量和动量的平衡方程，以及某些气相和液相的状态方程，首先从两相混合流的方程 (10.20)~(10.25)，或从简化方程 (10.27) 和 (10.28) 开始。类似于气体动力学的情况，一个简单的计算即可表明，临界质量通量是由流动收缩最窄点处密度波的传播速度确定的，可写成

$$\dot{m}_{\text{crit}} = A^* \cdot a^* \cdot \rho^* \tag{10.62}$$

其中 $a$ 的定义为式 (10.61)，符号 * 表示最窄横截面，它在某些如小孔等情况下并非几何的最窄截面，因为有流动分离。它的精确确定可能很困难。式 (10.62) 直观反映出了两相流的典型问题，即临界质量通量取决于两相密度 $\rho_{2\text{Ph}}$ 的定义，而采用不同的混合模型 (分离或均匀模型)$\rho_{2\text{Ph}}$ 可以有不同的形式。然而，由于流体流出和绕过一个物体时总是加速的，一般可以假设各相是很好混合的，因此可用均匀密度 $\rho_{\text{H}}(\chi)$ 来描述混合流。在除发生相变的相边界处外各相状态变化都是绝热的近似下，即等熵密度表达式可通过推导而得到

$$\left(\frac{1}{a_{2\text{Ph}}^2}\right)_{\text{H}} = \left(\frac{\partial \rho_{\text{H}}}{\partial p}\right)_{\text{s}} = \rho_{\text{H}}^2 \cdot \left[\frac{1}{\rho_{\text{L}}^2 \cdot a_{\text{L}}^2} + \chi \cdot \left(\frac{1}{\rho_{\text{G}}^2 \cdot a_{\text{G}}^2} - \frac{1}{\rho_{\text{L}}^2 \cdot a_{\text{L}}^2}\right) - \left(\frac{\partial \chi}{\partial p}\right)_{\text{s}} \cdot \left(\frac{1}{\rho_{\text{G}}} - \frac{1}{\rho_{\text{L}}}\right)\right] \tag{10.63}$$

其中下标 H 表示结果是用均匀模型得到的，并引入了气体中的声速 $a_{\text{G}}^2 = (\partial p/\partial \rho_{\text{G}})_{\text{s}}$ 和液体中的声速 $a_{\text{L}}^2 = (\partial p/\partial \rho_{\text{L}})_{\text{s}}$。这里我们还可假设液体中的声速比气体中的声速大得多 ($a_{\text{L}}^2 \gg a_{\text{G}}^2$)，再经过一些代数运算，可得到

$$\left(a_{2\text{Ph}}^2\right)_{\text{H}} = a_{\text{G}}^2 \cdot \left[\chi + \frac{\rho_{\text{G}}}{\rho_{\text{L}}} \cdot (1-\chi)\right]^2 \cdot \left[\chi - \left(\frac{\partial \chi}{\partial p}\right)_{\text{s}} \cdot a_{\text{G}}^2 \cdot \frac{\rho_{\text{G}}}{\rho_{\text{L}}} \cdot (\rho_{\text{L}} - \rho_{\text{G}})\right]^{-1} \tag{10.64}$$

由此可清楚看到，密度波的传播速度主要取决于蒸气含量和它在等熵热力学平衡条件下的变化。在很多与工程有关的流动中并不由于在最窄截面处压强减少而发生热力学平衡下的蒸发过程，这是因为压强降太小且发生得太快，蒸发的松弛时间远大于流动通过收缩段所需的时间。这类情况被称为亚稳的或冻结的热力学平衡，发生于 $(\partial \chi/\partial p)_{\text{s}} = 0$ 时。若我们在简化表达式 (10.64) 中用体积分数 $\varepsilon$ 来代替蒸气含量 $\chi$，则可得到在均匀两相流中冻结的密度波传播速度的如下表达式

$$\left(a_{2\text{Ph}}^2\right)_{\text{H}} = a_{\text{G}}^2 \cdot \frac{1}{\varepsilon \cdot \left(\varepsilon + \dfrac{\rho_{\text{L}}}{\rho_{\text{G}}} \cdot (1-\varepsilon)\right)} \approx a_{\text{G}}^2 \cdot \frac{\rho_{\text{G}}}{\rho_{\text{L}}} \cdot \frac{1}{\varepsilon \cdot (1-\varepsilon)} \tag{10.65}$$

这一关系式在 $\rho_{\text{G}}/\rho_{\text{L}} \ll 1$ 的假设下成立。我们注意到密度波的速度比气相中的声速小得多，并在 $\varepsilon = 0.5$ 时具有最小值，这一特性已为空气–水的流动实验所证实。图 10.19 表明在系统压强不太高时实验很好地证实了这一特性。波传播的速度相比

于气体中的声速低这一事实是惊人的，它的最小值比气体中声速的 10% 还小。由此和式 (10.62) 可知，流动中几何最窄处的质量通量极限发生于非常低的两相质量通量密度时。对于气–液混合物从加压容器中释放的情况，这在技术上是非常重要的。

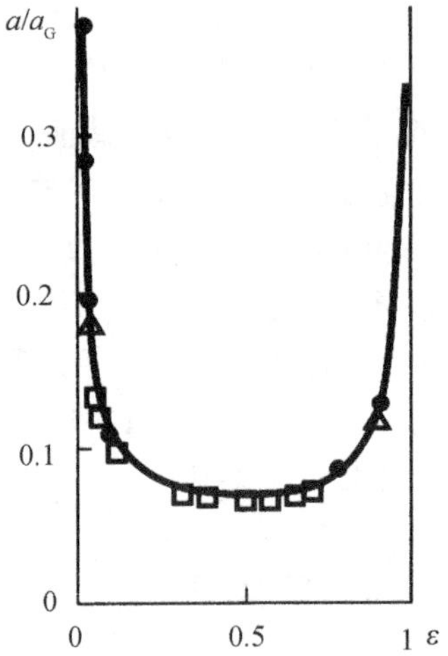


图 10.19　均匀混合的水–空气混合流中小扰动波速与弗克 (von Böckh　1975) 实验的比较

若取动量密度作为两相混合物的特征密度，则经过一番繁琐的推导，可得出一个复杂的取决于蒸气含量 $\chi$ 和体积分数 $\varepsilon$ 两种状态变量的密度波速度的表达式。由于这些量通过速度比相互耦合着，所以波速不仅取决于状态的热力学变化，还取决于运动学量 $S = u_G/u_L$ 和它随压强的变化，因此通常可写成

$$\left(a_{2\mathrm{Ph}}^2\right)_{\mathrm{sep}} = f\left(a_G, a_F, \chi, \left(\frac{\partial \chi}{\partial p}\right)_s, S, \left(\frac{\partial S}{\partial p}\right)_s\right) \tag{10.66}$$

导数 $(\partial S/\partial p)_s$ 表示相间的动量输运。有些作者提出了在具有不同气泡形状的气泡流中 $(\partial S/\partial p)_s$ 的模型关系，如亨利等 (Henry et al.　1971)，但是这些复杂的模型没有得到持续的发展，故一般的解析关系更多地还是基于较简单的均匀密度模型。

### 10.4.2　临界质量通量

计算临界质量通量的解析模型可粗略地按是否假设了相间的热力学平衡和力学平衡来分类。流动实验表明，通过管道的流动过程中一般既不存在热力学平衡也不存在力学平衡。在闪蒸情况下，短促的膨胀过程使相之间无法通过界面处的热交换平衡而形成温度差，同时相之间也存在速度差，这可从低蒸气含量 ($\chi_0 < 0.05$) 的两相流通过短管 ($L/D < 3$) 或长管 ($L/D > 12$) 流出容器的情况表明。

图 10.20 表示了此过程，通过短管流出的两相流 (左图) 在分离的自由射流中一般热力学不平衡，在中心处没有明显的蒸气形成，这导致在短管进口处的急剧压强降和随后在自由射流中的压强平台。

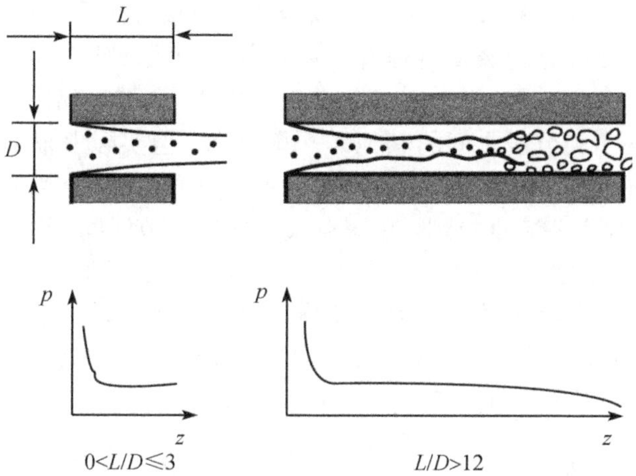


图 10.20 两相混合流从压力容器中流出的示意图

左图表示冻结的热力学平衡，右图表示完全的热力学平衡

通过长管流出的两相流在一定距离后自由射流再附于壁面，并与此无关地在一定松弛距离后流动趋于热力学平衡和具有相当大的蒸气生成率，流动中蒸气含量的巨大增长导致很大的两相摩擦和加速压强降落，图 10.20 的右图表明了这一现象。

两种情况可分别由热力完全冻结或热力完全平衡的一维均匀两相流来粗略地描述，因为在流出的流动中热力影响实际上可通过蒸发来确定，因此我们可以用真实气体方程来简单地描述状态的热力变化。

在真实气体和液体的 $p-(1/\rho)$ 图 (图 10.21) 中，两相区域从 “沸点线”$s$ 与液态分开，从 “露点线”$t$ 与气相分开，沸点线和露点线相交于临界点 $T_{\mathrm{K}}$，临界点限制了两相区的最高压强。在两相区域内典型的等温线具有一个最大点与一个最小点，所有最小点的连线称为液态旋节线，而所有最大点的连线称为蒸气旋节线。当压强减小时，液体将沿一条等温线改变状态，如从线上的 $A$ 点变至沸点线的 $B$ 点，并达到压强和温度的饱和值 $p_{\mathrm{sat}}$ 和 $T_{\mathrm{sat}}$；若随后状态小而慢地变化，即可以保证热力学平衡，则液相将在等压下通过增大混合物的体积而蒸发，直到抵达露点线 ($C$ 点)；连接 $B$, $C$ 点的直线 $\overline{BC}$ 是两相区内的一条平衡等温线。另一方面，若压强的减小很大且很突然，沸点线不处于热力平衡，则压强的减少沿着真实等温线进入两相区而无蒸发发生，这是在亚冻结热力平衡和完全冻结热力平衡下状态的变化。液相的等温膨胀只能远至旋节点 $B'$ 处发生，若在真实系统中这能达到或几乎达到的话，则系统将通过爆炸式的蒸发不连续地沿两相等温线实现平衡状态如至 $E$ 点。沸点线和旋节线之间的等温线上的热力不平衡可通过与沸点线上对应的平衡状态的比较来反映。此液体由于突然膨胀而在 $T-T_{\mathrm{sat}}$ 温度范围附近被过热，过热一般发生在有热补充的液体的沸腾过程中，以激活沸腾核心而形成蒸发气泡。因此，通过压强降或通过热补充的蒸发过程有一系列可比较的现象，具体的讨论可见相关文献 (Collier et al.　1994, Brennen　1995)。当然，在带有部分蒸发的非等温膨胀中可达到沸点线和旋节线之间的其他非平衡状态。但实际上很难控制这种非平衡过渡过程或用物理模型加以描述，这是目前正在研究的领域，因此下面我们只讨论一些极端情况。我们要特别提到，在露点线与气体旋节线间，即通过蒸气凝结从气相过渡至液相也能发生类似的热不平衡现象，但它们在下面讨论中不重要，故不再讨论。完全平衡和完全非平衡这两种极端情况都可用均匀两相流的临界传播速度的简化方程 (10.64) 来描述，若设在气相和液相中的声速间具有 $a_{\mathrm{G}}^2 \ll a_{\mathrm{L}}^2$ 关系，则可得到临界或最大质量通量密度的如下简化表达式

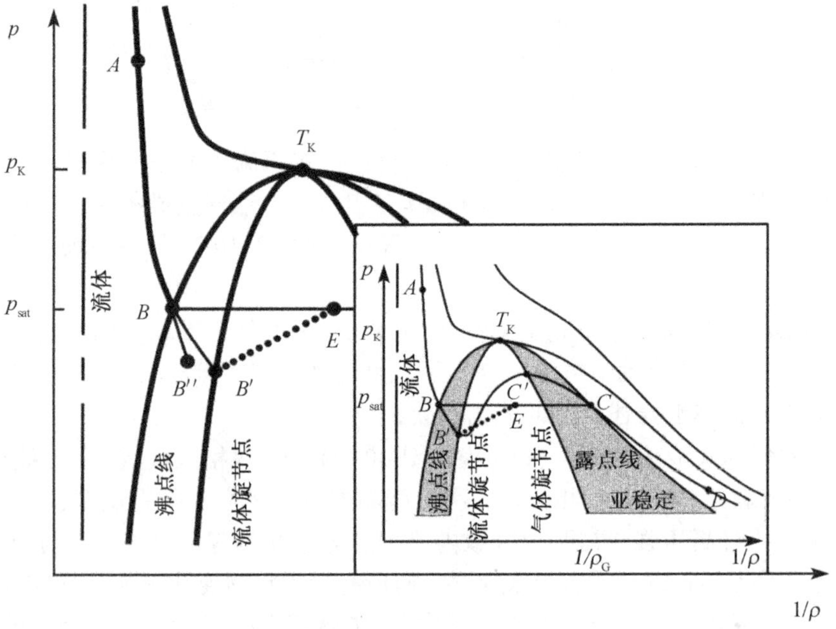


图 10.21　真实气体的状态图

虚线表示非平衡的表观变化

$$\dot{m}_{\mathrm{crit}}^{*} = \frac{1}{\sqrt{\left[\dfrac{\chi}{\rho_{\mathrm{G}}^{2}\cdot a_{\mathrm{G}}^{2}} - \left(\dfrac{1}{\rho_{\mathrm{G}}} - \dfrac{1}{\rho_{\mathrm{L}}}\right)\cdot\left(\dfrac{\partial \chi}{\partial p}\right)_{\mathrm{s}}\right]^{*}}} \tag{10.67}$$

完全冻结热平衡的出流以 $(\partial\chi/\partial p)_\mathrm{s}=0$ 为特征，而完全热平衡则由完整的 (10.67) 式给定，最窄横截面处的状态值相对于加压容器驻点值关系可用相应的蒸气–液体混合流的状态方程 (例如，从蒸气表格) 获得。与短管实验值的比较表明，按均匀平衡模型(HEM) 计算的质量通量一般太低，而按冻结平衡模型(FEM) 计算的结果较好 (图 10.24)。

为系统地计算最大质量通量密度，需积分两相混合流的平衡方程，同时考虑从进口至最窄截面或至连接管道出口处的摩擦损失。假定力学平衡，$S=1$ 并附加条件 $(\partial\dot{m}/\partial p)_\mathrm{s}=0$，对混合流的动量平衡方程积分，可得到临界质量通量密度表格式的或图形式的结果。图 10.22 给出了热力学平衡和力学平衡情况下的临界质量通量的图形表示。

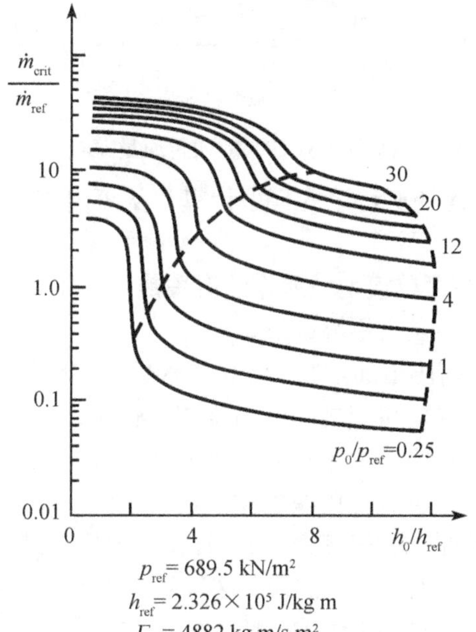


图 10.22 均匀平衡模型 (HEM) 的临界质量通量随驻点值变化的曲线

若放弃力学平衡的假设，则最大质量通量密度可在附加条件 $(\partial\dot{m}/\partial S)_\mathrm{s}=0$ 下积分混合流的动量和能量方程 (10.22) 和 (10.24) 获得。此过程给出了临界质量通量与给定的速度比的关系式，速度比对积分动量平衡方程有值 $S=\sqrt{\rho_\mathrm{L}/\rho_\mathrm{G}}$，而对积分能量方程有值 $S=(\rho_\mathrm{L}/\rho_\mathrm{G})^{1/3}$。这些两相流临界质量通量的简单模型是首先由法斯克 (Fauske 1963) 和穆迪 (Moody 1965) 以图形形式给出的。作为一个例子，在图 10.23 中给出了穆迪计算的图线，与实验数据的比较表明，穆迪从能量平衡算出的临界质量通量密度 (1965) 比实验数据高得多，因此穆迪模型常用作安全分析时的保守估计。

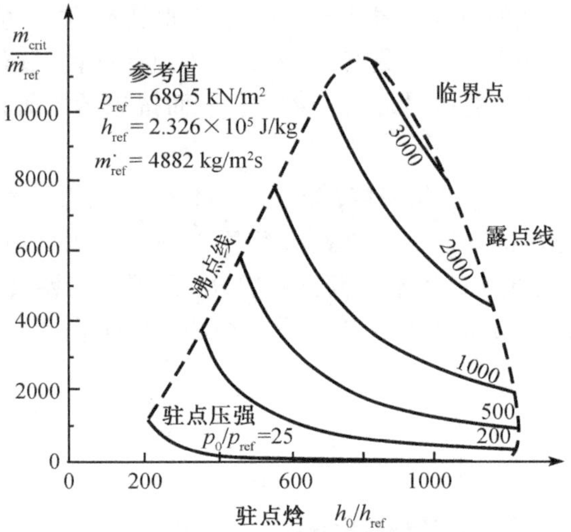


图 10.23　穆迪计算 (1965) 的临界质量通量随驻点值的变化曲线

图 10.24 则显示了此处所讨论的模型计算与从短出流管实验所得数据的比较，图中虚线表示实验值。

总之，我们看到，在简单模型中所作的有关热力学平衡的假设使模型计算值在与实验数据的定量比较中显出不够准确。

为了描述两相流在高压下通过喷管、孔或管道的实际过程，必须考虑对热力学平衡在空间和时间上的偏离和相之间的力学相互作用。

基于均匀平衡模型的关系式 (10.67)，亨利和法斯克 (1971) 提出了一个得到实验支持的经验性非平衡模型，在此模型中，他们用随 $\chi_{\rm eq}$ 和速度比 $S$ 非线性变化的真实蒸气含量 $\chi$ 代替原来的平衡蒸气含量 $\chi_{\rm eq}$，随后找到了一个在一定的参数范围内能很好符合实验数据的函数，然而，这只是将关系式 (10.67) 相对实验数据所作的形式上的调整。为了从物理上更好地找到一个非平衡过程的模型，原则上必须沿两相流的流出路径积分双流体模型完整的定常一维平衡方程组 (10.14)~(10.19)。特别是，在对质量平衡方程的源项模型化时必须考虑对热力学平衡状态的偏离，对于偏离很大的情况，如非常强的减压，至今对此尚未能满意地实现。但是，一般可观察到，高压时的流动现象主要由热力非平衡效应控制，改变相间相对速度的影响较小，这时了解流体中可能被激活的蒸气核的情况是非常重要的。

为了定量地考虑相过渡中的热力非平衡，莱蒙尼尔 (Lemonnier) 和皮里斯基 (Bilicki　1994) 等最近建议将一个实际蒸气含量 $\chi$ 与其热力平衡蒸气含量 $\chi_{\rm eq}$ 差值的发展方程作为对系统的平衡方程和状态方程的补充，此方程将蒸气产生率 $\mathrm{d}\chi/\mathrm{d}t$ 通过松弛时间参数 $\Theta$ 线性地与 $\chi-\chi_{\rm eq}$ 联系起来，蒸气含量的差值直接取决于液体

的过热，此发展方程的形式为

$$\frac{\mathrm{d}\chi}{\mathrm{d}t}=\frac{\partial\chi}{\partial t}+\frac{\dot{m}_{\mathrm{G}}}{\rho_{\mathrm{G}}}\cdot\frac{\partial\chi}{\partial z}=\frac{\chi-\chi_{\mathrm{eq}}}{\Theta} \tag{10.68}$$

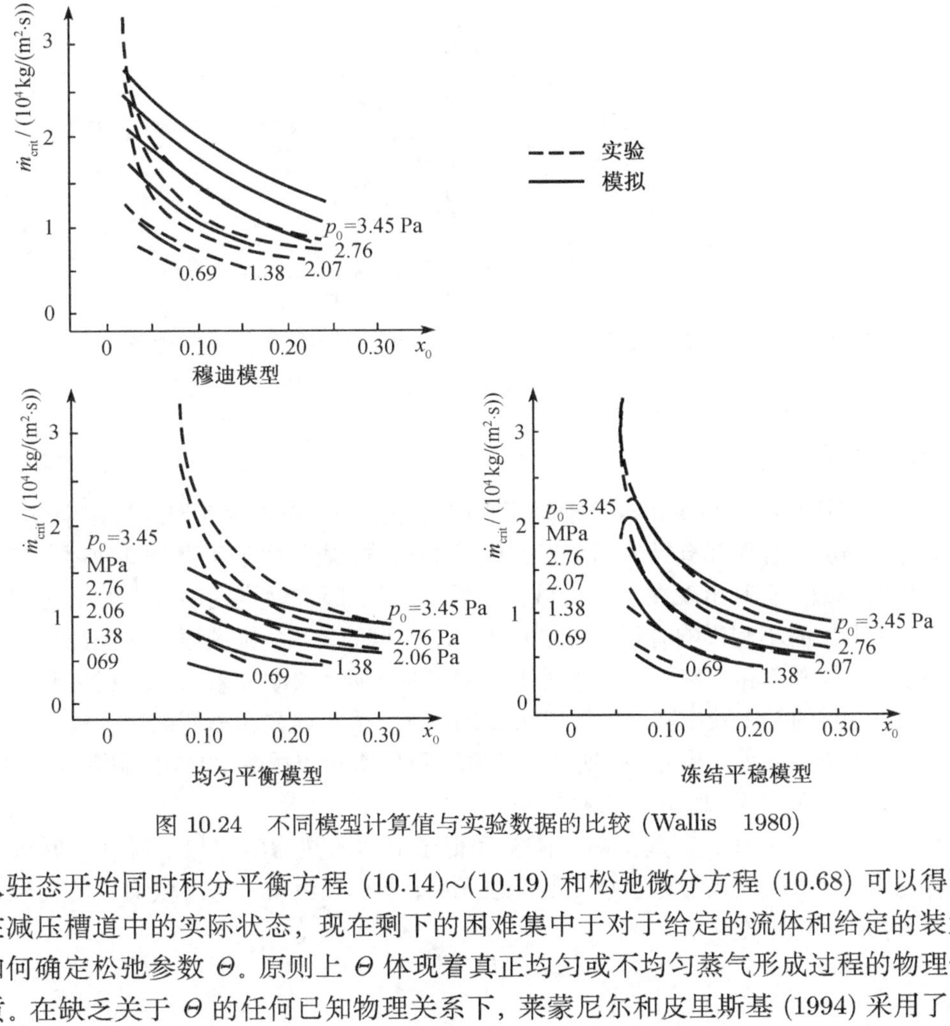


图 10.24 不同模型计算值与实验数据的比较 (Wallis 1980)

从驻态开始同时积分平衡方程 (10.14)~(10.19) 和松弛微分方程 (10.68) 可以得到在减压槽道中的实际状态，现在剩下的困难集中于对于给定的流体和给定的装置如何确定松弛参数 $\Theta$。原则上 $\Theta$ 体现着真正均匀或不均匀蒸气形成过程的物理性质。在缺乏关于 $\Theta$ 的任何已知物理关系下，莱蒙尼尔和皮里斯基 (1994) 采用了一种实用的观点，即在从测定的气体体积分数和液体的过热沿积分路线计算压强和质量通量的同时确定 $\Theta$。在他们的模型方程中，假定了力学平衡，即均匀的流动条件。相比于简单的模型，他们获得了在窄扩张喷管中与测得的压强很一致的结果 (图 10.25)。$\Theta$ 的计算提供了一种了解基本上非平衡过程的新方法。与物理建模中的特殊要求无关，在微分方程的数值积分中存在着与最窄截面处奇异状态相关的困难。莱蒙尼尔和皮里斯基 (1994) 给出了更深入的讨论。

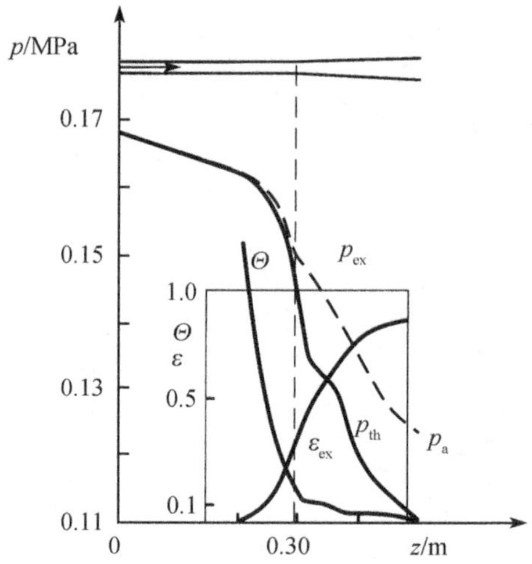


图 10.25　两相混合流在超临界压差下通过窄喷管时的压强 $P$ 和松弛系数 $\Theta$

其中 $\dot{m} = 6526\text{kg/m}^2/\text{s}$, $p_a = 0.123\text{MPa}$

### 10.4.3　气穴

高速液体绕物体和绕角点流动的压强降可导致局部有界的气泡或气体生成，此现象称为气穴，是局部有界的闪蒸发并随后的凝结，或是由于压强降低使融入液体的气体的释放。有时出现在水力机械，如泵、涡轮、阀或燃烧发动机中的引射喷管等中。此现象的不利影响有运行控制的变坏、噪声的发展、机械振动和局部材料磨损撕裂等，故避免和控制气穴在水力工程中非常重要。长期以来已经广泛地研究了气穴过程，目的在于找出其发生及其大小的准则，很多论文和书籍综述了气穴领域的问题，例如，奈甫，戴利，哈明特 (1970)；阿科斯泰和派金 (1975)；阿特 (1981)；罗德 (1991)；布雷能 (1995)；莱考费 (1999) 等。

在单组元流动中，若局部静压降至和低于流体的热力学饱和压强 $p_{\text{sat}}$ 时气穴就可能出现。出现气穴的这一必要条件在无黏、不可压流动中可用量纲 1 的气穴系数 $\sigma$来表征，$\sigma$ 定义为

$$\sigma = \frac{p - p_{\text{sat}}}{0.5 \cdot \rho \cdot u^2} \tag{10.69}$$

其中 $\rho$ 是密度，$u$ 是当地速度。当 $\sigma \leqslant 0$ 时，可发生流体的气化，但由于力学和热力学的实际效应，出现气穴的 “理想” 气穴临界数 $\sigma_{\text{i}} = 0$ 常会偏移至正值或负值。下面来讨论影响此偏移的相关量。

可观察到的气穴形式和管道中两相流的流态形式 (10.2 节) 一样多种多样，它们总是高度非定常的，按照增大的气体含量可被分成：云状气穴、气泡气穴、分层气穴和超气穴等；在可以形成强剪切边界层的微米和亚微米区中小气泡的集合被称

为云状气穴；在物体边缘后分离流的低压区内、在有迎角的翼型吸力面上和在分离流区域内大范围的气泡群发展，被称为气泡气穴；在翼型或物体边缘的某些区域，若蒸气或气体的体积分数超过 $\varepsilon \propto 0.5$ 的临界量，则气泡聚集并发生拟序蒸气膜或气体膜的形成，此形式被称为分层气穴；若物体处在很高流动速度和低的局部压强中且其整个或部分外形表面被蒸气膜覆盖，则称为超气穴，快艇的螺旋桨上偶尔会达到如此极端的条件。图 10.26 表示了这些气穴的形式，这是由弗兰克和米歇尔 (Franc et al. 1985) 在水槽中对 NACA 翼型所做的实验得到的。

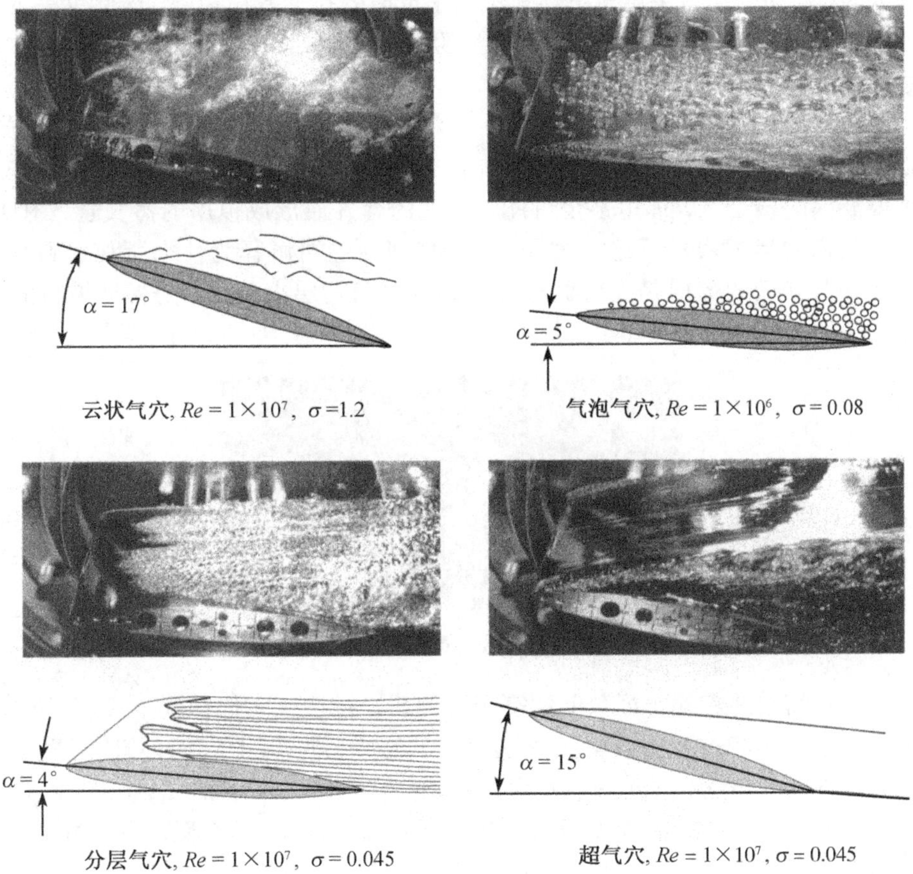


图 10.26 弗兰克和米歇尔 (1985) 在水槽内有迎角的 NACA16012 翼型上得到的不同气穴形式

这些研究表明，就像已引入的气穴系数 $\sigma$ 一样，物体的形状，如长细比和迎角，和流体特征，如黏性、表面应力、真实气体方程的参数、导热、比热容、潜热以及流体中以气体或颗粒形式存在的其他物质的浓度等对气穴都有相当大的影响。

核心区激活中热的微过程和流动的湍流度也大大地影响着气穴的形成及其动态性态，不同参数的影响原则上可用流体力学和热力学的量纲为 1 的特征数，如雷诺数、韦伯数和斯蒂芬数等加以描述。在水力工程中，希望在气穴系数和正则化的体积通量密度之间建立起一个尽可能简单的关系式。在造船业中对某几类流体翼型和螺旋桨已经找出了气穴系数、迎角、推力和阻力因数之间的一些关系式，但实验研究表明，这些关系式的计量确定受实验液体性质的影响很大。液体的性质可用其中已溶的其他物质的浓度和尚未溶但分布均匀的其他物质颗粒的浓度和大小的分布来表征，因为这些决定了流体无蒸气形成时的拉伸载荷极限，因此也决定了气穴的发生，所以，最近的气穴实验常在实验液体中添加一定的气体或固体颗粒来考虑水的质量的影响。

湍流的拟序结构可能大大促进单个气泡的生成并进而导致气泡集结的形成。与高强度小尺度漩涡相关的压强脉动影响着气泡的生成和破裂。气泡的积聚优先发生在主要漩涡的核心区，那里甚至可能因气泡的合并而形成拟序的蒸气管。图 10.27 以翼尖气穴的形式表示了这一过程。同样的机制也可解释为什么所观察到的气穴的开始和气穴云的形成是在壁面边界层和自由剪切层内，而不是像所期待的从流体流动区域的固体边界开始。

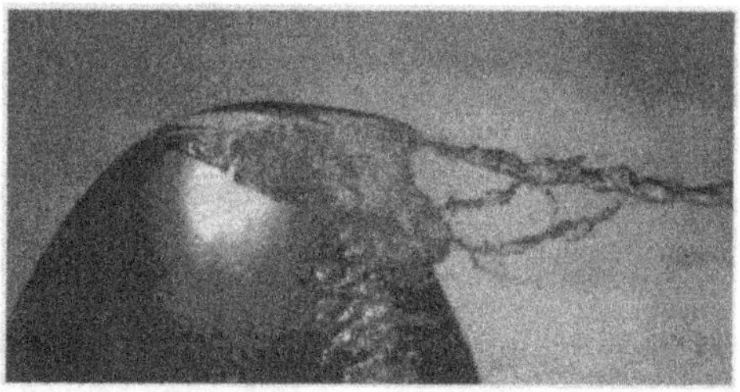

图 10.27　机翼翼尖处开始于机翼气穴层结束于蒸气进口处的自由气穴管

由于在简单的流动特征数间用幂函数关系来描述气穴得不到令人满意的结果，最近加强了对两相过程的数学 - 物理建模的努力，并采用了和计算临界质量通量同样的基本物理概念。气穴一般发生在流动的有界区域，所以，二维和三维计算肯定是必要的，出发点是在 5.4.5 小节中给出的两相流的一般方程，为了简化，常常假设为均匀两相流。

为计算蒸气体积分数 $\varepsilon$，使用带有蒸发和凝结源项的气相平衡方程 (10.14)，所以这一模型的中心点是源项的表示。对于在流场中给定的核心分布，可以从均匀两相流压强场中单个气泡的生长来计算源项，这可用第五章的瑞利 - 普莱塞特方程 (5.89) 或其他单个气泡动力学的类似描述来完成。陈和海斯特 (Chen et al. 1994)，索尔和施奈尔 (Sauer et al. 2000) 两者独立地给出了同一种方法。图 10.28 表示了用这种方法在一个引射喷管中计算气穴的例子。

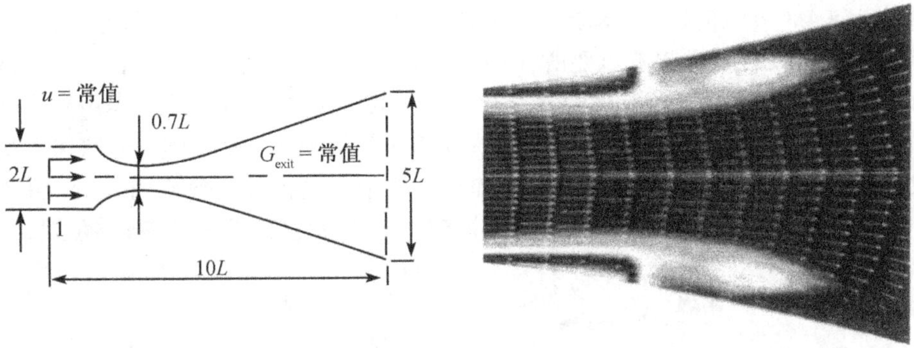


图 10.28 索尔和施奈尔 (2000) 在喷管收缩段中数值计算的气穴区

尽管在槽道中气穴过程的数值计算取得了显著的进展，却由于尚缺乏相应的物理模型，使如相间的力学非平衡、在均匀相中湍流的影响、在气泡形成和因凝结而破裂过程中的热力学非平衡等一些重要的效应尚未得到恰当的描述。

与此相反，对以单个蒸气泡的生长和破裂为形式的气穴模型化现已有了很好的了解。实验研究 (劳特邦和博利 (1975) 的实验) 表明，靠近壁面的气穴泡非对称地破裂，形成一股有强压强波的高速液体射流 (图 10.29)。菲利普 (Philip) 和劳特邦 (1998) 用实验表明了高频压强波和高速射流对壁面材料的破坏。普莱赛特和查普曼 (1971) 首先进行了对此过程的计算，随后布雷克，泰勃和多赫蒂 (1986) 等也完成了他们的计算。图 10.29 用气泡外形线表示了气泡破裂的时间发展。

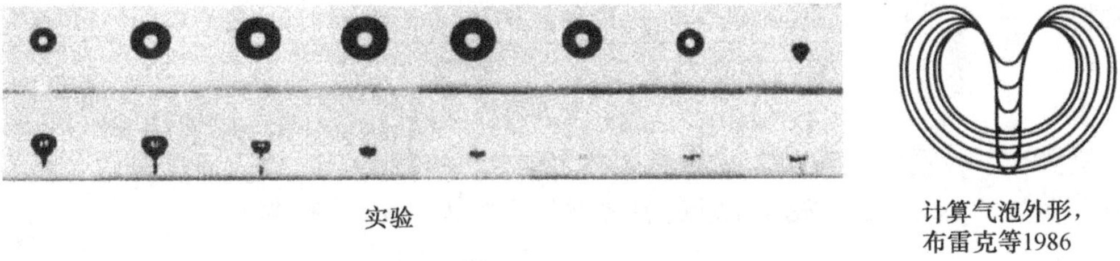


图 10.29 在形成指向壁面的射流过程中贴近壁面的蒸气泡的破裂

左图：实验；右图：布雷克等计算的气泡外形的系列 (1986)

## 10.5 两相流中的不稳定性

在管道和槽道中两相流可能以不同的流态出现 (10.1 节)，每一个流态都只存在于诸如相的质量通量密度和体积分数等参数的一定范围内，随着控制参数的变化这些流态相互过渡。这种过渡常由界面处流动的不稳定性所触发，主要是如相间的相对速度、表面张力和加速力等影响引起的波的不稳定性，即开尔文 - 亥姆霍兹不稳定性(8.4.3 节) 和瑞利 - 泰勒不稳定性。这些不稳定性对气泡、液滴、液片和液膜等的变形和破裂同样起着重要的作用，图 10.30 表明了这一情况。若气体和液体以 $u_G - u_L$ 的速度沿一光滑界面相对运动，则在表面张力和从外面作用到界面上的加速力如重力等的影响下，小的波状扰动随时间被放大，放大率一般取决于扰动的波长。最大放大率的扰动波长 $\lambda_m$ 使如气体和液体射流的光滑界面衰变，并形成一个由长度尺度 $\lambda_m$ 表征的新的空间相分布。此长度尺度同样决定着过渡过程后液滴和气泡的大小。

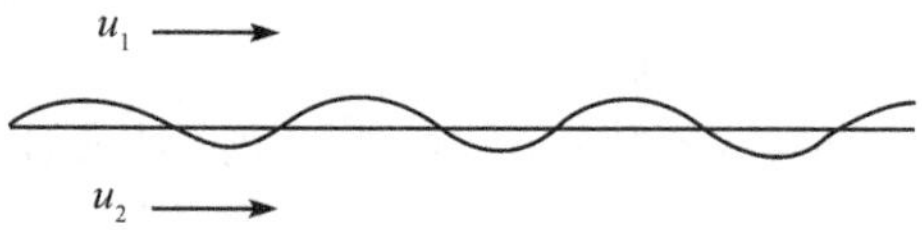


图 10.30　相速为 $u_1$、$u_2$ 的两层流体间界面的稳定性

无限延伸的无黏两层流的线性稳定性分析给出了放大率 $c_i$ 的形式为

$$c_i = \frac{1}{a} \cdot \sqrt{\frac{\rho_1 \cdot \rho_2 \cdot (u_1 - u_2)^2 \cdot a^2}{\rho_1 + \rho_2} - \frac{\sigma \cdot a^2 - g \cdot (\rho_1 - \rho_2) \cdot a}{\rho_1 + \rho_2}} \tag{10.70}$$

其中 $u_1$ 和 $u_2$ 为每相的速度，$a$ 为以 $a = 2 \cdot \pi / \lambda$ 定义的波数，其他各量的意义如前述。虽然有相应影响的任何其他加速也可能发生，但主要是由重力引起的加速。作为波数函数的最大放大率可由条件 $\partial c_i / \partial a = 0$ 来确定。为便于下面的讨论，引入波长 $\lambda = 2 \cdot \pi / a$。对于相间无速度差的情况，即 $u_1 - u_2 = 0$，最大放大的扰动具有波长

$$\lambda_m = 2 \cdot \pi \cdot \sqrt{\frac{3 \cdot \sigma}{g \cdot (\rho_1 - \rho_2)}} \tag{10.71}$$

这里假设了较稠的流体向较稀的流体方向加速，否则将只发生阻尼振荡，称为瑞利 - 泰勒不稳定性。被放大扰动的临界波长由放大率 $c_i = 0$ 给定

$$\lambda_c = 2 \cdot \pi \cdot \sqrt{\frac{\sigma}{g \cdot (\rho_1 - \rho_2)}} \tag{10.72}$$

由此我们得出结论，界面对小波长的小扰动是稳定的，不发生持久的变形，因为表面张力和加速力相平衡。对于较大波长的扰动，界面将发生永久性的变形，此种界面不稳定性的可见例子有液体不会从容器底部足够小的小孔流出，或在液体中直径 $d_B \leqslant \lambda_c$ 的气泡将无衰减地上升。

若加速不大，但相间速度差 $u_1 - u_2$ 很大并存在表面张力，则被放大扰动的波长 $\lambda$ 以临界波长 $\lambda_c$ 作为下限

$$\lambda_c = 2 \cdot \pi \cdot \left[\frac{\sigma}{\rho_1 \cdot (u_1 - u_2)^2}\right] \tag{10.73}$$

这里假定了在正常条件下两相的密度相差很大，即 $\rho_2 \ll \rho_1$，如气体和液体的情况。最大放大的扰动具有波长 $\lambda_{\mathrm{m}} = 1.5\lambda_{\mathrm{c}}$。

对于两相流，这种毛细不稳定性的结果是界面处的剪切速度产生使界面衰变的无阻尼的毛细波，例如，当液滴直径大于临界波长 $\lambda_{\mathrm{c}}$ 时液滴破裂成更小的液滴。这种界面对剪切运动的不稳定性是开尔文 – 亥姆霍兹不稳定性，它证实了液体射流和液滴衰减的韦伯数准则。此经验性的准则声称，若以液滴体积的特征长度 $L$ 形成的韦伯数 $We_L$ 超过 1，即

$$We_L = \frac{\rho_1 \cdot (u_1 - u_2)^2 \cdot L}{\sigma} > 1 \tag{10.74}$$

则有自由表面的液体运动体积会减小，其中相 1 和 2 分别取气体和液体。

此处提到的两种不稳定性对两相流中气泡和液滴的形成都有很大的影响，并解释了沸腾和凝结过程中的某些重要现象。例如，有核沸腾和薄膜沸腾的破裂是由于瑞利 – 泰勒不稳定性；波状分层流和均匀的多泡和微滴流等的形式则直接与开尔文 – 亥姆霍兹不稳定性有关，并由韦伯数准则来描述它的开始。

这里讨论的不稳定性的简单表示可通过进一步计及如相的黏性和容器及槽道的几何维数等的影响来完成。对此的详细了解可参阅易 (Yih 1980) 或昌德拉塞拉尔 (Chandrasekhar 1968) 的书。

除了对相的分布十分重要的小尺度界面不稳定性外，还有更基本的能决定有相过渡的水力系统中两相流时间性态的大尺度不稳定性机理，由于此类不稳定性可引起不可控的力学压强和冲击载荷，还导致系统管道壁面的热应力，因此此类过程的稳定性边界代表了这种系统实际设计和运行的准则。此类系统包括化学反应器、核蒸气发电机、冰冻装置等。

图 10.31 表示了依次排列的两个压力容器和两个水力部件组成的系统，即一个离心泵和一个提供恒热的蒸发器管。在此系统中能发生典型的两相不稳定性。

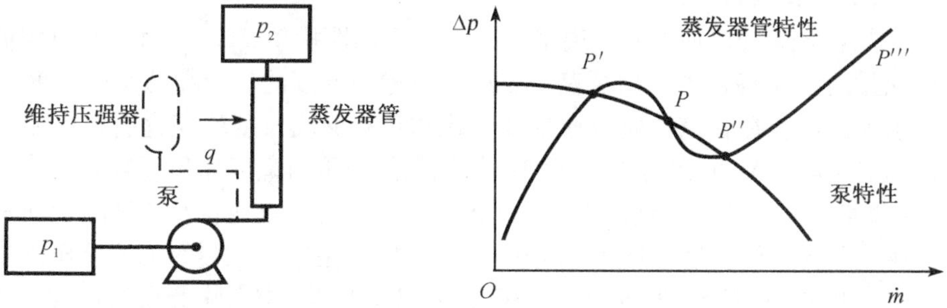


图 10.31 可能不稳定的一个两相系统

左图：流动系；右图：离心泵和蒸发器管的压强–质量通量曲线

此系统的稳定性状态是由泵和蒸发器管不同的压强–质量通量相关函数决定的，离心泵的压强头随质量通量的增大一般单调下降，而蒸发器管中的两相压强降随平均质量通量的变化一般表现为非单调的三次曲线形态，这种非单调变化实质上是由于摩擦和加速压强降对蒸发器管中两相流总压强损失的不同贡献造成的。压强损失曲线的单调变化分支是由低质量通量时的高蒸气分数和高质量通量时的高液体体积分数确定的。一般来说，可以假设系统随质量通量变化有三个运行的定态，由离心泵和蒸发器管的两条压强–质量通量曲线的交点 $P$、$P'$、$P''$ 给出。在各定态附近假设 $p$ 和 $\dot{m}$ 的一个小变化量可很容易地证明状态 $P'$ 和 $P''$ 是稳定的，而靠近 $P$ 处压强和质量通量的变化引起泵功率的变化并因此形成符号完全相反的压强损失，这就导致了向两个运行稳定状态 $P'$ 或 $P''$ 之一的过渡。由于此种不稳定性形成的时间性态是由不稳定态向稳定态的简单过渡，因此称为静态稳定或不稳定。莱丁奈克 (Ledinegg　1938) 首先研究了这种后来以他名字命名的稳定性。这里将不给出此稳定性的精确解析模型，而只指出参考文献 (Yadigaroglu　1981, 1999)。

若在压力容器、泵和蒸发器管组成的部件链上加上一个维持压强的装置 (图 10.31 中的虚线)，则系统的静态性态可能引起动态振荡，即当两相流压强损失减小时，维持压强的装置暂时以压缩能形式存储多余的泵出能量，经过一段时间后再将其返回到系统中。这样的系统原则上可在全部三个初始的静止状态间引起松弛振荡，对于实际技术系统的运行这是不希望有的，可以添加孔状或其他限制流动的节流部件来抑止这种运行脉动。

以气体体积分数振荡为形式可观察到的另一种系统范围的两相不稳定性称为*密度波不稳定性*，这种不稳定性基于在沸腾或凝结区域中质量通量、蒸气生成率或凝结率和压强降等之间的反馈机理，常发生于有相过渡的系统中。对于有常热补给或去除的系统，可用一维双流体模型 (方程 (10.14)~(10.18)) 和经典的线性稳定性分析对此种不稳定性作解析分析 (Yadigaroglu　1981)。在此我们不给出解析模型，而用一个简单蒸发器管连接两个分别有常压 $p_0$ 和 $p_1$ 的压力容器来描述其主要机理，图 10.32 为其示意图。

若在蒸发器管进口加上质量通量的一个小周期性扰动 $\partial\dot{m}$，则由于在单相流区域中的质量通量振荡包含了焓振荡，故在管内饱和温度的位置和蒸发开始的位置亦将跟随着脉动；在管道内质量通量的变化和单相流段长度的变化引起单相流区域内压强的脉动 $\partial\Delta p_1$；在两相流区域内焓扰动的作用与蒸气体积分数 $\varepsilon$ 的扰动一样，以密度波方式在流动方向运动；蒸气含量的变化与质量通量及长度的扰动一起导致两相流区内压强扰动的增加 $\partial\Delta p_2$；由于系统作用在蒸发器管上的总压强差是常数，故单独的压强扰动 $\partial\Delta p_1$ 和 $\partial\Delta p_2$ 必须相互抵消，这意味着在两相区和单相区之间存在反馈，当两相有适当的相位关系时，将导致初始小扰动的谐振放大，其结果是形成影响整个沸腾区的强振荡，特别将改变蒸发器管中的蒸气含量。在技术系统中为了避免受热壁上无法控制的热应力必须防止这种情况的发生，因此在管形蒸气发电机的设计中，预估密度波不稳定性的范围是很重要的。几个蒸发器管并行排列会增大不稳定的趋向。

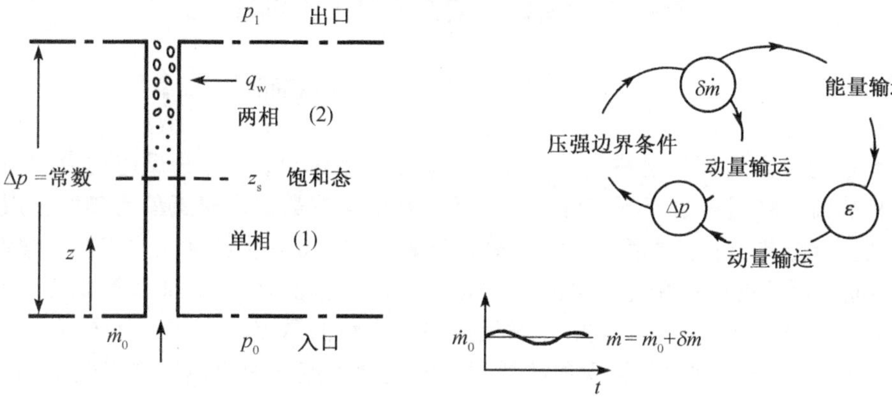


图 10.32

左图：密度波不稳定性形成的示意图；右图：反馈效应

在径向气流发动机中可观察到类似的不稳定性，一定条件下在转子叶片通道中的局部气穴区以特定的频率从一个通道运动至下一通道，此情形类似于并行蒸发器管的系统。在叶片通道的进口与出口之间存在着取决于转动速率的压强差，在流体压强降低于蒸发压强 (即流体的饱和蒸气压) 处会发生如 10.4.3 节说明的相过渡，因此在单个叶片通道中的质量通量小扰动可以引起如在蒸发器管中同样的反馈机制而导致不能允许的振荡并降低发动机的效率。

# 第十一章　带反应的流动

## 11.1　带反应流动的基础

本章的中心目标是描述化学反应和流动之间的耦合，将分为反应动力学基础、层流和湍流、高超声速流等节讨论。本章在介绍这些类型反应流动的典型应用时，将得到实验结果支持的模型的发展，放在显著地位。带有化学反应的流体力学的特点，如通过反应的密度变化和热的释放等，以及反应动力学中诸如碳氢化合物的氧化、反应历程的分析和非均质的化学反应等为本章的重点。

本章各部分内容远非纯现象的描述，还包含了流动如何模型化和模型如何转化为方程等。

### 11.1.1　速率律和反应阶

一般表示为

$$A+B+C+\cdots \xrightarrow{k^{(f)}} D+E+F+\cdots \tag{11.1}$$

的化学反应其速率律是指反应中 $A,B,C,\cdots$ 等不同组元形成或消耗等反应速率的一个经验假设。例如，对组元 $A$，反应速率可写为

$$\frac{\mathrm{d}[A]}{\mathrm{d}t}=-k^{(f)}\cdot[A]^a\cdot[B]^b\cdot[C]^c\cdot\cdots \tag{11.2}$$

其中 $a,b,c,\cdots$ 则为相应于组元 $A,B,C,\cdots$ 的*反应阶*，$k^{(f)}$ 是化学反应的*速率系数*，所有指数的总和是此反应的*总体反应阶*。

反应中常常会有某些组元过剩，这时这些组元浓度的变化将难以察觉。例如，若 $[B],[C],\cdots$ 在反应中近似地保持为常数，则可用速率常数和过剩组元的浓度来定义一个有效速率系数。用 $k=k^{(f)}\cdot[B]^b\cdot[C]^c\cdots$ 表示，我们得到

$$\frac{\mathrm{d}\,[A]}{\mathrm{d}t}=-k\cdot[A]^a \tag{11.3}$$

积分此速率律 (求解微分方程)，可确定组元 $A$ 浓度的瞬时变化。

对于*一阶反应*$(a=1)$，积分式 (11.3) 得到一阶速率律

$$\frac{[A]_t}{[A]_0}=-k\cdot(t-t_0) \tag{11.4}$$

其中 $[A]_0$ 和 $[A]_t$ 分别表示组元 $A$ 在时间 $t_0$ 和 $t$ 时的浓度。

类似地，二阶反应($a=2$) 给出速率律

$$\frac{1}{[A]_t}-\frac{1}{[A]_0}=k\cdot(t-t_0) \tag{11.5}$$

和三阶反应($a=3$)，得到速率律

$$\frac{1}{[A]_t^2}-\frac{1}{[A]_0^2}=2\cdot k\cdot(t-t_0) \tag{11.6}$$

若在一个化学反应中浓度的瞬时变化可由实验确定，则我们即可得到反应阶。一阶反应的浓度对数与时间的关系曲线，或二阶反应的 $1/[A]_t$ 对时间的曲线都是直线(图 11.1)。

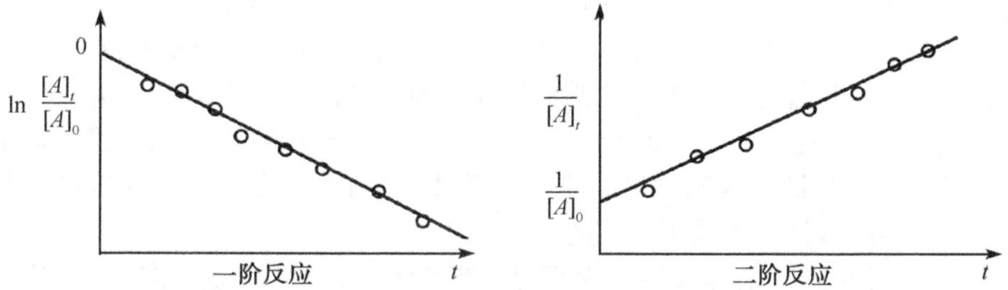


图 11.1 一阶和二阶反应的浓度时间历程

### 11.1.2 前向和逆向反应的关系

反应式 (11.1) 的逆向反应有与方程 (11.2) 类似的速率律

$$\frac{\mathrm{d}[A]}{\mathrm{d}t}=-k^{(r)}\cdot[D]^d\cdot[E]^e\cdot[F]^f\cdots \tag{11.7}$$

化学平衡时，微观的前向反应和逆向反应具有相同的速率 (前向用上标 $(f)$，逆向用上标 $(r)$)，而宏观上又不可能观察到变化，因此，处于化学平衡时反应的下述关系成立

$$k^{(f)}\cdot[A]^a\cdot[B]^b\cdot[C]^c\cdots=k^{(r)}\cdot[D]^d\cdot[E]^e\cdot[F]^f\cdots \tag{11.8}$$

或

$$\frac{[D]^d\cdot[E]^e\cdot[F]^f\cdots}{[A]^a\cdot[B]^b\cdot[C]^c\cdots}=\frac{k^{(f)}}{k^{(r)}} \tag{11.9}$$

等式左侧相应于反应的平衡常数$K_c$，可由热力学数据确定。所以，前向和逆向反应速率系数间的关系是

$$K_c=\frac{k^{(f)}}{k^{(r)}}=\exp\left(-\frac{\Delta_R\bar{F}^0}{R\cdot T}\right) \tag{11.10}$$

### 11.1.3 基本反应和反应分子性

如反应方程所描述的精确地发生在分子级的反应称为*基本反应*。如氢燃烧中的主要反应，即氢基 (OH) 和氢分子 ($H_2$) 作用生成水和氢原子的反应

$$OH + H_2 \to H_2O + H \tag{11.11}$$

就是这样的基本反应。通过气体中的分子运动，氢基与氢分子碰撞，若为无反应的碰撞，则分子碰撞后又各自飞开；若为有反应的碰撞，则分子相互作用生成 $H_2O$ 和 H。另一方面，反应

$$2H_2 + O_2 \to 2H_2O \tag{11.12}$$

则非基本反应。因为深入的研究发现，不但有非 $H_2O$ 的其他终端产物的痕迹，还形成了作为中间产物的反应粒子 H、O 和 OH。此类反应称为*净反应*或*总体反应*。这些总体反应一般具有式 (11.2) 的形式甚至更复杂的速率律。反应阶 $a, b, c, \cdots$ 一般不是整数，也可能为负值 (阻化)，并与时间及实验条件相关。因此，将测量结果外插至没有进行测量的区域将得到非常不可靠甚至是错误的结果。对这些速率律作反应动力学的解释一般是不可能的。

但在所有情况下，总体反应至少原则上都可分解为许多基本反应，虽然这一般是很困难的。例如，水的生成方程 (11.12)，可由表示在表 11.1 中的 $p = 1\text{bar}$ 时在 $H_2$-$O_2$ 系统中的 38 个基本反应来描述 (Warnatz et al. 2001)。

**表 11.1**

| 反应 | $A$ /(cm · mol · s) | $\beta$ [-] | $E$ /(kJ / mol) |
|---|---|---|---|
| $H_2$-$O_2$反应(除了$HO_2$, $H_2O_2$ 外) | | | |
| $O_2 + H = OH + O$ | $2.00 \times 10^{14}$ | 0.00 | 70.30 |
| $H_2 + O = OH + H$ | $5.06 \times 10^{04}$ | 2.67 | 26.30 |
| $H_2 + OH = H_2O + H$ | $1.00 \times 10^{08}$ | 1.60 | 13.80 |
| $OH + OH = H_2O + O$ | $1.50 \times 10^{09}$ | 1.14 | 0.42 |
| $H + H + M^* = H_2 + M^*$ | $1.80 \times 10^{18}$ | −1.00 | 0.00 |
| $O + O + M^* = O_2 + M^*$ | $2.90 \times 10^{17}$ | −1.00 | 0.00 |
| $H + OH + M^* = H_2O + M^*$ | $2.20 \times 10^{22}$ | −2.00 | 0.00 |
| $HO_2$生成/ 消耗 | | | |
| $H + O_2 + M^* = HO_2 + M^*$ | $2.30 \times 10^{18}$ | −0.80 | 0.00 |
| $HO_2 + H = OH + OH$ | $1.50 \times 10^{14}$ | 0.00 | 4.20 |
| $HO_2 + H = H_2 + O_2$ | $2.50 \times 10^{13}$ | 0.00 | 2.90 |
| $HO_2 + H = H_2O + O$ | $3.00 \times 10^{13}$ | 0.00 | 7.20 |
| $HO_2 + O = OH + O_2$ | $1.80 \times 10^{13}$ | 0.00 | −1.70 |
| $HO_2 + OH = H_2O + O_2$ | $6.00 \times 10^{13}$ | 0.00 | 0.00 |
| $H_2O_2$生成/ 消耗 | | | |

续表

| 反应 | $A$ /(cm · mol · s) | $\beta$ [-] | $E$ /(kJ / mol) |
|---|---|---|---|
| $HO_2 + HO_2 = H_2O_2 + O_2$ | $2.50 \times 10^{11}$ | 0.00 | −5.20 |
| $OH + OH + M^* = H_2O_2 + M^*$ | $3.25 \times 10^{22}$ | −2.00 | 0.00 |
| $H_2O_2 + H = H_2 + HO_2$ | $1.70 \times 10^{12}$ | 0.00 | 15.7 |
| $H_2O_2 + H = H_2O + OH$ | $1.00 \times 10^{13}$ | 0.00 | 15.0 |
| $H_2O_2 + O = OH + HO_2$ | $2.80 \times 10^{13}$ | 0.00 | 26.8 |
| $H_2O_2 + OH = H_2O + HO_2$ | $5.40 \times 10^{12}$ | 0.00 | 4.20 |

速率系数以 $k = A \cdot T^{\beta} \cdot \exp(-E/R \cdot T)$ 的形式给出，而 $[M^*] = [H_2] + 6.5 \cdot [H_2O] + 0.4 \cdot [O_2] + 0.4 \cdot [N_2]$，逆向反应的速率系数按方程 (11.10) 计算。

使用基本反应的概念有很多好处，基本反应的反应阶总是相同的 (特别是，与时间和任何实验条件无关)，且易于确定。反应的分子性指使反应复杂的组元 (也即反应过程中分子的过渡态) 的数目。实际上，反应的分子性仅有三个主要值。

单分子反应描述分子的减少或离解

$$A \to \text{生成物} \tag{11.13}$$

有一阶速率律，初始浓度加倍时，反应速率也加倍。

双分子反应是最经常见到的反应形式。遵从反应方程

$$A + B \to \text{生成物} \tag{11.14}$$

或

$$A + A \to \text{生成物}$$

双分子反应总有二阶速率律，任意一个参加反应的组元浓度加倍时，反应速率也加倍。

三分子反应常常是再合成反应。基本上满足三阶速率律

$$A + B + C \to \text{生成物} \tag{11.15}$$

或

$$A + A + B \to \text{生成物}$$

或

$$A + A + A \to \text{生成物}$$

一般基本反应的反应阶等于反应的分子性，由此可导出其速率律。设基本反应 $r$ 的方程为

$$\sum_{s=1}^{S} \nu_{rs}^{(a)} \cdot A_s \xrightarrow{k_r} \sum_{s=1}^{S} \nu_{rs}^{(p)} \cdot A_s \tag{11.16}$$

则反应 $r$ 中组元 $i$ 的生成速率为

$$\left(\frac{\partial c_i}{\partial t}\right)_{\text{chem},r} = k_r \cdot \left(\nu_{ri}^{(p)} - \nu_{ri}^{(a)}\right) \cdot \prod_{s=1}^{S} c_s^{\nu_{rs}^{(a)}} \tag{11.17}$$

这里 $\nu_{rs}^{(a)}$ 和 $\nu_{rs}^{(p)}$ 是原始反应物和生成物的化学计量系数，$c_s$ 是 $S$ 个不同组元 $s$ 的浓度。

例如，对于基本反应 $H + O_2 \to OH + O$，可得到速率律为

$$\frac{d[H]}{dt} = -k \cdot [H] \cdot [O_2], \qquad \frac{d[O_2]}{dt} = -k \cdot [H] \cdot [O_2]$$

$$\frac{d[OH]}{dt} = k \cdot [H] \cdot [O_2], \qquad \frac{d[O]}{dt} = k \cdot [H] \cdot [O_2]$$

对于基本反应 $OH + OH \to H_2O + O$(或 $2OH \to H_2O + O$)，我们得到

$$\frac{d[OH]}{dt} = -2 \cdot k \cdot [OH]^2, \quad \frac{d[H_2O]}{dt} = k \cdot [OH]^2, \quad \frac{d[O]}{dt} = k \cdot [OH]^2$$

对由一组基本反应组成的*反应历程*，速率律也总能被确定。若历程包含系统所有可能的基本反应 (完全历程)，则对所有可能的条件，即各种温度和成分，该速率律都是有效的。由

$$\sum_{s=1}^{S} \nu_{rs}^{(a)} \cdot A_s \xrightarrow{k_r} \sum_{s=1}^{S} \nu_{rs}^{(p)} \cdot A_s, \quad r = 1, \cdots, R \tag{11.18}$$

给出的由 $S$ 个组元、$R$ 个反应组成的历程，每个组元 $i$ 的生成率可将组元 $i$ 在每个基本反应中的生成率方程 (11.17) 总加起来，而得到

$$\left(\frac{\partial c_i}{\partial t}\right)_{\text{chem},r} = \sum_{r=1}^{R} k_r \cdot \left(\nu_{ri}^{(p)} - \nu_{ri}^{(a)}\right) \cdot \prod_{s=1}^{S} c_s^{\nu_{rs}^{(a)}}, \quad i = 1, \cdots, S \tag{11.19}$$

### 11.1.4 速率系数与温度的关系

化学反应的一个非常重要和典型的特点是它们的速率系数与温度有非常强的非线性关系。这就决定了燃烧过程典型的不连贯进程，它与温度的函数关系可相当简单地用*阿黑纽斯方程*(1889) 描述

$$k = A \cdot \exp\left(-\frac{E_a}{R \cdot T}\right) \tag{11.20}$$

但精确的测量常观察到相比于指数关系要小的*指数前因子* $A$ 对温度的依赖性

$$k = A' \cdot T^b \cdot \exp\left(-\frac{E_a'}{R \cdot T}\right) \tag{11.21}$$

激活能 $E_a$ 相应于一个能量的阈值，即在反应过程中必须超过的门槛值 (图 11.2)。其最大值对应于所涉及的结合能 (例如，在离解反应中的激活能近似等于化学键分裂的结合能)，但若键破裂的同时又形成了新键，则激活能值可能相当小 (或为零)。

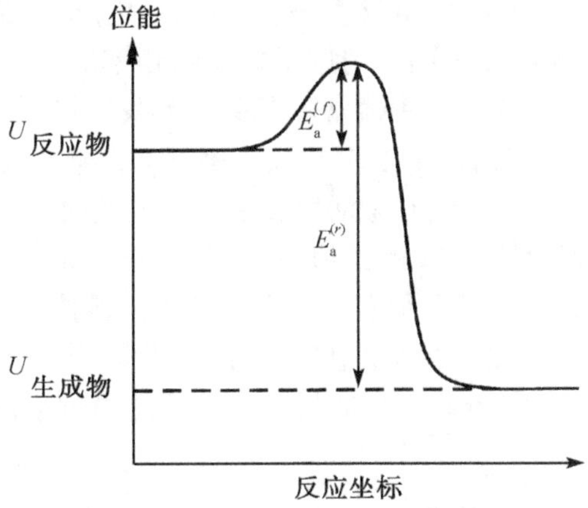


图 11.2　化学基本反应的能量图

关系 $E_a^{(f)} - E_a^{(r)} = U_{生成物} - U_{反应物}$ 是方程 (11.10) 的结果，反应坐标是反应物和生成物的最小位能差相对于变原子间距的路径 (Atkins　1990)

图 11.3 给出了某些基本反应 (卤原子和氢分子的反应) 的温度关系曲线，以速率系数 $k$ 的对数相对于温度的倒数画出。按照式 (11.20)，我们得到了线性关系 $(\log(k) = \log(A) - \mathrm{const} \cdot T)$。e 指数前因数与温度的关系被实验误差淹没。

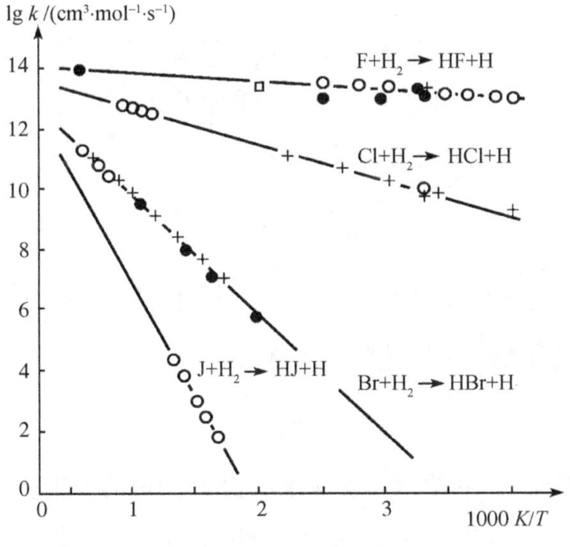


图 11.3　卤原子和 $H_2$ 反应的温度关系曲线 $k(T)$(Homann et al.　1970)

当激活能为零，或在很高温度时，式 (11.20) 中的指数项趋于值 1，反应速率仅由指数前因数 $A$ 或 $A' \cdot T^b$ 确定。此因数对单分子、双分子和三分子反应有不同的物理意义。

对于单分子反应，$A$ 的倒数相应于一个反应 (活化) 分子的平均生命期。在离解反应中此生命期由包含在分子键中的原子振动的频率决定，指数前因数遂由相关键振荡频率的两倍给出，从分子中通常的振荡频率我们得到 $A \approx 10^{14} - 10^{15}\mathrm{s}^{-1}$。

对于双分子反应，指数前因数 $A$ 相应于*碰撞数*，即单位时间和单位体积内两分子间的碰撞数。这是因为当没有激活阈或在很高温度时，碰撞数决定着反应速率的上限，气体运动的理论给出 $A$ 的数值在 $10^{13} \sim 10^{14}\mathrm{cm}^3/(\mathrm{mol}\cdot\mathrm{s})$。

对于三分子反应，第三者必须遇到一个双分子的碰撞复合体，并取得反应 (*碰撞伙伴*)所释放的能量。例如，若两个氢原子碰撞，瞬时形成的氢分子将因为存在大的能量而立刻分解。由于很难确定何时发生三分子的同时碰撞，因此数值计算非常困难。

### 11.1.5　反应系数与压强的关系

离解和再合成反应的反应速率系数与压强的关系是基于将复杂的反应系列处理为许多基本反应这一事实的，在最简单情形下可用*林德曼模型*(1922) 来理解这一关系。只有当分子具有足够能量分裂其键时分子的单分子分解才可能发生。因此，在分子键破裂前，必须由其他粒子对其提供能量，例如，分子的内部振动可作为一种激励，然而被激励的分子分解成反应生成物

$$\begin{aligned} A + M &\xrightarrow{k_a} A^* + M(\text{激活}) \\ A^* + M &\xrightarrow{k_{-a}} A + M(\text{退化}) \\ A^* &\xrightarrow{k_u} \text{生成物 (单分子反应)} \end{aligned} \tag{11.22}$$

按照11.1.3节所述，此反应历程的速率方程为

$$\frac{\mathrm{d}[P]}{\mathrm{d}t} = -k_u \cdot [A^*] \tag{11.23}$$

$$\frac{\mathrm{d}[A^*]}{\mathrm{d}t} = k_a \cdot [A] \cdot [M] - k_{-a} \cdot [A^*] \cdot [M] - k_u \cdot [A^*] \tag{11.24}$$

假设反应中间生成物的浓度 $[A^*]$ 是准定常的

$$\frac{\mathrm{d}[A^*]}{\mathrm{d}t} \approx 0 \tag{11.25}$$

我们得到被激活组元 $A^*$ 的浓度和反应生成物 $P$ 形成的如下表达式

$$[A^*] = \frac{k_a \cdot [A] \cdot [M]}{k_{-a} \cdot [M] + k_u} \tag{11.26}$$

$$\frac{\mathrm{d}[P]}{\mathrm{d}t} = \frac{k_u \cdot k_a \cdot [A] \cdot [M]}{k_{-a} \cdot [M] + k_u} \tag{11.27}$$

现在我们来讨论两种极限情形：在很低压强下和在很高压强下的反应。

*在低压区*，碰撞伙伴 $M$ 的浓度是很小的，当 $k_{-a} \ll k_u$ 时，我们得到简化的二阶速率律

$$\frac{\mathrm{d}[P]}{\mathrm{d}t} = k_a \cdot [A] \cdot [M] \tag{11.28}$$

于是反应速率正比于组元 $A$ 和碰撞伙伴 $M$ 的浓度，因为在低压时分子激活得很慢，因此激活决定着速率。

*在高压区*，碰撞伙伴 $M$ 的浓度是很高的，当 $k_{-a} \gg k_u$ 时，我们得到简化的二阶速率律

$$\frac{\mathrm{d}[P]}{\mathrm{d}t} = \frac{k_u \cdot k_a}{k_{-a}} \cdot [A] = k_\infty \cdot [A] \tag{11.29}$$

这里的反应速率与碰撞伙伴的浓度无关。因为在高压下，常常发生碰撞，所以，不是激活而是已激活粒子 $A^*$ 的分解决定着速率。

林德曼历程是复杂反应的反应阶取决于当前条件的一个简单例子。但林德曼历程本身是一个简化的模型，单分子反应与压强的精确关系可用*单分子反应理论*(Robinson et al. 1972, Homann 1975) 获得。此理论考虑到了如下事实，即实际上不是仅有活化粒子 $A^*$ 存在，还有激活中能量的输运和激活的不同程度。将一个单分子反应的速率律写成 $\mathrm{d}[p]/\mathrm{d}t = k \cdot [A]$，我们将速率系数 $k$ 视为压强和温度的函数。*单分子反应理论*给出了所谓*下降曲线*，它们描述速率系数在不同温度下与压强的关系，一般将 $k$ 的对数画成相对于压强的对数的曲线。图 11.4 表示了典型的下降曲线，当 $p \to \infty$，$k$ 趋于有限值 $k_\infty$，即速率系数变得与压强无关 (方程 (11.29))；低压时，速率系数 $k$ 正比于压强 (方程 (11.28))，呈线性关系。从图 11.4 中可见，下降曲线与温度的关系很密切，因此单分子反应的速率系数在不同压强值下具有完全不同的温度依赖关系 (图 11.5，Warnatz 1983)。

### 11.1.6 反应历程的特性

反应历程具有某些与具体问题无关的特性，关于这些特性的知识对理解化学反应很有帮助，并对随后的反应历程简化提供很有价值的指示。对燃烧过程特别值得一提的是*准定常状态*和*部分平衡*，下面将对其作深入的讨论。

1. *准定常状态*

我们来考虑一个由两步组成的简单反应 (在下面章节中也会应用此例)

$$S_1 \xrightarrow{k_{12}} S_2 \xrightarrow{k_{23}} S_3 \tag{11.30}$$

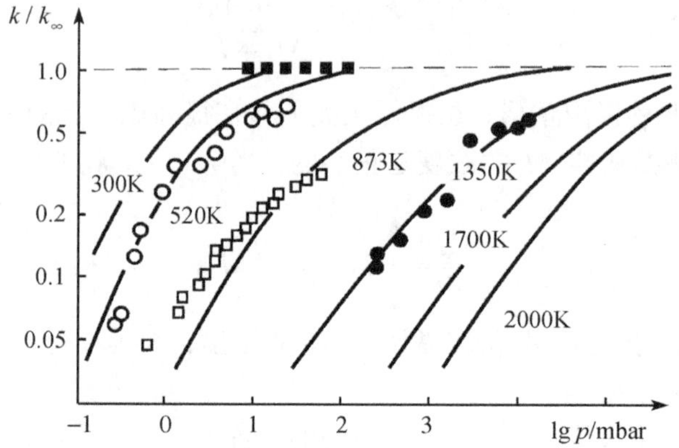


图 11.4　$C_2H_6 \to CH_3 + CH_3$ 单分子分解的“下降曲线”

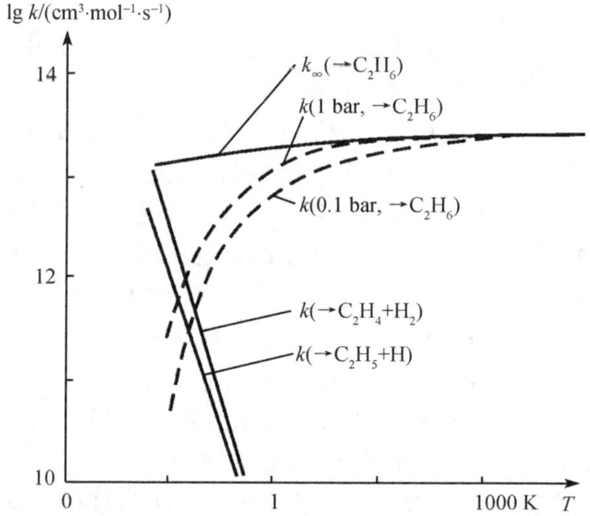


图 11.5　不同压强下 $CH_3 + CH_3 \to$ 生成物反应的速率系数与温度的关系曲线

组元的速率律可表成下述表达式

$$\frac{\mathrm{d}[S_1]}{\mathrm{d}t} = -k_{12} \cdot [S_1] \tag{11.31}$$

$$\frac{\mathrm{d}[S_2]}{\mathrm{d}t} = k_{12} \cdot [S_1] - k_{23} \cdot [S_2] \tag{11.32}$$

$$\frac{\mathrm{d}[S_3]}{\mathrm{d}t} = k_{23} \cdot [S_2] \tag{11.33}$$

我们假设 $S_2$ 是非常活泼的组元，故其生存期间很短 ($k_{23} \gg k_{12}$)。图 11.6 表示了

当 $k_{12}/k_{23}=0.1$ 时浓度的变化过程。初始组元 $S_1$ 的浓度随时间增大而减小，并形成了最后生成物 $S_3$。由于 $k_{23}\gg k_{12}$，中间产物 $S_2$ 仅有很小的浓度，当其在反应系列第一步慢反应中生成时，即在非常快速的第二个反应中消耗了。这导致了中间产物的*准定常状态*。

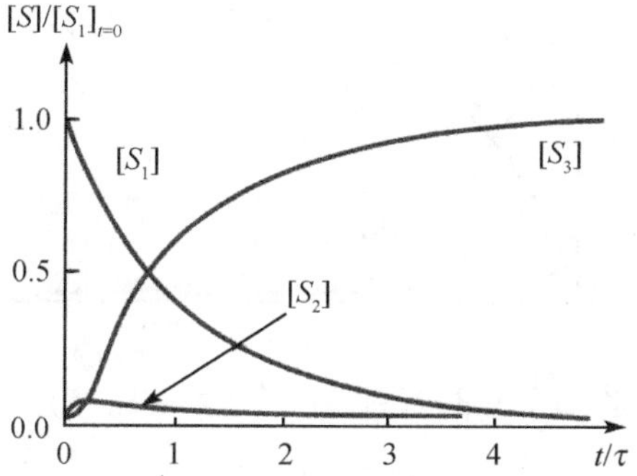


图 11.6 $S_1\to S_2\to S_3$ 反应的精确瞬时状态

$\tau=S_1$ 的生存期间 ($S_1$ 向 $S_1/e$ 的衰减时间)

由于 $S_2$ 是非常活泼的，$S_2$ 的消耗率必定近似等于 $S_2$ 的生成率 (准定常状态假设)，故我们可以近似写成

$$\frac{\mathrm{d}\,[S_2]}{\mathrm{d}t}=k_{12}\cdot[S_1]-k_{23}\cdot[S_2]\approx 0 \tag{11.34}$$

由于式 (11.31) 是可积分的，可确定 $S_1$ 浓度的瞬时状态为

$$[S_1]=[S_1]_0\cdot\exp\left(-k_{12}\cdot t\right) \tag{11.35}$$

若我们感兴趣的是最后生成物 $S_3$ 的生成率，则式 (11.33) 无甚用途地表明，出现在 $S_3$ 速率律中的只有中间产物 $S_2$ 的浓度。但是，采用准定常状态假设 (11.34)，我们可得到一个容易应用的关系式

$$\frac{\mathrm{d}\,[S_3]}{\mathrm{d}t}=k_{12}\cdot[S_1] \tag{11.36}$$

将式 (11.35) 代入式 (11.36)，得到微分方程

$$\frac{\mathrm{d}\,[S_3]}{\mathrm{d}t}=k_{12}\cdot[S_1]_0\cdot\exp\left(-k_{12}\cdot t\right) \tag{11.37}$$

它是可积的，其解为

$$[S_3]=[S_1]_0\cdot[1-\exp\left(-k_{12}\cdot t\right)] \tag{11.38}$$

图 11.7 给出了上述例子的结果，比较图 11.6 和 11.7，我们看到，准定常假定是对过程的很好近似，仅在反应的开始阶段产生一些小的偏差。

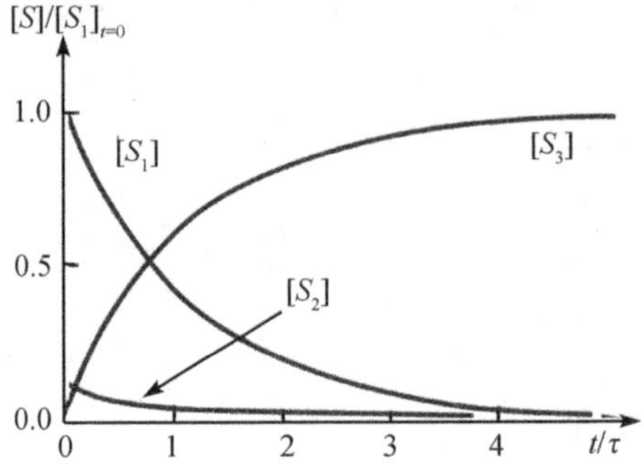


图 11.7　当 $[S_2]$ 是准定态时 $S_1 \to S_2 \to S_3$ 反应的时间历程

2. 部分平衡

我们来考虑11.1.3节中讨论过的氢的燃烧反应历程。实验或模拟的分析表明，高温时 ($T > 1800$ K, $p = 1$bar)，前向和逆向反应的速率如此之快，使得反应

$$OH + H_2 = H_2O + H$$

$$H + O_2 = OH + O$$

$$O + H_2 = OH + H$$

处于所谓的部分平衡，这时每个单独的反应对都处于平衡，故前向和逆向反应速率同等的快，可得

$$[H] = \left( \frac{k_1^2 \cdot k_3 \cdot k_5 \cdot [O_2] \cdot [H_2]^3}{k_2 \cdot k_4 \cdot k_6 \cdot [H_2O]^2} \right)^{\frac{1}{2}} \tag{11.39}$$

$$[O] = \frac{k_1 \cdot k_3 \cdot [O_2] \cdot [H_2]}{k_2 \cdot k_4 \cdot [H_2O]} \tag{11.40}$$

$$[OH] = \left( \frac{k_3 \cdot k_5}{k_4 \cdot k_6} \cdot [O_2] \cdot [H_2] \right)^{\frac{1}{2}} \tag{11.41}$$

这样不稳定组元的浓度 (由于难以校准，对其测量是很困难的) 就可以由易于测量的稳定组元 $H_2$、$O_2$ 和 $H_2O$ 的浓度来表示。

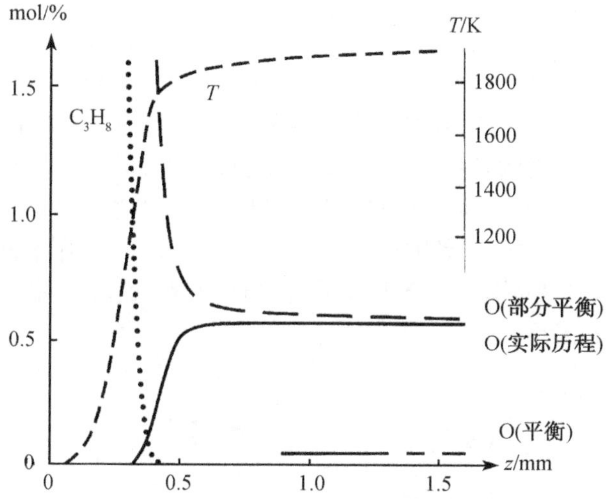


图 11.8　在 $p=1\text{bar}$, $T_u=298\text{K}$ 条件下分别采用实际历程、部分平衡假设和完全平衡假设计算的预混合化学计量的 $C_3H_8$-空气火焰中 O 的摩尔比例

最后, 图 11.8 表示了在 $p=1\text{bar}$, $T_u=298\text{K}$ 条件下分别采用实际历程、部分平衡假设和完全平衡假设计算的预混合化学计量的 $C_3H_8$- 空气火焰中 O 的摩尔比例。可见, 完全平衡假设在所有温度下都不能得到令人满意的结果, 而部分平衡假设至少在温度足够高时较好地描述了氧原子的摩尔比例。我们注意到, 氧原子的数量对反应系中氧化氮的生成影响很大。

3. 灵敏度分析

包含 $S$ 个组元 $R$ 个反应的反应方程, 其速率律可写为常微分方程组的形式 (比较11.1.3小节)

$$\frac{\mathrm{d}c_i}{\mathrm{d}t}=F_i\left(c_1,\cdots,c_s;k_1,\cdots,k_R\right),\quad c_i\left(t=t_0\right)=c_i^0\quad(i=1,2,\cdots,S)\tag{11.42}$$

时间 $t$ 是独立变量, 组元 $i$ 的浓度 $c_i$ 是应变量, $k_r$ 是系统的参数, $c_i^0$ 表示初始条件。这里只有化学反应的速率系数被认为是系统的参数。但是, 完全类似地, 我们可以将初始条件、压强等作为系统的参数。微分方程组 (11.42) 的解既取决于初始条件也取决于参数。现在的问题是当系统的参数, 即化学反应的速率系数, 变化时解如何变化 (即浓度随时间 $t$ 的变化)。此问题的答案提供了确定速率的反应步的信息以及表明速率系数的不准确性对总体反应有何影响 (对反应流中的某些基本反应, 我们仅仅知道其反应阶的大小)。

反应的灵敏度反映解 $c_i$ 对参数 $k_r$ 的依赖性。我们要区别绝对的和相对的 (正

则化) 灵敏度

$$E_{i,r} = \frac{\partial c_i}{\partial k_r} \quad 和 \quad E_{i,r}^{\mathrm{rel}} = \frac{k_r}{c_i} \cdot \frac{\partial c_i}{\partial k_r} = \frac{\partial \ln c_i}{\partial \ln k_r} \tag{11.43}$$

我们再一次考虑由两步序列构成的简单反应 (11.30)。图 11.9 给出了相对灵敏度系数和最后生成物浓度的量纲 1 时间变化曲线，其中 $k_{12} = \tau^{-1}$，$k_{23} = 100 \cdot \tau^{-1}$ 和 $\tau$ = 生存期 (图 11.6)。灵敏度分析的结果为，对于慢速 (即决定速率的) 反应 ($S_1 \xrightarrow{k_{12}} S_2$)，生成 $S_3$ 的相对灵敏度很大；而对快速反应 (不限制速率)($S_2 \xrightarrow{k_{23}} S_3$)，相对灵敏度小。故灵敏度分析能辨识决定速率的反应，因此这种分析对了解复杂的反应历程是有用的工具。

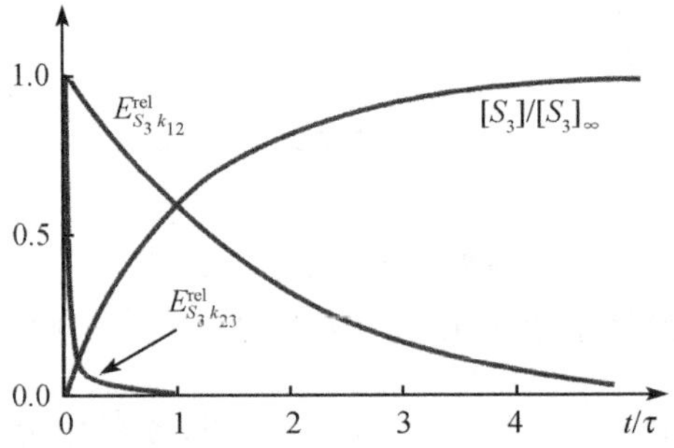


图 11.9　$S_1 \to S_2 \to S_3$ 反应相对灵敏度系数的时间历程

图 11.10 给出了预混合化学计量的 $CH_4$- 空气和 $C_2H_6$- 空气的火焰中火焰速度

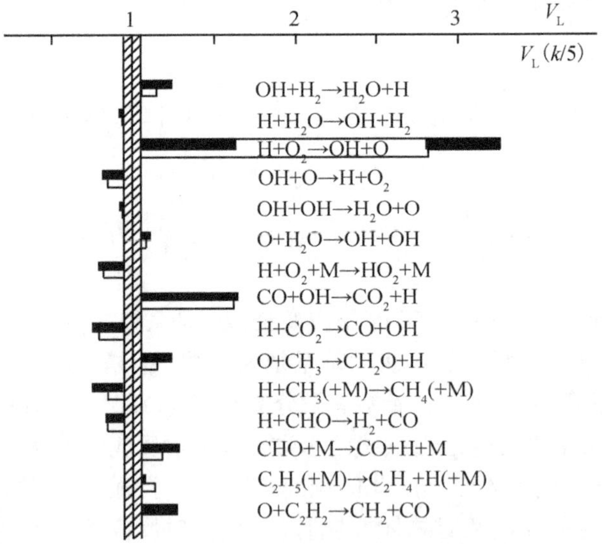


图 11.10　在 $p = 1\mathrm{bar}$，$T_u = 298\mathrm{K}$ 条件下，预混合化学计量的 $CH_4$- 空气 (黑色) 和 $C_2H_6$- 空气 (白色) 火焰中火焰速度 $v_L$ 的灵敏度分析

$v_L$ 灵敏度分析的例子。未在图中示出的基本反应具有可忽略的低灵敏度，可以看出在众多的基本反应中只有很少的是敏感的。此外，相差很大的系统 ($CH_4$ 和 $C_2H_6$) 给出的图形定性上是相同的，表明在燃烧过程中总是由 $H_2$-$O_2$-CO 系中的某些基本反应决定速率，而与所采用的燃料无关。

## 11.2 层流反应流动

### 11.2.1 预混火焰的结构

我们现在给出层流平面火焰结构的实验 (若有可能) 和计算数据的比较，数值模拟是基于对具体历程的 N-S 方程解。

结果表明在火焰条件下 ($T > 1100$K) 大开链碳氢化合物 (脂肪族的)R-H(如辛烷 $C_8H_{18}$，图 11.11) 的氧化始于 H, O 或 OH 对 C- H 链的冲击，并生成 R• 基

$$\mathrm{H, O, OH + RH \rightarrow H_2, OH, H_2O + R\bullet}\ (\text{H-原子抽取}) \tag{11.44}$$

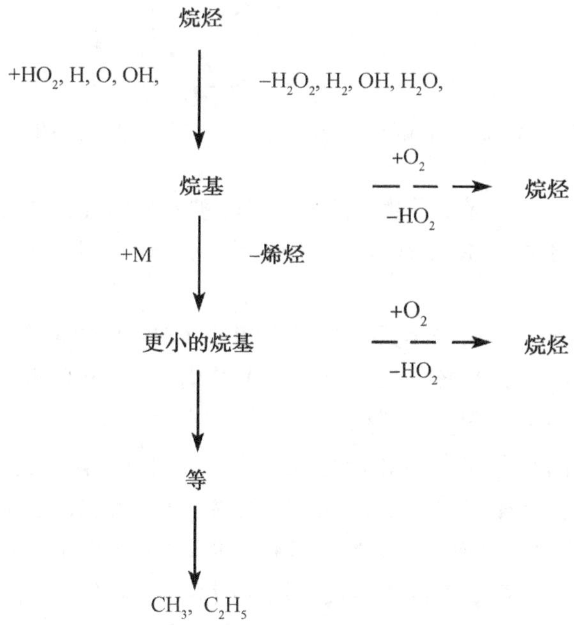


图 11.11 大开链碳氢化合物热解形成 $CH_3$ 和 $C_2H_5$ 的反应历程示意图

然后通过热分解变成烷烃和较小的 R′ 基

$$\mathrm{R' - CH_2 - H - C - R'' \rightarrow \bullet R' + CH_2 = CHR''}(\beta\text{衰减}) \tag{11.45}$$

直到形成相对稳定的甲 (烷) 基 ($CH_3$) 和乙 (烷) 基 ($C_2H_5$)，然后它们再慢慢地氧化。

按此方式，烷烃氧化问题能被化解成已被很好理解了的甲 (烷) 基和乙 (烷) 基的氧化 (图 11.12)。

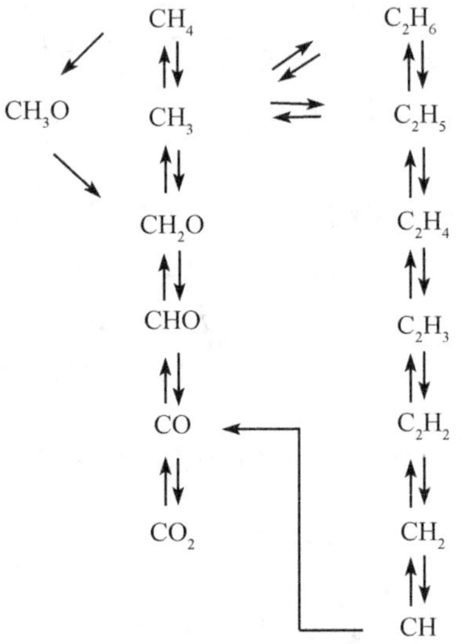


图 11.12 $C_1$ 和 $C_2$ 碳氢化合物的氧化历程示意图

$CH_3$ 主要与 O 原子反应，并生成甲醛 ($CH_3$ 被 OH 氧化的作用尚未完全清楚)。然后再由抽取 H 原子而形成 CHO 基。CHO 可热分解为 CO 和 H，或 H 原子可从 H 或 $O_2$ 中抽取。

至此为止是很简单的这个结果，却由于随后 $CH_3$ 基的再合成而变得复杂了。在化学计量的 $CH_4$- 空气火焰中此反应路径大约消耗了 30% 的 $CH_3$(忽略与 H 原子的再合成)，在富油火焰中再合成的比例可增加至大约 80%。

$CH_3$ 和 $C_2H_5$ 的氧化是此氧化历程的决定速率步 (即最慢的)(图 11.17)，这也是所有烷烃和烯烃燃烧相似的原因。与此相关的事实是碳氢化合物燃烧 的反应历程具有如同图 11.13 所示 (Westbrook et al． 1981) 的层次结构。

图 11.14 示出了为了降低温度掺入了氩的丙烷–氧火焰在压强 $p = 100$mbar 时的火焰结构 (Backhon et al. 1990)。其他碳氢化合物的结果均类似。浓度型用质谱仪测定 (除 OH 以外，它是用紫外光的吸收测定的)，而温度则用 Na-D 线转化来测定。

另一个例子是积碳条件下的乙 (烷) 基 (乙炔)–氧火焰 (Warnatz 1983)。其典型特点是 CO 和 $H_2$ 以稳定的生成物出现和与形成炭黑初级粒子 (如 $C_4H_2$) 相联系的更高级碳氢化合物的生成。

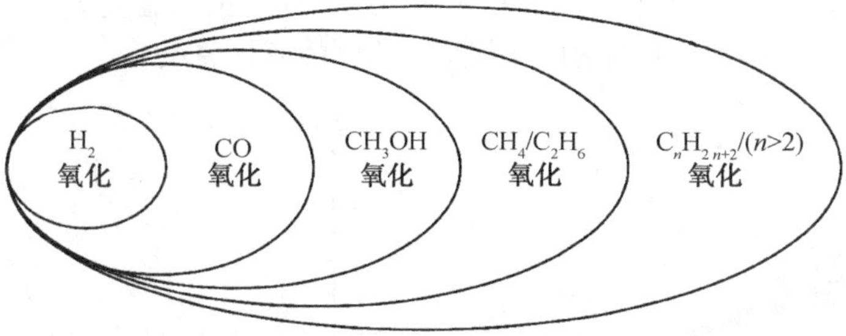


图 11.13　描述开链的碳氢化合物燃烧反应历程的层次结构

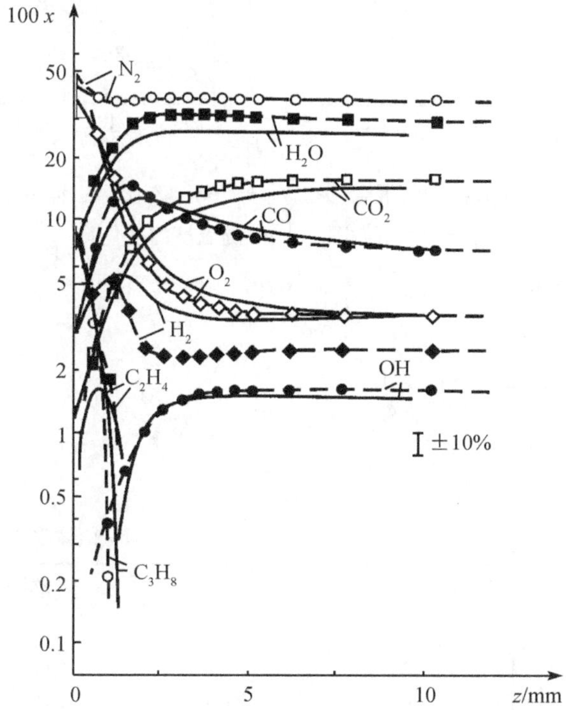


图 11.14　$p = 100$mbar 时，层流预混丙烷–氧火焰 (掺入氩) 的结构 (Backhon　1990)

点：实验；线：计算

### 11.2.2　预混火焰的火焰速度

在单步反应情况下压强和温度的依赖关系 (Zeldovich et al.　1938) 为

$$v_L \approx p^{\frac{n}{2}-1} \cdot \exp\left(-\frac{E}{2 \cdot R \cdot T_\mathrm{b}}\right) \tag{11.46}$$

其中 $n$ 是反应阶，$E$ 是单步反应的激活能，$T_b$ 是燃烧气体的温度。

图 11.15 表示了甲烷–空气混合物的火焰速度随压强和温度 $T_u$ 的变化情况。图 11.16 表示了对不同燃料火焰速度与其组成比例的变化关系。

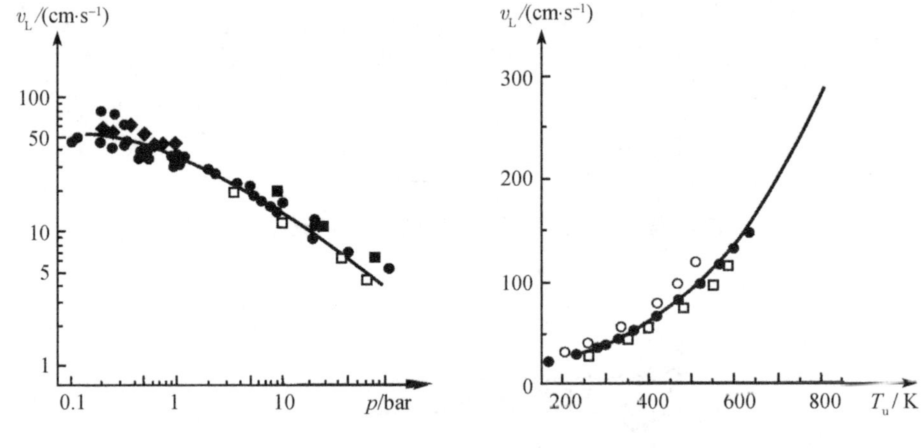


图 11.15　化学计量 $CH_4$- 空气混合物在 $T_u = 298K$(左图) 时 $v_L$ 随压强的变化和当 $p = 1bar$(右图) 时 $v_L$ 随温度的变化

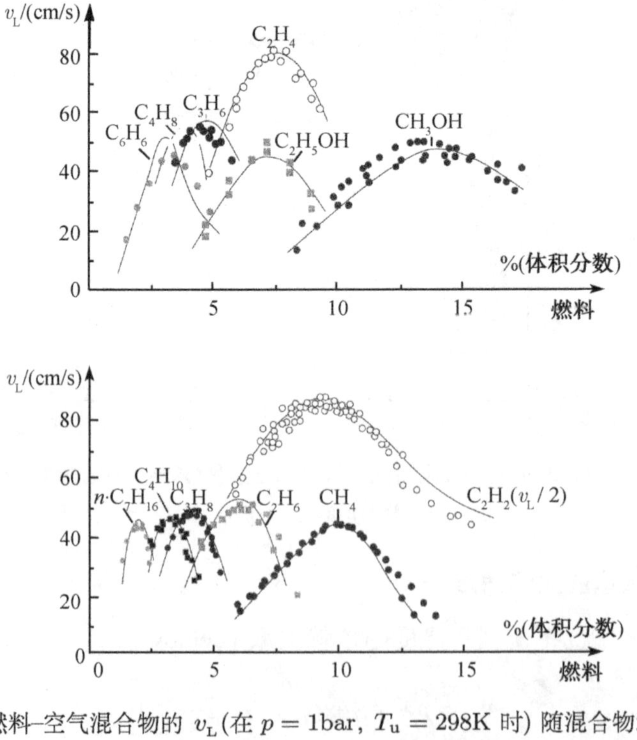


图 11.16　不同燃料–空气混合物的 $v_L$(在 $p = 1bar$, $T_u = 298K$ 时) 随混合物组成比例的变化

图 11.15 清楚地表明了单步模型 ($T_u$ 是未燃烧气体的温度) 的弱点。对于决定速率步 (11.2.3 小节), 反应阶为 2 或 3, 此简化模型给出的火焰速度与压强无关甚至随压强增大而增大, 而数值计算结果却表明火焰速度随压强增大而减小。

### 11.2.3 灵敏度分析

诺瓦克 (Nowak 1988) 对所有碳氢化合物–空气混合物火焰速度的灵敏度分析(11.1.6节) 都得到了十分相似的结果 (图 11.17 和图 11.18), 而且这些结果合理地与等价比无关。我们特别注意到, 灵敏度高的反应其数量是低的。

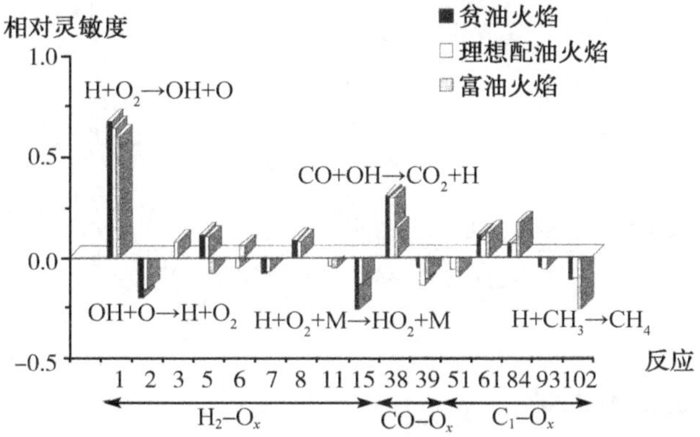


图 11.17 甲烷–空气火焰层流火焰速度对于所含基本反应的速率系数的灵敏度分析

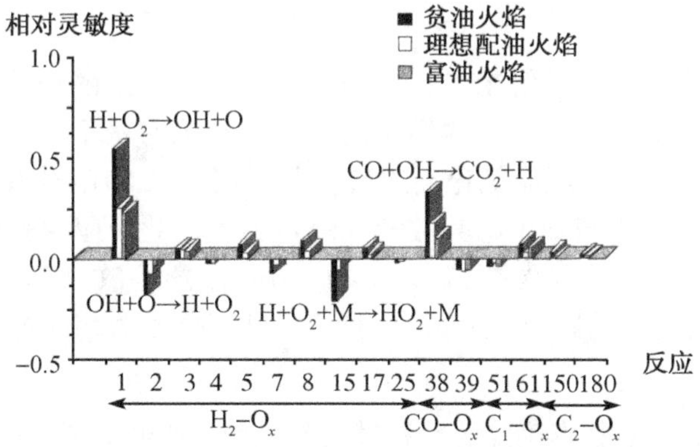


图 11.18 丙烷–空气火焰层流火焰速度对于所含基本反应的速率系数的灵敏度分析

在所有的情形中, 基本反应 $H + O_2 \rightarrow OH + O$ 作为最慢的链–分支反应是决定速率的主要反应, 而 $H + O_2 + M \rightarrow HO_2 + M$ 由于它的链–终结特性而具有负的灵敏度。反应 $CO + OH \rightarrow CO_2 + H$ 决定着大部分热的释放, 因此也是决定速率的。

类似地, 大开链碳氢化合物燃烧中的反应 $H + O_2 \rightarrow OH + O$、$H + O_2 + M \rightarrow$

$HO_2 + M$ 和 $CO + OH \rightarrow CO_2 + H$ 都是决定速率的，如图 11.19 中所示。再次可见，燃料比反应本质上是不灵敏的。

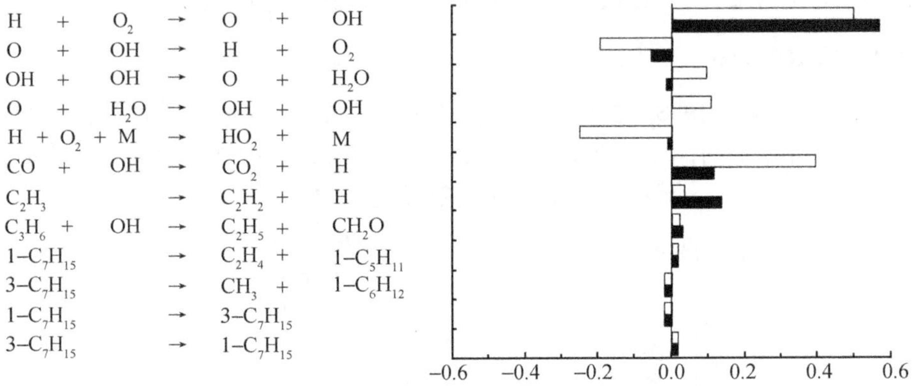


图 11.19　化学计量 $n$ 庚烷–空气火焰的层流火焰速度在 $p = 1\text{bar}$，$T_u = 298\text{K}$ 时对于所含基本反应的速率系数的灵敏度分析

### 11.2.4　非预混的逆流火焰

非预混合火焰是指燃料和氧化剂只是到燃烧区内才混合的那些火焰。在实际装置中，燃料和空气通过对流碰在一起，再通过扩散过程而混合，一般这是一个三维问题。

对非预混火焰的深入了解来自在空间上可认为是一维的一些过程的实验。我们来讨论一个由两个燃烧器生成的简单的燃烧器*逆流*的例子。在燃烧器中有向的层流燃料流与相反方向的层流氧化剂逆流相遇 (见图 11.20)，若我们只关心驻点平面上的流动特性 (见图 11.20) 则其数学处理可大大简化。应用普朗特的*边界层近似*，即忽略垂直流线方向 (在图 11.20 中的 $x$ 方向) 的扩散，问题被简化为只有一个空间坐标，即离驻点的距离，这样，温度、质量百分比的切向梯度和速度分量 $v_x$ 都可被略去。

若我们仅考虑沿由驻点确定的对称轴 $y$ 轴的解，则可得到一组仅由时间 $t$ 和空间坐标 $y$ 作为自变量的方程组。压强梯度 $J$ 是方程组的特征值，即对于给定的边界条件，$J$ 必定有一个使解存在的值，这样就可计算非预混层流火焰中的温度型、浓度型和速度型，并可与实验结果相比较。图 11.21 给出了在压强 $p = 1\text{bar}$ 时非预混甲烷–空气逆流火焰中计算和实验 (采用 CARS 分光镜) 分别确定的温度型和浓度型，实验中空气入流温度 (右图) 为 300K。

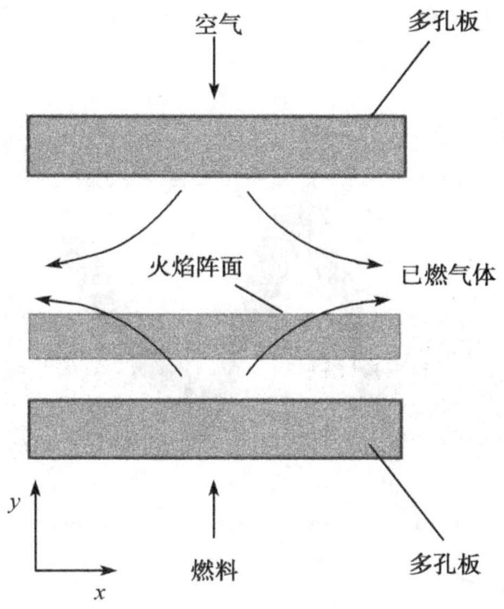


图 11.20 逆流燃烧器装置的示意图

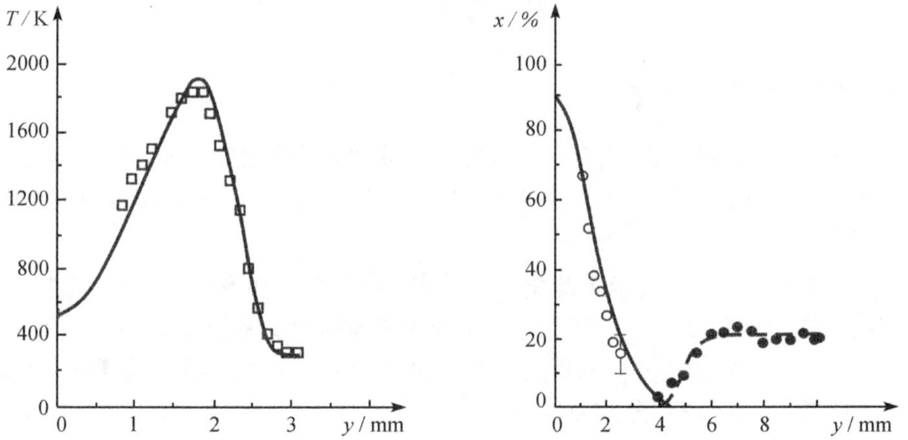


图 11.21

左图：压强 $p=1\text{bar}$ 时非预混甲烷–空气逆流火焰计算 (线) 和实验 (点) 的温度型 右图：压强 $p=1\text{bar}$ 时非预混甲烷–空气逆流火焰计算 (线) 和实验 (点) 的甲烷和氧的摩尔分数型；$y$ 表示距燃烧器的距离 (Dreier et al. 1987)

作为一个例子，我们来讨论图 11.22 所示的测量和计算的速度型。实验中由跟踪附加的 MgO 粒子来确定速度，很容易解释速度型的形状，两边界速度之间速度的单调变化表征着没有反应的流动。然而，在燃烧中密度会发生强烈的变化 (由燃烧气体的高温引起)，因此在靠近火焰前沿 (约 $y = 3\text{mm}$ 处) 使速度偏离单调形态。

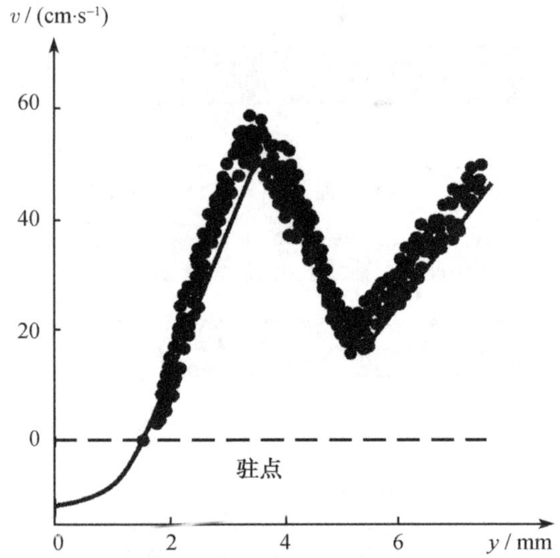


图 11.22 在非预混甲烷–空气逆流火焰计算 (线) 和实验 (点) 的速度型

$y$ 表示距燃烧器的距离

### 11.2.5 非预混射流的火焰

为了正确地描述此类火焰至少需要按二维来处理，这是非常重要的，因为此类火焰有着广泛的应用 (本生灯)。燃料从喷嘴流入静止的空气，通过分子输运 (扩散) 和空气混合，再在反应区燃烧。

图 11.23 和图 11.24 表示了此类非预混本生火焰结构的例子。通过空间二维守恒方程的完全数值解计算它们的结果。此例的燃料喷嘴直径是 1.26 cm，所示的火焰高度为 30 cm，温度和浓度的尺度从各自最低的灰度开始，最高温度约 2000 K，最大 OH 浓度相当于摩尔分数 0.35%。

### 11.2.6 快速化学反应的非预混火焰

当化学反应无限快 (实际上，非常快) 时，反应可写成燃料和氧化剂生成反应产物的单步反应形式

$$F + \mathrm{O_x} \rightarrow P \tag{11.47}$$

这相当于 30 年代鲁门 (Rummel H) 建议的 “混合 = 燃烧” 的简化概念。与组元的质量比例 $w_i$ 类似，一个元素的质量比例 $Z_i$ 可定义为该元素 $i$ 的质量相对于总质量

的百分比 (式 (5.115))

$$Z_i = \sum_{j=1}^{S} \mu_{ij} \cdot w_j, \quad i = 1, \cdots, M \tag{11.48}$$

其中 $S$ 是组元数，$M$ 是所考虑的混合物中的元素数，系数 $\mu_{ij}$ 表示在组元 $j$ 中元素 $i$ 的质量比例。

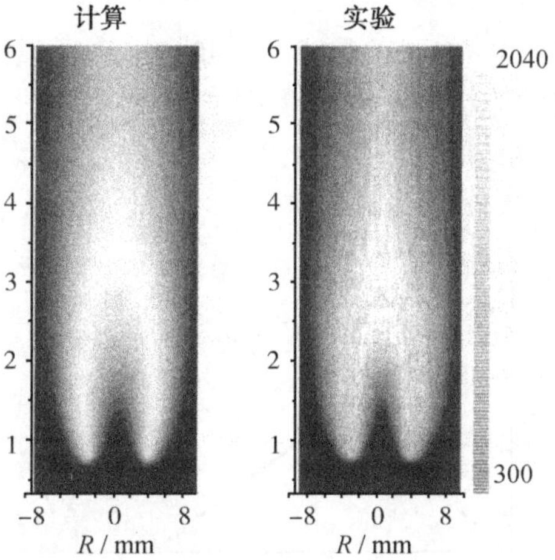


图 11.23 在非预混射流火焰中计算的温度场 (左图)

此结果可直接与 LIF 实验结果 (右图)(Smooke et al. 1989) 比较

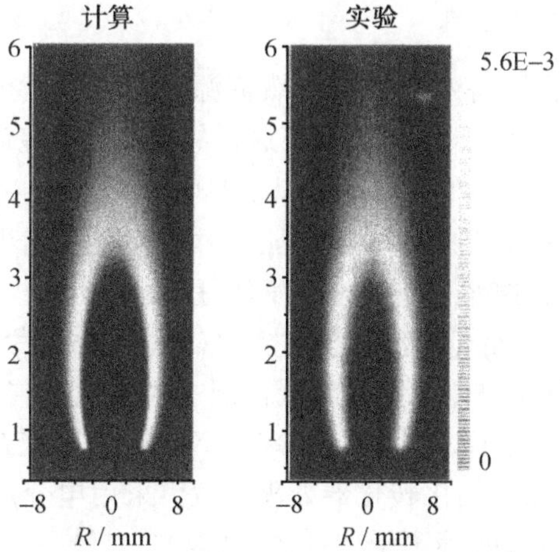


图 11.24 在非预混射流火焰中计算的氢氧基浓度 (左图)

此结果可直接与 LIF 实验结果 (右图)(Smooke et al. 1989) 比较

元素的质量比例是特别重要的，因为在反应流中它们既不为对流也不为化学过程而改变。

对于可被看成双流动问题的简单非预混火焰，其中一个流动是燃料 (F) 流，另一个是氧化剂 ($O_x$) 流，可用元素的质量比例 $Z_i$ 来定义混合比例 $\xi$(下标 1 和 2 表示两个流动)

$$\xi = \frac{Z_i - Z_{i2}}{Z_{i1} - Z_{i2}} \tag{11.49}$$

此新概念的好处是由于式 (11.48) 和式 (11.49)，$\xi$ 和质量比例呈线性关系 (见图 11.25)。若不同化学组元的扩散系数相等 (除极少数的例外，通常近似如此)，则如此定义的混合物比例同样与元素 $i(i = 1, 2, \cdots, M)$ 的选择无关。

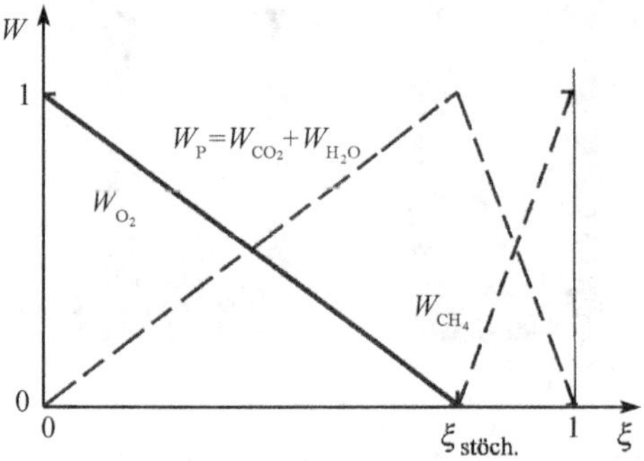


图 11.25　简单反应系的混合物比例和质量比例间的线性关系

### 11.2.7　用等离子体净化废气

更好地保护环境和更有效地利用自然资源意味着对城市交通中内燃机排放废气的上限提出了更严格的要求。为了满足这样的要求，除避免燃烧过程产生污染的基本措施外，还对废气的后处理进行了广泛的研究。

若发动机是由化学计量的燃料–空气混合物驱动的，则可同时减少 $NO_x$、未燃碳氢化合物和 CO 的三路催化转化器对四冲程发动机有约 90% 的效率。燃烧贫油–空气混合物所生成的废气的含氧量对直接注油四冲程发动机约为 5%，对柴油机可多达 20%，在这种条件下，贵金属催化剂中的氧化仅与 $O_2$ 发生，因此只能减少 CO 和未燃碳氢化合物 (HC)，不可能减少 $NO_x$，所以现在越来越多地应用等离子体–化学过程来补充三路催化转化器处理废气，采用电介质套放电的废气后处理应用的是一种使用成本低的等离子体–化学过程。

图 11.26 为这种等离子体反应器的示意图，近来已对其进行了广泛的研究以确定它们对废气中未燃碳氢化合物的氧化作用和减少 $NO_x$ 的作用究竟如何。研究表

明，减少碳氢化合物是可能的，减少程度主要取决于未燃碳氢化合物的种类 (Orlandini et al. 2000)。图 11.27 所示为 72%$N_2$、18%$O_2$、10%$H_2O$ 以及 440-540ppm 未燃碳氢化合物 (与实验条件有关) 组成的废气所可能实现的减少，其中碳氢化合物为乙烷 ($C_2H_6$)、丙烷 ($C_3H_8$) 和乙烯 ($C_2H_4$)。

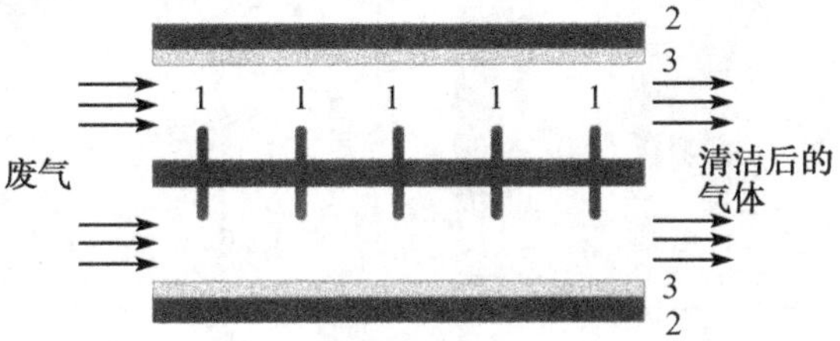


图 11.26 清洁废气的一种等离子体反应器的示意图

(1：内电极，2：外电极，3：电介质)

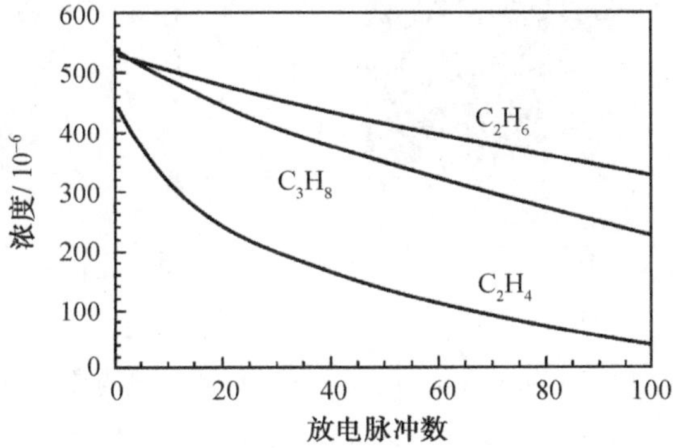


图 11.27 处理废气的等离子体反应器中 $C_2H_6$、$C_3H_8$ 和 $C_2H_4$ 的分解与放电脉冲数关系的模拟

不同碳氢化合物减少的程度不同是因为流动中的反应动力学效应，可用反应通量分析和灵敏度分析预以解释。进一步研究可见，在富氧废气中 NO 主要氧化成 $NO_2$，只有少于 10% 的 NO 变成 $N_2$，故还需采取进一步的措施，如用氧化剂或氨水去除 $NO_2$。

图 11.28 所示为 72%$N_2$、18%$O_2$、10%$H_2O$ 和 500ppm 未燃乙烯组成的废气在废气排出速度为 500L/ min 时等离子体源使 $C_2H_4$ 减少的情况。图中显示了反应器中开始的四个脉冲后的图形，在垂直于流动方向上乙烯的减少不是均匀的，因为减少乙烯所需的由等离子体放电产生的基也是不均匀分布的。

### 11.2.8 腐蚀反应器中的流动

半导体制造的很多生产步骤中都用到了腐蚀处理。用反应气体的干-腐蚀正愈来愈多地代替用液体化学剂的湿-腐蚀。腐蚀气体常由等离子体源反应器从上游产生，再供给腐蚀反应器。图 11.29 所示为后者的基本结构。为在薄晶片上实现均匀的腐蚀，反应器应在低压和小流动速度下工作，因为在这样的条件下扩散比对流和反应占优，可保证反应物质基本上均匀分布。

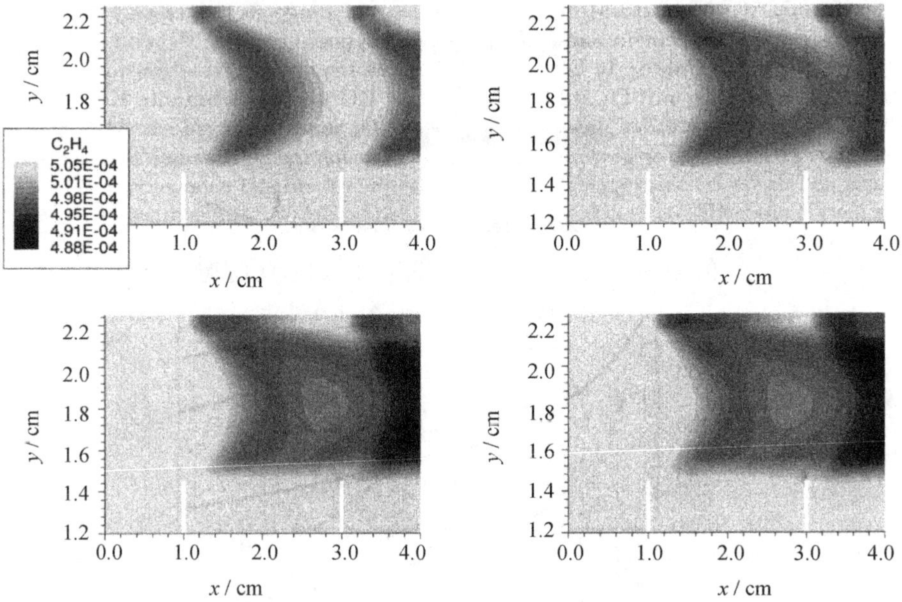


图 11.28　等离子体反应器中 $C_2H_4$ 在不同时刻的分解

$t = 0.5$ms 后 (上左), $t = 1.0$ms 后 (上右), $t = 1.5$ms 后 (下左) 和 $t = 2.0$ms 后 (下右)

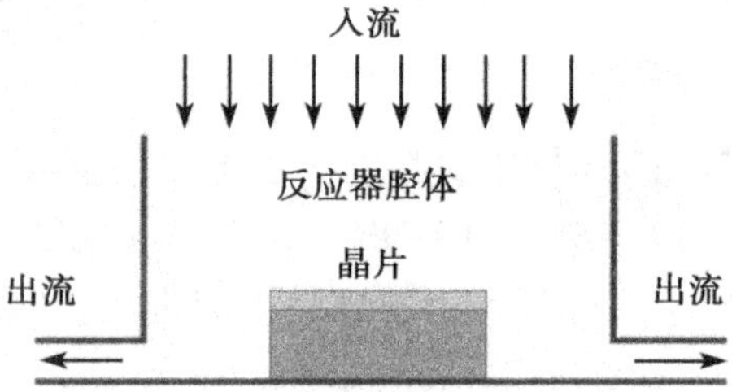


图 11.29　腐蚀反应器示意图

表面上发生的过程与来自气相的流动和扩散紧密地耦合着。某些到达晶片的颗粒被晶片吸收，并可与从气相来的其他组元或早已被吸收到表面上的其他颗粒进行反应，按这样生成的反应产物随后可解吸并回至气相。

图 11.30 反映了在轴对称反应器中腐蚀气体由 70% 的氟原子 (F) 和 30% 的氮分子 ($N_2$) 组成时反应产物 $SiF_4$ 的分布。$SiF_4$ 在表面反应中生成，并由于反应器中的低压而很快地从表面扩散开。

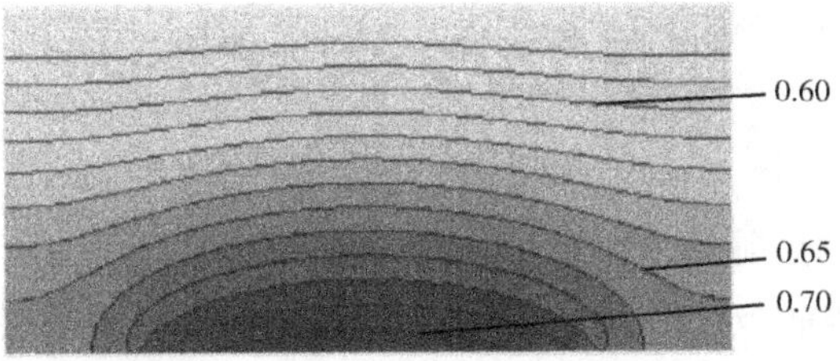


图 11.30 压强为 40Pa 下硅用氟腐蚀的反应器中反应生成物 $SiF_4$ 的分布

在直径为 200mm 的晶片边缘腐蚀速度约增加 3.5%(图 11.31)，因晶片边缘靠近反应器的出口，这里流动的加速使氟原子的对流通量大于在对称轴附近的值。

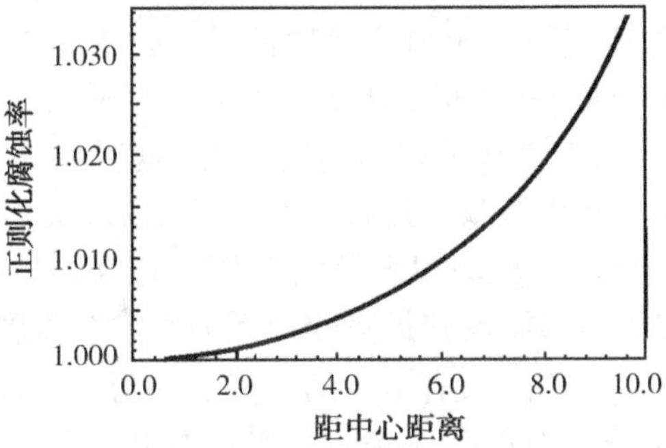


图 11.31 正则化的腐蚀速度与距晶片中心距离的函数关系

### 11.2.9 非均质的催化

在非均质催化气相反应中的反应试剂和产物均为气体，但反应却是发生在固体 (触媒体) 的表面上。触媒体可增大反应速率。催化反应的原理是基于对一定的反应所需的激活能可减少，如图 11.32 所示。很多反应在表面上的反应速率要比其在气相中的快数个量级，因此催化反应可在相当低的温度下进行。

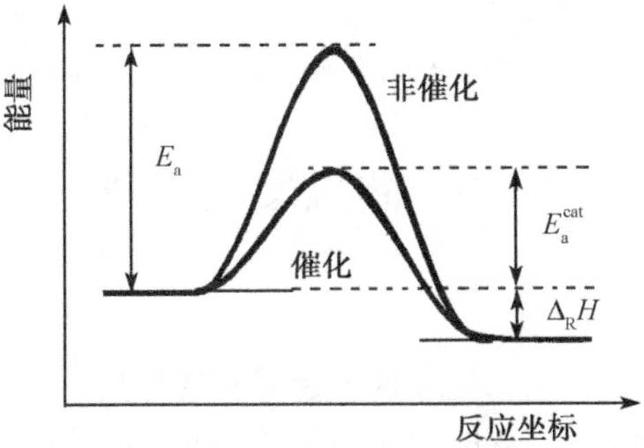


图 11.32 催化反应的原理

$E_a$ 是非催化反应的激活能 $E_a^{cat}$ 是催化反应的值

触媒体不影响热力平衡，却能改变生成物的选择性，因此可适当地选择化学反应中混合物所度过的时间或隔离中间产物。大量化学合成方法都基于采用触媒体。

非均质催化反应可分为五个步骤：

(1) 反应试剂扩散至触媒体；

(2) 触媒体表面吸收反应试剂；

(3) 反应试剂间发生反应；

(4) 生成物在触媒体表面上解吸；

(5) 生成物从触媒体表面上扩散出去。

反应试剂和生成物在表面上的浓度取决于其气相的吸收和解吸的平衡，另一方面，后者又取决于化学气相反应和输运过程引起的浓度变化。因此，外部条件 (温度、压强、浓度、流动条件) 不同，决定总反应系速率的分过程 ( 传质，反应运动等) 也不同。这样，为了定量地了解非均质反应，就应将参与反应的所有分过程耦合起来，并用具体模型来描述整个过程。和气相的反应类似，非均质反应也可以用由分子过程组成的具体的反应历程来模型化 (Coltrin et al. 1990)。这里采用了平均场近似，其中的催化表面用温度和被吸收组元的平均覆盖度来描述。

与气相反应不一样，目前还只有很少的表面反应历程已被了解。过去，借助分光镜和显微镜对低压下分子与单晶体表面的相互作用做了大量的研究并将成果用来探讨了各种的基本反应。由于直接把这些探讨的结果应用于较高压强 (压强缝) 和多晶催化组元 (物质缝) 时有困难，最近，如总和–频率分光镜 (Metka et al. 2000) 等的非线性光学法已被用来研究在相关技术条件下的催化表面。首次给出了非均质反应的具体历程，如描述催化燃烧过程 (Deutschmann et al. 1996)，描述低烷烃的部分氧化 (Zerkle et al. 2000) 等。

可将这些反应历程通过在气体界面上的平衡方程与反应流动耦合在一起 (Coltrin et al. 1990, Deutschmann et al. 1996)。此概念已被成功地应用于描述单片触媒体中的层流流动状态。

## 11.3　湍流反应流动

### 11.3.1　综述和概念

湍流反应流动在很多工业燃烧过程中起着重要作用。与层流流动不同，湍流过程以速度、密度、温度和组分等的快速脉动为特点。湍流的这一混沌特性源于其物理–化学过程的高度非线性，流场中甚至参数的微小变化都能导致不稳定而形成湍流。

湍流燃烧过程 (作为湍流反应流动的标准例子) 的复杂性是为什么描述它们的数学模型没有像描述层流的模型那样高度发展的原因。在以下的节次中我们将给出湍流反应流动的一般流态和某些描述它们的数学方法，这些方法最近已应用于商业计算软件中。

*湍流非预混火焰*(11.3.7小节) 在实际应用中十分重要，出现在如喷气发动机、柴油发动机、蒸汽机、冶炼炉和氢–氧火箭发动机等中。由于燃料和氧化剂仅在燃烧区域内耦合，从安全角度来说非预混火焰比预混火焰更易控制，正是由于它们的实际重要性，现已发展了很多数学模型来模拟这类燃烧过程。

正如下面将会看到的，对层流非预混火焰的理解构成了我们理解湍流非预混火焰的基础。由于燃料和氧化剂的扩散相比于化学反应进行得慢 (于是也就成为速率的决定因素)，故这类火焰以前被称为*扩散火焰*。但是，由于预混火焰的燃烧也要求扩散，故我们使用更精确的 “预混” 和 “非预混” 术语。

在 (理想的)*湍流预混火焰*(11.3.8小节) 中未燃气体在化学反应开始前是完全混合的，化学反应引起界面处未燃气体迅速过渡为燃烧气体，此界面以速度 $v_L$ 运动。

预混火焰的运动是火焰传播和 (可能湍流) 流动的叠加。简言之，这意味着对湍流预混火焰的定量理解比非预混火焰的模型化具有更大得多的挑战性。

通常，若混合和化学反应的时间尺度具有同样大小的量级，则不可能很清楚地区分预混和非预混火焰。例如，在非预混火焰中局部的火焰猝熄引起燃料和空气在被周围非预混燃烧区 “点火” 前就混合了 (导致部分的预混燃烧)。

### 11.3.2 直接数值模拟

没有证据表明 N-S 方程不适用于湍流流动，只要湍流的长度尺度 (见下面) 大于分子间的距离，大气压力下的燃烧过程满足这一条件，故湍流流动原则上可用 N-S 方程的解来描述。然而，在*直接数值模拟*(DNS)(雷诺 1989) 中即使是最小的长度尺度在空间离散时也必须布以适当的网格数。所以，问题在于这样做所要求的计算量。按照当今发展的速度，只有在 20 或 30 年后可能获得这样的解，这可简单地说明如下。最大和最小的湍流长度比为

$$\frac{l_0}{l_\mathrm{K}} \approx R_l^{\frac{3}{4}} \tag{11.50}$$

其中 $R_l$ 是*湍流雷诺数*，一般有 $R_l < Re$；$l_0$ 是描述最大长度尺度的*积分长度尺度*，由系统的尺寸决定；$l_\mathrm{K}$ 是*科莫哥洛夫尺度*，代表最小湍流结构的长度尺度。

对于 $R_l = 500$，$l_0/l_\mathrm{K} \approx 100$ 的一个典型的湍流流动，为了分辨出最小的结构，我们要求网格在每维上有约 1000 个网格点，故对于三维问题就需要 $10^9$ 个网格点。再考虑到描述一个非定常的燃烧过程，至少需要 10000 个时间步，这样浮点运算次数约达 $10^{15}$ 量级。另一个问题在于直接数值模拟所要求的计算时间由关系式

(11.50) 和时间步数必须反比于网格间距的平方而减少这一事实所决定，这意味着直接数值模拟的计算时间近似地随雷诺数的 4 次方而增加。

尽管存在这些问题，直接数值模拟 (DNS) 对小雷诺数和简单的化学反应系还是可能的。这些模拟虽与实际需求相距甚远，但仍能提供对了解湍流燃烧过程特点的十分有用的信息。对实际应用的 N-S 方程 (5.108) 和方程 (5.109) 的直接求解至今尚不可能。

在燃烧气体中形成未燃气体的封闭区是湍流预混火焰中的一个有趣的现象，此暂态过程在确定现有模型的有效范围和发展描述湍流燃烧的新模型上是重要的，可用 DNS 来研究。图 11.33 显示了湍流甲烷预混火焰中 OH 和 CO 基的浓度分布和涡强分布。此图曾在第一章中提及 (图 1.9)。

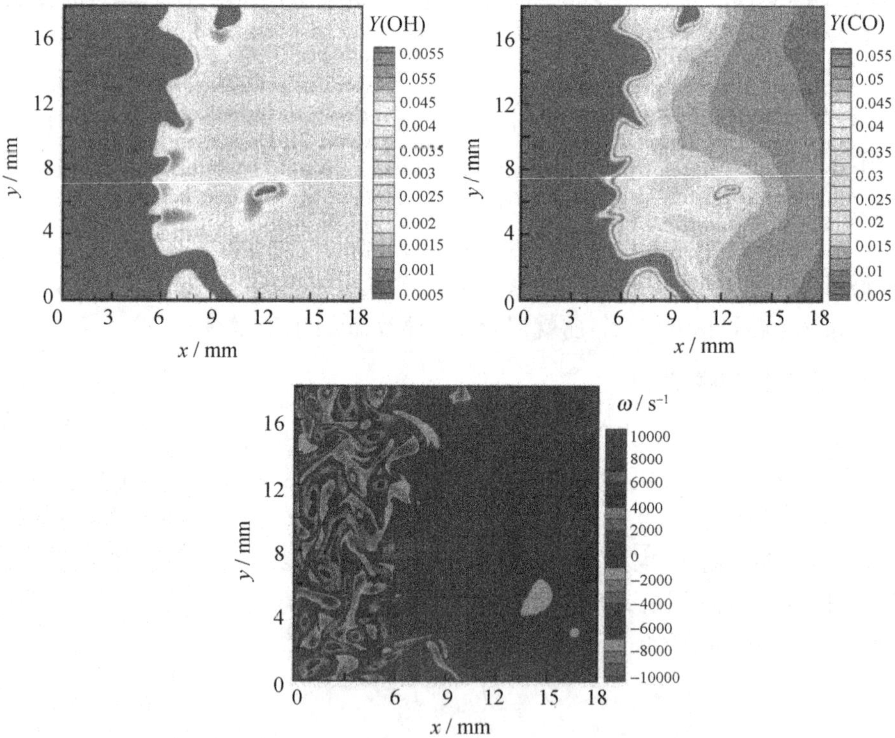


图 11.33　湍流甲烷预混火焰中 OH (上左) 和 CO (上右) 的质量比例和涡强 (下)

### 11.3.3　湍流模型

由于以 $\overline{\rho \cdot \boldsymbol{v}'' \cdot q''}(q = \boldsymbol{v}, w_i, h, Z_i)$ 形式出现在平均守恒方程中的通量密度不是自变量的显式已知函数，使解 N-S 方程要确定的未知量数多于方程数，只有对通量密度采用经验律时，N-S 方程才得以封闭而可数值求解 (湍流理论中的封闭问题)。

为此需采用描述雷诺应力项 $\overline{\rho\cdot\boldsymbol{v}''\cdot q''}(q=\boldsymbol{v},w_i,h,Z_i)$ 对自变量平均值依赖关系的模型。当前使用的湍流模型(Launder et al. 1972, Jones et al . 1985) 将在方程 (5.111)、(5.112) 和 (5.117) 中的 $\overline{\rho\cdot\boldsymbol{v}''\cdot q''}(q=w_i,\boldsymbol{v},h,Z_i)$ 项解释为*湍流输运*并据此类似于层流情形用*梯度假设*来模型化。按照此假设该项正比于所讨论量平均值的梯度

$$\overline{\rho\cdot\boldsymbol{v}''\cdot q_i''}=-\rho\cdot\nu_{\mathrm{T}}\cdot\nabla\tilde{q}_i \tag{11.51}$$

其中 $\nu_{\mathrm{T}}$ 称为湍流交换系数，这一假设引起了很多争论。事实上，实验表明，湍流输运同样能在梯度的反方向发生 (Moss 1979)。

一般来说，湍流输运比层流输运快得多，因此在很多情形中式 (5.111) 和式 (5.112) 中的平均层流输运项可以忽略。若湍流交换系数 $\nu_{\mathrm{T}}$(假设其对不同方程有不同的值) 已知，则湍流反应流动的守恒方程可以数值求解。已有很多模型来确定此交换系数，目前最常用的是*k-ε 湍流模型*(Launder et al. 1972, Jones et al. 1985)，即应用可用通常方法作为守恒方程推出的湍流动能方程

$$\tilde{k}=\frac{1}{2}\cdot\frac{\overline{\rho\cdot\sum\nu''^2}}{\bar{\rho}} \tag{11.52}$$

第二个用到的变量是动能的*耗散率*

$$\bar{\varepsilon}=\frac{\tilde{k}^{\frac{3}{2}}}{l} \tag{11.53}$$

由方程

$$\bar{\varepsilon}=\nu\cdot\overline{\nabla\boldsymbol{v}''^{\mathrm{T}}\cdot\nabla\boldsymbol{v}''} \tag{11.54}$$

给出，其中 $\nu=\mu/\rho=$ 层流运动黏性。可经验性地形成如下两个微分方程 (Kent et al. 1976)

$$\frac{\partial\bar{\rho}\cdot\tilde{k}}{\partial t}+\nabla\left(\bar{\rho}\cdot\boldsymbol{v}\cdot\tilde{k}\right)-\nabla\left(\bar{\rho}\cdot\nu_{\mathrm{T}}\cdot\nabla\tilde{k}\right)=G_{\mathrm{k}}-\bar{\rho}\cdot\tilde{\varepsilon} \tag{11.55}$$

$$\frac{\partial\bar{\rho}\cdot\tilde{\varepsilon}}{\partial t}+\nabla\left(\bar{\rho}\cdot\boldsymbol{v}\cdot\tilde{\varepsilon}\right)-\nabla\left(\bar{\rho}\cdot\nu_{\mathrm{T}}\cdot\nabla\tilde{\varepsilon}\right)=\left(C_1\cdot G_{\mathrm{k}}-C_2\cdot\bar{\rho}\cdot\tilde{\varepsilon}\right)\cdot\frac{\tilde{\varepsilon}}{\tilde{k}} \tag{11.56}$$

于是湍流交换系数 $\nu_{\mathrm{T}}$ 为

$$\nu_{\mathrm{T}}=C_\nu\cdot\frac{\tilde{k}^2}{\tilde{\varepsilon}} \tag{11.57}$$

这里 $C_\nu=0.09$ 是由经验确定的常数；$C_1$ 和 $C_2$ 为必须由经验确定的模型的常数；$G_k$ 项是由方程 (11.56) 得出的剪切应力张量的复杂函数

$$G_k=-\overline{\rho\cdot(\boldsymbol{v}\otimes\boldsymbol{v})}\cdot\nabla\tilde{\boldsymbol{v}} \tag{11.58}$$

$k$-$\varepsilon$ 模型的常数与所讨论问题的类型和几何性质相关，且模型还受到上述梯度假设 (11.51) 缺陷的影响，但仍用于模拟湍流流动的商业软件中。

### 11.3.4　平均反应速率

为求解平均守恒方程 (5.111) 和方程 (5.112)，还只需再确定平均反应速率$\tilde{\omega}_i$。为了说明这里存在的问题，我们考察两个例子 (Libby et al.　1980)：

第一个例子是一常温下变浓度的反应 $A+B\rightarrow$ 生成物。我们设想浓度的时间变化如图 11.34 所示 (与湍流非预混燃烧的特点类似)，其中 $c_A$ 和 $c_B$ 永不会同时非零，为了避免与湍流动能混淆，速率系数 $k$ 带一下标 $R$，反应速率为

$$\omega_A=-k_R\cdot c_A\cdot c_B \text{ 和 } \bar{\omega}_A=0$$

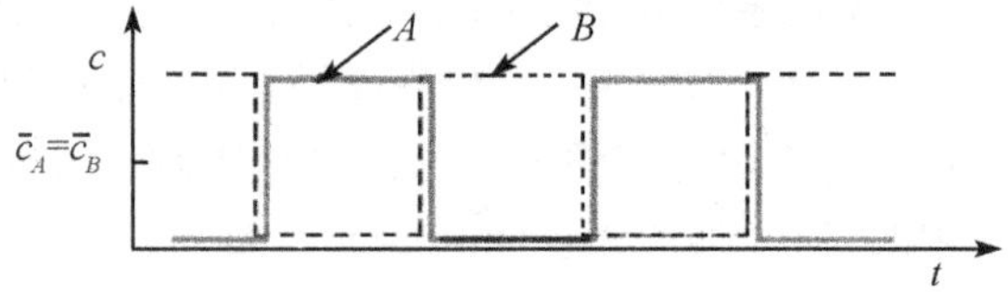


图 11.34　在一个 $A+B\rightarrow$ 生成物的反应中假想的浓度随时间的变化

即平均反应速率不能直接从浓度的平均值确定，而只有平均值的关系

$$\bar{\omega}_A=-k_R\cdot\overline{c_A\cdot c_B}=-k_R\cdot\bar{c}_A\cdot\bar{c}_B-k_R\cdot\overline{c_A'\cdot c_B'} \tag{11.59}$$

所以，无法用平均浓度代替当前浓度而简单地计算反应速率。

第二个例子是一个假定温度随时间正弦变化 (图 11.35) 的变温 (但常浓度) 下的反应。由于速率系数 $k_R=A\cdot\exp(-T_a/T)$ 的强非线性，$\bar{k}_R$ 完全不同于 $k_R(\bar{T})$，这可用一个数值算例来表明。当 $T_{\min}=500\text{K}$ 和 $T_{\max}=2000\text{K}$ 时，我们得到 $\bar{T}=1250$，现计算激活温度 $T_a=5\times10^4\text{K}(T_a=E_a/R)$ 时的反应速度，得到

$$k_R(T_{\max})=1.4\times10^{-11}\cdot A$$

$$k_R(T_{\min})=3.7\times10^{-44}\cdot A$$

$$k_R(\bar{T})=4.3\times10^{-18}\cdot A$$

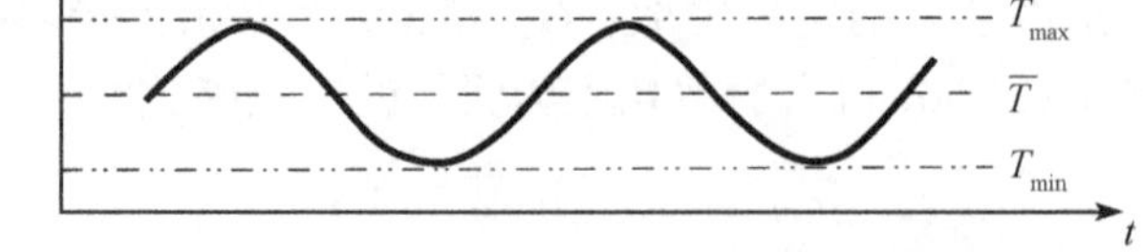


图 11.35　在一个 $A+B\rightarrow$ 生成物的反应中假想的温度随时间的变化

再计算对时间的平均 (例如，用数值积分)，得到

$$\bar{k}_R = 7.0 \times 10^{-12} \cdot A$$

这一事实对我们是很有意义的。例如，在研究氧化氮的形成时，由于其激活温度高，其形成对温度有很强的依赖关系，NO 主要在温度峰值时形成，这样，确定在平均温度值时 NO 的形成就是没有意义的，研究中必须考虑温度的脉动。

确定平均反应速率的一种方法是用概率密度函数 (PDF)的统计处理方法。若 PDF 是已知的，即可用积分来决定平均反应项，对于 $A+B\rightarrow$ 生成物的反应可以得到 (Libby et al. 1980)

$$\begin{aligned}\bar{\omega} =& -\int_0^1 \cdots \int_0^1 \int_0^\infty \int_0^\infty k_R \cdot c_A \cdot c_B \cdot P(\rho, T, w_1, \cdots, w_S, \boldsymbol{r}) \cdot d\rho \cdot dT \cdot dw_1 \cdots dw_S \\ =& -\frac{1}{M_A \cdot M_B} \cdot \int_0^1 \cdots \int_0^1 \int_0^\infty \int_0^\infty k_R(T) \cdot \rho^2 \cdot w_A \cdot w_B \cdot P(\rho, T, w_1, \cdots, w_S, \boldsymbol{r}) \\ & \mathrm{d}\rho \mathrm{d}T \mathrm{d}w_1 \cdots \mathrm{d}w_S \end{aligned} \tag{11.60}$$

此方法的主要问题是必须已知概率密度函数 $P$，现已有很多方法来确定 $P$，可根据所要解决问题的特殊要求来选择。

1. PDF 输运方程

有关此主题可见文献 (Dopazo et al. 1974, Pope 1991) 等。求解 PDF 输运方程的途径是最常规的，PDF 随时间发展的输运过程可从颗粒质量的守恒方程中推出，此方法的最大优点是准确地处理了化学反应 (当然，这里分子输运仍必须经验地模型化)。

为了数值求解输运方程，我们用大量不同的所谓随机粒子来近似概率密度函数，这些粒子代表着流动的个体实现。采用蒙特卡洛法求解 PDF 输运方程是很复杂的，直到目前仍仅限于最多四组元的小化学反应系统，故还必须采用某些简化机制。

2. PDF 的经验性构造

在此方法中，用经验数据来构造概率密度函数，是基于湍流火焰的模拟结果通常与 PDF 的精确形状关系很小这样一个事实。

构造多维概率密度函数的一种简单方法是假定每一变量的统计独立性。这时，PDF 可以分解为多个一维 PDF 的乘积 (Gutheil et al. 1987)

$$P(\rho, T, w_1, \cdots, w_S) = P(\rho) \cdot P(T) \cdot P(w_1) \cdot \cdots \cdot P(w_S) \tag{11.61}$$

当然这种分解是不正确的，因为如质量比例 $w_1, w_2, \cdots, w_S$ 彼此是并不独立的 (因 $\sum w_i = 1$)。因此，必须考虑变量间的附加关系。

每个一维的 PDF 可通过实验经验地确定。下面，我们列举简单几何形状的某些结果 (Libby et al. 1994)。

图 11.36 给出了在一个湍流混合层中各点燃料质量比例的 PDF 图形。在混合层的边缘遭遇纯燃料或纯空气的概率是很高的 (用箭头表示)，而遭遇燃料与空气混合物的概率是很小的。在混合层内部遭遇燃料和空气混合物的概率是很高的，对一定的混合物比例 PDF 具有最大值；尽管如此，这里遭遇纯燃料和纯空气的概率也是高的 (再次用箭头表示)，原因是在燃料、混合物和空气之间的局部边界常常移动这一事实造成的间隙性现象 。在某一时刻一点将在纯燃料流中或在纯空气流中 (见如 Libby et al.  1976, 1994)。对于可被看作两个混合层组合的湍流射流也得到了类似的结果 (图 11.37)。

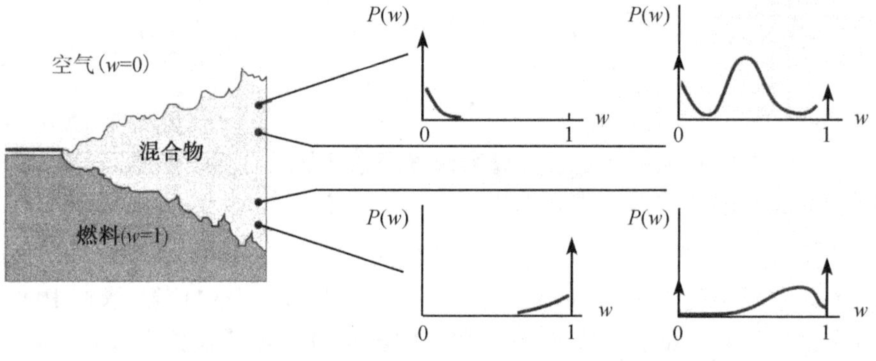


图 11.36　在湍流混合层内燃料质量比例概率密度函数的图示

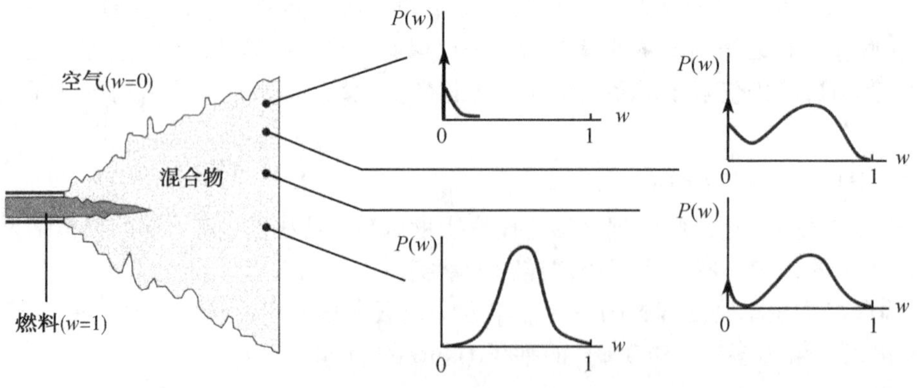


图 11.37　在湍流射流中燃料质量比例概率密度函数的图示

在湍流反应器中 (图 11.38) 概率密度函数近似作高斯分布, 离进口边界愈远遭遇到完全混合物的概率愈大, 高斯分布的宽度愈小, 直到最后变为一个冲激函数(遭遇完全混合物的概率为 1)。

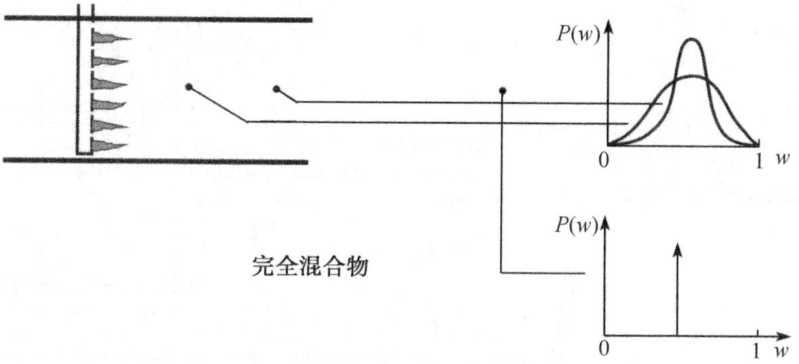


图 11.38 在湍流反应器中质量比例概率密度函数的图示

为了解析地描述一维 PDF, 可利用截断的高斯函数或 $\beta$函数。截断的高斯函数(图 11.39) 由一个高斯分布和两个冲激函数组成, 用来描述间隙峰(Gutheil et al. 1987)。

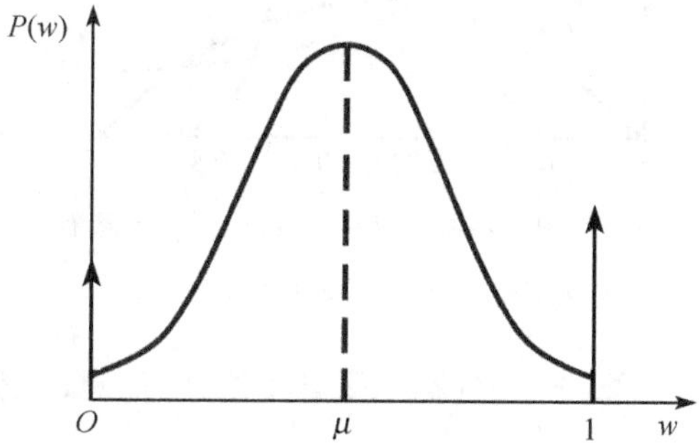


图 11.39 截断的高斯函数

此常用函数的解析表示为 (Williams 1985)

$$P(Z) = \alpha \cdot \delta(Z) + \beta \cdot \delta(1-Z) + \gamma \cdot \exp\left(-\frac{(Z-\varsigma)^2}{2 \cdot \sigma^2}\right) \tag{11.62}$$

这里 $\varsigma$ 和 $\sigma$ 表征高斯函数 ($Z = w_i, T, \cdots$) 的位置和宽度, 给定 $\alpha$ 和 $\beta$ 时正则化常数 $\gamma$ 是

$$\gamma = \frac{(1-\alpha-\beta) \cdot \sqrt{\dfrac{2 \cdot \sigma}{\pi}}}{\operatorname{erf}\left(\dfrac{1-\varsigma}{\sqrt{2 \cdot \sigma}}\right) + \operatorname{erf}\left(\dfrac{\varsigma}{\sqrt{2 \cdot \sigma}}\right)} \tag{11.63}$$

其中 "erf" 表示误差函数。

$\beta$ 函数 (图 11.40) 有很大的优点，它只包含两个参数 $(\alpha, \beta)$，但仍能描述很大范围的不同形状 (Rhodes　1979)

$$P(Z) = \gamma \cdot Z^{\alpha-1} \cdot (1-Z)^{\beta-1}, \quad \gamma = \frac{\Gamma(\alpha+\beta)}{\Gamma(\alpha) \cdot \Gamma(\beta)} \tag{11.64}$$

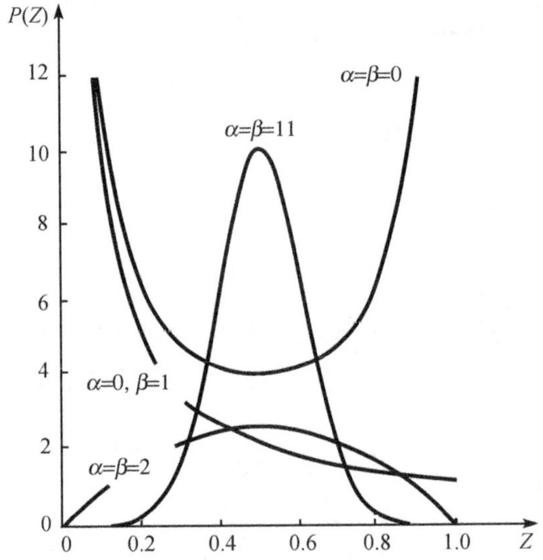


图 11.40　不同 $\alpha$ 和 $\beta$ 组合时的 $\beta$ 函数

为了简单，假定正则化常数 $\gamma = 1$

此第三个参数 $\gamma$ 由正则化条件 $\int P(Z) \cdot dZ = 1$ 得到 (注意，在数学中积分 $B(\alpha, \beta) = \int_0^1 t^{\alpha-1} \cdot (1-t)^{\beta-1} \cdot \mathrm{d}t$ 通常称为 $\beta$ 函数)，常数 $\alpha$ 和 $\beta$ 可由 $Z$ 的平均和方差确定

$$\bar{Z} = \frac{\alpha}{\alpha+\beta} \quad 和 \quad \overline{Z'^2} = \frac{\bar{Z} \cdot (1-\bar{Z})}{1+\alpha+\beta} \tag{11.65}$$

### 11.3.5　涡–破裂模型

涡–破裂–上升模型是非常快化学反应中平均反应速率的经验模型。这时反应速率由湍流耗散率 "混合即燃烧" 控制，此模型描述反应区为未燃烧和几乎完全燃烧区域的混合。

斯帕尔丁 (Spalding　1970) 的说法是，未燃气体区按某一速率分裂为更小的碎片，它们与已经燃烧了的气体有足够的接触，所以也有足够高的温度发生反应，类

似于湍流能减少 (reduction)。该速率即为平均反应速率，可以写作

$$\bar{\omega}_{\mathrm{F}}=-\frac{\bar{\rho}\cdot C_{\mathrm{F}}}{\bar{M}}\cdot\sqrt{\overline{w''^2_{\mathrm{F}}}}\cdot\frac{\tilde{\varepsilon}}{\tilde{k}} \tag{11.66}$$

其中 F 是燃料，$\mathrm{C_F}$ 是大小为 1 量级的经验常数。

### 11.3.6 大涡模拟(LES)

大涡模拟(LES)(雷诺 1989) 指湍流速度场的模拟，是借助于对大尺度结构涡直接模拟和对会引起分辨率及计算时间问题的小尺度结构采用如 $k$-$\varepsilon$ 模型或线性涡模型(克尔斯坦 Kerstein)(LES-LE) 等湍流模型来实现的。这种流体力学的过程借助于一过滤器分成两个长度尺度的范畴来实现，此方法已应用于汽车发动机的模拟(Amsden et al. 1989) 和气象计算中等。

### 11.3.7 湍流非预混火焰

1. 化学平衡的非预混火焰

为分析非预混湍流火焰的特点可做一简化假设，即燃料和氧化剂一旦混合，立即以无限快的速度发生反应 (化学平衡)。这样我们就只需确定混合发生得多快。图 11.41 示出了这种湍流混合过程的一个例子，燃料流入氧化剂 (氧、空气) 中后，湍流混合使燃料和氧化剂形成一种可燃的混合物，并如上述假设那样立即发生反应。无论是富油 (混合物多) 的区域，还是贫油 (混合物匮乏) 的区域都存在一个化学计量成分的表面，沿此面是化学计量成分的混合物。图的上部表示了离燃烧器一定距离处摩尔比例的一种分布。在很多非预混湍流火焰中火焰阵面出现在非常靠近化学计量成分混合物的区域，这可由该点处强光来辨识。

除上述假设无限快反应外，我们再假定所有扩散系数都是相同的，以进一步简化对混合过程的描述。于是所有组元都同样快地混合，我们只需考虑单变量的性状，因为在化学反应过程中化学组元形成或消耗，故较易跟踪元素混合的过程，我们引入混合比例 $\xi$

$$\xi=\frac{Z_i-Z_{i2}}{Z_{i1}-Z_{i2}} \tag{11.67}$$

其中 $Z_i$ 是元素的质量比例，现来考虑一个双股流动的问题。两股流动 (如在射流火焰中) 各有元素质量比例 $Z_{i1}$ 和 $Z_{i2}$，当扩散系数相同时，$\xi$ 与元素 $i(i=1,\cdots,M)$ 的选择无关，且由于方程 (11.67) 和 $Z_i=\sum\mu_{ij}\cdot w_j$(11.48)，$\xi$ 与质量比例 $w_j$ 呈线性关系。令流动 1 中 $\xi=1$，流动 2 中 $\xi=0$，用 $\xi$ 描述来自流动 1 中组元的质量比例，用 $1-\xi$ 描述来自流动 2 中组元的质量比例。

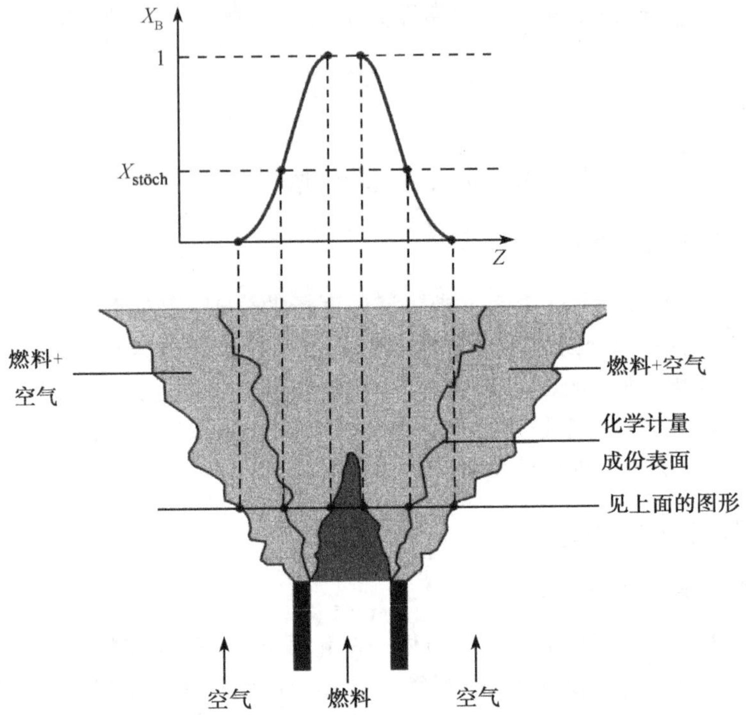


图 11.41　湍流非预混射流火焰瞬时情况的图示

因为线性关系，可用式 (11.67) 和方程 (5.116) 导出混合比例 $\xi$ 的守恒方程

$$\frac{\partial(\rho\cdot\xi)}{\partial t}+\nabla\cdot(\rho\cdot\boldsymbol{v}\cdot\xi)-\nabla\cdot(\rho\cdot D\cdot\nabla\xi)=0 \tag{11.68}$$

值得注意的是，在守恒方程中没有 $\xi$ 的化学源项。所以常称 $\xi$ 为守恒标量。若还假定刘易斯数 $Le=\lambda/(D\cdot\rho\cdot c_p)$ 等于 1，且无热损失，则同样可以用 $\xi$

$$\xi=\frac{h-h_2}{h_1-h_2} \tag{11.69}$$

来描述焓或温度场 (流动的动能可忽略，故压强是常值)。在假设 (a) 无限快的反应速率 (平衡的化学反应)；(b) 相同的扩散性和 $Le=1$；以及 (c) 无热损失的条件下，所有的标量变量 (温度、质量比例和密度) 都是混合比例的确定函数。这些函数可直接由平衡的成分给出。

描述湍流非预混火焰的问题已被简化为描述混合比例 $\xi$ 的湍流混合过程。有很多方法可解此问题，如 DNS(Reynolds 1989)，LES(McMurtry et al. 1992)，拉格朗日积分法(LIM)(Dahm et al. 1995) 和 PDF 方法 (Pope 1991)。

平均化和利用定态的梯度假设 (11.51) 后，我们得到 (对比方程 (5.117))

$$\nabla \cdot \left(\bar{\rho} \cdot \tilde{\boldsymbol{v}} \cdot \tilde{\xi}\right) - \nabla \left(\bar{\rho} \cdot \nu_{\mathrm{T}} \cdot \nabla \tilde{\xi}\right) = 0 \tag{11.70}$$

若已知混合比例的 PDF，就能计算所有标量的平均值。由于平均密度进入方程 (5.111) 和方程 (5.112)，这样平均守恒系统就能封闭，在理想情况下，PDF 应当通过其输运方程计算 (Pope 1991)。

确定混合比例概率密度函数的一种较简单的方法是，假设分布有以 $\xi$ 的平均和方差为特征的某些形状 (如高斯函数或 $\beta$ 函数)，这样只需求解 $\xi$ 的平均和方差的平衡方程，而非 PDF 的输运方程。从方程 (11.70) 可以推出法夫俄 (Favre) 方差 $\widetilde{\xi''^2} = \overline{\rho \cdot \xi''^2} \Big/ \bar{\rho}$ 的守恒方程 (方程 (11.70) 乘以 $\xi$ 再平均化)。我们得到 (Bilger 1980)

$$\nabla \cdot \left(\bar{\rho} \cdot \tilde{\boldsymbol{v}} \cdot \widetilde{\xi''^2}\right) - \nabla \cdot \left(\bar{\rho} \cdot \nu_{\mathrm{T}} \cdot \widetilde{\xi''^2}\right) = 2 \cdot \bar{\rho} \cdot \nu_{\mathrm{T}} \cdot \nabla^2 \tilde{\xi} - 2 \cdot \overline{\rho \cdot D \cdot \nabla^2 \cdot \xi''} \tag{11.71}$$

其中 $\nabla^2 \xi$ 表示梯度 $(\nabla \xi)^{\mathrm{T}} \cdot \nabla \xi$ 绝对值的平方，方程的最后一项称为标量耗散率 $\chi$。$\chi$ 对已知量的依赖关系也必须模型化，如简单梯度输运假设

$$\tilde{\chi} = 2 \cdot \frac{\overline{\rho \cdot D \cdot \nabla^2 \xi''}}{\bar{\rho}} \approx 2 \cdot D \cdot \nabla^2 \tilde{\xi} \tag{11.72}$$

现在我们就可以从 $\tilde{\xi}$ 和 $\widetilde{\xi''^2}$ 确定概率密度函数 $P(\xi; \boldsymbol{r})$ 了 (例如，$\beta$ 函数，11.3.5节)。因为 $\rho$, $w_i$ 和 $T$ 都是 $\xi$ 的函数，遂可借助于 PDF 计算感兴趣量的平均值

$$\tilde{w}_i(\boldsymbol{r}) = \int_0^1 w_i(\xi) \cdot \tilde{P}(\xi; \boldsymbol{r}) \cdot \mathrm{d}\xi$$

$$\tilde{T}(\boldsymbol{r}) = \int_0^1 T(\xi) \cdot \tilde{P}(\xi; \boldsymbol{r}) \cdot \mathrm{d}\xi$$

$$\tilde{w}''^2_i(\boldsymbol{r}) = \int_0^1 \left(w_i(\xi) - \tilde{w}_i(\boldsymbol{r})\right)^2 \cdot \tilde{P}(\xi; \boldsymbol{r}) \cdot \mathrm{d}\xi$$

$$\tilde{T}''^2(\boldsymbol{r}) = \int_0^1 \left(T(\xi) - \tilde{T}(\boldsymbol{r})\right)^2 \cdot \tilde{P}(\xi; \boldsymbol{r}) \cdot \mathrm{d}\xi \tag{11.73}$$

其中 $\tilde{P}$ 是法夫俄平均的概率密度函数，可将概率密度函数对密度积分来计算

$$\tilde{P}(\xi; \boldsymbol{r}) = \frac{1}{\bar{\rho}} \cdot \int_0^\infty \rho \cdot P(\rho, \xi; \boldsymbol{r}) \cdot \mathrm{d}\rho \tag{11.74}$$

这样方程组由密度和速度场的守恒方程 (例如，利用 $k$-$\varepsilon$ 模型的方程)、混合比例 $\xi$ 的法夫俄平均$\tilde{\xi}$ 和法夫俄方差$\widetilde{\xi''^2}$ 的平衡方程组成。从 $\tilde{\xi}$ 和 $\widetilde{\xi''^2}$ 可以确定概率密度函数 $P(\xi)$。由于 $\xi$ 和所有标量 (即平衡成分) 间有确定的关系，所以每个标量的统计量都可算出。这些方程可用来计算火焰长度、温度场和主要组元 (燃料、氧、水和二氧化碳) 的浓度场。

但是，因为假定了无限快的化学反应速率，此模型不可能模拟火焰的熄灭，同样也不能描述烟灰 (碳黑) 和氧化氮的形成，故必须计及有限反应速率的影响来改进模型。

2. 具有有限速率化学反应的非预混火焰

有限速率化学反应时必须考虑完全的守恒方程组，即除了总质量，总动量和总能量的平衡方程外，还必须计及反应系统中单个组元的带有源项 $M_i \cdot \omega_i$ 的守恒方程

$$\frac{\partial(\rho \cdot w_i)}{\partial t} + \nabla \cdot (\rho \cdot \boldsymbol{v} \cdot w_i) + \nabla \cdot (\rho \cdot D \cdot \nabla w_i) = M_i \cdot \omega_i, \quad i = 1, \cdots, S \qquad (11.75)$$

按11.3.4节的说明，问题发生在源项的平均上，因为它们与温度和浓度的关系都是非线性的。

若已知质量比例 $w_i$ 的 PDF，则平均在原则上是可能的，因此可以平均化并求解方程组 (Gutheil et al.　1987)。但是，由于一般说来 PDF 并不明确，而且大量的不同组元意味着这样做的计算成本也太高。

随着混合速率的增大，一个化学过程首先偏离平衡；若混合速率继续增大，则第二个过程也随之偏离平衡；化学过程一个接一个地偏离平衡，直至构成能量平衡主要部分的反应发生在相当于混合过程时间尺度的时间尺度；若混合速率再进一步增大，温度也偏离其平衡值。

图 11.42 表明了这一点。温度仅稍稍地偏离其平衡值。左右两图表示同一个实

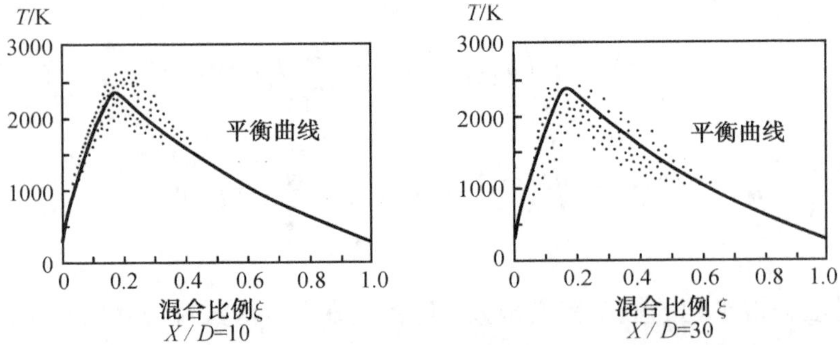


图 11.42　在湍流非预混氢射流火焰中同时测量混合比例和温度的激光拉曼散射图

右图中的射流流速是左图的三倍 (Magre et al.　1988)

验，仅在右图中氢射流的速度是左图中的三倍。激光拉曼 (Raman) 散射实验同时地测量混合比例和温度，图中每一点表示一个微秒脉冲。

左图的测量值集合在平衡线的附近，右图显示了温度的降低，这时相应于水平方向位移的混合过程和相应于垂直方向位移的化学反应热的释放竞争，测量值明显地低于平衡线。射流速度的进一步提高导致火焰的总体熄灭。

图 11.43 显示了一种不同的性态。这些分散的图形表示了火焰的局部熄灭。左图是小混合速率的非预混甲烷–空气火焰；右图表示了在同一火焰不同位置处——空气与燃料快速混合处的测量。很多远离平衡线的测量点表明了局部火焰的熄灭。若射流速度进一步提高，这里同样可以观察到总体火焰的熄灭。

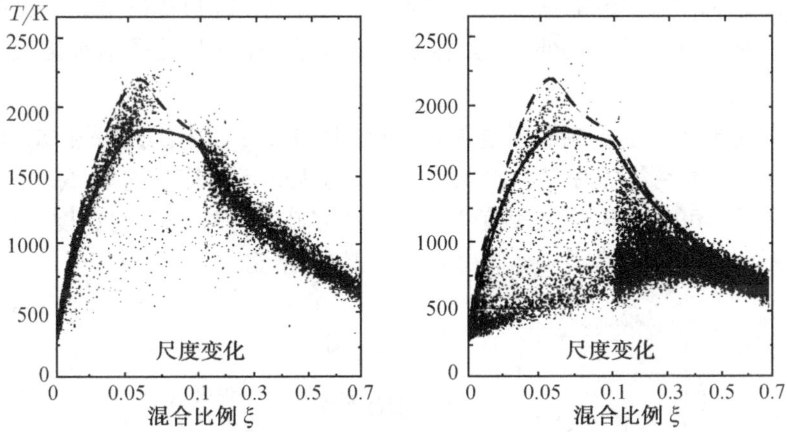


图 11.43 湍流非预混甲烷–空气射流火焰中在距离燃烧室不同位置处同时测量混合比例和温度的激光拉曼散射图形 (Dibble et al. 1987, Masri et al. 1988)

其中不同的线分别表示了 $a = 1/\mathrm{s}$(虚线) 和 $a = 320\mathrm{s}^{-1}$ 对小火舌的计算

若计算第一个非平衡过程的速率并假设其余的 (快) 化学过程是平衡的，可以改进上节中给出的平衡模型。混合发生得愈快，此慢过程偏离平衡愈多。需用一个参数来描述此偏离。

从11.2.4 小节中知道层流逆流火焰具有越来越偏离平衡的解。其中关键参数是延伸率 $a$，对于一个局部二维流动 $a$，与标量耗散率 $\chi = 2 \cdot D \cdot \nabla^2 \xi$ 是由关系式 (Dahm 1933)

$$a = 2 \cdot \pi \cdot D \cdot \left[ \frac{\nabla^2 \xi}{(\xi^+ - \xi^-)^2} \right] \cdot \exp \left\{ 2 \cdot \mathrm{erf}^{-1} \left[ \frac{\xi - \frac{1}{2} \cdot (\xi^+ - \xi^-)}{\frac{1}{2} \cdot (\xi^+ - \xi^-)} \right] \right\}^2 \tag{11.76}$$

联系起来的 (对于如图 11.20 的 Tsuji 几何特征，延伸率一般可由位流流动的解 $a = 2 \cdot V/R$ 来近似)。此方程正确地描述了这样一个事实，即每一个延伸率的标量

耗散都随 $\xi^+$ 和 $\xi^-$ 间差的大小而变大或变小。

因此标量耗散率是描述偏离平衡的一个合适参数。火焰中的各标量仍是混合比例的确定函数，但这时不用平衡值，而用变形火焰的值，这意味着将湍流火焰视为许多具有相同标量耗散率 $\xi$ 的小层流火舌的集合。此模型已有了很大的改进，可以预测 CO 、NO 和其他组元的非平衡浓度。若允许视为具有分布标量耗散率的火舌的集合，则将更进一步改进此模型，因为火焰中的速度场将由于漩涡的运动而变化。现在来给出这样的模型。

3. 火焰熄灭

在11.2.4小节中已经描述了层流非预混逆流火焰，得知特征参数如火焰温度等随延伸率而强烈地变化。延伸 (由延伸率参数 $a$ 表征的) 描述了沿火焰表面的速度梯度。

当延伸足够大时，层流非预混火焰熄灭。图 11.44 表示了这一性态。超过临界延伸参数 (相应于空气的临界自由流速度 $V$) 时火焰 “熄灭”。这里 $f_W$ 是一个量纲 1 的外流参数，可由来流空气速度 $V$、燃料从多孔圆柱中喷出的速度 $v_W$、雷诺数 $Re$ 和圆柱半径 $R$ 计算而得，延伸由 $a = 2 \cdot V/R$ 给定。

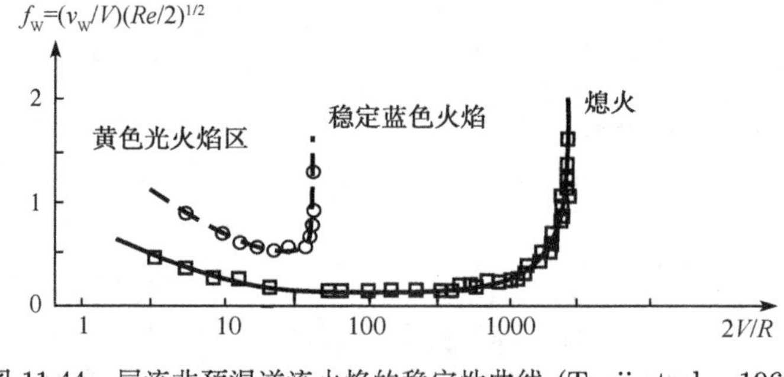


图 11.44　层流非预混逆流火焰的稳定性曲线 (Tsuji et al.　1967)

图 11.45 所示为不同标量耗散率 $\chi$，即不同延伸率 $a$ 时计算的非预混逆流火焰中的温度型。超过某耗散率 $\chi_q$(这里 $\chi_q = 20.6\text{s}^{-1}$，其下标 q 表示 “熄灭”) 时，火焰最终熄灭 (Rogg et al. 1987)。

当对流–扩散的热输运增加，同时化学反应产生的热由于较短的直接接触时间而减少，温度就下降。火焰接近熄灭时对刘易斯数 $Le = \lambda/(D \cdot \rho \cdot c_p)$，即热扩散与质量扩散的比，是很敏感的 (Tsuji et al.　1967, Peters et al.　1982)。在湍流火焰中层流火舌的延伸是由在化学计量混合位置处的标量耗散率决定的。因此标量耗散率是延伸的直接度量，它超过某一临界值时，发生火舌的局部熄灭。这样，我们可以了解在湍流非预混火焰中的熄灭过程。

火舌模型同样可用来解释湍流火焰通过大的延伸而熄灭的湍流火焰上扬，图 11.46 示意性表示了这点。在喷管的出口处火焰阵面的延伸最大，因此这里最经常发生熄灭。平均发光火焰的外形表明了随喷流速度增大而增大的上扬，了解上扬过程的实际重要性在于有可能在火焰的根部最优地实现熄灭过程 (例如，对燃烧的油井)，那里延伸最大，因而火焰最易熄灭。

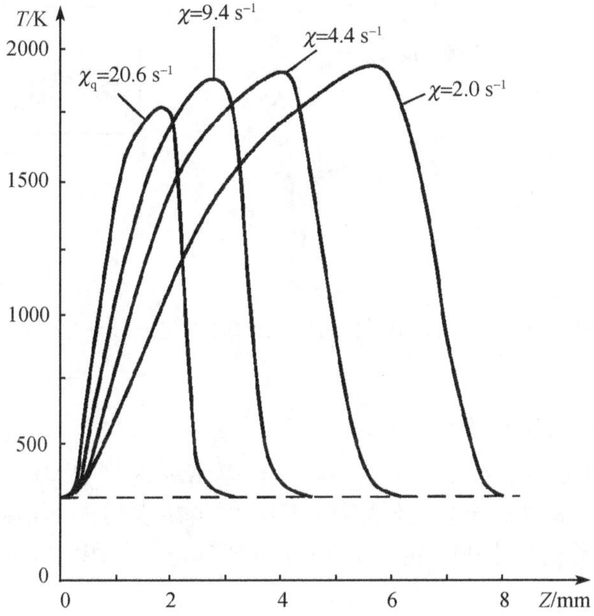


图 11.45　非预混 $CH_4$- 空气逆流火焰不同耗散率 $\chi$ 的计算所得温度型

火焰熄灭发生于 $\chi > 20.6\text{s}^{-1}$；两边非燃气体的温度 $T = 298\text{K}$；压强 1bar

在湍流非预混火焰的模型化中，仅在这样的标量耗散率区内作积分来计及熄灭过程的影响。该区内在确定密度，温度和质量比例的平均值时，不发生火焰的熄灭

$$\tilde{T}(\boldsymbol{r}) = \int_0^1 \int_0^{\chi_q} T^{(F)}(\chi,\xi) \cdot \tilde{P}^{(F)}(\chi,\xi;\boldsymbol{r}) \cdot \mathrm{d}\chi \cdot \mathrm{d}\xi + \int_0^1 \int_{\chi_q}^{\infty} T_u(\chi,\xi) \cdot \tilde{P}^{(F)}(\chi,\xi;\boldsymbol{r}) \cdot \mathrm{d}\chi \cdot \mathrm{d}\xi \tag{11.77}$$

对方程 (11.73) 中其他量的平均也可得类似的表达式。非预混火焰局部熄灭后，在熄灭处反应物混合，形成部分预混火焰的区域，要求再有一个参数来描述此预混过程 (Rogg et al.　1987)。湍流预混火焰中的这种过程将在11.3.8小节中讨论。

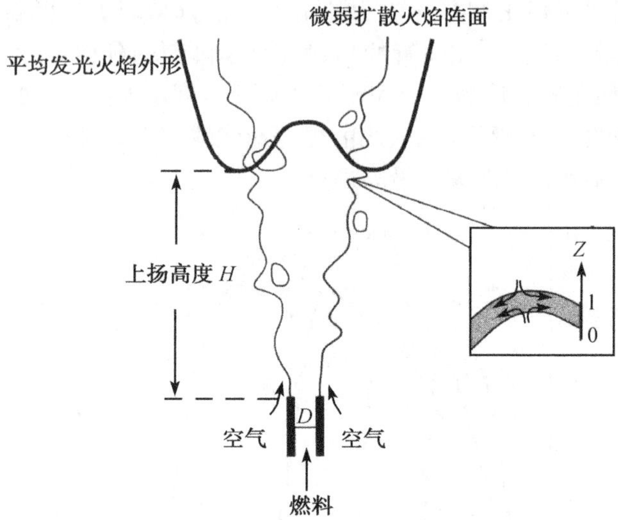


图 11.46 湍流非预混自由射流火焰的上扬性态的示意图

4. 湍流非预混火焰的 PDF 模拟

在本节我们来说明, 若已知标量的联合概率密度函数 (PDF), 则化学源项的封闭问题即可解决。采用某些方法假定了 PDF 的解析表达式 (如截断的高斯函数或 $\beta$ 函数), 这些函数由一个变量的平均和方差来确定。这些双变量的平衡方程可由 N-S 方程推出。

尽管这方面的研究已取得了很大的进展 (Libby et al. 1994), 但不容忽视的事实是用解析函数生成的 PDF 尚不足以完善地描述实际 PDF 的特性。原则上, 每个 PDF 都可由它的矩 (无限多) 来描述, 但是实际上导出和求解较高矩的平衡方程是不可行的。

标量联合概率密度函数形成于混合过程和化学反应, 因此可由 N-S 方程和组元守恒方程一起来确定。从这些方程出发我们能够推出速度和标量联合概率密度函数的输运方程 (Pope 1991)。令单点概率密度函数

$$f\left(v_x, v_y, v_z, \psi_1, \cdots, \psi_n; x, y, z, t\right) \mathrm{d}v_x \mathrm{d}v_y \mathrm{d}v_z \mathrm{d}\psi_1 \cdots \mathrm{d}\psi_n \tag{11.78}$$

表示在时间 $t$ 和点 $(x, y, z)$ 处流体速度分量在 $v_i$ 和 $v_i + \mathrm{d}v_i$ 之间, 标量值 (质量比例, 密度, 热焓) 在 $\psi_\alpha$ 和 $\psi_\alpha + d\psi_\alpha$ 间的概率, 于是描述 PDF 发展的输运方程为 (Pope 1991)

$$\rho(\boldsymbol{\Psi}) \cdot \frac{\partial f}{\partial t} + \rho(\boldsymbol{\Psi}) \cdot \sum_{j=1}^{3}\left(v_j \cdot \frac{\partial f}{\partial x_i}\right) + \sum_{j=1}^{3}\left(\left[\rho(\boldsymbol{\Psi}) \cdot g_j - \frac{\partial \bar{p}}{\partial x_j}\right] \cdot \frac{\partial f}{\partial v_j}\right)$$

$$
\begin{aligned}
&+\sum_{\alpha=1}^{n}\left(\frac{\partial}{\partial \boldsymbol{\Psi}_{\alpha}}\left[\rho\left(\boldsymbol{\Psi}\right)\cdot S_{\alpha}\left(\boldsymbol{\Psi}\right)\cdot f\right]\right)\\
=&\sum_{j=1}^{3}\left(\frac{\partial}{\partial v_{j}}\left[\left\langle\frac{\partial p'}{\partial x_{j}}-\sum_{i=1}^{3}\left(\frac{\partial \tau_{ij}}{\partial x_{i}}\right)_{\boldsymbol{v},\boldsymbol{\Psi}}\right\rangle\cdot f\right]\right)\\
&+\sum_{\alpha=1}^{n}\left(\frac{\partial}{\partial \boldsymbol{\Psi}_{\alpha}}\left[\sum_{i=1}^{3}\left\langle\left(\frac{\partial J_{i}^{\alpha}}{\partial x_{i}}\right)_{\boldsymbol{v},\boldsymbol{\Psi}}\right\rangle\cdot f\right]\right)
\end{aligned}
\tag{11.79}
$$

其中 $x_i$ 表示 $x,y,z$ 坐标，$g_i$ 为 $x,y,z$ 方向的重力加速度，$\boldsymbol{\Psi}$ 是标量的 $n$ 维矢量，$v_j$ 是速度矢量 $\boldsymbol{v}$ 的分量，$S_\alpha$ 是标量的源项 (如化学反应源项)，$\tau_{ij}$ 是剪切应力张量的分量，$J_i^\alpha$ 是标量 $\alpha$ 的分子通量 (例如，扩散或热通量密度) 在 $i$ 方向的分量。$\left\langle(q)_{\boldsymbol{v},\boldsymbol{\Psi}}\right\rangle$ 项表示变量 $q$ 的条件期望值，因此，$\left\langle(q)_{\boldsymbol{v},\boldsymbol{\Psi}}\right\rangle$ 是在速度和组分分别取 $\boldsymbol{v}$ 和 $\boldsymbol{\Psi}$ 时 $q$ 的平均值。从物理上这意味着对某些速度和标量值条件期望值描绘分子通量的平均值。

方程左端第一项描述 PDF 的变化率，第二项描述对流 (物理空间中的输运)，第三项是在速度空间由于重力和压强梯度引起的输运，第四项是在状态空间由于源项 (如化学反应) 引起的输运。注意到方程左端的全部项以封闭形式出现是重要的，这就准确地处理了化学反应，这是此方法的最大优点。

但是，方程右端项中分子通量的条件期望值项 $\left\langle(q)_{\boldsymbol{v},\boldsymbol{\Psi}}\right\rangle$ 还必须模型化，因为它们并不以封闭形式出现。这意味着必须给出这些项对于已知 (如已计算的) 量的函数关系，因为我们只使用了单点 PDF来描述流动，无空间关联的信息。

单点 PDF 的输运方程 (11.79) 由于其高维性人们还不能简单地用当今的计算机来求解，N-S 方程中的自变量仅为时间和空间坐标，而输运方程 (11.79) 中速度分量和标量变量同样都是自变量。解此问题的唯一方法是蒙特卡洛法，用大量的 (如在二维空间系中 $1\times10^5$ 个)随机粒子 来近似 PDF，这些粒子的特性随时间、对流、化学反应、分子输运和外力变化，从而模拟了 PDF 的发展 (Pope 1991)。

在实际应用中速度和标量的联合概率密度函数 $f\left(\boldsymbol{v},T,w_i,\rho\right)$ 被简化为标量的 PDF(它准确地描述化学反应)，速度场则用湍流模型 (如 $k$-$\varepsilon$ 模型) 求解平均的 N-S 方程而获得，此两个模型通过密度 $\rho$ 耦合。将 PDF 模型产生的密度场代入湍流模型，从而计算一个新的流场，然后再将此信息反馈到 PDF 模型。此过程重复地进行直至获得一个收敛解，这样的混合 PDF/湍流模型的模拟可以取得对湍流火焰的逼真描述。图 11.47 示意地显示了圆筒中非预混甲烷–空气火焰 的数值模拟和实验结果的比较。此模拟基于混合模型方法和简化的化学运动学 (ILDM)(Warnatz et al. 2001) 的结合。两种结果吻合得很好，此模型比涡耗散模型(改进的 EBU 模型，11.3.5节) 要好得多。后者假设化学反应的发生比分子混合快得多。快速化学反应的假设过高地估计了生成物的形成，因此温度过高。结果，计算形成的 NO 值就太大了。

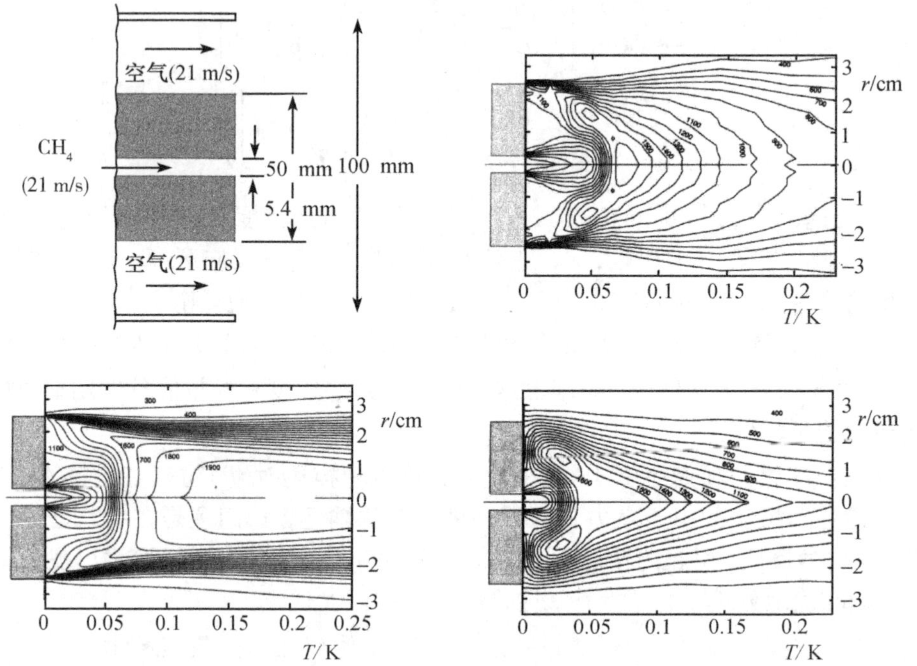


图 11.47　非预混 $CH_4$- 空气射流火焰的模拟

左上是外形图，右上是测量的温度型，$T_{\max} \approx 1600\mathrm{K}$，下左用涡耗散模型计算，$T_{\max} \approx 1900\mathrm{K}$；下右用混合 PDF/模型计算，$T_{\max} \approx 1600\mathrm{K}$

### 11.3.8　湍流预混火焰

图 11.48 表示了在湍流流场中的一个预混火焰。燃料和氧化剂的混合物向上流，在静止物体后热气流的回流使预混火焰稳定。此火焰从静止物体后传播至未燃烧的混合气体。若流动是层流，火焰将呈现 “V” 形。但是，由于流动是湍流，火焰角取决于局部自由流的速度而不断地改变，使火焰具有如图 11.48 的形状。

三维结构随湍流度的增大而增加，这可用图 11.49 所示双对数坐标的波雷图(Borghi　1984, Candel　et al.　1994, Poinsot et al.　1991) 来理解。该图将湍流强度 $v'$ 用层流火焰速度 $v_{\mathrm{L}}$ 正则化后的 $v'/v_{\mathrm{L}}$ 相对于旋涡最大长度尺度 $l_0$ 用层流火焰厚度 $l_{\mathrm{L}}$ 正则化的 $l_0/l_{\mathrm{L}}$ 画成曲线。

波雷图被不同的直线分成了几个区域。若湍流雷诺数 $R_l = v' \cdot l_0/\nu$ 小于 $1(R_l < 1)$，则发生层流燃烧。湍流燃烧区 $(R_l > 1)$ 可进一步分割。引入两个新的量纲 1 量，即湍流卡尔洛维茨数 $Ka$和湍流达姆科莱尔数 $Da$, 是很有用的。

湍流卡尔洛维茨数 $Ka$ 描述了层流火焰的时间尺度 $t_\mathrm{L}(t_\mathrm{L}=l_\mathrm{L}/v_\mathrm{L})$ 相对于科莫哥洛夫时间尺度 $t_\mathrm{K}$ 之比

$$Ka=\frac{t_\mathrm{L}}{t_\mathrm{K}},\quad t_\mathrm{K}=\sqrt{\frac{\nu}{\tilde{\varepsilon}}} \tag{11.80}$$

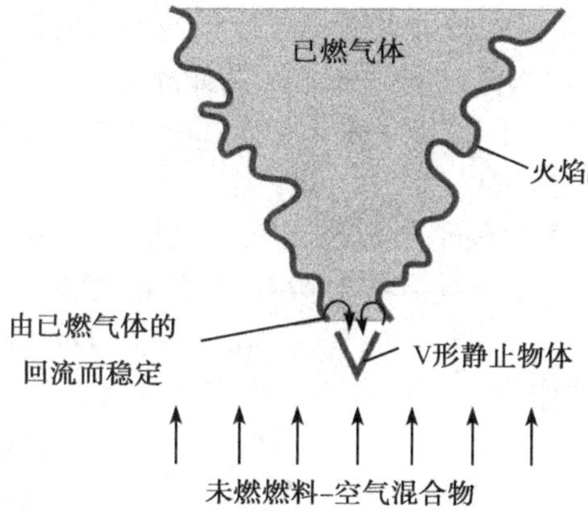


图 11.48 用静止物体稳定的湍流预混火焰瞬时状态的示意图

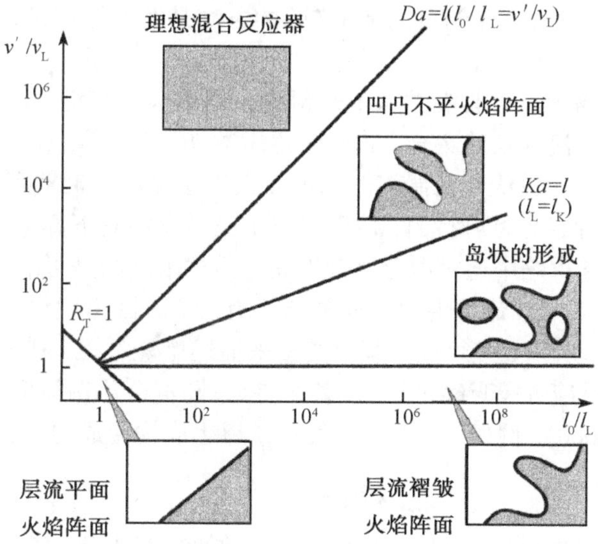


图 11.49 波雷图

其中 $\nu$ 是特征运动黏性 $(\nu=\mu/\rho)$, $\tilde{\varepsilon}$ 是湍流动能的耗散率 (式 (11.53))。在科莫哥洛夫尺度下, $l_\mathrm{K}$ 大小的涡旋转一周要求的时间和通过涡的扩散要求的时间是相同的。若层流火焰的时间尺度小于科莫哥洛夫尺度，发生局部预混火焰嵌入在湍流流动中。在波雷图中此火舌区位于 $Ka = 1$ 的直线下面。

湍流达姆科莱尔数 $Da$ 描述了宏观时间尺度和化学反应时间尺度间的比

$$Da = \frac{t_0}{t_\mathrm{L}} = \frac{l_0 \cdot v_\mathrm{L}}{v' \cdot l_\mathrm{L}} \tag{11.81}$$

当 $Da < 1$ 时，化学反应需要的时间大于物理过程需要的时间。在此范围内，涡直接与火焰结构相互作用，而火焰结构的分布又是如此之大，以至于很难仍用“火焰阵面”来描述。在波雷图中此区位于 $Da = 1$ 直线的上方。这里的反应也称为均匀反应、完全混合反应或理想反应。

在理想反应区和火舌区之间是分布的反应区，其中某些涡在火焰阵面内 (长度尺度 $l_\mathrm{K}$ 小于 $l_\mathrm{L}$ 的涡)。在每个可能具有对数–正态分布的湍流中都存在不同耗散率 $\tilde{\varepsilon}$ 很宽的谱 (Warnatzet et al.　2001, Dahm et al.　1993, Dahm et al.　1995)。为此，湍流火焰中的条件不能被作为波雷图中的一个点来描述，而是作为可跨越图中不同区域的一个范围。

1. 火舌模型

上面描述的方法可计算层流预混火焰的特性，如温度和浓度型 (包括污染物)、火焰速度等。但是，湍流火焰是三维和非定常的，直接数值模拟 (DNS)(比较11.3.2小节) 大大超越了当前的计算能力，所以实际的方法是发展能描述湍流火焰的最重要特性的模型。

预混湍流火焰的火舌模型类似于非预混火焰的火舌模型。湍流火焰被视为湍流流场中很多小层流火焰的集合，若湍流雷诺数 $R_l$ 趋于零，模型将正确地过渡成层流火焰的模型。一般认为在湍流时间尺度大于层流火焰时间尺度的大达姆科莱尔数区域使用火舌概念是可行的，该区域位于波雷图的右下部 (图 11.49)。

在湍流非预混火焰中通过混合比例来完全描述浓度场是可能的 (至少在快化学反应的情况下)。对于湍流预混火焰此概念没有意义，因为燃料与氧化剂在反应前已经完全混合了。所以，必须选择其他变量来描述燃烧过程。利用描述预混火焰阵面处燃烧进展的反应进展变量 $c$ 已为大家所接受。与混合比例类似，$c$ 具有 0 和 1 之间的值 (Bray　1980)。例如，可以用 $c$ 表示最后生成物形成的百分比，例如，

$$w_{CO_2} = c \cdot w_{CO_{2,\mathrm{b}}} \tag{11.82}$$

其中下标 b 表示已燃气体，所用的生成物型可能没有最大值，因为这将无法唯一地确定 $c$。在流动中每一点处如 OH 、$O_2$、CO 、$CO_2$ 等标量可由反应进展变量 $c$ 和 $c$ 的局部耗散 (若需要的话) 唯一地确定。

逆流情况下，给定耗散率值的层流预混火焰可由实验 (Law　1989) 和数值解 (Stahl et al.　1991) 得到。

火舌模型可应用于湍流预混燃烧瞬时解的证明已由图 11.50 给出的激光片光实验的例子观察到，火舌假设对此湍流本生火焰看来是正确的。此图显示了在一个半工业长度的燃烧器中湍流天然气–空气自由射流预混火焰的 LIF-OH 快照，再一次可见褶皱的层流火焰结构。为了应用火舌模型，尚需描述 $c$ 的输运和演化的模型。然后才可用火舌模型由 $c$ 来确定温度、组元浓度和密度，并将这些参数代入湍流火焰模型。有很多耦合火舌模型和湍流模型的方法，例如，在阿舒斯特 (Ashurst 1995)，坎特尔 ( Candel et al. 1994)，鲍勃 (Pope 1991)，里比，威廉姆斯 (Libby et al. 1994)，彼得 (Peters 1987) 等文献中介绍的。

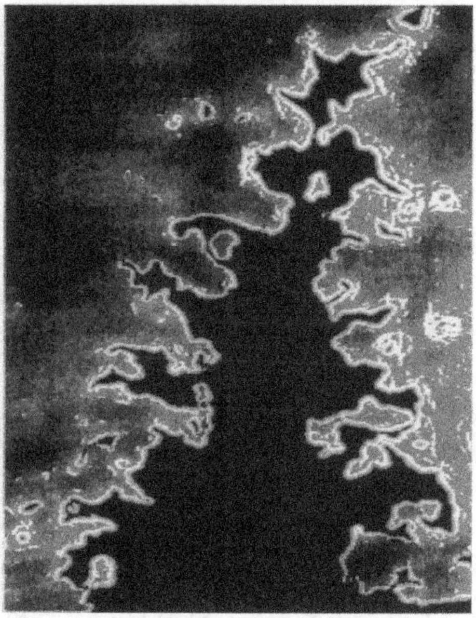

图 11.50 稳定在 3cm 直径喷管上的湍流预混天然气–空气射流火焰中 OH 浓度的激光片光 LIF(激光干扰滤波器) 测量

内部黑色区表示未燃混合来流，$\Phi = 0.8$，$R_l = 857$，$Ka = 0.07$

2. 湍流火焰速度

我们也尝试着用湍流火焰速度 $v_T$ 来描述湍流预混火焰阵面的发展 (类似于层流情况)。在最简单情形下，可利用下述假设将湍流火焰阵面视为一个褶皱的层流火焰阵面 (Damköhler 1940)

$$\rho_u \cdot v_T \cdot A_T = \rho_u \cdot v_L \cdot A_L \tag{11.83}$$

其中 $A_L$ 表示褶皱层流火焰阵面的总表面面积，$A_T$ 是平均湍流火焰阵面的面积，$v_L$ 是层流火焰速度 (比较图 11.51)，于是得到基本关系

$$v_{\mathrm{T}} = v_{\mathrm{L}} \cdot \frac{A_{\mathrm{L}}}{A_{\mathrm{T}}} \tag{11.84}$$

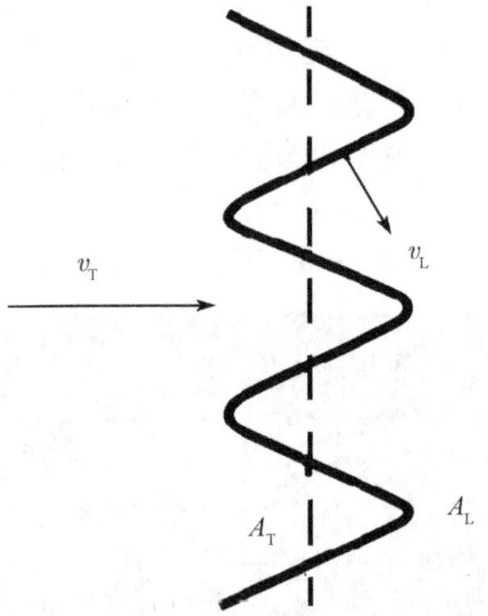


图 11.51　湍流预混火焰阵面传播的示意图

即 $v_{\mathrm{T}}$ 和 $v_{\mathrm{L}}$ 之比是层流和 (平均) 湍流火焰表面的面积比。达姆科莱尔使用假设 $A_{\mathrm{L}}/A_{\mathrm{T}} = 1 + v'/v_{\mathrm{L}}$，其中 $v'$ 表示湍流的脉动速度 (比较11.3.8节)，于是得到表达式

$$v_{\mathrm{T}} = v_{\mathrm{L}} + v' = v_{\mathrm{L}} \cdot \left(1 + \frac{v'}{v_{\mathrm{L}}}\right) \tag{11.85}$$

只要湍流强度不是太大 (不出现火焰熄灭)，此结果与实验结果是吻合的。特别是，此模型描述了在汽车发动机中，活塞速度的增大 ($v'$ 近似正比于转速/分 (r/m)) 导致燃烧速率的增大。没有这一关系，汽车有效的燃烧将限于低 rpm (Heywood　1988)。

方程 (11.83) 与湍流长度尺度 (如积分长度尺度 $l_0$) 无关这一事实也与实验 (Liu et al.　1988) 相吻合，用一个简单的示意图 11.52 即可理解这一点。尽管所示的两种火焰阵面有不同的长度尺度，但因层流火焰阵面的总面积一样，两湍流火焰的速度相同。

若混合物太富或太贫 (超出可燃性极限，由图 11.54 外插来确定)，此简单模型将会发生问题。这时层流火焰速度为零，不存在火焰，而模型却错误地给出 $v_{\mathrm{T}} = v'$。

3. 火焰熄灭

随湍流强度 $v'$ 的提高，我们将观察到湍流火焰速度 $v_{\mathrm{T}}$ 的最大值，这是由火焰的局部熄灭引起的。布雷德里 (Bradley) 和他的合作者 (1984, 1993) 在 $C_3H_8$- 空气

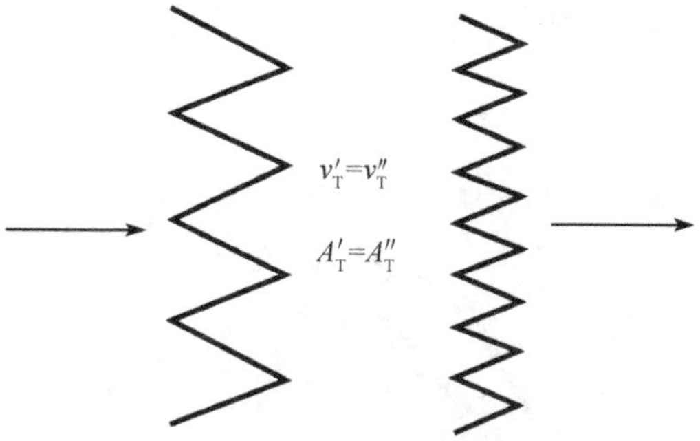


图 11.52 有不同长度尺度但有相同面积的两火焰阵面的示意图

的燃烧容器中用很强通风产生强湍流证明了这一点 (图 11.53)。回想火舌概念 (在很高延伸时熄灭) 可立即解释这一现象。

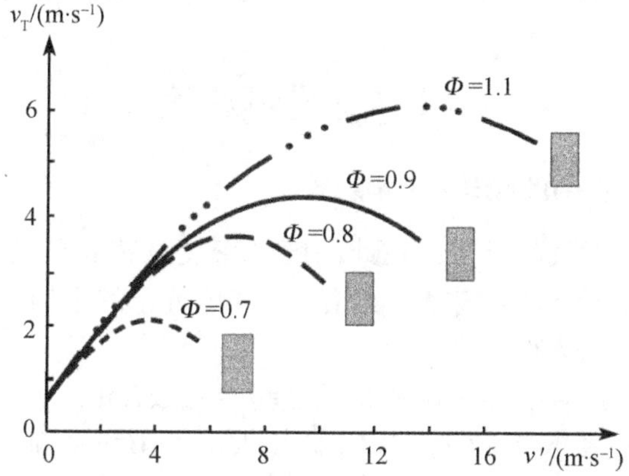


图 11.53 湍流火焰速度随湍流强度的变化

$C_3H_8$- 空气混合的燃烧，灰色区：熄灭区

图 11.54 表示了对逆流的甲烷–空气预混火焰熄灭所需的延伸随当量比 $\Phi$ 的变化。研究了不同的反应历程，确保了实验与数值模拟之间的差异不是因所用化学反应模型造成。经验表明在实验中难于量化的小能量损失可能是造成差异的原因 (Stahl et al. 1991)。

这些测量和在层流条件下的模拟以及火舌模型可以解释在湍流预混火焰中所观察到的熄灭。

进而，计算表明火焰熄灭的特征时间不到 1ms。由突然熄灭引起的气体的压缩被认为是火焰噪声的源 (与相应几何的谐振条件一起)(Stahl et al. 1991)。

正如图 11.54 所示，贫 (和富) 混合气体特别容易熄灭。这是为什么在贫油内燃机 中常可意外地观察到很强碳氢化合物排放的原因之一。人们可能还天真地认为过量的氧会使燃料完全地燃烧。

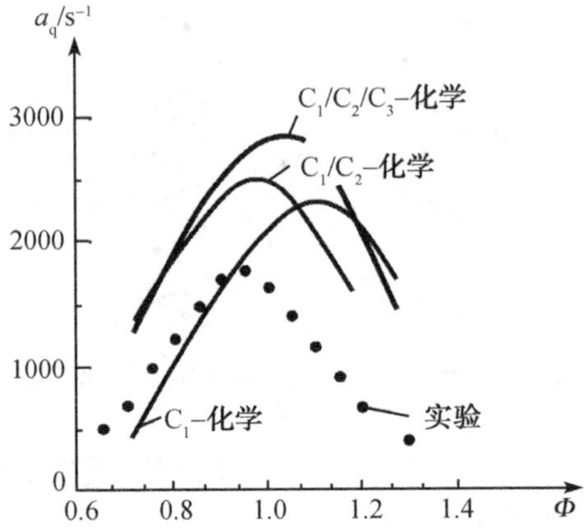


图 11.54　火焰熄灭所需的延伸率 $a_q$ 与丙烷–空气火焰混合组成比的关系

## 11.4　高超声速流

### 11.4.1　再入大气飞行中的物理–化学现象

再入飞行开始于大气的外层。在此高度低密度意味着已经处于自由分子流区域。随着飞行高度的降低和空气密度的增大，气体分子的平均自由程减小，仅在较低的空气层中我们才能谈得上连续流。

确定连续力学描述有效性区域的特征数是努森数$Kn = \lambda/L$，即气体的平均自由程 $\lambda$ 和飞行器特征长度 $L$ 之比。连续流以 $Kn \leqslant 10^{-2}$ 表征。例如，在 90km 高度处平均自由程约为 $1 \times 10^{-3}$m，故 N-S 方程可被用来描述绕长度为 0.1m 或更长些物体的流场。

很难在实验中实现这些条件，故基于连续力学的 N-S 方程与具体物理–化学模型一起的数值空气热动力学是确定流动特征量，如热通量、压强分布和摩擦因数等的有用工具。

我们可以根据飞行器前沿驻点流线上的流动现象将物理–化学模型进行分类。超声速流动会形成激波，使压强、密度和温度剧烈增大，而使流速减小，这种增大发生在相当于分子自由程的长度尺度范围内。在激波内马赫数 $M \gg 1$ 的高速流转变为 $M < 1$ 的高焓流。

与平动自由度不同，分子的振动和转动自由度以及空气的组分通过激波时开始没有变化，但是，紧靠激波后较高平动温度分子的碰撞引起振动和转动自由度的激发并发生化学反应。在激波后能激发这些真实气体现象的典型平动温度可具体列于表 11.2 中。

**表 11.2**

| | |
|---|---|
| $T < 400\text{K}$ | 无真实气体影响 |
| $400\text{K} < T < 2000\text{K}$ | $O_2$ 振动激发 |
| $600\text{K} < T < 3000\text{K}$ | $N_2$ 振动激发 |
| $2000\text{K} < T < 5000\text{K}$ | $O_2$ 离解 |
| $4000\text{K} < T < 10000\text{K}$ | $N_2$ 离解 |
| $1000\text{K} < T < 5000\text{K}$ | NO 形成 |
| $3000\text{K} < T < 8000K$ | NO 离解 |

上述哪一种现象能实际出现，取决于决定最大平动温度的飞行器实际再入轨道，与绕再入物体流动中出现的过程一样，在物体表面上还有着另外的非均匀物理–化学过程，它们来自于气体–固壁的相互作用。在靠近壁面有高离解度的流动中，如侵蚀和催化反应等的反应相互作用是重要的。为了确定存在于再入物体上的最大热载荷，气体–固壁相互作用的模型是至关重要的。

除了这些反应运动学现象，在绕流中，特别在再入物体表面的边界层中还发生着质量、动量和能量的输运。这些过程由能确定扩散系数、黏性和热传导的输运模型来描述，若再入飞行的速度高至在激波中温度超过 5000 K，还将发生空气的电离。

### 11.4.2 化学非平衡

激波后的平动温度的增大导致化学反应。最简单的反应模型是文献中常见的五组元模型 (Riedel et al. 1993)。来流空气中包含氧和氮分子，它们由于激波后的温度升高而离解，出现了 O 和 N 原子，后者又形成 NO 分子，于是，对于热空气得到了如下反应系，由三个离解反应 ($R1$)、($R3$)、($R5$)、两个交换反应($R7$) 和 ($R9$)，以及相关的逆反应 ($R2$)、($R4$)、($R6$)、($R8$) 和 ($R10$) 组成如表 11.3 和表 11.4。

**表 11.3**

| 反应 | $A$ | $\beta$ | $E_a$ | |
|---|---|---|---|---|
| $O_2+M' \to O+O+M'$ | $2.70 \times 10^{19}$ | $-1.0$ | 494.0 | ($R1$), ($R2$) |
| $N_2+M'' \to N+N+M''$ | $3.70 \times 10^{21}$ | $-1.6$ | 941.0 | ($R3$), ($R4$) |
| $NO + M''' \to N + O + M'''$ | $2.90 \times 10^{15}$ | 0.0 | 621.0 | ($R5$), ($R6$) |
| $O + N_2 \to NO + N$ | $1.82 \times 10^{14}$ | 0.0 | 319.0 | ($R7$), ($R8$) |
| $NO + O \to O_2 + N$ | $3.80 \times 10^{9}$ | 1.0 | 173.1 | ($R9$), ($R10$) |

且 $k = A \cdot T^{\beta} \cdot \exp\left(-E_a/(R \cdot T)\right)$。阿黑纽斯参数$A$ 的单位为 cm · mol · s，活化能量 $E_\text{a}$ 的单位为 kJ/mol，符号 $M$ 代表作为碰撞伙伴出现在反应系中但本身并不参与反应的任意一个组元。反应内氧的离解直接通过反应 ($R1$) 发生。另一方面，原子氮具有高粘接能和高激活能的三重键，因此主要通过两交换反应 ($R7$) 和 ($R9$)

形成，通过离解反应($R3$) 形成的只是很小一部分。在 ($R7$) 中形成的 NO 然后通过 NO 的离解反应 ($R5$) 分解为 N 和 O 。

**表 11.4**

| | $O_2$ | $N_2$ | O | N | NO |
|---|---|---|---|---|---|
| $M'$ | 1.00 | 0.10 | 2.80 | 0.10 | 0.10 |
| $M''$ | 0.10 | 1.00 | 0.10 | 2.80 | 0.10 |
| $M'''$ | 0.05 | 0.05 | 1.00 | 1.00 | 1.00 |

这些反应发生得多快和多大程度是个时间尺度的问题 (Warnatz et al. 1992)。若流动描述的时间尺度大于化学反应的时间尺度，则化学反应发生得快到出现化学平衡。在无限快反应的极限情况下，各组元的生成和消耗不再与时间相关。

若给定压强和温度，则取系统自由焓最小可得平衡组元的浓度。反应系统包含五个组元，并按吉布斯(Gibbs)相定律由三组线性独立反应组 (($R1$), ($R2$); ($R3$), ($R4$); ($R5$), ($R6$)) 和两个组元 (N 和 O) 来描述 (Riedel et al. 1993, Warnatz et al. 1992)。但是，我们在此不再进一步讨论此情况，因为在高超声速流动中流速是如此之大，以致于上述关于时间尺度的假设不能足够准确地描述其流动状态。

高超声速再入飞行的典型情形是流动描述的时间尺度与化学反应的时间尺度相当。所以，流动是化学非平衡的，必须计及流动的物理 - 化学模型。此外，这样的流动往往也是热非平衡的(11.4.3小节)。

因此，在流体微元中每一组元的形成率 $(\partial Z_i/\partial t)_{\text{chem}}$(质量比例的变化率) 是时间相关的。假设已知流体微元的温度和压强，则它们可通过计算11.1.3小节中给出的那组耦合的常微分方程，即速率方程，得到。一般来说，当流场中的温度和压强不仅随化学反应而变化，同样因质量、动量和能量的输运而改变时，质量比例必须耦合流场来计算。但当忽略这种耦合时可以深入了解决定速率的反应和这种反应系统的典型时间尺度，这种技术在文献中称为体积平均模型或零维模型。

为了建立五个组元质量比例的变化率方程，必须给定方程 (11.21) 中每个反应的阿黑纽斯参数，由理德尔 (Riedel 1993) 估值的参数是从实验中确定的作为温度函数的反应速率的值，和在文献中提供的一样。

图 11.55 显示了激波后初始平动温度 $T = 17500\text{K}$ 时对上述反应历程计算的 $O_2$、O、$N_2$、N 和 NO 的摩尔比例随时间变化的情况，计算中假定了空气的初始组元为 79% 的 $N_2$ 和 21% 的 $O_2$，不考虑示踪气体。可清楚地看到，氧分子约在 0.5ms 后完成总离解；相反 $N_2$ 仅离解了很小一部分，NO 在 4.1μs 时达到最大。若 O 和 N 摩尔比例的变化达最大，则温度最快地下降，因为这时离解要求最大量的能量。

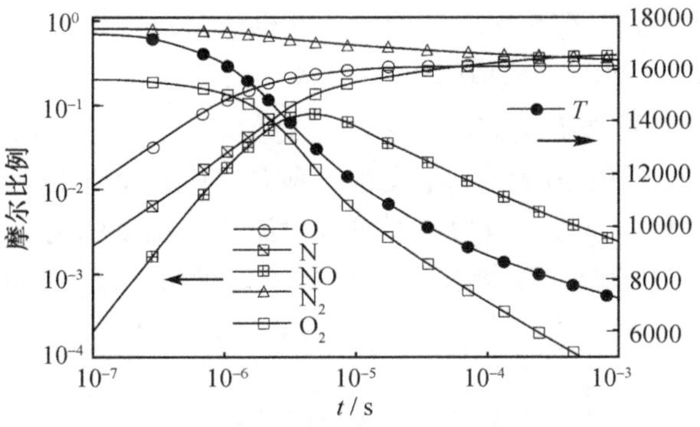


图 11.55　热空气反应历程的摩尔比例和温度的变化

### 11.4.3　热非平衡

与化学反应一样，因也存在和激波后较高平动能分子碰撞引起的分子振动和转动的激发，这将使离解空气的物理和化学性状完全不同于由热力模型所给出的。可能的过程有振动和平动间 (称为 V - T 间)、振动和转动间 (称为 V-R 间) 以及不同振动水平间 (称为 V-V 间) 的能量交换。

所有这些可能的相互作用原则上可用主管方程组来描述。这些方程将内部自由度总数的变化和 $O_2$、$N_2$、NO 分子和 V - T、V - R、V - V 能量交换的过渡概念联系起来。由于转动自由度达到热平衡很快 (平均仅需要 3 或 4 次碰撞)，我们可以假定一个公共的平动–转动温度。另一方面，振动平衡的实现需要相当长的时间，故在描述高超声速流中必须考虑这一热非平衡情况。

振动激发模型化的一种可能方法是按照自身被激发的状态来选择分子。于是所有和热非平衡相联系的激发和松弛过程都映射至按状态选取的分子 $O_2(v)$ 和 $N_2(v)$ 的具体反应历程中，其中 $v$ 代表可能的振动激发状态，可从基态的 $v=0$ 至恰低于分子离解极限的 $v=v_{\max}$。若我们用非谐波振荡器模型描述振动激发占有的能级

$$E(v)=h\cdot c\cdot\left[\nu_0\cdot\left(v+\frac{1}{2}\right)-\nu_0\cdot x_e\cdot\left(v+\frac{1}{2}\right)^2\right]$$

则对氮可得到 $v_{\max}^{N_2}=46$，对氧 $v_{\max}^{O_2}=36$。上式中 $\nu_0$ 为基振频率，$\nu_0\cdot x_e$ 是非谐波常数，$c$ 是光速，$h$ 是普朗克 (Planck) 常数。这种分解未对 NO 进行，因其浓度很低。类似地，也未考虑转动激发 (公共平动–转动温度假设)。

应用这种方法的困难在于要对按状态选取的组元确定所有的具体速率常数，而通常在文献中的实验结果都仅基于较低的激发状态。需要有能对离解和交换反应的阿黑纽斯参数，以及对 V - T 能量转换随振动量子数 $v$ 变化关系作出说明的模

型假设。总之，应用理德尔等 (Riedel et al.　1993) 深入讨论了的这一方法，得到了 87 个组元和 502 个反应的反应历程。

图 11.56 表示了被选振动态的激发和基态的相应减少。所有的激发态在时间 1μs 至 10μs 间都通过一个最大值，激发程度愈高，其最大值出现愈晚。假设所有氧和氮分子初始时都处于基态，因为典型的自由流空气温度约为 200 K，这时其中只有很少一部分分子处于振动激发态，如 $O_2$ 分子处于第一激发态的与基态的比例仅约为 $10^{-5}$。

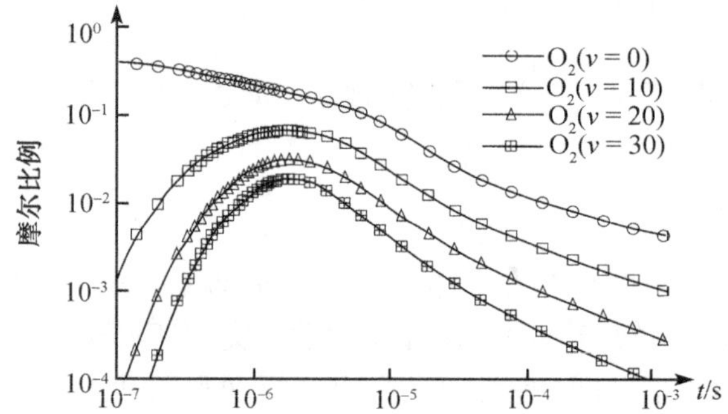


图 11.56　氧分子的基态和被选的激发态的总数随时间的变化

图 11.57 显示了模型的比较，深线表示了用理德尔 (Riedel　1993) 模型计算的 $O_2$ 摩尔比例和温度的变化情况，其初始温度是在压强 25.6 hPa 下的 22000 K，1 ms 后由于反应和激发过程消耗能量而使系统冷却到 7300 K。为了比较，在图中也给出了采用热平衡假设得到的图 11.55 中的浓度和温度的变化曲线。在此比较中选用了不同的初始温度是为了使 $t \to \infty$ 时都达到相同的平动温度。在热非平衡中

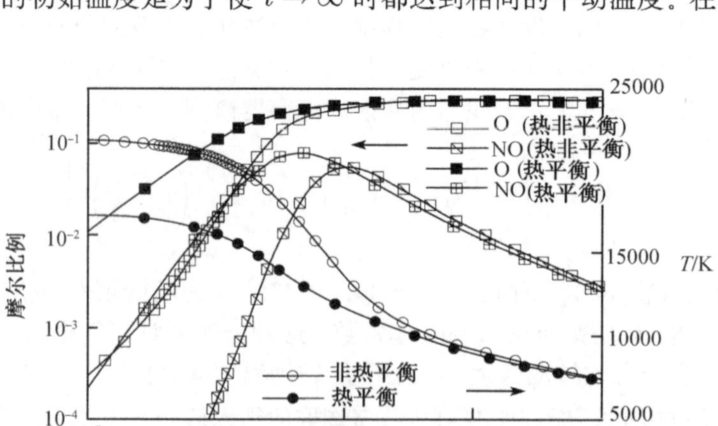


图 11.57　O 原子，NO 分子的摩尔比例和温度随时间变化情况的比较

浓度的变化较为缓慢，这一点由氧原子的摩尔比例因氧分子延后离解而上升得较晚和 NO 的摩尔比例最大值出现的滞后可清楚地表明。在热平衡化学模型中此最大值发生于 3μs，而在非热化学平衡模型中则在 9μs 时。

到目前为止，对高超声速流中化学和热非平衡的讨论都假定了流体微元中温度和压强是已知的。但是，此两个量只有从基于 N-S 方程的组元质量、动量和能量平衡的耦合研究中才能得到。

图 11.58 中的左图表示了绕半径 1m 圆柱的马赫数 $M = 25$ 的流动中由非热平衡模型计算的 $O_2$ 的分布。求解了 N-S 方程 (5.4.6节)，自由来流的温度为 205 K，速度为 7200 m/s。质量比例由所有振动激发态 $O_2\,(v)$ 的总和确定。$O_2$ 和 $N_2$ 两种分子中激发态的占有都低于热平衡时玻尔兹曼 (Boltzmann) 分布的占有。这意味着振动自由度的较低占有接受较少的能量，因此在激波中平动温度提高至 15330 K，比用热平衡模型计算的温度高出约 15%，此外，激波脱体的距离也较大，右图表示了用非热平衡和热平衡模型计算的温度分布差。当采用热平衡假设时，$6.1 \times 10^{-2}$ 的质量比例导致 NO 分子形成的数量约为热反应模式中的两倍，热平衡假设的这一结果是在激波后区域内 N 原子极快地增多。但是，紧靠再入物体前的区域内两者数值差别不大。

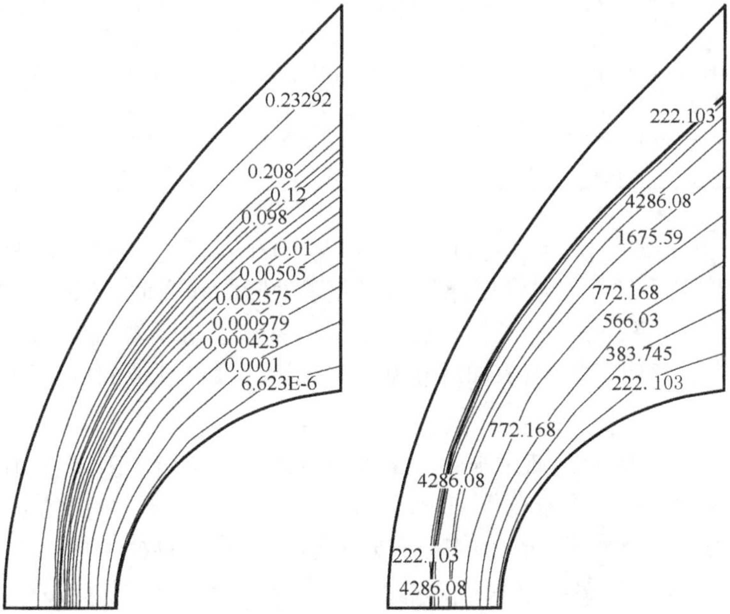


图 11.58

左边：绕半径为 1m 圆柱，马赫数 $M = 25$ 的流动中用非热平衡模型 (Riedel et al. 1993) 计算所得的 $O_2$ 质量比例；右边：两模型的温度差

### 11.4.4 再入飞行器上的表面反应

近年来对用作再入飞行器热保护层的材料做了很多研究，如为美国航天飞机研究的 RCG (reaction cured glass—— 反应防腐玻璃)，由 94%$SiO_2$，4%$B_2O_3$ 和 2%$SiB_4$ 组成，有很强的温度依赖性，其再合成的概率在低温时很小，随温度的升高而大大提高 (Deutschmann et al. 1995)，在再入时的温度下表面上 O 和 N 原子的再合成对飞行器的热载荷有着很大的作用。

为了确定飞行器上的传热，除了纯气相的反应模型之外还需要气–壁相互作用的模型。基本反应的概念足够描述再合成和相关的热释放，现将其应用于气相中的两种反应，以及表面上的反应。气相反应历程将由下述飞行器表面的表面反应加以扩展如表 11.5。

**表 11.5**

| 反应 | $A$ | $E_a$ | $S^0$ |
|---|---|---|---|
| $O + (s) \to O(s)$ | | | 0.1 |
| $N + (s) \to N(s)$ | | | 0.1 |
| $O(s) \to O + (s)$ | $5.0 \times 10^{11}$ | 200.0 | |
| $N(s) \to N + (s)$ | $7.3 \times 10^{11}$ | 215.0 | |
| $O_2(s) \to O_2 + (s)$ | $1.0 \times 10^{12}$ | 10.0 | |
| $N_2(s) \to N_2 + (s)$ | $1.0 \times 10^{12}$ | 10.0 | |
| $O + O(s) \to O_2 + (s)$ | $6.0 \times 10^{13}$ | 60.0 | |
| $N + N(s) \to N_2 + (s)$ | $6.0 \times 10^{13}$ | 60.0 | |
| $O(s) + O(s) \to O_2(s) + (s)$ | $2.0 \times 10^{19}$ | 160.0 | |
| $N(s) + N(s) \to N_2(s) + (s)$ | $7.0 \times 10^{17}$ | 160.0 | |

表 11.5 中 $A$ 的单位为 cm · mol · s，$E_a$ 为 kJ/mol，黏附系数 $S^0$ 是量纲 1 的。表面过程的具体反应模式包含氮原子和氧原子的吸附和离附，以及附着于表面的 O、N 原子和 $O_2$、$N_2$ 分子的离附。忽略了氧和氮分子的吸附，因为高温意味着它们的原子立即再离附。NO 与表面的相互作用也因为没有现成的实验数据而未矛考虑。

O 和 N 原子的吸附是通过描述一个颗粒脱离气相黏附于固体表面的概率的黏附系数来描述的。按照达希曼等 (Deutschmann et al. 1995) 给出的公式，黏附系数可变换为阿黑纽斯形式，成为取决于表面覆盖度的 e 指数前的一个因子。

O 和 N 原子再合成为其分子的实际过程可通过下述两种可能的反应途径完成

(1) 气相的一个 O 原子 (N 原子) 和吸附在表面上的一个 O 原子 ( N 原子) 反应，然后 $O_2$ 分子 ($N_2$ 分子) 离附。此途径在文献中被称为伊利 (Eley)- 理德尔 (Riedel) 反应，与较低的能量供给相联系。

(2) 两个吸附在表面上的 O 原子 (N 原子) 反应，然后 $O_2$ 分子 ($N_2$ 分子) 离附。此途径在文献中被称为朗米尔 (Langmuir)- 辛悉尔伍脱 (Hinshelwood) 反应，与较高的能量供给相联系。加热表面的能量既与再合成原子的数目也与表面供给的能量释放有关，为了量化此二影响，我们定义再合成系数为

$$\gamma = \frac{j_{\text{reactive}}}{j_{\text{total}}}$$

其中 $j_{\text{total}}$ 为黏附于表面的原子的总质量通量，$j_{\text{reactive}}$ 为再合成分子的质量通量。能量供给系数 $\beta$ 的定义为

$$\beta = \frac{j_{\text{q}}}{j_{\text{reactive}} \cdot \Delta_D h}$$

其中 $j_{\text{q}}$ 为流至表面的热通量，$\Delta_D h$ 为比离解焓。于是再合成过程产生的流至表面的热通量取决于 $\gamma \cdot \beta$ 的乘积，$\gamma$ 和 $\beta$ 都与温度有关，两系数均可由上述反应运动学模型计算。与热通量实验测量值的比较 (Deutschmann et al. 1995) 表明上述表面反应模式的有效性。

图 11.59 表示了流动 (自由流速 7200m/s，自由流温度 205 K) 中 $O_2$、$N_2$ 和温度在激波内和沿半径为 1m 的半圆柱表面的变化，$-1.5\text{m} \leqslant x \leqslant -1.0\text{m}$ 的 $x$ 值对应于物体前的对称线，表面上的点对应于 $-1.0\text{m} \leqslant x \leqslant 0.0\text{m}$ 的 $x$。由图可以很清楚地看出，表面反应对壁温和贴近壁面区组元浓度的影响。

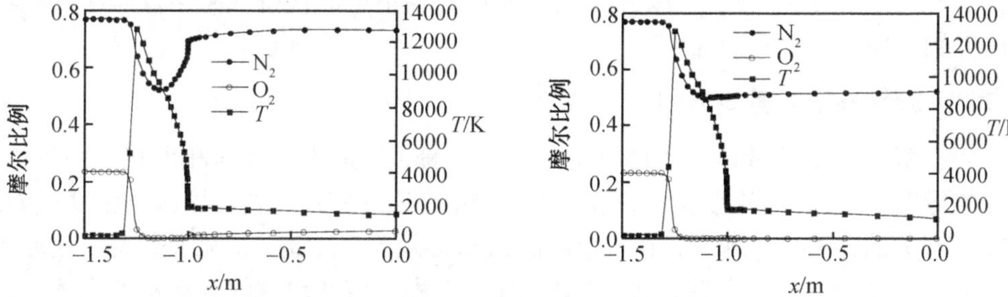


图 11.59 $O_2$ 和 $N_2$ 的质量比例以及温度沿对称线和表面的变化

左图：考虑了气体 - 固壁相互作用的具体反应模型

右图：不考虑气体 - 固壁的相互作用

壁面上氮原子的再合成使壁面前区域 ($x = -1.0\text{m}$) 中 $N_2$ 分子增多。同样可以观察到 $O_2$ 的增多，但处于较低的水平，因为 $O_2$ 的离解程度大大高于 $N_2$ 的。若忽略气–壁的相互作用，我们将得到示于图 11.59 右图的情况，贴近壁面的氮和氧分子减少。在两种模型中都观察到沿物体的下游方向氧和氮分子的增多，这是由于温度的降低和原子再合成的增加而造成的，与壁面影响无关。

在驻点温度由于再合成释放的热量而升高至 1920K，比忽略气体–固壁相互作用所得的值高 80K。

# 第十二章 大气及海洋中的流动

## 12.1 大气及海洋流动的基础知识

### 12.1.1 引言

地球大气的流动 (空气的流动), 从原理上说, 与以前各章节中所处理的技术领域中的流动并没有什么不同。这些流动都是气体 (大气) 以及液体 (海洋水体) 在重力作用之下, 但又取决于压力及摩擦力的运动。大气和海洋是一种旋转体系的一部分, 其中还作用着*科里奥利力*与*离心力*。

根据这个观点, 将大气和海洋流动并案处理, 看来是合理的。实际上, *地球物理流体力学*就是描述这两种流动的。以下几本教科书要特别提一下: Cushman-Roisin (1994), Gillq (1982), 以及 Pedlosky (1994)。而普朗特在其初版的 "流体力学概论" 一书中, 就已经在好几处贯穿全书考虑了大气和海洋的流动问题。

本章将按普朗特讲述的那样来阐述大气及海洋的地球物理流动过程的实质。当然, 本书只能介绍这一课题的某些要点, 而本章也不可能代替气象学及海洋学领域中的专题文献。

### 12.1.2 旋转系中的基本方程

第五章所建立的液体和气体流动的基本方程, 也适用于海洋和大气中的流体。但在推导时, 只有一些特定的物质属性 (例如, 介质的密度、热传导以及黏度) 被设置在了有关的方程中。现在, 有一个新的因素必须予以考虑, 那就是地球。地球携带着大气和海洋围绕一个轴旋转。因此, 基本方程应该在地球的旋转参考坐标系之下来表述。这样, 就出现了附加的加速度。例如, N-S 方程 (5.20) 应该按广义的符号法写成下列形式

$$\rho \cdot \left( \frac{\partial \boldsymbol{v}}{\partial t} + (\boldsymbol{v} \cdot \nabla)\boldsymbol{v} + 2\boldsymbol{\Omega} \times \boldsymbol{v} + \boldsymbol{\Omega} \times \boldsymbol{\Omega} \times \boldsymbol{r} \right) = \boldsymbol{F} - \nabla p + \mu \cdot \Delta \boldsymbol{v} \tag{12.1}$$

此方程左侧的附加项是科里奥利力加速度 $2\boldsymbol{\Omega} \times \boldsymbol{v}$ 和离心加速度 $\boldsymbol{\Omega} \times \boldsymbol{\Omega} \times \boldsymbol{r}$。

正如图 12.1 所示, 式 (12.1) 中的 $\boldsymbol{\Omega}$ 是地球的转速矢量, $\boldsymbol{r}$ 是所研究的质点到旋转轴线的距离。这个转速矢量的大小定义为地球旋转的角频率 $\boldsymbol{\Omega} = 2\pi/$旋转周期, 因而 $\boldsymbol{\Omega} = 2\pi/24\mathrm{h} = 7.27 \times 10^{-5}\mathrm{s}^{-1}$。

对于气象学和海洋学的许多问题而言, 却不一定要用适用于地球的球坐标系来描写其中的运动。人们是在地球表面上设置一个笛卡儿坐标系, 其水平坐标 $(x, y)$

在某个地理纬度 $\phi$ 处形成一个切平面，其竖坐标 $z$ 则与此平面垂直，如图 12.1 所示。在这个坐标系中，转速矢量 $\boldsymbol{\Omega}$ 可以分解为

$$\boldsymbol{\Omega} = \boldsymbol{\Omega} \cdot \cos(\phi \cdot \boldsymbol{j}) + \boldsymbol{\Omega} \cdot \sin(\phi \cdot \boldsymbol{k}) = f^* \cdot \boldsymbol{j} + f \cdot \boldsymbol{k}$$

其中，$f^* = \boldsymbol{\Omega} \cdot \cos\phi$ 及 $f = \boldsymbol{\Omega} \cdot \sin\phi$ 则称为科里奥利力参数。

在式 (12.1) 中，作用在大气及海洋中的重力是保守力

$$\boldsymbol{F} = -\rho \cdot g \cdot \boldsymbol{k} = -\rho \cdot \nabla \Phi$$

此处 $g$ 是重力加速度，其大小为 $g = 9.81\text{m/s}^2$。这也可以由重力势 $\Phi(\Phi = g \cdot z)$ 的梯度确定。重力的作用是指向地心的，而其分量 $g \cdot \cos\phi$ 则指向旋转轴的方向。离心力 $\boldsymbol{\Omega} \times \boldsymbol{\Omega} \times \boldsymbol{r}$ 是从旋转轴向外指的，因而是与重力相反的。因为这个离心力的数值是如此之小 $(\Omega^2 \cdot r \approx 310^{-2}\text{m/s})$，以致在和重力相比较的条件下，在气象学和海洋学中，都将这个离心力略去不计。

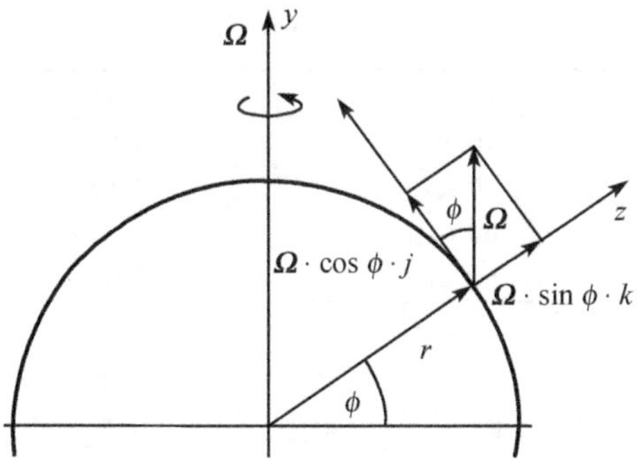


图 12.1 地球转速矢量 $\boldsymbol{\Omega}$ 在切平面中的各个分量 ($x$ 分量指向纸面之内)

用了以上的简化处理以后，N-S 方程 (5.20) 在切平面内可以写成如下形式

$$\frac{\partial \boldsymbol{v}}{\partial t} + (\boldsymbol{v} \cdot \nabla)\, \boldsymbol{v} + f \cdot \boldsymbol{k} \times \boldsymbol{v} = -\frac{1}{\rho} \cdot \nabla p - \nabla \Phi + \nu \cdot \Delta \boldsymbol{v} \tag{12.2}$$

其中 $\nu = \mu/\rho$ 是运动黏度。

旋转坐标系中的附加科里奥利力实际上是应该出现在所有运动方程之中的，因为所有的流动过程 (包括工程中的问题) 都发生在旋转着的地球上。

罗斯贝数是科里奥利力相对大小的尺度。该数从物理上描述了惯性力 $\boldsymbol{v} \cdot \nabla \boldsymbol{v}$ 与科里奥利力 $f \cdot \boldsymbol{k} \times \boldsymbol{v}$ 的比值。对于具有典型尺寸 $L$ 以及典型速度 $U$ 的流动而言，这两个力的数量级可以估算为

$$\text{惯性力} \propto \frac{U^2}{L}$$

$$科里奥利力 \propto f \cdot U$$

因此，罗斯比数应是

$$R_0 = \frac{惯性力}{科里奥利力} = \frac{U}{f \cdot L} \tag{12.3}$$

罗斯比数很大 ($R_0 \gg 1$) 表示科里奥利力比运动方程 (12.2) 中的惯性力小得多，可以忽略不计。反之，($R_0 \ll 1$) 表示科里奥利力占主导地位，不能忽略不计。

下面的算例清楚地说明了这一点。取 $f = 10^{-4}\text{s}^{-1}$ 用于科里奥利力的计算，纬度保持在 45°。

由表 12.1 看出，对于小尺度的大气流动及工程流动问题而言，科里奥利力并不重要。但是，对于空间尺寸很大的流动过程 (如飓风) 而言，科里奥利力却是必须予以考虑的。在下面几节有关描述大气及海洋的某些流动过程中，这一点会表现得更加明晰。

**表 12.1**

| 流动 | 尺寸 | 速度 | $R_0$ |
|---|---|---|---|
| 飓风 | $10^3$km | 10m/s | 0.1 |
| 陆 - 海风 | 50 km | 5m/s | 1 |
| 沙尘暴 | 50 m | 5m/s | $10^3$ |
| 澡盆涡 | 50cm | 5cm/s | $10^3$ |

式 (12.2) 从形式上构成了描绘大气及海洋流动过程的基础。此外，正如第五章处理问题那样，还需要连续方程及能量方程。这些方程，在 12.4 节作了归纳总结。

现在再来讲述一下气象学中常用的位势温度概念。这是从绝热过程的热力学第一定律得出的概念。在这种情况下，压强 $p$ 和温度 $T$ 由下式相关联

$$\frac{T(p_0)}{T(p)} = \left(\frac{p_0}{p}\right)^{\frac{R}{C_p}} \tag{12.4}$$

其中 $p_0$ 是一个参考压强，通常设置为 $p_0 = 1000$ hPa。*位势温度* $\theta$ 是指温度 $T(p_0)$，这是假设温度为 $T$，压强为 $p$ 的一包空气的压强从 $p$ 通过绝热过程变到 $p_0$ 时所达到的温度

$$\theta = T \cdot \left(\frac{p_0}{p}\right)^{\frac{R}{C_p}} \tag{12.5}$$

其中 $R = 287\text{J}/(\text{kg/K})$ 是干燥空气的气体常数，$c_p$=1005 J/(kg/K) 是等压比热。在绝热过程中，位势温度是一个守恒量，即 $\mathrm{d}\theta/\mathrm{d}t = 0$，这也是为什么在描述大气的过程时经常应用这个量的原因。

### 12.1.3 地转流动

本节讲述科里奥利力对大气及海洋流动的影响。假设流动是无黏的水平流动(下标为 h)。因此，式 (12.2) 化为

$$\frac{\mathrm{d}\boldsymbol{v}_{\mathrm{h}}}{\mathrm{d}t}+f\cdot\boldsymbol{k}\times\boldsymbol{v}_{\mathrm{h}}=-\frac{1}{\rho}\cdot\nabla_{\mathrm{h}}p \tag{12.6}$$

一个流体微团在水平面内可以受到科里奥利力及压力的作用而作加速运动。但是，如果流动没有受到加速作用，即在 $\mathrm{d}\boldsymbol{v}_{\mathrm{h}}/\mathrm{d}t=0$ 的平衡状态下，得

$$f\cdot\boldsymbol{k}\times\boldsymbol{v}_{\mathrm{h}}=-\frac{1}{\rho}\cdot\nabla_{\mathrm{h}}p$$

改写此式，得速度 $\boldsymbol{v}_{\mathrm{h}}$ 为

$$\boldsymbol{v}_{\mathrm{h}}=-\frac{1}{\rho\cdot f}\cdot\boldsymbol{k}\times\nabla_{\mathrm{h}}p \tag{12.7}$$

这个速度称为*地转速度* (或大气中的地转风)，用下标 g 表示，即 ($\boldsymbol{v}_{\mathrm{g}}$)。由式 (12.7) 知，流动方向是与等压线平行的或与压强梯度垂直的。这种情况已画在图 12.2 中了。乍看起来，令人惊奇的是，流动竟然发生在与压力作用相垂直的方向。这是因为在一个旋转参照系中，科里奥利力会产生一个导致平衡的补偿力 (所谓地转平衡)(图 12.2)。根据 12.1.2 小节的讲解，当罗斯贝数满足 $R_0\to 0$ 的条件时，这是有可能出现的。因为 $R_{0=}U/(f\cdot L)$，这个流动过程一定发生在空间尺寸大的区域。实际上，比如说，已经在大气的高压区及低压区内观察到了一种近似的地转流动。在这种地方，风在低压区内是近似地沿着平行于等压线以反时针方向流动的，而在高压区内则沿顺时针方向流动 (图 12.6)，这很容易在北半球的天气图上得到验证。而在南半球，科里奥利力参数 $f=2\cdot\Omega\cdot\sin\phi$ 是负的，因此，风是围绕一个低压区顺时针吹动的。所以，低压空气位于风吹方向的右侧。

地转流动定律式 (12.7) 适用于大气及海洋的各个分层。现在，观察已经证明，大气中的地转风是随高度而改变的 (典型情况下，风速随高度增大而增大。亦见 12.2.5 小节中的图 12.20)。将风定律式 (12.7) 对竖坐标 $z$ 微分，并应用气体的状态方程以及静力学基本方程 (12.2.4 小节及 12.2.5 小节)，可得以下关系式

$$\frac{\partial\boldsymbol{v}_{\mathrm{g}}}{\partial z}=\frac{g}{f\cdot T}\cdot\boldsymbol{K}\times\nabla T \tag{12.8}$$

在式 (12.8) 中，$g$ 是重力加速度，$f$ 是科里奥利力参数，$T$ 是空气温度。这个方程也称为*热风关系式*，因为地转风随高度的变化规律取决于水平方向的温度梯度。式 (12.8) 的积分称为*热风速度* $\boldsymbol{v}_{\mathrm{T}}$

$$\boldsymbol{v}_{\mathrm{T}}=\boldsymbol{v}_{\mathrm{g}}(z_2)-\boldsymbol{v}_{\mathrm{g}}(z_1)=\int\limits_{z_1}^{z_2}\left(\frac{g}{f\cdot T}\cdot\boldsymbol{K}\times\nabla T\right)\cdot\partial Z$$

热风速度 $\boldsymbol{v}_{\mathrm{T}}$ 的数值可以利用对温度场 $T(x,y,z)$ 的知识计算出来。一般情况下，为了简化起见，假设温度在两个高度 $z_1$ 和 $z_2$ 之间是与高度无关的。由此得热风的下列关系式

$$\boldsymbol{v}_{\mathrm{T}}=\frac{g}{f\cdot T}\cdot\boldsymbol{K}\times\nabla T\cdot(z_2-z_1) \tag{12.9}$$

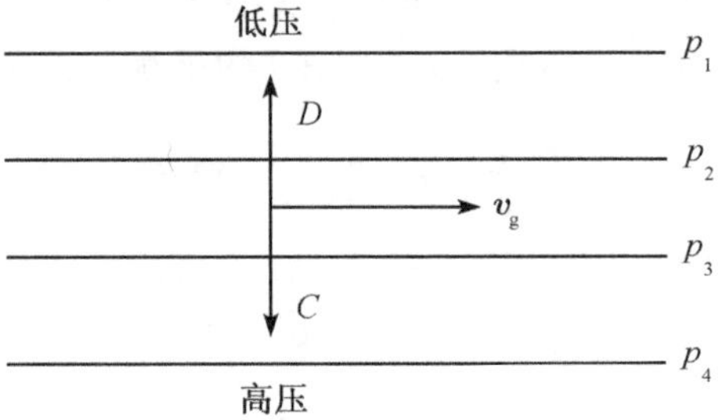


图 12.2　压强场 $p$，压力 $\boldsymbol{D}$，科里奥利力 $\boldsymbol{C}$，以及地转速度 $\boldsymbol{v}_{\mathrm{g}}$ 之间的关系

这个热风关系式对于研究全球大气环流 (12.2.5 小节) 是非常重要的。至于说其他方面，此式可以解释这么一个现象：靠近赤道地区与两极地区之间温度的悬殊差别，实际上总是导致高层大气中产生来自西方的风。

另一方面，这个热风来源于水平方向的压力与科里奥利力之间的平衡。但平衡可以是稳定的，也可以是不稳定的，这在 12.2.3 小节及 12.2.4 小节中即将看到对流和重力波的有关现象。在热风的某些场合下 (例如，水平温度梯度很大)，压力和科里奥利力会打破这种平衡，导致一种所谓*斜压不稳定性*，其后果在我们所处的纬度上 (12.2.5 小节) 产生低压区 (飓风)。

### 12.1.4　涡

大气和海洋中的流动过程，可以应用运动方程 (12.2) 以及在第五章引入的连续方程和能量方程来描写。在空间尺度很大的情况下，流动过程受飓风及反飓风的涡 (具有垂直轴、低压及高压区，12.2.5 小节) 所主控。因此，除了上面提到的几个方程以外，还要用到其他一些方程来描述这种地球物理涡的强度，而这些方程都与涡及位势涡的概念有关。

涡(记为 $\zeta$) 定义为速度旋度的垂直分量

$$\zeta=\boldsymbol{K}\cdot\nabla\times\boldsymbol{v} \tag{12.10}$$

因为涡是对于固定在地球上的参照系来描写流体中的涡强度的，所以也称为相对涡。从惯性参照系来考虑，旋转的地球也具有一个涡，即 $2\Omega$，它在切平面中的值为

$2\cdot\Omega\cdot\sin\phi$。后者就是科里奥利力参数 $f$。相对涡 $\zeta$ 与科里奥利力参数 $f$ 之和，称为绝对涡，记为 $\eta$

$$\eta = \zeta + f \tag{12.11}$$

将算子 $\boldsymbol{K}\cdot\nabla\times$ 用于运动方程 (12.2)，可以得到一个关于绝对涡度变化率的方程式。略去一些项，并应用无黏流假设之后，即可得到关于大尺度的大气及海洋流动过程的绝对涡和相对涡的下列方程

$$\frac{\mathrm{d}\eta}{\mathrm{d}t} = \frac{\mathrm{d}\zeta}{\mathrm{d}t} + \beta\cdot\boldsymbol{v} = -\eta\cdot\nabla_{\mathrm{h}}\cdot\boldsymbol{v}_{\mathrm{h}} \tag{12.12}$$

其中 $\beta$ 就是所谓的贝塔参数

$$\beta = \frac{1}{r}\cdot\frac{\partial f}{\partial\phi} \tag{12.13}$$

若 $r$ 为地球半径，此式说明科里奥利力参数 $f$ 随纬度的变化情况。在流动为二维、不可压、$x$-$y$ 平面的情况下，下式代替了式 (12.12)

$$\frac{\mathrm{d}\eta}{\mathrm{d}t} = \frac{\mathrm{d}\zeta}{\mathrm{d}t} + \beta\cdot\boldsymbol{v} = 0 \tag{12.14}$$

在这些假设条件下，绝对涡度就是一个守恒量。因此

$$\eta = \zeta + f = \text{const.}$$

因为科里奥利力参数 $f$ 是随纬度变化的，所以由式 (12.14) 知，当人们向北或向南运动时，一个流场的相对涡度一定是增大或减小的。地球的球面形状对科里奥利力的影响也称为贝塔 ($\beta$) 效应 (式 (12.13))。这种效应导致沿经线方向形成大尺寸的振荡 (图 12.3)，并且在大气和海洋中观察到了罗斯贝波。这是在形式上从涡度方程 (12.14) 的线化公式得到的。当然，是对于简化的扰动涡度 $\zeta' = \partial v'/\partial x$ 并假设基本流动 $\bar{u}$ (方向自西到东) 为常数的条件下得到的。假设波形为

$$v'(x,t) = v_0\cdot\cos(a\cdot(x - c\cdot t))$$

(波数 $a = 2\cdot\pi/\lambda$，波长为 $\lambda$，相速度为 $c$)，则这个线化的涡度方程导致以下关于罗斯贝波的相速度的耗散关系式

$$c = \overline{u} - \frac{\beta}{a^2} = \overline{u} - \frac{\beta\lambda^2}{4\cdot\pi^2} \tag{12.15}$$

稳态波 (即 $c = 0$) 的波长可以由耗散关系式 (12.15) 估算出来。对于大气及海洋中的典型流速而言，近似地求得

大气

$$\bar{u} \approx 15\mathrm{m/s}, \quad \lambda \approx 6000\mathrm{km}$$

海洋

$$\bar{u} \approx 0.5\text{m/s}, \quad \lambda \approx 200\text{km}$$

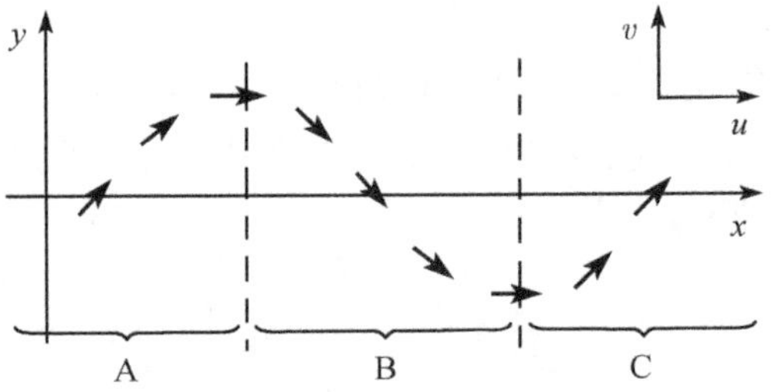


图 12.3　一个流体微团在 $\beta$ 效应之下的轨迹

A 区和 C 区：$v > 0$; B 区：$v < 0$

因此，罗斯贝波是大气及海洋中的大尺度流动过程。定态的罗斯贝波是由沿着北–南方向伸展的山脉所激发的。大气中的罗斯贝波的一个实例示于图 12.4 中。

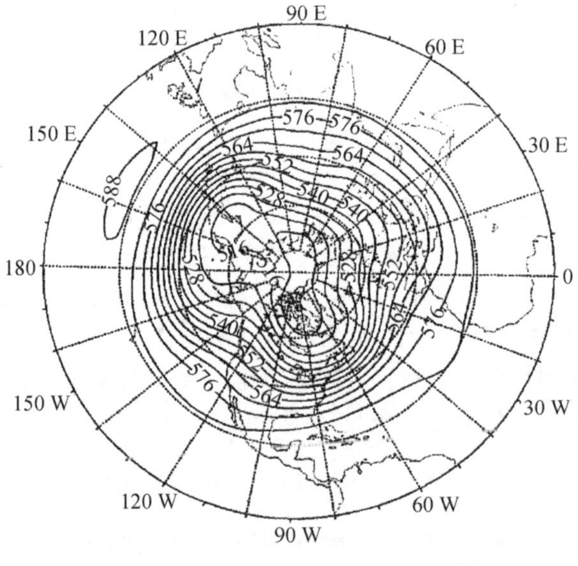


图 12.4　北半球 5km 高度的大尺度稳态波系

图中很容易看到洛矶山以东背风面槽的形成

除了涡及涡方程以外，近年来，位势涡概念在气象学和海洋学领域内得到了广泛的应用。位势涡一般用 $PV$ 表示，定义为绝对涡 $\eta$ 和位势温度的垂直梯度 $\partial\theta/\partial z$ 的乘积

$$PV = \frac{1}{\rho} \cdot \frac{\partial \theta}{\partial z} \cdot \eta \tag{12.16}$$

在绝热过程的情况下，可以从涡方程 (12.12) 及热力学第一定律 (见第五章) 推导出有关位势涡的方程为

$$\frac{\mathrm{d}}{\mathrm{d}t}\left(\frac{1}{\rho}\cdot\frac{\partial\theta}{\partial z}\cdot\eta\right)=0 \tag{12.17}$$

此式适用于大尺寸的三维绝热流动过程。式中的位势涡是一个守恒量。

在海洋学中，对位势涡通常采用一种修正公式，它适用于正压流体

$$PV=\frac{\eta}{H} \tag{12.18}$$

其中的 $H$ 是水柱的深度。相应的涡度方程为

$$\frac{\mathrm{d}}{\mathrm{d}t}\left(\frac{\eta}{H}\right)=0 \tag{12.19}$$

式 (12.17) 及式 (12.19) 形式的位势涡守恒公式导致形成罗斯贝波以外的另一种大尺度现象，即背风侧槽。这是在沿着北–南走向的山脉背风一侧的槽 (压强相当低的区域)，其示意图画在图 12.5 中。因为在靠近山脉处，流管的截面积收缩，流速就有减小和增大的现象。正如涡度方程 (12.12) 所阐释的那样，这会导致相对涡度 $\zeta$ 发生改变，而这个改变又与 $\beta$ 效应一起 (式 (12.13) 及图 12.3) 导致形成背风侧槽。

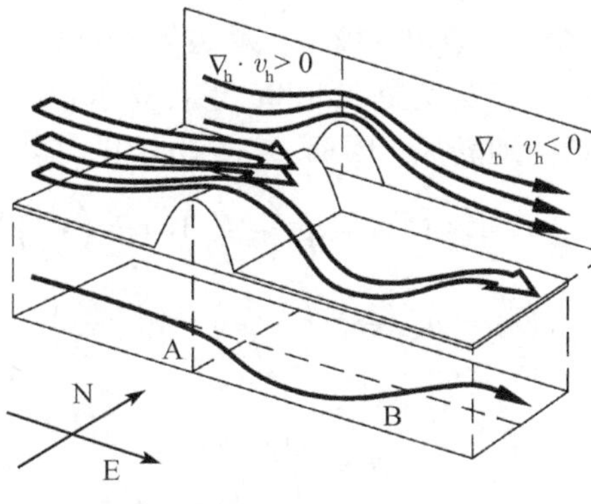


图 12.5 流体微团绕流一个二维山脉 (A) 时的轨迹

扩张效应及 $\beta$ 效应对涡度 (12.12) 的影响导致背风侧 (B) 形成一个槽

### 12.1.5 埃克曼层

在 12.1.3 小节中，地转流是在压力与科里奥利力平衡的条件下导出的。在这一段中，对于水平方向的流动不加速的限制仍然保留，但是允许有第三个力 (即摩擦力) 起作用。这时，运动方程化为

$$\boldsymbol{f}\cdot\boldsymbol{k}\times\boldsymbol{v}_{\mathrm{h}}=-\frac{1}{\rho}\cdot\nabla_{\mathrm{h}}p+\nu\cdot\frac{\partial^2\boldsymbol{v}_{\mathrm{h}}}{\partial z^2} \tag{12.20}$$

用了地转关系式 (12.7) 以后，压力可以用 $f\cdot\boldsymbol{k}\times\boldsymbol{v}_{\mathrm{g}}$ 来代替，因而得到

$$f\cdot\boldsymbol{k}\times(\boldsymbol{v}_{\mathrm{h}}-\boldsymbol{v}_{\mathrm{g}})=\nu\cdot\frac{\partial^2\boldsymbol{v}_{\mathrm{h}}}{\partial z^2}$$

或者，按速度分量 $u$ 及 $v$ 写成以下两式

$$-f\cdot(v-v_{\mathrm{g}})=\nu\cdot\frac{\partial^2 u}{\partial z^2}\tag{12.21}$$

$$f\cdot(u-u_{\mathrm{g}})=\nu\cdot\frac{\partial^2 v}{\partial z^2}\tag{12.22}$$

由式 (12.21) 及式 (12.22) 出发，加上适当的边界条件，即可算出速度分量 $u(z)$ 及 $v(z)$ 沿垂直方向的变化规律。先来考虑大气的一个实例。在地面，标准的无滑移条件 (见式 (5.68)) 为

$$z=0:u=v=0\tag{12.23}$$

大气顶部没有固定的边缘。但是，与摩擦项相比较，可以合理地假设，固定的地面效应要小得多，还可以进一步认为顶部边缘也是如此。当高度很大时 (形式上是 $z\to\infty$)，这种流动与地转流相一致

$$z\to\infty:u=u_{\mathrm{g}},\qquad v=v_{\mathrm{g}}\tag{12.24}$$

式 (12.21) 及式 (12.22) 和边界条件 (12.23) 及边界条件 (12.24) 一起，可以联立求出解析解。瑞典海洋地理学家埃克曼在 1905 年首先求得了这一解析解。为简单起见，将坐标系的 $x$ 方向指向地转风，因而 $\boldsymbol{v}_{\mathrm{g}}=(u_{\mathrm{g}},0)$。具体的解是

$$u(z)=u_{\mathrm{g}}\cdot\left(1-\exp\left(-\frac{z}{D}\right)\cdot\cos\left(\frac{z}{D}\right)\right)\tag{12.25}$$

$$v(z)=u_{\mathrm{g}}\cdot\exp\left(-\frac{z}{D}\right)\cdot\sin\left(\frac{z}{D}\right)\tag{12.26}$$

其中

$$D=\sqrt{\frac{2\cdot\nu}{f}}\tag{12.27}$$

量纲 1 的长度 $D$(12.27) 称为*埃克曼长度*。

为了更好地表达这个风的方向随高度的变化，人们常常使用一种 “速度图”，速度矢量在此图上是投影在 $u$-$v$ 平面中，见图 12.6。除了速度大小增加以外，风的旋转方向随高度而趋向于地转风的方向的现象也能从这张图上看出。当高度 $z>\pi D$ 时，这个速度图是一条螺旋线，也称为*埃克曼螺旋线*。显然，在 $z>\pi\cdot D$ 的条件下，真实风速 $\boldsymbol{v}_{\mathrm{h}}$ 和地转风速 $\boldsymbol{v}_{\mathrm{g}}$ 的偏差是很小的，这就是为什么在 $\pi\cdot D$ 以下的空气层也称为*埃克曼边界层*(或简称为*埃克曼层*) 的原因。这是一个在旋转参照系中某个固定基准上方的边界层。

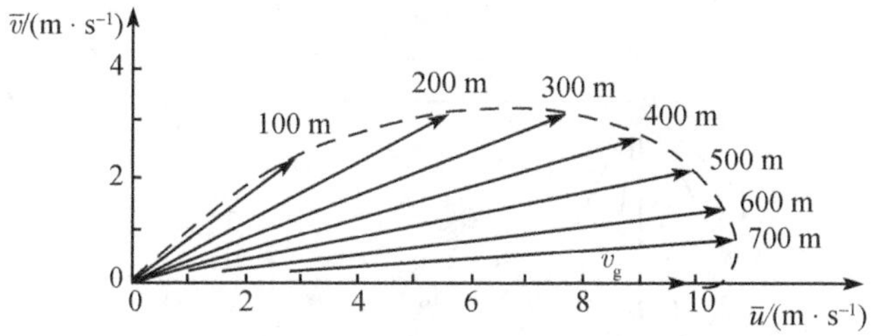


图 12.6 风在大气埃克曼层中分布情况的速度图表示法

绘图条件：$|\boldsymbol{v}_\mathrm{g}|$=10m/s,$f = 10^{-4}\mathrm{s}^{-1}, v = 10\mathrm{m}^2/\mathrm{s}, \boldsymbol{v}_\mathrm{g}$= 地转风速。计算公式：式 (12.25)~ 式 (12.27)

海洋的情况与此略有不同。在此，需要考虑一个问题，即在风的剪切应力对海面影响的条件下，当不存在大尺度的压强梯度 (地转流动) 时，海洋中所出现的流动。基本方程为

$$-f \cdot v = \nu \cdot \frac{\partial^2 u}{\partial z^2}, \qquad f \cdot u = \nu \cdot \frac{\partial^2 v}{\partial z^2} \tag{12.28}$$

边界条件设定为

$$z = 0 : \frac{\tau_x}{\rho} = \nu \cdot \frac{\partial u}{\partial z}, \qquad \frac{\tau_y}{\rho} = \nu \cdot \frac{\partial v}{\partial z} \tag{12.29}$$

$$z \to -\infty : u = v = 0 \tag{12.30}$$

其中的 $\tau_x$ 及 $\tau_y$ 是作用在水面上的风所引起的剪应力分量。

这个方程的解又是埃克曼完成的。当风的剪应力沿 $y$ 方向 (即 $\tau_x = 0$) 作用时，得到的解是

$$u(z) = \frac{\tau_y}{\rho \cdot \sqrt{\nu \cdot f}} \cdot \exp\left(\frac{z}{D}\right) \cdot \cos\left(\frac{z}{D} + \frac{\pi}{4}\right) \tag{12.31}$$

$$v(z) = \frac{\tau_y}{\rho \cdot \sqrt{\nu \cdot f}} \cdot \exp\left(\frac{z}{D}\right) \cdot \sin\left(\frac{z}{D} + \frac{\pi}{4}\right) \tag{12.32}$$

其中 $z$ 向下为负值。

海洋中流动的速度图按式 (12.31) 及式 (12.32) 画在图 12.7 中。由埃克曼螺旋线还可以看出，图 12.7 是与图 12.6 相类似的。这个解中令人惊异的是，靠近海面的洋流流动方向与这个风的剪切应力作用的右侧成 45° 夹角。(埃克曼在研究船弗拉姆号上观察到了这个现象，促使他推导出了这一组方程式。)

为了确定埃克曼边界层在大气和海洋中的垂直高度 $H = \pi \cdot D$，将运动黏性系数 (空气：$\nu$=0.15cm$^2$/s，水：$\nu$=0.01cm$^2$/s) 以及 $f = 10^{-4}\mathrm{s}^{-1}$ 的数值代入 $D$ 的表达式，即可求得 $H$ 为

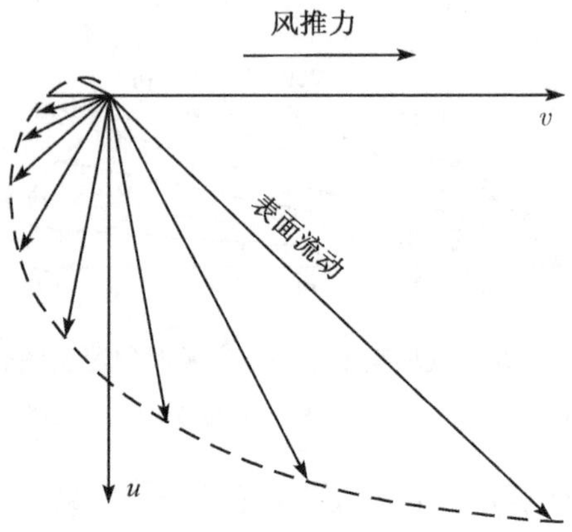


图 12.7　海洋埃克曼层中流动关系的速度图表示法

大气

$$H = 55\text{cm}$$

海洋

$$H = 15\text{cm}$$

这两个数值比观测所得值小得多。实际上，大气埃克曼层的垂直高度大约是 1000m，海洋埃克曼层的 $H$ 大约是 50m。产生如此明显矛盾的原因在于大气和海洋的边界层都是湍流，因而在式 ( 12.21)、式 (12.22) 及式 (12.28) 中要用湍流扩散系数 $\nu_t$ 来代替分子运动黏性系数 $\nu$。空气的 $\nu_t \approx 10\text{m}^2/\text{s}$，海水的 $\nu_t \approx 0.1\text{m}^2/\text{s}$。

与观测结果对比，埃克曼解的另一个缺点是地面风与地转风之间的倾斜角 (或者说，风的剪切应力与表面流动之间的夹角) 达到 45° 是太大了。这是因为湍流扩散系数并不是一个物质常数，它是随着高度而变化的。用可变的扩散系数对埃克曼方程作数值解析得到的倾斜角大约是 20°，这与观测结果是一致的。实际上，普朗特 (1949) 在第三版中已经提出了湍流埃克曼层的一个解析解 (该版的 V.9 节)，其结果与观测值很接近。

### 12.1.6　普朗特层

前面几段讲述的埃克曼层描绘了气流或液流在整个大气边界层或海洋边界层中沿垂直方向的变化规律。但在地球表面附近，人们已经研究过的有些情况是很接近大量野外实验结果的。因此，又引入了表面边界层 (也称为普朗特层) 概念。简言之，在普朗特层中，相对于高度的变化而言，可以假设湍流剪应力是常数

$$\tau(z) = \tau_0 = -\overline{\rho \cdot w' \cdot \boldsymbol{v}'}_\text{h} = \overline{\rho} \cdot u_*^2 \tag{12.33}$$

其中的物理量 $u_*^2 = \left|\overline{w' \cdot \boldsymbol{v}_n'}\right|$ 称为摩擦速度。根据常用的湍流梯度假设

$$\overline{w' \cdot \boldsymbol{v}_{\mathrm{n}}'} = -\nu_t \cdot \frac{\partial \overline{\boldsymbol{v}}_{\mathrm{n}}}{\partial z}$$

以及普朗特混合长度假设 (在湍流扩散系数 $\nu_t = k \cdot u_* \cdot z$ 的条件下)，取卡门常数 $k = 0.4$，再选取使 $\overline{\boldsymbol{v}} = (u, 0)$ 的坐标系，对风剖面作积分，可得

$$\overline{u}(z) = \frac{u_*}{k} \cdot \ln\left(\frac{z}{z_0}\right) \tag{12.34}$$

这个关系式就是众所周知的*对数风速定律*。出现在对数中的高度 $z_0$ 称为粗糙度长度，这是地面粗糙度的一个标尺 (例如，砂地表面：$z_0$=0.1mm; 草地：$z_0$=5cm)。这个对数风速剖面，已被许多测试所证实，在大气最下层大约 20m~50m 范围内是正确的。人们在研究粗糙平板或管道的工程流动问题时，也发现了类似的定律 (4.2.5 节，壁面定律)。

大气普朗特层的特点之一是垂直的温度梯度同时广泛地出现，这导致形成层叠型的剪切流动。为了确定这个温度的层叠作用对风剖面的影响，莫宁和奥布克霍夫 (1954) 提出了一种相似理论，并在近几十年得到了广泛的应用。这说明，普朗特层中适当规范化的速度梯度是通用的

$$\frac{k \cdot z}{u_*} \cdot \frac{\partial \overline{u}}{\partial z} = \phi\left(\frac{z}{L}\right) \tag{12.35}$$

这个量纲 1 的相似函数 $\phi$ 只取决于规范化的高度 $z/L$。此处的 $L$ 是*莫宁–奥布克霍夫长度*，此值确定了温度层叠化通过湍流温度流 $\overline{w' \cdot \theta'}$ 所产生的影响

$$L = -\frac{u_*^3}{\dfrac{k \cdot g}{\theta_0} \cdot \overline{w' \cdot \theta'}} \tag{12.36}$$

这个函数 $\phi$ 已经由许多野外测试结果确定了下来。例如，有一个常用公式为

$$\phi = \begin{cases} 1 + 5 \cdot \dfrac{z}{L} & \dfrac{z}{L} > 0 \quad \text{稳定的层叠化} \\ 1 & \dfrac{z}{L} = 0 \quad \text{中性层叠化} \\ \left(1 - 15 \cdot \dfrac{z}{L}\right)^{-\frac{1}{4}} & \dfrac{z}{L} < 0 \quad \text{不稳定的层叠化} \end{cases}$$

因此，一个热层叠化的普朗特层中的垂直风剖面就可以按相似函数 $\phi(z/L)$ 利用经验性的试凑解法对式 (12.35) 作积分而求得。

从原理上说，也可以预料在海洋中会出现具有对数流动剖面的普朗特层。但是，海洋中靠近表面的那一层流体通常会受到波浪的严重干扰，以致类似于式 (12.34)

的速度分布律通常只能在特别有利的状态下求得。有关大气及海洋边界层以及其干扰的更多资讯，可以在专著 (Kraus et al.　1994) 中查到。

## 12.2　大气中的流动

以下几段中要更仔细地讲述大气中一些特殊流动形式的案例。当然，要选取一些典型的现象，但仍会涵盖从小尺度的沙尘涡到全球范围的大气环流。

因为空气本身是看不见的，于是产生了一个问题，即怎样使大气的流动可以看得见。云就是有助于此的，因为云是自然地追踪着大气流动的。从气象卫星所拍摄的地球照片 (图 12.8) 上可以看到一些实例。卫星照片中显示的各种大气现象，可以利用图 12.9 的说明来解释。以下各段中，将要更详细地讨论这些流动形式。小尺度大气现象的流动细节见于 Atkinson (1981) 的专著中，而卫星图片及其对于大气流动现象解释的许多实例，则见于 Scorer(1986) 的著作中。

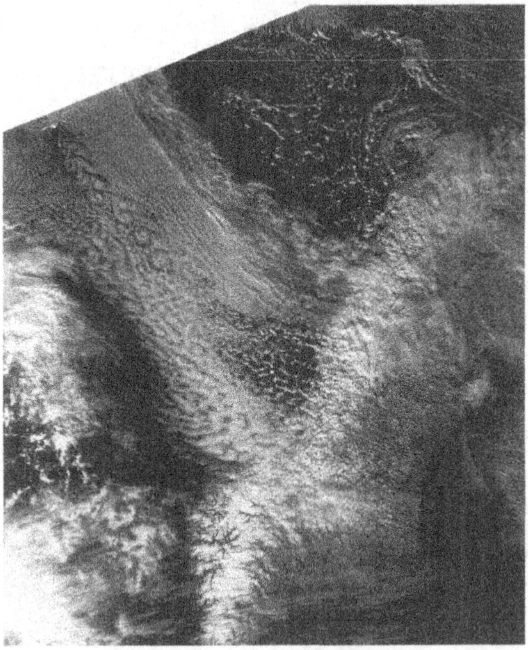

图 12.8　具有各种大气现象

例如以卷绕与格栅、涡街、重力波、旋风等为形式的热对流的卫星图片，通过云彩成为看得见的图像

关于大气中的运动形式的更广泛的探讨，也可以在一些德文教材中见到，例如：Häckel(1999), Kraus (2000), 还有 Liljequist 及 Cehak(1987)。关于大气流动的理论方面，也有一些专著作了详细探讨，例如，Etling(1996) 与 Pichler(1997) 的专著。

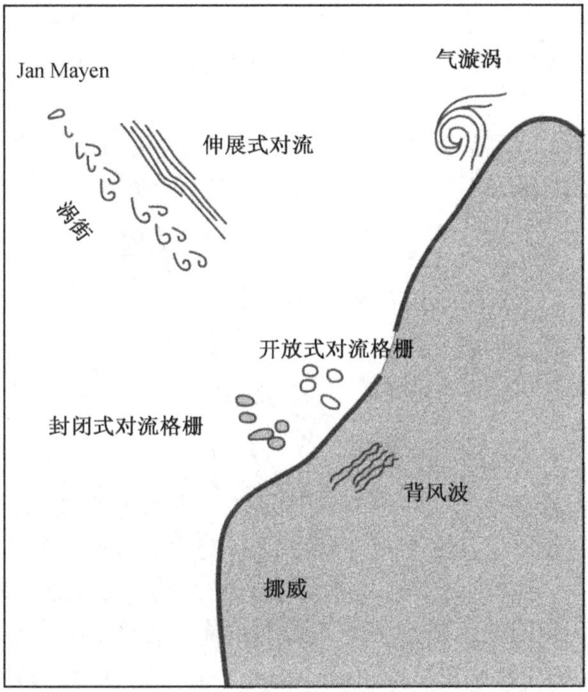


图 12.9 对于由图 12.8 的卫星照片所见各种流动类型的辅助说明

在以上书籍中，也会见到处理大气边界层流动的一些细节。这里限于描述埃克曼层 (12.1.5 小节) 以及普朗特层 (12.1.6 小节)，而且接下来不再处理边界层流动。本书为感兴趣的读者推荐一些有关大气边界层的专著，例如, Garratt(1992) 以及 Kaimal 与 Finnigan(1994) 的著作。

### 12.2.1 热风系统

正如 12.1.2 小节探讨过的那样，空气的运动是由压力、科里奥利力、黏性力以及重力所导致的或受其影响的。摩擦作用使流动减弱，而科里奥利力则仅仅使流动方向改变。又因重力仅仅对垂直方向的流动起作用，所以只有压力才是大气作水平运动的实际驱动力。因此，必须考虑压力是从哪里来的。因为大气几乎是一种理想气体，根据气体的状态方程及能量方程 (热力学第一定律)(第五章) 得知，空气的压强取决于其温度。

下面对于由水平方向温差所导致的流动过程作一个简单的描述。这些流动过程一般称为热风系统。现在来考察 $x$-$z$ 平面中的环量。沿一条封闭曲线 $S$ 的环量 $\Gamma$ 定义为

$$\Gamma = \oint_S \boldsymbol{v} \cdot \mathrm{d}\boldsymbol{S} = \oint_S v_s \cdot \mathrm{d}S \tag{12.37}$$

式中的 $v_s$ 是速度在曲线矢量 $\boldsymbol{S}$ 方向的分量。如果由式 (12.37) 的积分求出的环量 $\Gamma$ 是正值，那么，这个环量就是一个气旋 (逆时针方向)；而当 $\Gamma < 0$ 时，这个环量就是一个反气旋。

从运动方程 (12.2) 可以求得这个环量的变化率。下面来考察小尺寸的现象。这时，科里奥利力可以略去不计，摩擦作用也可以不考虑，于是得到

$$\frac{\mathrm{d}\Gamma}{\mathrm{d}t} = \frac{\mathrm{d}}{\mathrm{d}t}\oint_S v_s \cdot \mathrm{d}S = -\oint_S \frac{\mathrm{d}p}{\rho} \tag{12.38}$$

或者，应用理想气体的状态方程 $p = \rho \cdot R \cdot T$ 于式 (12.38)，得

$$\frac{\mathrm{d}\Gamma}{\mathrm{d}t} = -\oint_S \frac{R \cdot T}{p} \cdot \mathrm{d}p \tag{12.39}$$

在空气温度为常数的条件下，沿一条封闭曲线对式 (12.39) 作积分，得 $\mathrm{d}\Gamma/\mathrm{d}t = 0$。因此，为了具有环量，其温度在空间就必须有变化。这在所谓陆–海风的案例中看得很清楚。晴天，陆地上方的空气比水体上方的空气热，这是因为水和固态土地的热传导及热容量不相同的缘故。因为空气的压强总是随高度的增大而降低的 (这在 2.5 节讲过了)，于是出现了画在图 12.10 中那样的等压线与等温线分布。

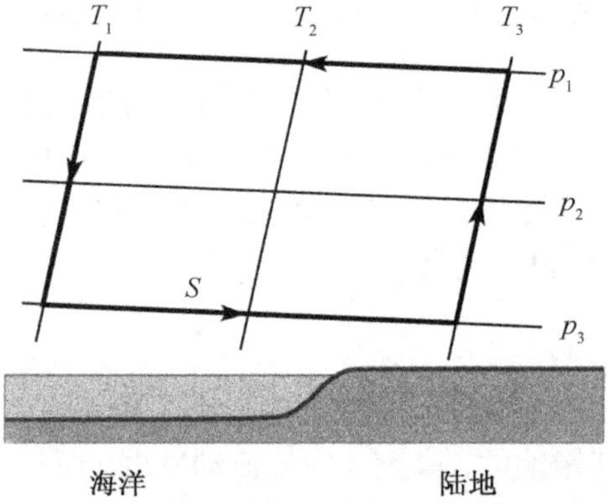


图 12.10　在陆地表面比水体热的情况下，产生陆地–海洋的风环流示意图 (海风)
等温线 $T_1 < T_2 < T_3$，等压线 $p_1 < p_2 < p_3$

如果这样来选取积分曲线 $S$，使其正好沿等压线及等温线走动，则按图 12.10 可得

$$\frac{\mathrm{d}\Gamma}{\mathrm{d}t} = R \cdot (T_3 - T_1) \cdot \ln\left(\frac{p_3}{p_1}\right) > 0 \tag{12.40}$$

这样，就会出现一个气旋环流，其方向是从冷水指向较高气压之下的温热大陆地面。这就是所谓海风。在高度较大之处 (气压较低)，则发生从大陆到海洋的补充流

动 (陆风)。

在夜间，情况恰恰与此相反。大陆上方的空气比水面上方的空气受到较多的冷却。图 12.10 中的等温线 $T_1$ 和 $T_3$ 换了位置，同样会得到一个反气旋环流，即风在地面附近是从大陆吹向海洋的。总之，可以这么说，为了使暖区与冷区之间的温度达到平衡，大气中必然发生热环流。

这个简单案例中的重要问题是，大气运动是由水平方向的温差所引起的。大陆-海洋的风环流就是一个实例。实际上，在所有的海滨都会发生这种现象，而且会在水平方向延续 10～100km。由式 (12.40) 看出，这种陆-海风的强度取决于大陆-水体的温度差，也取决于通常与之相重叠的大尺寸的风流动。另一个案例是所谓*山坡气流*。靠近山坡处，白天有温暖的上升气流，而在夜间则由于山坡附近的空气受到冷却而成为下降气流。因为是较冷的空气在夜间流下山坡，所以也称为冷空气下泄。

在这个最简单的案例中，山坡气流也可以用环流方程 (12.38)～ 方程 (12.40) 来解释。其实，这些关系式有点过于复杂了，因为大气中已有了一种垂直的温度分层，所以等温线是不能平行于山坡绘制的。普朗特指出了这一点，他在本书的早期版本 (第 3 版) 中给出了山坡气流的一个解析解。有关热风系统的进一步详细讲述，可以在 Atkinson(1981) 与 Simpson(1994,1997) 的专著中查到。

### 12.2.2 热对流

在第八章中，自然对流现象也是在传热学的框架内进行考察的，特别是水平分层内的分格对流情况 (8.2.2 节) 也是在大气中发现的。分格对流在热不稳定的分层介质中是不稳定的。其基本思想可以简要地解释如下。

对于具有常值垂直温度梯度的大气而言，利用运动方程以及热力学第一定律可以导出一个流体微团对于其静止位置的垂直偏移量 $z$ 的以下关系式

$$\frac{\mathrm{d}^2 z}{\mathrm{d}t^2} + N^2 \cdot z = 0 \tag{12.41}$$

其中 $N$ 是*布伦特-范赛莱频率*，这是以英国与芬兰气象学家布伦特与范赛莱的姓氏命名的。这个量是通过空气温度 $T$ 的垂直梯度或位势温度 $\theta$(12.5) 来定义的，即

$$N = \sqrt{\frac{g}{T_0} \cdot \left(\frac{\partial T}{\partial z} + \Gamma'\right)} = \sqrt{\frac{g}{\theta_0} \cdot \frac{\partial \theta}{\partial z}} \tag{12.42}$$

其中 $\Gamma'$ 是干燥空气的绝热温度梯度，其数值为 $\Gamma' = g/C_\mathrm{p} = 9.8 \times 10^{-3}\mathrm{K/m}$，或近似取 1K/100m。如果有一团空气沿垂直方向偏离平衡位置的高度为 $z_a$，可以求得式 (12.41) 的解为

$$z(t) = z_a \cdot \exp(N \cdot t) \qquad \left(当\frac{\partial T}{\partial z} < -\Gamma'或\frac{\partial \theta}{\partial z} < 0时\right)$$

$$z(t) = z_a \cdot \cos(N \cdot t) \quad \left(当\frac{\partial T}{\partial z} > -\Gamma' 或 \frac{\partial \theta}{\partial z} > 0时\right)$$

在第一种情况下，这个空气团将进一步偏离其平衡位置，因而是一种不稳定的平衡。这时，空气中会发生热对流。这种情况说明，空气温度随高度减小的速度比绝热 (中性) 分层情况快。

第二种情况是空气的微团围绕其平衡位置振动。这就是稳定平衡情况，将在 12.2.4 节处理重力波时讨论。

大气中发生热对流的一个条件是地面对一些空气层加热。这种已在 8.2 节讨论过的分格型对流形式 (卷或六面体) 也在大气中发现了。当上升的湿空气受到绝热冷却时，人们可以通过在对流格栅上部形成的云而看见这种热对流。图 12.8 画出了在卫星图片上看到的各种类型的大气对流：纵向对流卷 (云街)，以及开口型与封闭型的格栅。图 12.11 画出了导致这种云图的对流流动示意图。图 12.12 显示了同样云图的卫星照片。

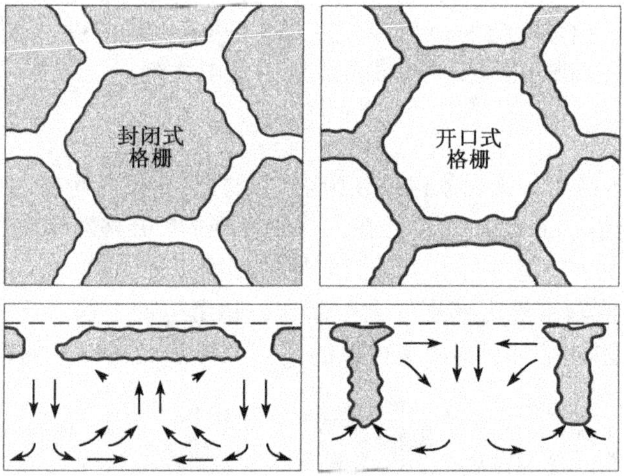


图 12.11　封闭式与开口式格栅的宽高比及截面形状

灰色部分为云，箭头表示环流

虽然图 12.8 和图 12.11 中的图形看起来很像实验作出的流动 (8.2.2 节)，但却有某些本质的区别。这涉及尺寸及物理起因两个方面。大气对流通常限于地球表面上方 1~2km 的高层之内。在图 12.8 及图 12.9 所看到的对流形式的水平波长如下：云街 3~15km，格栅 10~30km。因此，线性对流图形的高宽比为 1 : 3 及 1 : 10；而格栅的宽高比则介于 1 : 10~1 : 20。但在实验室中，这个比值约为 1 : 3。

人们对小宽高比的大气对流成因作出了多种解释。如 Atkinson 与 Zhang(1996) 在其综述文章中对格栅作了解释，而 Etling 与 Brown(1993) 则对卷作了解释。特别是形成云时的潜热释放好像是有作用的。当然，在实验室中不会出现这一效应。大气中热对流的其他形态可以在 Emanuel(1994) 的专著中查到。

图 12.12 开口式对流格栅的卫星图像

### 12.2.3 重力波

12.2.2 小节处理了不稳定分层大气中热对流的激发问题。这是源于地球表面对空气有加热作用的缘故。但是，地面附近的空气通常又会通过长波幅射 (例如，在夜间) 受到冷却，因而空气温度随高度的增加而增大。这样的大气就是稳定的分层式大气。

在稳定分层 (情况 2) 方程 (12.41) 的解中，得到过一个振荡关系式

$$z(t) = z_a \cdot \cos(N \cdot t) \tag{12.43}$$

其中的布伦特–范赛莱频率 $N$ 见式 (12.42)。垂直偏移空气团的振荡周期为 $\tau = 2\pi/N$。表 12.2 列出了一些具体数据。

**表 12.2**

| $\frac{\partial T}{\partial z}\Big/\left(\frac{\text{K}}{100\text{m}}\right)$ | $\frac{\partial \theta}{\partial z}\Big/\left(\frac{\text{K}}{100\text{m}}\right)$ | $N/\left(\text{s}^{-1}\right)$ | $\tau/(s)$ |
|---|---|---|---|
| −0.65 | 0.35 | 0.011 | 570 |
| 0 | 1.0 | 0.018 | 350 |
| +1.0 | 2.0 | 0.026 | 240 |

一个稳定的分层型的大气是一种可以实现振动的连续介质，因而允许反作用力为重力的波发生膨胀。所以，这些波就称为*重力波*。现在来简要地推导一下这种

波的波动方程。推导是从布西内斯克作了近似假设的运动方程式 (5.81) 出发的。在常用的线化假设之下，可得形式为式 (5.132)~ 式 (5.134) 的扰动方程。

为了简单起见，认为空气是静止不动的。将这些条件综合在一起，最后得到关于垂直分速度 $w$ 的微分方程为

$$\frac{\partial^2}{\partial t^2}\left(\frac{\partial^2 w}{\partial x^2}+\frac{\partial^2 w}{\partial z^2}\right)+N^2\cdot\frac{\partial^2 w}{\partial x^2}=0 \tag{12.44}$$

为了求解这个方程，假设波形为

$$w(x,z,t)=w_0\cdot\cos(a\cdot x+b\cdot z-\omega\cdot t) \tag{12.45}$$

式中 $a$ 及 $b$ 是图 12.13 所示波数矢量 $\boldsymbol{m}$ 的水平分量及垂直分量 ($a=2\pi/\lambda_x, b=2\pi/\lambda_z$)，而 $\omega$ 则是此波的特征频率。将波形假设式 (12.45) 代入式 (12.44)，即得以下的频率条件

$$\omega=N\cdot\frac{a}{m}=N\cdot\cos\alpha \tag{12.46}$$

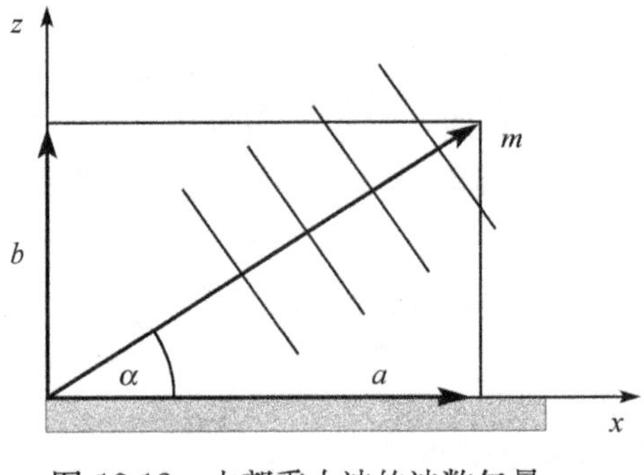


图 12.13　内部重力波的波数矢量 $\boldsymbol{m}$

图中画出了与 $\boldsymbol{m}$ 垂直的若干个振荡平面

于是，重力波的振荡频率最大值就是布伦特–范赛莱频率 $N$(这时 $\alpha=0$，即波完全沿水平方向膨胀)。

沿膨胀方向 $\boldsymbol{m}$，其相速度可以由关系式 $\boldsymbol{m}\cdot\boldsymbol{c}=\omega$ 求得

$$c=\pm\frac{N}{m}\cdot\cos\alpha \tag{12.47}$$

或者，在水平膨胀波的情况下 ($\alpha=0, m=a$)，得

$$c=\pm\frac{N}{a}=\pm\frac{\lambda\cdot N}{2\cdot\pi}$$

现在来设定一些数值

$$令\partial T/\partial z = 0(\partial\theta/\partial z = 1\text{K}/100\text{m}),\ 即 N = 0.018\text{s}^{-1},\ 由此得$$

$$\lambda = 1\text{km} \to c \approx 3\text{m/s}$$

$$\lambda = 3\text{km} \to c \approx 10\text{m/s}$$

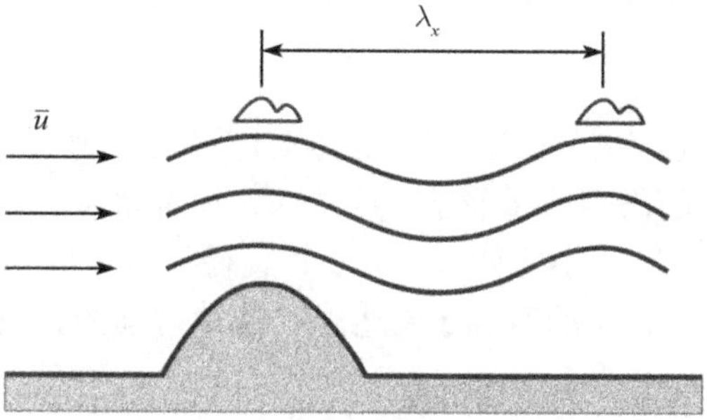


图 12.14 背风面的波得以通过云的形成而看得见的示意图

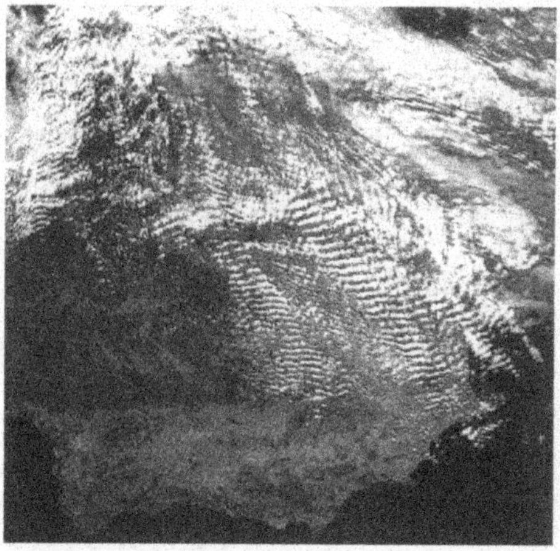

图 12.15 导致带状云 (此图的中心处) 形成的重力波的卫星照片

因此，重力波的相速度与大气中的风速是同一数量级。如果风向与相速度方向相反，就会产生定态重力波。当风速 $U$、波长 $\lambda$ 以及布伦特–范赛莱频率 $N$ 之间满足以下关系时

$$\lambda = \frac{2\pi}{N} \cdot U \tag{12.48}$$

就属于产生定态波的情况。在山坡的背面特别容易发现定态波，它使空气上升、并导致垂直方向的重力波受到连续的激发。在这种情况下出现的波，称为背风波。

如果空气的湿度适当，此波的迎风区中会发生绝热冷却，从而导致云的形成。因此，背风波 (也就是一般所谓重力波) 就通过与风向相垂直的云的周期性排列而成为看得见的了 (图 12.14)。在图 12.15 所示卫星照片中常常能看到这种类型的云。

因为自由大气实际上总是稳定分层的，所以重力波就是一种在大气中总能或多或少地被连续观察到的运动形式。关于这个问题的进一步详细讲述，可在 Gossard 与 Hooke(1975) 的专著以及 Wurtele 等 (1996) 的评论文章中查到。

### 12.2.4　涡

除了上述各种过程 (例如，陆–海风，热对流以及重力波) 以外，大气动力学还要受到许多不同尺寸的涡的严重影响。这些涡，有的称为低压区，其尺寸大到在水平方向延伸几千公里；尺寸小的如沙尘暴，其直径只有 50m。表 12.3 中列举了各种涡现象的实例，并附有典型的直径、风速以及持续时间的数值。

**表 12.3**

| 涡现象名称 | 直径/km | 持续时间 | 风速/(m/s) | 旋转情况 |
|---|---|---|---|---|
| 低气压 | 2000 | 4 天 | 20 | 气旋 |
| 飓风 | 500 | 10 天 | 80 | 气旋 |
| 山地涡 | 50 | 1 天 | 5 | 气旋及反气旋 |
| 旋风 | 1 | 1 小时 | 100 | 气旋及反气旋 |
| 沙尘暴 | 0.1 | 1 分钟 | 10 | 气旋及反气旋 |

以上的实例列举了一些具有垂直轴的涡, 其中大尺寸的低压区与飓风的旋转方向是与气旋同向的, 而小尺寸的涡现象则可以既是气旋, 也可以是反气旋。这种差别来源于科里奥利力的效应，如图 12.16 中力的图解所示。

对于旋转型轴对称涡的理想情况而言，在运动方程 (12.2) 中略去摩擦力时，可以得到以下力平衡关系式 (图 12.16)

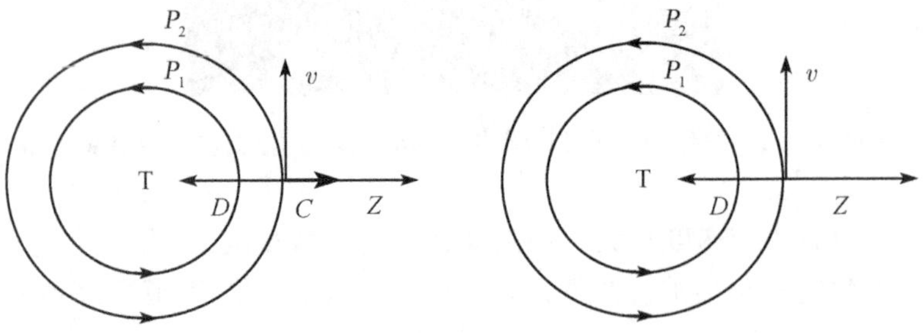


图 12.16　力在旋转对称涡中的平衡，每个涡中心的空气压强很低 ($L$)

流速 $v$，等压线 $P$，科里奥利力 $C$，压力 $D$ 以及离心力 $Z$ 都画在图中；左图：大尺寸涡 (低压区)；右图：小尺寸涡 (即旋风)

$$\frac{v^2}{r}+f\cdot v=\frac{1}{\rho}\cdot\frac{\partial p}{\partial r} \tag{12.49}$$

亦即

离心力 + 科里奥利力 = 压力

其中的 $r$ 是到涡中心的距离。

在每一种情况下，压力作用的方向是指向涡中心的，而离心力的作用方向则是背离涡中心的。在气旋尺寸很大的情况下 (图 12.16)，离心力与科里奥利力方向相同；而在反气旋 (高压区，但图中没有显示) 的情况下，离心力则与压力的方向相同。

这两个案例中算出的力平衡情况如表 12.4

**表 12.4**

| | $\frac{v^2}{2}$ | $f\cdot v$ | $\frac{1}{\rho}\cdot\frac{\partial p}{\partial r}$ | 单位 |
|---|---|---|---|---|
| 低压区 | 1 | 3 | 5 | $10^{-3}$m/s |
| 旋风 | 5000 | 5 | 5000 | $10^{-3}$m/s |

在大尺寸的涡 (低压区) 中起着主要作用的科里奥利力，在涡的尺寸较小时 (旋风) 却可以略去不计。这一个情况已示意地画在图 12.16 的右侧图中。

发生上面提到的涡现象的原因是很复杂的，这在讨论每个案例的时候还会扼要地提到。但是，所有的案例都具有共同的涡增强机制，这可以从涡量方程 (12.12) 看出来。如果科里奥利力参数 $f$ 与纬度的依从关系可以忽略不计，那么，描写相对速度 $\zeta$ 的方程可以写成如下形式

$$\frac{\mathrm{d}\zeta}{\mathrm{d}t}=-(f+\zeta)\cdot\nabla_{\mathrm{h}}\cdot\boldsymbol{v}_{\mathrm{h}} \tag{12.50}$$

由此方程可以看出，涡增强 (或削弱) 发生在水平流场是否存在收敛 (或扩张) 现象。以旋风为例，这时 $|\zeta|\gg f$，因此得

$$\frac{\mathrm{d}\zeta}{\mathrm{d}t}=-\zeta\cdot\nabla_{\mathrm{h}}\cdot\boldsymbol{v}_{\mathrm{h}} \tag{12.51}$$

在这些漩涡中，流入涡核的气流在地面附近的收敛情况总是能够观察得到的，因此，$\nabla_{\mathrm{h}}\cdot\boldsymbol{v}_{\mathrm{h}}<0$。如果起初有一个微弱的涡具有气旋型的涡度 ($\zeta>0$)，那么，$\nabla_{\mathrm{n}}\cdot\boldsymbol{v}_{\mathrm{n}}<0$ 表示 $\zeta$ 将随时间增大。图 12.17 画出了这一现象的示意图。如果起初的旋转方向是反气旋方向 ($\zeta<0$)，同样的效应也会发生，即旋度的大小是在增大的，旋转方向保持为反气旋方向。

现在来简要地讨论几种不同类型的涡。

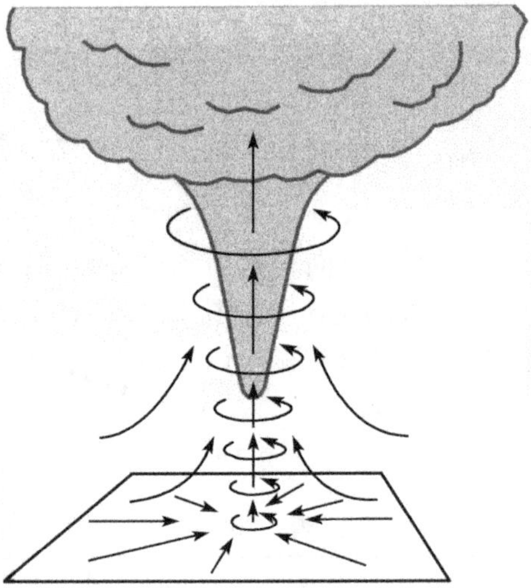

图 12.17　通过水平方向的流动收缩而使涡强度增大的示意图

云 (阴影区) 的这种漏斗状突起物近似地对应于一个龙卷风的可见部分

1. 低压区

低压区是大尺度的大气漩涡，其涡核内的空气压强相当低 (因此，短语 “低压区” 可以缩写为 “低” 字)。根据地转平衡原理 (12.1.3 节)，风是按数学上的正方向 (反时针方向) 围绕低压核心而流动的，这就是为什么低压区也称为气旋的缘故。因为低压区在空间的广延度很大，只能通过卫星照片上的螺旋状云图 (图 12.18) 或者是天气图上的地面压强场而识别出来。这种布满了等压线的天气图画在图 12.19 中。这种带有云及雨区的低压区是决定着两个半球的中纬度天气的主要因素，因而是大尺寸涡的最主要的类型。

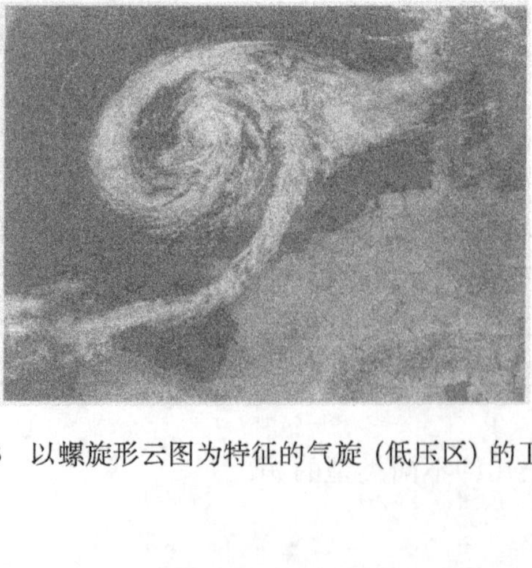

图 12.18　以螺旋形云图为特征的气旋 (低压区) 的卫星照片

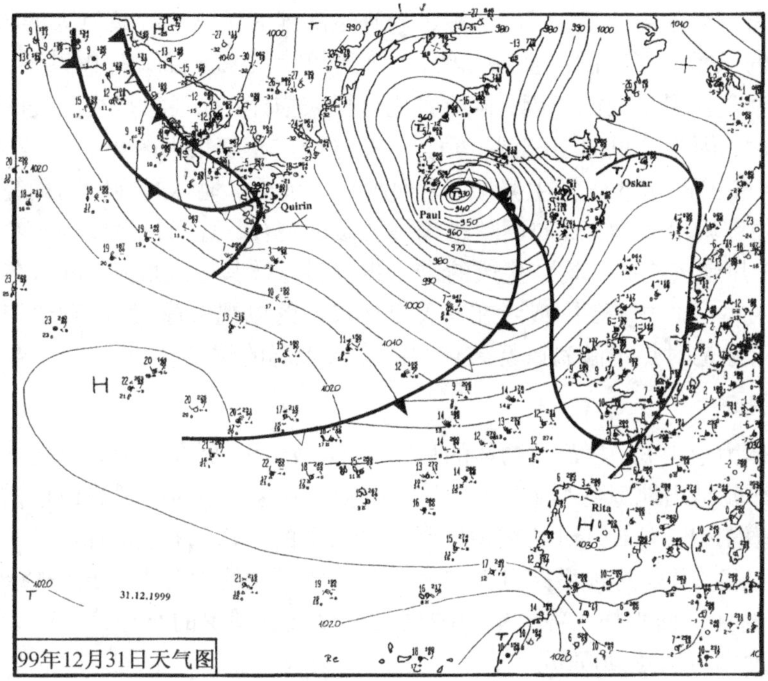


图 12.19　具有不同低压系统 ($L$) 的地面天气图

即气旋 Paul 于 1999 年在格陵兰南端的情况。等压线上的数字为：以百帕 [hPa] 计的空气压强

(例如，此气旋核心的压强为 930hPa)

低压区形成的原因可以用某种不稳定性 (即斜压不稳定性) 来解释。斜压不稳定性理论已在 Cushman-Rosin, Etling Gill, Pedlosky 以及早先提到的 Pichler 的专著中作了详细论述，这里只阐述其基本思想。正如 12.1.3 所解释的那样，在理想条件下 ($R_0 \to 0$)，压力和科里奥利力是有可能平衡的。这导致地转风 (式 (12.7)) 产生并得出热风关系 (式 (12.8))。该式说明，在斜压大气中，水平方向的温度梯度以及压强梯度必导致地转风随高度而变化。因此，在这种情况下，暖气团是紧贴着冷气团的。但是，这种平衡是不稳定的，只要水平温度梯度超过了临界值，就会导致空气发生垂直方向的运动，即热空气下方的冷空气团发生运动。由于作大尺度运动的地球有着巨大的旋转效应，这就导致气旋型的水平运动形成，从而最终成为气旋。

2. 热带气旋

顾名思义，热带气旋是热带大气范围内的一个低压区。在西大西洋地区称此为飓风，而在亚洲则称为台风。这种飓风的一张卫星照片已经刊登在本书绪论章的图 1.10 中了。热带气旋这一温和的名称掩饰了这个最强劲的大气风系统的真相，正是这一真相也使人们将此称为热带漩涡风暴。由于气旋的风速很高 (达到 300km/h),

再加上在海中激起的波浪，因而这种风暴到达陆地时常常会导致巨大的破坏。这种热带风暴的景象是所有的人都熟知的，即使仅仅是电视画面，就积累得不少了。

热带漩涡风暴生成的原因，目前只能这样来描述：此现象是在温暖的热带海洋上空形成的，因为这里的空气湿度很大。在这些广延度很大的热对流区域中 (高达 15km 的风暴云)，水蒸气发生凝结，因而释放出潜热。地球的旋转则最终导致气旋形成，其强度则沿途增大，向西越过潮湿温暖的海洋，直到最后成为一个漩涡风暴为止。关于热带气旋的结构与生成的进一步资料以及其生成机制，可以在 Elsner 和 Kara(1999) 的著作中查到，或者在有关自然灾祸的电视录像 (发现频道, 1997) 中查到。这种录像是对热带漩涡风暴破坏力的令人难忘的记录。

3. *山地涡*

从流体力学得知，气流在物体的后部会形成漩涡。而大气运动时还真会遇到这种物体，那就是山地障碍物 (丘陵，山，山脉)。在这些不同类型的山地诱发出来的漩涡 (山地涡)中，本书只讨论在物体尾迹中出现的*卡门涡街*，这在流体力学教科书上已经讲得很多了。这种涡街出现在大型岛屿背风面的大气中，如图 12.8 所示 Jan Mayen 山的背风面那样。各个单独的气旋及反气旋漩涡的直径为 10~30km，而涡街的总长度则可以达 400km。

因为岛屿是相当平坦的障碍物 (高度 : 宽度 ≈1 : 10)，空气是受迫绕流岛屿的，所以这种绕流是通过比峰顶高度低的热反流而发生的。由于阿基米德浮力的缘故，这个热反流的作用就像低空大气上面的一个盖子。

4. *龙卷风及沙尘暴*

龙卷风是美国对于极强的管状涡的通用称呼，这种涡的产生与强风暴云 (图 12.17) 密切相关。与热带漩涡风暴相反，龙卷风的直径只有几百米。但高达 400km/h 的风速以及涡核中极强的负压 (其压强比环境压强低 50hPa) 常常导致巨大的破坏，其破坏力经过电视报道给人们留下了深刻的印象 (例如，发现频道, 1997)。

龙卷风的旋转方向与气旋可能相同，也可能相反。但是，在很强的龙卷风之中，旋度的气旋意义是主要的，因为母云通常已经具有气旋型的旋度 (由于具备了大尺度风的诸条件)。这种初始的旋度加强到龙卷风是一个非常复杂的过程，迄今尚未完全弄明白。这个过程中的部分现象可以用旋度的加强机理 (式 (12.51)) 来解释。由于连续性的要求，风暴云中的强上升气流及下降气流 (速度高达 40m/s) 导致很强的沿水平方向扩张和收缩的流动；由式 (12.51) 看出，这必导致涡量增大。图 12.17 画出了这个过程的示意图。

龙卷风也出现在欧洲，但其强度一般要弱得多，也称为*风龙卷*(海面上方则称为水龙卷)。关于龙卷风的出现及其形成的更多的资料可以在 Church 等 (1993) 的著作中查到。

沙尘暴也是一种具有垂直轴的管状涡，但与有没有云无关。相反，沙尘暴的出现是与热对流有关的，因而是一种良好天气的现象。由于其尺寸小 (水平方向为 10~100m，垂直方向为 100~500m) 以及风速为中等值 (10m/s)，所以有时也称为龙卷风的小弟弟。沙尘暴的这个名称来源于它将地面的疏松物质搅动起来并向上输送到涡核中去。并因此这种涡是完全看得见的。

类似于沙尘暴这样的涡的激发机制目前尚未完全弄清楚。其主要的影响因素当然还是涡的增强机制 (式 (12.51))。在靠近受热的地面处，暖空气以热管的形式上升，导致产生水平方向的空气滑流。如果存在某种初始的旋度，例如，绕流某个障碍物，使得风的收缩接近于迎风的流管时，由式 (12.51) 知，就会导致旋度增强。

### 12.2.5 全球大气环流

前几段介绍了几种单个的大气流动现象。为了整合这些讨论，现在来简要地描绘一下大气在全球范围内的行为特征。有两个因素特别影响着大尺寸空气团的动态行为，即地球旋转及太阳辐射。因为地球是球形物体，就是说，靠近赤道的空气比两极地区的空气接受的辐射能量多，因而赤道区域内的气温比高纬度区域高。

本书的 12.2.1 小节讨论过热环流，并指出了水平方向的温度梯度导致垂直方向的环流，即地面附近的空气是从较冷的地区流向较暖的地区。因此，这种环流也一定会发生在两极地区和赤道之间。如果限制在赤道和南北纬附近 30° 的有限区域内, 情况确实是如此。这个环流是按一位英国气象学家哈特利的姓氏命名的，称为*哈特利环流*。

旋转的地球上发生大尺度的热环流时，科里奥利力的影响是一定要考虑的。在与地转平衡密切相关的 12.1.3 节中，已经指出了水平的温度梯度必导致地转风随高度发生变化。这种地转风的吹刮，使热空气集中指向流动方向的右侧 (热风关系式 (12.9))。在赤道与两极之间有大尺度温度梯度的情况下，加上地球旋转的效应，一定会形成一种西风，即大致与纬线平行的向东吹的风。这个效应是实际观察到了的。从图 12.20 所示水平风速的地区平均值也可以看出这一点。此图也画出了高度为 10km 处的风速最大值，称为*急流*。此处的风速可以达到 100~300km/h，此值对于空中运输是很重要的。

在赤道和纬度约为 30° 之间的区域内, 空气压强与地面附近明显不同 (赤道为低压槽, 亚热带为高压), 这表明可以观察到对应着地转风关系式 (12.7) 的东风。和*哈特利环流*的低压部分合在一起, 二者共同形成了*信风*(图 12.21), 这是大气中最常见的风系统, 对于早期的航海人员是非常重要的。

在中纬度处，大尺度的大气动力是由低压区 (气旋) 及高压区的形成与衰减来确定的。正如 12.2.5 节讨论过的那样，低压区是通过西风区中基本流动的*斜压不稳定性*产生的。这就假设了温度梯度的临界值已被超过，而这正是中纬度的常见现象。这些气旋，加上与之相关的云及降水，就是决定我们所处纬度地区天气的主要因素。

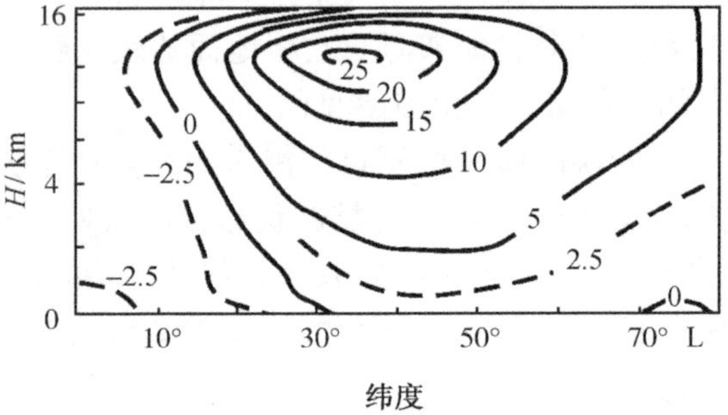


图 12.20　地区平均风速 (以 m/s 计) 与纬度及高度的依从关系

正值：西风；负值：东风

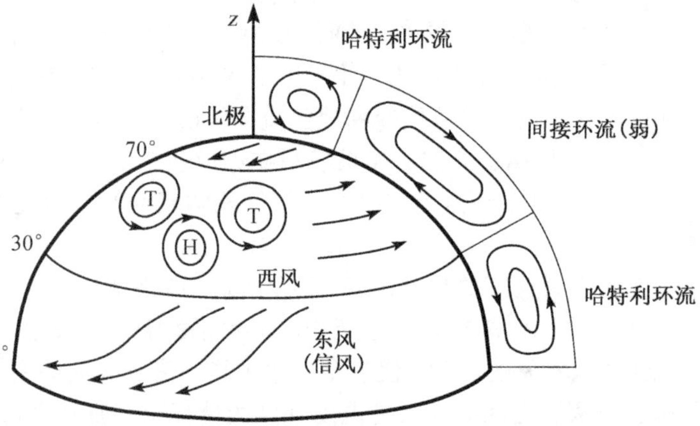


图 12.21　全球大气环流示意图

作了一些简化之后，人们即可确定全球的大气环流导致极地和赤道之间大气的温度补偿。由于地球是球形的，并因此使太阳辐射量的分布不均匀，这样的温度补偿是不可能充分的。但是，全球的大气环流使低空及高空的温度差远远比纯辐射平衡的情况要缓和。

上述讨论可以用一个简化的大气环流模型来作出总结，如图 12.21 所示。有关大气环流的更广泛的讲述，可以在 Grotjahn(1993) 及 Peixoto 和 Oort(1992) 的专著中查到。

# 12.3 海洋中的流动

12.1 讨论了大气流动的各个方面，还讨论了与海洋流动所共同具有的一些方面。例如，地转流 (12.1.3 节)、罗斯贝波 (12.1.4 节) 以及埃克曼层 (12.1.5 节)。这些流动形式在下文中就不再讨论了。虽然对于大气及海洋中两种介质的基础流体力学原理是相同的，但对导致海洋中特定的流动状态而言，还是与空气流动有若干差别的。主要差别之一在于空气实质上是没有侧向边界的，空气可以环绕地球流动而不受限制。但是，本星球上的海洋的侧向运动是受到陆地团块限制的。这就使得大尺度的海洋环流会受到不同流域中 (如北大西洋) 大型反气旋漩涡的影响。

另一种差别是自由的、可动的海面形成了海洋的上边界。此边界上方的大气通过风的剪切应力对水面施加作用力，这就是海流的主要驱动力。至于垂直方向的结构，则应该指出，不仅仅水的密度，像大气的一样决定着其压强 $p$ 和温度 $T$，而且水中的含盐量 $c$ 对于水的密度还有重大的影响。

基于上述理由，下面只能对洋流作一个简要的讨论，无论如何也不会代替海洋学的广泛的研究领域。在众多的海洋学专著中，作者推荐 Pedlosky(1996) 及 Pond 和 Pickard(1991) 的著作，因为此书更着重于处理海流的动力学特性。

### 12.3.1 风驱动的流动

在 12.1.6 节讲述表面大气边界层 (普朗特层) 时，本书阐明了风所导致的作用在地球表面上的切向力，这称为切向应力或单位面积上的剪切应力。实验证明，剪切应力 (通常记为 $\tau$，式 (12.33)) 的作用方向是靠近地面的风方向，其大小则与风速的平方成正比

$$\tau = \rho \cdot c_{\mathrm{w}} \cdot |\boldsymbol{v}| \cdot \boldsymbol{v} \tag{12.52}$$

式中的系数 $c_{\mathrm{w}}$ 称为*阻力因数*，其典型数值为 $c_{\mathrm{w}} \approx 1.5 \times 10^{-3}$。这个地面剪应力 (式 (12.52)) 也作用在海面上。又因为海水是可动的，这就导致海面附近产生一股流动。在水平面内各向同性的简单假设条件下，可以看到生成了埃克曼螺线，这与式 (12.31) 及式 (12.32) 相对应 (12.1.5 小节)，此处海面上的流动与地面剪切应力 $\tau_{\mathrm{w}}$ (或地面风 $\boldsymbol{v}$) 方向右侧成 45° 夹角。但是，在实际的海洋中，这个夹角要小得多，其值是 20° 左右。如果我们不用这种局部的方法，而询问靠近海面的气流在空间是怎样分布时，显然，根据式 (12.31)、式 (12.32) 及式 (12.52) 得知，这种大尺度的风分布必须被看作为一种驱动力。

考虑到大气及海洋的大尺度平均状态，在 12.2.5 小节指出了，在赤道与南北纬 30° 的区域内，来自东方的信风是主要的；而在纬度为 30°~70°，携带着西风的气旋是主要的。简言之，风在低纬度的剪切应力是向西作用的，而在高纬度则是向东

作用的。这已画在图 12.22 中了。因此，洋流一定是从东向西发展，或从西向东发展。

正如本章引言提到过的那样，海洋地域的延伸受到由南到北的几个洲的阻碍。因此，在低纬度地区，供给东岸的水体较多，而在高纬度地区则有更多的水体离开东岸而去。由于连续性，在东岸一定有自南到北的流动，而西岸的情况则恰与此相反。因此，在理想情况下，风的剪切应力在每个洋槽之内导致一个封闭的反气旋环流，图 12.22 是其示意图。

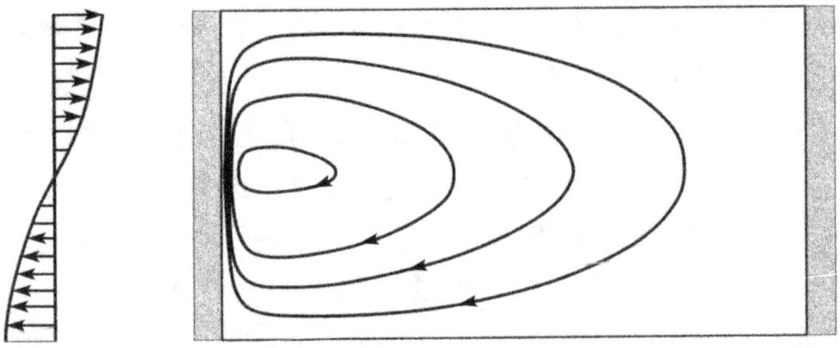


图 12.22　地域性风力与洋槽中产生表面流的示意图

注意到洋槽西部 (即东岸) 的流线比东部密，因此，在槽的西边缘处，向北的海流比东边缘处向南的海流强劲。这个乍看起来是不寻常的结果，其精确的理论解释见于 Pedlosky 及 Pond 和 Pickard 的专著。简言之，接近海面的流动是在摩擦力与科里奥利力之间取得平衡的。现在，正如式 (12.2) 所示，科里奥利力是科里奥利力参数 $f$ 与速度 $\boldsymbol{v}$ 的乘积。但是，科里奥利力参数 $f$ 是随纬度变化的。对于被一股流动从南运送到北的水体质量而言，科里奥利力是向北增大的。在平衡状态下，摩擦力也必然是增大的。因为后者与速度的剪切作用成正比，于是，子午面速度的地域梯度 $(\partial v/\partial x)$ 必然增大。当流动是从北向南流时，结论正好与此相反。于是，最后在风驱动的海洋环流的西部发现了一个很强的速度剪切作用，而在东部则存在一个较弱的剪切作用，如图 12.22 所示。这个理想海洋环流的理论解释也可以在实际海洋中找到，如图 12.23 所示的北大西洋环流。沿美国东海岸的较强洋流就是众所周知的湾流(图 1.11)。

因为这个大尺度的海洋漩涡沿子午面伸展很大，水体具有不同的温度：南部温暖，北部寒冷。于是，由风驱动的海流就把西区的温水输送到北部，而把东区中的冷水输送到南部，如图 12.23 所示。这个输运作用对于全球气候有着巨大的影响。当沿着纬度同为 60° 的地带对比 1 月份的气温时，人们发现，爱尔兰为 +6°C，而在接近拉布拉多的地方则为 −10°C。因此，西欧冬天的气候比较温和，是要归功于湾流中的温暖洋流的。

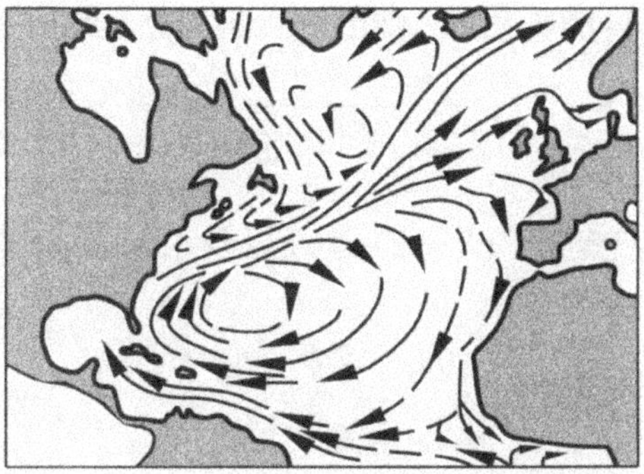

图 12.23 在北大西洋观察到的平均表面流状况。
实线：温暖洋流；虚线：寒冷洋流

### 12.3.2 水波

与大气一样，海洋也是一种可以实现振荡的介质，而且会出现许多不同类型的波。12.1.4 小节讲过大尺度条件下的*罗斯贝波*，这是因为科里奥利力参数 ($\beta$ 效应) 依赖于纬度的缘故。耗散关系式 (12.15)$c = \overline{u} - \beta/a^2$ 对于大气及海洋都是正确的。这里，我们要继续讨论罗斯贝波。

现在在大气为分层状态之下，考察 12.2.4 节提到的*重力波*。像大气一样，在大尺度范围内，海洋也是稳定的分层介质。因此，阿基米德浮力效应导致内部重力波形成。从形式上看，也可以采用式 (12.44) 像创建大气重力波那样来处理这种海水波，这只要在*布伦特–范赛莱频率* $N$ (式 (12.42)) 中插入海洋的垂直密度梯度即可，而这个密度梯度则由含盐量及压强和温度所确定。因此，海洋重力波的耗散关系式就和式 (12.47) 完全一样了。海洋的布伦特–范赛莱频率的典型数值是 $N \approx 0.5\times10^{-2}\mathrm{s}^{-1}$，因而这种波的周期大约是 30min。

对于一般的观察者而言，不论罗斯贝波还是内部重力波，一般都是看不见的。但是无处不在、最普通的海洋运动形式之一的海面波，却是众所周知的。现在就来更仔细地观察一下这些*表面波*。

先简要地考察一下线性表面波的耗散关系的推导。假设水体是不可压且无旋的，即 $\nabla\cdot\boldsymbol{v}=0$ 以及 $\nabla\times\boldsymbol{v}=0$。因此，可以用位势流动来描写这种波，这要将关系式 $\boldsymbol{v}=\nabla\phi$ 及 $\nabla^2\phi=\Delta\phi=0$ 应用于速度位 $\phi$。

与经典的位势流动理论相反 (4.1.5 节)，流体的上部边界由高度可变的可动表面形成，即 $\eta(x,y,z,t)$。在简化的二维情况下，假设波形为

$$\eta(x,t)=\eta_0\cdot\cos(a\cdot(x-c\cdot t))$$

(波数 $a=2\cdot\pi/\lambda$，相速度为 c)。物理边界条件为

$$w\,(\eta)=\frac{\mathrm{d}\eta}{\mathrm{d}t},\quad w(z=-h)=0$$

$h$ 为海底深度。若不计科里奥利力，则由线化的无黏运动方程 (12.2) 可以解得相速度表达式为

$$c = \sqrt{\frac{g}{a} \cdot \tanh(a \cdot h)} \tag{12.53}$$

水波的相速度显然取决于波长 ($\lambda = 2 \cdot \pi/a$) 以及水深 $h$。下面我们讨论两种极限情况

$$h/\lambda > 0.5 \quad 以及 \quad h/\lambda \leqslant 0.05$$

当 $h/\lambda > 0.5$ 时，$\rightarrow \tanh(a \cdot h) \approx 1$，由式 (12.53) 得

$$c = \sqrt{\frac{g}{a}} = \sqrt{\frac{g \cdot \lambda}{2\pi}} \tag{12.54}$$

当条件 $h/\lambda \geqslant 1$ 成立时，这种波称为*短波*或*深水波*。这并不是说水深 $h$ 必须很大，而是说 $h$ 必须比波长 $\lambda$ 大很多。深水波表现出了耗散特性。按式 (12.54)，长波比短波运动得快。例如，在海滨出现浪涛时，那就表示水波已经被离岸很远的风或风暴所激发。这种深水波扩张速度的一些数值算例结果如下

$$\lambda = 10\text{m} \rightarrow c \approx 4\text{m/s}$$

$$\lambda = 100\text{m} \rightarrow c \approx 12\text{m/s}$$

当 $h/\lambda \leqslant 0.05$ 时，$\rightarrow \tanh(a \cdot h) \approx a \cdot h$，由式 (12.53) 得

$$c = \sqrt{g \cdot h} \tag{12.55}$$

当 $h/\lambda \ll 1$ 时，这种波称为*长波*或*浅水波*。与深水波相反，这时没有耗散，相速度只取决于水的深度。算例如下

$$\begin{aligned} h &= 10\text{m}, &\quad \lambda &= 200\text{m} \rightarrow c \approx 10\text{m/s} \\ h &= 1000\text{m}, &\quad \lambda &= 20\text{km} \rightarrow c \approx 200\text{m/s} \end{aligned}$$

在自由海洋中 (水深很大)，关系式 (12.55) 描写的是很长的波的相速度，例如海啸所导致的长波。

除了相速度 (式 (12.53)) 之外，还可以由位势流动方程的解得到由表面波诱发的水中速度场。其精确的解析解可以在莱特希尔 (1987) 的著作中查到。这时，人们只要示意地画出由这个速度场所引起的水微团的运动轨迹即可 (图 12.24)。

上面描述的水波是在无黏流体的理想情况下得到的。特别是，如果将表面应力作为一种力来看待，它在波长很小的情况下 (是 $\lambda < 0.2\text{m}$) 超过了重力效应而占支配地位。这些波表现为水面上很多微纹而能够被看见，因而也称为毛细波。

现在，观察者很少能看到具有固定波长的简谐波形式的真实海面。更确切地说，人们观察到的是许多不同振幅、不同波长、不同相位的波的叠加 (图 12.25)。这里就不再对海谱作进一步的讨论了，读者可以参阅更多的有关水波的文献 (例如，Lighthill 1987, Young 1999)。

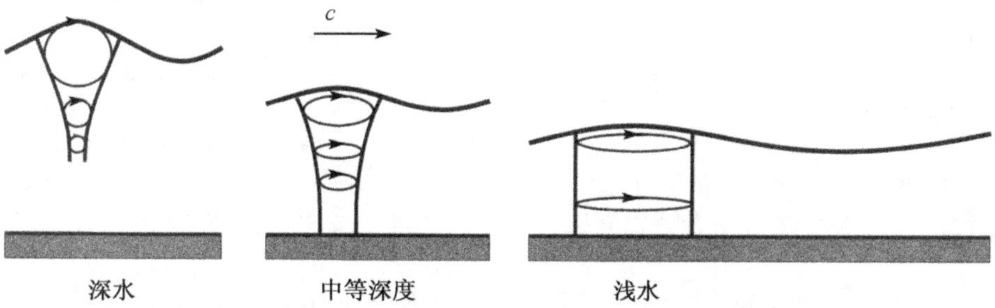


图 12.24 海面波以及在不同水深之下的水的微团运动轨迹，相速度为 $c$

图 12.25 海面的水波

## 12.4 大气及海洋流动的应用问题

在大气和海洋中，除了有流体力学现象以外，近年来，有关天气预报、人类活动导致气候变化，以及臭氧损耗 (臭氧洞) 等问题很受重视。为了考虑这些问题，本书在实际的流体力学论题之外，单辟一小节来简介这种长周期的问题。

### 12.4.1 天气预报

甚至不是流体力学方面的专家也几乎每天都要通过媒体的天气报告而面对大气的流动。远期天气预报主要是讲述气温和气压以及云和降水量随时间的发展变化规律。对于风力与风向的预测则是这个问题的附加的流体力学内容。

天气预报在近 100 年中已经从某种经验的方法发展到了应用以动力学和流体

力学中的热力学定律为基础的数学物理方法。在 5.5 节中所建立起来的方程组就是研究这个问题的基础，其描写大气及海洋流动的共同形式如表 12.5。

**表 12.5　描写大气–海洋系统的方程组结构**

| 随时间变化的局部变量项 | | 对流项 | | 力/源项 | | 扩散项 | |
|---|---|---|---|---|---|---|---|
| $\partial \boldsymbol{v}/\partial t$ | + | $\boldsymbol{v}\cdot\nabla\boldsymbol{v}$ | = | $\boldsymbol{F}_i$ | + | $k_{\mathrm{v}}\cdot\nabla^2\boldsymbol{v}$ | (12.56) |
| $\partial\rho/\partial t$ | + | $\boldsymbol{v}\cdot\nabla\rho$ | = | $Q\rho$ | | | (12.57) |
| $\partial T/\partial t$ | + | $\boldsymbol{v}\cdot\nabla T$ | = | $Q_{\mathrm{T}}$ | + | $k_{\mathrm{T}}\cdot\nabla^2 T$ | (12.58) |
| $\partial q_i/\partial t$ | + | $\boldsymbol{v}\cdot\nabla q_i$ | = | $Q_{q_i}$ | + | $k_{\mathrm{q}}\cdot\nabla^2 q_i$ | (12.59) |
| $\partial c_n/\partial t$ | + | $\boldsymbol{v}\cdot\nabla c_n$ | = | $Q_{c_n}$ | + | $k_{\mathrm{c}}\cdot\nabla^2 c_n$ | (12.60) |

此表中，*运动方程*(12.56) 中的速度为 $\boldsymbol{v}$，$\boldsymbol{F}_i=-f\cdot\boldsymbol{k}\times\boldsymbol{v}-(1/\rho)\cdot\nabla p-\nabla\phi$；*连续方程*(12.57) 中可压缩介质的密度为 $\rho, Q_\rho=-\rho\cdot\nabla\cdot\boldsymbol{v}$；*内能方程*(12.58) 中的温度为 $T$，热源与热汇为 $Q_{\mathrm{T}}$(例如，绝热压缩时，$(Q=-(1/(\rho\cdot c_p))\cdot \mathrm{d}p/\mathrm{d}t), Q_{\mathrm{T}}$ 也表示长波与短波幅射流的扩散以及水的相变 (潜热)；水的各相 $q_i$ 平衡方程(12.59) 中的 $q_1$ 为水蒸气的相变热，$q_2$ 为液体水的相变热，$q_3$ 为冰的相变热，以及相变热 $Q_q$(如凝结、蒸发、冻结)；物质 $c_n(n=1,2,3,\cdots)$的平衡方程(12.60) 中，气体为 $c_1=CO_2$、$c_2$=NO、$c_3=O_3$ 等等；$c$ 为海洋中的含盐量；$Q_{\mathrm{C}}$ 为源、汇以及微量元素的化学热跃迁。在这些方程的扩散项中，$K_{\mathrm{v}}$、$K_{\mathrm{T}}$、$K_{\mathrm{q}}$、$K_{\mathrm{c}}$ 是每一种流动属性的湍流扩散系数。热力学变量压强 $p$、密度 $\rho$ 以及温度 $T$ 仍然通过状态方程来考虑。在大气中，$p=R\cdot\rho\cdot T$；而在海洋中则是 $\rho=\rho(p, T, c)$，这里的 $c$ 是含盐量。

除了运动方程 (12.56) 以外，还需要连续方程 (12.57) 以及能量方程 (12.58)、相位水蒸气及液态水 (云及雨滴) 的输运方程 (12.59) 以及大气微量元素方程 (12.60) 来描述大气–海洋系统的运动。从这些方程的结构看出，大气的流动是通过大尺寸的风 (对流) 以及小尺寸的湍流 (扩散) 这两种机制来配置空气中的掺杂物的。

如果知道了初值，从原则上说，利用式 (12.56)~ 式 (12.60) 即可计算出风温度、降水量等变量随时间的发展变化以及在空间的分布情况。实际上，这些初值必须在全世界的范围内对大气的各个变量同时测量而得到。这样一组方程是不可能得到解析解的，因为这是一组非线性的方程。另一条求解途径是数值方法，这是流体力学的其他领域中常用的方法。在大气科学中，有一个名称为“数值天气预报”的专业领域已经得到发展。在那里，物理方程组 (式 (12.56)~ 式 (12.60)) 是用数值分析方法求解的。

实际上，当今媒体上的天气预报就是以流体力学方程组 (式 (12.56)~ 式 (12.60)) 的数值解结果为基础的。图 12.26 画出了地面空气压强场的计算结果实例。概括地说，当代天气预报可以认为是流体力学定律在大气中的实际应用。对于天气预报基础知识的讲述以及实际实现的举例，可以在 Balzer、Enke 及 Wehry(1999) 的专著中查到。

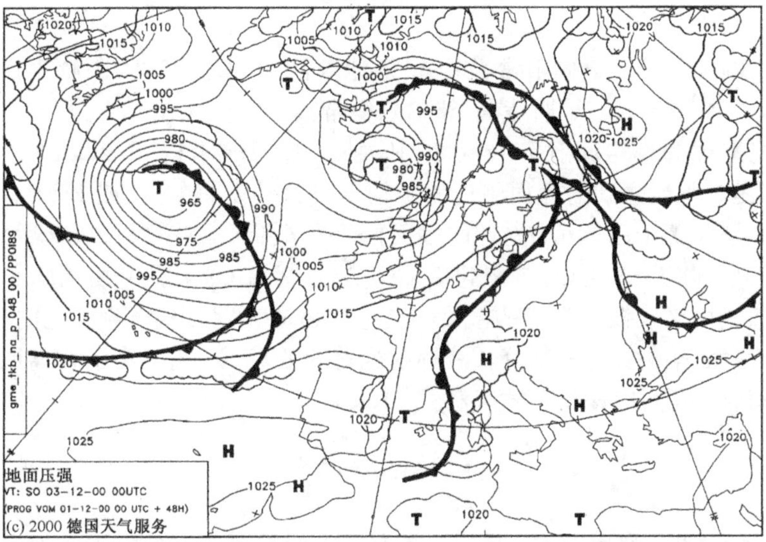


图 12.26 大西洋–中欧地区 48 小时地面压强计算实例

### 12.4.2 温室效应及气候预测

描写大气和海洋系统的方程组 (式 (12.56)∼ 式 (12.60))，原则上可以在一个较长的时间跨度内积分，直到将来的某个时候，这比目前作天气预报时只积分几天要长。因为方程组是非线性的，而且有混沌表现，所以在较长的时间跨度内进行计算，其结果势必不精确。因而数值积分的结果只能解释为这些微分变量的空间平均值或时间平均值 (例如，1 月份的平均气温)。对于观察者而言，这就对应于大气的平均状态，即所谓气候。

所以，流体力学方程组 (式 (12.56)∼ 式 (12.60)) 适合于计算地球上的气候。在目前所考虑的时间跨度内 (月，年，10 年)，能量方程 (12.58) 中的热力学效应是起主要作用的，特别是短波的扩散以及长波的辐射效应。后者与受到辐射影响的空气中掺杂物 (例如，水蒸气，二氧化碳) 的空间分布与时间分布大有关系。这样，物质的输运方程 (式 (12.59) 及式 (12.60)) 在气候预报中变得愈来愈重要了。最简单的例子就是所谓*温室效应*，这在讨论未来的气候变化时起到很大的作用。

在 12.2.5 节讨论全球大气环流问题时，我们指出了大尺寸运动的主要起因是可以看得见的，这是因为不同纬度处的短波太阳辐射使地球表面得到不同加热量的缘故。大气中的这些环流和温度分布及水蒸气分布合在一起，就决定了本行星上的气候。地球表面的平均气温 $T_0$ 是这样来确定的，即大气没有偏离太阳辐射 $S_0$ 与

长波黑体辐射 $\sigma \cdot T_0^4$ 之间的平衡状态

$$\frac{S_0}{4} \cdot (1-\alpha) = \sigma \cdot T_0^4 \tag{12.61}$$

式中 $S_0$=1360W/m$^2$，是太阳常数；$\alpha$ 是地球的反射率 (对太阳辐射的反射量)；$\sigma$=5.67×10$^{-8}$W/m$^2$/K$^4$，是斯特藩–玻尔兹曼常数。

如果取地球的平均反射率 $\alpha$=0.3，则由式 (12.61) 求得 $T_0$ ≈255K，这对应于 −18°C。但是，所观察到的地面附近的平均气温大约是 +15°C 或 288K，这是因为长波辐射不是来源于固体 (如地球的表面) 而是来源于某些气体。地球大气中存在的气体，尤其是水蒸气 $H_2O$、二氧化碳 $CO_2$ 以及臭氧 $O_3$ 就是众所周知的长波辐射的吸收者和放射者。根据它们的温度，这些气体向太空方向辐射，也向相反方向、即向着地球表面辐射。这一部分长波辐射也称为*反辐射*，它减小了背离地球表面的有效长波辐射，因而应该用下式代替式 (12.61)

$$\frac{S_0}{4} \cdot (1-\alpha) = \sigma \cdot T_0^4 - \lambda_{\rm g} \tag{12.62}$$

式中 $\lambda_{\rm g}$ 是大气的长波反辐射。最后，这个反辐射是要叠加在太阳辐射上的，因而由式 (12.62) 求出的 $T_0$ 比按式 (12.61) 算出的 $T_0$ 值大。这个效应也称为*温室效应*。实际上，正是这些气体加上它们存在于大气中的辐射作用形成生命所必需的气候。

对于人类活动造成的气候变化，首先是将辐射作为大气–海洋–地球系统能量守恒关系中的驱动力来描写。如果将额外量的温室气体 (例如，$CO_2$，甲烷) 加给大气，而且，如果长波的大气反辐射得到增强 (式 (12.55) 中的 $\lambda_{\rm g}$)，那么，根据简单的辐射平衡关系式 (12.61) 得知，全球的地面平均气温 $T_0$ 一定会增大。这个温室气体效应部分地得到大气中悬浮微粒 (小的微滴，微粒，例如直径只有几个微米 (μm) 的矿山尘土或火山灰) 辐射效应的补偿，这个作用反射掉了一部分短波太阳辐射。意即，式 (12.61) 中的反射率 $\alpha$ 增大了。这导致地面气温 $T_0$ 有所减小。尽管目前这些悬浮微粒的冷却效应也在起作用，但估计在 50 年以后，全球大气温度 $T_0$ 仍会增加 1 ∼ 3°C。

本节强调的是两个方面：大气作为微量气体和固体悬浮物输运介质的作用；以及应用数值模拟模型来估计人类活动所造成的温室效应。

现在来考察温室气体的一个实例 $CO_2$。自从工业化以来，人们通过燃烧化石燃料已向大气中排放了过多的二氧化碳 (除了自然存在的 $CO_2$ 以外)。起初，$CO_2$ 是以接近地面的气体源被带入高层大气的，并在高空以大致均匀的方式散布在具有大尺寸空气气团的整个大气中 (图 12.27)。可以应用式 (12.60) 来描写 $CO_2$(及其他温室气体) 在大气中的输运和扩散过程。随后，全球大气环流 (12.2.5 小节) 导致大气与 $CO_2$ 以及对温室效应有贡献的所排放出来的有辐射的微量气体进行混合。

火山喷发是自然界将固体悬浮物带进大气的一个实例。20 世纪最大的火山事件就是皮纳图博 (Pinatubo) 火山在 1991 年 6 月 15 日的喷发。这个坐落在菲律宾 (北纬 15.14°，东经 120.35°) 的火山，将大量的硫悬浮物喷向天空，进入了高度介于 20~25km 的平流层下层。在这里，悬浮物迅速地被大气气流吹散到全地球，并在此后好几个月内蔓延到整个北半球，甚至赤道南部地区。这次火山悬浮物的散布情况，曾用式 (12.56)~ 式 (12.60) 按全球输运模型做过计算 (Timmreck et al. 1999)。所算出的高度约为 20km 处的悬浮物浓度示于图 12.27 中。此图画的是 1991 年 11 月 15 日 (即火山爆发 5 个月以后) 的浓度分布。正如前面指出的，可悬浮物的辐射特性 (对太阳辐射的反射) 实际上使得北半球的地面气温在火山爆发后一至两年内降低了大约 0.5°C。

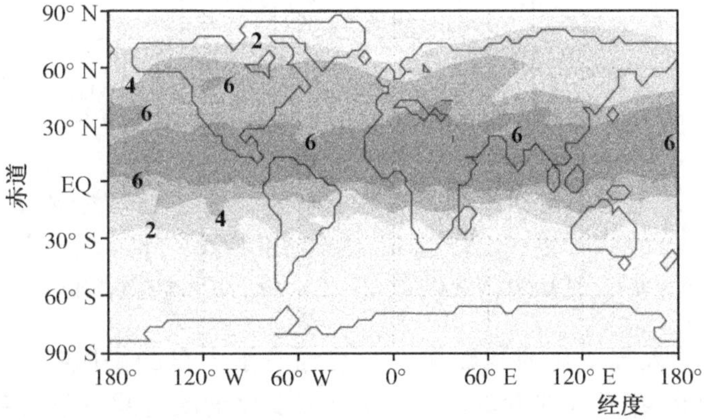


图 12.27 1991 年 11 月 15 日 (皮纳图博火山爆发 5 个月以后)，计算所得 20km 高度处的全球固体悬浮物浓度分布 (以 μg/m$^3$ 计)

用这一组地球物理流体力学方程 (12.56)~ 方程 (12.60) 可计算温室效应对于全球大气及海洋流动后果的信息。在能量方程 (即热力学第一定律) 中，短波及长波辐射流的发散是以热源形式出现的，其效应又再次依赖于微量气体及悬浮物的空间分布。只要知道了后者，就可以作出全球温度分布报告，从而作出由温度梯度导致的空气流动报告。

正如在 12.4.1 小节对天气预报所讨论过的那样，这个大气–海洋方程组只能用数值方法求解。这样，人类活动所产生的温室效应导致未来气候变化的预报，就可以前后协调地计算出来，这只要在生成网格以后，将式 (12.56) 及式 (12.60) 离散化，随后再用数值方法求解这个初始边值问题就行了。

这样一个天气模型的计算结果实例就是图 12.28 所示由人类活动造成温室气体及悬浮物增多所引起的全球平均地面气温的变化率。借助于设在汉堡的 Max-Planck 气象研究所建立的耦合式大气–海洋模型，对两个方案作了计算 (Roeckner et al. 1999)。方案一中只有 G，即只考虑自然与人类活动所产生的温室气体；方案二是 G+A，即还计入了自然与人类活动所产生的悬浮物的辐射效应。从图 12.28 可以看出，在纯温室效应的案例中，人类活动产生的那一部分温室效应导致 50 年后全球气温升高约 2.6°C。但是，如果把人类活动产生的悬浮物 (一般是硫化物) 的作用也考虑进去，那么，这个温度升高量可以降到 1.6°C。

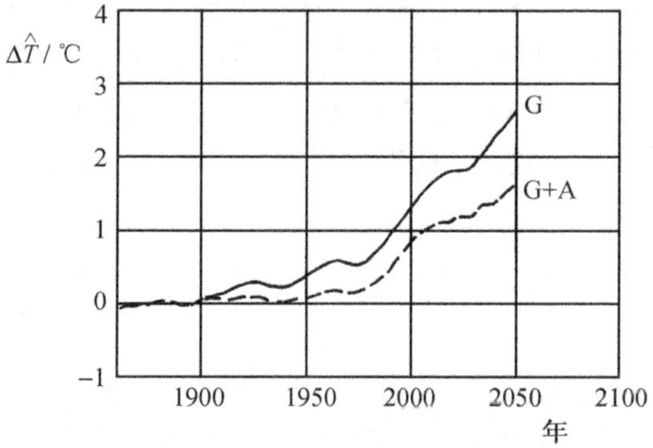


图 12.28　用一个天气模型 (其大气中带有人类活动产生的温室气体及悬浮物) 算出的全球平均地面气温随时间的变化历程

模拟计算 G：只考虑温室气体；模拟计算 G+A：考虑温室气体外加悬浮物

有关天气及天气变化的基础知识，已经有了大量的出版物。这里只提一下 Houghton 在 1997 年发表的专著以及关于气候变化的政府间专题报告 (IPCC)2001。后者也含有用前述天气模型所作计算的结果。在 Trenberth(1992) 选集中，提出了天气系统 (大气、海洋、生物圈等) 不同部分的建模原则。

### 12.4.3　臭氧洞

除了温室效应以外，臭氧洞对于全球的气候变化也是有作用的。这是一种出现在南北极上空平流层中的现象，即冬季过去以后，到了春季，气态臭氧 $O_3$ 的浓度在 20~30km 高度之间出现显著的减小。这其实不是一个洞了，因为臭氧完全消失了。但是，南极上空臭氧的减少量是很明显的，从 1979 年的典型值 400DU(Dobson 单位，用以测量一个空气柱中的臭氧总含量) 降到了 1992 年的 180DU。所谓臭氧洞是指围绕南极的一个臭氧浓度大大减小了的大致的圆形区域 (图 12.29)。

在高度为 15~30km，即平流层的下部与中部之间，有一个臭氧浓度最大层。由于臭氧能够吸收短波的太阳辐射 (紫外辐射)，因而这一层臭氧保护着地球上的生命免遭紫外线的伤害。臭氧 $O_3$ 是由分子氧 $O_2$ 和原子氧 O 通过吸收波长小于 242nm 的太阳紫外辐射而生成的。

但是，臭氧会受到波长小于 1200nm 的太阳短波辐射的破坏，并分裂成分子氧与原子氧。

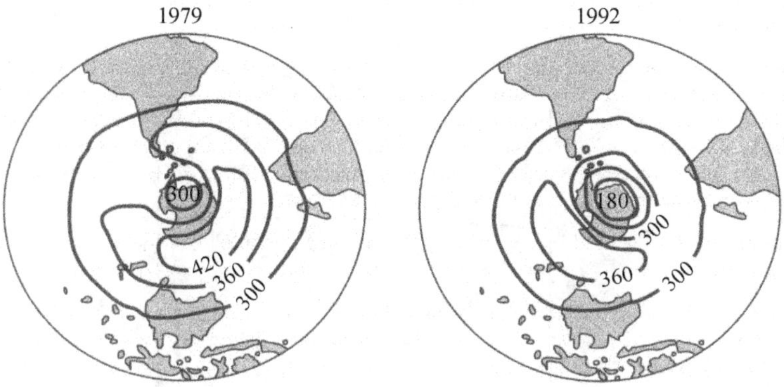


图 12.29 南半球上空大气中的臭氧总含量 (以 Dobson 单位计算), 时间为 1979 年 10 月及 1992 年 10 月

总的说来，这些反应形成了一种光化学平衡，两者都不允许出现臭氧损失机制。而这种损失只有通过进一步的催化降解反应才能发生

$$X + O_3 \to O + O_2 \tag{12.63}$$

$$OX + O \to X + O_2 \tag{12.64}$$

这个反应式中的催化剂 X(例如氯、氢、氧化氮) 可以是能够破坏更多臭氧的任意物质。

臭氧在极地平流层中的分解，就是由于这种催化反应。尤其是有一部分由人类活动产生的物质如氧化氮 (NO, $NO_2$)、氢根 (OH, $HO_2$)、氯 Cl、氯氟化碳 (CFCS) 起了很大作用。在文献中可以查到导致大气中臭氧减少的 30 多种不同的反应机制。

前几段的讨论是以化学物质通过南北极的臭氧洞进入平流层中部的输运机制为基础的。固体微粒借助于天气系统 (低压区) 及哈特利环流而大致均匀地分布在北半球上空，然后，这些微粒必须克服平流层顶部严重遮断垂直方向物质交换的障碍。通过热带与低压区前锋垂直方向延伸的热对流作用，空气在对流层的某些点处可以到达平流层 (图 12.30)。后一种流动作为局部风系统来说是大致与纬线平行的，这使得固体微粒可以沿东–西方向分布。但是，为了使人类活动产生的微量元素能够进入极地的平流层，需要有一个经线平面内的环流。而这种机制是确实存在的，称为*布鲁尔–多布森环流*，这是按发现者的姓氏命名的。对流层及平流层中的经线平面环流示意图画在图 12.30 中。这个环流的运行周期 (即对流层中的空气输送到平流层极地区域所需时间) 是几个月。因此，只有那些长寿命的化学物质才对臭氧层的破坏有贡献。CFCs 的寿命有数年之久，属破坏者之一。尽管对臭氧层的破坏是一种纯粹的光化学过程，但为了了解南极平流层中的臭氧洞，就需要了解大气中的输运方式。

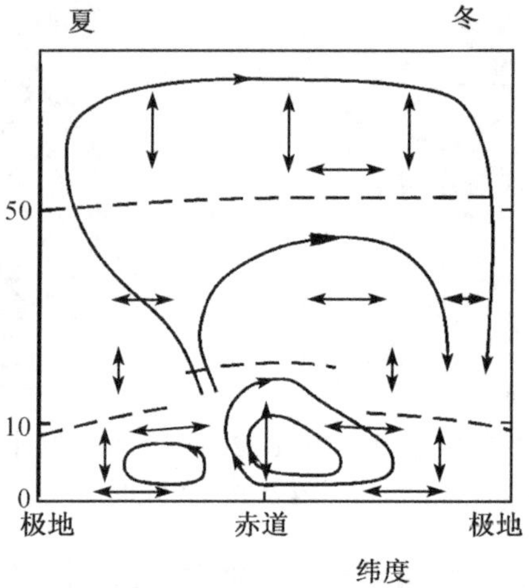


图 12.30　对流层 (0∼10km) 及平流层 (10∼50km) 经线平面内的环流示意图以及大气中微量元素的主要输运路线 (粗黑箭头)

有关臭氧洞的问题，还有一种流体力学效应在起作用，我们在这里简要地讨论一下。在破坏臭氧的过程中，空气温度起着重要的作用，它与涉及氧的反应密切有关。最低可能的温度 (−90°C) 使得在臭氧化学变化中起作用的不同过程的反应时间有利。南极上空平流层中的空气必须有机会冷却下降，如果此地的空气不与来自中纬度的相对温暖些的空气相混合，这个情况就会得到保证。事实上，这个混合确实得以避免了，因为南极上空的冬季形成了非常稳定的极地气漩涡，这种涡的特点是其位势涡度值很高 (12.1.4 小节)，新近的理论与数值研究表明，这样的涡实质上是不允许与外部空气质量 (这里是指来自中纬度的空气) 相混合的。即一种位势涡障是存在的。极地涡的这个属性也解释了为什么在北极上空出现的臭氧层明显地比南极上空少得多，北半球的这个极地涡是多变的，因而极地空气就更容易与来自中纬度的空气混合。

总而言之，极地平流层中臭氧的破坏是由于人工产生的微量物质所导致的一种光化学过程。如果在大气中没有这些不同的输运过程 (从小尺度的湍流扩散到垂直方向大范围的热对流再到首先将各种物质携带到反应点的平流层的布鲁尔–多布森环流)，又没有在冬季实质上包围住了这些物质的极地平流层涡，那么，臭氧层的破坏甚至不可能发生。

有关臭氧洞的更多信息可以在 Fabian(1992)、Graedel 和 Crutzen(1994)、Labitzke(1999) 的专著或 Solomon(1999) 的评论文章中查到。

# 第十三章　血液循环中的生物流体力学

## 13.1　生物流体力学基础

与前几章讨论过的课题相反，生物流体力学所涉及的流动是受到柔性生物体表面影响的。本书将把空气或水中的生物体的绕流 (如鸟在空中飞行，鱼在水中游动) 与体内的流动(如生命体内的封闭式血液循环) 区别对待。几百万年以来，各种生命体进化出了多种多样的运动方法：爬行、奔跑、游泳、滑翔以及飞翔这取决于生物体的大小及重量。

改变位置所需要的动力，要求具备与这种运动的雷诺数相适应的流动控制。细菌和变形虫是用纤毛和鞭毛在很小的雷诺数之下运动的，这时，摩擦起主要作用。蝌蚪和章鱼是利用喷射推进的惯性而运动的。鳗是以类似于波的形式而运动；鲸则利用尾鳍处的漩涡分离而运动，其雷诺数高达 $10^8$。快速游动的鱼，如鲨鱼，身上有着与其体长差不多的纵向沟槽，这可以影响其体表边界层中的黏性底层，从而减小流动阻力。

在生命体的循环系统中，进行着传热和传质的过程。这包括呼吸循环，血液循环系统，淋巴系统以及水循环系统。所有各种生物绕流，其共同特征是流动会受到其外部或内部高度柔韧的以及结构性的表面所影响。这就导致可以对绕流作主动控制，从而使流动损失保持最小。

在这些多种多样的生物流动中，本章要探讨的是呼吸系统，并对人体的血液循环作一个深入的探讨。图 13.1 画出了人体循环系统的示意图。心脏每分钟泵送 5L 左右的血液进入循环系统；当人体处于紧张状态时，这个泵的效率可以提高至 20~30L/min。血液循环由两个独立的分系统组成，通过心脏连接在一起。第一个循环称为体循环，第二个循环称为肺循环。这整个的循环，保证着人体组织的新陈代谢产物与大气之间的气体交换。

体循环从主动脉开始，此主动脉分岔成为一些大的动脉。附属于这个循环的还有许多毛细血管，血液在这里放出氧气，吸入二氧化碳。血液流出毛细血管以后就进入静脉，从这里又返回心脏。血液从心脏被泵入肺循环，此循环由肺动脉，毛细血管以及静脉所组成。在这个肺循环中，血液释放出一部分二氧化碳，并摄取与先前释放给人体组织的同样多的氧气。

动脉中血流的雷诺数为 100 到数千之间，心脏的搏动导致较小的动脉中出现周期性的层流，而在较大的动脉中则是周期性的转捩流动。从层流到湍流动脉血流的转捩是由瞬时转折点的速度型所诱发的，其不稳定性已在 8.4 节讨论过了。这种不稳定性是在心脏的舒张期内在靠近动脉血管壁的非定常回流中出现的。动脉的分支管愈小，能检测到的脉动流动就愈少。

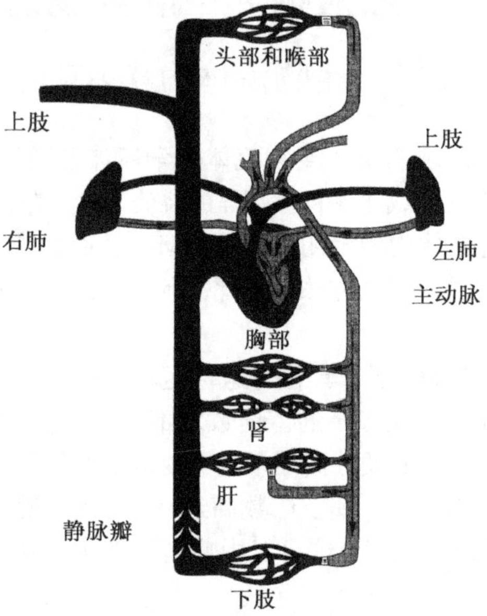


图 13.1　人体血液循环

在弯曲的动脉，尤其是主动脉中，离心力会导致*二次流*，这个问题已在 4.2.7 小节中讨论过，这种二次流具有与流线相垂直的速度分量，并导致沿外侧管壁方向的一个环流。而这是有助于使转捩过程稳定的，对于时均速度型而言的临界雷诺数，就从直管的 2300 增大到弯管的 6000。健康人群的峰值雷诺数可以大到这样的程度，即主动脉通道有曲率部分中的二次流能够使定常状态的湍流不出现。实际上，上面讲述的非定常转捩流动是在这个泵压循环的制动阶段发生在近壁边界层之内的，且这些不稳定性出现时，很快就由速度型的瞬时变化所阻尼。

从心脏流出来的血流被划分成多达 30 个*分支*，一直通到由几亿个微小的单个流动组成的微循环，而这些单个流动则是在直径为几百微米的血管中或直径小于 10μm 的毛细血管中进行的。

直径为 $D$ 的直管中的*进口段流动*① 长度大约是 $0.03 \cdot Re_D \cdot D$ 。这就是说，在这些分支以后的动脉中，大部分流动表现为进口段流动，并没有出现平均的泊肃叶

① 进口段流动是指从管道进口到完全发展的管道流动的建立过程。美国教科书中称为 “Entrance Flow” 或 “Unestablished Flow”。这一段长度称为进口段长度 “Entrance Length”。在 “Fluid Mechnics with Engineering Applications, Tenth Edition” 中，该段长度表达式是 $Le = 0.058Re \cdot D$，式中的系数与本书中的 0.03 略有不同。—— 译者注

流动。如果考察图 13.1 中主动脉的大圆弧，由于这些主动脉分支中的流动是进口段流动，即使曲率较大，也不出现发展了的二次流。

心脏的压强脉冲引起动脉大约扩张2%。这个压力波的传播速度，在黏弹性动脉血管中，大约是最大血流速度的 5 倍。若不计弹性，则一定得出传播速度为无限大的结论，这与以下各段中系数为 5 的估算值差别很大。

如果考察血液脉冲速度分布的角频率为 $\omega$ 的傅里叶级数第一项，即可看出该项严重地依赖于动脉半径 $R$ 与振荡的边界层厚度$\sqrt{v/\omega}$ 之比的。取血液黏度为 $4\times10^{-6}\mathrm{m}^2/\mathrm{s}$，血液脉冲的角频率为 $\omega=8\mathrm{s}^{-1}$，即可求得边界层厚度 $\delta$ 约为 0.7mm。对于这个脉冲的第 $n$ 项傅里叶模拟态而言，其边界层厚度则应乘以 $\sqrt{n}$。当动脉血管较大时，动脉半径 $R$ 与边界层厚度 $\delta$ 之比的数量级为 10。这就是说，沿动脉横截面上的速度分布几乎是均匀的。速度分布的变化只在管壁边界层内才有，这大概占了动脉半径的 10%左右。意即，根据欧拉方程 (5.72)，整个脉冲的压强梯度几乎都是用来使液流加速的。血流的相位与压强梯度的相位差了几乎是 90°。在管壁的边界层内由于有壁面剪应力，这个相位差可以减小到 45°。

主动脉中脉冲的传播速度为 5m/s。这个脉冲不仅仅是一个由心脏发出来的行波。各个动脉的众多分支引起很多反射波，这些反射波又会叠加在原生的压强脉冲及速度脉冲上。动脉中的波的特性是介于行波与驻波之间的。意即，比如说主动脉，就起到一个心脏输出物的容积存储器的作用，从而保证血液循环的体积流量几乎是恒定的。

血液是由血浆和形状可变的血球所组成的悬浮液，其中血球的容积占 40%~50%。红血球是长度为 8μm 的可变形的盘状体。血浆中有 90%是具有牛顿流体属性的水，而血液悬浮液则是非牛顿流体。对悬浮液作的第一个近似假设是，血液的黏性属性可以用其有效黏性来描写。这个有效黏性随着剪切率的减小而增大的，因为红血球的累积作用在增大。在直径较小的血管中，沿管截面的浓度分布是不均匀的，这会对流动损失有影响。

### 13.1.1 呼吸系统

人体的呼吸系统将血液循环和大气连通了起来，保证氧气和氧化后细胞新陈代谢产物二氧化碳的交换。肺具有很大的表面积，足以保证气体扩散的需要。空气的流动则保证了这个呼吸系统的换气作用。

肺是通过呼吸系统的许多细支获得空气的 (图 13.2)，并通过肺动脉的许多细支获得血液。呼吸作用通过鼻腔、气管、左右两条主支气管，这两根主支气管又进一步分叉，再经过大约 150000 条细微支气管而到达肺泡。气管的直径约为 1.8cm，主支气管直径约为 1.2cm，而肺泡的直径则为 250μm。在正常的呼吸状态下，气管中空气流动的平均雷诺数是 $Re_D$=800，经过 5 个分支以后，$Re_D$=100，经过

10 个分支以后，$Re_D$=10。深呼吸时，会超过临界雷诺数，气管中会出现湍流。在总表面积约为 100$m^2$ 的肺泡中，气流速度几乎是零，因而气体交换是通过扩散来完成的。

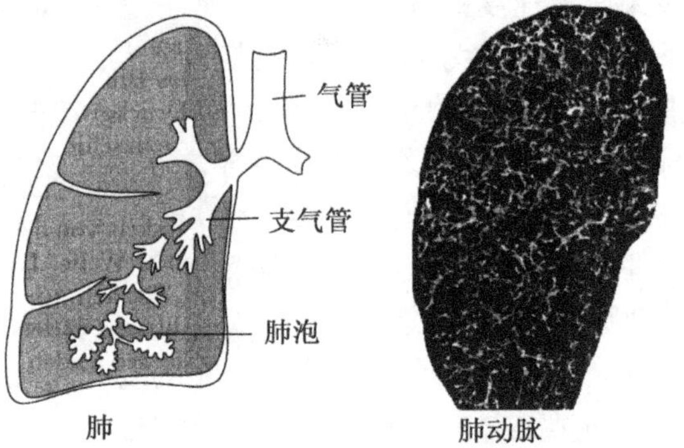


图 13.2　呼吸系统的结构

在休息状态下，呼吸作用是以每分钟 12 次的频率进行的。图 13.3 画出了在几个呼吸循环内肺的容积以及压强差 $\Delta p$ 与大气压之比的变化情况。在正常呼吸时，空气的交换量是每分钟 10L。在深呼吸时，可以高达 100L。呼吸的目的不是为了完全除去血液中的二氧化碳，而是为了使其保持在一个恒定的水准。因为外界的气压是常值，要想吸气，就要使肺泡中的压强降低一点；要想呼气，就要使肺泡中的压强增大一点。压强的这种变化是通过扩张或挤压肺泡所占空间而实现的。至于说呼吸是被动式还是主动式，则取决于横膈膜的作用。

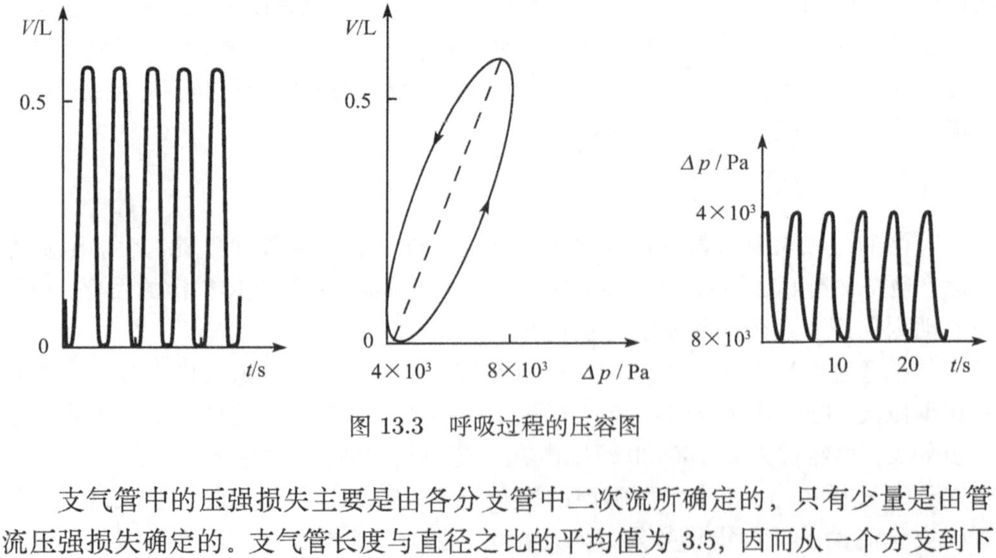


图 13.3　呼吸过程的压容图

支气管中的压强损失主要是由各分支管中二次流所确定的，只有少量是由管流压强损失确定的。支气管长度与直径之比的平均值为 3.5，因而从一个分支到下一个分支时，流动并不是完全发展的周期性流动。图 13.4 画出了一个分支支气管中典型的速度型，位置在从分支处下游一倍、两倍、三倍直径 $D$ 之处，雷诺数为 $Re_D$=700，原始细支气管中的流动理想化地假设为完全发展的泊肃叶流动。由图看出，在靠近管壁处有一个独特的最大速度，这是由这个支气管分支中的二次流所引起的。实际上，流动情况还是相当复杂的，因为从一个分支到下一个分支时，出现的并不是完全发展的管流。

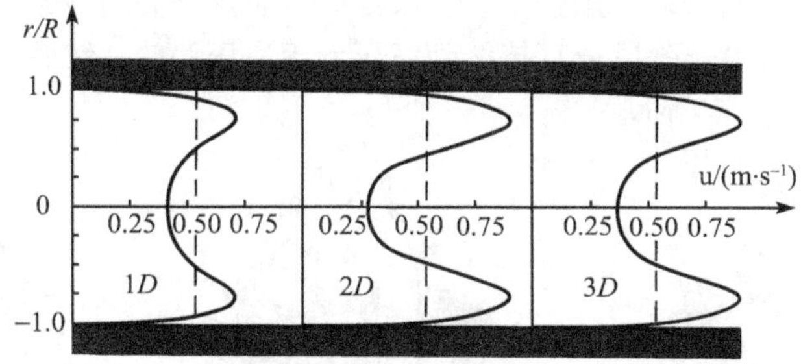


图 13.4 某个支气管分支下游的速度型

$Re_D$=700

### 13.1.2 血液循环

本章开始时介绍过了人体的血液循环，并在图 13.1 中描绘了动脉中的血液流动情况。在绪论中还给出了心脏中的血液流动图 (图 1.12)。心脏由两个分开的泵送式腔室构成，即左心室与右心室及左心房与右心房，都由心肌构成 (图 13.5)。右心房中含有体循环后的贫氧血液。随后，右心室充满了来自右心房的血液，并再次通过收缩作用将血液排入肺循环中。得自肺循环的吸足了氧的血液，流到左心房，并经过左心室进入体循环。心房和心室是由房室瓣隔开的，这些瓣调节着心室的充盈程度。右瓣有三个片，因而称为三尖瓣。左尖瓣有两个片，称为僧帽瓣。这些瓣片保证着心房在心脏的两次搏动之间充盈着血液，并避免血液在心室收缩时回流 (到心房)。当心室舒张时，肺动脉瓣阻挡住由主动脉流出的血液回流到左心室中去。

在一个心搏周期之内，心室完成一次周期性的收缩和舒张动作。这个泵送式循环是与心室和心房的压强变化密切相关的。图 13.6 画出了心脏左腔室的压强变化曲线。整个周期可以划分为 4 个阶段：心室的等容收缩称为充填阶段 (1) 和收缩阶段 (2)，而心室的等容舒张则称为排空阶段 (3) 和舒张阶段 (4)。心室的收缩阶段 (2) 和 (3) 合称为心脏收缩，而心室的舒张阶段 (4) 和 (1) 则合称为心脏舒张。心室在阶段 (4) 中是充填血液的，这时左心房的压强只比左心室的略微大一点。因而僧帽瓣是打开的，血液从肺静脉流出，进入心房，并进入左心室。随着充血容积增大以及心室扩张，心室压强增大。这时，主动脉中的压强相当大，因而主动脉瓣保持关闭状态。在随后的舒张期内，动脉压强持续减小，与此对应的是血液流进动脉血管系统。心室的收缩动作开始后，心室压强增大，超过了房压，因而二尖瓣关闭。此瓣关闭后，心室收缩，保持血液的容积不变。这个收缩作用使心室压强增大到 166mbar 时，动脉中的减压作用还在持续；而当心室压强超过了动脉压强时，动脉瓣就打开，迫使一定数量的血液进入主动脉。当主动脉中恒定容积的血液受到压迫时，主动脉压强必增大，从最小值 107mbar 增大到最大值 160mbar。在心室的舒张动作开始以后，室压就降低得低于动脉压强，主动脉瓣及肺动脉瓣关闭，接下去就是等容舒张阶段。舒张过程的第一阶段一直持续到室压低于房压为止。然后，二尖瓣打开，心搏周期开始第二个充填阶段。

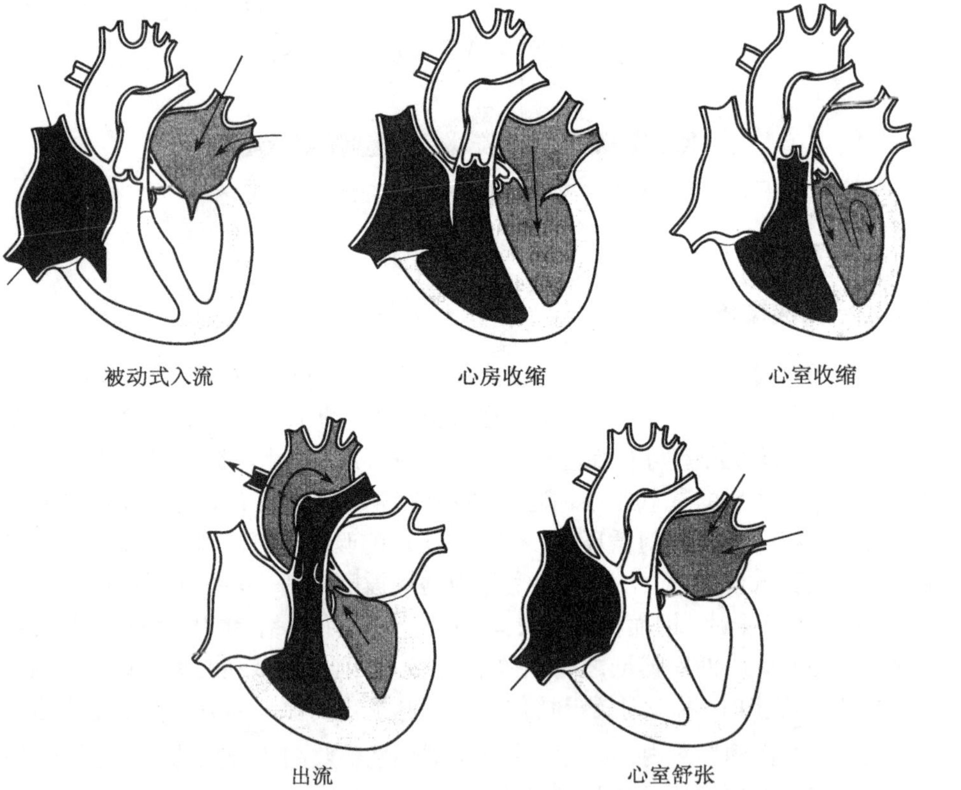


图 13.5　心搏周期 4 阶段中的心脏截面积的变化情况

图 13.7 是一张压容图，此图表示左心室沿剩余舒张曲线 (1) 的充填过程，(2) 是等容收缩过程，(3) 是排血过程，(4) 是等容舒张过程。由这 4 条曲线所围成的面积就是左心室通过心脏收缩所作出的功。当人体处于紧张状态之下时，功图就会沿着剩余舒张曲线向着增大心室容积与提高室压的方向移动。增大心脏充血量，导致心脏做功增大。当主动脉压强增大时，主动脉瓣随后打开，因而在等容收缩阶段能

达到较高的血压。

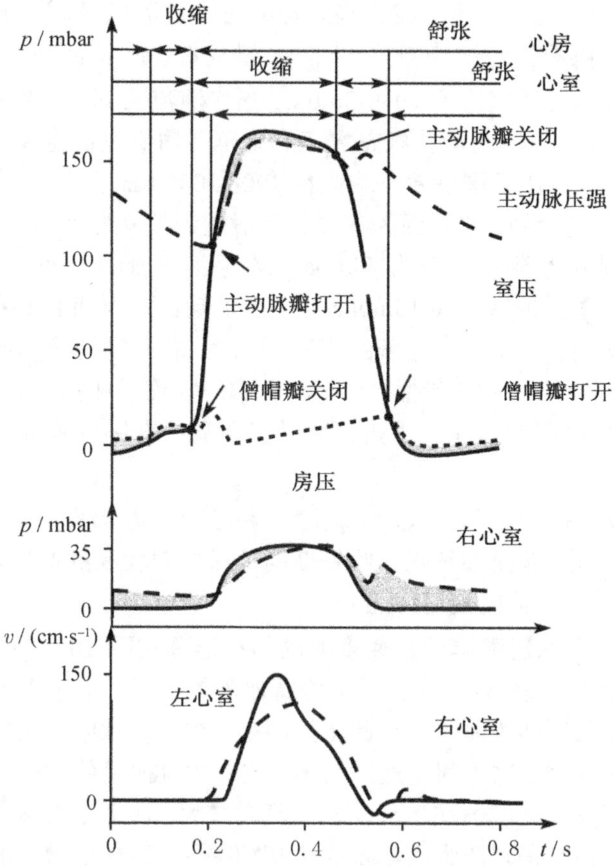


图 13.6 主动脉、左心室及左心房在一个心搏周期内的压强变化

右心室的压强变化，左、右心室中的血流速度变化

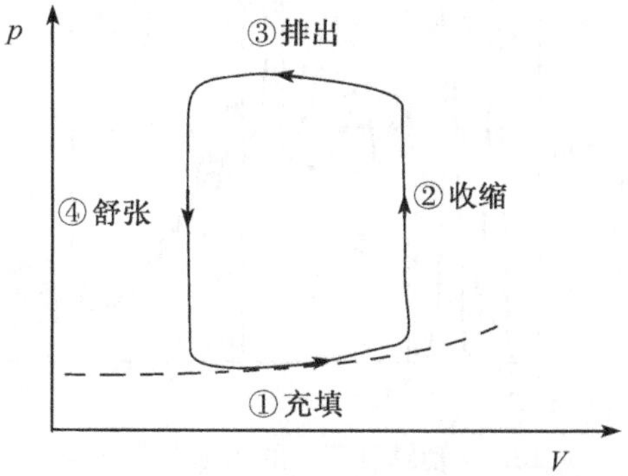


图 13.7 左心室在一个心搏周期内的压容图

体循环是由血液分布系统承担的，这包括主动脉、大动脉 以及小动脉。小动脉又进一步细分成许多毛细血管，在这些血管中通过扩散以微循环方式进行着气体交换和物质交换。血液则经过 小静脉、大静脉 以及 腔静脉 流回到心脏。

流出左心室的血压平均值约为 133mbar。当血液流回到右心室时，此值降到了 13mbar。图 13.8 画出了不同动脉状态之下的血压平均值及血压变化曲线。因为主动脉具有弹性，所以血压是围绕着平均值在 120～160mbar 变动的。在大动脉中，脉搏的振幅起初是在增大的，这是因为有波的反射的缘故。然后，在小动脉区中几个毫米的距离内迅速减小到平均值为 40mbar。在毛细血管的小静脉中，血压继续减小，但不那么急速了。最后，以 13mbar 的血压推动血液返回右心室。在大静脉和腔静脉中，没有搏动，因而没有显著的压降。同时，右心室的搏动所产生的压力波是沿着与血液流动相反的方向传播的。肺动脉中的收缩压相当小，只要 13～7mbar 的压降即可克服肺容积中的流动阻力，所以左心室一直保持着 13～7mbar 的充填压强。

由于血管有弹性，主动脉与大动脉起着一种容积储存器的作用。于是血液搏动的加速部分受到抑制，从而在舒张和收缩期间都保持着较高的血压水平。这就说明了各动脉分支中的流动是比较均匀的。

各个动脉分支中的压强搏动及速度搏动的波形画在图 13.9 中。在每两次压强搏动之间，动脉大约收缩 5%，这样就能维持血液输送了。动脉中的压强搏动是正值，甚至在心脏舒张时也是如此。与此不同的是，在大动脉中出现的是短时间的回流。当主动脉瓣关闭时，这个回流速度为零。这一血流搏动的振幅会随着动脉分支的增多而减小，而脉冲宽度则在出现少量回流时增大。这个压力脉冲在动脉分支中向前的传播，在开始时是和压强振幅增大密切相关的，而这个增大的振幅是由各个动脉分支所引起的，也是由于血管壁的弹性减小所导致的。这样，各分支动脉中的血流速度型就均匀得多了。

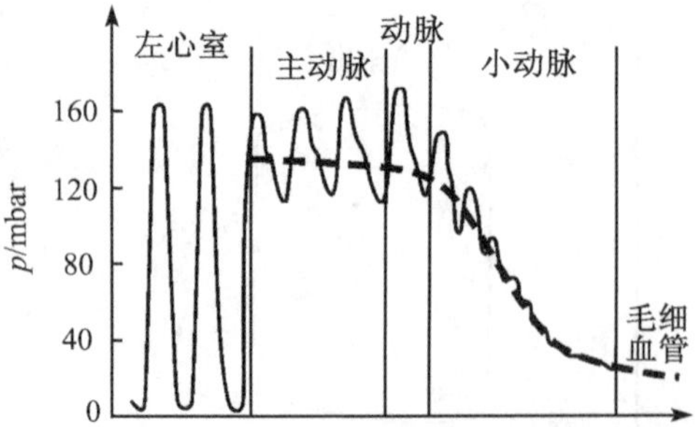


图 13.8 动脉循环中的压强变化曲线

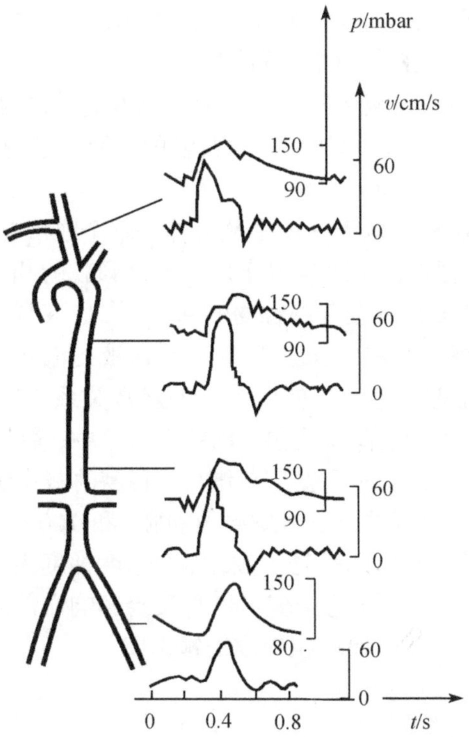


图 13.9 各动脉分支中的压力波及速度波 (Mills 1970)

按平均速度计算的雷诺数，对于主动脉而言，是 3400；大动脉为 500；小动脉为 0.7；毛细血管为 $2\times10^{-3}$；小静脉为 0.01；大静脉为 140；腔静脉为 3300。本章引言中讲过，因为进口段中的流动是非定常流，血管的弯曲区段中有二次流，所以在血管的诸分支中出现的是有转捩的层流。从层流到湍流的转捩，是在很短的时间内，在靠近动脉血管壁的速度型拐点处发生的。

### 13.1.3 血液流变学

血液是由血浆以及悬浮在其中的红血球(红血细胞)、白血球 (白血细胞) 以及血小板 (凝血细胞) 所组成的。血浆是载运流体，其成分有 90%是水，其余是蛋白质、抗体以及纤维蛋白质。血液的任务是给细胞供应并从营养细胞中汲取呼吸所需的气体、矿物质、酶、激素、新陈代谢产物、废弃物、水，以及热量。血液又是保证人体免疫反应以及保护循环系统不受伤害的血球的输运系统。男人的血液容量平均为 5L 左右，女人的约为 4L。在整个循环系统中，有大约 84%的血液主要存留在体循环的血管系统中，只有 9%在肺循环中，7%在心脏中。

血液的流动特性对于心脏中的流动以及循环系统中的流动而言是很重要的。尤其重要的是，人们必须确定流态是哪一种以及剪切率是多大，从而确定是要计及血浆的牛顿属性还是悬浮液体的非牛顿属性。这些问题定下来以后，才能确定循环的阻力，从而确定必须由心脏补偿的泵压能量。

仅当悬浮物出现为均匀液体时。才能考虑血液的黏度这对于大血管中的血液而言是正确的。而在小血管、尤其是在微血管中，带有直径为 8μm 的弹性红细胞则必须视为非均匀的。

虽然血浆可以很好地近似为一种牛顿流体，整个血液却应视为一种准弹性的触变式悬浮液。这种悬浮液的黏度取决于所有悬浮颗粒的相对体积。其悬浮物的绝大部分是红血细胞，其体积占全部颗粒物的 99%，占血液容积的 40%~45%(血红素值)。凝血细胞与白血细胞所占体积小于 1%，对血液的流变学没有影响。

图 13.10 画出了血液黏度 $\mu$ 与剪切率 $\dot{\gamma}$ 的函数关系。对于血管中的流动而言，剪切率 $\dot{\gamma}=\partial u/\partial r$；在分支血管以及在主动脉和心室中，剪切率张量的主要分量必须选取 $\dot{\gamma}$。在速度梯度变化的一个宽广范围内，黏度的减小量高达两个数量级。健康人血液循环的速度梯度范围介于 $8000\text{s}^{-1}$(动脉) 和 $100\text{s}^{-1}$(大静脉) 之间。因此，在这一个渐近的区域内，流速几乎是常数。而在速度梯度很大、因而剪应力很大的区域内，红血球必发生变形，而这个变形本身又会影响血液悬浮物的黏度。当剪应力超过 $50\text{N/m}^2$ 时，红血球开始被拉伸成纺锤形状。

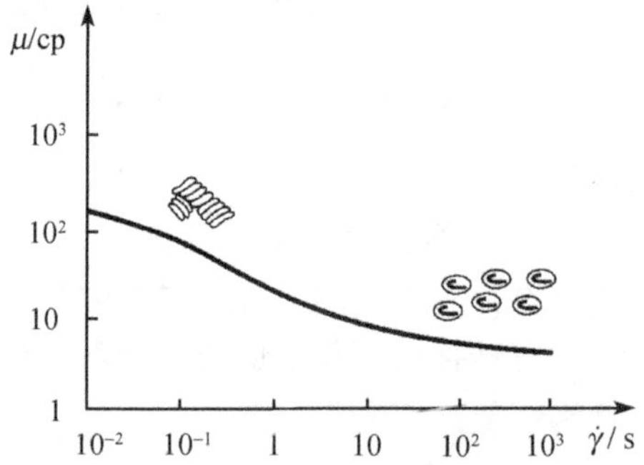


图 13.10　血液黏度 $\mu$ 与剪切率 $\dot{\gamma}$ 的函数关系

当剪切率小于 1 时 (不健康者的循环系统回流区中就是如此)，红血球会出现聚集现象。这时，细胞互相堆积起来，形成一些连接在一起的细胞堆，而这些细胞堆又彼此链接。而在健康人的循环系统中，其最大的动脉中不会发生聚集现象，因为聚集的时间大约是 10s，而脉动周期却是小于 10s 的。

血液剪应力 $\tau$ 与剪切率 $\dot{\gamma}$ 的函数关系可以用卡森方程作出很好的近似描述

$$\sqrt{\tau}=K\cdot\sqrt{\dot{\gamma}}+\sqrt{C} \tag{13.1}$$

其中 $K$ 是卡森黏度，$C$ 是血液的变形应力。用实验结果拟合此方程以后，得下列

方程

$$\sqrt{\frac{\tau}{\mu_{\mathrm{p}}}}=1.53\cdot\sqrt{\dot{\gamma}}+2 \tag{13.2}$$

其中的血浆黏度 $\mu_{\mathrm{p}}$=0.012p。剪切率大于 100 的血液，其表现为牛顿介质。

血液的非牛顿属性导致其在血管中流动时靠近血管壁处的红血球减少，从而黏度减小。这就改变了管壁附近的速度型，因此也就改变了血流的阻力。管壁附近的分凝现象导致一个几乎没有细胞的血浆区，该区可以用血浆黏度 $\mu_{\mathrm{p}}$ 进行计算。对于定常的泊肃叶流动而言，这使速度型如同图 4.98 所描绘的那样。

## 13.2 心脏中的流动

13.2.1 中对于心脏在循环系统中的功能作了综述，本节接下来详细叙述人类心脏的生理学与解剖学方面，并将电脉冲、机电耦合、脉搏、三维流之间的相互作用考虑了进去。

### 13.2.1 心脏的生理学与解剖学

图 13.11 是心脏的一个内窥视图，这是医学生理学教科书中常见的。心脏的左右心房由心房隔膜隔开；而心室内隔膜则将此心脏的两个心室分开。肌肉型的心脏

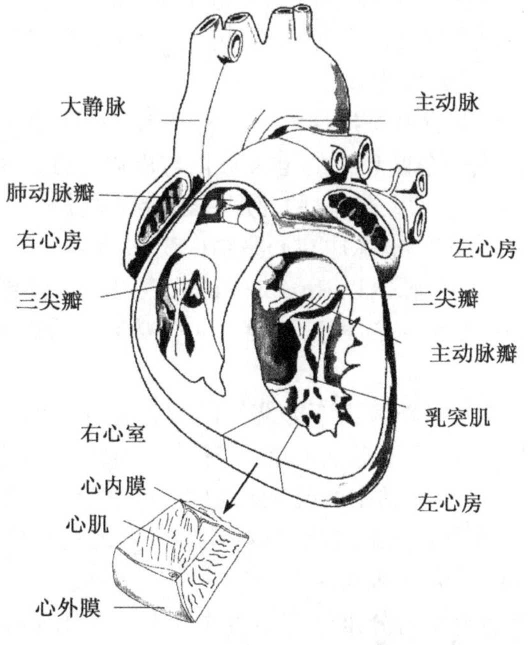


图 13.11 心脏的内窥图

壁称为心肌，其内侧被心内膜所包围，外侧被心外膜所包围。心脏则处在一个称为心包的组织袋之中。由图 13.12 看到，有三组肌纤维围绕着两个心室，还有一组肌纤维则只围绕着左心室。心脏的肌肉细胞是沿切向而不是沿径向指向心脏的。因为沿着肌肉纤维的电阻比较低，这影响着心脏肌肉的电脉冲。

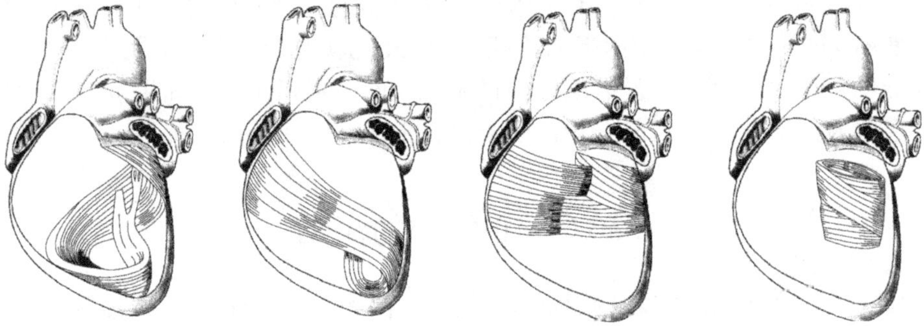

图 13.12 心肌纤维在心搏循环中的方向变化

由动脉流进左右心室的血液受到具有两个调节瓣的二尖瓣 (僧帽瓣) 以及具有三个调节瓣的三尖瓣所控制。这些瓣膜的调节瓣很薄，因而它们在心室开始收缩时迅速闭合。这些调节瓣又受到腱线的掌控，在高压时利用乳突肌将瓣件向内的转动终止住。当心室舒张时，肺瓣阻止流出肺动脉的血液回流，而主动脉瓣则阻止流出主动脉的血液回流。这两种瓣件都是由三个相互连接的半月形组织袋构成的。这些瓣件是比心房 - 心室调节瓣更加稳定的瓣件，因为在周期最长的心搏循环内还有更高的压强作用在这些半月瓣上。

心脏肌肉的机械性收缩由周期性电脉冲所控制。这个收缩以窦房结的激发开始 (图 13.13)，然后完成一个循环性的电去极化与极化过程，因而具有了低点起搏的功能。在去极化阶段，电流以 1m/s 的速度经过传导线路进入心房周围的肌肉内，随后心房发生收缩。窦房结的电脉冲在心室结中受到延缓，从而使心室在心房收缩期间得到最多的充血。这个脉冲以 1~4m/s 的速度沿希氏神经纤维与腔室的侧边传递，并大约在 110ms 之后到达心室肌肉。沿心室方向，希氏束分开进入腔室的左侧与右侧。

这些希氏束在心脏腔室外膜正下方绕行的浦肯野纤维网内扩展首先经过隔膜通向心尖，并从那里沿着心室壁通向心脏的底部。当心室开始收缩时，心房的收缩已结束，感谢传导作用在心室结中的延缓，这时，脉冲传导系统中的所有神经细胞 (窦房结与心室节中的脉冲形成细胞除外) 都能够自发地去极化。图 13.14 所示心电图中的心室去极化过程用了不到 0.1s。

心脏以外的神经细胞及内分泌效应对各个电脉冲是有影响的，并引起不同的脉冲频率。它们使导电率改变，从而改变了去极化波通过心脏的速度。去极化与极

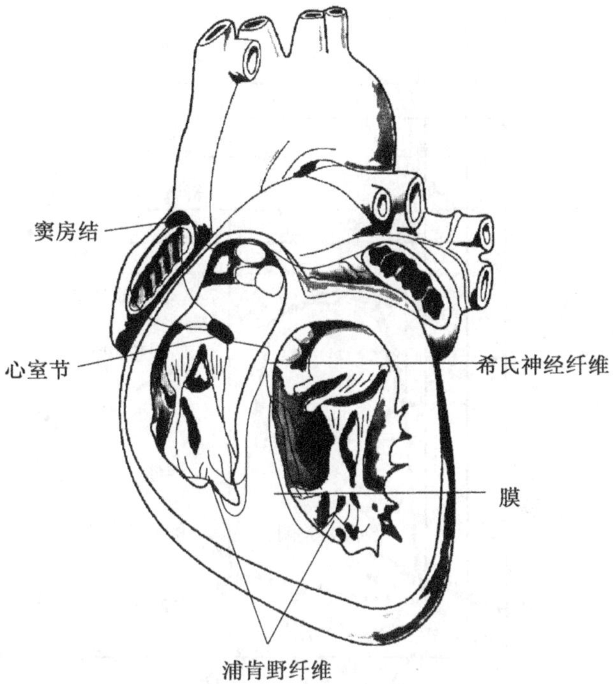


图 13.13 心脏中的电脉冲导体

化循环会产生一个微弱的电势，可以在人体的体表上测量出来。图 13.14 就是一张典型的心电图。心房的去极化过程引起一个微小的偏转，称为 P 波；在大约 0.2s 的暂停以后，P 波后面紧跟着一个由于两个心室的去极化而产生的强偏转 (QRS)；紧接着是一个由心室的再生极化过程引起的 T 波。图 13.14 中也画出了电势与机械过程的关系以及在心室中的压强变化规律。

当僧帽瓣关闭时，左心室的压强升高，这会发出一道声波 (可以作为第一次心搏被探测到)，由此诱发心脏的收缩作用，即心室收缩。在第二次心搏时，舒张 (即心室的舒张阶段) 开始。

### 13.2.2 心脏的结构

为了计算心脏中的流动，需要对心室和心脏瓣膜建立其在一个心搏周期内的几何模型。这是采用结构力学方法完成的。

图 13.15 是心室在心脏的一个水平截面中运动的简化模型。在收缩阶段，僧帽瓣及三尖瓣关闭，主动脉瓣与肺动脉瓣打开；两个心室的肌纤维收缩。左心室将含氧量低的血液压入肺中。这时左心室的压强比右心室大得多，如图 13.6 所示。基于这个原因，左心室在收缩阶段保持着一个几乎是椭圆形的截面；而右心室则围绕着左心室自行调整。

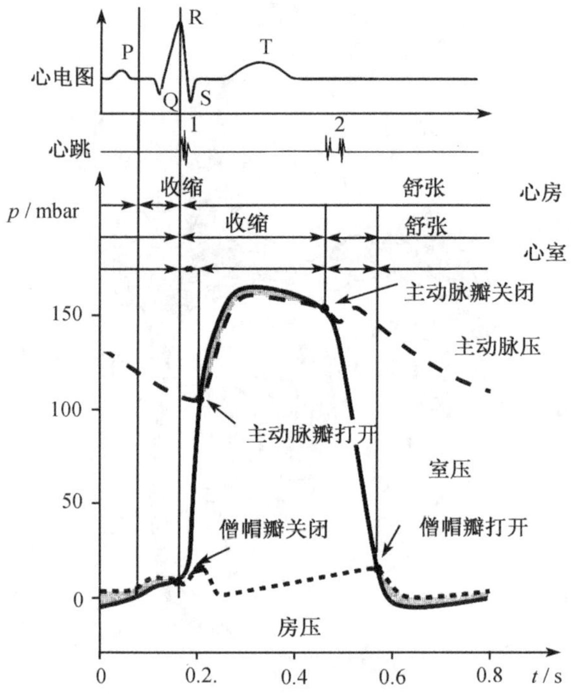


图 13.14　左心室的心电图 (ECG) 与血压

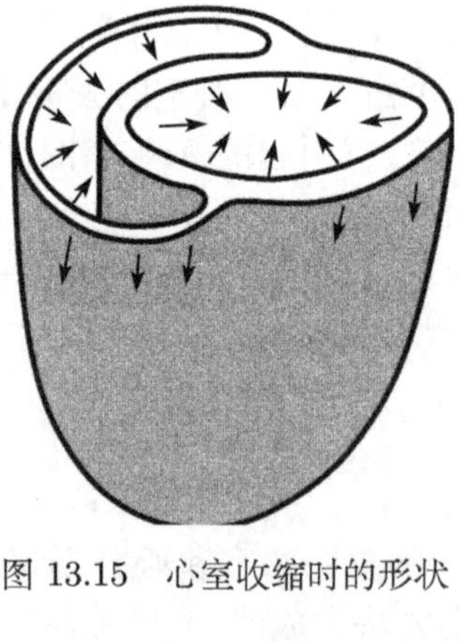

图 13.15　心室收缩时的形状

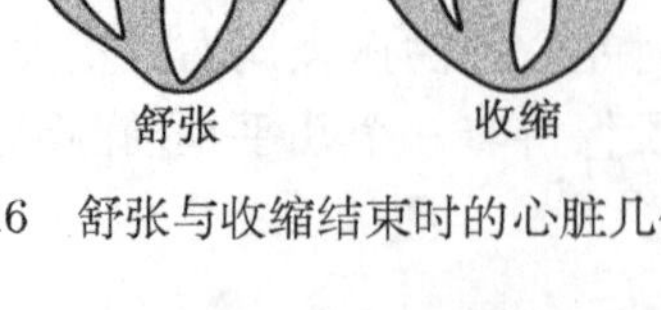


图 13.16　舒张与收缩结束时的心脏几何形状

心室壁的运动主要是径向的，而且由于左心室中压强较高，所以左心室比右心室大一些。这个径向运动伴随着心脏沿纵向的缩短。由于某些肌纤维具有螺旋状的组合 (图 13.12)，所以一定有一种旋转运动叠加在纵向运动之上。因而心室中的剪应力分布是非均匀的，而且是各向异性的 (图 13.18)。

图 13.16 画出了一个心搏周期内心脏截面积外部几何形状的变化情况。心脏的壁厚在舒张时是其外半径的 20%~30%。而在收缩时则增厚 10%左右。

从数学上来描写心室运动的基础是结构力学中的运动方程。该方程可以用有限元方法进行数值求解。变形向量 $\boldsymbol{u}=(u_1,u_2,u_3)$ 服从下列关系

$$\frac{\partial u_i}{\partial t}+u_i\cdot\frac{\partial u_i}{\partial x_i}=\frac{\partial \sigma_{ij}}{\partial x_j}+F_i \tag{13.3}$$

其中 $\sigma_{ij}$ 是应力张量，$F_i$ 是外力。假设小量的变形是变形率张量 $e_{kl}$ 的线性函数，即可写出一个弹性体的应力张量 $\sigma_{ij}$ 表达式为

$$\sigma_{ij}=c_{ijkl}\cdot e_{kl} \tag{13.4}$$

其中 $c_{ijkl}$ 是需要按心脏来确定的弹性常数张量。

对于生物体而言 (包括心脏和血管在内)，应力张量 (13.4) 可以近似地视为准线性的。物体每一点处的弹性位移相对于基态来确定。关于张量符号的细节，本书取自冯元桢(1990) 的著作。

对于经受某种有限变形 $u_i=x_i-a_i(a_i$ 与 $x_i$ 是变形前后的坐标) 的弹性物体而言，存在着一个拉伸能量函数 $\rho_0 W(E_{11},\ E_{12},\ \cdots)$，其导数是克希霍夫应力张量

$$S_{ij}=\frac{\partial(\rho_0\cdot W)}{\partial E_{ij}} \tag{13.5}$$

其中的格林拉伸量为

$$E_{ij}=\frac{1}{2}\cdot\left(\delta_{\alpha\beta}\cdot\frac{\partial x_\alpha}{\partial a_i}\cdot\frac{\partial x_\beta}{\partial a_j}-\delta_{ij}\right)=\frac{1}{2}\cdot\left(\frac{\partial u_j}{\partial a_i}+\frac{\partial u_i}{\partial a_j}+\frac{\partial u_\alpha}{\partial a_i}\cdot\frac{\partial u_\alpha}{\partial a_j}\right) \tag{13.6}$$

应用下列关系，可以将克希霍夫张量 $S_{ij}$ 转换成柯西应力张量 $\boldsymbol{\sigma}_{ij}$

$$\boldsymbol{\sigma}_{ij}=\frac{\rho}{\rho_0}\cdot\left(S_{ij}\cdot\left(\delta_{i\beta}\cdot\frac{\partial u_j}{\partial a_\alpha}+\delta_{j\alpha}\cdot\frac{\partial u_i}{\partial a_\beta}\cdot\frac{\partial u_j}{\partial a_\alpha}\right)\cdot S_{\alpha\beta}\right) \tag{13.7}$$

其中 $\rho$ 和 $\rho_0$ 分别是变形状态与基态下的物质密度。根据冯元桢(1993) 的著作，以下的简化拉伸 - 能量函数是适用于心脏的

$$\rho_0\cdot W=\frac{c}{2}\cdot\left(e^Q-Q-1\right)+\frac{q}{2} \tag{13.8}$$

式 (13.8) 中的 $c$ 是常数，$q$ 和 $Q$ 则是格林拉伸量的二次型

$$Q = a_1 \cdot E_{11}^2 + a_2 \cdot E_{22}^2 + a_3 \cdot E_{33}^2 + 2 \cdot a_4 \cdot E_{11} \cdot E_{22} + 2 \cdot a_5 \cdot E_{22} \cdot E_{33} + 2 \cdot a_6 \cdot E_{33} \cdot E_{11} + a_7 \cdot E_{12}^2 + a_8 \cdot E_{23}^2 + a_9 \cdot E_{31}^2$$

$$\dot{q} = b_1 \cdot E_{11}^2 + b_2 \cdot E_{22}^2 + b_3 \cdot E_{33}^2 + 2 \cdot b_4 \cdot E_{11} \cdot E_{22} + 2 \cdot b_5 \cdot E_{22} \cdot E_{33} + 2 \cdot b_6 \cdot E_{33} \cdot E_{11} + b_7 \cdot E_{12}^2 + b_8 \cdot E_{23}^2 + b_9 \cdot E_{31}^2$$

其中的 $a_1, \cdots, a_9, b_1, \cdots, b_9$ 是物质常数；$c, b_1, \cdots, b_9$ 的单位即应力的单位；$a_1, \cdots, a_9$ 是量纲 1 的量。

已出版了许多研究心脏问题的简化理论著作。Smail 和 Hunter(1991) 在作数值模拟时采用了关于拉伸 - 能量函数的下列简化假设

$$W = c_1 \cdot (e^{Q_1} - 1) + c_4 \cdot \left(e^{Q_2} - 1\right) \tag{13.9}$$

式 (13.9) 中

$$Q_1 = c_2 \cdot E_{11}^2 + c_3 \cdot \left(E_{12}^2 + E_{13}^2\right)$$

$$Q_2 = c_5 \cdot (E_{22} + E_{33})^2 + c_6 \cdot \left(E_{22} \cdot E_{33} + E_{23}^2\right)$$

其余六个常数则要用心脏的医学数据来确定，例如，心电图或磁旋共振以及对组织样品的力学测量等。式 (13.9) 对于横向各向同性 (即 $x_1$ 沿肌纤维指向) 是正确的。但与时间的函数关系以及生物物质常数的黏性则没有予以考虑。

图 13.17 画出了心室的有限元模型、肌纤维的方向、以及舒张结束时的主应变。这个有限元模型是 Hunter 等 (1991) 在有限弹性理论以及能量函数 (13.9) 的基础上发展出来的。在活体肌纤维上作的应力测量证明了肌纤维受力的各向同性情况在垂直方向的表现比横向好。

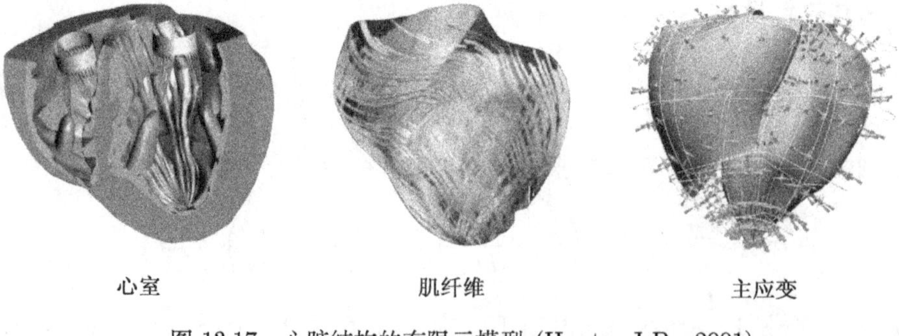

心室　　　　肌纤维　　　　主应变

图 13.17　心脏结构的有限元模型 (Hunter J P　2001)

应用进一步发展的拉伸能量函数 (13.9) 模型，人们应用有限元离散法对心脏表面的应力分布作了数值计算，如图 13.18 所示。图中对于心搏循环的不同阶段使

用等值线画出了肌纤维应力大和小的区域。图中的实线表示大的拉伸应力，虚线则表示大的压缩应力。开始时，心肌处于舒张状态，应力很小。在图中很容易看到压缩应力在充填阶段从心房 (向外) 发展的过程。以后，这个应力在排血阶段传入心室。

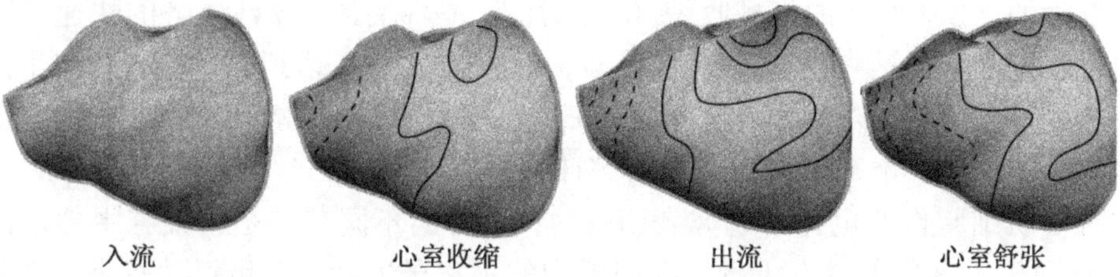


图 13.18 心脏表面肌纤维中的应力分布 (Hunter J P 2001)

### 13.2.3 心脏激发的生理学

除了 13.2.1 小节对心脏电生理学的描述以外，图 13.19 还画出了心脏各个区域

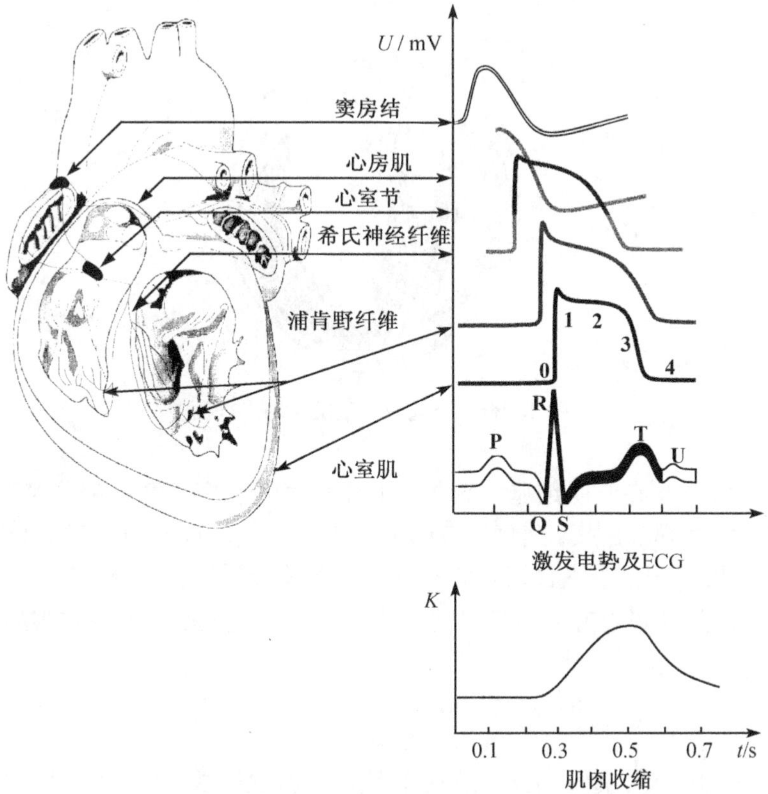


图 13.19 心脏中的激发电势及心肌的收缩

内的电波波形。肌肉细胞内外的动作电势 $U$ 是用微电极测得的。

图中的点 0 是电激发的启动状态，这时心肌细胞处于去极化状态。细胞膜内外的电势差从 $-90\mathrm{mV}$ 增加到 $+20\mathrm{mV}$，图中以点 1 表示。心肌细胞的去极化是以细胞膜中离子通道的打开为基础的 (Malmivno J et al. 1995)。去极化的激活在 1ms 之内发生的。心肌细胞的机械收缩 $K$ 在时间上是滞后的。激活电势的快速下降导致再极化的出现。这在阶段 2 中被延缓，再通过下降 3 达到原始值。在这个阶段中，肌肉中的作用电势已受到激发，并在阶段 3 中达到了肌肉收缩量的最大值。再极化现象发生在 0.3s 内，而去极化的脉冲只持续 1ms。

对心肌细胞作的电化学研究表明，动作电势的不同范畴是与细胞中的钠离子 $Na^+$ 及钾离子 $K^+$ 通道有关的。细胞膜中的钙离子 $Ca^{2+}$ 引起刺激使肌肉细胞收缩。因此，动作电势的波形影响着心脏不同区域中的心肌细胞的收缩行为。去极化波是从心内膜传播到心外膜 (图 13.11) 的，而再极化波则是向相反方向传播的。

图 13.20 画出了这种电激发沿心脏纵截面传播的实例. 激活作用是从心脏内壁 (白色) 发生的并沿径向向心外膜传播。激活作用快结束时，激发波峰总是更多地沿切向传播。

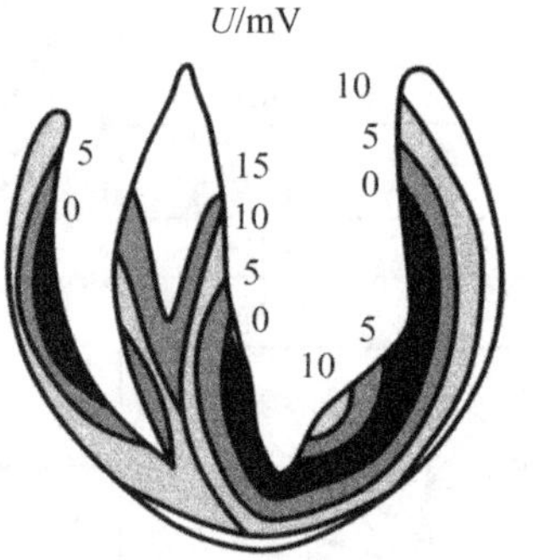


图 13.20　心脏受到激发时的纵剖面

去极化波及其在心肌细胞中传播的数学建模要求将去极化激发模型和激发传播模型作非线性耦合建模。速度在 0.03m/s(窦房结) 和 0.6m/s(心房及心室) 之间的传播 (扩张) 可以按各个耦合细胞体系或者按连续介质进行计算。

心脏中激发传播过程的数学描述是由一组非线性偏微分方程实现的

$$\frac{\partial u_i}{\partial t} = f_i(u_1, \cdots, u_n) + D_i \cdot \Delta u_i, \qquad i = 1, \cdots, n. \tag{13.10}$$

式中 $u_i$ 是 $n$ 个变量，$f_i(u_1, \cdots, u_n)$ 是非线性的激发函数，$D_i \cdot \Delta u_i$ 是扩散项。

费兹休 - 纳古莫方程是其只有两个变量的简化模型，即

$$\frac{\partial u_1}{\partial t}=\frac{u_1-\dfrac{u_1^3}{3}-u_2}{\varepsilon}+D_1\cdot\Delta u_1$$

$$\frac{\partial u_2}{\partial t}=\varepsilon\cdot(u_1+\beta-\gamma\cdot u_2) \tag{13.11}$$

其中的参数变化范围为：$0<\beta<\sqrt{3},0<\gamma<1,\varepsilon<<1$。

为了确定激发函数 $f_i$, 必须找到适用于进入单个肌肉细胞离子流的模型方程。在 A.V.Panfilov，A.V.Holden(1997) 的著作中，可以查到一些这样的模型方程。

图 13.21 是模拟心脏表面激发电势传播的计算结果。与图 13.20 一样，电势从心脏内壁向外传播，这在在心脏表面上一个大的激发电势 (白色) 来表达。从窦房结 1 开始传播，经过两个心房 2，在主动脉再次去极化时 3 激发心室。与图 13.2 一样，去极化区也涂了黑色。在心搏循环结束时，心室再次得到极化。

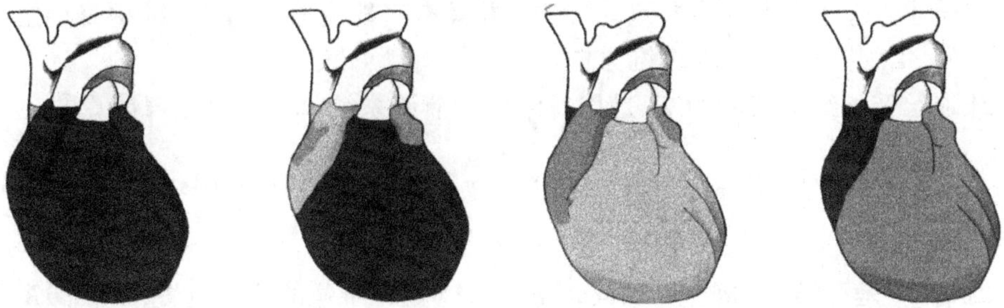


图 13.21 心脏表面的电势分布 (Wernet et al. 2000)

### 13.2.4 心脏中的流动

心脏中的不可压流计算是应用连续方程(5.2)

$$\nabla\cdot\boldsymbol{v}=0 \tag{13.12}$$

以及适用于层流及转捩流的 N-S 方程 (5.20)

$$\rho\cdot\left(\frac{\partial\boldsymbol{v}}{\partial t}+(\boldsymbol{v}\cdot\nabla)\boldsymbol{v}\right)=-\nabla p+\mu_{\text{eff}}\cdot\boldsymbol{\Delta v}+\boldsymbol{F} \tag{13.13}$$

来完成的。式中 $\boldsymbol{F}$ 是心脏内壁作用在流体上的力的张量。血液的非牛顿属性是用卡森方程 (13.1) 予以近似考虑的。这导致对黏性作出了一个修正假设

$$\mu_{\text{eff}}=\frac{\left(K\cdot\sqrt{\dot{\gamma}}+\sqrt{C}\right)^2}{\dot{\gamma}}$$

其中 $K, C$ 两个常数是卡森方程 (13.1) 中的常数。

修正的卡森模型也被用来对脉动的血液流动作数值计算

$$\mu_{\text{eff}} = \mu_\infty + (\mu_0 - \mu_\infty)\frac{1}{(1 + t_0\dot{\gamma})^b)^a} \tag{13.14}$$

其中的几个常数是由 Liepsch 等 (1991) 由实验确定的：$\mu_\infty$=0.03p，$\mu_0$=0.1315p，$t_0$=0.5s，$a = 0.3, b = 1.7$。

力 $\boldsymbol{F}$ 是由心脏内的剪应力分布计算出来的，而剪应力分布则由 13.2.2 小节中讲述的结构程序来确定。计算流动 - 结构耦合问题时的另一个假设是由 C.S.Peskin 和 D.M.Mc Queen(1997) 引入的。他们用嵌入在流体中的离散的弹性纤维丝来近似表示心脏肌肉纤维以及按拉格朗日方法描述过的 (3.1 节) 心肌瓣件。在作离散化时，将纤维丝选取得很细，可认为它们没有体积或质量，但仍可以用来对物质作连续力学描述。这些纤维丝指向流动方向，并具有当地流速 $\boldsymbol{v}$。在纤维丝流动组合的每一点处，给定一个唯一的纤维方向，由单位向量 $\boldsymbol{e}$ 表示。

纤维丝施加给液流的力 $\boldsymbol{F}$ 是用纤维丝 - 液流系统相互作用方程计算的

$$\boldsymbol{F}(x,t) = \int_V \boldsymbol{f}(q,r,s,t)\cdot\delta(\boldsymbol{x} - \boldsymbol{X}(q,r,s,t))\mathrm{d}y\mathrm{d}r\mathrm{d}s \tag{13.15}$$

其中的 $q, r, s$ 是纤维丝的坐标，$\boldsymbol{x} = \boldsymbol{X}(q,r,s,e)$ 是纤维丝的瞬时位置，$\boldsymbol{e} = (\partial\boldsymbol{X}/\partial\boldsymbol{s}/(|\partial\boldsymbol{x}/\partial s|)$ 是单位矢量，$V$ 是积分的体积。

与速度矢量 $\boldsymbol{v}$ 的耦合是通过下式实现的

$$\frac{\partial\boldsymbol{X}}{\partial t}(q,r,s,t) = \boldsymbol{v}(\boldsymbol{X}(q,r,s,t),t) = \int_V \boldsymbol{v}(\boldsymbol{x},t)\cdot\delta(\boldsymbol{x} - \boldsymbol{X}(q,r,s,t))\cdot\mathrm{d}\boldsymbol{x} \tag{13.16}$$

纤维丝方程为

$$\boldsymbol{f} = \frac{\partial(\tau\cdot\boldsymbol{e})}{\partial s}$$

$$\tau = \sigma\cdot\left(\left|\frac{\partial\boldsymbol{X}}{\partial s}\right|, q, r, s, t\right) \tag{13.17}$$

要注意，液流方程 (13.12) 和方程 (13.13) 是用欧拉描述法写出来的。其中 $\boldsymbol{X} = (x_1, x_2, x_3)$ 是固定在空间的笛卡儿坐标。待求的变量有速度向量 $\boldsymbol{v}(\boldsymbol{x}, z)$，压强 $p(\boldsymbol{x}, t)$，以及纤维丝作用力 $\boldsymbol{F}(\boldsymbol{x}, t)$，常数 $\rho$ 和 $\mu$ 是液流的密度和黏度。

纤维丝方程 (13.17)，方程 (13.18) 以及与液流有关的方程 (13.15)，方程 (13.16) 是用拉格朗日描述法写出的，其中的 $q$、$r$、$s$ 是与时间有关的曲线坐标，它们确定着纤维丝物质点的位置。方程组 (式 (13.15)～ 式 (13.16)) 的未知数有纤维丝外形

$\boldsymbol{X}(q,r,s,t)$, 纤维丝应力 $\tau(q,r,s,t)$ 以及用拉格朗日方法描述的纤维力 $\boldsymbol{f}(q,r,s,t)$, 这个相互作用方程组 (式 (13.15)~ 式 (13.16)) 将拉格朗日变量与欧拉变量联系了起来。

图 13.22 画出了与图 13.17 结构模型对应的简化的心脏纤维丝模型。左心室内层的纤维丝以及计算得出的三个主动脉瓣袋都画在了图中。

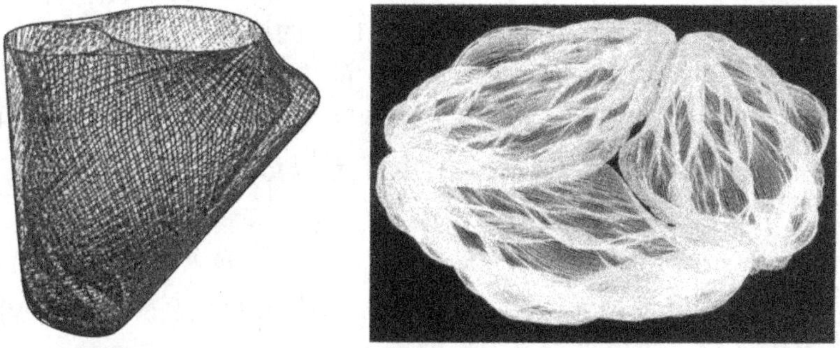

左心室　　主动脉瓣

图 13.22　左心室与主动脉瓣内壁的纤维丝模型, (Peskin C S, Mc Queen D M　1994, 1997)

图 13.23 显示了对于图 13.18 所示结构以及图 13.21 中的电激发计算得出的流动。图中画出了流体微团在液流中穿行的条纹线。第一幅图显示僧帽瓣与三尖瓣打开时左右心室中输入血流的过程, 在这充填过程中, 在僧帽瓣下方形成了一个涡环。为使液流能够看得见有一些微粒被添加到了这个心脏的心房和心室中。在心室收缩期间, 僧帽瓣和三尖瓣关闭。还有一点流速很低的剩余液流, 这在

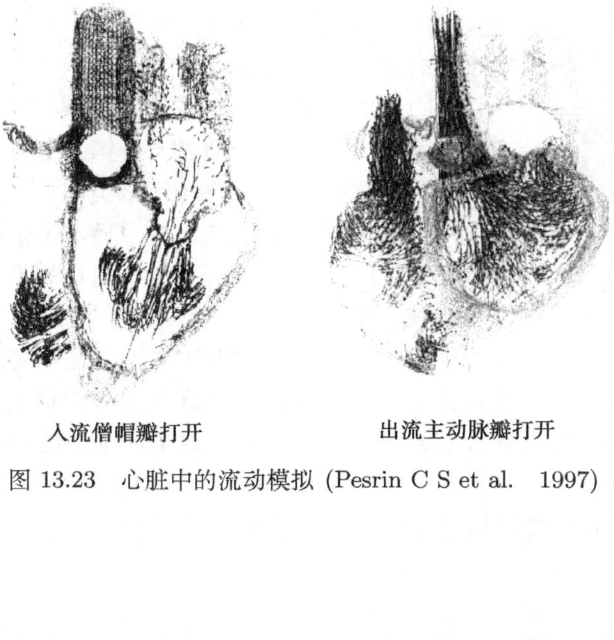

入流僧帽瓣打开　　出流主动脉瓣打开

图 13.23　心脏中的流动模拟 (Pesrin C S et al.　1997)

图 1.11 中已画出过。在排血期间，主动脉与肺瓣打开，图中可以看到，在主动脉与静脉通道中有一般高速射流。而在心室舒张期间，心肌瓣则关闭，充血过程重新开始。

不作结构建模而计算心脏中流动的另一种可能性是将式 (13.13) 中力的张量 $\boldsymbol{F}$ 通过作用在心室液流中的时间相关心脏几何形状的知识来代替。按照这个想法，心脏在一个心搏周期内的几何表面模型根据图 1.13 的医学几何数据建立，人们利用这些描述时间相关几何边界条件，实现心室中的流动计算。

为了计算这种脉动流动的力，将连续方程与 N-S 方程 (13.13) 用特征长度 $L$(左心室的平均直径) 以及左心室中的最大速度 $U$ 予以量纲 1 化

$$\boldsymbol{x}^* = \frac{\boldsymbol{x}}{L},\quad \boldsymbol{u}^* = \frac{\boldsymbol{u}}{U},\quad t^* = t\cdot\omega,\quad p^* = \frac{p}{\rho\cdot U^2}$$

应用量纲为 1 的特征雷诺数 $Re_L=U\cdot L/\nu_{\text{eff}}$ 及沃默斯利(Womersley)数$Wo = L\cdot\sqrt{\omega/\nu_{\text{eff}}}(\omega = 2\pi f)$，可以得到以下量纲为 1 的基本方程组

$$\nabla\cdot\boldsymbol{u} = 0$$
$$\frac{Wo^2}{Re_L}\cdot\left(\frac{\partial\boldsymbol{u}}{\partial t} + (\boldsymbol{u}\cdot\nabla)\boldsymbol{u}\right) = -\nabla p + \frac{1}{Re_L}\cdot\Delta\boldsymbol{u} \tag{13.18}$$

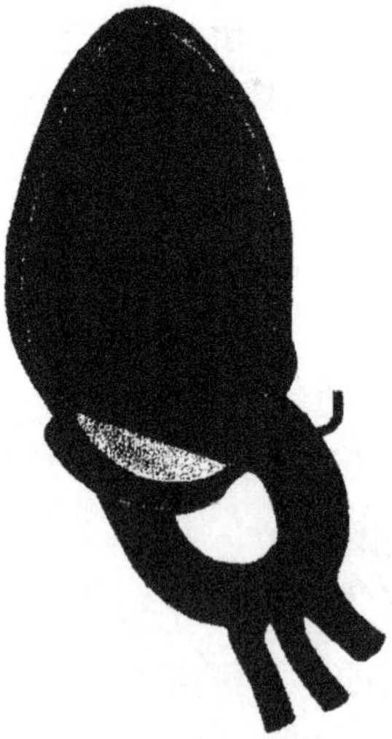
图13.24　左心室的几何模型

图 13.24 画出了人类心脏 12 个水平切片中的 6 个磁旋共振层析摄像法 (MRT) 图像，左心室的几何形状可以用图像识别软件在心跳的一个周期中 (18 个时间步) 予以确定。左半个心脏的几何模型是由带有一个简化心房模型的心室和主动脉所组成的。控制血压的主动脉以及僧帽瓣也都必需予以模型化。图 13.27 是主动脉瓣开启期间必需的 4 个瞬时 MRT 图片，以及带有计算网格的相应几何模型。

图 13.25 是脉冲为 50min$^{-1}$ 之下对于两个舒张瞬时和两个收缩瞬时的流动计算结果。第一组图片显示了僧帽瓣开启时的流线。与图 13.23 所示类似，进入左心室的血流伴有形成了一个涡环回流。图中显示了僧帽瓣关闭以前舒张持续时的流线。收缩开始时，流线表明通过部分开启的主动脉瓣形成了一股射流；收缩结束时，主动脉瓣完全打开，于是进入主动脉的射流得到了完全发展。

健康人与病人左心室的流动计算结果以及对流动损失的定量描述，给心脏外科医生提供了选择外科手术 (类别) 的重要信息。这里所描述的心脏模型是用来在研究工作框架内确定心脏外科 (手术) 的定量准则。在做手术的前后，这个心脏几何模型的参数化表示可以用来修改模型以适应 MRT 图片。

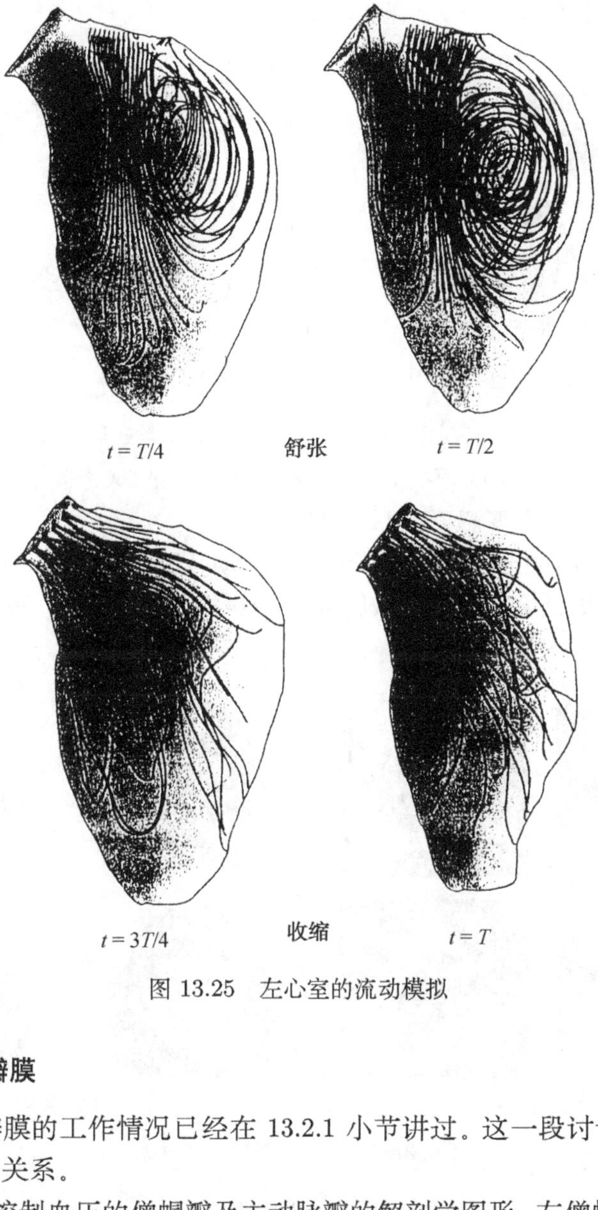


图 13.25 左心室的流动模拟

### 13.2.5 心脏瓣膜

四个心脏瓣膜的工作情况已经在 13.2.1 小节讲过。这一段讨论一下左心室心脏瓣膜中的流动关系。

图 13.26 是控制血压的僧帽瓣及主动脉瓣的解剖学图形。左僧帽瓣 (二尖瓣) 有两个调节瓣片。僧帽瓣保证左心房可以在两次心搏之间注满血液，又能避免血液在心室收缩期间回流。与乳突肌相连的肌腱使向内折转的僧帽瓣不至于在收缩阶段的高压期内向外翻转。

主动脉瓣由三个半月形的组织袋构成。这些袋子在心脏的舒张阶段可以防止流出主动脉的血液回流。在收缩阶段，因为作用在主动脉瓣上的压强较高，瓣袋比僧帽瓣的调节片强健。

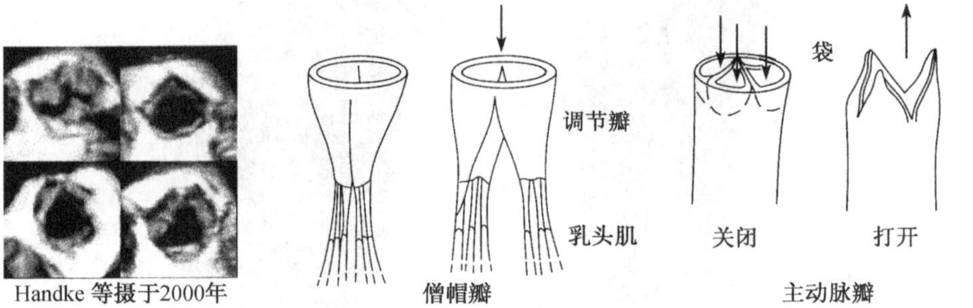


图 13.26　心脏中的僧帽瓣及主动脉瓣

当主动脉瓣开启时，不管主动脉压力多大，这个主动脉瓣袋都不会触碰到主动脉球。液流通过各个袋子的顶尖处，并在瓣袋与主动脉球之间形成一个回流区。该区的反压可以防止袋子变扁以及互相贴附。

图 13.27 表明了在瓣片打开的情况下，主动脉瓣在四个不同瞬时的几何模型。这个几何模型的数据取磁自旋共振层析摄像法 (MRT) 的数据，是用作计算主动脉导管中流动的基础。

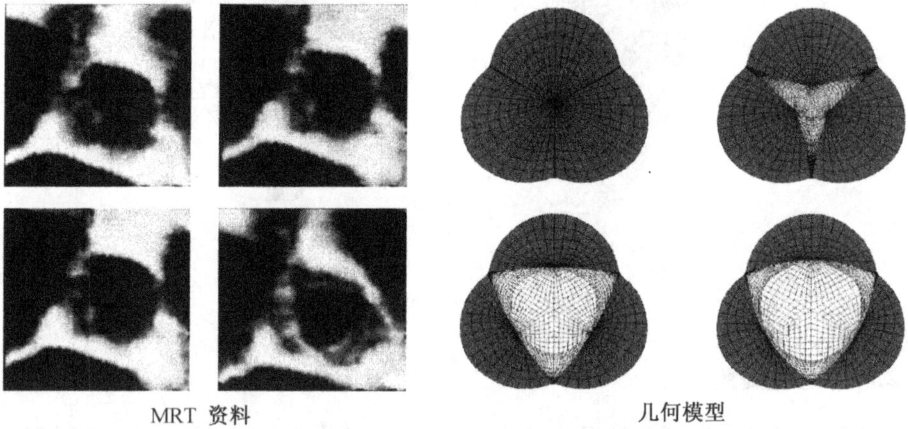


图 13.27　主动脉瓣的几何模型

心脏瓣片发生疾病有可能导致有回流进入心室，而心脏瓣片功能不全则会导致左心室中出现湍流射流或有湍流射流进入主动脉。图 13.28 是主动脉瓣狭窄的一个实例。钙在瓣片袋子上的沉积导致主动脉瓣出现不规则的外廓形状，从而不能完全开启，因此流出左心室的液流仍然是层流 (浅灰色)，而在主动脉瓣的下游则形成一段损失较大的湍流射流。应用彩色多普勒超声心电图对于速度图片的三维再现技术，可以使心脏水平截面中的流动看得见。

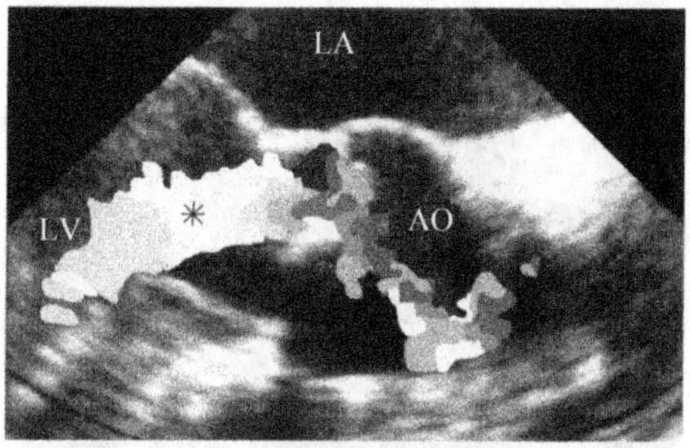


图 13.28　有狭窄部的主动脉瓣层流

LA：左心房；LV：左心室；AO：主动脉瓣 (DeSimeone R 1999)

由于有了狭窄部分，左心室必须克服较高的压强损失。在心室容积随时间增大的同时，心肌增多。但供给心肌的氧只能达到一定的数量，因为冠状血管的数量并不改变。

如果主动脉瓣没有完全关闭，左心室中会出现回流，这再次使流动损失增大，这些损失要由增大心脏容积以及加速心搏来补偿。

若僧帽瓣的功能不全，则来自左心室的高压会传入心房从而导致左心房拉伸，以及右心室的容积应变通过肺部而增大，并因此导致肺的导管系统压强增大。

在心脏瓣膜有严重疾病或者心肌增多而在若干年以后必须予以补偿的情况下，就需要进行手术矫正。

一种常用的手术方法是植入人造心脏瓣膜。多年来，带有球状或盘状瓣片的反压瓣一直用作人造主动脉瓣。这些人工瓣膜的压力峰值较高而且回流区较大，导致红血细胞在低剪切率流区内聚集 (图 13.10)，因而形成血栓。在高剪切率区域内，红血细胞会变形并最终遭到破坏。

摆式瓣膜 (Bjork-Shiley) 是一种改进件。但是，由于导引夹钳有密封问题以及瓣膜有噪声，这种改进件使用得并不长久。以后又基于天然主动脉瓣发展出了双枝的或三枝的摆式瓣膜，其峰值压强及回流区都大大减小了，但仍然不能完全消除。将来很可能要鼓励制出流动损失很小的基因工程的心脏瓣膜来。

图 13.29 是一个双枝型的摆式瓣及一张心脏压力腔室中的流动显示图片。在所示的激光剖面上，开口的主动脉瓣的条纹线表示流速高以及剪切率大的区域以及回流区。如果瓣膜张开时的斜角太大，液流就会在瓣前缘分离并形成一个较大的回流区 (图 6.11，6.2.1 小节)，该区会由于剪切流动的不稳定性 (8.4.3 小节) 而转变为湍流，因而流动损失较大。当扩张角处于最优值时，前缘分离可以避免，而尾迹的不稳定性 (8.4.4 小节) 则会导致下游有周期性的回流。为了避免这一点，在瓣膜尾迹区内一定要避免出现绝对不稳定的流动状态。

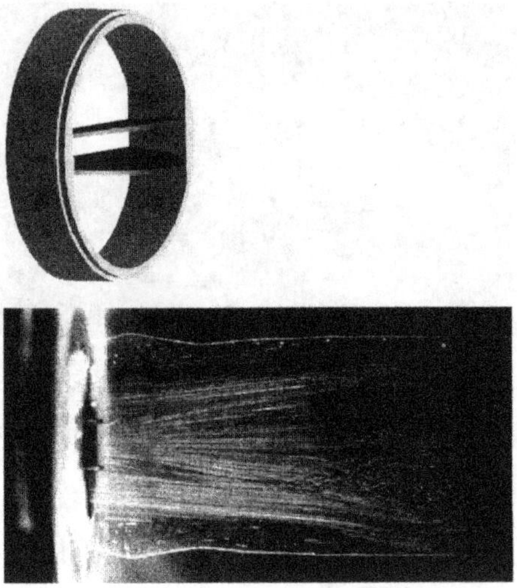

图 13.29　人造主动脉瓣及实验流动模拟 (Hirt F　1994)

## 13.3　血管中的流动

本书 13.1.2 小节已用图 13.1 介绍过人类的血液循环现象。图 13.9 画出了心脏作用于各分支动脉的压强。图 13.30 画出了动脉及静脉中的相对尺寸以及血管壁的强度。当血液经历一个搏动时，动脉发生扩张，血管壁减薄。内壁受到的拉伸比外壁大。这个血管壁的应力 - 拉伸关系可以用一个指数函数近似地描写。因为应力 - 拉伸曲线是非线性的，内壁的拉伸应力比外壁大得多。

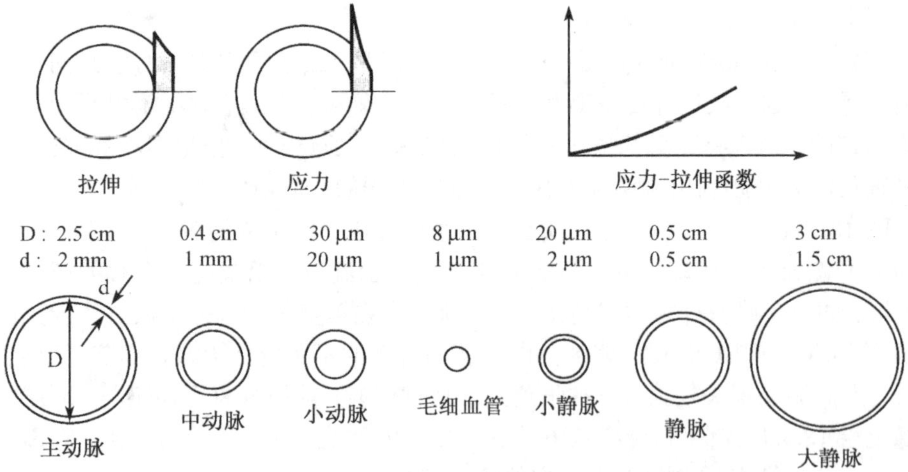


图 13.30　动脉和静脉的拉伸、应力、相对尺寸，以及管壁强度

这一小节将要详细讲述动脉、动脉弓，以及动脉支。图 13.31 画出了一个完全发展的动脉流的瞬时速度型及速度波的时间历程。心脏中的周期性血流搏动导致中动脉及小动脉中的管流是非定常层流，其雷诺数范围是从几百到一千。这种没有进口流动效应或动脉支脉效应的完全发展管流，其时均速度型就是 4.2.7 小节讲过的泊肃叶速度型，即抛物线。在主动脉的上升部，管流雷诺数超过了临界值，这使心脏舒张时，在转折点处的速度型中，靠近动脉管壁处开始出现从层流到湍流的转捩。在湍流得以在主动脉中完全发展之前，主动脉弯曲段下游的二次流使流动稳定，从而导致血流再次出现层流。

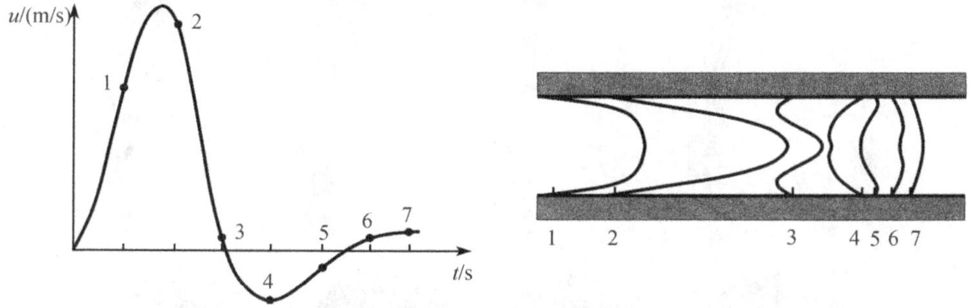


图 13.31 中等动脉中的速度波及瞬时速度型的时间历程图

图 13.32 画出了不考虑动脉分支时在一个主动脉弓中的平均速度型的发展变化。在进口流区内，边界层首先在主动脉的内壁及外壁处发展。因为内壁的曲率比外壁大，(内壁) 的低压使边界层流动不断加速。由于有离心力的缘故，在此动脉弓的下游形成了一股如 4.2.7 小节所述的二次流。随后，出现了与流线垂直的速度分量，这诱导出两个二次涡，它们叠加在主流上面，并以相反的方向旋转。将图 13.31 搏动时的速度型叠加到这个弯曲管道中的平均速度型，可发现在壁面附近有一个带有瞬时回流的复杂三维二次流。

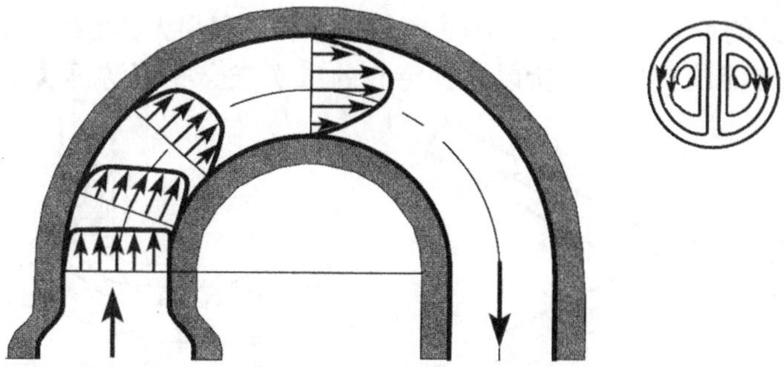

图 13.32 主动脉弓中的平均速度型的发展及二次流

计及人类的动脉分支后，计算表明，外侧管道中的二次流发展远不充分，因而减小了流动损失。图 13.33 画出一个模型主动脉在心脏循环的四个不同瞬时计算所得的速度型，以及下降部主动脉截面中的瞬时流线。从二次流的大小可以看出，与最大速度对比，横向流的速度可以略去不计。

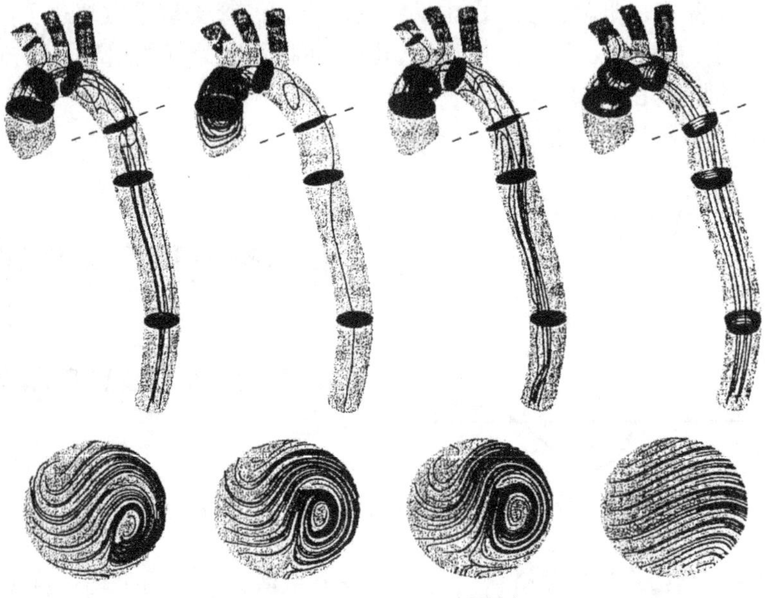


图 13.33　一个模型动脉中的速度型及二次流结构的计算结果

$Wo=20,\ T=0.84\text{s}$

类似的二次流出现在动脉支的下游，因为分支管中的流线是有曲率的 (图 13.34)。最后的流场取决于动脉直径之比、分支管的几何形状，以及血液的体积流量。在垂直的动脉支处，流动出现分离。图 13.34 画出了分离线与再附着线以及驻点。在分离区内，壁面处的剪切率很小，而对面壁上的剪切率则很大。在此分支的内壁面上，液流分离。因为流线有曲率，所以这种特有的二次流会在下游再次出现。

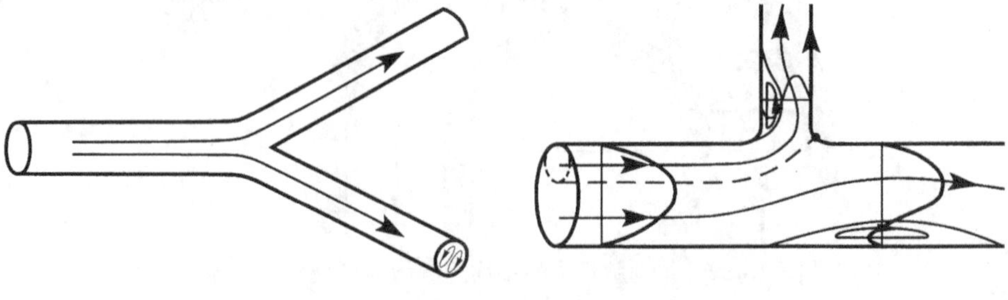

图 13.34　动脉支下游的二次流分离

如果动脉的病变达到中间出现了一个狭窄部的程度，那么，在这个狭小截面的下游也会出现流动分离。图 13.35 就是动脉狭窄部下游的平均速度型及分离泡。在动脉的狭窄区内，流动出现加速现象，过了这个区流速又减慢，相应的压强增大导致壁面处具有低剪切率的液流分离。在雷诺数小于 100 的动脉中，液流流过分支管时不出现分离。

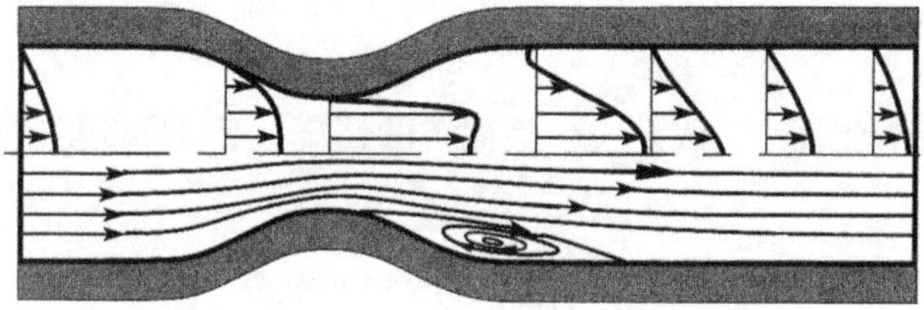

图 13.35 动脉狭窄导致的流动分离

### 13.3.1 非定常管流

牛顿流体作脉动型管内流动时的 N-S 方程有一个精确解。在圆柱坐标系下，完全发展的轴对称流的 N-S 方程 (5.20) 可写为

$$\frac{\partial u}{\partial t}=-\frac{1}{\rho}\cdot\frac{\partial p}{\partial x}+\nu\cdot\left(\frac{\partial^2 u}{\partial r^2}+\frac{1}{R}\cdot\frac{\partial u}{\partial r}\right) \tag{13.19}$$

其中 $r$ 是径向坐标，$R$ 是管半径。管壁处的无滑移条件仍然成立：$u(R,t)=0$；管轴处的条件是 $\partial u(0,t)/\partial r=0$。另外一个条件是假设流动随时间作周期性的变化。体积流量 $\dot{V}(t)$ 是给定的，可以用傅里叶级数表示为

$$\dot{V}(t)\propto-\frac{1}{\rho}\cdot\frac{\partial p}{\partial x}=a_0\cdot\sum_{\omega=1}^{\infty}(a_\omega\cdot\cos(\omega\cdot t))=F(t) \tag{13.20}$$

用分离变量法求解

$$u(r,t)=\sum_i g_i(t)\cdot f_i(r) \tag{13.21}$$

可得两个常微分方程

$$f''+\frac{1}{r}\cdot f'+\lambda^2\cdot f=0 \tag{13.22}$$

边界条件为 $f(R)=0, f'(0)=0$，以及

$$\dot{g}+\nu\cdot\lambda^2\cdot g=c \tag{13.23}$$

其中 $g(t)$ 是时间的周期函数，$F(t)$ 用 $f_i(r)$ 展开后得

$$F(t)=\sum_i c_i(t)\cdot f_i(r) \tag{13.24}$$

沿着径向坐标 $r$ 方向，可得到一个以零阶贝塞尔函数为基本解的斯图姆 - 刘维尔特征值问题，其解析解可以写为

$$u(r,t)=\sum_{i=1}^{\infty}q_i\cdot\left(\frac{a_0}{\sigma_i}+\sum_{\omega=1}^{\infty}\frac{a_\omega}{\sigma_i^2\omega^2}\cdot(\sigma_i\cos(\omega\cdot t)+\omega\cdot\sin(\omega\cdot t))\right)\cdot I_0\left(k_i\cdot\frac{r}{R}\right) \tag{13.25}$$

其中，特征值 $\lambda_i=k_i/R-i, I_0$ 为零阶贝塞尔函数，缩写符号 $\mathrm{q}_i=2/(k_i\cdot I_1(k_i))$ 及 $\sigma_i=r\cdot\lambda_i$。

对于周期性管流而言，假设一个最简单的情况：压强梯度随时间的变化规律如下

$$-\frac{1}{\rho}\cdot\frac{\partial p}{\partial x}=a_\omega\cdot\cos(\omega\cdot t) \tag{13.26}$$

所用的参考速度是定常哈根 - 泊肃叶管流 (4.2.9 节) 轴线上的最大速度

$$u_{\max}=\frac{R^2\cdot a_\omega}{4\cdot\nu}=\frac{R^2}{4\cdot\nu}\cdot\left(-\frac{\partial p}{\partial x}\right) \tag{13.27}$$

这个特征值问题的解是定常的哈根 - 泊肃叶流动与一个周期性振荡流动的叠加。这个解的周期性部分的特征数就是沃默斯利数

$$Wo=\kappa\cdot R=\sqrt{\frac{\omega}{\nu}}\cdot R \tag{13.28}$$

式中 $\omega=2\pi f$，这里的 $f$ 是脉动的频率，$\sqrt{\omega/\nu}$ 是非定常边界层的厚度。当 $Wo$ 很小即频率很低时，出现的是定常管流。当激发起了周期性的压强分布时，流场就以同样的相位进行振动。当沃默斯利数的量级为 30 时 (脉动血流的情况就是如此)，流动图画定性地画在图 13.31 中。图 13.36 画的是 $Wo$=27 时，解析解与时均哈根 - 泊肃叶流动的偏差情况。在心脏的舒张阶段，出现了瞬时的回流速度型，其方向与起激压强梯度方向相反。此处的参考速度是最大速度 (式 (13.27))。

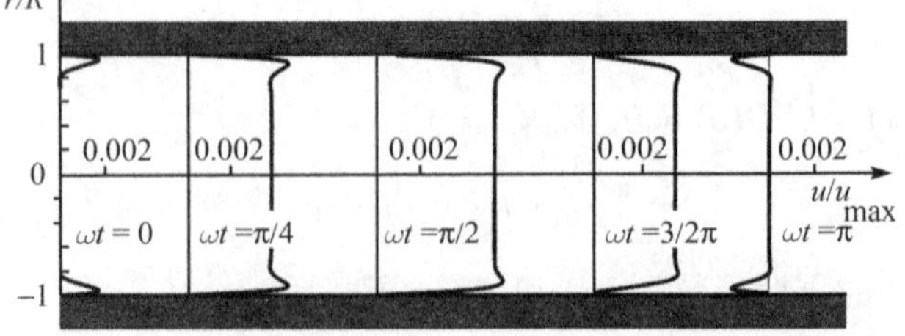


图 13.36　脉动管流在一个振荡周期内不同瞬时的速度分布

### 13.3.2 非定常的动脉流动

在计算动脉中的流动时，血管弹性是必须予以考虑的。与此相反，在心脏中，是肌肉的收缩作用于心室中的液流，动脉的舒张则是由心脏内产生的压强脉动所引起的。

图 13.37 画出了主动脉与下行动脉中的压力波及速度波。来自主动脉动脉支处的反射波几乎将这个压力波的振幅放大了一倍。这样的振幅放大，一直持续到第三个动脉支处，并在随后的动脉支中减小，如图 13.9 所示。图 13.38 画出了一个模型主动脉中的速度型在一个搏动周期 0.8s 内随时间的发展变化。轴向速度 $u$ 是用最大速度 $u_{\max}$=0.77m/s 使其量纲 1 化的。与图 13.31 的基本流动图相比，现在必须考虑血液的非牛顿特性。

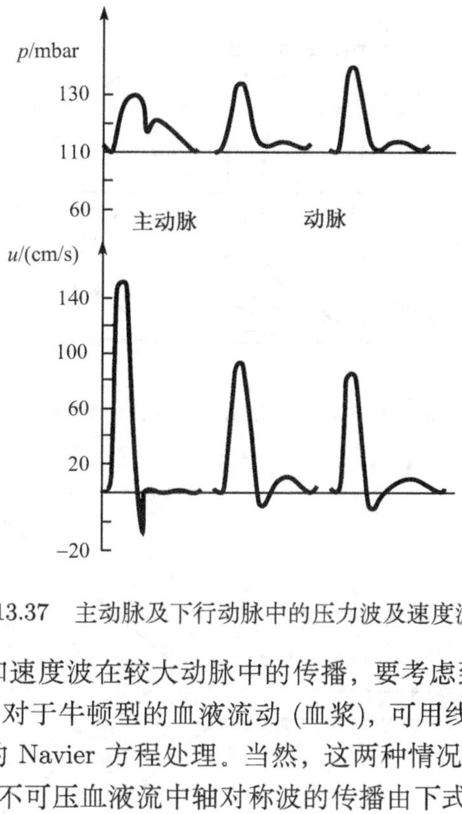


图 13.37 主动脉及下行动脉中的压力波及速度波

为了计算压力波和速度波在较大动脉中的传播，要考虑到动脉血管壁的黏性并假设波是小扰动波。对于牛顿型的血液流动 (血浆)，可用线化的 N-S 方程处理；而对于管壁则用线化的 Navier 方程处理。当然，这两种情况下，都要应用连续方程。在圆柱坐标系下，不可压血液流中轴对称波的传播由下式描写

$$\frac{\partial u_r}{\partial t} = -\frac{1}{\rho} \cdot \frac{\partial p}{\partial r} + \nu \cdot \left( \frac{\partial^2 u_r}{\partial r^2} + \frac{1}{r} \cdot \frac{\partial u_r}{\partial r} - \frac{u_r}{r^2} + \frac{\partial^2 u_r}{\partial x^2} \right) \tag{13.29}$$

$$\frac{\partial u_x}{\partial t} = -\frac{1}{\rho} \cdot \frac{\partial p}{\partial x} + \nu \cdot \left( \frac{\partial^2 u_x}{\partial r^2} + \frac{1}{r} \cdot \frac{\partial u_x}{\partial r} + \frac{\partial^2 u_x}{\partial x^2} \right) \tag{13.30}$$

$$\frac{\partial u_x}{\partial x}+\frac{\partial u_r}{\partial r}+\frac{u_r}{r}=0 \tag{13.31}$$

对于黏弹性的动脉血管壁而言，下式成立

$$\frac{\rho_w}{\mu_w}\cdot\frac{\partial^2 u_r}{\partial t^2}=\frac{\partial^2 u_x}{\partial r^2}+\frac{1}{r}\cdot\frac{\partial u_r}{\partial r}-\frac{u_r}{r^2}+\frac{\partial^2 u_r}{\partial x^2}-\frac{1}{\mu_w}\cdot\frac{\partial \Omega}{\partial r} \tag{13.32}$$

$$\frac{\rho_w}{\mu_w}\cdot\frac{\partial^2 u_x}{\partial t^2}=\frac{\partial^2 u_x}{\partial r^2}+\frac{1}{r}\cdot\frac{\partial u_x}{\partial r}+\frac{\partial^2 u_x}{\partial x^2}-\frac{1}{\mu_w}\cdot\frac{\partial \Omega}{\partial x} \tag{13.33}$$

$$\frac{\partial u_x}{\partial x}+\frac{\partial u_r}{\partial r}+\frac{u_r}{r}=0 \tag{13.34}$$

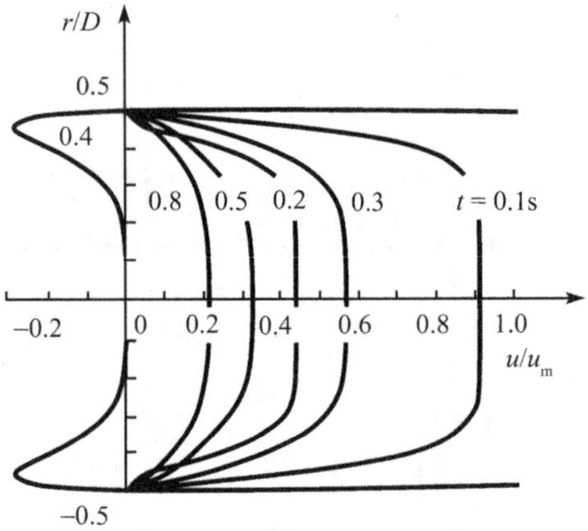


图 13.38　一个模型主动脉中轴向速度的瞬时速度型

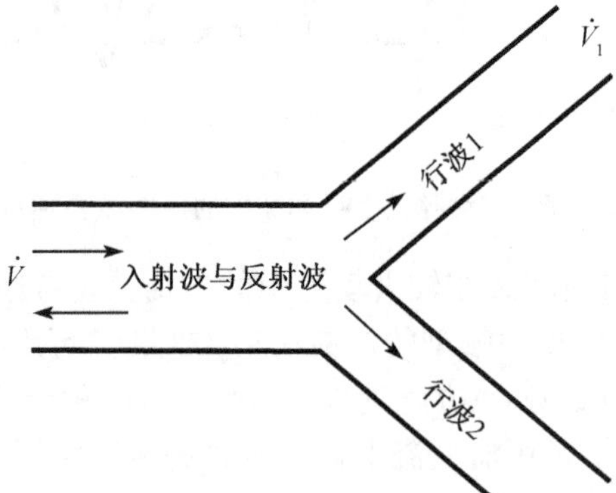


图 13.39　动脉支

对血液流动，$u_r$ 与 $u_x$ 是速度分量；对壁面，$u_r$ 与 $u_x$ 则是壁面的位移分量；$\mu_w$ 是刚性系数；$\rho_w$ 是壁的密度。量 $\Omega$ 是必须引入式 (13.32) 与式 (13.33) 中的一个压强，因为假设了壁面是不可压的。流动与壁面耦合的边界条件是剪切应力与法向应力的连续，以及固 - 液交界面处速度的连续。在动脉的外壁处，同样的边界条件仍然有效。

考虑到波的假设适用于各个变量，我们得到一个可以用第八章讲过的稳定性分析方法进行数值求解的特征值问题。

截至目前为止，我们已经处理了小振幅扰动波的线化基本方程 (式 (13.29)~ 式 (13.34))。但血液是一种与黏度有非线性依从关系的非牛顿介质。这对脉动式流动的影响在分离区内需要特别予以考虑。在血管壁的方程中，存在着来源于有限拉伸及非线性黏弹性的重大的非线性效应。

在计算大动脉中的波传播时，与瞬时加速度 $\partial u_i/\partial t$ 相比，对流项 $u_i \cdot (\partial u_i/\partial x_j)$ 可以略去不计。

令 $u'$ 表示这种流动的特征速度，$\omega$ 表示角频率，$c$ 表示波相对于平均流动的相速度。振荡周期为 $2\pi/\omega$，波长为 $2\cdot\pi\cdot c/\omega$，因此，瞬时加速度 $\partial u_i/\partial t$ 是 $u'/(2\cdot\pi\cdot c/\omega)$ 的量级，对流加速度 $(u_j \cdot \partial u_i)/\partial x_j$ 是 $u' \cdot u'/(2 \cdot \pi \cdot c/\omega)$ 的量级。对流加速度可以略去不计的条件可写为

$$\frac{u'}{c} \ll 1 \tag{13.35}$$

在大的动脉中，$u'/c$ 的最大值为 0.25，因此可以预料非线性效应比较小。在较小的末梢血管中，条件 (13.35) 是满足的。

### 13.3.3 动脉支

在动脉支中，心脏的压力脉动受到反射。图 13.39 画出了这样一个动脉支的示意图。有一道压力波带有体积流量 $\dot{V}$ 进入此动脉，在动脉分支处分裂为带有体积流量 $\dot{V}_1$ 与 $\dot{V}_2$ 的压力行波 1 及 2。图 13.40 画出了最后的时均速度型。由图看出，在分叉对面的动脉管壁上，有一个时均的回流区。流线的曲率又是与螺旋形的二次流有关的，如 4.2.7 节所讲的定常流那样。转折点处的速度型就出现在这个时均回流区内。根据 8.4 节的讲述，这些速度型都是不稳定的，因此引发了出现湍流的转捩。但是，正如在弯曲动脉中一样，剪切流的这种不稳定转捩过程受到了二次流的阻尼。不过这个二次流在弹性的动脉支中不会像在刚性管道中发展得那么完全。

如果动脉管壁上有沉积物使动脉硬化了，并由此导致动脉支处的流动分离增强，这时尽管有完全发展了的二次流，这个特殊的转折点速度型将保证出现损失较大的湍流。图 13.41 显示了一个弹性支脉模型中的一幅流动图画。用应力光学显示方法使得这个模型实验中的流动分离可以看得见。

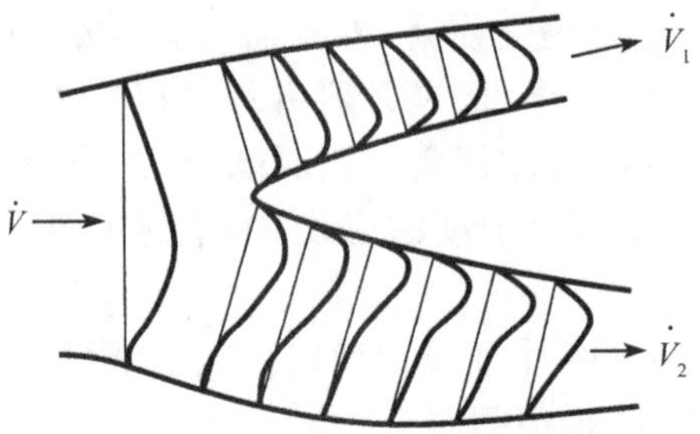


图 13.40　在动脉支中的平均速度型

$Re_D$=600, $\dot{V}_2/\dot{V}_1$ =0.6 (Motomiya et al.　1984)

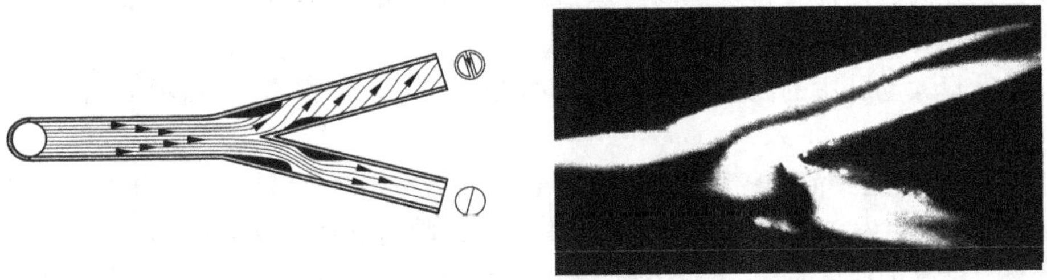

图 13.41　带有沉积物的动脉支中的流线以及应力的光学显示照片 (Liepsch 1996)

# 第十四章　热力涡轮机械

## 14.1　热力涡轮机械的基本原理

本章介绍热力涡轮机械，并讲述怎样应用以前的各章节内容来设计这种机械。本章选用了一台燃气涡轮机(图 14.1) 的设计作为示例。这一台燃气涡轮由压气机，燃烧室，以及涡轮机所构成，因此，可以对这一台热力涡轮机的全部三个主要部件进行理论分析。

其他类型热力涡轮机的流体力学设计方案，如水力涡轮机 (Japisre D　1997, Stepanoff A J　1957)，可以在本书末所引用的文献中查到。本章讲述这一命题的基本原理。

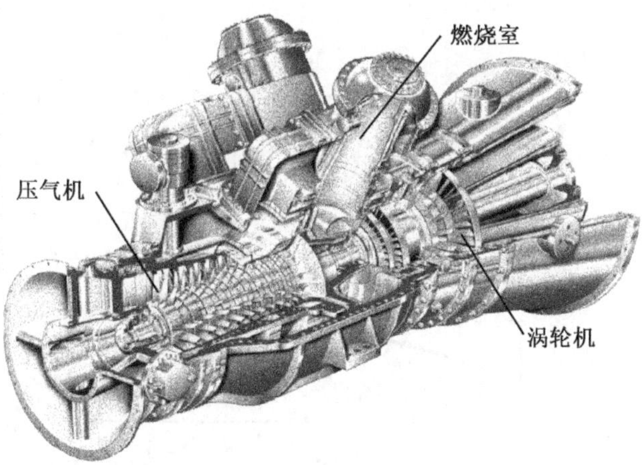


图 14.1　固定式燃气涡轮机

一台燃气涡轮机(图 14.1) 由压气机，燃烧室，以及涡轮机所组成。压气机吸入周围环境中的空气，并通过若干个基元级将其压缩。随后，空气进入燃烧室，在其中经过很接近于等压的燃烧过程将热量加给气流。在燃烧室中加热了的空气接着就流过涡轮机。在涡轮中，能量则从流体中提取出来，并通过驱动轴以机械功的形式输出。这一部分功之中有很大一部分是用来驱动压气机的。

图 14.2 的示意图是热力涡轮机的一种最简单的设计方案。在有关涡轮机的文献中，描绘过很多种不同类型的设计方案。我们从中选取了这种简单的燃气轮机方案，并据此来讨论压气机、燃烧室、和涡轮的流体力学及气体动力学设计原理。在

详细讲述每个部件之前，我们先来看一看这种设施的热力学循环。燃气轮机中的燃气经历着一个焦耳过程，下面就作一简单介绍 (图 14.3)。假设气体在压气机中经受绝热而且可逆的 (即等熵) 压缩，在涡轮中的膨胀过程也是等熵的。还假设在燃烧室中不存在源于摩擦的总压损失。

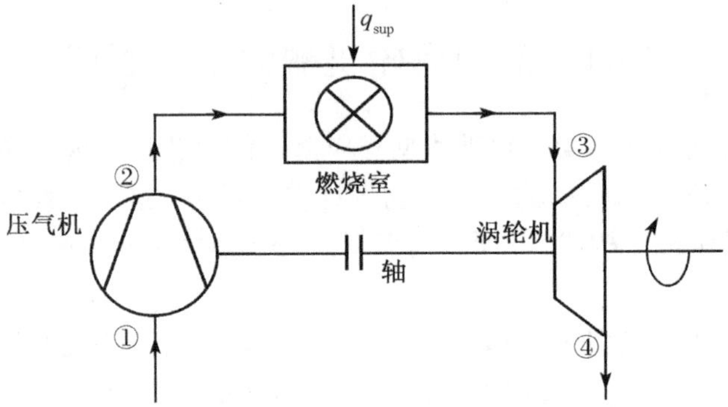


图 14.2 一种简单燃气涡轮机装置的示意图

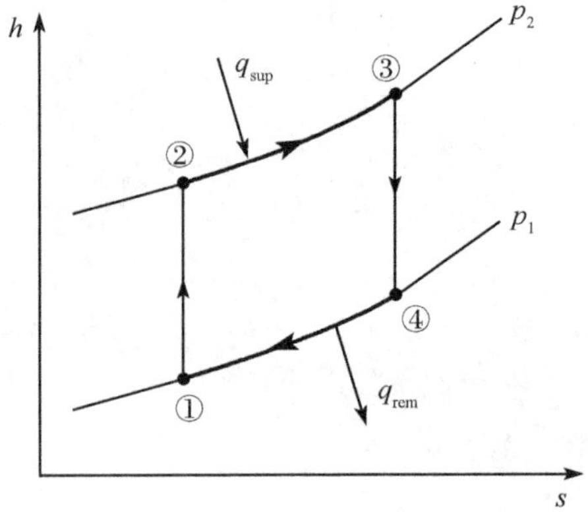


图 14.3 $h$-$s$(焓 - 熵) 图中的焦耳过程

因此，这个焦耳过程由以下几种状态变化所组成：可逆的绝热压缩；等压加热；可逆的绝热膨胀；以及等压排热。

等熵压缩与等熵膨胀由以下方程来描写

$$\frac{p_2}{p_1}=\frac{p_3}{p_4}=\left(\frac{T_2}{T_1}\right)^{\frac{k}{k-1}}=\left(\frac{T_3}{T_4}\right)^{\frac{k}{k-1}} \tag{14.1}$$

$$\frac{T_2}{T_1}=\frac{T_3}{T_4} \tag{14.2}$$

这一台燃气轮机的热效率 $\eta_{\text{therm}}$ 可以用热力学第一定律来确定。这时，以 $w_{\text{eff}}$ 表示工质通过这台机械的轴以机械功的形式作出的有效功；以 $q_{\rm sup}$ 与 $q_{\rm rem}$ 分别表示加热量与排热量。可以得出下式

$$\eta_{\rm therm}=\frac{w_{\rm eff}}{q_{\rm sup}}=\frac{q_{\rm sup}-q_{\rm rem}}{q_{\rm sup}}=1-\frac{q_{\rm rem}}{q_{\rm sup}}=1-\frac{c_p\cdot(T_4-T_1)}{c_p\cdot(T_3-T_2)}=1-\frac{T_1}{T_2} \tag{14.3}$$

其中的 $c_p$ 是比定压热容，在以下的讨论中都假设此值为常数。利用等熵压缩的公式，最后可以得到以下表达式

$$\eta_{\rm therm}=1-\frac{1}{\left(\dfrac{p_2}{p_1}\right)^{\frac{k-1}{k}}}=1-\frac{1}{\varPi^{\frac{k-1}{k}}} \tag{14.4}$$

其中 $\varPi=p_2/p_1$，是压气机的压缩比。

由式 (14.4) 可以看出，这台燃气轮机的热效率主要是由压气机的压缩比决定的。图 14.4 画出了 $\eta_{\rm therm}$ 与 $\varPi$ 的关系曲线。如果仍然假设此装置的热力学过程是理想的焦耳过程，那么，在设计这样一台燃气轮机时需要拥有一台压气机，其压缩比愈高愈好。显然，这种需求是和压气机的尺寸 (级的数量) 以及造价相矛盾的。

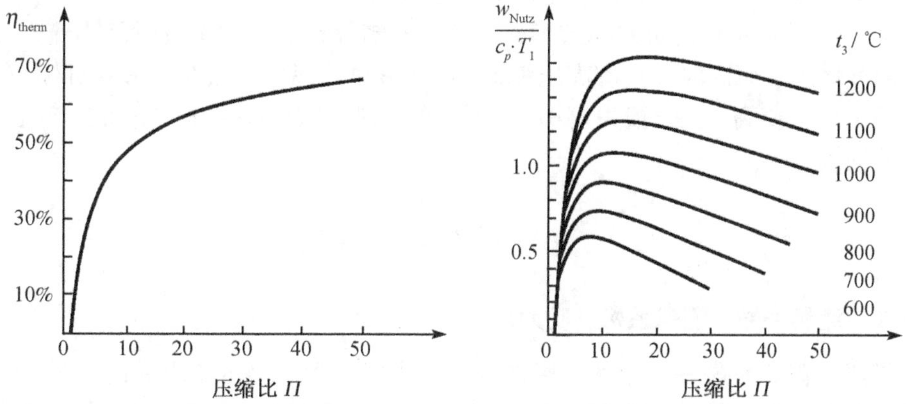


图 14.4 在无损失的过程中，$\eta_{\rm therm}$ 及 $w_{\rm eff}/(c_p\cdot T_1)$ 与压缩比 $\varPi$ 的函数关系

现在来考虑能够用在驱动轴上的有效功率。因为涡轮要驱动压气机，所以工质得到的功 $w_{\rm eff}$ 应是

$$w_{\rm eff}=w_{\rm tur}-w_{\rm comp} \tag{14.5}$$

涡轮和压气机的功分别用 $w_{\rm tur}$ 和 $w_{\rm comp}$ 表示。分别考虑压缩及膨胀过程，可得以下关系式

压缩

$$w_{\rm comp}=\quad c_p\cdot(T_2-T_1)=\quad c_p\cdot T_1\cdot\left(\varPi^{\frac{k-1}{k}}-1\right) \tag{14.6}$$

膨胀

$$w_{\mathrm{tur}} = c_p \cdot (T_3 - T_4), \quad T_4 = \frac{T_1}{T_2} \cdot T_3 = \frac{1}{\Pi^{\frac{k-1}{k}}} \cdot T_3$$

$$w_{\mathrm{tur}} = c_p \cdot T_3 \cdot \left(1 - \frac{1}{\Pi^{\frac{k-1}{k}}}\right) \tag{14.7}$$

因此，可以根据式 (14.5)、式 (14.6) 及式 (14.7) 得出这一台燃气轮机单位功[①]表达式如下

$$\frac{w_{\mathrm{eff}}}{c_p \cdot T_1} = \frac{T_3}{T_1} \cdot \left(1 - \frac{1}{\Pi^{\frac{k-1}{k}}}\right) - \left(\Pi^{\frac{k-1}{k}} - 1\right) \tag{14.8}$$

图 14.4 画出了单位功与 $\Pi$ 及涡轮进口温度的函数关系。当压缩比 $\Pi$ 较小以及涡轮进口温度 $T_3$ 为常数时，所作出的功起初是随 $\Pi$ 的增大而增大的，但当达到某个最大值以后就随着 $\Pi$ 的增大而减小了。为了得到较大的驱动功，涡轮的进口温度是愈高愈好。但是，这要受到涡轮叶片的热阻限制 (Walsh P P et al.　1998)。

轴上可用的驱动功 $P_{\mathrm{eff}}$ 由下式确定

$$P_{\mathrm{eff}} = \dot{m} \cdot w_{\mathrm{eff}} \tag{14.9}$$

式中，$\dot{m}$(单位为 kg/s) 是通过涡轮机的质量流量。

为了得到大的驱动功或高效率，压气机必需设计成能在单位时间内流过尽可能多的气体质量而同时又具有高压缩比。高效率也是涡轮机需要追求的目标。燃烧室的燃烧质量要高，压强损失要小。但是，怎样来实现这些要求，下面各节就来讨论这些问题。

## 14.2　轴流式压气机

### 14.2.1　流量系数，压强系数，反力度

增压式涡轮机的每一个级，通常是由一个转子和一个定子组成的，图 14.5 画出了两级压气机。在第一级的前面，有时装有一个可调式的导风轮，它可以调整第一节前面的进口气流角以适应整台机械。为了了解压气机的工作情况，我们来考察半径为 $r_{\mathrm{m}} = 0.5\,(r_{\mathrm{t}} + r_{\mathrm{h}})$ 的共轴截面上的视图，并认为这个截面代表了整个第一级 (图 14.5)。这个共轴截面的视图示于图 14.6，图中将速度三角形 (这将在下面解释) 也一起画了进去。以速度 $c_1$ 流向第一级的气流，其流动方向是由相对于此机械轴线的夹角 $\alpha_1$ 确定的。当转子以圆周速度 $U$ 转动时，相对于转子的进口气流的速度 $w_1$，相应的气流角是 $\beta_1$。速度为 $w_1$ 的气流，称为相对气流，这个速度就称为相对速度。同样，相对于机匣的气流称为绝对气流，其速度 $c$ 就称为绝对速度。

①单位加热量所作出的有效功。　——译者注

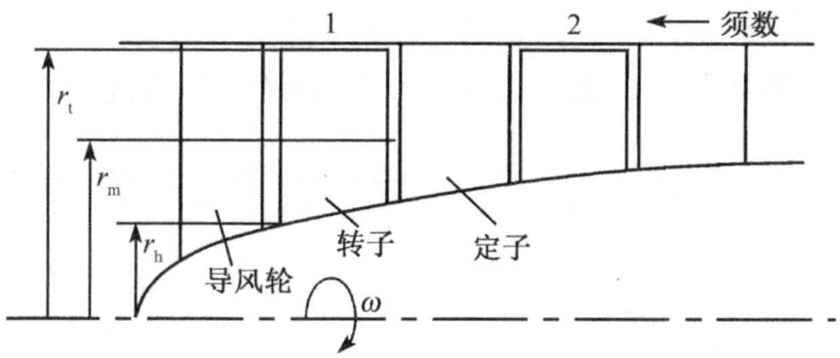


图 14.5 一台两级压气机的结构

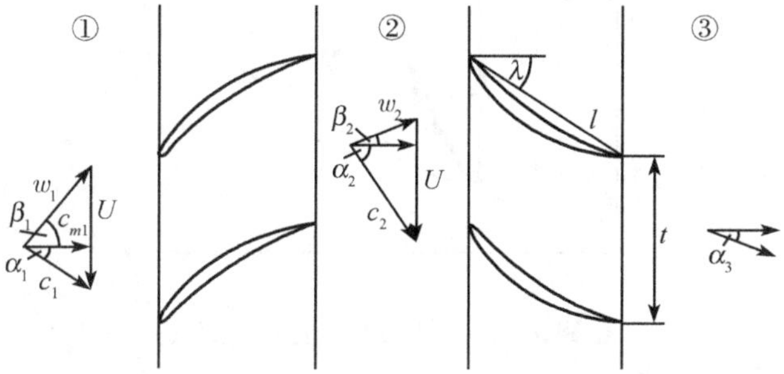


图 14.6 带有相应速度三角形的一个共轴截面的展开视图

在转子中，相对气流角是从 $\beta_1$ 折转到 $\beta_2$ 的，因而是在减速的。这个减速导致压强增大。在转子和定子之间的绝对流速 $c_2$，其周向分量比转子前的绝对流速大。定子则将气流从气流角 $\alpha_2$ 折转到 $\alpha_3$，因而使气流减速。这个减速作用导致压强进一步增大。

现在来进一步看一看这个共轴截面上的流动，并假设这个截面上的流动代表了整个级。效率 $\eta_{TT}$ 是人们特别感兴趣的参数，定义如下 (图 14.7)(Oates G C 1997)

$$\eta_{TT} = \frac{h_{03,is} - h_{01}}{h_{03} - h_{01}} \tag{14.10}$$

此处的效率 $\eta_{TT}$ 是一些参数的函数，即

$$\begin{aligned}\eta_{TT} = f(&\underbrace{\Delta h_0, h_1, h_2, h_3,}_{\text{热力学参数}} \quad \underbrace{\omega, r_m,}_{\text{圆周速度}} \quad \underbrace{c_{m1}, w_1, c_2}_{\text{速度三角形}} \\ &\underbrace{\mu, \rho, a_1, a_2,}_{\text{物质属性}} \quad \underbrace{\Delta p_{0R}, \Delta p_{0S}}_{\text{转子/定子中的总压损失}} \quad )\end{aligned} \tag{14.11}$$

式中 $\Delta h_0 = h_{03} - h_{01}$ 表示从位置 1 到位置 3 的总焓变化；$\mu, a_1$ 及 $a_2$ 分别是动力黏性系数、转子前的声速以及转子后的声速。

现在应用 $\Pi$ 定理来作量纲分析，并选取密度 $\rho$、角速度 $\omega$ 以及平均半径 $r_{\mathrm{m}} = 1/2 \cdot (r_{\mathrm{t}} + r_{\mathrm{h}})$ 作为基本量。由此可得 $\eta_{TT}$ 的下述简化关系式

$$\eta_{TT} = \bar{f}\left(\Phi, \Psi, R, \frac{w_1}{2 \cdot \pi \cdot r_{\mathrm{m}} \cdot \omega}, \frac{c_2}{2 \cdot \pi \cdot r_{\mathrm{m}} \cdot \omega}, M_1, M_2, Re, \zeta_R, \zeta_S\right) \tag{14.12}$$

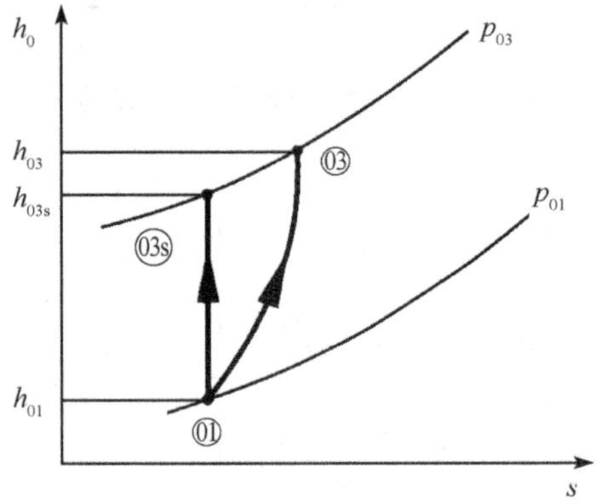


图 14.7　$h$-$s$ 图：效率 $\eta_{TT}$ 的定义

其中

$$\Phi = \frac{c_{\mathrm{m}1}}{U}, \quad \Psi = \frac{\Delta h_0}{U^2}, \quad R = \frac{h_2 - h_1}{h_3 - h_1}, \quad M_1 = \frac{w_1}{a_1}$$

$$M_2 = \frac{c_2}{a_2}, \quad Re = \frac{\rho \cdot \omega \cdot r_{\mathrm{m}}^2}{\mu}, \quad \zeta_R = \frac{\Delta p_{0R}}{\frac{\rho}{2} \cdot w_1^2}, \quad \zeta_S = \frac{\Delta p_{0S}}{\frac{\rho}{2} \cdot c_2^2} \tag{14.13}$$

其中的 $\Phi$ 和 $\Psi$ 分别称为流量系数和压强系数。这两个参数是要在设计阶段作出适当选择的，这将在下一节中讨论。数量 $R$ 称为该级的反力度。这个量是量纲 1 的诸量 $h_1/U^2$、$h_2/U^2$ 以及 $h_3/U^2$ 的组合量，而这又是应用 $\Pi$ 定理所得到的。反力度这个量，也可以在设计工作中任意选取，并将通过转子的静焓增量表示成以该级总焓增量为参考值的百分数 (Cumpsty N A　1989)。

下面会作出解释，物理量 $w_1/U$ 和 $c_2/U$ 是依赖于流量系数 $\Phi$ 和压强系数 $\Psi$ 的，因而函数关系 $\bar{f}$ 在开始时可以通过这两个量予以简化。此外，由实验得知 (例如，叶栅的测试 (Gustelow J P　1984))，量纲 1 的损失特征数 $\zeta_R$ 和 $\zeta_S$ 是取决于雷诺数 $Re$ 以及马赫数 $M_1$ 与 $M_2$ 的，因此

$$\zeta_R = f(Re, M_1), \qquad \zeta_S = f(Re, M_2)$$

因此，效率 $\eta_{TT}$ 可以简化为以下的函数关系

$$\eta_{TT} = \bar{f}(\Phi, \Psi, R, \zeta_R, \zeta_S) \tag{14.14}$$

可见，量纲分析已经帮助我们识别出了最主要的量纲 1 参量，现在只要表示出以下两个量 $w_1/U$ 和 $c_2/U$ 与 $\Phi$、$\Psi$ 以及 $R$ 的依从关系。

现在来看一看位置 1 及 2 处 (即转子的前侧与后侧) 的速度三角形 (图 14.8)，并假设经线平面内的速度 $c_{m1}$ 与 $c_{m2}$ 是相等的。压气机的几何形状就是这样选取的，即气流截面积沿轴向的收缩程度恰使速度 $c_m$ 保持为常数。

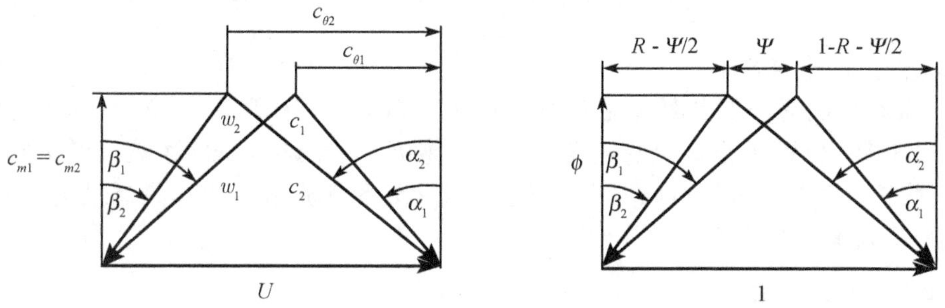


图 14.8

位置 1 和 2 处的速度三角形左图是有量纲的，右图是量纲 1 的

图 14.8 也画出了位置 1 及 2 处的量纲 1 的速度三角形。所有的速度都以圆周速度 $U$ 为参考值。这两个三角形中，可以看出 $\Phi = c_m/U$，而 $\Psi = \Delta h_0/U^2$ 则是根据下列欧拉涡轮机方程写出的 (Li W H et al. 1964)

$$\Delta h_0 = U \cdot c_{\theta 2} - U \cdot c_{\theta 1} = U \cdot \Delta c_\theta, \quad \Psi = \frac{\Delta h_0}{U^2} = \frac{\Delta c_\theta}{U} \tag{14.15}$$

式中的 $c_\theta$ 是速度 $c_1$ 或 $c_2$ 的圆周分速。

根据反力度的定义，$R = (h_2 - h_1)/(h_3 - h_1)$，并假设 $c_1 = c_3$，则可写出下式

$$h_3 - h_1 = \left(h_{03} - \frac{c_3^2}{2}\right) - \left(h_{01} - \frac{c_1^2}{2}\right) = h_{03} - h_{01} = \Delta h_0 \tag{14.16}$$

还可以得到以下关系式

$$h_2 - h_1 = \left(h_{02} - \frac{c_2^2}{2}\right) - \left(h_{01} - \frac{c_1^2}{2}\right) = \Delta h_0 - \left(\frac{c_2^2}{2} - \frac{c_1^2}{2}\right) \tag{14.17}$$

因为没有能量经过定子加给气流。速度平方差可写为

$$c_2^2 - c_1^2 = (c_{\theta 2}^2 + c_m^2) - (c_{\theta 1}^2 + c_m^2) = c_{\theta 2}^2 - c_{\theta 1}^2 = (c_{\theta 2} + c_{\theta 1}) \cdot (c_{\theta 2} - c_{\theta 1}) \tag{14.18}$$

由式 (14.15)、式 (14.17) 以及式 (14.18) 得

$$h_2 - h_1 = \Delta h_0 - \frac{\Delta h_0}{2 \cdot U} \cdot (c_{\theta 2} + c_{\theta 1}) \tag{14.19}$$

再应用式 (14.19) 与式 (14.16) 的右端项，可以得到确定 $c_{\theta 1}$ 和 $c_{\theta 2}$ 的第二个方程。其结果是

$$c_{\theta 2} + c_{\theta 1} = 2 \cdot U \cdot (1 - R) \tag{14.20}$$

联立求解式 (14.15) 及式 (14.20)，最后得

$$\frac{c_{\theta 1}}{U} = 1 - R - \frac{\Psi}{2} \qquad \frac{c_{\theta 2}}{U} = 1 - R + \frac{\Psi}{2} \tag{14.21}$$

此结果示于图 14.8 中。

现在再次提一下上面的说法，即 $w_1/U$ 和 $c_2/U$ 仅仅取决于 $\Phi$、$\Psi$ 以及 $R$。在图 14.8 中，位置 1 及 2 处的速度三角形的量纲 1 表示法，证实了这一说法的正确性。此外，由图 14.8 还可以看出，位置 1 及 2 处的气流角 $\alpha$ 和 $\beta$ 是通过选取 $\Phi$、$\Psi$ 以及 $R$ 来确定的。

### 14.2.2 设计方法

继续限于讨论平均共轴截面。这个截面是被视为整个级的代表。在设计此截面时，主要问题是怎样对三个自由设计参数 $\Phi$、$\Psi$ 以及 $R$ 作出最好的选择。

确定这些量的一个办法是应用图 14.9 所示施密斯图。此图来源于许多已制成的压气机效率的相关性，也是在设计阶段估算效率的一种适当的方法。在选取 $\Phi$、$\Psi$ 以及 $R$ 时，要考虑到以下各点

根据史密斯图，一个级的最大效率是在反力度 $R = 0.5$ 时得到的。如果选择的 $R > 0.5$，在设计时要假设一个比较小的效率 $\eta_{TT}$。

反力度不一定要在压气机的整个半径 (从轮毂到机匣) 上都保持为常数。对此感兴趣的读者可以在增补文献中查到有关反力度有效变化的更多知识。

所选取的压强系数 $\Psi$ 愈大，达到给定压强比所需的级数愈少。

一般地说，一个适当的 $\Psi$ 是对于平均截面选取的，这限于用在下文中。对于其他的共轴截面而言，这个 $\Psi$ 是要加以修正的。因此，在不同的半径处 (仍是从轮毂到机匣)，经由转子加给气流的单位功是常数。

参量 $\Phi$ 一般也是按这种方式沿半径选取的。对于平均截面而言，此值是固定的；而在半径较小或较大的区域内，此值是变动的，因而经线平面内的速度 $c_m$ 可以保持不变。

应用这些准则，即可确定每一个共轴截面上的进口和出口气流状况。因此，需要确定这个叶栅的几何形状；在转子中，它将相对气流角由 $\beta_1$ 折转到 $\beta_2$；在定子中，它将气流角 $\alpha_2$ 折转到气流角 $\alpha_3 (= \alpha_1)$。

下列几个量是必需选取的 (图 14.6)：叶型的几何形状、外罩角 $\lambda$、稠度 $t/l$。

首先要描绘一下叶型的几何形状 (Johnson I A et al. 1965)。在许多情况下，叶型是由一根圆弧形的中弧线和一个厚度分布叠加而成的 (图 14.10)。这个圆弧中弧

线确定了此叶型的拱起程度，由中弧角 $\phi$ 来描写。整个叶栅的几何形状则可以应用叶栅数据 (即 NACA 65) 或应用理论方法来设计。卡布斯蒂 (Cumpsty N A 1989) 的著作中讲述了应用叶栅数据的方法。

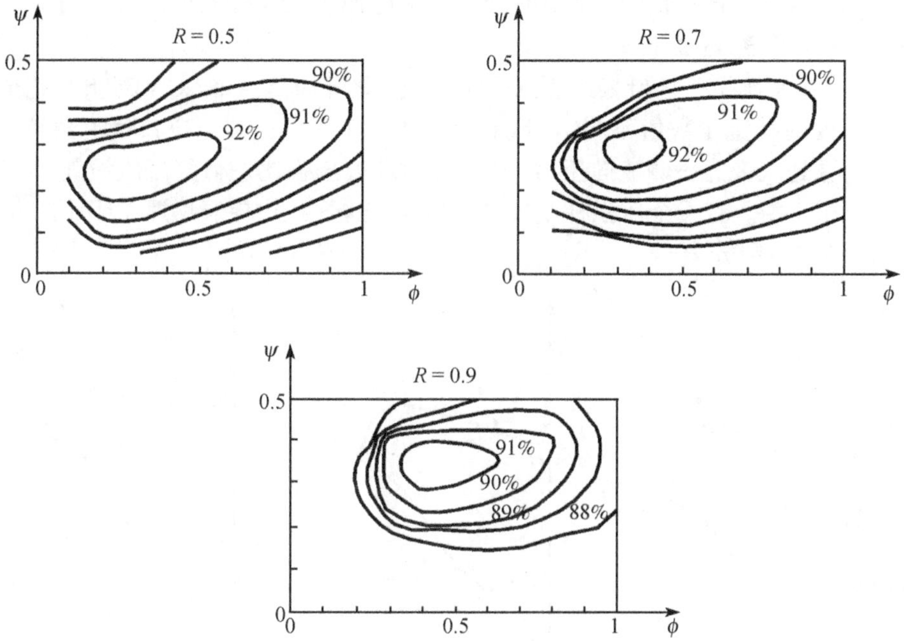


图 14.9 史密斯图

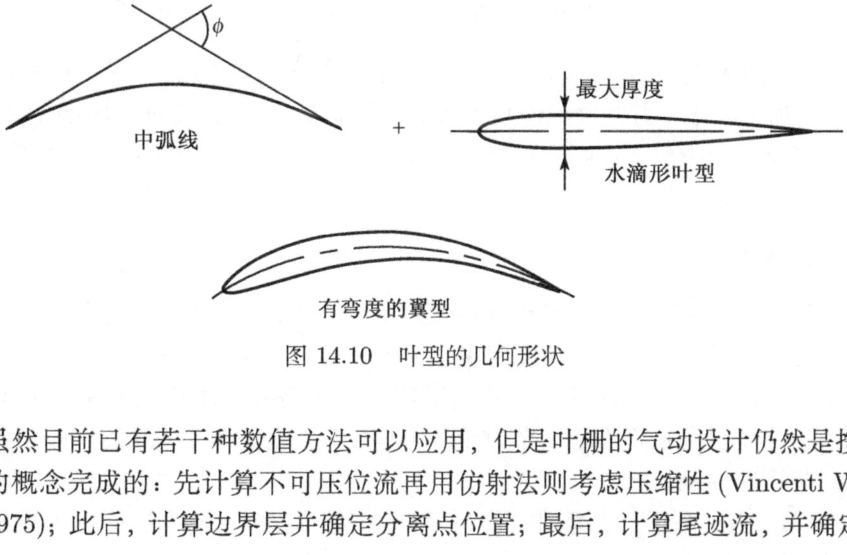


图 14.10 叶型的几何形状

虽然目前已有若干种数值方法可以应用，但是叶栅的气动设计仍然是按照普朗特的概念完成的：先计算不可压位流再用仿射法则考虑压缩性 (Vincenti W G et al. 1975)；此后，计算边界层并确定分离点位置；最后，计算尾迹流，并确定流动

损失 (Johnson I A et al.　1965)。

以上列举出的设计思路是用计算机完成的。计算机使我们可以快速地修改几何形状以及算出的压强分布、边界层和尾迹流，因而这个几何外形的诸参数是可以在计算机上改变，直到找到一种几何外形，它能使气流无分离地从气流角 $\beta_1$ 折转到 $\beta_2$ 再从气流角 $\alpha_2$ 折转到 $\alpha_3$ 为止。

图 14.11 画出了一个叶栅的压强分布曲线，此叶栅是由 NACA 65 叶型组成的，进口截面处的气流角数值不同 (Johnson I A et al.　1965)。当进口气流角较小时，气流在前缘处从吸力一侧流向压力一侧，导致此处压强比进口气流压强低。在高压一侧的较远下游，有一个压强梯度较高的区域，这导致边界层增厚 (因而流动损失较大) 或者边界层分离。

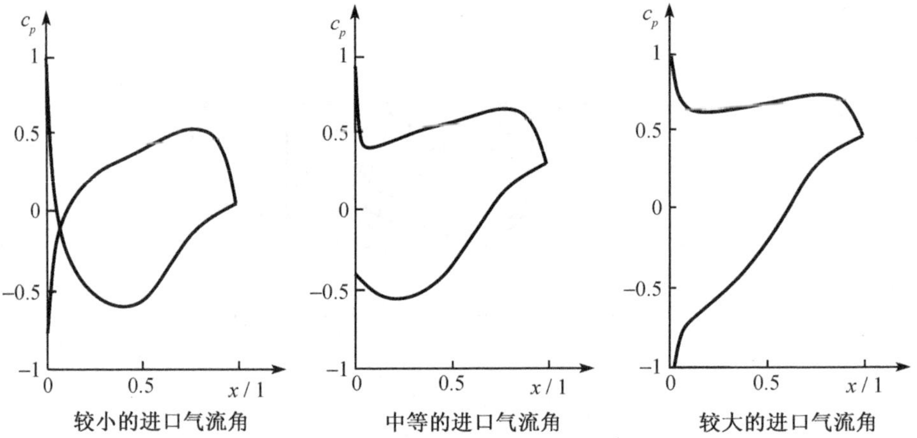


图 14.11　在不同的进口气流角之下，叶型上的压强分布曲线 $c_p = (p - p_1)/(\rho \cdot c_1^2/2)$

当进口气流角处于平均值之下时，叶型的吸力侧和压力侧的压强梯度都是中等值，流动损失较小。当进口气流角较大时，损失就会增大。绕叶型前缘的流动则是从压力侧流向吸力侧。在吸力侧形成一个低压区，这导致其下游压强梯度增大，有可能使流动出现分离。

### 14.2.3　亚声速压气机

多级压气机中的大多数级是在亚声速范围内工作的。但是，因为第一级进口前的气流温度低，而且第二级进口温度也很可能是低的，因而声速增大得不多。在许多情况下，靠近机匣处很高的圆周速度意味着转子是处于超声速流中 (Cumpsy N A　1989)。这就引出了将在下一节讨论的一些问题。这一节中，我们讨论亚声速压气机的一些特殊性能。

图 14.12 画出了上一节提到的 NACA65 叶型的前缘。图中还画出了进口气流

有在小、中、大三种情况下的驻点位置 (请与图 14.11 中的压强分布对比)。亚声速压气机各级的叶片前缘是圆头的。这使压气机可以在欠载以及超载情况下工作时的流动损失都比较小。在欠载情况下，流量受到了节制，因而经线平面内的速度 $c_m$ 减小了 (图 14.13)。如果压气机的转速保持不变，那么，进口气流角 $\beta_1$ 必增大，吸力侧的边界层承受着大的压强梯度。另一方面，如果流量增大而转速不变，则进口气流角必减小。这时，吸力侧的边界层压强减小，而压力侧的边界层压强增大。当进口气流角太大或太小时，叶型上下两侧的边界层会分离，于是压气机的这一个级就丧失了工作能力。

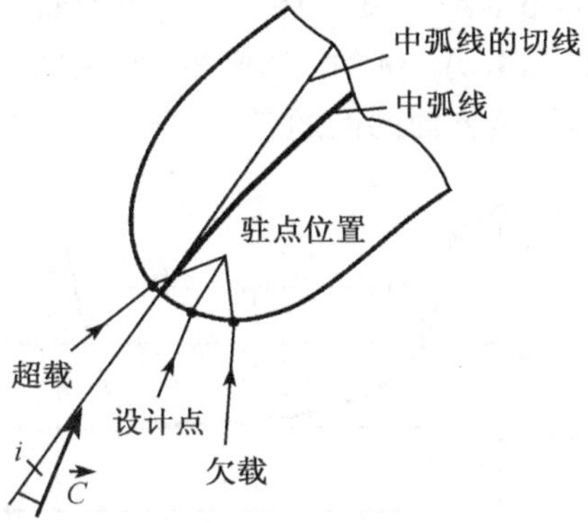


图 14.12 前缘处的驻点位置以及偏角的定义

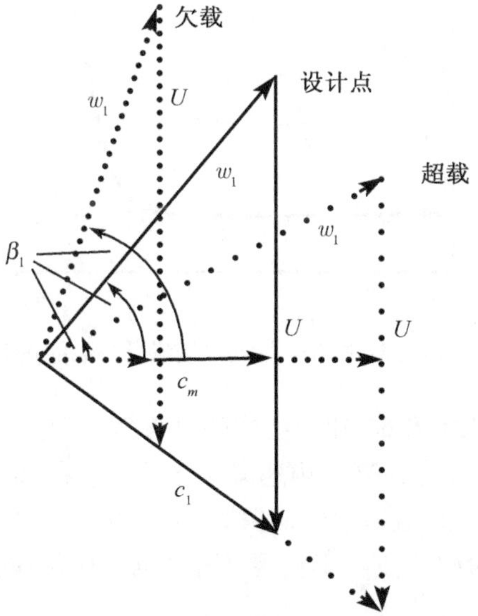


图 14.13 欠载及超载时的速度三角形

在设计气流机械时，往往引用偏角 $i$①来描绘进口气流相对于中弧线在叶片前缘切线之间的夹角。图 14.14 是量纲 1 的总压损失

$$\zeta_{V1} = \frac{p_{01} - p_{02}}{\frac{\rho}{2} \cdot w_1^2} \tag{14.22}$$

与偏角的关系曲线 (Johnson I A et al.　1965)。图 14.14 中的曲线称为损失极曲线，图中标明了所规定的工作范围以及该叶栅的设计点。正如前面已经提过的那样，亚声速叶型的前缘是圆头的。而且，其型面形状设计成使吸力面的气流加速达到的最大速度不至于太大 (Johnson I A et al.　1965)。这就是说，这种叶型的临界马赫数较高 (Schlichting H et al.　1979)。例如，压气机设计中常用的 NACA 65 叶型，在研发过程中就一直考虑到了这方面的问题。

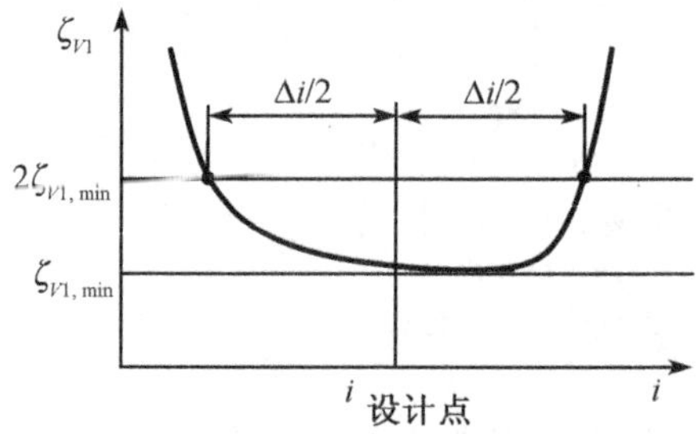


图 14.14　损失极曲线以及叶栅的工作范围和设计点

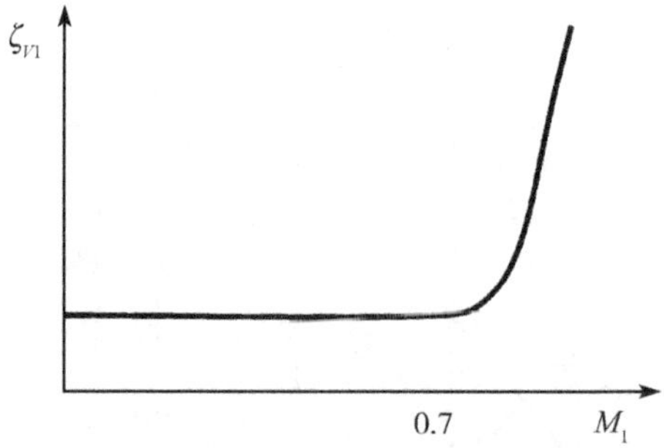


图 14.15　损失系数 $\zeta_{V1}$ 与进口气流马赫数的关系曲线

图 14.15 画出了由 NACA 65 叶型组成的叶栅气流流动损失与进口气流马赫数的关系曲线。由图看出，只有在高亚声速马赫数之下，在 $M_{\rm crit} = 0.7$ 的区域内，气流损失才会由于吸力侧形成激波而急剧增大。尽管存在这样的激波损失，进口气流有时仍是超临界的，因为激波使功率密度 (压气机的单位体积所作出的功率) 增大

① 在原文中，$i$ 的原词指的是进口气流与中弧线在叶片前缘切线之间的夹角。为与已有确切定义的机翼的迎角或安装角相区别，此处将 $i$ 译为“偏角”，下同。　—— 译者注

了。这时，做功的范围大受限制，因而必须选择用其他形状的叶型，这将在下一节讲述。

### 14.2.4 跨声速压气机

由欧拉涡轮机方程得 (Li W H et al. 1964)

$$\Delta h_0 = U \cdot (c_{\theta 2} - c_{\theta 1}) = U \cdot \Delta c_\theta$$

由此看出，圆周速度 $U$ 大必导致焓的转换量 $\Delta h_0$ 大或压缩比 $\Pi$ 大。圆周速度 $U$ 的选取要受到进口气流的相对马赫数 $M_1 = w_1/a_1$ 的限制，此值在跨声速压气机中是会大于 1 的，而经线平面中的进口气流马赫数 $M_{m1} = c_{m1}/a_1 < 1$ 则是一个数值较大的亚声速马赫数。此区内马赫数的典型数值是 $M_1 \approx 1.1$ 到 1.3 (Cumpsty N A 1989)。经线平面内的马赫数值则是 $M_{m1} = 0.65 \sim 0.75$。

在这样的进口气流马赫之下，流动的物理现象相当复杂，也正是当前研究的课题。下面我们就来指出设计跨声速压气机时可能遇到的问题。

图 14.16 画出了一个具有超声速进口气流的超声速叶栅。与亚声速叶型正相反，超声速叶型的前缘是尖的，因而激波不会从型面上分离而导致较大的流动损失。在型面的前缘处，是要产生斜激波的，而这种激波会在无限远处退化成马赫线。在叶型之间则存在着通道激波。在许多情况下，这种激波几乎是和气流方向垂直的，由此导致相当大的流动损失。与亚声速叶栅相反，超声速叶栅前方的进口气流状态，在进口气流的一个较大的马赫数范围内，是与叶栅下游的反压无关的。这种流动状态，称为*壅塞流动*。叶栅无限远前方的进口气流角 $\beta_1$ 和进口气流马赫数 $M_1$ 之间，存在着一个唯一的关系式。换言之，对于一个给定的进口气流马赫数 $M_1 > 1$ 而言，当反压很低时，存在着一个精确的进口气流角 $\beta_1$。在文献中，这个关系称为*唯一的倾角关系*(Cumpsty N A 1989)。

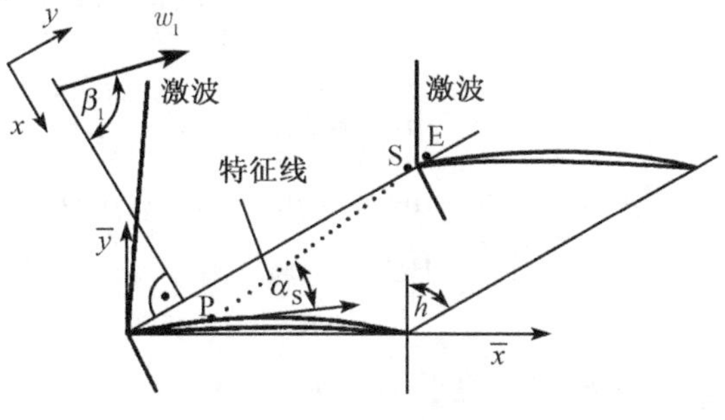


图 14.16 超声速叶栅

现在来推导计算倾角 $\beta_1$ 与 $M_1(>1)$ 的依从关系的方程式。假设经线平面中的马赫数是亚声速的，叶型是尖前缘的，进口气流是绝能等熵的。当然，这个关于等熵流的假设只是近似正确的。激波会导致熵梯度，但数值很小，因为激波强度很弱。

尖前缘处的斜激波正上游，有一条特征线在型面上从点 S 伸展到点 P(图 14.16)。此特征线上的马赫数和气流角 $\vartheta$ 都是常数，因此

$$M_{\mathrm{P}} = M_{\mathrm{S}} \qquad \vartheta_{\mathrm{P}} = \vartheta_{\mathrm{S}} \tag{14.23}$$

气流角 $\nu_{\mathrm{P}}$ 由运动学的流动条件确定

$$\nu_{\mathrm{P}} = \arctan\left(\frac{\mathrm{d}y_{\text{profile}}}{\mathrm{d}x_{\text{profile}}}\right)_{\mathrm{P}} \tag{14.24}$$

此外，下式成立

$$\vartheta_{\mathrm{S}} = \vartheta_{\mathrm{P}} = \lambda - \nu_{\mathrm{P}} \tag{14.25}$$

还有，以下几何关系成立

$$\tan\left(\alpha_{\mathrm{P}} + \nu_{\mathrm{P}}\right) = \frac{t \cdot \cos\lambda - \bar{y}_{\mathrm{P}}}{t \cdot \sin\lambda - \bar{x}_{\mathrm{P}}} \tag{14.26}$$

其中，$\alpha_{\mathrm{P}}$ 是点 P 处的马赫角。因此

$$\sin\alpha_{\mathrm{P}} = \sin\alpha_{\mathrm{S}} = \frac{1}{M_{\mathrm{S}}} \tag{14.27}$$

因为叶栅和叶型的几何形状 $\bar{y} = f(\bar{x})$ 是给定的，所以，对于一个给定的马赫数 $M_{\mathrm{S}}$ 来说，点 P 的坐标是可以用以上诸关系式计算出来的。而在一个给定的进口气流马赫数之下，进口气流角 $\beta_1$ 的计算则按以下步骤完成：首先估算一个马赫数 $M_{\mathrm{S}}$，随即按式 (14.26) 算出点 P 的坐标。再从点 S 开始，按下述思路算出进口气流角 $\beta_1$ 及相应的进口气流马赫数 $M_1$。如果所算出的进口气流马赫数与这个给定的马赫数不一样，那么，预估值 $M_{\mathrm{S}}$ 就必须修改。

在给定的马赫数 $M_{\mathrm{S}}$ 之下，进口气流角 $\beta_1$ 和进口气流马赫数 $M_1$ 的计算是用质量守恒关系式的

$$\begin{gathered}\dot{m}_{\mathrm{PS}} = \dot{m}_1 \\ \rho_{\mathrm{S}} \cdot w_{\mathrm{S}} \cdot \overline{PS} \cdot \sin\alpha_{\mathrm{S}} = \rho_1 \cdot w_1 \cdot t \cdot \cos\vartheta_1 \\ \cos\vartheta_1 = \frac{\overline{PS} \cdot \sin\alpha_{\mathrm{S}}}{t} \cdot \frac{\rho_1 \cdot w_1}{\rho_{\mathrm{S}} \cdot w_{\mathrm{S}}}\end{gathered} \tag{14.28}$$

因为已经假设了流动是等熵的，关于 $(\rho_1 \cdot w_1)/(\rho_{\mathrm{S}} \cdot w_{\mathrm{S}})$ 的以下气体动力学关系式成立 (见 4.3 节)

$$\frac{\rho_1 \cdot w_1}{\rho_{\mathrm{S}} \cdot w_{\mathrm{S}}} = \frac{M_1}{M_{\mathrm{S}}} \cdot \left[\frac{1 + \frac{k-1}{k+1} \cdot \left(M_{\mathrm{S}}^2 - 1\right)}{1 + \frac{k-1}{k+1} \cdot \left(M_1^2 - 1\right)}\right]^{\frac{k+1}{2 \cdot (k-1)}}$$

关于这两个未知数 $\beta_1$ 及 $M_1$ 之间的另一个关系式是从特征线关系得到的，即

$$\beta_1 = \vartheta_S + \theta(M_S) - \theta(M_1) \tag{14.29}$$

其中

$$\theta(M) = \sqrt{\frac{k+1}{k-1}} \cdot \arctan\left(\sqrt{\frac{k-1}{k+1} \cdot (M^2-1)}\right) - \arctan\left(\sqrt{M^2-1}\right)$$

图 14.17 画出了进口气流角 $\beta_1$ 与进口气流马赫数 $M_1$ 的相互关系的计算结果。此外，图中还画出了此型面上的特征线 $\overline{PS}$ 的位置随着相应的马赫数 $M_S = M_P$ 的变化情况。图中的叶型是 DCA 叶型 (双圆弧叶型)，因为这种叶型的上下型线都是圆弧弧段。其相对厚度为 $d/l$=0.02，并略有弯度 ($\phi = 15^\circ$)。叶栅通道中的壅塞流动状态，大大限制了跨声速压气机工作级的工作范围，从而限制了整台压气机的工作范围。图 14.18 示意地画出了一个跨声速级在不同转速之下的特性曲线。当 $M_1 = w_1/a_1 > 1$ 的进口气流的反压降低到一定的数值以后，其质量流量 $\dot{m}$ 就不会随着反压的进一步降低而增大了。因此，这一部分特性曲线是垂直线。

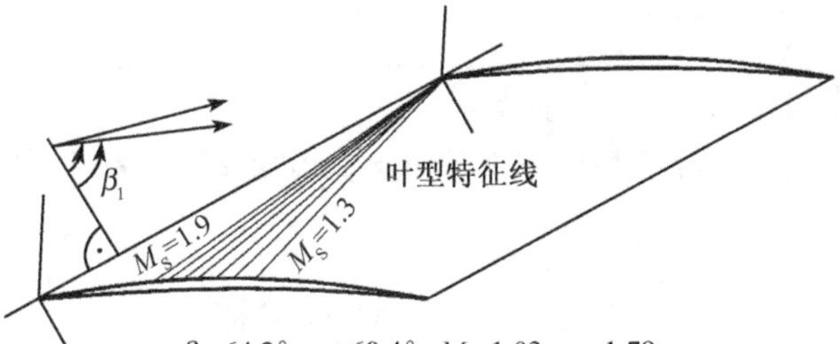


图 14.17　由 DCA 叶片构成的压气机叶栅的进口气流角随进口气流马赫数 $M_1$ 的变化情况

如果反压足够大，通道激波就会向上游移动，而流场则脱离了壅塞流的范围。于是，进口气流角就增大了。反压增大时，质量流量就会减小，进口气流角就会增大，直到进口气流角大到使叶型吸力面上的边界层分离，从而这一级压气机失速为止 (Cumpsty N A　1989)。

壅塞流动状态线和失速极限线之间的角度变化只有几度，数值相当小，但随进口气流马赫数的增大而增大。例如，进口气流马赫数 $M_1$=1.25 时，角度的变化大约是 $\Delta\beta \approx 5^\circ$ (一般地说，此值与型面的几何形状有关)。在设计跨声速级时，需要一些特殊的计算方法，将这个很小的角度变化考虑进去。一般地说，现有的这些计算方法在计算跨声速级时还不够完善，所以仍然需要进行实验测试。

到目前为止，一直是假设了这个叶栅模型是整个转子叶片的代表性模型。但是，对于实际跨声速级的研究表明，这个假设是不完善的 (Cumpsty N A　1989)。

跨声速级中的流场是 3 维效应占支配地位的。例如，靠近机匣处的流动可能处于壅塞状态，因而可能阻塞了叶片上部区域中的流动，使得有一部分质量流量从直径较小的叶片区域中流过去。所以，靠近轮毂的叶片部分的进口气流角要小一些，其流动损失必然会大一些。

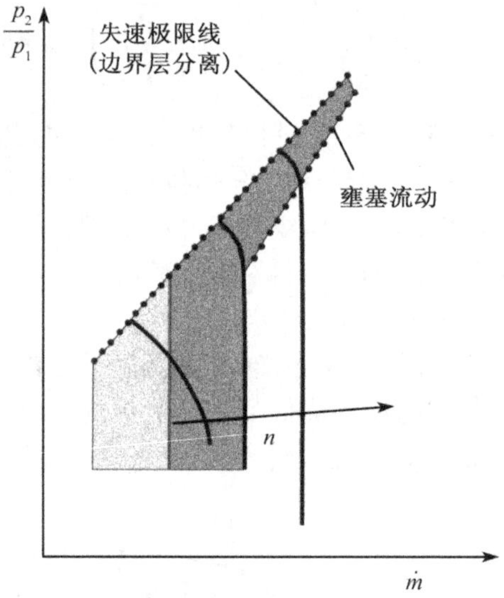


图 14.18 跨声速压气机特性曲线与转速的依从关系示意图

# 14.3 离心式压气机

## 14.3.1 离心式压气机中流动的物理现象

图 14.19 画出了一台混合流动式涡轮机械的经线平面，此图与轴流式涡轮机的主要差别在于气流要经受半径的变化，即从位置 1(转子的进口) 处的半径变到位置 2 处的半径 (转子的出口)。从欧拉涡轮机方程得 (Li W H et al. 1964)

$$\Delta h_0 = u_2 \cdot c_{\theta 2} - u_1 \cdot c_{\theta 1} \tag{14.30}$$

由此看出，因为 $u_2 > u_1$，总焓增大得相当多，因而与一级轴流式压气机相比，离心式压气机能实现更高的压缩比。所以，混流式或径流式压气机的轴向长度没有轴流式压气机那么长。但是，其径向尺寸比较大，这就大大限制了径流式及混流式机械的应用，尤其是在飞机发动机上的应用。

首先用图 14.20 来讲解一个混流式或径流式级的速度三角形。径流式级是混流式级的一种特殊情况。在径流式级中，气流是完全折转到了半径方向。

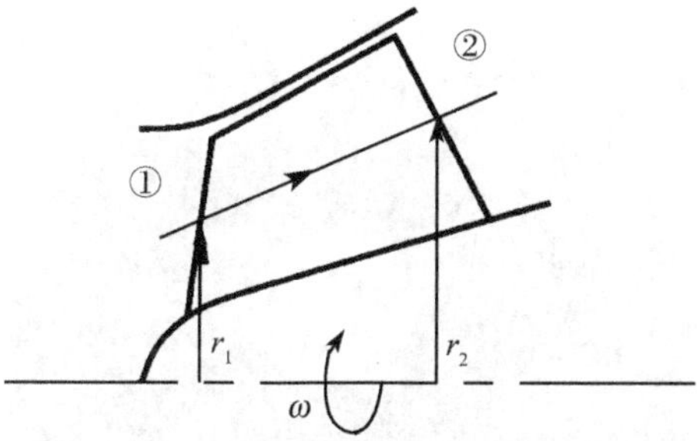


图 14.19 用于混合流动的转子 (经线平面)

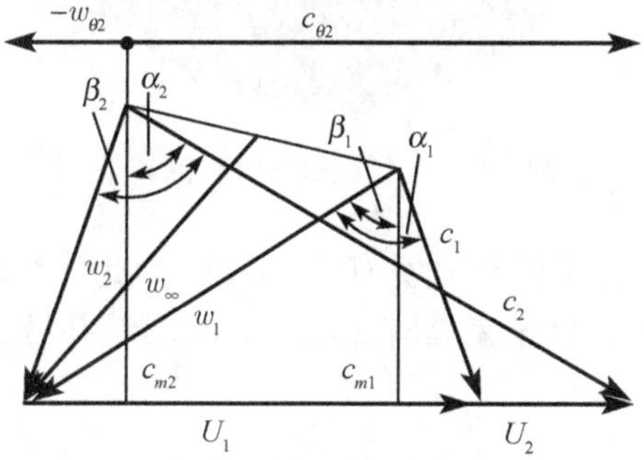


图 14.20 混流式或径流式压气机级的速度三角形

由图 14.20 中的速度三角形可得以下的一般关系式

$$c_\theta = U + w_\theta \tag{14.31}$$

注意，圆周分速 $c_\theta$ 和 $w_\theta$ 是有符号的。如果这两个速度指向圆周方向，取正号；反之，取负号。将式 (14.31) 代入式 (14.30)，得

$$\Delta h_0 = \underbrace{U_2^2 - U_1^2}_{\text{科里奥利力项}} + \underbrace{U_2 \cdot w_{\theta 2} - U_1 \cdot w_{\theta 1}}_{\text{空气动力项}} \tag{14.32}$$

这个总焓增量 $\Delta h_0$ 由两部分组成，$\left(U_2^2 - U_1^2\right)$ 对应于科里奥利力引起的项，这将在下面作比较详细的讨论。一般地说，这一项比空气动力引起的项大。前面提过，$w_\theta$ 是有符号的，因此根据图 14.20 中的速度三角形得知，$w_{\theta 2}$ 应是负值，应该和一个负项相对应。因此，转子中的相对气流一般地是按这种方式折转，即分量 $w_\theta$ 变得很小甚至是零。所以，转子的叶片几乎完全指向半径方向，图 14.21 就是这样一个转子。速度分量 $w_\theta$ 很小，使人们有理由来关注特性曲线；关于这方面的更多的知识可以在有关的文献中查到。

图 14.21　径流式压气机的转子

现在回过头来讨论科里奥利力项 $(U_2^2 - U_1^2)$。为此，考察转子中的一个流体微团 (图 14.22)。因为这个流体微团具有速度 $\dot{r} = \mathrm{d}r/\mathrm{d}t$，并沿圆周速度增大的方向运动，有科里奥利力

$$\mathrm{d}F_\mathrm{c} = 2 \cdot \frac{\mathrm{d}r}{\mathrm{d}t} \cdot \omega \cdot \mathrm{d}m \tag{14.33}$$

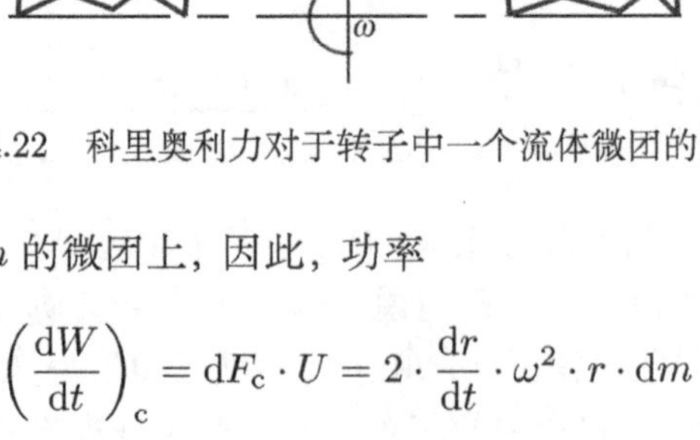


图 14.22　科里奥利力对于转子中一个流体微团的影响

作用在这个质量为 $\mathrm{d}m$ 的微团上，因此，功率

$$\left(\frac{\mathrm{d}W}{\mathrm{d}t}\right)_\mathrm{c} = \mathrm{d}F_\mathrm{c} \cdot U = 2 \cdot \frac{\mathrm{d}r}{\mathrm{d}t} \cdot \omega^2 \cdot r \cdot \mathrm{d}m \tag{14.34}$$

就供给了这个流体微团。式中，$W$ 表示所供给的功。简单地整理式 (14.34)，然后再作积分，得

$$\mathrm{d}\left(\frac{W}{m}\right)_\mathrm{c} = 2 \cdot \omega^2 \cdot r \cdot \mathrm{d}r$$

$$\int_{0}^{\frac{w}{m}} \mathrm{d}\left(\frac{W}{m}\right)_{\mathrm{c}} = \int_{r_1}^{r_2} 2 \cdot \omega^2 \cdot r \cdot \mathrm{d}r$$
$$\left(\frac{W}{m}\right)_{\mathrm{c}} = U_2^2 - U_1^2 \tag{14.35}$$

从数学上看，$(U_2^2 - U_1^2)$ 是通过科里奥利力对流场的影响而提供给这块流体质量的功。

现在引用如下的相对坐标系中的总焓 $\Delta h_{0,\mathrm{rel}}$

$$\Delta h_{0,\mathrm{rel}} = h + \frac{w^2}{2} \tag{14.36}$$

该物理量在一个轴流式机械的共轴截面内沿流动方向是常数。在一台径流式压气机的转子中，周向速度是在增大的，需要寻找一个沿流动方向为常数的量。

在转子内部的任意位置 $x$ 处 (图 14.23)，绝对速度与相对速度的诸分量之间的关系为

$$c_m = w_m, \qquad c_r = w_r, \qquad c_\theta = U + w_\theta \tag{14.37}$$

其中，$c_r$ 和 $w_r$ 是对应的径向分速。总焓可写为

$$h_0 = h + \frac{c^2}{2} = h + \frac{c_m^2}{2} + \frac{c_r^2}{2} + \frac{c_\theta^2}{2} \tag{14.38}$$

将式 (14.37) 代入式 (14.38)，得

$$h_0 = h + \frac{w_m^2}{2} + \frac{w_r^2}{2} + \frac{w_\theta^2}{2} + \frac{U^2}{2} + U \cdot w_\theta$$
$$h_0 = h_{0,\mathrm{rel}} + \frac{U^2}{2} + U \cdot w_\theta \tag{14.39}$$

因此，在位置 1 处，可得下式

$$h_{0,1} = h_{0,1,\mathrm{rel}} + \frac{U_1^2}{2} + U_1 \cdot w_{\theta 1} \tag{14.40}$$

因此，由式 (14.39) 减去式 (14.40)，得下列关系式

$$h_0 - h_{0,1} = h_{0,\mathrm{rel}} - h_{0,1,\mathrm{rel}} + \left(\frac{U^2}{2} - \frac{U_1^2}{2}\right) + (U \cdot w_\theta - U_1 \cdot w_{\theta 1}) \tag{14.41}$$

再由式 (14.41) 减去欧拉涡轮机方程 (14.32)，最后得下列方程式

$$h_{0,\mathrm{rel}} - \frac{U^2}{2} = h_{0,1,\mathrm{rel}} + \frac{U_1^2}{2} = \text{常数} \tag{14.42}$$

因此，在径流式转子中，物理量 $h_{0,\mathrm{rel}}-U^2/2$ 沿流动方向是常数。这个物理量

$$R=h_{0,\mathrm{rel}}-U^2/2 \tag{14.43}$$

称为转子焓(Cumpsty N A　1989)。

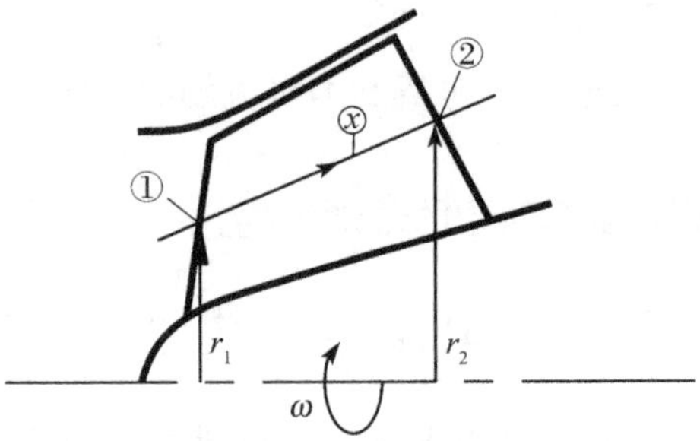


图 14.23　位置 $x$

### 14.3.2　流量系数，压强系数，以及效率

效率 $\eta_{TT}$ 与以下诸量有关系

$$\eta_{TT}=f\left(\underbrace{c_{m2},w_\infty,U_2,}_{\text{速度三角形}}\quad\underbrace{r_1,r_2,A_1,A_2,}_{\text{几何参数}}\quad\underbrace{\Delta h_0,\Delta p_{0R},}_{\text{热力学属性}}\quad\underbrace{\rho,\mu}_{\text{物质属性}}\right) \tag{14.44}$$

其中 $A_1$ 和 $A_2$ 是图 14.24 所示表面面积。物理量 $w_\infty$ 是以下向量的模

$$\boldsymbol{w}_\infty=\frac{1}{2}\cdot(\boldsymbol{w}_1+\boldsymbol{w}_2)$$

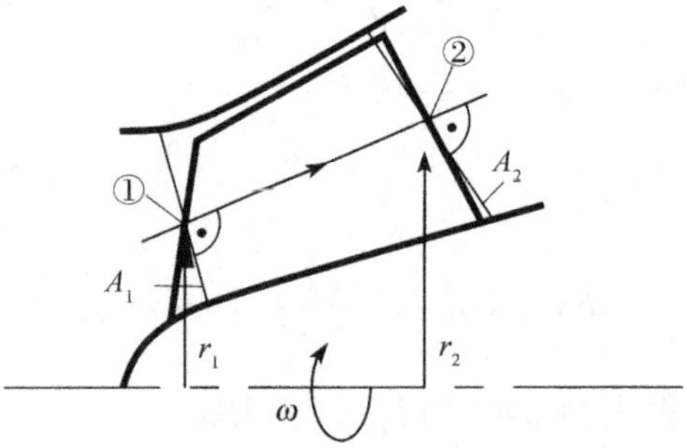


图 14.24　环形表面面积 $A_1$ 和 $A_2$

应用 $\Pi$ 定理时，可选取密度 $\rho$，平均半径 $r_2$ 处的圆周速度 $U_2$、以及半径 $r_2$ 作为基本量。现在应用 $\Pi$ 定理，可得以下简化的函数关系

$$\eta_{TT}=\bar{f}\left(\Phi,\Psi,\frac{r_2}{r_1},\frac{A_2}{A_1},\zeta_\infty,Re\right) \tag{14.45}$$

其中

$$\Phi=\frac{c_{m2}}{U_2},\quad \Psi=\frac{\Delta h_0}{U_2^2},\quad \zeta_\infty=\frac{\Delta p_{0R}}{\frac{1}{2}\cdot\rho\cdot w_\infty^2},\quad Re=\frac{2\cdot r_2\cdot U_2}{\mu/\rho}$$

此处的 $\Phi$ 和 $\Psi$ 分别是这个径流式级的流量系数和压强系数。流体力学的品质 (一般情况下与雷诺数 $Re$ 有关) 则由相对流动的总压损失系数 $\zeta_\infty$ 来描写。

函数关系 $\bar{f}$ 由以下的思路得到。现在限于讨论不可压流，并定义一个参量

$$\eta_{TT}=\frac{\text{实际增压量}}{\text{无黏流中的增压量}}$$

由此得

$$\begin{aligned}\eta_{TT}&=\frac{\Delta p_0-\Delta p_{0R}}{\Delta p_0}=1-\frac{\Delta p_{0R}}{\Delta p_0}\\&=1-\frac{1}{2}\cdot\frac{\Delta p_{0R}}{\frac{1}{2}\cdot\rho\cdot w_\infty^2}\cdot\frac{U_2^2}{\frac{\Delta p_0}{\rho}}\cdot\left(\frac{w_\infty}{U_2}\right)^2=1-\frac{1}{2}\cdot\frac{\zeta_\infty}{\Psi}\cdot\left(\frac{w_\infty}{U_2}\right)^2\end{aligned}\tag{14.46}$$

其中的 $w_\infty$ 可写为 (图 14.20)

$$w_\infty^2=\left(\frac{c_{m1}+c_{m2}}{2}\right)^2+\left(\frac{w_{\theta1}+w_{\theta2}}{2}\right)^2\tag{14.47}$$

利用连续方程 $c_{m1}\cdot A_1=c_{m2}\cdot A_2$ 以及流场中没有角动量 ($c_{\theta1}=0$) 的假设，可以应用式 (14.47) 得到以下的方程式

$$\left(\frac{w_\infty}{u_2}\right)^2=\frac{1}{4}\cdot\left[\Phi^2\cdot\left(1+\frac{A_2}{A_1}\right)^2+\left(\frac{r_1}{r_2}+1-\Psi\right)^2\right]$$

再与式 (14.46) 联立，最后可得到 $\eta_{TT}$ 的一个更精确的表达式，即

$$\begin{aligned}\eta_{TT}&=1-\frac{\zeta_\infty}{8\Psi}\cdot\left[\Phi^2\cdot\left(1+\frac{A_2}{A_1}\right)^2+\left(\frac{r_1}{r_2}+1-\Psi\right)^2\right]\\\eta_{TT}&=1-\zeta_\infty\cdot f\left(\Phi,\Psi,\frac{A_2}{A_1},\frac{r_1}{r_2}\right)\end{aligned}\tag{14.48}$$

其中

$$f=\frac{1}{8\Psi}\cdot\left[\Phi^2\cdot\left(1+\frac{A_2}{A_1}\right)^2+\left(\frac{r_1}{r_2}+1-\Psi\right)^2\right]$$

图 14.25 画出了不同参数之下的总压损失系数 $\zeta_\infty$ 的加权函数。由图 14.25 可以看出以下几点：如果半径比 $r_2/r_1$ 增大，在假设 $\zeta_\infty=$ 常数的条件下，$f$ 的数值减

小，$\eta_{TT}$ 的数值增大。如果表面积之比 $A_2/A_1$ 减小，则 $f$ 值也减小，并导致 $\eta_{TT}$ 增大。做功系数 $\Psi$ 增大，必使 $f$ 值减小，从而导致效率改善。

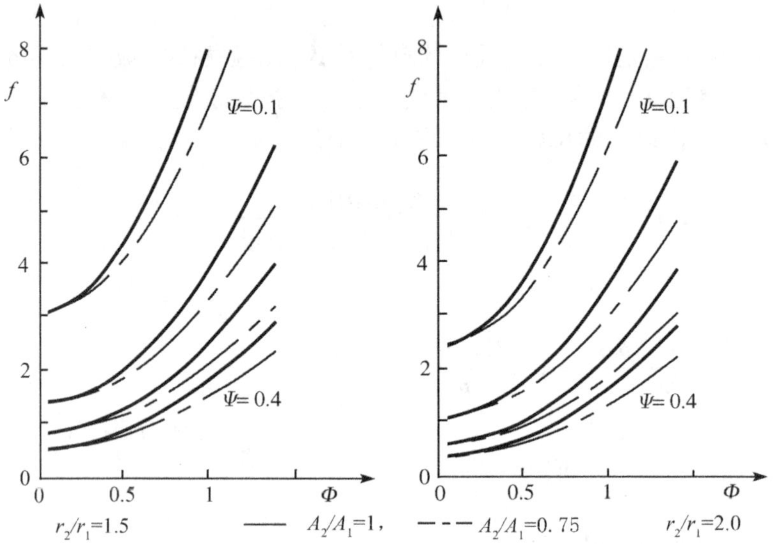


图 14.25　诸参数对加权函数 $f$ 的影响

### 14.3.3　滑移系数

转子中的相对气流并不完全紧贴叶片的型面流动，因而转子的几何出口角 $\beta_{2,\mathrm{geom}}$ 与气流角 $\beta_2$ 之间存在着差别 (图 14.26)。因为这股气流并不完全紧贴叶片的型面，加给单位质量流体的功就少了一些，这是由于负偏差使分速 $c_{\theta 2}$ 减小了 $\Delta c_{\theta 2}$(Carrington G 1994)。这个负偏差的一个来源是相对运动通道中的涡。此涡的旋转方向与转子是相反的。

为了计算出口气流角 $\beta_2$，现在引入一个滑移系数 $\sigma$，定义如下 (Busemann A 1928, Wiesmer F J　1967)

$$\sigma = \frac{c_{\theta 2}}{c'_{\theta 2}} \tag{14.49}$$

在参考文献中，滑移系数的计算通常是要予以考虑的。最著名的文章之一是 Busemann 的著作，他早在 1928 年就提出了计算滑移系数的理论。

遗憾的是，甚至在目前，计算滑移系数还有很大的困难，或者说算不太准。即使用了当今的 CFD 方法，也不一定能解决这个问题 (Ferziger J H et al. 2002, Oertel H Jr et al. 2002, Tannekill J C et al. 1997)。关于滑移系数的计算，应该注意以下几点：叶片数目愈多，滑移系数 $\sigma$ 愈小。滑移系数 $\sigma$ 是不能用位流理论计算的，因为像边界层分离这样的摩擦效应对于 $\sigma$ 的影响是不能略去不计的。

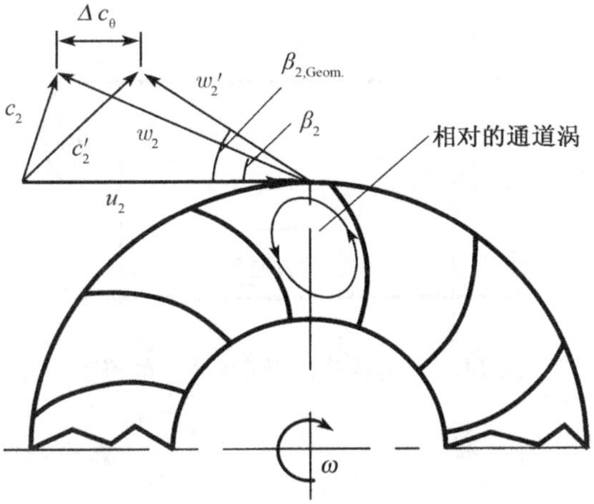


图 14.26 转子出口处的几何角度与气流角之间的差别

## 14.4 燃 烧 室

在燃烧室中，能量是通过燃料的燃烧加给流体的。这个部件中的流动，很难计算或建模，因为气流中带有化学反应 (11.3 节)，这是一种由固体、液体、气体所组成的多相流 (10.2 节)，有相变的热力学对于能量供给起着主导作用，传热也必须予以考虑，热辐射也在起作用。

由于此范围广泛且复杂的物理现象，燃烧室的设计仍主要靠试验的方法来进行，其中需要大量的经验。但是，简单计算可以给出很多流动性态的信息，这在下面将可以看到。

### 14.4.1 有传热效应的流动

现在考察截面积为 A 的管道 (图 14.27)。假设截面 1 处的流动参量都是已知的。任务是求出截面 2 处的流动参量与加热量 $q$(J/kg) 的函数关系。连续方程、动量方程以及能量方程都是适用的 (Carrington G 1994)

$$\rho_1 \cdot c_1 = \rho_2 \cdot c_2 \tag{14.50}$$

$$p_1 + \rho_1 \cdot c_1^2 = p_2 + \rho_2 \cdot c_2^2 \tag{14.51}$$

$$h_1 + \frac{c_1^2}{2} + q = h_2 + \frac{c_2^2}{2} \tag{14.52}$$

假设气体是完全气体，其比定压热容 $c_p$ 及等熵指数 $k$ 都假设为常数。如果采用更精确的方法，这两个量都与流动参量有关，方程 (14.50)、方程 (14.51) 以及方程 (14.52) 就必须用数值方法求解了。

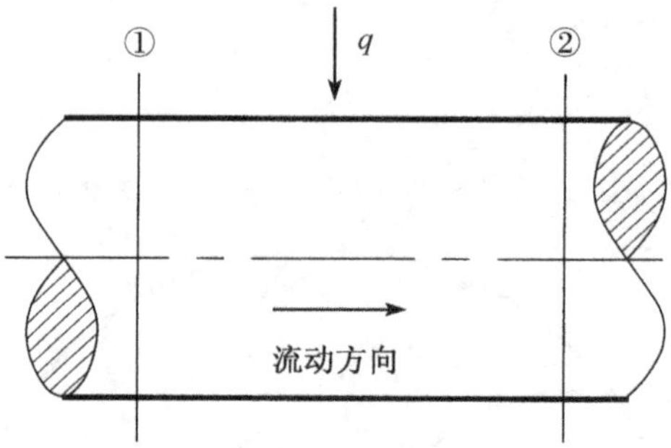


图 14.27　有传热作用的管道中的流动

应用能量方程 (14.52)，总温 $T_{02}$ 可写为

$$T_{02} = T_{01} + \frac{q}{c_p} \tag{14.53}$$

式 (14.51) 中的量 $\rho_1 \cdot c_1^2$ 及 $\rho_2 \cdot c_2^2$ 可以用马赫数表达如下

$$\rho \cdot c^2 = \rho \cdot a^2 \cdot M^2 = \rho \cdot \frac{k \cdot p}{\rho} \cdot M^2 = k \cdot p \cdot M^2$$

因此，根据式 (14.51) 可得以下关于 $p_2/p_1$ 的表达式

$$\begin{aligned} p_2 - p_1 = \rho_1 \cdot c_1^2 - \rho_2 \cdot c_2^2 = k \cdot p_1 \cdot M_1^2 - k \cdot p_2 \cdot M_2^2 \\ \frac{p_2}{p_1} = \frac{1 + k \cdot M_1^2}{1 + k \cdot M_2^2} \end{aligned} \tag{14.54}$$

此外，再假设 $R =$ 常数的气体状态方程 $p = \rho \cdot R \cdot T$ 是正确的，即可得出温度比为

$$\frac{T_2}{T_1} = \frac{p_2 \cdot \rho_1}{p_1 \cdot \rho_2} = \frac{p_2 \cdot c_2}{p_1 \cdot c_1} = \frac{p_2 \cdot a_2 \cdot M_2}{p_1 \cdot a_1 \cdot M_1} = \frac{p_2 \cdot M_2}{p_1 \cdot M_1} \cdot \sqrt{\frac{T_2}{T_1}}$$

$$\sqrt{\frac{T_2}{T_1}} = \frac{p_2 \cdot M_2}{p_1 \cdot M_1}$$

利用式 (14.54)，得到 $T_2/T_1$ 的表达式为

$$\frac{T_2}{T_1} = \left(\frac{1 + k \cdot M_1^2}{1 + k \cdot M_2^2}\right)^2 \cdot \left(\frac{M_2}{M_1}\right)^2 \tag{14.55}$$

密度比则由气体的状态方程得出

$$\frac{\rho_2}{\rho_1} = \left(\frac{1 + k \cdot M_2^2}{1 + k \cdot M_1^2}\right)^2 \cdot \left(\frac{M_1}{M_2}\right)^2 \tag{14.56}$$

最后，推导一下总压比与总温比的方程。静参数与总参数之间的下列关系式是成立的 (4.3 节)

$$\frac{p_0}{p} = \left(1 + \frac{k-1}{2} \cdot M^2\right)^{\frac{k}{k-1}}, \qquad \frac{T_0}{T} = 1 + \frac{k-1}{2} \cdot M^2 \tag{14.57}$$

利用式 (14.57) 以及式 (14.54) 和式 (14.55)，可得总参数的比值为

$$\frac{p_{02}}{p_{01}} = \frac{1 + k \cdot M_1^2}{1 + k \cdot M_2^2} \cdot \left(\frac{1 + \dfrac{k-1}{2} \cdot M_2^2}{1 + \dfrac{k-1}{2} \cdot M_1^2}\right)^{\frac{k}{k-1}} \tag{14.58}$$

$$\frac{T_{02}}{T_{01}} = \left(\frac{1 + k \cdot M_1^2}{1 + k \cdot M_2^2}\right)^2 \cdot \left(\frac{M_2}{M_1}\right)^2 \cdot \left(\frac{1 + \dfrac{k-1}{2} \cdot M_2^2}{1 + \dfrac{k-1}{2} \cdot M_1^2}\right) \tag{14.59}$$

如果假设截面 1 处的马赫数是小于 1 的 (亚声速流)，通过上述诸方程的计算可得：$M_2 > M_1$，$c_2 > c_1$，$p_2 < p_1$，$p_{02} < p_{01}$。

因此，加给燃烧室的热，并不像本段开始时为了简单起见而假设的等压方式。通过一个简单的示范计算，可以看出，总压和静压是在大大减小的 (例如，减小 10%~30%)。当 $c_p \neq$ 常数以及 $R \neq$ 常数时，式 (14.50)、式 (14.51) 及式 (14.52) 甚至可以数值求解，从而构成燃烧室设计的基础。

### 14.4.2 燃烧室的几何形状

图 14.28 显示了燃烧室结构的两种可能的形状 (Hill P et al. 1992)。图 14.28 的左图是一个环形燃烧室。燃料被输送到此燃烧室的中部，在那里和来自压气机的气流混合后，绝大部分都燃烧殆尽了。设计优秀的燃烧室，其烧尽率可达 92%~97%。中心轴线上的温度最高，而温度是向着燃烧室壁面逐渐减小的，这是因为受到来自压气机的气流冷却的缘故。

图 14.28 的右图是一种应用得很广泛的燃烧室。它由若干个内嵌的火焰筒组成。这些单个的火焰筒嵌入件可以产生一种角动量来使火焰稳定。此外，这个角动量还可以增大湍流的强度，使得燃尽率提高。沿着圆周方向，这些单个的火焰筒是通过联焰管而连接在一起的，这样，能量在圆周方向的分布就会均匀一些。

燃烧室内的湍流度分布也很重要。沿中心轴线，要求有较高的湍流强度，这样，燃料才能和空气很好地混合。反之，靠近壁面处，要求湍流的强度要低一些，以减小对壁面材料的传热。这样能提高燃烧室的耐久性。

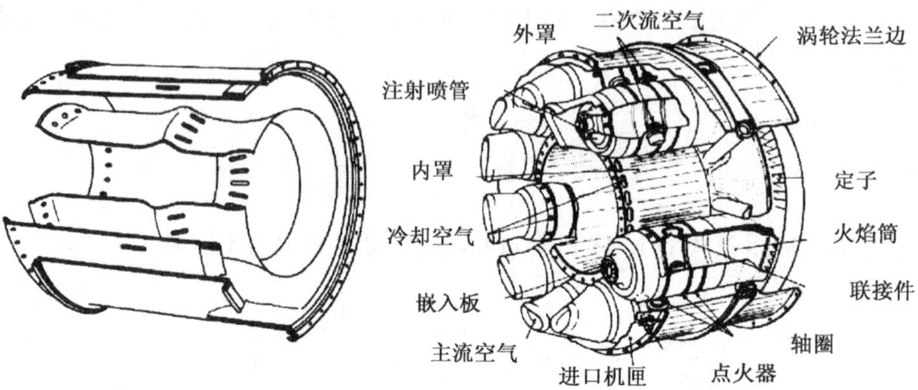


图 14.28　燃烧室的几何形状

# 14.5　涡　轮　机

## 14.5.1　基本原理

在涡轮机中，燃气发生膨胀，从流体中汲取功，并以机械功的形式加在轴上。与压气机一样，涡轮机的基本结构是由定子–转子组成的；所不同的是，涡轮机中的旋转叶轮沿流动方向来说是排列在定子后面的。一般地说，涡轮机的级数比压气机少得多，因为在同样的压强比之下，使气体膨胀要比使气体受到压缩容易得多。涡轮和压气机的另一个差别是关于达到声速的问题。正如早些章节解释过的那样，压气机第一级的转子，有一部分或全部绕流都是超声速流。而在涡轮机中，这样的流动状态以及有关的问题只是偶尔发生在末级，因为这里的静温比第一级低，因而声速也低。

图 14.29 画出了一台涡轮机的全套经线平面视图 (Hill P et al.　1992)。仍限于讨论平均共轴截面中的流动，并认为该截面中的流动就代表了整个级或整台涡轮机中的流动。这个共轴截面的展开视图画在图 14.30 中，其中也同时画出了各处的速度三角形。

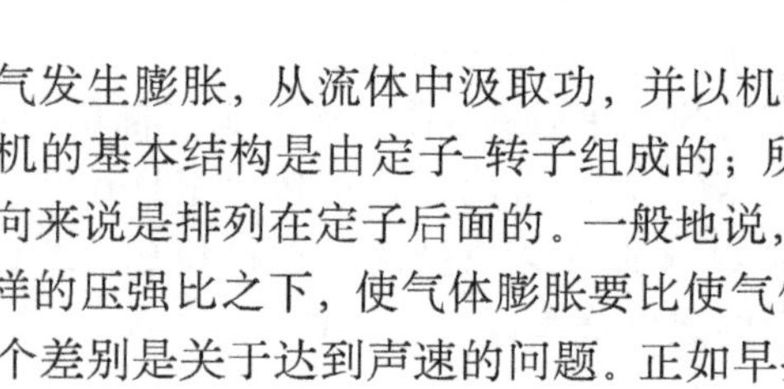


图 14.29　一台两级涡轮的经线截面

在定子中，绝对坐标系中的气流角从 $\alpha_1$ 折转到 $\alpha_2$，并加速。沿流向，处于导向器下游的转子，由于有圆周速度 $U$，其进口气流的相对速度为 $w_2$。在转子内，相对坐标系中的气流角从 $\beta_2$ 折转到 $\beta_3$，同时受到加速。因为在定子中是绝对流动受到加速，而在转子中则是相对流动得以加速，所以气流的静压强是在减小的。

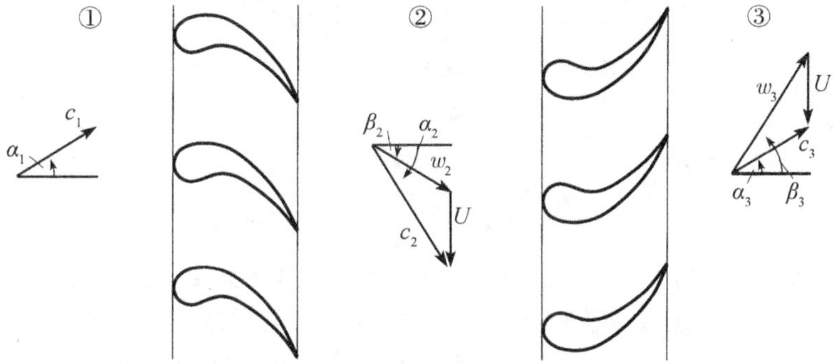


图 14.30 共轴截面的展开式视图

### 14.5.2 效率，流量系数，功系数，以及反力度

效率 $\eta_{TT}$(图 14.31) 定义如下

$$\eta_{TT} = \frac{h_{01} - h_{03}}{h_{01} - h_{03s}} \tag{14.60}$$

这个 $\eta_{TT}$ 与以下诸参数有关

$$\eta_{TT} = f\big(\underbrace{\Delta h_0, h_1, h_2, h_3,}_{\text{热力学参数}} \quad \underbrace{\omega, r_m,}_{\text{圆周速度}} \quad \underbrace{c_m, w_3, c_2,}_{\text{速度三角形}} \quad \underbrace{a_2, a_3, \mu, \rho,}_{\text{物质属性}} \quad \underbrace{\Delta p_{0R}, \Delta p_{0S}}_{\text{总压损失}}\big) \tag{14.61}$$

应用 $\Pi$ 定理，选用 $\omega, r_m$，以及 $\rho$ 作为基本量。按照讨论压气机效率的同样思路，可以得到涡轮效率 $\eta_{TT}$ 的表达式为

$$\eta_{TT} = \bar{f}\,(\varPhi, \varPsi, R, \zeta_R, \zeta_S, Re, M_2, M_3) \tag{14.62}$$

其中

$$\varPhi = \frac{c_m}{U}, \quad \varPsi = \frac{\Delta h_0}{U^2}, \quad R = \frac{h_2 - h_3}{h_1 - h_3}, \quad \zeta_R = \frac{\Delta p_{0R}}{\rho \cdot \dfrac{w_3^2}{2}}$$

$$\zeta_S = \frac{\Delta p_{0S}}{\rho \cdot \dfrac{c_2^2}{2}}, \quad M_2 = \frac{c_2}{a_2}, \quad M_3 = \frac{w_3}{a_3}, \quad Re = \frac{\rho \cdot r_m^2 \cdot \omega}{\mu}$$

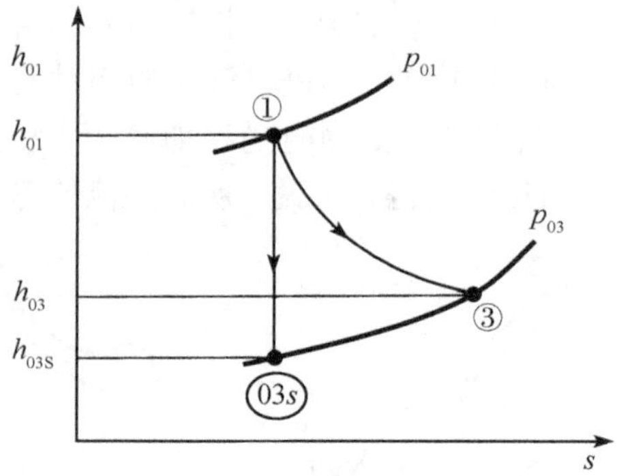


图 14.31　涡轮级的 $h$-$s$ 图

此处的 $\Phi$ 及 $\Psi$ 分别为流量系数及功系数；$R$ 是反力度；$\zeta_R$ 和 $\zeta_S$ 是量纲 1 的压强损失系数，这二者与马赫数 $M_2$、马赫数 $M_3$ 以及雷诺数 $Re$ 有关 (请与压气机效率对比)。而压强损失系数又是与速度三角形有关的，所以，式 (14.62) 简化为下列公式

$$\eta_{TT} = \bar{f}\,(\Phi, \Psi, R) \tag{14.63}$$

这里的 $\Phi, \Psi, R$ 构成了一个涡轮级的三个自由的设计参数。

### 14.5.3　冲击式与反力式涡轮级

本节中考虑涡轮级的两个特殊情况。首先从特殊情况 $R$=0.5 开始。如果 $R$=0.5，则有

$$h_1 - h_2 = h_2 - h_3 \tag{14.64}$$

因此，定子和转子中的焓降是一样的。而且，因为流过定子时总焓 $h_0$ 不变，与此等价的是，相对坐标系中的总焓 $h_{0,\mathrm{rel}}$ 在气流流过转子时不变，同样可以得到

$$h_1 - h_2 = \frac{1}{2}\cdot\left(c_2^2 - c_1^2\right), \qquad h_2 - h_3 = \frac{1}{2}\cdot\left(w_3^2 - w_2^2\right) \tag{14.65}$$

与式 (14.64) 联立，得

$$c_2^2 - c_1^2 = w_3^2 - w_2^2 \tag{14.66}$$

假设经线平面中的速度分量 $c_m$ 为常数。按 $c_m$= 常数以及式 (14.66) 得

$$c_{\theta 2}^2 - c_{\theta 1}^2 = w_{\theta 3}^2 - w_{\theta 2}^2 \tag{14.67}$$

速度三角形中的关系 (图 14.32) 可由下式看出

$$c_{\theta 2} + c_{\theta 1} = w_{\theta 3} + w_{\theta 2} \tag{14.68}$$

因此，式 (14.67) 简化为下式

$$c_{\theta 2} - c_{\theta 1} = w_{\theta 3} - w_{\theta 2} \tag{14.69}$$

由式 (14.68) 及式 (14.69)，得

$$c_{\theta 1} = w_{\theta 2}, \qquad c_{\theta 2} = w_{\theta 3} \tag{14.70}$$

因此，定子前后的速度三角形是对称的；就是说，定子的流速及气流角是和转子相同的。这两个叶轮所折转的绝对气流角和相对气流角是相同的。所以，在 $R$=0.5 的情况下，定子和转子上的叶片安装情况是一样的。

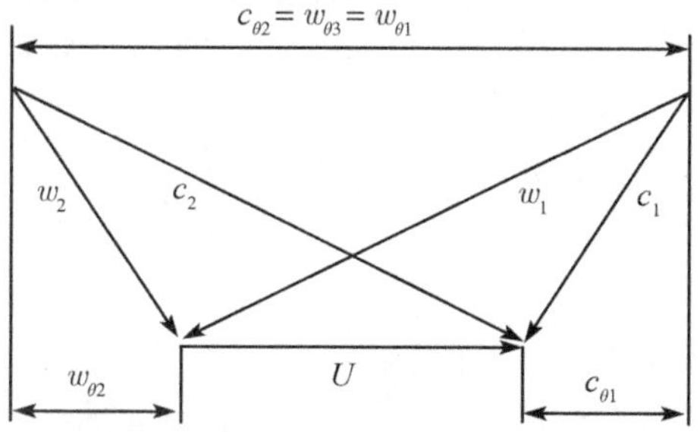


图 14.32 $R = 0.5$ 的涡轮级的速度三角形

正如在工艺方面有种种优点一样 (转子和定子相同)，$R$=0.5 的涡轮的气动效率很高。但是，因为沿着转子有压降，在转子和机匣之间有气流漏泄，这又导致进一步的损失。一个 $R$=0.5 的涡轮级，沿圆周方向必须完全封严。为了控制起见，蒸汽涡轮机的有些级，偶尔沿圆周方向采用部分封严。但是，这种控制方式，可能只适用于转子前后没有压降的涡轮级。这样的涡轮级是设计成反力度 $R$=0 的，下面就简介一下。

在 $R = 0$ 的冲击式涡轮级中，静焓降只是发生在定子中。绝对流动在定子中折转和加速都很强烈 (图 14.33)，导致静态的流动参量都下降。而在随后的转子中，相

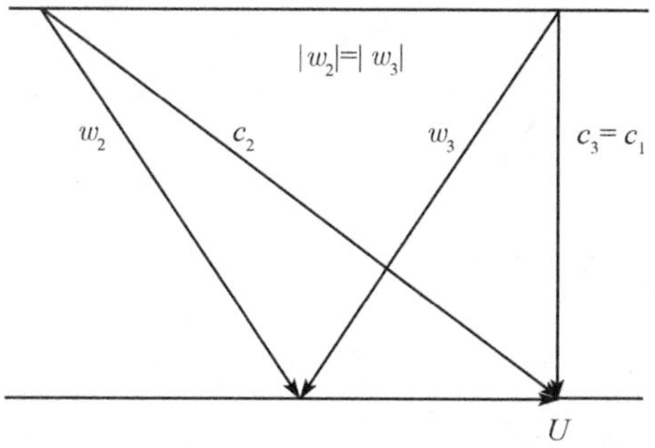


图 14.33 $R = 0$ 的反力式涡轮级的速度三角形

对流动既不加速也不减速，只是从气流角 $\beta_2$ 折转到 $\beta_3$，这里的

$$\beta_2 = \beta_3$$

因为气流在定子中折转和加速得如此强烈，以至于流动损失比超压涡轮级中大得多。因此，一般地说，$R = 0$ 的涡轮级效率不及冲击式涡轮级高。反力式涡轮级很少应用在燃气涡轮结构中，因为与蒸汽涡轮所用的沿圆周方向部分封严方法相比较，燃气涡轮有更好的控制方法。

# 中外人名对照表

**三划**

马赫 (E. Mach)
马克 (L. M. Mack)
马格努斯 (H. G. Magnus)
马兰贡尼 (Marangoni)
马略特 (E. Mariotte)
马丁尼利 (R. Martinelli)
门达哈尼 (J. M. Mandhane)

**四划**

巴林特 (J. L. Balint)
巴雷布莱特 (G. I. Barenblatt)
巴契勒 (G. K. Batcher)
贝纳尔 (H. Benard)
贝尔托洛蒂 (F. P. Bertolotti)
贝茨 (W. Betz)
厄缶 (Eötvös)
厄尔德曼 (C. A. Erdman)
开尔文 (Kelvin)
牛顿 (I. Newton)
瓦那茨 (J. Warnatz)
韦伯 (M. E. Weber)
扎卡罗那 (M. V. Zagarola)

**五划**

安德森 (J. D. Anderson)
布雷克 (J. R. Blake)
布拉修斯 (H. Blausius)
布西内斯克 (J. Boussinesq)
布雷德里 (D. Bradley)
布雷能 (C. E. Brennen)
布鲁尔 (Brewer)
布朗 (Brown)
布伦特 (Brunt)
布泽曼 (A. Busemann)
皮里斯基 (Z. Bilicki)
皮伯斯 (H. Bippes)
皮尔斯 (F. N. Peebles)
皮尔西 (M. Pilch)
皮托 (H. Pitot)
卡诺 (N. L. S. Carnot)
卡森 (Casson)
卡布斯蒂 (N. A. Cumpsty)
卡尔洛维兹 (Karlovitz)
冯 · 卡门 (von Karman)
台夫斯 (J. Delfs)
加勃 (H. J. Garber)
吉布斯 (J. W. Gibbs)
兰姆 (H. Lamb)
兰道 (L. D. Landau)
兰道 (B. E. Laundau)
刘易斯 (J. W. Lewis)
尼尔逊 (D. Nelson)
尼库拉德塞 (J. Nikuradse)
尼希卡 (M. Nishioka)
史密斯 (S. F. Smith)
史密斯 (A. J. Smits)
冯元桢 (K. Y. Fung)

## 六划

毕奥 (- 萨伐尔)(Biot, -Savart M)
西西蒂 (A. Chichitti)
西拉诺诺 (W. A. Sirignono)
达朗贝尔 (J. B. D'Alembert)
达姆科莱尔 (G. Damköhler)
达希曼 (O. Deutschmann)
多布森 (M. D. Dobson)
多赫蒂 (G. Doherty)
伊利 (Eley)
伊辛 (M. Ishii)
弗克 (Böckh)
弗勒特纳 (A. Flettner)
弗洛奎特 (Floquet)
弗兰克 (J. P. Franc)
弗里德尔 (L. Friedel)
弗劳德 (Froude)
亥姆霍兹 (H. Helmholtz)
迈耶尔 (Th. Meyer)
米哈尔克 (A. Michalke)
米歇尔 (A. G. M. Michel)
米歇尔 (J. M. Michel)
托尔明 (W. Tollmien)
托里拆利 (E. Torricelli)

## 七划

阿克莱特 (J. Ackeret)
阿科斯泰 (A. J. Acosta)
阿尔霍恩 (F. Ahlborn)
阿彻 (W. Archer)
阿基米德 (Archimedes)
阿特 (E. A. Arndt)
阿黑纽斯 (Arrhenius)
阿舒斯特 (W. T. Ashurst)
阿席兹 (K. Aziz)
阿佐帕蒂 (B. J. Azzopardi)
伯努利 (D. Bernoulli)
伯斯 (F. Busse)
坎特尔 (S. Caudel)
陈 (Y. Chen)
克利夫特 (R. Clift)
克阮兹 (K. J. Cranz)
克罗柯 (L. Crocco)
克劳 (C. Crowe)
克尔斯坦 (A. R. Kerstein)
克莱本诺夫 (P. S. Klebanoff)
克拉希那 (R. H. Kraichnan)
库艾特 (M. Couette)
库灵 (S. Kurien)
库塔–茹可夫斯基 (Kutta-Joukowski)
杜克尔 (A. Dukler)
伽利略 (G. Galileo)
亨利 (H. Henry)
希尔佩特 (R. Hilpert)
辛德克斯 (A. Hinderks)
辛泽 (J. O. Hinze)
辛悉尔伍脱 (Hinshelwood)
雨果尼欧 (H. Hugoniot)
努森 (J. G. Knudsen)
努塞尔 (W. Nusselt)
劳特邦 (W. Lanterborn)
里比 (P. A. Libby)
利弗希兹 (E. M. Lifschitz)
利连索尔 (O. Lilienthal)
纳伯拉 (Nabla)
纳拉西姆汉 (R. Narashimha)
纳维–斯托克斯 (Navier-Stokes)
吕埃尔 (D. Ruelle)

汤姆孙 (W. Thomson)
汤森 (A. A. Townsend)
沃利斯 (G. Wallis)
沃尔格 (Walger)
沃默斯利 (J. R. Womersley)
怀莱 (P. B. Whalley)

**八划**

玻尔兹曼 (L. E. Boltzman)
波雷 (R. Borghi)
昌德拉塞拉尔 (S. Chandrasekhar)
欧拉 (L. Euler)
欧特 (H. Jr. Oertel)
欧内索奇 (Ohnesorge)
法斯克 (H. Fauske)
法夫俄 (A. J. Favre)
芬得利 (J. A. Findley)
奈甫 (T. Knapp)
屈奇曼 (D. Küchemann)
拉格朗日 (J. L. Lagrange)
拉普拉斯 (P. S. Laplace)
拉瓦尔 (C. G. Laval)
林家翘 (C. C. Lin)
林德曼 (Lindeman)
依维勒 (Nonweiler)
帕斯卡 (B. Pascal)
彼得 (N. Peters)
佩瑞 (Perrier)
罗米 (Romie)
罗德 (E. P. Rood)
罗西柯 (A. Roshko)
罗斯贝 (C. G. Rossby)
舍恩黑尔 (K. Schönherr)
泽格纳 (J. A. Segner)
泽尔 (Ser)
范赛莱 (Väisälä)
易家训 (C. H. Yih)

**九划**

玻达 (Borda)
玻尔 (Böhle)
玻意尔 (R. Boyle)
查普曼 (R. B. Chapman)
柯西 (A.Cauchy)
柯林斯 (R. Collins)
哈特利 (Hadley)
哈根 - 泊肃叶 (Hagen-Poiseuille)
哈明特 (F. G. Hammit)
科莫哥洛夫 (A. N. Kolmogorov)
科赫马 (Y. Kohama)
科瓦斯纳 (L. S. G. Kovasznay)
莱考费 (Y. Lecoffe)
莱丁奈克 (M. Ledinegg)
莱布尼兹 (G. W. Leibniz)
莱蒙尼尔 (H. Lemonnier)
莱嗣尔 (M. Lesieur)
莱特希尔 (M. J. Lighthill)
洛克哈特 (R. Lockhart)
派金 (B. R. Parkin)
施里希廷 (H. Schlichting)
施密特 (E. Schmidt)
施奈尔 (G. H. Schnerr)
威廉姆斯 (F. A. Williams)
祖本 (H. Zuber)
茨维克 (S. A. Zwik)

**十划**

宾厄姆 (E. C. Bingham)
埃克 (R. E. Ecke)
埃克脱 (E. R. G. Eckert)

埃菲尔 (G. Eiffel)
埃克曼 (W. Ekman)
埃姆登 (R. Emden)
埃特林 (D. Etling)
费根鲍姆 (M. J. Feigenbaum)
格劳特 (H. Glauert)
格特勒 (H. Görtler)
格维尔 (G. Govier)
格雷斯 (J. R. Grace)
格兰特 (H. L. Grant)
格拉斯霍夫 (F. Grashof)
高斯 (G. F. Gauss)
海斯特 (S. D. Heister)
海森伯 (W. Heisenberg)
爱辛 (W. Idsinge)
朗米尔 (Langmuir)
莫宁 (A. S. Momin)
莫顿 (B. R. Morton)
弥勒 (U. Müller)
诺瓦克 (U. Nowak)
索尔 (J. Sauer)
索特 (Sauter)
索末菲 (A. Sommerfeld)
席勒 (L. Schiller)
泰勃 (B. B. Taib)
泰特尔 (Y. Taitel)
泰勒 (G. I. Taylor)

## 十一划

密契尔 (R. E. Mitchell)
菲利普 (A. Phillip)
理查森 (L. F. Richardson)
理德尔 (U. Riedel)
萨吕克 (W. S. Saric)
萨瑟兰 (C. D. Sutterland)
维维亚尼 (V. Viviani)
维格哈特 (K. Wieghardt)
雅克罗 (A. M. Yaglom)

## 十二划

博利 (L. Bolle)
谢克斯尔 (B. Chexal)
谢齐 (Chezy)
谢氏霍姆 (D. Chisholm)
傅里叶 (J. B. Fourier)
傅斯 (G. A. Voth)
富尔曼 (G. Fuhrman)
奥布克霍夫 (A. M. Obykhov)
奥尔 (W. M. F. Orr)
奥尔斯查格 (S. A. Orszag)
奥兰提尼 (Orlandini)
奥率 (C. W. Oseen)
奥斯瓦提奇 (K. Oswatitsch)
普朗克 (M. Planck)
普莱塞特 (M. S. Plesset)
普朗特 (L. Prandtl)
普列莫利 (A. Premoli)
鲁门 (H. Rummel)
舒包尔 (G. B. Schubauer)
斯克莱姆斯太德 (H. Skramstad)
斯帕尔丁 (D. B. Spalding)
斯贝齐尔 (C. G. Speziale)
斯奎尔 (M. B. Squire)
斯雷尼瓦萨 (K. R. Sreenivasan)
斯坦顿 (Stanton)
斯特藩 (H. G. Stefan)
斯托多拉 (A. Stodola)
斯特劳哈尔 (V. Strouhal)
斯杜阿特 (J. T. Stuart)
蒂特晏斯 (O. G. Tietjens)

蒂尔曼 (W. Tillmann)
温土瑞 (G. B. Venturi)
温特 (F. Wendt)

**十三划**

鲍勃 (S.B.Pope)
盖斯特 (M. Gaster)
盖 - 吕萨克 (Gay-Lussac)
路德维格 (H. Ludwieg)
蒙特卡洛 (Monte-Carlo)
蒙列欧 (J. C. Moureau)
瑞利 (J. W. Rayleigh)
赖德 (W. H. Reid)
赖兹 (R. D. Reitz)
雷诺 (O. Reynold)
塔培林 (P. Tabeling)
塔金斯 (F. Takens)
福格尔波尔 (G. Vogelpohl)
福罗皮夫 (P. Vorobieff)

**十四划**

赫勃脱 (T. Herbert)
赫兹 (H. R. Hertz)
赫维尔 (E. Hervieu)
楚基 (Y. Tsuji)

**十五划**

德拉辛 (P. G. Drazin)
德来登 (H. L. Dryden)

**十六划**

霍尔 (P. Hall)
穆迪 (F. J. Moody)
魏斯巴赫 (J. Weisbach)
魏森贝格 (Weissenberg)

**十七划**

戴利 (J. W. Daily)

# 索　引

**K**

L



M

**其他**

# 参考文献

## 普朗特选定的参考文献


*A. Sommerfeld.* Zu L. Prandtls 60. Geburtstag am 4. Februar 1935. ZAMM. 15, 1-2, 1935.

*W. Tollmien.* Zu L. Prandtls 70. Geburtstag. ZAMM, 24, 185-188, 1944.

*W. Tollmien.* Seventy-Fifth Anniversary of Ludwig Prandtl. J. Aeronautical Sci., 17, 121-122, 1950.

*I. Flügge-Lotz, W. Flügge.* Ludwig Prandtl in the Nineteen-Thirties. Ann. Rev. Fluid Mech., 5, 1-8, 1973.

*I. Flügge-Lotz, W. Flügge.* Gedächtnisveranstaltung für Ludwig Prandtl aus Anlass seines 100. Geburtstags. Braunschweig, 1975.

*H. Görtler.* Ludwig Prandtl: Persönlichkeit und Wirken. ZFW, 23, 5, 153-162 1975.

*H. Schlichting.* Ludwig Prandtl und die Aerodynamische Versuchsanstalt (AVA). ZFW, 23, 5, 162-167, 1975.

*K. Oswatitsch, K. Wieghardt.* Ludwig Prandtl and his Kaiser-Wilhelm-Institut. Ann. Rev. Fluid Mech., 19, 1-25, 1987.

*J. Vogel-Prandtl.* Ludwig Prandtl: Ein Lebensbild, Erinnerungen, Dokumente. MPI. Göttingen, 1993.

*L. Prandtl.* Über Flüssigkeitsbewegung bei sehr kleiner Reibung. Verhandlg. III. Intern. Math. Kongr. Heidelberg, 574-584. Teubner, Leipzig, 1905.

Neue Untersuchungen über die strömende Bewegung der Gase und Dämpfe. Physikalische Zeitschrift, 8, 23, 1907.

Der Luftwiderstand von Kugeln. Nachrichten von der Gesellschaft der Wissenschaften zu Göttingen, Mathematisch-Physikalische Klasse, 177-190, 1914.

Tragflügeltheorie. Nachrichten von der Gesellschaft der Wissenschaften zu Göttingen, Mathematisch-Physikalische Klasse, 451-477, 1918.

Experimentelle Prüfung der Umrechnungsformeln. Ergebnisse der AVA zu Göttingen, 1, 50-53, 1921.

Ergebnisse der Aerodynamischen Versuchsanstalt zu Göttingen. R. Oldenbourg. München, Berlin, 1923.

The Generation of Vortices in Fluids of Small Viscosity. Journal of the Royal Aeronautical Society, 31, 720-741, 1927.

Vier Abhandlungen zur Hydrodynamik und Aerodynamik. Ergebnisse der AVA zu Göttingen, 3, 1927.

Über Strömungen, deren Geschwindigkeiten mit der Schallgeschwindigkeit vergleichbar sind. Report of the Aeronautical Research Institute, Tokyo Imperial University, 5, 65, 1930.

Über Tragflügel kleinsten induzierten Widerstandes. ZFM, 24, 305, 1933.

Allgemeine Betrachtungen über die Strömung zusammendrückbarer Flüssigkeiten. ZAMM, 16, 129, 1936.

Theorie des Flugzeugtragflügels im zusammendrückbaren Medium. Luftfahrtforschung, 13, 313, 1936.

Über Schallausbreitung bei rasch bewegten Körpern. Schriften der Deutschen Akademie der Luftfahrtforschung, 7, 1938.

Über Reibungsschichten bei dreidimensionalen Strömungen. MoS RT 64, Betz Festschrift, Göttingen, 1945.

Mein Weg zu hydrodynamischen Theorien. Physikalische Blätter, 4, 89–92, 1948.

*O. G. Tietjens, L. Prandtl.* Applied Hydro- and Aeromechanics. Based on Lectures of L. Prandtl. McGraw-Hill, New York, 1934.

*W. Tollmien, H. Schlichting, H. Görtler, L. Prandtl.* Gesammelte Abhandlungen zur angewandten Mechanik, Hydro- und Aerodynamik, 1-3. Springer, Berlin, Göttingen, Heidelberg, 1961.

## 参考书目

*W. Albring.* Angewandte Strömungslehre. Steinkopff, Dresden, 1966.

*G. K. Batchelor.* The Theory of Homogeneous Turbulence. Cambridge University Press, Cambridge, 1956.

*G. K. Batchelor.* An Introduction to Fluid Dynamics. Cambridge University Press, Cambridge, 2000.

*E. Becker.* Technische Strömungslehre. Teubner, Stuttgart, 1982.

*R. Betchov, W. O. Criminale Jr.* Stability of Parallel Flows. Academic Press, New York, 1967.

*G. Böhme.* Strömungsmechanik nicht Newtonscher Fluide. Teubner, Stuttgart, 1981.

*E. C. Bingham.* Fluidity and Plasticity. McGraw-Hill, New York, 1922.

*T. Cebeci, A. M. O. Smith.* Analysis of Turbulent Boundary Layers. Academic Press, New York, 1974.

*T. Cebeci, P. Bradshaw.* Momentum Transfer in Boundary Layers. McGraw-Hill, New York, 1977.

*A. J. Chorin, J. E. Marsden.* A Mathematical Introduction to Fluid Mechanics. Springer, Berlin, Heidelberg, New York, 2000.

*M. van Dyke.* An Album of Fluid Motion. The Parabolic Press, Stanford, Calif., 1998.

*T. E. Faber.* Fluid Dynamics for Physicists. Cambridge University Press, Cambridge, 1997.

*K. Gersten, H. Herwig.* Strömungsmechanik. Vieweg, Braunschweig, Wiesbaden, 1992.

*H. Herwig.* Strömungsmechanik. Springer, Berlin, Heidelberg, 2002.

*J. O. Hinze.* Turbulence. McGraw-Hill, New York, 1976.

*P. K. Kundu, I. M. Cohen.* Fluid Mechanics. Academic Press, San Diego, Calif., 2002.

*H. Lamb.* Hydrodynamics. Cambridge University Press, Cambridge, 1932.

1976 *L. D. Landau, E. M. Lifshitz.* Fluid Mechanics. Pergamon Press, London, 1959.

*H. W. Liepmann, A. Roshko.* Elements of Gasdynamics. John Wiley & Sons, New York, 1957.

*J. Lighthill.* Waves in Fluids. Cambridge University Press, Cambridge, 1987.

*L. M. Milne-Thomson.* Theoretical Hydrodynamics. Macmillan, New York, 1955.

*R. von Mises.* Mathematical Theory of Compressible Fluid Flow. Academic Press, New York, 1958.

*H. Oertel Jr.* Introduction to Fluid Mechanics. Vieweg, Braunschweig, Wiesbaden, 2001.

*H. Oertel Jr., M. Böhle.* Strömungsmechanik. Vieweg, Braunschweig, Wiesbaden, 2002.

*H. Oertel Jr., J. Delfs.* Strömungsmechanische Instabilitäten. Springer, Berlin, Heidelberg, 1996.

*K. Oswatitsch.* Grundlagen der Gasdynamik. Springer, Berlin, Heidelberg, New York, Wien, 1967.

*S. J. Pai.* Viscous Flow Theory. Van Nostrand, Princeton, N. J., 1956, 1957.

*J. Piquet.* Turbulent Flows. Springer, Berlin, Heidelberg, New York, 1999.

*J. C. Rotta.* Turbulente Strömungen. Teubner, Stuttgart, 1972.

*H. Schlichting, K. Gersten.* Grenzschicht-Theorie. Springer, Berlin, Heidelberg, 1997.

*H. Schlichting, K. Gersten.* Boundary Layer Theory. Springer, Berlin, Heidelberg, New York, 2003.

*J. Serrin.* Mathematical Principles of Classical Fluid Mechanics. S. Flügge, C. A. Truesdell, eds., Handbuch der Physik, 8, 1, 125–263, 1959.

*A. H. Shapiro.* The Dynamics and Thermodynamics of Compressible Fluid Flow. Ronald Press, New York, 1953.

*S. L. Soo.* Fluid Dynamics of Multiphase Systems. Blaisdell Publication, Waltham, Mass., 1967.

*J. H. Spurk.* Strömungslehre. Springer, Berlin, Heidelberg, 1996.

*J. H. Spurk.* Fluid Mechanics. Springer, Berlin, Heidelberg, New York, 1997.

*M. B. Squire.* Modern Development in Fluid Dynamics. Oxford University Press, New York, 1938.

*K. Strauß.* Strömungsmechanik. VCH Verlagsgesellschaft, Weinheim, 1991.

*O. Tietjens.* Strömungslehre. Springer, Berlin, Heidelberg, 1960.

*W. G. Vincenti, C. H. Kruger.* Introduction to Physical Gas Dynamics. Huntington, New York, 1967.

*F. M. White.* Viscous Fluid Flow. McGraw-Hill, New York, 1974.

*K. Wieghardt.* Theoretische Strömungslehre. Teubner, Stuttgart, 1974.

*C. Yih.* Fluid Mechanics. McGraw-Hill, New York, 1969.

*J. Zierep.* Grundzüge der Strömungslehre. Springer, Berlin, Heidelberg, 1997.

## 第五章参考文献

*D. A. Anderson, J. C. Tannehill, R. H. Pletcher.* Computational Fluid Mechanics and Heat Transfer. McGraw-Hill, New York, 1984.

*D. A. Anderson Jr.* Computational Fluid Dynamics. McGraw-Hill, New York, 1995.

*R. B. Bird, W. E. Stewart, E. N. Lightfoot.* Transport Phenomena. John Wiley & Sons, New York, 1960.

*J. Boussinesq.* Essai sur la théorie des eaux courantes. Mémoires présentes par divers savants à l'Académie des Sciences de l'Institut de France, 23, 1, 1877.

*D. Drew, G. Wallis.* Fundamentals of Two-Phase Flow Modeling. Multiphase Science and Technology, 8, 1–67, 1994.

*J. H. Ferziger, M. Peric.* Computational Methods for Fluid Dynamics. Springer, Berlin, Heidelberg, New York, 1996.

*M. Lesieur.* Turbulence in Fluids. Kluwer, Dordrecht, 1997.

*C. L. M. H. Navier.* Mémoire sur les lois du mouvement des fluides. Mémoires de l'Académie des Sciences, 6, 389–416, 1823.

*Sir I. Newton.* Philosophiae Naturalis Principia Mathematica, II. Innys, London, 1726.

*H. Oertel Jr., E. Laurien.* Numerische Strömungsmechanik. Vieweg, Braunschweig, Wiesbaden, 2003.

*H. Oertel Jr., M. Böhle.* Strömungsmechanik. Vieweg, Braunschweig, Wiesbaden, 2002.

*M. Plesset, S. A. Zwick.* The Growth of Vapour Bubbles in Superheated Liquids. J. of Applied Physics, 25, 4, 493–501, 1954.

*J. W. S. Rayleigh.* The Solution for the Motion of a Bubble under Constant Pressure Conditions. Phil. Mag., 34, 94, 1917.

*G. Stokes.* On the Theories of the Internal Friction of Fluids in Motion. Transactions of the Cambridge Philosophical Society, 8, 287–305, 1845.

*J. Warnatz, U. Maas, R. W. Dibble.* Combustion. Springer, Berlin, Heidelberg, New York, 2001.

## 第六章参考文献

*J. Ackeret.* Luftkräfte auf Flügel, die mit größerer Geschwindigkeit als Schallgeschwindigkeit bewegt werden. Zeitschrift für Flugtechnik und Motorluftschiffahrt, 16, 72–74, 1925.

*J. Ackeret.* Handbuch der Physik, 7. Springer, Berlin, Heidelberg, 1927.

*J. Ackeret, F. Feldmann, N. Rott.* Untersuchungen an Verdichtungsstößen und Grenzschichten in schnell bewegten Gasen. Mitteilungen 10, Institut für Aerodynamik der Eidgenössischen Technischen Hochschule Zürich, 1946.

*J. D. Anderson.* Hypersonic and High Temperature Gas Dynamics. McGraw-Hill, New York, 1989.

*J. D. Anderson Jr.* Introduction to Flight. McGraw-Hill, New York, 1989.

*E. Becker.* Gasdynamik. Teubner, 1965.

*R. Bohning.* Die Wechselwirkung eines senkrechten Verdichtungsstoßes mit einer turbulenten Grenzschicht an einer gekrümmten Wand. Habilitationsschrift, Universität Karlsruhe 1965.

*A. Busemann.* Aerodynamischer Auftrieb bei Überschallgeschwindigkeit. Convegno di Scienze Fisiche, Matematiche e Naturali, tema: le alte velocita in aviazione, 315–347, Roma, 1936.

*A. Busemann.* Infinitesimale kegelige Überschallströmung. Jahrbuch der deutschen Akademie der Luftfahrtforschung, 455–470, 1942.

*E. Carafoli.* Wing Theory in Supersonic Flow. Pergamon Press, 1969.

*T. Cebeci, A. M. O. Smith.* Analysis of Turbulent Boundary Layers. Academic Press, New York, 1975.

*G. G. Cernij.* Introduction to Hypersonic Flow. Academic Press, New York, 1961.

*R. Courant, K. O. Friedrichs.* Supersonic Flow and Shock Waves. Springer, Heidelberg, Berlin, 1976.

*R. N. Cox, L. F. Crabtree.* Elements of Hypersonic Aerodynamics. Academic Press, New York, 1965.

*G. A. Crocco.* Sui corpi aerotermodinamici portanti. Rendiconti della Accademia Nazionale dei Lincei, Classe di Scienze Fisiche, Matematiche e Naturali, 14 of 6, 161–166. Accademia Nazionale dei Lincei, Roma, 1931.

*G. A. Crocco.* Flying in the Stratosphere. Aircraft Engineering, 4, 171–175, 204–209, 1932.

*W. D. Hayes, R. F. Probstein.* Hypersonic Flow Theory. Academic Press, New York, 1966.

*U. Ganzer.* Gasdynamik. Springer, Berlin, Heidelberg, 1988.

*H. Glauert.* The Elements of Aerofoil and Airscrew Theory. Cambridge University Press, Cambridge, 1926.

*H. Glauert.* The Effect of Compressibility on the Lift of an Aerofoil. Proceedings of the Royal Society of London, 118 of A, 113–119, 1928.

*H. Hugoniot.* Mémoire sur la propagation du mouvement dans les corps et spécialement dans les gases parfaits. Journal de l'Ecole Polytechnique Paris, 57, 1–97, 1887.

*H. Hugoniot.* Mémoire sur la propagation du mouvement dans les corps et spécialement dans les gases parfaits. Journal de l'Ecole Polytechnique Paris, 59, 1–25, 1889.

*R. D. Joslin.* Aircraft Laminar Flow Control. Ann. Rev. Fluid Mech., 30, 1–29, 1998.

*N. Joukowski.* Über die Konturen der Tragflächen der Drachenflieger. Zeitschrift für Flugtechnik und Motorluftschiffahrt, 1, 281–284, 1910.

*D. Küchemann.* The Aerodynamic Design of Aircraft. Pergamon Press, Oxford, 1978.

*M. W. Kutta.* Auftriebskräfte in strömenden Flüssigkeiten. Illustrierte Aeronautische Mitteilungen, 6, 133–135, 1902.

*M. W. Kutta.* Ebene Zirkulationsströmungen nebst flugtechnischen Anwendungen, 3 of Mathematisch-Physikalische Klasse, 65–125. Verl. d. K. B. Akad. d. Wiss, München, 1911.

*F. W. Lanchester.* Aerodynamics: Constituting the First Volume of a Complete Work of Aerial Flight. A. Constable & Co, London, 1907.

*H. W. Liepmann.* The Interaction between Boundary Layer and Shock Waves in Transonic Flow. Journal of Aeronautical Sciences, 13, 623–637, 1946.

*H. W. Liepmann, A. Roshko.* Elements of Gasdynamics. John Wiley & Sons, New York, 1957.

*M. J. Lighthill.* Supersonic Flow Past Bodies of Revolution. Report ARC-R/M-2003, Aeronautical Research Council, London, 1945.

*M. J. Lighthill.* The Wave Drag at Zero Lift of Slender Delta Wings and Similar Configurations. JFM, 1, 337, 1956.

*M. J. Lighthill.* On Displacement Thickness. JFM, 4, 383, 1958.

*M. J. Lighthill.* On the Weis-Fogh Mechanism of Lift Generation. JFM, 60, 1–17, 1973.

*M. J. Lighthill.* Mathematical Biofluidmechanics. Society for Industrial and Applied Mathematics, Philadelphia, 1975.

*O. Lilienthal.* Der Vogelflug als Grundlage der Fliegekunst. Gaertner, Berlin, 1889.

*H. Oertel Jr..* Aerothermodynamik. Springer, Berlin, Heidelberg, 1994.

*H. Oertel Jr., E. Laurien.* Numerische Strömungsmechanik. Vieweg, Braunschweig, Wiesbaden, 2003.

*K. Oswatitsch.* Gas Dynamics, 1 of Applied mathematics and mechanics. Academic Press, New York, 1956.

*K. Oswatitsch*, ed. Symposium Transsonicum I. Springer, Berlin, Heidelberg, 1964.

*K. Oswatitsch.* Grundlagen der Gasdynamik. Springer, New York, Wien, 1967.

*K. Oswatitsch*, ed. Symposium Transsonicum II. Springer, Berlin, Heidelberg, 1976.

*K. Oswatitsch.* Spezialgebiete der Gasdynamik. Springer, New York, Wien, 1977.

*W. J. M. Rankine.* On the Thermodynamik Theory of Waves of Finite Longitudinal Disturbance. Philosophical transactions of the Royal Society of London, 160 of A, 277–286. Royal Society, London, 1870.

*B. Riemann.* Die Fortpflanzung ebener Luftwellen von endlicher Schwingungsweite. Abhandlungen der Koeniglichen Gesellschaft der Wissenschaften zu Goettingen, 8, 43–65. Weidmann, Berlin, 1858/59.

*R. Robinson, J. A. Laurmann.* Wing Theory. Cambridge University Press, Cambridge, 1956.

*H. Schlichting, E. Truckenbrodt.* Aerodynamik des Flugzeuges. Springer, Berlin, Heidelberg, 1969.

*H. Schlichting, E. Truckenbrodt.* *Aerodynamics of the Airplane.* McGraw-Hill, New York, 1979.

*H. Schlichting, K. Gersten.* Grenzschicht-Theorie. Springer, Berlin, Heidelberg, 1997.

*H. Schlichting, K. Gersten.* Boundary Layer Theory. Springer, Berlin, Heidelberg, New York, 2000.

*A. H. Shapiro.* Shape and Flow. Anchor Books, New York, 1961.

*J. L. Stollery.* Laminar and Turbulent Boundary-Layer Separation at Supersonic and Hypersonic Speeds, 1975.

*I. Tani, S. Mituisi.* Contributions to the Design of Aerofoils Suitable for High Speeds. Report 198, Aeronautical Research Institute, Tokyo Imperial University, Tokyo, 1940.

*W. G. Vincenti, C. H. Kruger.* Introduction to Physical Gas Dynamics. John Wiley & Sons, New York, 1965.

*H. von Helmholtz.* Über Integrale der hydrodynamischen Gleichungen, welche den Wirbelbewegungen entsprechen. Journal für die reine und angewandte Mathematik, 55, 25–55, 1858.

*E. von Holst, D. Küchemann.* Biologische und aerodynamische Probleme des Tierfluges. Naturwissenschaften, 29, 348, 1941.

*T. von Kármán.* Compressibility Effects in Aerodynamics. Journal of the Aeronautical Sciences, 8, 337–356, 1941.

*T. von Kármán.* The Similarity Law of Transonic Flow. Journal of Mathematics and Physics, 16, 182–190, 1947.

*T. von Kármán.* Aerodynamik. Interavia, Genf, 1956.

*T. von Kármán.* Collected Works of Theodore von Kármán, 1-4. Butterworths Scientific Publ., London, 1956.

*T. von Kármán, C. B. Millikan.* A Theoretical Investigation of the Maximum-Lift Coefficient. Journal of Applied Mechanics, 2, 21–27, 1935.

*R. von Mises.* Theory of Flight. Dover Publications, New York, 1959.

*J. Williams.* Aircraft Performance: Prediction Methods and Optimization. Report LS-56, AGARD, 1972.

J. Zierep, H. Oertel Jr., eds. Symposium Transsonicum III. Springer, Berlin, Heidelberg, 1989.

## 第七章参考文献

*G. I. Barenblatt.* Scaling Laws for Fully Developed Turbulent Shear Flows. Part 1. Basic Hypothesis and analysis. JFM, 248, 513–520, 1993.

*G. K. Batchelor.* Recent Developments in Turbulence Research. H. Levy, ed., Proceedings of the 7th International Congress for Applied Mechanics, London, 1948.

*G. K. Batchelor.* Computation of the Energy Spectrum in Homogeneous Two-Dimensional Turbulence. Physics of Fluids, 12, II, II–233–II–239, 1969.

*G. K. Batchelor, A. A. Townsend.* The Nature of Turbulent Motion at Large Wave Numbers. Proceedings of the Royal Society of London, A 199, 238–255. Royal Society, London, 1949.

*M. S. Borgas.* A Comparison of Intermittent Models in Turbulence. Phys. Fluids A, 4, 2055–2061, 1992.

*H. H. Brunn.* Hot Wire Anemometer: Principles and Signal Analysis. Oxford University Press, Oxford, New York, 1995.

*S. Chandrasekhar.* Hydrodynamics and Hydromagnetic Stability. Clarendon Press, Oxford, 1961.

*S. Chen, G. D. Doolen.* Lattice Boltzmann Method for Fluid Flow. Annu. Rev. Fluid Mech., 30, 329–364, 1998.

*A. J. Chorin.* Vorticity and Turbulence. Springer, Berlin, Heidelberg, New York, 1994.

*P. G. Drazin, W. H. Reid.* Hydrodynamic Stability. Cambridge University Press, 1981.

*H. L. Dryden.* Recent Advances in the Mechanics of Boundary Layer Flow. Advances in Applied Mechanics, 1, 1–40, 1948.

*H. W. Emmons.* The Laminar–Turbulent Transition in a Boundary Layer: part I. Journal of the Aeronautical Sciences, 18, 490–498, 1951.

*G. Falkovich, K. Gawedzki, M. Vertgassola.* Particles and Fields in Fluid Turbulence. Rev. Mod. Phys., 73, 913–975, 2001.

*M. J. Feigenbaum.* Quantitative Universality for a Class of Nonlinear Transformations. J. Stat. Phys, 19, 25, 1978.

*U. Frisch.* Turbulence: The Legacy of A. N. Kolmogorov. Cambridge Univ. Press, Cambridge, 1995.

*H. L. Grant, R. W. Stewart, A. Moilliet.* Turbulence Spectra From a Tidal Channel. JFM, 12, 241–263, 1962.

*H. Görtler.* Instabilität laminarer Grenzchichten an konkaven Wänden gegenüber gewissen dreidimensionalen Störungen. ZAMM, 21, 250–252, 1941.

*S. Grossmann.* The Onset of Shear Flow Turbulence. Rev. Mod. Phys., 72, 2, 603–618, 2000.

*W. Heisenberg.* Über Stabilität und Turbulenz von Flüssigkeitsströmen. Annalen der Physik, 74 of 4, 577–627. Barth, Leipzig, 1924.

*J. O. Hinze.* Turbulence. McGraw Hill, New York, 1975.

*P. S. Klebanoff, K. D. Tidstrom, L. M. Sargent.* The Three-Dimensional Nature of Boundary Layer Instability. JFM, 12, 1–34, 1962.

*A. N. Kolmogorov.* Die lokale Struktur der Turbulenz in einer inkompressiblen zähen Flüssigkeit bei sehr großen Reynolds-Zahlen. Dokl. Akad. Wiss. USSR, 30, 301–305, 1941.

*A. N. Kolmogorov.* A Refinement of a Previous Hypothesis Concerning the Local Structure of Turbulence in a Viscous Incompressible Fluid at High Reynolds Numbers. JFM, 13, 82–85, 1962.

*L. S. G. Kovasznay, H. Komoda, B. R. Vasudeva.* Detailed Flow Field in Transition. F. E. Ehlers, J. J. Kauzlarich, C. A. Sleicher Jr., R. E. Street, eds., Proc. of the Heat Transfer and Fluid Mechanics Institute, A 27, 1–26, Stanford, CF, 1962. Stanford University Press.

*R. H. Kraichnan.* Inertial Ranges in Two-Dimensional Turbulence. Physics of Fluids, 10, 1417–1423, 1967.

*S. Kurien, K. R. Sreenivasan.* Measures of Anisotropy and the Universal Properties of Turbulence. New Trends in Turbulence, NATO Advanced Study Institute, Les Houches, 53–111, Springer and EDP-Sciences, 2001.

*L. D. Landau, E. M. Lifschitz.* Lehrbuch der Theoretischen Physik: Hydrodynamik, 6. Akademie Verlag, Berlin, 1991.

*M. Lesieur.* La Turbulence Développé. La Recherche, 139, 1412–1425, 1982.

*M. Lesieur, O. Metais.* New Trends in Large Eddy Simulation of Turbulence. Annu. Rev. Fluid Mech., 28, 45–82, 1996.

*M. Lesieur.* Turbulence in Fluids. Kluwer, Dordrecht, 1997.

*C. C. Lin.* On the Stability of Two-Dimensional Parallel Flows. Quarterly of Appl. Math., 3, 117–142, 1945.

*C. C. Lin.* The Theory of Hydrodynamic Stability, 5. Cambridge University Press, Cambridge, 1955.

*H. H. Lugt.* Vortex Flow in Nature and Technology. John Wiley & Sons, New York, 1983.

*B. B. Mandelbrot.* Intermittent Turbulence in Self Similar Cascades: Divergence of High Moments and Dimension of the Carrier. JFM, 62, 331–358, 1974.

*A. Michalke.* The Instability of Free Shear Layers: A Survey on the State of the Art. DFVLR-Mitteilungen 70-04, DFVLR, Porz-Wahn, 1970.

*P. Moin, K. Mahesh.* Direct Numerical Simulation: A Tool in Turbulence Research. Annu. Rev. Fluid Mech., 30, 539–578, 1998.

*A. S. Monin, A. M. Yaglom.* Statistical Fluid Mechanics: Mechanics of Turbulence II. MIT Press, Cambridge, MA, 1975.

*R. Narasimha.* The Laminar-Turbulent Transition Zone in the Boundary Layer. Progress in Aerospace Sciences, 22, 29–80, 1985.

*J. Nikuradse.* Gesetzmäßigkeit der turbulenten Strömung in glatten Rohren. Forschungsheft 356, VDI, Berlin, 1932.

*M. Nishioka, M. Asai, S. Iida.* An Experimental Investigation of the Secondary Instability. R. Eppler, H. Fasel, eds., Laminar-Turbulent Transition, 37–46, Berlin. Heidelberg, 1990. Springer.

*A. Obukhov.* Some Specific Features of Atmospheric Turbulence. JFM, 13, 77–81, 1962.

*H. Oertel Jr., J. Delfs.* Strömungsmechanische Instabilitäten. Springer, Berlin, Heidelberg, 1996.

*H. Oertel Sen., H. Oertel Jr.* Optische Strömungsmesstechnik. Braun Verlag, Karlsruhe, 1989.

*W. M. F. Orr.* The Stability or Instability of the Steady Motions of a Perfect Liquid and a Viscous Liquid. Proc. R. Ir. Acad., A 27, 69–138, 1907.

*S. A. Orszag.* Accurate Solution of the Orr-Sommerfeld Stability Equation. JFM, 50, 689–703, 1971.

*S. B. Pope.* Turbulent Flows. Cambridge University Press, 2000.

*O. Reynolds.* An Experimental Investigation of the Circumstances which Determine whether the Motion of Water shall be Direct or Sinuous, and of the Law of Resistance in Parallel Channels. Philosophical Transactions of the Royal Society of London, 174, 935–982. Royal Society, London, 1883.

*O. Reynolds.* On the Dynamic Theory of Incompressible Viscous Fluids and the Determination of the Criterion. Philosophical Transactions of the Royal Society of London, 186, 123–164. Royal Society, London, 1894.

*L. F. Richardson.* The Supply of Energy From and To Atmospheric Eddies. Proceedings of the Royal Society of London, A 97, 354–373. Royal Society, London, 1920.

*D. Ruelle, F. Takens.* On the Nature of Turbulence. Commun. Math. Phys., 20, 167–192, 1971.

*G. B. Schubauer, H. K. Skramstad.* Laminar Boundary-Layer Oscillations and Stability of Laminar Flow. Journal of the Aeronautical Sciences, 14, 2, 69–78, 1947.

*A. Sommerfeld.* Ein Beitrag zur hydrodynamischen Erklärung der turbulenten Flüssigkeitsbewegung. G. Castelnuovo, ed., Atti del IV Congresso internazionale dei matematici, 116–124, Roma, 1908.

*C. G. Speziale.* Analytical Methods for the Development of Reynolds Stress Closures in Turbulence. Annu. Rev. Fluid Mech., 23, 107–157, 1991.

*K. R. Sreenivasan.* Fractals and Multifractals in Fluid Mechanics. Annu. Rev. Fluid Mech., 23, 539–600, 1991.

*K. R. Sreenivasan, R. J. Donnelly.* Role of Cryogenic Helium in Classical Fluid Dynamics: Basic Research and Model Testing. Adv. Appl. Mech., 37, 239–275, 2000.

*J. T. Stuart.* Unsteady Boundary Layers. L. Rosenhead, ed., Laminar Boundary Layers, 349–408, Oxford, 1963. Clarendon Press.

*P. Tabeling.* Two-dimensional Turbulence: a Physicist's Approach. Phys. Rep., 362, 1–62, 2002.

*G. I. Taylor.* Stability of a Viscous Liquid Contained Between Two Rotating Cylinders. Philosophical transactions of the Royal Society of London, A 223, 289–343. Royal Society, London, 1923.

*G. I. Taylor.* Statistical Theory of Turbulence, parts 1–4. Proceedings of the Royal Society of London, A 151, 421–478. Royal Society, London, 1935.

*G. I. Taylor.* Correlation Measurements in a Turbulent Flow Through a Pipe. Proceedings of the Royal Society of London, A 157, 537–546. Royal Society, London, 1936.

*W. Tollmien.* Über die Entstehung der Turbulenz. Nachrichten von der Gesellschaft der Wissenschaften zu Göttingen, Mathematisch-Physikalische Klasse, 21–44, 1929.

*Th. von Kármán.* Progress in Statistical Theory of Turbulence. Proceedings of the National Academy of Sciences of the United States of America, 34, 530–539. Academy, Washington, DC, 1948.

*P. Vorobieff, R. E. Ecke.* Private communication. Los Alamos National Lab., Los Alamos, 2003.

*G. A. Voth, K. Satyanarayanan, E. Bodenschatz.* Lagrangian Acceleration Measurements at Large Reynolds Numbers. Phys. Fluids, 10, 2268–2280, 1998.

*F. Wendt.* Turbulente Strömung zwischen zwei rotierenden koaxialen Zylindern. Ingenieur-Archiv, 4, 577–595, 1933.

*P. K. Yeung.* Lagrangian Investigations of Turbulence. Rev. Fluid Mech., 34, 115–142, 2002

*M. V. Zagarola, A. J. Smits.* Scaling of Turbulent Pipe Flow. JFM, 373, 33–79, 1998.

## 第八章参考文献

*D. Arnal.* Predictions based on Linear Theory. Report 793, AGARD, 1994.

*H. Bénard.* Les tourbillons cellulaires dans une nappe liquide. Rev. Gén. Sci. Pures Appl., 11, 1261–1268, 1900.

*F. P. Bertolotti, T. Herbert, T. R. Spalart.* Linear and Nonlinear Stability of the Blasius Boundary Layer. JFM, 242, 441–474, 1992.

*R. Betchov, W. O. Criminale Jr.* Stability of Parallel Flows. Academic Press, New York, 1967.

*E. Bodenschatz, W. Pesch, G. Ahlers.* Developments in Rayleigh-Bénard Convection. Ann. Rev. Fluid Mech., 32, 709–777, 2000.

*F. Busse.* Bénard Convection in Particular. Rep. Prog. Phys., 41, 1929, 1978.

*F. Busse.* Nonlinear Properties of Thermal Convection. Rep. Prog. Phys., 41, 1929–1967, 1978.

*S. Chandrasekhar.* Hydrodynamics and Hydromagnetic Stability. Clarendon Press, Oxford, 1961.

*D. Coles.* Transition in Circular Couette Flow. JFM, 21, 385–425, 1965.

*S. H. Davis.* Thermocapillary Instabilities. Ann. Rev. Fluid Mech., 19, 403–435, 1987.

*P. G. Drazin, W. H. Reid.* Hydrodynamic Stability. Cambridge University Press, 1981.

*C. Egbers, G. Pfister.* Physics of Rotating Fluids. Springer, Berlin, Heidelberg, New York, 1999.

*T. M. Fischer, U. Dallmann.* Theoretical Investigation of Secondary Instability of Three-Dimensional Boundary Layer Flows. DFVLR-FB84, DVFLR, 1987.

*M. Gaster.* The Development of Three-Dimensional Wave Packets in a Boundary Layer. JFM, 32, 173–184, 1968.

*M. Gaster.* On the Effects of Boundary-Layer Growth on Flow Stability. JFM, 66, 465–480, 1974.

*G. Gershuni, E. Zhukovitskii.* Convective Stability of Incompressible Fluids. Keter Publishing House, Jerusalem, 1976.

*S. Grossmann.* The Onset of Shear Flow Turbulence. Rev. Mod. Phys., 72, 2, 603–618, 2000.

*P. Hall.* The Linear Development of Görtler Vortices in Growing Boundary Layers. JFM, 130, 41–58, 1983.

*K. Hannemann, H. Oertel Jr.* Numerical Simulation of the Absolutely and Convectively Unstable Wake. JFM, 199, 55–88, 1989.

*T. Herbert.* Secondary Instability of Boundary Layers. Ann. Rev. Fluid Mech., 20, 487–526, 1988.

*P. Huerre, P. Monkewitz.* Absolute and Convective Instabilities in Free Shear Layers. JFM, 159, 151–168, 1985.

*P. Huerre, P. Monkewitz.* Local and Global Instabilities in Spatially Developing Flows. Ann. Rev. Fluid Mech., 22, 473–537, 1990.

*J. Masad, A. Nayfeh.* Effect of Heat Transfer on the Subharmonic Instability of Compressible Boundary Layers. Phys. Fluids, A3, 2148–2163, 1991.

*B. J.Bayly, S. A Orszag.* Instability Mechanism in Shear-Flow Transition. Ann. Rev. Fluid Mech., 20, 359–391, 1988.

*D. Joseph.* Stability of Fluid Motions, Bd.I+II, 27+28 of Springer Tracts in Natural Philosophy. Springer, Berlin, Heidelberg, New York, 1976.

*R. Kirchartz, H. Oertel Jr.* Three-Dimensional Thermal Cellular Convection in Rectangular Boxes. JFM, 192, 249–286, 1988.

*R. Kirchartz, U. Müller, H. Oertel Jr., J. Zierep.* Axisymmetric and Non-Axisymmetric Convection in a Cylindrical Container. Acta Mech., 40, 181–194, 1981.

*Y. Kohama.* Some Expectations on the Mechanism of Cross-Flow Instability in a Swept Wing Flow. Acta Mechanica, 66, 21–38, 1987.

*E. Koschmieder.* Bénard Cells and Taylor Vortices. Cambridge monographs on mechanics and applied mathematics. Cambridge University Press, 1993.

*R. Krishnamurti.* Some Further Studies on the Transition to Turbulent Convection. JFM, 60, 285–303, 1973.

*C. C. Lin.* The Theory of Hydrodynamic Stability, 5. Cambridge University Press, Cambridge, 1955.

*L. M. Mack.* On the Stabilization of Three-Dimensional Boundary Layers by Suction and Cooling. R. Eppler, H. Fasel, eds., Laminar-Turbulent Transition, 223–238. Springer, Berlin, Heidelberg, New York, 1980.

*L. M. Mack.* Boundary Layer Linear Stability Theory. Special Course in Stability and Transition of Laminar Flow, 709, 1–81, 1984.

*L. M. Mack.* Stability of Three-Dimensional Boundary Layers on Swept Wings at Transonic Speeds. J. Zierep, H. Oertel Jr., eds., IUTAM Symp. Transsonicum III, 209–223. Springer, Berlin, Heidelberg, New York, 1988.

*M. Morkovin.* Bypass-Transition Research: Issues and Philosophy, Instabilities and Turbulence in Engineering Flows. Kluwer Academic, 1993.

*L. Ngo, G. Erlebacher.* Secondary Instabilities in Compressible Boundary Layers. Phys. Fluids, A4, 710–726, 1992.

*H. Oertel Jr.* Wakes Behind Blunt Bodies. Ann. Rev. Fluid Mech., 22, 539–564, 1990.

*H. Oertel Jr.* Bereiche der reibungsbehafteten Strömung. ZFW, 1912, 119–128, 1995.

*H. Oertel Jr.* Onset of turbulence. H. Schlichting, K. Gersten, eds., Boundary Layer Theory, 415–493. Springer, Berlin, Heidelberg, New York, 2000.

*H. Oertel Jr., E. Laurien.* Numerische Strömungsmechanik. Springer, Berlin, Heidelberg, 1995.

*H. Oertel Jr., J. Delfs.* Mathematische Analyse der Bereiche reibungsbehafteter Strömungen. ZAMM, 75, 491–505, 1995.

*H. Oertel Jr., J. Delfs.* Strömungsmechanische Instabilitäten. Springer, Berlin, Heidelberg, 1996.

*H. Oertel Jr., R. Stank.* Dynamics of Localized Disturbances in Transonic Wing Boundary Layers. 99-0551, AIAA, 1999.

*W. M. F. Orr.* The Stability or Instability of the Steady Motions of a Perfect Liquid and a Viscous Liquid. Proc. R. Ir. Acad., A 27, 69–138, 1907.

*S. A. Orszag, A. T. Patera.* Secondary Instability of Wall-Bounded Shear Flows. JFM, 128, 347–385, 1983.

*J. W. Rayleigh.* On the Stability, or Instability of Certain Fluid Motions, 1 of Scientific Papers of Lord Rayleigh. Dover Publications, New York, 1964.

*H. L. Reed, W. S. Saric, D. Arnal.* Linear Stability Theory Applied to Boundary Layers. Ann. Rev. Fluid Mech., 28, 389–428, 1996.

*E. Reshotko.* Boundary Layer Stability and Transition. Ann. Rev. Fluid Mech., 8, 311–349, 1976.

*E. Reshotko.* Boundary Layer Instability, Transition and Control. 94-0001, AIAA, 1994.

*O. Reynolds.* An Experimental Investigation of the Circumstances which Determine whether the Motion of Water shall be Direct or Sinouos, and of the Law of Resistance in Parallel Channels. Philosophical transactions of the Royal Society of London, 935. Royal Society, London, 1883.

*W. Saric.* Görtler Vortices. Ann. Rev. Fluid Mech, 26, 379–409, 1994.

*H. Schlichting.* Zur Entstehung der Turbulenz bei der Plattenströmung. Nachr. Ges. Wiss. Göttingen Math.-Phys. Kl., 181–208, 1933.

*H. Schlichting, K. Gersten.* Grenzschicht-Theorie. Springer, Berlin, Heidelberg, 1997.

*H. Schlichting, K. Gersten.* Boundary Layer Theory. Springer, Berlin, Heidelberg, New York, 2000.

*P. J. Schmid, D. S. Henningson.* Stability and Transition in Shear Flows. Springer, Berlin, Heidelberg, New York, 2001.

*G. Schubauer, H. Skramstad.* Laminar Boundary Layer Oscillations and Transition on a Flat Plate. J. Aero. Sci., 14, 69–78, 1947.

*F. Sherman.* Viscous Flow. McGraw-Hill, New York, 1990.

*A. Sommerfeld.* Ein Beitrag zur hydrodynamischen Erklärung der turbulenten Flüssigkeitsbewegung. G. Castelnuovo, ed., Atti del IV Congresso internazionale dei matematici, 116–124, Roma, 1908.

*H. B. Squire.* On the Stability for Three-Dimensional Disturbances of Viscous Fluid Between Parallel Walls. Proceedings of the Royal Society of London, 142 of A, 621–628, 1933.

*K. Stork, U. Müller.* Convection in Boxes: Experiments. JFM, 54, 599–611, 1972.

*P. Strykowski, K. Sreenivasan.* The Control of Transitional Flows. 85-0559, AIAA, 1985.

*D. J. Tritton.* Physical Fluid Dynamics. Clarendon Press, Oxford, 1988.

*J. S. Turner.* Boyancy Effects in Fluids. Cambridge University Press, Cambridge, 1973.

*J. S. Turner.* Multicomponent Convection. Ann. Rev. Fluid Mech., 17, 11–44, 1985.

*F. M. White.* Viscous Fluid Flow. McGraw-Hill, New York, 1974.

*J. Zierep, H. Oertel Jr.* Convective Transport and Instability Phenomena. Braun, Karlsruhe, 1982.

## 第九章参考文献

*H. D. Baehr, K. Stephan.* Heat and Mass Transfer. Springer, Berlin, Heidelberg, New York, 1998.

*C. O. Bennet, J. E. Myers.* Momentum, Heat and Mass Transfer. McGraw-Hill, New York, 1966.

*R. B. Bird, W. E. Stewart, E. N. Lightfoot.* Transport Phenomena. John Wiley & Sons, New York, 1960.

*T. Cebeci, P. Bradshaw.* Physical and Computational Aspects of Convective Heat Transfer. Springer, Berlin, Heidelberg, New York, 1988.

*E. Eckert.* Einführung in den Wärme- und Stoffaustausch. Springer, Berlin, Heidelberg, 1959.

*E. R. G. Eckert, R. U. Drake.* Analysis of Heat and Mass Transfer. McGraw-Hill, New York, 1972.

*B. Gebhart.* Heat Transfer. McGraw-Hill, New York, 1971.

*B. Gebhart, Y. Jaluwina, R. L. Mahajan, B. Sammakia.* Buoyancy Induced Flows and Transport. Hemisphere Publishers, Washington, 1988.

*H. Gröber, S. Erk, U. Grigull.* Die Grundgesetze der Wärmeübertragung. Springer, Berlin, Heidelberg, 1961.

*J. O. Hirschfelder, C. F. Curtis, R. B. Bird.* Molecular Theory of Gases and Liquids. J. Wiley & Sons, New York, 1967.

*J. P. Holman.* Heat Transfer. McGraw-Hill, New York, 1976.

*M. Jacob.* Heat Transfer. J. Wiley & Sons, New York, 1959.

*M. Jischa.* Konvektiver Impuls-, Wärme und Stoffaustausch. Vieweg, Braunschweig, Wiesbaden, 1982.

*J. G. Knudsen, D. L. Katz.* Fluid Dynamics and Heat Transfer. McGraw-Hill, New York, 1958.

*G. P. Merker.* Konvektive Wärmeübertragung. Springer, Berlin, Heidelberg, 1987.

*A. Mersmann.* Stoffübertragung. Springer, Berlin, Heidelberg, 1986.

*U. Müller, P. Erhard.* Freie Konvektion und Wärmeübertragung. Müller, Heidelberg, 1999.

*J. A. Reynolds.* Turbulent Flows in Engineering. J. Wiley & Sons, New York, 1974.

*W. M. Rohsenow, J. P. Hartnett, E. N. Gamić.* Handbook of Heat Transfer Fundamentals. McGraw-Hill, New York, 1985.

*H. Schlichting, K. Gersten.* Grenzschicht-Theorie. Springer, Berlin, Heidelberg, 1997.

*H. Schlichting, K. Gersten.* Boundary Layer Theory. Springer, Berlin, Heidelberg, New York, 2000.

*E. K. Schlünder.* Einführung in die Wärmeübertragung. Vieweg, Braunschweig, Wiesbaden, 1981.

*E. Schmidt, W. Beckmann.* Das Temperatur- und Geschwindigkeitsfeld von einer wärmeabgebenden senkrechten Platte bei natürlicher Konvektion. Technische Mechanik und Thermodynamik 1, 341–391. VDI, Berlin, 1930.

*W. Schneider.* Konvektive Wärme- und Stoffübertragung. L. Prandtl, K. Oswatitsch, K. Wieghardt, eds., Führer durch die Strömungslehre, 293–342. Vieweg, Braunschweig, Wiesbaden, 1990.

*J. Unger.* Konvektionsströmungen. Teubner, Stuttgart, 1988.

*A. Walz.* Strömungs- und Temperaturgrenzschichten. Braun, Karlsruhe, 1966.

*J. R. Welty, R. E. Wilson, C. E. Wicks.* Fundamentals of Momentum, Heat and Mass Transfer. J. Wiley & Sons, New York, 1976.

*K. Wilde.* Wärme- und Stoffübertragung in Strömungen. Steinkopff, Darmstadt, 1978.

## 第十章参考文献

*A. J. Acosta, B. R. Parkin.* Cavitation Inception: a Selective Review. J. Ship Res., 19, 193–205, 1975.

*W. Archer.* Experimental Determination of Loss of Heat due to Sudden Enlargement in Circular Pipes. Trans. Am. Soc. Civil Eng., 76, 999–1026, 1913.

*E. A. Arndt.* Cavitation in Fluid Machinery and Hydraulic Structures. Ann. Rev. Fluid Mech., 13, 273–328, 1981.

*R. E. A. Arndt, V. H. Arakeri.* Some Observations of Tip-Vortex Cavitation. JFM, 229, 269–289, 1991.

*B. J. Azzopardi, E. Hervieu.* Phase Separation in T-Junctions. Multiphase Science and Technology, 8, 645–713, 1994.

*J. P. Best.* The Formation of Toroidal Bubbles upon the Collapse of Transient Cavities. JFM, 251, 79–107, 1993.

*J. R. Blake, B. B: Taib, G. Doherty.* Transient Cavities Near Boundaries, Pt I. Rigid Boundaries. JFM, 170, 479–497, 1986.

*L. Bolle, J. C. Moureau.* Spray Colling of Hot Surfaces. Multiphase Science and Technology, 1, 1–97, 1982.

*C. E. Brennen.* Cavitation and Bubble Dynamics. Oxford University Press, Oxford, 1995.

*S. Chandrasekhar.* Hydrodynamic and Hydromagnetic Stability. Oxford Univ. Press, 1968.

*Y. Chen, S. D. Heister.* A Numerical Treatment for Attached Cavitation. Journal of Fluids Eng., 116, 613–618, 1994.

*B. Chexal, J. Horowitz, G. Lellouche.* An Assessment of Eight Void Fraction Models for Vertical Flows. 5949, NSAC, Electric Power Research Institute, Palo Alto, Ca., 1986.

*D. Chisholm.* Pressure Losses in Bends and T's during Steam-Water Flow. Report 318, N. E. L., 1967.

*D. Chisholm.* A Theoretical Basis for the Lockhart-Martinelli Correlation for Two-Phase Flow. Int. J. Heat Mass Transfer, 10, 1767–1678, 1967.

*A. Cicchitti, C. Lombardi, M. Silvestri, G. Soldaini, R. Zavattarelli.* Two-Phase Cooling Experiments: Pressure Drop, Heat Transfer and Burnout Measurements. Energia Nucleare, 7, 6, 407–425, 1960.

*R. Clift, J. R. Grace, M. E. Weber.* Bubbles, Drops and Particles. Academic Press, New York, 1978.

*J. G. Collier, J. R. Thome.* Convective Boiling and Heat Transfer. Clarendon Press, Oxford, 1994.

*R. Collins.* The Effect of a Containing Cylindrical Boundary on the Velocity of a Large Gas Bubble in a Liquid. JFM, 28, 1, 97–112, 1967.

*C. Crowe, M. Sommerfeld, Y. Tsuji.* Multiphase Flows with Droplets and Particles. CRS Press, Boca Raton, Boston, New York, London, 1998.

*J. Delhaye, M. Giot, M. Riethmüller.* Thermodynamics of Two-Phase Systems for Industrial Design and Nuclear Engineering. Hemisphere Publishing, New York, 1981.

*A. A. Dukler.* Pressure Drop and Hold-Up in Two-Phase Flow. AIChE, 10, 1, 38–51, 1964.

*H. K. Fauske.* Contribution to the Theory of Two-Phase, One-Component Critical Flow. Technical Report ANL-6633, Argonne National Laboratory, 1963.

*J. P. Franc, J. M. Michel.* Attached Cavitation and the Boundary Layer: Experimental Investigation and Numerical Treatment. JFM, 154, 63–90, 1985.

*L. Friedel.* Druckabfall bei der Strömung von Gas-Dampf-Flüssigkeitsgemischen in Rohren. Chem. Ing. Tech., 50, 167–180, 1978.

*G. Govier, K. Aziz.* The Flow of Complex Mixtures in Pipes. Reinhold Van Nostrand Co., 1972.

*H. Henry, H. Fauske.* Two-Phase Critical Flow of One-Component Mixtures in Nozzles, Orifices and Short Tubes. Trans. ASME, J. Heat Transfer, 95, 179–187, 1971.

*R. Henry, M. Grolmes, H. Fauske.* Pressure-Pulse Propagation in Two-Phase One- and Two-Component Mixtures. Technical Report ANL-7792, Argonne National Laboratory, 1971.

*W. Idsinga, N. Todreas, R. Bowring.* An Assessment of Two-Phase Pressure Drop Correlations for Steam-Water Systems. Int. J. Multiphase Flow, 3, 401–413, 1977.

*M. Ishii.* Thermo-Fluid Dynamic Theory of Two-Phase Flow. Eyrolles, Paris, 1975.

*M. Ishii.* One-Dimensional Drift-Flux Model and Constitutive Equations for Relative Motion Between Phases in Various Two-Phase Flow Regimes. Technical Report ANL-7747, Argonne National Laboratory, Ill., USA, 1977.

*T. Knapp, J. W. Daily, F. G. Hammit.* Cavitation. MvGraw-Hill, New York, 1970.

*W. Lauterborn, H. Bolle.* Experimental Investigation of Cavitation Bubble Collapse in the Neighbourhood of a Solid Boundary. JFM, 72, 391–399, 1975.

*Y. Lecoffre.* Cavitation: Bubble Trackers. Balkema, Rotterdam, Brookfield, 1999.

*M. Ledinegg.* Instabilität der Strömung bei natürlichem und Zwangsumlauf. Wärme, 61, 891–908, 1938.

*H. Lemonnier, Z. Bilicki.* Steady Two-Phase Choked Flow in Channels of Variable Cross Sectional Area. Multiphase Science and Technology, 8, 257–353, 1994.

*S. P. Lin, R. D. Reitz.* Drop and Spray Formation from a Liquid Jet. Ann. Rev. Fluid Mech., 30, 85–105, 1998.

*R. Lockhart, R. Martinelli.* Proposed Correlation of Data for Isothermal Two-Phase Two-Component Flow in Pipes. Chem. Eng. Prog., 45, 39–48, 1947.

*P. A. Lottes.* Expansion Losses in Two-Phase Flow. Nucl. Sci. Engng., 9, 26–31, 1961.

*J. M. Mandhane, G. A. Gregory, K. Aziz.* A Flow Pattern Map for Gas-Liquid Flow in Horizontal Pipes. Int. J. of Multiphase Flow, 1, 537–553, 1974.

*R. Martinelli and D. Nelson.* Prediction of Pressure Drop During Forced Circulation Boiling of Water. Trans. ASME, 79, 695–702, 1948.

*F. J. Moody.* Maximum Flow Rate of a Single-Component, Two-Phase Mixture. ASME J. Heat Transfer, 86, 134–142, 1965.

*F. N. Peebles, H. J. Garber.* Studies on the Motion of Gas Bubbles in Liquids. Chem. Eng. Progress, 49, 88–97, 1953.

*A. Phillipp, W. Lauterborn.* Cavitation Erosion by Single Laser-Produced Bubbles. JFM, 361, 75–116, 1998.

*M. Pilch, C. A. Erdman.* Use of Breakup Time Data and Velocity History Data to Predict the Maximum Size of Stable Fragments for Acceleration-Induced Breakup of a Liquid Drop. Int. J. Multiphase Flow, 13, 714–757, 1987.

*M. S. Plesset, R. B. Chapman.* Collapse of an Initially Spherical Vapour Cavity in the Neighbourhood of a Solid Boundary. JFM, 47, 283–290, 1971.

*A. Premoli, D. Francesco, A. Prino.* An Empirical Correlation for Evaluating Two-Phase Mixture Density under Adiabatic Conditions. European Two-Phase Flow Group Meeting, Milano, Italy, 1970.

*B. Richardson.* Some Problems in Horizontal Two-Phase Two-Component Flow. Technical Report ANL-5949, Argonne National Laboratory, 1958.

*E. P. Rood.* Review: Mechanisms of Cavitation Inception. Journal of Fluids Eng., 113, 163–175, 1991.

*J. Sauer.* Instationär kavitierende Strömungen. Ein neues Modell basierend auf Front Capturing und Blasendynamik. Dissertation, Universität Karlsruhe, 2000.

*W. Shyy, H. S. Udaykumar, M. M. Rao, R. W. Smith.* Computational Fluid Dynamics with Moving Boundaries. Taylor & Francis, Washington, D.C., London, 1996.

*W. A. Sirignano.* Fluid Dynamics and Transport of Droplets and Sprays. Cambridge Univ. Press, Cambridge, 1999.

*Y. Taitel.* Flow Pattern Transition in Two-Phase Flow. Proc. of the 9th Int. Heat Transfer Conf., 237–254, Jerusalem, 1990.

*Y. Taitel, A. Dukler.* A Model for Prediction of Flow Regime Transitions in horizontal and Near Horizontal Gas-Liquid Flow. AIChE J., 22, 47–55, 1976.

*Y. Taitel, D. Bornea, A. E. Dukler.* Modelling Flow Pattern Transitions for Steady Upward Gas-Liquid Flow in Vertical Tubes. AICh. E. J., 26, 345–354, 1980.

*L. Velasco.* L'écoulement Biphasique à Travers un Elargissement Brusque. Ph.D. thesis, Université Catholique de Louvain, Dép. Thermodyn. et Turbomach., 1975.

*G. Wallis.* One-Dimensional Two-Phase Flow. McGraw-Hill, 1969.

*G. B. Wallis.* Critical Two-Phase Flow. Int. J. Multiphase Flow, 6, 97–112, 1980.

*J. Weismann, A. Husain, B. Harshe.* Two-Phase Pressure Drop Across Area Changes and Restrictions. Two-Phase Transport and Reactor Safety, 4, 1281–1316, 1976.

*P. B. Whalley.* Data Bank for Pressure Loss Correlations, a Comparative Study. Unveröffentlicht, zitiert in Short Courses on Modelling and Computation of Multiphase Flows, ETH Zürich, 1999, 1981.

*G. Yadigaroglou.* Two-Phase Flow Instabilities and Propagation Phenomena. J. M. Delhaye, M. Giot, M. L. Riethmüller, eds., Thermohydraulics of Two-Phase Systems for Industrial Design and Nuclear Engineering, 353–403. Hemishpere Publishing, Washington, 1981.

*G. Yadigaroglou.* Short Course on Modelling and Computation of Multiphase Flows. Swiss Federal Institute of Technology, ETH, Zürich, Switzerland, 1999.

*G. Yadigaroglou, J. R. T. Lahey.* On the Various Forms of the Conservation Equations in Two-Phase Flow. Int. J. of Multiphase Flow, 2, 477–494, 1976.

*C. H. Yih.* Stratified Flows. Academic Press, New York, 1975.

*H. Zuber, J. A. Findlay.* Average Volumetric Concentration in Two-Phase Flow Systems. J. Heat Transfer, 87, 453–468, 1965.

## 第十一章参考文献

*R. G. Abdel-Gayed, D. Bradley, N. M. Hamid, M. Lawes.* Lewis Number Effects on Turbulent Burning Velocity. Proceedings of the Combustion Institute, 20, 505, 1984.

*A. A. Amsden, P. J. O'Rourke, T. D. Butler.* KIVA II: A Computer Program for Chemically Reactive Flows With Sprays. Technischer Bericht LA-11560-MS, Los Alamos National Laboratory, 1989.

*W. T. Ashurst.* Modelling Turbulent Flame Propagation. Proceedings of the Combustion Institute, 25, 1075, 1995.

*W. P. Atkins.* Physical Chemistry. Freeman, New York, 1990.

*R. W. Bilger.* Turbulent Flows with Nonpremixed Reactants. P. A. Libby, F. A. Williams, eds., Turbulent reactive flows. Springer, Berlin, Heidelberg, New York, 1980.

*H. Bockhorn, C. Chevalier, J. Warnatz, V. Weyrauch.* Bildung von promptem NO in Kohlenwasserstoff-Luft-Flammen. 6. TECFLAM-Seminar. DLR, Stuttgart, 1990.

*R. Borghi*, ed. Recent Advances in Aeronautical Science. Pergamon, London, 1984.

*D. Bradley.* How Fast Can We Burn? Proceedings of the Combustion Institute, 24, 247, 1993.

*K. N. C. Bray.* Turbulent Flows with Premixed Reactants. P. A. Libby, F. A. Williams, eds., Turbulent reacting flows. Springer, Berlin, Heidelberg, New York, 1980.

*S. Candel, D. Veynante, F. Lacas, N. Darabiha.* Current Progress and Future Trends in Turbulent Combustion. Combustion Science and Technology, 98, 245, 1994.

*M. E. Coltrin, R. J. Kee, F. M. Rupley.* SURFACE CHEMKIN (Version 4.0): A Fortune Package for Analysing Heterogeneous Chemical Kinetics at a Solid-Surface-Gas-Phase Interface. Report SAND 90-8003B, Sandia National Laboratories, 1990.

*W. J. A. Dahm, E. S. Bish.* High Resolution Measurements of Molecular Transport and Reaction Processes in Turbulent Combustion. T. Takeno, ed., Turbulence and molecular processes in combustion. Elsevier, New York, 1993.

*W. J. A. Dahm, G. Tryggvason, M. M. Zhuang.* Integral Method Solution of Time-Dependent Strained Diffusion-Reaction Equations with Multi-Step Kinetics. Journal of Applied Mathematics, 1995.

*G. Damköhler.* Z. Elektrochem, 46, 601–627, 1940.

*O. Deutschmann, F. Behrendt, J Warnatz.* Numerical Modelling of Catalytic Combustion. Proceedings of the Combustion Institute, 26, 1747–1754, 1996.

*O. Deutschmann, U. Riedel, J. Warnatz.* Modelling of Nitrogen and Oxygen Recombination on Partial Catalytic Surfaces. Journal of Heat Transfer (Transactions of the ASME), 117, 495–501, 1995.

*R. W. Dibble, A. R. Masri, R. W. Bilger.* The Spontaneous Raman Scattering Technique Applied to Non-Premixed Flames of Methane. Combustion and Flame, 67, 189, 1987.

*C. Dopazo, E. E. O'Brian.* An Approach to the Description of a Turbulent Mixture. Acta Astron., 1, 1239, 1974.

*T. Dreier, B. Lange, J. Wolfrum, M. Zahn, F. Behrendt, J. Warnatz.* CARS Measurements and Computations of the Structure of Laminar Stagnation-Point Methane-Air Counterflow Diffusion Flames. Proceedings of the Combustion Institute, 21, 1729, 1987.

*E. Gutheil, H. Bockhorn.* The Effect of Multi-Dimensional PDFs in Turbulent Reactive Flows at Moderate Damköhler Number. Physicochemical Hydrodynamics, 9, 525, 1987.

*J. B. Heywood.* Internal Combustion Engine Fundamentals. McGraw-Hill, New York, 1988.

*K. H. Homann.* Reaktionskinetik. Steinkopff, Darmstadt, 1975.

*K. Homann, W. C. Solomon, J. Warnatz, H. G. Wagner, C. Zetzsch.* Eine Methode zur Erzeugung von Fluoratomen in inerter Atmosphäre. Berichte der Bunsengesellschaft für Physikalische Chemie, 74, 585, 1970.

*W. P. Jones, J. H. Whitelaw.* Modelling and Measurement in Turbulent Combustion. Proceedings of the Combustion Institute, 20, 233, 1985.

*J. H. Kent, R. W. Bilger.* The Prediction of Turbulent Diffusion Flame Fields and Nitric Oxide Formation. Proceedings of the Combustion Institute, 16, 1643, 1976.

*A. R. Kerstein.* Linear-Eddy Modelling of Turbulent Transport - Part 7: Finite-Rate Chemistry and Multi-Stream Mixing. JFM, 240, 289–313, 1992.

*B. E. Launder, D. B. Spalding.* Mathematical Models of Turbulence. Academic Press, London, New York, 1972.

*C. K. Law.* Dynamics of Streched Flames. Proceedings of the Combustion Institute, 22, 1381, 1989.

*P. A. Libby, F. A. Williams.* Fundamental Aspects of Turbulent Reacting Flows. P. A. Libby, F. A. Williams, eds., Turbulent reacting flows. Springer, Berlin, Heidelberg, New York, 1980.

*P. A. Libby, F. A. Williams.* Turbulent Reacting Flows. Academic Press, New York, 1994.

*Y. Liu, B. Lenze.* The Influence of Turbulence on the Burning Velocity of Premixed $CH_4$-$H_2$ Flames with Different Laminar Burning Velocities. Proceedings of the Combustion Institute, 22, 747, 1988.

*P. Magre, R. W. Dibble.* Finite Chemical Kinetic Effects in a Subsonic Turbulent Hydrogen Flame. Combustion and Flame, 73, 195, 1988.

*P. A. McMurtry, S. Menon, A. R. Kerstein.* A Linear Eddy Sub-Grid Model for Turbulent Reacting Flows: Application to Hydrogen-Air Combustion. Proceedings of the Combustion Institute, 24, 271, 1992.

*U. Metka, M. G. Schweitzer, H.-R. Volpp, J. Wolfrum, J. Warnatz.* In-Situ Detection of NO Chemisorbed on Platinum Using Infrared-Visible Sum-Frequency Generation SFG. Zeitschr. f. Phys. Chem., 214, 865–888, 2000.

*J. B. Moss.* Simultaneous Measurements of Concentration and Velocity in an open Premixed Turbulent Flame. Combustion Science and Technology, 22, 115, 1979.

*U. Nowak, J. Warnatz.* Sensitivity Analysis in Aliphatic Hydrocarbon Combustion. A. L. Kuhl, J. R. Bowen, J.-C. Leyer, A. Borisov, eds., Dynamics of reactive systems. American Institute of Aeronautics and Astronautics, New York, 1988.

*I. Orlandini, U. Riedel.* Chemical Kinetics of NO-Removal by Pulsed Corona Discharges. Journal of Physics D (Applied Physics), 33, 2467–2474, 2000.

*N. Peters.* Laminar Flamelet Concepts in Turbulent Combustion. Proceedings of the Combustion Institute, 21, 1231, 1987.

*N. Peters, J. Warnatz.* Numerical Methods in Laminar Flame Propagation. Vieweg, Braunschweig, Wiesbaden, 1982.

*T. Poinsot, D. Veynante, S. Candel.* Diagrams of Premixed Turbulent Combustion Based on Direct Numerical Simulation. Proceedings of the Combustion Institute, 23, 613, 1991.

*S. B. Pope.* Computations of Turbulent Combustion: Progress and Challenges. Proceedings of the Combustion Institute, 23, 591, 1991.

*W. C. Reynolds.* The Potential and Limitations of Direct and Large Eddy Simulation. Whither Turbulence. Turbulence at Crossroads, 313. Springer, Berlin, Heidelberg, New York, 1989.

*R. P. Rhodes*, ed. Turbulent Mixing in Non-Reactive and Reactive Flows. Plenum Press, New York, 1979.

*U. Riedel, U. Maas, J. Warnatz.* Detailed Numerical Modelling of Chemical and Thermal Nonequilibrium in Hypersonic Flows. Impact of Computing in Science and Engineering, 5, 20–52, 1993.

*U. Riedel, U. Maas, J. Warnatz.* Simulation of Nonequilibrium Hypersonic Flows. Computers and Fluids, 22, 285–294, 1993.

*P. J. Robinson, K. A. Holbrook.* Unimolecular Reactions. Wiley-Interscience, New York, 1972.

*B. Rogg, F. Behrendt, J. Warnatz.* Turbulent Non-Premixed Cumbustion in Partially Premixed Diffusion Flamelets with Detailed Chemistry. Proceedings of the Combustion Institute, 21, 1533, 1987.

*V. Sick, A. Arnold, E. Diessel, T. Dreier, W. Ketterle, B. Lange, J. Wolfrum, K. U. Thiele, F. Behrendt, J. Warnatz.* Two-Dimensional Laser Diagnostics and Modelling of Counterflow Diffusion Flames. Proceedings of the Combustion Institute, 23, 495, 1991.

*M. D. Smooke, R. E. Mitchell, D. E. Keyes.* Numerical Solution of Two-Dimensional Axisymmetric Laminar Diffusion Flames. Combustion Science and Technology, 67, 85, 1989.

*D. B. Spalding.* Mixing and Chemical Reaction in Steady Confined Turbulent Flames. Proceedings of the Combustion Institute, 13, 649, 1970.

*G. Stahl, J. Warnatz.* Numerical Investigation of Strained Premixed $CH_4$-Air Flames up to High Pressures. Combustion and Flame, 85, 285, 1991.

*H. Tsuji, I. Yamaoka.* The Counterflow Diffusion Flame in the Forward Stagnation Region of a Porous Cylinder. Proceedings of the Combustion Institute, 11, 979, 1967.

*J. Warnatz.* The Structure of Laminar Alkane-, Alkene-, and Acetylene Flames. Proceedings of the Combustion Institute, 18, 369, 1981.

*J. Warnatz.* The Mechanism of High Temperature Combustion of Propane and Butane. Combustion Science and Technology, 34, 177, 1983.

*J. Warnatz.* Critical Survey of Elementary Reaction Rate Coefficients in the C/H/O-System. W. C. Gardiner Jr., ed., Combustion chemistry. Springer, Berlin, Heidelberg, New York, 1984.

*J. Warnatz.* Resolution of Gas Phase and Surface Chemistry into Elementary Reactions. Proceedings of the Combustion Institute, 24, 553, 1993.

*J. Warnatz, U. Maas, R. W. Dibble.* Verbrennung. Springer, Berlin, Heidelberg, 2001.

*J. Warnatz, U. Riedel, R. Schmidt.* Different Levels of Air Dissociation Chemistry and Its Coupling with Flow Models. J. J. Bertin, J. Periaux, J. Ballmann, eds., Advances in Hypersonics: Modelling of Chemical and Thermal Nonequilibrium in Hypersonic Flows, 2, 223–232. Birkhäuser, 1992.

*C. K. Westbrook, F. L. Dryer.* Chemical Kinetics and Modelling of Combustion Processes. Proceedings of the Combustion Institute, 18, 749, 1981.

*F. A. Williams.* Combustion Theory. The Benjamin Cummings Publishing Company, Menlo Park, Reading, Don Mills, 1985.

*Y. B. Zeldovich, D. A. Frank-Kamenetskii.* The Theory of Thermal Propagation of Flames. Zh. Fiz. Khim., 12, 100, 1938.

*D. K. Zerkle, M. D. Allendorf, M. Wolf, O. Deutschmann.* Understanding Homogeneous and Heterogeneous Contributions to the Platinum-Catalyzed Partial Oxidation of Ethane in a Short-Contact-Time Reactor. J. Catal., 196, 18–39, 2000.

## 第十二章参考文献

*B. W. Atkinson.* Meso-scale Atmospheric Circulations. Academic Press, London, 1981.

*B. W. Atkinson, J. W. Zhang.* Mesoscale Shallow Convection in the Atmosphere. Reviews of Geophysics, 34, 403–432, 1996.

*K. Balzer, W. Enke, W. Wehry.* Wettervorhersage. Springer, Berlin, Heidelberg, 1998.

*C. Church, D. Burgess, C. Doswell, R. Davies-Jones.* The Tornado: Its Structure, Dynamics, Prediction and Hazards. Geophysical Monograph 79, American Geophysical Union, Washington, 1993.

*B. Cushman-Roisin.* Introduction to Geophysical Fluid Dynamics. Prentice Hall, London, 1994.

*Discovery Channel*, ed. Naturkatastrophen: Tornados, Hurricanes, Flut. VCL, München, 1997.

*J. B. Elsner.* Hurricanes of the North Atlantic. Oxford University Press, Oxford, 1999.

*K. A. Emanuel.* Atmospheric Convection. Oxford University Press, Oxford, 1994.

*D. Etling.* Theoretische Meteorologie. Vieweg, Braunschweig, Wiesbaden, 1996.

*D. Etling, R. A. Brown.* Vortices in the Planetary Boundary Layer: A Review. Boundary Layer Meteorology, 65, 215–248, 1993.

*P. Fabian.* Atmosphäre und Umwelt. Springer, Berlin, Heidelberg, 1992.

*J. R. Garratt.* The Atmospheric Boundary Layer. Cambridge University Press, Cambridge, 1992.

*A. E. Gill.* Atmosphere-Ocean Dynamics. Academic Press, London, 1982.

*E. E. Gossard, W. H. Hooke.* Waves in the Atmosphere. Elsevier, Amsterdam, 1975.

*T. E. Graedel, P.J. Crutzen.* Chemie der Atmosphäre. Spektrum Akademischer Verlag, Heidelberg, 1994.

*R. Grotjahn.* Global Atmospheric Ciculations: Observations and Theory. Oxford University Press, Oxford, 1993.

*H. Häckel.* Meteorologie. Eugen Ulmer, Stuttgart, 1999.

*J. Houghton.* Globale Erwärmung. Springer, Berlin, Heidelberg, 1997.

*IPCC (Internagovernmental Panel on Climate Change),* ed. Climate Change 2001: The Scientific Basis. Cambridge University Press, Cambridge, 2001.

*J. C. Kaimal, J. J. Finnigan.* Atmospheric Boundary Layer Flows. Oxford University Press, Oxford, 1994.

*H. Kraus.* Die Atmosphäre der Erde. Vieweg, Braunschweig, Wiesbaden, 2000.

*E. B. Kraus, J. Businger.* Atmosphere-Ocean Interaction. Oxford University Press, Oxford, 1994.

*K. Labitzke.* Die Stratosphäre. Springer, Berlin, Heidelberg, 1999.

*J. Lighthill.* Waves in Fluids. Cambridge University Press, Cambridge, 1987.

*G. H. Liljequist, K. Cehak.* Allgemeine Meteorologie. Vieweg, Braunschweig, Wiesbaden, 1987.

*J. Pedlosky.* Geophysical Fluid Dynamics. Springer, Berlin, Heidelberg, New York, 1994.

*J. Pedlosky.* Ocean Circulation Theory. Springer, Berlin, Heidelberg, New York, 1996.

*J. P. Peixoto, A. H. Oort.* Physics of Climate. American Institute of Physics, New York, 1992.

*H. Pichler.* Dynamik der Atmosphäre. Spektrum Akademischer Verlag, Heidelberg, 1997.

*S. Pond, G. L. Pickard.* Introductary Dynamical Oceanography. Pergamon Press, Oxford, 1991.

*E. Roeckner, L. Bengtsson, J. Feichter, J. Lelieveld, H. Rodhe.* Transient Climate Change Simulations with a Coupled Atmosphere-Ocean GCM Including the Tropospheric Sulfur Cycle. Journal of Climate, 12, 3004–3032, 1999.

*R. S. Scorer.* Cloud Investigation by Satellite. Ellis Horwood, Ltd., Chichester, 1986.

*J. E. Simpson.* Sea Breeze and Local Winds. Cambridge University Press, Cambridge, 1994.

*J. E. Simpson.* Gravity Currents in the Environment and the Laboratory. Cambridge University Press, Cambridge, 1997.

*S. Solomon.* Stratospheric Ozone Depletion: A Review of Concepts and History. Rev. Geophys., 37, 275–316, 1999.

*C. Timmreck, H.-F. Graf, J. Feichter.* Simulation of Mt. Pinatubo Volcanic Aerosol with the Hamburg Climate Model ECHAM 4. Theoretical and Applied Climatology, 62, 85–108, 1999.

*K. E. Trenberth,* ed. Climate System Modelling. Cambridge University Press, Cambridge, 1992.

*M. G. Wurtele, R. D. Sharman, A. Datta.* Atmospheric Lee Waves. Ann. Rev. Fluid Mech., 28, 129–176, 1996.

*I. R. Young.* Wind-Generated Ocean Waves. Elsevier, Amsterdam, 1999.

## 第十三章参考文献

*D. W. Bechert, M. Bruse, W. Hage, R. Meyer.* Fluid Mechanics of Biological Surfaces and their Technological Application. Naturwissenschaften, 87, 157–171, 2000.

*D. M. Bushnell.* Drag Reduction in Nature. Ann. Rev. Fluid Mech., 23, 65–79, 1991.

*C. G. Caro, T. J. Pedley, W. A. Seed.* The Mechanism of the Circulation. Oxford University Press, Oxford, 1978.

*R. T. W. L. Conroy, J. N. Mills.* Human Circadian Rhythms. Churchill, London, 1970.

*R. de Simone.* Three-Dimensional Color Doppler. Futura Publishing, Armonk, New York, 1999.

*O. Dössel.* Bildgebende Verfahren in der Medizin. Springer, Berlin, Heidelberg, 2000.

*M. H. Friedman, C. B. Bargeron, D. D. Duncan, G. M. Hutchins, F. F. Mark.* Effects of Arterial Compliance and Non-Newtonian Rheology on Correlations between Internal Thickness and Wall Shear. J. of Biomechanical Engineering, 114, 317–320, 1992.

*Y. C. Fung.* Biomechanics: Motion, Flow, Stress and Growth. Springer, New York, Berlin, Heidelberg, 1990.

*Y. C. Fung.* Biomechanics: Mechanical Properties of Living Tissues. Springer, Berlin, Heidelberg, New York, 1993.

*Y. C. Fung.* Biomechanics: Circulation. Springer, Berlin, Heidelberg, New York, 1997.

*L. Glass, P. J. Hunter, A. D. McCulloch,* eds. Theory of Heart: Biomechanics, Biophysics and Nonlinear Dynamics of Cardiac Function. Springer, Berlin, Heidelberg, New York, 1991.

*J. Gray.* Animal Locomotion. Weidenfeld & Nicolson, London, 1968.

*M. Handke, D. M. Schäfer, G. Müller, A. Schöchlin, E. Magosaki, A. Geibel.* Dynamic Changes of Atrial Septal Defect Area: New Insights by Three-Dimensional Volume-Rendered Echocardiography with High Temporal Resolution. Eur. J. Echocardiography, 2, 46–51, 2001.

*K. Hayashi, Y. Yanai, T. Naiki.* A 3D-LDA Study of the Relation between Wall Shear Stress and Intimal Thickness in a Human Aortic Bifurcation. J. of Biomechanical Engineering, 118, 273–279, 1996.

*P. J. Hunter, B. H. Smaill, P. M. F. Nielsen, J. J. le Grice.* A Mathematical Model of Cardiac Anatomy. Computational Biology of the Heart. John Wiley & Sons, Chichester, 1997.

*J. P. Keener, A. V. Panfilov.* The Effects of Geometry and Fibre Orientation on Propagation and Extracular Potentials in Myocardium. A. V. Panfilov, A. V.

Holden, eds., Computational Biology of the Heart. John Wiley & Sons, Chichester, 1997.

*U. Kertzscher, K. Affeld.* Messung der Wandschubspannung in Modellen von Blutgefäßen. Biomedizinische Technik, 45, 75–126, 2000.

*D. N. Ku.* Blood Flow in Arteries. Ann. Rev. Fluid Mech., 29, 399–434, 1997.

*D. Liepsch.* Flow in Tubes and Arteries: A Comparison. Biorheology, 23, 395–433, 1986.

*D. Liepsch*, ed. Biofluid Mechanics, Proceedings of the 3rd International Symposium, 17 of Fortschritt-Berichte/VDI. VDI Verlag, Düsseldorf, 1994.

*D. Liepsch.* The Dynamics of Pulsatile Flow in Distensible Model Arteries. Technology and Health Care, 3, 185–199, 1995.

*D. Liepsch, G. Thurston, M. Lee.* Studies of Fluids Simulating Blood-like Rheological Properties and Applications in Models of Arterial Branches. Biorheology, 39–52, 1991.

*D. Liepsch, S. Moravec.* Pulsatile Flow of Non-Newtonian Fluid in Distensible Models of Human Arteries. Biorheology, 571–586, 1984.

*M. J. Lighthill.* Mathematical Biofluidmechanics. Society for Industrial and Applied Mathematics, Philadelphia, 1975.

*J. Malmivuo, R. Plonsey.* Bioelectromagnetism. Oxford University Press, New York, 1995.

*J. N. Mazumdar.* Biofluid Mechanics. World Scientific, Singapore, London, 1992.

*D. A. McDonald.* Blood Flow in Arteries. Edward Arnold, London, 1960.

*Motomiya.* Flow Patterns in the Human Carotid Artery Bifurcation. Stroke: A Journal of Cerebral Circulation, 15, 50–56, 1984.

*W. Nachtigall.* Technische Biologie von Umströmungsvorgängen und Aspekte ihrer bionischen Übertragbarkeit. Abhandlungen der Mathematisch-Naturwissenschaftlichen Klasse / Akademie der Wissenschaften und der Literatur. Steiner, Stuttgart, 2001.

*M P. Nash, P. J. Hunter.* Computational Mechanics of the Heart. J. of Elasticity, 2001.

*A. V. Panfilov, A. V. Holden.* Computational Biology of the Heart. John Wiley & Sons, Chichester, 1997.

*D. J. Patel, R. N. Vaishnav.* Basic Hemodynamics and Its Role in Disease Processes. University Park Press, Baltimore, 1980.

*T. J. Pedley.* The Fluid Mechanics of Large Blood Vessels. Cambridge University Press, Cambridge, 1980.

*K. Perktold, G. Rappitsch.* Mathematical Modelling of Arterial Blood Flow and Correlation to Arteriosclerosis. Technology and Health Care, 3, 139–151, 1995.

*K. Perktold, M. Resch, H. Florian.* Pulsatile Non-Newtonian Flow Characteristics in a Three-Dimensional Human Catroid Bifurcation Model. J. of Biomechanical Engineering, 113, 464–475, 1991.

*C. S. Peskin, D. M. McQueen.* Mechanical Equilibrium Determines the Fractal Fiber Architecture of Aortic Heart Valve Leaflets. American Journal of Physiology, 363–6135, 1994.

*C. S. Peskin, D. M. McQueen.* Fluid Dynamics of the Heart and Its Valves. Mathematical Modelling, Ecology, Physiology and Cell Biology. Prentice Hall, New Jersey, 1997.

*A. Poll, D. Liepsch, C. Weigand, J. McLean.* Two and Three-Dimensional LDA Measurements and Shear Stress Calculations for a True Scale Elastic Model of a Dog Aorta with Stenosis. Automedica, 18, 163–210, 2000.

*L. Schauf, D. F. Moffet, S. B. Moffet.* Medizinische Physiologie. Walter de Gruyter, Berlin, New York, 1993.

*E. Schubert*, ed. Medizinische Physiologie. Walter de Gruyter, Berlin, New York, 1993.

*R. Skalak, N. Özkaya.* Biofluid Mechanics. Ann. Rev. Fluid Mech., 21, 167–204, 1989.

*M. Sugawara, F. Kajiya, A. Kitabatake, H. Matino.* Blood Flow in the Heart and Large Vessels. Springer, Tokyo, Berlin, Heidelberg, 1989.

*F. Torrent-Guasp, et al.* . Seminars in Thoracic and Cardiovascular Surgery, 13, 4, 301–319, 2001.

*C. D. Werner, F. B. Sachse, C. Baltes, O. Dössel.* The Visible Man Dataset in Medical Education: Electrophysiologie of the Human Heart. Proc. Third Users Conference of the National Library of Medcine's Visible Human Project, 1–81, 2000.

*G. E. W. Wolstenholme.* Circulatory and Respiratory Mass Transport. Churchill, London, 1969.

*M. Zacek, E. Krause.* Numerical Simulation of the Blood Flow in the Human Cardiovascular System. J. of Biomechanics, 29, 13–20, 1996.

## 第十四章参考文献

*I. H. Abbot, A. E. von Doenhoff.* Theory of Wing Sections. Dover Publications, New York, 1959.

*J. Ackeret.* Zum Entwurf dichtstehender Schaufelgitter. Schweizerische Bauzeitung, 120, 9, 372–384, 1942.

*R. H. Aungier.* Centrifugal Compressors. ASME Press, New York, 2000.

*G. K. Batchelor.* An Introduction to Fluid Dynamics. Cambridge University Press, Cambridge, 1970.

*A. Bölcs, P. Suter.* Transsonische Turbomaschinen. G. Braun, Karlsruhe, 1986.

*A. Busemann.* Das Förderhöhenverhältnis radialer Kreiselpumpen mit logarithmisch-spiraligen Schaufeln. ZAMM, 8, 372–384, 1928.

*M. V. Casey.* A Mean Line Prediction Method for Estimating the Performance Characteristics of an Axial Compressor Stage. C 264/87, Int. Conf. on Turbomachinery: Efficiency Prediction and Improvement, Inst. Mech. Engrs., Cambridge, 1987.

*T. Cebeci.* An Engineering Approach to the Calculation of Aerodynamic Flows. Springer, Berlin, Heidelberg, New York, 1999.

*T. Cebeci, J. Cousteix.* Modeling and Computation of Boundary Layer Flows: Laminar, Turbulent and Transitional Boundary Layers in Incompressible Flows. Springer, Berlin, Heidelberg, New York, 1999.

*N. A. Cumpsty.* Compressor Aerodynamics. Longman Scientific & Technical, Harlow, 1989.

*N. A. Cumpsty.* Jet Propulsion. Cambridge University Press, Cambridge, 1997.

*J. D. Denton.* An Improved Time Marching Method for Turbomachinery Flow Calculation. 82-GT-239, ASME, Int. Gas Turbine Conf., Wembley, 1987.

*S. L. Dixon.* Fluid Mechanics, Thermodynamics of Turbomachinery. Pergamon Press, Oxford, 1975.

*J. H. Ferziger, M. Peric.* Computational Methods for Fluid Dynamics. Springer, Berlin, Heidelberg, New York, 2002.

*S. J. Galimore, N. A. Cumpsty.* Spanwise Mixing in Axial Flow Turbomachines. Transactions of the ASME, Journal of Turbomachinery, 108, 10–16, 1986.

*J. P. Gostelow.* Cascade Aerodynamics. Pergamon Press, Oxford, 1984.

*P. G. Hill, C. R. Peterson.* Mechanics and Thermodynamics of Propulsion. Addison-Wesley Publishing Company, Reading, Mass., 1992.

*J. H. Horlock.* Axial Flow Compressors: Fluid Mechanics and Thermodynamics. Butterworth, London, 1958.

*K. Jacob, F. W. Riegels.* The Calculation of the Pressure Distribution over Aerofoil Sections of Finite Thickness with and without Flaps and Slats. Zeitschrift f. Flugwissenschaft, 11, 9, 357–367, 1963.

*J. K. Kerrebrock.* Aircraft Engines and Gas Turbines. MIT Press, Cambridge, Mass., 1996.

*S. Lieblein.* Experimental Flow in Two-Dimensional Cascades. Research Memorandum, RM E56B03, NACA, 1956.

*S. Lieblein.* Loss and Stall Analysis of Compressor Cascade. Transactions of the ASME, J. of Basic Engineering, 81, 387, 1959.

*S. Lieblein.* Incidence and Deviation-Angle Correlations for Compressor Cascades. Transactions of the ASME, J. of Basic Engineering, 82, 575–587, 1960.

*S. Lieblein, F. C. Schwenk, R. L. Broderick.* Diffusion Factor for Estimated Losses and Limiting Blade Loadings in Axial Compressor Blade Elements. Research Memorandum, RM E53D01, NACA, 1953.

*E. Martensen.* Berechnung der Druckverteilung an Gitterprofilen in ebener Potentialströmung mit einer Fredholmschen Integralgleichung. Archive for Rational Mechanic and Analysis, 3, 235–270, 1959.

*J. D. Mattingly.* Elements of Gas Turbine Propulsion. McGraw-Hill, New York, 1996.

*H. Oertel Jr., E. Laurien.* Numerische Strömungsmechanik. Vieweg, Wiesbaden, Braunschweig, 2003.

*S. V. Patankar.* Numerical Heat Transfer and Fluid Flow. Taylor & Francis, Bristol, PA, 1980.

*L. H. Smith.* The Radial Equilibrium Equation of Turbomachinery. Transactions of the ASME, Journal of Engineering for Power, 88, 1, 1–12, 1966.

*S. F. Smith.* A Simple Correlation of Turbine Efficiency. J. of the Royal Aeronautical Society, 69, 467, 1965.

*J. D. Stanitz.* Some Theoretical Aerodynamical Investigations of Impellers in Radial and Mixed-Flow-Centrifugal Compressors. Transactions of the ASME, 74, 4, 1952.

*J. D. Stanitz, G. O. Ellis.* Two-Dimensional Compressible Flow in Centrifugal Compressors with Straight Blades. Report 954, NACA, 1952.

*A. Stodola.* Steam and Gas Turbines, with a Supplement on the Prospects of the Thermal Prime Mover. McGraw-Hill, New York, 1927.

*B. S. Stratford.* The Prediction of Separation of the Turbulent Boundary Layer. JFM, 5, 1–16, 1959.

*J. C. Tannehill, D. A. Anderson, R. H. Pletcher.* Computational Fluid Mechanics and Heat Transfer. Taylor & Francis, Washington, DC, 1997.

*D. L. Tipton.* Improved techniques for compressor loss calculations. T. F. Nagey, ed., Advanced Components for Turbojet Engines, CP-34, 7/1–7/23, Neuilly-sur-Seine, 1968. AGARD.

*W. Traupel.* Calculation of Potential Flow Through Grids. 1, Sluzer Technical Review, 1945.

*P. P. Walsh, P. Fletcher.* Gas Turbine Performance. Blackwell Science Inc., Oxford, 1998.

*A. J. Wennertrom.* Design of Highly Loaded Axial-Flow Fans and Compressors. Concepts ETI Inc., White River Junction, VT, 2000.

*D. H. Wilkinson.* A Numerical Solution of the Analysis and Design Problems for the Flow Past One or More Aerofoils or Cascades. Report 3545, Aeronautical Research Council., London, 1968.